国家科学技术学术著作出版基金资助出版

第三代饮用水净化工艺
——以膜滤为核心技术的组合工艺

李圭白　梁　恒　白朗明　唐小斌　编著

中国建筑工业出版社

图书在版编目（CIP）数据

第三代饮用水净化工艺：以膜滤为核心技术的组合
工艺／李圭白等编著. — 北京：中国建筑工业出版社，
2023.6

ISBN 978-7-112-28110-7

Ⅰ．①第… Ⅱ．①李… Ⅲ．①饮用水－净化－研究
Ⅳ．①TU991.2

中国版本图书馆 CIP 数据核字（2022）第 202108 号

　　以膜滤为核心技术的第三代净水工艺，具有显著的时代特征和工艺特色，目前在国内获得了快速地规模化应用和推广。近二十年来，笔者团队以膜技术为核心，围绕松花江水系（哈尔滨江段）、珠江水系（东江、北江）和黄河水系（下游山东平原水库）开展了大量实验研究，研究成果既有共性，也各有特性。为了更好地推动膜滤技术的理论发展和推广应用，本书将研究成果按松花江水系、珠江水系和黄河水系以及如含藻水、水库水、高污染水和高矿化水等特殊水质分别列为独立的章节进行编写和论述。

　　本书可供给排水科学与工程、环境工程、环境科学及相关专业的科研人员及水务水司管理人员、工程技术人员、施工人员等参考使用。

责任编辑：王美玲
文字编辑：勾淑婷
责任校对：党 蕾

书中部分彩图

第三代饮用水净化工艺——以膜滤为核心技术的组合工艺

李圭白 梁 恒 白朗明 唐小斌 编著

＊

中国建筑工业出版社出版、发行（北京海淀三里河路 9 号）
各地新华书店、建筑书店经销
北京红光制版公司制版
天津画中画印刷有限公司印刷

＊

开本：880 毫米×1230 毫米 1/16 印张：46 字数：1425 千字
2023 年 11 月第一版 2023 年 11 月第一次印刷
定价：**148.00** 元（含数字资源）
ISBN 978-7-112-28110-7
（40165）

前　言

习近平总书记号召我们，"广大科技工作者要把论文写在祖国的大地上，把科技成果应用在实现现代化的伟大事业中。"

哈尔滨工业大学是我国的重点高校之一，被国家赋予了人才培养和科学研究的双重任务。

笔者团队是哈尔滨工业大学市政工程学科的一个主力团队，六十年来一直为满足人们获得安全、健康、优质饮用水需求的不断提高而努力。

近百年来，由于人类社会快速发展造成的水环境污染，使得人们饮用天然水源水不再安全，所以需要对水源水进行净化处理。20世纪初，为控制介水细菌性疾病（如霍乱、伤寒等）的流行而引发的水的生物安全性问题，开发了以氯消毒为核心技术的组合工艺（包括混凝、沉淀、砂滤等），可称为第一代饮用水净化工艺。20世纪中叶又出现了介水病毒性疾病的流行，并针对性开发了"深度除浊"技术，使第一代饮用水净化工艺更趋完善。

20世纪70年代，饮用水中检测出了种类繁多的对人体有害的氯化消毒副产物和微量有机污染物，即出现了水的化学安全性问题，针对性地开发出了以氧化（臭氧、高锰酸钾以及高级氧化等）和吸附（活性炭吸附）为核心技术的组合工艺，可称为第二代饮用水净化工艺。

20世纪末，出现了以"两虫"（致病原生动物——贾第鞭毛虫和隐孢子虫）为代表的饮用水生物安全性问题，第一代和第二代工艺都无法完全控制"两虫"疾病的暴发，人们发现材料科学发展的新成果——膜滤技术，在控制"两虫"疾病方面特别有效。此外，膜滤也具有去除介水病菌和病毒以及去除水中有机物和无机物的效能，从而发展出以膜滤为核心技术的组合工艺，可称为第三代饮用水净化工艺，可见，将膜滤用于饮用水净化而形成的第三代工艺，是具有时代特征的。

笔者于2006年提出了第三代饮用水净化工艺的概念，并于2000年至今，招收了数十名以第三代工艺为研究课题的博士、硕士研究生，他们及其指导教师组成的团队，取得了许多创新性成果，但他们许多重要成果主要在国外期刊（SCI收录）上发表，影响了其在国内产业界的知识传播与交流。为响应习近平总书记的号召，笔者将本团队取得的主要创新性成果提炼总结，汇集成册，编著于本书稿中。

近20年来，以膜滤为核心技术的第三代净水工艺，在国内获得了快速的规模化应用和推广，笔者团队针对其推广应用中的科技问题主要进行了以下研究。

我国地域辽阔，从南到北各大水系水质各不相同，各有特点，将膜滤用于不同水系，遇到的问题也很不一样。笔者团队主要在松花江水系（哈尔滨江段）、珠江水系和黄河水系（下游山东平原水库）进行了大量实验研究，研究成果既有共性，也各有特性。由于具体实验条件的差异，团队成员的每一项研究成果都只反映出不同水系特点的一个方面，所以也具有其独特性和不可替代性。只有将同一水系各个研究成果综合起来，才能比较全面地反映出该水系的水质全貌和膜滤应用的成果。本书稿将研究成果按松花江水系、珠江水系和黄河水系以及如含藻水、水库水、高污染和高矿化水等特殊水质分别列为独立的章节进行编写和论述，这样有利于工程界人员参考。

第1章，概述了我国的水资源，特别是阐述了我国的水危机及其对策，并提出建立水的良性社会循环的新概念。

第2章，从社会需求是科技发展的强大推动力和创新技术突破引领水净化技术发展方向两个方面出发，阐述我国饮用水净化工艺的发展历程，从全新角度进行观察，是颇有新意的。

第3章，以膜滤为核心技术的第三代饮用水净化工艺，特别是膜滤在水的生物安全性和化学安全性两个方面深度处理中的作用，介绍了致密性超滤膜对介水致病性病毒的去除，和纳滤对新型微量及超微量有机污染物的去除。提出了绿色净水工艺的新概念，提出绿色工艺是第三代饮用水净化工艺的发展方向。

第4章，简要介绍了用于饮用水净化的膜滤技术（微滤、超滤、纳滤、反渗透等）的发展情况。

第5章，主要介绍以松花江哈尔滨段江水为水源的研究成果。松花江位于我国东北高寒地区，哈尔滨江段处于两大支流（第二松花江和嫩江）会合处的下游，松花江流域森林比较茂盛，水中天然有机物含量较高。因上游沿岸城市污水、工业废水及面源排水的排放，江水受到一定程度的污染，使江水具有冬季低温、低浊、高氨氮、高有机物质含量，夏秋季高浊的特点，水质净化比较困难。笔者团队于2000年就开始将第三代工艺用于松花江水

的研究，至今已达20余年。团队采用包括直接超滤原水在内的各种组合工艺净化原水，利用新实验方法对水中有机物的化学组成、分子量分布、荧光性物质等进行分析，了解对原水的净化效果，识别引起膜污染特别是不可逆污染的物质，并探究其控制和去除方法。笔者团队用各种吸附剂对原水进行处理，发现蛋白质类有机物是引起超滤膜不可逆污染的主要物质。混凝是膜滤前预处理最常用的方法，笔者团队对微絮凝/超滤工艺中絮凝颗粒（絮体）破碎再絮凝过程对膜污染的影响进行研究，发现絮凝粒子破碎再絮凝可减轻膜的污染，成果颇有新意。松花江水冬季低温除氨氮是个难题，笔者团队成功研究出了用高浓度粉末活性炭和外源接种联合强化MBR的新技术，可在水温低于2℃的条件下有效去除NH_3-N，取得突破。笔者团队对物理清洗（如曝气、反洗等）优化条件进行了研究，从力学角度进行分析，通过实验观察到流体剪切力对颗粒尺寸的筛选作用，在大的剪切力下，较大颗粒迁移出膜表面，较小颗粒迁移至膜表面形成更密实的滤饼层，加重膜污染。在化学清洗方面，针对该实验阶段的原水水质提出了NaOH＋乙醇的化学清洗新配方。

第6章，主要是关于超滤膜的不可逆污染物识别和不可逆污染的控制问题。我国现已建成数十座大型膜滤水厂，大型水厂对运行的稳定性要求特别高，但膜滤产生的不可逆污染要求定期对膜进行恢复性化学清洗，这会对水厂稳定运行产生较大的影响。虽然不可逆污染对水厂的运行影响较大，但在业界的关注却不足。笔者团队针对不可逆污染问题进行了比较全面深入的研究。膜污染包括可逆污染和不可逆污染两部分。膜污染与膜通量有关，膜通量越低，膜污染越轻。有人实验发现，将膜通量降低至某一值，可使膜污染接近零（相应地不可逆污染也接近零），该值称为临界通量，也可称为不可逆零污染通量。在此概念基础上，倡导水厂采用低通量运行的策略。书中介绍了两种短期测定膜临界通量的方法，并进行了降低通量以减轻膜污染特别是不可逆污染，以及降低通量与混凝预处理相结合减小膜污染的实验。实验发现，一般水中有机物是膜污染的主要物质，但能引起不可逆污染的却主要

只是有机物中的一小部分。笔者团队进行了东江水中不可逆污染物的识别研究，发现引起膜不可逆污染的污染物主要是类色氨酸（蛋白质类）物质，这个结果与松花江水中引起膜不可逆污染的物质基本相同。笔者团队开展了在不同水系中对膜不可逆污染控制技术的广泛研究，对多种活性炭进行筛选，发现不同活性炭对膜不可逆污染控制效果有较大差别。笔者团队发明了利用废膜制成一种新型中孔吸附树脂（MAR），MAR与活性炭相比对水中有机物的吸附容量不如活性炭高，但对不可逆污染的控制却远好于活性炭。MAR吸附剂的发明，对于超滤膜用于饮用水净化工艺的发展有重要意义。笔者团队还开发出化学强化反冲洗技术，发现用含一价盐离子的水反冲洗超滤膜，比常规的用超滤膜出水反冲洗，能大大提高反冲洗效率，并可显著降低超滤膜的不可逆污染，极大地延长了化学清洗的周期。

第7章，主要介绍了将第三代工艺用于珠江水系的研究成果。珠江水系主要由西江、东江和北江组成。东江水水质一般较好，但夏季有藻类污染，特别是暴雨会致城区河渠水溢入东江，使河水中有机物含量升高，特别是氨氮浓度有时急剧升高，使水受到较重污染，冬季特别是水位低时会遭到海水倒灌，受到咸潮影响。笔者团队将超滤用于水厂沉后水处理，以研究其净水效果及膜污染情况，特别是对暴雨季节江水污染期和冬季咸潮期的超滤工作情况，发现对含藻水处理效果优异。此外，还对膜池装膜密度、物理清洗等进行优化。针对夏季暴雨突发污染，采用一体式粉末活性炭/超滤（PAC/UF）工艺对其进行处理，研究了活性炭停留时间对其净水效果的影响，提出间歇曝气运行以节约能量，并对（PAC/UF）反应器除臭除味进行了研究。此外，还研究了粉末活性炭与有机物对膜的复合污染问题。针对北江水质，进行了多种超滤组合工艺处理的研究，提出在北江有采用超滤直接过滤江水-即绿色工艺的可能。在遭到氨氮突发污染时，提出利用超滤膜生物反应器除氨氮的新技术。PPCPs（主要包括各类药品及个人护理用品）是近年来发现的新型超微量有机污染物，对人体健康有潜在威胁。笔者团队对西江和北江部分干、支流水源水、水厂进出厂水、管网水中PPCPs的浓度，

常规处理和深度处理工艺对PPCPs的去除效果进行了调研，并将活性炭生物滤池—超滤和曝气生物滤池—超滤用于去除PPCPs，均取得较好效果。

第8章，主要介绍了第三代工艺用于黄河下游引黄水库水处理的研究成果。为应对黄河一年各季节流量变化及泥沙含量过高的问题，在黄河下游山东建有大量引黄平原水库，因上、中游污废水排入污染，水库水具有夏季高温高藻微污染，冬季低温低浊的特点。笔者团队首先进行了用超滤膜直接过滤水库原水的实验研究，以了解直接超滤原水的净化效果和膜污染情况，以及化学强化反冲洗控制膜污染的效果；考察了虹吸式水力自控膜滤装置的净水效果并总结了长期运行的经验及存在的问题；针对水库水对膜污染较重问题，选取多种物质（有机物、无机物、微生物）单独和共存时对膜造成的污染进行了研究；针对水库水春季水温偏低及受水污染较重的情况进行了两种膜前预处理（上向流活性炭和炭/砂滤池）的对比实验，以及高密度沉淀池膜前预处理的实验研究。2009年在东营南郊水厂建成我国第一座大型超滤膜水厂（10万 m³/d），团队对膜水厂进行了长期观测和研究，发现将高锰酸盐复合剂和粉末活性炭联用技术用于强化该水厂原常规处理工艺，获得了优异的膜污染控制效果，超滤膜连续运行三年多仅需要进行一次维护性化学清洗。针对一期和二期工程生产中出现的膜污染较重问题，将次氯酸钠化学强化反冲洗技术用于膜污染控制，取得优异的效果，这是化学强化反冲洗科研成果在生产中的首次成功应用，经验是可贵的。为使膜滤能在农村推广应用，开发了多种简化的第三代组合工艺，并将低通量策略和化学强化水力反冲洗技术用于中实验中，各简化工艺都取得了控制污染、延长化洗周期、低维护要求等成果，更适于在农村推广使用。

第9章，主要介绍第三代工艺用于受较重污染的原水研究成果。我国有的水源水受污染比较严重，其特点是有机物和氨氮含量高，将第三代工艺用于这种水质是需要针对性研究的。笔者团队选择苏州某厂区内的水渠原水进行研究，将第三代工艺的各种组合技术用于这种水的净化处理，发现将粉末活性炭在沉淀过程中进行回流作为膜前预处理，

对水质净化和膜污染控制效果比较好。一次性向膜池投加粉末活性炭形成的 PAC/UV 膜生物反应器用于该原水处理效果较好，特别是除氨氮，并能承受氨氮浓度高达 8～10mg/L 的冲击负荷；如在运行过程中再向膜池连续投加粉末活性炭，能进一步提高效果，甚至使出水达到生活饮用水卫生标准要求的水平；而再向其中投加混凝药剂，并不影响反应器（MCABR）中的生物作用，并能获得更好的水质净化和膜污染控制效果。这是将第三代工艺用于受污染较重的原水净化的一项新技术。

第 10 章，主要介绍第三代工艺用于含藻水处理的研究成果。我国以地表水为水源的城镇占比达 70%，而以湖、库为水源的城镇超过 40%，水库水一般浊度较低、受污染较轻，但夏秋季常有藻类暴发，并且还常产生嗅味。水库藻类暴发虽然频繁发生，但关于超滤膜除藻及含藻水对膜的污染方面，业界却研究得不多。笔者团队是国内较早将超滤用于高藻水处理及实验，并发现高藻水对超滤膜有严重污染的现象。笔者团队针对含藻水净化及藻类对超滤膜的污染进行了比较深入的研究。膜滤能截留几乎全部藻细胞，对含藻水的处理效果很好，但含藻水对膜也会造成严重污染。笔者团队对含藻水中的污染物进行了识别，发现藻的活细胞、死细胞、藻细胞的内溶物和分泌物都能对膜造成污染；特别是藻细胞和胞外有机物 EOM，所以针对 EOM 的性质和膜污染特征进行了深入研究。研究了氧化预处理对含藻水净化及膜污染的控制技术，其中涉及对藻毒素和嗅味物质的控制去除；研究了混凝和氧化强化混凝等预处理措施对藻污染的控制作用；研究了 PAC/UF 膜生物反应器处理含藻水的技术。此外，笔者团队还发明了新型中孔吸附树脂（MAR）并构建膜生物反应器（MAR/UF），用于含藻水净化及控制不可逆污染。针对含藻水对超滤膜形成的严重污染及常规化学清洗不佳问题，进行了化学强化反冲洗实验，发现次氯酸钠化学强化反冲洗，具有优异的膜污染控制效果，是一项水处理工程新技术。

第 11 章，主要介绍了纳滤和反渗透用于饮用水处理方面的实验研究成果。纳滤和反渗透属高压膜滤技术。目前，针对净化水的特殊要求也在逐渐

推广应用。笔者团队进行了纳滤去除水中微量抗生素的中试实验研究、双膜法（超滤/纳滤）净化南四湖高硬度水的中试实验研究、喀什地区双膜法（超滤/纳滤）净化苦咸水生产装置的测试和优化、在威海双膜法（超滤/反渗透）进行海水淡化中试实验等，从而积累了若干高压膜滤净水的经验。我国江河夏秋季河水浊度较高，常需采用混凝进行预处理，工艺系统复杂。笔者团队利用自然处理和膜滤技术构建岸滤/（超滤/纳滤）绿色工艺，研究了其协同效应，提高了饮用水的生物安全性和化学安全性，进行了有益的探索。纳滤工艺中存在着浓水处理问题，笔者团队设计了两步离子交换膜电解系统，考察了其回收纳滤浓水中的二价离子的效能，最后构建了完整的阳离子交换膜电解—超滤—纳滤工艺，为绿色、低药的纳滤组合工艺提供新思路。

第 12 章，主要介绍了一种生物滤饼层与超滤耦合净水的新技术（GDM）研究成果。我国现有约 40% 的人口居住在农村，村镇达数十万个。前期在农村推广的小型一体化第一代工艺设备，操作比较复杂，再加上农村技术力量薄弱，村镇供水水质常不达标，特别是微生物学指标超标，导致发病率远高于城市，成为一大民生问题。膜滤直接过滤原水，就能去掉水中致病微生物，是提高水的生物安全性的最有效技术，现已在我国农村进行推广应用。针对农村技术力量薄弱的现状，开发低/免维护型的第三代膜滤工艺，是急需研究的。笔者团队将重力式膜滤工艺（GDM）用于农村净水，并进行了比较深入的研究。GDM 工艺能在极低水头（0.5～1.0m）作用下对天然水进行超滤，在不进行任何反冲洗、曝气擦洗和化学清洗的条件下，长期（数月）稳定运行［通量约为 $2～8L/(m^2 \cdot h)$］，这是由于膜表面滤饼层中生长了大量微生物并对膜截留的有机污染物起到了有效的降解作用，当被膜截留的有机物与被微生物降解的有机物量达到平衡时，膜的过滤阻力将不再增加，膜通量便会稳定下来，这是将微生物对有机物的降解与膜滤结合起来的一种净水新工艺，也可称为生物滤饼层/超滤耦合工艺。由于该工艺是在无水洗、气洗、化洗情况下进行的，所以是低/免维护的，并且能持续运行数月，所以特别适于农村以及个别农户使

用。团队还对该工艺进行了大量研究，包括对原水的净化效果，特别是优化滤饼层的生态环境，以求能够提高稳定通量。此外，还将 GDM 工艺用于地下水和地表水除锰以及家庭灰水净化的研究。对于一个农户，在免维护条件下既能获得优质的饮用水，又能使灰水得到净化甚至再利用，这是符合建设新农村方向的。

人类发展经历了数百万年，都是傍水而居，直接饮用天然地表水，在这种环境中形成的基因，对天然地表水是最适应的，即天然地表水对人类健康是最有利的。但近百年来，人类社会发展使天然地表水受到污染，已不适于人类直接饮用。现在人们采用各种方法来去除水中的污染物，恢复水的天然属性，其中有物理方法（如过滤、膜滤等）、物理化学方法（如吸附、离子交换等）、生物方法（如慢滤池、生物滤池等）、化学方法（如药剂氧化、药剂混凝等）等，其中物理、物理化学、生物等方法对水的天然属性干扰最少，可称为绿色工艺，而化学方法需要向水中投加化学药剂，在净化水的同时又会产生许多对人体有害的副产物，从而使水的天然属性受到很大干扰，所以不是绿色工艺。膜滤直接过滤原水可去除水中的致病微生物而无需向水中投加消毒药剂；膜滤直接过滤原水可获得浊度低于 0.1NTU 的滤后水而无需向水中投加混凝药剂，所以膜滤可取代药剂消毒和药剂混凝；纳滤可去除水中的天然有机物、绝大部分微量和超微量人工合成的对人体有害的有机污染物以及含量过高的二价无机物，而无需向水中投加任何药剂；反渗透可去除几乎一切有机物和无机物而获得纯水且无需向水中投加任何药剂。因此，膜滤是绿色工艺的基础。针对不同原水水质和用户对水质的要求，可以将膜滤和其他绿色净水方法进行组合，形成各种不同的绿色净水工艺。

大多水库水浊度较低、污染较轻，所以笔者团队最先对超滤直接过滤水库水进行了比较系统深入的研究，特别是对直接超滤水库水并稳定运行多年的膜水厂进行了观测和研究。此外，有的水库水中有机物或氨氮含量较高，所以也开展了生物活性炭或生物滤池与超滤的组合工艺对水库水进行净化的实验研究。在上述以江河水为原水的实验中，也有许多超滤直接过滤原水及超滤与其他方法的组合工艺净化原水的实验。在上述膜滤的基础上，形成的多种绿色组合工艺，对于绝大多数原水水质都应是有效的，所以绿色工艺是第三代饮用水净化工艺的发展方向。现在，绿色净水工艺已开始在城乡净水工程中得到应用，随着工程经验的积累，特别是膜材料科技的发展和膜价格的降低，将会得到越来越广泛的应用。

第 13 章，主要进一步论述绿色饮用水净化工艺的概念，并介绍在水库水中直接超滤原水和组合工艺净化原水，从而形成了绿色净水工艺的研究成果。

上述笔者团队的大部分研究成果都是在中试条件下进行的，所以对工程界是有重要参考价值的。

将膜技术用于饮用水净化，主要有两个研究方向：一个是在各种不同水质和各种不同条件下，开发能满足用户要求的饮用水净化工艺（即第三代工艺），主要是研究解决和优化应用中的各种问题；另一个是膜材料和性能的开发和研究。膜材料的研究显然是重要的，新的膜材料的研究开发并被成功应用于饮用水净化，对饮用水净化工艺的发展几乎是颠覆性的和划时代的，但用于饮用水净化领域的膜材料应能满足人们对饮用水向更优质更安全更健康的方向发展的诉求。例如，现今药剂消毒不能完全控制住介水疾病的流行和暴发，而已广泛用于水厂的超滤膜却可高效去除水中病菌和病毒，从提高饮用水安全性方面，超滤膜材料应向对水中最小生物——病毒去除率达到 99.99% 的致密性超滤膜（孔径小于 $0.02\mu m$）的方向发展。又例如，超滤在饮用水净化领域应用中存在的一个主要问题——膜污染，超滤膜材料就应向抗膜污染的方向发展，所以，膜工艺和膜材料两者的研究是相辅相成的。膜滤材料的开发为第三代饮用水净化工艺奠定了基础，而膜滤在饮用水净化中的应用又为膜材料的发展指明了方向。

第 14 章，主要介绍笔者团队将碳纳米管、纤维纳米纤维等功能材料通过共混、接枝、涂覆等手段对超滤膜进行改性和功能化，以提升膜材料的抗污染性、分离性、耐氯性及机械性能。

本书稿内容主要取自笔者团队关于第三代饮用

水净化工艺的部分研究成果。与书稿内容有关的团队成员有：李圭白、梁恒、夏圣骥、孙丽华、齐鲁、于莉君、田家宇、俞文正、瞿芳术、王兆之、张艳、高伟、韩正双、沈玉东、丁安、李凯、周莎莎、孟聪、何青、李倩、常海庆、邵森林、王彩虹、白朗明、杜星、王辉、唐小斌、柳斌、王茜、鄢忠森、王灿、曹伟奎、朱学武、刑加建、郭远庆、甘振东、王金龙、杨海燕、李硕、黄乔津、黄凯杰、孙唯祎、柳志豪等。

本书稿的执笔人：前言、第 1 章、第 2 章、第 3 章、第 5 章、第 6 章、第 7 章、第 9 章、第 12.4 节、第 13.1 节、13.3 节、13.4 节、13.5 节由李圭白执笔；第 8 章、第 10 章、第 11 章由梁恒执笔；第 4 章、第 14 章由白朗明执笔；第 12.1 节、12.2 节、12.3 节、第 13.2 节由唐小斌执笔；参考文献目录由李圭白编辑。

全书由李圭白统稿和编校，梁恒和唐小斌参与；白朗明参与全书的校对。

本书在编著过程中，得到笔者团队新老成员及有关人员的大力支持和帮助，特此表示衷心感谢。

由于笔者水平有限，不足之处在所难免，欢迎读者提出宝贵意见。

CONTENTS

目　录

第 1 章

世界和我国的水资源

1.1　地球上的水资源

地球上水的容量为 14.2 亿 km^3，其中海水、咸水 13.84 亿 km^3，占 97.47%。地球上的淡水为 0.36 亿 km^3，占 2.53%。淡水中包括储于两极及冰川水（68.7%），地下水及土壤水（30.81%），湖泊和沼泽水（0.35%），大气中的水（0.04%）和江河水（0.1%）。虽然地球是一个水球，但是能够被人类利用的淡水资源还是非常少的。

水资源的定义：水资源是指可资利用或有可能被利用的水源，这个水源应具有足够的数量和合适的质量，并满足某一地方在一段时间内具体利用的需求。地表水资源是指地表水中可以逐年更新的淡水量。地下水资源是指存在于地下可以为人类所利用的水资源。我国平均年降水量为 682.5mm，降水总量约 6.5 万亿 m^3。形成地表径流及少量补充地下水为 2.8 万亿 m^3，约占降水总量的 43%，其余部分又蒸发回大气。

海洋的水通过蒸发进入大气层并由风送到大陆，在空中遇冷凝结成水滴变成降雨、降雪，统称为降水。雨、雪降落到地球表面大部分又蒸发返回大气层，剩余部分汇集成径流，渗入地下，变成地下水和江河湖沼，最终流向大海。大海的水再蒸发进入气层，重复上述过程永不休止，这就是水的自然循环。

城市生活饮用水、工业用水、农业用水，从天然水体中取水，经过适当处理满足我们用水的要求，送到用户。用户在用水过程中很多废弃物进入水中，然后作为污、废水排入天然水体中，为了减少对天然水体的污染，我们就要对污水进行处理，这就是水的社会循环。

污水处理以后，我们也可以将其回用到工业或者农业以及生活用水中，从而减少从天然水体中的取水量，还减少了排入天然水体中的废水量，也就是减少了对天然水体的污染。

水的社会循环是我们目前污染防治研究的一个主要循环，是同人类生活生产密切相关的一个循环。

1.2　水危机与人口爆炸

水危机出现在全世界，我国尤甚。水危机是人类危机的一部分，其重要根源是人口爆炸和消费爆炸。

人口爆炸历程：人类出现于 400 万～700 万年前，10 万～20 万年前出现现代人种。

现代人出现于非洲，10 万年前开始向各大陆迁移，2 万～3 万年前扩展到宜居的各个大陆，其他人种相继灭绝。

人类人口爆炸始于约 1 万年前的农业革命。原始人类一直以狩猎采集方式生活，生产力低下，人口增长缓慢，有时到了灭绝的边缘，到约 1 万年前才发展到数百万人口。约 1 万年前，人类发明了原始农业，原始农业的生产力约为狩猎采集的十余倍，这就为人类的发展提供了物质基础。表 1-1 为地球上人类的人口数量随时间的变化规律，由表可知，人类人口在农业时代的增长速度仍比较缓慢。人类人口的快速增长始于工业革命，因为工业革命为人类生产出更丰富的物质，为人类人口增长提供了物质基础。在农业时代，人类人口数量翻一番约经历了 1500 年，但由 1650 年工业革命开始，人口数量翻一番经历的时间逐渐大幅度缩短。人类人口由 5 亿增加到 10 亿，经历了 200 年时间；由 10 亿增加到 20 亿，经历了 80 年；由 20 亿增加到 40 亿，仅经历了 45 年；由 40 亿增加到 60 亿，仅经历了 24 年，这时人口增加的速度并没有显著减慢，《联合国 2019 年世界人口展望报告》预测，2023 年人类人口将达到 80 亿，至 2030 年人类人口将接近 85 亿。

地球上人类的人口数量随时间的变化规律　　表 1-1

时间	人口	人口翻一番的历时
1 万年前（农业革命）	数百万	—
公元元年	2 亿～3 亿	约 1500 年
1650 年（工业革命）	5 亿	约 1500 年
1850 年	10 亿	200 年
1930 年	20 亿	80 年
1975 年	40 亿	45 年
1999 年	60 亿	24 年
（2023 年）	80 亿	（48 年）

人口爆炸引起了消费爆炸，据统计 20 世纪最后 25 年的能源消费几乎是之前人类能源消费的总和。这样下去，地球到底能养活多少人？有的科学家提出人类能利用太阳每年输送给地球总能量的

1%，便计算出地球养活人类极限数：

$$\frac{(太阳每年供给地球的总能量) \times 1\%}{(年平均个人消费)} = 82.5 亿$$

也有人认为地球能养活的人数约为 150 亿。虽然各科学家计算出的结果有所不同，但地球能养活的人类总人数是有限的，这是大家的共识。

我国的人口爆炸，发生在 20 世纪，几乎与世界同步。1952 年我国的人口为 6 亿人。人口数翻一番达到 12 亿出现在 1995 年 12 月 5 日，即经历了 43 年，之后我国实行了严格的人口控制政策，人口增长速度慢了下来，到 2019 年我国人口达到 14 亿人，即 24 年仅增长了 2 亿。

人口爆炸使人类总人数向极限逼近，后果极为严重，这就是人类危机，人类危机造成资源危机和环境危机，水危机就是人类危机的一个重要方面。

我国水危机是世界水危机的一部分。我国水危机主要表现为水资源短缺和水环境污染。

我国水资源总量在世界上虽然排名第六，但是人均水资源量为 2100m³/（人·年），只有世界人均量的 28%，所以我国是一个水资源短缺的国家。我国年降水量地区分布极为不均：南方占 81%，北方占 19%。年际及年内分布不均：夏半年占约 75%，冬半年占 25%。

我国水资源中 30%～35% 可被利用，即为 8000 亿～9500 亿 m³。2018 年，我国用水量组成，总用水量为 6015.5 亿 m³，其中：农业用水为 3693.1 亿 m³，占总用水量的 61.4%；工业用水为 1261.6 亿 m³，占总用水量的 21.0%；生活用水为 859.9 亿 m³，占总用水量的 14.3%；人工生态环境补水为 200.9 亿 m³，占总用水量 3.3%。此用水量组成为发展中国家用水模式。

2035 年，我国用水量目标，总用水量控制在 7000 亿 m³，其中：农业用水 3700 亿 m³，占总用水量的 53%；工业用水为 1300 亿 m³，占总用水量的 19%；生活用水 1000 亿 m³，占总用水量的 14%；生态用水 1000 亿 m³，占总用水量的 14%，此目标是符合国际惯例的现代化用水结构。流域的用水结构应不断向现代化方向调整。

我国总取用水量 2018 年为 6015.5 亿 m³，水资源使用率为 21.3%；2035 年预计为 7000 亿 m³，水资源使用率接近 24.4%（根据《中华人民共和国 2019 年国民经济和社会发展统计公报》数据及定义计算所得）正在向极限逼近，形势严峻。水资源短缺造成的经济损失，不亚于洪涝灾害。

对我国水资源重要性的认识，经历了由中华人民共和国成立初期不重视到现在越来越重视的过程。

天然水体都是一个生态系统，具有一定的降解污染物的能力，称为水体的承载力。排入天然水体的污染物来源于水的社会循环，即人类社会在用水的过程中，使废弃物进入水中，用过的污废水再将废弃物带进天然水体。排入天然水体的污染物量较少，不超过水体的承载力，水体的生态系统就不会遭到破坏。当排入天然水体的污染物量大于水体的承载力时，水体的生态系统就会遭到破坏，可认为水体受到污染。受污染的水体将部分丧失或完全丧失使用功能，造成水质性缺水，使国民经济遭受损失。

二十世纪五六十年代以前，我国社会经济落后，城市基础设施差，工业不发达，城市和工业造成的水污染尚不严重。改革开放以来，国民经济高速发展，污染水量急剧增加，对水环境污染严重。全国污废水排放总量达 750 亿 m³（2018 年），致使水环境遭到不同程度污染。2019 年，近岸海域 1257 个海水水质监测点中，达到国家 Ⅰ 类、Ⅱ 类海水水质标准的监测点占 76.6%，Ⅲ 类海水占 7.0%，Ⅳ 类、劣Ⅳ类海水占 16.4%（《中华人民共和国 2019 年国民经济和社会发展统计公报》）。2018 年，全国近岸海域水质总体稳中向好，水质级别为一般。城市水源污染造成的损失，不低于洪涝灾害和水资源短缺。所以 20 世纪末中国工程院提出了水质灾害的概念——防污减灾，水质灾害不可忽视。水资源短缺和水环境污染构成了中国水危机。2015 年国务院印发《水污染防治行动计划》（简称"水十条"），全面控制污染物排放。

城市的水危机：城市化是现代化的基本进程和主要标志。城市是一定地域范围内的政治、经济、物流、文化和信息中心。2030 年，世界城市人口所占比例将超过 60%；我国城市人口也将达 70%，超 10 亿。城市地域狭小，集水面积小，人口密度大，经济活动集中，普遍存在资源性缺水。城市同时又排污集中，对水环境破坏力大，易出现环境污染和水质型缺水。城市的水危机显得集中和尖锐，是政府和社会关注的焦点。缓解水危机，仅从一城一地考虑，已无法解决。必须从整个流域水循环着眼，才可能找出对策。缓解水危机的方法，就是实现水的良性社会循环。

1.3 我国水危机对策——实现水的良性社会循环

（1）节水

为实现水的良性社会循环，国家近年来正投入巨资。对策方针：节水优先，治污为本，多渠道开源。

我国用水量正在向水资源极限迫近，形势严峻。节水不仅可以减少取水量，同时还可减少排水量，减少对水环境的污染。水的社会循环需要大量投资。不节水，给水排水投资将使社会经济不堪重负。所以，不仅缺水地区要节水，丰水地区也要节水。从"以需定供"向"以供定需"模式转变。

节水的战略地位：美国用水量与我国相当，但GDP为我国1.5倍左右，所以我国节水潜力很大。节水是一场革命，主要是提高用水效率，全面建设节水型社会。节水应提高到与开源同等重要地位。改变重开源轻节水倾向，特别是在投资上应向节水倾斜。

（2）治污

控制污染是改善水环境的根本途径。末端治理——排多少、处理多少，这种传统模式被历史证明是不成功的。源头治理——清洁生产，是污染控制的发展方向。污水处理主流工艺——生物处理，存在节能减排问题（如高耗能、大量排放温室气体等），可能面临重大变革，要以低碳、减排为发展目标。

（3）污水再生回用

污水在二级处理基础上，再进行深度处理，为此需要进行更大投入，不一定是最佳选择。在水的社会循环中进行水的再生回用，既减少取水量，又减少排污量。由集中处理向分散处理就近回用转变。经深度处理后的城市污水回用于工业、市政杂用，可产生经济效益。在工业中根据循环经济原理，提高水的循环利用和重复利用率。范围扩大到企业间以及工业区，甚至进行企业重组，逐步实现废水零排放。实现由"处理排放"到"再生回用"的观念转变。

1）城市污水回用于农田灌溉

城市污水是宝贵的稳定的淡水资源。城市污水回用于农田灌溉，可以大大降低污水处理程度。回用的水量问题：城市污水量终年变化不大，而灌溉用水则为季节性，需设调贮水池。农田灌溉用水占用水量61.4%，有可能吸纳全部城市污水，实现城市污水零排放。回用的水质问题是重金属超标，这要从加强对工业有毒有害废水处理的监管，特别是抓紧源头处理来解决。目前，灌溉污水由于重金属超标，并且短期内难于解决。但从长远看，城市污水回用于农田灌溉仍是发展方向。

2）水的间接回用

流域上游城市污水排入水体，下游城市由水体取水，也是水的社会循环的一种形式，或称为水的间接回用。上游城市排污超过水体承载力，导致水质污染，下游城市就需进行饮用水除污染处理。城市饮用水除污染，是水的社会循环的一个环节，是水环境治理的组成部分。上游城市对污水进行处理的程度越高，费用越大，下游城市饮用水除污染费用就会减少。将上游城市污水处理到天然水体水质，虽然下游城市饮用水除污染费可降至最低，但上游城市污水处理费会高到现阶段无法承受的程度。最好就是，上游城市对污水适度处理，下游也进行适度饮用水除污染处理，使总费用最低。城市水源水质污染状况会长期存在，根据城市污水治理规划，水环境污染治理及水体生态恢复需要30～50年时间，所以饮用水除污染是一个长期任务。

3）污泥资源化

污泥已成为国内外重大环境问题。传统处置方法已不再被认可。污泥填埋：因含水率过高（＞70%），常被垃圾填埋厂拒收。污泥堆肥农用：因含重金属而被禁用。污泥焚烧：价格高，且污染大气。所以污泥资源化，是今后发展方向。污泥裂解，可回收能源，已成为研究热点。

（4）缺水地区多渠道开源

缺水地区水的社会循环问题：北方地区河流流域（淮、黄、海、辽、黑）的人均水资源量：淮961m³，黄744m³，海345m³，辽1060m³，黑2181m³。京、津、冀、鲁、豫、晋的人均水资源量：北京164m³，天津113m³，河北218m³，山东342m³，河南355m³，山西329m³。

现状不能保证水的良性社会循环：例如水的径流利用率过高，甚至造成断流；点源、面源污染大大超出水体承载力，污染严重。

关于污水排放标准：对南方，河水流量大，大量稀释后，可自净，水体承载力高，水体生态可得以恢复；对北方，河水流量小，稀释能力不足，水体承载力低，不能保证水体生态恢复。污水排放标准应根据水体承载力来制定，不宜全国统一，北方应较南方更严格。

高寒地区水的社会循环问题：主要是北方地区，如松花江，冰封期长达5个月，冰盖阻断河水复氧，水温近0℃，使生物降解能力基本丧失，水体承载力大大降低。冬季温度低，生物处理效果差，处理厂排入水体污染物大大增加。冬季水体污染程度最高，污水排放标准应要求更严格。

海水淡化，将来有望成为重要的淡水来源。

雨洪水利用：城市化进程中城区范围扩大，屋面及不透水地面面积大，增大雨洪危害。若将雨水贮积，可用于生态用水、补给地下水、市政杂用，同时分散就地吸纳，减少向市区排放水量。

调水：要遵循先节水、后调水的原则。不节水，调来的水将有一部分被浪费。调水费用与当地水源水除污染处理费用比较，选择经济合理方案。

科学调配水资源：优质优用。城市污水回用于农田灌溉，原来用于农田灌溉的水源可供城市使用。

1.4　污染源治理与饮用水除污染并重

1.4.1　我国水环境污染现状及发展趋势

改革开放以来，我国国民经济实现了高速发展，2016年我国国内生产总值稳居世界第二位。但在国民经济发展的同时，环境质量却日益恶化，其中水环境污染显得特别突出。

仅就城市而言，2018年我国供水总量达到614.64亿t/d。水在工业生产和生活的使用过程中被污染，如不加处理，将带着大量废弃物排入天然水体，对水环境造成污染。工业废水在工厂中经初步处理后，排入城市排水管道，与生活污水一起排出市区。我国城市污水的处理率约为95%，可见我国废水中仍有一部分废弃物被排入水体。《2018年中国生态环境公报》揭示，2018年，全国地表水监测的1935个水质断面（点位）中，Ⅰ～Ⅴ类比例为71.0%，比2017年上升3.1个百分点；劣Ⅴ类比例为6.7%，比2017年下降1.6个百分点，其中黄河、松花江和淮河流域为轻度污染，海河和辽河流域为中度污染，见表1-2。

2018年各水系水质评价情况　　　　　　　　　　表1-2

水系	水质评价断面数	其中符合标准河段所占比例（%）						主要污染指标
		Ⅰ类	Ⅱ类	Ⅲ类	Ⅳ类	Ⅴ类	劣Ⅴ类	
长江流域	510	5.7	54.7	27.1	9	1.8	1.8	水质良好
黄河流域	137	2.9	45.3	18.2	17.5	3.6	12.4	轻度污染，主要污染指标为氨氮、化学需氧量和五日生化需氧量
珠江流域	165	4.8	61.8	18.2	7.9	1.8	5.5	水质良好
松花江流域	107	—	12.1	45.8	27.1	2.8	12.1	轻度污染，主要污染指标为化学需氧量、高锰酸盐指数和氨氮
淮河流域	180	0.6	12.2	44.4	30.6	9.4	2.8	轻度污染，主要污染指标为化学需氧量、高锰酸盐指数和总磷
海河流域	160	5.6	21.9	18.8	19.4	14.4	20	中度污染，主要污染指标为化学需氧量、高锰酸盐指数和五日生化需氧量
辽河流域	104	3.8	28.8	16.3	19.2	9.6	22.1	中度污染，主要污染指标为化学需氧量、五日生化需氧量和氨氮
浙闽片河流	125	2.4	52.8	33.6	9.6	1.6	—	水质良好
西北诸河	62	25.8	62.9	8.1	3.2	—	—	水质为优
西南诸河	63	9.5	73	12.7	—	—	4.8	水质为优

水环境污染破坏了水的生态平衡,对国民经济带来多方面的影响,造成重大损失,而其中最突出的是使城市饮用水质量下降,水中含有众多有毒、有害,特别是能使人体致癌、致畸、致突变("三致")的微量有机污染物质,城市自来水厂使用的常规水处理工艺,不能有效地去除这些微量有机污染物,结果致使城市居民不得不长期饮用这种不安全的水,对人体健康构成很大危害。2014年中国疾控中心专家团队首次证实了癌症高发与水污染的直接关系。《2018年中国水资源公报》揭示,2018年,31个省(直辖市、自治区)共评价1045个集中式饮用水水源地。全年水质合格率在80%及以上的水源地占评价总数的83.5%,这意味着约有16.5%的自来水主要水源地全年水质合格率不达标。

我国目前采取的对策是,全面控制污染物排放。2015年,全国废水排放总量735.3亿t,其中,城镇生活污水排放量535.2亿t,污水处理厂全年共处理废水532.3亿t,年运行费用为477亿元;工业废水排放量为199.5亿t,工业废水处理总量为444.6亿t,投入年运行费用为685.3亿元。我国城市污水处理量见表1-3,表中还按上述城市污水处理率,计算出处理的污水量和未处理的污水量。根据《水污染防治行动计划》,到2020年,七大重点流域水质优良(达到或优于Ⅲ类)比例总体达到70%以上,地级及以上城市建成区黑臭水体均控制在10%以内,地级及以上城市集中式饮用水水源水质达到或优于Ⅲ类比例总体高于93%。工业污染防治方面:取缔"十小"企业;专项整治造纸、焦化、氮肥、有色金属、印染、农副食品加工、原料药制造、制革、农药以及电镀这十大重点行业,实施清洁化改造,以及集中治理工业集聚区水污染等。城镇生活污染治理方面:县城、城市污水处理率要分别达到85%和95%左右。

城市这种点污染源,因污染比较集中而便于进行集中处理,相对易于控制。相反地,大量兴起的乡镇企业造成的水环境污染,则由于排污相对分散而难以控制。此外,禽畜饲养、农田施药施肥而引起的面污资源,因量大面广,污染的控制和治理就更加困难。《水污染防治行动计划》指出,要制订实施全国农业面源污染综合防治方案,控制农业面源污染;加快农村环境综合整治,实行农村污水处理统一规划、统一建设、统一管理。

此外,《水污染防治行动计划》指出,为全面保障水生态环境安全,还需要在保障饮用水水源安全、深化重点流域污染防治、整治城市黑臭水体等方面做出努力。

根据发达国家的经验,水业(包括供水和排水)投资额占国民总收入(GNI)的2%~4%时,才有可能控制住水环境质量的恶化,满足社会良性发展的需要。而目前我国水工业投资额(5277亿元)仅为国民总收入GNI(831381.2亿元)的0.6%左右(2017年),显然过低,应适当增加。然而,目前我国仍是发展中国家,工业化、城镇化、农业现代化的任务尚未完成,经济实力有限,在相当长时间内(可能20~30年或更长)难以达到发达国家的投资额比例,在这种情况下,我国水资源质量继续恶化的情况也许是不可避免的,生态环境保护仍面临巨大压力。

1.4.2 我国水环境污染的正确对策

目前,在我国水环境污染不断加重的情况下,以现行城市的自来水厂常规水处理技术处理的水,水中仍含有许多有毒有害物质,特别是微量有机污染物可检出数百种、其中有许多是具有"三致"作用的重点污染物。有相当多的城市自来水厂出水的致突变实验(Aems实验)显阳性,表明饮用这种水是不安全的。如果我国居民还要饮用这种有害于健康的水长达数十年,说明我们目前采用的对策——重点治理污染源,虽然是必要的,但是不够全面。

我们认为,正确的对策是,在治理污染源的同时,应进行饮用水除污染处理。水环境污染最直接最大的危害,是使有毒有害污染物随饮用水进入人体,那么在污染治理近期不能立即奏效的情况下,为什么不把住"毒从口入"这一关呢?把住这一关,进行饮用水除污染处理,就能立即防止或减少

我国城市污水处理量计算　　表1-3

时间	城市用水量 或排水量 (亿t/a)	污水处理率 (%)	处理的污水量 (亿t/a)	未处理的污水量 (亿t/a)
1995	350.26	19.69	69.07	281.19
2000	331.8	34.25	113.56	218.24
2010	378.7	82.31	311.7	67
2015	466.62	91.9	428.83	37.79
2017	492.39	94.54	465.49	26.9

有毒有害污染物进入人体，收到立竿见影的效果。

其实，污染物从污染源进入水体起，到最后随饮用水进入人体，是污染物迁移的主要过程之一。只有从整个过程着眼，才能全面地考虑治理问题。污染源治理（包括清洁生产），防止或减少污染物进入水体，显然是重要的；但已进入水体的污染物，防止或减少其进入人体，即直接保护人，显然也是重要的。这正是整个过程的两个关键环节，它们都应是环境保护的主要内容。但是在我国这两个环节的实施又分属两个部门（环保和市政），部门的分割在一定程度上造成了认识上的不全面。环境保护的重点在于保护生态环境，但对生态环境的首要对象—人体保护却一定程度地被忽视了。

为追求高品质饮用水，市场上已出现各种家用或集体用的小型净水器，或以瓶装或桶装出售除污染水，且市场销售情况相当好，表明人们及社会对安全饮用水的需求十分强烈。2006 年底，卫生部会同各有关部门正式颁布了《生活饮用水卫生标准》GB 5749—2006，与《生活饮用水卫生标准》GB 5749—1985 相比，新版标准中的指标数量不仅由 35 项增至 106 项，还对原标准的 8 项指标进行了修订，指标限量也与发达国家的饮用水标准具有可比性。随着国家对居民生活饮用水的安全和健康问题愈发重视，2018 年，国家卫生健康委员会联合有关部委启动《生活饮用水卫生标准》新一轮修订工作，并于 2022 年正式批准发布《生活饮用水卫生标准》GB 5749—2022，这个新标准把出现健康危害的指标纳入标准当中来，并引入新的检验方法。由此可见，要全面达到水质标准，就需要采用更先进有效的饮用水净化技术。

由于水环境污染已是一个全球性的问题，发达国家早已开始在城市自来水厂进行饮用水除污染处理，并开发出多项饮用水除污染技术，其中比较通用的是臭氧氧化—活性炭吸附工艺。

城市污水处理厂的基建费约比自来水厂高 6 倍，污水处理的年运行费也非常高，约为基建费的 8%～15%。相反地，上述臭氧—活性炭除污染工艺的基建费仅为自来水厂常规处理的一半左右。由于我国资金比较短缺，目前已开发出多种经济有效的饮用水除污染技术，如高锰酸盐氧化、生物预处理等，费用比上述国外工艺低得多，十分利于在我国推广。所以，城市饮用水除污染在技术经济上也是可行的。

其实，城市饮用水除污染也是一个长期任务，因为即使之后工业企业和城市点污染源的处理率能达到接近 100%，仍会有一定量的污染物进入水体，再加上面污染源的污染物难以控制，所以水环境的污染一般只能减少，难以消除。发达国家的水环境污染现状就是实例。而人们对饮用水的质量和安全性的要求又越来越高，所以饮用水除污染在未来也是必要的。

1.4.3　饮用水除污染的社会经济效益

饮用水除污染，不仅能减少疾病，保障人体健康，具有十分显著的社会效益，并且经济效益也是可观的。我国人均水资源仅有世界人均水资源的 1/4，而在华北、东北和西北地区，水资源就更紧缺，再加上水环境污染，使一部分水体不再适于作城市自来水水源，这就更加剧了水资源的紧缺程度，成为这些地区经济发展的制约因素。饮用水除污染扩大了城市水源的选择范围，一定程度地降低了水资源紧缺程度，有利于缺水地区的经济发展。由于水环境污染，特别是城市附近水环境污染较重，致使选择城市水源的距离越来越远，投资越来越大；饮用水除污染，则可一定程度地缩短取水距离，减少投资。

我国饮用水污染与居民医疗费用关系的经济学研究显示，2016 年全国城乡居民治疗饮用水污染相关疾病的总医疗费用合计约 3400 亿元，相当于当年全国卫生总费用的 7%；而因饮用水污染支出的医保基金约 1500 亿元，相当于当年全国医保基金总支出的 12%，这无疑增加了中国政府和居民的医疗支出负担。根据《2019 中国卫生统计年鉴》，2018 年城市居民消化道癌症的死亡率约为 0.72‰，而《柳叶刀肿瘤》上发表的一篇文章表示，中国消化系统癌症中有 11% 是饮用了受污染的水造成的，那么中国饮用水污染相关的消化道癌症死亡率约为 0.02‰。一名消化道癌症患者，医疗费用可能是 6 万元。其家属为求医、护理而误工带来的损失，以及给家属精神上造成的创伤，更是难以计算。根据国家统计局数据，2018 年我国城镇人口为 8.31 亿，饮用水除污染可减少消化道癌症死亡人数约 2 万人，仅这一项每年就可节省医药费预计约 12 亿元。考虑饮用水除污染对居民健康的有利影响及医疗费用经济负担的减轻，对城市自来水厂饮用水除污染的投资可形成社会投资——效益的良性循环。

　　饮用水除污染是当今国内外城市供水发展中的一个热点，在学术刊物上发表的科学论文，与饮用水除污染有关的占较大比例。由于饮用水中出现的污染物种类数量众多、多数浓度极低，无论检测和去除都十分困难，所以饮用水除污染是一个涉及多学科的高科技项目。

　　由于城市饮用水除污染的水量达到每日上亿吨，所以它又是一项巨大的社会需求，必将带动水业等多种产业的发展，并成为国民经济支柱产业的一部分。

第 2 章

我国城市饮用水净化技术的发展历程

社会需求是技术发展的动力，创新及技术突破将引领技术发展的方向。

我国社会经济已进入一个新的改革发展时期，创新将成为社会发展的新动力。水业工作者在新的历史时期，以绿色、低碳、节能、环保、可持续发展等新的重大社会需求为导向，将不断探索自主创新之路，以寻求新的技术突破。

本书将回顾历史中出现的一些重大创新和技术突破，论述其对我国城市饮用水净化工艺发展的推动作用，以及其为我们带来的启示。

2.1 中华人民共和国成立前国内外城镇饮用水净化技术发展概况

1. 保障城市饮用水生物安全性的重大社会需求

20世纪以前城市居民大多由井水或河流中取水。随着城市的发展，城市人口聚集越来越多，出现了大规模的疾病流行，包括介水烈性细菌性传染病（霍乱、伤寒、痢疾等）的流行，提出了保障饮用水生物安全性的重大需求。

向城市引水自古有之，不过规模甚小。在此基础上发展出向城市居民集中供水的管道网，使居民可以饮用到比较清洁的水源水，是城市供水技术的一大突破。

它与以氯消毒为核心的饮用水净化工艺一起，控制住了烈性细菌性传染病的流行，为人类社会的发展作出了重大贡献。2000年，美国工程院历时半年，与30多个美国职业工程协会一起评出了20世纪对人类社会影响最大的工程技术成就20项：城市供水及净化工艺（自来水）名列第四。

英国著名的《焦点》杂志邀请本国100名最权威的专家学者和1000名读者，评出了世界上最伟大的发明，蒸汽机、内燃机、电气化、汽车、飞机、电脑等都榜上有名，但位居榜首的竟是抽水马桶。

中世纪欧洲城市由于人类排泄物及垃圾堆积无法清除，成为城市发展最臭的时期。在此背景下，1595年英国一位名叫约翰·哈林顿的传教士发明了第一只抽水马桶，但由于城市缺乏排水系统而被冷落了200多年，直到1865年伦敦将简陋的城市沟渠改造成正规的排水系统，才使抽水马桶开始发挥作用。

抽水马桶能将排泄物迅速排出，极大地改善了室内卫生环境，并使居室内用水成为可能，为城市民居和公共建筑现代化（包括高层建筑）奠定了基础。

2. 氯消毒——饮用水净化技术的重大突破

氯消毒起源于1850年；1897年，英国用氯消毒饮水来应对伤寒病；1902年开始，比利时将其用于公共供水。氯能有效杀灭水中的致病细菌，基本控制住了介水烈性传染病的流行，使水的生物安全性基本上得到了保障。

水中的悬浮物及浊质对氯消毒效果有比较大的影响。为提高氯的消毒效果，需要将水中的悬浮物及浊质去除，为此研发出慢滤池。为减轻慢滤池的负荷，于慢滤池前设置预沉池，水在池中进行自然沉淀数日，可使水中大部分悬浮物和浊质得以去除。

将氯消毒、慢滤池和预沉池三者组合，形成了以下工艺：河湖原水→预沉池→慢滤池→氯消毒→出水。

3. 快滤池和混凝沉淀池

慢滤池的负荷较低，只有0.1～0.2m/h。慢滤池滤层堵塞后，只能用人工的方法将滤层表面的含泥沙层刮除1～2cm，需停池数日，费力费时；在较大水厂中一般每个滤池每1～2月刮砂一次，这限制了负荷的提高。但随着城市发展，用水量越来越多，慢滤池占地面积越来越大，已不适应城市发展的需要。

用水对滤层进行反冲洗以去除滤层中的积泥是一项重要发明，它在几分钟内就能将滤层内的积泥清除，使提高滤池负荷成为可能，从而发展出快滤池。

试想如果没有这项发明，城市饮用水净化工艺将会长期停留在慢滤池阶段，可以看出水反冲洗对发展饮用水净化工艺的重要意义。不仅如此，现今一切以颗粒材料过滤为特征的水处理工艺，都是以反冲洗为基础而发展起来的。

但提高滤速后，自然过滤后水的浊度过高，不能满足氯消毒的要求，向水中投加混凝剂对水进行混凝，使水中胶体聚集成较大粒子而被滤层去除，从而使快滤池出水浊度显著降低。

当原水浊度较高时，会使快滤池负荷过大，影响其经济性，故需于滤前设置沉淀池以部分地去除水中的浊质，这就是混凝沉淀池。

将以上构筑物组合起来，形成以下工艺：河湖原水→（混凝剂投加）→混合池→絮凝池→沉淀池→快滤池→氯消毒→出水，这个工艺可称为第一代城镇饮用水净化工艺，也称为常规工艺。

4. 澄清池与气浮池

在上述工艺中，大型水厂多采用平流沉淀池，中、小型水厂常采用立式沉淀池。立式沉淀池的沉淀效果不如平流沉淀池好，这是由于在立式沉淀池中水流自下向上流动，絮体向下沉降，与水流运动方向相反，故沉降效果较差。但在立式沉淀池运行中，有人发现池中能形成絮体悬浮层，使净水效果显著提高，从而研发出澄清池。用机械搅拌驱动方法实现池内泥渣回流以使进水与之接触，称为机械循环澄清池。用上向流进水方式，使进水与悬浮泥渣层接触，称为悬浮泥渣澄清池。

对于藻类或细微絮体，因其在池中沉淀甚慢，沉淀效果不佳，为提高去除浊质效率，借鉴选矿中的气浮技术，向水中释放细微气泡，使其附着于絮体上，能显著提高絮体上浮速度，提高固液分离效率，称为气浮净水技术或气浮池。

在不同水质条件下，可用澄清池或气浮池替代沉淀池与快滤池组合，形成相应的净水工艺。

以上为 1949 年以前国外城市饮用水净化技术发展概况。那时国内大多数城镇以地下水为水源，一般没有水处理设施，少数以地表水为水源的城镇，主要采用"贮水池—慢滤池—氯消毒"及"混凝—沉淀—快滤—氯消毒"水处理工艺；城镇供水普及率很低。

2.2　中华人民共和国成立后 30 年间（1949 年～1979 年）城镇饮用水净化技术的发展

1. 由苏联引进常规工艺

1949 年 10 月 1 日，中华人民共和国成立，我国进入了一个新的发展时期。中华人民共和国成立初期，我国一穷二白，百废待兴。经过一段恢复期后，我国开始了第一个五年计划的建设。1952 年，设有自来水厂的城市已增加到 82 个。

当时我国采用的是"向苏联一边倒"的外交政策，第一个五年计划的重点是在苏联援助下进行工业建设，以钢为纲，执行"先生产后生活"的政策，而城市给水排水设施建设被归入"生活"类，

所以与中华人民共和国成立前相比虽发展较快，但远远跟不上国民经济发展的速度。

1949 年前全国只有 72 个城镇建有自来水厂，大部分在沿海地区，且供水量很小。至 1960 年，设有供水设施的城市已增至 171 个，城市水厂增至 326 座；1980 年，城市水厂增至 554 座，年均仅增加 10 座。

在"一边倒"政策指导下，教育界采用苏联教育体制及教材，聘请苏联专家，按苏联模式培养学生，所以教育界和工程界学习苏联成为那时的主流。

那时城镇饮用水净化工艺主要是由苏联引进的常规工艺，即走的是一条"引进－消化－再创新"的技术路线。

1950 年我国制定了第一部供水水质标准，共 11 项，其中浊度要求小于 15mg/L；1955 年、1956 年、1959 年曾作了 3 次修改，1976 年颁布了《生活饮用水卫生标准》TJ 20-76，有 23 项水质标准，其中浊度要求不高于 5NTU。

2. 高负荷成为"先进性"的标志——提高滤速

第一个五年计划（1952 年～1957 年）的口号是"多、快、好、省建设社会主义"，追求高负荷成为净水技术发展方向。由于那时对水质要求不高，为高负荷提供了发展的可能。

慢滤池由于滤速很低，占地面积大，已普遍改为快滤池。

引进了苏联的"反粒度过滤"的概念，采用双向过滤滤池（AKX 滤池）、双层和三层滤料滤池等，将滤速提高到 10m/h 以上。

引进苏联的接触凝聚技术，采用接触澄清池（上向流接触滤池）可省略混凝和沉淀构筑物。

3. 减少絮凝时间、提高沉速

一般絮凝时间为 15～20min，甚至更长。为减少絮凝时间引进了 GT 控制絮凝效果的理论，提出增大 G 可以减小 T（反应时间）；为了既减少反应时间又保证反应效果，研发出各种变梯度（G）的新型絮凝装置，如回流隔板絮凝池、折板絮凝池、涡流絮凝池等，将絮凝时间减少至 15min 以内，甚至 10min 以内。

引进澄清池，可使截留沉速比沉淀池提高一倍，达到 1.0mm/s 左右，沉淀时间减少至 1.0h 左右。北京市市政工程设计研究总院有限公司和北京

市自来水集团有限责任公司较早成功在北京设计并应用机械加速澄清池，其规模为全国最大。

4. 浑水异重流和现代平流沉淀池

哈尔滨工业大学较早系统地阐述了浑水异重流对沉淀池内水流工况的影响。理想沉淀池理论只考虑了水对泥沙颗粒物的作用，而忽视了泥沙对水的作用。含泥沙的进池浑水的密度比池内清水大，故潜入池下部运动形成浑水异重流，这也是沉淀池水流的基本流态，从而对理想沉淀池理论作了补充与完善。

按照浑水异重流的特点，指出表面集水的重要性。上向流斜板斜管沉淀装置对浑水异重流最适应，而下向流和平向流斜板斜管沉淀池则易受浑水异重流的影响。

中华人民共和国成立初期采用的平流沉淀池，表面负荷只有 0.5mm/s，沉淀时间 2～4h。20 世纪 80 年代，上海市政工程设计研究院设计出浅而长、大流速的新型平流沉淀池，使浑水异重流的影响得到控制，并采用虹吸连续自动排泥及与清水池合建的技术措施，在大型水厂中获得成功应用，这是一个突破，现已成为大型水厂的主流工艺构筑物。

5. 斜板斜管沉淀技术

1904 年，哈真提出了平流池的浅池理论，即在保持同样沉淀效果的条件下，池深减小数倍可使池长和沉淀时间相应地减少数倍，从而大大降低沉淀池的建设费用。工程界曾作多年努力进行多层沉淀池工程实验，皆因排泥困难而未获成功。

20 世纪 60 年代，日本医务工作者博伊科特在用试管进行血沉测定时，发现试管倾斜会使沉降加速。水处理工作者根据这一现象，研发出了斜板斜管沉淀装置。

斜板斜管沉淀装置极大地减小了沉降距离（池深），同时又利用斜面解决了自动排泥问题，这是浅池理论发表后经历了半个多世纪后才实现的一大突破，它使表面负荷提高数倍达到了 3mm/s，沉淀时间减至 0.5h，是一项高效沉淀技术。

将斜板斜管沉淀装置设于平流沉淀池出水区，或设于澄清池清水区等，发展出多种复合工艺，可使沉淀装置负荷进一步提高。

6. 以水力调控设备取代机电设备

中华人民共和国成立初期，我国钢产量低，技术能力薄弱，机电产品质低价高，所以工程界纷纷

采用和开发水力调控构筑物来取代机电设备，这是那个阶段我国工艺设备的特点，如大多采用水力混合设备和水力作用的絮凝池，采用机械混合和机械搅拌絮凝构筑物的很少，采用悬浮澄清池较多。采用脉冲澄清池时，发明出水力调控的钟罩装置取代引进的真空抽气装置，使脉冲澄清池得到推广；参考机械加速澄清池的工作原理，开发出水力循环澄清池，在中小型设备中得到广泛应用。为减少快滤池的阀门，引进无阀滤池；无阀滤池巧妙地利用多种水力作用原理，设计出全水力控制的自动化滤池，是一个范例。在其启发下，还研发和引进了虹吸滤池、单阀滤池、双阀滤池、移动罩滤池等，使滤池阀门数量显著减少，甚至不用反冲洗泵，降低了建设费用。

7. 混凝剂及助凝剂的发展

中华人民共和国成立初期，我国水厂普遍采用明矾作混凝剂，后开始采用硫酸铝以及三氯化铁。20 世纪 70 年代，国外开始研发无机高分子混凝剂——碱式氯化铝，我国紧随其后研发出多种碱式氯化铝，并开始在水厂使用，混凝效果有了一定程度提高。

中华人民共和国成立初期，我国已经开始使用活化硅酸为助凝剂，特别是天津自来水公司将活化硅酸与硫酸亚铁联合使用，取得较好效果。用活化硅酸作助凝剂在我国部分水厂得到推广应用。

在这 30 年里，先后经历了 3 年困难时期和 10 年"文化大革命"，使国民经济包括水业及净水技术的发展受到很大影响，发展缓慢。

8. 高浊度水处理

我国黄河是世界含沙量最高的河流之一，高含沙水的处理是净水技术的一大难题。我国特别是中国市政工程西北设计研究总院有限公司经多年研究和工程实践，成功采用预沉＋常规处理的净化工艺，建成直径达 100m 的带刮泥桁架的辐流式沉淀池。

兰州自来水公司研发出"高分子絮凝剂——阴离子型聚丙烯酰胺（PAM）絮凝高浊水"的技术，大大提高了水中泥沙的去除效率。

高浊度河水泥沙浓度高，变化快，特别是泥沙浓度及浊度在线检测困难，难以进行投药控制。20 世纪 90 年代，在英国伦敦大学学院（UCL）的絮凝颗粒尺寸检测技术——透光脉动检测技术基础上，哈尔滨工业大学发明了高浊度水透光脉动絮凝

投药自控技术，并在生产性辐流沉淀池中实验成功，实现了技术突破。

中国市政工程西南设计研究总院有限公司在西南高含粗砂河流水的处理中积累了丰富的除砂设计经验。

高浊度水处理是我国具有独创性的一项净水技术。

9. 地下水曝气接触氧化除铁除锰

中华人民共和国成立初期，我国集中建设东北工业基地，在东北大量开采地下水。东北地区地下水多含过量的铁和锰，那时主要是引进苏联的自然氧化除铁工艺，即将含铁的地下水曝气，再经反应沉淀和砂滤，将水中铁质除去，该工艺设备庞大，水在其中停留时间长（2～3h），易受很多因素影响，除铁效果不稳定。

哈尔滨工业大学引进接触氧化技术，研发出具有我国特色的天然锰砂接触氧化除铁技术，使除铁过程主要在接触氧化滤池中完成，水的停留时间减至 0.5h 以内，除铁效果比自然氧化还好，成为一项先进技术并得到推广。

经典理论认为催化剂是二氧化锰，但是哈尔滨工业大学的模型实验和生产实践发现，在接触催化过程中覆盖了铁质的旧锰砂的活性比新锰砂强，且旧锰砂若反冲洗过度其催化活性会大大降低，表明锰砂表面覆盖的铁质薄膜具有催化作用，从而提出催化剂是"铁质活性滤膜"而不是二氧化锰，这是对经典理论的修正。

按照"铁质活性滤膜"接触氧化除铁原理，锰砂只是载体，从而可用更廉价的石英砂、无烟煤作为滤料，这使该工艺更易于推广。

地下水中锰的氧化还原电位比铁高得多，在天然水条件下难以被氧化去除，所以长期以来许多水厂只能除铁不能除锰。二十世纪五六十年代，哈尔滨工业大学发现在哈尔滨市平房区某自然氧化除铁除锰水厂的滤池中，石英砂表面生成的"锰质活性滤膜"对锰的氧化过程有催化作用，且通过模型实验也重现了生产滤池中的现象，即在石英砂表面形成了"锰质活性滤膜"，从而研发出"锰质活性滤膜"接触氧化除锰工艺。

"锰质活性滤膜"生成较慢，常需数月。20世纪80年代，哈尔滨工业大学和中国市政工程东北设计研究院实验发现我国某些天然锰砂对水中 Mn^{2+} 有吸附和去除作用，可以在活性滤膜生成前

被用来去除水中的锰。将天然锰砂除锰和"锰质活性滤膜"接触氧化除锰结合起来，成为一种具有我国特色的天然锰砂接触氧化除锰工艺，在生产中得到推广应用。

关于"锰质活性滤膜"接触氧化除锰机理，经典理论认为催化剂是 MnO_2，后来日本学者提出是 Mn_3O_4，即化学作用机理；20世纪90年代，中国市政工程东北设计研究院通过实验研究，提出生物作用机理，即催化剂是生物酶；生物除锰机理曾在国内外盛行多年。但近年来，笔者和国内外学者的研究表明，除锰主要是化学催化氧化机理，催化剂是一种特殊结构的锰质化合物；铁锰细菌的作用是存在的，但不是主要的。

将催化氧化技术引入除铁除锰，使我国地下水除铁除锰技术步入了世界先进行列。

2.3 改革开放以来（1980 年～2005 年）城镇饮用水净化技术发展

1. 介水病毒性传染病的发现

10 年"文化大革命"使我国经济建设处于崩溃边缘。邓小平提出改革开放战略，使我国社会和经济建设（包括水业在内）走上一条新的发展道路。

20世纪中叶，介水病毒性传染病流行，这是人类社会面临的又一个饮用水重大生物安全性问题。

据研究，水中的病毒不是游离存在，而是附着在悬浮物上，因此若能将水中浊质充分去除，使浊度显著降低，就能使水中病毒浓度大大降低，从而降低病毒的致病性，为此就要求对水进行"深度除浊"处理，再经氯消毒，就能控制住疾病流行。

相应地，1985 年颁布的《生活饮用水卫生标准》GB 5749—1985 规定城市水厂出水的浊度不应超过 3NTU。2006 年颁布的《生活饮用水卫生标准》GB 5749—2006 规定城市水厂供应至用户的龙头水浊度不得超过 1NTU。

2. 城市净水技术发展的新目标——提高水质、降低负荷

为进行"深度除浊"，研发出多种高效混凝剂，如中国科学院生态环境研究中心研发出 Al_{13} 含量高的聚合氯化铝。此外还有聚合硫酸铁、聚硅酸金属盐、阳离子型有机高分子絮凝剂等，以及各种助凝

剂、氧化剂、pH 调节剂等。

采用高效的静态混合器、机械混合装置等，将絮凝时间增长至 15～20min，甚至更长；采用格栅反应、折板反应、机械搅拌反应等，以完善絮凝反应。中国市政工程中南设计研究总院有限公司研发出格栅反应池，在国内得到推广。

降低沉淀构筑物负荷，延长沉淀时间，完善排泥操作，使沉淀池出水的浊度降至 2～3NTU，甚至更低；引进高密度沉淀池等先进沉淀构筑物，使沉淀池出水浊度降至 1NTU 左右。

降低滤池滤速至 7m/h 左右，采用均质滤料，以气、水联合反冲洗提高冲洗效果，引进 V 型滤池等先进池型，这些方法可使出水浊度降至 0.2～0.3NTU，甚至更低。

3. 净水过程自动化和精细化管理

2000 年前后，迎来了信息化时代。虽然早期对水厂自动化有若干研究，但大型全自动化水厂是 1990 年前后从引进开始，如南通狼山水厂；在引进—消化—再创新的过程中，逐渐形成了我国自己的设计和建设能力，至今新建的大中型水厂几乎全都实现了自动控制。

在线监测仪表的发展，特别是流量、压力、浊度、pH、余氯等在线监测，使净水过程的自动控制成为可能。

混凝投药控制是长期困扰业界的一个技术难题。20 世纪 80 年代，美国研发出的流动电流混凝投药自控技术是一个突破。哈尔滨工业大学首先从国外引进，并与杭州自来水公司合作，在生产实验中取得成功，再经"引进—消化—吸收—再创新"研发出适于我国水质的设备，在国内获得推广应用。

单体工艺构筑物以及整个净水工艺实现全自动控制，使净水过程完全摆脱了人为因素的影响，整个净水工艺进行得更稳定、更安全可靠、更易于优化，从而能更好地实现对净水工艺的精细化管理，更好地保证出水水质。

4. 城市饮用水重大化学安全性问题——氯化消毒副产物及微污染

以控制介水细菌性传染病和病毒性传染病流行为目的的"混凝—沉淀—砂滤—氯消毒"工艺，已在我国大多数城镇水厂中得到应用，可称为"第一代城市饮用水净化工艺或常规工艺"。

20 世纪 70 年代，在城市饮用水中发现氯化消毒副产物以及微污染物，这是 20 世纪人类社会面临的第三个重大饮水安全性问题——化学安全性问题。

西欧各国为去除水中有机物，逐渐采用粒状活性炭（GAC）净水。西德、法国等先后把 GAC 技术作为新建水厂的主要工艺。使用中发现，GAC 表面是微生物生长繁殖的良好环境，该微生物对提高处理效果，特别是延长活性炭的使用周期都起到了一定的作用，这种技术称为生物活性炭（BAC）。

前联邦德国人发现通过臭氧氧化能去除微污染物，使大分子有机物降解为易于被微生物去除的小分子有机物，并提供大量溶解氧有利于炭柱里培养好氧微生物。使用臭氧氧化的颗粒活性炭去除有机物和氨氮的能力基本不变，而且炭再生周期可延长至 3 年。以上研究推动了臭氧活性炭工艺的应用。

"第一代工艺＋臭氧活性炭"处理工艺，可使水中有毒害的微污染物得到去除，氯化消毒副产物生成得到有效控制，称为"深度处理"或"第二代城镇饮用水净化工艺"。在国外，第二代工艺得到推广应用。

我国第一座大型深度处理水厂是北京田村山水厂。清华大学研究深度处理工艺起步较早，并长期进行了系统研发。但由于其建设及运行费较高，在国内推广较慢；进入 21 世纪，随着国民经济高速发展，在发达地区得到较快推广。

针对水源水季节性微污染，粉末活性炭得到广泛应用。

为去除氯化消毒副产物前体物，采用强化混凝技术效果很好，在水厂得到普遍应用。

哈尔滨工业大学首先将高锰酸钾用于饮用水除微污染物，并发现高锰酸钾除了氧化作用外，其氧化生成的二氧化锰对微污染还有吸附作用，去除微污染效果良好；另外发现高锰酸钾与粉末活性炭在除臭除味方面有互补性，将两者联用已成为一种通用的除臭除味技术，得到比较广泛的推广。

生物预处理是一种借鉴污水生物接触氧化技术来去除水中有机污染物的有效工艺，特别是去除水中氨氮效果极佳，但受水温影响较大，比较适用于南方温暖地区。同济大学在深圳为输港原水设计了世界上最大的生物预处理工程（400 万 m³/d）。

针对一般氧化剂难以氧化去除的微量有机污染物，哈尔滨工业大学发明以廉价的过渡金属为催化剂的臭氧催化氧化高级氧化技术，并首次实现了将高级氧化技术规模化用于水厂的突破。

以去除水中有机污染物为目标，采用混凝、氧化、吸附、生物氧化等各种技术及其组合，使"深度处理"的概念及内涵得到扩展，也为根据不同水质条件选择最佳工艺提供了可能。

5. 安全氯化及替代消毒技术

自从发现氯消毒能生成多种对人体有毒害的氯化消毒副产物以后，人们开始沿着两个方向进行研究，以减轻或消除氯化消毒对人体的危害：一个方向是安全氯化，另一个方向是寻找氯消毒的替代技术。

安全氯化研究取得的成果：减少或不用预氯化；强化水与氯的混合；在清水池中设导流装置，减少短流，保证反应时间；在输水管路上采用多点投氯等；以上都能提高氯的消毒效果，减少投氯量。采用氯胺消毒技术、氯和氯胺复合消毒技术等。

氯的替代消毒技术主要有臭氧氧化、二氧化氯消毒、紫外线消毒等。臭氧是于 1906 年在法国首先用于城市饮水生物致病风险的控制，其消毒效果好；但臭氧也能生成有毒害的消毒副产物，如有致癌作用的溴酸盐，以及醛、酮等。二氧化氯于 1944 年首先在美国用于城市饮水生物致病风险控制，消毒效果好，但会生成有毒害的亚氯酸盐。紫外线消毒于 1904 年首先在法国用于城市饮水生物致病风险控制，消毒效果好，几乎不产生消毒副产物。

虽然替代消毒技术近年来得到了快速发展，但迄今，氯消毒在世界范围内仍然应用最广，而氯化消毒副产物问题远未得到解决。

2.4　近 15 年城镇饮用水净化技术发展

1. 以"两虫"为代表的新的重大饮用水生物安全性问题

20 世纪末，又出现了以致病性"两虫"（即贾第鞭毛虫和隐孢子虫）为代表的新的重大饮用水生物安全性问题，包括藻类问题、红虫、剑水蚤以及生物稳定性问题。

贾第鞭毛虫的孢囊和隐孢子虫卵囊具有很强的抗氯性，氯难以将之灭活，氯胺的效果更差。此外，红虫和剑水蚤也具有很强的抗氯性。

臭氧和紫外线对"两虫"的灭活效果较好，但当设备或前处理发生事故，消毒效果会下降，仍难以完全避免"两虫"疾病的暴发。

2. 膜滤——城市饮水生物致病风险控制技术的重大突破

针对新出现的重大饮水生物安全性问题，人们发现膜滤（纳滤、超滤、微滤）是去除水中"两虫"最有效的技术，从而将膜滤用于城市水厂，并在国内外都得到了迅速发展。

膜滤除了能去除"两虫"外，还能去除水中的致病细菌和病毒。水中最小的微生物——病毒的尺寸为 $0.02 \sim 0.45\,\mu m$；纳滤膜孔径约为 $0.001\,\mu m$；超滤膜孔径大于 $0.001\,\mu m$，小于 $0.1\,\mu m$；微滤膜孔径大于 $0.1\,\mu m$。可见纳滤膜和孔径小于 $0.02\,\mu m$ 的超滤膜能将水中包括病毒、细菌、原生动物等在内的所有微生物全部去除，是提高饮水生物安全性最有效的技术，可称为在生物安全性方面的深度处理。微滤膜不能将致病病毒全部去除；所以低压超滤膜是现今用于城市水厂的主流产品。

20 世纪 70 年代，国际上膜技术研究领域的主流是由美国人所领导的高压膜脱盐技术，尽管其成本高昂，但是其对水资源开发的战略意义大，因此较快实现了商业化开发。

1977 年，澳大利亚新南威尔士大学发明了一种新型的中空聚酰胺纤维膜，这种膜能够在较低压力下成功去除水中大分子污染物和致病菌；但这样的发现，在当时由于"两虫"等问题尚未引起人们足够的重视而被忽视；但该研究团队坚持逐步实现了从材料制备到工艺研发以及工业化应用的完整产学研用链条。

近年来的生产实践证明，低压的中空纤维膜法水处理工艺，与高压膜相比能更高效、更低廉地供安全饮用水，从而获得大量应用和发展。

超滤能去除几乎全部微生物，出水已达到饮用水卫生标准，所以原则上不需要再对膜后水进行消毒，但我国规定出厂水需含少量消毒剂以防止二次污染，故尚需向水中投加少量具有持续消毒能力的消毒剂进行超滤出水的后处理，从而构成一种新的城市饮水生物致病风险控制模式：超滤——低剂量药剂消毒。

由于向水中投加的消毒药剂显著减少，这样就使得氯化消毒副产物生成量大大减少，使水的化学安全性得到提高，并使困扰业界的氯化消毒副产物问题得到初步解决。

超滤用于城市水厂不仅能去除水中致病微生物，并且还是最有效的固液分离技术。固液分离是水净化中最基本、应用最多的处理过程。将它与其他水处理技术组合，能形成全新的水净化工艺，能获得高质量的饮水。

当需要同时去除水中高浓度浊质时，可将第一代工艺作为超滤的前处理；当需要同时去除水中有机物时，可将第二代工艺作为超滤的前处理。

针对水中不同的目标物，将前处理和后处理与超滤组合起来，形成以超滤为核心技术的组合工艺：水源水→前处理过程→超滤过程→后处理过程→出水。

3. 膜滤去除有机物和无机物

膜滤不仅能有效去除包括致病微生物在内的颗粒物，并且还能去除水中的有机物。现常用的超滤膜能去除分子量低至数万道尔顿的有机物，纳滤膜能去除分子量低至数百道尔顿的有机物，反渗透膜能去除分子量更低的有机物。膜滤还能去除水中的无机离子。纳滤膜对水中二价离子有很好的去除效果，对一价离子也有一定的去除作用。反渗透膜对水中的所有离子（一价、二价离子等）几乎都有很好的去除作用。

当需要去除水中有机物（包括有毒害的微量有机污染物）或去除水中无机盐类（包括重金属以及氟、砷等）时，可采用纳滤或反渗透或双膜法，即超滤和纳滤组合工艺或超滤和反渗透组合工艺：

含有机物或无机盐的原水→前处理过程→超滤过程→纳滤或反渗透过程→后处理过程→出水。

在双膜法工艺中，超滤能去除水中的微生物、浑浊物、非溶解态的有机物和矿物质，以及部分溶解态的有机物，并作为纳滤和反渗透的预处理，使纳滤和反渗透的进水达到其水质要求，以使之能正常长期运行。纳滤能去除水中残留的微生物、二价离子以及部分一价离子，反渗透能去除水中几乎全部离子。所以双膜法用于饮用水净化，在各种原水水质条件下，几乎都可以获得安全优质的饮用水。

将滤膜用于饮用水净化，是净水技术的一大进步，这是利用 21 世纪材料科学的新成果——膜滤改造和提升饮用水净化技术，是具有时代特色的。所以，将膜滤（微滤、超滤、纳滤、反渗透等）用于饮用水净化，可称为"第三代城镇饮用水净化工艺"。

第3章

第三代城镇饮用水净化工艺

3.1 什么水最适于人类饮用，什么是安全优质的饮用水？

人类发展史（从猿到人）经历了约 500 万年。我们的祖先——现代人种约于 10 万年前离开非洲向世界各地迁徙，到 2 万或 3 万年前已遍布世界各地。人类都是傍水而居，直接饮用天然地表水（河水、湖水以及由地表水补给的浅层地下水）。

人类长期生活的自然环境，本身就是一个生态系统。人是这个自然生态系统的一个组成部分，人们在此生态系统中吸收养分和水，吸入空气，参与生态系统的物质（C、N、S、P……）循环和能量循环，并在其中进化和发展了数百万年，完全适应了这个环境，其中也包括水环境。

天然水的性质，包括物理的、化学的和生物的性质，是十分复杂的。仅就化学性质而言，原则上说地球上 92 种元素都应该在水中出现，只是含量有所不同。含量多的称为常量元素，含量少的称为微量元素。完全不溶于水的元素理论上是不存在的，只是含量极微，现代检测技术也无法测量出来罢了。人体是非常复杂的。现代生物学和医学的基础——细胞学说的建立才不过一百多年，所以迄今人们对人体的认识是比较有限的。至于饮水对健康的影响，人们的认识更是有限的。

天然水中最常见的硬度（主要是钙和镁）对人体健康的影响，国内外已有多个公共卫生学调研报告，认为饮用软水（钙、镁含量小于 70mg/L，按 $CaCO_3$ 计）的人心血管病死亡率要高于饮用硬水的人，当然对此也尚有不同看法。

人们对微量元素与人体健康的关系的认识更是有限。例如，二十世纪六七十年代，人们认为硒是一种有毒元素，在水质标准中对其含量有严格限制，后来发现缺硒也会致病。

任何一种元素在水中都有多种存在形态。例如，任何一种元素在水中与水分子都有多种结合形态，既包括水分子自身的相互结合，也包括元素自身的相互结合，以及元素与水分子的结合。水中元素与其他物质（无机的和有机的）能结合成更多更复杂的形态，原则上每种不同形态的元素对人体健康的影响都是不同的。那么多元素各自都在水中有多种存在形态，其对人体健康的影响都是不同的，再加上多种物质对健康的复合作用，对其将是一个有待探索的长期任务，其中许多尚处于空白状态。

人类在这种天然水环境中经历上百万年进化发展形成的人类基因，对地表水应该是最适应的，即天然地表水对人体健康是最有利的。

20 世纪 90 年代，由于引进了国外的反渗透膜滤技术，出现了喝纯水（又称蒸馏水、去离子水、太空水等）之风，称饮水主要是补充人体对水的需求，而水中被除去的各种元素都可以通过食物得到补充。但国内外公共卫生学的调研证实水中的各种元素对人体是很重要的，长期饮用纯水对人体健康是不利的，从而使喝纯水之风得到制止。安全健康的饮用水，是指终身（70 年以上）饮用不会对人体健康造成危害和影响的水，纯水是不符合这一要求的。纯水作为一种饮料（而非饮用水）是可以的，在外出旅游、会议等场合短期饮用是无害的。

喝磁化水曾经风行一时，称磁化水能增强生命活力，能消解体内结石等，最终磁化水的功能都没有被医学界证实，喝磁化水也不再流行。

水分子（H_2O）是一种极性分子，其相互作用可形成不同团聚形态，有时能形成小分子团（数个水分子），有时能形成大分子团（数十个水分子）。有人认为，能结成小分子团的水对人体健康有利，但若干年过去了，这迄今仍是一个有待探讨的课题。

现今社会上流行着一种说法，称喝弱碱性（pH＞7）水对人体健康有利，从而出现了许多弱碱性水的产品和广告。现代天然水化学已经明确，对于中性的天然淡水，水的酸碱性主要由 CO_2（碳酸）和 HCO_3^-（水的碱度）的比值决定。例如水的碱度为 50mg/L（以 $CaCO_3$ 计），水的 pH＝6.9（弱酸性水）时 CO_2 含量约为 18mg/L；pH＝7.1（弱碱性水）时 CO_2 含量约为 10mg/L。如酸性水对人体健康不利，那就是其多含的 $8mg/L CO_2$ 的影响了。迄今未见有关水中 CO_2 对人体健康有害的研究报告，相反地，学术界一般认为 CO_2 对健康无害，多年来含碳酸的饮料随处可见，如汽水、可口可乐、啤酒、香槟酒等。其实碳酸也是人体代谢的一种产物，每天人们呼吸就排出大量 CO_2，其量可达饮水中含量的上千倍。水中少量的 CO_2 显然不应对人体健康有什么影响。喝弱碱性水对健康有利的观点，可能源自一种理论，即认为具有碱性体质的人健康，酸性体质者不健康，并由此引申出将食物、肉类等也分为酸性的和碱性的，对水亦然。将人体分为酸性体质和碱性体质，并未得到医学界的承认，所以喝弱碱性水对人体健康有利也是缺乏科学依据的。

人类直接饮用天然地表水，一直持续到工业革命，特别是近百年由于社会经济和生产的发展，使大量废弃物进入天然水体，使水环境受到污染，目前地表水已不适于人类直接饮用。因地表水受到污染，水中含有介水致病微生物，以及对人体有毒害的化学污染物，对人体健康构成危害，这就提出了饮用水的安全性问题，其中主要包括生物安全性和化学安全性两个方面。为了提高水的安全性，就需要对水进行净化处理，采用各种物理的、化学的、生物的方法以消除污染，恢复水的天然属性，获取最适于人们饮用的安全优质的饮用水，这就是人们追求的目标。由上可知，安全优质的饮用水，就是在现有技术的基础上，在生物安全性和化学安全性两个方面都对水进行深度处理，做到最优。

3.2　对水的生物安全性方面的深度处理

3.2.1　第一代工艺及现行消毒技术对水中致病微生物灭活效果

人们对介水致病病原体的认识有一个历史过程。人们自从发明了显微镜，于 1882 年人们通过显微镜发现了介水烈性传染病霍乱弧菌，之后又陆续发现了志贺菌（如痢疾杆菌）、伤寒沙门氏菌等。表 3-1 中列出了部分致病细菌的名称及其致病性的高低。针对各种介水致病性细菌，检验了氯消毒的效果，并提出了保证氯消毒效果的 CT，C 为水中氯的浓度，T 为氯与细菌的接触时间，即当水中氯浓度为 C 时，必须使氯与含菌水接触 T 时间，才能使致病细菌量降至安全值以下。

部分致病微生物的名称以及致病性的高低　　　　表 3-1

种类	病原体	健康重要性	主要感染路径[a]	配水系统中存活状况[b]	抗氯性[c]	相对感染剂量[d]	重要的动物宿主
细菌	空肠弯曲菌（*Campylobacter jejuni*，*C. coli*）	高	O	中等	低	中等	是
	致病埃希氏菌（*Pathogenic Escherichia coli*）	高	O	中等	低	高	是
	伤寒沙门氏菌（*Salmonella typhi*）	高	O	中等	低	高	不是
	其他沙门氏菌（*Other Salmonelle*）	高	O	长	低	高	是
	志贺氏菌（*Shigella spp.*）	高	O	短	低	中等	不是
	霍乱弧菌（*Vibrio cholerae*）	高	O	短	低	高	不是
	小肠结肠炎耶尔森氏菌（*Yersinia enterocolitica*）	高	O	长	低	高(?)	是
	军团菌（*Ameromonas spp.*）	中	I	可增殖	中等	高	不是
	铜绿（绿脓）假单胞菌（*Pesudomonas aeruginosa*）	中	C, IN	可增殖	中等	高(?)	不是
	气单胞菌（*Aeromonas spp.*）	中	O, C	可增殖	低	高(?)	不是
	非结核分枝杆菌（*Mycobacterium atypical*）	中	I, C	可增殖	高	?	不是
病毒	腺病毒（*Adenoviruses*）	高	O, I, C	?	中等	低	不是
	肠道病毒（*Enterovisruses*）	高	O	长	中等	低	不是
	甲肝病毒（*Hepatitis A*）	高	O	长	中等	低	不是
	戊肝病毒（*Hepatitis E*）	高	O	?	?	低	可能是
	诺沃克病毒（*Totavirus*）	高	O	?	?	低	不是
	轮状病毒（*Rotavirus*）	高	O	?	?	中等	不是
	小圆病毒（诺克病毒除外）（*Small round viruses*）（*other than Norwalk virus*）	中	O	?	?	低(?)	不是
原生动物	溶组织内阿米巴（*Entamoeba histolytica*）	高	O	中等	高	低	不是
	贾第鞭毛虫（*Giardia intestinalis*）	高	O	中等	高	低	是
	隐孢子虫（*Cryptosporidiumn parvum*）	高	O	长	高	低	是
	棘阿米巴（*Acanthamoeba spp.*）	中	C, I	可增殖	高	?	不是
	福氏耐格里阿米巴（*Naegleria fowleri*）	中	C	可增殖	中等	低	不是
	结肠小袋纤毛虫（*Balantidium coli*）	中	O	中等	中等	低	是

种类	病原体	健康重要性	主要感染路径[a]	配水系统中存活状况[b]	抗氯性[c]	相对感染剂量[d]	重要的动物宿主
蠕虫	麦地那龙线虫（Dracunculus medinensis）	高	O	中等	中等	低	是
	裂体吸虫或血吸虫（Schistosoma spp.）	中	C，I	短	低	低	是

注：? 为不知道或无法确定。

　[a] O=口腔（摄入）；I=吸入气溶胶；C=皮肤接触，IN=免疫缺陷病人摄入。

　[b] 20℃下的水体中检测感染性阶段的病原体：短为一星期；中等为一星期至一个月；长为超过一个月。

　[c] 当感染性阶段的病原体自由悬浮在水体中时，以常规剂量和接触时间处理，抗性中等表明病原体可能无法安全灭活；抗性低指病原体可完全消除。

　[d] 剂量以引发50%成年健康志愿者感染的数目计。

对于介水致病性细菌，种类很多，不可能都一一检出，所以用肠道中大肠杆菌作为代表性细菌。在第一代工艺中，通过混凝、沉淀、过滤等多级屏障，可使水中致病细菌逐级除去，剩余的再经氯消毒，从而可达到生物安全性的需求。氯消毒时，当水中氯浓度不低于 1mg/L，经 30min 接触时间，即 CT 为 30mg·min/L，可使水中大肠杆菌群等不得检出，即达到水质标准的要求。

在氯消毒水厂的供水过程中，曾出现某些疾病的暴发，但病因不明。20 世纪 30 年代发明了电子显微镜，终于在 1955 年～1956 年首次发现戊型肝炎病毒疾病在印度暴发。随后，检出的还有甲型肝炎病毒和脊椎灰质炎病毒等，这表明仅依靠细菌性水质标准是不安全的。研究发现，水中病毒不是游离存在于水中，而是附着在悬浮物上，只要对水进行"深度除浊"，将水的浊度降至 0.5NTU 以下，使水中病毒浓度降至安全值以下，再经常规氯消毒，就能控制住介水病毒疾病的流行。表 3-1 中列出了部分介水致病病毒的名称及其致病性的高低。

20 世纪末，又出现了以"两虫"（即贾第鞭毛虫与隐孢子虫）为代表的重大生物安全性问题。贾第鞭毛虫与隐孢子虫都是致病原生动物，贾第鞭毛虫的孢囊和隐孢子虫的卵囊都有很强的抗氯性，氯难以将之灭活，"两虫"的致病性又很强，所以"两虫"的孢囊和卵囊一旦进入水厂出水中，就会引起贾第鞭毛虫或隐孢子虫病的流行，在世界各地都有"两虫"疾病暴发的记录。1993 年，在美国威斯康星州密尔沃基市隐孢子虫病暴发，感染人数达 40 万人，震惊世界。表 3-1 中列出了部分介水致病原生动物的名称和致病性的高低。

氯对贾第鞭毛虫孢囊灭活的 CT 极高。当水温为 10℃，pH 为 6～9，要达到 99%（2lg）的灭活率所需氯的 CT 为 69mg·min/L，其值远远超过了水厂常规氯消毒的 CT，所以难以灭活。常用消毒剂中，只有臭氧效果较好，CT 为 0.95mg·min/L。

表 3-2 和表 3-3 为美国水传疾病的统计资料，发现美国在 1946 年～1996 年的 51 年间共记录了 1174 次介水传染病的暴发（实际暴发次数远高于统计资料），其中有 641 次的病因得到确认，尚有 533 次的病因不明，占暴发总数的 45%，表明现今尚有许多新的病原体有待人们去发现和认识。由美国介水传染病暴发的统计资料还可看出，1946 年～1980 年的 35 年间暴发次数为 673 次，平均每年暴发 19.2 次，而 1980 年～1996 年的 16 年间暴发次数为 402 次，平均每年暴发 25.1 次，而在已知病因的暴发次数中，由病原体引起的介水传染病占了 80%～85%，即仍然以高频次继续发生。

1946 年～1980 年美国介水传染病暴发次数　　　表 3-2

致病因素		暴发次数	病例
细菌类	弯曲杆菌	2	3800
	巴斯德氏菌	2	6
	钩端螺旋体	1	9
	大肠埃希氏菌	5	1186
	志贺氏菌	61	13089
	沙门氏菌	75	36682
	小计	146	54772
病毒类	微小病毒（Parvoriruslike）	10	3147
	肝炎病毒	68	2262
	小儿麻痹病毒	1	16
	小计	79	5425
寄生虫类	内变形虫	6	79
	贾第鞭毛虫	42	19734
	小计	48	19813

续表

致病因素		暴发次数	病例
化学物质类	无机物	29	891
	有机物	21	2725
	小计	50	3616
未定性		350	84939
全部总计		673	168565

1980 年～1996 年美国水传染
疾病暴发次数　　　　表 3-3

疾病	暴发次数	病例
胃肠道疾病·未确认	183	55562
贾第鞭毛虫	84	10262
化学物质中毒	46	3097
志贺氏菌病	19	3864
胃肠道疾病·诺沃克病毒	15	9437
弯曲杆菌病	15	2480
A 型肝炎	13	412
隐孢子虫病	10	419939
沙门氏菌病	5	1845
胃肠道疾病·E. coli O157：H7	3	278
耶尔森式鼠疫杆菌肠道病	2	103
霍乱	2	28
胃肠道疾病·轮状病毒	1	1761
伤寒发烧	1	60
胃肠道疾病·邻单胞菌	1	60
阿米巴病	1	4
圆孢子虫病	1	21
总计	402	509213

注：由于大多数胃肠疾病不求医，一些社区对疾病暴发不承认，或未检测上溯到饮水水源，所以上表记载暴发数量远小于实际情况。

上述资料表明，水中微生物越多，存在未被发现的新的致病因子的概率便越高。现行国家标准《生活饮用水卫生标准》GB 5749—2022，合格的饮用水中细菌总数为不大于 100CFU/mL（菌落数）。据研究，天然水体中的微生物能生成菌落的只有约 1/100，也就意味着每 1mL 水中可能存在不超过 10000 个微生物，其中可能会有未知致病因子存在，所以符合现行饮用水水质标准的水的生物安全性只是相对安全的。20 世纪 90 年代发现了新的致病细菌——军团菌。2003 年发现受 SARS 病毒污染的厕所粪便污水，在抽水马桶冲洗过程中能以产生的细微液滴和气溶胶方式进行传播。2020

年出现的新冠病毒 COVID-19，也在患者的粪尿中发现，也存在经污染污水传播的可能性。所以人类与介水致病微生物（包括已发现的和尚未发现的）斗争史，本身就是人类发展历史的一部分，这种斗争将会长期进行下去。

此外，在水厂运行过程中发现水厂经消毒合格的出厂水，在输送和贮存过程中有微生物增殖的现象。经研究，有许多微生物（包括部分致病微生物）经消毒后都有自我修复的能力，有的微生物还有在水中持续繁殖的能力。出厂水中微生物有增殖现象的水，称为生物安全性不稳定的水。水中微生物数量增多，表明水中存在致病因子的概率增高，水的生物安全性降低。20 世纪 90 年代，军团菌的发现就是一个实例。那时美国二战老兵在新奥尔良市郊外一个五星级酒店召开会议，会议期间许多人染上一种不知名的肺炎，其中部分患者死亡。后经 2 年多的研究，发现一种新的致病细菌，因在二战老兵聚会中出现，故被命名为军团菌，这种病菌可在出厂水输送和贮存过程中繁殖，并在空调循环水、洗浴水中大量存活并通过细微水滴和气溶胶传播。表 3-1 中列出部分致病微生物在出厂水输送和贮存过程中的存活状况，由表可见，有些致病微生物在水中能长期存活，有的能在水中增殖。

在天然水体中生存的水生生物剑水蚤也是一种致病水生物。剑水蚤有 1～2mm 大小，是鱼类的食料，有很强的耐氯性。剑水蚤是麦地那龙线虫的宿主，麦地那龙线虫能致麦地那龙线虫病，对人危害很大。在麦地那龙线虫病流行地区，由于氯难以杀灭剑水蚤，而剑水蚤又有很强的活动能力，能穿透滤池滤层而进入水厂出水中，一旦被人们误饮，便会致病。现今由于水体中鱼类被过度捕捞，会导致剑水蚤大量繁殖，进而对饮水的生物安全性产生潜在影响。

夏季在我国南方不少城市水厂的出水中会出现红虫的活体。红虫是摇蚊的幼虫，耐氯性很强，能在含氯的清水池中繁殖，并随水进入城市管网，有时能在用户龙头水中出现，对水质影响很大。

近年来，作为城镇水源的水库，常有藻类暴发的记录，这是由于水环境污染使氮、磷等营养物进入水库水体所致。藻类暴发不仅对水厂水处理产生很大影响，常产生嗅味，并致出水水质恶化，特别是有的藻类会产生藻毒素，危害人体健康。

3.2.2 对水的生物安全性方面的深度处理——膜滤

上述第一代和第二代工艺以及现行消毒方法，虽然能使水的生物安全性达到相对安全的程度，特别是对致病细菌的控制效果较好，但对致病原生动物和致病病毒的控制效果较差。由于第一代和第二代工艺以及现行消毒方法不能完全控制住"两虫"疾病的暴发，所以人们开始将膜滤用于饮用水净化工艺。贾第鞭毛虫孢囊的尺寸为 $10\mu m$ 左右，隐孢子虫卵囊的尺寸为 $4\sim6\mu m$，所以为去除"两虫"，初期采用的主要是低压膜滤——微滤和超滤。微滤膜孔径为 $0.1\sim1\mu m$，超滤膜孔径为 $0.001\sim0.1\mu m$，都比贾第虫孢囊和隐孢子虫卵囊小得多，所以去除"两虫"的效果显著，因此在国内外水厂得到迅速推广应用。

实验发现，微滤和超滤不仅能去除"两虫"，并对致病细菌和病毒也有一定的去除效果。微滤膜的孔径较大（$>100nm$），所以去除致病细菌和病毒的效果较差，而超滤膜的孔径较小（$<100nm$），所以去除细菌和病毒的效果较好。如果超滤膜的孔径能做到小于水中最小的生物—病毒（$\approx20nm$），就能将水中致病微生物（包括病毒、细菌、原生动物等）全部去除，则将成为提高饮用水生物安全性的最有效的技术。表 3-4 为部分介水病毒的尺寸及传播途径等资料。

部分病毒对人体的健康影响及与供水相关的特性　　　　表 3-4

名称	直径（nm）	基因	可引发的疾病或症状	传播途径	健康影响[a]	在供水中的持久性[b]或存在水平	对氯的耐受能力[c]
腺病毒	60~90	dsDNA	胃肠炎、呼吸性疾病、眼部感染、心脏疾病	粪口传播、飞沫传播	中等	长期	中等
星状病毒	28	ssRNA(+)	肠胃炎	粪口传播	中等	长期	中等
诺如病毒	35~40	ssRNA(+)	腹泻、发热、呕吐、肠胃炎	粪口传播	高	长期	中等
札幌病毒	41~46	ssRNA(+)	肠胃炎	粪口传播	高	长期	中等
戊型肝炎病毒	27~34	ssRNA(+)	肝炎、疲惫、恶心、黄疸	粪口传播	高	长期	中等
肠道病毒	20~30	ssRNA(+)	腹泻、脑膜炎、心肌炎、发热、呼吸道疾病、神经系统功能失调和出生缺陷	粪口传播、飞沫传播	高	长期	中等
副肠孤病毒	28	ssRNA(+)	呼吸系统、消化系统、中枢神经系统等感染	粪口传播、飞沫传播	高	长期	中等
甲型肝炎病毒	27~32	ssRNA(+)	肝炎、发热、疲惫、恶心、食欲不振、黄疸	粪口传播	高	长期	中等
埃博拉病毒	80	ssRNA(−)	恶心、呕吐、腹泻、肤色改变、全身酸痛、体内出血、体外出血、发烧	接触传播	没有经水传播的证据	不可能	低
流行性感冒病毒	80~120	ssRNA(−)	急性高热、全身疼痛、显著乏力和呼吸道症状	飞沫传播、接触传播	没有经水传播的证据	不可能	低
SARS冠状病毒	80~120	ssRNA(+)	缺氧、发绀、38℃以上高热、呼吸加速或呼吸窘迫综合征、气促	飞沫传播、接触传播	部分证据表明通过吸入水滴传播	不可能	未知

注：[a] 健康影响与疾病的发病率和严重程度相关，包括与疾病暴发事件的联系；

[b] 在20℃水中，传染期的检测时段(短期为少于一周；中等为一周至一月；长期为一月以上)；

[c] 对氯的耐受能力受净水工艺和操作条件等因素的影响；这里假设按常规的剂量和接触时间进行处理，温度为20℃，pH 为 7~8 时，病原体处于传染期且游离分布于水中；对氯的耐受能力，低为在小于1min 内 99% 灭活，中为 99% 灭活所需时间为 1~30min，高为 99% 灭活所需时间大于 30min。

在微生物中，病毒最适合成为新兴的病原体，因为它们能够通过突变、基因重组和重配感染新宿主并适应新环境。肠道病毒是最常见和最危险的水传播病原体之一，会导致偶发性疾病和流行疾病。

感染传染病毒的患者可能会排泄 $10^5 \sim 10^{11}$ 病毒颗粒/(g 粪便)，因此，接收粪便的废水中病毒浓度很高。废水流入污染的程度取决于季节、病毒感染的流行程度和正在传播病毒的特征。废水处理系统即使运行正常，也只能去除 20%～80% 的肠道病毒，残余的病毒可以通过地下水、河口水、海水及河流的污水排放释放大量病毒并在环境中扩散传播。

病毒不能在宿主组织外复制，因此不能在环境中繁殖。但是，它们可以在环境中生存更长的时间，比大多数肠道细菌更长，因此仅依靠细菌性水质标准是不安全的。据报道，病毒可以在海水中存活长达 130d，在淡水中长达 120d，在 20～30℃ 的土壤中仍可存活 100d。肠道病毒之间的比较也显示出变异性，腺病毒在水中的存活时间可能比其他肠道病毒(例如甲型肝炎病毒和脊髓灰质炎病毒)更长。尽管水中的病毒浓度相对较低，但这些微生物仍会具有健康风险，因为它们的感染剂量非常低(10～100 个病毒粒子)，因此即使是水中的少量病毒粒子也会对健康造成威胁。由于病原体浓度低以及大量肠道病毒需要不同分析方法，水环境中的病毒检测面临着特殊的挑战。

肠道病毒可能是造成"病因未定"的重要部分。在 2007 年～2008 年的监视期内，13.9% 的饮用水和 4.8% 的娱乐用水相关的病情暴发是由病毒引起的。不明原因的饮水事件占 11.1%，娱乐用水事件占 21.6%，这表明近年来"不明"原因有所减少，这可能是由于检测水中病原体的方法有所改进。

新兴的水传播肠道病毒属于杯状病毒科(诺如病毒)，微小核糖核酸病毒科(肠病毒和甲型肝炎病毒)和腺病毒科(腺病毒)。在世界各地的污水、地表水、地下水和饮用水中都已检测到所有这些病毒病原体。其他病毒组被认为是潜在的水生病原体，包括戊型肝炎病毒、禽流感病毒、冠状病毒、多瘤病毒、小核糖核酸病毒和乳头瘤病毒。

下面将分别介绍几种介水传染病毒的特征。

诺如病毒(NoV)属于杯状病毒科，正在成为流行性胃肠炎(GE)的主要原因，同时也是全球儿童和成人中散发性 GE 的重要原因。它导致全球近一半的 GE 病例和 90% 以上的非细菌性 GE 流行病。传播的主要方式是粪口传播，通过摄入被污染的水，食用被污染的食物或与环境表面或感染者直接接触而发生。在世界各地广泛的水环境中都检测到诺如病毒，例如污水、市政水、河流、娱乐水和地下水。诺如病毒对不利的环境条件具有高度抵抗力，NoV 基因组可能在不同类型的水(矿物质、自来水和河水)中存活 1～3 个月。从 1969 年到 2007 年间的 38 年中诺沃克流行病导致 43 起水传播 NoV 病毒的暴发。

人肠病毒是小核糖核酸科成员，肠病毒感染对健康的影响多种多样，严重程度从轻度到危及生命。由于这些病毒很常见，从受感染者身上传播的数量极多，并且在环境中长期稳定，因此建议将它们作为评估环境水体病毒污染的参数。肠病毒还发现于河流、湖泊、地下水以及未经处理的饮用水和已处理的饮用水中。

甲型肝炎(HAV)可通过粪口传播，因此与水传播有关。属于微小核糖核酸病毒科，HAV 感染会导致许多症状，该病毒从受感染者的粪便(和尿液)中排出，可污染土壤、水(淡水或海水)和食物，包括从被污染的水中收获的贝类(贻贝和牡蛎)。该病毒在自来水中最多可以存活 60d，已在不同的水环境中检测到 HAV：废水、处理后的废水、地表水和饮用水。长达 36 年的饮用水监测数据的综述表明，在 64 次病毒性饮用水暴发中，有 45.3% 归因于甲型肝炎病毒。

人腺病毒(HAdV)属于腺病毒属，腺病毒科。腺病毒可导致严重或危及生命的疾病，特别是易发生在免疫功能低下的患者、儿童和老年人中。在非洲和亚洲地区，经过常规处理和消毒的饮用水中已检测到传染性 AdVs。AdVs 在水中的存活时间比肠道病毒或 HAV 更长，使 AdV 成为继诺如病毒之后此类疾病流行的第二大病原。

戊型肝炎病毒(HEV)的潜伏期从 14d 到 63d 不等。戊型肝炎病毒通过粪口途径传播，并容易通过受人类粪便污染的水传播。在卫生条件较差的地区曾出现过大规模水传播疾病暴发，在年轻人中发病率很高。

介水传染性病毒在水厂第一代工艺(常规处理)中能得到一定程度地去除。表 3-5 为第一代工艺的各处理单元(不包括消毒)对病毒的去除效果，由表可见，各处理单元对病毒去除率常在很大范围内变化，当各水处理单元运行良好时，病毒去除率较高，当各处理单元运行情况不佳时病毒去除率很低，即不具有稳定的病毒去除率。

现水厂常用的消毒剂主要为氯、氯胺、二氧化氯和臭氧，这些消毒剂对病毒的灭活率受水温和 pH 的影响较大。

表 3-6 为要求的病毒对数灭活率为 2 和 3，当水温为小于 1℃、10℃和 20℃，所需消毒剂的 CT（mg·min/L），由表可知，当水温越低，所需消毒剂的 CT 越高，而病毒更难以灭活。对于游离氯，要求的病毒对数灭活率为 3，当水温为 20℃ 时，CT 为 2，水温为 10℃ 时 CT 为 4，水温为低于 1℃ 时 CT 为 9。

对于柯萨奇病毒，要求病毒对数去除率为 2，消毒剂为游离氯，水温 0～5℃，当 pH=7.0～7.5 时 CT 为 12，当水的 pH=8.0～8.5 时，CT 为 30。

我国饮用水卫生标准中没有规定对病毒的指标，但要求水的浑浊度不得高于 1.0NTU。

第一代工艺的各处理单元(不包括消毒) 对病毒的去除效果 表 3-5

水处理工艺	对病毒的对数去除率（lg）	影响因素
预处理：河岸渗滤	2.1～8.3	流动距离、土壤类型、泵送速率、pH 和离子强度
混凝、絮凝及沉淀：传统澄清	0.1～3.4	混凝条件
混凝、絮凝及沉淀：石灰软化	2～4	pH 和沉淀时间
过滤：高效颗粒过滤	0～3.5	过滤介质和絮凝预处理
过滤：慢速砂滤	0.25～4	滤层、颗粒大小、流速、操作条件（温度和 pH）
过滤：预涂层过滤	1～1.7	滤饼

不同条件下所需消毒剂的 CT 表 3-6

对病毒的对数灭活率（lg）	CT（mg·min/L）											
	<1℃				10℃				20℃			
	游离氯	氯胺	二氧化氯	臭氧	游离氯	氯胺	二氧化氯	臭氧	游离氯	氯胺	二氧化氯	臭氧
2	6	1243	8.4	0.9	3	643	4.2	0.5	1	321	2.1	0.25
3	9	2063	25.6	1.4	4	1067	12.8	0.8	2	534	6.4	0.4

美国的一级标准中规定了病毒（肠道病毒）的最大污染物浓度目标值要求为 0，最大污染物浓度要求为病毒的去除/灭活率不低于 99.99%。浑浊度限值要求 95% 的水样要达到 0.3NTU，最大限值为 1NTU。

超滤用于饮用水净化，首要是提高水的生物安全性，所以超滤膜对病毒的去除率，也应要求达到 99.99% 的要求。

膜滤有可能获得对病毒的稳定去除率。图 3-1 为水中各种颗粒物（包括细菌和病毒）的尺寸范围，以及各种膜滤的尺寸范围，由图可见，微滤膜的范围孔径能覆盖细菌，但不能覆盖尺寸较小的

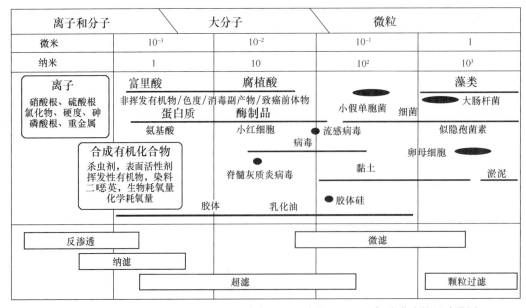

图 3-1 水中各种颗粒物（包括细菌和病毒）的尺寸范围，以及各种膜滤的尺寸范围

病毒，所以微滤膜只能去除部分细菌和病毒，特别是达不到对病毒对数去除率为 99.99% 的需求。超滤膜的孔径变化范围较大，但能覆盖几乎全部细菌。较大孔径的超滤膜不能覆盖较小尺寸的病毒，但较小孔径的超滤膜则能覆盖小尺寸的病毒，所以只要使用孔径小于最小尺寸病毒的超滤膜（孔径 ≤ 0.02μm），就具有使病毒对数去除率达到 99.99% 的要求，这种超滤膜可称为致密型超滤膜。纳滤膜和反渗透膜的孔径更小，小于病毒的尺寸，无疑是可以达到对病毒对数去除率为 99.99% 以上的要求的。

但对于目前应用最多的超滤膜，由于国内尚缺乏超滤膜孔径的检测机构，也没有检测膜孔的统一标准方法，结果造成超滤膜市场的混乱，难以达到对病毒去除率 99.99% 的要求。但是，超滤膜对病毒的去除率，可以通过测试得到，它本身就是超滤膜提高生物安全性的目标值，也能反映出超滤膜的性能和品质。所以有必要在政府的《超滤水厂设计指南》里明确提出对生物安全性的要求，即提出对病毒去除率达 99.99% 的要求，这就会促使超滤膜厂家使产品向病毒去除率达到 99.99% 的致密型超滤膜的方向发展。

按照现今美国提出的水质标准对浊度的要求，即浑浊度限值要求 95% 的水样要达到 0.3NTU。我国城镇水厂大多采用常规工艺、少数采用"臭氧活性炭"工艺。要求水厂出水小于 1NTU，多数尚能达到，若要求小于 0.3NTU 则大多达不到。表明我国多数水厂在病毒生物安全性方面尚有不足。

超滤不仅能去除致病微生物，在固液分离方面也十分有效，用病毒去除率达到 99.99% 的致密型超滤膜净水，出水浑浊度一般都远低于 0.1NTU。表明从水的浑浊度角度超滤能显著提高水的病毒生物安全性，所以从这个角度看超滤也是控制致病病毒传播的有效技术。

综上所述，在城镇饮用水净化中采用病毒去除率达 99.99% 的致密型超滤膜和双膜（超滤—纳滤或超滤—反渗透），都能实现饮用水在生物安全性方面深度处理的要求。

3.3　在饮用水化学安全性方面的深度处理

20 世纪 70 年代，美国在用氯消毒的饮用水中发现存在三氯甲烷。三氯甲烷是氯在消毒过程中与水中的天然有机物（主要是腐殖酸及富里酸等）发生化学反应而生成的氯化消毒副产物。三氯甲烷被证实具有致癌作用，从而提出了饮用水的化学安全性问题。此后，又在饮用水中发现众多对人体有害的微量有机污染物（常称为微污染物），主要是人工合成有机化合物。至今，由于化学工业的发展以及检测技术的进步，已在水中发现大量的微量有机污染物和氯化消毒副产物。例如，氯化消毒副产物至今已发现数百种，其中大部分对人体有害。微量有机污染物主要有农药、有机溶剂、多环芳烃等"三致"物质，近期又发现众多含氮化合物、内分泌干扰物、药物及个人护理品等。这些微量有机污染物在水中浓度很低，通常在 ng/L 至 μg/L 水平，但长期饮用对人体有害。

一般，为控制氯化消毒副产物的生成，常采用强化混凝及活性炭吸附等方法去除氯化消毒副产物的前体物，然后再向水中投氯。

为去除水中的微量有机污染物，常采用吸附、氧化、生物降解等各种方法，但由于水中微量有机污染物种类繁多，性质各异，用一种方法难以取得好的效果。例如，活性炭吸附能去除切割分子量为数千道尔顿范围内的微量有机污染物，对切割分子量再低的有机物吸附效果就较差。氧化用的氧化剂中，臭氧的氧化能力最强，能氧化去除易于被臭氧氧化的微量有机污染物，但有许多微量有机污染物难以被臭氧氧化，故难以被去除。生物氧化能去除被生物降解的切割分子量为数百道尔顿范围的微量有机物，但水中大多微量有机物是有机合成的，难以被生物降解。对于那些难以被臭氧氧化的微量有机物，可使用高级氧化技术去除。高级氧化就是能生成自由基的技术，由于自由基比臭氧有更强的氧化能力，所以能去除那些难氧化和难生物降解的微量有机污染物。但目前高级氧化技术大多尚处于实验阶段，大规模用于生产的较少。

膜滤技术中，纳膜和反渗透是去除水中有机物的有效技术。纳滤膜一般切割分子量为 200 ～ 2000Da，其中切割分子量小于约 300Da 的称为致密型纳滤膜，切割分子量为 300 ～ 500Da 的称为疏松型纳滤膜，切割分子量接近超滤膜时被称为超低压纳滤膜。针对不同的目标物，可选用不同的纳滤膜。

为去除氯化消毒副产物前体物，可采用切割分子量小于 1kDa 的纳滤膜。例如，采用疏松型纳滤膜 NF-270、DF30 对三卤甲烷和卤二酸的前体物的去除率可达 60%～100%。纳滤对前体物的去除，相比于强化混凝和活性炭吸附，具有效率更高、效果更稳定等优点。

对于水中微量有机污染物，我国的水质标准只对农药、有机溶剂、多环芳烃等少数指标有限值规定，而对其他大多数微量有机污染物都无限值规定，但这些微量有机污染物对身体还是有毒害作用的，即存在饮用水化学安全方面的问题。如能降低水中这些众多微量有机污染物的浓度，是有利于水的化学安全性提高的。实验表明，水中微量有机污

染物的切割分子量一般大于 200Da，采用致密型纳滤膜和疏松型纳滤膜对其去除率相差不大。巴黎梅林奥赛水厂（14 万 m³/d）使用疏松型纳滤膜 NF200。对水中农药阿特拉津（切割分子量 215.68Da）去除率达到 90%。土臭素（分子量 182.30）和 2-甲基异莰醇（分子量 168.28）是水中最常见的致嗅微量有机污染物，用疏松型纳滤膜 NF270/DF30 对之去除率可达 75% 以上。图 3-2 为 DF30 对长江水中切割分子量为 194～414Da 的 15 种新型微量有机污染物的去除效果，由图可见纳滤膜 DF30 对其都有很高的去除率。

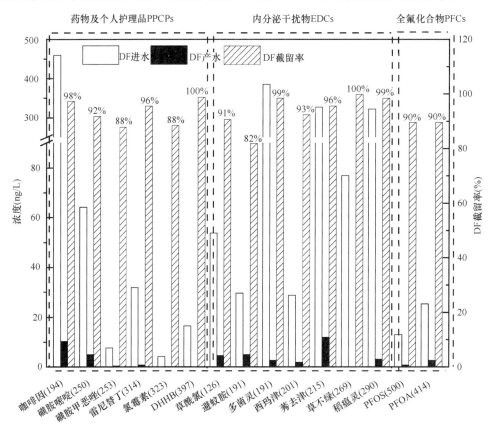

图 3-2　DF30 对长江水中的 15 种新型微量有机污染物的去除效果

注：（1）数据源自 2019 年 5 月～10 月实验数据；

　　（2）横坐标中物质名称之后括号中的数字表示该物质的分子量（Da），比如"咖啡因（194）"。

3.4　水源水质突发污染对策——膜滤

水厂净水工艺都按常年水质（Ⅲ类以上）选定，且 95% 为常规工艺。水源突发污染时，污染物种类、浓度以及变化、持续时间等都超出水厂设计依据，现有的水厂净水工艺难以应对，致使出水的污染物超标，甚至不得不停产，危害很大，已成为城

市饮用水安全的重大课题。

水源突发污染有天然与人为两类。在水源突发污染发生时，从净水技术角度比较有效可行的方法是针对污染物投加多种药剂，以及采用膜滤技术。

建立和完善预警机制，与环保等部门联手提供污染物种类等信息。现今已有多种在线检测仪器，但仍有限，不可能将污染物一一检出。应开发生物

毒性检测技术，如水生生物法、荧光细菌法等。

悬浮物与微生物的污染突发事件常由暴雨、洪水引发。当浊度较高时，增大混凝剂投放，或投加有机高分子阳离子絮凝剂；当浊度很高时，投加聚丙烯酰胺比较有效。受到微生物突发污染时，大剂量预氧化比较有效。但上述措施实际上并不都能取得成功。

将超滤设置于第一代或第二代工艺之后的第三代工艺，应对该污染突发事件最为有效。因为超滤出水浊度一般都在 0.1NTU 以下，且不受膜前浊度的影响。一旦膜前处理不成功，膜前水质恶化，超滤仍能保障出水浊度及微生物达标，所以是最可靠的应对突发污染（包括细菌战）的技术。

我国湖、库富营养化比较普遍，故藻类突发污染经常发生。在水源水体采用生物法（如养殖滤食性鱼类）、物理法（如深层曝气法）、化学法（如投药）控藻。在水厂内对原水进行预氧化，或投加高锰酸钾及其复合剂等。也可采用气浮除藻，气浮比沉淀有更好的除藻效果。但当水中藻浓度高时，上述措施并不都能取得成功，常致使相当数量的藻类进入出水中，使水质恶化。

将超滤设置于第一代或第二代工艺之后，应对藻类突发污染最为有效。超滤能将藻类完全去除，一旦膜前处理不成功，超滤也能保证出水不含藻类，是应对藻类突发污染最可靠的技术。

水源水的嗅和味突发污染有多种来源，其中藻嗅比较常见。粉末活性炭是除嗅除味的有效方法。臭氧氧化除嗅效果很好，但只能用于有臭氧发生设备的水厂。高锰酸钾及其复合剂对部分嗅味有很好的效果。粉末活性炭与高锰酸钾及其复合剂联用，两者在除嗅除味方面有互补性，即用粉末活性炭效果较差的嗅味物质，常可被高锰酸钾及其复合剂的氧化和吸附去除，反之亦然，所以可成为一种通用的除嗅除味方法。上述除嗅除味技术并非都能取得成功，特别是突发污染发生时应对措施难以及时到位，这时纳滤膜就能使水厂出水达标，所以是最可靠的除嗅除味技术。

有毒有害有机物突发污染主要是突然出现种类繁多的微量有毒有害有机物。粉末活性炭是去除有毒有害微量有机污染物的有效方法。颗粒活性炭前期去除效果较好，后期效果较差，但仍有一定去除效果。臭氧氧化能去除大部分有毒有害微量有机污染物，但只能用于有臭氧发生设备的水厂。高锰酸钾及其复合剂对许多有毒有害微量有机污染物有去除作用，包括氧化作用和氧化生成的 MnO_2 胶体的吸附作用。高锰酸钾及其复合剂与粉末活性炭或颗粒活性炭联用，可达到臭氧与活性炭联用的除微量有机污染物的效果。当上述方法效果不佳时，纳滤膜能最后将水中残余的有毒有害微量有机污染物高效去除，所以是有毒有害微量有机污染物突发污染危害的可靠屏障。

重金属突发污染发生时，许多重金属可用混凝法除去。向水中加碱，提高水的 pH，再配合混凝法，可去除许多重金属。向水中投加煤质活性炭，对某些重金属有吸附去除作用。高锰酸盐复合剂技术可去除许多重金属。2010 年，某江水中发现铊突发污染，迄今国内外尚无有效去除饮用水中微量铊的技术，哈尔滨工业大学团队采用高锰酸盐复合剂技术，配合混凝法，利用其氧化、吸附、共沉淀作用，成功将铊降至水质标准以下，并在 30 余座水厂推广，供水水量 300 万 m^3/d，是一项世界领先技术。但重金属种类很多，上述方法有时不能完全使水质达标，若采用纳滤技术，则能对水中突发污染重金属进行进一步去除，使水厂出水达标。

3.5　膜滤——农村和楼宇饮用水质量保证

我国广大农村过去都直接使用未经净化的水源水。自从中华人民共和国成立以来，特别是改革开放以来，政府对改善农村饮用水水质高度重视，每年拨大量资金以改善饮用水水质，但主要都是用常规净水工艺。由于常规工艺运行比较复杂，农村技术力量薄弱难以应对，所以绝大部分净水装置不能正常运行，出水水质达不到水质卫生标准要求，特别是微生物学指标不达标，导致农村疾病发病率比城市高得多，成为农村一大民生问题。

自从膜滤用于饮用水净化以后，由于致密型超滤膜能去除水中几乎所有致病微生物，并且膜滤出水浊度低至 0.1NTU，所以膜滤技术是解决农村饮用水生物安全性问题的最有效技术。目前，以超滤为核心的第三代工艺已在我国农村开始大量推广，大大改善了农村饮用水水质，在为广大农村提供安全优质饮用水的努力中实现了一次突破，成为今后农村饮用水净化工艺的发展方向。

我国是世界上高层建筑最多的国家。一般城镇供水管网提供的水压力常不超过 0.4～0.5MPa，这满足不了高层建筑的水压要求，所以包括居民和公用高层建筑都设有二次加压设备系统，其中包括贮水构筑物、抽升装置以及检测和自控系统等。由于楼宇众多，楼宇的二次加压设备系统多由非专业的物业管理，常出现因管理不善导致二次供水水质恶化的现象。例如，贮水水箱清洗不及时，箱内沉积杂物，污染水质。楼宇二次供水设备一般都按最大日用水量设计，当用水少的时期（如假期）或季节（如冬季、春季等），水在水箱内储存时间过长，水中余氯耗尽，导致细菌繁殖数量超标。在城市水厂正常运行情况下，也会出现因流速变化使管中沉积物冲起使水浊度升高，甚至产生"红水"或"黑水"等现象；或因停电、设备故障断水再通水时水短时浑浊等现象。上述现象一旦发生，一般水主要是浊度和微生物指标超标，这时在楼宇进水处或各用户进水管处安装小型超滤或纳滤过滤装置，即可获得达标的饮用水，因这时水的化学安全性不会受到什么影响，而浊质和微生物正是超滤和纳滤能有效去除的物质，所以楼宇和家用净水设备在国内当前情况下，是能起到保障和提高人们饮用水水质的作用。

3.6 以膜滤为核心技术的绿色净水工艺

前已述及，人类进化几百万年，都是傍水而居，直接饮用天然地表水，而在这种生态环境中形成的基因，对于天然地表水（河、湖、浅层地下水）是最适应的，亦即天然地表水对人体健康是最有利的。近百年来，由于人类社会经济的发展，污染了水环境，致使天然地表水不再适于人们直接饮用。为消除水的污染，人们采用了包括物理的、物理化学的、化学的以及生物的各种水处理方法。从对人体健康最有利的角度出发，有必要对各种水处理方法进行评价。所谓绿色工艺，就是对水的天然属性没有影响或影响最小的净水工艺；凡是对水的天然属性有影响的净水工艺，对人体健康是不利的，所以不是绿色工艺。

近百年来 4 次重大城市饮水安全问题催生了三代城市饮用水净化工艺（见表 3-7）。

三代城市饮用水净化工艺的发展及其组成 表 3-7

工艺名称	年代	重大饮用水安全问题	工艺组成
第一代	前期（20 世纪前） 中期（20 世纪初） 后期（20 世纪中）	生物安全性（致病细菌） 生物安全性（致病病毒）	自然沉淀→（砂）慢滤→氯消毒 混凝沉淀→（砂）快滤→氯消毒 混凝沉淀→（砂）快滤→氯消毒（深度除浊）
第二代	前期（20 世纪 70 年代） 后期（20 世纪末）	化学安全性 （消毒副产物、微量有机污染物）	第一代工艺＋臭氧→生物活性炭 第一代工艺＋（强化混凝、生物预处理、高锰酸钾预氧化＋粉末活性炭等）
第三代	20 世纪末，21 世纪初	生物安全性 （"两虫"、藻类、水质稳定性、有害水生生物）	膜前处理单元→超滤处理单元→膜后处理单元（以超滤为核心的组合工艺）

上述三代净化工艺中采用的处理方法主要有物理方法：自然沉淀、慢砂滤、膜滤、紫外线杀菌等；物理化学方法：活性炭吸附等；化学方法：药剂混凝及絮凝、药剂消毒、药剂氧化、药剂调 pH 等；生物方法：慢滤、生物预处理、生物活性炭等。其中，物理法、物理化学法、生物法由于对水的化学性质影响较小，一般认为应属绿色工艺；而化学方法由于会向水中投加多种化学药剂，会影响水中原有化学成分的含量及存在形态，会带进新的化学物质，会产生许多副产物，特别是对人体有毒害的副产物等，一般认为不是绿色工艺。

由于环境污染，每年都有若干新的人工合成化学物质进入水中，也由于检测技术的进步，不断发现水中更多的有毒有害微量和超微量的有机污染物，如除检出更多的"三致物"和氯化消毒副产物外，更检出多种持久性有机污染物、内分泌干扰物、药物、化妆品等。每发现一类或者一种有机污染物，都要开发相应的处理方法，其中也包括化学方法，结果向水中投加的化学药剂越来越多，而每一种药剂又会产生相应的副产物和残留物，其对人体健康的影响也越来越大，即走上了一条恶性循环的道路。恶性循环的出现，是由于采用了一种"末端治理"的路线，即水源水中出现什么污染物，就不得不采取相应的化学处理方法，污染物层出不穷，向水中投加的化学药剂也会无穷无尽。

改变城市饮水净化中的恶性循环，是一个有待探讨的重大课题。笔者认为，可从水源和水处理两个方面进行考虑。改"末端治理"为"源头治理"，从改变水源水质入手，其可行途径包括以下几个方面：第一，加强对现有水源的保护；第二，源水优质优用，在每个城市周围都有一些水质较好的水源，有的被用于农田灌溉或其他用途，应加强规划，将优质水源优先用于城市供水；第三，远距离引水，远距离取用水质较好的源水；第四，兴建水库，有的城市具有修建水库的条件，有的地区有兴建农用水库的规划，将两者结合起来，并加强水库水源的保护，为城市提供较好的水源水。上述措施都需要一定投资。如今我国已是世界第二大经济体，不少城市具备投资能力，特别是党的十八大提出将"民生"放到首位，而供应城市居民安全优质的饮用水是最大的民生，应得到政府和社会的支持。

消毒是几乎所有城市饮水净化都需要采用的，并且绝大多数使用药剂消毒，其中我国迄今仍以氯消毒为主，此外还有采用臭氧、二氧化氯等。这些药剂消毒方法都会产生有毒害的消毒副产物，虽然消毒后水的生物安全性提高了，但化学安全性降低了，不是绿色工艺。药剂混凝是几乎所有以地表水为水源的城市饮水净化工程都采用的方法。混凝药剂主要是化学药剂，其种类繁多，对健康的影响各不相同，其对水质天然属性的影响不小，也不是绿色工艺。由混凝沉淀、砂滤、药剂消毒组成的第一代工艺（常规工艺），迄今仍为我国90%以上水厂所采用。在第二代工艺和第三代工艺中，为降低水的浊度和杀灭致病微生物，也都采用药剂混凝和药剂消毒。所以药剂消毒和药剂混凝是城市饮水净化工艺中应用最广泛的方法。

超滤膜是21世纪材料科学发展的新成果，它依靠机械截留作用来去除水中的颗粒物，所以是一种绿色工艺。现代的致密型超滤膜孔径已可做到小于20nm，即比水中最小的微生物——病毒还小，所以超滤可以将水中几乎所有微生物（包括致病微生物）除去，从而大大提高水的生物安全性。超滤能将水的浊度降至0.1NTU以下，且不需向水中投加任何混凝药剂。超滤是取代药剂消毒和药剂混凝最有效的绿色工艺，所以它能成为城市饮水净化中应用最广泛的工艺技术。

我国受东南亚季风气候的影响，夏季多暴雨，使地表水浊度可升至几百NTU甚至上千NTU。原水浊度过高会影响超滤的经济性，所以一般在超滤前用混凝沉淀的方法降低浊度。可用以下的绿色工艺来取代混凝沉淀：

（1）使用贮水库进行自然沉淀。在许多地区，因河水流量波动很大，常建贮水库进行调节，如黄河中游、下游的许多城市。河水在贮水库中经数日甚至数十日的自然沉淀，可获低浊度的原水。

（2）由湖、库取水。我国以地表水为水源的城市，有超过40%是由湖、库取水，原水浊度很低。

（3）采用无药剂过滤。现已有多种过滤技术可用于河水的无药剂过滤，如连续过滤、纤维过滤等，可去除80%～90%的浊度。

（4）开发新的绿色混凝剂。

我国受污染的城市水源，主要为有机污染物以及氨氮超标。现行除有机物的方法，主要有氧化法、吸附法、强化混凝、生物法等。其中活性炭吸附、生物处理等为绿色工艺。

超滤可去除水中具有胶体和颗粒形态的有机物，以及切割分子量数万的有机物。纳滤膜的孔径约为1nm，以物理截留的方式可去除切割分子量低至数百的有机物，是去除有机物的有效绿色工艺。目前国内已开始将纳滤膜规模化用于水厂净化，将超滤和纳滤用于受污染水源水有机物的去除，是绿色工艺的又一重大进展。

生物法除有机物主要采用生物氧化的方法，可去除水中能被生物降解的切割分子量为数百道尔顿的有机物。天然地表水本身就是一个生态系统，所以生物法除有机物对原水的天然属性的影响会很小，是一种绿色工艺。生物法还是去除水中氨氮的有效技术，是目前可以规模化用于水厂的主要方法。活性炭能去除水中切割分子量为数千道尔顿的有机物，特别是生物法难以降解的人工合成有机污染物，并对水的化学性质影响不大，是一种绿色工艺。活性炭滤池投产一段时间后，在炭粒表面能生成生物膜，对水中有机物有生物降解作用，称为"生物活性炭"技术。粉末活性炭在反应器中停留相当时间，炭表面也能生成生物膜，由于粉末活性炭表面积很大，生物量大，能提高生物氧化作用，特别是对氨氮去除效果显著，称为"超滤膜—粉末活性炭生物反应器"技术。

对于适宜采用第一代工艺（常规工艺）的未受污染或仅受轻微污染的水源水，采用直接超滤或超滤加上膜前预处理的绿色除浊技术，可取代第一代工艺，实现城市饮水净化的绿色工艺目标。超滤、生物处理和活性炭吸附三者在去除水中有机物上具有互补性，因原水水质不同，将超滤与生物处理进行组合，或将超滤与活性炭吸附组合，或将三者进行组合，形成以超滤为核心技术的绿色组合工艺，以对受轻度污染的水源水进行净化，以及超滤与纳滤组合，都是城市饮水净化绿色工艺。

绿色工艺对水的性质，特别是水的天然化学属性的干扰和影响最少，所以应是优先选择的工艺。水的化学处理方法，即向水中投加化学药剂，会对水的天然化学属性产生干扰和影响，但是针对水中许多污染物，采用化学处理方法有时是难以避免的。在采用化学处理方法时，宜优先采用对水的天然化学属性影响最小的化学药剂，例如，对于混凝剂，在人工合成有机高分子絮凝剂和无机混凝剂之间，优先选用无机混凝剂。又如，对于消毒方法：在药剂消毒和紫外线消毒之间，优先选用紫外线消毒；在药剂氧化中，优先选用高锰酸钾及其与其他药剂复合的氧化方法等。

以对水的天然化学属性的影响最小为方向，对现有工艺进行优化和改革，将会发展出多种不仅比现有工艺更绿色，并且与现有工艺同样经济有效的净水工艺。

将膜滤用于城市饮水净化是净化工艺的一大进步，它是利用21世纪材料科学的最新发展来改造和提高城市饮水净化技术的重要成果。膜滤为城市饮水净化绿色工艺的发展奠定了技术基础。以膜滤为核心技术的绿色组合工艺，对天然水源水的天然属性的影响和干扰最小，制出的水最适宜于人们饮用，更有利于人体健康，将其推广是具有重大意义的民生工程。

绿色工艺将引起城市饮水净化工艺的重大变革，绿色工艺将成为城市饮水净化科学研究的一个新领域。绿色工艺应成为城市饮水净化工艺的发展方向。

第 4 章

膜滤净水技术

4.1 低压膜滤及其在城镇饮用水净化工艺中的应用

为保障饮用水的安全性，有效保证饮水健康，新的水处理方法逐渐发展。膜技术被称为"21世纪的水处理技术"，是指用天然或者人工合成的高分子薄膜，以外界能量或者化学位差作为驱动力，对于双组分甚至是多组分系统的溶质和溶剂进行分离、分级、提纯、富集的方法。膜滤技术具有占地面积小、对进水水质变化适应性强、出水水质稳定、运行管理方便、操作简单等优点，可对饮用水进行精细处理。近年来，由于其固有的技术优势和极好的水处理效果而得到广泛的关注和应用。膜滤技术按照分离孔径尺寸或截留分子量的不同，可分为微滤（microfiltration，MF）、超滤（ultrafiltration，UF）、纳滤（nanofiltration，NF）、反渗透（reverseosmosis，RO）等，他们均属于压力驱动式膜技术。微滤和超滤所需压力相对较小，属于低压膜滤技术。

4.1.1 低压膜滤技术简介

微滤可有效去除水中悬浮颗粒、胶体、细菌等污染物，但对大分子和溶解性物质去除率低。微滤膜一般以较低压力驱动，其分离机理主要是筛分截留。微滤膜孔径一般在 $0.1\sim1\mu m$ 之间。根据成膜材料微滤膜可分为无机膜和有机高分子膜。无机微滤膜分为陶瓷膜和金属膜；有机高分子微滤膜分为天然高分子膜和合成高分子膜。根据膜的形式，微滤膜分为平板膜、管式膜、卷式膜和中空纤维膜。根据制膜原理，无机膜的制备方法主要有溶胶—凝胶法、烧结法、化学沉淀法等；有机高分子微滤膜的制备方法有：相转化法、溶出法（干—湿法）、拉伸成孔法、浸涂法等。其中，有机高分子中空纤维膜的应用较广，主要的微滤膜材质有聚偏氟乙烯（PVDF）、聚砜（PSF）、聚丙烯腈（PAN）、聚氯乙烯（PVC）、聚丙烯（PP）等。

超滤技术除了可去除悬浮颗粒、胶体、浊度、色度以及大分子物质外，还具有较强的物理消毒作用。超滤对细菌、病毒、隐孢子虫、贾第鞭毛虫等致病微生物具有几乎全部去除的能力，可以满足饮用水水质标准对微生物指标的严格要求。但超滤对溶解性有机物和氨氮等的去除能力有限，需要增加额外的工艺来保证水质。超滤膜的孔径范围为 $0.001\sim0.1\mu m$，操作压力较小。按超滤膜材料可分为有机高分子超滤膜和无机超滤膜。有机高分子材料包括醋酸纤维素、聚丙烯、聚酰胺、聚砜、聚醚砜、聚四氟乙烯、聚偏氟乙烯、聚氯乙烯等；无机材料有陶瓷、金属、玻璃、硅酸盐以及碳纤维等。超滤膜类型包括平板超滤膜、管式超滤膜、毛细式超滤膜、中空纤维超滤膜和多孔超滤膜等。

低压膜滤技术优势包括：（1）膜分离过程不需要加热或冷却，施加压力较低，节省能耗；（2）截留尺寸明确，应用范围广泛，适用于胶体、颗粒物、微生物、部分有机物、无机物和特殊溶液体系的分离；（3）以压力作为驱动力，分离装置简单，占地面积小，便于操作管理、维护运行方便。

4.1.2 低压膜滤技术城镇饮用水处理发展历程

第一代城镇饮用水净化工艺有效地控制了浊度、细菌等问题，满足人们当时对水质的需求。在其基础上，耦合"臭氧—活性炭"的第二代城镇饮用水净化工艺，可以有效去除水中的有机污染物和氯化消毒副产物，保障饮用水化学安全性。2006年的世界水大会上，提出了以超滤为核心的第三代饮用水净化工艺。超滤能将水中微生物几乎全部去除，使饮用水的生物安全性由相对安全向绝对安全飞跃。

从低压膜滤水厂发展历程看，国外起步较早；我国膜滤水厂在饮用水领域中的应用具有起步晚、发展快的特点。根据其处理规模大致可以分为三个时间段，分别为20世纪80年代、20世纪90年代和21世纪至今。

1. 20世纪80年代开始出现低压膜滤水厂

微滤膜水厂最先出现，处理规模为几百吨每天。1987年，世界上第一座膜滤水厂建成，采用外压式聚丙烯中空纤维膜，孔径为 $0.2\mu m$，属于微滤膜的范畴，处理水量为 $105m^3/d$。由于微滤膜孔径大，其水处理效果不如超滤膜好，此后国外水厂膜滤技术由微滤转为超滤，处理规模为几百到几千吨每天不等。1988年，世界上第二座膜滤水厂建成，这是世界上第一座超滤膜处理水厂，采用醋酸纤维素中空纤维超滤膜，膜孔径为 $0.01\mu m$，处理水量为 $240m^3/d$。1989年，荷兰建立超滤膜净水厂，其处理目标是去除浊质并对原水进行消毒，处理规模提升至 $1200m^3/d$。总体来说，20世纪80

年代的膜滤水厂处理规模较小。

2. 20 世纪 90 年代处理规模逐渐扩大

1992 年起，日本建立"膜应用新型净水系统委员会"，专门研究饮用水处理中的膜滤技术，并致力于大规模应用推广。1999 年，我国广东东莞建成微滤膜分离水厂，处理水量为 6000m³/d，采用烧结聚乙烯（PE）管式微滤膜组件，原水絮凝后直接过滤。1997 年，法国建成以粉末活性炭/超滤（PAC/UF）为主要工艺的膜滤水厂，规模为 5.5 万 m³/d，处理水量较之前工程提高了几个数量级。到 1999 年，全球水厂中采用超滤工艺的已经达到 50 家。此后，在饮用水处理领域，超滤工艺得到了长足发展。

3. 21 世纪开始处理规模进一步扩大

2003 年，新加坡投产了混凝/超滤水厂，规模为 2.7 万 m³/d，出水水质稳定。2005 年，苏州市木渎镇建造并投入运行超滤水厂，这是我国第一座以超滤为核心工艺的水厂，处理水量为 1 万 m³/d。2008 年，天津杨柳青水厂建成投产，处理规模为 5000m³/d，水源为滦河水，采用混凝—超滤短流程处理技术，选用国产内压式柱式超滤膜，并通过浸入式膜回收装置对柱式膜的反冲洗水进行回收处理，每年减少了约 22 万 m³ 的废水排放量。无锡中桥水厂原处理工艺为混凝—沉淀—消毒的常规工艺，2008 年进行升级改造，确立了以粉末活性炭—超滤工艺为主的深度处理改造方案，选用外压式超滤膜，处理规模为 15 万 m³/d。系统出水水质完全达标，且部分指标优于《生活饮用水卫生标准》GB 5749。2009 年，江苏南通芦泾水厂，采用混凝—超滤工艺，处理规模为 2.5 万 m³/d。2009 年 12 月，山东省东营市南郊水厂建成，水处理量 10 万 m³/d，是国内第一座大型新建超滤水厂。2011 年，上海徐泾自来水厂，采用原水—生物预处理—高锰酸钾预氧化—粉末活性炭—混凝沉淀—超滤膜工艺，规模分近期和远期，近期规模为 3 万 m³/d，远期规模为 4 万 m³/d。2019 年通水的广州北部水厂一期工程采用第三代城镇水处理技术，处理规模 60 万 m³/d，惠及 150 万人口，是国内采用超滤膜处理工艺的最大规模的水厂，也是目前世界上供水规模最大的采用超滤深度处理工艺的自来水厂。经过几十年的发展，第三代城镇饮用水净化技术逐渐成熟，工艺选用、水厂建设和运行管理体系日益完备。

4.1.3 低压膜滤技术在城镇饮用水净化工艺中的应用

依据城镇水源水水质不同，低压膜滤技术可呈现多样性工艺流程，如原水→膜分离（UF 或 MF）→消毒→出水、原水→混凝→膜分离（UF 或 MF）→消毒→出水、原水→混凝→粉末活性炭→膜分离（UF 或 MF）→消毒→出水等。可根据处理水质的不同选择恰当的水处理工艺流程。近年来，发展了一批以超滤为核心的饮用水高效处理技术，例如以超滤为核心的短流程工艺，以超滤替代过滤的传统工艺升级，超滤作为深度处理后的水质保障技术，即第三代城镇水饮用净化技术等。

以浸没式超滤为核心的短流程工艺，是将絮凝、沉淀、超滤、反冲洗水回收、污泥浓缩集于一体的水处理工程方案，主要针对原水水质较好、水厂占地面积小等条件。实际工程包括，天津杨柳青水厂，工艺流程为原水→絮凝（粉末活性炭）→超滤；南通芦泾水厂，工艺流程为原水→絮凝→超滤；北京市第九水厂，处理规模为 7 万 m³/d，工艺流程为滤池反冲洗水→絮凝→超滤→活性炭。

以超滤替代过滤工艺，可实现水质大幅提升，主要应用于原水水质稳定、有机物和氨氮含量低的情况。实际工程包括澳门大水塘自来水厂，处理规模为 6 万 m³/d，工艺流程为混凝→Aquadal 高速气浮→超滤；上海徐泾水厂，处理规模为 3 万 m³/d，工艺流程为混凝→沉淀→超滤；乌鲁木齐红雁池水厂，处理规模为 10 万 m³/d，工艺流程为预沉→絮凝（预氧化）→高密度沉淀→超滤；肇庆高新区水厂，处理规模为 2 万 m³/d，工艺流程为混凝→沉淀→超滤。

以常规处理和深度处理作为超滤的前处理工艺，可保证水源水受到污染时出水水质的安全性和稳定性。处理工艺流程包括传统处理工艺、深度处理工艺和超滤工艺三部分。传统处理工艺主要去除水中的悬浮物、胶体颗粒物和大分子有机物等；深度处理工艺可进一步去除水中溶解性有机物和氨氮等；超滤作为保证饮用水生物安全性的屏障并进一步提高出水水质。使用该工艺的饮用水处理厂包括佛山新城区优质水厂，处理规模为 0.5 万 m³/d，工艺流程为市政自来水→炭滤→超滤；洋山深水港水厂，处理规模为 1.6 万 m³/d，工艺流程为市政自来水→曝气生物活性炭吸附→超滤；东营市南郊水厂一期工程,工艺流程为高锰酸钾预氧化→投加粉末活性炭→混凝沉淀过滤→浸没式超滤膜;无锡中桥水厂,工艺流程为混凝(粉末活性炭)→沉淀→砂滤→臭氧/生物活性炭→超滤;深圳市沙头角水厂,处理规模为 4 万 m^3/d,工艺流程为原水(＋CO_2、石灰)→混凝→沉淀→炭滤→超滤→消毒(＋澄清石灰液);杭州清泰水厂,处理规模为 30 万 m^3/d,工艺流程为预臭氧→混凝→沉淀→炭砂滤→超滤;上海青浦第三水厂,处理规模为 10 万 m^3/d,工艺流程为预臭氧→混凝→中置式高密度沉淀→臭氧/活性炭(上向流)→超滤。

超滤工艺还可应用在农村饮用水工程中。农村饮用水工程规模较小、供水分散,若采用传统饮用水工艺,困难较大,存在设计复杂、投资大、实施难度高等问题。超滤技术具有占地面积小、操作简便、运行维护方便等优势,应用于农村饮用水处理,规模可控、可行性好。在过去数年间,以超滤为核心的农村饮用水工程大规模出现,呈现猛增态势,单个供水项目的处理规模也逐步增大。2003年海口市美兰区大致坡下洋仔村工程,处理规模100m^3/d;2005 年海南省三亚市南滨农场水厂,处理规模 1000m^3/d;2008 年,安徽省当涂江心水厂,处理规模为 2500m^3/d。由此可见,由于其工艺特点和优势,超滤技术在农村饮用水工程中具有巨大的应用前景。

4.1.4 低压膜滤在城镇饮用水净化中面临的问题及应用前景

超滤水厂面临的主要问题可概括为膜污染及相关的运行费用问题。一般认为,膜水厂建设投资费用随膜滤通量的增加而减少。然而,提高运行通量会导致膜污染加剧,频繁的物理、化学清洗增加了运行负担,降低膜材料的使用寿命,增加了运行成本。如何平衡运行通量和膜污染控制二者间的关系,成为目前第三代城镇饮用水膜滤水厂需要重点关注的问题。建议进一步制定并完善膜材料、膜组件规范标准,以健全膜水厂在设计、运行、检修、评价过程中参考依据的规范性和一致性。规范制定时,宜结合典型水体和对应的膜滤处理技术,考虑水质参数、预处理工艺、膜污染控制、经济能耗等关键问题。同时,需进一步加强低压膜滤材料的研发和膜污染清洗策略的优化。

当前,低压膜滤技术在城镇饮用水净化领域具有极大的发展前景和广阔的应用市场,在饮用水处理领域将继续发挥巨大的作用。随着膜技术的不断发展,低压膜的制造成本正逐渐下降,高性能膜材料、膜组件装配日渐成熟,规范标准逐步完善,这些为低压膜滤技术的发展提供了更加广阔的前景。

4.2 纳滤及其净水效能

4.2.1 纳滤技术简介

纳滤技术是 20 世纪 70 年代末发展起来的一种新型膜分离过程。纳滤膜是一种孔径约为 0.5～2nm、带电荷的分离膜,其以压力为驱动力,介于超滤膜和反渗透膜之间,曾被称为"疏松型反渗透膜"或"致密型超滤膜"。

由于大多纳滤膜带有一定电荷,膜与水中溶质的相互作用不仅限于传统的机械筛分作用。一般认为,纳滤对饮用水中污染物的截留机理主要有三种。一是空间位阻效应,大于膜孔径的溶质容易被截留。二是电荷效应,又称道南效应,即膜与带电溶质之间的电荷作用,这是纳滤膜在较低操作压力下仍有较高分离无机盐的重要原因。由于道南排斥依赖于电解质的价型,即随同离子电荷的增加而增加,随反离子电荷的增加而减少,故纳滤膜可以实现盐的选择性截留。三是介电排斥,即由于水与膜的介电常数的差异,水中的离子会在膜和水的界面上诱导出与自身电性相同的电荷,从而实现膜孔对离子的排斥。与道南排斥不同的是,介电排斥与离子所带电荷的电性无关。目前已经提出的描述纳滤膜分离机理的模型有:细孔模型(Pore model)、溶解—扩散模型(Solution-diffusion model)、Donnan 平衡模型、扩展的 Nernst-Planck 模型、电荷模型、静电排斥和立体位阻模型(Electro-static and steric-hindrance model)、道南—立体细孔模型(Donnan-steric pore model)等。

纳滤膜的分离特征:(1)对小分子物质具有较高截留率,可截留分子量在 200～2000Da 之间的分子;(2)对单价盐的脱盐率较低,对二价盐或多价盐的截留率通常大于 90%;(3)操作压力较低,一般在 0.4～2.0MPa 之间。

根据膜材料的不同,纳滤膜可分为有机高分子纳滤膜和无机纳滤膜。有机高分子膜制备较为简便，机械性能好，产品种类多，按材质分有：醋酸纤维素（CA）膜、聚酰胺复合膜（PA）、磺化聚砜膜（SPS）、聚乙烯醇膜（PVA）等几类。有机纳滤膜组件有卷式、中空纤维式、管式和板框式，目前工业上应用最多的是卷式纳滤膜。无机膜具有良好的热稳定性、化学稳定性和机械强度，以及较好的耐生物降解性和耐溶剂性，这些优良性能使得无机纳滤膜具有广泛的应用范围。但无机膜的制备较为困难，价格高。已报道的无机纳滤膜有金属膜、陶瓷膜、玻璃膜等。目前纳滤膜产品多以有机膜为主。在饮用水处理中，针对不同的水源水可选择不同性能的纳滤膜及膜组件。

尽管我国膜技术和膜工业发展迅猛，然而对纳滤膜的开发尚处于初步阶段。目前，国外纳滤膜的主要厂商均为美国和日本公司，如美国 Filmtec 公司的 NF 系列纳滤膜、日本日东电工的 NTR-7400 系列纳滤膜及东丽公司的 UTC 系列纳滤膜等。因此，我国在纳滤膜研制和纳滤膜应用方面仍有很大的进步空间。

4.2.2　纳滤技术在城镇饮用水净化中应用的发展历程

纳滤技术的发展可以追溯到 20 世纪 70 年代末，由于反渗透膜在运行过程中操作压力很大，出水水质过于纯净，这就促进了"低压反渗透膜"的发展，即后来的纳滤膜。纳滤膜过水通量高，对溶解性物质的截留能力较反渗透弱。20 世纪 70 年代后期，人们研发出了历史上第一张纳滤膜。1986 年加利福尼亚州南部海岸的 Marathon 石油平台上进行的一项测试表明，纳滤膜可以选择性地从海水中去除硫酸盐，这解决了当时海上油田开采面临的一项挑战。从这之后，世界各地的海上石油平台开始使用这项技术。与此同时，纳滤还应用于美国加利福尼亚州圣华金河谷的中水回用项目中，处理后的污水用于该地区的农业用水。除了海上石油开采及中水回用之外，法国将纳滤应用于饮用水处理中，主要针对水中农药及消毒副产物的去除。20 世纪末，巴黎北部郊区的 Mery-sur-Oise 纳滤示范水厂使用纳滤作为一系列水处理过程后的最后步骤，以满足严格的欧洲饮用水质量标准。20 世纪 90 年代后期，纳滤在软化水中的应用受到了许多关注，随后美国佛罗里达州博卡拉顿建造了一座应用膜软化设备的 Glades Road 水处理厂。从纳滤的

发展历程可以看出，纳滤膜在开始阶段就已经应用于饮用水处理领域中。

纳滤在我国的发展开始于 20 世纪 90 年代。1993 年我国首次采用界面缩聚法制备出了芳香族聚酰胺复合纳滤膜。经过将近 30 年的发展，如今纳滤已经在水处理、制药、石油开采、食品加工等领域得到广泛应用。

4.2.3　纳滤在城镇饮用水净化工艺中的应用

现阶段，我国 90% 以上的自来水厂仍采用混凝—沉淀—过滤—加氯消毒的常规水处理工艺。常规水处理工艺主要以浊度、色度、微生物等为去除对象，可以满足我国的生活饮用水标准的要求。但由于近年来我国水源水受有机物污染较为严重，水中除含有悬浮物和胶体之外，还有大量的溶解性有机物、重金属离子、盐类、氨氮等，且常规处理工艺所采用的加氯消毒方式会形成对人体健康有害的三卤甲烷等消毒副产物，这些都对常规处理工艺提出了更高的要求和挑战。纳滤可去除水中的无机污染物（例如硬度、硝酸盐、砷、氟化物、重金属）及有机污染物（例如农药残留物、三卤甲烷、环境内分泌干扰物及天然有机物），同时可以保留对人体有益的矿物质，符合优质饮用水的要求。另外，纳滤还可以截留尺寸较小的病毒，达到消毒的目的，可以减少水中的残余氯，同时能维持配水管网内微生物数量的稳定。与常规水处理技术相比，纳滤可以少投甚至不投加化学药剂，具有操作压力低，占地面积小，易于自动化控制，pH 适用范围广等优点。因此，纳滤在优质饮用水制备方面有着独特的作用，有很大的发展前景。

纳滤在饮用水深度处理、软化制取饮用水等诸多领域也有越来越广泛的应用。尽管纳滤工艺可以有效控制饮用水中的无机盐类和溶解性有机物，但容易产生膜污染，因此通常和其他工艺联用以有效保证饮用水水质，如在饮用水常规处理工艺基础上的纳滤深度处理技术，纳滤耦合以去除水中溶解性有机物和消毒副产物为目的的各工艺单元等。

纳滤膜在饮用水深度处理领域中已有较大规模成功应用实例。法国巴黎梅里奥塞（Mery-sur-Oise）水厂是世界纳滤膜应用的先驱。水厂采用水处理工艺：Actiflo 高密度沉淀池→臭氧接触池→双层滤料滤池→保安滤器→纳滤→紫外消毒，处理

Oise 河水，生产能力为 14 万 m^3/d，为巴黎北郊大约 80 万居民提供优质饮用水。水厂出水中溶解性有机碳去除率为 60%，农药去除率达 90% 以上，出水 TOC 低于 $0.2\sim0.3mg/L$，生物稳定性好。法国 Jarny 水厂于 1995 年投运，纳滤系统并入其原有工艺，采用工艺流程为：絮凝→石灰软化→砂滤→精滤→NF 系统→加酸脱气，产水能力为 $2500m^3/d$，可处理不同水质的原水，其处理出水完全能达到所需的水质要求。美国佛罗里达州下属的 Deerfiled Beach 市和 Boca Raton 市分别于 2003 年和 2004 年建成投产 4.0 万 m^3/d 和 15.2 万 m^3/d 的饮用水 NF 膜处理系统，主要用于原水中硬度、色度和消毒副产物（三卤甲烷、卤乙酸等）生成潜势的去除，满足当地饮用水水质标准要求。位于美国劳德代尔堡市的 Peele－Dixie 水处理厂和 Jupiter 镇水处理厂分别采用了供水量达 4.5 万 m^3/d 和 5.5 万 m^3/d 的 NF 膜工艺，出水水质优良。

我国台湾高雄地区的拷潭高级净水厂于 2007 年投运一套 30 万 m^3/d 的 NF 净水系统，以去除水中的氨氮、消毒副产物等污染物质。目前国内一些市政水厂已开始使用纳滤法处理高盐原水。山西省吕梁市六壁头水厂，针对硫酸盐、硬度高、处理水量大的实际情况，采用一级两段式纳滤处理工艺：袋式过滤器→精滤一→精滤二→NF 系统，经 NF 处理后的脱盐水再与原水混合，系统出水水质较好。山西临汾二水厂鉴于原水盐度、硬度超标等问题，选用 NF 膜对饮用水进行深度处理，最终水厂出水由 NF 产水与滤池出水勾兑混合后外送，出水水质达标。浙江省温岭市滨海镇，建成并运行国内第一套净化河道微污染水的纳滤系统，其水源取自水质为劣 V 类的当地河道，每日可生产 $500m^3$ 洁净的饮用水，供应于当地农村饮用，出水水质全面优于国家生活饮用水卫生标准。

水中硬度的去除是应用纳滤的主要目的之一。总硬度是《生活饮用水卫生标准》GB 5749—2022 中的一项常规指标，饮用水中硬度偏高会影响人们的感官感受。我国地下水中硬度普遍偏高，地下水中硬度的去除受到了广泛关注。相对于常规处理工艺，纳滤工艺处理高硬度水的优势在于降低水中硬度的同时还能去除色度和浊度。纳滤膜软化制取饮用水主要应用在两个方面：一是对硬度高的地下水及地表水常规水源水进行软化，1995 年美国佛罗里达州的 Royal Palm Beach 水厂采用 NF70 纳滤膜

对地表水进行软化制取饮用水，产水规模达到 $3.0×10^5 m^3/d$；二是高硬度海岛水的软化，1997 年杭州水处理中心在山东长岛建立了国内首个大规模膜软化系统——山东长岛南隍城纳滤示范工程，采用 NF90 系列膜对高硬度海岛苦咸水脱硬，对总硬度的脱除率可达 98% 以上，同时脱盐率小于 70%，可保留人体所需盐分，供给岛上军民饮用，淡化水符合国家生活饮用水卫生标准。

4.2.4 纳滤在城镇饮用水净化工艺中面临的问题及发展前景

随着我国经济和城镇化进程的快速发展，新型污染物不断出现，饮用水水源污染问题日趋复杂，加上突发性水污染事件时有发生，导致饮用水资源供需矛盾加剧。由于纳滤对水中无机和有机污染物都具有良好的分离特性，且经纳滤处理过的水可以保留一部分人体所需的矿物质，因此在饮用水净化领域有很大的市场前景。但膜污染、标准规范缺失等问题仍是制约纳滤进一步推广应用的因素。

膜污染会加大过滤阻力，降低膜产水量，同时提高膜的清洗频率，缩短膜的使用寿命，从而大大增加膜组件的运行成本。纳滤膜的污染主要与膜性质、操作条件和进水性质有关。减轻纳滤膜污染可从四个方面着手：一是纳滤膜的表面改性。可对膜进行表面改性，例如改变膜的亲水特性、增强膜电性等可以实现膜污染控制。二是采取合适的操作策略。首先，控制膜的初始渗透通量可大大减小污染速率，使通量稳定在较高水平；还可采取脉动流操作、鼓泡操作、振动膜组件、超声波照射等方式缓解膜污染；另外，可通过优化膜系统的操作参数以及改进膜组件及膜系统结构设计等来减轻膜污染和浓差极化，提高膜通量。三是将膜与其他处理工艺组合，改变进水的物理化学性质，即对进料进行预处理。常见的预处理方法有：混凝—沉淀—过滤、臭氧等氧化工艺、加阻垢剂、生物活性炭吸附等生物处理工艺以及 MF/UF 的膜过滤工艺。四是膜清洗，主要根据纳滤膜类型和污染物种类来选择清洗方法，常用的清洗方法有物理方法和化学方法两类。物理方法有：降低操作压力，提高保留液循环量；气—液脉冲；保护液浸泡等。当膜污染比较严重，采用物理清洗方法不能恢复通量时，就应采取化学清洗。常用的化学清洗剂有酸碱液、表面活性

剂、氧化剂、酶等。研发各种高效经济的膜清洗方法将有利于纳滤膜污染问题的解决。

现有的纳滤相关标准难以满足行业发展。随着纳滤处理饮用水技术的发展，需要制订相应的国家标准来规范其工艺的设计和检验。目前纳滤相关的标准主要有：国家标准《膜分离技术 术语》GB/T 20103—2006、海洋行业标准《纳滤膜及其元件》HY/T 113—2008 和中国质量检验协会团体标准《家用和类似用途饮用水处理装置用纳滤膜元件》T/CAQI 16—2016 等。纳滤相关标准的数量和质量还不能充分满足行业需要。因此，在未来还需要进一步完善标准体系建设，保障纳滤技术应用于饮用水处理领域的安全可靠。

未来还应做好以下工作：首先，研发具有优良性能的纳滤膜材料来解决现有纳滤技术问题是未来研究的发展趋势。尽管我国纳滤膜技术已经取得了显著进展，但与国际纳滤膜技术发展相比仍有一定差距。其次，开发新的集成工艺和优化处理方法。由于膜工艺通常是饮用水净化系统中的一个组成部分，开发新的集成工艺和优化处理方法，可以扩大纳滤工艺的应用范围，有效延长膜体的使用寿命，优化整个系统的性能，降低系统的投资和运行费用，有利于膜技术更普遍地应用到包括饮用水处理的各个方面。另外，进一步优化膜工艺系统在线自动化检测技术，可以提高应对突发水质事件的快速反应能力。相信随着我国膜工业的不断发展，纳滤的产业化推广，以及饮用水深度处理、软化水等相应工艺技术的逐步成熟和规模化工程应用，纳滤在水处理中必将具有广阔的应用前景。

4.3 反渗透及其净水效能

4.3.1 反渗透技术简介

反渗透是水分子自然渗透过程的反向过程，利用半透膜的选择透过性，在膜两侧压力差的推动下使溶质和溶剂分离，从而达到脱盐的目的。反渗透膜孔径一般为 0.1～0.3nm，在一定压力下，水分子可通过反渗透膜，而溶解性盐类、重金属离子、有机物、细菌等则被截留。

反渗透技术是 20 世纪 60 年代发展起来的一项膜分离技术。全球首张高脱盐率、高通量的非对称

纤维素反渗透膜于 1960 年制备成功，这是反渗透膜技术领域的第一次突破性进展。1980 年，通过界面聚合法制备出芳香聚酰胺薄膜复合膜，实现了反渗透复合膜的商品化，推动反渗透工艺走向工业应用。目前大部分商品化反渗透膜仍然是非对称纤维素膜和薄膜复合膜（TFC）。非对称纤维素反渗透膜通过相转化法制备，其制备工艺简单、价格低廉、具有较高的机械强度和较好的亲水性。为减轻膜水解，纤维素膜的应用对 pH 要求较高，在高压下运行时容易受到强烈的挤压导致膜通量和膜的整体性能下降。而 TFC 反渗透膜在化学和物理性质上更稳定，抗生物侵蚀稳定性好，不水解，耐压，工作温度和 pH 范围宽。然而，复合膜的亲水性较差，易受污染，并且水中极少量的游离氯便会使膜性能恶化。目前醋酸纤维膜正逐渐地被复合膜取代。

海水淡化反渗透膜的先进技术主要来源于国外，如美国陶氏公司的陶氏 Flimtec 反渗透膜，美国海德能膜、日本的东丽膜以及 NanoH$_2$O 公司的 QuantumFlux 膜。反渗透膜有以下几类：中空纤维式、卷式、板框式和管式。中空纤维反渗透膜与其他结构的膜相比，在单位体积的组件内能提供更多的膜面积，同样条件下与流体接触面积显著增加、装置结构紧凑、安装简单、操作简便，是一种较为理想的反渗透膜。

4.3.2 反渗透在城镇饮用水净化工艺中的应用

随着城市居民对生活饮用水水质的要求不断提高，以及原水中的污染物质越来越复杂，尤其对于一些水源水污染严重地区的居民，饮水存在水质严重不达标问题。相比微滤、超滤和纳滤，反渗透的过滤更为精密，能阻挡所有的溶解性盐及分子量大于 100Da 的有机物，因而在饮用水深度处理领域的应用也越来越广泛。荷兰的"Jan-Langrand"是世界最早最大规模的双膜法市政供水厂，产水量 2250m^3/h。1999 年投运至今，该水厂通过"预处理—超滤—反渗透"处理后的出水直接混合超滤出水，不经任何化学消毒。反渗透还可以有效解决水厂出水中无机盐浓度过高的问题。福建省长乐二水厂先前采用常规饮用水处理工艺。由于受海水倒灌、咸潮等影响，该水厂出水氯化物浓度阶段性严重超标。为解决这一问题，水厂后采用超滤＋纳滤＋反渗透技术进行提标改造，出水水质氯化物不大于

200mg/L，处理后的水质满足《生活饮用水卫生标准》GB 5749—2006。反渗透被认为是减少水中有害无机物的最有效的方法之一。根据美国环境保护署的一份报告，实验性研究表明反渗透能有效除砷。美国缅因州卡梅尔小学作为由美国环境保护署开展的砷去除技术示范工程的一个试点，采用一套小型反渗透系统来解决其饮用水供水中的砷和锑浓度过高的问题，系统运行结果表明，RO 系统对砷和锑的去除率都达到了 99%，对总溶解固体（TDS）的去除率达到 97%。此外，RO 可以去除水源水中的生物可降解有机物，从而降低配水管网中细菌的繁殖。

随着全球人口急剧增加，饮用水生产已成为全球关注的重要资源问题。在我国，实际可利用的水资源量正逐年接近合理可利用水量上限，开发非常规水资源，如海水淡化、苦咸水脱盐将大幅度缓解淡水资源的紧张。苦咸水口感苦涩，盐类和杂质超标，长期饮用会严重影响人的身体健康，世界卫生组织规定，盐度在 500mg/L 以下的水源才能作为饮用水。我国苦咸水主要分布在北方、西部及东部沿海地区。对于我国西北内陆的一些缺水偏远地区，苦咸水必须经过脱盐处理才能作为饮用水源。苦咸水反渗透（BWRO）可以有效解决这一问题。宁夏南部山区的农村饮用水安全工程中，采用反渗透工艺处理苦咸水，产水水质各项指标均较好，供水量达 400m³/d 以上，满足了区域内人畜饮水要求。海水淡化已成为重要的饮用水生产来源之一，当前以色列的饮用水约 80% 来自海水淡化，索莱克反渗透水厂是以色列最大的海水淡化厂，一期工程产水量 62.4 万 m³/d，二期设计产水量 82 万 m³/d。位于西班牙大加纳瑞群岛 Las Palmas 岛的反渗透海水淡化工厂是世界上海水淡化具有代表性的项目，其三期工程采用反渗透工艺，产水量为 5.2 万 m³/d，四期工程工艺路线基于两级反渗透，以较低的运行成本得到了盐度低于 50mg/L 的产品水，反渗透系统生产的淡水供给海岛使用。此外，天然雨水硬度低、污染程度小，提高对城市雨水的利用率将有利于缓解我国城市缺水现状。反渗透技术可作为雨水的深度处理工艺，能够保障雨水利用的安全性。

另外，反渗透还可应用于直饮水的生产及解决突发性水污染事故带来的饮用水安全问题。由于反渗透膜的纳米级滤径优势，很多国家和地区逐渐将反渗透应用于生产直接饮用水。美国佛罗里达州珊瑚角城分质供水系统中饮用水处理工艺采用低压反渗透，其处理能力达 6×10^4 m³/d。近年来，城市饮用水源突发性水污染事故引起了人们的广泛关注，而水厂传统的净化工艺难以满足污染事故状况下饮用水水质的保障。由于反渗透净化效率高、操作简单等特点，以反渗透为核心的深度处理工艺能够确保饮用水的安全。

4.3.3 反渗透在城镇饮用水净化工艺中面临的问题及发展前景

膜污染是反渗透技术应用过程中面临的一项挑战。反渗透膜在运行过程中易受水中胶体颗粒、无机结垢、微生物等的污染。由于地下水中含有溶解的二价铁、锰和硫化氢等还原性物质，当遇到空气或氯氧化沉淀后，就会形成 $Fe(OH)_3$、MnO、重金属氧化物等不溶性胶体和微细沉淀，导致预处理系统污染堵塞以及膜的氧化和堵塞。当进水中的碳酸钙、硫酸钡、硫酸钙、硫酸镁以及硫酸锶浓度过高时会沉积在膜表面，即由无机离子引起的化学结垢。反渗透膜污染防治可以从四个方面入手。一是开发抗污染的反渗透膜及膜组件；二是优化操作条件；三是严格控制预处理，降低反渗透膜的污染趋势。四是对 RO 膜进行定期清洗，及时进行有效的化学清洗可以延长膜的使用寿命。

由于反渗透出水的总溶解固体值（TDS）较低，口感差，对管道具有腐蚀性，不符合世界卫生组织规定的饮用水标准。因此，在将反渗透应用于饮用水生产时，需要考虑保留对人体健康有益的微量元素和矿物质。另外，海水及苦咸水作为原水时，还要考虑出水中的硼含量。然而，现有的 RO 膜对硼的排斥作用有限，因此开发高效除硼技术将有利于扩大反渗透技术在海水淡化领域方面的应用。

反渗透浓水处理的成本和技术可行性是对反渗透技术工程应用的另一因素。反渗透浓水中含有难降解有机污染物和无机污染物，处理难度大，处理成本高。探索经济高效的反渗透浓水处理技术将是解决这一问题的出路。

尽管目前反渗透技术的能耗和成本正逐步降低，但其应用仍存在成本偏高的问题，降低能耗是控制成本的关键。研发高通量、高截留率、高抗污染性的高性能反渗透膜，引进能量回收系统，优化反渗透工艺的设计和操作条件等都有利于反渗透能耗的降低。

　　总之，在城镇饮用水净化工艺领域中，反渗透技术的发展方向主要集中于：高性能反渗透膜及膜组件的研发和膜集成工艺的开发。随着我国"水十条"的颁布实施，反渗透技术正面临着新的机遇和挑战，相信随着反渗透技术的不断发展，其在饮用水水处理中所起的作用会越来越重要。

第5章

第三代饮用水净化工艺用于松花江水系的实验研究

松花江流域是我国第三大水系，流域中有大量城镇和工厂企业以松花江的干、支流为水源。松花江地处我国东北高寒地区，夏季洪水浊度高；冬季低温低浊，成为水厂水处理的难题；春季溶雪水（俗称桃花水）有机物含量高，浊质胶体稳定性高，混凝比较困难，也难以处理。所以松花江水系的原水水质，与其他水系比较有其独特性。将膜技术用以处理松花江水的实验研究，对于在该水系第三代净水工艺的推广应用，应有重要参考价值。

5.1 混凝—超滤和粉末活性炭—超滤系统净化松花江水的中试实验研究

5.1.1 混凝—超滤净水工艺中试实验研究

1. 实验系统

哈尔滨工业大学团队于 2000 年开始最早对膜滤净化松花江水进行研究。该中试实验研究是在哈尔滨市自来水公司第三水厂内进行的。以松花江哈尔滨段水作为实验原水。中试实验系统如图 5-1 所示。

原水用置于水厂原水廊道的水泵 1 抽取后，投加混凝剂，进入管道混合器快速混合，然后进入反应水箱，其间进行流动电流检测。本实验采用的膜组件 A 为内压式超滤膜。反应后水经过水泵 2 分三种工况进入超滤膜组件：直接进入膜组件、经过压力式砂滤罐后进入膜组件和经过纤维过滤器后进入膜组件。进入膜组件的水被膜分成两股：一股为净水进入净水箱，一股为浓缩水回流到反应水箱。反冲洗时，反冲洗水泵抽出净水箱水对膜进行反冲洗。膜反冲洗水排入下水道。

实验所用膜组件为海南立昇净水科技实业有限公司生产的内压式中空纤维超滤膜组件，膜组件参数见表 5-1。本中试使用的是表中的膜组件 A。

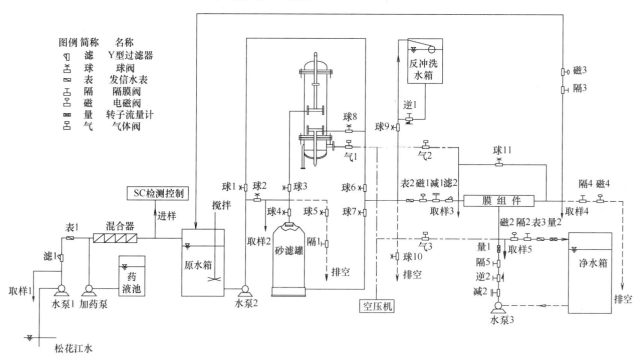

图 5-1 系统工艺流程图

膜组件参数			表 5-1
参数名称	膜组件 A	膜组件 B	
中空纤维膜材料	PVC	PAN	
滤芯长度(mm)	1200	248	
滤芯直径(mm)	250	76	
有效膜面积(m²)	48	0.56	
最高进水压力(MPa)	0.5	0.5	

		续表
参数名称	膜组件 A	膜组件 B
膜内外最高压差(MPa)	0.2	0.2
推荐工作压力(MPa)	0.05～0.20	0.08～0.15
水温上限温度(℃)	40	45
水温下限温度(℃)	0	5
进水 pH	2～13	2～10
截留分子量(kDa)	80	50

2. 对水中颗粒物检测方法研究

超滤和微滤用于饮用水净化，开始主要是为了去除水中的致病原生动物（例如两虫）。两虫的尺寸处于微米级（μm）范围。两虫的检测比较困难，需要大量水样，以及复杂的检测过程，所以难以适时或在线检测，所以根据卫生学统计原理，当水中大于 $2\mu m$ 的颗粒数低于 20 个/cm^3 时，水中两虫存在的概率就比较低，即两虫致病风险就比较低，水的生物安全性就能得到保证。此外，超滤是一种高效的固液分离技术，超滤出水的浊度远低于 1NTU。在本实验中超滤出水浊度都在 0.2NTU 左右，如图 5-2 所示。超滤净水的风险之一是中空纤维膜丝断丝，一旦发生断丝，大量颗粒物会直接进入滤后水中，使出水颗粒物突然增多，出水的致病风险增大，需要及时发现。

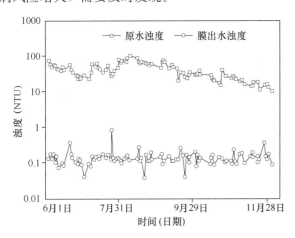

图 5-2　超滤对浊度的去除效果

目前能在线检测颗粒物的方法，有在线颗粒计数器、在线浊度仪和透光脉动检测技术。

3. 在线颗粒计数器

与浊度仪不同，颗粒计数器的测定结果直接反映了颗粒物的物理参数，即颗粒物的总量（个/mL）和粒径分布。实际运用中，用户可方便地选择颗粒计数检测器检测的颗粒尺寸范围，显示每个粒径范围的计数检测情况，因而颗粒计数和检测方法可以作为一种监测和控制水中病原微生物可能数量的有效方法。该方法已经在国内外得到广泛重视和应用。

颗粒计数器检测结果如图 5-3 所示。随着季节的变化，原水颗粒粒径在 $2\sim750\mu m$ 的总颗粒数在 $3000\sim18000$ 个/mL 之间变化，比较图 5-2 和图 5-3 可以看出，尽管浊度和颗粒计数是对水中不

同粒径范围的颗粒的监测，但是他们描述同一水样时有很好的相关性，浊度高时，水中大于 $2\mu m$ 粒径的颗粒数相应较多，浊度低时，颗粒数少。

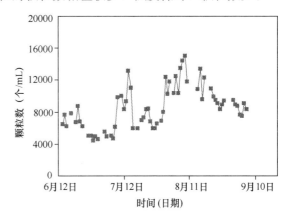

图 5-3　实验期间原水颗粒粒径在 $2\sim750\mu m$ 之间的颗粒数

图 5-4 是松花江原水和膜出水的不同粒径颗粒的分布（7 月 14 日）。运行工况为原水混凝后直接超滤。原水中超过 99.8% 的颗粒物集中在 $2\sim8\mu m$ 的范围。颗粒粒径大于 $2\mu m$ 的颗粒能够得到很好的去除，从原水的 13156 个/mL，下降到膜出水的 15 个/mL。颗粒粒径大于 $7\mu m$ 的颗粒几乎被完全去除。膜透过的颗粒集中在 $2\sim3\mu m$ 的粒径的范围。

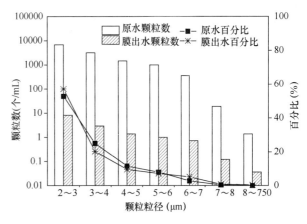

图 5-4　松花江原水和膜出水的不同粒径颗粒的分布

分别对浊度和粒径大于 $2\mu m$ 的颗粒数量进行同步在线检测，考虑一个过滤周期内水中的颗粒数量及浊度变化情况。图 5-5 是在硫酸铝投加量为 12mg/L，经过石英砂预过滤时，超滤膜进水和出水的浊度和颗粒数量检测结果。前 30min 对进膜水浊度和颗粒数量进行同步在线检测；后 30min 对出膜水进行检测。

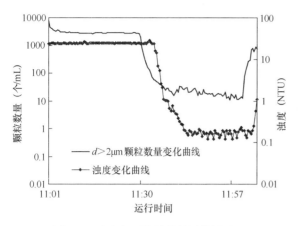

图 5-5 浊度与颗粒计数检测结果对比

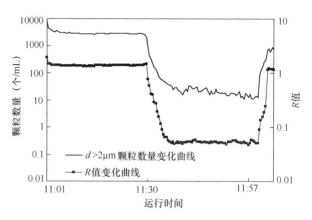

图 5-6 透光脉动检测仪与颗粒计数仪检测结果对比

由图 5-5 中可以看出，浊度法和颗粒计数法都能灵敏地检测到水中颗粒物质的变化情况，但颗粒计数法测定对水样更灵敏。当由检测进膜水换成检测出膜水时，浊度值反应较滞后，并且颗粒计数曲线迅速下降至很低水平，而浊度值则缓慢降低，并且需较长时间才能达到稳定水平，这一点与仪器的构造有关。浊度仪的水样室体积较大，而颗粒计数器是很细的一条水样管，所以反应较快。

目前，在国内一些水厂中，对滤池运行情况的在线监控仍是以浊度仪为主，但是浊度仪对粒径大于 1 μm 颗粒的检测精度和敏感度显著下降，测定值往往偏低，而且在线浊度仪的测试原理决定了它所测试的水样是滞后于工艺出水的。而与在线浊度仪不同，在线颗粒计数仪具有无滞后性和高精确性，其测定结果直接反映了工艺出水中颗粒物的物理参数，即颗粒物的总量（个/mL）和粒径分布，可以使水厂过滤检测和分析达到远高于浊度所能达到的水平。

4. 透光率脉动检测仪

本实验还对比了透光率脉动检测仪和颗粒计数仪的测定结果。将透光率脉动检测仪与颗粒计数仪并联运行，在硫酸铝投加量为 12mg/L，并经过石英砂预过滤时，从同一个取样点取水样进行检测。在同一运行周期内，前 30min 对进膜水的颗粒物质含量进行在线检测，后 30min 对出膜水进行检测，实验结果如图 5-6 所示。

由图 5-6 可以看出，两条检测值的变化曲线非常相似，因此在实际应用中可以单独使用透光脉动检测仪替代颗粒计数仪对水中致病原生动物和其他颗粒物质进行检测及控制。由于颗粒计数仪受仪器运行参数的影响，而透光脉动检测仪实际上可以有

效检测出大于 1 μm 粒径的所有颗粒，并且不受颗粒浓度及粒径限制，所以应该更具有代表性，能更真实地反映水中颗粒物质以及与之相对应的病原微生物的相对含量。因此，该检测技术有可能作为一种全新的微生物颗粒以及其他种类悬浮颗粒物质总体含量的有效检测方法。

5. 混凝—超滤系统对水中有机物的去除

天然有机物（NOM）广泛存在于地下水、地表水的水体中。天然有机物是动植物残体通过化学和生物降解以及微生物的合成作用而形成的。水体中天然有机物（NOM）一般存在两种形态：颗粒性的有机物和溶解性的有机物（DOM），在天然水体中 DOM 约占 NOM 的 $80\%\sim90\%$，判断 DOM 的标准是能否透过 0.45 μm 滤膜。颗粒有机物一般比较容易去除而且去除效率较高。溶解性的有机物通常用 DOC 和 UV_{254} 表征，它的去除一般通过混凝沉淀或者共沉淀作用。混凝沉淀是化学反应的结果，带正电荷的铝盐絮体和带负电荷的 DOC 反应生成不溶物析出沉淀。Hundt 研究发现，水中铝盐的单体和聚体都能使富里酸发生沉淀去除。混凝对水中大分子的、憎水的、酸性强的溶解性有机物去除能力较强。相对来说，分子量越大的物质一般水溶性越差，憎水性的物质易于吸附在树脂上，也较易于吸附在沉淀的絮体上。另外，酸性强的有机物所带负电荷点较多，能与阳离子混凝剂形成较强的结合物。

天然有机物是消毒副产物的主要前体物质。据报道，几乎所有的天然有机物在加氯消毒过程中都会与氯反应生成三卤甲烷、卤乙酸等具有致癌作用的卤代有机物。所以在给水处理中，控制水中有机物显得特别重要。

图 5-7 表示了原水混凝、砂滤然后超滤膜过滤的水中 DOC 浓度变化，不混凝或者欠效混凝时原水砂滤后膜过滤时，对 DOC 的去除率较低，去除率在 9% 左右，不加混凝剂和欠效混凝对 DOC 去除效果没有明显差异。在浊度去除最优点时，并不是 DOC 去除最优点，其实 DOC 的去除率只有14%。强化混凝时 DOC 能显著去除，30mg/L 混凝剂投加时 DOC 去除能达到 34%。

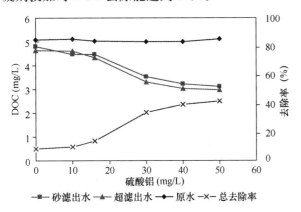

图 5-7　混凝—超滤系统 DOC 的去除与混凝剂
投加量的关系

图 5-8 反映了混凝对 UV_{254} 去除效果。UV_{254} 是难挥发性总有机碳（NPTOC）和总三卤甲烷生成量（TTHMFP）的良好替代参数，可以间接反映水中 NPTOC 和 TTHMFP 浓度，UV_{254} 与水的 COD、TOC、BOD_5 等具有显著的线性关系，可以间接反映出水中溶解性紫外吸收物质浓度的变化规律。此处的紫外吸收物质主要是共轭结构或芳香结构的不饱和有机物，通过考察 UV_{254} 的变化情况，可以反映出水中这类物质随着混凝过程的变化和去除情况。从图 5-8 中可以看出随着混凝剂投量的增

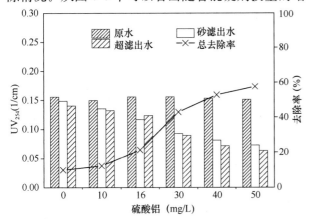

图 5-8　混凝—超滤系统 UV_{254} 的去除与混凝剂
投加量的关系

加，水样的 UV_{254} 都是降低的，说明增加混凝剂的投量可以提高对水中共轭结构或芳香结构的不饱和有机物的去除。比较图 5-7 和图 5-8，在不同的混凝剂投加量时，UV_{254} 的去除率比 DOC 去除率都高。而且当 DOC 的去除率提高时，这种差别更明显。这反映了混凝对有机物的选择性，混凝选择性地去除了一些大分子和芳香族物质。

图 5-9 表示了不同的混凝剂投加量对 SUVA 的去除影响，SUVA 是 UV_{254} 与 DOC 的比值，它可以反映出水中有机物的某些特性，如分子大小、腐殖化程度及不饱和键或芳香环有机物相对含量的多少等。Chin 和 Aiken 等人用核磁共振技术研究了富里酸的碳碳不饱和双键及芳香环含量与 SUVA 的关系，认为 SUVA 与芳香环及碳碳双键的含量之间有良好的线性关系。SUVA 可以相对地表示出水中不饱和有机物在总的有机物中所占的比例。SUVA 越大，表示水中共轭结构或含芳香环的不饱和有机物所占的比例越大。从图 5-9 中可以看出，随着混凝剂投量的增大，SUVA 不断降低，说明增加混凝剂投量可以提高对 SUVA 的去除效果。天然有机物中的不同组分的 SUVA 是不同的，一般情况下，腐殖酸、富里酸的 SUVA 较高，而亲水性物质的 SUVA 较低，说明混凝可以很好地去除水中的疏水性有机物，由于水中剩余的主要是亲水性物质，因而表现出水的 SUVA 较低。

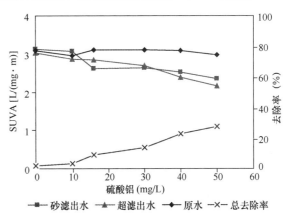

图 5-9　混凝—超滤系统 SUVA 的去除与
混凝剂投加量的关系

图 5-10 表示了实验所测得的水中高锰酸盐指数的去除与混凝剂投加量的关系。不投加混凝剂时，原水砂滤后超滤膜过滤，总 COD_{Mn} 去除率为 11%，欠效混凝（混凝剂投量低，无法达到目标效果）对应的去除率为 15.8%，在强化混凝时为

38%。从图 5-10 中还可以看出进膜水（砂滤后水）和出膜水高锰酸盐指数变化不大。可以认为系统对高锰酸盐指数的去除关键单元是混凝和砂滤过程。

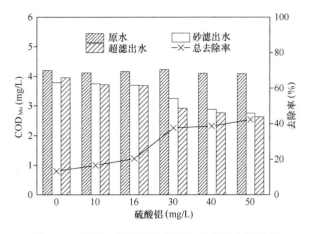

图 5-10　混凝—超滤系统 COD$_{Mn}$ 的去除与混凝剂投加量的关系

6. 混凝程度对膜污染的影响

在上面章节混凝—膜过滤系统评价除污染效能的同时研究混凝—膜过滤工艺的膜操作性能。水处理流程为混凝—砂滤—膜过滤，一些颗粒物和浊度被砂滤去除，主要研究溶解性的物质对膜操作性能的影响，这是因为它是膜污染的主要缘由。

不同的混凝程度对通量有一定的影响。混凝剂硫酸铝的投加量为 10mg/L 对应着欠效混凝，16mg/L 为浊度优化混凝剂量，30mg/L 为强化混凝，40mg/L 和 50mg/L 为过量混凝，并以不加混凝剂量为对照（0mg/L）。图 5-11 表示了不同的混凝剂量对通量的影响，膜过滤操作压力为 0.12MPa，错流操作初始回流比为 80%。松花江原水直接砂滤后膜过滤，通量由 92L/(m²·h) 经过 60min 下降为 60.4L/(m²·h)。欠效混凝

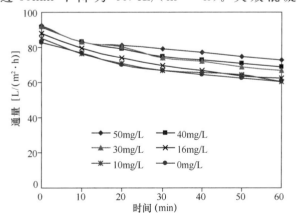

图 5-11　超滤膜通量下降与混凝剂投加量的关系

（10mg/L）对通量影响不大。当混凝剂投量高时，膜过滤相同时间后通量下降较少。在强化混凝时 60min 后通量是初始通量的 85%。

混凝对膜污染的减少可以通过下面公式计算：

$$\alpha = \frac{J_C - J_R}{100 - J_R} \times 100 \qquad (5-1)$$

式中　　α——膜污染减少百分比；

J_R——原水不经混凝膜过滤下降到的通量（百分比于初始通量）；

J_C——原水混凝后膜过滤下降到的通量（百分比于初始通量）。

对于公式（5-1），例如原水不经混凝膜过滤 60min 后，通量是初始通量的 61%，原水混凝后再膜过滤 60min 后，通量是初始通量的 75%，那么混凝减少的膜污染百分比为 36%。也就是说，相对于原水膜滤产生的膜污染，混凝后膜过滤污染减少了 36%。图 5-12 是实验期间某 3 天依据公式计算的膜污染减少的百分比。对于欠效混凝，污染减少量很小，在 8 月 9 日时甚至出现负值，此为混凝后污染较原水膜滤增加了。在优化浊度去除混凝剂量时，9 月 3 日对有机物去除百分比最少，同时混凝对膜过滤减少的膜污染百分比也最少。在强化混凝时，7 月 14 日对有机物的去除百分比最多，其时混凝对膜过滤减少的膜污染百分比也最大。另外，强化混凝较之优化浊度去除对有机物去除百分比高，减少的膜污染也高。所以，可以推断混凝对有机物的去除与混凝对膜污染减少有一定的相关性。

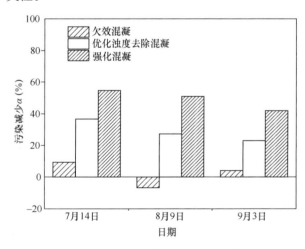

图 5-12　超滤膜污染减少与混凝程度的关系

为了进一步研究混凝对 DOC 的去除百分比对混凝减少膜污染的影响关系，以 DOC 的去除百分

比为横坐标，混凝减少膜污染的百分比为纵坐标作图，如图 5-13 所示。图中所示 DOC 的去除率是在不同的原水浊度、水温、DOC 浓度和 UV 吸光度下以及不同的混凝剂投加量下，所以有一定的广泛性。从图中可以看出，两者有一定的正相关性。由此可以推断，可通过提升水中有机物的去除效率来缓解膜污染，提高通量。

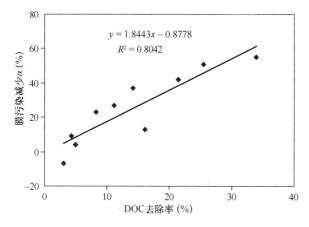

图 5-13　超滤膜污染减少与 DOC 去除率的关系

7. 膜前预过滤对通量的影响

实验中研究了混凝后预过滤对膜污染的影响。比较了纤维过滤器和石英砂预过滤作为超滤膜预过滤的处理效果。纤维过滤和石英砂过滤作为原水过滤的第一个屏障，有效减少了地表水中泥砂、纸屑等大型颗粒物对中空纤维膜的负荷，而且作为微絮凝过滤，这两种过滤也有效地降低了进膜水的浊度。考虑超滤膜有良好的浊度去除能力，本研究中纤维过滤器和石英砂过滤器的预过滤设计滤速取值相对于常规设计取值偏大。例如，对于 33% 的回流量，通量为 5m³/h 时，进膜水流量 7.5m³/h。砂滤罐的直径 750mm，有效过滤面积 0.44m²，此时砂滤的滤速为 17m/h。相对于常规砂滤池的设计流速 8～10m/h 大一些，所以砂滤的出水水质一般不能达到现行给水水质标准，但是由于它的存在，有效地减小了膜的运行负荷。图 5-14 反映了膜前预过滤与否与超滤膜运行通量变化的关系。原水混凝后（混凝剂 25mg/L 硫酸铝）直接超滤，通量由初始的 89.7L/（m²·h）经过 60min 下降到 52.3L/（m²·h），而在超滤前进行砂滤或纤维过滤时通量分别由初始 92.1L/（m²·h）和 91.7L/（m²·h）经过 60min 分别下降到 59.7L/（m²·h）和 65.3L/（m²·h）。超滤前的预过滤减缓了通量下降。比较砂滤和纤维过滤，纤维过滤比砂滤在减缓通量下降

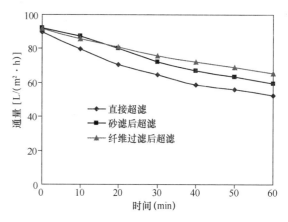

图 5-14　超滤膜通量下降与运行工况的关系

方面更有效。实验过程中发现，同样的操作条件下，纤维过滤比砂滤的出水水质浊度低。本研究中纤维过滤器的公称直径 400mm，有效过滤面积 0.125m²，滤速为砂滤的 3.5 倍，但出水水质还是优于砂滤罐，这一点也显示作为超滤膜预过滤屏障，纤维过滤不失为一种好的选择。

超滤膜前进行预过滤拓展了超滤处理地表水的应用范围，可以将超滤过程应用于更加复杂的水源水质，膜前预过滤的引入，减小了膜表面的过滤压力，延长了超滤膜的过滤周期，减少了反冲洗用水量。膜前粗过滤（砂滤或纤维过滤）与超滤结合，充分发挥了粗滤纳污能力强和超滤保障出水水质的各自优点。

5.1.2　粉末活性炭—超滤净水工艺中试实验研究

1. 实验系统

超滤和微滤是常规澄清和过滤的取代方法之一。然而，由于孔径关系，这两种低压膜过程不能去除水中色度、天然有机物（NOM）特别是低分子腐殖质或者人工合成有机物（SOC）。为了强化这些物质的去除，常常加入粉末活性炭到超滤系统中组成 PAC—超滤系统。

PAC—超滤系统是粉末活性炭和超滤联用的水处理工艺。对于去除有机物或者痕量物质，这种工艺可以取代常规水处理中的颗粒活性炭吸附或者臭氧技术。超滤膜作为物理屏障阻碍粉末活性炭的透过，同时粉末活性炭反复吸附水中有机物，它们协同作用也降低了有机物对超滤膜表面的吸附。该工艺组合可去除的物质包括有机物、杀虫剂、除草剂、引起嗅和味的物质以及生成消毒副产物的前体

物质等。本实验采用膜组件 A，是内压式超滤膜。超滤膜的循环过程可作为水和粉末活性炭的反应器。该工艺可以直接应用于原水处理，也可以应用于水的深度净化。相对于常规工艺与颗粒活性炭吸附，PAC—超滤系统突出了粉末活性炭的优点。

本实验以松花江水为原水，工艺流程如图5-15所示。本实验采用承德立信炭业有限公司产粉末活性炭，其规格见表5-2。

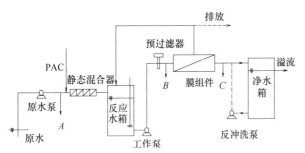

图 5-15　系统工艺流程图

活性炭参数　　　　　　　　　　　　表 5-2

参数	检测值
碘吸附值（mg/g）	1000
亚甲基蓝吸附率（mL）	10.0
水分（%）	10
表观密度（g/mL）	0.48
强度（%）	99.0
灰分（%）	1.9

原水用置于水厂原水廊道的原水泵抽取后，投加粉末活性炭，进入管道混合器快速混合，然后进入反应水箱。反应后水经过工作泵后通过 Y 型过滤器进入超滤膜组件。进入膜组件的水被膜分成两股：一股为净水进入净水箱，一股为浓缩水回流到反应水箱。反冲洗时，反冲洗水泵抽出净水箱水对膜进行反冲洗。膜反冲洗水排入下水道。图 5-15中 A、B 和 C 为采样分析点，分别为原水、进膜水和产品水。实验中粉末活性炭连续投加，膜反冲洗时粉末活性炭排放。

2. 对浊度的去除

实验期间对 PAC—超滤系统对浊度的去除进行了研究。PAC—超滤系统出水浊度在 0.15NTU左右，而且不受进水浊度的影响。图 5-16 表示了基于不同的 PAC 投加浓度下，系统进水与膜出水的浊度关系。在实验期间的 7 月 4 日、8 月 13 日及 11 月 24 日，松花江地表水浊度分别为37NTU、

97NTU 和 12NTU 时，代表中、高和低浊度原水，系统进水后，膜出水浊度在不同粉末活性炭投加量时出水浊度都很低。从图 5-16 中可以看出 PAC 投加剂量对超滤膜出水浊度没有影响，即便是50mg/L 的粉末活性炭投加量，膜出水浊度很低，分别为 0.12NTU、0.15NTU 和 0.21NTU。这一结果与混凝—超滤系统产水浊度变化规律相同，说明膜出水浊度与投药量没有关系。而且对于不同的原水浊度，膜出水水质与之没有相关性。在 8 月13 日原水浊度最高时，不同的活性炭投加量的出水浊度未必最高。可见超滤膜本身是水中浊度物质的有效屏障，在 PAC—超滤系统中，出水浊度的控制因素是超滤膜本身。

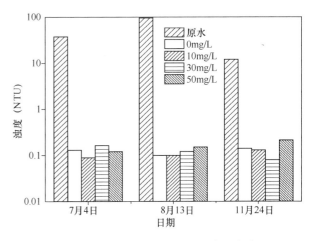

图 5-16　PAC—超滤系统对浊度的去除

3. 对水中有机物的去除

由于活性炭具有发达的孔隙结构和巨大的比表面积，对水中溶解性有机物，如苯类化合物、酚类化合物、石油及石油产品等具有较强的吸附能力，而且对用生物法及其他方法难以去除的有机物，如色度、异臭、表面活性物质、除草剂、合成染料、胺类化合物以及许多人工合成的有机化合物都有较好的去除效果。活性炭吸附技术在水处理中已得到广泛应用。为了研究 PAC—超滤系统对有机物的去除效果，首先验证了不加 PAC 时直接超滤对有机物的去除，然后再与添加 PAC 进行对比。图 5-17反映了不加 PAC 时，原水直接超滤时超滤膜对 UV_{254} 的去除效果。原水 UV_{254} 浓度和膜出水 UV_{254} 浓度存在较好的线性关系。图中趋势线的斜率为 0.9023，超滤膜直接过滤时对 UV_{254} 的去除率为 10% 左右。原水 UV_{254} 升高时，超滤膜出水 UV_{254} 相应升高。实验中发现超滤膜直接过滤时对

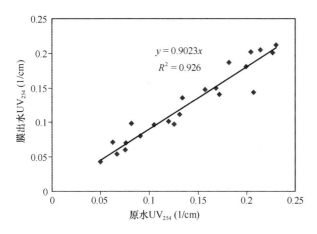

图 5-17　直接超滤时原水和超滤膜出水 UV_{254} 比较

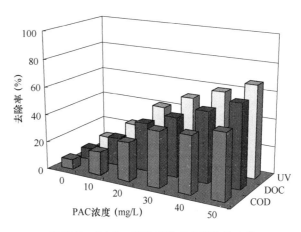

图 5-19　PAC—超滤系统对有机物的去除

于 DOC 的去除也有相似的关系，原水直接超滤时，DOC 去除率在 8％左右。原水直接超滤时，有机物的去除主要是膜孔径对大分子有机物的截留作用，所以去除效率不高。

图 5-18 是实验期间 PAC-超滤系统对 UV_{254} 的去除情况。随着季节的变化，原水的 UV_{254} 在 $0.098 \sim 0.184$/cm 之间变化，在加入了粉末活性炭后，膜出水 UV_{254} 在 $0.038 \sim 0.053$/cm 之间。PAC—超滤系统对 UV_{254} 的去除率为 59％～71％；而且，原水吸光度值高时，系统对 UV_{254} 的去除率高。对比图 5-17 和图 5-18，UV_{254} 由直接超滤的 10％去除率上升到 PAC—超滤系统的平均 63％的去除率。可见，PAC—超滤系统中，粉末活性炭对以紫外吸光度表征的有机物去除发挥了很大的作用，使平均去除率上升了 53％左右。

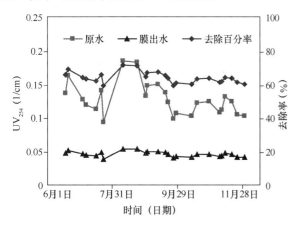

图 5-18　PAC—超滤系统原水和超滤膜出水 UV_{254} 比较

图 5-19 反映了 PAC—超滤系统粉末活性炭的投加浓度与有机物去除效果的关系。在 PAC—超滤组合工艺中，利用活性炭对进水进行必要的处理，如去除水中大部分有机物和色度，这些物质的

去除为后续的膜过滤提供了必要的保障，从而缓解了膜阻塞和膜污染的问题，延长了膜的反冲洗周期。同时，用膜进行后处理有效地解决了出水中含有细菌的问题，保障了出水水质。

从图 5-20 可以看出投加粉末活性炭并不能有效减少膜的污染，获得高的通量。澳大利亚 Carroll 等人对 Morrabool 河水投加了 100mg/L 的粉末活性炭，尽管 DOC 去除率达到了 68％，但是通量并没有显著上升，Laine 等人也发现：在投加大剂量粉末活性炭时，尽管 TOC 去除率达到 85％，但是对通量的影响非常小。Lin 等人实验结果也显示 PAC 预处理对通量没有大的影响，认为 PAC 去除的那部分 DOC 并不是膜污染的致因。比较混凝和粉末活性炭对有机物的去除，活性炭吸附的很大部分都是小于 2nm 的有机物，而对超滤膜能产生污染的大分子有机物则不能被吸附去除。粉末活性炭不能吸附溶解性有机物中大分子部分，而这正是产生膜污染的主要原因。

PAC—超滤系统把粉末活性炭投加到原水中

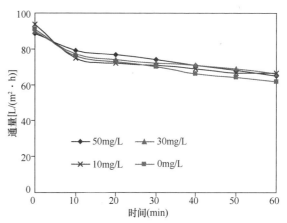

图 5-20　不同粉末活性炭投量时通量的变化

进行循环，吸附水中有机物，超滤膜作为固液分离屏障，由于没有预过滤，只是超滤膜的直接过滤，所以原水水质特别是原水胶体悬浮物等影响超滤膜的透过性能。原水水质不同时，超滤膜通量也不同。实验期间原水浊度变化较大，原水浊度增加时，超滤膜通量相应减小。原水浊度对通量的影响如图 5-21 所示。在相同的操作压力下，以通量对原水浊度对数作图。从图 5-21 中可以看出：超滤膜通量与原水浊度的对数存在一定的线性关系，这一结果与其他研究者的相同。图中直线斜率与膜的阻力有关。对于松花江哈尔滨段水，这种关系对我们预测膜的通量下降和采取及时的反冲洗有帮助。

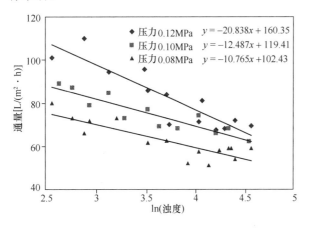

图 5-21　原水浊度对通量的影响

PAC—超滤系统中，增加错流操作速度能提高膜透过性能。实验中在 PAC 投量 20mg/L 时，对比了不同的回流比对膜透过性能的影响，结果如图 5-22 所示。回流比越低（回收率越高）通量降低得越快，到回收率为 100％极限状态——死端过滤时，通量下降最快。错流操作的回流主要是对膜

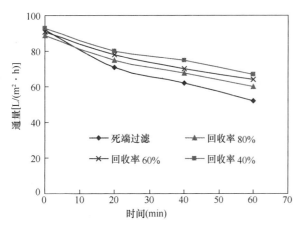

图 5-22　不同回流比对通量变化的影响

表面进行扰动，减小水中杂质对膜形成的污染，增加膜透过性能。

5.1.3　超滤膜反冲洗

对内压式中空纤维膜的反冲洗能恢复通量并且在连续操作过程中保证一个高的、稳定的通量。超滤膜反冲洗可以以不同的指标来控制，例如时间，过滤 30～60min 进行一次反冲洗，或者通过通量，如果系统通量下降到一个固定值，就对膜进行反冲洗。为了得到高的并且稳定的通量，以及最少的化学清洗，反冲洗过程控制非常关键。总的说来，膜污染除了原水水质和膜材料本身特性外，操作条件也是一个非常重要的影响因素，例如膜过滤时的跨膜压差。对于不可逆的膜污染——主要是通过反冲洗不能恢复的膜污染，需要降得越低越好。图 5-23 是膜过滤时的污染和通量变化示意图。

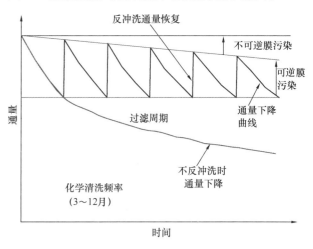

图 5-23　膜过滤时的污染和通量变化示意图

在相同的回流比和操作压力下，如果固定过滤时间和反冲洗时间的比值，那么反冲洗频率在很大的范围内（20min 间隔到 120min 间隔），对通量的恢复关系不大。这一点和 Shuji Nakatsuka 等人的研究结果相同。延长反冲洗间隔时间，实际上给膜表面带来了更多的污染负荷，此结果表明，通过加大反冲洗水量可以有效地保证超滤膜通量的恢复。

实验过程中，就松花江原水，研究了超滤膜反冲洗压力对通量恢复的影响，如图 5-24 所示，以超滤膜反冲洗压力（P_b）和超滤膜过滤的工作压力（P_w）的比值 r 为横坐标，以反冲洗后超滤膜的通量恢复百分比为纵坐标作图，可见反冲洗压力对通量恢复影响很大。r 增大时反冲洗洗效果较好，r 到达

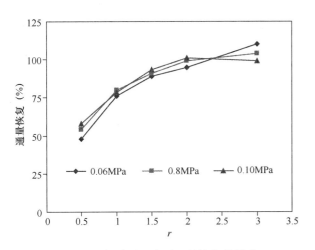

图 5-24 反冲洗压力对通量恢复的影响

一定值后再增加 r 效果变化就不明显。从图中可以看出，r 为 2 时，反冲洗后通量能恢复到 100% 左右。这一结论对膜过滤操作非常有指导意义。

当不可逆膜污染累积到一定程度后，超滤膜需要化学清洗来恢复通量。据一份统计，如图 5-25 所示，在所统计的 21 座水厂中，清洗频率各不相同。

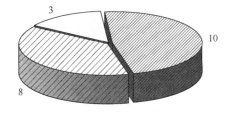

每年化学清洗小于1次
每年化学清洗1～2次
每年化学清洗大于2次

图 5-25 超滤膜水厂化学清洗频率

对于不同的原水水质，化学清洗频率有的一年一次，有的一年多次。有时为了降低化学清洗频率，膜水厂需要根据原水情况调整膜操作过程，主要是改变通量和清水反冲洗频率。不少水厂（85%）化学清洗频率每年不超过 2 次。对于所有的膜水厂，化学清洗频率每年都小于 6 次，甚至有一个水厂运行了 5 年都没有进行化学清洗，而且通量一直没有下降。

5.2 不同工艺组合对松花江水的净化效果

5.2.1 原水水质和实验系统

实验原水取自松花江哈尔滨段。不同超滤膜组合工艺对比实验期间，主要水质指标见表 5-3。

松花江主要水质指标		表 5-3
水质参数	单位	水质指标
浊度	NTU	58.0～115.0
pH	—	7.1～7.3
温度	℃	10.4～17.0
COD_{Mn}	mg/L	3.65～5.99
UV_{254}	1/cm	0.197～0.247
DOC	mg/L	2.8～3.4

实验装置流程如图 5-26 所示。

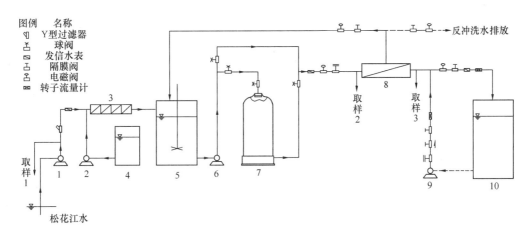

图 5-26 实验装置流程图

1—原水泵；2—加药泵；3—管式静态混合器；4—药液箱；5—反应箱；
6—增压水泵；7—砂滤罐；8—超滤膜；9—反冲洗水泵；10—净水箱

51

通过计量泵投加混凝剂（聚合氯化铝，Al_2O_3 含量为 $30\%\sim40\%$）、高锰酸钾（分析纯）或粉末活性炭至原水。实验中通过控制阀门、改变投药种类，可以完成直接膜滤、混凝＋膜滤、砂滤＋膜滤、混凝＋砂滤＋膜滤、高锰酸钾＋混凝＋砂滤＋膜滤、粉末活性炭＋超滤 6 种组合工艺。其中膜处理单元跨膜压差恒定为 0.10MPa，反冲洗水流量为 $5.5m^3/h$，反冲洗时间为 60s，运行周期由可编程程序控制器（PLC）控制，通量每 10min 由 PLC 采集记录一次，实验中取原水、膜进水、膜出水进行水质检测。

5.2.2 混凝＋超滤的净水效果

图 5-27 为投加不同量混凝剂时，通量随过滤时间的变化情况。超滤膜直接过滤原水时，通量随着过滤的进行下降速度较快，过滤进行 60min 后，通量下降 52.0%；投加混凝剂后，前 10min 内的通量比直接膜滤时高，但随着过滤时间的延长，通量反而比直接膜滤时低，并且混凝剂投加量越大，通量下降越多。

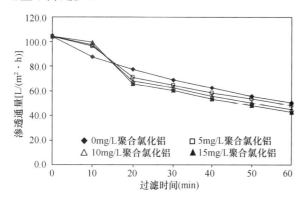

图 5-27　混凝剂投加量对通量的影响

投加不同量混凝剂，超滤膜对 UV_{254} 和 DOC 的去除效果如图 5-28、图 5-29 所示。结果表明，

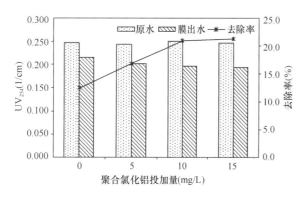

图 5-28　混凝剂投加量对 UV_{254} 去除效果的影响

原水直接膜滤时，超滤膜对 UV_{254} 和 DOC 的去除率都较低，分别为 12.6% 和 18.2%。这是因为超滤膜对水中有机物的去除效果与膜孔径及水中有机物分子量大小有关。本实验所用超滤膜的截留分子量为 80kDa，膜孔径可能大于水中部分有机物的表观尺寸，从而使有机物去除效果较差。投加混凝剂后，UV_{254} 和 DOC 的去除率都明显增加，且随着混凝剂投加量的增加，去除率逐渐提高。当聚合氯化铝投加量为 15mg/L 时，组合工艺对 UV_{254} 的去除率增至 21.1%，对 DOC 的去除率增至 27.2%。组合工艺对 UV_{254} 和 DOC 的去除主要是通过混凝作用完成，同时膜表面形成的滤饼层对有机物也有一定的吸附去除作用。

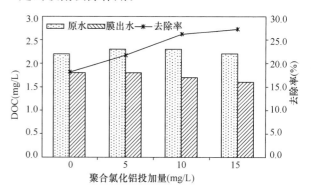

图 5-29　混凝剂投加量对 DOC 去除效果的影响

5.2.3 高锰酸钾预氧化对组合工艺净水效果的影响

高锰酸钾预氧化能有效地改善水中多种污染物的去除，并且有改善混凝、氧化助凝等效能，其还原产物通常是能被混凝沉淀过滤去除的固相 MnO_2，从而有效地避免水中锰含量的升高，因此高锰酸钾预氧化可能是提高混凝—砂滤—超滤膜对溶解性有机物去除的有效方式。

根据前期实验结果确定聚合氯化铝投加量为 15mg/L，本实验在投加混凝剂的同时投加不同量高锰酸钾于原水中，经过混合、反应、砂滤后进超滤膜过滤。实验过程中，对原水、膜进水、膜出水水质及膜渗透性能进行检测。

投加不同量高锰酸钾对 DOC 和 UV_{254} 的去除效果如图 5-30、图 5-31 所示。

由图 5-30 可以发现，在不投高锰酸钾时，组合工艺对 DOC 的去除率为 27.6%；同时投加 0.1mg/L 高锰酸钾，对 DOC 的去除率变化不大；

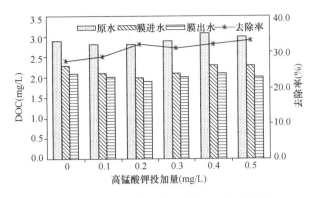

图 5-30　$KMnO_4$ 投加量对 DOC 去除的影响

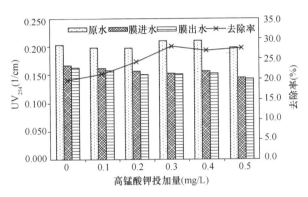

图 5-31　$KMnO_4$ 投加量对 UV_{254} 去除的影响

当高锰酸钾投加量增加为 $0.2 \sim 0.5mg/L$ 时，组合工艺对 DOC 的去除效果明显改善，去除率达到 $31.0\% \sim 33.3\%$。

高锰酸钾作为一种强氧化剂，能有效氧化覆盖在胶体表面的有机涂层，降低水中胶体颗粒表面的 ξ 电位，从而提高混凝效果，而混凝过程不仅能通过吸附、共沉降等作用机制去除水中有机物，并且能增大水中絮体的粒径，使其易于被砂滤、超滤等分离过程去除；同时，高锰酸钾的氧化作用能影响水中溶解性有机物的亲水性能，从而增加对水中溶解性有机物的去除。

如图 5-31 所示，投加高锰酸钾进行预氧化，能提高混凝—砂滤—超滤对水中 UV_{254} 的去除率；高锰酸钾投加量由 $0mg/L$ 增至 $0.3mg/L$，组合工艺对 UV_{254} 的去除率由 19.7% 提高到 28.0%。

高锰酸钾对 UV_{254} 去除效果的改善是通过氧化、吸附、桥联、絮凝核心等多种作用机制完成的，该作用形成的物质经过砂滤可以得到很好的去除，残留于水中的絮体由超滤膜的截留得到进一步去除。

图 5-32 为投加不同量高锰酸钾对浊度去除效果的影响。结果表明，投加高锰酸钾进行预氧化

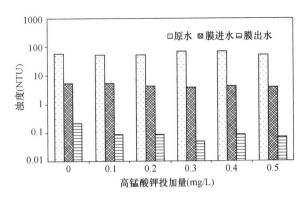

图 5-32　$KMnO_4$ 投加量对浊度去除的影响

后，超滤膜出水浊度为 $0.05 \sim 0.09NTU$，低于不投高锰酸钾时的 $0.20NTU$，这可通过高锰酸钾的氧化助凝作用得到解释。因此，高锰酸钾预氧化能进一步强化混凝—砂滤—超滤组合工艺对浊度的去除效果，是优质饮用水供给的重要保障。

实验期间检测了原水和膜出水中 $2 \sim 750\mu m$ 粒径范围的颗粒总数及不同粒径范围的颗粒分布情况，结果如图 5-33、图 5-34 所示。

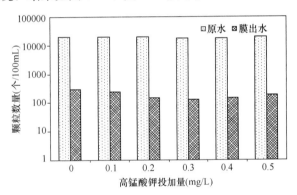

图 5-33　$KMnO_4$ 投加量对颗粒物去除效果的影响

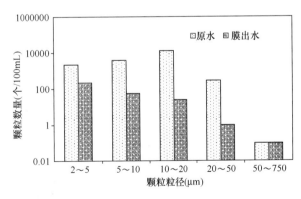

图 5-34　不同粒径范围颗粒物的去除

由图 5-33 可以发现，不投高锰酸钾时，$2 \sim 750\mu m$ 的颗粒总数由原水的 20000 个/100mL 降低至膜出水的 300 个/100mL；投加不同量高锰酸钾

后，膜出水中的颗粒总数降低至 130～190 个/100mL。因此，高锰酸钾能改善混凝—砂滤—超滤组合工艺对颗粒物的去除，膜出水中大于 2μm 颗粒数低于 10 个/mL，水中存在贾第鞭毛虫、隐孢子虫等原生动物的可能性极小。

图 5-34 为高锰酸钾投量为 0.3mg/L 时，原水和膜出水中不同粒径范围颗粒数量的分布情况。结果表明，原水中 60% 左右的颗粒物分布在 10～20μm 之间，大于 50μm 的颗粒数为 0.1 个/100mL；与原水比较，膜出水中不同粒径范围的颗粒数量显著降低，2～5μm 颗粒由 2125 个/100mL 降至 220 个/100mL，10～20μm 颗粒由 11958 个/100mL 降至 24 个/100mL。

图 5-35 对比了不同高锰酸钾投加量对通量变化规律的影响。为消除水温的影响，将通量修正到 20℃时的数值。

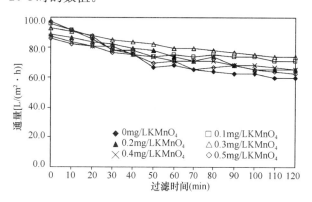

图 5-35　KMnO₄ 投加量对膜渗透性能的影响

由图 5-35 可以发现，在相同的运行周期内（120min），不投加高锰酸钾时，通量由 97.2L/(m²·h) 降至 59.5L/(m²·h)，下降率为 38.8%；投加 0.1mg/L 高锰酸钾时，通量下降率为 26.1%；增加高锰酸钾投加量，通量下降程度进一步降低，当投加量为 0.3mg/L 时，通量下降率降至 20.9%。

本实验采用高锰酸钾预氧化—混凝—砂滤—超滤组合工艺处理松花江水，投加高锰酸钾可以提高通量并延缓通量的下降速度。其主要原因是：高锰酸钾的还原产物 MnO_2 及其中间产物被砂滤截留去除，不会被膜截留造成膜污染；并且，投加高锰酸钾改善了混凝—砂滤前处理工艺对水中各种污染物（包括浊度、颗粒物、有机物等）的去除效能，减轻了超滤单元的负荷，从而延缓通量的下降速度。

5.2.4　几种组合工艺处理效果比较

比较上述几种组合工艺，包括 A. 直接膜滤、B. 混凝（5mg/L 聚合氯化铝）+膜滤、C. 砂滤+膜滤、D. 混凝（15mg/L 聚合氯化铝）+砂滤+膜滤、E. 高锰酸钾（0.3mg/L）+混凝（15mg/L 聚合氯化铝）+砂滤+膜滤、F. 粉末活性炭（20mg/L）+膜滤，对膜性能及处理效果的影响。

不同组合工艺对通量影响的比较，为更明确地表示膜污染引起的通量下降，实验中用任一时刻的比通量除以过滤周期膜初始的比通量来表示通量下降情况。不同工艺的通量下降情况如图 5-36 所示。

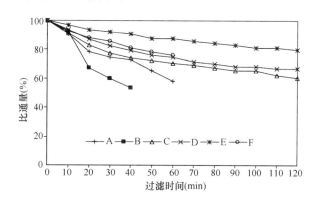

图 5-36　不同组合工艺对通量影响的比较

实验结果表明，原水直接膜滤时，运行 60min 后比通量为 58.5%，下降 41.5%；原水中投加 5mg/L 聚合氯化铝，比通量较直接膜滤先增加然后迅速下降，经 40min 过滤后下降 47.2%；原水经砂滤预处理后，120min 后比通量下降了 39.6%；投加 15mg/L 聚合氯化铝再经砂滤，120min 后比通量下降 33.3%；投加混凝剂的同时投加 0.3mg/L 高锰酸钾再经砂滤，120min 后比通量下降 19.7%，较只经砂滤预处理膜通量增加显著；原水中连续投加 20mg/L 粉末活性炭，比通量 60min 后下降 23.6%。

通量的降低主要由膜表面所截留的污染物堵塞、压实作用所致。投加混凝剂，通量较直接膜滤先增加后迅速下降。这主要是由于原水浊度较高，膜表面截留的大量絮体在短时间内压紧密实，膜过滤阻力增加，从而使通量急速下降。砂滤可以有效去除水中悬浮物、胶体和大分子有机物，从而一定程度上增加通量。投加混凝剂后，水中部分有机物可形成絮体，经过砂滤得以去除，从而减轻膜污染，增加通量。投加高锰酸钾进行预氧化可以改善混凝—砂滤前处理工艺对水中各种污染物（包括浊度、颗粒物、有机物等）的去除效能，减轻超滤膜单元的负荷，从而增加通量并延缓通量的下降速度。粉末活性炭可吸附水中的小分子有机物，并可使膜表面形成的滤饼层孔隙率增加，因此通量较直接膜滤及混凝—砂滤—膜滤时要高，通量下降速度变慢。

不同组合工艺对水中有机物去除效果的比较，实验过程中水中有机物的含量用 DOC 和 UV_{254} 来表征。不同组合工艺对水中 DOC 的去除情况如图 5-37 所示。

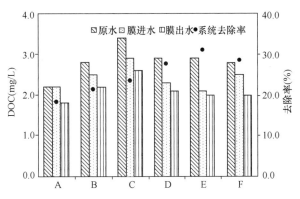

图 5-37　不同组合工艺对 DOC 去除效果的比较

由图 5-37 可以发现，直接膜滤对 DOC 去除率为 18.2%，砂滤—膜滤对 DOC 去除率为 23.5%；混凝—砂滤—膜滤对 DOC 去除率为 27.6%；同时投加混凝剂和高锰酸钾后经砂滤预处理，组合工艺对水中 DOC 去除率增至 31.0%；投加粉末活性炭，组合工艺对 DOC 去除率为 28.6%。

投加混凝剂不仅能降低水中胶体颗粒表面 ζ 电位，影响水中溶解性有机物（如腐殖酸、蛋白质等）的亲水性能，而且能增大有机物胶体的粒径，使其易于被超滤膜分离去除。砂滤能去除水中大部分浊度和大分子有机物，溶解性有机物在砂滤过程中可通过吸附、共沉降得以部分去除；混凝剂与砂滤联用可以改善对水中溶解性有机物的去除。高锰酸钾作为一种强氧化剂，能有效地氧化覆盖在胶体表面的有机涂层，提高混凝效果，使水中有机物胶体易于被砂滤、超滤等分离过程去除。粉末活性炭能吸附水中小分子量有机物，活性炭本身和大分子有机物可以被超滤膜截留去除，从而大大提高超滤对水中溶解性有机物的去除。

图 5-38 为不同工艺对 UV_{254} 的去除情况。实验结果表明，原水经不同预处理，组合工艺对 UV_{254} 的去除率较直接膜滤时都有所提高；混凝—砂滤—膜滤对 UV_{254} 的去除率为 19.7%；高锰酸钾—混凝—砂滤—膜滤对 UV_{254} 去除率达到 28.0%；粉末活性炭—膜滤对 UV_{254} 的去除率为 24.1%。这是因为各种预处理方式能通过吸附、桥联、氧化等多种作用机制提高超滤膜对水中 UV_{254} 的去除；而由于超滤膜孔径的关系，膜本身对砂滤出水中腐殖类物质去除作用不大。

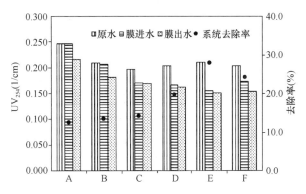

图 5-38　不同组合工艺对 UV_{254} 去除效果的比较

不同组合工艺对水中浊度去除效果的比较，如图 5-39 所示。结果表明，采取不同的组合工艺，膜进水浊度降低程度不同，但超滤过程均能保证出水浊度低于 0.3NTU。

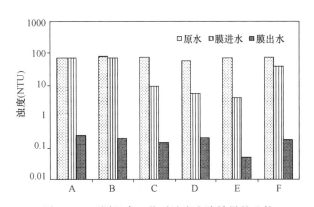

图 5-39　不同组合工艺对浊度去除效果的比较

实验过程中对不同工艺的原水和膜出水中颗粒物数量进行检测，结果如图 5-40 所示。由图可以发现，原水中 2～750 μm 的颗粒数量为 15449～20074 个/100mL，不同组合工艺膜出水中大于 2 μm 的颗粒数量为 127～229 个/100mL。实验结果表明不同组合工艺膜出水中大于 2 μm 颗粒数低于 10 个/mL，远低于美国水厂对滤池出水中大于 2 μm 颗粒物数量的限值（<50 个/mL）。因此，不

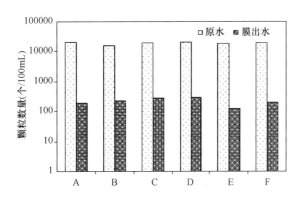

图 5-40　不同组合工艺对颗粒物去除效果的比较

同组合工艺的膜出水中存在贾第虫、隐孢子虫等原生动物的可能性极小。

温度对膜渗透通量的影响，以往研究表明，温度对通量影响比较明显。温度降低会使水的黏度增加，导致通量下降。实验中考察了松花江水温度变化对通量的影响。图 5-41 为原水直接膜滤时，温度及浊度改变对超滤膜通量的影响。

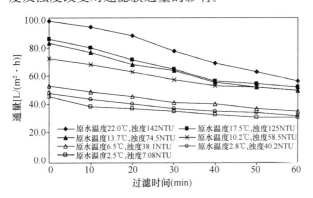

图 5-41　原水温度及浊度对超滤膜通量的影响

实验结果表明，温度对通量影响较大，通量随温度的降低而下降；当原水温度由 22.0℃ 降到 2.5℃时，过滤周期的初始通量由 97.9L/(m² · h) 降为 45.8L/(m² · h)，下降程度为 43.2%；同时，浊度对过滤周期内的通量变化也有一定影响，原水浊度越高，通量下降越快；当原水浊度为 142NTU 时，过滤 60min 后，通量下降 42.6%，当原水浊度为 7.08NTU 时，过滤相同时间后，通量下降 31.8%。

5.3　用混凝—超滤法系统处理低温低浊水

低温低浊水的处理多年来一直是水处理工作者重视的研究课题。

松花江春季时期的水质特点是水温和浊度均较低，而有机物含量较高。在该时期，给水处理厂通常采用增加混凝剂投加量和投加高分子助凝剂的方式来改善混凝效果，但效果有限，出厂水水质仍难以满足国家生活饮用水卫生标准。

超滤膜用于饮用水处理作为一项新技术近年来发展迅速，超滤技术的显著优点是处理效果优异，能有效去除浊度、病毒、细菌、原生虫类等污染物；处理出水水质稳定；处理系统占地面积小；运行维护简单，容易实现自动化。而超滤膜孔径较大，直接膜滤对有机物的去除效果较差；采用膜前预处理，可提高对有机物的去除效率。本实验以春季松花江水为研究对象，探讨将混凝—超滤用于处理低温低浊水的可能性，并与水厂常规处理工艺出水水质进行比较。

5.3.1　原水水质和实验系统

原水经计量泵投药后经混合、反应、预过滤器过滤，进入超滤膜进行处理（系统处理能力为 5m³/h）。原水投加混凝剂（聚合氯化铝，Al_2O_3 含量为 30%）后，在管式静态混合器内完成混合过程；反应由机械搅拌器搅拌得以实现，其转速为 (45±5)r/min；膜处理单元跨膜压差为 0.10MPa，运行时间为 60min，反冲洗时间为 90s，运行周期由可编程程序控制器 PLC 控制。实验系统图如图 5-26所示。

实验原水取自松花江哈尔滨段，其主要水质指标见表 5-4。

原水主要水质指标	表 5-4
水质参数	水质指标
浊度（NTU）	6.17～8.54
温度（℃）	1.8～2.5
pH	6.9～7.1
COD_{Mn}（mg/L）	5.71～6.86
UV_{254}（1/cm）	0.166～0.176
色度（度）	26～30
硬度（以 $CaCO_3$ 计）（mg/L）	84～108
碱度（以 $CaCO_3$ 计）（mg/L）	72～92

5.3.2　混凝—超滤的净水效果

混凝—超滤对有机物的去除 COD_{Mn} 是重要的水质参数。图 5-42 对比了不同混凝剂投量条件下原水、膜出水 COD_{Mn} 的变化规律。结果表明，投加混凝剂能在一定程度上提高 COD_{Mn} 去除率，聚合氯化铝投量由 0 升高至 30mg/L，COD_{Mn} 去除率相应由 22.2% 提高至 49.1%；直接膜滤出水 COD_{Mn} 为 5.14mg/L，当投量为 20～30mg/L 时，膜出水 COD_{Mn} 达到国家生活饮用水水质标准要求（<3mg/L）。混凝过程不仅能通过吸附、共沉降等作用机制去除水中有机物，而且能增大水中絮体的粒径，使其易于被超滤分离去除。

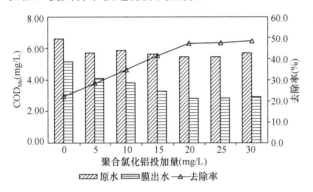

图 5-42　混凝剂投加量对 COD_{Mn} 去除的影响

UV_{254} 通常用于表征水中含有羧基、苯环等不饱和官能团的有机物。有研究表明，UV_{254} 与三卤甲烷等消毒副产物生成势呈正相关关系。图 5-43 表明投加混凝剂能显著提高超滤膜对 UV_{254} 的去除率，由不投混凝剂时的 9.7% 增加至投加 20mg/L 聚合氯化铝时的 35.2%。UV_{254} 的去除主要是由混凝完成的，同时膜表面形成的滤饼层对有机物也有一定的吸附去除作用。根据混凝—超滤对水中有机物（COD_{Mn} 与 UV_{254}）的去除效果，确定对比实验

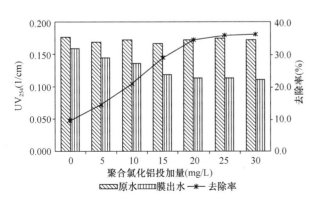

图 5-43　混凝剂投加量对 UV_{254} 去除的影响

期间聚合氯化铝投加量为 20mg/L。

实验期间松花江水有机物含量高，COD_{Mn} 为 5.71～6.86mg/L。由图 5-44 可见，对比实验期间，常规处理对 COD_{Mn} 去除率为 44%～50%，出水 COD_{Mn} 达不到国家标准；投加 20mg/L 聚合氯化铝，超滤膜对 COD_{Mn} 去除率达到 50%～58%，膜出水为 2.78～2.94mg/L。水的色度可能是由多种杂质造成的，水中溶解的有色有机物几乎完全是腐殖质，因此水厂通常将色度作为溶解性有机物去除效果的指标。实验期间松花江水的色度为 26～30 度，常规处理出水色度为 8～12 度，而混凝—超滤膜系统出水色度为 6～8 度（图 5-45）。因此，膜处理对溶解性有机物去除较常规处理的效果好。

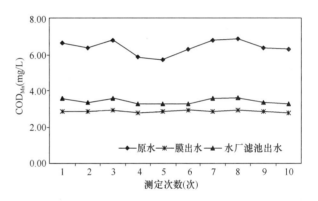

图 5-44　混凝—超滤和水厂滤池出水 COD_{Mn} 比较

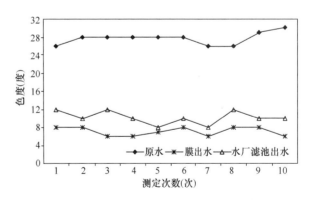

图 5-45　混凝—超滤和水厂滤池出水色度比较

1. 混凝—超滤对浊度的去除

超滤过程是物理筛分过程，能有效地截留无机颗粒物及大分子有机物等胶体杂质。实验表明，在不同聚合氯化铝投量条件下，超滤过程均能保证出水浊度低于 0.3NTU。值得指出的是，表现为浊度的胶体本身不仅是污染物，而且是水中细菌、病毒等微生物的重要附着载

体。超滤过程对浊度的优异去除效能同样表明其对水中细菌病毒的良好去除能力，进一步表明，水中浊度过高将明显降低消毒剂灭活微生物的效果，而超滤出水的低浊度能有效提高后氯化消毒过程消毒剂作用效能，确保饮用水的微生物安全性。

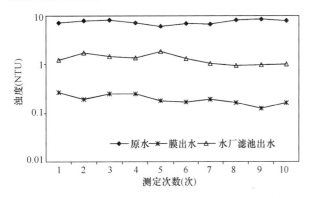

图5-46　超滤和水厂滤池出水浊度比较

对比实验期间原水温度为 1.8～2.5℃，浊度仅为 6.17～8.54NTU。由图 5-46 可知，投加20mg/L 聚合氯化铝，膜出水浊度始终低于0.3NTU；而同期水厂出水浊度 0.95～1.86NTU，有时甚至超出国家标准要求（≤1NTU）。本实验结果充分证实了膜过滤在去除浊度上的优越性。

2. 混凝对超滤膜通量的影响

超滤膜通量为单位时间内单位膜面积上透过的渗透物的量，是决定膜性能的主要参数。实验期间，投加 0mg/L、5mg/L、20mg/L 聚合氯化铝时连续运行 6 个周期，考察不同混凝剂投加量对超滤膜通量随时间变化规律的影响。从图 5-47 可以看出，投加不同量的聚合氯化铝，通量在每个过滤周期内随着时间的延长而降低，经过水力反冲洗得到一定程度的恢复，但随着过滤时间的延长总体上呈下降的趋势。原水直接膜滤，通量下降迅速，每个

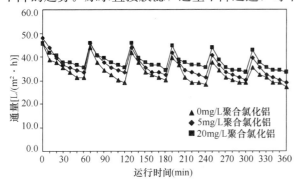

图5-47　投加混凝剂对超滤膜通量随时间变化的影响

周期的水力反冲洗通量恢复效果差；低混凝剂投加量（5mg/L），可一定程度提高通量，但影响不大；投加 20mg/L 聚合氯化铝，通量增加，周期内通量下降速度减慢，并且水力反冲通量恢复效果明显改善。

通量的降低主要由膜表面所截留的污染物堵塞、压实作用所致。随着膜过滤的进行，水中的有机物和胶体会黏附或进入膜孔径内，从而使通量随时间的延长而下降。混凝改善通量是由于混凝能有效去除水中大分子有机物，而大分子量有机物是造成通量下降的主要因素；此外，混凝形成的絮体尺寸大小和表面电性也会对通量产生影响。并且有研究表明，混凝絮体能在一定程度上降低膜过滤阻力进而增加通量。

5.4　第三代饮用水净化工艺处理水库水

5.4.1　实验系统和原水水质

本研究进行模型实验。实验流程为原水→混凝→砂滤→超滤→净水。工艺流程如图 5-48所示。

本实验用的是表 5-1 中的膜组件 B。水源水进入原水箱后，用计量泵投加聚合氯化铝，然后经原水泵加压后经过 Y 型过滤器截留一些颗粒物质，再经过砂滤柱过滤（或者不经过砂滤柱），此后水经过流量计进入超滤膜组件。在膜内料液进行分离，净水从垂直方向流出进入净水箱，浓水经过流量控制器后回流到原水箱。砂滤柱用原水泵进行反冲洗。膜的反冲洗用反冲洗水泵从净水箱抽水冲洗。砂滤柱的设置起循环过滤的作用，原水经过砂滤后，进入膜组件，超滤错流操作方式，有一部分水会回流进入原水箱，然后再进入砂滤柱，这里充分结合了砂滤柱的纳污能力强和膜出水水质好的特点。实验分为加混凝剂和不加混凝剂两种情况。

实验在哈尔滨宾县自来水厂内进行。水厂原水取自二龙山水库。实验用原水从水厂原水管中接出。实验时间从 7 月 8 日到 11 月 15 日，经历了有代表性的夏、秋、冬三个季节气温以及原水水质变化。表 5-5 为原水的水质。

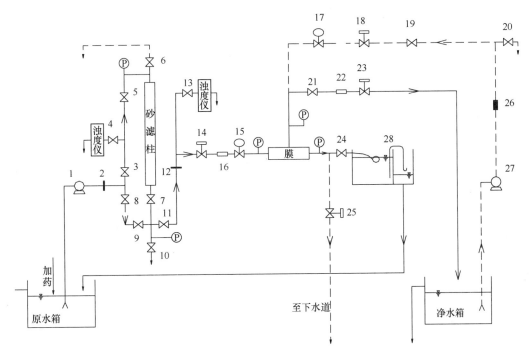

图 5-48　系统工艺流程图

1—原水泵；2, 12—Y 型过滤器；3-11, 13, 19, 20, 21, 24—球阀；14, 18, 23, 25—电磁阀；
15, 17—安全阀；16, 22—流量计；26—转子流量计；27—反冲；28—流量控制器；P—压力表

水库原水水质　　　　　　　表 5-5

项目	国家标准	计量单位	实测值
个检测结果			
色度	≤15	度	36
浊度	≤3	NTU	18.3
嗅与味	无		无
肉眼可见物	无		黄浊
pH	6.5~8.5		7.59
总硬度	≤450	mg/L	112
氯化物	≤250	mg/L	5.89
硫酸盐	≤250	mg/L	33.26
溶解性固体	≤1000	mg/L	176
钙	≤100	mg/L	30.69
镁	≤50	mg/L	5.827
碱度	>30	mg/L	72
铁	≤0.3	mg/L	0.415
锰	≤0.1	mg/L	0.019
氨	≤0.5	mg/L	0.04
耗氧量	≤5	mg/L	5.3
总有机碳		mg/L	5.7
细菌总数	≤100	个/L	110
总大肠菌	0	个/mL	160

5.4.2　超滤膜的性能与净水效果

图 5-49 显示了实验中通量随温度降低而变化的关系。膜操作压力为 0.12MPa。

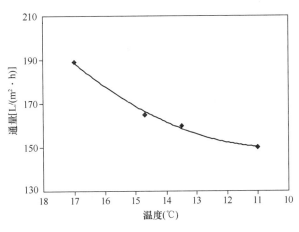

图 5-49　温度对通量的影响

超滤膜的通量随进水压力的变化实验结果如图 5-50 所示，图中水温 21℃，原水浊度 41NTU。整个实验过程中膜净水出水端压力表读数在 0.03MPa。由图可见，对于本实验所用的膜组件，在膜操作压力小于 0.12MPa 时，超滤膜通量随着跨膜压差线性上升。当膜操作压力大于 0.12MPa

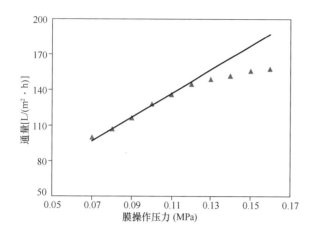

图 5-50　进水压力与超滤膜通量关系

时，跨膜压差和通量就偏离了线性关系，通量随着跨膜压差的增加变得缓慢。出现这一现象是由于膜表面形成凝胶层后，若再增加超滤的压力，则会出现凝胶层厚度增加，而溶剂的通量不增加的现象。这是由于增加的压力差被凝胶层阻力所抵消。

实验用的混凝剂采用聚合氯化铝。实验投加量范围为 0～5mg/L。实验用计量泵投加混凝剂至原水箱。混凝后直接进入超滤膜过滤，膜操作压力为 0.12MPa，实验结果如图 5-51 所示。从图中可以看出，在混凝剂投加量小于 2mg/L 时，通量变化不大，当投加量超过 2mg/L 后，通量相应增大，但当投加量为 3mg/L 出现一拐点，混凝剂投加量再增加，通量增加不大。实验观察表明，当投加量为 3mg/L 时形成的絮体粗大，沉降性能很好。实验原水浊度 34NTU，水温 18℃。

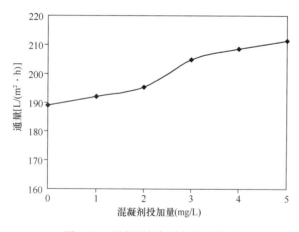

图 5-51　混凝剂投加量与通量关系

在膜操作压力为 0.12MPa，原水浊度 25NTU 时，在 6 组不同的投药量的情况下，比较了经过砂滤和不经砂滤两种运行方式下膜反冲洗后初始通量的不同。不经过砂滤直接膜滤时，通量往往比经过

砂滤后通量大。实验在原水浊度为 17NTU 和 31NTU 时也观测到了同样的现象。砂滤透过液中小颗粒可能占的比例较多，这样，他们往往就能形成密实的阻力更大的滤饼，使通量有所降低。

实验期间曾经遇到了原水浊度较大的情况。图 5-52 反映了不同浊度下超滤膜通量随时间的变化，膜操作压力均为 0.12MPa。图中的操作方式是原水经过水泵后直接进入膜组件。由图可以看出，当原水浊度不同时，通量的下降速度不同，当原水浊度为 23NTU 时，通量下降较慢，膜过滤 60min 通量降为原来的 50％ 左右。而碰到高浊度水时，例如夏天暴雨后，测得水库水浊度为 1350NTU，此时，用超滤膜直接过滤原水 10min 通量就迅速降为原来的 50％ 左右。

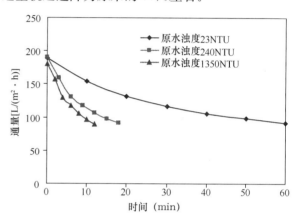

图 5-52　直接膜滤时通量随时间的变化

为了解决高浊度水膜法处理通量迅速下降的问题，实验中对原水投加了混凝剂混凝，并经过砂滤后再进入膜组件。图 5-53 反映了这种操作方式下通量随时间变化的曲线，膜前压力均为 0.12MPa。从图可以看出当原水浊度很高（1350NTU）时，先混凝再用石英砂过滤是超滤较好的预处理方法，实验

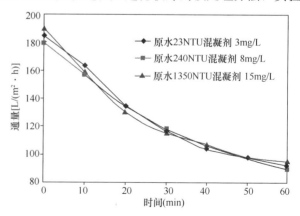

图 5-53　混凝后膜滤时通量随时间的变化

测得这种运行方式通量的下降比原水直接膜滤大为改善。对于较高浊度原水时，混凝砂滤的方式是很好的预处理方式，只是混凝剂投加量不同而已。

图 5-54 为实验中膜长期运行通量的变化。超滤过程中，尽管给膜进行多次反冲洗，能使通量得以恢复，但是长期运行过程中还是产生了一些反冲洗无法去除的膜污染，图 5-54 表示了膜长期运行通量的变化。

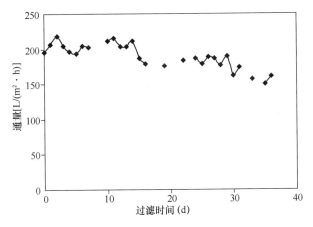

图 5-54 长期超滤过程中通量的变化

本实验曾经进行过三次化学清洗，第一次是实验装置运行了 9d 后，所用化学清洗剂为 1% 加酶洗涤剂，目的是去除水中有机物对膜的污染。第二次是实验装置运行了 20d，化学清洗剂为 2% 柠檬酸，主要去除无机物对膜表面的污染。第三次是实验装置运行了 33d 时，化学清洗剂为 8mg/L 的次氯酸钠，应用于细菌和微生物对膜的污染。实验表明洗涤剂和次氯酸钠的化学清洗方法不甚理想，而柠檬酸溶液的清洗效果较好。这可能与原水情况有关。

实验期间取样进行水质分析，原水在不投加混凝剂和投加 3mg/L 聚合氯化铝情况下，膜滤后的水质都达到了《生活饮用水卫生标准》GB 5749 的水质指标要求，表明超滤净水确实能提高饮用水水质。

5.5 直接超滤松花江原水实验研究

5.5.1 超滤膜材料、实验系统及原水水质

实验采用了三种孔径不同的超滤膜和三种不同材质的超滤膜。67kDa、20kDa 和 6kDa 三种截留分子量以及聚氯乙烯（PVC）、聚偏氟乙烯（PVDF）

和聚砜（PS）三种材质超滤膜的主要参数分别见表 5-6 和表 5-7，皆为外压式超滤膜。

不同截留分子量超滤膜的主要参数 表 5-6

截留分子量(kDa)	67	20	6
类型	中空纤维	中空纤维	中空纤维
过滤方式	外压	外压	外压
接触角(°)	70.5	70.5	70.5
材质	聚砜(PS)	聚砜(PS)	聚砜(PS)
内径(mm)	1.0	0.2	0.2
外径(mm)	1.5	0.4	0.4
生产厂家	烟台招金	烟台招金	烟台招金

不同材质超滤膜的主要参数 表 5-7

材质	PVC	PVDF	PS
类型	中空纤维	中空纤维	中空纤维
过滤方式	外压	外压	外压
截留分子量($\times 10^3$Da)	100	100	80~100
接触角(°)	67.0	56.5	75.5
内径(mm)	0.85	0.85	0.50
外径(mm)	1.45	1.45	1.00
生产厂家	海南立昇	海南立昇	德国特里高

在实验室采用小型膜装置进行实验，其装置构成如图 5-55 所示。实验所用超滤膜面积约为 0.01m²。实验过程中超滤膜组件浸没在超滤膜池内，通过蠕动泵抽吸出水，在膜组件与蠕动泵之间安装压力传感器，通过电脑软件自动采集跨膜压差，膜池内装有曝气装置，通过小型气泵对膜组件

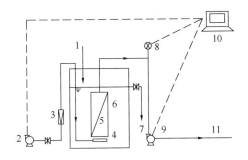

图 5-55 实验装置示意图

1—进水；2—气泵；3—气体流量计；4—微型曝气头；
5—膜组件；6—超滤膜池；7—溢流；8—压力传感器；
9—蠕动泵；10—电脑和 PLC 自控装置；11—出水

进行曝气，以缓解膜污染。反冲洗时通过改变蠕动泵转向，抽吸超滤产水或超纯水进行反冲洗。整套装置可通过电脑和 PLC 实现对蠕动泵和气泵的自动控制和对抽吸压力的自动采集。实验中超滤膜过滤采用恒通量[30L/(m²·h)]工作方式，通过跨膜压差的变化来表征不同超滤膜污染的程度。

采用两套相同的膜装置进行平行实验。实验用原水直接取自松花江，该原水为典型的微污染地表水，原水取到实验室后在 4℃ 冰箱中保存，实验之前将原水恢复至常温，实验期间主要水质指标见表 5-8 所示。

实验期间的原水水质　表 5-8

水质参数	结果	水质参数	结果
浊度(NTU)	19.5±2.1	COD$_{Mn}$(mg/L)	5.03±0.26
pH	7.55±3.40	水温(℃)	21.5±1.5
DOC(mg/L)	7.75±0.45	总碱度(mg/L)	62.3±8.5
UV$_{254}$(1/cm)	0.088±0.008	总硬度(以 CaCO₃ 计)(mg/L)	75.5±6.0

5.5.2 不同截留分子量超滤膜直接过滤对松花江水的净化效果

1. 对 DOC 和 UV$_{254}$ 的去除效能

通常用 DOC 和 UV$_{254}$ 表示水中的溶解性有机物，溶解性有机物因为其难于被常规水处理工艺去除而成为饮用水处理中人们关注的焦点。不同截留分子量的超滤膜对原水中 DOC 和 UV$_{254}$ 的去除率如图 5-56 所示，截留分子量为 67kDa、20kDa 和 6kDa 的超滤膜对 DOC 和 UV$_{254}$ 的平均去除率分别为 15.3% 和 13.2%，18.3% 和 22.2%，20.4% 和 24.4%。随着膜截留分子量的减小，膜对溶解性有

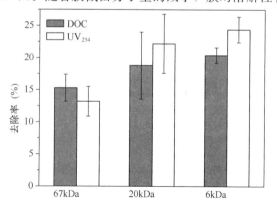

图 5-56　不同截留分子量的超滤膜对 DOC 和 UV$_{254}$ 的去除效能

机物的去除率有所提高，但由于原水中 60% 以上的有机物分子量小于 3kDa，这几种超滤膜对溶解性有机物的去除率仍较低。

2. 对 COD$_{Mn}$ 的去除效能

实验期间原水的 COD$_{Mn}$ 平均值为 5.03mg/L，如图 5-57 所示，经过 67kDa、20kDa 和 6kDa 的超滤膜过滤后出水 COD$_{Mn}$ 平均值分别为 3.23mg/L、3.11mg/L 和 2.98mg/L，平均去除率分别为 35.8%，38.2% 和 40.8%。COD$_{Mn}$ 去除率随着膜截留分子量的减小而增加。

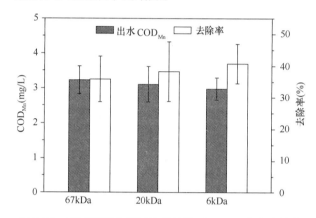

图 5-57　不同截留分子量的超滤膜对 COD$_{Mn}$ 的去除效能

3. 对三卤甲烷前体物 THMFP 的去除效能

由于超滤膜对部分有机物的截留作用，膜出水 THMFP 也比原水中有所降低。如图 5-58 所示，实验期间原水的 THMFP 平均值为 370.79 μg/L，67kDa、20kDa 和 6kDa 的超滤膜对 THMFP 的平均去除率分别为 39.6%、42.1% 和 44.3%，出水中 THMFP 平均值可分别降低到 223.9mg/L、214.7mg/L 和 206.5 μg/L。

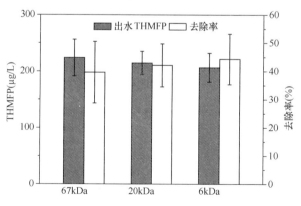

图 5-58　不同截留分子量的超滤膜对 THMFP 的去除效能

4. 对浊度和菌落总数的去除效能

浊度不仅是水的感官性指标，而且与微生物安

全性密切相关。浊度去除效能如图 5-59 所示，实验期间原水平均浊度为 20.1NTU，67kDa、20kDa 和 6kDa 的超滤膜出水浊度平均值分别为 0.10NTU、0.08NTU 和 0.07NTU，三种膜对浊度的去除率均达到 99.5％以上，这主要是由于本实验所采用超滤膜的孔径均在 0.01μm 以下，膜对原水中颗粒物有很好的截留作用。

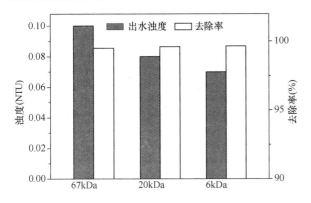

图 5-59　不同截留分子量的超滤膜对浊度的去除效能

实验期间原水的菌落总数范围 20～45CFU/mL，经三种截留分子量的膜过滤后，膜出水的菌落总数平均值为 0，可见超滤膜对细菌有很好的去除效能，这主要由于细菌的直径一般大于 0.05μm，超滤膜能截留细菌，这表明超滤膜可以保证出水的细菌安全性。

5.5.3　不同材质超滤膜直接过滤对松花江水的净化效果

实验所采用的不同材质的超滤膜有三种，分别是聚偏氟乙烯（PVDF）、聚氯乙烯（PVC）和聚砜（PS），三种膜的截留分子量都是 100kDa，研究主要考察了这三种不同材质的超滤膜对有机污染物和浊度等的去除效能。

1. 对 DOC 和 UV_{254} 的去除效能

不同材质的超滤膜对原水中 DOC 和 UV_{254} 的去除率如图 5-60 所示，材质为 PVC、PVDF 和 PS 的超滤膜对 DOC 和 UV_{254} 的平均去除率分别为 16.4％和 17.0％、22.4％和 18.4％及 10.7％和 12.6％。虽然膜截留分子量几乎相同，但三种膜对溶解性有机物的去除率存在差异，说明膜材质可能对有机物的去除效能有一定影响。

2. 对 COD_{Mn} 的去除效能

如图 5-61 所示，PVC、PVDF 和 PS 超滤膜出水 COD_{Mn} 平均值分别为 3.61mg/L、3.39mg/L 和

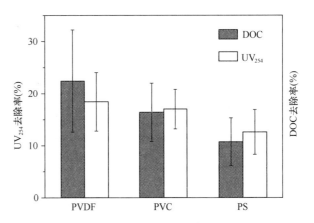

图 5-60　不同材质的超滤膜对 DOC 和 UV_{254} 的去除效能

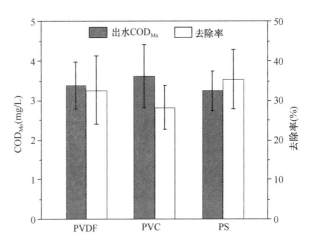

图 5-61　不同材质的超滤膜对 COD_{Mn} 的去除效能

3.25mg/L，平均去除率分别为 28.3％、32.6％和 35.3％。该实验条件下三种材质的超滤膜出水 COD_{Mn} 均在 3mg/L 以上，说明在实际应用中当原水水质条件较差时，为保证出水水质达标需采用预处理等方式有效去除有机污染物。

3. 对 THMFP 的去除效能

如图 5-62 所示，PVC、PVDF 和 PS 超滤膜对

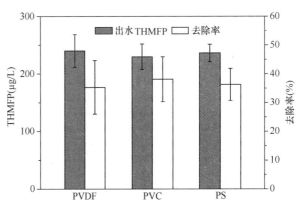

图 5-62　不同材质的超滤膜对 THMFP 的去除效能

原水 THMFP 的平均去除率分别为 38.1%、35.3% 和 36.3%，出水中 THMFP 平均值可分别降低到 229.5μg/L、239.9μg/L 和 236.2μg/L。由于超滤膜对颗粒有机物的有效截留和对溶解性有机物的部分去除，膜出水 THMFP 有一定程度的降低。

4. 对浊度和菌落总数的去除效能

几种不同材质的超滤膜对浊度的去除效能如图 5-63 所示，PVC、PVDF 和 PS 超滤膜出水浊度平均值分别为 0.10NTU、0.10NTU 和 0.09NTU，三种膜对浊度的去除率均达到 99.5% 以上，说明超滤膜对原水中颗粒物有很好的截留作用。三种材质的膜过滤后，膜出水的菌落总数平均值为 0，说明超滤膜对细菌可以起到很好的去除作用。

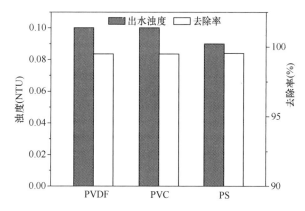

图 5-63 不同材质的超滤膜对浊度的去除效能

5.5.4 膜污染有机物的化学分级表征

超滤膜过滤一段时间以后，由于原水中的颗粒物和有机物的堵塞或吸附会造成膜污染，本实验将膜上有机物反冲洗出来和用 NaOH 解析来分别研究可逆污染和不可逆污染有机物的化学分级。

1. 原水和超滤膜出水中有机物的化学分级表征

如图 5-64 所示，原水中憎水碱（HoB）、憎水中

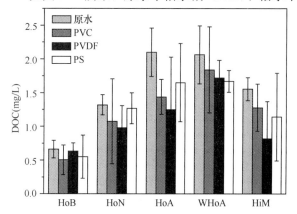

图 5-64 原水和超滤膜出水中有机物的化学分级表征

性物（HoN）、憎水酸（HoA）、弱憎水酸（WHoA）和亲水物（HiM）的浓度分别为 0.662mg/L、1.320mg/L、2.100mg/L、2.063mg/L 和 1.556mg/L，三种膜对各亲疏水性组分均有不同程度的去除，其中对憎水酸和亲水物去除程度最大，PVC、PVDF 和 PS 膜对憎水酸的去除率分别为 31.5%、40.5% 和 21.4%，PVC、PVDF 和 PS 膜对亲水物的去除率分别为 17.7%、47.3% 和 26.7%，这表明这两种组分被膜截留得最多，也最容易造成膜污染。三种膜中 PVDF 膜对憎水酸和亲水物的截留量最高，这在一定程度上可以解释三种膜中 PVDF 膜的标准比通量降低最多。

2. 可逆膜污染有机物的化学分级表征

如图 5-65 所示，可逆膜污染有机物中亲水性物质占主要部分，分别占 PVC、PVDF 和 PS 可逆膜污染有机物总量的 54.1%、42.8% 和 46.6%，另一种主要物质是憎水酸，分别占 PVC、PVDF 和 PS 可逆膜污染有机物的 20.7%、16.7% 和 41.8%，另外在 PVDF 可逆膜污染有机物中弱憎水酸占 36.8%，这说明 PVC 和 PS 可逆膜污染有机物主要是亲水性有机物和憎水酸，而 PVDF 可逆膜污染有机物主要是亲水性有机物和弱憎水酸。

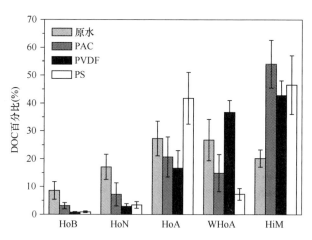

图 5-65 可逆膜污染有机物的化学分级表征

3. 不可逆膜污染有机物的化学分级表征

如图 5-66 所示，NaOH 能解析下来的不可逆膜污染有机物中亲水性有机物占主要部分，分别占 PVC、PVDF 和 PS 不可逆膜污染有机物总量的 62.6%、46.7% 和 45.1%；PVC、PS 不可逆膜污染物中憎水中性物和弱憎水酸分别占 13.9%、12.2% 和 23.6%、17.9%；憎水酸所占比例很小。而 PVDF 不可逆膜污染物中憎水中性物、憎水酸

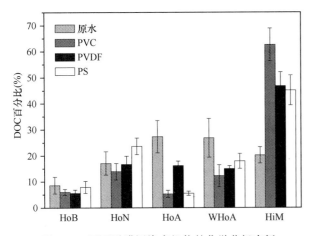

图 5-66　不可逆膜污染有机物的化学分级表征

和弱憎水酸分别占 16.7％、16.1％和 14.9％，这说明亲水有机物和憎水中性物是造成膜不可逆污染的主要物质，弱憎水酸对膜不可逆污染也有较大影响。三种膜中 PVC 膜最易受亲水性有机物污染，而憎水中性物、憎水酸和弱憎水酸均可造成 PVDF 膜的不可逆污染，另外憎水中性物对 PS 膜的不可逆污染影响较大。可见，不同材质的超滤膜与水中有机物相互作用的种类不同。

5.5.5　膜污染有机物的分子量分布特性

1. 原水和超滤膜出水中有机物的分子量分布

如图 5-67 所示，原水中小于 1kDa、1～3kDa 和大于 30kDa 的有机物分别占 56.2％、21.3％和 15.9％。三种超滤膜对分子量大于 30kDa 的有机物去除率最高，PVC、PVDF 和 PS 膜对分子量大于 30kDa 的有机物去除率分别为 51.9％、58.0％和 38.2％。对分子量小于 1kDa 有机物的去除率分别为 11.3％、19.1％和 16.4％，结果表明 PVDF

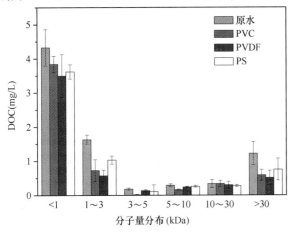

图 5-67　原水和超滤膜出水中有机物的分子量分布

膜截留的分子量小于 1kDa 的有机物最多。另外 PVDF 膜对分子量为 1k～3kDa 的有机物也有较强的截留作用（去除率 65.0％）。

2. 可逆膜污染有机物的分子量分布

如图 5-68 所示，PVC 可逆膜污染有机物中分子量小于 1kDa 和大于 30kDa 的有机物分别占 25.5％和 64.5％，PVDF 可逆膜污染有机物中分子量小于 1kDa、3～5kDa 和大于 30kDa 的有机物分别占 37.4％、15.3％和 43.4％，PS 可逆膜污染有机物中分子量小于 1kDa、1～3kDa 和大于 30kDa 的有机物分别占 27.2％、12.6％和 52.4％。这说明分子量大于 30kDa 和小于 1kDa 的有机物是造成膜可逆污染的主要有机物，其中分子量大于 30kDa 的有机物对 PVC 膜可逆污染影响最大，而分子量为 3～5kDa 的有机物可造成 PVDF 膜可逆污染，分子量为 1～3kDa 的有机物也可造成 PS 膜可逆污染。

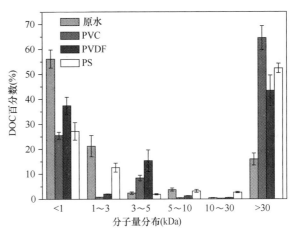

图 5-68　可逆膜污染有机物的分子量分布

3. 不可逆膜污染有机物的分子量分布

由图 5-69 可知，造成三种超滤膜的不可逆污

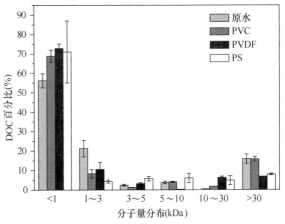

图 5-69　不可逆膜污染有机物的分子量分布

染的有机物主要是分子量小于 1kDa 的有机物，分别占 PVC、PVDF 和 PS 不可逆膜污染有机物总量的 68.8%、72.8% 和 71.0%，说明分子量小于 1kDa 的有机物是造成膜不可逆污染的主要物质。另外分子量大于 30kDa 的有机物对 PVC 和 PS 不可逆膜污染也有较大影响，分别占 PVC 和 PS 不可逆膜污染有机物的 15.8% 和 8.0%，分子量为 1～3kDa 的有机物对 PVDF 膜不可逆污染有较大影响，占 PVDF 不可逆膜污染有机物的 10.5%。

4. 长期过滤过程中膜出水各分子量分布区间有机物去除率的变化

实验对长期过滤过程中不同时间段内不同材质膜出水中的有机物分子量分布变化进行了对比，其间的实验条件是通量控制在 30L/(m² · h)，每 12h 气水冲洗 1 次，曝气量为 35m³/(m² · h)，水力反冲洗通量为 50L/(m² · h)，水反冲洗同时进行曝气，气水冲洗时间为 5min，结果如图 5-70～图 5-72 所示。

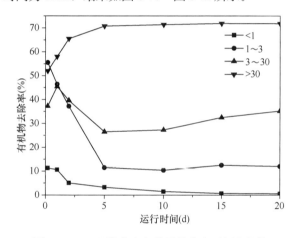

图 5-70　PVC 膜出水各分子量分布区间有机物
去除率的变化

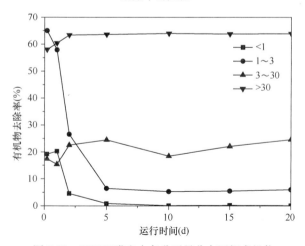

图 5-71　PVDF 膜出水各分子量分布区间有机物
去除率的变化

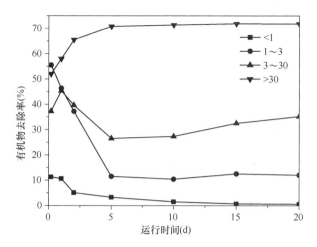

图 5-72　PS 膜出水各分子量分布区间有机物
去除率的变化

在过滤初期，PVC 膜对分子量小于 1kDa、1～3kDa 和大于 30kDa 有机物的去除率分别为 11.3%、55.5% 和 52.0%，随着过滤时间的增加，PVC 膜对分子量小于 1kDa 和 1～3kDa 有机物的去除率逐渐减小，过滤 15d 以后对分子量小于 1kDa 的有机物几乎没有去除作用，而对分子量为 1～3kDa 有机物的去除率稳定在 12.1% 左右，其原因可能是 PVC 膜对小分子量有机物的吸附逐渐达到饱和，而膜上滤饼层可能对吸附小分子有机物（1～3kDa）起到一定作用。PVC 膜对分子量大于 30kDa 有机物的去除率随着过滤时间的增加而增加，直到过滤 10d 以后去除率可稳定在 71.0% 左右，这主要是因为膜孔被小分子有机物或小颗粒堵塞或者孔径减小，膜可以提高对大分子有机物的截留能力。

PVDF 膜在过滤初期对分子量小于 1kDa、1～3kDa 和大于 30kDa 有机物的去除率分别为 19.2%、65.0% 和 58.5%，去除率均比 PVC 膜高，说明 PVDF 膜吸附有机物的能力比 PVC 膜强，在膜过滤运行 10d 左右，膜对分子量小于 1kDa 的有机物几乎没有去除作用，对分子量为 1～3kDa 有机物的去除率稳定在 5.5% 左右，PVDF 膜对分子量大于 30kDa 有机物的去除率随着过滤时间的增加而增加，直到过滤 10d 以后去除率可稳定在 64.0% 左右。

PS 膜在过滤初期对分子量小于 1kDa、1～3kDa 和大于 30kDa 有机物的去除率分别为 11.4%、56.2% 和 36.3%，膜过滤运行 15d 左右，膜对分子量小于 1kDa 的有机物几乎没有去除作用，对分子量为 1～3kDa 有机物的去除率稳定在 12.1％左右，对分子量大于 30kDa 有机物的去除率在过滤 15d 以后可稳定在 72.3％左右。

由三种膜在长期过滤过程中对不同分子量区间有机物的去除结果可以得出，PVDF 膜对分子量小于 1kDa 和 1～3kDa 的有机物吸附作用比其他两种膜大，而且吸附速度快（10d 达到平衡）。长期过滤实验结束时 PVC 膜对分子量大于 30kDa 的有机物去除率最高（71.0％），说明该组分可能对 PVC 膜污染有较大影响。长期过滤过程中，PS 膜对各分子量区间有机物的去除规律与其他两膜相似，但去除率比其他两种膜低，表明 PS 膜抗有机污染的能力比 PVC 和 PVDF 膜好。

5. 膜材质和有机物的相互作用对膜污染的影响分析

大分子（大于 30kDa）亲水性有机物和憎水酸主要引起可逆污染，而小分子（小于 1kDa）亲水性有机物主要引起不可逆污染。实验中所用的三种材质的膜表面均带负电荷，亲水性有机物多为电中性，易于接近膜表面形成污染，而且亲水性碳水化合物可以与膜表面官能团形成氢键，从而形成不可逆污染，膜材料聚合物中含有的原子的电负性越高，越易于与碳水化合物形成氢键。本实验中使用的 PVC 和 PVDF 膜材料中含有 Cl 和 F，它们和碳水化合物可能形成氢键而导致膜污染。三种膜材料本身都是憎水性的，它们与疏水性有机物之间会发生相互作用，三种膜中 PS 膜与水的接触角最大，表明其憎水性最强，因而 PS 膜与憎水性物质之间的相互作用也较强。憎水中性物和弱憎水性有机物由于其电中性容易接近膜表面造成膜污染，如弱憎水中性物可以引起 PVDF 膜不可逆污染，憎水中性物可以造成 PS 膜的不可逆污染。至于各种膜材质与能引起膜污染的有机物之间可能发生的各种反应需要在今后继续进行研究。

亲水有机物、憎水中性物和弱憎水性有机物等会对不同的膜造成不可逆污染，但由于其具有电中性等特征，在常规水处理工艺中不能得到很好的去除效果，所以在超滤膜工艺实际应用中应考虑采用强化处理技术（如预处理）来加强对这几类有机物的去除。另外由于不同材质的超滤膜与原水中有机物作用的种类和程度有较大不同，实际应用过程中要针对水质情况选择适合的膜材料。

5.6　膜前预处理对超滤出水水质的影响及膜污染控制研究

5.6.1　实验系统、实验方法及实验水质

实验系统如图 5-55 所示。实验期间松花江原水水质见表 5-8。实验用膜为海南立昇科技实业有限公司生产的外压式中空纤维超滤膜，膜材质为 PVC 合金膜。膜的其他工艺参数见表 5-7。

进行的膜前预处理方法有混凝、粉末活性炭＋混凝、污泥回流和 PAC-污泥回流（炭泥回流）四种。

预处理实验是在 JJ-4 六搅拌机上进行的。混凝过程是投加混凝剂后先以 300r/min 快搅 30s，然后以 150r/min 搅拌 10min，50r/min 搅拌 10min，沉淀 30min 后取上清液加注于膜池中进行膜滤，然后取样测定膜滤后的水质。混凝剂采用聚合氯化铝。

PAC 采用 200 目木质活性炭，先向原水中加入粉末活性炭搅拌 10min，然后加入混凝剂进行混凝沉淀，沉淀后上清液加注于膜池中进行膜滤，然后取样测定膜滤后的水质。

污泥回流实验，先在原水中投加回流污泥进行搅拌，然后再投混凝剂进行混凝沉淀，沉淀后上清液加注于膜池中进行膜滤，然后取样测定膜滤后的水质。

炭泥回流实验，先在原水中投加 PAC 搅拌 10min，再投加混合污泥进行搅拌，投加混凝剂进行混凝沉淀，取沉后上清液加注于膜池中进行膜滤，然后取滤后水样检测膜滤后的水质。

膜过滤采用恒通量方式，通量设置为 30L/(m² · h)。实验考察了在各预处理条件下超滤膜短期过滤和长期周期性过滤的水质和膜污染情况，在周期性过滤运行中，膜运行周期为 48h，采用气水联合冲洗，水反冲洗强度为 60L/(m² · h)，气洗强度为 45m³/(m² · h)，联合冲洗时间为 10min。

5.6.2　膜前预处理对超滤膜出水水质的影响

实验将混凝沉淀与浸没式超滤膜联用来考察混凝对膜出水水质的提升作用，单独超滤膜过滤原水和混凝与超滤膜联用的膜出水水质对比结果如图 5-73所示。单独超滤膜对原水浊度的去除率为 99.5％，对原水中 DOC、UV$_{254}$、COD$_{Mn}$、BDOC 和

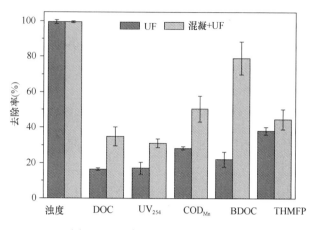

图 5-73　混凝对膜出水水质的影响

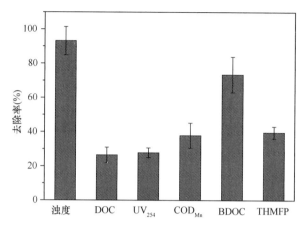

图 5-75　单独污泥回流对原水中浊度和有机物的去除效能

THMFP 的去除率分别为 16.4%、17.0%、28.3%、22.1% 和 38.1%，混凝与膜联用对浊度的去除率 99.5%，并将 DOC、UV_{254}、COD_{Mn}、BDOC 和 THMFP 的去除率分别提高至 34.9%、31.1%、50.5%、79.1% 和 44.6%。可见，混凝作为膜前预处理可以明显改善膜出水水质。

单独超滤膜过滤原水和 PAC 预吸附＋混凝与超滤膜联用的膜出水水质对比结果如图 5-74 所示。PAC 预吸附＋混凝与膜联用可将 DOC、UV_{254}、COD_{Mn}、BDOC 和 THMFP 的去除率分别提高至 36.3%、38.8%、52.5%、81.3% 和 54.7%。可见，PAC 预吸附与混凝的协同作用以及超滤膜的截留作用可以显著提高对原水有机物等的去除效能。

原水中浊度有很好的去除效能，去除率比单独混凝沉淀和粉末活性炭预吸附＋混凝有明显提高，但对有机物的去除率与单独混凝相差不大。

回流的污泥中含有大量粒径较大的颗粒物和絮体，可以增加原水中的颗粒物浓度，并促进水中颗粒物之间的架桥和卷扫絮凝作用，因此污泥回流对悬浮颗粒物的去除作用较强，但可能由于回流污泥絮凝吸附有机物的能力不高，污泥回流对有机物的去除效能并不比单独混凝沉淀有更大的提高。

单独超滤膜过滤原水和污泥回流与超滤膜联用的膜出水水质对比结果如图 5-76 所示。污泥回流预处理与膜联用可将 DOC、UV_{254}、COD_{Mn}、BDOC 和 THMFP 的去除率分别提高至 35.3%、35.6%、54.0%、82.6% 和 51.4%。可见，由于污泥回流对悬浮颗粒物和有机物等的去除，其与超滤膜联用可以改善膜出水水质。

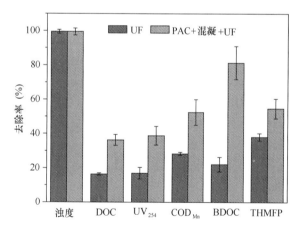

图 5-74　PAC＋混凝对膜出水水质的影响

单独污泥回流对原水中浊度和有机物的去除效能如图 5-75 所示。污泥回流对原水中浊度的去除率为 93.1%，对原水中 DOC、UV_{254}、COD_{Mn}、BDOC 和 THMFP 的去除率分别为 26.5%、27.8%、37.9%、73.5% 和 39.6%。可见，单独污泥回流对

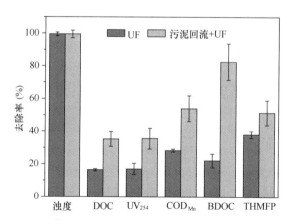

图 5-76　污泥回流对膜出水水质的影响

实验考察了炭泥回流与膜联用对膜出水水质的改善效果，单独超滤膜过滤原水和炭泥回流与超滤膜联用的膜出水水质对比结果如图 5-77 所示。

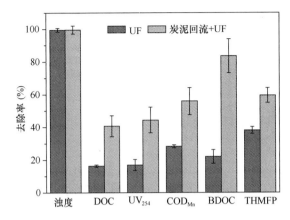

图 5-77　炭泥回流对膜出水水质的影响

炭泥回流预处理与膜联用可将 DOC、UV_{254}、COD_{Mn}、BDOC 和 THMFP 的去除率分别提高至40.7%、44.4%、55.9%、83.6% 和 59.5%。可见，PAC 的吸附、污泥回流的强化混凝以及超滤膜的有效截留作用使炭泥回流与超滤膜联用工艺对原水中有机物有很好的去除效能。

总之，由于混凝、PAC＋混凝、污泥回流和炭泥回流预处理对原水中颗粒物和有机物的有效去除，四种预处理均能改善浸没式超滤膜的出水水质，而且炭泥回流预处理对膜出水水质的改善作用最佳。

5.6.3　预处理和超滤膜联用短期运行过程中 TMP 的发展

四种预处理和浸没式超滤膜联用在短期运行过程中 PVDF 和 PVC 两种超滤膜的 TMP 变化情况及其与膜直接过滤原水 TMP 的对比结果如图 5-78（a）、图 5-78（b）所示。PVDF 膜在过滤原水 48h后，TMP 由 12.5kPa 上升至 36.5kPa，压力增长了 24kPa，而在混凝、PAC＋混凝、污泥回流和炭泥回流四种预处理后的出水时，TMP 分别只增长7.0kPa、5.2kPa、6.5kPa 和 3.7kPa。PVC 膜在过滤原水 48h 后，TMP 由 15kPa 上升至 40.5kPa，压力增长了 25.5kPa，而在混凝、PAC＋混凝、污泥回流和炭泥回流四种预处理后的出水时，压力分别只增长 7.8kPa、4.0kPa、6.0kPa 和 3.5kPa。可见，四种预处理可以在很大程度上降低膜运行的 TMP，从而有效延缓膜污染，另外炭泥回流预处理与浸没式超滤膜联用运行过程中压力增长最为缓慢，说明该预处理方法能更有效地缓解膜污染。

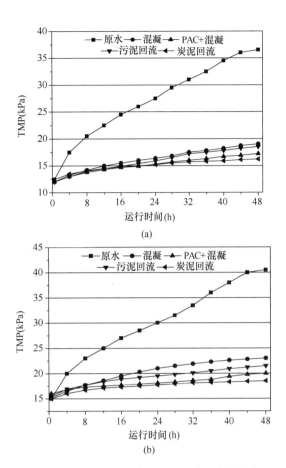

(a)

(b)

图 5-78　短期运行膜前预处理对膜污染的影响
（a）PVDF 膜；（b）PVC 膜

5.6.4　各膜前预处理对超滤膜阻力构成的影响

经短期过滤运行，四种预处理分别与两种超滤膜联用以及超滤膜过滤原水后的膜阻力构成情况如图 5-79 和图 5-80 所示。由图中可以看出，实验中超滤膜的固有阻力 R_m 存在差异，仍然采用标准化比膜阻力来进行对比，标准化比膜阻力构成如图 5-81 和图 5-82 所示。PVDF 超滤膜过滤原水后其

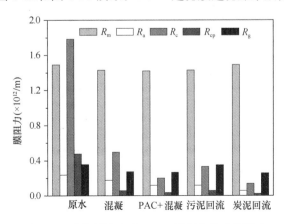

图 5-79　膜前预处理对 PVDF 膜阻力构成的影响

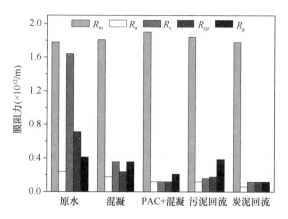

图 5-80 膜前预处理对 PVC 膜阻力构成的影响

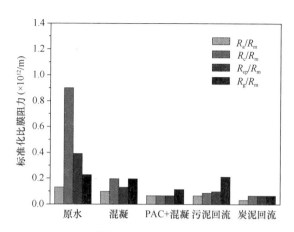

图 5-82 膜前预处理对 PVC 膜标准化比
膜阻力构成的影响

膜阻力构成中膜表面滤饼层阻力所占比例最大，标准化比膜阻力为 1.310×10^{12}/m，吸附阻力、浓差极化阻力和堵孔阻力分别为 0.164×10^{12}/m、0.330×10^{12}/m 和 0.246×10^{12}/m，原水经预处理后，过滤过程中各种膜阻力均有不同程度的降低，其中膜表面滤饼层阻力下降最为明显，混凝、PAC＋混凝、污泥回流和炭泥回流可使其分别降至 0.340×10^{12}/m、0.140×10^{12}/m、0.230×10^{12}/m 和 0.096×10^{12}/m，吸附阻力分别降至 0.123×10^{12}/m、0.082×10^{12}/m、0.082×10^{12}/m 和 0.041×10^{12}/m，浓差极化阻力分别降至 0.041×10^{12}/m、0.025×10^{12}/m、0.041×10^{12}/m 和 0.017×10^{12}/m，堵孔阻力分别降至 0.189×10^{12}/m、0.184×10^{12}/m、0.242×10^{12}/m 和 0.178×10^{12}/m。

0.065×10^{12}/m 和 0.032×10^{12}/m，膜表面滤饼层阻力分别降至 0.196×10^{12}/m、0.065×10^{12}/m、0.087×10^{12}/m 和 0.065×10^{12}/m，浓差极化阻力分别降至 0.130×10^{12}/m、0.065×10^{12}/m、0.098×10^{12}/m 和 0.065×10^{12}/m，堵孔阻力分别降至 0.196×10^{12}/m、0.114×10^{12}/m、0.212×10^{12}/m 和 0.065×10^{12}/m。

可见，各预处理由于对原水中悬浮颗粒物和有机物等的去除作用，能有效降低膜表面饼层阻力和浓差极化阻力，但混凝预处理对吸附阻力和堵孔阻力的缓解作用较差，PAC＋混凝与污泥回流预处理可以在一定程度上降低吸附阻力，但对堵孔阻力的缓解作用较差，而炭泥回流预处理可有效降低膜的吸附阻力，且其除去固有阻力外的总阻力值也最低。

5.6.5 多个周期过滤过程中膜的 TMP 发展

实验还考察了在多个周期性膜过滤过程中各预处理对膜污染的影响，图 5-83 和图 5-84 为 5 个周

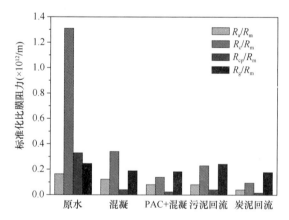

图 5-81 膜前预处理对 PVDF 膜标准化比膜
阻力构成的影响

PVC 超滤膜过滤原水后吸附阻力、膜表面滤饼层阻力、浓差极化阻力和堵孔阻力的标准化比膜阻力分别为 0.900×10^{12}/m、0.130×10^{12}/m、0.391×10^{12}/m 和 0.226×10^{12}/m，原水经混凝、PAC-混凝、污泥回流和炭泥回流预处理后，可使吸附阻力分别降至 0.098×10^{12}/m、0.065×10^{12}/m、

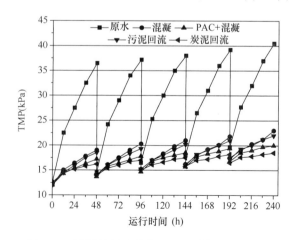

图 5-83 周期运行过程中 PVDF 膜的 TMP 发展

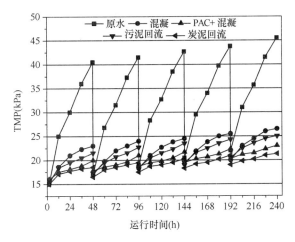

图 5-84　周期运行过程中 PVC 膜的 TMP 发展

期的运行过程中 PVDF 和 PVC 两种超滤膜的 TMP 发展情况。PVDF 膜直接过滤原水 5 个周期后，TMP 由 12.5kPa 增加到 40.5kPa；混凝、PAC＋混凝、污泥回流和炭泥回流预处理与膜联用在经过 5 个周期的过滤后，TMP 分别增加了 11.0kPa、8.0kPa、10.0kPa 和 6.0kPa。膜直接过滤原水在运行 4 个周期后，TMP 为 19.7kPa，比初始 TMP 增加 7.2kPa，这部分压力增加值主要是由不可逆污染引起，混凝、PAC＋混凝、污泥回流和炭泥回流预处理与膜联用在运行 4 个周期经过反冲洗后，TMP 分别增加 5.5kPa、4.8kPa、5.2kPa 和 4.0kPa。

　　PVC 膜直接过滤原水 5 个周期后，TMP 由 15kPa 到 45.5kPa，压力增加了 30.5kPa，混凝、PAC＋混凝、污泥回流和炭泥回流预处理与膜联用在经过 5 个周期的过滤后，TMP 分别增加了 11.0kPa、7.0kPa、9.5kPa 和 6.3kPa。膜直接过滤原水在运行 4 个周期经过反冲洗后，TMP 为 22.0kPa，比初始 TMP 增加 7.0kPa，这部分压力增加值主要是由不可逆污染引起，混凝、PAC＋混凝、污泥回流和炭泥回流预处理与膜联用在运行 4 个周期经过反冲洗后，TMP 分别增加 4.8kPa、4.3kPa、5.0kPa 和 4.0kPa。可见，在多个周期性膜过滤过程中，预处理不仅可以明显降低膜运行的 TMP，而且可以降低不可逆污染，从而有效延缓膜污染。在四种预处理中，PAC＋混凝与炭泥回流预处理可以更好地减少不可逆污染。

5.6.6　膜前预处理去除原水中有机物的化学分级表征

　　原水与混凝沉淀出水中溶解性有机物的化学分

级对比结果如图 5-85 所示。原水中憎水碱（HoB）、憎水中性物（HoN）、憎水酸（HoA）、弱憎水酸（WHoA）和亲水物（HiM）的浓度分别为 0.662mg/L、1.320mg/L、2.100mg/L、2.063mg/L、1.556mg/L，混凝后这五种组分的浓度分别降低至 0.463mg/L、0.966mg/L、1.090mg/L、1.880mg/L 和 1.430mg/L，去除率分别为 30.1％、26.8％、48.1％、8.9％和 8.1％。可见，混凝对于可引起可逆污染的憎水酸有较好的去除效能，而对主要膜污染有机物亲水性物质的去除作用较差。

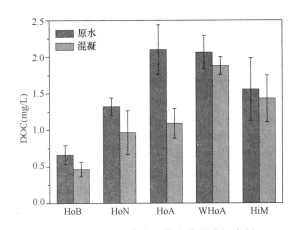

图 5-85　混凝去除有机物的化学分级表征

　　原水与 PAC 预吸附＋混凝沉淀出水中溶解性有机物的化学分级对比结果如图 5-86 所示。

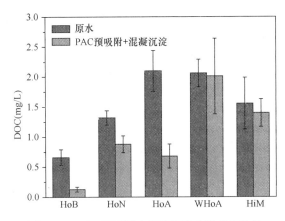

图 5-86　PAC 预吸附＋混凝沉淀去除有机物的
化学分级表征

　　PAC 预吸附＋混凝沉淀出水中憎水碱（HoB）、憎水中性物（HoN）、憎水酸（HoA）、弱憎水酸（WHoA）和亲水物（HiM）的浓度分别降低至 0.128mg/L、0.878mg/L、0.679mg/L、2.010mg/L 和 1.400mg/L，去除率分别为 80.7％、33.5％、67.7％、2.6％和 10.0％。可见，由于 PAC 对有机

物的吸附作用，PAC预吸附+混凝沉淀预处理对于可引起可逆污染的憎水酸比单独混凝有更好的去除效能，而对主要膜污染有机物亲水性物质的去除率比单独混凝稍高，但仍然比较低。

原水与污泥回流预处理出水中溶解性有机物的化学分级对比结果如图5-87所示。污泥回流预处理出水中憎水碱(HoB)、憎水中性物(HoN)、憎水酸(HoA)、弱憎水酸(WHoA)和亲水物(HiM)的浓度分别降低至0.438mg/L、0.615mg/L、1.482mg/L、1.918mg/L和1.240mg/L，去除率分别为33.8%、53.4%、29.4%、7.0%和20.3%。可见，污泥回流对于可引起可逆污染的憎水酸的去除率较低(比单独混凝低18.7%)，而对主要膜污染有机物亲水性物质的去除率比混凝和PAC预吸附—混凝都要高(比混凝高12.2%，比PAC预吸附+混凝沉淀高10.3%)。

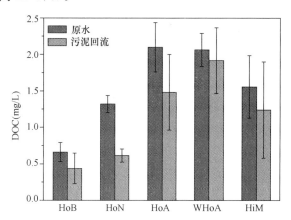

图5-87　污泥回流去除有机物的化学分级表征

原水与炭泥回流预处理出水中溶解性有机物的化学分级对比结果如图5-88所示。炭泥回流出水中憎水碱(HoB)、憎水中性物(HoN)、憎水酸(HoA)、弱憎水酸(WHoA)和亲水物(HiM)的浓度

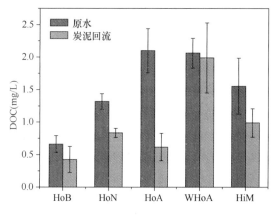

图5-88　炭泥回流去除有机物的化学分级表征

分别降低至0.426mg/L、0.836mg/L、0.618mg/L、1.990mg/L和0.990mg/L，去除率分别为35.6%、36.7%、70.6%、3.53%和36.4%。由结果可以看出，炭泥回流预处理对于能引起可逆污染的憎水酸有很好的去除效能，对主要膜污染有机物亲水性物质的去除率也较高，说明回流炭泥中的颗粒或絮体可能会吸附或卷扫亲水性物质。

5.6.7　膜前预处理去除原水中有机物的分子量分布特性

实验考察了混凝沉淀出水中溶解性有机物的分子量分布特性，原水与混凝沉淀出水中溶解性有机物的分子量分布如图5-89所示。原水中小于1k、1~3kDa、3~5kDa、5~10kDa、10~30kDa和大于30kDa分子量范围的有机物浓度分别为4.230mg/L、1.530mg/L、0.185mg/L、0.293mg/L、0.339mg/L和1.120mg/L，混凝后出水中这六个分子量范围的有机物浓度分别为4.090mg/L、0.758mg/L、0.113mg/L、0.134mg/L、0.119mg/L和0.615mg/L，去除率分别为3.3%、50.5%、38.9%、54.3%、64.9%和45.1%。可见，混凝对于分子量大于5kDa的有机物有较好的去除效能，而对能引起不可逆污染的分子量小于1kDa的有机物几乎没有去除作用。

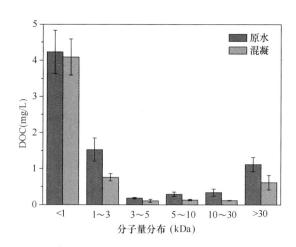

图5-89　混凝去除有机物的分子量分布特性

原水与PAC预吸附+混凝沉淀出水中溶解性有机物的分子量分布如图5-90所示。PAC预吸附—混凝沉淀出水中小于1kDa、1~3kDa、3~5kDa、5~10kDa、10~30kDa和大于30kDa分子量范围的有机物浓度分别降低至3.130mg/L、0.470mg/L、0.147mg/L、0.221mg/L、0.323mg/L和0.772mg/L，去除率分别为26.0%、69.3%、20.5%、24.6%、

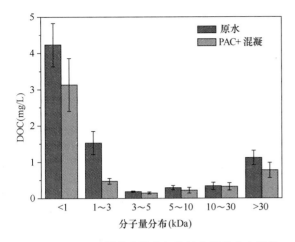

图 5-90　PAC＋混凝去除有机物的分子量分布特性

4.7％和 31.1％。可见，PAC 预吸附＋混凝对于 1～3kDa 分子量范围的有机物有较好的去除效能，对能引起不可逆污染的分子量小于 1kDa 的有机物也比单独混凝有较大提高。

　　原水与污泥回流预处理出水中溶解性有机物的分子量分布如图 5-91 所示。

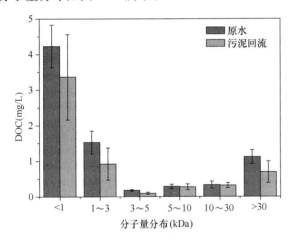

图 5-91　污泥回流去除有机物的分子量分布特性

　　污泥回流处理出水中小于 1kDa、1～3kDa、3～5kDa、5～10kDa、10～30kDa 和大于 30kDa 分子量范围的有机物浓度分别降低至 3.363mg/L、0.923mg/L、0.102mg/L、0.280mg/L、0.326mg/L 和 0.699mg/L，去除率分别为 20.5％、39.7％、44.9％、4.4％、3.8％和 37.6％。由结果可以看出，污泥回流预处理对于能引起不可逆污染的分子量小于 1kDa 有机物的去除率比单独混凝沉淀要高，这可能是回流污泥中絮体的架桥和卷扫作用的结果。

　　原水与炭泥回流预处理出水中溶解性有机物的分子量分布如图 5-92 所示。炭泥回流膜前预处理出水中小于 1kDa、1～3kDa、3～5kDa、5～10kDa、

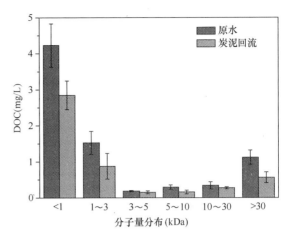

图 5-92　炭泥回流去除有机物的分子量分布特性

10～30kDa 和大于 30kDa 分子量范围的有机物浓度分别降低至 2.850mg/L、0.877mg/L、0.149mg/L、0.157mg/L、0.271mg/L 和 0.556mg/L，去除率分别为 32.6％、42.7％、19.5％、46.4％、20.1％和 50.4％。由结果可以看出，炭泥回流预处理对于能引起可逆和不可逆污染的分子量大于 30kDa 的有机物有较好去除效能，且对于能引起不可逆污染的分子量小于 1kDa 有机物也有较好去除作用。

5.7　松花江水中超滤膜有机污染物及其吸附去除研究

5.7.1　松花江水中超滤膜有机污染物的认定

　　松花江水中的有机物主要是天然有机物，其组成十分复杂。实验期间原水水质：DOC 为 4.42～5.72mg/L，UV_{254} 为 0.095～0.129/cm，pH 为 6.9～7.2，Ca^{2+} 为 24.5～24.8mg/L，Mg^{2+} 为 6.5～6.7mg/L。鉴定水中主要膜有机污染物的前提是能够将天然有机物按照不同的特性区分开。水中不同的有机物具有不同的荧光特性，因此可以试图将荧光特性不同的有机物组分区分开。

　　三维荧光光谱分析（EEM）作为一种快捷方便的监测方法，被越来越多地用于饮用水中不同有机物荧光特性的监测。将平行因子分析法（PARAFAC）与 EEM 相结合（PARAFAC-EEMs）可以区分出水中不同类型的荧光组分。因此，可采用 PARAFAC-EEMs 方法区分并定量松花江水中荧光性质不同的有机物。

　　本实验采集了水中有机物性质差别较大的松花江水和吸附预处理后的松花江水（共 35 个水样），

采用 PARAFAC-EEMs 鉴定出其中的荧光组分，并对这些水样进行超滤实验，采用膜污染指数衡量膜污染速率。然后对进水中不同荧光组分的浓度和膜污染指数进行相关分析，考察不同荧光组分在膜污染中的作用，从而鉴定出主要的膜污染物质。

1. 松花江水中主要的荧光组分

根据 Stedmon 提供的方法，先假设这 35 个松花江水样中存在 3～7 个荧光组分，然后利用折半法、一致性检验和残差分析来确定合适的荧光组分数目。如图 5-93 所示，本实验中的水样包含了 3 个荧光组分。尽管这三个荧光组分的荧光光谱图有所重叠，但 PARAFAC-EEMs 仍可以有效地将这些具有不同荧光特性的有机物组分区分开。

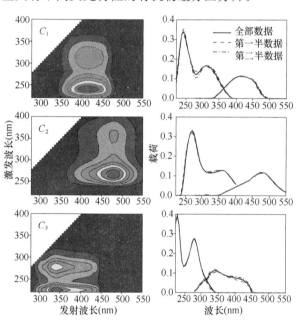

图 5-93 采用 PARAFAC-EEMs 方法鉴定出松花江原水中天然有机物的荧光组分（左侧图为不同荧光组分的等高线图，右侧图为有效性检验）

三种荧光组分的光谱特性及其物质鉴定　表 5-9

组分	本研究	前人研究	
	$\lambda_{ex}/\lambda_{em}$	$\lambda_{ex}/\lambda_{em}$	物质鉴定
C_1	240(310)/415	240(370)/430	微生物源腐殖质类有机物
C_2	270(360)/470	<240～275(339/420)435～520	陆源腐殖质类有机物
C_3	225(280)/340	<240(280)/368	蛋白质类有机物，由生物作用产生

对比前人采用 PARAFAC-EEMs 的实验结果（表 5-9），可以得出组分 C_1、C_2 和 C_3 分别代表微生物源腐殖质类有机物、陆源腐殖质类有机物和蛋白质类有机物。这些荧光组分的来源与性质差别较大，因此对超滤膜污染的贡献也会有所不同。

2. 不同荧光组分对膜污染的贡献

采集的 35 个水样的有机物综合性指标 DOC 及 UV_{254} 不相同，荧光组分 C_1、C_2 和 C_3 的相对浓度（采用最大荧光强度 F_{max} 来衡量）也不相同，因此这些水样所引起的膜污染也应该不相同。本实验采用浸没式中空纤维膜超滤小试装置考察水中有机物的膜污染特性，其实验装置如图 5-94 所示。该装置由进水系统、膜池、膜组件、出水系统、曝气系统、数据采集系统和控制系统组成。其中，进水系统采用恒水位水箱控制进水水量，并维持膜池液位；膜组件采用自制的浸没式中空纤维膜组件，PVDF 材质（截留分子量 100kDa，接触角 60.6°，外/内径为 0.85/1.45mm，生产厂家海南立昇），膜面积 25cm²；出水及超滤膜反冲洗由蠕动泵控制；膜组件出水端压力由压力传感器自动采集并记录于电脑上，每 10s 采集一次；整个系统运行由可编程控制器（PLC）自动控制。

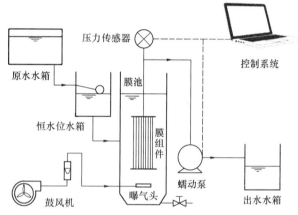

图 5-94 浸没式中空纤维超滤小试实验装置示意图

该小试装置采用恒通量运行。膜池水在蠕动泵抽吸作用下，由外向内透过中空纤维超滤膜，然后流入出水水箱。反冲洗时，蠕动泵反转，出水水箱的清水从膜丝内向外流出；同时鼓风机开启，超滤膜在气泡和反向水流的共同作用下得到有效清洗。

该装置运行一体式 PAC/UF 工艺的工况为：通量 60L/(m²·h)，过滤 28min 反冲洗 2min，反冲洗通量为 90L/(m²·h)。当投加 PAC 时，该装置间歇曝气（开/停：1min/4min），曝气量 1.6L/min。

本实验中，对这 35 个水样进行膜污染实验，求出膜污染指数。其中，总污染指数（$TFI_水$）和水力不可逆污染指数（$HIFI_水$）分别用来衡量总污染和水力不可逆污染。然后，将水中有机物不同组分的浓度和膜污染指数进行线性拟合，拟合结果见表 5-10。从该表可以看出，C_1 的 F_{max}、C_2 的 F_{max}、DOC 和 UV_{254} 之间有很好的相关性（$P<0.001$）。C_3 的 F_{max}、$HIFI_水$ 和 $TFI_水$ 之间也存在良好的相关性（$P<0.001$）。

DOC、UV_{254}、荧光组分的 F_{max} 和膜污染指数（$HIFI_水$ 和 $TFI_水$）的皮尔逊相关系数矩阵（给出了对应的 R 和 P 值）　　表 5-10

	C_1	C_2	C_3	DOC	UV_{254}	$HIFI_水$	$TFI_水$
C_1	1.00	0.93 (6.31×10^{-15})	0.52 (0.002)	0.91 (4.73×10^{-13})	0.97 (3.67×10^{-21})	0.51 (0.002)	0.36 (0.039)
C_2		1.00	0.43 (0.012)	0.90 (1.40×10^{-12})	0.97 (1.99×10^{-20})	0.41 (0.015)	0.23 (0.197)
C_3			1.00	0.42 (0.017)	0.427 (0.013)	0.88 (1.64×10^{-11})	0.73 (1.65×10^{-6})
DOC				1.00	0.944 (5.18×10^{-16})	0.454 (0.009)	0.382 (0.031)
UV_{254}					1.00	0.456 (0.008)	0.321 (0.069)
$HIFI_水$						1.00	0.903 (6.96×10^{-13})
$TFI_水$							1.00

图 5-95 进一步展示了水中 DOC、UV_{254} 以及 C_1、C_2 和 C_3 的 F_{max} 与膜污染指数的相关关系。从图中可以看出，C_1、C_2 组分和 UV_{254} 存在非常好的相关性（$R^2>0.9$），这是由于荧光组分 C_1 和 C_2 主要包含腐殖质类有机物，该类物质的芳香性较高，对紫外光有较强的吸收。同时，DOC 与 C_1、C_2 也存在很好的相关性，但是与 C_3 的相关性较差。这说明松花江水中的有机物主要包含腐殖质类 C_1 和 C_2 组分，而蛋白质类 C_3 组分含量较少。这些结果与 Baghoth 等人的研究是一致的。

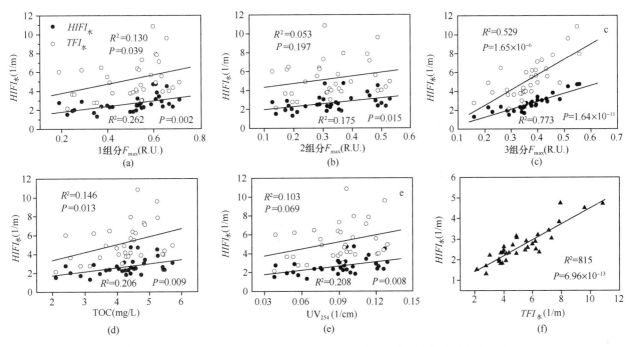

图 5-95　水中 DOC、UV_{254} 以及 C_1、C_2 和 C_3 浓度与膜污染指数的相关关系

DOC 和 UV_{254} 通常用来衡量水中有机物的总量。但是由图 5-95（d）、图 5-95（e）可知，DOC 和 UV_{254} 与膜污染的相关性很差（$R^2 < 0.21$）。这说明，浓度高的有机物造成的膜污染并不一定就严重，水中有机物的总量并不能衡量其造成膜污染的大小。造成这一结果的主要原因是：不同类型的有机物对膜污染的贡献不同，水中只有少量的有机物在膜污染中起到主要作用。

$HIFI_水$ 与 C_1 组分（$R^2 = 0.262$）和 C_2 组分（$R^2 = 0.175$）存在较差的相关性，而 $TFI_水$ 与 C_1 组分和 C_2 组分相关性不显著（$P > 0.01$）。因此，腐殖质类 C_1 组分与腐殖质类 C_2 组分与膜污染相关性不强，它们在超滤膜污染中只起到次要作用。一般认为腐殖质类物质分子量较小，很容易通过膜孔，所以腐殖质类物质对膜污染的影响不大。

蛋白质类 C_3 组分与 $HIFI_水$（$R^2 = 0.773$）和 $TFI_水$（$R^2 = 0.529$）存在很好的正相关性。这说明蛋白质类 C_3 组分可能在超滤膜污染中起到重要作用。Peldszus 和 Peiris 在长期超滤实验中，也发现蛋白质类有机物是主要的膜污染物质。一般认为蛋白质类 C_3 组分疏水性较强，分子量较大，所以容易截留和沉积在膜表面，引起膜污染。实验中，利用超声清洗污染后的超滤膜，清洗出的膜污染物质的三维荧光光谱图如图 5-96 所示，从光谱图上明显看到代表蛋白质类物质的两个特征峰 T_1 和 T_2，无代表腐殖质类物质的特征峰。该结果进一步证实了蛋白质类物质是主要的膜污染物质。

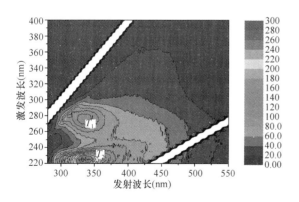

图 5-96 超滤膜上膜污染物质（采用超声清洗，通量恢复大于 95%）的三维荧光光谱图

本实验中，首次将 PARAFAC-EEMs 方法用于超滤膜污染物质的鉴定。得出蛋白质类有机物在超滤膜污染中起到主要作用，而腐殖质类有机物在超滤膜污染中起到次要作用。基于该结果，可以考

察 PAC 对膜有机污染物（蛋白质类有机物）的吸附效果。

5.7.2 吸附剂对松花江水中膜有机污染物的吸附特性

在饮用水处理领域，活性炭、大孔吸附树脂和离子交换树脂是三种较为常用的商品化吸附剂。所以，本节除了考察 PAC 对松花江水中膜有机污染物的吸附特性外，还将其与三种大孔吸附树脂（ADS-5、AB-8、ADS-17）和两种阴离子交换树脂（D201、D301R）作对比，不同吸附剂的性质见表 5-11。本节首先考察这些吸附剂对有机物综合指标（DOC 和 UV_{254}）的去除效果，然后考察这些吸附剂对有机物不同的荧光组分的吸附特性。

粉末活性炭、大孔吸附树脂和阴离子交换树脂的性质 表 5-11

粉末活性炭	平均粒径（μm）		比表面积（m²/g）		平均孔径（nm）	孔容（cm³/g）
	32.1 ± 0.7		1219 ± 13		2.2 ± 0.1	0.372 ± 0.021

大孔吸附树脂	树脂	结构	极性	比表面积（m²/g）	平均孔径（nm）	粒径（mm）
	ADS-5	聚苯乙烯	非极性	520～600	25.0～30.0	0.3～1.25
	AB-8	聚苯乙烯	弱极性	450～500	12.0～16.0	0.3～1.20
	ADS-17	丙烯酸	中极性	90～120	25.0～30.0	0.3～1.25

阴离子交换树脂（Cl型）	树脂	结构	功能基团	总容量（eq/L）	保留水分（%）
	D301R	聚苯乙烯	$-N^+(CH_3)_2$	≥1.4	50～60
	D201	聚苯乙烯	$-N^+(CH_3)_3$	≥1.1	50～65

本实验中所采用的大孔吸附树脂和阴离子交换树脂均来自天津南开和成科技有限公司，其基本性质见表 5-11。在使用前，大孔吸附树脂和阴离子交换树脂均进行了严格的清洗。对于大孔吸附树脂，先采用索氏抽提循环清洗（清洗液为乙醇和丙酮），每天 2 个循环，共清洗 2 天；对于阴离子交换树脂，先使用乙醇清洗，然后再采用浓度均为 0.1mol/L 的 NaOH 和 HCl 循环清洗（最后一次使用 HCl 清洗，以确保该阴离子交换树脂为 Cl 型）。大孔吸附树脂和阴离子交换树脂在使用前均采用 Milli-Q 纯水洗至出水 DOC 浓度小于 0.1mg/L。

吸附实验中，大孔吸附树脂和阴离子交换树脂的投加量为 5mL/L，PAC 的投加量为 50mg/L；吸附时间为 30min；吸附后采用 0.45μm 膜去除吸附剂，然后测定出水的 DOC、UV$_{254}$ 及三维荧光光谱。在吸附过程中，阴离子交换树脂会析出 Cl$^-$，由于析出量很少（＜0.05mmol/L），因此实验中不考虑析出的 Cl$^-$ 的影响。

1. 吸附剂对有机物的去除效能

实验中，PAC 及不同树脂对松花江水 DOC、UV$_{254}$ 的吸附效能见表 5-12。从表中可以看出，对于 DOC 和 UV$_{254}$，离子交换树脂表现出最强的吸附能力，特别是强碱性阴离子交换树脂 D201，对 DOC 和 UV$_{254}$ 去除率分别高达 46.9% 和 60.1%。而大孔吸附树脂对天然有机物的去除效果较差，三种大孔吸附树脂对 DOC 和 UV$_{254}$ 的去除率不足 10%。PAC 对有机物的去除率在 20% 左右。

不同吸附剂处理前后水样 DOC、UV$_{254}$、SUVA 的变化 表 5-12

水样	DOC (mg/L)	去除率 (%)	UV$_{254}$ (1/cm)	去除率 (%)	SUVA [L/(mg·m)]
原水	4.85± 0.62		0.110± 0.017		2.26±0.13
ADS-5	4.50± 0.59	7.2± 3.2	0.101± 0.015	7.8± 1.7	2.25±0.11
AB-8	4.51± 0.54	6.8± 2.0	0.102± 0.014	6.5± 3.0	2.27±0.13
ADS-17	4.54± 0.63	4.4± 4.3	0.106± 0.016	3.2± 2.5	2.27±0.24
D301R	3.75± 0.81	24.9± 8.1	0.068± 0.014	39.7± 4.1	1.88±0.27
D201	2.63± 0.59	46.9± 9.2	0.045± 0.007	60.1± 1.5	1.73±0.29
PAC	3.94± 0.63	18.9± 3.7	0.082± 0.018	25.5± 4.8	2.07±0.15

SUVA 通常用来衡量水中有机物的芳香性，芳香性越强的有机物，其 SUVA 越高。可以看到，经过离子交换树脂吸附后的水样的 SUVA 有较大幅度的下降，经过 PAC 吸附后的水样 SUVA 也有所降低，而大孔吸附树脂处理后的水样 SUVA 基本保持不变。因此，离子交换树脂主要吸附芳香性

较强的有机物，PAC 也倾向于吸附芳香性有机物，而大孔树脂对不同芳香性的有机物的吸附可能未表现出明显的倾向性。

阴离子交换树脂主要通过离子交换作用去除电负性强的有机物。而天然有机物中含很大一部分强电负性有机物（如腐殖酸），所以阴离子交换树脂对天然有机物有较好的去除效果。同时由于电负性强的有机物芳香性也较强，阴离子交换树脂处理后的水样中有机物的芳香性大幅度降低。PAC 和大孔吸附树脂主要是通过非极性吸附作用去除有机物。大孔吸附树脂常用于酸性条件下对天然有机物的浓缩和分级，但是在中性条件下，其对天然有机物的去除效果不佳。PAC 表面不均一，比表面积更大，所以其对天然有机物的吸附效果比大孔吸附树脂好。

2. 吸附剂对不同荧光组分的吸附特性

实验中通过 PARAFAC-EEMs 方法将松花江水源水中有机物分为三种荧光组分：C_1 主要是微生物源腐殖质类物质，C_2 是陆源腐殖质类物质，C_3 是蛋白质类物质；其中 C_3 被认为是主要的膜污染物质。因此，有必要考察 PAC 和几种树脂对松花江水中三种荧光组分的吸附特性，其结果如图 5-97 所示。

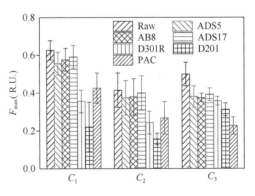

图 5-97 粉末活性炭和几种树脂对三种荧光组分的去除效果

从图 5-97 中可以看出，PAC 对蛋白质类荧光组分 C_3 的去除效果较好（54.5%），对腐殖质类 C_1 和 C_2 组分去除效果相对较差（32.0% 和 35.4%）。大孔吸附树脂对三种荧光组分的去除效果均不佳（5.6%～23.9%），且对蛋白质类 C_3 组分的吸附效果（21.6%～23.9%）要好于腐殖质类 C_1 和 C_2 组分（5.6%～11.2%）。阴离子交换树脂对腐殖质类物类 C_1 和 C_2 组分去除效果较好

（41.5％～64.8％），而对蛋白质类 C_3 组分去除效果相对较差（28.4％～37.5％）。因此可以得出，对于主要的膜污染物质——蛋白质类荧光组分 C_3，不同吸附剂的吸附效果为：PAC＞离子交换树脂＞大孔吸附树脂；对于次要的膜污染物质—腐殖质类荧光组分 C_1 和 C_2，不同吸附剂的吸附效果为：离子交换树脂＞PAC＞大孔吸附树脂。

吸附剂对有机物的吸附是由吸附剂和有机物的性质决定的。离子交换树脂通过离子交换作用对电负性和芳香性较高的有机物有很好的去除效果；PAC 和大孔吸附树脂主要通过憎水作用吸附非极性有机物。腐殖质类 C_1 和 C_2 组分带有较强的负电荷，这些负电荷一方面使 C_1 和 C_2 组分很容易与阴离子交换树脂发生离子交换作用，另一方面使 C_1 和 C_2 组分较 C_3 组分与水有更强的相互作用。因此，C_1 和 C_2 组分容易被阴离子交换树脂去除，却不容易被 PAC 和大孔吸附树脂去除。蛋白质类 C_3 组分中的有机物分子量较大，且憎水性较强，所以 PAC 对 C_3 组分有较好的吸附效果。大孔吸附树脂对 C_3 组分的吸附效果较 PAC 差，主要是由于 PAC 比表面积大，而且表面有酸碱官能团，可以吸附更多的有机物。

3. 吸附剂预吸附超滤膜污染的影响

以上讨论了 PAC 和几种树脂对膜有机污染物的吸附效果，得出 PAC 对主要的膜有机污染物——蛋白质类荧光组分 C_3 有较好的吸附效果。

本节主要考察这几种吸附剂预吸附后的水样所造成的膜污染，探讨吸附剂的吸附作用对膜污染的影响。

实验中，采用膜污染指数衡量膜污染，其中 $TFI_{水}$ 和 $HIFI_{水}$ 是基于单位膜面积过滤水量而计算的膜污染指数；TFI_{DOC} 和 $HIFI_{DOC}$ 是基于单位膜面积接受的 DOC 总量而计算的膜污染指数。图 5-98 给出了不同吸附剂吸附后水样的 $TFI_{水}$ 和 $HIFI_{水}$。从图中可以看出，对于 $TFI_{水}$，D201 处理后的水样最低，说明 D201 吸附对总膜污染的缓解作用最好；而对于 $HIFI_{水}$，PAC 处理后的水样最大，说明 PAC 对水力不可逆污染有很好的控制效果；大孔吸附树脂由于对有机物去除效果不佳，所以其处理后水样的 $TFI_{水}$ 和 $HIFI_{水}$ 降低并不明显。

图 5-98 给出了不同吸附剂吸附后水样的 TFI_{DOC} 和 $HIFI_{DOC}$。与 $TFI_{水}$ 和 $HIFI_{水}$ 不同的是，两种离子交换树脂的 TFI_{DOC} 和 $HIFI_{DOC}$ 最高，PAC 与三种大孔吸附树脂在对 $TFI_{水}$ 和 $HIFI_{水}$ 的缓解效果较好。由上可知，PAC 与三种大孔吸附树脂偏向于吸附能引起严重膜污染的物质（蛋白质类 C_3 组分），而离子交换树脂偏向于吸附一些对膜污染影响不大的有机物（腐殖质类 C_1 和 C_2 组分）。在 TFI_{DOC} 和 $HIFI_{DOC}$ 的计算中，扣除了进水 DOC 浓度对膜污染的影响。所以，PAC 和三种大孔树脂处理后的水样 FI_{DOC} 较低，而离子交换树脂处理后的水样 FI_{DOC} 较高。

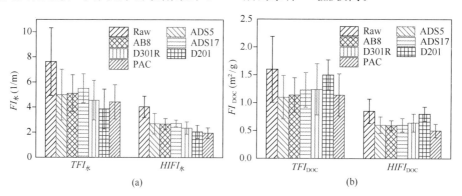

图 5-98 吸附剂预吸附后水样对超滤膜污染情况

注：下标水和 DOC 分别对应通过过滤水体积和接受的总 DOC 下计算的膜污染指数

总之，大孔吸附树脂尽管能吸附一定量的膜污染物质，但是其吸附量不大，所以对膜污染的缓解效果不好；离子交换树脂主要吸附在膜污染中起次要作用的腐殖质类物质，所以其对膜污染的控制也一般；而 PAC 能有效地吸附主要的膜污染物质，所以其对膜污染的控制效果较好。不同吸附剂对总污染的缓解效果：阴离子交换树脂＞PAC＞大孔吸附树脂；不同吸附剂对水力不可逆污染的缓解效果：PAC＞阴离子交换树脂＞大孔吸附树脂。

5.8 投加高浓度粉末活性炭和外源接种联合强化 MBR 处理低温期松花江水中的有机物和氨氮

5.8.1 实验水质、实验系统和实验方法

松花江位于我国东北地区，是该地区重要的饮用水水源，其水温、水量和水质受季节变化的影响很大。在冬季低温期，水中浊度、有机物等去除效果差。尤其是水中 NH_3-N，夏季水温高、水量大时通常在 0.5mg/L 以下；而冬季水温低、水量小时则上升至 1.0mg/L 以上。传统工艺在低温期难以有效去除水中 NH_3-N，因此，考察 MBR 及其强化工艺对低温期松花江水的净化效能具有十分重要的现实意义。由于混凝沉淀能有效去除水中胶体和大分子有机物，有利于缓解 MBR 工艺的膜污染，实现 MBR 工艺的长期稳定运行，因而本节将混凝沉淀作为 MBR 工艺的预处理，考察 MBR 工艺对低温期松花江沉后水的净化效能、多种强化技术对 MBR 工艺除污染效能的影响，并将对 MBR 工艺中的氨氧化菌进行菌落结构解析。

1. 原水水质

实验于 2012 年 8 月至 2013 年 4 月间在哈尔滨市某水厂内进行，实验原水为水厂沉后水，实验期间沉后水主要水质见表 5-13。松花江水秋、冬季水温变化很大。本实验开始于 2012 年 8 月 15 日，当时水温是 24.8℃，但到 11 月 19 日水温便降至 2℃以下，这种低温状态一直持续到 2013 年 4 月 13 日实验结束。

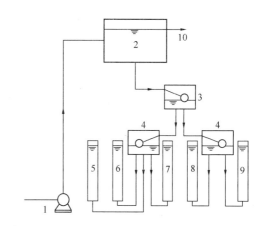

图 5-99　MBR 处理松花江沉后水的系统流程示意图
1—进水泵；2—高位水箱；3—分配水箱；4—恒位水箱；
5—1 号 MBR；6—2 号 MBR；7—3 号 MBR；8—4 号 MBR；
9—5 号 MBR；10—溢流

单个 MBR 的装置示意图如图 5-100 所示，松花江原水经混凝沉淀后由系统进水泵泵入高位水箱，然后由系统分配水箱自流至恒位水箱，再自流进入各反应器。各反应器的有效容积均为 1.2L。超滤膜组件浸没在反应器中，面积为 0.12m²，由蠕动泵抽吸膜滤出水，在膜组件和蠕动泵之间设置的真空表用以记录跨膜压差。抽吸膜滤一段时间后，由反冲洗泵对 MBR 中的膜组件进行水力反冲洗，抽吸和反冲洗时间由时间继电器控制。空气泵持续不断地向反应器中曝气，提供微生物代谢所需的溶解氧，同时在反应器中产生紊流，减缓 MBR 系统的膜污染。为了使 MBR 中的水温更接近实际沉后水水温，采用水厂沉后水对 MBR 系统进行水

实验期间沉后水水质　　　　　　　　　　表 5-13

指标	范围	均值
浊度（NTU）	0.84～2.43	1.50±0.36
TOC（mg/L）	2.01～4.28	2.88±0.55
COD_{Mn}（mg/L）	1.90～3.89	2.77±0.44
UV_{254}（1/cm）	0.030～0.074	0.046±0.010
NH_3-N（mg/L）	0.09～1.60	0.74±0.48

2. 实验装置

MBR 处理低温期松花江沉后水的实验是在哈尔滨市某水厂内进行的。处理系统的流程示意图如图 5-99 所示。

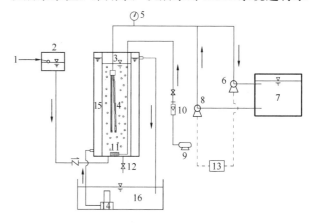

图 5-100　MBR 处理松花江沉后水的装置示意图
1—分配水箱出水；2—恒位水箱；3—反应器；4—膜组件；5—真空表；6—抽吸泵；7—产水箱；8—反冲洗泵；9—气泵；10—气体流量计；11—空气扩散器；12—排泥阀；13—时间继电器；14—水浴循环水泵；15—水浴；16—沉淀池出水或热水（根据需要选定）

浴控温；同时为了考察水温对 MBR 中氨氧化菌群的影响，对部分反应器进行了水浴升温控制。

3. 实验方法

5 套 MBR 被用于本阶段的实验研究，各反应器的有效容积均为 1.2L，反应器中的膜组件为 PVDF 材质，有效面积为 $0.12m^2$，孔径为 $0.01\mu m$。

整个实验期间，各套 MBR 的抽吸膜滤通量和反冲洗通量分别为 $15L/(m^2 \cdot h)$ 和 $50L/(m^2 \cdot h)$，抽吸和反冲洗时间分别为 10min 和 30s。空气泵的曝气量为 60L/h，相当于单位反应器底面积的曝气强度为 $25m^3/(m^2 \cdot h)$。实验期间，除了对反应器中的污泥混合液进行取样测试外，未向系统外排放污泥混合液。各 MBR 系统的运行方式如下：

1 号 MBR 系统：于 2012 年 8 月 15 日启动运行，启动时向反应器中加入 2g/L 江河底泥，但不投加 PAC，记为 MBR（PAC-0）。之后连续运行至 12 月 28 日，取出膜组件进行膜污染特性表征；更换新的膜组件后继续运行至 2013 年 4 月 13 日。整个运行期间采用水厂沉淀池出水进行水浴控温。运行结束后取出 1 号 MBR 中的混合液进行氨氧化菌的群落结构分析，用以代表低温（1～2℃）条件下 MBR 处理松花江沉后水的氨氧化菌种群分布。

2 号 MBR 系统：于 2012 年 8 月 15 日启动运行，启动时向反应器中加入 2g/L 江河底泥，同时投加 20g/L PAC，连续运行至 12 月 28 日，运行期间平均间隔 20 天向反应器中一次性投加 5g PAC，这一阶段的 2 号 MBR 系统记为 MBR（PAC-20）。2012 年 12 月 29 日，将 2 号 MBR 和 3 号 MBR 中的混合液取出并完全混匀后，取一半体积的混合液放入 2 号 MBR 中，继续运行至 2013 年 3 月 4 日，期间仍然每隔 20 天向反应器中一次性投加 5g PAC，这一阶段的 2 号 MBR 系统记为 MBR（PAC）。2013 年 3 月 5 日，将 2 号 MBR 系统中的混合液完全排掉，接种来源于实验室的、已在 2～3℃ 水温下连续运行 4 个多月的 MBR（不含 PAC）中的污泥混合液（富含以污泥絮体为载体的微生物），继续运行至 4 月 13 日，这一阶段的运行记为 MBR（外源泥载）。整个运行期间采用水厂沉淀池出水进行水浴控温。运行结束后取出 2 号 MBR 中的混合液进行氨氧化菌的群落结构分析。

3 号 MBR 系统：于 2012 年 8 月 15 日启动运行，启动时向反应器中加入 2g/L 江河底泥，同时投加 50g/L PAC，连续运行至 12 月 28 日，运行期间平均间隔 20 天向反应器中一次性投加 10g PAC，这一阶段的 3 号 MBR 系统记为 MBR（PAC-50）。2012 年 12 月 29 日，将 2 号 MBR 和 3 号 MBR 中的混合液取出并完全混匀后，取一半体积的混合液放入 3 号 MBR 中，同时向 3 号 MBR 中加入来源于实验室的、已在 2～3℃ 水温下连续运行 2 个月的 MBR 和 MBR（PAC）中的等量混合接种液，运行至 2013 年 3 月 4 日，期间每隔 20 天向反应器中一次性投加 5g PAC，这一阶段的 3 号 MBR 系统记为 MBR（PAC＋混合污泥）。2013 年 3 月 5 日，将 3 号 MBR 中的混合液全部排掉，向 3 号 MBR 中加入来源于实验室的污泥混合液（与同期 2 号 MBR 中加入的污泥混合液同源且等量），同时向 3 号 MBR 中加入 50g/L PAC，继续运行至 4 月 13 日，这一阶段的 3 号 MBR 系统记为 MBR（PAC＋外源泥载）。整个运行期间采用水厂沉淀池出水进行水浴控温。

4 号 MBR 系统：于 2013 年 3 月 5 日启动运行。启动时向 MBR 中加入来源于实验室的、已在 2～3℃ 水温下连续运行 4 个多月的含高浓度 PAC 的 MBR 中的混合液（富含以粉末炭为载体的微生物，加入的混合液体积与同期 2 号 MBR 中加入的混合液体积相同），同时向 4 号 MBR 中加入 50g/L PAC，运行至 2013 年 4 月 13 日，这一阶段的 4 号 MBR 系统记为 MBR（PAC＋外源炭载）。整个运行期间采用水厂沉淀池出水进行水浴控温。

5 号 MBR 系统：于 2012 年 8 月 15 日启动运行，启动时向反应器中加入 2g/L 江河底泥。启动后至 10 月 10 日期间与其他反应器水温相同，10 月 11 日至 2013 年 2 月 28 日期间用热水浴将反应器中的水温控制在 16～20℃ 之间，并于 2013 年 2 月 28 日取出部分污泥混合液进行氨氧化菌的群落结构分析，用以代表常温条件下 MBR 处理松花江沉后水的氨氧化菌种群分布。2013 年 3 月 1 日至 4 月 13 日之间用热水浴将反应器中的水温控制在 8～10℃ 之间，并于 4 月 13 日取出部分污泥混合液表征其氨氧化菌的群落结构，用以代表 8～10℃ 条件下 MBR 处理松花江沉后水的氨氧化菌种群分布。

5.8.2 PAC投量对MBR除污染效能和微生物特性的影响

1. PAC投量对MBR除有机物效能的影响

实验期间，MBR（PAC-0）、MBR（PAC-20）和MBR（PAC-50）对沉后水中TOC和COD_{Mn}的去除情况分别如图5-101（a）和图5-101（b）所示。可以看出，含有高浓度PAC的MBR系统对水中有机物的去除效能明显高于不含PAC的MBR系统。

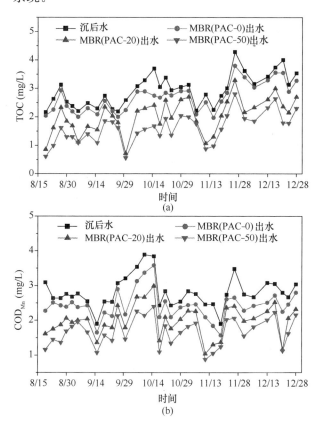

图5-101 PAC投量对MBR去除水中TOC和COD_{Mn}效能的影响

（a）PAC投量对MBR去除水中TOC效能的影响；
（b）PAC投量对MBR去除水中COD_{Mn}效能的影响

对于不含PAC的MBR系统来讲，其对水中TOC和COD_{Mn}的去除效能平均去除率分别为8.6%±4.4%和13.2%±6.7%。而含有高浓度PAC的MBR系统对水中TOC和COD_{Mn}的去除效能则波动较大，随着PAC的间歇加入，系统对水中有机物的去除效能明显上升；而随着PAC吸附容量的逐渐饱和，系统对水中有机物的去除效能则又逐渐降低。对于初始投加20g/L PAC、每日PAC平均投加量为5.8mg/L原水的MBR（PAC-20）来讲，

实验期间的TOC和COD_{Mn}去除率分别在10.6%～72.2%和13.9%～58.2%之间，平均去除率分别为30.9%±14.5%和29.4%±10.9%；而对于初始投加50g/L PAC、每日PAC平均投加量为11.6mg/L原水的MBR（PAC-50）来讲，实验期间的TOC和COD_{Mn}去除率分别在19.8%～78.4%和26.3%～64.2%之间，平均去除率分别为45.4%±13.9%和40.8%±10.4%。

不难看出，由于间歇投加PAC，且投加PAC的间隔时间较长，从而使得MBR（PAC-20）和MBR（PAC-50）出水中的TOC和COD_{Mn}波动较大，不利于获得优质稳定的出水。尽管如此，PAC投加量对MBR工艺去除水中有机物效能的影响是显而易见的。因此，采用MBR工艺处理有机物含量较高的微污染水时，连续投加PAC或者选择较短时间间隔间歇投加PAC，方能获得优质稳定的出水。

实验期间，MBR（PAC-0）、MBR（PAC-20）和MBR（PAC-50）对沉后水中UV_{254}的去除情况如图5-102所示。可以看出，PAC投加量对水中UV_{254}去除效能的影响很大。对于不含PAC的MBR系统，出水UV_{254}与沉后水中的UV_{254}非常接近，系统对水中UV_{254}的平均去除率仅为6.7%±4.3%。而对于初始向反应器中投加20g/L和50g/L PAC的MBR来讲，在启动运行后的前20d内，系统对水中UV_{254}的去除效能都呈现出逐渐下降的趋势，UV_{254}去除率分别由运行第4天时的62.5%和81.2%下降至第19天时的45.7%和62.9%。这表明，随着反应器中初始投加PAC的吸附容量被逐渐饱和，系统对水中溶解性有机物的去除效能会逐步降低，向反应器中补充投加PAC对于维持

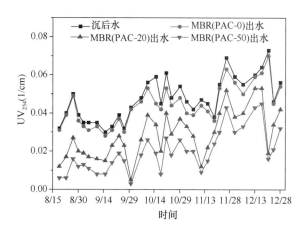

图5-102 PAC投量对MBR去除水中UV_{254}效能的影响

MBR 系统对水中 UV_{254} 的高效去除非常必要。自 9 月 5 日起，大约平均间隔 20d 向 MBR（PAC-20）和 MBR（PAC-50）中分别一次性投加 5g 和 10g PAC，对应于每升原水的 PAC 投加量约为 5.8mg 和 11.6mg。由于投加方式为间歇投加，因而系统对水中 UV_{254} 去除效能的波动较大，但 MBR（PAC-50）对 UV_{254} 的去除效能始终高于 MBR（PAC-20）。自 9 月 5 日至 12 月 28 日，MBR（PAC-20）和 MBR（PAC-50）对沉后水中 UV_{254} 的平均去除率分别为 38.8%±18.2% 和 57.5%±16.3%。应当指出，鉴于 MBR（PAC-20）和 MBR（PAC-50）对水中 UV_{254} 去除效能的巨大波动性，变间歇投加 PAC 为连续投加 PAC 更有利于保持 MBR 系统对水中 UV_{254} 去除效能的稳定性。

2. PAC 投量对 MBR 除 NH_3-N 和 BDOC 效能的影响

实验期间，MBR（PAC-0）、MBR（PAC-20）和 MBR（PAC-50）对沉后水中 NH_3-N 的去除情况如图 5-103 所示。可以看出，松花江水体中的 NH_3-N 含量具有较大的季节性差异。在冬季水温降低至 2℃ 以下（11 月 19 日）之前，沉后水中的 NH_3-N 含量一直处于较低的浓度水平，平均仅为 0.26±0.15mg/L。之后，沉后水中的 NH_3-N 含量逐渐升高至 1.0mg/L 以上。由于混凝沉淀对水中 NH_3-N 几乎没有去除作用，因而沉后水中的 NH_3-N 含量可近似表征原水中的 NH_3-N 含量。松花江水体中 NH_3-N 含量的这种变化趋势可以从两个方面加以解释：一是冬季水温降低至 2℃ 以下

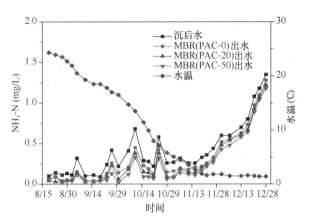

图 5-103　PAC 投量对 MBR 去除水中 NH_3-N 效能的影响

时，原水中含有的氨氧化菌的活性大幅下降，对水中 NH_3-N 的自净作用几乎完全丧失；二是松花江水体的冬季水流量大幅下降，而松花江沿岸排入水体的污染物含量却并未相应下降，这在客观上导致了水中 NH_3-N 等污染物含量的升高。

松花江水体 NH_3-N 含量和水温的季节性差异给 MBR 除 NH_3-N 效能带来了严重影响。如图 5-103 所示，MBR（PAC-0）、MBR（PAC-20）和 MBR（PAC-50）对水中 NH_3-N 的去除效能均较差，而且受水温的影响很大。根据实验期间的水温变化情况，将三套 MBR 启动后 1 个月至 12 月 28 日的运行划分为三个阶段，对各阶段的 NH_3-N 去除效能进行分别计算，见表 5-14。可以看出，三套 MBR 系统对水中 NH_3-N 的去除效能都不高，分析其主要原因如下：

三套 MBR 对水中 NH_3-N 的平均去除效能　　表 5-14

水温	MBR（PAC-0）		MBR（PAC-20）		MBR（PAC-50）	
	去除量(mg/L)	去除率(%)	去除量(mg/L)	去除率(%)	去除量(mg/L)	去除率(%)
>10℃	0.14±0.07	37.3±9.9	0.20±0.06	54.8±11.2	0.25±0.07	71.7±13.0
2～10℃	0.10±0.03	34.3±8.9	0.15±0.03	50.2±11.6	0.18±0.04	62.0±10.5
<2℃	0.08±0.02	14.7±10.1	0.12±0.03	19.6±10.9	0.15±0.02	25.4±12.6

（1）相对来讲，水温大于 15℃ 时，较有利于 MBR 中氨氧化菌的增殖。然而在这一阶段，沉后水中的 NH_3-N 平均浓度仅为 0.17±0.11mg/L，沉后水中的低浓度 NH_3-N 难以使 MBR 在水温适宜期繁殖出数量较多的氨氧化菌。

（2）当水温下降至 2℃ 以下之前，水中的 NH_3-N 含量依然很低，系统中的氨氧化菌难以利

用水中 NH_3-N 进行大量增殖；同时，水温下降使得 MBR 中已有的氨氧化菌的活性大幅降低，对 NH_3-N 的降解速率显著减慢；此外，由于水温下降的速率较快，MBR 中也难以繁殖和累积出适应于低温环境的可降解水中 NH_3-N 的氨氧化菌。

（3）当水温下降至 2℃ 以下之后，尽管水中的 NH_3-N 含量显著上升，但由于系统中缺乏足够数

量的氨氧化菌，加上低温使得已有氨氧化菌的活性严重降低，氨氧化菌对水中 NH_3-N 的降解作用非常微弱。同时，低温使得氨氧化菌的生长与繁殖受到严重抑制，尽管此时水中已有足够的 NH_3-N，但 MBR 中已有的氨氧化菌难以大量繁殖；此外，混凝沉淀使得原水中含有的氨氧化菌的数量大幅下降，MBR 难以依靠膜的截留作用使得系统中的氨氧化菌数量大幅上升。因此，在水温低于 2℃ 以下长达一个多月的运行中，随着运行时间的延长，三套 MBR 对水中 NH_3-N 的去除效能几乎未得到任何提升。

基于上述分析可以推测，通过工艺措施使得 MBR 在水温适宜条件下累积和繁殖出足够数量的氨氧化菌，或是在低温期向 MBR 中投加富含氨氧化菌且适应低温环境的污泥混合液，理论上应该能够提高 MBR 系统对 NH_3-N 的去除效能。

实验期间，三套 MBR 对水中 BDOC 的去除情况如图 5-104 所示。可以看出，投加 PAC 对 MBR 去除水中 BDOC 有一定程度的影响。

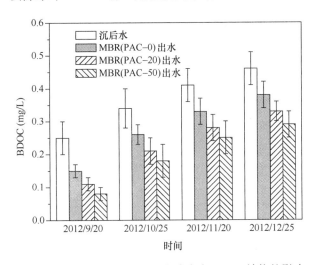

图 5-104　PAC 投量对 MBR 去除水中 BDOC 效能的影响

实验期间，随着水温的逐渐下降，沉后水中的 BDOC 含量逐渐升高，而三套 MBR 对水中 BDOC 的去除效能则逐渐下降，MBR（PAC-0）、MBR（PAC-20）和 MBR（PAC-50）对沉后水中 BDOC 的去除率分别由 9 月 25 日时的 40.0%、56.0% 和 68.0% 下降至 12 月 28 日时的 17.4%、28.3% 和 37.0%。分析其原因认为，实验期间松花江水温急剧降低，水体微生物对水中污染物的自净作用减弱，因而使得水中有机物的可生物降解部分比例升高，从而使得沉后水中的 BDOC 含量有所升高；

水温降低后，MBR 中微生物对水中 BDOC 的代谢降解作用减弱，因此，MBR 对水中 BDOC 的去除效能减弱。但是从图 5-104 仍可以看出，投加 PAC 对 MBR 去除水中 BDOC 效能的提升作用比较明显。

田家宇等人研究指出，BDOC 在 MBR 工艺中的去除机理主要归因于异养微生物的代谢降解作用，因此，投加 PAC 使 MBR 工艺对水中 BDOC 的去除效能得以提升的根本原因在于投加 PAC 使得 MBR 中的异养微生物数量或是活性有所提高。

3. PAC 投量对 MBR 中微生物特性的影响

实验期间，为了尽可能降低污泥取样对 MBR 中微生物的减量效应，仅在水温尚未明显下降之前和阶段实验结束时测试了三套 MBR 中异养微生物活性，结果如图 5-105 所示。

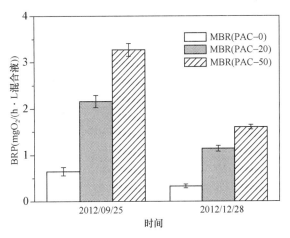

图 5-105　PAC 投量对 MBR 中异养微生物活性的影响
注：9 月 25 日测试时培养温度为 25℃；12 月 28 日测试时培养温度为 4.5℃

从图 5-105 可以看出，相对于未投加 PAC 的 MBR 来讲，含有高浓度 PAC 的 MBR 内的单位体积混合液的异养微生物活性显著提高。9 月 25 日测试时，MBR（PAC-20）和 MBR（PAC-50）中的 BRP 分别为 MBR（PAC-0）中 BRP 的 3.3 倍和 5.0 倍；12 月 28 日测试时，MBR（PAC-20）和 MBR（PAC-50）中的 BRP 则分别为 MBR（PAC-0）中 BRP 的 3.5 倍和 4.8 倍。分析认为，投加 PAC 能提高 MBR 内单位体积混合液中的异养微生物活性的原因可能是投加 PAC 后，水中的溶解性有机物被大量吸附在 PAC 表面和孔隙中，而不含 PAC 的 MBR 中，这部分有机物则随出水流走。MBR 内，污泥絮体和 PAC 颗粒是异养微生物的生长载体，附着在 PAC 表面的异养微生物可利用吸附在 PAC 上的有机物进行代谢，从而有利于微生物生长和活性的保持；而污泥絮体吸附有机物的性能较差，附着在其上的异养微生物没有足够的营养可供利用，活性较低。

其次，是投加 PAC 后，混合液中的悬浮性颗粒物增多，为微生物生长提供了更多的载体。不仅如此，投加 PAC 还有可能会改变污泥絮体在主体混合液和膜组件上的分布规律。为此，笔者于该阶段实验结束后（12 月 28 日）测试了三套 MBR 中主体混合液与膜表面滤饼洗脱液的污泥浓度，结果见表 5-15。

三套 MBR 内主体混合液与膜表面滤饼洗
脱液污泥浓度 表 5-15

指标	MBR（PAC-0）	MBR（PAC-20）	MBR（PAC-50）
混合液污泥浓度 MLSS（g/L）	0.61 ± 0.08	6.48 ± 0.07	14.63 ± 0.06
膜表面滤饼洗脱液污泥浓度 MLSS（g/L）	7.66 ± 0.35	29.65 ± 0.34	55.89 ± 0.23

可以看出，投加 PAC 使得 MBR 混合液及滤饼洗脱液的污泥浓度均大幅增加，但 MBR（PAC-0）、MBR（PAC-20）和 MBR（PAC-50）中膜表面滤饼洗脱液的污泥质量与混合液中污泥质量的比值分别为 12.6、4.6 和 3.8，这就意味着未投加 PAC 的 MBR 中的污泥絮体更易于迁移至膜表面形成滤饼。如果假定微生物在污泥絮体上的附着是均匀的，这就意味着未投加 PAC 的 MBR 中的微生物更易于累积在膜表面滤饼层中，从而使单位体积的主体混合液内的异养微生物数量降低。

基于上述原因，可以认为，投加 PAC 将会使 MBR 中单位体积混合液的异养微生物活性大幅提高，从而使 MBR 对水中 BDOC 的去除效能得以提升。

同时从图 5-105 还可以看出，12 月 28 日测试 BRP 所得结果明显低于 9 月 25 日所测结果，由于两次测试时培养温度均与 MBR 中的实际水温较为接近，因而可以认为，水温下降使得三套 MBR 中单位体积混合液内的异养微生物活性均大幅降低。此外，笔者还于 12 月 28 日对三套 MBR 中的混合液进行了取样，并测试了混合液在 25℃下培养时的 BRP。结果显示，MBR（PAC-0）、MBR（PAC-20）和 MBR

（PAC-50）中的 BRP 依次为 $0.33\pm0.04\text{mgO}_2/（\text{h}\cdot\text{L}$ 混合液）、$1.14\pm0.10\text{mgO}_2/（\text{h}\cdot\text{L}$ 混合液）、$1.60\pm0.06\text{mgO}_2/（\text{h}\cdot\text{L}$ 混合液），均低于三套 MBR 在 9 月 25 日时的 BRP 测试值。如果忽略异养微生物种类可能存在的差异，并假定单位体积混合液内的异养微生物代谢活性仅与异养微生物数量和温度有关，那么上述现象可在一定程度上说明：低温条件下，MBR 中的异养微生物数量并不比常温条件下少，但是单位数量的异养微生物的活性则会明显下降。

实验期间，三套 MBR 中的氨氧化菌活性如图 5-106 所示。可以看出，向 MBR 中投加高浓度 PAC 在一定程度上提高了 MBR 内单位体积混合液中的氨氧化菌活性，而且随着 PAC 投量的增多，投加 PAC 对单位体积混合液中的氨氧化菌活性的提升作用更加明显。前面的分析中已经指出，投加 PAC 后，MBR 内主体混合液中的污泥浓度及其所占体系中污泥总量的比例均大幅升高，这不仅使得含有高浓度 PAC 的 MBR 系统能为氨氧化菌提供更多的生长载体，也使得含有高浓度 PAC 的 MBR 中的氨氧化菌更易于随载体保持在主体混合液中，因而使得单位体积主体混合液中的氨氧化菌数量增多，进而使得单位体积混合液对氨氮的降解利用速率有所升高。

同时，从图 5-106 还可以看出，冬季水温下降后，三套 MBR 内单位体积混合液中的氨氧化菌活性均严重下降，因而使得系统对进水 $NH_3\text{-N}$ 的去除效能严重减弱。此外，笔者于 12 月 28 日取样并

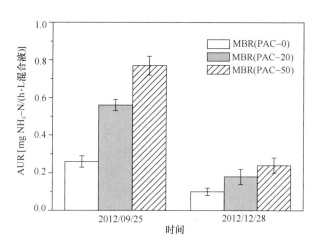

图 5-106 PAC 投量对 MBR 中氨氧化菌活性的影响

注：9 月 25 日测试时培养温度为 25℃；12 月 28 日测试时培养温度为 4.5℃。

测试了三套 MBR 内单位体积混合液在 25℃下培养时的 AUR，结果显示，三套 MBR 内的 AUR 分别为 0.11 ± 0.02mg NH$_3$-N/(h·L 混合液)、0.19 ± 0.01mg NH$_3$-N/(h·L 混合液)和 0.25 ± 0.04mg NH$_3$-N/(h·L 混合液)。这表明，即使在极端低温条件下，MBR 内仍会存在一定数量的氨氧化菌，但极端低温条件将会使其对 NH$_3$-N 的降解活性受到严重抑制。

5.8.3　PAC 投量对 MBR 膜污染特性的影响

实验期间，水温变化及三套 MBR 内的 TMP 变化如图 5-107 所示。

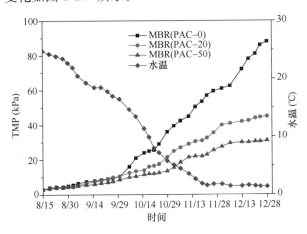

图 5-107　水温及三套 MBR 的 TMP 变化

可以看出，实验期间水温下降明显，由 8 月 15 日启动运行时的 24.8℃逐渐降低至 1.5℃左右。水温下降会导致水的黏度增大，从而导致 MBR 的 TMP 增长速率加快。同时，TMP 的增长还与膜污染相关。从图中可明显看出，不投加 PAC 的 MBR 中的 TMP 增长最快；随着 PAC 投量的增大，TMP 增长速率逐渐趋于缓慢。由于水的黏度对三套 MBR 中 TMP 的影响相同，因而三套 MBR 中 TMP 增长趋势的差异是由 MBR 中膜污染的差异所引起的。因此可认为，向 MBR 中投加 PAC 可有效减缓 MBR 的膜污染，且随着 PAC 投量的增加，投加 PAC 对 MBR 中膜污染的缓解作用更加明显。

一般认为，膜污染由滤饼层污染、膜孔堵塞与吸附污染共同组成。实验测得三套 MBR 的膜本身固有阻力、运行终点时膜表面滤饼层所产生的阻力及运行终点时膜孔堵塞及吸附所产生的阻力如图 5-108所示。

可以看出，MBR(PAC-0)中的总阻力远大于

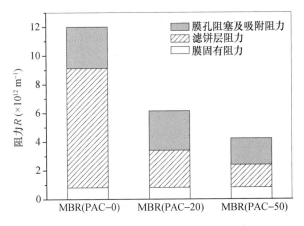

图 5-108　膜污染阻力分布图

其他 MBR，说明不投加 PAC 的 MBR 的膜污染最为严重。同时可以发现，MBR(PAC-0)中滤饼层阻力占总阻力的比例较大，为 69.3%，滤饼层阻力的绝对数值高达 8.32×10^{12}/m。MBR(PAC-20)中，滤饼层阻力降低至 2.59×10^{12}/m，而 MBR(PAC-50)中的滤饼层阻力则进一步降低至 1.57×10^{12}/m。这表明，向 MBR 中投加 PAC 能显著减轻滤饼层所造成的膜污染。此外，MBR(PAC-0)、MBR(PAC-20)和 MBR(PAC-50)中的膜孔堵塞及吸附阻力分别为 2.87×10^{12}/m、2.74×10^{12}/m 和 1.85×10^{12}/m。这表明，向 MBR 中投加 PAC 也在一定程度上减轻了膜孔堵塞及吸附污染，但是相对来讲，投加 PAC 对膜孔堵塞及吸附污染的改善作用不如对滤饼层污染的改善作用明显。

总体来看，向 MBR 中投加 PAC 能够同时改善膜表面滤饼层污染和膜孔堵塞及吸附污染，从而减缓运行过程中 TMP 的增长；且随着 PAC 投量的增大，投加 PAC 对膜污染的缓解作用更加明显。

5.8.4　PAC 投量对 MBR 膜表面及内部有机物污染特性的影响

三套 MBR 中，混合液及膜表面滤饼洗脱液的污泥浓度、DOM 与 EOM 含量与膜内部有机污染物含量见表 5-16。

混合液、膜表面滤饼洗脱液污泥浓度、DOM 与 EOM 含量与膜内部有机污染物含量　表 5-16

指标	MBR (PAC-0)	MBR (PAC-20)	MBR (PAC-50)
混合液污泥浓度 MLSS (g/L)	0.61 ± 0.08	6.48 ± 0.07	14.63 ± 0.06

续表

指标	MBR（PAC-0）	MBR（PAC-20）	MBR（PAC-50）
混合液 DOM（mg TOC/L）	3.86	3.41	2.86
混合液 EOM（mg TOC/g SS）	0.86	0.89	0.73
膜表面滤饼洗脱液污泥浓度 MLSS(g/L)	7.66±0.35	29.65±0.34	55.89±0.23
膜表面滤饼洗脱液 DOM（mg TOC/L）	3.41	4.37	4.65
膜表面滤饼洗脱液 EOM（mg TOC/g SS）	0.70	0.48	0.29
膜内部有机污染物（mg TOC/L）	1.61	1.21	0.91

从表 5-16 可以看出，对于 MBR 中的混合液来讲，DOM 含量随 PAC 投量增大而减小，EOM 含量亦随着 PAC 投量增大而略有降低。分析认为，混合液中 DOM 含量随 PAC 投量增大而减小是由于 PAC 的吸附作用使得混合液中的溶解性有机物被吸附和富集了 PAC 表面和孔隙之中，从而使溶解在水相之中的有机物浓度有所降低。而对于混合液中污泥的 EOM 来讲，其主要反映的是污泥絮体上附着性有机物的含量。MBR（PAC-20）和 MBR（PAC-50）中，PAC 颗粒吸附和附着了大量有机物，因而可认为其单位质量 SS 上吸附和附着的有机物含量高于 MBR（PAC-0）中单位质量 SS 上吸附和附着的有机物含量。但是，PAC 颗粒上吸附和附着的有机物可能更多是被吸附在 PAC 颗粒的中孔和微孔内，提取 EOM 时这部分有机物并不会被完全释放出来，因而使得 MBR（PAC-20）和 MBR（PAC-50）中单位质量 SS 上的 EOM 含量并不比 MBR（PAC-0）高，反而是 MBR（PAC-50）中单位质量 SS 上的 EOM 含量最低。然而，由于 MBR（PAC-20）和 MBR（PAC-50）混合液中的 SS 含量显著高于 MBR（PAC-0），因此，从 MBR（PAC-20）和 MBR（PAC-50）混合液中提取出来的 EOM 总量显著高于 MBR（PAC-0），且在 MBR（PAC-50）中最高。

而对于膜表面滤饼洗脱液来讲，DOM 和 EOM 含量均反映的是附着和吸附在膜表面滤饼中的有机物含量，其中，DOM 反映的是滤饼层中与

污泥吸附作用较弱且易于脱附到水中的有机物含量；而 EOM 反映的是滤饼层中与污泥吸附作用相对较强，需要依靠其他作用才能使其脱附到水中的有机物含量。从表 5-16 可以看出，尽管 MBR（PAC-0）、MBR（PAC-20）和 MBR（PAC-50）中滤饼层洗脱液的 DOM 含量依次升高，但折算到单位质量滤饼层上的含量则依次降低，分别为 0.45mg TOC/g SS、0.15mg TOC/g SS 和 0.08mg TOC/g SS。而对于滤饼层洗脱液中单位质量 SS 的 EOM 来讲，MBR（PAC-0）、MBR（PAC-20）和 MBR（PAC-50）也依次显著降低，分别为 0.70mg TOC/g SS、0.48mg TOC/g SS 和 0.29mgTOC/g SS。如果将单位质量滤饼层的 DOM 和 EOM 含量相加，则可反映出单位质量滤饼中的有机物总量。MBR（PAC-0）、MBR（PAC-20）和 MBR（PAC-50）中，单位质量滤饼层的 DOM 和 EOM 含量加和值分别为 1.15mg TOC/g SS、0.63mg TOC/g SS 和 0.37mg TOC/g SS。由于膜表面滤饼层是由混合液中的污泥絮体在膜表面沉积所形成的，因而可认为滤饼层污泥与生物絮体具有一定的相似性，这就意味着，单位质量滤饼污泥上附着的有机物含量越高，滤饼层污泥就越容易相互凝聚，进而形成密实的滤饼层，增大过滤阻力。但也应该注意到，由于高浓度 PAC 的投加，从膜表面滤饼层中提取出来的 EOM 总量显著增加。同时，投加 PAC 使得沉积在膜表面的滤饼层质量显著增加，如果不加以控制，这有可能会对膜组件的使用寿命产生影响。

对比表 5-16 中的混合液 EOM 含量与滤饼洗脱液 EOM 含量可以发现，滤饼层中单位质量污泥的 EOM 含量低于混合液中单位质量污泥的 EOM 含量，尤其是在含有高浓度 PAC 的 MBR 中，这种差异更加明显。污水处理中，污泥中的 EOM 主要是由微生物分泌物组成，因而单位质量污泥的 EOM 含量可在一定程度上反映出单位质量污泥中微生物的数量和活性。而在饮用水 MBR 中，尚无法证实污泥中的 EOM 是否主要由微生物分泌物组成，但作为类比，仍可认为饮用水 MBR 内污泥中的 EOM 与微生物分泌物有一定关系。因此，从滤饼层污泥中单位质量污泥的 EOM 低于混合液中单位质量污泥的 EOM 来看，混合液中的污泥沉积在膜表面形成滤饼层后，污泥中所含有的微生物数量和活性均会逐渐下降。

对于膜内部有机污染物来讲，其含量随 PAC 投量的增加而明显减少。膜内部污染物的主要来源是堵塞膜孔及吸附在膜表面与孔内的有机物。由于混合液中 PAC 的吸附作用，混合液中的 DOM 含量下降，进入膜孔和吸附在膜表面的有机物也因此减少。

三套 MBR 中，混合液 DOM 及 EOM 的三维荧光光谱图如图 5-109 所示。从 DOM 及 EOM 样品中一共检测出了 A、C、T_1、T_2、B 和 D 六个峰。其中 A 峰和 C 峰代表了腐殖酸类物质；蛋白质类物质荧光团则包括类色氨酸物质（T 峰）和类酪氨酸物质（B 峰）。而 D 峰对应的位置属于可溶性微生物产物一类的物质。

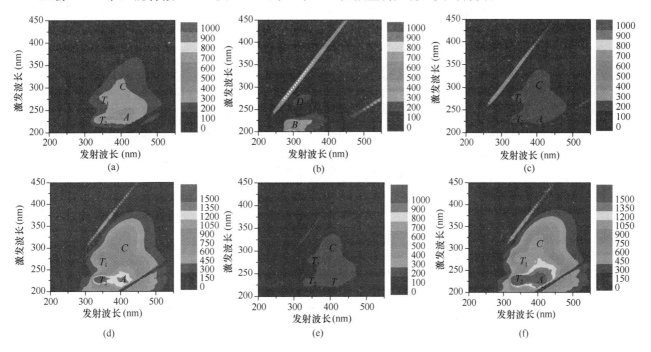

图 5-109　三套 MBR 中混合液 DOM 及 EOM 的三维荧光光谱图
(a) MBR（PAC-0）混合液 DOM；(b) MBR（PAC-0）混合液 EOM；(c) MBR（PAC-20）混合液 DOM；
(d) MBR（PAC-20）混合液 EOM；(e) MBR（PAC-50）混合液 DOM；(f) MBR（PAC-50）混合液 EOM

由图 5-109 可以看出，随着 PAC 投量的增加，DOM 中的峰强度逐渐减小，而 EOM 中的峰强度则显著增大。这一现象与混合液中 DOM 含量与 EOM 总量随 PAC 投量的变化趋势一致。其原因如上所述，由于 PAC 的投加，混合液中的有机物被更多地吸附在了 PAC 上，因而使得混合液 DOM 中能被荧光所检测到的各种物质的峰强度有所减弱；而提取 EOM 时，吸附在 PAC 上的有机物被部分释放到水相之中，进而使得 EOM 总量显著升高，EOM 中能被荧光所检测到的各种物质的峰强度进而升高。

此外，由图 5-109 还可以看出，仅在不投加 PAC 的 MBR 的混合液 EOM 中存在 B 峰和 D 峰，而其他两个反应器的 EOM 中则不含 B 峰和 D 峰。这一现象的具体原因尚不清楚，可能的原因是：B 峰和 D 峰所对应的物质吸附在微生物细胞上，因而在混合液 DOM 中含量很少；热提取能使其从微生物细胞上脱附并转移至水相中，但在提取 MBR（PAC-20）和 MBR（PAC-50）中的 EOM 时，从微生物细胞上脱附的 B 峰和 D 峰物质又被 PAC 所吸附。因此，B 峰和 D 峰物质仅在 MBR（PAC-0）的混合液 EOM 中被明显检出。

三套 MBR 中滤饼洗脱液的 DOM 及 EOM 的三维荧光光谱图如图 5-110 所示。可以看出，随着 PAC 投量的增大，DOM 中各物质的峰强度略有增加，但差异不大。然而，MBR（PAC-20）和 MBR（PAC-50）内滤饼洗脱液的 EOM 中的各物质的峰强度均显著高于 MBR（PAC-0），这与 MBR（PAC-20）和 MBR（PAC-50）内滤饼层洗脱液的 EOM 总量显著高于 MBR（PAC-0）是一致的。此外，B 峰和 D 峰仍然只在 MBR（PAC-0）的滤饼洗脱液的 EOM 中被检出。

对比图 5-109 和图 5-110，并结合表 5-16 的数据分析可以发现，三套 MBR 中，由于膜表面滤饼

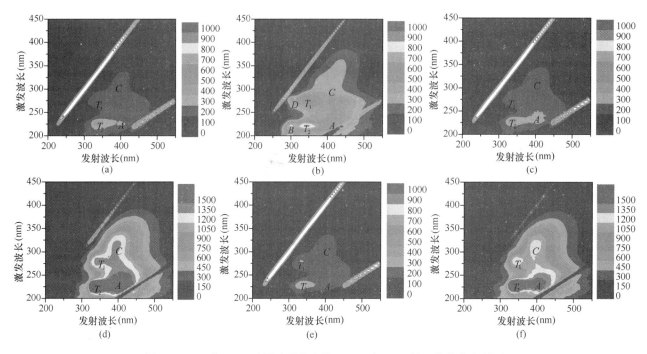

图 5-110 三套 MBR 滤饼洗脱液中的 DOM 及 EOM 的三维荧光光谱图
（a）MBR（PAC-0）滤饼洗脱液 DOM；（b）MBR（PAC-0）滤饼洗脱液 EOM；（c）MBR（PAC-20）滤饼洗脱液 DOM；
（d）MBR（PAC-20）滤饼洗脱液 EOM；（e）MBR（PAC-50）滤饼洗脱液 DOM；（f）MBR（PAC-50）滤饼洗脱液 EOM

洗脱液中的污泥质量均显著高于主体混合液内的污泥质量，因而从膜表面滤饼洗脱液中提取出来的 DOM 含量和 EOM 总量均显著高于主体混合液中的 DOM 含量和 EOM 总量，进而使得滤饼洗脱液 DOM 和 EOM 中各物质的峰强度均高于主体混合液。

三套 MBR 中膜的内部污染物的三维荧光光谱图如图 5-111 所示。随着 PAC 投量的增大，各峰强度逐渐减小。MBR（PAC-50）中，仅有 A 峰和 T_2 峰，且峰强度均很低，表明膜内部有机污染物含量非常之低，这与 MBR（PAC-50）中膜内部污染物 TOC 含量小、膜孔堵塞及吸附阻力低是一致的。这表明，向 MBR 中投加高浓度 PAC 能够显著减轻膜孔堵塞及吸附污染，其原因在于 PAC 的高效吸附作用使得进入膜孔内的有机物含量显著降低。

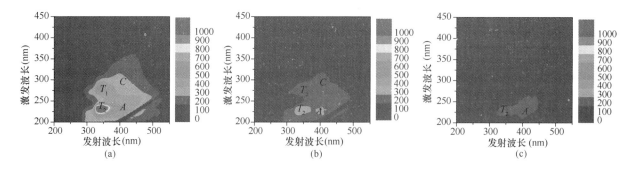

图 5-111 三套 MBR 中膜内部有机污染物的三维荧光光谱图
（a）MBR（PAC-0）；（b）MBR（PAC-20）；（c）MBR（PAC-50）

5.8.5 外源接种和投加高浓度 PAC 联合强化 MBR 去除水中氨氮

由前所述可知，MBR 中缺乏足够数量的适应低温环境的氨氧化菌是造成低温期 MBR 去除水中 NH_3-N 效能低下的根本原因。因此，向 MBR 中投加适应低温环境的氨氧化菌能有效提高 MBR 在低温条件下的除 NH_3-N 效能。

1. 投加外源微生物强化 MBR 去除水中氨氮

2012 年 12 月 29 日至 2013 年 3 月 4 日，进行

了投加外源微生物强化 MBR 去除水中 NH₃-N 的实验研究。所投加的外源微生物为来源于实验室的以污泥絮体为载体和以 PAC 为载体的混合污泥。实验期间各反应器中的水温在 1.4～1.8℃ 之间。实验期间各系统对水中 NH₃-N 的去除效能如图 5-112 所示。

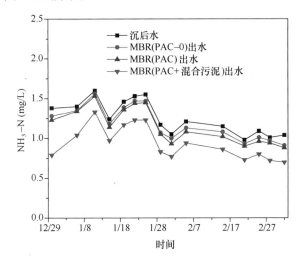

图 5-112　投加外源微生物对 MBR 去除水中
NH₃-N 效能的影响

从图 5-112 可以看出，未投加外源微生物的 MBR（PAC-0）和 MBR（PAC）对水中 NH₃-N 的去除效能均非常微弱，平均去除量分别仅为 0.07 ± 0.03mg/L 和 0.11 ± 0.03mg/L。而向 MBR（PAC）中投加外源微生物后，系统对水中 NH₃-N 的去除量很快由 0.15mg/L 上升至 0.59mg/L。但是，投加外源微生物所获得的 NH₃-N 去除效能并不稳定，系统对进水 NH₃-N 的绝对去除量很快由第 2 天时的 0.59mg/L 下降至第 9 天时的 0.36mg/L，之后系统对进水 NH₃-N 的去除效能趋于稳定。自系统对进水 NH₃-N 去除效能稳定后至该阶段实验结束之前，MBR（PAC＋混合污泥）对进水 NH₃-N 的平均去除量为 0.32 ± 0.08mg/L，高于同期 MBR（PAC-0）和 MBR（PAC）对进水 NH₃-N 的去除效能。这表明，向 MBR 中投加适应低温环境的外源微生物能起到提高 MBR 系统除 NH₃-N 效能的作用。

进一步地，笔者对 MBR（PAC）和 MBR（PAC＋混合污泥）中的混合液在这一阶段始末的氨氧化菌活性进行了测试，结果如图 5-113 所示。

可以看出，投加外源微生物后，MBR（PAC）内单位体积混合液中的 AUR 由 0.21 ± 0.05mg

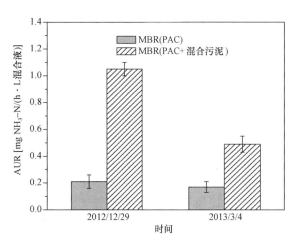

图 5-113　投加外源微生物对 MBR（PAC）
中氨氧化菌活性的影响

NH₃-N/（h·L 混合液）上升至 1.05 ± 0.05mg NH₃-N/（h·L 混合液），这表明投加外源微生物对 MBR（PAC）内单位体积混合液中氨氧化菌数量的增加作用明显，从而使得单位体积混合液表现出更高的氨氮降解速率。但是从图 5-113 还可以看出，阶段实验结束时，MBR（PAC＋混合污泥）中单位体积混合液的 AUR 下降至 0.49 ± 0.06mg NH₃-N/（h·L 混合液），下降幅度较大，但仍明显高于未投加外源微生物的 MBR（PAC）中的 AUR 值。这表明，向低温下运行的 MBR（PAC）中投加外源微生物后，难以使其单位体积混合液中的氨氧化菌的数量和活性保持在初始投加时的状态。究其原因，可认为是由于 MBR 中的抽吸过滤作用使得混合液中的氨氧化菌的载体不断向膜表面和膜丝之间的间隙中富集，从而使得主体混合液中的氨氧化菌数量大幅下降。但是，由于间歇反冲洗的水力剪切作用，及膜滤对进水中所含微生物的截留作用，主体混合液中的氨氧化菌数量又会得到一定的恢复。最终，氨氧化菌在混合液和膜组件内的分布会达到平衡，主体混合液中的氨氧化菌数量趋于稳定，从而仍保持一定的 NH₃-N 降解效能。

应当指出，对于这一阶段运行的 MBR（PAC）和 MBR（PAC＋混合污泥）来讲，初始运行时，二者混合液中的 PAC 均来源于前一阶段运行的 MBR（PAC-20）和 MBR（PAC-50）的混合液和膜表面洗脱液，PAC 吸附容量已趋于饱和。同时，来源于实验室的混合污泥中的 PAC 的吸附容量也趋于饱和。因此，存在于混合液中的 PAC 与具有较高吸附性能的 PAC 存在较大差异，其形态和性质可能更接近于一般性质的颗粒物。

总体来看，向低温下运行的 MBR 中投加长期在低温、高 NH_3-N 环境下生长的外源微生物能增多 MBR 中适应于低温环境的氨氧化菌的数量，从而使单位体积混合液对水中 NH_3-N 的降解速率得以提高，进而使得 MBR 系统对水中 NH_3-N 的去除效能得以提升。然而，如何使得投加外源微生物所获得的高效除 NH_3-N 效能得以长期保持仍值得深入探讨。

2. 同时投加外源微生物和高浓度 PAC 强化 MBR 去除水中氨氮

同时向 MBR 中投加高浓度 PAC 和外源微生物，既能有效增加混合液中的氨氧化菌数量，又能改变污泥（氨氧化菌载体）在混合液和膜组件上的分布规律，从而有利于保证系统中氨氮高效去除。因此，实验对比了投加外源微生物和同时投加高浓度 PAC 与外源微生物对水中 NH_3-N 去除效能的影响，实验方法见 5.8.1 节对 1 号、2 号、3 号和 4 号 MBR 在 3 月 5 日至 4 月 13 日这一阶段运行方式的描述，这一阶段各反应器中的水温均在 1.1～1.7℃之间。各 MBR 系统对水中 NH_3-N 的去除效能如图 5-114 所示。

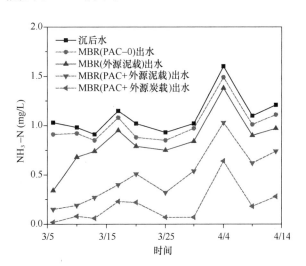

图 5-114　同时投加高浓度 PAC 和外源微生物对 MBR 去除水中 NH_3-N 效能的影响

从图 5-114 可以看出，未投加外源微生物的 MBR 对进水 NH_3-N 的去除效能非常微弱，平均去除量仅为 0.09 ± 0.05mg/L。向 MBR 中投加以污泥絮体为载体的外源微生物后，系统对进水 NH_3-N 的去除量达到 0.69mg/L；但这种去除效能并不稳定，NH_3-N 去除量迅速降低至第 9 天时

的 0.17mg/L；稳定后的 NH_3-N 平均去除量为 0.20 ± 0.03mg/L。向 MBR 中同时投加 50g/L PAC 和以污泥为载体的外源微生物后，系统对进水 NH_3-N 的去除量达到 0.88mg/L；之后，系统对进水 NH_3-N 的去除效能缓慢下降；第 16 天后，系统对进水 NH_3-N 的去除效能趋于稳定，稳定后 NH_3-N 平均去除量为 0.52 ± 0.06mg/L。而向 MBR 中投加 50g/L PAC 和以 PAC 为载体的外源微生物后，系统对进水 NH_3-N 的去除量达到 1.01mg/L；之后的运行过程中，系统对进水 NH_3-N 的去除量未见明显下降，均维持在 0.8mg/L 以上。

对 MBR（PAC-0）、MBR（外源泥载）、MBR（PAC＋外源泥载）和 MBR（PAC＋外源炭载）中的混合液进行取样并测试其在运行阶段始末的 AUR，结果如图 5-115 所示。

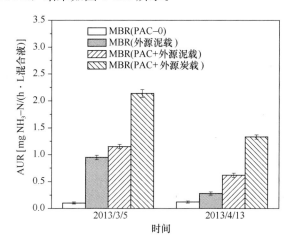

图 5-115　同时投加外源污泥和高浓度 PAC 对 MBR 中氨氧化菌活性的影响

从图 5-115 可以看出，3 月 5 日向 MBR 中投加外源微生物后，反应器内单位体积混合液中的氨氧化菌活性均大幅提高，但是各反应器内单位体积混合液中氨氧化菌活性的测定值则有一定差异。对于接种同源、等量污泥的 MBR（外源泥载）和 MBR（PAC＋外源泥载）来讲，AUR 初始测定值存在差异的原因是：取样时，MBR（外源泥载）内的污泥絮体已部分富集到膜组件上，从而使主体混合液中的氨氧化菌数量低于 MBR（PAC＋外源泥载）内主体混合液中氨氧化菌的数量。对于 MBR（PAC＋外源泥载）和 MBR（PAC＋外源炭载）来讲，AUR 初始测定值的差异则是由于所投加污泥本身差异所造成的。

从图 5-115 还可以看出，投加外源微生物后，随着运行时间的延长，反应器内单位体积混合液中的氨氧化菌活性均会下降。至运行末期，MBR（外源泥载）、MBR（PAC＋外源泥载）和 MBR（PAC＋外源炭载）内单位体积混合液中的氨氧化菌活性已分别降低至初始投加时的 29.5％、53.9％和 62.1％。结合图 5-114 可知，向 MBR 内投加外源微生物时，同时投加高浓度 PAC 可以使反应器内单位体积混合液中氨氧化菌活性的下降速率减缓，从而使系统具有更高的除 NH_3-N 效能。本质上讲，投加高浓度 PAC 使含有外源微生物的MBR 具有更高的除 NH_3-N 效能是由于高浓度PAC 减缓了反应器中微生物载体向膜组件上富集的速率和程度，分析其具体原因：

（1）向 MBR 中投加高浓度 PAC 后，PAC 的吸附作用及 PAC 颗粒由于曝气所产生的摩擦作用会改变原污泥絮体的结构，进而形成新的以 PAC 颗粒或 PAC 颗粒—污泥为载体的微生物絮体。新形成的这种微生物絮体的有机物含量较低，与膜的粘附作用较弱。

（2）MBR 中，污泥絮体在出水的抽吸作用下会向膜组件上迁移；而向 MBR 中投加高浓度 PAC 后，污泥絮体在向膜组件迁移的过程中会受到PAC 颗粒的阻碍，这就类似于澄清池中的悬浮性泥渣对水中絮体的拦截作用和接触絮凝作用，从而使污泥絮体与膜组件接触的概率大幅降低。

（3）向 MBR 中投加高浓度 PAC 后，PAC 颗粒会占据膜丝之间的部分间隙，从而使迁移到膜组件上的微生物絮体因缺少空位而返回至主体混合液中。同时，投加高浓度 PAC 后，MBR 中的悬浮固体总量大幅升高，而膜丝之间的间隙是相对恒定的，仅能容纳一定量的悬浮固体，这就使得保留在混合液中的悬浮固体量占反应器内悬浮固体总量的比例升高，也就使 MBR 中更高比例的活性微生物保留在了主体混合液中。

对比 MBR（PAC＋外源泥载）和 MBR（PAC＋外源炭载）的除 NH_3-N 效能和氨氧化菌活性可以发现，投加的外源污泥中的氨氧化菌的数量和活性对系统的除污染效能非常重要。投加至 MBR（PAC＋外源炭载）中的以 PAC 为载体的氨氧化菌的数量和活性较高，尽管长期运行会使得主体混合液中的氨氧化菌数量下降，但依然能使其维持在较高浓度，因而系统具有较好的 NH_3-N 去除效能。

5.8.6　MBR 处理松花江水的氨氧化菌群落结构

实验期间，取 5.8.1 节中所述的 5 号 MBR 在 16～20℃下稳定运行时的混合液、8～10℃下稳定运行时的混合液，并取 MBR（PAC-0）和 MBR（外源泥载）在 1～2℃下稳定运行时的混合液，分别记为 1 号、2 号、3 号和 4 号样品。对 4 个样品中的氨氧化菌进行 PCR-DGGE 分析，结果如图 5-116所示。

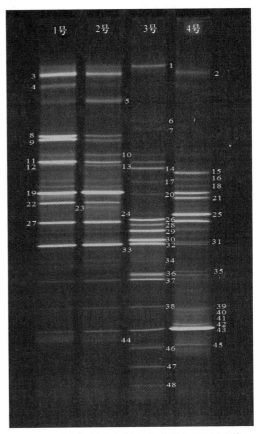

图 5-116　各样品中氨氧化菌的 DGGE 图谱

从图 5-116 可以看出，各样品中相对比较清晰的条带数均在 20 个以上，但是各样品中条带的位置和亮度存在较大差异。这表明，4 个样品中均含有多个不同种的氨氧化菌，但是各样品中氨氧化菌的种类和数量存在较大差异。由于 1 号、2 号和 3 号样品来源于不同温度下运行的 MBR，4 号样品中的污泥来源与其他样品不同，这就意味着水温和污泥来源对 MBR 中氨氧化菌的种类和相对数量具有重要影响。

直观上看，1 号和 2 号样品中条带的位置和亮度具有较高的一致性，但与其他两个样品在条带的位置和亮度上则有显著差异。4 个样品中氨氧化菌的种群相似性分析见表5-17。可以看出，相对于1号样品来看，2号样品与1号样品的相似度最高，4号样品次之，3号样品最低。由于2号样品是由1号样品所对应的MBR系统降温至8~10℃下稳定运行而来，因而二者所对应的氨氧化菌种类和数量仅受到水温的影响；同时，这一时期的水温变化幅度并不太大，从而使得二者具有较高的一致性。但结合图5-116来看，水温由16~20℃降低至8~10℃后，MBR混合液中的氨氧化菌的优势菌种仍发生了一定程度的改变。3号样品所对应的MBR（PAC-0）中，由于进水NH$_3$-N在水温降低至2℃以下之前均较低，因而未能在水温降低之前在系统内累积和繁殖出较高数量的氨氧化菌，从而使得存在于系统中的氨氧化菌受低温条件的影响程度更大，进而使得其与1号和2号样品中的氨氧化菌种群的相似性较低。4号样品所对应的MBR（外源泥载）中的混合液最初来源于实验室配水环境，尽管样品取样前MBR（外源泥载）已用于处理松花江沉后水长达一个多月，但污泥来源仍可认为是其与其他样品相似度较低的主要原因。

各样品中氨氧化菌种群的相似性系数　表5-17

相似性系数（%）	1号	2号	3号	4号
1号	100	87.5	40.0	48.9
2号	87.5	100	42.6	46.8
3号	40.0	42.6	100	22.7
4号	48.9	46.8	22.7	100

从图5-116中还可以看出，各样品中主要的氨氧化菌种类存在较大差异。对各样品中亮度相对较高的条带进行切胶测序，并在GenBank中进行序列比对，结果见表5-18。结合图5-116和表5-18来看，1号样品中，数量相对较多的氨氧化菌菌种是条带3、8、9、11、19、22、27、32所对应的菌种，这些菌种均属于β-变形菌纲中的亚硝化单胞菌属，优势菌种为条带3所对应的Nitrosomonas oligotropha。2号样品中，数量相对较多的氨氧化菌菌种是条带3、19、27、32所对应的菌种，这些菌种仍都属于β-变形菌纲中的亚硝化单胞菌属，优势菌种是条带19所对应的Uncultured Nitrosomonas sp. clone DSL_Nmon22。3号样品中，数量相对较多的氨氧化菌菌种是条带26、29、30、32、36所对应的菌种，然而从表5-18可以看出，条带26、29和30所对应的菌种均属于β-变形菌纲中的伯克氏菌目，尽管与亚硝化单胞菌目同属于一个亚纲，但并不能认为这些菌种是典型的氨氧化菌。因此，在3号样品中，数量相对较多的氨氧化菌菌种是条带32和36所对应的菌种，分别属于β-变形菌纲中的亚硝化单胞菌属和亚硝化螺菌属，其中的优势菌种是条带32所对应的Nitrosomonas aestuarii isolate Nm36。4号样品中，数量相对较多的氨氧化菌菌种是条带19、25、27、43所对应的菌种，其中条带19、25、27所对应的菌种均属于β-变形菌纲中的亚硝化单胞菌属，条带43所对应的菌种属于β-变形菌纲中的亚硝化螺菌属，为系统中的优势菌种，种名为Nitrosospira sp. isolate GM4。

部分条带的序列比对结果　　　　　　　　　　　　　　　　　　　　表5-18

条带编号	GenBank 比对结果				
	登记号	纲	属	菌种名	同源性
3	AF272422	β-变形菌纲	亚硝化单胞菌属	Nitrosomonas oligotropha	98%
8	AJ298736	β-变形菌纲	亚硝化单胞菌属	Nitrosomonas oligotropha isolate Nm45	98%
9	EU127377	β-变形菌纲	亚硝化单胞菌属	Uncultured Nitrosomonas sp. clone 168F3	100%
11	EF016119	β-变形菌纲	亚硝化单胞菌属	Nitrosomonas oligotropha isolate AS1	99%
19	JQ936542	β-变形菌纲	亚硝化单胞菌属	Uncultured Nitrosomonas sp. clone DSL_Nmon22	100%
22	CP002876	β-变形菌纲	亚硝化单胞菌属	Nitrosomonas sp. Is79A3	99%
25	FM997811	β-变形菌纲	亚硝化单胞菌属	Uncultured Nitrosomonas sp. clone LEQUIA_R0CTO52	97%
26	AJ846273	β-变形菌纲	紫色杆菌属	Janthinobacterium sp. HHS32	100%
27	EU849155	β-变形菌纲	亚硝化单胞菌属	Nitrosomonas sp. VKMM063	96%
29	FJ979861	β-变形菌纲	杜樨氏菌	Duganella sp. tsz33	99%
30	DQ640007	β-变形菌纲	紫色杆菌属	Janthinobacterium lividum	99%

续表

条带编号	GenBank 比对结果				
	登记号	纲	属	菌种名	同源性
32	AJ298734	β-变形菌纲	亚硝化单胞菌属	Nitrosomonas aestuarii isolate Nm36	97%
36	GU472576	β-变形菌纲	亚硝化螺菌属	uncultured Nitrosospira sp. clone Ni60A6	98%
43	X84659	β-变形菌纲	亚硝化螺菌属	Nitrosospira sp. isolate GM4	100%

对比1号样品和2号样品可发现，2号样品中条带3、8、9、11、22的亮度均严重减弱，样品中的优势菌种也发生明显变化。这表明，温度下降对MBR内各氨氧化菌菌种的绝对数量和相对数量均有影响，也就意味着，适应于低温条件的氨氧化菌菌种与适应于常温条件的氨氧化菌菌种存在一定差异，这可能是除了低温使细菌活性降低之外的又一个使MBR在低温条件下对NH_3-N去除效能下降的重要因素。

对比3号样品和4号样品可以发现，未经任何强化的MBR用于处理低温期松花江沉后水时，系统中的氨氧化菌菌种比较单一，且数量较少；向MBR中投加实验室中长期在低温、高氨氮环境下运行的MBR中的混合液后，MBR内的氨氧化菌的种类和数量均大幅增加，从而获得了相对较好的NH_3-N去除效能。

在低温河水中去除氨氮，是饮用水处理技术中的一项难题。用同时投加高浓度PAC和外源微生物强化MBR提高氨氮的去除率，无疑是一项在低温河水中去除氨氮的新技术。

5.9 粉末活性炭吸附控制超滤膜污染研究

5.9.1 实验材料、实验用水和实验系统

1. 粉末活性炭

本实验所用PAC为烟台通用活性炭厂和巩义市恒润水处理材料厂生产，物化特性结果在表5-21中详细列出。实验中PAC编号以其原料命名：椰壳活性炭（Coconut-based，PAC-CN）、煤质活性炭（Coal-based，PAC-C）、核桃壳活性炭（Walnut-based，PAC-WN）、木质活性炭（Wood-based，PAC-W），投加量为50mg/L，水样吸附时间为30min，吸附后采用微滤膜过滤掉PAC颗粒。

2. 实验用膜

（1）中空纤维超滤膜。采用亲水性聚偏氟乙烯膜（Polyvinylidene fluoride，PVDF），标称截留分子量100kDa，标称膜孔径10nm，接触角60.6°，膜丝内外径分别为0.85mm和1.45mm。实验中膜丝长度30cm，有效膜面积27cm²，海南立昇生产。

（2）平板超滤膜。本论文使用了两种不同材质的平板膜，Millipore公司生产的疏水性PES超滤膜（型号：PBHK06210，）和亲水性RC超滤膜（型号：PLHK06210）。两种膜截留分子量为100kDa，有效膜面积28.7cm²。PES和RC膜接触角分别为67.4°和22.0°。

3. 实验用水

（1）模型有机污染物腐殖酸。腐殖酸广泛地存在于天然水中，是其重要的有机物构成。本文采用Sigma-Aldrich公司生产的腐殖酸（Humic acid，HA）作为腐殖质类模型污染物。配置HA母液：将1.0g质量的HA溶解于pH为2的500mL的NaOH溶液中，使用磁力搅拌器连续搅拌24h，然后使用HCl将其pH调节至7.0±0.2，静置于4℃冰箱内保存。

（2）天然地表水。天然地表水采用松花江哈尔滨段江水作为实验原水，取回原水后首先采用0.45μm纤维素酯微滤膜过滤，目的是去除原水中的悬浮颗粒物和微生物，储藏于4℃冰箱内，使用时让其放于实验室内恢复到室温使用。PAC对膜污染影响实验期间松花江水质：浊度为5.14～12.9NTU，DOC为5.62～6.57mg/L，UV_{254}为0.125～0.152/cm，Na^+浓度为14.1～14.8mg/L，Ca^{2+}浓度为25.6～26.9mg/L，Mg^{2+}浓度为4.9～5.1mg/L，pH为7.0～7.2。采用混凝预处理地表水进行实验时，这样调制的水样更接近生产实际，更有利于超滤膜污染研究应用于水厂生产。混凝预处理过程：向1L烧瓶江水中投加聚合氯化铝0.1mmol/L（以Al计算），以200r/min快速搅拌1min；随后以100r/min中速搅拌5min；再以50r/min低速搅拌30min；最后静置30min后取上清液；储藏于4℃冰箱内，使用前恢复至室温。

4. 实验系统

本文采用小型浸没式中空纤维超滤膜系统，该系统采用恒定通量运行模式，其装置示意如图5-117所示，原水流入带有浮球阀的恒位水箱，恒位水箱与超滤膜池相连通，蠕动泵抽吸超滤膜丝使得膜外的原水进入膜内，超滤出水采用玻璃烧杯收集。在超滤系统运行时，与蠕动泵相连的真空电子压力表，会实时向电脑传输压力数据。反冲洗时蠕动泵反转，将超滤出水从超滤膜内部流向膜外部冲洗膜，整个装置运行通过PLC自控系统控制。

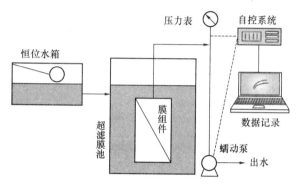

图 5-117　中空纤维超滤膜系统示意图

本实验首先研究了活性炭缓解膜污染的影响因素，包括活性炭粒径、不同预处理组合方式和吸附后活性炭颗粒去除的影响。其次，通过研究对比8种活性炭（4种质源，包括煤质、木质、核桃壳和椰子壳），考察短期和长期实验条件下活性炭缓解膜污染的效果。最后，从不同材质活性炭对地表水中不同有机物组分的去除程度的角度，分析阐释了活性炭预吸附处理缓解膜污染的机理。

5.9.2　活性炭粒径对膜污染控制的影响

1. PAC 粒径对吸附 HA 的影响

本实验采用球磨机对PAC（编号PAC-C1）进行研磨，研磨前后的粒径分布如图5-118（a）所示。本文采用体积平均粒径来表征PAC的粒径，粒径分布结果表明研磨前后PAC的体积平均粒径分别为 $34.7\pm0.7\mu m$ 和 $14.6\pm0.3\mu m$。图 5-118（b）对比同一种PAC不同粒径对HA的吸附效能的影响，由图可知，粒径 $14.6\mu m$ 的PAC的吸附效能高于粒径 $34.7\mu m$ 的PAC，需要注意的是随着PAC投加量的增加，粒径不同的PAC吸附HA效率之间的差异逐渐减少。这是由于PAC吸附HA的机理为壳层吸附理论，即吸附质吸附在PAC外层区域内。在相同质量下，粒径更小的PAC具有体积更大的外层体积，导致其对HA具有更大的吸附效能。

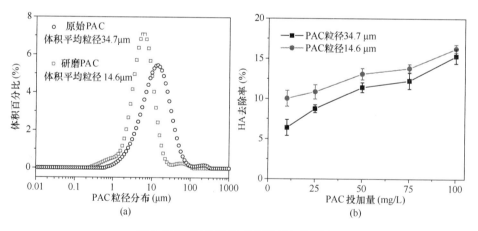

图 5-118　PAC 粒径对吸附 HA 的影响
(a) PAC 研磨前后粒径分布；(b) PAC 粒径对吸附 HA 的影响

2. PAC 粒径对吸附—超滤组合工艺效能影响

本实验采用天然地表水作为水源进行活性炭吸附—超滤组合工艺实验。实验工况设计为两种：（a）PAC吸附后采用 $0.45\mu m$ 微滤膜进行预过滤去除PAC颗粒，随后进行超滤实验；（b）PAC吸附后直接进行超滤实验。PAC投加量为50mg/L，转速100r/min，吸附30min。超滤系统采用PVDF膜，有效膜面积为 $27cm^2$，通量为 $40L/(m^2 \cdot h)$。超滤运行结束后采用通量 $60L/(m^2 \cdot h)$ 进行反冲洗2min，通过过滤超纯水测试TMP进而计算水力不可逆污染阻力。

表5-19列出了PAC粒径对有机物的去除效

能，粒径为 34.7μm 的 PAC 吸附松花江水后，DOC 和 UV$_{254}$ 分别下降 20.1% 和 33.4%，SUVA 为 1.80L/(mg·m)；粒径为 14.6μm 的 PAC 吸附松花江水后，DOC 和 UV$_{254}$ 分别下降 33.4% 和

50.4%，SUVA 为 1.50L/(mg·m)。这说明粒径小的 PAC 可以强化有机物的去除效能，对紫外吸收类有机物的强化效果更加显著。

水样	DOC (mg/L)	DOC 去除率 (%)	UV$_{254}$ (1/cm)	UV$_{254}$ 去除率 (%)	SUVA [L/(mg·m)]
不投加 PAC(对照)	6.41±0.46		0.129±0.013		2.01±0.14
投加 34.7μmPAC	5.12±0.31	20.1±1.3	0.092±0.010	28.7±1.2	1.80±0.11
投加 14.6μmPAC	4.27±0.24	33.4±1.5	0.064±0.007	50.4±2.9	1.50±0.09

表 5-19 PAC 粒径对吸附松花江原水有机物的影响

图 5-119 展示了不同粒径 PAC 吸附松花江水后的溶液三维 EEM 荧光光谱图。由图可知天然地表水存在蛋白质类有机物（T_1 峰和 T_2 峰）和腐殖质类有机物（A 峰）。粒径 34.7μm 的 PAC 吸附降低 T_1 峰和 T_2 峰的强度，同时显著地降低 A 峰强度（注

意图中荧光强度标尺不同）；粒径 14.6μm 的 PAC 吸附对 A 峰的去除效果更加显著。这说明粒径小的 PAC 可以吸附更多的腐殖酸类有机物。同时，也说明相对于蛋白质类有机物，PAC 更易吸附腐殖酸类有机物，粒径是影响吸附效能的重要因素。

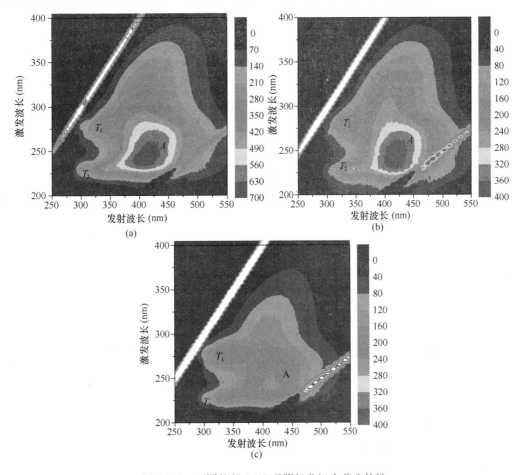

图 5-119　不同粒径 PAC 吸附松花江水荧光特性
(a) 原水；(b) 34.7μmPAC 吸附；(c) 14.6μmPAC 吸附

3. 微滤膜去除吸附后 PAC 运行工况

图 5-120 显示了在微滤膜去除吸附后 PAC 颗粒工况条件下，PAC 粒径对吸附缓解 NOM 引起

PVDF 膜 TMP 增长的影响。由图可知，不投加 PAC 时 PVDF 膜过滤松花江水 TMP 增长速率为 2.50kPa/h，粒径 34.7μm PAC 吸附后 TMP 增长

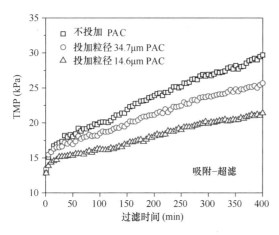

图 5-120　PAC 粒径对吸附—超滤工艺跨
膜压差的影响（吸附后去除 PAC 颗粒）

速率分别为 1.84kPa/h，相比对照组该值下降 26.4%，粒径 14.6μm PAC 吸附后 TMP 增长速率分别为 1.29kPa/h，相比对照组该值下降 48.4%。这说明在 PAC 颗粒不与膜接触的条件下，PAC 可以缓解对 NOM 引起的 PVDF 膜 TMP 增长，粒径小的 PAC 控制超滤膜 TMP 增长的效果更加显著。

图 5-121 列出了 PAC 颗粒与膜不接触时，不同粒径 PAC 吸附对天然地表水引起的 PVDF 膜污染阻力的影响。由图可知，未经吸附预处理原水的水力可逆污染阻力和水力不可逆污染阻力分别为 9.22×10^{11}/m 和 4.63×10^{11}/m，分别占总污染阻力的 66.5% 和 33.5%。粒径 34.7μm 的 PAC 吸附后水力可逆污染阻力和水力不可逆污染阻力分别为 6.34×10^{11}/m 和 3.86×10^{11}/m，相比对照组该值分别下降 31.2% 和 16.8%，粒径 14.6μm 的 PAC 吸附后水力可逆污染阻力和水力不可逆污染阻力分别为 3.92×10^{11}/m 和 3.23×10^{11}/m，相比对照组

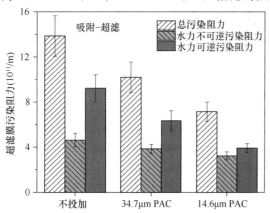

图 5-121　PAC 粒径对吸附—超滤工艺膜
污染阻力的影响（吸附后去除 PAC 颗粒）

该值分别下降 45.2% 和 30.3%。这说明采用 PAC 颗粒不与膜接触模式，PAC 预吸附可以缓解超滤膜污染，粒径越小的 PAC 缓解超滤膜污染阻力更加有效。

4. PAC 吸附后直接超滤运行工况（没有微滤膜预过滤）

图 5-122 展示了吸附后 PAC 颗粒与超滤膜接触的情况下，PAC 粒径对缓解 NOM 引起 PVDF 膜 TMP 增长的影响。不投加 PAC 时 PVDF 膜过滤松花江水 TMP 增长速率为 3.85kPa/h，粒径 34.7μm 的 PAC 吸附后 TMP 增长速率分别为 2.99kPa/h，粒径 14.6μm 的 PAC 吸附后 TMP 增长速率分别为 2.31kPa/h。这说明在 PAC 颗粒与超滤膜接触条件下，粒径小的 PAC 同样可以更有效地缓解 TMP 的增长。值得注意的是，相对于 PAC 颗粒不与膜接触模式，PAC 颗粒与膜接触模式中的跨膜压差增长速率较大。李凯研究了 PAC 颗粒与膜接触和不与膜接触两种情况下，吸附预处理对腐殖酸引起的聚醚砜和醋酸纤维素膜污染的影响，得到了相似的实验结果，即在 PAC 颗粒与膜接触的 TMP 增长的速率大于不投加 PAC 的该值。

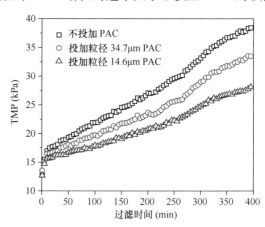

图 5-122　PAC 粒径对吸附—超滤工艺跨膜
压差的影响（吸附后不去除 PAC 颗粒）

图 5-123 列出了 PAC 颗粒与膜接触时，不同粒径 PAC 吸附对天然地表水引起的 PVDF 膜污染阻力的影响。由图可知，未经吸附预处理原水的水力可逆污染阻力和水力不可逆污染阻力分别为 16.40×10^{11}/m 和 4.93×10^{11}/m，分别占总污染阻力的 76.9% 和 23.1%。粒径 34.7μm 的 PAC 吸附后水力可逆污染阻力和水力不可逆污染阻力分别为 12.53×10^{11}/m 和 4.03×10^{11}/m，相比对照组该值分别下降 24.3% 和 18.3%，粒径 14.6μm 的 PAC

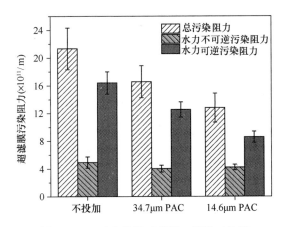

图 5-123 PAC 粒径对吸附—超滤工艺膜
污染阻力的影响（吸附后不去除 PAC 颗粒）

吸附后水力可逆污染阻力和水力不可逆污染阻力分别为 8.58×10^{11} /m 和 4.22×10^{11} /m，相比对照组该值分别下降 47.7% 和 14.3%。这说明即使在 PAC 与膜接触工况条件下，PAC 依然可以缓解 NOM 产生的超滤膜污染。值得注意的是，此条件下原水的水力可逆污染阻力远大于有微滤膜预过滤原水的该值，这说明大于 0.45μm 的颗粒物会造成

可逆污染。同样地，吸附后的 PAC 颗粒与膜接触造成的可逆污染和不可逆污染都大于和吸附的 PAC 与膜接触的值。证明吸附 NOM 后的 PAC 与超滤接触对膜污染起到危害作用。需要注意的是，粒径更小的 PAC 在 PAC 颗粒与膜接触条件下，会产生更加严重的水力不可逆污染，这是由于粒径更小的 PAC 会形成更加致密的复合污染层。

5. PAC 粒径对混凝—吸附—超滤组合工艺效能影响

本实验进行了 PAC 粒径对混凝—吸附—超滤组合工艺的净水效能和膜污染的影响。混凝过程使用聚合氯化铝（Polyaluminum chloride，PACl）作为混凝剂，向松花江水中投加 0.1mmol/L PACl（以铝计算），首先以转速 200r/min 快速搅拌 1min，随后以转速 100r/min 搅拌 5min，然后搅拌速率降为 50r/min 搅拌 30min，最后静止沉淀 30min。取上清液作为吸附的原水。PAC 吸附过程参数与上文相同，吸附后采用微滤膜预过滤，超滤参数与上述相同。

PAC 粒径对吸附混凝沉淀出水有机物的影响　　　　　　　　表 5-20

水样	DOC (mg/L)	DOC 去除率 (%)	UV$_{254}$ (1/cm)	UV$_{254}$ 去除率 (%)	SUVA [L/(mg·m)]
不投加 PAC（对照）	4.58 ± 0.28		0.088 ± 0.011		1.92 ± 0.12
投加 34.7μm PAC	3.04 ± 0.21	33.6 ± 0.5	0.055 ± 0.007	37.5 ± 0.1	1.81 ± 0.11
投加 14.6μm PAC	2.62 ± 0.16	42.8 ± 1.1	0.040 ± 0.006	54.5 ± 1.5	1.53 ± 0.14

表 5-20 列出了混凝沉淀预处理天然地表水后，PAC 粒径对 NOM 的去除效能。由表可知，粒径为 34.7μm 的 PAC 吸附松花江水后，DOC 和 UV$_{254}$ 分别下降 33.6% 和 37.5%，SUVA 为 1.81L/（mg·m）；粒径为 14.6μm 的 PAC 吸附松花江水后，DOC 和 UV$_{254}$ 分别下降 42.8% 和 54.5%，SUVA 为 1.53L/（mg·m）。该实验结果表明在混凝沉淀预处理后，PAC 吸附依然能够降低 NOM 的含量，粒径更小的 PAC 具有更大的吸附效能。这种现象符合壳层吸附理论，混凝后的 NOM 更易吸附在 PAC 的外部壳层区域，不能完全扩散至 PAC 的微孔内部，因此 PAC 的空隙结构同样是影响 PAC 吸附缓解膜污染的重要因素。

图 5-124 显示混凝沉淀预处理后，不同粒径 PAC 吸附松花江水后的溶液三维 EEM 荧光光谱图。由图可知，混凝沉淀预处理后依然含有蛋白质类和腐殖质类有机物。直接采用商用 PAC 可以减

少 A 峰强度，表明混凝沉淀预处理后 PAC 更容易吸附腐殖质类有机物。而采用研磨后粒径更小的 PAC，T 峰和 A 峰强度都降低，表明蛋白质类和腐殖质类有机物都得到减少。该实验说明，粒径更小的 PAC 更能有效地吸附荧光特性有机物。

图 5-125 显示了有微滤膜去除吸附后 PAC 颗粒工况条件下，PAC 粒径对混凝—吸附—超滤组合工艺膜跨膜压差增长的影响。不投加 PAC 时 PVDF 膜过滤松花江水 TMP 增长速率为 1.75kPa/h，粒径 34.7μm 的 PAC 吸附后 TMP 增长速率分别为 1.21kPa/h，粒径 14.6μm 的 PAC 吸附后 TMP 增长速率分别为 0.92kPa/h。对比图 5-120 结果表明，混凝沉淀预处理比 PAC 吸附预处理缓解 TMP 增长更加有效。同时，在混凝预处理之后，粒径小的 PAC 依然具有更大缓解膜污染的潜力。证明了混凝—吸附联合预处理可有效地缓解超滤膜 TMP 增长。

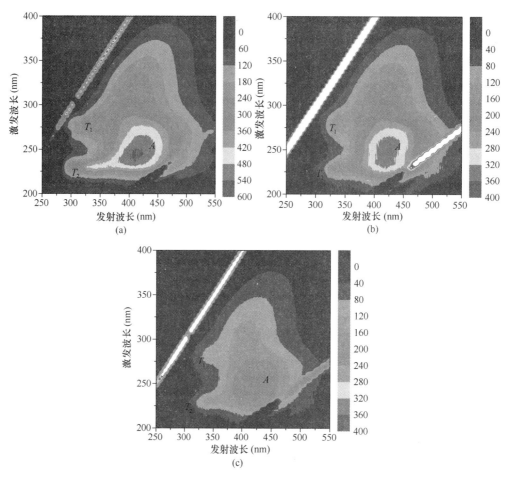

图 5-124 不同粒径 PAC 吸附混凝后松花江水荧光特性

（a）对照组；（b）34.7μm PAC 吸附；（c）14.6μm PAC 吸附

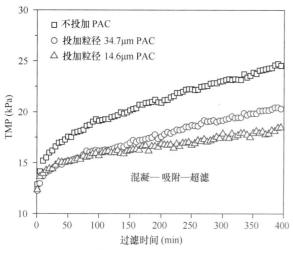

图 5-125 PAC 粒径对混凝—吸附—超滤工艺
跨膜压差的影响

图 5-126 列出了 PAC 颗粒不与膜接触时，不同粒径 PAC 对混凝—吸附—超滤组合工艺膜污染阻力的影响。

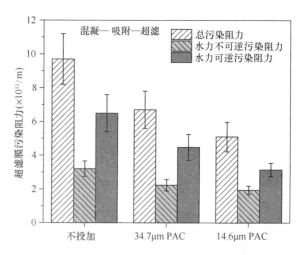

图 5-126 PAC 粒径对混凝—吸附—超滤工艺
膜污染阻力的影响

由图可知，对照组超滤膜的水力可逆污染阻力和水力不可逆污染阻力分别为 $6.49 \times 10^{11}/m$ 和 $3.20 \times 10^{11}/m$，分别占总污染阻力的 33.0% 和 67.0%。粒径 34.7μm 的 PAC 吸附后水力可逆污染阻力和水力不可逆污染阻力分别为 $4.47 \times 10^{11}/m$ 和 $2.23 \times 10^{11}/m$，相比对照组该值分别下降 31.1% 和 30.3%，粒径 14.6μm 的 PAC 吸附后水力可逆污染阻力和水力不可逆污染阻力分别为 $3.15 \times 10^{11}/m$ 和 $1.95 \times 10^{11}/m$，相比对照组该值分别下降 51.5% 和 39.1%。对比图 5-121 结果表明，混凝预处理比吸附预处理缓解膜污染阻力更加有效。需要注意的是，在混凝预处理后，PAC 吸附可以继续缓解超滤膜污染阻力，粒径小的 PAC 缓解效能更加显著。

5.9.3　PAC 吸附对 HA 引起膜污染的影响

尽管一些学者研究了不同种类活性炭对吸附效能以及对超滤膜污染的影响，其结果表明 PAC 的空隙结构会影响其吸附 NOM 效能，介孔体积越大的 PAC 具有更大的吸附效能。但是并没有系统地研究活性炭物理化学特性对超滤膜污染的影响。因此，本实验采用国内市场上常见的 4 种质源的 8 种 PAC，研究其物化特性对超滤 HA 的膜污染影响。PAC 命名法：椰壳活性炭（Coconut-based，PAC-CN），煤质活性炭（Coal-based，PAC-C），核桃壳活性炭（Walnut-based，PAC-WN），木质活性炭（Wood-based，PAC-W）。

1. PAC 物理性质差异

根据氮气吸附等温线计算出 8 种 PAC 空隙结构参数见表 5-21，微孔和介孔分别采用 Horvath-Kawazoe（HK）和 Barrett-Joyner-Halenda（BJH）方法。由表可以看出，PAC 的平均粒径为 34.7～67.6μm，BET 表面积为 496.2～950.4m²/g，微孔孔径为 9.2～11.7Å，微孔体积为 0.223～0.369cm³/g，介孔孔径为 42.0～62.3Å，介孔体积为 0.113～0.659cm³/g，可见测试的 8 种 PAC 的介孔空隙结构差异较大。本实验中的椰壳活性炭比其他质源活性炭具有更大的介孔空隙结构。

氮气吸附等温线计算的 PAC 空隙结构参数　表 5-21

PAC 种类	BET 表面积 (m²/g)	平均粒径 (μm)	微孔孔径 (Å)	微孔体积 (cm³/g)	介孔孔径 (Å)	介孔体积 (cm³/g)
PAC-CN1	841.5	54.9	11.7	0.369	62.3	0.659
PAC-CN2	778.1	42.7	10.2	0.314	59.0	0.574
PAC-C1	879.9	34.7	10.8	0.313	48.9	0.569

续表

PAC 种类	BET 表面积 (m²/g)	平均粒径 (μm)	微孔孔径 (Å)	微孔体积 (cm³/g)	介孔孔径 (Å)	介孔体积 (cm³/g)
PAC-C2	496.2	42.5	9.9	0.223	49.7	0.202
PAC-WN	689.5	41.7	11.2	0.262	44.0	0.323
PAC-W1	789.9	39.9	9.2	0.334	47.4	0.223
PAC-W2	950.4	67.6	10.7	0.348	42.0	0.428
PAC-W3	569.7	52.2	9.6	0.244	47.7	0.113

2. PAC 化学性质差异

表 5-22 列出了所用 8 种 PAC 的 XPS 测试主要元素的结果。

XPS 测试碳、硫、氧、氮及氧存在种类的含量（%）　表 5-22

PAC 种类	C1s	S2p	O1s	N1s	O 峰 I	O 峰 II	O 峰 III	O 峰 IV	O 峰 V
PAC-CN1	92.4	0.2	6.7	0.7	2.97	1.13	0	2.03	0.61
PAC-CN2	91.7	0.4	6.7	1.2	2.7	0.82	0.64	0.82	1.69
PAC-C1	93.5	0.7	4.7	1.1	1.6	1.67	0	0.51	0.95
PAC-C2	86.8	0.4	12.1	0.8	1.91	9.15	0.45	0.60	0
PAC-WN	87.1	0.5	11.5	0.9	4.04	3.34	0	2.82	1.34
PAC-W1	82.1	0.3	16.5	1.1	1.49	10.15	0.64	2.63	1.55
PAC-W2	92.7	0.2	6.4	0.7	1.87	1.85	0.89	1.03	0.73
PAC-W3	86.0	0.4	12.6	1.0	4.56	4.89	0	2.12	1.03

由表 5-22 可知，PAC 主要含有碳元素，其次含有一定量的氧元素，硫元素和氮元素相对较少。因此，含氧官能团对 PAC 吸附性能具有较大决定作用。本实验使用 8 种 PAC 的 XPS 氧峰谱图及其含氧官能团峰拟合图，该实验结果表明不同的 PAC 的含氧量和含氧官能团含量显著地不同。表 5-22 列出了根据拟合结果含氧官能团的含量，结果表明椰壳和核桃壳 PAC 含适当的醌基和羰基，非常低量的羟基和羧酸。木质和煤质 PAC 含有较多的内酯、酚和醚官能团。

3. 对 HA 产生膜污染的影响

采用上述 8 种 PAC 以转速为 120r/min 吸附 HA 60min，吸附完成后采用 0.45μm 膜去除 PAC 颗粒。超滤过滤 HA 通量为 54L/(m²·h)，反冲洗通量为 68L/(m²·h)，膜阻力测试方法与上节相同。表 5-23 列出了不同种类 PAC 对超滤腐殖酸的去除效能影响以及吸附后 HA 的 Zeta 电位变化，实验结果表明椰壳和核桃壳 PAC 吸附 HA 的效能要高于木质和煤质 PAC 的效能，因此导致超滤对 HA 具有更高的去除效能。值得注意的是，在 PAC 吸附 HA 后，HA 的 Zeta 全部升高，这表明吸附后的 HA 胶体具有更小的负电性。由于超滤膜表面一般带负电，HA 的负电性减小导致 HA 膜与膜之间的静电斥力减小，不利于缓解膜污染。

不同种类 PAC 对超滤腐殖酸去除效能和 Zeta 电位影响　　　　表 5-23

PAC 种类	超滤进水 DOC (mg/L)	吸附去除率 (%)	超滤出水 DOC (mg/L)	总去除率 (%)	吸附后 HA 的 Zeta 电位(mV)
不投加	4.34±0.21		1.32±0.09	69.66±0.68	−36.63±6.31
PAC-CN1	3.69±0.09	15.03±1.85	0.34±0.02	92.10±0.34	−27.54±3.81
PAC-CN2	3.73±0.15	14.10±0.51	0.60±0.04	86.16±0.60	−29.04±1.75
PAC-C1	3.85±0.09	11.41±2.02	1.05±0.07	75.82±1.04	−28.53±3.33
PAC-C2	3.88±0.11	10.65±1.59	0.87±0.05	79.97±0.87	−30.94±4.05
PAC-WN	3.64±0.12	16.18±1.10	0.41±0.01	90.53±0.43	−25.08±2.54
PAC-W1	3.78±0.14	12.95±0.79	1.16±0.06	73.29±1.18	−32.74±5.13
PAC-W2	3.82±0.14	12.03±0.83	1.02±0.06	76.51±1.02	−26.62±3.96
PAC-W3	3.87±0.13	10.88±1.12	0.85±0.03	80.43±0.87	−27.17±2.26

图 5-127 显示了不同 PAC 吸附对超滤 HA 的 TMP 增长的影响，由图可知不投加 PAC 时，超滤 HA 的 TMP 增长率为 1.06kPa/h，木质和煤质 PAC 吸附后 TMP 的增长率在 0.83～0.98kPa/h 之间，椰壳和核桃壳 PAC 吸附后 TMP 的增长率在 0.63～0.67kPa/h 之间。这说明椰壳和核桃壳 PAC 比木质和煤质 PAC 对超滤 HA 的 TMP 增长具有更好的控制效果。这是由于椰壳和核桃壳 PAC 对 HA 具有更高的去除率。

了 21.7%～47.8%，椰壳和核桃壳 PAC 吸附后水力不可逆污染阻力下降了 47.7%～60.3%。这说明椰壳和核桃壳 PAC 比木质和煤质 PAC 对膜污染阻力具有更大的缓解效能，可能原因是这两种质源的 PAC 具有更大的介孔体积。

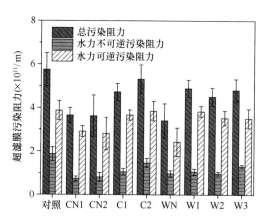

图 5-128　不同种类 PAC 吸附对超滤腐殖酸膜污染阻力的影响

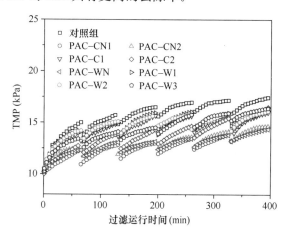

图 5-127　不同种类 PAC 吸附对超滤腐殖酸 TMP 增长的影响

图 5-128 列出了不同种类 PAC 吸附 HA 后超滤膜的污染阻力，可知 PAC 吸附后水力可逆污染阻力和水力不可逆污染阻力都得到缓解。由图可知木质和煤质 PAC 吸附后水力不可逆污染阻力下降

4. 钙离子浓度对膜污染影响

尽管有机物污染物是决定超滤膜污染的主要因素，但超滤进水的化学环境同样能够影响超滤膜污染，如钙离子浓度。一些文献报道了钙离子浓度对过滤模型污染物的影响。例如，钙离子会与多糖类有机物交联，沉积在膜表面形成凝胶层，导致严重的水力不可逆污染。然而，尚未有关于钙离子浓度对过滤实际天然水的报道。本小节采用天然地表

水，通过对比不投加钙离子和投加钙离子时超滤的净水效能和污染情况，来阐释钙离子浓度对超滤工艺处理地表水的影响。本实验采用松花江水作为超滤进水，其主要水质指标，浊度：9.2 ± 2.6NTU，pH：7.0 ± 0.1，钠离子浓度：14.5 ± 0.3mg/L，镁离子浓度：5.0 ± 0.1mg/L，钙离子浓度：25 ± 0.2mg/L，温度25 ± 0.4℃。向松花江原水中投加25mg/L Ca^{2+}，不投加钙离子的原水作为本实验的对照组，研究钙离子浓度对超滤膜污染的影响。超滤系统运行参数如下：以通量30L/（m^2·h）正抽吸29min后，以通量50L/（m^2·h）反冲洗1min。

表5-24对比了松花江水钙离子浓度为25mg/L和50mg/L时，超滤对有机物的去除效能。由表可知，钙离子浓度增加提高了超滤对有机物的去除效能，同时提高了浓缩液的有机物含量，这说明钙离子促进了超滤的浓缩效应。此外，天然水中钙离子浓度增加，使得超滤的反冲洗和化学清洗洗脱液中有机物的浓度提高。该现象表明，钙离子浓度增加，导致更多的有机物沉积在膜表面，恶化了有机物对超滤膜的污染。

钙离子浓度对超滤进水、出水、浓缩液、反冲洗和化学清洗洗脱液 DOC 和 UV₂₅₄ 的影响　　表5-24

水样	DOC(mg/L)		UV$_{254}$(1/cm)	
Ca^{2+}浓度（mg/L）	25	50	25	50
UF 进水	5.63 ± 0.16	5.60 ± 0.14	0.118 ± 0.002	0.115 ± 0.001
UF 出水	4.98 ± 0.11	4.63 ± 0.05	0.109 ± 0.001	0.105 ± 0.002
浓缩液	7.67 ± 0.11	8.89 ± 0.05	0.136 ± 0.004	0.146 ± 0.006
反冲洗洗脱液	2.31 ± 0.04	2.60 ± 0.15	0.036 ± 0.03	0.039 ± 0.05
化学清洗洗脱液	2.19 ± 0.07	2.55 ± 0.09	0.025 ± 0.003	0.027 ± 0.004

图5-129显示了超滤松花江原水时，钙离子浓度分别为25mg/L和50mg/L时的跨膜压差增长趋势。在超滤运行的第一阶段里，当天然水中钙离子浓度为50mg/L时，跨膜压差增长速率为1.24kPa/h，对照组的增长速率为0.48kPa/h。在超滤运行的第二阶段，钙离子浓度为25mg/L和50mg/L时，跨膜压差增长速率分别为1.46kPa/h和1.68kPa/h。该实验结果表明，钙离子浓度从25mg/L增加到50mg/L时，超滤跨膜压差会显著增加，这是由于投加钙离子后膜表面沉积污染物更加严重。

图5-130列出了钙离子浓度为25mg/L和50mg/L时，对超滤膜污染阻力的影响。由图可知，在超滤系统运行第一阶段结束时，钙离子浓度为25mg/L时，总污染阻力（total fouling resistance，R_T）、水力不可逆污染阻力（irreversible fouling resistance，R_{HI}）、水力可逆污染阻力（reversible fouling resistance，R_R）和浓差极化阻力（concentration polarization resistance，R_C）分别为30.3×10^{11}/m，8.66×10^{11}/m，12.9×10^{11}/m和8.75×10^{11}/m；当钙离子浓度为50mg/L时，超滤的R_T，R_{HI}，R_R和R_C分别为88.9×10^{11}/m，15.9×10^{11}/m，32.6×10^{11}/m和40.4×10^{11}/m。

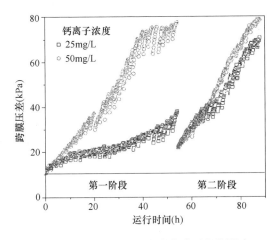

图 5-129　钙离子对超滤膜跨膜压差的影响

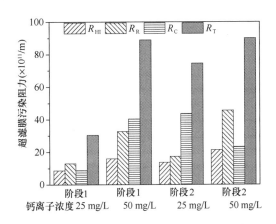

图 5-130　钙离子对超滤膜污染阻力的影响

该实验结果说明，钙离子浓度增加会显著提高超滤膜污染阻力。在超滤系统运行第二阶段结束时，钙离子浓度为50mg/L时超滤膜R_T和R_{HI}依然大于钙离子浓度为25mg/L超滤膜的该值。然而，其R_R和R_C分别为45.6×10^{11}/m 和 23.1×10^{11}/m；钙离子浓度为25mg/L超滤膜的该值分别为17.3×10^{11}/m 和 43.6×10^{11}/m。这表明采用超滤工艺处理地表天然水时，钙离子浓度增加会使得浓差极化层转变成滤饼层污染，因此浓差极化阻力会转变为水力可逆污染阻力。

5.9.4 PAC 吸附预处理对 NOM 的去除

由于采用模型有机物进行的实验不能完全模拟实际天然水体实验。混凝是我国给水厂最常用的传统净水工艺，并且混凝也是缓解膜污染最有效的预处理工艺。所以本节开始以松花江原水作为研究的目标，同时使用混凝预处理后的松花江水作为实验的原水（对照组），更有利于PAC的优选以及阐释PAC缓解超滤膜污染的机理。同时，为已建给水厂升级超滤深度处理时，优选活性炭提供技术支持。

1. 对溶解性有机物去除效能

表 5-25 显示了不同种类PAC对吸附混凝后NOM去除效能的影响。由DOC和UV_{254}结果可知，核桃壳PAC对DOC具有最大的去除效率35.3%，椰壳PAC-CN2对UV_{254}具有最大的去除效率56.8%。该实验结果表明，不同种类PAC对于DOC和UV_{254}有不同的去除效率，导致吸附后水样的SUVA不同。SUVA和天然水中的芳香类有机物具有很好线性相关性，不同种类的PAC对NOM中的芳香类有机物组分有着不同的去除率。

不同种类 PAC 对吸附混凝后 NOM 的去除效能影响　　　　　　　　　　表 5-25

超滤进水	UV_{254} (1/cm)	UV_{254}去除率 (%)	DOC (mg/L)	DOC 去除率 (%)	SUVA [L/(mg·m)]
Control	0.082 ± 0.016		4.32 ± 0.19		1.90 ± 0.32
PAC-CN1	0.047 ± 0.018	44.9 ± 11.2	3.22 ± 0.31	25.6 ± 3.9	1.46 ± 0.34
PAC-CN2	0.034 ± 0.000	56.9 ± 8.4	3.42 ± 0.18	20.9 ± 0.7	0.99 ± 0.12
PAC-C1	0.041 ± 0.005	49.3 ± 3.8	3.13 ± 0.28	27.7 ± 3.3	1.31 ± 0.15
PAC-C2	0.073 ± 0.008	9.4 ± 7.9	3.64 ± 0.01	15.6 ± 3.5	2.01 ± 0.45
PAC-WN	0.059 ± 0.010	27.7 ± 1.9	2.79 ± 0.01	35.3 ± 2.6	2.11 ± 0.42
PAC-W1	0.054 ± 0.002	32.0 ± 2.8	3.03 ± 0.18	29.9 ± 1.1	1.78 ± 0.31
PAC-W2	0.024 ± 0.003	70.3 ± 2.1	3.19 ± 0.04	26.1 ± 2.3	0.75 ± 0.08
PAC-W3	0.050 ± 0.011	39.3 ± 1.6	3.12 ± 0.24	27.9 ± 2.4	1.60 ± 0.15

2. 对荧光有机物的去除

天然地表水中的荧光特性有机物（Fluorescent natural organic matter，FNOM）是超滤膜重要的膜污染物质之一。本实验考察了超滤系统处理天然水过程中，超滤进水、出水、浓缩液、反冲洗液、化学清洗洗脱液的荧光特性，以便更好地理解不同荧光组分有机物的污染行为。同时，通过不同荧光组分与短期和长期膜污染线性拟合，来评价不同荧光组分的膜污染潜能，从而阐明FNOM的膜污染机理，以及制定控制FNOM的膜污染预处理方案。

表 5-26 列出了不同种类PAC吸附对混凝后天然水及其超滤出水三维荧光光谱 T_2 峰和 A 峰强度最大值。由表可以看出，不同种类PAC吸附对蛋白质和腐殖酸这两类荧光组分的去除效能差异显著。根据荧光强度最大值 F_{max}，表明在混凝预处理松花江水后，PAC吸附使得腐殖酸（A 峰）的荧光强度降低21.8%～69.2%；然而只有椰壳活性炭（PAC-CN）吸附使得蛋白质（T_2 峰）的荧光强度降低35.6%～44.5%（平均值40.1%），其他种类PAC吸附后该值下降2.2%～20.6%（平均值10.1%）。采用蛋白质类组分荧光强度最大值与腐殖酸组分该值之比定量地比较水样之间荧光组分有机物的差异。由表 5-26 可知，对照组的该比值为0.9，PAC吸附后显著地提高了该值，从1.0～2.7不等。该实验结果表明，PAC吸附后腐殖质类有机物相对蛋白质类有机物的含量降低。该实验结果说明，不同种类PAC对不同荧光组分有机物的吸附能力不同，有效地改变了FNOM的组分。这有利于阐释不同组分荧光有机物对膜污染的贡献

程度，以及其膜污染行为。此外，超滤过滤出水 T_2 峰的 F_{max} 比 A 峰该值下降显著，这说明混凝 PAC 吸附预处理后，超滤更容易去除蛋白质类有机物。

不同 PAC 吸附对混凝预处理后超滤进水和出水 T_2 和 A 峰最大荧光强度的影响（A. U.） 表 5-26

EEM	UF 进水			UF 出水		
	T_2 峰	A 峰	强度比	T_2 峰	A 峰	强度比
Control	375.4	439.6	0.9	323.3	422.8	0.8
PAC-CN1	241.6	166.5	1.5	205.8	159.3	1.3
PAC-CN2	208.5	159.0	1.3	168.5	144.6	1.2
PAC-C1	366.8	135.6	2.7	194.6	119.2	1.6
PAC-C2	367.0	343.6	1.1	350.5	324.5	1.1
PAC-WN	351.6	339.5	1.0	308.2	293.3	1.1
PAC-W1	328.8	323.2	1.0	244.2	247.6	1.0
PAC-W2	298.3	205.3	1.5	219.2	177.1	1.2
PAC-W3	312.0	164.7	1.9	213.8	160.1	1.3

注：荧光强度比为 T_2 峰与 A 峰荧光强度最大值比。

3. 对短期膜污染的影响

短期超滤实验运行条件：每个周期通量 30L/(m^2 • h) 抽吸 29min，反冲洗通量 50L/(m^2 • h) 反冲洗 1min。运行 12h 最后一个反冲洗结束后，采用超纯水测试其水力不可逆污染阻力。实验表明不投加 PAC 混凝松花江水造成的超滤初期 TMP 增长率为 0.35kPa/h，投加 PAC 后该值在 0.18～0.28kPa/h 不等，说明投加 PAC 缓解超滤初期 TMP 增长。

图 5-131 显示了不同 PAC 吸附后超滤短期实验膜污染阻力。不投加 PAC 的超滤膜总污染阻力为 7.26×10^{11}/m，水力不可逆污染阻力为 3.01×10^{11}/m，占总污染阻力的 41.5%。实验中所有 PAC 吸附后，超滤膜污染都得到不同程度的缓解，

总污染阻力降低 31.8%～47.8%，水力不可逆污染阻力降低 26.0%～52.1%。这说明 PAC 吸附预处理可以缓解混凝预处理超滤天然地表水初期膜污染。

4. 对长期膜污染的影响

长期超滤实验运行条件：每个周期通量 30L/(m^2 • h) 抽吸 29min，反冲洗通量 50L/(m^2 • h) 反冲洗 1min。运行 80h 取浓缩液一次，继续开始新的周期运行超滤系统。超滤系统 160h 后，在反冲洗之前取浓缩液。不同类型膜污染阻力测试方法如前所述。实验表明，在第一阶段里，不投 PAC 的超滤膜 TMP 增长速率为 0.30kPa/h，PAC-CN1 和 PAC-CN2 椰壳活性炭吸附 TMP 增长速率分别为 0.19kPa/h 和 0.13kPa/h。其他 PAC 吸附 TMP 的平均增长速率为 0.23kPa/h。第二阶段，不同 PAC 吸附后超滤膜 TMP 增长速率比其第一阶段要大：不投 PAC 的超滤膜 TMP 增长速率为 0.41kPa/h；PAC-CN1 和 PAC-CN2 椰壳活性炭吸附 TMP 增长速率分别为 0.26kPa/h 和 0.18kPa/h；其他 PAC 吸附 TMP 的平均增长速率为 0.31kPa/h，表明 PAC 吸附缓解超滤系统长期运行的 TMP 增长趋势，其中椰壳 PAC 的控制效果最佳。

图 5-132 展示不同种类 PAC 吸附后，超滤系统长期运行不同膜污染阻力。不投加 PAC 超滤膜的：总污染阻力 R_T、水力不可逆污染阻力 R_{HI}、水力可逆污染阻力 R_R，浓差极化阻力 R_C 分别为 46.9×10^{11}/m、14.9×10^{11}/m、7.4×10^{11}/m 和 24.9×10^{11}/m。不同 PAC 吸附后超滤的总污染，可逆污染和浓差极化污染都得到缓解，R_T 在 31.3×10^{11}～41.9×10^{11}/m 之间，

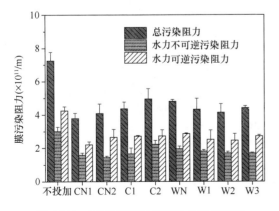

图 5-131 PAC 吸附对混凝预处理后超滤短期实验膜污染阻力的影响

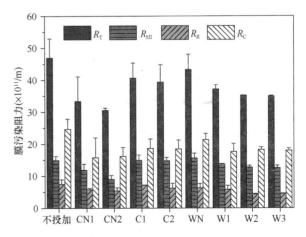

图 5-132 PAC 吸附对混凝预处理后超滤长期实验膜污染阻力的影响

R_R 在 $4.3 \times 10^{11} \sim 6.3 \times 10^{11}$/m 之间，$R_C$ 在 $33.3 \times 10^{11} \sim 43.3 \times 10^{11}$/m 之间。需要注意的是，只有椰壳 PAC 吸附后水力不可逆污染阻力降低显著，PAC-CN1 和 PAC-CN2 吸附后 R_{HI} 分别为 11.8×10^{11}/m 和 9.0×10^{11}/m，与对照组该值分别降低 20.5% 和 39.4%。然而，其他 PAC 吸附后 R_{HI} 在 $12.5 \times 10^{11} \sim 15.6 \times 10^{11}$/m 之间（平均值为 14.0×10^{11}/m）。

5. 对浓缩效应产生膜污染的控制

表 5-27 列出了不同种类 PAC 吸附之后超滤系统长期运行浓缩液有机物含量。结果表明，浓缩液中 DOC 和 UV_{254} 比超滤进水大，DOC 比 UV_{254} 的增加程度更加显著。同时 SUVA 值普遍降低。这说明非腐殖酸类有机物逐渐浓缩。表 5-28 列出了不同种类 PAC 吸附对混凝后天然水及其超滤出水三维荧光光谱 T_2 峰和 A 峰强度最大值。

PAC 吸附后超滤长期运行浓缩液 DOC 和 UV_{254} 表 5-27

PAC 种类	浓缩液			浓缩比	
	UV_{254} (1/cm)	DOC (mg/L)	SUVA (L/mg/m)	UV_{254}	DOC
Control	0.109 ± 0.029	10.90 ± 1.94	1.00 ± 0.21	1.33	2.53
PAC-CN1	0.067 ± 0.027	6.52 ± 0.95	1.03 ± 0.23	1.42	2.02
PAC-CN2	0.052 ± 0.003	5.89 ± 0.23	0.88 ± 0.07	1.54	1.72
PAC-C1	0.056 ± 0.012	6.21 ± 0.51	0.90 ± 0.10	1.35	1.98
PAC-C2	0.076 ± 0.026	8.28 ± 0.74	0.92 ± 0.11	1.05	2.28
PAC-WN	0.078 ± 0.003	8.45 ± 0.29	0.92 ± 0.12	1.32	3.03
PAC-W1	0.070 ± 0.023	7.52 ± 0.76	0.93 ± 0.15	1.31	2.48
PAC-W2	0.053 ± 0.003	5.76 ± 0.27	0.92 ± 0.09	2.24	1.81
PAC-W3	0.076 ± 0.023	6.09 ± 0.79	1.25 ± 0.21	1.70	1.95

注：浓缩比为浓缩液有机物浓度与进水该值之比。

由表 5-28 浓缩液中 T_2 峰与 A 峰强度最大值之比（Fluorescene intensity ratio，FIR）普遍比超滤进水的 FIR 值大，同时 PAC 吸附后该比值大于对照组该值。这说明蛋白质类有机物在超滤过程中显著浓缩。这是由于蛋白质类有机物分子量大于超滤膜截留孔径。需要注意的是，在超滤系统长期运行后浓差极化污染是总膜污染最大的组成，这说明蛋白质类有机物是影响超滤膜长期污染的首要污染物。

不同 PAC 吸附对混凝预处理后超滤浓缩液 T_2 和 A 峰最大荧光强度的影响（A.U.） 表 5-28

EEM	T_2 峰	A 峰	强度比
Control	1027	691.0	1.5
PAC-CN1	1520	584.7	2.6
PAC-CN2	1225	495.6	2.5
PAC-C1	983.8	619.2	1.6
PAC-C2	1440	732.0	2.0
PAC-WN	1265	627.4	2.0
PAC-W1	890.4	539.7	1.6
PAC-W2	1126	719.3	1.6
PAC-W3	1192	744.3	1.6

注：强度比为 T_2 峰与 A 峰荧光强度最大值比。

6. 对不可逆污染控制

图 5-133 列举了对照组和 PAC-W2 吸附后超滤反冲洗液和化学清洗洗脱液的三维 EEM 荧光光谱图。

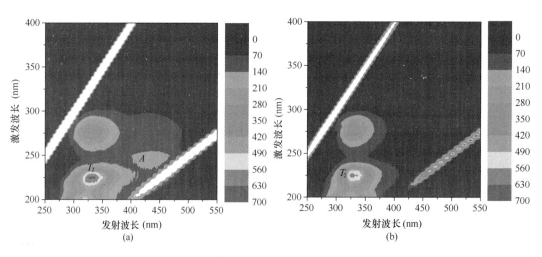

图 5-133 混凝预处理后 PAC-W2 吸附松花江水超滤反冲洗液和化学清洗洗脱液荧光特性（一）
（a）对照组反冲洗液；（b）PAC 吸附后反冲洗液

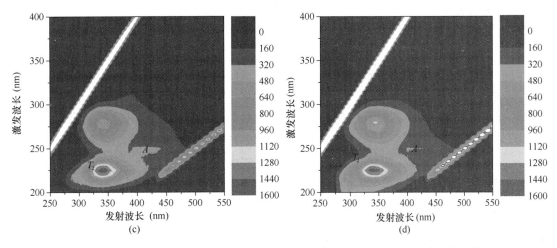

图 5-133　混凝预处理后 PAC-W2 吸附松花江水超滤反冲洗液和化学清洗洗脱液荧光特性（二）
(c) 对照组化学清洗洗脱液；(d) PAC 吸附后化学清洗洗脱液

由图 5-133 可知，超滤膜长期运行后反冲洗和化学清洗洗脱液荧光光谱都具有强度较大的 T_2 峰，说明蛋白质类有机物是造成超滤膜不可逆污染的首要污染物。PAC-W2 吸附后超滤反冲洗液和化学清洗洗脱液三维荧光光谱的 A 峰强度比对照组该值低，这说明 PAC 吸附腐殖酸，减少了腐殖酸对超滤膜造成的可逆和不可逆污染。

超滤反冲洗液三维荧光光谱 T_2 峰的 F_{max}（平均值 776.8A.U.）比超滤进水该值（平均值 316.7A.U.）显著提高，而反冲洗液的 A 峰的 F_{max}（平均值 136.9A.U.）比超滤进水该值（平均值 253.0A.U.）低。化学清洗洗脱液 T_2 峰的 F_{max} 平均值 1621.9A.U. 几乎是超滤进水该值的 5 倍，A 峰的 F_{max} 平均值为 274.1（A.U.）。表明蛋白质类有机物比腐殖酸类有机物起到更显著的膜污染的作用，见表 5-29。

图 5-134 为不同 PAC 吸附后超滤长期运行后膜表面的 FTIR 光谱图。与新的 PVDF 膜表面 FTIR 光谱对比，污染后的超滤膜表面出现了酰胺 Ⅰ（$vC=O/vNH_2$ 1650/cm）和酰胺 Ⅱ（$vN-H/vC-N$ 1543/cm）的吸收峰，这两个特征峰表征的是蛋白质类有机物，说明在超滤过程中蛋白质类有机物逐渐在超滤膜表面积累。

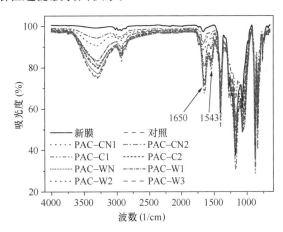

图 5-134　不同种类 PAC 吸附后天然有机物污染的 PVDF 膜 FTIR 光谱

5.9.5　PAC 吸附预处理缓解超滤膜污染机制

根据全部超滤长期运行进水、出水和浓缩液，反冲洗液和化学清洗洗脱液中三维 EEM 荧光光谱中 T_2 峰和 A 峰强度最大值的平均值，描述天然水中荧光性组分的迁移规律。同时，根据超滤进水有机物荧光组分与超滤初期和长期膜污染的相关性，来阐释 PAC 缓解膜污染的机制。根据本章实验结果，提出了三个重要的膜污染缓解机制。

不同 PAC 吸附对超滤反冲洗液和化学清洗废水 T_2 和 A 峰最大荧光强度（A.U.）的影响　表 5-29

EEM	反冲洗液			化学清洗洗脱液		
	T_2 峰	A 峰	强度比	T_2 峰	A 峰	强度比
对照组	658.4	188.5	3.5	1560	358.8	4.3
PAC-CN1	814.5	162.5	5.0	1148	160.0	7.2
PAC-CN2	868.3	141.2	6.2	1476	302.3	4.9
PAC-C1	693.4	115.1	6.0	2169	275.0	7.9
PAC-C2	801.0	144.8	5.5	1671	247.9	6.7
PAC-WN	910.4	144.4	6.3	1487	195.8	7.6
PAC-W1	757.4	122.5	6.2	1513	355.2	4.3
PAC-W2	618.2	65.5	9.4	1551	325.5	4.8
PAC-W3	869.6	148.2	5.9	2022	246.7	8.2

注：强度比为 T_2 峰与 A 峰荧光强度最大值比。

1. 初期腐殖酸疏水性吸附

腐殖酸类有机物：超滤进水和出水的 F_{max} 平均值分别为 253.0A.U. 和 227.6A.U.，说明大部分 HA 穿过 PVDF 膜进入出水中。然而，由于反向扩散作用受到抑制，浓缩液中的 HA 平均值为 639.2A.U.。超滤反冲洗液和化学清洗液洗脱液中 F_{max} 平均值分别为 136.9A.U. 和 274.1A.U.，这说明只有少部分 HA 吸附到超滤膜孔内或膜表面。超滤进水 HA 的 F_{max} 和超滤初期膜污染具有明显的相关性，此外 SEC-UVD 色谱结果表明 HA 的分子量明显小于 PVDF 膜的截留分子量。因此，超滤初期膜污染的机制主要为通过 HA 疏水性作用吸附在膜孔中。综上可知，HA 导致的超滤膜孔堵塞是超滤初期主要污染机制，PAC 吸附可以有效地去除 HA，缓解其膜孔堵塞造成的污染。

2. 浓差极化作用

超滤进水和出水 T_2 峰 F_{max} 平均值分别为 316.7A.U. 和 247.6A.U.，长期运行后浓缩液该值为 1185.4A.U.。这说明超滤截留蛋白质类有机物，导致其逐渐浓缩。此外，蛋白质类有机物和浓差极化阻力具有显著的相关性，证明其浓缩过程会导致明显浓差极化作用。尽管蛋白质类有机物比 HA 更加亲水，蛋白质类有机物的膜污染取决于其尺寸和空间结构。由于蛋白质类有机物的分子量大于超滤膜截留分子量，机械筛分作用导致蛋白质类有机物逐渐被截留，随着超滤过程的进行，超滤膜表面逐渐形成蛋白浓差极化层，产生浓差极化作用污染。膜表面的蛋白浓差极化层会阻碍 HA 穿透膜，HA 也会逐渐在膜池中积累，浓缩液中同时存在蛋白和 HA 的胶体，混合胶体污染会展现出不同于单独胶体的污染特性。胶体的平均水力学半径决定于 NOM 的浓度和组分构成，粒径在 $100\sim1500nm$ 范围的胶体会产生严重的浓差极化作用。本实验中超滤浓缩液中的胶体粒径在 $488.7\sim904.1nm$ 范围，这解释浓差极化污染占总污染的主要部分。综上分析，在超滤长期运行过程中，蛋白质类有机物会产生严重浓差极化作用，产生严重的过滤阻力。

3. 蛋白质主导的滤饼层形成

一些文献报道超滤污染机制从膜孔堵塞转变到滤饼层过滤。化学清洗洗脱液三维 EEM 荧光光谱中 T_2 峰的 F_{max} 平均值高达 1621.9A.U.。此外，蛋白质类有机物和超滤长期运行水力不可逆污染具

有显著的相关性。这些实验结果证明蛋白质类有机物逐渐在超滤膜表面积累，形成了以其为主要构成的滤饼层。致密粘附性较强的蛋白滤饼层抑制膜表面污染的逆向扩散作用，强化了超滤过程中的污染物浓差极化作用。因此，在本实验体系下，浓差极化污染占超滤膜总污染阻力主导地位。本书 PAC 粒径对吸附—超滤组合工艺影响章节发现，PAC 与超滤膜接触的条件：粒径更小的 PAC 会与蛋白形成空隙率低的复合污染层，产生更高的水力不可逆污染阻力。因此，在采用 PAC 吸附缓解超滤膜污染时，蛋白质类有机物吸附效能是首先考虑的因素，同时，应该防止 PAC 颗粒与超滤膜接触，防止其与蛋白产生复合污染层。

在 PAC 颗粒不与膜接触条件下，由于全部种类 PAC 可以吸附 HA，HA 的疏水性膜孔吸附是超滤初期膜污染的主要机制。因此全部 PAC 吸附可以缓解超滤膜的水力不可逆污染。但对于超滤膜长期污染，由于 PAC 物化特性不同会展现出不同的缓解效能。由于椰壳 PAC 具有较大的介孔孔径体积，同时含有适当的醌基和羰基、非常低量的羟基和羧酸。因此，在混凝预处理后，椰壳 PAC 可以在吸附 HA 的同时有效地吸附蛋白质类有机物，而其他种类 PAC 吸附蛋白质类有机物的效能较低。超滤长期运行的主要膜污染机制是蛋白质类主导的浓差极化作用和滤饼层过滤。所以，椰壳 PAC 可以有效地缓解蛋白主导浓差极化作用，并形成孔隙率较大的蛋白滤饼层，进而降低水力不可逆污染阻力。然而，其他种类 PAC 虽然能够缓解 HA 产生的浓差极化阻力，但不能有效控制蛋白浓差极化作用，因此浓差极化污染缓解效能较低。此外，由于它们不能有效去除蛋白，导致膜表面会形成和对照组一样致密的蛋白滤饼层，所以水力不可逆污染几乎不会缓解。

5.10 混凝絮体的结构特性对超滤膜污染的研究

在给水和废水处理中，阻碍膜应用的问题主要是膜污染。化学混凝作为一种预处理方法，能够对 MF/UF 系统的膜污染产生一定的影响。

絮体的结构特性特别是它的孔隙度，会影响膜过滤的效率。混凝悬浮物的特殊滤饼层阻力很大程

度上取决于混凝条件。

如何通过控制絮体的大小和结构来改变滤饼层的渗透能力，是一个值得深入研究的方向，其中，改变絮体的形状和密实程度将成为研究的重点内容。

在混凝中生成的絮体，都有破碎再絮凝的过程。笔者研究表明，当絮凝电中和作用占主导时，高岭土絮体破碎后能够完全恢复，破碎前后絮体的平均尺寸、分形维数和混凝速率几乎相同，破碎过程可逆，与破碎强度无关，再絮凝后剩余浊度降低。而网捕卷扫占主导作用时，破碎过程不可逆，破碎后絮体的平均尺寸、分形维数和混凝速率比破碎前要低，再絮凝后剩余浊度增加；在水的pH为7的条件下，在絮体破坏阶段快结束时再次投加少量硫酸铝，再絮凝后的絮体能够完全恢复，但若于絮体破坏阶段刚开始时投加则无效，表明硫酸铝新析出物的效力会在几分钟后消失，即其决定性因素是絮体的表面特性。

研究破碎再絮凝的絮体对膜污染的影响，关于考察不同形态下的絮体对超滤膜污染的情况，在国内外研究得不多，笔者团队将对其进行研究。

5.10.1 实验用水、实验装置、运行条件和实验分析方法

1. 实验用水

配水Ⅰ：将高岭土悬浮液用自来水（哈尔滨）稀释，使配水中高岭土浓度为50mg/L。配水Ⅱ：在配水Ⅰ的基础上加入5mg/L的储备腐殖酸，并将其放置24h，以达到吸附平衡。哈尔滨自来水具有中等的碱度（约115mg/L，以$CaCO_3$计），pH约为7.8。利用浊度仪（德国WTW公司，TURB555IR）测定配水水样的浊度，两种配水浊度均为65NTU左右。

去离子水配水，在去离子水中加入$NaHCO_3$ 5mmol/L（以下用mM代替），再投加高岭土储备液使之浓度为50mg/L。通过加入HCl来调整pH为5.0或7.0。实验温度均控制在25±1℃。

松花江原水在2009年5月到6月含有较高的DOC含量（5～8mg/L），并具有中等电导率（150～200μS/cm）。颗粒的主要大小分布和平均大小分别为1～100μm和17.27μm。在实验过程中，原水水温为21±2.1℃，pH为8.02±0.23，碱度为60mg/L左右（以$CaCO_3$计）。

2. 破碎再絮凝絮体—超滤实验装置与运行条件

混凝实验和中试膜系统都采用同样配水，为自来水配水中的配水Ⅱ。

烧杯实验：将定量硫酸铝（0.1mmol/L或者0.3mmol/L）加入到实验悬浮液中（1L）中，同时混凝搅拌装置启动。具有常规混凝的过程如下：搅拌强度为200r/min，时间为1min；50r/min时，时间为15min。具有破碎过程的混凝过程如下：搅拌速率先设定在200r/min，搅拌时间为1min，50r/min时，搅拌时间为3min，然后增加到200r/min搅拌时间为1min来破碎絮体，然后恢复到50r/min持续11min使絮体再絮凝。实验水温保持在25±3℃。实验中采用PDA进行连续检测。

中试实验：两套超滤膜系统，CUF1膜系统（无破碎过程）和CUF2膜系统（有破碎过程），运行了36～40h。其示意的实验装置如图5-135所示。两套超滤膜系统在相同的条件下平行运行。硫酸铝在混合系统中混合1min，然后絮凝15min-CUF1（G值从95.1/s降低到23/s），而在CUF2中，剪切速率在第二个絮凝池中提高到184/s来破碎絮体。在每个系统中膜组件都是一束孔大小为100kDa的中空纤维膜（聚偏二氟乙烯，PVDF，立升公司制，中国），其过滤面积为0.025㎡。过膜水用蠕动泵持续不断地从浸没式超滤膜组件中抽吸，恒定通量为20L/（㎡·h）（0.5L/h）。运行过程中没有反冲洗和曝气。压力传感器实时监测TMP的变化，数据采集结果保存在计算机上。水在超滤膜反应器中的水力停留时间为0.5h，每12h

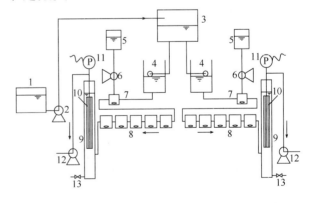

图5-135 实验装置的示意图

1—原水箱；2—原水泵；3—高位水箱；4—恒位水箱；
5—混凝剂杯；6—小型蠕动泵；7—混合系统；8—絮凝系统；
9—超滤膜反应器；10—超滤膜组件；11—压力传感器；
12—抽吸蠕动泵；13—污泥排放阀

排泥一次。

3. 微絮凝/混合—超滤实验装置与运行条件

实验配水是自来水配水中的配水Ⅱ。

在原水箱中的配水通过原水泵打到高位水箱，之后进入恒位水箱。恒位水箱中的配水通过加药混合池，药剂通过蠕动泵投加到加药混合池，之后通过絮凝池流入膜装置，或者直接流入膜装置。

两个小试超滤膜系统，定义为微絮凝超滤系统（CUF）和混合直接超滤系统（MUF），连续平行运行13d。图5-136为超滤膜系统实验装置示意图。CUF配水通过加药（高锰酸钾0.5mg/L和硫酸铝0.1mmol/L）混合各1min后进入絮凝池反应15min之后再进入超滤膜反应器。而MUF配水通过混合各1min后直接进入超滤膜反应器。反应器中膜组件为中空纤维膜，膜材料为PVC（苏州立升），膜面积为0.025m²，截留分子量为100kDa。反应器中的水通过恒流泵抽吸，其恒定流量为20L/(m²·h)(0.5L/h)，每30min抽吸膜滤，1min反冲洗不断循环工作。反冲洗流量为抽吸的2倍，反冲洗同时曝气(100L/h)，气水比为200∶1($v∶v$)。TMP通过压力传感器进行监测，并将采集的数据保存在计算机上。膜反应器中的水力停留时间为0.5h。

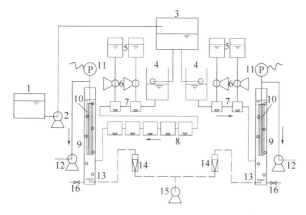

图5-136 超滤膜系统实验装置示意图

1—原水箱；2—原水泵；3—高位水箱；4—恒位水箱；5—混凝剂杯；6—小型蠕动泵；7—混合系统；8—絮凝系统；9—超滤膜反应器；10—超滤膜组件；11—压力传感器；12—抽吸蠕动泵；13—空气扩散器；14—空气流量计；15—空气泵；16—污泥排放阀

4. 高锰酸钾—混凝—超滤实验装置和运行条件

实验用水是松花江原水。实验装置示意图如图5-137所示，两套超滤膜系统（KCUF膜系统和CUF膜系统）在相同的条件下平行运行了36d，

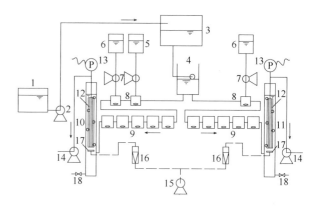

图5-137 实验装置的示意图

1—原水箱；2—进水蠕动泵；3—高位水箱；4—恒位水箱；5—KMnO₄药剂杯；6—混凝剂杯；7—小型蠕动泵；8—混合系统；9—絮凝系统；10—KCUF膜系统；11—CUF膜系统；12—超滤膜组件；13—压力传感器；14—抽吸蠕动泵；15—空气泵；16—空气流量计；17—空气扩散器；18—污泥排放阀

唯一差别是KCUF膜系统在投加混凝剂之前预先投加0.5mg/L完全溶解的KMnO₄。KMnO₄和硫酸铝在混合系统中各混合1min，然后絮凝15min（G值从250/s降低到23.1/s）。在每个系统中膜组件都是一束膜孔径大小为100kDa的中空纤维膜（聚偏二氟乙烯，PVDF，立昇公司，中国），其过滤面积为0.025m²。出水用蠕动泵持续不断地从浸没式超滤膜组件中抽吸，其恒定通量为20L/(m²·h)(0.5L/h)，以30min抽吸和1min反冲洗[40L/(m²·h)]交替循环的方式运行。每次反冲洗时在膜组件下以100L/h进行气洗曝气（气水比为200∶1）。压力传感器不断检测TMP的变化，数据保存在计算机上。在膜容器中的水力停留时间为0.5h，每天排泥一次。

在实验开始时，用Zeta电位来确定硫酸铝的最佳投药量。投药后快速搅拌1min后取样测Zeta电位值。在硫酸铝投加量为2.7mg/L（0.1mmol/L）时，Zeta电位接近于0，确定该投量为本实验的混凝剂投加量。

5. 混凝过程在线检测方法

将实验配水加入1L大口杯中，并在ZR4-6搅拌机（深圳中润）中进行絮凝实验。搅拌杯为内径为100mm的圆柱形，搅拌桨为单桨，宽度为50mm，高为40mm。

采用透光率脉动检测仪（PDA-2000，Rank Brothers，Cambridge，英国）来监测絮凝过程。

在这个方法中，检测了平均透射光强度（DC值）和光强度振荡值的均方根（RMS值），其比值（RMS/DC）则被称为FI指数（Flocculation index），它对颗粒絮凝的检测非常灵敏。FI 值随着混凝的发生而显著增大，当絮体发生破碎时则会减小。FI 指数反映絮体的絮凝效果和絮体颗粒大小。

絮体的二维分形维数定义为：絮体面积（A_s）和絮体特征长度（长轴，l）的幂指数关系。这个计算关系参考了 Logan 等人、Grijspeerdt 等人和 Chakraborti 等人的研究：

$$A_s \sim l^{D_2}$$

其中 D_2 是絮体的二维分形维数。

5.10.2　混凝—超滤工艺中絮体特性对膜污染的影响

1. 破碎再絮凝后的絮体对膜污染的影响

将絮体形成、破碎及再絮凝过程（CUF1）与传统混凝过程（CUF2）进行了比较，以此获得在水处理过程中尺寸、分形维数和表面性质等絮体特性与膜污染之间的关系。

2. 絮体破碎前后 FI 指数变化

在不同的混凝剂投量下，膜前后水中的 UV_{254} 吸收值在 CUF1 和 CUF2 膜系统中均相同，为 0.03/cm 左右。因此，这里仅对絮体的特性进行了研究。我们之前的研究表明，由 0.1mmol/L 硫酸铝形成絮体的 Zeta 电位接近于 0，而当硫酸铝投加量超过 0.2mmol/L 时，网捕卷扫占主导作用机理，此时絮体的 Zeta 电位较高。

由于混凝过程可能影响超滤膜的过滤，有破碎过程和无破碎过程的絮体 FI 指数变化值如图 5-138 所示。在初始阶段，高硫酸铝投加量下（0.3mmol/L）FI 指数相对增加较快，但是在平衡后的 FI 指数却是最低的（图 5-138a）。实际上，3 种投量下絮体的实际尺寸是基本相同的，不随混凝剂投加量的增加而变化，这个结果可以由图 5-139 证明，原因可以用絮体的消光原理来解释。根据 Amirtharajah 等人的硫酸铝随 pH 变化的溶解度曲线图，当溶液 pH 为 7 时的 Al^{3+} 浓度为 $1\mu mol/L$。因此绝大多数硫酸铝以析出物的形式析出，絮体的数量随着硫酸铝投加量的增加而增加，因此每个絮体中的颗粒数相应减少。

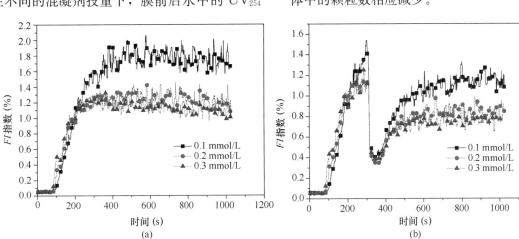

图 5-138　FI 指数随混凝时间的变化

（a）无破碎；（b）破碎

如果在混凝过程中有破碎，对于 3 种硫酸铝投加量下的絮体 FI 指数均降低到较低的水平，但当搅拌速率恢复后，FI 指数增加（图 5-138b）。不同硫酸铝投加量的再生絮体的平衡 FI 指数随着混凝剂投加量的增加而降低，这个结果与无破碎过程的常规混凝过程一致。不同混凝剂投量下，絮体破碎再絮凝的 FI 指数是没有破碎过程的 FI 指数的 2/3。虽然破碎再絮凝后絮体的 FI 指数降低了，但其 TMP 的增长速率也显著降低，机理会在后面进行详细阐述。

3. 破碎与未破碎过程絮体的大小分布

FI 指数仅仅代表了絮体的平均大小，并不能代表絮体的大小分布。不同硫酸铝投加量下有破碎和无破碎过程的絮体大小分布通过统计分析由图 5-139 所示。当硫酸铝投加量从 0.1mmol/L 增加到 0.3mmol/L 时，絮体的平均大小基本相同。对于 $100\mu m$ 和 $200\mu m$ 中等大小絮体，有破碎过程中其所占比例较无破碎过程的要高。有破碎过程的小絮体（$<50\mu m$）所占比例与无破碎过程的小絮体比例基本相同。在 0.1mmol/L 投加量下，有破

碎过程的小絮体含量比无破碎过程要少得多（图 5-139（a））。较低的小絮体含量可能会减少膜污染，这会在后续中进一步讨论。

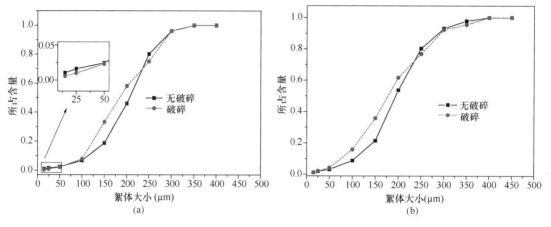

图 5-139　具有和不具有破碎过程絮体的大小分布

（a）0.1mmol/L 硫酸铝；（b）0.3mmol/L 硫酸铝

4. 不同絮凝过程絮体的分形维数

絮体结构不仅对于净化/分离过程非常重要，而且也会影响膜表面的滤饼层结构。通常情况下，较高的絮体分形维数会导致较高的 TMP。常规混凝的絮体其分形维数从电中和到网捕卷扫稍有降低，但幅度不大。而混凝有破碎过程时，破碎再絮凝后絮体的分形维数与混凝剂投加量无关。图 5-140 显示了最主要的结果，破碎再絮凝后絮体的分形维数明显比常规混凝的絮体要低。再絮凝后絮体较低的分形维数可能是较低 TMP 增长速率的原因，这个结果可被后续 TMP 实验所证实。

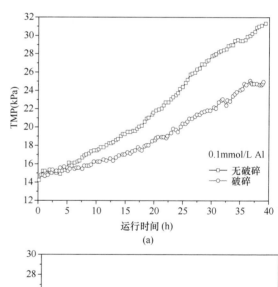

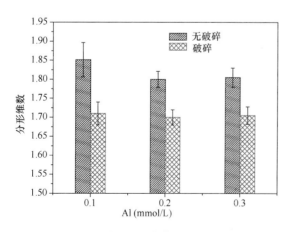

图 5-140　破碎过程对絮体分形维数的影响

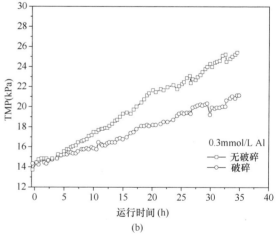

图 5-141　不同条件下 TMP 的变化

（a）0.1mmol/L Al；（b）0.3mmol/L Al

5. 不同絮凝过程下超滤膜 TMP 变化

TMP 增长较慢可延长膜的寿命并降低能耗。图 5-141 显示了随着运行时间的增长两种混凝方式对 TMP 变化的影响，期间没有反冲洗和曝气，混凝剂投加量为 0.1mmol/L Al 和 0.3mmol/L Al。比较图 5-141（a）和图 5-141（b），在 CUF1（无破碎）系统中 TMP 的增加量在 0.1mmol/L Al 投加量时仅比 0.3mmol/L Al 投加量下稍高。而且图 5-141（a）中 TMP 在运行 20h 后会加速增长，而在图 5-141（b）中 0.3mmol/L 下 TMP 一直是线性增加。比较图 5-140 和图 5-141，这可能与 0.1mmol/L 硫酸铝投加量下小絮体数目较多、絮体分形维数相对较高有关。

当硫酸铝投加量为 0.1mmol/L 时，在 CUF2 膜系统中（有破碎过程）的 TMP 的增加比 CUF1 膜系统中（常规混凝过程）要低。当硫酸铝投加量为 0.3mmol/L 时这个结果也是相同的（图 5-141b）。而且当硫酸铝投加量为 0.1mmol/L 或 0.3mmol/L 时，在 CUF2 系统中有破碎过程的 TMP 增长速度也接近相同。

在 0.1mmol/L 硫酸铝投加量下，具有破碎过程的小絮体含量比没有破碎过程的小絮体要少，这可能是导致较低的 TMP 增长速率的原因。Howe 等人认为当颗粒状的物质被去除时，剩余的溶解性有机物几乎不会造成膜污染。Lee 等人得出结论，絮体的结构和分形维数对于絮体的滤饼层阻力在小絮体上更加显著，这是由于它们会对絮体内部的渗透能力有较大影响，而本研究中小絮体数目的减少就会减少其对滤饼层内部小孔的堵塞。

根据前面的研究结果，絮体在破碎再絮凝后其剩余浊度比无破碎过程的要低，即小絮体在破碎再絮凝后减少，并且此时絮体的分形维数在絮体破碎再絮凝后减少，然而此时絮体的比表面积却增加。因此，当小絮体通过滤饼层的孔隙时，小絮体被吸附到滤饼层上的概率就会增加。

当然，絮体破碎后其表面特性就会改变，图 5-138 和 Solomentseva 等人的研究结果表明，絮体破碎再絮凝后尺寸比破碎前要小。絮体在破碎前后其 Zeta 电位是不会发生变化的，因此不是电荷作用而是其他原因如絮体表面特性的变化导致了絮体破碎后不能恢复。我们把它命名为"表面活性"，而较低的"表面活性"导致了絮体较难粘附在一起。

絮体破碎再絮凝后分形维数降低，表明了破碎使絮体粘附在一起的粘附点数目减少。虽然絮体破碎再絮凝后其平均尺寸减小，但其尺寸分布变得较为均匀；而常规混凝的絮体其尺寸分布相对较宽，如图 5-142 所示。

这样当絮体接近膜表面后，絮体的结构形态就

会对 TMP 产生很大的影响。图 5-142 中两种絮体在膜表面叠加逐步形成滤饼层的一个过程。破碎再絮凝后絮体由于分形维数较小，而且相对较为均匀，滤饼层就会有很多的孔隙，如图 5-142（a）所示。并且，絮体比表面积相对较大，小颗粒吸附到其表面的概率就会增大，因而减少膜孔的堵塞。然而当常规混凝絮体接近超滤膜表面时，由于絮体的分形维数较高，而且絮体尺寸分布较宽，这样滤饼层中的孔隙很容易被不同大小的小絮体所堵塞，从而造成了 TMP 有相对较大的增长，如图 5-142（b）所示。

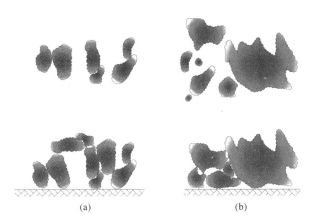

图 5-142　破碎后再絮凝絮体和常规混凝絮体对膜污染的机理

综上所述，本节通过比较有无破碎再絮凝过程的絮体，来研究絮体特性对膜污染的影响。硫酸铝投加量从 0.1mmol/L 增加到 0.3mmol/L，具有破碎再絮凝过程的絮体其分形维数比常规混凝的絮体要小。前者比后者的絮体对膜污染的增长影响较小，即 TMP 增长速率在有破碎过程的超滤膜系统中比在常规混凝的超滤膜系统中要低。虽然絮体在破碎再絮凝后的平均尺寸比常规混凝的絮体要小，但絮体的平均大小并不是影响 TMP 增长的重要因素。絮体破碎再絮凝后小絮体的减少可能导致了 TMP 的降低。絮体的表面活性能够影响絮体的粘附特性，从而影响滤饼层的压缩特性，进而影响 TMP。因此，未来有必要进一步研究絮体的"表面活性"。

5.10.3　微絮凝过滤和直接过滤对膜污染的影响

本节的目的是，了解常规混凝后过滤（微絮凝过滤）与加药混合后直接过滤对膜污染和出水水质的影响。采用加入高岭土和腐殖酸的自来水配水，

在预先投加高锰酸钾助凝剂和硫酸铝混凝剂后，对微絮凝过滤（CUF）和直接过滤（MUF）进行了对比实验。具体实验运行装置和运行条件见5.10.1节。

1. 不同工艺下 TMP 变化

在恒定通量的情况下，膜污染程度的主要标志为 TMP 的增长，由此对两种工艺下的膜污染进行了对比研究。图 5-143（a）表明，随着膜运行时间的增加，两种工艺下的 TMP 都逐渐增长。虽然初始 TMP 两者相同，但随着运行时间的增加，从运行第 3 天开始微絮凝后过滤和混合后直接过滤的 TMP 开始出现很大的差别。微絮凝过滤的 TMP 增长较快，并且在运行后期增长更快。而混合后直接过滤的 TMP 增长较慢，增长速度几乎是微絮凝过滤的一半，并且在运行稳定阶段 TMP 的增长速率更低，例如从第 5 天到第 13 天

仅增长了 3kPa。

我们还研究了多个周期内 TMP 的变化。图 5-143（b）显示了两种工艺在多个周期内 TMP 的变化，从图中可以发现，微絮凝过滤的 TMP 增加较陡，而直接过滤就相对平缓得多。这表明直接过滤时污泥表面的挤压程度比微絮凝过滤时要低，因此形成滤饼层的密实程度较低。图 5-143（b）还表明了微絮凝过滤和直接过滤反冲洗时 TMP 有较大的差距，这也是由于膜表面絮体形成的滤饼层密实程度不同。微絮凝过滤膜表面滤饼层较为密实，难以通过反冲洗去除，长期积累滤饼层使反冲洗时跨膜压差从 24kPa 增加到近 50kPa；然而直接过滤形成的滤饼层较为松散，容易通过反冲洗去除，并且其反冲洗后 TMP 增长较慢，仅从 24kPa 增加到近 30kPa。

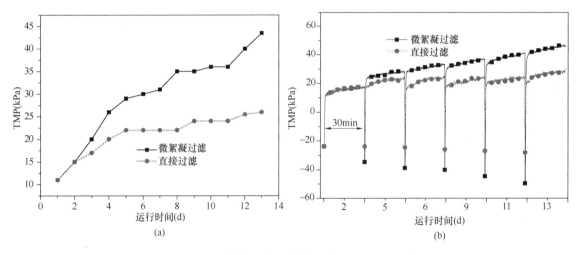

图 5-143　微絮凝过滤和直接过滤对 TMP 的影响
（a）每天变化；（b）运行周期变化

2. 有机物去除比较

对有机物的去除情况，结果如图 5-144 所示。图 5-144（a）表明，微絮凝过滤和直接过滤对于 COD_{Mn} 均有较好的去除效果，COD_{Mn} 去除效率达到了 50%，这是由于腐殖酸比较容易通过混合 1min 去除。而絮凝 15min 并不能增加 COD_{Mn} 的去除率，这说明绝大部分能去除的有机物在 1min 混合过程中已经吸附到了絮体上，该结论也可通过 Zeta 电位在絮凝过程中不发生变化而论证。

图 5-144（b）表明两种工艺对 DOC 的去除率在 40% 左右。由于超滤膜对有机物去除较少，有机物主要是通过混凝吸附作用得到去除。总体来说，微絮凝过滤与直接过滤对 DOC 的去除率差别

不大。在初始运行期间，微絮凝过滤出水 DOC 比直接过滤要低；运行时间超过 3d 后，微絮凝过滤出水的 DOC 反而比直接过滤稍高，这可能是由于直接过滤膜表面滤饼层的吸附作用，因为直接过滤絮体表面具有较高的活性。

图 5-144（c）表明，投加混凝剂对 UV_{254} 具有较好的去除效果，在前几天的运行表明，絮凝之后过膜与直接过膜效果相当，但当运行至第 5 天时两种工艺膜出水的 UV_{254} 就开始出现差距，此后随着运行时间的延长，直接过膜出水的 UV_{254} 均比微絮凝过滤出水要低。这表明直接过滤形成的滤饼层表面还能吸附一定的有机物。综上，直接过滤比微絮凝过滤对有机物有更好的去除效果。

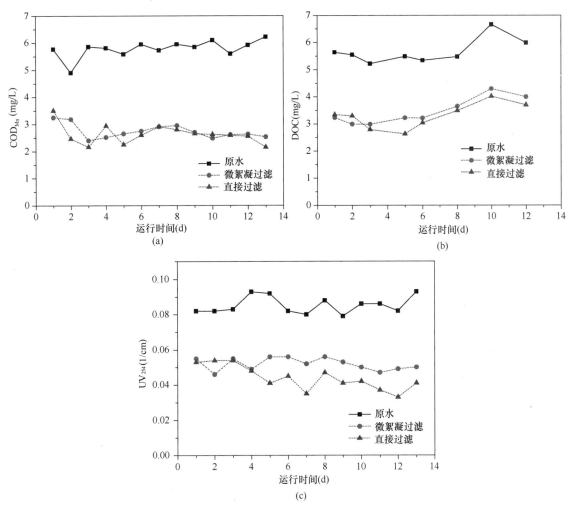

图 5-144　微絮凝过滤和混合后直接过滤对有机物的去除

(a) COD_{Mn}；(b) DOC；(c) UV_{254}

3. 原子力显微镜（AFM）和扫描电镜（SEM）的微观观察

为了研究膜污染的机理，特别是絮体对膜污染的影响，对膜表面的滤饼层进行了研究。图 5-145（a）、图 5-145（b）、图 5-145（c）分别为新膜、微絮凝过滤的膜和直接过滤的膜。从 AFM 三维图可见，新膜、微絮凝过滤膜、直接过滤膜表面的粗糙度有较大差距。图 5-145（a）显示膜表面较为光滑，说明膜表面比较干净。微絮凝过滤膜和直接过滤膜其表面均有一层较厚的滤饼层，如图 5-145（b）和图 5-145（c）所示，表明滤饼层在微絮凝膜表面较为平坦，而且比较密实，而图 5-145（c）大絮体叠加在膜表面，形成了较厚的保护层，而且滤饼层表面高低不平。直接过滤的絮体其分形维数较小，形成的滤饼层比较疏松，TMP 增长速度较慢，能更好地吸附过膜的有机物。

同样，我们用 SEM 对膜表面特性进行了研究。由图 5-146 可见，新膜、微絮凝过滤膜和直接过滤膜的表面差距较大，显示了新膜中具有较多的膜孔，并且膜孔分布比较均匀；微絮凝后的膜表面滤饼层比较密实，滤饼层上几乎看不到小孔；而直接过滤的膜表面滤饼层上可见很多小孔，从而导致了 TMP 增长速率较低。

膜表面的 AFM 和 SEM 图片验证了滤饼层结构松散能够降低 TMP，而采用直接过滤就是一个较好的方式。根据我们之前的研究结果，絮凝过程会使絮体表面的活性降低，从而降低了对小颗粒和有机物的吸附能力，相比于混合后直接过滤而言增加了膜污染。并且随着絮凝时间的延长，絮体的分形维数也随之增加，从而增加了絮体的密实程度和由滤饼层形成的 TMP。

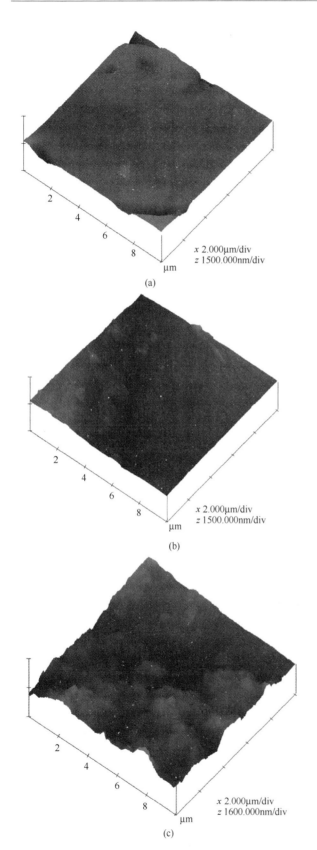

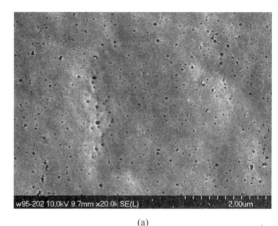

(a)

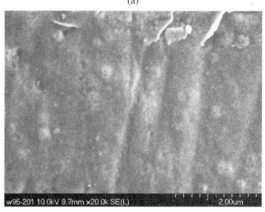

(b)

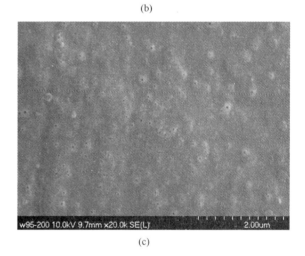

(c)

图 5-146　微絮凝过滤和直接过滤 SEM 膜表面
（a）新膜；（b）微絮凝过滤膜；（c）直接过滤膜

图 5-145　微絮凝过滤和直接过滤 AFM 膜表面
（彩图请扫版权页二维码）
（a）新膜；（b）微絮凝过滤膜；（c）直接过滤膜

5.10.4　高锰酸钾强化混凝降低膜污染的研究

上述研究结果表明，通过控制絮体的大小和结构，可以控制滤饼层的渗透能力。因此，改变絮体的形状、密实程度等特性具有重要的意义，Waite 等人的研究结果也证明了这一点。松花江水中的天然有机物和悬浮颗粒物含量较高，本节的目的是研究高锰酸钾预氧化作用对强化天然有机物的去除和减轻膜污染的效能，比较高锰酸钾—混凝—超滤系统（KCUF）和混凝—超滤系统（CUF）运行效能。本节的研究结果可以为高锰酸钾预氧化条件下的絮体特性对膜污染的影响提供有价值的信息，并指导生产实践。实验运行装置和运行条件见 5.10.1 节。

1. KCUF 与 CUF 对浊度去除

用 KCUF 和 CUF 膜系统来处理松花江水，运行时间为 36d。在此期间对无机物颗粒等去除效率列于表 5-30 中。原水中超过 99.8% 的颗粒被 KCUF 膜系统和 CUF 膜系统去除。浊度从 25.7 ± 13.84NTU 降低到 0.05 ± 0.01NTU，两种膜系统对颗粒的去除效率基本相同。暴雨产生的高浊度（100NTU）不会影响膜后出水的浊度。$KMnO_4$ 的投加并不会改变超滤膜对颗粒的截留效率。

KCUF 系统（0.5mg/L $KMnO_4$）和 CUF 系统中污染物的去除效率 表 5-30

水质指标	进水	KCUF 膜		CUF 膜	
		出水	去除率（%）	出水	去除率（%）
浊度（NTU）	25.70 ± 13.84	0.05 ± 0.01	99.8 ± 0.04	0.05 ± 0.01	99.8 ± 0.06
COD_{Mn}（mg/L）	5.33 ± 1.24	2.85 ± 0.44	46.5 ± 8.2	3.33 ± 0.53	37.5 ± 9.9
DOC（mg/L）	5.91 ± 0.83	3.28 ± 0.15	41.2 ± 4.6	3.90 ± 0.28	30.1 ± 6.5
UV_{254}（1/cm）	0.177 ± 0.021	0.056 ± 0.007	54.8 ± 5.6	0.068 ± 0.010	43.8 ± 4.3
AOC（$\mu g/L$）	164.0 ± 22.1	78.4 ± 10.2	52.2 ± 6.2	70.1 ± 12.3	57.2 ± 7.5

2. KCUF 与 CUF 对有机物的去除比较

总有机物可以被分为颗粒有机物部分和溶解性有机物部分。当浊度较高时，由于水样会对 TOC 仪产生破坏，因此采用 COD_{Mn} 来代替总有机物含量。当 $KMnO_4$ 投加量为 0.25mg/L 时，KCUF 和 CUF 膜系统对 COD_{Mn} 的去除效率几乎相同，前者的去除率稍高。进水 COD_{Mn} 从 5.274 ± 0.765mg/L 减至出水的 3.104 ± 0.231mg/L（KCUF）和 3.225 ± 0.268mg/L（CUF）。但是当 $KMnO_4$ 增至 0.5mg/L 时，如图 5-147 所示，在 KCUF 膜系统中原水的 COD_{Mn} 从 5.33 ± 1.24mg/L 降至出水的 2.854 ± 0.438mg/L，其对应的去除率为 46.5%，远高于去除率为 37.5% 的 CUF 系统。可见，增加的大约

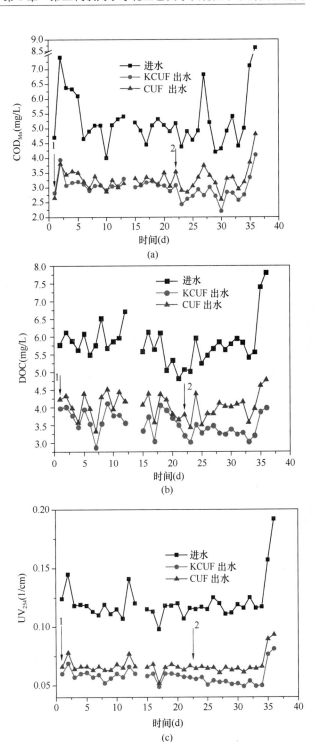

图 5-147 KCUF 和 CUF 膜系统对有机物的去除
（高锰酸钾投加量 1：0.25mg/L，2：0.5mg/L）
(a) COD_{Mn}；(b) DOC；(c) UV_{254}

10% 的去除率是由于 $KMnO_4$ 的氧化和吸附作用。

和颗粒有机物相比，溶解性有机物很难被超滤膜截留去除。因此，将 KCUF 和 CUF 膜系统中 DOC 和 UV_{254} 的去除效率也进行了比较，36d 的运行结果如图 5-147（b）和图 5-147（c）所示。进

水中 DOC 从 5.91 ± 0.83mg/L 降低到 KCUF 系统出水的 3.67 ± 0.33mg/L（0.25mg/L KMnO$_4$）和 CUF 系统的 3.90 ± 0.28mg/L，对应的 DOC 去除率为 36.7% 和 30.1%，如图 5-147（b）所示。但当 KMnO$_4$ 投加量提高到 0.5mg/L 时，在 KCUF 膜系统中 DOC 的去除率增加到 41.2%。这表明，投加 KMnO$_4$ 是有助于 DOC 的去除的，且投量越高效果越显著。当高锰酸钾投加量为 0.25mg/L 时，KCUF 系统对 UV$_{254}$ 的去除率为 $49.9\%\pm3.4\%$，CUF 系统的去除效率为 $43.8\%\pm4.3\%$；而当高锰酸钾投加量为 0.5mg/L 时，UV$_{254}$ 的去除率增至 $54.8\%\pm5.6\%$，比 CUF 系统去除率提高了 11%。

为了进一步研究 KCUF 和 CUF 膜系统中的有机物去除情况与出水生物稳定性的关系，对进水、膜系统中的混合液和出水中的可同化有机碳（AOC）进行了研究。如图 5-148 所示，在 KCUF 和 CUF 膜系统中混合液的 AOC 浓度分别达到了 $192.9\pm32.1\mu$g/L 和 $114.8\pm17.2\mu$g/L，和原水中 AOC 的浓度 $164.0\pm22.1\mu$g/L 相比，高锰酸钾的投加使 AOC 的浓度反而增加，而 CUF 膜系统通过混凝过程能够去除部分 AOC。这表明高锰酸钾的投加使水中的部分有机物氧化成容易被生物同化的物质。最终，KCUF 和 CUF 膜系统出水的 AOC 浓度分别降低到 $78.4\pm10.2\mu$g/L 和 $70.1\pm12.3\mu$g/L，KCUF 膜系统出水 AOC 的去除率仅比 CUF 膜系统出水低 4.5%。这表明 KCUF 膜表面的滤饼层能比 CUF 吸附更多的 AOC，从而导致了几乎相同的出水 AOC 浓度。这是由于膜表面滤饼层内高锰酸钾的还原产物新生态 MnO$_2$ 或其他的中间产物吸附了过膜的小分子有机物（如 AOC 等物质），或是

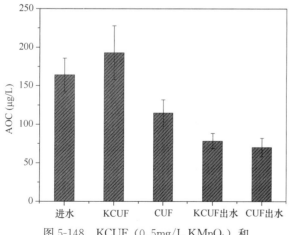

图 5-148　KCUF（0.5mg/L KMnO$_4$）和 CUF 膜系统对 AOC 的去除情况

由于膜系统运行一段时间后膜表面存在着微生物，还需要进一步探讨。

采用凝胶色谱对 KCUF 和 CUF 膜系统进水、混合液和出水的有机物表观分子量分布进行了检测，测定其在 UV$_{254}$ 的吸附值，结果如图 5-149 所示。在膜系统混合液中，KCUF 膜系统中 UV$_{254}$ 吸附峰的强度均比 CUF 膜系统要低，并且均低于进水的强度。KCUF 膜系统出水的溶解性有机物的分子量分布也比 CUF 系统要低。但是，当表观分子量在 1.5kDa 左右时，KCUF 膜系统中混合液的 UV$_{254}$ 吸收强度比 CUF 要高，这表明对于该分子量范围的有机物来说，KCUF 膜系统的混合液中含量较高。这是由于 KMnO$_4$ 的预氧化作用导致了该分子量范围的有机物含量增加。然而在此时的表观分子量，KCUF 系统中出水的有机物含量与 CUF 系统出水几乎相等，这表明在 KCUF 膜系统中膜表面的滤饼层能够吸附更多的有机物，特别是分子量在 1.5kDa 左右的有机物。这个结果与 KCUF 和 CUF 膜系统中的混合液和出水的 AOC 变化规律非常相似，从而进一步证明了高锰酸钾絮体形成的滤饼层具有一定的氧化和吸附作用。

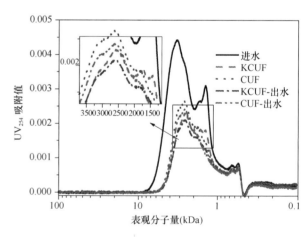

图 5-149　KCUF 和 CUF 膜系统处理前后水中溶解性有机物的分子量分布

3. KCUF 和 CUF 膜系统中 TMP 比较

膜污染问题是膜过滤技术在水处理中大规模应用的主要障碍。有机物造成膜污染的程度取决于有机物的组成成分、膜的材料、膜的孔径等，当然，膜污染程度还取决于由絮体组成的覆盖在膜表面的滤饼层。图 5-150 就是两种膜系统中 TMP 变化。

在本实验中，KCUF 和 CUF 膜系统的通量都

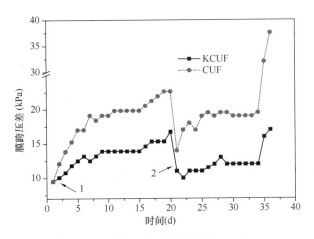

图 5-150　KCUF 和 CUF 膜系统中 TMP
1—KMnO$_4$ 0.25mg/L；2—KMnO$_4$ 0.5mg/L

控制在 20L/（m^2·h）。因此，通过 TMP 可以反映膜污染的程度。运行至第 21 天时，进行了反冲洗和曝气（气水比 200：1），持续时间为 30min。除此之外，既没有进行物理清洗也没有进行化学清洗。KCUF 和 CUF 系统中 TMP 变化如图 5-150 所示。从图中可以发现，随着运行时间的增加，2 个系统的 TMP 从初始的 10kPa 开始逐渐升高。运行了 20d 后，KCUF 系统中的 TMP 增加到了 16kPa，而 CUF 系统中 TMP 则增加到了 23kPa，比 KCUF 高出 7kPa。这表明高锰酸钾的预氧化和助凝作用能够降低膜污染。

第 21 天进行了 30min 的反冲洗和曝气，随后 KCUF 系统中的 TMP 恢复至 10kPa 左右，与新膜的 TMP 非常相似。然而 CUF 的 TMP 降低至 13kPa，说明了 CUF 系统中的不可逆污染明显高于 KCUF 系统。

第二阶段（21～36d）运行期间，KMnO$_4$ 的投量增加到 0.5mg/L。KCUF 膜系统中的 TMP 增长速度比第一阶段（1～21d）要慢得多，KCUF 系统中的 TMP 从 10kPa 到 12kPa 只增加了 2kPa。然而对于 CUF 系统，从 13kPa 增加至 19.5kPa，增长速度明显高于 KCUF 系统中 TMP 的增长速度。

在第二阶段的最后 2 天，由于松花江流域发生暴雨，两组系统的进水水质发生了较大的变化，此时进水浊度达到了 100NTU 左右。对于 KCUF 系统，其 TMP 从 12kPa 增加到 17kPa，而 CUF 膜系统的 TMP 从 19.5kPa 增加到 37.5kPa。这表明 KMnO$_4$ 不仅能够降低膜污染，且在水质骤然变化的条件下具有较强的抗冲击能力。

4. KCUF 和 CUF 膜系统中的颗粒分布

超滤膜表面的滤饼层主要构成了可逆污染，增加了动力费用。因此，冲刷膜表面来减少滤饼层的堆积显得尤为重要，我们研究了在水反冲洗的同时以不同的曝气强度进行气洗。图 5-151 显示，曝气强度不同，从膜表面脱离的颗粒数目也有所不同。曝气 1min 后 KCUF 膜系统中的颗粒数目比 CUF 系统中要多，这表明通过反冲洗和曝气前者膜表面的滤饼层比后者更容易去除，这必定与滤饼层的特性有关，而滤饼层的特性又与絮体的结构和大小密切相关。曝气停止 20min 后，KCUF 膜系统内的颗粒数与 CUF 膜内的基本相同。这表明 KCUF 中膜表面的絮体与在 CUF 内的絮体对滤饼层产生了不同的影响。图 5-151 还显示，在较低曝气强度下（气水比为 20：1）曝气后 1min KCUF 和 CUF 膜系统中的颗粒数均明显减少，表明超滤膜表面有更多的污泥未被清洗下来。因此，无论是在 KCUF 膜系统还是在 CUF 膜系统中，高强度的曝气都能够更为有效地去除膜表面的颗粒或污泥。而在低强度的曝气条件下，KCUF 膜上的滤饼层比 CUF 膜上的滤饼层更容易去除。

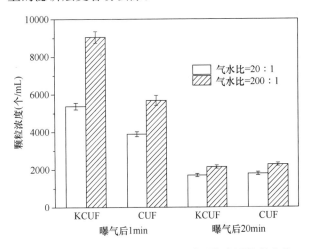

图 5-151　曝气后 KCUF 和 CUF 膜系统中颗粒数变化

5.10.5　絮体影响膜污染的机理

膜污染的主要机理是滤饼层的形成和膜孔的堵塞。因为 PVDF 膜为亲水性膜，所以滤饼层的形成可能是最主要的膜污染机理，研究形成滤饼层的絮体的特征就显得尤为重要。当絮体被吸附到超滤膜表面时，滤饼层就逐渐形成，如果絮体的特性不同，那么滤饼层的密实程度也不同，TMP 的增长情况必定有所不同。

为了研究在 KCUF 和 CUF 膜系统中形成的絮体对超滤膜的不同影响，在搅拌实验中对絮体的形成、破碎和再絮凝进行了探讨。如图 5-152 所示，硫酸铝絮体的平均尺寸比 KMnO$_4$＋硫酸铝絮体增长得慢，絮体破碎再絮凝后前者比后者也要小，这是由高锰酸钾形成的小絮体或者团簇的表面特性所决定的。高锰酸钾与污染物反应后形成新生态 MnO$_2$ 颗粒。当水中的 pH 接近于 7 时，高锰酸钾主要的降解产物为 δ-MnO$_2$。因此，絮体的絮凝能力或破碎絮体的再絮凝能力比仅有硫酸铝形成的絮体要强。新生态 δ-MnO$_2$ 吸附有机物到絮体表面可能改变了絮体的特性，另一个可能是新生态 δ-MnO$_2$ 起到了核心的作用。因此在 KCUF 膜系统中曝气后絮体的再絮凝能力，同样比在 CUF 中絮体的再絮凝能力要高。

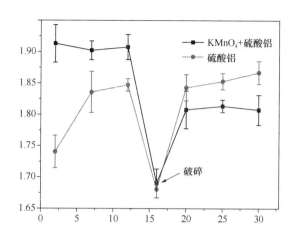

图 5-153　分形维数的变化：硫酸铝和 KMnO$_4$＋硫酸铝形成的絮体其形成、破碎和再絮凝过程

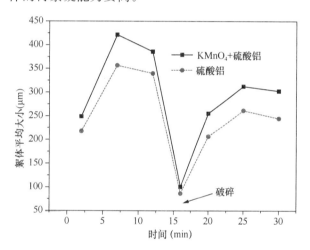

图 5-152　硫酸铝絮体和 KMnO$_4$＋硫酸铝絮体形成、破碎和再絮凝过程（松花江水）

在破碎过程中，破碎絮体会产生新暴露的表面。一般情况下，破碎絮体能吸附溶解在水中的有机物，这会增加有机物的去除率。如果絮体中含有新生态的 δ-MnO$_2$，破碎絮体的新表面可能比硫酸铝絮体吸附更多的有机物。

如图 5-152 所示，原水为松花江水时，由硫酸铝形成的絮体破碎后不能完全恢复，这是由于在 pH 为 7 时，电中和机理不占主导作用，尽管此时的 Zeta 电位接近于 0。这个结果与 Jarvis 等人的研究结果非常相似。

如图 5-153 所示，由硫酸铝或 KMnO$_4$＋硫酸铝形成的絮体其分形维数随着絮凝、破碎和再絮凝过程呈现出不同的变化规律。在絮体破碎前，KMnO$_4$＋硫酸铝絮体的分形维数变化不大，维持

在较高的水平（大于 1.90）。然而，仅投加硫酸铝时，尽管分形维数随混凝时间的延长有所增加，从 1.74 增加至 1.85，但仍低于 KMnO$_4$＋硫酸铝絮体的分形维数。尺寸较大、分形维数较高的絮体具有更好的沉降性能，因此在破碎前，由 KMnO$_4$＋硫酸铝形成的絮体比由硫酸铝形成的絮体更容易通过沉降过程得到去除。当絮体破碎再絮凝后，情况发生了逆转，由 KMnO$_4$＋硫酸铝形成的絮体其分形维数显著降低，比仅有硫酸铝形成的絮体分形维数要低，而这部分絮体由于破碎过程更难以沉降，易于吸附在膜表面形成滤饼层。小絮体形成的滤饼层阻力相对较大，而此时由 KMnO$_4$＋硫酸铝形成的絮体尺寸较大，破碎再絮凝后的分形维数较低，形成滤饼层的阻力较小，因此 KCUF 膜系统在恒定通量下 TMP 增长速率较慢。

为了研究 KCUF 和 CUF 膜系统中 TMP 的变化规律，我们对新膜、KCUF 系统膜和 CUF 系统膜表面的扫描电镜照片进行了研究，如图 5-154 所示。从图 5-154（a）发现新膜表面的小孔分布较多，并且比较均匀，但是膜表面并不光滑而是凹凸不平的。在 KCUF 系统中膜运行 36d 后，如图 5-154（b）所示，膜表面仍然可见较多的小孔，但在 CUF 系统中膜表面的小孔数目明显减少，如图 5-154（c）所示。这表明 KMnO$_4$ 可以有效地延缓膜污染。CUF 膜系统中由不可逆污染造成的 TMP 较高，因此 KMnO$_4$ 能够同时延缓可逆污染和不可逆污染。可逆污染的减轻是由于 KMnO$_4$ 反应过程中生成的新生态 δ-MnO$_2$ 具有较大的比表面积，可以吸附水中更多的有机物。

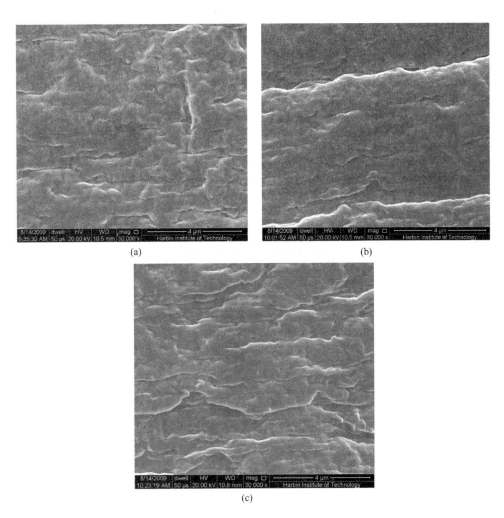

图 5-154　膜表面的扫面电镜图（SEM）

（a）新膜；（b）KCUF 膜；（c）CUF 膜

Yamamura 等人认为分子量较小的憎水性物质（如腐殖酸类）首先吸附到膜上，使膜的孔径变小，然后大分子的亲水性物质（如碳水化合物类）会堵住小孔。因此，去除腐殖酸类憎水性物质非常重要，而 $KMnO_4$ 强化了这部分有机物的去除，在 CUF 膜中，膜后出水中分子量 $1 \sim 5kDa$ 范围内的有机物均有去除。而在 KCUF 膜中，膜后出水分子量仅 $1 \sim 3kDa$ 的有机物有明显去除。因此，很可能是分子量在 $3 \sim 5kDa$ 的有机物堵塞了 CUF 膜的膜孔。在 KCUF 膜系统中，混合液通过超滤膜时有机物被新生态 $\delta\text{-}MnO_2$ 吸附并截留在膜表面（包括 AOC 和分子量分布），从而降低了不可逆污染。

综上所述，对 $KMnO_4$ ＋硫酸铝混凝超滤（KCUF）和仅有硫酸铝的混凝超滤（CUF）工艺处理松花江水进行了比较。采用 $KMnO_4$ 预氧化后再经过浸没式超滤膜过滤能够强化有机物的去除，

如 TOC、UV_{254} 和 COD_{Mn}。通过分子量分布的对比也可发现，KCUF 膜系统的混合液和出水中有机物的含量比 CUF 的要低。虽然 KCUF 膜系统混合液中的 AOC 浓度比 CUF 中的要高，甚至比原水还高，但膜后水中的 AOC 浓度有较大幅度的降低，与 CUF 膜后水的 AOC 浓度接近。当 $KMnO_4$ 投量从 $0.25mg/L$ 增加到 $0.5mg/L$ 时，KCUF 膜系统 TMP 的增长速度比 CUF 膜中的低得多，表明了 KCUF 系统中膜表面的滤饼层比 CUF 系统中的滤饼层更能吸附小分子物质。

当曝气强度为 $200 : 1$（气水比）时，KCUF 膜系统中的滤饼层（可逆污染的主要部分）能够得到较好的去除效果。KCUF 膜系统中的 TMP 几乎是 CUF 膜系统中 TMP 的 $1/2$（$0.25mg/L$ $KMnO_4$）。由 $KMnO_4$ ＋硫酸铝形成的絮体比仅有硫酸铝的絮体要大，包括破碎前和破碎后的絮体。破碎前，由 $KMnO_4$ ＋硫酸铝形成的絮体其分形维数比仅有硫

酸铝的絮体分形维数高得多，而破碎再絮凝后的分形维数则比硫酸铝絮体的要低，这导致了较高的通量和较低的 TMP 增长速度。而且，$KMnO_4$ 的加入能降低不可逆污染。电镜扫描发现，经过 36d 运行后，CUF 系统中的膜阻塞情况明显比 KCUF 系统严重，表明 CUF 系统中膜被有机物或小絮体等物质堵塞的程度更为严重。

综上所述，虽然絮体在破碎再絮凝后的平均尺寸比常规混凝的絮体要小，但絮体的平均尺寸并不是影响絮体 TMP 的重要因素。具有破碎再絮凝过程的絮体其分形维数比常规混凝的絮体要小，因此对膜污染的影响较小，即 TMP 在具有絮体破碎过程的超滤膜系统中比在常规混凝的超滤膜系统中增长速度慢。

与混凝剂混合后直接过滤产生较低的 TMP，但絮凝过程反而增加了超滤膜的 TMP，表明膜表面滤饼层的结构与混合后直接过滤的膜表面完全不同。直接过滤的絮体其分形维数较低，结构比较松散，吸附到膜表面形成的滤饼层孔隙度较高。另外，絮体具有较高的活性，吸附颗粒能力较强，小颗粒不容易堵塞膜孔，从而降低了 TMP。15min 的絮凝过程对有机物并没有进一步的去除作用，COD_{Mn}、TOC 和 UV_{254} 的去除率和无絮凝过程几乎相当甚至更低，表明了混合 1min 足以去除水中的腐殖酸等有机物。

$KMnO_4$＋硫酸铝絮体在破碎再絮凝后的分形维数比硫酸铝絮体要低，这导致了较高的通量和较低的 TMP 增长速度。混凝前的 $KMnO_4$ 预氧化作用强化了浸没式超滤膜过滤对有机物的去除能力。虽然 KCUF 膜系统混合液中的 AOC 浓度比 CUF 中的要高，甚至比原水还高，但过滤后水中的 AOC 浓度有较大幅度的降低，接近于 CUF 膜滤后出水的 AOC 浓度。

5.11 物理清洗和化学清洗去除超滤膜污染研究

5.11.1 原水水质和实验系统

1. 原水水质特性

采用两种原水进行了曝气控制膜污染的实验，一种是松花江原水，一种是经混凝沉淀砂滤处理后的松花江水。两种原水的水质参数见表 5-31。可见，两种

原水均含有较高浓度的有机物，松花江原水中 TOC 含量为 8.558mg/L，砂滤池出水中为 7.255mg/L。另一方面，两种原水的 SUVA 值（$UV_{254}/DOC×100$）较低，平均仅为 1.32 和 1.20。SUVA 值代表水中溶解性有机物的芳香性。较低的 SUVA 值表明两种原水中含有一定量的亲水性有机物。

此外，由表 5-31 还可以看出，松花江原水中还含有一定量的 Al、Fe、Mn 等无机金属，并且主要以颗粒的形式存在。然而，绝大多数的 Ca 和 Mg 处于溶解状态。经过混凝、沉淀、砂滤处理之后，江水中大部分的颗粒和胶体物质被去除，水中浊度显著降低。

两种原水的水质参数　　表 5-31

水质参数	松花江原水		砂滤池出水	
	总量	溶解性组分	总量	溶解性组分
水温（℃）	10.0±0.2	—	9.9	—
pH	7.59±0.21	—	7.55	—
浊度（NTU）	11.3±1.06	—	1.68	—
有机碳（mg/L）	8.558±0.614	7.964±0.481	7.255	6.931
UV_{254}（1/cm）	—	0.105±0.006	—	0.083
Al（mg/L）	0.44±0.04	0.06±0.05	0.17	0.03
Fe（mg/L）	0.43±0.03	0.02±0.02	0.06	0.00
Mn（mg/L）	0.05±0.02	0.03±0.01	0.05	0.04
Ca（mg/L）	27.68±0.19	27.38±0.12	27.44	26.98
Mg（mg/L）	7.18±0.33	7.10±0.37	7.15	7.04

2. 中空纤维膜

实验中所用中空纤维膜均由苏州立升膜分离科技有限公司提供。研究中主要采用聚氯乙烯（PVC）材质的中空纤维超滤膜，偶尔用到聚偏氟乙烯（PVDF）的中空纤维超滤膜，两者的物理参数相同，见表 5-32。

PVC/PVDF 中空纤维膜的物理参数　　表 5-32

参数	膜
类型	中空纤维
材料	PVC/PVDF
标称孔径（μm）	0.01
膜丝内径（mm）	0.85
膜丝外径（mm）	1.45

3. 实验装置

（1）曝气实验装置

曝气实验研究中采用的实验装置如图 5-155 所示。

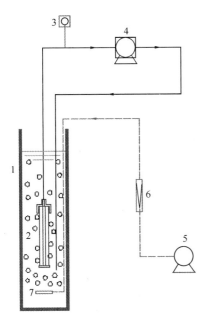

图 5-155　曝气实验装置示意图
1—膜滤池；2—浸没式膜组件；3—真空压力传感器；
4—蠕动泵；5—空气泵；6—气体流量计；7—空气扩散器

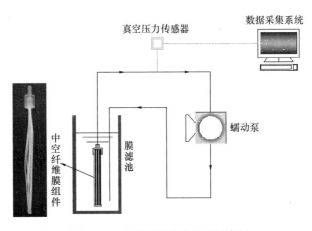

图 5-156　化学清洗实验装置示意图

由图 5-155 可知，膜滤池为圆柱形，有效容积为 1.0L，内径 6.5cm。实验中的膜组件由 4 根中空纤维膜丝粘结而成，膜丝材质为 PVDF，内径和外径分别为 0.85mm 和 1.45mm，孔径 0.01μm。膜丝有效长度 11.0cm，膜面积为 0.002m^2。膜组件垂直浸没于膜滤池当中，膜出水由蠕动泵从膜滤池内抽出，然后再回流至膜滤池，保持池内水质的稳定。膜滤过程中 TMP 由真空压力传感器检测，并通过数据采集系统实时记录。通过位于膜滤池内膜组件底部的曝气头对膜组件进行曝气。

实验之前，采用乙醇对 UF 膜组件进行"润湿"至少 60min。全部实验中膜通量均设置在恒定值 60L/(m^2·h)。每次实验之初，首先采用膜组件超滤去离子水 20min，以确定膜组件的初始 TMP。本研究中采用的膜组件初始 TMP 为 18±1kPa。研究中，采用四种曝气强度进行了实验，分别为 1.0m^3/(m^2·h)、2.5m^3/(m^2·h)、5.0m^3/(m^2·h) 和 7.5m^3/(m^2·h)。曝气头也为四种，由不同粒径的砂制成，产生的气泡直径分别为 3.5mm、5.0mm、6.5mm 和 8.0mm。考察了两种进水水质情况下曝气对膜污染的影响，分别为松花江原水和水厂经混凝沉淀砂滤处理之后的滤后水，如无特殊说明，则采用松花江原水进行实验。

（2）化学清洗实验装置　进行化学清洗的研究中采用的实验装置如图 5-156 所示。

由图 5-156 可见，实验装置主要由膜滤池、蠕动抽吸泵、真空压力传感器和数据采集系统组成。实验所用原水取自松花江。浸没式中空纤维膜组件在实验室粘结而成，中空纤维膜丝材质为聚氯乙烯（PVC），内外径分别为 0.85mm 和 1.45mm，膜孔径 0.01μm。每个膜组件包含 10 根膜丝，有效长度 22.0cm，有效膜面积 0.01m^2。膜组件垂直浸没于膜滤池中，膜滤池有效容积 1.2L。膜的渗透液由蠕动抽吸泵从膜滤池抽出，然后再回流到膜滤池，以维持池内水质稳定。运行过程中 TMP 由真空压力传感器检测，由计算机上的数据采集系统实时记录。

采用新膜超滤松花江水之前，首先采用乙醇对膜进行润湿至少 60min。实验中，通量采用了较高的值 40L/(m^2·h)，以加速膜污染，缩短实验周期。实验之初，首先用膜组件超滤去离子水 20min，以确定膜的初始阻力（R_m）。之后，膜滤池内进水换为松花江水进行膜污染实验，死端超滤 6.0h。

膜污染实验完成之后，用海绵彻底擦洗膜丝并采用去离子水彻底清洗，以去除膜表面引起不可逆污染的泥饼层。然后，以此膜再次超滤去离子水 20min，以确定膜的不可逆污染（R_{irr}）。之后，膜滤池内换成 1% NaOH、2% 柠檬酸或乙醇，对膜进行化学清洗 30min。然后，膜再次过滤去离子水，以确定化学清洗后膜的阻力，并计算不同化学清洗药剂的清洗效率。

5.11.2　曝气对超滤膜污染的控制研究

1. 过滤方式对膜污染的影响

本部分实验中，考察了三种膜过滤方式对膜污染的影响：A—连续抽吸，60L/(m^2·h)（按膜面积计算），不曝气；B—连续抽吸，60L/(m^2·h)

（按膜面积计算），连续曝气，曝气强度 2.5m³/(m²·h)（按膜滤池底面积计算），气泡尺寸 3.5mm；C—间歇抽吸，60L/(m²·h)（按膜面积计算），抽吸 9min/停抽 1min，不曝气。三种过滤方式下 UF 膜过滤松花江水时的跨膜压差增长情况如图 5-157 所示。

由图 5-157 可见，经过 5h 的运行，三种过滤方式条件下 TMP 分别增长到 61kPa、56kPa 和 51kPa。曝气和间歇抽吸的 TMP 较之连续抽吸分别降低 5kPa 和 10kPa。这样，无论是曝气还是间歇运行，都具有控制膜污染的作用。在接下来的实验里，均采用抽吸 9min/停抽 1min 的间歇过滤方式，研究了曝气方式、曝气强度、气泡大小对膜污染的影响。

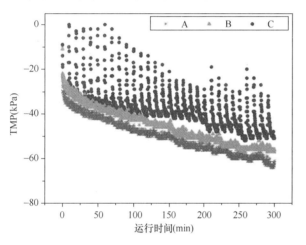

图 5-157 不同运行方式下浸没式 UF 膜的 TMP 增长情况

A—连续抽吸，无曝气；B—连续抽吸，连续曝气，
曝气强度 2.5m³/(m²·h)，气泡直径 3.5mm；
C—间歇过滤，抽吸 9min/停抽 1min，无曝气

2. 曝气方式对膜污染的控制作用

本实验中，在相同的曝气强度下对比了两种曝气方式，即连续曝气和间歇曝气对浸没式 UF 膜过滤松花江水时膜污染的影响。通量恒定在 60L/(m²·h)（按膜面积计算），间歇抽吸（抽吸 9min/停抽 1min）。实验分别在 1.0m³/(m²·h)、2.5m³/(m²·h)、5.0m³/(m²·h) 和 7.5m³/(m²·h)（按膜滤池底面积计算）四种曝气强度下进行，气泡尺寸均为 5.0mm。间歇曝气采用曝气 1min/停止 9min 的时间序列，1min 的曝气正好在 UF 膜停止抽吸的时段进行（膜的过滤方式为抽吸 9min/停抽 1min）。而连续曝气则是在 10min 内连续进行。这样，为了使间歇曝气方式下的气体量与连续曝气时相同，间歇曝气时的曝气强度比连续曝气时增大 10 倍，

即分别为 10m³/(m²·h)、25m³/(m²·h)、50m³/(m²·h) 和 75m³/(m²·h)。

由实验结果可以看出，当曝气强度为 1.0m³/(m²·h) 和 2.5m³/(m²·h) 时，经过 6h 的运行，连续曝气和间歇曝气条件下的 TMP 差别较小，分别仅为 1kPa 和 2kPa。当曝气强度增加到 5.0m³/(m²·h) 时，连续曝气时 UF 膜的 TMP 增长速度则显著低于间歇曝气，超滤 6h 后 TMP 差别达到 7kPa，表明连续曝气比间歇曝气更能有效地控制膜污染。然而，当曝气强度进一步增大到 7.5m³/(m²·h) 时，连续曝气和间歇曝气条件下地跨膜压差减小到 2kPa。原因可能是较高的曝气强度减小了曝气方式对膜污染的影响。无论如何，在所有考察的四种曝气强度下，连续曝气条件下的 TMP 均小于间歇曝气，证明连续曝气比间歇曝气对于控制膜污染更为有效。

3. 曝气强度对膜污染的控制作用

当曝气强度相同时，连续曝气对膜污染的控制作用比间歇曝气更加显著。这样，在接下来的实验里，就采用连续曝气的方式。然而毫无疑问，曝气强度越大，膜污染就越轻；但是，曝气强度过高时会显著增大能耗。因此，有必要对曝气强度进行优化，为浸没式膜滤系统选择合适的曝气强度以控制膜污染。

本部分实验中通量为 60L/(m²·h)（按膜面积计算），气泡尺寸 3.5mm。不同曝气强度下浸没式超滤膜的跨膜压差增长情况如图 5-158 所示。

由图 5-158 可见，当曝气强度分别为 1.0m³/(m²·h)、2.5m³/(m²·h)、5.0m³/(m²·h) 和 7.5m³/(m²·h)（按膜滤池底面积计算）时，超滤

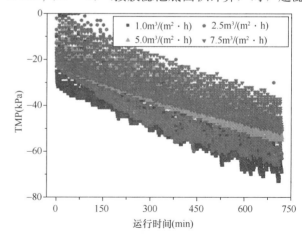

图 5-158 不同曝气强度下 UF 膜 TMP 的比较
（气泡直径 3.5mm）

松花江水 12h 之后，跨膜压差分别增长到 69kPa、63kPa、54kPa 和 51kPa。可以看出，曝气强度为 5.0m³/(m²·h) 时的 TMP 显著低于曝气强度为 1.0m³/(m²·h) 和 2.5m³/(m²·h) 时，分别减小了 15kPa 和 9kPa。但是，当曝气强度进一步增加到 7.5m³/(m²·h) 时，TMP 较之 5.0m³/(m²·h) 时仅降低了 3kPa。因此，认为 5.0m³/(m²·h) 是本研究中的优化曝气强度。

4. 气泡大小对膜污染的控制作用

为确定气泡大小在传统浸没式中空纤维膜系统中对膜污染的影响，采用直径分别为 3.5mm、5.0mm、6.5mm 和 8.0mm 的气泡在相同的曝气强度下进行了实验。实验中通量恒定在 60L/(m²·h)（按膜面积计算），曝气强度为 5.0m³/(m²·h)（按膜滤池底面积计算）。

由图 5-159 可以看出，当气泡直径为 8.0mm 时，超滤松花江水 10h 之后，跨膜压差达到 66kPa。当气泡直径逐渐减小到 6.5mm、5.0mm 和 3.5mm 后，UF 膜的跨膜压差分别降低到 59kPa、55kPa 和 50kPa。可知在常规浸没式低压膜系统中，气泡尺寸越小，曝气对膜污染的控制作用就更加明显。原因可能是气泡直径越小，同样曝气强度条件下的气泡数量就越多，这样就可以在膜表面产生更多的振动和摩擦。

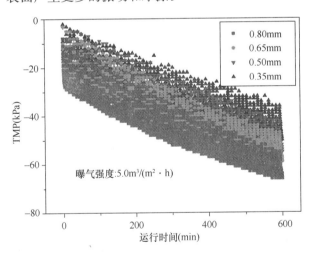

图 5-159　不同气泡尺寸情况下 UF 膜 TMP 的比较

5.11.3　NaOH+乙醇对污染膜的化学清洗

1. 碱和酸清洗中空纤维 PVC 膜的效果

NaOH 广泛用于清洗地表水处理中受污染的膜，其清洗效率根据膜材料、膜类型以及膜主要污染物的不同而或高或低。然而，由图 5-160 可以看

出，在本实验中，当采用 1% 的 NaOH 清洗受污染的中空纤维 PVC 膜 30min 后，膜的水力不可逆污染阻力却较之清洗前有所增加，平均负清洗效率为 −14.6%。其原因将在后面探讨。

此外，当采用 2% 的柠檬酸对污染后的膜化学清洗 30min 后，对膜的水力不可逆污染阻力去除率为 10.9%。已有研究表明，金属物质如 Fe、Mn、Al 等会造成膜的不可逆污染，对于这些无机金属造成的污染，采用酸溶液进行清洗非常有效。但是，一方面本实验采用的松花江原水中溶解性无机金属的含量较低。另一方面，虽然酸洗能去除某些有机性的膜污染物质如碳水化合物等，但一般情况下天然江水中的这些有机物质含量也很低。因此，通过柠檬酸清洗中空纤维 PVC 膜仅取得了 10.9% 的清洗效率。

根据以上讨论，采用 NaOH 碱洗的清洗效率为负值（−14.6%），柠檬酸的清洗效率虽为正值，但效率较低（10.9%）。因此，采用 NaOH 和柠檬酸联合清洗对受污染膜水力不可逆阻力恢复的情况也应该不会太理想。如图 5-160 所示，当 1% NaOH 清洗 30min 后再以 2% 柠檬酸清洗 30min，膜水力不可逆污染阻力的去除率仍为负值 −4.5%。

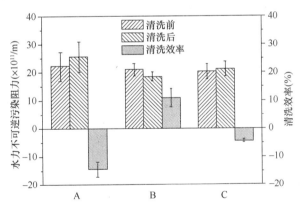

图 5-160　碱和酸对中空纤维 PVC 膜的清洗效率

A—1% NaOH，30min；B—2% 柠檬酸，30min；
C—1% NaOH，30min+2% 柠檬酸，30min

2. 碱和乙醇联合清洗中空纤维 PVC 膜的效果

为恢复地表水处理中受污染 PVC 膜的渗透性，研究中考察了乙醇作为一种有机溶剂的化学清洗效能，结果如图 5-161 所示。当采用 1% NaOH 清洗受污染中空纤维 PVC 膜之后，再采用乙醇清洗 30min，污染膜的水力不可逆污染阻力显著降低，清洗效率平均达到 85.1%。

另一方面，单独采用乙醇进行化学清洗时，污染膜的水力不可逆污染阻力去除率平均达到48.5%。这表明30min的1%NaOH清洗对通量恢复的贡献平均为36.6%（85.1%～48.5%）。

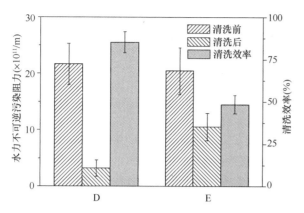

图5-161　碱和乙醇对中空纤维PVC膜的清洗效率
D—1%NaOH，30min＋乙醇，30min；E—乙醇，30min

3. 碱和乙醇联合清洗中空纤维PVC膜的表面的显微观察

通过对比1%NaOH 30min＋乙醇30min和单独乙醇30min的清洗效果，推断出30min的1%NaOH对去除膜水力不可逆污染阻力的贡献为36.6%；而前述实验中确定NaOH对膜的清洗效率为—14.6%。为明确这一点，对清洗前后的膜进行了SEM和AFM观察。

实验表明，新的中空纤维PVC膜表面非常的整洁平滑，而当膜在超滤松花江水的过程中受到污染之后，即使经海绵彻底擦洗之后，其表面也覆盖着一层凹凸不平的凝胶层，这层凝胶层不能通过物理方法去除。然而，当采用1%NaOH清洗30min之后，大部分膜表面的污染物质被去除；当再次采用乙醇清洗30min之后，膜表面几乎恢复了光滑平坦的表面形态，污染物形成的凝胶层也几乎全部消除。

研究中还对NaOH和乙醇清洗PVC中空纤维膜前后膜丝的断面进行了SEM显微观察，在膜超滤江水过程中，污染物质甚至附着于膜的骨架层之上，使得靠近膜表面的孔道变得狭窄而模糊。该骨架层位于表面活性膜层（孔径0.01μm）以下，作为活性膜层的支撑材料。经过30min的1%NaOH清洗，一部分沉积在孔墙上的内部污染物质被去除。当进一步采用乙醇清洗30min后，膜的内部结构又变得清晰，内部污染物质几乎被完全去除，恢复了原来整洁形貌。

进一步用原子力显微镜断面分析技术对碱和醇清洗前后膜的断面特征进行了考察。由图5-162所示，实验中采用的PVC新膜断面呈锯齿状结构。然而，超滤松花江水之后，断面上绝大多数的低谷

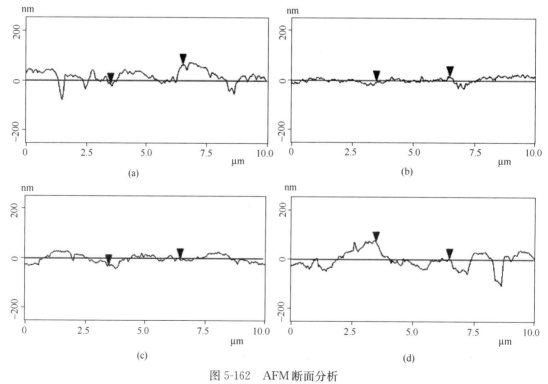

图5-162　AFM断面分析
（a）新膜；（b）海绵擦洗后的污染膜；（c）1%NaOH清洗30min后的污染膜；
（d）1%NaOH清洗30min＋乙醇清洗30min后的污染膜

都被污染物质所填平，断面变得平坦。当采用 1% 的 NaOH 清洗 30min 之后，断面上的锯齿状结构得到了一定程度的恢复。进一步采用乙醇清洗 30min 之后，沉积于膜上的污染物几乎全部消失，膜断面又恢复了原来的锯齿形状。

4. 碱和乙醇联合清洗中空纤维 PVC 膜的接触角变化

本研究对清洗前后的 PVC 膜进行了表面的接触角测量，结果如图 5-163 所示。由图可以看出，新膜的接触角为 69.7°，超滤松花江水的过程中被污染后，接触角增加到 73.8°，膜表面憎水性有所增加，可能是因为憎水有机物在膜上的积累。采用 1%NaOH 清洗 30min 后，接触角增幅较大，达到 87.6°，PVC 膜的憎水性也随之提高。可能正是这种憎水性的提高，导致了膜水力阻力的增大，使得 NaOH 的清洗效率呈现为负值。经过进一步的乙醇清洗 30min，PVC 膜的接触角恢复为 71.4°。这样，可以认为，乙醇清洗不但能去除膜上的污染物质，还能恢复 PVC 膜的亲水性。结果，在 NaOH 清洗后再采用乙醇进行清洗，使得污染后膜的渗透性得以恢复。

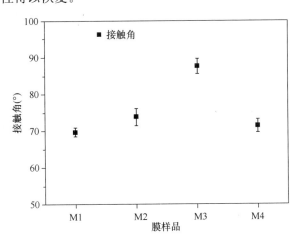

图 5-163　不同试剂清洗后膜接触角的变化

M1—新膜；M2—海绵擦洗后的污染膜；

M3—1%NaOH 清洗 30min 后的污染膜；

M4—1%NaOH 清洗 30min+乙醇清洗 30min 后的污染膜

考虑乙醇使用方便、容易回收，对于松花江水造成的膜污染，采用 NaOH 和乙醇序列清洗受污染膜值得引起人们的注意。

5. 11. 4　其他的化学清洗实验

在 5.1 所述的实验期间对超滤膜过滤组件进行过两次化学清洗，清洗效果如图 5-164 所示，分别

为 8 月 13 日和 10 月 21 日，8 月 13 日的化学清洗剂是用 1% 次氯酸钠溶液，10 月 21 日的化学清洗剂为 1% 加酶洗涤剂。从图中可以看出，两次清洗都能有效地提高通量，但是，洗涤剂的清洗效果比次氯酸钠溶液效果更好一些。对于松花江哈尔滨段原水，由于受上游污染较严重，有机物含量较高，所以洗涤剂取得了更好的化学清洗效果。

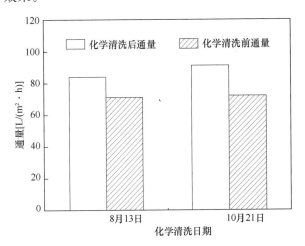

图 5-164　不同化学清洗剂与通量恢复程度

在 5.4 所述的水库水实验期间曾经进行过三次化学清洗，第一次是实验装置运行了 37d 后，所用化学清洗剂为 1% 加酶洗涤剂，目的是去除水中有机物对膜的污染。第二次是实验装置运行了 70d，化学清洗剂为 2% 柠檬酸，主要去除无机物对膜表面的污染。第三次是实验装置运行了 108d 时，化学清洗剂为 8mg/L 的次氯酸钠，应用于细菌和微生物对膜的污染，清洗效果如图 5-165 所示。

从图 5-165 中可以看出，洗涤剂和次氯酸钠的

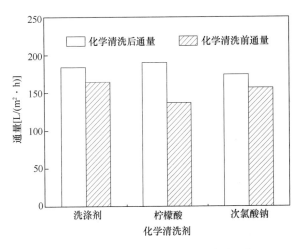

图 5-165　不同化学清洗剂清洗效果比较

化学清洗方法不甚理想，而柠檬酸溶液的清洗效果较好，这可能与原水情况有关。宾县水源水取自二龙山水库，该水源水质较好，几乎没有什么工业有机物污染。对膜长期的影响，用弱酸溶液可以清洗。

综上所述，不同药剂对膜污染的化学清洗效果，与膜污染物有很大关系，膜污染物不同所用化学药剂也不同。由于膜污染物在不同水系会有不同，且随季节不同而有变化，所以所用化学药剂及使用方法需要通过实验来确定，并随水质变化而不断调整。

5.12 给水处理厂膜的物理清洗研究

5.12.1 膜清洗的方式

城镇给水处理厂膜系统一般采用浸没式膜系统（图5-166）和压力式膜系统（图5-167）。如图5-166所示，膜组件置于反应器内部，进水进入膜，再在负压作用下由膜过滤出水，称之为浸没式膜系统。如图5-167所示，膜组件和反应器分开设置，反应器中的混合液经循环泵增压后打至膜组件的过滤端，在压力作用下混合液中的液体透过膜，成为系统处理水，称为压力式膜系统。

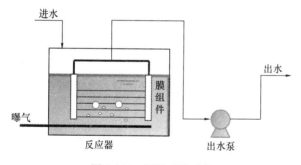

图5-166 浸没式膜系统

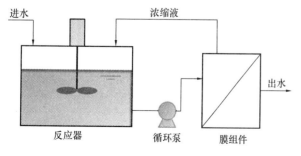

图5-167 压力式膜系统

膜系统运行到一定阶段需要进行清洗，主要分为在线清洗和离线清洗。如图5-168所示，以浸没式膜系统为例，在线清洗方式包括间歇过滤清洗、超声、颗粒擦洗、振动、反冲洗、曝气＋维护性化学反冲洗、停歇＋维护性化学清洗、恢复性化学清洗；离线清洗也包括物理清洗和化学清洗。

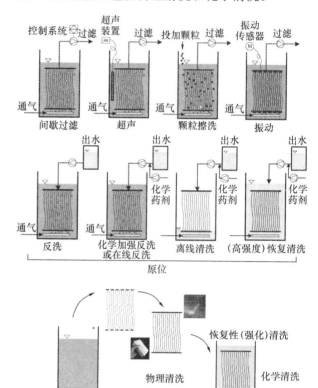

图5-168 膜的清洗方式

5.12.2 膜污染物质受力分析

限制低压膜工艺应用的主要问题是膜污染。膜污染主要由一些杂质沉积或聚集而成。这些颗粒包括有机物、无机物还有微生物等。膜污染问题主要取决于两方面因素：一是膜材料特性，二是膜过滤料液特性。截至目前，许多科学家通过一系列方法尝试解决膜污染问题。在膜材料方面，主要思路是改变膜表面的物化特性，采用的方法如膜改性、膜涂层和膜嫁接等。在改变过滤料液特性方面，主要机理是改变过滤颗粒的特性，预处理的方式通常用于减缓膜污染，常见的预处理方法有混凝、吸附和氧化等。无论改善膜材料特性或过滤料液特性，系统运行过程中控制膜池的水力条件不可避免。在膜分离过程中，控制膜表面的剪切力，可减缓NF/

RO 过程中的浓差极化，可以阻止 UF/MF 过程中的固体颗粒沉积。曝气、错流和抖动等是常见的减少低压膜分离过程中颗粒在膜表面沉积的方法，其本质是通过工程措施对膜表面颗粒物的迁移产生影响，进而影响膜系统中的膜污染状况（图 5-169）。

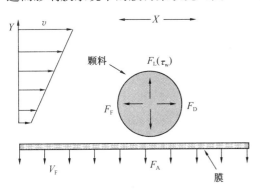

图 5-169　颗粒受力分析模型

v—错流速度；X，Y—坐标轴；F_L—由剪切力 τ_w 引起的返混力；F_D—错流速度引起的拖曳力；F_F—摩擦力；F_A—粘附力；V_F—渗透速度

Bacchin 等总结了膜表面物质分散迁移过程中受力的相对数量级。从表 5-33 中可以看出，水力作用力对离子、分子和大分子物质的作用能力非常弱，基本可以忽略，且这类物质是高压膜（反渗透和纳滤）的主要分离对象。而水力作用力对于胶体和颗粒的作用能力明显，且胶体和颗粒物质正好是低压膜（超滤和微滤）的分离对象。

膜表面物质分散迁移过程中受力的相对数量级　表 5-33

分离对象	膜类型	布朗扩散	电性力	水力作用力
离子/分子	反渗透/纳滤	大	小	0
大分子	超滤	由中到大	小到中	0
胶体	超滤/微滤	小	大	小
颗粒	微滤	0	小	大

在低压膜过滤过程中，料液中流动颗粒受到过滤引起的拖曳力的作用朝向膜表面运动，而受到的返混力（F_L）能将颗粒从膜表面迁移到料液中。

返混力和流体剪切力密切相关。返混力表达式如下所示：

$$F_L = 0.761 \frac{\tau_w^{1.5} d_P^3}{\mu} \rho^{0.5} \quad (5-2)$$

式中　F_L——返混力，N；

　　　d_p——颗粒尺寸，m；

　　　τ_w——流体剪切力，Pa；

　　　ρ——流体密度，kg/m³；

　　　μ——流体运动黏滞系数，Pa·s 或 kg/(m·s)。

可见，工程措施强化过程的本质是在膜面产生剪切力，进而促进由剪切力 τ_w 引起的拖曳力，从而控制膜污染。

1. 膜表面边界层剪切力的方程

根据流体特性，膜系统中计算膜表面边界层剪切力的方程分成两大部分，主要是基于牛顿流体的计算方程和非牛顿流体的计算方程。

（1）牛顿流体

在牛顿流体的层流条件下，壁面剪切力根据壁面切向速度沿着正向的梯度进行定义。如公式（5-4）所示，其中运动黏滞系数 μ 是常数，剪切力大小和速度梯度呈线性关系。由于膜反应器构型千差万别，根据公式（5-3）可衍生出来不同形式的表达式，见表 5-34。例如，圆柱搅拌器构型相对简单，在膜滤实验中应用非常普遍，可进行微滤、超滤、纳滤和反渗透实验等。公式（5-4）和公式（5-5）可用来计算搅拌杯式反应器中膜表面的剪切力。一些文献也报道气泡扰动液体产生的膜表面剪切力的计算方法（公式 5-6）。流体测量法可用于膜表面滤饼的去除，且剪切力的计算方法可根据公式（5-7）计算。许多报道涉及错流方式的应用，公式（5-8）～公式（5-10）用于计算不同形式错流条件下膜表面剪切力。总体来说，在牛顿流体中用于计算膜表面剪切力的主要参数是速度或速度梯度。

膜表面牛顿流体产生的剪切力的计算方程总结　表 5-34

公式编号	方程	应用范围	注释
(5-3)	$\tau_L = \mu \dfrac{du}{dy}$	层流	τ_L 是层流剪切力，μ 是水的运动黏滞系数，y 是沿壁面 y 方向的梯度，u 是速度
(5-4)	$\tau_{tg} = 0.606 \rho r v^{1/2} \omega^{3/2}$ $\tau_{rad} = 0.52 \rho r v^{1/2} \omega^{3/2}$	旋转转盘	τ_{tg} 是壁面正向剪切力，τ_{rad} 是径向剪切力，v 是正向速度，ω 是轴向角速度，r 是原位直径，ρ 是密度

公式编号	方程	应用范围	注释
(5-5)	$\tau = 0.825\mu\omega r\dfrac{1}{\delta}$；$r < R_c$ $\tau = 0.825\mu\omega R_c\left(\dfrac{R_c}{r}\right)^{0.6}\dfrac{1}{\delta}$； $r < R_c$	圆柱形搅拌单元	δ是动量边界层厚度，ω是搅拌器旋转速度，R是搅拌桨的半径，r是与搅拌轴的距离，R_c是临界直径
(5-6)	$\tau = 8f\rho\left(\dfrac{U}{1-\alpha}\right)^2$	泡状流	U是液体表观速度，f是摩擦系数，α是孔隙率，ρ是密度
(5-7)	$\tau_{yr} = \mu\dfrac{3}{\pi}\dfrac{Q}{h^2}\dfrac{1}{r}$	流体测量法	τ_{yr}是沿壁面的径向速度，Q是流量，r是虹吸管的半径，h是尖嘴距离测量壁面的距离
(5-8)	$\tau = \dfrac{f}{2}\rho_r v^2$	错流	f是壁面摩擦系数，ρ_r是料液密度，v是正向流速
(5-9)	$\tau = \lambda\dfrac{\rho U^2}{8}$	错流（膜生物反应器）	$\lambda = 0.316 Re^{-0.25}$，$Re$是雷诺数，$U$是错流速度，$\rho$是密度
(5-10)	$\tau_{wall} = \mu\,\lvert\nabla U\rvert_{wall,tangent}$	间隔垫片通道	$\lvert\nabla U\rvert_{wall,tangent}$是壁面正向流速度梯度，$\mu$是运动黏滞系数

（2）非牛顿流体

在污水处理领域中，颗粒悬浮液，如活性污泥，常呈现出复杂的流态特性，它们通常是非牛顿流体。表 5-35 总结了非牛顿流体的条件下典型的膜表面剪切力计算方程。许多研究表明，在非牛顿流体条件下，运动黏滞系数并非常数，而与流体特性相关（公式 5-11），且很难确定。公式（5-12）是个简化的方程，针对的是膜生物反应器中的活性污泥悬浮液，剪切力大小通过剪切强度数据进行拟合。在实际应用过程中，有可选的几种方法，主要采用流变计确定不同条件下适当的数学模型。见表 5-35，公式（5-13）～公式（5-16）表明了剪切力（τ）和剪切强度（γ）的几种指数关系式，这些关系式对应于不同形式的特殊流体。

因此，对于膜生物反应器中的复杂流体（非牛顿流体），经验公式可以描述流体剪切力，公式中参数通过方程拟合流变图得到。

膜表面非牛顿流体产生的剪切力的计算方法　　　　表 5-35

公式编号	方程	应用范围	注释
(5-11)	$\tau_t = \eta\dfrac{du}{dy}$	紊流	τ_t是紊流剪切力，η是涡黏度，y是沿壁面梯度，u是速度
(5-12)	$\tau = 0.013\gamma^{0.72}$	错流（MBR 污泥）	τ是剪切力，γ剪切强度
(5-13)	$\tau = k\gamma^n$	假塑性流（Ostwald）（$0 < n < \infty$）	
(5-14)	$\tau = \tau_0 + k\gamma^n$	涨塑性流体（Herschel-Bulkley）（$0 < n < \infty$）	τ_0是屈服应力，n是流体指数，k是流体一致性系数，μ_0是无剪切力时的黏滞系数，m是比率常数（一）．
(5-15)	$\tau = \tau_0 + k\tau$	宾汉塑性流体（Bingham plastic）（$n = 1$）	
(5-16)	$\tau = \tau_0(1 - e^{-m\gamma}) + k\gamma^n$	Herschel-Bulkley with Papanastasiou's adaptation	

（3）剪切力产生方式

在膜系统中，有许多方法用于产生膜表面剪切力。例如，旋转搅拌，间隔垫片，不同形式气泡，流体测定方法，紊流增强器和膜组件振动等。

表 5-36 总结了现阶段已经报道的膜系统中流体剪切力量化数值大小，不同条件下（如料液，膜组件和剪切力产生方式）数值范围为 0～100Pa。

不同条件下膜表面流体剪切力的数值总结表　　　　　　　　表 5-36

产生方式	膜和组件类型	料液	剪切力（Pa）
错流	超滤（中空纤维组件）	自来水	0～18.39
	超滤膜	微生物悬浮液	23
	超滤膜	活性污泥悬浮液	20～100
	微滤膜	TiO₂ 颗粒悬浮液	0～6
	微滤膜	污泥	33～47
间隔垫片	纳滤/反渗透（卷式膜）	水	0～1.5
	纳滤（卷式膜组件）	氯化钠溶液	0～3.0
	反渗透（卷式膜组件）	氯化钠溶液	0～6.0
	卷式膜	溶解液	0～3.17
搅拌	微滤（平板膜）	微藻	0～61.48
	超滤（中空纤维膜）	膨润土 （0.2～0.5g/L）	0.45～0.6； 0.5～0.95； 7～10
	微滤/超滤膜	细胞和溶解性成分	0.04～0.08
	微滤，超滤，纳滤，反渗透 （搅拌器）	电化学溶液	0.01～10
搅拌流变	超滤（中空纤维膜）	活性污泥	0.1～10
挡板	反渗透（管式膜）	水	0～20
气泡	中空纤维膜	电解液	0～1.5
	微滤膜（平板膜）	溶液	0～6.0
	微滤膜（平板膜）	水	0.3～0.7
	微滤（错流过滤单元）	混合液	0～14
气泡（大气泡，小气泡）	平板膜	污水处理厂污泥	0～10
小气泡，大气泡	超滤（中空纤维膜）	酵母悬浮液	0.25
泡状流（无定型气泡，小气泡）	MF（平板膜）	活性污泥混合液	0～1.5
泡状流	中空纤维膜组件	水	0.5～2.0
	微滤（平板膜）	污水	0～6.33
	超滤（中空纤维膜）	混合悬浮液	0～2.0 （0.76）
弹状流	微滤（平板膜）	活性污泥混合液	0～5.0
小气泡，帽状流，弹状流	中空纤维组件	水	0～0.25
脉冲流	超滤（中空纤维膜）	膨润土（750mg/L）	0～6.0
脉冲流	超滤（中空纤维膜）	活性污泥混合液	0～2.0
	超滤（中空纤维膜）	脱氯自来水	0～8.0
曝气	超滤膜（中空纤维膜）	黏土悬浮液	7～10
微孔微型通道紊流器	微滤（平板膜）	污泥悬浮物	4.85（0.91～7.59）
流体测定法	微滤膜（平板膜）	改性的木质素	0～50
	微滤膜（平板膜）	酵母	0～14
	微滤膜（平板膜）	自来水固体悬浮液	0～10
振动	超滤（中空纤维膜）	水	0.56～1.13

5.12.3 流体剪切力与膜污染之间的关系

1. 流体剪切力减缓膜污染

从公式（5-2）可以看出，较高的剪切力可以增加返混力，进而减缓膜表面的颗粒沉积，从而控制膜污染。例如，Cerón-Vivas 等人证明在曝气条件下膜滤时，过滤周期可延长至无曝气条件下的10倍，表明曝气产水的流体剪切力可有效减缓膜污染。研究表明，增加曝气量或者错流速度能够增加膜表面剪切力，进而控制颗粒在膜表面的沉积，最终达到控制膜污染的目的。事实上，此观点主要关注粘附在膜表面的颗粒对膜污染的影响，主要是基于返混机理分析的，且主要假设的颗粒是接近刚性的颗粒（如膨润土、污泥、黏土、污水中颗粒、酵母悬浮液和 TiO_2 颗粒悬浮液等）。

2. 流体剪切力增加膜污染

关于增大膜表面流体剪切力会增加膜污染的主要原因，可以总结为两方面，一是颗粒破碎，二是颗粒筛选，这两种结果最终使膜污染阻力增加：

1）颗粒破碎。颗粒破碎会导致严重的膜孔堵塞或者更密实的滤饼，主要原因是间隙效应引起的。间隙效应可以解释为，一定量的有机物填充在颗粒之间，堵塞过水通道，从而使滤饼变得密实。Ji 等人研究表明，较高剪切力导致微生物絮体破碎并释放胞外聚合物，使膜表面上的污泥成分发生变化，导致更严重的膜污染。Bae 等人指出高强度曝气条件下产生的剪切力会将污泥颗粒破碎成较小的胶体物质，且将未沉淀的大颗粒冲走，导致更严重的膜污染。Ying 等人研究表明，高剪切强度使胞外聚合物释放增加，增强了生物滤饼的密实性，导致膜表面沉积较少生物污染层时通量也会下降。

2）颗粒物筛选。流体剪切力对颗粒筛选的作用可以描述如下：较大颗粒通过拖曳力迁移出膜表面，而较小颗粒迁移至膜表面，结果形成密实的滤饼层，从而导致严重的膜污染问题。Ding 等人在研究重力驱动膜生物反应器时，发现较高剪切力条件下形成薄且密实、过水通量较小的生物污染层。相同现象在高压驱动膜领域也被证实。Vrouwenvelder 等人研究表明，相比于较小的剪切力，较大的剪切力能够产生更加密实且丝状物更少的生物膜结构，最终产生较低的压降。需要指出的是，在较低剪切力条件下成长的滤饼更容易通过水力冲刷被去除。

（1）错流在给水处理领域控制膜污染

基于图 5-167 所示压力式膜系统，表 5-37 总结了不同水质情况、不同膜组件形式情况下，膜表面错流速度和流体产生的剪切力。

膜系统表面错流速度和剪切力总结   表 5-37

膜和组件	料液	错流速度和雷诺数	流体剪切力（Pa）
卷式纳滤膜组件	NaCl 溶液	$Re=100$， $CFV=0\sim1.0\text{m/s}$	$0\sim3.0$
卷式高压膜组件	溶解质	$Re=125$， $CFV=0\sim1.0\text{m/s}$	$0\sim3.17$
卷式高压膜组件	水	$Re=37\sim329$， $CFV=0\sim0.2\text{m/s}$	$0\sim1.5$
卷式膜组件	NaCl 溶液	$Re=100\sim1300$	$5\sim40$
中空纤维膜超滤组件	自来水	$CFV=0\sim1.5\text{m/s}$	$0\sim18.39$ (0.206)
超滤组件	生物悬浮液	$CFV=1.6\text{m/s}$	23
超滤组件	活性污泥	$CFV=0.5\sim4\text{m/s}$	$20\sim100$
微滤组件	污泥	$CFV=0.01\text{m/s}$，0.05m/s，0.1m/s，0.2m/s， 0.3m/s，0.4m/s，0.5m/s， $Re=50$，100，200，400，600，800，1000	$0\sim1.0$
微滤组件	TiO_2 悬浮液	$CFV=0.5\sim3\text{m/s}$	$0\sim6$
微滤组件	污泥	$CFV=2\pm5\text{m/s}$ $Re=3000\pm20000$	$33\sim47$
平板微滤膜组件	蛋白质	$CFV=3.0\sim7.2\text{m/s}$	$23\sim97$
平板微滤膜组件	$2\mu\text{m}$ 和 $5\mu\text{m}$ 聚苯乙烯乳胶粒	$CFV=0.25\sim0.42\text{m/s}$	—
平板微滤膜组件	$3\mu\text{m}$ 和 $10\mu\text{m}$ 的聚苯乙烯乳胶粒	$CFV=0.10\sim0.25\text{m/s}$	—

　　基于以上相关参数总结，笔者研究了流体剪切力对颗粒物在膜表面的筛选与形成混合颗粒污染的关系。如图 5-170 所示，平板膜错流过滤循环系统由错流组件、压力表和泵等组成。其中，错流通道宽 39mm、长 86mm、高 3mm。有效膜面积为 0.0035m²。采用水浴恒温槽将系统料液温度控制在 20℃。整个系统均采用错流方式运行，运行过程中的料液体积保持为 1.2L。具体运行方式是：原水经过进水泵加压进入膜组件过滤，进水压力恒定，循环液最后回流到原液池，在回流管道通过阀门控制系统流量和进水压力；膜过滤出水进入出水池，出水池置于电子天平上，其用于采集膜出水量变化，并被电脑记录。

　　图 5-171 是不同错流速度时膜表面流体剪切力分布情况。当平均错流速度从 0.05m/s 增加到

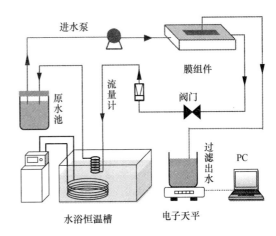

图 5-170　平板膜错流过滤循环系统

0.30m/s 时，对应的膜表面的流体剪切力峰值从 0.95Pa 增加到 5.17Pa。总体来看，不同错流速度

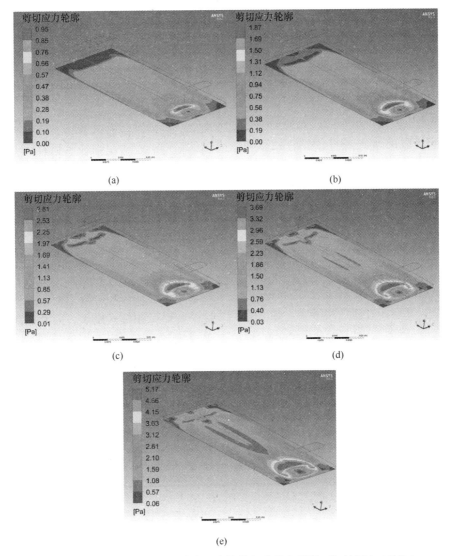

(a)　　　　　　　　　　　　(b)

(c)　　　　　　　　　　　　(d)

(e)

图 5-171　不同错流速度时膜表面流体剪切力分布情况（初始压力 60kPa）

(a) 0.05m/s；(b) 0.10m/s；(c) 0.15m/s；(d) 0.20m/s；(e) 0.30m/s

时，膜表面的剪切力峰值均产生在流向转变的区域，即水流从进水区区域改变方向进入错流通道时对应的区域，在该区域流体剪切力数值相对较大，主要由于流速突变引起，对应于流向转变区域，虽然较高流体剪切力所在区域（红色区域）的面积随着错流速度的增加而增大，但是该区域占据膜总面积并不大，可以说在膜表面大部分区域剪切力分布是均匀的，且错流速度越小，流体剪切力均匀分布的区域的面积越大，这种水力条件满足本章实验设计的要求。

图 5-172 为不同料液颗粒尺寸分布图，具体包括：高岭土（200mg/L）和腐殖酸（TOC＝3.0mg/L）混合颗粒、粉末活性炭（200mg/L）、混合颗粒和粉末炭混合液（体积比 1∶1），对应的平均粒径分别为 2.884μm、55.630μm 和 17.795μm。从图 5-172 可以看出，高岭土和腐殖酸混合颗粒主要集中较小粒径区间且呈单峰分布，而粉末活性炭悬浮液在较大粒径区间呈现单峰分布，当此两者等体积混合后，悬浮料液颗粒粒径呈现出双峰分布，其平均粒径为 17.795μm，在 2.884～55.630μm 之间，满足实验设计的要求。以进水压力为 60kPa，膜表面平均流体剪切力为 0.905Pa 时的水力条件为例，比较过滤混合颗粒和粉末炭混合液（体积比 1∶1）时不同阶段粒径分布情况。虽然过滤后混合液中平均粒径（12.748μm）小于过滤前的平均粒径 17.795μm，但是在较大粒径尺寸区间（区域Ⅱ），过滤后的混合液所含颗粒的体积分数明显高于过滤前颗粒的体积分数。而较小粒径尺寸区间（区域Ⅰ）中，过滤后的混合液所含颗粒的体积分数相对于过滤前颗粒的体积分数而言较低。可见，过滤后料液中，较大颗粒所占的体积分数明显增加。如图 5-173 所示，通过比较过滤前混合液和滤饼中颗粒的粒径分布可以

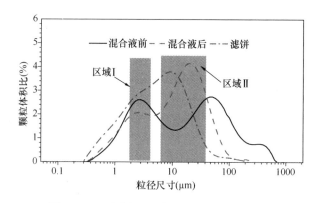

图 5-173　不同阶段混合颗粒和粉末炭混合液（体积比 1∶1）颗粒尺寸分布图（初始压力 60kPa，CFV＝0.15m/s）

发现，滤饼中颗粒的分布区间明显是较小颗粒对应的区间（＜10μm），且该区间基本呈单峰分布，其颗粒体积分数明显高于过滤前对应区间的体积分数。同时，滤饼中颗粒分布峰值对应的颗粒尺寸，明显小于过滤后混合液颗粒分布峰值对应的颗粒尺寸。可见，滤饼中颗粒相对过滤前后混合液而言，较小颗粒所占的体积分数明显大。

因此，如图 5-174 所示，在一定错流速度范围内，错流产生的流体剪切力能减缓膜污染。当较高错流速度时，流体剪切力相对较大，大颗粒容易被迁移到本体溶液中，而较小颗粒容易沉积在膜表面，形成较为致密的滤饼，导致膜污染加重。需要指出的是，这种筛选作用是增加了颗粒到膜表面的频率，而并非迁移到本体料液中的全是大颗粒，沉积到膜表面也并非全是小颗粒。因为在混合液体系中，直接区分颗粒相对大小是很困难的。即滤饼中只是较小颗粒体积分数增大，过滤后原液中也只是较大颗粒体积分数增大，而并非两种料液中颗粒的平均粒径的绝对增大。

（2）曝气在城镇给水处理领域控制膜污染

基于图 5-166 所示浸没式膜系统，曝气用于控

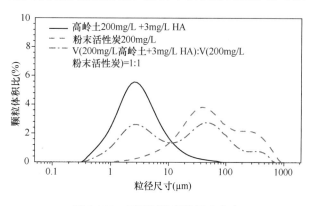

图 5-172　不同料液颗粒尺寸分布

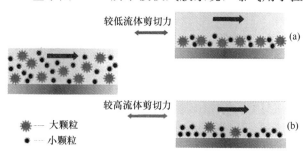

图 5-174　流体剪切力对混合颗粒物形成滤饼的影响
（a）低剪切力；（b）高剪切力

制膜污染的方式比较普遍。Y. Wibisono 等总结了两相流的形态。在膜过滤过程中，气泡在静止液体（浸没式或气提式膜滤系统）或流体中（非浸没式膜滤过程）形成。流动的气相运行模式基于气体的流向可以分类为并向流和逆向流。并向流（Co-current flow）指气体和液体在同一方向运动，主要应用在膜生物反应器、卷式膜、平板膜、管式微滤膜或超滤膜中的曝气（垂直向上或向下）。逆向流（Counter-current flow）指气体和液体向相反的方向移动，主要应用在膜接触器或膜蒸馏器中。本研究中所涉及的气泡主要出现在并向垂直向上的矩形窄通道中，在此种情况下气液两相流的可以分为以下几大类，如图 5-175 所示。

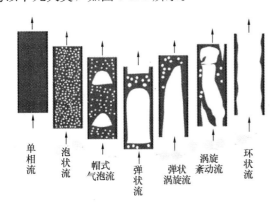

图 5-175　并向垂直向上流的通道中气液两相流的形态

① 泡状流（Bubbly flow）：小且分散的均匀气泡沿连续的液相轴向分布。

② 帽式气泡流（Cap-bubbly flow）：气相所占比例在增加，壁面的限制导致增大的气泡扁平、扭曲，呈现出帽状。气泡的合并会呈现出更大的帽状气泡，占据通道的 60% 宽度。

③ 弹状流（Slug flow）：大量泰勒气泡的尺寸占据通道宽度的 75%，被弹状液相分离，液相连接着通道，并会携带小气泡。

④ 弹状涡旋流（Slug-churn flow）：单独的弹状气泡开始和其他气泡接触，并且每个气泡尾部破裂在另一个弹状气泡的界面。这样会导致涡旋运动的开始，但是单一弹状气泡仍然可以看见。

⑤ 涡旋紊动流（Churn turbulent flow）：和弹状流很相似，但是更加混乱、多泡和无序。这些弹状气泡变得越来越窄并扭曲，直到消失。

⑥ 环状流（Annular flow）：由连续的轴向的坚实的气相核心和环绕着核心的液相薄膜组成。

表 5-38 总结了集中曝气方式在膜表面产生的剪切力分布。

膜系统中曝气和错流产生方式总结　表 5-38

产生方式	膜组件	装置
脉冲流	中空纤维膜超滤膜组件	剪切电极　中空纤维膜
脉冲流	中空纤维膜超滤膜组件	剪切电极
泡状流	中空纤维超滤膜组件	
弹状流	平板微滤膜组件	剪切电极
泡状流	平板膜组件	

133

续表

产生方式	膜组件	装置
弹状流	平板膜组件	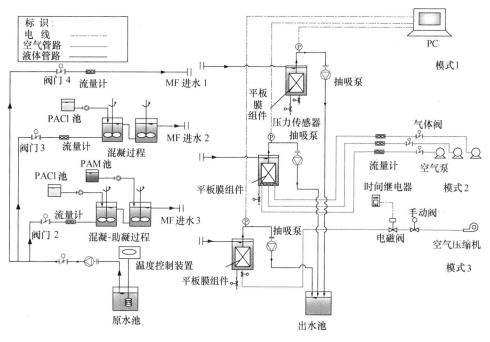
弹状流	平板膜	

由表 5-38 可知，膜表面剪切力数值分布通常较广。然而，研究表明膜表面剪切力分布不均对膜污染有严重影响。由于膜池构型多样，流体剪切力产生的方式各异，膜表面流体剪切力分布呈现出不均匀性。Lee 等人实验表明，在花纹构型膜的下部区域有更多污染，而花纹构型的上部区域由于壁面剪切力较强，所以污染较少。

如图 5-176 所示，在给水处理领域，笔者设计了九种不同的运行模式用于实验。其中进水颗粒来源于原水，混凝出水和混凝—助凝出水，而运行水力条件包括直接微滤、泡状流曝气和弹状流曝气。同时，计算流体力学 CFD 方法用于计算不同情况膜表面剪切力的空间分布。主要研究结果如下：

图 5-176　九种 MF 运行系统示意图

MF 进水 1—原水；MF 进水 2—混凝后出水；MF 进水 3—混凝助凝后出水；

模式 1—直接过滤；模式 2—泡状流；模式 3—弹状流

① 颗粒特性对其形成的滤饼水力阻力的影响非常大。原水中颗粒形成的滤饼的水力阻力（2.0×10^{12}/m）远大于絮体形成滤饼的水力阻力（0.25×10^{12}/m），主要由于在最优混凝剂量（PACl：3mg/L）和助凝剂量（PACl：0.4mg/L）投加后，颗粒尺寸（$d_{50} = 100 \sim 160\mu m$）远大于原水中颗粒的尺寸（$d_{50} = 2.50\mu m$）。

② 泡状流和弹状流对絮体形成的滤饼较原水中颗粒形成的滤饼有明显的去除潜能，主要是因为两相流产生的流体剪切力数值高于或低于滤饼的屈服应力，而滤饼的屈服应力特性是由颗粒特性决定的。

③ 在相同气量的情况下，弹状流产生的剪切力峰值（15Pa）远大于泡状流产生的剪切力峰值（1.4Pa）。泡状流和弹状流产生的剪切力峰值均随料液的水力运动黏滞系数（$1.10 \times 10^{-3} \sim 1.38 \times 10^{-3} Pa \cdot s$）的增大而增大。

④ 流体剪切力的良好分布能增强混凝—微滤

工艺中污染的去除。泡状流能增加膜表面剪切力分布的相对均匀性，是一种有效地去除膜表面絮体状颗粒物的方式；而弹状流在膜表面一些区域产生的剪切力数值太低，导致颗粒在对应区域沉积。

如图 5-177 所示，通过数值模拟和实验结合研究表明，泡状流和弹状流对絮体在低压膜表面形成的滤饼较原水中颗粒形成的滤饼有明显的去除潜能，主要是因为两相流调控的流体剪切力数值高于或低于滤饼的屈服应力。

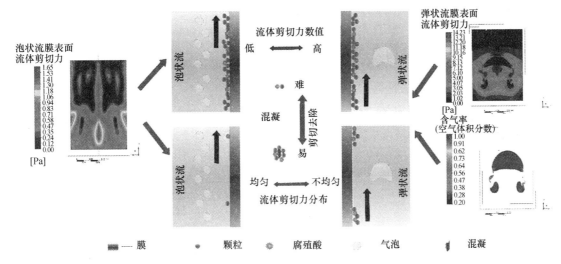

图 5-177　分布不同的流体剪切力对不同流变性能污染层去除效果分析（彩图请扫版权页二维码）

（3）城镇给水处理领域膜系统控制膜污染建议

《城镇给水膜处理技术规程》CJJ/T 251—2017 中规定：

1）压力式膜系统：

①预过滤器应按设定的阻塞压差和冲洗程序自动控制运行；

②冲洗泵、阀及鼓风机应按设定的清洗周期、跨膜压差、清洗强度与历时自动控制运行。

2）浸没式膜系统：

①自动控制运行水泵或虹吸自流出水总管上的阀门开度应按设定的膜池运行水位范围自动控制运行；

②反冲洗泵、阀及鼓风机应按设定的清洗周期、跨膜压差、清洗强度与历时自动控制运行。

结合相关研究成果，建议如下：

1）压力式膜滤系统：考虑当较高错流速度时，流体剪切力相对较大，大颗粒容易被迁移到本体溶液中，增大了筛选频率，而较小颗粒容易沉积在膜表面，形成较为致密的滤饼，导致膜污染加重，须根据待滤水质进行考虑；对于混凝或混凝—沉淀预处理产水进行压力系统膜滤时，适当减小错流速度，即适当减小错流泵的流量，减小清洗频率；砂滤出水较为洁净，大颗粒较少，可考虑适当增加错流速度，即适当增大错流泵的流量，增大清洗频率。

2）浸没式膜滤系统：必须承认孤立料液中颗粒物本身的性质，很难完全确定剪切力的范围能否减缓膜污染，而且剪切力在膜表面的不均匀分布也是一个很重要的因素；对于低浊度原水或砂滤出水作为待滤水时，可适当增加曝气强度，即适当增大曝气泵的流量，增大清洗频率；对于混凝后水，或混凝—沉淀后水作为待滤水时，可适当减小曝气强度，即适当减小曝气泵的流量，增大清洗频率；对于混凝后水，可考虑间歇不同强度曝气，选取适当频率，有利于增强膜面剪切力分布的均匀性，有利于控制膜污染。

3）特殊膜组件的考虑：对于中空纤维膜组件，如图 5-178 所示，曝气时膜丝抖动产生剪切力，可缓解膜污染；对于低浊度原水或砂滤出水作为待滤水时，建议减小膜丝填充密度，增强曝气抖动程度，有利于控制膜污染；对于混凝或混凝—沉淀预处理产水作为待滤水时，适当增加膜丝填充密度，适量曝气抖动可以减缓膜污染。

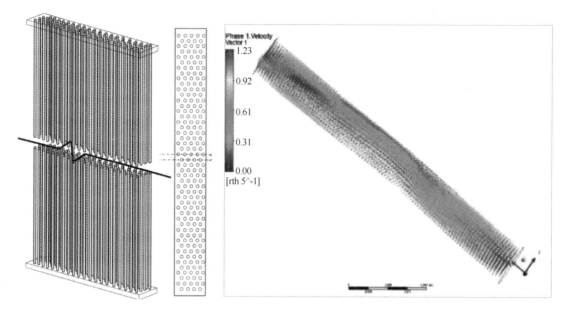

图 5-178　膜池曝气抖动中空纤维膜丝（彩图请扫版权页二维码）

第 **6** 章

超滤不可逆零污染控制研究

6.1 超滤不可逆零污染通量

为控制"两虫"疾病的暴发，超滤和微滤自20世纪90年代开始规模化地应用于城镇饮用水的净化，同时也应用于污、废水的处理。膜滤应用于水处理，主要的问题是膜污染。膜滤进行一定时间，膜被所截留的杂质堵塞，致使通量下降不能满足用水量要求，就需要对膜进行清洗，以去除膜污染恢复其滤水功能。膜清洗方法有两类，一类是物理清洗方法，常用的有水反冲洗和气冲洗；另一类是化学清洗，即用化学药物溶液对膜进行浸泡。能用物理清洗方法去除的膜污染，称为可逆污染；不能用物理方法去除的膜污染，就需要用化学方法去除，称为不可逆污染。控制膜污染，以减轻其对膜过滤的影响，是膜技术发展和研究的重要课题。

1995年Field等人用微滤膜对发酵废水进行处理时，发现当通量降至某一低值时，膜能长期过滤而不需进行清洗，从而提出了膜的临界通量（CriticalFlux）的概念，在此通量下长期运行，跨膜压差不再增大，即膜污染极轻或膜污染为零。伴随着膜技术的发展及其规模化的推广应用，研究人员已在临界通量理论方面开展了更为深入的探讨与研究，并发展了一些新的理论与概念，如强势和弱势临界通量、可逆和不可逆临界通量、可持续通量、阈通量等。笔者前期基于临界通量的理论，提出了"不可逆零污染通量"的概念，其旨在实现滤膜长期稳定运行过程中的不可逆污染最轻，以便在膜预期运行期间极少或完全不需要对膜进行化学清洗。

膜滤"不可逆零污染通量"的提出，主要是基于大型水厂对水厂运行稳定性的要求。

城市大型水厂处理水量大，对工艺过程的稳定性要求特别高。对膜可逆污染的物理清洗（气洗、水洗）与传统砂滤池类似，水厂易于接受；对膜不可逆污染的频繁化学清洗，涉及多种化学药剂，操作复杂，特别是化学清洗时设备需较长时间停运，对水厂稳定运行影响较大，常不易被接受。采用能使膜的不可逆污染极轻或基本为零的通量，可以基本上不进行或极少进行化学清洗，应是最能符合水厂要求的通量。所以，对水厂的稳定运行最有意义的是使膜滤不可逆污染接近零的通量。

膜污染与通量密切相关，一般通量越高，膜污染也越迅速，需采用频繁的物理方法和化学方法来清除污染物，恢复膜滤的通量，从而使膜的运行费用增大。另外，清洗废液可能对环境造成污染，从而增加处理处置费用。

在膜滤技术发展的初期，膜价格比较高，膜价格高则常采用较高的通量以减小建设投资。随着膜材料科技的发展，膜价格随之降低，相应的设备投资也随之减少，如仍采用较高的通量，运行费用则会显得过高。为了降低运行费用，需减小通量，以降低能耗、减轻膜污染。

通量关系工程的建设费用，也关系工程的运行费用。通量越高，则建设费越小，但运行费（包括电费、物理清洗费、化学清洗费等）越高，反之亦然。在资金偿还期内建设费和运行费之和是最低的通量，就是最经济的通量，可称为经济通量（与管道中经济流速的概念相似）。

所以，水厂通量的选择，既要考虑水厂运行的稳定性，也要考虑水厂建设和运行的经济性。目前在我国，超滤膜是水厂应用的主流产品。在一般水质条件下，超滤膜的不可逆零污染通量要比经济通量低，如果在水厂原水水质条件下超滤膜的不可逆零污染通量接近经济通量，将是比较理想的情况。但如果两者相差较大，就需要采用去除和控制不可逆膜污染物的技术以提高不可逆零污染通量。

超滤膜的污染，包括可逆污染和不可逆污染两部分。通量越低，膜污染越轻。上已述及，当通量降至某一临界值时，超滤膜就可以长期工作而不需长期对膜进行清洗，这时膜污染可认为为零，相应地其不可逆污染也应为零。这时的通量称为临界通量，也即是不可逆零污染通量。不同的水质和不同的超滤膜，其临界通量也不同。临界通量可由实验获得。

6.2 降低超滤膜通量以控制不可逆污染（东江水）

6.2.1 实验系统和原水水质

实验是在珠江水系以东江水为原水的水厂中进行的中试实验，实验系统如图6-1所示。实验采用浸没式超滤膜，膜池尺寸为0.78m×0.63m×0.2m，超滤膜为立升公司生产的外压式PVC中空纤维超滤膜，膜丝过滤面积为250m²。实验系统进

水为水厂沉后水。水厂在混凝之前向水中投加了
0.3mg/L 的高锰酸盐复合剂，混凝剂为聚合氯化铝，
投加量为 1.5～2mg/L。实验原水（沉后水）水质见
表 6-1。

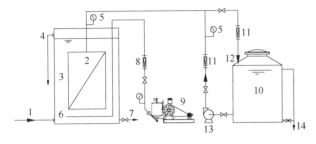

图 6-1　浸没式超滤膜替代砂滤处理东江水研究的
中试装置示意图

1—沉淀池进水；2—膜组件；3—膜池；4—膜池溢流管；5—压
力表；6—穿孔曝气管；7—排水管；8—气体流量计；9—鼓风
机；10—产水箱；11—液体流量计；12—产水；13—反冲洗泵；
14—溢流

实验采用恒流过滤工作方式运行，均采用同一
条件，即物理清洗周期为 24h，采用气水联合冲
洗，水洗强度为 60L/（m²·h）（以膜面积计算），
气洗强度为 3.5m³/（m²·h）（以膜池底面积计
算），清洗完成之后排空膜池，然后进水进入下一
个运行周期。

实验期间东江原水和沉淀池出水水质　表 6-1

水质指标	原水	沉淀池出水
水温（℃）	18.5～23.0	19.0～23.5
pH	6.82～7.14	6.78～7.21
浊度（NTU）	16.3～35.6	1.23～3.51
COD_{Mn}（mg/L）	1.63～2.35	0.89～2.10
UV_{254}（1/cm）	0.026～0.058	0.019～0.046
色度（度）	5～10	5
NH_4^+-N（mg/L）	0.02～1.86	0.03～1.64

6.2.2　降低通量对不可逆污染的控制作用

图 6-2 为单个过滤周期内不同的通量条件下浸
没式超滤膜通量以及比通量的变化情况，经过一个
周期（24h）的运行，通量为 40L/（m²·h）条件
下 TMP 由初始的 17.3kPa 升高到 20.7kPa，增加
了 34kPa，比通量由 2.31L/（m²·h·kPa）降低到
1.93L/（m²·h·kPa），降低了 0.38L/（m²·h·kPa）。
通量为 30L/（m²·h）条件下 TMP 由初始的 12.0kPa
升高到 12.5kPa，增加了 0.5kPa，比通量由

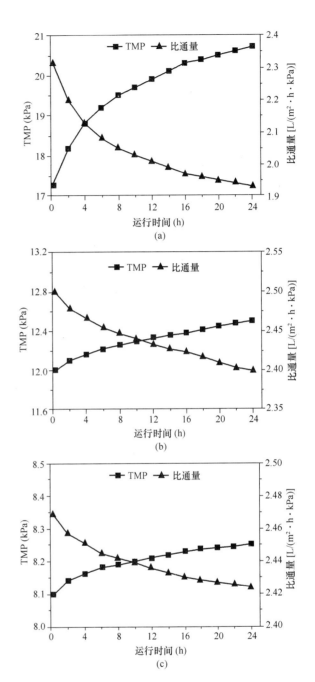

图 6-2　一个过滤周期内不同通量时膜 TMP 和
比通量的变化

（a）40L/（m²·h）；（b）30L/（m²·h）；（c）20L/（m²·h）

2.50L/（m²·h·kPa）降低到 2.40L/（m²·h·
kPa），只降低了 0.1L/（m²·h·kPa）。通量为
20L/（m²·h）条件下 TMP 由初始的 8.10kPa 升高到
8.25kPa，增加了 0.15kPa，比通量由 2.47L/（m²·h·
kPa）降低到 2.42L/（m²·h·kPa），只降低了
0.05L/（m²·h·kPa）。可见，随着通量的减小，
在一个周期内 TMP 升高得越少，比通量降低得
越小，这与单位膜面积过滤的水量和污染物在膜

池内积累的程度有关。通过对比发现，恒流过滤方式的三个种条件下比通量的降低量比恒压过滤方式的三种条件作用时要小得多，说明恒压过滤条件下单位过滤周期内的膜污染比在恒流过滤条件下要严重。

不同通量条件下膜过滤过程中 TMP 的变化情况如图 6-3 所示。

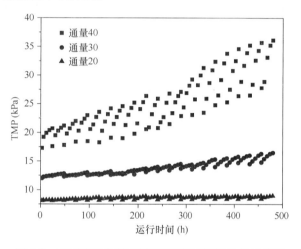

图 6-3　不同通量条件下膜长期运行 TMP 的发展情况

通量在 40L/（m² · h）条件下，膜过滤过程中 TMP 经历了由缓慢升高到快速升高的过程，在膜过滤约 240h（10 个过滤周期）之前，连续运行的各周期初始 TMP 升高比较缓慢，由最初的 17.3kPa 升高至 20.7kPa，只增加了 3.4kPa，第 20 个过滤周期的初始 TMP 升高到了 27.8kPa，比最初的 TMP 升高了 10.5kPa，说明连续膜过滤约 240h（10 个过滤周期）后，膜孔内和膜表面形成的不可逆污染开始加剧，水力反冲洗和曝气已不能有效控制膜污染。第 20 个过滤周期结束时，TMP 升高至 36.1kPa，比最初的 TMP 增加了 18.8kPa。

通量在 30L/（m² · h）条件下，膜过滤整个过程中 TMP 升高均比较缓慢，第 20 个周期的初始 TMP 为 14.8kPa，比最初的 TMP 增加了 2.8kPa，第 20 个过滤周期结束时，TMP 升高至 16.5kPa，比最初的 TMP 增加了 4.5kPa，这表明在 20 个过滤周期内，周期性的水力反冲洗和曝气对膜污染的控制作用可以抵消大部分膜过滤时污染层的积累作用，使膜不可逆污染增长缓慢。同时也发现，在膜过滤 360h（15 个过滤周期）之后，单位过滤周期内 TMP 的增长比前面各周期的 TMP 增长要快，这是由于长时间的膜过滤过程中膜孔内和膜表面上不能被清洗掉的污染物逐渐累积到一定程度，这使

得后续过滤的颗粒或有机污染物沉积到它们之上，造成不可逆污染增加。

通量在 20L/（m² · h）条件下时，膜过滤整个过程中 TMP 升高缓慢，特别是膜不可逆污染非常低，表明对膜的气水联合冲洗已有效地控制了膜不可逆污染，说明清洗的效果与通量大小有关。

另外，通量在 40L/（m² · h）条件下的比通量由最初的 2.31L/（m² · h · kPa）下降到第 20 个周期的初始比通量 1.44L/（m² · h · kPa），降低了 0.87L/（m² · h · kPa）；通量在 30L/（m² · h）条件下的比通量由最初的 2.50L/（m² · h · kPa）下降到第 20 个周期的初始比通量 2.03L/（m² · h · kPa），降低了 0.47L/（m² · h · kPa）；通量在 20L/（m² · h）条件下的比通量由最初的 2.47L/（m² · h · kPa）下降到第 20 个周期的初始比通量 2.37L/（m² · h · kPa），只降低了 0.10L/（m² · h · kPa）。可见，不可逆污染与通量大小密切相关，为了减少不可逆污染，可以降低膜过滤时的通量。

实验进一步考察了在更低的通量条件和气水清洗频率下膜污染的情况。15L/（m² · h）和 10L/（m² · h）通量条件下在 30d 的膜过滤过程中 TMP 的发展情况如图 6-4 所示。其中通量为 15L/（m² · h）时的运行条件为每 10d 用水反冲洗和曝气清洗一次，而通量为 10L/（m² · h）时则不进行任何物理清洗。

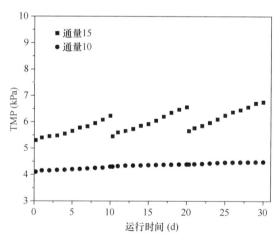

图 6-4　低通量条件下膜长期运行 TMP 的发展情况

经过 30d 的运行，通量为 15L/（m² · h）时的 TMP 由 5.3kPa 增加到了 6.75kPa，仅增加了 1.45kPa，运行结束物理清洗后的初始 TMP 为 5.59kPa，比初始 TMP 仅增加了 0.29kPa，这表明对通量选择和清洗频率的优化对于膜不可逆污染的控制比较有效。

通量为 10L/(m² · h) 时超滤膜通行 30d，TMP 由 4.10kPa 增加到了 4.48kPa，仅增加了 0.38kPa，这表明膜的不可逆污染已相当轻微。这是在浸没式膜滤以及该水质条件下超滤膜在无任何清洗时的通量，是在饮用水净化工艺中首次观察到接近超滤膜的临界通量现象。

由前所述，随着膜科技的发展，膜价格随之不断降低，膜的经济通量也相应降低。降低膜的通量，可使膜的总污染和不可逆污染都相应减小，不仅膜的物理清洗周期会有所增长，膜的化学清洗周期更会大大延长，这就极大地简化了水厂的操作，十分有利于水厂的稳定工作，并且也使水厂节水节电，节省清洗药剂，从而使运行维护费用减少。所以，水厂采用低通量运行策略，将是今后的一个发展方向。

6.3　用曝气法和混凝法减少不可逆污染（松花江水）

6.3.1　临界通量的通量阶梯法实验

实验原水为松花江哈尔滨段江水，水质见表 5-8，实验装置如图 5-55 所示。

通量阶梯实验法，就是用超滤膜对水进行恒通量膜滤，从很低的通量开始［例如 2L/(m² · h)］，过滤持续时间 15～30min 观察和记录过膜压力变化（即 TMP）；提高一个小的通量值，再持续过滤一段时间，观察和记录过滤压力变化，如此继续进行下去，并绘出 q-t 和 TMP-t 曲线。将通量阶梯段上 TPM 开始出现增长时的通量值和该阶梯段的前一通量值的平均值作为该运行条件下的临界通量值。

1. 曝气对临界通量的影响

曝气通过气泡在膜丝表面的振动和摩擦等作用，使膜过滤过程中形成的污泥层松动、脱落，因此曝气可作为一种控制膜污染的方式。实验分别考察曝气方式及曝气强度对超滤膜过滤原水时的临界通量的影响，采用短期的通量阶梯增加法进行实验，将通量梯段上 TMP 开始出现增长时的通量值和该梯段的前一个通量值的平均值作为该运行条件下的临界通量，并考察曝气在长期膜过滤过程中对膜污染的作用。曝气方式分为连续曝气和间歇曝气。膜过滤都是连续运行，间歇曝气方式为曝气 1min/停止 4min。连续曝气的曝气强度分别取 2.5m³/(m² · h)、10m³/(m² · h) 和 40m³/(m² · h)（按膜池底面积计算），间歇曝气的强度分别取 10m³/(m² · h)、20m³/(m² · h)、40m³/(m² · h)、80m³/(m² · h)。

在连续曝气条件下，不同的曝气强度对 PVC 和 PVDF 两种超滤膜过滤原水时临界通量的影响分别如图 6-5 和图 6-6 所示。在无曝气的条件下，用通量阶梯增加法所得到的用 PVC 膜过滤原水时的临界通量为 22.5L/(m² · h)。连续曝气的强度分别为 2.5m³/(m² · h)、10m³/(m² · h) 和 40m³/(m² · h) 时，用 PVC 膜过滤原水时的临界通量分别为 22.5L/(m² · h)、27.5L/(m² · h) 和 27.5L/(m² · h)。无曝气时，用通量阶梯增加法所得到的用 PVDF 膜过滤原水时的临界通量为 17.5L/(m² · h)，连续曝气的强度分别为 2.5m³/(m² · h)、10m³/(m² · h) 和 40m³/(m² · h) 时，用 PVDF 膜过滤原水时的临界通量分别为 17.5L/(m² · h)、22.5L/(m² · h) 和 22.5L/(m² · h)。可见，曝气强度达到 10m³/(m² · h) 的连续曝气可以提高两种超滤膜过滤原水时的临界通量，但是曝气强度再增大也不会继续提高临界通量。

实验结果表明浸没式超滤膜在应用时应选择合理的曝气强度，如选择过大的曝气强度则既耗能又起不到更好的缓解污染作用。此外，膜材质对临界通量有一定影响，该实验条件下，PVC 膜过滤原水的临界通量要高于 PVDF 膜，因此在实际应用中选择通量时也应考虑膜材质的影响。

考察间歇曝气条件下不同的曝气强度对 PVC 和 PVDF 两种超滤膜过滤原水时临界通量的影响。间歇曝气的强度分别为 10m³/(m² · h)、20m³/(m² · h)、40m³/(m² · h) 和 80m³/(m² · h) 时，用通量阶梯增加法所得到的用 PVC 膜过滤原水时的临界通量分别为 22.5L/(m² · h)、22.5L/(m² · h)、27.5L/(m² · h) 和 27.5L/(m² · h)，用 PVDF 膜过滤原水时的临界通量分别为 17.5L/(m² · h)、17.5L/(m² · h)、22.5L/(m² · h) 和 22.5L/(m² · h)。可见，曝气达到一定强度时［该实验条件下是 40L/(m² · h)］，间歇曝气也可以提高超滤膜的临界通量，但曝气达到一定强度之后，再增加曝气强度对临界通量没有提高作用。

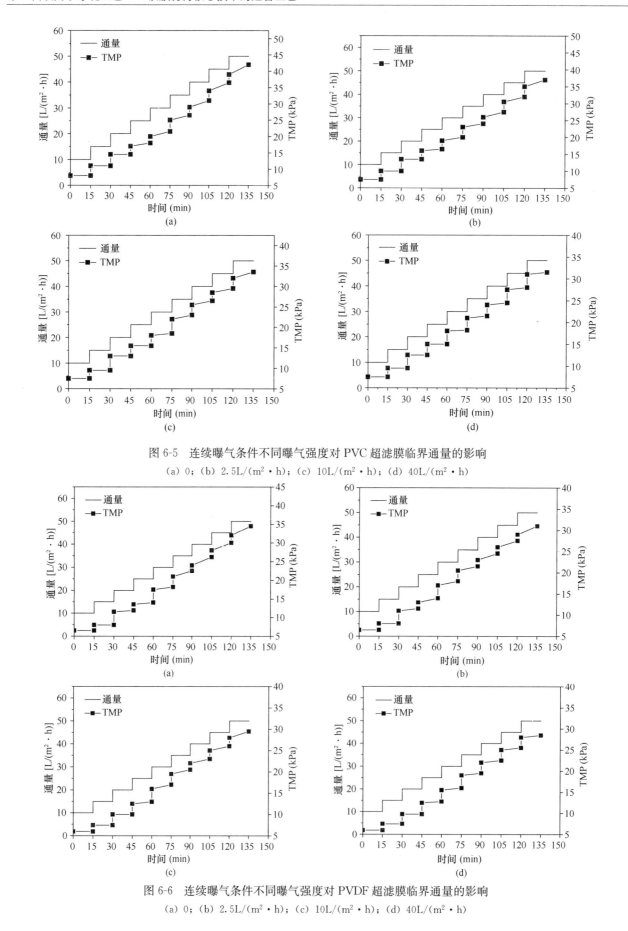

图 6-5　连续曝气条件不同曝气强度对 PVC 超滤膜临界通量的影响

（a）0；（b）2.5L/(m² · h)；（c）10L/(m² · h)；（d）40L/(m² · h)

图 6-6　连续曝气条件不同曝气强度对 PVDF 超滤膜临界通量的影响

（a）0；（b）2.5L/(m² · h)；（c）10L/(m² · h)；（d）40L/(m² · h)

2. 长期运行过程中曝气对膜污染的控制作用

短期实验难以充分反映超滤长期运行的情况，所以临界通量的提出，是基于微滤膜的错流过滤过程，用来区分有无污染的运行通量。但在本实验中使用的浸没式超滤系统中，因缺少侧向的持续冲刷作用，所以即使采用很低的通量，膜污染也在所难免。此外，在短期实验的基础上，实验对 PVC 和 PVDF 两种超滤膜分别选择了 3 个通量值来考察长期运行条件下曝气对膜过滤 TMP 的影响，如图 6-7 和图 6-8 所示。对于 PVC 膜选择以下三个通量：一个大于其在无曝气条件下过滤原水时临界通量 $[22.5L/(m^2 \cdot h)]$ 的通量值 $[30L/(m^2 \cdot h)]$，两个小于其在无曝气条件下过滤原水时临界通量的通量值 $[20L/(m^2 \cdot h)]$ 和 $15L/(m^2 \cdot h)]$。对于 PVDF 膜选择以下三个通量：一个大于其在无曝气条件下过滤原水时临界通量 $[17.5L/(m^2 \cdot h)]$ 的通量值 $[25L/(m^2 \cdot h)]$，两个小于其在无曝气条件下过滤原水时临界通量的通量值 $[17L/(m^2 \cdot h)$ 和 $12L/(m^2 \cdot h)]$。

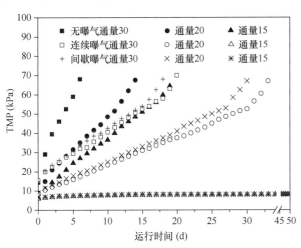

图 6-7　长期运行过程中曝气对 PVC 超滤膜 TMP 的影响
（连续曝气的曝气强度为 $10L/(m^2 \cdot h)$，间歇曝气的曝气强度为 $40L/(m^2 \cdot h)$）

在无曝气条件下，通量为 $30L/(m^2 \cdot h)$ 时，PVC 膜过滤原水 6d 后 TMP 由初始的 14.5kPa 上升至 68kPa，TMP 上升一直较快。通量为 $20L/(m^2 \cdot h)$ 时，PVC 膜过滤原水过程中的 TMP 经历了到 11d 之前的缓慢上升和 $11\sim14d$ 的快速上升两个阶段，到 11d 时，TMP 由 9kPa 上升到了 51.5kPa，14d 后，TMP 上升到了 67.5kPa。通量为 $15L/(m^2 \cdot h)$ 时膜过滤过程中的 TMP 发展情况也经历了两个阶段，即 15d 之前的缓慢上升和

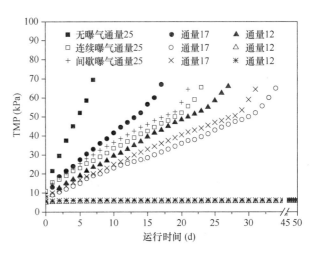

图 6-8　长期运行过程中曝气对 PVDF 超滤膜 TMP 的影响
（连续曝气的曝气强度为 $10L/(m^2 \cdot h)$，间歇曝气的曝气强度为 $40L/(m^2 \cdot h)$）

$15\sim19d$ 的快速上升阶段。到 15d 时，TMP 由 6.5kPa 上升到了 48.5kPa，19d 后，TMP 上升到了 64.5kPa。由于实验对临界通量的确定采用了短期的通量阶梯增加法，这样得到的临界通量比实际长期膜过滤过程中的临界通量要高，但在短期实验确定的临界通量下运行时膜过滤的 TMP 会先经历一个相对缓慢上升的过程，说明在此临界通量下运行膜污染得到一定程度的控制，之后由于长时间的膜过滤过程中膜孔内和膜表面上的污染物逐渐累积到一定程度则会出现 TMP 的快速上升。有研究结果表明，TMP 出现快速上升时膜污染已比较严重，需进行物理或化学清洗，为尽量减小不可逆污染，应在膜运行的 TMP 出现快速上升之前进行清洗。

在连续曝气条件下，通量为 $30L/(m^2 \cdot h)$ 时，PVC 膜过滤原水时的 TMP 增长也较快，但经历了在 16d 之前缓慢上升和 $16\sim20d$ 快速上升两个阶段，TMP 最终达到 70kPa，这比无曝气条件时达到相同 TMP 延长了约 14d。通量为 $20L/(m^2 \cdot h)$ 时，PVC 膜过滤原水过程中的 TMP 经历了到 29d 之前的缓慢上升和 $29\sim33d$ 的快速上升两个阶段，这比无曝气条件时 TMP 所经历的缓慢上升时间延长了约 18d。通量为 $15L/(m^2 \cdot h)$ 时膜过滤过程中的 TMP 上升一直非常缓慢，接近于在该条件下的实际临界通量。可见，在与无曝气时相比，在相同通量条件下连续曝气能控制膜污染，而且膜过滤在低于短期实验确定的临界通量下运行时，由于连续曝气可提高膜过滤原水时的临界通量，连续曝气对膜

污染的控制作用更明显。

在间歇曝气条件下，同样通量运行时，膜过滤 TMP 上升速度也比无曝气时明显减慢。通量为 $30L/(m^2 \cdot h)$ 时，PVC 膜过滤原水时的 TMP 经历了前 15d 的缓慢上升和 15～18d 快速上升两个阶段，最终 TMP 上升到 68kPa。通量为 $20L/(m^2 \cdot h)$ 时，PVC 膜过滤原水过程中的 TMP 经历了前 26d 的缓慢上升和 26～30d 的快速上升两个阶段，最终 TMP 上升到 67kPa。通量为 $15L/(m^2 \cdot h)$ 时膜过滤过程中的 TMP 上升一直非常缓慢，接近于在该条件下的实际临界通量。这表明间歇曝气也能够提高膜过滤原水时的临界通量，因此膜过滤在低于短期实验确定的临界通量下运行时，间歇曝气对膜污染具有较好的控制作用。

连续曝气与间歇曝气的对比结果表明，相同通量条件下，连续曝气对 PVC 膜污染的控制作用要强于间歇曝气，特别是在小于短期实验所确定的临界通量条件下运行时，连续曝气可以使膜 TMP 缓慢上升所持续的时间更长。

对于 PVDF 膜而言，在所选择的三个通量条件下，连续曝气和间歇曝气缓解膜污染的趋势与 PVC 膜相似。在通量为 $25L/(m^2 \cdot h)$ 时两种曝气方式均可减小 TMP 的上升速度，PVDF 膜过滤原水过程中的 TMP 经历了前 18d 的缓慢上升和 18～23d 的快速上升两个阶段，最终 TMP 上升到 65.5kPa，比连续过滤达到同样 TMP 时延长了近 16d。通量为 $17L/(m^2 \cdot h)$ 时的两种曝气方式下，PVDF 膜过滤原水过程中的 TMP 均经历了由缓慢上升到快速上升两个阶段，连续曝气使 TMP 缓慢上升阶段持续了约 30d，而间歇曝气使 TMP 缓慢上升阶段持续了约 25d。通量为 $12L/(m^2 \cdot h)$ 时膜过滤过程中的 TMP 始终变化很小。膜过滤在低于短期实验确定的临界通量下运行时，由于连续和间歇曝气可提高膜过滤原水时的临界通量，两种曝气方式对膜污染的控制作用非常明显，而且连续曝气对膜污染的缓解作用略强。

因此，不论是 PVC 超滤膜还是 PVDF 超滤膜，当直接过滤原水时，连续曝气和间歇曝气都能控制膜污染，从而获得更高的临界通量，即不可逆零污染通量。

6.3.2 混凝法减轻不可逆污染

混凝预处理不仅可以有效去除原水中的颗粒物，而且对引起膜污染的有机物也有一定的去除作用。因而，以下的研究主要是考察混凝及其与曝气相结合的方式对两种超滤膜临界通量的提高作用。混凝剂为聚合氯化铝，投加量为 10mg/L。

混凝及其与曝气结合对两种超滤膜过滤原水时临界通量的影响，在混凝无曝气、混凝＋连续曝气和混凝＋间歇过滤间歇曝气三种条件下，用通量阶梯增加法进行实验。间歇过滤是过滤 4min，停止过滤 1min 实验所得到的用 PVC 膜过滤原水时的临界通量分别被提高至 $32.5L/(m^2 \cdot h)$、$37.5L/(m^2 \cdot h)$ 和 $37.5L/(m^2 \cdot h)$，用 PVDF 膜过滤原水时的临界通量分别被提高至 $27.5L/(m^2 \cdot h)$、$32.5L/(m^2 \cdot h)$ 和 $32.5L/(m^2 \cdot h)$。

实验表明，混凝预处理可明显提高超滤膜的临界通量，比膜连续过滤原水时的临界通量提高了 $10L/(m^2 \cdot h)$，而且混凝与连续曝气以及混凝与间歇过滤间歇曝气过滤方式相结合能达到更高的临界通量，这是由于混凝对原水中的悬浮颗粒物和分子量大于 5kDa 的憎水性有机物有较好的去除作用，因此在膜过滤过程中污染物在膜孔和膜表面的积累程度比膜直接过滤原水时要小得多，如果再与曝气相结合，则在气泡的抖动和擦洗作用下使膜上污染层更不易累积。

长期运行过程中混凝及其与曝气结合对两种超滤膜 TMP 的影响如图 6-9 所示，PVC 膜过滤时通量选择 $30L/(m^2 \cdot h)$、$25L/(m^2 \cdot h)$ 和 $20L/(m^2 \cdot h)$，PVDF 膜过滤时选择 $25L/(m^2 \cdot h)$、$20L/(m^2 \cdot h)$ 和 $15L/(m^2 \cdot h)$。

PVC 膜过滤混凝沉淀水无曝气状态时，通量为 $30L/(m^2 \cdot h)$ 条件下，长期运行过程中 PVC 膜过滤的 TMP 经历了到第 13 天的缓慢上升和 13～20d 快速上升两个阶段。而在与连续曝气以及与间歇运行间歇曝气相结合条件下时，长期运行过程中 PVC 膜过滤的 TMP 则经历了一个 3～5d 的相对快速上升阶段以及随后的缓慢上升两个阶段，在实验运行 40d 后，TMP 分别由 15.5kPa 增加到 28.6kPa 和由 14.5kPa 增加到 32.1kPa，说明 TMP 的增长比较缓慢。

通量为 $25L/(m^2 \cdot h)$ 条件下，无曝气时 PVC 膜过滤在长期运行过程中的 TMP 经历了到第 30 天的缓慢上升和 30～36d 快速上升两个阶段。在与连续曝气以及与间歇运行间歇曝气相结合条件下 PVC 膜过滤的 TMP 在整个实验过程中增长都比较

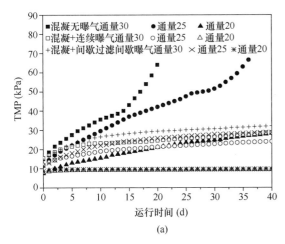

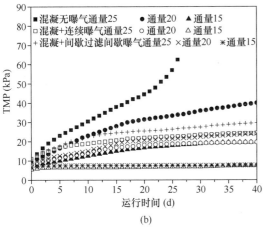

图 6-9　长期运行过程中混凝对 PVC 和
PVDF 超滤膜 TMP 的影响

[连续曝气的曝气强度为 10m³/(m²·h)，间歇过滤间歇曝气
的曝气强度为 40m³/(m²·h)]

(a) PVC 超滤膜；(b) PVDF 超滤膜

缓慢，在实验 40d 后，TMP 分别由 12.5kPa 增加
到 24.0kPa 和由 11.5kPa 增加到 28.7kPa。

通量为 20L/(m²·h) 条件下，无曝气时 PVC
膜过滤的 TMP 在整个实验过程中增长一直比较缓
慢，在实验 40d 后，TMP 由 7.5kPa 增加到
28.2kPa。在与连续曝气以及间歇运行间歇曝气相
结合条件下 PVC 膜过滤的 TMP 在整个实验过程
中增长非常缓慢，接近于在该条件下的实际临界
通量。

PVDF 膜过滤混凝沉淀水时，通量为 25L/(m²·
h) 条件下，无曝气时 PVDF 膜过滤在长期运行过
程中的 TMP 经历了前 20d 的缓慢上升和 20d～26d
快速上升两个阶段。而在与连续曝气以及与间歇运
行间歇曝气相结合条件下时，长期运行过程中
PVDF 膜过滤的 TMP 则经历了一个 2～4d 的相对

快速上升以及随后的缓慢上升两个阶段，在实验运
行 40d 后，TMP 分别由 11.0kPa 增加到 24.3kPa
和由 11.5kPa 增加到 29.7kPa。

通量为 20L/(m²·h) 条件下，无曝气、连续
曝气和间歇过滤间歇曝气时 PVDF 膜过滤的 TMP
在整个实验过程中增长则一直比较缓慢，在实验
40d 后，TMP 分别由 8.5kPa 增加到 40.0kPa、由
8kPa 增加到 19.5kPa 和由 8.5kPa 增加到
24.1kPa。

通量为 15L/(m²·h) 条件下，无曝气时 PVDF
膜过滤的 TMP 在整个实验过程中增长一直比较缓
慢，在实验 40d 后，TMP 由 6.0kPa 增加到
19.6kPa，与连续曝气以及与间歇运行间歇曝气相
结合条件下 PVDF 膜过滤的 TMP 在整个实验过程中
增长则非常缓慢，接近于在该条件下的实际临界
通量。

以上结果表明，在长期膜过滤过程中，混凝及
其与曝气相结合能提高膜运行的临界通量。

在短期通量阶梯增加实验所确定的临界通量下
运行，混凝及曝气方式对膜运行过程中膜污染的控
制效果十分明显，这说明短期实验所得出的临界通
量值对浸没式超滤膜实际应用过程中的通量选择具
有一定的指导意义，可在实际应用中先用短期实验
确定在该水质条件下的临界通量，再在合理的通量
范围内选择合适的运行条件等来进一步摸索实际的
临界通量。

对于实验条件下的松花江水，利用混凝和曝气
相结合的方法，已能使超滤膜的临界通量提高到接
近经济通量的程度，这时膜的不可逆污染可认为已
接近零。

6.4 阈通量的预压缩通量阶梯测定法及其对超滤膜不可逆通量的控制作用（东江水）

6.4.1 原水水质及实验系统

1. 原水水质

本实验水源于珠江水系东江下游段，处于东
莞市上游河段，引自粤港供水莲湖至旗岭段供水
管渠。通过取水泵站经由引水管道输送至水厂的
蓄水库，库容约为 120 万 m³，原水水质参数见
表 6-2。

实验期间原水水质参数	表 6-2
项目	数值
水温（℃）	14.2～31.2
浊度（NTU）	5.31～16.89
COD_{Mn}（mg/L）	1.28～4.00
氨氮（mg/L）	0.03～0.50
pH	6.90～8.11
DO（mg/L）	5.7～9.1

由表 6-2 可知，原水整体水质较好。由于原水经过水库预沉，原水浊度较为稳定，氨氮及有机物含量都较低。

2. 小试系统

实验膜材料为海南立昇承水科技实业有限公司生产的 PVC 中空纤维超滤膜，标称截留分子量 50kDa，膜丝的外径为 1.69mm，内径 0.90mm。使用前，膜组件在水中浸泡 48h，并使用纯水连续过滤 24h 以上去除膜丝保存药剂。

超滤小试系统采用浸没式超滤系统，系统流程如图 6-10 所示。系统由原水箱、浮球恒位水箱、膜池、中空纤维膜组件、压力变送器、蠕动泵、空气泵和自控系统等部件组成。过滤过程原水从原水箱进入恒位水箱，恒位水箱为膜池供水并保持恒定水位。膜池水在蠕动泵的抽吸下由膜丝表面过滤经由胶管进入产水箱。通过自控系统控制设备运行，并同时记录压力变送器压力值。反冲洗阶段，通过将蠕动泵反转利用清水箱中的水对膜进行反冲。气洗阶段，启动空气泵，通过产生微气泡，去除超滤膜表面的污染。由于实验地点温差变化大，采取在膜池外加设自来水溢流水箱，稳定膜池水温。

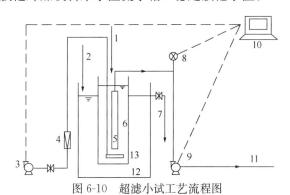

图 6-10 超滤小试工艺流程图

1—恒位水箱进水；2—自来水；3—空气泵；4—气体转子流量计；5—超滤膜组件；6—膜池；7—溢流口；8—压力变送器；9—蠕动泵；10—自动控制系统；11—超滤膜出水；12—溢流水箱；13—曝气头

6.4.2 预压缩通量阶梯法

预压缩通量阶梯法基于阶梯通量法。传统的阶梯通量法采用逐级增加通量，分别观察每个通量阶梯下的跨膜压差增长情况。预压缩通量阶梯法在每个通量阶梯下增加四个阶段，测量过程包含五个阶段：预压缩阶段（$t_{pc}=60s$）、过滤阶段（$t_f=15min$）、停滞阶段（$t_{ri}=60s$）、反冲洗阶段（$t_f=2min$）和放松阶段（$t_{rf}=60s$），如图 6-11 所示。该方法在常规的阶梯法上增加预压缩阶段。在该阶段，采用对应阶梯通量 J 的一定倍数的通量 J_{pc} 运行一小段时间，实现对现有膜污染的压缩，从而避免测量的过滤阶段对这部分污染的逐步压缩而引起的阻力变化。通过预压缩，使得过滤阶段的压力曲线斜率稳定，便于计算污染速率。

通过前期实验比较，发现采用 $J_{pc}=1.7J$ 时压力曲线稳定性好，后期测量采用该参数。测试起始通量 $J_0=2L/(m^2 \cdot h)$，步高 $\Delta J=2L/(m^2 \cdot h)$，最高通量 $J_{max}=38L/(m^2 \cdot h)$。

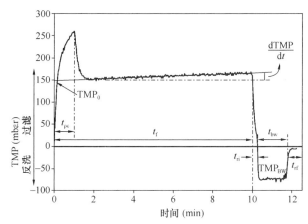

图 6-11 预压缩单周期时间分布

1. 原水阈通量研究

采用预压缩通量阶梯法测量原水阈通量。从最小通量 $2L/(m^2 \cdot h)$，步高 $3L/(m^2 \cdot h)$，逐渐上升到最高 $38L/(m^2 \cdot h)$。跨膜压差及通量随时间变化曲线如图 6-12 所示。根据 TMP（跨膜压差）曲线可知，即使在最低通量下，膜污染也是存在的。观察每个通量周期的跨膜压差增长，可以发现通过预压缩使得跨膜压差的稳定性较好，采用斜率计算污染的速率存在较好的稳定性。整体上，压力曲线随着通量的上升逐渐变陡。通过比较通量的上升阶梯和下降阶梯，发现两者有着较好的一致性，说明采用的预压缩通量法，通过反冲洗很好地消除了滞后现象。

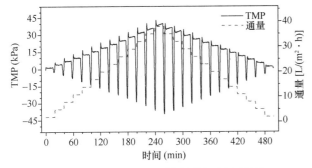

图 6-12　预压缩通量阶梯法测量原水阈通量

根据图 6-12，可以得到原水在各个通量下的 TMP 增长速率，如图 6-13 所示。图 6-13 为超滤膜过滤原水在各通量下的 TMP 增长速率，以单位时间增长的跨膜压差表示。整体上可见 TMP 增长速率随着通量增加而增加。在图中 A 点以前，整体增长平缓，TMP 增长速率约为 10Pa/min。由 A 至 B 过程经历了一段提速阶段，而在 B 点以后污染速率明显加快。可以认为在通量 26L/(m² · h) 以前，TMP 增长相对较慢。

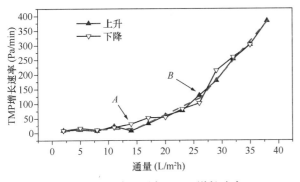

图 6-13　原水通量与 TMP 增长速率

图 6-14 将图 6-13 中的各通量下的 TMP 增长速率除以其通量值，得出各通量下的膜阻力增长速率——污染速率。整体上，数据的稳定性较好。由图 6-14 可知，初始通量 2L/(m² · h) 存在较高的污染速率，分析认为，采用清洗后的膜，膜的吸附容量较大。在低通量下，污染物质容易通过吸附而粘附在膜表面上。而低通量下的细微污染在较小的通量作为除数下，使得整体单位污染速率较大。整体上，污染速率曲线经历一个下降、略平稳和再上升的过程。前已述及，临界通量是在超滤错流系统中提出的，对于浸没式超滤系统并不完全适合，但作为区分高污染和低污染仍然存在一定意义。有人在临界通量基础上，对于浸没式超滤系统，提出阈通量的概念，用以区分高、低污染速率。由图 6-13可见，在 A 和 B 区间，膜的污染速率比较低，由此来

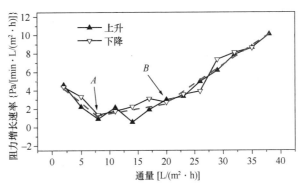

图 6-14　原水通量与污染速率

确定阈通量值，可以认为，原水的第一阈通量为 8L/(m² · h)，第二阈通量为 20L/(m² · h)。

2. 微絮凝阈通量研究

图 6-15 为微絮凝水条件下在各通量的阻力增长速率，整体趋势依然是随着通量增加，出现一个下降再增加的过程。在低通量下，测试的污染速率较高，但对于实际运作，当吸附容量饱和时，其相应的污染速率较低。由图可见，由 A 至 B 的污染速率增长较原水明显，而超过 B 点后，其污染速率继续增加。可以认为微絮凝水的第一阈通量也为 8L/(m² · h)，第二阈通量为 26L/(m² · h)。

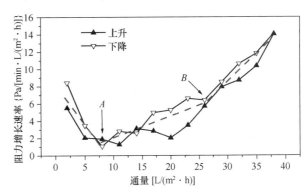

图 6-15　微絮凝通量与污染速率

图 6-16 为在沉后水条件下污染速率的变化。

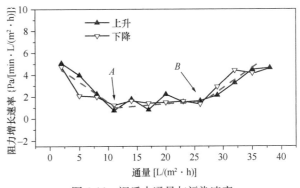

图 6-16　沉后水通量与污染速率

在通量 10～26L/(m² · h) 之间，污染速率缓慢增长，经过 26L/(m² · h) 后，加速增长。可以认为沉后水的第一阈通量为 11L/(m² · h)，第二阈通量为 26L/(m² · h)。

由上可见，在不同通量条件下，利用超滤过滤三种原水，在阻力增长速率上均呈现先降低后增长的趋势。Aimar 等人研究膜污染过程中的胶体缓慢聚集，认为随着通量的增加，膜表面受驱动力作用使得膜表面的胶体浓度发生变化，而随着浓度的升高，胶体呈现聚集态。推测认为在通量非常低时，非聚集体的胶体颗粒扩散能力强，容易与膜接触并吸附在膜上；随通量增加，膜表面的胶体浓度逐渐聚集，扩散能力下降，由此使得污染速率得以降低；随通量继续增加，高浓度的胶体容易发生相转变，在膜表面形成凝胶层及滤饼层污染。对比三种膜进水，采用沉后水超滤，能够较大程度地降低污染速率。由于通过混凝—沉淀，去除了水中绝大部分污染物质，可以明显降低污染速率。而采用微絮凝—超滤，一定程度上比原水直接超滤污染速率高。

使用通量阶梯法，通常采用的阶梯步长仅有 10～30min。短时运行，产生的不可逆污染很轻，特别是在较低通量下，由此得出的不可逆污染速率极不稳定。而微絮凝水在长周期实验中易进一步絮凝，沉后水整体污染较小，也不易衡量较短时间内

不可逆污染。由此采用小试装置，进行较长周期不同通量的运行实验，比较在 5L/(m² · h)、15L/(m² · h) 和 25L/(m² · h) 三个通量下的污染情况。TMP 变化曲线如图 6-17 所示。

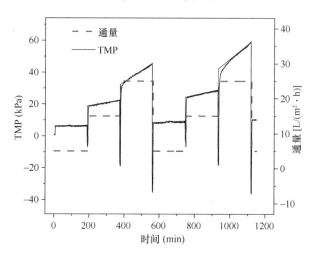

图 6-17　TMP 变化曲线

如图 6-17 所示，采用通量 5L/(m² · h)、15L/(m² · h) 和 25L/(m² · h) 交替运行两个周期，每个周期时长为 180min，一个通量运行结束采用该通量反冲洗 5min 去除可逆污染后继续下一个通量。通过跨膜压差增长曲线，得出每个通量下的起始跨膜压差和终点跨膜压差来计算不同通量下的污染特性，详细数据见表 6-3。

超滤原水不同通量污染特性　　表 6-3

项目	通量 [L/(m² · h)]	5	15	25
第一周期	TMP 增长速率 Pa/min	2.889	21.889	74.389
	总阻力增长速率 Pa/[min · L/(m² · h)]	0.578	1.459	2.976
	可逆阻力增长速率 Pa/[min · L/(m² · h)]	0.544	1.237	1.198
第二周期	TMP 增长速率 Pa/min	6.128	25.500	93.778
	总阻力增长速率 Pa/[min · L/(m² · h)]	1.226	1.700	3.751
	可逆阻力增长速率 Pa/[min · L/(m² · h)]	0.902	1.580	3.363
平均值	TMP 增长速率 Pa/min	4.508	23.694	84.083
	总阻力增长速率 Pa/[min · L/(m² · h)]	0.902	1.580	3.363
	可逆阻力百分比	94.04%	81.95%	43.51%

由表 6-3 可见，采用长周期定通量运行所得 TMP 增长速率与预压缩通量阶梯法存在一定偏差。Clech 等人在应用阶梯通量法测试 MBR 中的临界通量时，提出尽管难以用短时的污染速率来预测长期的运行，但不同通量短时污染规律依然能充分反映污染规律。比较前后两个周期，可以发现第二周期的污染速率略高于第一周期的污染速率，但整体上污染速率依然呈现随着通量增加而加速增长的趋

势。此外，通过每个运行通量后期的反冲洗措施控制可逆污染，考查了各个通量下的污染可逆性。由图 6-18 可以明显发现，随着通量的上升，污染的可逆性大幅降低，污染的不可逆性大幅增加，所以采用低通量运行，是可以降低膜的不可逆污染的。

采用预压缩通量阶梯法，探究了原水、微絮凝水和沉后水在不同通量下的污染规律，并采用原水长周期的通量阶梯实验，分析不同通量的污染特

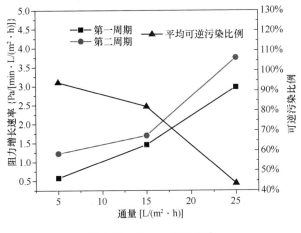

图 6-18 通量与污染速率

点，可以得到以下认识：

采用超滤过滤原水、微絮凝水和沉后水的跨膜压差增长速率均随通量增加而加快，在低通量下增长较慢，随通量上升呈现加速增长趋势。

原水经过微絮凝处理后，短期运行中加速了膜污染，采用混凝—沉淀后，膜的污染速率显著降低。

通量很低时，吸附污染使得阻力增长较快，随通量增加，阻力增长速度降低。随着通量继续增加，阻力增长速率加快。采用污染速率折点作为阈通量定义时，原水、微絮凝水和沉后水的第一阈通量分别为 8L/(m²·h)、8L/(m²·h) 和 11L/(m²·h)。

采用预压缩通量阶梯法能够反映各通量下的污染规律，对比不同通量下的不可逆污染比例，发现高通量不但引起膜污染速率大大增加，同时也增大了膜污染的不可逆性。

本章开展直接超滤、微絮凝/超滤和混凝/沉淀/超滤三套短流程超滤研究，考查其各自出水水质，分析中试下的膜污染发展，并考查减量投药下对工艺运行的影响。参考预压缩通量阶梯法得到的阈通量，采用 7.5L/(m²·h)、7.5L/(m²·h) 和 20L/(m²·h) 分别应用于三种工艺的中试实验研究。

6.4.3 阈通量在中试中的应用及低通量对不可逆污染的控制效果

1. 实验系统

中试实验系统的工艺流程有两部分，第一部分为混凝/沉淀装置，包括管道混合器、网格絮凝池、斜管沉淀池以及加药系统；第二部分为浸没式虹吸超滤系统。原水水质见表 6-2。

混凝/沉淀装置的进水量 1.2m³/h，原水经提升泵经由静态混合器后进入网格絮凝池，经过絮凝后进入斜管沉淀池。作为不同超滤预处理，分别从管道混合器后、絮凝池末端和沉淀池出水取水，水量约为 300L/h。具体设计参数如下：

1）管道混合器流速：0.8～1.2m/s；

2）网格絮凝池设计尺寸：485mm×485mm×900mm，停留时间 T=18.1min，采用泥斗排泥；

3）沉淀池设计尺寸：710mm×485mm×2500mm，液面负荷约为 4.5m³/(m²·h)，采用泥斗排泥。

超滤系统为浸没式虹吸超滤系统。超滤实验装置主要由原水恒位水箱、膜池、超滤膜组件、清水水箱、抽真空系统、反冲洗系统、曝气系统和控制系统等部件组成。装置的运行和反冲洗通过控制系统配合完成。在膜池运行一段时间后，需进行清洗，可以分别启动水洗和气洗系统。实验中采用的气洗强度为 40m³/(m²·h)，水洗强度 40L/(m²·h)。

参考预压缩通量阶梯法得到的阈通量值，本中试实验中以原水为进水的通量为 7.5L/(m²·h)，以微絮凝水为进水的通量为 7.5L/(m²·h)，以混凝—沉淀水为进水的通量为 20L/(m²·h)。

2. 直接超滤原水跨膜压差增长趋势

图 6-19 为直接超滤原水的超滤膜跨膜压差的增长曲线。其中 Ⅰ 阶段为装置搭设初期调试阶段，采用较高的通量运行，平均通量 12.5L/(m²·h)。与后期的低通量 7.5L/(m²·h) 相比，污染速率较高。图中 Ⅱ 阶段为阈通量下运行的第一个周期。由第一周期可见，跨膜压差增长缓慢，日增长 1.68kPa。缓慢的跨膜压差增长带来极大的运行便利。在约 2.4m 的作用水头下，以 7.5L/(m²·h) 通量下运行，反冲洗周期长达 12d，能够极大地便利生产运行。此外，经过完整一个周期的运行，采

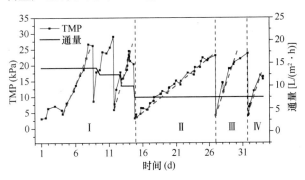

图 6-19 跨膜压差曲线

用气水反冲，去除了超滤的大部分污染，未检测到可见的不可逆污染，表明采用低通量直接超滤能够有效地控制膜污染，特别是不可逆污染。在图中Ⅲ阶段，出现了污染明显加速的现象，跨膜压差增长速率为6.23kPa/d。分析认为，Ⅲ阶段为五月中旬，广东地区该时段进入雨季，暴雨频繁。由于采用水库调蓄水量，水质的浊度未见明显变化，COD_{Mn}、氨氮和亚硝态氮有部分增长。比较Ⅱ阶段及Ⅲ阶段前期，COD_{Mn}增加0.09mg/L，但鉴于COD_{Mn}只能衡量总有机物，而不同有机物对于膜污染的作用迥异；为考查原水受降雨的影响，在中试运行的第23天及运行的末期对原水的水样进行采样及三维荧光分析。

图6-20为雨季前后的原水的三维荧光分析。由图6-20可知，原水中主要存在四个特征峰A、B、T_1和T_2，其中B峰在图6-20中较弱。特征峰A和B代表腐殖质类物质，T_1和T_2代表蛋白质类物质。对比图6-20（a）和图6-20（b）可见，原水的4个峰强度均有一定升高，特别是代表腐殖质类物质的A和B峰，出现明显的增高。许多学者研究表明，腐殖质类物质容易在膜表面吸附和积累，引起严重的膜污染。由此可以认为，采用直接超滤，容易受到原水的水质变化影响，导致较为严重的膜污染。

3. 微絮凝—超滤跨膜压差增长趋势

图6-21为微絮凝—超滤系统的跨膜压差变化曲线。第Ⅰ阶段同样为调试阶段。由图6-21可见，进入Ⅱ阶段，超滤以7.5L/(m^2·h)通量运行。整体上，低通量运行有效地降低了膜污染，正常投药的第Ⅱ阶段，跨膜压差增长速率约为1.89kPa/d；减量投药阶段Ⅲ，增长速率约为2.27kPa/d；第Ⅳ阶段，前期污染缓慢，查询同期的水质发现，有机物总量较低。对比正常投药的Ⅱ阶段和减量投药的Ⅲ阶段，原水的COD_{Mn}增加了0.16mg/L，增幅6.61%，跨膜压差的增长速率增幅为20.11%。与同期的直接超滤相比，可以发现采用微絮凝—超滤能够较为有效地应对水质的变化，即使在药量减半的条件下，依然能够控制膜污染在较低的水平。

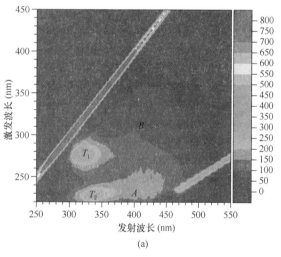

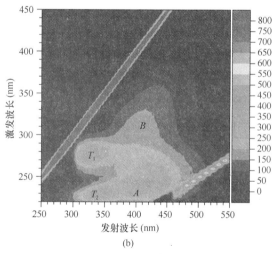

图6-20 原水三维荧光分析
（a）雨季前原水；（b）雨季中原水

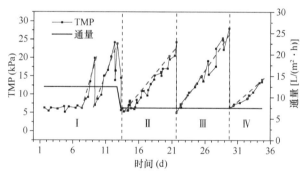

图6-21 跨膜压差曲线

4. 混凝—沉淀—超滤跨膜压差增长趋势

图6-22为沉后水超滤中试运行跨膜压差变化曲线。第Ⅰ阶段采用12.5L/(m^2·h)通量试运行，初期未见明显的污染。第Ⅱ阶段依据前面的实验结果，通量采用20L/(m^2·h)。该阶段为正常投药阶段，平均进水浊度为1.37NTU，COD_{Mn}为1.42mg/L，跨膜压差增长速率约为1.07kPa/d。采用减量投药的第Ⅲ阶段，平均进水浊度为2.54NTU，COD_{Mn}为1.71mg/L，跨膜压差增长速率约为2.80kPa/d。对比可以发现，减量投药引起

膜池进水的水质发生较大的恶化，由此引起膜污染速率的高速增长，增幅达 161.68%。此外，正常投药阶段结束，经过反冲洗后未见明显不可逆污染。而在第Ⅲ阶段末期，发现较为严重的不可逆污染，总阻力较运行起始阶段增长 18.50%。第Ⅴ阶段降低通量至 15L/(m²·h)，阻力增长 5.26%。

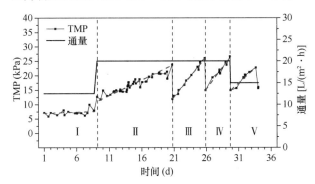

图 6-22　跨膜压差曲线

由上可知，直接超滤在通量 7.5L/(m²·h) 下运行，前期跨膜压差以 1.68kPa/d 增长，后期雨季带来腐殖酸及有机物总量的升高，使得膜污染速率显著增加。微絮凝/超滤以通量 7.5L/(m²·h) 下运行，在投药量 4mg/L 下跨膜压差增长速率为 1.89kPa/d，在投加量 2mg/L 下增速提高至 2.27kPa/d，对比同期直接超滤可以认为微絮凝能够较好地应对水质变化。混凝/沉淀/超滤在正常投药量下以通量 20L/(m²·h) 运行，跨膜压差增速为 1.07kPa/d，减量投药量下增速增加 160%，表明该工艺需良好控制投药量才能稳定运行。

采用低通量运行的直接超滤和微絮凝/超滤运行期间内未见明显不可逆污染，采用较高通量的混凝/沉淀/超滤出现较为明显的不可逆污染累积。

6.5　超滤膜不可逆污染物质识别及其去除（东江水）

6.5.1　实验材料、原水水质及实验系统

1. 超滤膜

本实验采用海南立昇生产的 PVC 浸没式中空纤维超滤膜，截留分子量为 100kDa，膜丝的内径 1.10mm，外径 1.7mm。其中，用于实验室小试的超滤膜丝长 40cm，膜面积 23.15cm²；用于现场中试的膜池膜面积为 15m²。

2. 活性炭

实验采用 6 种商用净水粉末活性炭作为吸附剂，考察活性炭对东江水溶解性有机物的吸附性能。商家所提供的活性炭基本性质见表 6-4。为控制活性炭生产过程中有机物的残留和粒径等造成活性炭之间的差异，实验进行前，对活性炭进行筛分，取 100～200 目之间的样品，反复用去离子水清洗后于 105℃ 的烘箱内烘干备用。

粉末活性炭参数（生产商提供）　表 6-4

活性炭名称	碘值 (mg/g)	亚甲基蓝值 (mg/g)	水分 (%)
A	800	157.5	4
B	900	195	1
C	600	64.5	2
Norit	1100	240	2
N_1	1086	211	1.8
N_2	805	105	1.5

3. 东江水水质

东江水取自广东东莞某净水厂水源。该水源位于珠江水系东江下游段（东莞市上游河段），引自东深供水莲湖至旗领段供水管道。该水源整体水质较好，实验期间 pH 为 6.9～7.5，水温为 27.4～33.1℃，浊度为 4.5～33.2NTU，UV_{254} 为 0.029～0.056/cm，高锰酸盐指数为 1.7～3.2mg/L，氨氮为 0.15～0.50mg/L，基本满足地表水环境质量标准中的 II 类水标准，可作为本地区低污染水源的案例。其中，于旱季（2015 年 11 月）及雨季（初雨后，2016 年 3 月底）分别取原水进行膜污染实验，反映东江水不同时期的膜污染特性，水质见表 6-5。

东江水水质　表 6-5

采样时间	2015.11	2016.03
pH	7.14	7.14
COD_{Mn}（mg/L）	2.17	2.60
浊度（NTU）	13.7	34.6
溶解性有机物（mg/L）	1.58	1.96
SUVA[L/(mg·m)]	1.84	1.68
氨氮（mg/L）	0.04	0.48

4. 浸没式中空纤维膜超滤小试实验系统

实验在东莞某净水厂进行，装置如图 6-23 所示，原水通过恒位水箱进入膜池，膜滤出水经过蠕

动泵（BT100-2J）抽出进入清水箱。在膜组件和抽吸泵之间设置压力传感器（PTP708，佛山赛普特，中国）及真空泵，监测跨膜压差。该实验装置通过可编程控制器进行过滤、反冲洗的自动控制过程。实验采用恒定通量 35L/（m²·h）运行，每抽吸 1h，进行气水联合冲洗 1min，反冲洗水通量为 70L/（m²·h），气量为 70m³/（m²·h）。

超滤运行 20h 并进行反冲洗后，取出超滤膜丝，用 0.1mmol/L NaOH 溶液浸泡 12h，把膜组件中物理清洗无法去除的不可逆膜污染物洗脱出来，调节清洗液 pH 至中性，置于 4℃冰箱保存。

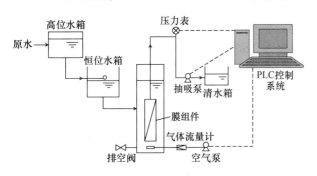

图 6-23　超滤实验装置示意图

5. 活性炭—超滤中试实验系统

本实验进行原水直接超滤、絮凝/活性炭—超滤短流程工艺的两种中试实验，工艺流程如图 6-24所示。原水经管道，不经任何预处理直接进入浸没式超滤膜池为直接超滤工艺（UF）；原水经管道进入混合池与絮凝剂混合，经跌水堰跌水后，进入絮凝池与活性炭混合并搅拌后，进入斜管沉淀池进行沉淀，最后上清液进入超滤膜池为絮凝/活性炭-超滤（CPUF）。在 CPUF 系统中，斜管沉淀池内的部分炭泥回流到絮凝池，提高活性炭的使用效率。

中试实验系统主要工艺参数：预处理部分，混凝剂采用液态聚合氯化铝，经药剂池由蠕动泵加到混合池与原水混合，投加量为 5mg/L，混合池停留时间为 60s，经过 15cm 高跌水堰过程进行微絮凝。机械搅拌絮凝池为孔室旋流反应池四格串联，搅拌转速梯度为 90r/min、50r/min、30r/min 和10r/min，总絮凝时间为 0.5h，活性炭于第一格絮凝池投加（10mg/L）。斜管沉淀池停留时间为 1.67h，排泥周期为 24h，排泥量为 20L/次，活性炭回流比为 5%。

物理清洗方式：系统利用膜池与产水箱高度差

（1.5m）形成的虹吸作为驱动力，并通过调节出水阀以恒定通量 [10L/（m²·h）] 运行，当系统膜污染积累到一定程度，膜池与产水箱的高度差无法提供足够的驱动力以设定通量运行时，进行物理清洗。物理清洗方式为气水联合冲洗 5min，水反冲洗通量为运行通量的 2 倍 [20L/（m²·h）]，气洗强度为 0.1m³/（m²·h）（以膜面积计算）。

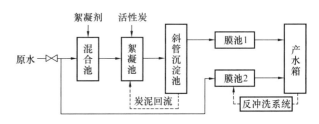

图 6-24　中试工艺流程示意图

6.5.2　东江水有机物特性

1. 亲疏水性分析

2015 年 11 月和 2016 年 3 月水样中有机物亲疏水性组分比例如图 6-25 所示。从图中可以看出，两水样均以强疏水及中性亲水组分为主，与太湖、珠江（西江、北江）等地表水亲疏水性研究结果一致。同时，两水样中疏水组分和亲水组分比例有一定的差异。2015 年 11 月水样以疏水组分为主（60.6%），各组分比例呈现强疏水组分＞中性亲水组分＞弱疏水组分＞极性亲水组分的顺序。另外，2016 年 3 月水样的亲水组分比 2015 年 3 月中明显增多，水中以亲水性组分为主（＞50%），且中性亲水组分＞强疏水组分＞弱疏水组分＞极性亲水组分。天然水体中的天然有机物主要以腐殖质等为主，疏水组分的比例往往超过 50%。何洪威等人在珠江流域溶解性有机物浓度、组分的时空分布的研究中发现珠江各干流河流的疏水组分比例越往下游越低，东江下游广州河段疏水组分最低仅含 20%。其认为水中疏水组分比例越低，受到污染的可能性越大。本水源疏水性组分在初雨后（2016

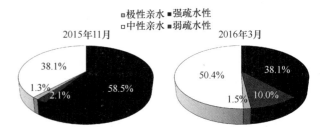

图 6-25　不同时期东江水中不同组分的组成比例

年3月水样）有所降低，可能由于降雨过程把流域内大量面源污染冲刷进入水体中，造成了一定程度的污染，改变了东江水的有机物组分构成。

2. 东江水溶解性有机物的荧光组分识别

利用PARAFA模型对本实验中超滤处理前后及活性炭吸附前后的东江水样的三维荧光光谱进行模拟，根据得到的一致性检验和残差分析，共识别出3个荧光组分（图6-26），分别为C_1［Ex/Em，255（320）/440nm］，C_2（270～275/324nm），C_3

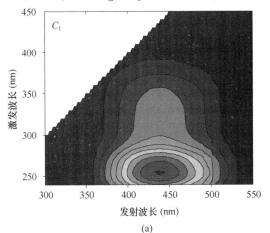

(a)

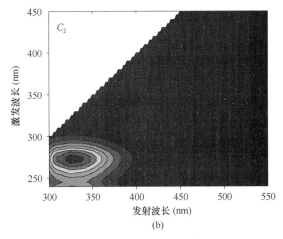

(b)

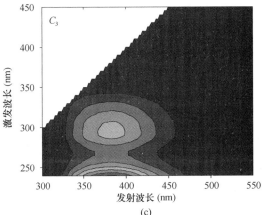

(c)

图6-26　平行因子法解析得到的东江水中的荧光组分

（<240（295）/380～382nm），包括2个腐殖质类（C_1和C_3）和1个蛋白质类组分，所有组分具有单一发射峰。这些组分的光谱性征与其他文献用PARAFAC鉴别出的荧光组分相似，各组分的最大激发/发射波长、性质描述及文献结果对比见表6-6。

三种荧光组分的光谱特性及其物质鉴定　表6-6

本研究		其他研究
组分	E_x/E_m	组分鉴定及性质
组分1(C_1)	255(320)/440	组分1，微生物源或海洋源腐殖质类有机物：240(310)/400～450 组分3，微生物源或海洋源腐殖质类有机物：<240～260(295/380)/374～450
组分2(C_2)	275/324	组分1，类色氨酸有机物：275/330 组分7，类色氨酸有机物：270/306
组分3(C_3)	<240(295)/382	组分3，微生物源或海洋源腐殖质类有机物：<240～260(295/380)/374～450 生物源腐殖质类有机物：<260(305)/378

其中，C_1为短波腐殖质类，是天然水体中比较常见的荧光组分，主峰位于与类富里酸物质相关的区域Ⅲ（A峰），次峰则位于与腐殖酸类物质相关的区域Ⅴ（M峰）。C_2为类色氨酸物质，其主要游离或者结合在蛋白质中，来源于生物代谢作用。C_3为长波的腐殖质类和短波的腐殖质类物质，与生物作用相关。由平行因子模型得到的各组分最大荧光强度（F_{max}）可用于反映各荧光组分的相对浓度。本实验中东江水中C_1～C_3的F_{max}值分别为0.871±0.012R.U.、0.640±0.075R.U.和0.599±0.031R.U.，以C_1腐殖质物质类的强度最高。

3. 有机物分子量分布

水中有机物分子量分布对超滤过程中膜污染积累行为及净水工艺选择都有重要的影响，成为反映膜污染物性质的重要指标。传统的凝胶色谱法采用紫外检测器（HPSEC-UVD），只能响应含有共轭双键和芳香结构的化合物，而采用有机碳检测器（HPSEC-OCD），所有含碳有机物均能有响应。通过分析紫外（HPSEC-UVD）检测器和总有机碳（HPSEC-OCD）检测器响应信号的异同，可以获取更多关于该有机物分子量分布的信息。

图6-27显示了两时期东江水有机物分子量分布测量结果。从HPSEC-OCD数据来看，两东江水样中有机物分子量分布主要分布在三个区域：

50~500kDa、0.5~3kDa 以及 0.1~0.4kDa。其中，2015 年 11 月水样在 0.1~0.4kDa 的区域响应值最强，在该分子量区间含量最高。2016 年 03 月水样在 50~500kDa、0.5~3kDa 之间的响应值明显比 2015 年 11 月水样要强，该分子量的有机物含量有所上升，而 0.1~0.4kDa 的强度比 2015 年 11 月水样有所下降，2015 年 11 月水样除总有机物的浓度比 2016 年 3 月水样低外，分子量分布也存在一定的差异。与此同时，HPSEC-UVD 数据显示 2016 年 3 月水样的响应值均比 2015 年 11 月水样强，而分子量分布趋势一样，两时期中含对紫外光有响应作用的有机物的组成可能改变不大。水体中含有苯环和不饱和结构的有机物主要包括腐殖酸、富里酸、单宁酸、木质素等腐殖质类有机物和共轭二烯烃、不饱和醛酮类有机物以及部分芳香族蛋白质有机物。

殖质基本单元（building blocks）、低分子酸（low molecular-weight acids）和低分子中性物质（low molecular-weight neutrals）等组分。利用 peak-fitting 方法对水样分子量数据进行处理，定量分析东江水不同时期有机物的主要组分及其比例。通过计算拟合，东江水中有机物分子量出现四个明显的特征峰（图 6-28）。峰 A（98kDa），由于其在 OCD 检测器中有响应而在 UVD 中没有响应，且分子量较大（>10kDa），被认为是多糖、氨基酸等的生物聚合物；峰 B（1.2kDa）为小分子腐殖质类物质（humic substance）的特征峰，HPSEC-UVD 和 HPSEC-OCD 有较好的相关性；峰 C 位于～0.61kDa，认为是腐殖质基本单元（building blocks）；峰 D 位于 0.27kDa，认为与低分子中性物质相关。对比两个东江水样分峰结果，2016 年 3 月水样中信号响应升高的主要是生物聚合物和腐殖质部分，而低分子中性物质有所下降。

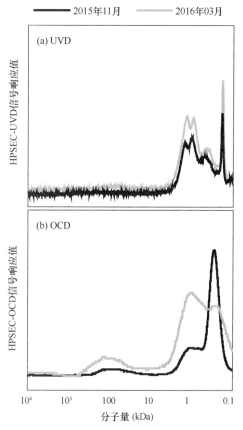

图 6-27　不同时期东江水有机物分子量分布

（a）UV 紫外检测器；（b）有机碳检测器

相关研究者根据不同检测器（紫外、有机碳、有机氮）响应曲线的差异，结合天然有机物的组分及其分子量等性质，把天然有机物分为生物聚合物（biopolymers）、腐殖质（humic substances），腐

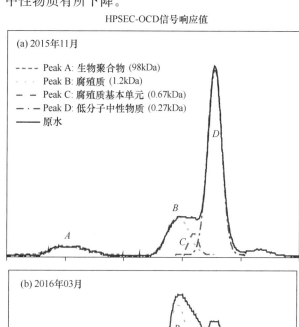

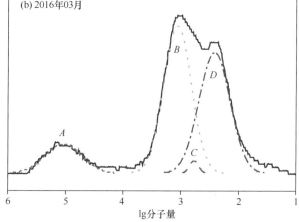

图 6-28　东江水有机物分子量分布及

其分峰拟合结果

6.5.3　东江水膜污染物成分分析

1. 荧光特性

由于无法直接比较超滤进出水与清洗液的荧光组分强度，采用各荧光组分的 F_{max} 占三荧光组分 F_{max} 的比例来反映水样的荧光组分构成，进一步分析东江水中不可逆膜污染物荧光成分和性质。图 6-29 显示了超滤进出水和清洗液中各荧光组分比例，清洗液中 C_1、C_2 所占比例与超滤进出水存在显著差异（$P<0.05$）。其中，清洗液中的 C_2 类色氨酸物质的比例比超滤进出水的比例显著升高（$>50\%$）；而两类腐殖质荧光组分 C_1 和 C_3 在清洗液中的比例分别为 $21.8\%\pm1.6\%$ 和 $23.2\%\pm5.1\%$，比超滤进出水中的比例有不同程度的下降。东江水不可逆膜污染物中荧光组分含有腐殖质类和类色氨酸物质，且类色氨酸物质所占比例更高，对不可逆膜污染的影响更大。Shao 等在分析松花江水荧光组分与不可逆膜污染之间的相关性研究中也发现了类似的结果。

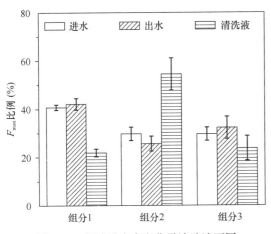

图 6-29　超滤进出水和化学清洗液不同
荧光组分强度 F_{max} 的比例

综合上述东江水、超滤出水以及清洗液的水质分析表明，尽管东江水在不同时期水质出现一定的波动，但对不可逆污染有重要贡献的成分都是亲水性的生物聚合物以及低分子中性物质，其中，从荧光特性数据分析，蛋白质组分对不可逆污染的贡献要大于腐殖质类组分。

2. 污染物分子量分布

（1）超滤进出水

比较 2015 年 11 月水样超滤处理前后的分子量分布变化（图 6-30）发现，峰 B（腐殖质）和峰 C（腐殖质基本单元）的峰面积在超滤处理前后变化

不大；峰 A（生物聚合物）和峰 D（低分子中性物质）峰面积分别减少 75.1% 和 49.5%。该时期东江水超滤处理后生物聚合物及低分子中性物质部分被去除。同时，尽管在 2016 年 03 月水样中腐殖质类有机物的峰面积比例高达 45%，是该时期东江水中主要有机物组分，但峰 B（腐殖质）及峰 C（腐殖质基本单元）的峰面积在超滤前后并没有显著变化，超滤处理对这两部分去除作用不大；同时峰 D 和峰 A 的峰面积同样有明显下降，该水样中低分子中性物质和生物聚合物组分能被超滤作用截留。上述结果表明，超滤对东江水有机物中的生物聚合物和低分子中性物质有一定的截留效果。另外，即使当水中的腐殖质组分（1.2kDa）含量明显升高时，超滤作用对该组分仍然没有去除作用。水中的生物聚合物和低分子中性物质极可能被超滤截留在膜表面，成为膜污染的重要组分。

为进一步了解东江水在超滤处理前后不同分子

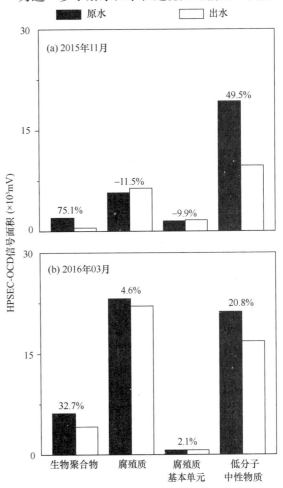

注：图中数字为超滤处理对该组分的去除率

图 6-30　不同时期东江水及超滤出水有机物不同分子量
峰值的响应信号面积及去除率

量组分的性质变化，测定了 2016 年 03 月水样中主要亲疏水组分（强疏水组分及中性亲水组分）分子量分布（图 6-31）。数据显示，水样中的低分子中

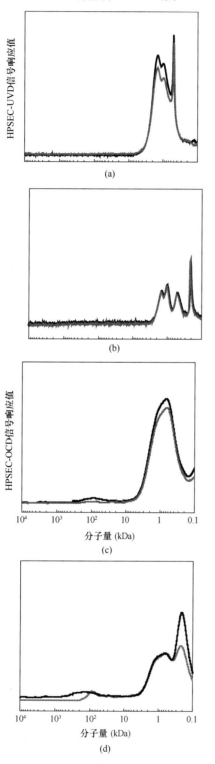

图 6-31 东江水强疏水性组分

（a）强疏水性组分 UV 紫外检测；（b）中性亲水组分 UV 紫外检测；
（c）强疏水性组分有机碳检测；（d）中性亲水组分有机碳检测

性物质（0.27kDa，分峰数据没有显示）主要在中性亲水组分中有峰信号，而腐殖质（1.2kDa）在强疏水组分和中性强疏水组分中均有峰信号，即东江水中的低分子中性物质主要是中性亲水性质。值得说明的是，从超滤进出水的中性亲水组分和强疏水组分都可以看出，超滤处理对水中的腐殖质组分几乎没有截留，而对低分子中性物质及生物聚合物的截留作用比较显著。

（2）化学清洗液成分分析

原水中被超滤截留的有机物由于分子量、亲疏水性的差别，不是所有被截留的有机物都对不可逆污染有重要的贡献，相当一部分留在膜池溶液或者附着在膜表面（用物理清洗即可去除）。为了进一步确认东江水中吸附到膜表面（不可逆污染部分）成分，超滤实验后期物理清洗后利用碱液对膜丝上的污染物进行洗脱。清洗液有机物的 HPSEC-OCD 分子量分布如图 6-32 所示。结果显示，两清洗液有机物的分子量分布情况完全一致，都出现生物聚合物和低分子中性物质的特征峰，即沉积在超滤膜上造成不可逆污染的主要成分是天然有机物成分中的生物聚合物和低分子中性物质。这一结果与原水及超滤出水的水质分析结果一致。

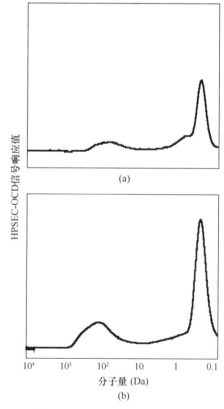

图 6-32 化学清洗液中有机物的分子量分布（OCD 检测器）

（a）2015 年 11 月；（b）2016 年 3 月

6.5.4　膜污染机理分析

为进一步研究超滤处理东江水的膜污染过程，采用完全堵塞、中间堵塞、标准堵塞和滤饼堵塞四种膜堵塞过滤模型对超滤过程跨膜压差增长数据进行拟合，拟合曲线的相关系数见表6-7。对于两时期总污染和不可逆污染，滤饼堵塞模型拟合曲线的相关系数较其他模型的大，相关性最好，该结果说明滤饼堵塞是最主要的膜污染机理。东江水中有机物的生物聚合物分子量（98kDa）与实验中超滤膜的孔径（0.01μm，约100kDa）相当，极容易沉积在膜表面并积累形成滤饼层，造成膜污染。此外，水质分析结果表明，低分子中性物质对膜污染也有重要贡献。由于低分子中性物质分子量只有几百道尔顿，远小于膜孔径，其亲水性也很容易在超滤过程中沉积在膜孔内部，发生膜孔窄化，形成严重的不可逆污染。两时期不可逆污染的拟合相关系数分别为0.981和0.856，说明了标准堵塞极可能在膜污染过程中发生，也就证实了低分子吸附膜孔内使膜孔窄化的发生。此外，利用中间堵塞模型的拟合系数，除2015年11月水样的总膜污染相关性较差外，其他相关系数均超过0.8。

中间堵塞的作用也在膜污染过程起到一定的作用。综合模型拟合以及膜污染物性质分析，滤饼堵塞和标准堵塞是超滤处理东江水过程膜污染行为的主要机理。这一结果与Qu等人和Li等人的研究相同。

典型膜污染模型的回归分析　　表6-7

模型	R^2			
	2015年11月		2016年3月	
	总污染	不可逆污染	总污染	不可逆污染
完全堵塞	0.276	0.634	0.427	0.724
标准堵塞	0.801	0.981	0.916	0.856
中间堵塞	0.596	0.901	0.841	0.820
滤饼堵塞	0.830	0.996	0.893	0.900

6.5.5　活性炭对东江水溶解性有机物的吸附

本实验考察了不同商用粉末活性炭对东江水溶解性有机物的去除效果，结果见表6-8。经过1h的吸附处理，6种活性炭都显示出对东江水DOC有较好的吸附效果。从表6-8不难发现，所有活性炭对UV_{254}的去除率都比DOC去除率高，而

UV_{254}反映的是含有苯环、共轭双键等大分子腐殖质类有机物，即这些活性炭更偏向于吸附有机物中的腐殖质类物质。大部分研究认为活性炭由于表面性质会优先吸附非极性有机物，对腐殖质类有机物吸附效果较好。而在本实验中，经活性炭吸附后各水样的SUVA值均比原水的值要低，活性炭吸附降低了水中腐殖质类有机物的含量。

活性炭由于生产原料、生产工艺的不同，会导致其性质存在一定的差异性。本实验中商用活性炭对同一水源东江水的DOC去除率从22.1%（活性炭N_2）到51.8%（活性炭Norit），各活性炭吸附东江水DOC效果顺序为：Norit>B>A>N_1>C>N_2，其中活性炭A、N_1、C之间的吸附效果没有显著性差异（$P>0.05$）。同时，这些活性炭对UV_{254}的去除效果顺序与DOC去除效果顺序相同，但吸附效果最差的活性炭N_2与活性炭A、N_1、C之间的吸附效果没有显著性差别（$P>0.05$）。这些活性炭中以活性炭Norit对东江水的DOC和UV_{254}去除效果最佳。

不同活性炭对东江水溶解性
有机物去除效果　　表6-8

活性炭名称	DOC 去除率（%）	UV_{254} 去除率（%）	SUVA [L/(mg·m)]
原水	—	—	2.37 ± 0.26^a
A	36.1 ± 4.5^c	55.2 ± 11.3^{bc}	1.56 ± 0.29^b
B	43.0 ± 0.9^b	63.8 ± 13.8^b	1.41 ± 0.47^b
C	32.3 ± 4.5^c	47.5 ± 13.0^{bc}	1.54 ± 0.46^b
Norit	51.8 ± 1.7^a	80.6 ± 5.6^a	0.86 ± 0.25^c
N_1	35.0 ± 2.4^c	51.1 ± 13.2^{bc}	1.68 ± 0.43^b
N_2	22.1 ± 7.2^d	39.9 ± 3.9^c	1.91 ± 0.18^b

注：a、b、c表示存在显著性差异（$P<5\%$，Games-Howell和S-K-N检验）。

1. 活性炭对东江水荧光组分的吸附性能

以活性炭吸附前后水样中荧光组分F_{max}来反映不同活性炭对东江水各荧光组分的吸附效果。实验结果如图6-33所示，活性炭吸附作用对各荧光组分的F_{max}均有不同程度的降低，总体来讲，这些活性炭对C_3组分的去除效果最好，其次是C_1组分，对C_2组分的去除效果较差。实验的六种活性炭对组分C_1去除率从88.9%（活性炭Norit）到46.2%（活性炭C），对C_2组分的去除率从74.6%（活性炭Norit）到54.0%（活性炭C），对C_3的去除率从89.1%（活性炭B）到69.5%（活性炭N_2）。

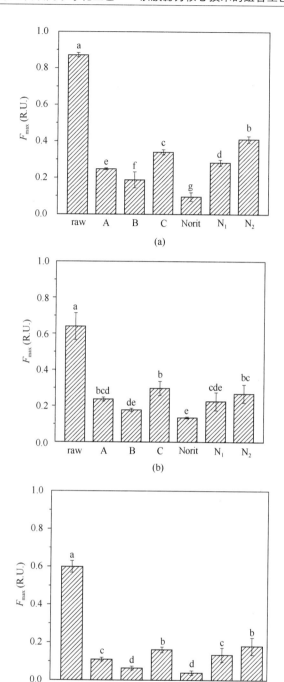

图 6-33 不同活性炭吸附前后东江水荧光组分
最大荧光强度 F_{max}

(a) C_1；(b) C_2；(c) C_3

注：不同小写字母表示 5% 水平上存在显著性差异（Games-Howell 和 S-K-N 检验）。

2. 活性炭对东江水不同分子量有机物的吸附性能

为进一步考察不同活性炭对东江水中不同分子量有机物的吸附效果，测定了活性炭 Norit、B 和 N_1 吸附东江水前后水样的分子量分布并利用 peakfit

软件对其进行分峰定量计算各活性炭对东江水中生物聚合物、腐殖质和低分子中性物质的去除情况（由于腐殖质基本单位其含量较低且对膜污染影响不大，在此不讨论活性炭对其去除情况）。

图 6-34 显示活性炭吸附东江水前后水样的分子量分布情况。HPSEC-OCD 和 HPSEC-UVD 结果均显示三种活性炭对分子量小于 10kDa 组分有较好的去除效果，而 HPSEC-OCD 表明活性炭对 100kDa 组分的去除率较差，这与以往的研究发现活性炭对大分子有机物吸附效果较差比较吻合。这些活性炭对不同分子量组分的去除效果发现（图 6-35），Norit 对原水总体有机物的去除以及对生物聚合物、腐殖质和低分子中性物质的去除效果都优于其他两种活性炭。此外，活性炭 B 和 N_1 对东江水整体有机物去除效果差别不大。活性炭 B 对生物聚合物的去除效果略优于 N_1，但 N_1 对低分子中性物质的去除效果优于 B，且 N_1 对腐殖质的吸附效果明显低于 B 和 Norit，前面的实验表明有

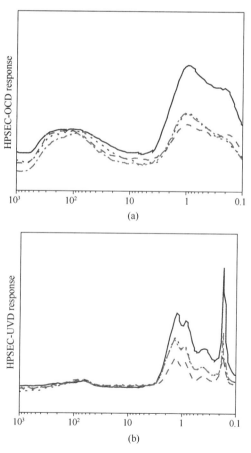

图 6-34 活性炭吸附前后东江水有机物分子量分布变化
(a) OCD；(b) UVD

—— raw water　－－－ B　‥‥‥ Norit　—·— N_1

机物中的生物聚合物和低分子中性物质是引起不可逆污染的关键污染物，从此结果推测，尽管活性炭 B 和 N_1 对东江水中天然有机物的去除效果差别不大，但由于其对关键膜污染物的吸附情况不相同，两者对膜污染控制的效果可能有差异。

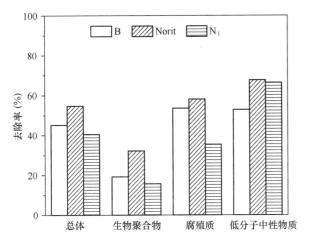

图 6-35　活性炭对东江水有机物中不同分子量组分的去除情况

由于 6 种活性炭进行的吸附实验条件和吸附质（东江水）相同，这些活性炭表现出对东江水吸附溶解性有机物吸附效果的差异，主要是由活性炭自身性质差异引起的，活性炭孔结构是影响活性炭吸附效果的重要因素之一。

相关系数矩阵见表 6-9，下文所提到的 DOC、UV_{254}、各荧光组分的 F_{max} 值均为活性炭吸附后的数值。

作为主要不可逆膜污染物荧光组分的类色氨酸物质 C_2，其 F_{max} 与 S_{micro} 相关性较好，即活性炭对 C_2 类色氨酸物质的吸附性能与活性炭的微孔结构相关，活性炭的微孔越丰富，活性炭对 C_2 的吸附效果越好。游离的类色氨酸由于其分子量较小，较易通过中孔进入微孔，吸附到活性炭表面。这可能与色氨酸分子量较小，较易进入活性炭微孔被吸附有关。

上述相关性分析表明，活性炭的比表面积与吸附东江水溶解性有机物效果有显著正相关，其中的中孔和大孔结构对其吸附效果有重要影响。对于不可逆膜污染物主要荧光组分 C_2 类色氨酸物质，活性炭孔结构中的微孔对其吸附效果影响最大。另外，活性炭的比表面积及孔结构中的微孔对不可逆膜污染物中的次要荧光组分腐殖质类物质有重要的影响作用。基于上述分析，从活性炭吸附膜污染物荧光组分性能的角度来说，选择比表面积和微孔结构丰富的活性炭更利于吸附类色氨酸（蛋白质类）物质，理论上更利于降低东江水中引起不可逆污染的污染负荷，有利于不可逆污染的控制。

DOC、UV_{254}、荧光组分的 F_{max} 与活性炭表面孔结构的相关系数矩阵　　表 6-9

	C_1	C_2	C_3	DOC	UV_{254}	S_{BET}	S_{micro}	S_{meso}
C_1	1.00	0.899*	0.976**	0.986**	0.986**	−0.981**	−0.903*	−0.896*
C_2		1.00	0.955*	0.884*	0.867	−0.841	−0.927*	−0.611
C_3			1.00	0.955*	0.940*	−0.961**	−0.968**	−0.791
DOC				1.00	0.997**	−0.951*	−0.853	−0.891*
UV_{254}					1.00	−0.948*	−0.830	−0.909*
S_{BET}						1.00	0.919*	0.914*
S_{micro}							1.00	0.680
S_{meso}								1.00

注：* 表示在 0.05 水平上显著相关，** 表示在 0.01 水平上显著相关。

6.5.6　活性炭对东江水膜污染控制效果

由于原水中成分复杂，活性炭对单一膜污染物引起的超滤膜不可逆污染的控制效果未必能反映活性炭应用于实际生产中的效果，因此考察活性炭吸附对超滤处理东江水过程中膜污染的控制作用。

图 6-36 为不同活性炭对东江水引起的超滤膜污染的控制情况，可以看出，相比于直接超滤，经三种活性炭吸附预处理后，超滤膜的总污染及不可逆污染均有所减缓。原水直接超滤的情况下由膜污染引起的 TMP 增长了 25kPa，由不可逆污染引起的 TMP 增长了 20kPa；活性炭 B 和 Norit 吸附处理后，总跨膜压差的增长情况相近，实验过程中 TMP 增长少于 15kPa，不可逆污染引起的 TMP 分

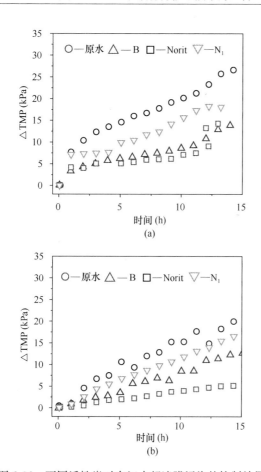

图 6-36 不同活性炭对东江水超滤膜污染的控制效果
(a) 总体；(b) 不可逆

别增长了 12.5kPa、5kPa；活性炭 N_1 吸附后的水样总跨膜压差增长约 18kPa，不可逆跨膜压差增长约 16kPa。三种活性炭控制超滤膜总污染及不可逆污染的效果由好至差的顺序分别为 Norit≈B＞N_1、Norit＞B＞N_1。表 6-8 显示的三种活性炭对原水的吸附效果与控制不可逆污染的效果一致。

6.5.7 煤质活性炭改性对控制膜污染的影响

考虑目前净水厂大多采用煤质活性炭，其来源广泛，价格较其他类型活性炭低，本实验以煤质活性炭 B 为改性材料，对该活性炭进行硝酸、过氧化氢、高锰酸钾、磺化等氧化改性和水合肼还原改性，进一步探讨活性炭表面性质对其吸附膜污染物及膜污染控制的影响，据此提高活性炭作为膜前吸附剂控制膜污染特别是不可逆污染的效能，优化活性炭—超滤工艺。

对于超滤膜的不可逆污染控制效果，改性炭 HNO_3-1、N_2H_4-2、H_2SO_4 的控制作用优于活性炭 B，活性炭 B 的改性对于其减缓超滤膜总污染及不

可逆污染有所帮助，改性活性炭 HNO_3-1、H_2SO_4 和 N_2H_4-2 都表现出了高于活性炭 B 的控制超滤膜污染的效果。即三种改性活性炭起了优于未改性活性炭 B 的降低超滤膜不可逆污染累积的效果，如图 6-37 所示。

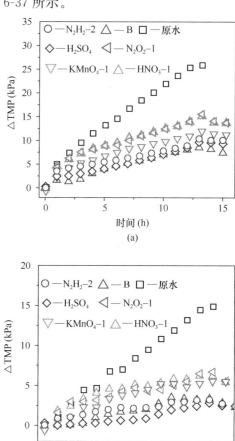

图 6-37 改性活性炭对东江水超滤膜污染控制效果
(a) 总体；(b) 不可逆

6.5.8 控制不可逆污染后超滤长期运行情况

中试实验系统如图 6-24 所示，实验原水水质见表 6-5。

实验对比了超滤直接过滤原水和絮凝/活性炭—超滤两种工艺。

根据对实验水源超滤阈通量和极限通量的测量结果，本实验工艺均采用恒定通量 10L/(㎡·h) 连续运行 3 个月。选取其中 30d 数据进行讨论。

实验期间原水浊度为 4.5～33.2NTU，直接超滤和絮凝/活性炭—超滤工艺出水的浊度都在 0.13～0.21NTU，去除率高于 97％，特别是当实验后期原水浊度出现波动，出水浊度仍保持较低水平，显

示了超滤工艺对浊度优异而稳定的去除效果。

中试装置通过调节出水阀开启度实现恒定通量运行，当总体膜污染增长至无法以设定通量运行即进行物理清洗，因此物理清洗周期一定程度上反映总体膜污染增长情况。同时，以每次物理清洗后TMP值表征不可逆污染。直接超滤装置的物理清洗周期从初始的48h逐渐稳定到约24h（图6-38），实现了远低于厂家建议的清洗周期，膜污染增长速度较慢。由不可逆污染引起的TMP（TMP_{irr}）最高增长至21.5kPa，平均增长率为0.32kPa/d。

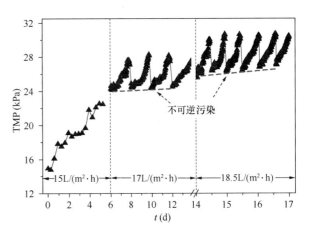

图6-39 不同运行通量下絮凝/活性炭—超滤工艺
TMP变化情况

以上超滤工艺TMP增长情况表明，絮凝/活性炭预处理在10L/(m²·h)运行通量下可实现一个月稳定运行无需任何物理清洗，当通量提高至18.5L/(m²·h)后仍可以12h的物理清洗周期而稳定运行，且不可逆污染增长不明显。活性炭—超滤短流程工艺在低通量运行条件下对可逆和不可逆污染有优异的控制效果。

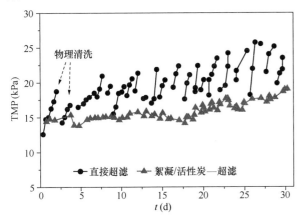

图6-38 短流程超滤工艺运行过程的跨膜压差变化

絮凝/活性炭—超滤工艺在运行期间，以低通量[10.0L/(m²·h)]稳定运行超过30d而无需进行任何物理清洗，TMP增长极其缓慢（平均增长速率仅为0.16kPa/d），几乎实现零污染运行。由此可见，絮凝/活性炭预处理极大地控制膜污染积累。为进一步观察絮凝/活性炭—超滤工艺是否能在更高通量下实现低污染运行以及对超滤工艺不可逆污染调控效果，分别提高该装置的运行通量至15.0L/(m²·h)、17.0L/(m²·h)和18.5L/(m²·h)，比较这些通量运行下的物理清洗周期和不可逆污染的增长情况。当装置以15.0L/(m²·h)通量运行6d时，仍以设定通量稳定运行不需物理清洗。当通量先后上升至17.0L/(m²·h)和18.5L/(m²·h)时，该装置的物理清洗周期分别上升至48h和12h，但并没有观察到不可逆污染有显著增长（图6-39）。上述结果显示，经过絮凝/活性炭预处理，运行通量升高至17.0L/(m²·h)（本实验直接超滤运行通量的1.7倍）时，该装置的物理清洗周期仍低于直接超滤且不可逆污染增长不明显，絮凝/活性炭预处理有效降低了不可逆污染增长，提高了超滤处理东江水过程低污染的运行通量。

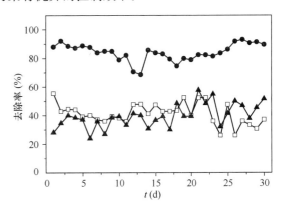

图6-40 絮凝/活性炭—超滤工艺进水水质
—□— COD; —▲— UV₂₅₄; —●— 浊度

经过絮凝/活性炭预处理，膜池进水（沉后水）水质有了较明显的改善，浊度、COD_{Mn}、UV_{254}的平均去除率分别达到84.1%、41.2%和40.0%（图6-40），EEM图谱显示沉后水中荧光物质中的类色氨酸、可溶性生物代谢物和富里酸的荧光强度分别比原水下降了73.3%、71.8%和49.0%。

以往的研究发现絮凝作用对生物聚合物、腐殖质等较大分子量的有机物有不错的去除效果，而活性炭吸附对于中小分子的有机物有较好的去除能力，加上活性炭泥进行回流，更有利于有机物的去除。在膜污染物荧光图谱中，这些有机物都是重要的膜污染物，絮凝/活性炭预处理对这些荧光组分有较好的去除效果。该工艺的膜污染物数据是在 $17L/(m^2 \cdot h)$ 运行工况期间得到，但膜污染物的有机物浓度仍比 $10L/(m^2 \cdot h)$ 运行的其他两种工艺的膜污染物低。其中，膜表面及膜孔内的溶解性有机物浓度分别仅为直接超滤工艺污染物的 45.3%和 30.0%，EEM 图谱的荧光强度也明显比直接超滤工艺的荧光强度弱，如膜孔内膜污染物的重要荧光成分的类富里酸物质的峰值比直接超滤工艺中的下降了 47.0%。絮凝/活性炭预处理通过去除蛋白质类及类富里酸的有机物，减少这些污染物与膜材料接触，减少不可逆污染的形成，大大提高了超滤工艺实现低污染稳定运行的通量。

6.6 新型中孔吸附树脂（MAR）对超滤膜不可逆污染的控制

6.6.1 实验材料、实验用水和实验装置

1. 新型中孔吸附树脂（MAR）

超滤膜的不可逆污染是目前制约超滤技术在水处理中大规模推广应用的主要障碍。MAR 是一种以疏水性膜材料为原料通过与制膜过程类似的非溶剂致相分离法合成的吸附材料，具有与超滤膜相似的表面性质和孔结构特性，而这些性质是决定污染物在膜表面和膜孔内吸附沉积的主要因素。因此，MAR 作为吸附剂有可能选择性地吸附超滤进水中易于造成不可逆污染的物质，从而有效降低超滤膜的不可逆污染。此外，以往关于 PAC 的研究多为针对某一水源的应用研究，但不同天然水体成分的复杂多变导致不同研究的结论差异较大甚至相互矛盾，而且对于有机物存在条件下吸附剂颗粒与膜之间的相互作用未给予充分重视。本文针对典型模型有机物和松花江水体引起的膜污染，以 PAC 作为对照，系统研究 MAR 这一新型吸附材料对超滤膜污染的控制效能及其影响因素，研究对于新型吸附材料的开发应用和膜前吸附预处理工艺的设计有重要意义，有望促进超滤组合工艺在水处理中的推广应用。

以聚醚砜为原料制备的中孔吸附树脂（Mesoporous adsorbent resin，MAR）能够有效吸附水中的主要膜污染物质，同时又能够吸附微量污染物，有可能是一种适用于超滤膜前预处理的新型吸附材料。但目前关于 MAR 在膜污染控制中的应用的研究非常有限，缺少关于 MAR 在不同原水水质和有机物组成条件下的膜污染控制效能的系统研究，对 MAR 与有机物和膜之间相互作用的形式和机理的认识有待深入。

实验中使用了中孔吸附树脂（MAR）和粉末活性炭两种吸附剂。MAR 是以聚醚砜（PES，Veradel 3000P，美国 Solvay 公司）树脂为原料在实验室中自行制备的一种粉末状吸附剂，PES 的分子结构如图 6-41 所示；PAC 为天津基准化学试剂有限公司生产的木质活性炭。

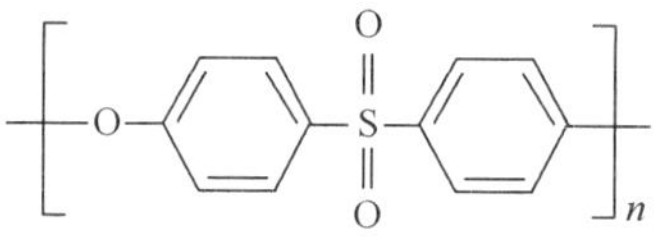

图 6-41 聚醚砜（PES）的分子结构单元

MAR 的具体制备步骤如下：

（1）高分子溶液的配制：将 4.0g PES 树脂加入 172.0mL 的 N-甲基吡咯烷酮（分析纯，天津基准化学试剂有限公司）中，在磁力搅拌器上连续搅拌 6h 使其充分溶解，然后加入 20.0mL 的丙酸（分析纯，天津基准化学试剂有限公司），继续搅拌 1h，混合均匀。

（2）MAR 颗粒的形成：用微型蠕动泵将上述高分子溶液以一定流量投加至盛有纯水的装有搅拌桨的烧杯中，在投加高分子溶液的过程中搅拌桨保持 $300\sim500r/min$ 的转速。高分子溶液与水混合后很快发生相分离过程，高分子析出并发生凝聚形成 MAR 颗粒。

（3）MAR 颗粒的清洗：高分子溶液投加完成后，将形成的悬浊液移入装有 $0.45\mu m$ 滤膜的滤杯中，使用纯水进行连续过滤清洗至出水有机碳含量与进水相同，以去除悬浊液中含有的有机溶剂，最后将悬浊液浓缩至一定体积并调节悬浮固体含量为 10g/L 即得到 MAR 储备液。

2. 典型模型有机物溶液

典型模型有机物溶液包括腐殖酸、牛血清蛋白和海藻酸钠三种。实验前用背景离子溶液（纯水中加入相应的背景离子），将上述储备液按需要稀释一定倍数后得到模型有机物溶液用于吸附实验和膜污染实验。在各模型有机物溶液中均加入 1mmol/L 的碱度、6mmol/L 的 NaCl 和 1mmol/L 的 $CaCl_2$，并调节 pH 至 7.5 ± 0.1。

腐殖质类是天然水中有机物的主要成分，通常占有机物总量的50%甚至更多，蛋白质类和多糖类含量通常很低，但对膜污染的影响不容忽视，因此本研究中的膜污染实验使用的腐殖酸溶液的浓度为10.0mg/L，而牛血清蛋白和海藻酸钠溶液的浓度均为2.0mg/L，相应的DOC浓度分别为5.27 ± 0.19mg/L、0.81 ± 0.07mg/L和0.76 ± 0.12mg/L。吸附实验中为了绘制吸附等温线，需要得到不同平衡浓度下的吸附量，因此使用的有机物浓度范围较宽，为2～30mg/L。实验中使用的典型有机物的主要性质见表6-10。需要说明的是，表中各有机物分子平均尺寸数据是根据动态光散射原理测得的，该数据可以用来比较不同有机物分子的相对大小，但并不能完全代表其在水溶液中的存在状态。

实验中使用的典型有机物的主要性质　表6-10

参数	单位	腐殖酸	牛血清蛋白	海藻酸钠
SUVA	L/(mg·m)	7.54 ± 0.13	0.74 ± 0.08	0.15 ± 0.02
分子量范围	kDa	小于1、大于100	约67	100、大于100
分子平均尺寸	nm	91.8 ± 6.7	35.2 ± 7.0	63.5 ± 5.4
Zeta电位	mV	-23.5 ± 1.6	-20.1 ± 1.5	-28.3 ± 1.4

3. 松花江水

松花江流域内森林覆盖率高，土壤中腐殖质含量大，因此本研究中以松花江水作为主要含有外源有机物的典型水体。江水取自松花江哈尔滨段，原水取回实验室后首先用0.45μm滤膜过滤以去除悬浮物和微生物等，然后储于4℃冰箱内备用。实验中使用的松花江水主要水质指标见表6-11。

松花江水主要水质指标　表6-11

参数	单位	松花江水
pH	—	7.8 ± 0.2
总有机碳	mg/L	6.15 ± 0.43
UV_{254}	1/cm	0.161 ± 0.005
SUVA	L/(mg·m)	2.62 ± 0.03
电导率	μS/cm	154
钙	mg/L	24.9
镁	mg/L	6.7

4. 实验装置

吸附预处理实验在六联搅拌机上进行，除有特殊说明时之外，吸附剂投量均采用50mg/L，吸附时间均为30min，搅拌速度采用100r/min。吸附预处理后的水样用于超滤实验以及有机物浓度和性质的

分析。在主要考察吸附预处理去除某些有机物组分对膜污染的影响，吸附预处理之后通过0.45μm膜过滤去除吸附剂颗粒（即"MAR/PAC吸附后…"）后进行超滤实验；除了考虑有机物去除的影响外，还重点考察了吸附剂颗粒对膜污染的贡献，因此在吸附之后还进行了带有吸附剂颗粒的悬浮液（即"MAR/PAC＋…"）的超滤实验。与未经吸附预处理的原水的超滤实验相比，"MAR/PAC吸附后原水"的超滤实验反映了吸附预处理去除部分有机物后膜污染的变化，而"MAR/PAC＋原水"的超滤实验反映了吸附剂颗粒与有机物共存时的膜污染。

平板膜超滤实验主要研究吸附预处理对超滤膜短期污染行为的影响及其机理。平板膜超滤系统主要由Amicon 8400超滤杯、蠕动泵和压力采集与控制装置组成，图6-42为系统示意图。该装置使用直径76mm的圆形平板膜，膜片置于容积为400mL的超滤杯的底部，超滤杯出水口处连接压力自动采集器和蠕动泵，在蠕动泵抽吸作用产生的负压下超滤杯内的待滤液通过超滤膜，通过调节蠕动泵的转速可以控制通量。实验采用恒通量死端过滤的方式运行，过滤过程中超滤杯的搅拌器不运转，通量保持在150L/(m^2·h)，压力采集器数据自动记录于电脑上，每10s采集一次，记录的跨膜压差数据可以反映恒通量条件下超滤膜的污染情况。

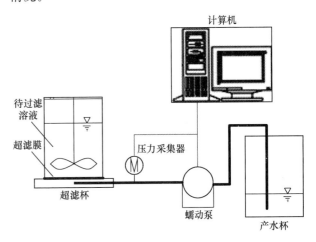

图6-42　恒通量平板膜超滤实验装置示意图

实验中使用了两种不同材质的平板膜，分别是Pall公司生产的PES材质的超滤膜和Millipore公司生产的醋酸纤维素（Cellulose acetate，CA）超滤膜，两种膜的主要参数见表6-12。可以看出，

两种膜具有相同的截留分子量，相似的表面电性和表面粗糙度，但接触角相差较大，说明PES膜的疏水性明显大于CA膜。

	平板超滤膜主要特性			表 6-12
膜材质	截留分子量（kDa）	接触角（°）	Zeta 电位（mV）	粗糙度（nm）
聚醚砜（PES）	100	58.2	−16.88	19.9
醋酸纤维素（CA）	100	19.3	−14.91	22.8

新膜在使用前经过充分的清洗以去除其中含有的保护性物质，清洗方法为首先采用纯水浸泡24h，期间多次换水，浸泡后用纯水过滤，直至出水中有机碳含量与进水相近。污染后的膜经过化学清洗再生后可以重复使用，PES膜的清洗步骤为首先用0.1mol/L的NaOH溶液浸泡30～60min，然后用0.1mol/L的盐酸浸泡30min；而CA膜的耐酸性较差，只能用0.1mol/L的NaOH溶液和pH大于3的盐酸浸泡。此外，当膜污染较重时可在NaOH溶液中加入不超过200mg/L的NaClO。

5. 粒径分布

利用激光粒度仪测得的MAR和PAC颗粒的粒径分布如图6-43所示。可以看出，MAR的粒径分布为单峰，粒径分布范围较窄，平均粒径（d_{50}）为25.2μm；PAC的粒径分布中除了30μm左右处的主峰外，在400～500μm处还有一个尾峰，因此PAC的平均粒径略大于MAR，为32.1μm，但总体而言，两种吸附剂粒径差别不大。

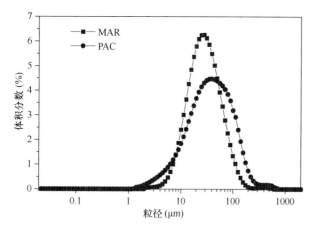

图 6-43　MAR 和 PAC 颗粒的粒径分布

6. 比表面积和孔结构特性

吸附剂的比表面积是影响其吸附能力的重要因素，同时吸附剂的孔径及其分布对吸附过程也有重要影响，实验测得的MAR和PAC的比表面积和孔结构特性见表6-13。MAR的BET比表面积小，仅108m²/g，平均孔径为16.4nm，说明其孔隙结构主要是中孔；而PAC的BET比表面积达到了1219m²/g，是MAR的10倍多，但平均孔径远小于MAR，仅为2.2nm。

当发生多分子层吸附时，除比表面积外，吸附剂的孔容积对于吸附容量也有着显著影响。由表6-13可以看出，MAR的总孔容为0.277cm³/g，小于PAC的0.372cm³/g。进一步的孔容分布分析表明，MAR中，孔径为10～50nm的大中孔的孔容为0.215cm³/g，占其总孔容积的78%，而孔径小于2nm的微孔的孔容为0.031cm³/g，仅占其总孔容积的11%；PAC中，微孔的容积为0.244cm³/g，占其总孔容积的66%，孔径为2～10nm的小中孔的孔容为0.075cm³/g，占其总孔容积的20%，孔径大于10nm的大中孔和大孔的总容积仅占总孔容积的14%。

上述分析表明，PAC的比表面积和孔容积都大于MAR，这说明在不考虑比表面积和孔容积的可利用性时，PAC对有机物的吸附容量应该大于MAR。但研究表明，以分子量较小的氮气分子测得的吸附剂的比表面积和孔容积在实际吸附过程中（特别是液相吸附过程中）并不是都能被吸附质分子利用的，需要同时考虑吸附质分子与孔尺寸的相对大小。PAC的孔隙结构主要是微孔，同时包含部分孔径小于10nm的小中孔，而大中孔和大孔的比例很少；相比而言，MAR的孔隙结构主要是大中孔，同时包含少部分的微孔和小中孔。当吸附质分子尺寸较大时，由于尺寸排阻作用的影响，部分微孔和小中孔的表面积和孔容积实际上是无法利用的，由于PAC的微孔和小中孔所占比例很大，因此该效应对PAC的影响会更为明显。

MAR 和 PAC 的孔结构特性			表 6-13
参数	单位	MAR	PAC
BET 比表面积	m²/g	108	1219
孔容积	cm³/g	0.277	0.372
平均孔径	nm	16.4	2.2
微孔（$w<2nm$）孔容	cm³/g	0.031	0.244
小中孔（$2<w<10nm$）孔容	cm³/g	0.021	0.075
大中孔（$10<w<50nm$）孔容	cm³/g	0.215	0.037
大孔（$w>50nm$）孔容	cm³/g	0.010	0.016

7. 扫描电镜观察

图 6-44 为 MAR 和 PAC 颗粒放大 160000 倍的扫描电镜图像,在该放大倍数下,孔径小于 2nm 的微孔是难以分辨的。可以看出,MAR 颗粒是由许多直径 20~40nm 的基本颗粒聚集在一起构成的,可以认为,基本颗粒的间隙即是 MAR 的中孔和大孔结构。PAC 颗粒的电镜图像中可以观察到一些大孔和中孔,但孔隙所占比例明显小于图 6-44 (a) 中孔隙的比例,这说明 PAC 中大孔和中孔的比例较少。这些观察结果与表 6-13 中的分析结果是一致的。

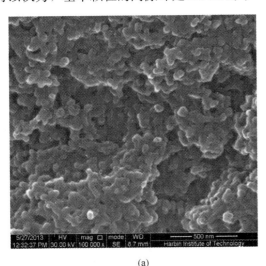
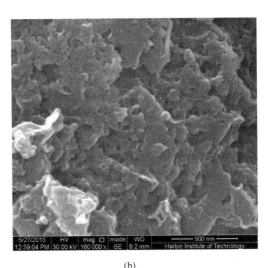

(a)   (b)

图 6-44   MAR 和 PAC 的扫描电镜图像 (×160000)

(a) MAR;(b) PAC

6.6.2 新型中孔吸附树脂 (MAR) 对腐殖酸引起的超滤膜不可逆污染的控制

天然有机物主要包括腐殖质类、蛋白质类和多糖类等,这些组分在分子量、亲疏水性、表面电荷等性质上有着明显差异。有机物的性质影响着有机物与膜之间以及有机物与吸附剂之间的相互作用,从而影响吸附剂的膜污染控制效能。中孔吸附树脂 (MAR) 是一种新型吸附材料,目前还没有关于 MAR 对不同性质的有机物引起的膜污染的控制效能的系统研究。本文选择膜污染研究中常用的且分子量和分子结构差别较大的三种典型有机物(腐殖酸、牛血清蛋白和海藻酸钠)作为模型污染物深入研究 MAR 针对不同性质有机物的膜污染控制效能及机理,其中腐殖酸作为大分子腐殖质类的物质,牛血清蛋白和海藻酸钠分别作为蛋白质类和多糖类的代表物质。

吸附剂颗粒与膜接触时的膜污染行为是吸附—超滤组合工艺研究和应用中关注的重点。有多项研究表明,当粉末活性炭颗粒与膜直接接触时,PAC 颗粒与有机物之间存在协同膜污染效应,会加剧有机物引起的膜污染。但也有研究指出包括 PAC 在内的吸附剂颗粒与膜接触与否对膜污染没有明显影响,甚至有文献报道吸附剂颗粒与膜接触能强化对膜污染的控制效果,这说明目前关于吸附剂颗粒、有机物和膜三者之间相互作用的认识还不够深入。因此,本书的研究中针对每一种有机物都分别考察了吸附剂颗粒与膜接触和不与膜接触两种情况下的膜污染控制效能,并通过膜污染阻力分析探讨了吸附预处理影响膜污染的机理。此外,由于超滤膜的亲疏水性对膜污染有很大影响,为了使结果更具代表性,实验中同时使用了聚醚砜 (PES) 和醋酸纤维素 (CA) 两种不同材质的超滤膜。

1. 对腐殖酸的吸附效能

图 6-45 为 MAR 和 PAC 对腐殖酸的吸附等温线,采用 Langmuir 和 Freundlich 吸附等温线模型对其进行拟合的结果见表 6-14。由 R^2 值可以看出,Langmuir 和 Freundlich 模型都能较好地描述 MAR 和 PAC 对腐殖酸的吸附数据 ($R^2 > 0.97$),相比而言,Freundlich 模型对数据的拟合结果略好于 Langmuir 模型。在实验中的腐殖酸平衡浓度范围内,MAR 对腐殖酸的平衡吸附量都高于 PAC;根据 Langmuir 模型得到的 MAR 对腐殖酸的最大饱和吸附容量为 315.1mg/g,是 PAC 对腐殖酸的

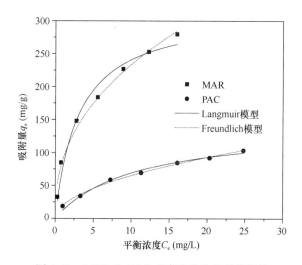

图 6-45　MAR 和 PAC 对腐殖酸的吸附等温线

最大饱和吸附容量（142.6mg/g）的两倍多。

MAR 和 PAC 对腐殖酸的吸附等温线拟合结果　表 6-14

吸附剂	Langmuir 模型			Freundlich 模型		
	q_m (mg/g)	K_L (L/mg)	R^2	K_F	$1/n$	R^2
MAR	315.1	0.3256	0.971	89.44	0.4176	0.985
PAC	142.6	0.0937	0.984	19.82	0.5160	0.995

2. 对腐殖酸引起的超滤膜污染及其可逆性的影响

MAR 和 PAC 吸附对腐殖酸引起的 PES 膜跨膜压差增长的影响如图 6-46 所示。可以看出，未经吸附预处理的腐殖酸过滤过程中跨膜压差增长很快，过滤结束时达到 68.7kPa。MAR 吸附后腐殖酸过滤时跨膜压差增长速度明显下降，过滤终点的

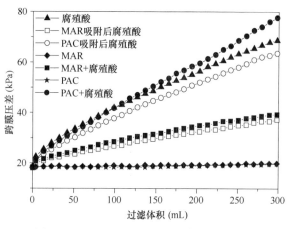

图 6-46　MAR 和 PAC 吸附对腐殖酸引起的
PES 膜跨膜压差增长的影响

跨膜压差仅为 37.3kPa，但 PAC 吸附后腐殖酸过滤时跨膜压差增长速度仅略有下降，过滤结束时跨膜压差为 63.6kPa。这说明 MAR 吸附预处理对腐殖酸引起的 PES 膜的污染的控制效果明显好于 PAC 吸附预处理。当超滤之前吸附剂颗粒不被去除时，MAR＋腐殖酸和 PAC＋腐殖酸过滤结束时跨膜压差分别为 39.3kPa 和 77.6kPa，与超滤之前吸附剂颗粒被去除相比可以发现，MAR 颗粒的存在使跨膜压差增长速度变化很小，而 PAC 颗粒的存在使跨膜压差增长速度明显增加。事实上，将未经吸附预处理的腐殖酸与 PAC＋腐殖酸过滤时跨膜压差增长相比可以看出，在过滤初期 PAC 颗粒的存在对跨膜压差增长没有明显影响，在过滤后期 PAC 颗粒的存在促进了跨膜压差的增长。

此外，为了说明 MAR 和 PAC 颗粒本身对膜污染的贡献，实验中还考察了纯水中加入吸附剂颗粒时的跨膜压差增长。由图 6-46 可以看出，纯水中加入 MAR 或 PAC 颗粒在超滤过程中引起的跨膜压差增长很小，说明在溶液中无有机物共存的情况下，无论是 MAR 颗粒还是 PAC 颗粒都不会引起明显的膜污染，这与之前的多项研究结论是一致的，分析认为，这是由于 MAR 和 PAC 颗粒的尺寸（约 30μm）远大于超滤膜的孔径（10nm），吸附剂颗粒在超滤过程中在膜表面形成了颗粒层，不会对膜孔形成影响，而且吸附剂颗粒层的阻力与膜本身阻力相比很小。

图 6-47 为 MAR 和 PAC 吸附对腐殖酸引起的 PES 膜污染的可逆性的影响。可以看出，未经吸

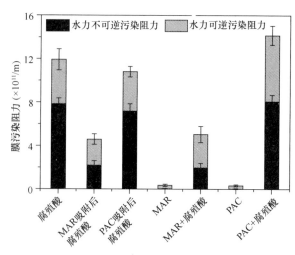

图 6-47　MAR 和 PAC 吸附对腐殖酸引起的 PES 膜
污染的可逆性的影响

附预处理的腐殖酸引起的膜污染阻力中水力不可逆污染阻力达到 $7.85 \times 10^{11}/m$，占总污染阻力的 65.8%，说明腐殖酸引起的 PES 膜的污染以不可逆污染为主。经过 MAR 吸附处理之后，水力可逆污染阻力下降至 $2.40 \times 10^{11}/m$，与未经吸附预处理相比降低了 41.1%，水力不可逆污染阻力降低幅度更大，达到了 72.1%，这说明 MAR 吸附对引起可逆污染和不可逆污染的腐殖酸组分都有很好的去除效果；MAR＋腐殖酸引起的水力可逆污染阻力和水力不可逆污染阻力分别为 $3.06 \times 10^{11}/m$ 和 $1.98 \times 10^{11}/m$，这说明 MAR 颗粒的存在使水力可逆污染阻力略有增加，但使水力不可逆污染阻力进一步降低。相比而言，经过 PAC 吸附之后水力可逆污染阻力和水力不可逆污染阻力下降幅度都不大；而当 PAC 颗粒与超滤膜接触时，水力可逆污染阻力和水力不可逆污染阻力都有一定程度的增加，特别是水力可逆污染阻力，与未经吸附预处理的腐殖酸相比增加了 49.5%，这说明 PAC 吸附对腐殖酸中引起膜污染的组分去除效果很差，而且 PAC 颗粒本身对膜污染（主要是可逆污染）有较大贡献。此外，纯水中加入 MAR 和 PAC 颗粒过滤时引起的很小的污染阻力大部分都是水力可逆污染阻力。

图 6-48 为 MAR 和 PAC 吸附对腐殖酸引起的 CA 膜跨膜压差增长的影响。可以看出，CA 膜过滤未经吸附预处理的腐殖酸溶液时跨膜压差增长仍然较快，300mL 溶液过滤结束时跨膜压差达到 48.0kPa。无论超滤之前是否将 MAR 颗粒去除，MAR 都使跨膜压差增长速度都有明显下降，MAR 吸附后腐殖酸过滤终点的跨膜压差为

30.7kPa，MAR＋腐殖酸过滤的最终跨膜压差为 32.4kPa，这说明 MAR 对腐殖酸引起的 CA 膜的污染有较好的控制效果，而且 MAR 颗粒引起的污染很小。相比而言，PAC 吸附预处理使跨膜压差增长速度略有下降，过滤结束时跨膜压差为 42.8kPa；但 PAC 颗粒存在时跨膜压差增长速度加快，与未经吸附预处理的腐殖酸相比，在过滤初期是否加入 PAC 颗粒对跨膜压差增长没有明显影响，这说明 PAC 颗粒构成的阻力抵消了 PAC 吸附腐殖酸对膜污染的改善，而在过滤后期 PAC 颗粒的阻力已经超过了 PAC 吸附腐殖酸所消除的阻力，从而使跨膜压差的增长超过了无吸附预处理的腐殖酸，最终达到 54.3kPa。

图 6-49 为 MAR 和 PAC 吸附对腐殖酸引起的 CA 膜的污染可逆性的影响。可以看出，未经吸附预处理的腐殖酸引起的 CA 膜的水力可逆污染阻力和水力不可逆污染阻力分别为 $4.22 \times 10^{11}/m$ 和 $2.11 \times 10^{11}/m$，分别占总污染阻力的 66.6% 和 33.4%，与图 6-47 中 PES 膜的污染可逆性相比可以看出，对于亲水性较强的 CA 膜来说，可逆污染所占比例更大，说明亲水性膜的污染的可逆性明显好于疏水的膜。MAR 吸附预处理使水力可逆污染阻力和水力不可逆污染阻力分别下降了 60.1% 和 62.2%，这说明 MAR 吸附对可逆污染和不可逆污染都有很好的控制效果；但 PAC 吸附预处理后水力可逆污染阻力和水力不可逆污染阻力分别为 $3.67 \times 10^{11}/m$ 和 $1.68 \times 10^{11}/m$，与未经吸附预处理相比仅分别下降了 12.9% 和 20.6%。当吸附剂

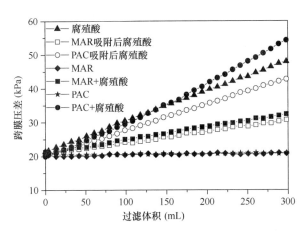

图 6-48　MAR 和 PAC 吸附对腐殖酸引起的
CA 膜跨膜压差增长的影响

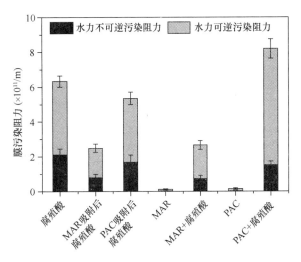

图 6-49　MAR 和 PAC 吸附对腐殖酸引起的
CA 膜污染的可逆性的影响

颗粒与超滤膜接触时，MAR＋腐殖酸的水力可逆污染阻力和水力不可逆污染阻力分别为 1.93×10^{11}/m 和 0.73×10^{11}/m，与 MAR 吸附后腐殖酸的阻力相比，MAR 颗粒的存在使水力可逆污染阻力略有增加，但使水力不可逆污染阻力有所降低；PAC＋腐殖酸的水力可逆污染阻力和水力不可逆污染阻力分别为 6.68×10^{11}/m 和 1.53×10^{11}/m，与 PAC 吸附后腐殖酸的阻力相比，水力不可逆污染阻力略有降低，但水力可逆污染阻力显著增加，甚至与未经吸附预处理的腐殖酸相比也增加了 58.3%，这说明 PAC 颗粒与膜直接接触时，虽然 PAC 吸附去除了一部分引起不可逆污染的组分，但吸附有腐殖酸的颗粒本身对可逆污染贡献很大，因此总体而言使膜污染加剧。

6.6.3 MAR 对牛血清蛋白引起的超滤膜污染的控制

1. 对牛血清蛋白的吸附效能

MAR 和 PAC 对牛血清蛋白的吸附等温线如图 6-50 所示，采用 Langmuir 和 Freundlich 吸附等温线模型对其进行拟合的结果见表 6-15。Langmuir 模型对 PAC 吸附牛血清蛋白的数据拟合效果较差，而 Freundlich 模型对两种吸附剂的吸附数据都有较好的拟合。在实验中的牛血清蛋白平衡浓度范围内，MAR 对牛血清蛋白的平衡吸附量都高于 PAC；根据 Langmuir 模型得到的 PAC 对牛血清蛋白的最大饱和吸附容量为 204.0mg/g，说明随着吸附平衡浓度的增加，PAC 对牛血清蛋白的吸附量可能有较大增加，但仍小于 MAR 对牛血清蛋白的最大饱和吸附容量（212.8mg/g）。

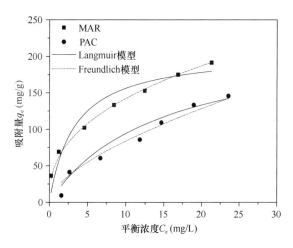

图 6-50　MAR 和 PAC 对牛血清蛋白的吸附等温线

MAR 和 PAC 对牛血清蛋白的吸附等温线拟合结果 表 6-15

吸附剂	Langmuir 模型			Freundlich 模型		
	q_m (mg/g)	K_L (L/mg)	R^2	K_F	$1/n$	R^2
MAR	212.8	0.2720	0.974	54.20	0.4161	0.999
PAC	204.0	0.080	0.870	22.32	0.5832	0.989

2. 对牛血清蛋白引起的超滤膜污染及其可逆性的影响

图 6-51 列出了 MAR 和 PAC 对牛血清蛋白引起的 PES 膜跨膜压差增长的影响。可以看出，PES 膜过滤未经吸附预处理的牛血清蛋白溶液时跨膜压差增长非常快，过滤体积为 260mL 时跨膜压差即达到 79.0kPa。MAR 吸附预处理使跨膜压差增长速度显著降低，过滤终点的跨膜压差为 22.5kPa；MAR 颗粒的存在对跨膜压差的增长几乎没有影响，MAR＋牛血清蛋白过滤时最终的跨膜压差为 22.9kPa，这说明 MAR 对牛血清蛋白引起的 PES 膜的污染有非常好的控制效果，且吸附有牛血清蛋白的 MAR 颗粒几乎不造成膜污染。PAC 对牛血清蛋白引起的膜污染的控制效果相对较差，但也使跨膜压差增长速度有了明显下降，PAC 吸附后牛血清蛋白过滤结束时跨膜压差为 42.4kPa，而 PAC＋牛血清蛋白过滤的最终跨膜压差为 49.1kPa，这说明吸附有牛血清蛋白的 PAC 颗粒的存在使跨膜压差增长速度略有增加。

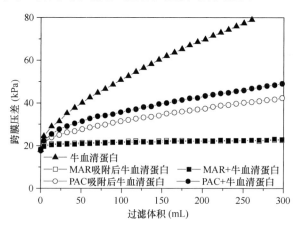

图 6-51　MAR 和 PAC 对牛血清蛋白引起的 PES 膜跨膜压差增长的影响

MAR 和 PAC 对牛血清蛋白引起的 PES 膜污染的可逆性的影响如图 6-52 所示。可以看出，未经吸附预处理的牛血清蛋白引起的 PES 膜的污染中不可逆污染所占比例较大，水力可逆污染阻力和

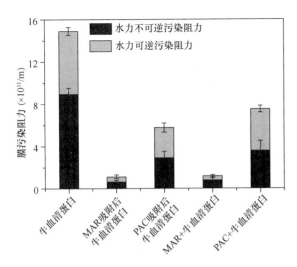

图 6-52　MAR 和 PAC 对牛血清蛋白引起的
PES 膜污染的可逆性的影响

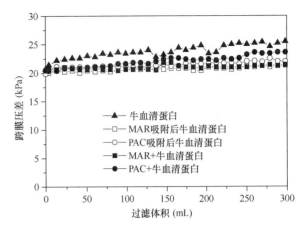

图 6-53　MAR 和 PAC 对牛血清蛋白引起的
CA 膜跨膜压差增长的影响

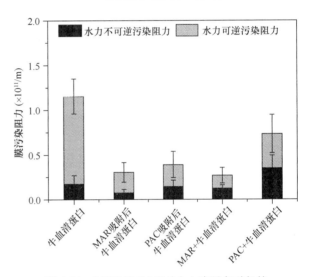

图 6-54　MAR 和 PAC 对牛血清蛋白引起的
CA 膜污染的可逆性的影响

水力不可逆污染阻力分别为 $5.96 \times 10^{11}/m$ 和
$8.94 \times 10^{11}/m$。MAR 吸附预处理使水力可逆污
染阻力和水力不可逆污染阻力分别下降了 92.0% 和
93.0%，这说明 MAR 吸附对牛血清蛋白引起的可
逆污染和不可逆污染都有很好的控制效果；MAR
颗粒的存在对膜污染阻力及其可逆性几乎没有影
响，MAR＋牛血清蛋白的水力可逆污染阻力和水
力不可逆污染阻力与 MAR 吸附后牛血清蛋白过滤
时的污染阻力差别不大。PAC 吸附后牛血清蛋白
引起的水力可逆污染阻力和水力不可逆污染阻力都
有了明显的降低，水力可逆污染阻力和水力不可逆
污染阻力分别下降至 $2.84 \times 10^{11}/m$ 和 $2.92 \times 10^{11}/m$；
当 PAC 颗粒与超滤膜接触时，水力可逆污染阻力
和水力不可逆污染阻力的下降幅度都有所减小，水
力可逆污染阻力和水力不可逆污染阻力分别为
$3.94 \times 10^{11}/m$ 和 $3.56 \times 10^{11}/m$，这表明吸附有牛
血清蛋白的 PAC 颗粒对可逆污染和不可逆污染都
有一定的贡献。

　　MAR 和 PAC 对牛血清蛋白引起的 CA 膜跨膜
压差增长的影响如图 6-53 所示。可以看出，未经
吸附预处理的牛血清蛋白引起的 CA 膜跨膜压差增
长很慢，过滤结束时仅为 25.5kPa，这与图 6-51
中 PES 膜的跨膜压差的快速增长差别很大，说明
膜的亲疏水性对牛血清蛋白引起的膜污染的程度影
响很大。MAR 和 PAC 都使跨膜压差增长速度有
所降低，而且两种吸附剂颗粒与膜的接触对跨膜压
差增长的影响都很小。

　　图 6-54 为 MAR 和 PAC 对牛血清蛋白引起的

CA 膜污染的可逆性的影响，由图中可以看出，未
经吸附预处理的牛血清蛋白引起的 CA 膜的污染绝
大部分是可逆污染，水力可逆污染阻力为 $0.98 \times 10^{11}/m$，占总污染阻力的 85.0%，水力不可逆污
染阻力仅为 $0.17 \times 10^{11}/m$。与图 6-52 中 PES 膜的
污染的可逆性相比可以看出，亲水性较强的 CA 膜
的污染中可逆污染所占比例更大，这说明当污染物
质为牛血清蛋白或性质类似的有机物时，与疏水性
膜相比，亲水性较强的膜不但总的膜污染明显较
小，而且污染的可逆性明显较好。MAR 吸附使水力
可逆污染阻力和水力不可逆污染阻力都有了明显的
降低，MAR 颗粒在超滤之前是否被去除对总污染阻
力影响不大，但 MAR 颗粒与膜直接接触时不可逆
污染的比例略有增加。相比而言，PAC 吸附预处理
能够明显降低水力可逆污染阻力，但 PAC 颗粒与膜

169

直接接触时使水力不可逆污染阻力略有增加。

6.6.4 MAR 对海藻酸钠引起的超滤膜污染的控制

1. 对海藻酸钠的吸附效能

MAR 和 PAC 对海藻酸钠的吸附等温线如图 6-55 所示，采用 Langmuir 和 Freundlich 吸附等温线模型对其进行拟合的结果见表 6-16。Langmuir 模型对 PAC 吸附海藻酸钠的数据拟合效果较差，而 Freundlich 模型对两种吸附剂的吸附数据都有较好的拟合。在实验中的海藻酸钠平衡浓度范围内，MAR 和 PAC 对其吸附量都远低于对其他两种有机物的吸附容量，这应该是由于海藻酸钠分子的亲水性较强，海藻酸钠分子与吸附剂间的疏水作用很弱，因此两种吸附剂对其吸附容量都很小。

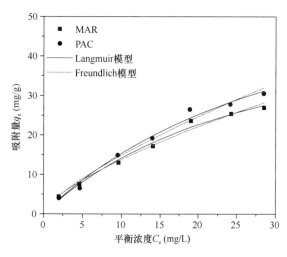

图 6-55 MAR 和 PAC 对海藻酸钠的吸附等温线

MAR 和 PAC 对海藻酸钠的吸附
等温线拟合结果 表 6-16

吸附剂	Langmuir 模型			Freundlich 模型		
	q_m (mg/g)	K_L (L/mg)	R^2	K_F	$1/n$	R^2
MAR	50.0	0.0414	0.933	2.693	0.7040	0.983
PAC	73.5	0.0212	0.662	1.328	0.9161	0.979

2. 对海藻酸钠引起的超滤膜污染及其可逆性的影响

图 6-56 列出了 MAR 和 PAC 对海藻酸钠引起的 PES 膜跨膜压差增长的影响。可以看出，PES 膜过滤未经吸附预处理的海藻酸钠溶液时跨膜压差增长非常快，过滤体积为 280mL 时跨膜压差即达到 79.0kPa。无论吸附剂颗粒在超滤之前是否被去

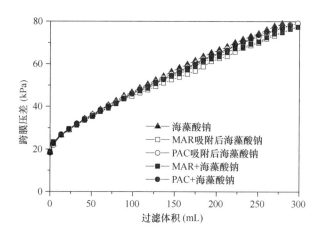

图 6-56 MAR 和 PAC 对海藻酸钠引起的
PES 膜跨膜压差增长的影响

除，两种吸附预处理对海藻酸钠引起的跨膜压差增长都几乎不产生影响。当吸附剂颗粒不与超滤膜接触时，MAR 吸附后和 PAC 吸附后海藻酸钠过滤结束时跨膜压差分别为 77.8kPa 和 79.2kPa；当吸附剂颗粒与超滤膜接触时，两种吸附预处理后的海藻酸钠溶液过滤终点的跨膜压差分别为 77.4kPa 和 78.4kPa。这说明 MAR 和 PAC 吸附对引起膜污染的海藻酸钠几乎没有去除，而且两种吸附剂颗粒对膜污染也几乎没有影响。

MAR 和 PAC 对海藻酸钠引起的 PES 膜污染的可逆性的影响如图 6-57 所示。可以看出，无论是否经过吸附预处理，海藻酸钠引起的 PES 膜污染都以可逆污染为主，不可逆污染所占比例很低。未经吸附预处理的海藻酸钠引起的水力可逆污染阻力为 13.48×10^{11}/m，占总污染阻力的 88.6%。当

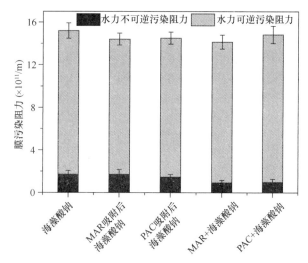

图 6-57 MAR 和 PAC 对海藻酸钠引起的
PES 膜污染的可逆性的影响

吸附剂颗粒在超滤之前被去除时，MAR 吸附和 PAC 吸附均使水力可逆污染阻力略有下降，水力不可逆污染阻力变化不大；当吸附剂颗粒与膜接触时，MAR 和 PAC 吸附预处理都使水力不可逆污染阻力有所下降，这说明两种吸附剂颗粒的存在使污染的可逆性略有改善。

图 6-58 列出了 MAR 和 PAC 对海藻酸钠引起的 CA 膜跨膜压差增长的影响。可以看出，与图 6-55 中 PES 膜跨膜压差增长相比，CA 膜跨膜压差增长速度明显较低，300mL 海藻酸钠溶液过滤结束时跨膜压差为 53.2kPa。与 PES 膜相似的是，无论吸附剂颗粒在超滤之前是否被去除，两种吸附预处理对海藻酸钠引起的 CA 膜跨膜压差增长也都无明显影响。当吸附剂颗粒不与超滤膜接触时，MAR 吸附后和 PAC 吸附后海藻酸钠过滤结束时跨膜压差分别为 51.4kPa 和 52.1kPa；当吸附剂颗粒与超滤膜接触时，两种吸附预处理后的海藻酸钠溶液过滤终点的跨膜压差分别为 51.2kPa 和 52.6kPa，这说明 MAR 和 PAC 颗粒对 CA 膜的污染也几乎没有影响。

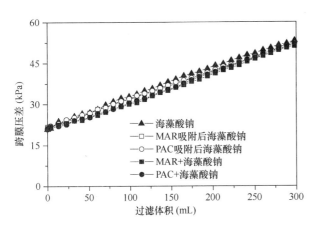

图 6-58　MAR 和 PAC 对海藻酸钠引起的
CA 膜跨膜压差增长的影响

图 6-59 给出了 MAR 和 PAC 对海藻酸钠引起的 CA 膜污染的可逆性的影响。可以看出，与 PES 膜类似，无论是否经过吸附预处理，海藻酸钠引起的 CA 膜污染都以可逆污染为主，不可逆污染所占比例很低。未经吸附预处理的海藻酸钠引起的水力可逆污染阻力为 7.36×10^{11}/m，占总污染阻力的比例达到 95.2%。MAR 吸附和 PAC 吸附使水力可逆污染阻力和水力不可逆污染阻力都略有下降，但下降幅度很小。

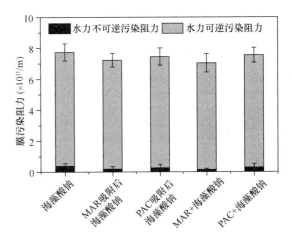

图 6-59　MAR 和 PAC 对海藻酸钠引起的
CA 膜污染的可逆性的影响

3. 有机物性质和吸附剂颗粒对膜污染控制效能的影响分析

吸附预处理对三种有机物引起的膜污染的控制效能不同，同时，对于部分有机物，吸附了有机物的吸附剂颗粒是否与超滤膜接触对膜污染也有很大影响。因此，本书通过分别讨论吸附剂颗粒在超滤前被去除和吸附剂颗粒与膜接触时对不同有机物引起的膜污染的控制效果，分析有机物性质和吸附剂颗粒对膜污染控制效能的影响。

对于采用的三种典型有机物，PES 膜的污染都不同程度地比 CA 膜的污染严重，且 PES 膜污染的可逆性低于 CA，这一结果与之前关于膜的亲疏水性对膜污染影响的研究结论是一致的。尽管如此，对膜进水进行吸附预处理前后，两种膜的污染的变化趋势是相似的，因此这一部分的分析都针对 PES 膜展开，CA 膜的情况与之类似。

4. 有机物性质对膜污染控制效能的影响

当超滤之前通过预过滤将吸附剂颗粒去除时，被吸附的那部分有机物也随之被去除，因此膜污染取决于溶液中未被去除的那部分有机物的含量和性质。腐殖酸是一种多聚分子混合物，其分子量分布从小于 1kDa 到大于 10kDa，分布范围很宽。不同分子量的腐殖酸分子在不同孔径的膜的污染中所起作用不同，分子量较大的腐殖酸是引起本研究中超滤膜污染的主要组分。具有丰富中孔结构的 MAR 能够有效去除腐殖酸中的大分子组分，而以微孔结构为主的 PAC 由于尺寸排阻作用对大分子腐殖酸吸附很少，只能去除小分子组分，因此 MAR 吸附预处理对腐殖酸污染有很好的控制效果，而 PAC

吸附预处理对腐殖酸污染影响不大，这与之前 Lin 等和 Li 等关于 PAC 对腐殖酸污染的影响的研究结论是一致的。牛血清蛋白是一种分子量较为均一（约 67kDa）的蛋白质类物质，虽然 PAC 的比表面积远大于 MAR，但由于尺寸排阻作用的影响，PAC 的可被牛血清蛋白利用的比表面积实际小于 MAR，因此，MAR 对牛血清蛋白的吸附量明显大于 PAC，MAR 吸附预处理对牛血清蛋白引起的膜污染的控制效果也明显好于 PAC 吸附预处理。对于亲水性较强的海藻酸钠来说，MAR 和 PAC 对其吸附效果都很差，两种吸附预处理对海藻酸钠引起的膜污染都没有明显控制效果。

有机物的分子量、亲疏水性等性质不但影响膜污染的程度，而且影响吸附剂对其吸附效果；而吸附预处理对膜污染的控制效果取决于吸附剂对有机物中造成膜污染的主要组分的去除效率，因此，同一种吸附剂对不同有机物引起的膜污染的控制效果会因有机物性质的差异而有所不同。在实际应用过程中，为了有效控制膜污染，需要根据水中有机物的组成和性质选择适当的吸附剂。

5. 吸附剂颗粒对膜污染控制效能的影响

当超滤之前吸附剂颗粒不被去除时，吸附剂颗粒会被超滤膜截留，这种情况下，除了溶液中未被吸附的有机物外，吸附了有机物的吸附剂颗粒也会参与膜污染中，形成吸附剂颗粒、有机物和膜三者之间发生相互作用的情形。

单独 MAR 和 PAC 颗粒过滤形成的滤饼层的阻力都很小，与膜本身阻力相比可以忽略不计。因此，有机物和吸附剂颗粒间的相互作用是影响有机物和吸附剂共存时滤饼层阻力的主要因素。腐殖酸和牛血清蛋白都是疏水性较强的有机物，这些分子与吸附剂颗粒间会有较强的疏水作用力。对于腐殖酸，由于尺寸排阻作用，大分子的腐殖酸无法进入 PAC 的孔隙内部，只能粘附在 PAC 颗粒表面，在这些腐殖酸分子的"连接"作用下，PAC 颗粒（特别是尺寸较小的 PAC 颗粒）就会形成连续致密污染层，从而使 PAC 颗粒形成的滤饼层阻力增加，这一结果与之前的多项研究的结论是一致的；而 MAR 的内部孔隙结构较大，足以容纳不同分子尺寸的腐殖酸，因此不会出现大量腐殖酸粘附在颗粒表面的情况，腐殖酸与 MAR 颗粒共同存在时的滤饼层结构与单独 MAR 颗粒形成的滤饼层结构无明显差别。牛血清蛋白的相对分子质量小于大分子腐

殖酸，PAC 对其尺寸排阻作用有所减小，且本研究中使用的牛血清蛋白浓度较低，因此在牛血清蛋白的污染中 PAC 颗粒层的阻力明显小于腐殖酸污染中 PAC 颗粒层的阻力。对于海藻酸钠而言，由于其亲水性较强，与吸附剂颗粒间的相互作用很弱，难以在吸附剂颗粒表面粘附，因此，无论是 MAR 还是 PAC，海藻酸钠与吸附剂颗粒共同存在时的颗粒层都与单独吸附剂颗粒形成的类似，其阻力很小，对膜污染控制无明显影响。

6.6.5 新型中孔吸附树脂（MAR）对松花江水超滤过程中不可逆污染的控制

天然水中的有机物通常是复杂的混合物，在超滤过程中不同组分有机物会相互影响，导致膜污染现象和膜污染机理与单一组分超滤时有所区别，相应地，吸附剂对膜污染的控制效能与机理也会因原水中有机物组成不同而改变。前面使用模型污染物系统研究了溶液离子条件和有机物性质等对中孔吸附树脂（MAR）的膜污染控制效能的影响及其机理，本书在此基础上考察 MAR 对多种有机物共存的天然水超滤过程中膜污染的控制。

天然有机物按照来源可以分为外源有机物和内源有机物，其中外源有机物是陆地生态系统中产生并通过地表径流等途径进入水体中的有机物，含有较多的来源于动植物残骸分解的腐殖质类物质；而内源有机物是水中的生物在新陈代谢过程中产生并分泌到水体中的有机物，来源于微生物生命活动的生物大分子类物质含量会较高，其中藻类是天然水体中这类有机物的主要来源。外源有机物和内源有机物在分子组成和结构等方面都有较大的差异，因此在超滤过程中表现出不同的膜污染行为。松花江流域内森林覆盖率高，土壤中腐殖质等外源有机物含量较高，水体流动性较强，是主要含有外源有机物的水体。本书以松花江水为原水，采用平板超滤膜短期过滤实验考察 MAR 的膜污染控制效能和机理。

1. 对水中有机物的吸附去除效果

吸附剂投量为 50mg/L 时吸附时间对松花江水中有机物的去除率如图 6-60 所示。由图 6-60 可以看出，MAR 和粉末活性炭对 DOC 的去除率都随吸附时间的延长先快速提高之后缓慢增加，MAR 对 DOC 的去除率由 7.1% 增至 15% 左右后基本保持不变，而 PAC 对 DOC 的去除率则由 15.0% 快

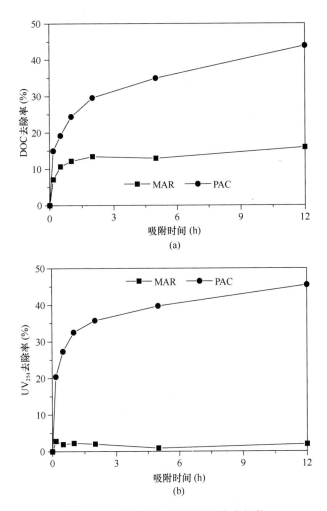

图 6-60　吸附时间对松花江水中有机物
去除率的影响（吸附剂投量 50mg/L）
（a）DOC，（b）UV$_{254}$

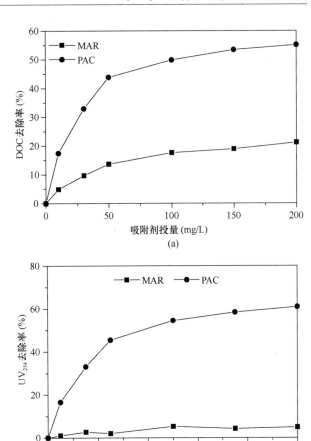

图 6-61　吸附剂投量对松花江水中有机物去除率的影响
（吸附时间 12h）
（a）DOC；（b）UV$_{254}$

速增至 30% 左右，之后仍缓慢增加，吸附时间为 12h 时去除率达到 44%；相比而言，MAR 对 DOC 的去除率低于 PAC，且吸附时间越长差别越大。PAC 对 UV$_{254}$ 的去除率的变化趋势与对 DOC 去除率的变化情况类似，随着吸附时间的延长先快速增加到 35% 左右，之后缓慢增长；但 MAR 对 UV$_{254}$ 的去除率随吸附时间无明显变化，一直在 5% 以下，这说明 MAR 吸附的有机物是紫外吸收很弱的组分。

图 6-61 为不同吸附剂投加量的 MAR 和 PAC 对松花江水中有机物的去除效果。以 DOC 计，在吸附剂投量不超过 50mg/L 时，MAR 和 PAC 对松花江水中有机物的去除率都随吸附剂投量的增加快速升高，当吸附剂投量超过 50mg/L 之后则增长较慢。PAC 对 UV$_{254}$ 的去除率随吸附剂投量的变化与对 DOC 去除率的变化类似，但在所考察的投量范围内，MAR 对 UV$_{254}$ 的去除率都很低。

2. 对松花江水超滤过程中膜污染的控制效能

吸附时间对预处理后松花江水超滤过程中跨膜压差增长的影响如图 6-62 所示。可以看出，未

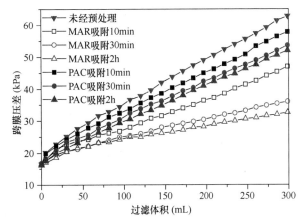

图 6-62　吸附时间对预处理后松花江水超滤过程中
跨膜压差增长的影响

（吸附剂投量：50mg/L，超滤前用 0.45μm 膜滤去吸附剂颗粒）

经吸附预处理的松花江水在超滤过程中引起了跨膜压差的较快增长，在过滤结束时跨膜压差达到了62.8kPa；相比而言，MAR和PAC吸附预处理后跨膜压差增长速度都有所下降，而且对于每一种吸附剂，跨膜压差的增长速度都随着吸附时间的延长有所下降。MAR吸附处理10min后的松花江水过滤结束时的跨膜压差为47.0kPa；当吸附时间延长至30min和2h时，相应地过滤结束时的跨膜压差分别为36.0kPa和32.6kPa。这说明MAR吸附预处理能够有效减缓松花江水超滤过程中的膜污染，且延长吸附时间能够提高MAR吸附预处理对膜污染的控制效果，但当吸附时间超过30min之后这种影响变弱。对于PAC而言，当吸附时间分别为10min、30min和2h时，吸附预处理后松花江水过滤结束时的跨膜压差分别为57.8kPa、53.6kPa和52.0kPa，说明吸附时间的延长对PAC吸附预处理对膜污染的控制效果影响相对较小，且与未经吸附预处理时的跨膜压差相比，PAC吸附预处理对松花江水超滤过程中的膜污染的控制效果非常有限。由图6-60可知，相同条件下MAR吸附预处理后松花江水中有机物的浓度高于PAC吸附预处理后松花江水中有机物的浓度，但MAR吸附预处理后的膜污染明显小于PAC吸附预处理后的膜污染，这说明MAR吸附去除的那部分有机物对于跨膜压差增长的贡献明显大于PAC吸附去除的那部分有机物的贡献。

图6-63为吸附时间对预处理后松花江水超滤过程中膜污染可逆性的影响。未经吸附预处理的松

花江水超滤造成的水力不可逆污染阻力为5.13×10^{11}/m，占总污染阻力的46%，说明松花江水超滤造成的膜污染的可逆性较差。MAR吸附预处理10min后的松花江水造成的水力可逆污染阻力和水力不可逆污染阻力分别为4.35×10^{11}/m和2.96×10^{11}/m，与未经吸附预处理相比分别下降了26.4%和42.3%；随着吸附预处理时间的延长，水力可逆污染阻力和水力不可逆污染阻力都进一步下降，其中水力不可逆污染阻力的下降更为明显。PAC吸附预处理对可逆污染的影响很小，但对不可逆污染有一定的控制效果，且随吸附时间延长，不可逆污染减小，PAC吸附预处理2h使水力不可逆污染阻力下降了35.1%，但水力可逆污染阻力仅下降11.8%。

由以上分析可以看出，吸附时间对于MAR吸附预处理的膜污染控制效果影响较大，特别是在吸附时间较短时，延长吸附时间能够有效提高膜污染控制效果；但PAC吸附预处理对膜污染控制效果较差，延长吸附时间并不能明显提高其膜污染控制效果。松花江水超滤过程中膜污染的可逆性较差，延长吸附时间能够有效提高MAR吸附预处理对不可逆污染的控制效果，但对PAC吸附预处理影响较小。

3. 吸附剂投量对膜污染控制效果的影响

图6-64为吸附剂投量对预处理后松花江水超滤过程中跨膜压差增长的影响。可以看出，对于MAR和PAC，随着吸附剂投量的增加，吸附预处理后跨膜压差的增长速度都有所下降，但PAC吸附预处理的膜污染控制效果随吸附剂投量变化的幅

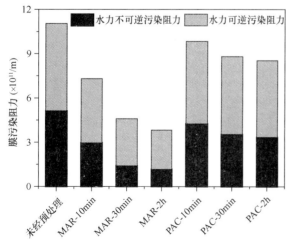

图6-63 吸附时间对预处理后松花江水超滤过程中
膜污染可逆性的影响

（吸附剂投量：50mg/L，超滤前用0.45μm膜滤去吸附剂颗粒）

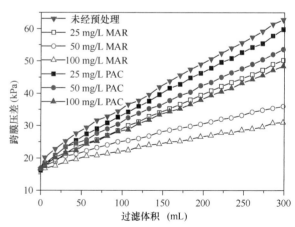

图6-64 吸附剂投量对预处理后松花江水超滤
过程中跨膜压差增长的影响

（吸附预处理时间：30min，超滤前用0.45μm膜滤去吸附剂颗粒）

度明显较小。MAR 吸附预处理后的跨膜压差增长速度随 MAR 投量增加明显下降，25mg/L、50mg/L 和 100mg/L 的 MAR 吸附预处理后松花江水过滤结束时的跨膜压差分别为 50.2kPa、36.0kPa 和 31.0kPa；但 PAC 投量的增加仅使吸附预处理后跨膜压差增长速度略有下降，25mg/L、50mg/L 和 100mg/L 的 PAC 吸附预处理后松花江水过滤结束时的跨膜压差分别为 59.8kPa、52.5kPa 和 45.5kPa。

图 6-65 为吸附剂投量对预处理后松花江水超滤引起的膜污染的可逆性的影响。随着 MAR 投量的增加，吸附预处理后的水力可逆污染阻力和水力不可逆污染阻力都有明显下降，其中水力不可逆污染阻力的下降更为明显，随着 MAR 投量从 25mg/L 增至 100mg/L，水力不可逆污染阻力由 $3.50 \times 10^{11}/m$ 降至 $0.77 \times 10^{11}/m$，占总污染阻力的比例由 43.4% 减小至 22.5%。

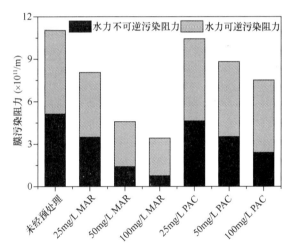

图 6-65　吸附剂投量对预处理后松花江水超滤引起的
膜污染可逆性的影响

（吸附预处理时间：30min，超滤前用 0.45μm 膜滤去吸附剂颗粒）

PAC 吸附预处理后的水力可逆污染阻力和水力不可逆污染阻力也都随 PAC 投量的增加而下降，但下降幅度较小，随着 PAC 投量从 25mg/L 增至 100mg/L，水力可逆污染阻力由 $5.80 \times 10^{11}/m$ 降至 $5.11 \times 10^{11}/m$，水力不可逆污染阻力由 $4.63 \times 10^{11}/m$ 降至 $2.41 \times 10^{11}/m$，相比而言，水力不可逆污染阻力的下降更为明显，因此，随着 PAC 投量的增加，预处理后膜污染的可逆性有所提高。

4. 吸附剂颗粒对膜污染控制效能的影响

当吸附剂颗粒在超滤前未被去除时，过滤过程中吸附剂颗粒与有机物和膜之间的相互作用可能会对膜污染产生一定影响，从而影响吸附预处理对膜

污染的控制效能。为了考察 MAR 和 PAC 颗粒对膜污染控制效能的影响，本文开展了将 50mg/L 吸附剂投加到水中吸附 30min 后不经 0.45μm 膜去除吸附剂颗粒（即"吸附剂＋松花江水"）的超滤实验，并与相同条件下吸附处理后滤去吸附剂颗粒的相应超滤实验结果进行了对比。

吸附剂颗粒对预处理后松花江水超滤过程中跨膜压差增长和膜污染可逆性的影响分别如图 6-66 和图 6-67 所示。由图 6-66 可以看出，超滤膜进水中的 MAR 和 PAC 颗粒都使跨膜压差的增长速度有所增加，相比而言，PAC 颗粒的影响较大，PAC＋松花江水过滤结束时的跨膜压差达到了 61.8kPa，与图 6-62 中未经预处理的松花江水过滤结束时的跨膜压差相近，说明 PAC 颗粒本身引起的膜污染基本抵消了 PAC 吸附去除部分有机物所

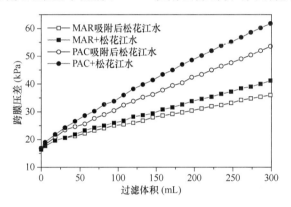

图 6-66　吸附剂颗粒对预处理后松花江水超滤过程中
跨膜压差增长的影响

（吸附剂投量：50mg/L，吸附预处理时间：30min）

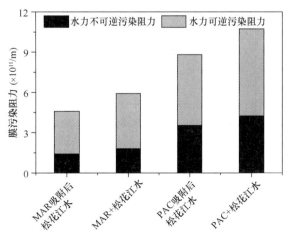

图 6-67　吸附剂颗粒对预处理后松花江水超滤过程中
膜污染可逆性的影响

（吸附剂投量：50mg/L，吸附预处理时间：30min）

减小的污染。由图 6-66 可以看出，MAR 颗粒使水力可逆污染阻力由 $3.18\times10^{11}/m$ 升高至 $4.11\times10^{11}/m$，水力不可逆污染阻力由 $1.41\times10^{11}/m$ 升高至 $1.81\times10^{11}/m$，水力可逆污染阻力的增大幅度明显大于水力不可逆污染阻力的增大；PAC 颗粒的影响与 MAR 颗粒类似，只是使膜污染阻力增加的幅度较大。这说明松花江水超滤过程中，PAC 颗粒本身对膜污染的影响大于 MAR 颗粒，但二者引起的污染都主要是可逆污染。

5. 吸附预处理前后有机物分子量分布的变化

实验中吸附剂投量为 50mg/L，吸附时间为 30min。采用超滤膜分级法对 MAR 和 PAC 吸附前后松花江水中有机物进行了分子量分级，并采用 DOC 和 UV_{254} 两个指标考察了吸附预处理对不同分子量区间内有机物的去除效果，结果如图 6-68 所示。可以看出，无论是以 DOC 计还是以 UV_{254} 计，松花江水中有机物绝大部分是分子量小于

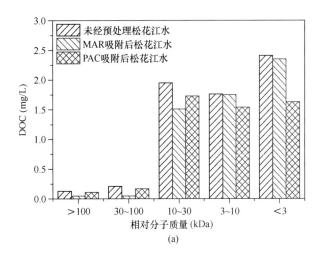

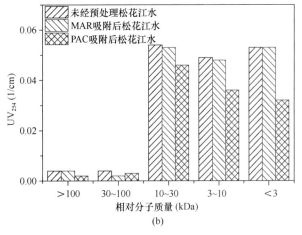

图 6-68　吸附预处理前后松花江水有机物分子量分布的变化
（a）DOC；（b）UV_{254}

30kDa 的中小分子有机物，大于 30kDa 的有机物分子所占比例很小。以 DOC 计，大于 100kDa 和 30～100kDa 的有机物分别仅占有机物总量的 2.0% 和 3.3%，而 10～30kDa、3～10kDa 和小于 3kDa 的有机物分别占有机物总量的 30.2%、27.2% 和 37.3%；以 UV_{254} 计的比例分布与之类似。这一结果与文献中报道的一些以外源性有机物为主的江河水中分子量分布特点是一致的。

由图 6-68（a）可以看出，虽然大于 30kDa 的有机物所占比例很小，但 MAR 吸附预处理仍使这部分 DOC 有所下降，同时还使分子量为 10～30kDa 的 DOC 由 1.95mg/L 下降至 1.51mg/L，但对分子量小于 10kDa 的部分影响很小。相比而言，PAC 吸附主要影响分子量小于 30kDa 的组分，使其 DOC 从 2.41mg/L 下降至 1.63mg/L，而对其他分子量区间的有机物影响较小。由图 6-68（b）UV_{254} 的变化方面，由于 MAR 吸附对松花江水中 UV_{254} 的去除率很低，MAR 吸附前后不同分子量区间的 UV_{254} 值基本不变；而 PAC 吸附前后 UV_{254} 的变化趋势与 DOC 的变化趋势类似，即主要使中小分子量（小于 10kDa）组分减少，但对其他组分影响很小。

6. 吸附预处理前后有机物亲疏水性分布的变化

为了考察吸附预处理对松花江水中有机物亲疏水性分布的影响，实验中采用 DAX-8/XAD-4 树脂分级法对 MAR 和 PAC 吸附前后的水样进行了亲疏水性分级，并用 DOC 和 UV_{254} 两个指标对有机物含量进行了定量分析，结果如图 6-69 所示。可以看出，松花江水中有机物大部分是疏水性组分，以 DOC 计该组分占有机物总量的 66.5%，以 UV_{254} 计该组分占总量的 75.0%；而过渡组分和亲水组分基本各占剩余比例的一半。吸附预处理前后 DOC 和 UV_{254} 的变化趋势基本相同，下面以 DOC 为例进行说明。

由图 6-69 可以看出，MAR 吸附预处理使疏水性组分含量由 4.30mg/L 降低至 3.79mg/L，使过渡性组分含量下降了约 0.2mg/L，而对亲水性组分则基本无影响；PAC 吸附预处理使疏水性组分含量下降更为明显，降低至 3.31mg/L，但对过渡性和亲水性组分的影响与 MAR 吸附预处理类似。这说明 MAR 和 PAC 都主要吸附松花江水中的疏水性有机物，而对过渡性和亲水性组分吸附很少。

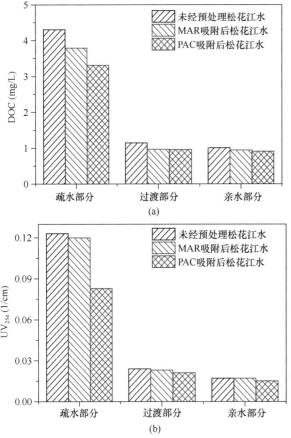

图 6-69　吸附预处理前后松花江水有机物亲疏水性
分布的变化

（a）DOC；（b）UV$_{254}$

7. 吸附预处理前后三维荧光光谱的变化

三维荧光光谱分析能够表征水中蛋白质类和腐殖质类有机物，灵敏度非常高，是一种重要的分析识别膜污染物质的手段。为了研究 MAR 和 PAC 吸附预处理对松花江水中各荧光组分的影响，分析吸附预处理影响膜污染的机理，实验中比较了吸附预处理前后及 100kDa 醋酸纤维膜过滤后水样的三维荧光光谱图。

吸附预处理前后松花江水三维荧光光谱的变化如图 6-70 所示。由图 6-70（a）可以看出，未经吸附处理的松花江水样有四个荧光峰，包括代表腐殖质类的 A 峰和 C 峰以及代表蛋白质类的 T_1 和 T_2 峰，其中代表腐殖酸的 C 峰的强度较大，而 T_1、T_2 和 A 峰强度都较小，说明松花江水中有机物以腐殖质类为主，蛋白质类所占比例较小。经过 100kDa 醋酸纤维素膜过滤后各峰强度有所降低，但下降幅度都不大，这说明松花江水有机物中分子量大于 100kDa 的大分子所占比例很小。经 MAR 和 PAC 吸附处理后各峰强度都有所下降，相比而言，PAC 吸附使各峰强度下降较为明显，这与 PAC 对松花江水有机物去除率较高有关，但两种吸附剂吸附后都未出现某个特征峰的显著下降。

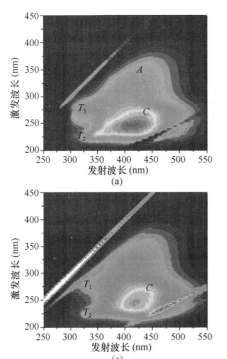

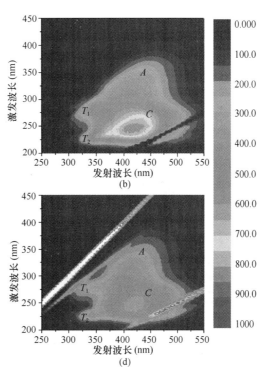

图 6-70　吸附预处理前后松花江水三维荧光光谱的变化

（a）未经吸附预处理；（b）100kDa 醋酸纤维素膜过滤后；（c）MAR 吸附处理后；（d）PAC 吸附处理后

8. 吸附预处理对超滤过程中膜污染阻力分布和有机物迁移的影响

吸附预处理对松花江水超滤过程中膜污染阻力分布的影响如图 6-71 所示。未经吸附预处理的松花江水超滤过程中的内部膜污染阻力为 $3.88\times10^{11}/m$，占总污染阻力的 35.1%，这说明虽然松花江水中大部分有机物（约 95%）是分子量小于 30kDa 的中小分子有机物，但造成的外部污染仍然大于内部污染。MAR 吸附使外部和内部污染分别下降了 60.7% 和 54.4%，而 PAC 吸附对外部污染影响很小，仅使其下降了 10.5%，但使内部污染有 38.2% 的降低。虽然 MAR 吸附对松花江水有机物去除率较低，去除的有机物的数量较少，但其吸附的主要是大分子和中等分子量组分，这部分有机物通过滤饼层形成、膜孔堵塞等作用对外部污染和内部污染有较大贡献，因此 MAR 吸附去除这部分有机物后外部和内部污染都有较大幅度的下降。与此相反，尽管 PAC 吸附去除的有机物数量较多，但其吸附的主要是小分子组分，这部分有机物主要通过膜孔堵塞等作用形成内部污染，且单位质量有机物对膜污染阻力贡献较小，因此 PAC 吸附预处理使内部污染有一定程度的下降，但对外部污染影响较小。当吸附剂颗粒与膜直接接触时，MAR 颗粒使外部污染阻力由 $2.82\times10^{11}/m$ 增加到 $4.20\times10^{11}/m$，PAC 颗粒使外部污染阻力由 $6.41\times10^{11}/m$ 增加到 $8.50\times10^{11}/m$，PAC 颗粒使外部污染阻力增加的幅度大于 MAR 颗粒；另一方面，MAR 和 PAC 颗粒的存在对内部污染影响都很小。

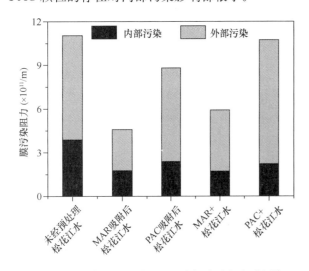

图 6-71　吸附预处理对松花江水超滤过程中膜污染阻力分布的影响

实验中通过测定膜进水、出水和浓缩液的 DOC 浓度以及质量平衡计算得出了膜出水、浓缩液和膜上沉积部分的有机物质量（以 C 计），结果如图 6-72 所示。可以看出，松花江水超滤过程中大部分有机物透过膜进入了膜出水中，这部分有机物的质量为 1.82mg，占进水有机物总量的 79.8%，而浓缩液和膜上沉积的有机物所占比例分别为 14.8% 和 5.5%。MAR 和 PAC 吸附处理都使各部分有机物质量有所降低，相比而言，MAR 吸附使膜上沉积部分的有机物质量下降略多，而 PAC 吸附使膜出水中有机物质量下降更为明显。

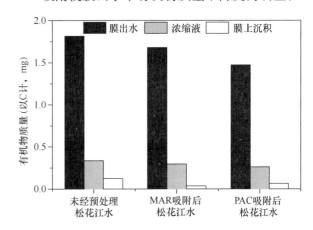

图 6-72　吸附预处理对松花江水超滤过程中有机物质量平衡的影响

6.6.6　一体式吸附—超滤工艺处理松花江水时的膜污染

为了考察较长运行时间下 MAR 和 PAC 吸附对典型地表水超滤过程中膜污染的控制效果，采用浸没式中空纤维超滤膜系统进行了连续流过滤实验，通过在超滤膜池中投加 MAR 或 PAC 构成了一体式吸附—超滤组合工艺，比较了单独超滤、MAR 吸附—超滤和 PAC 吸附—超滤三种工艺中的膜污染情况。实验中采用的浸没式中空纤维超滤膜系统的运行工况按照生产性膜系统设定，包含周期性反冲洗、间歇性曝气、定期排空等，每种工艺运行时间为 3d，实验结果能够较好地反映实际应用中超滤膜的较长期污染行为。

一体式吸附—超滤实验用于考察吸附剂对超滤膜连续流运行过程中较长期污染行为的影响，实验装置如图 6-73 所示。该装置采用自制的浸没式中空纤维膜组件，膜组件置于敞口的膜池内，膜组件出水口与压力自动采集器和蠕动泵相连，在蠕动泵

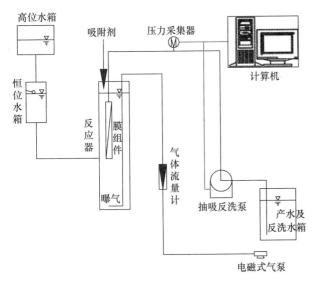

图 6-73　一体式吸附—超滤实验装置示意图

抽吸作用下，膜池内的待滤液通过超滤膜，过滤过程中蠕动泵的转速保持恒定使膜的通量保持在设定值，压力自动采集器数据记录于电脑上，每 10s 采集一次，根据记录的数据可以获得恒定通量条件下超滤膜跨膜压差的变化。此外，该装置通过蠕动泵的反转可以实现膜组件的反冲洗，通过膜池内底部曝气可以实现膜组件的曝气清洗，蠕动泵的抽吸和反转及曝气泵的启停通过 PLC 控制，可以实现连续运行，完全模拟生产中浸没式中空纤维超滤膜系统的各个操作。

实验中使用的超滤膜的材质为聚氯乙烯（Polyvinyl chloride，PVC），膜的截留分子量为 100kDa，膜丝内径和外径分别为 0.85mm 和 1.45mm。超滤膜在使用前需要充分清洗以去除其中的保护性物质，清洗过程为首先用纯水浸泡 24h，然后过滤纯水至出水有机碳含量与进水相近。污染后的超滤膜可以经过化学清洗后重复使用，清洗方法为首先使用 200mg/L 的 NaClO 浸泡 6h，然后用 pH＝2 的盐酸浸泡 2h。自制的超滤膜组件的膜面积为 0.01m²，设定的过滤通量为 30L/（m²·h），过滤 118min 反冲洗 2min，反冲洗通量为 60L/（m²·h），曝气系统设定为每隔 4.5min 曝气 0.5min 以防止吸附剂在膜池底部沉积并控制膜表面的可逆污染，每 12h 即经过 6 个反冲洗周期后膜池排空一次。当膜池中不投加吸附剂时为单独超滤工艺；向膜池中投加吸附剂时即为一体式吸附—超滤工艺，实验过程中在每次排空后新进水时一次性投加吸附剂，按照产水体积计算的吸附剂投加量为 50mg/L。

1. 跨膜压差的增长

一体式吸附—超滤工艺连续运行处理松花江水过程中跨膜压差的增长如图 6-74 所示。可以看出，三种工艺的初始跨膜压差均为 14.5kPa 左右，在过滤过程中，三种工艺的跨膜压差增长速度不同，而每次气水反冲洗使膜污染有不同程度的降低。在最初的两个过滤周期内，单独超滤和 PAC 吸附—超滤工艺的跨膜压差增长速度基本相同，但此后 PAC 吸附—超滤工艺的跨膜压差增长速度超过了单独超滤工艺的跨膜压差增长速度，而 MAR 吸附—超滤工艺的跨膜压差增长速度一直较低。在最后一个过滤周期末，单独超滤工艺的跨膜压差为 53.5kPa，而 MAR 吸附—超滤和 PAC 吸附—超滤工艺的跨膜压差分别为 27.3kPa 和 68.0kPa，这说明投加 MAR 显著减小了松花江水超滤过程中的膜污染，而投加 PAC 加剧了松花江水超滤过程中的膜污染。

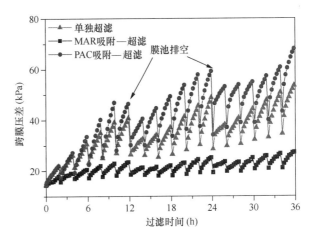

图 6-74　一体式吸附—超滤工艺处理松花江水时
跨膜压差的增长

2. 膜污染的可逆性

由图 6-74 可以看出，每次气水反冲洗之后三种工艺的跨膜压差均有明显下降，这部分能够恢复的跨膜压差可以认为是由可逆污染引起的，而反冲洗之后跨膜压差与上一次反冲洗之后的跨膜压差相比增加的部分可以认为是由不可逆污染引起的。为了深入认识一体式吸附—超滤工艺连续运行处理松花江水过程中膜污染的可逆性及其变化规律，进一步分析了每次气水反冲洗之后的跨膜压差随时间的增长情况即不可逆污染随时间的变化以及一个膜池排空周期内膜污染可逆性的变化。

一体式吸附—超滤工艺处理松花江水时不可逆

污染随时间的增长如图 6-75 所示。在运行初期，单独超滤的不可逆污染增长最快，其次是 PAC 吸附—超滤，而 MAR 吸附—超滤的不可逆污染增长最慢，这说明在运行初期 PAC 的效果虽然不如MAR，但仍起到了一定的减缓不可逆污染的作用；但在第四个反冲洗周期之后，PAC 吸附—超滤的不可逆污染超过了单独超滤的不可逆污染，之后一直高于单独超滤，而 MAR 吸附—超滤工艺的不可逆污染一直很低。运行结束时，反冲洗之后单独超滤、MAR 吸附—超滤和 PAC 吸附—超滤工艺的跨膜压差分别为 32.1kPa、20.3kPa 和 39.0kPa，与运行之初相比分别增加了 17.5kPa、5.9kPa 和24.4kPa。可以看出，与单独超滤工艺相比，MAR吸附—超滤工艺的不可逆污染减少了 66.3%，而PAC 吸附—超滤工艺的不可逆污染增加了 39.4%。

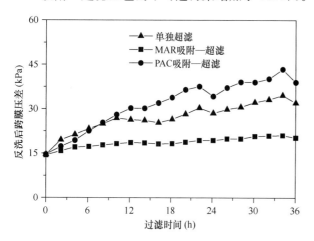

图 6-75　一体式吸附—超滤工艺处理松花江水过程中
不可逆污染随过滤时间的增长

一体式吸附—超滤工艺处理松花江水时一个膜池排空周期内膜污染可逆性的变化如图 6-76 所示。

每个过滤周期内，MAR 吸附—超滤工艺的总污染阻力都明显小于 PAC 吸附—超滤工艺和单独超滤工艺；总体而言，随过滤周期增加，三种工艺的单个过滤周期内的总污染阻力有所增加，其中单独超滤工艺中最为明显，而 MAR—超滤工艺中增加幅度最小。在每个过滤周期内可逆污染都是构成膜污染阻力的主要部分，随过滤周期增加的阻力主要为水力可逆污染阻力，水力不可逆污染阻力没有明显的规律性变化。与单独超滤工艺相比，MAR吸附—超滤工艺的水力可逆污染阻力和水力不可逆污染阻力都有了明显下降，而 PAC 吸附—超滤工艺的水力可逆污染阻力和水力不可逆污染阻力有不

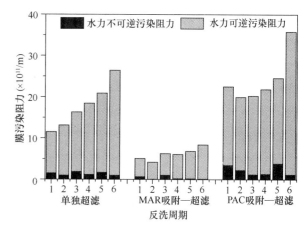

图 6-76　一体式吸附—超滤工艺处理松花江水时
一个膜池排空周期内膜污染可逆性的变化

同程度的增加。

3. 水力不可逆污染阻力分布和有机物的迁移规律

一体式吸附—超滤工艺运行过程中有曝气和反冲洗操作，因此实验结束时的膜污染可以认为是水力不可逆污染。运行结束之后将膜组件取出，用湿海绵仔细擦洗膜表面，能够去除的这部分污染可以认为是不可逆污染中的外部污染部分，而未被去除的部分可以认为是不可逆污染中的内部污染部分。

实验中分别测定了单独超滤、MAR 吸附—超滤和 PAC 吸附—超滤三种工艺的不可逆污染的分布情况，结果如图 6-77 所示。可以看出，单独超滤工艺的不可逆污染中内部和外部污染阻力分别为 $10.17 \times 10^{11}/m$ 和 $9.52 \times 10^{11}/m$，内部污染所占比例为 51.7%，该比例大于图 6-71 中平板膜过滤松花江水过程中内部污染所占比例（35.1%），这应该是由于与平板膜实验相比，在连续流实验中间歇

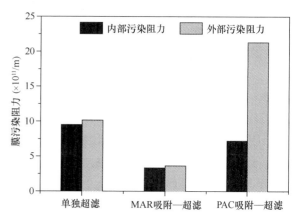

图 6-77　一体式吸附—超滤工艺处理松花江水时造成的
水力不可逆污染阻力的分布

曝气等措施去除了部分外部污染，因此内部污染所占比例有所升高。与单独超滤相比，MAR 吸附—超滤工艺的内部污染阻力和外部污染阻力都有明显下降，而 PAC 吸附—超滤工艺虽然使内部污染阻力下降了 24.1%，但却使外部污染阻力显著增加。事实上，在运行结束之后，可以明显看到 PAC 吸附—超滤工艺的膜组件表面覆盖有一层不能被曝气和反冲洗去除的含有大量 PAC 颗粒的滤饼层，这一现象与文献中报道的有机物存在时 PAC 颗粒在膜表面的不可逆粘附作用是一致的。有机物和PAC 颗粒在膜表面相互作用形成的这一污染层是造成 PAC 吸附—超滤工艺中不可逆外部污染阻力明显增加的主要原因，这说明 PAC 颗粒虽然在短期过滤实验中主要形成可逆污染，但在连续运行过程中 PAC 颗粒可能会不断积累形成不可逆污染。

吸附—超滤组合工艺处理松花江水连续运行过程中进一步考察了每个膜池排空周期末浓缩液中溶解性有机物的含量和性质。图 6-78 各周期末浓缩液中 DOC 的浓度。可以看出，单独超滤工艺的浓缩液中 DOC 浓度随排空周期数的增加而略有升高，这可能是由于在第一周期内吸附在膜上的有机物较多，而后期逐渐减少。MAR 吸附—超滤工艺的浓缩液中 DOC 浓度基本不随排空周期数而变化，且明显低于单独超滤工艺的浓缩液中 DOC 浓度，这应该是由于 MAR 吸附—超滤工艺中被膜截

留的有机物大部分被 MAR 吸附，因此未导致浓缩液 DOC 浓度增加。与此相比，PAC 吸附—超滤工艺中第一个排污周期时浓缩液 DOC 浓度较高，与单独超滤工艺基本相同，但之后浓缩液 DOC 浓度随排空周期数增加而明显下降，这可能是由于被截留的有机物由于尺寸排阻作用难以被 PAC 吸附，但由于每次排空时有相当部分 PAC 颗粒粘附在膜表面形成颗粒层，膜池内实际 PAC 量会随排空周期数增加而增加，被截留的有机物可能与 PAC 颗粒通过疏水作用等共同粘附在膜表面形成污染层，从而使浓缩液 DOC 浓度降低。

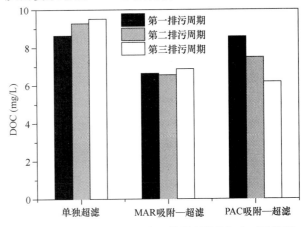

图 6-78　一体式吸附—超滤工艺处理松花江水时浓缩液DOC 浓度的变化

图 6-79 为一体式吸附—超滤工艺连续运行处

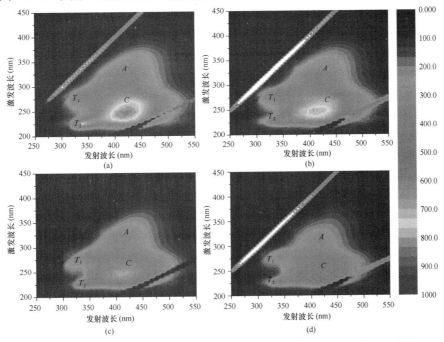

图 6-79　一体式吸附—超滤工艺处理松花江水过程中浓缩液三维荧光光谱图
（a）进水；（b）单独超滤浓缩液；（c）MAR 吸附—超滤浓缩液；（d）PAC 吸附—超滤浓缩液

理松花江水过程中第二个排污周期浓缩液的三维荧光光谱图。可以看出，与进水相比，单独超滤工艺浓缩液中各峰的强度并没有增加，有的甚至略有降低，这说明单独超滤过程中这些荧光组分并没有在膜池内发生浓缩，但事实上浓缩液的 DOC 浓度与进水相比增加了（图 6-78），这意味着发生浓缩的这些组分是不具有荧光特性的组分。与单独超滤工艺的浓缩液相比，MAR 吸附—超滤和 PAC 吸附—超滤工艺浓缩液的各荧光峰的强度都有所下降，而且 PAC 吸附—超滤工艺中这种下降更为明显，这可能是由于两种吸附剂都吸附了部分荧光物质。

综上所述，新型中孔吸附树脂（MAR）不论对于两种典型的有机物（腐殖酸、牛清血蛋白）还是松花江水，其都表现出了比粉末活性炭更优异的控制超滤膜不可逆污染的效果，这对于超滤膜用于饮用水净化的发展有重要意义。

6.7 反冲洗水及其化学组成对松花江水超滤膜不可逆污染控制的实验研究

6.7.1 研究内容、实验用水水质和实验系统

超滤技术在大型城市饮用水净化水厂的应用中，水力不可逆污染因其关系超滤膜的化学清洗周期且影响水厂的运行稳定性，而受到水处理工作者的重点关注。然而在大规模的超滤膜水厂，化学清洗的频率应控制在尽可能低水平（甚至不进行化学清洗），因为化学清洗操作复杂且频繁接触化学药剂会对膜产生损伤，进而影响超滤膜的使用寿命，同时排放的清洗废水较难处理，对环境产生不利影响。因此，控制不可逆污染对于降低运行成本、简化维护操作至关重要，且有关引起不可逆污染的组分的信息是必不可少的。虽然前人对超滤膜污染机理及控制策略进行了详尽研究，但是目前有关对造成不可逆污染的关键参数没有很好的阐述，相应的不可逆污染控制策略更为缺乏。

有效的水力反冲洗可减少化学清洗的使用，并延长膜使用寿命。以往仅将反冲洗技术作为膜滤系统的一项日常操作，涉及超滤反冲洗的研究主要集中于反冲洗运行工况的优化，而对反冲洗水组分的研究相对很少。关于水力反冲洗（操作条件和水质）对不可逆膜污染的影响尚缺乏系统的研究。本文的研究对于认识和缓解超滤膜的水力不可逆污染

具有重要的意义，并且能够为不可逆污染的控制提供参考，以期推动超滤膜技术在饮用水处理领域的应用。

1. 研究内容

本书考察水力反冲洗对超滤膜不可逆污染的控制作用，主要研究内容包括以下三个方面：

（1）采用超滤出水作为反冲洗用水，考察水力反冲洗对不同特性污染物（无机颗粒物、微生物和有机物等）的去除能力；以天然水为研究对象，考察预处理方式（预过滤、混凝、吸附和预氧化）和反冲洗工况对反冲洗效率的影响。

（2）采用超纯水、超滤出水以及含有广泛存在于超滤出水中的有机物质、二价阳离子和一价阳离子等组分的溶液作为反冲洗用水，从膜污染定量、膜表征以及反冲洗过程污染物迁移等方面，系统考察反冲洗过程中反冲洗水组分对腐殖酸和海藻酸钠引起的不可逆污染的影响，以及膜特性对腐殖酸污染的反冲洗效率的影响，并提出不同组分反冲洗水控制膜污染的机理。

（3）从离子价态、盐浓度、盐类型、温度、过滤通量、反冲洗通量、反冲洗频率和反冲洗时间方面，考察不同条件下盐溶液反冲洗对有机物引起的超滤膜污染的有效性。

分别采用牛血清蛋白、腐殖酸和海藻酸钠来模拟天然水中的蛋白类物质、腐殖质类物质和多糖类物质；使用高岭土、二氧化硅、二氧化钛、氧化铁和氧化铝模拟水中的无机颗粒物；使用干酵母和铜绿微囊藻来模拟水体中的微生物。以氯化钠（NaCl）、硝酸钠（NaNO$_3$）、硫酸钠（Na$_2$SO$_4$）、氯化钾（KCl）、氯化铵（NH$_4$Cl）、氯化钙（CaCl$_2$·2H$_2$O）、氯化镁（MgCl$_2$·6H$_2$O）、氯化铁（FeCl$_3$·6H$_2$O）、氯化铝（AlCl$_3$·6H$_2$O）等盐来模拟反冲洗水中不同类型和价态的阳离子；使用盐酸（HCl）和氢氧化钠（NaOH）调节溶液 pH；使用二碘甲烷、超纯水、甲酰胺和丙三醇作为接触角的测试液体；以聚合氯化铝为混凝剂，木质粉末活性炭作为吸附剂，次氯酸钠作为氧化剂，预过滤采用 0.45μm 的微孔滤膜。

除特别说明外，本研究中牛血清蛋白、腐殖酸和海藻酸钠的浓度分别为 5mg/L、5mg/L 和 2mg/L，这些模型有机物由配制的储备液（均为 2g/L）稀释得到。为配制牛血清蛋白和海藻酸钠的储备液，将 2g 牛血清蛋白和海藻酸钠溶解于一定量的超纯

水中，搅拌 24h，然后定容至 1000mL；腐殖酸储备液的配制：将 2g 腐殖酸溶解于 pH 为 12 的 NaOH 溶液中，并且搅拌 24h，然后用 1mol/L 的 HCl 调节 pH 至 7，最后定容至 1000mL，为防止进一步处理造成腐殖酸的损失，该储备液没有进行预过滤。三种有机物的储备液均置于 4℃冰箱中避光保存。

高岭土、二氧化硅、二氧化钛、氧化铁和氧化铝的浓度均采用 100mg/L（现用现配，超声 5min）；当进行无机物和有机物的混合污染时，高岭土浓度选用 50mg/L，有机物（牛血清蛋白、腐殖酸和海藻酸钠）仍分别为 5mg/L、5mg/L 和 2mg/L；酵母悬浮液浓度采用 10mg/L。配制这些污染物时 Ca^{2+} 浓度为 1mmol/L，并用 NaCl 调节离子强度至 10mmol/L。含藻水中藻细胞含量以叶绿素 a 计为 0.20mg/L。配水时溶液采用 1mol/L 的 HCl 或 NaOH 调节 pH 为 7.5。

松花江水取自哈尔滨段，使用前用 500 目（~25μm）筛网过滤以去除大颗粒。预过滤采用 0.45μm 微孔滤膜，用循环水式多用真空泵（SHZ-3，巩义）抽滤。混凝实验在六联搅拌机（ZR4-6，中润，深圳）上进行。混凝条件：加入混凝剂后，首先快速搅拌 1min（250r/min），然后慢速搅拌 20min（40r/min），最后沉淀 30min，采用虹吸取上清液。吸附条件：将一定量的粉末活性炭加入松花江原水中，在磁力搅拌器上以 300r/min 搅拌 2h。氧化条件，将一定量的次氯酸钠加入松花江原水中，在磁力搅拌器上以 300r/min 搅拌 2h。

当研究反冲洗水组分和盐溶液反冲洗时，选用腐殖酸和海藻酸钠两种有机物作为超滤膜进水中的有机物，每种有机物考察了两种离子强度，进水水质组分见表 6-17。为考察氯化钠溶液反冲洗对实际水体引起的超滤膜污染的去除情况，河水（松花江哈尔滨段）过滤 0.45μm 微孔滤膜后使用。

进水水质组分　　表 6-17

组分	Ca^{2+} (mmol/L)	Na^+ (mmol/L)	腐殖酸 (mg/L)	海藻酸钠 (mg/L)
HA＋Ca^{2+}	0.5	0	5.00	—
HA＋Na^+＋Ca^{2+}	0.5	10.0	5.00	—
SA＋Ca^{2+}	0.5	0	—	2.00
SA＋Na^+＋Ca^{2+}	0.5	10.0	—	2.00

2. 反冲洗用水

在研究不同物质反冲洗效果时，所用反冲洗水均为过滤相应溶液的超滤膜出水。表 6-18 和表 6-19 分别列出了不同组分反冲洗水的水质和盐溶液反冲洗的主要参数。

不同组分反冲洗水的水质　　表 6-18

反冲洗水类型	Ca^{2+} (mmol/L)	Na^+ (mmol/L)	腐殖酸或海藻酸钠 (mg/L)
腐殖酸系列实验			
超纯水	0	0	0
NaCl 溶液	0	10	0
腐殖酸溶液	0	0	0.71/0.81[a]
$CaCl_2$ 溶液	0.50	0	0
腐殖酸＋NaCl 溶液	0	10	0.71/0.81[a]
腐殖酸＋$CaCl_2$ 溶液	0.50	0	0.71/0.81[a]
超滤出水	~0.49	10	0.71/0.81[a]
海藻酸钠系列实验			
超纯水	0	0	0
NaCl	0	10	0
海藻酸钠溶液	0	0	0.2[a]
$CaCl_2$	0.50	0	0
超滤出水	~0.49	10	0.2[a]

注：[a] 含有机物（腐殖酸或海藻酸钠）溶液的配制根据相应出水中有机物含量调整进水中腐殖酸或海藻酸钠含量从而使得出水中腐殖酸或海藻酸钠含量相等。

盐溶液反冲洗参数　　表 6-19

因素	参数
离子价态	Na^+、Ca^{2+}、Mg^{2+}、Fe^{3+}、Al^{3+}
二价阳离子（Ca^{2+}）浓度（mmol/L）	0、0.01、0.05、0.10、0.25、0.50
一价阳离子（Na^+）浓度（mmol/L）	0、0.01、0.1、1、10、50、100、600
盐类型[a]（10mmol/L）	KCl、$NaNO_3$、Na_2SO_4、NH_4Cl、NaCl
温度（℃）	35、20、5
过滤通量［L/(m²·h)］	120、180、240
反冲洗强度（过滤通量倍数）	0.5、1、1.5、2
反冲洗频率（运行时间/反冲洗时间，min）	15/1、30/2、45/3、60/4
反冲洗时间（s）	10、30、45、60、90、120

注：[a] 浓度以一价阳离子计。

3. 超滤膜

实验中采用了两种构造的超滤膜，即中空纤维超滤膜和平板超滤膜。浸没式中空纤维超滤膜丝由立升净水科技有限公司（苏州）提供，膜材质为PVDF，标称孔径为 0.01μm，膜丝内径和外径分别为 0.85mm 和 1.45mm，自制膜组件的有效膜面积为 25cm²。每次过滤实验采用一个新膜组件，新膜浸泡于超纯水中，并在使用之前用无水乙醇浸泡至少 60min 以去除膜表面的保护剂。

除特别说明外，实验中采用的平板超滤膜特指聚醚砜（Polyethersulfone，PES）超滤膜。为研究不同膜特性的影响，还对 PVDF 和醋酸纤维素（Cellulose acetate，CA）膜进行了考察。PES 超滤膜购自 Pall 公司（美国），PVDF 平板超滤膜由杭州天创环境科技股份有限公司（浙江）提供，两种膜的截留分子量均为 100kDa；CA 膜购自 EMD Millipore（美国），截留分子量为 100kDa、30kDa 和 10kDa 的 CA 膜分别记作 CA100、CA30 和 CA10。本研究采用的平板膜片的有效膜面积为 4.15cm²。五种平板膜的主要特性见表 6-20。可以看出，所有膜在测试电解质溶液中（KCl＝1mmol/L，pH＝7.5）均表现为负电性，并且膜表面流动电位随膜材质与孔径而变化；表面形态分析表明 PVDF 平板超滤膜的表面粗糙度显著高于其他膜。新膜在使用前彻底冲洗以去除膜表面的保护剂，浸泡于超纯水中 24h，并且中间换水至少 3 次；然后过滤超纯水直至进出水溶解性有机碳（Dissolved organic carbon，DOC）含量相等。

超滤膜	截留分子量 (kDa)	粗糙度[a] (nm)	表面流动电位[b] (mV)	膜固有阻力 (1/m)
PES	100	13.6±1.1	−21.69±1.11	2.89×10¹¹
PVDF	100	58.3±3.3	−11.02±0.33	1.52×10¹¹
CA100	100	6.1±0.8	−12.35±0.03	4.09×10¹¹
CA30	30	8.0±0.7	−6.66±0.15	8.64×10¹¹
CA10	10	8.5±0.9	−4.26±0.07	6.19×10¹²

平板超滤膜的主要特性 表 6-20

注：[a] 粗糙度由原子力显微镜图像计算而得，采用均方根粗糙度；

　　[b] 测试环境：1mmol/L KCl，pH=7.5，20℃。

4. 浸没式中空纤维超滤膜系统

浸没式中空纤维超滤膜系统所采用的实验装置流程如图 6-80 所示。膜组件直接浸入在反应器中（有效容积 40mL）。原水通过恒位水箱进入反应器中，出水通过蠕动泵（BT100-2J，保定）直接从膜组件抽出。在膜组件和抽吸泵之间设置压力传感

器（PTP708，佛山）及真空表，监测跨膜压差（TMP）。超滤系统的运行方式通过可编程控制器控制，抽吸 29min、停抽 1min，停止抽吸时进行水力反冲洗和（或）空气擦洗，反冲洗通量为过滤通量的 2 倍。实验在室温（21±2℃）条件下进行。为消除不同通量下单位时间内产水量的差异，本研究采用单位膜面积的过滤体积（V_s，L/m²），代替通常的时间单位。每一超滤实验过滤不少于 500L/m² 的水样。

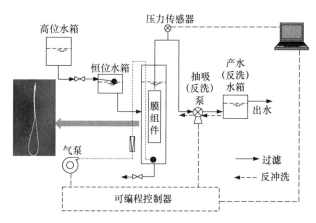

图 6-80　浸没式中空纤维超滤膜系统装置示意图

5. 平板超滤膜系统

图 6-81 显示了用于平板超滤膜测试的实验装置示意图。该装置包括自制的（不搅拌）膜过滤单元及管路（进水、出水、反冲洗、放空等）、蠕动泵、压力传感器和可编程控制系统。膜池的有效内径为 23mm，有效容积为 20mL，该单元通过进水管路与贮存 1L 水的进水箱相连。过滤与反冲洗均由蠕动泵（BT100-2J，保定）来驱动以维持恒定的渗透通量与反冲洗通量。除特别说明外，平板超滤膜的过滤通量采用 180L/（m²·h）；当考察膜特性影响时，为了使膜污染可比较，相同孔径的超滤膜（PES、PVDF 和 CA100）采用同一过滤通量 [180L/（m²·h）]，而不同孔径的超滤采用不同的

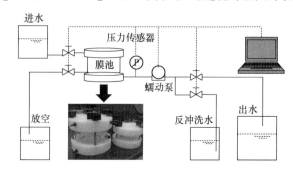

图 6-81　平板超滤膜系统示意图

通量，CA30 和 CA10 超滤膜的通量分别为 100L/（m²·h）和 25L/（m²·h）。位于过滤单位和蠕动泵之间的压力传感器（PTP708，佛山）与电脑相连，跨膜压差的数据每隔 30s 自动传至电脑。该装置的主要特点是实现了平板超滤膜的恒通量运行和周期性反冲洗。

实验在室温条件下进行（21±2℃）。除特别说明外，采用 PES 超滤膜的实验为带有周期性反冲洗的多周期超滤测试。每一周期包括四步操作：（1）进水，100L/m²（～42mL）；（2）过滤，以 180L/（m²·h）的通量过滤 29min；（3）冲洗管路，用反冲洗水冲洗管路 1min（3L/m²）；（4）反冲洗，用配制的反冲洗水在恒定通量下（180L/（m²·h））反冲洗 2min（6L/m²）。每个超滤实验包括 10 个周期，或者当跨膜压差超过 80kPa 时，实验停止。当过滤松花江水时，过滤通量采用 30L/（m²·h），每 24h 反冲洗一次。

此外，当考察膜材质的影响以及反冲洗水组分在清洗过程中涉及的污染去除机理时，还进行了单周期的过滤—反冲洗实验。每一超滤测试包括以下步骤：（1）过滤超纯水 24L/m²，平均跨膜压差记为 TMP_0；（2）过滤 90L/m² 的溶液，过滤末端跨膜压差记为 TMP_1；（3）用反冲洗水冲洗管路 3L/m²；（4）用配制的反冲洗溶液对膜进行反冲洗 6L/m²；（5）过滤超纯水 24L/m²，平均跨膜压差记为 TMP_2。对于截留分子量为 100kDa 的 PES、PVDF 和 CA100 超滤膜，每周期过滤时间为 29min，而对于 CA30 和 CA10 超滤膜，每周期过滤时间则分别为 54min 和 215min。

6. 膜污染表征指标

超滤膜污染采用跨膜压差（或膜阻力）、水力不可逆污染指数和反冲洗效率来表征。

对于考察膜特性影响和膜污染机理进行的单周期超滤实验，为了使不同特性膜的污染更具可比性，采用膜污染阻力表示（不可逆）膜污染的程度。膜阻力（R）采用达西公式计算：

$$R=TMP/\mu J$$
$$R_f=R_t-R_m=（TMP_1-TMP_0）/\mu J$$
$$R_{irr}=（TMP_2-TMP_0）/\mu J$$

式中，R_t、R_m、R_f 和 R_{irr}（1/m）分别为膜总水力阻力、膜固有阻力、污染阻力和水力不可逆污染阻力，μ 为动力黏滞系数（Pa·s），J（m/s）为过滤

通量。总污染阻力和不可逆污染阻力表达为归一化的阻力形式（即 R_f/R_m 和 R_{irr}/R_m），以更好比较不同材质和孔径超滤膜的污染情况。

对于周期性的过滤—反冲洗实验，采用水力不可逆污染指数（Hydraulically irreversible fouling index，HIFI）来反映水力清洗后超滤膜的污染程度。HIFI 可由下式进行计算：

$$1/J_s'=1+（HIFI）V_s$$

其中 $1/J_s'=（J/TMP_0）/（J/TMP_{ini}）=TMP_{ini}/TMP_0$，$TMP_0$ 和 TMP_{ini} 分别为新膜跨膜压差和水力反冲洗后跨膜压差，V_s（L/m²）为单位膜面积（A）的过滤体积（V）。实验中选取反冲洗后过滤时最初的三个点的平均值（以减少压力波动的影响）作为 TMP_{ini}；然后，将每一周期获得的 TMP_{ini}/TMP_0 对 V_s 作图，采用最小二乘法求解一元线性回归方程，并根据 Pearson 相关分析（P 值和 R^2）进行检验。在置信区间为 0.95 时，当 $P<0.05$ 时，可认为是统计上显著相关，则 $1/J_s'$—V_s 曲线的斜率即为水力不可逆污染指数。

本章以不同特性的模型污染物和天然水为研究对象，考察污染物类型、预处理方式和反冲洗操作工况对水力反冲洗效率和不可逆污染的影响。从两方面评价反冲洗效果，即反冲洗去除的污染物量（反冲洗效率）和反冲洗后膜上残留污染量（不可逆污染）。

6.7.2　污染物类型对水力反冲洗效率的影响

选取无机颗粒物（高岭土、二氧化硅、二氧化钛、氧化铝和氧化铁）、微生物（酵母悬浮液和藻细胞）和有机物（腐殖酸、牛血清蛋白和海藻酸钠）等不同特性的物质，考察水力反冲洗对水处理中这些潜在的膜污染物质的去除效果。

1. 反冲洗对无机颗粒污染物的去除效果

颗粒物普遍存在于天然水体中，有时也会造成严重的膜污染，尤其当采用超滤膜直接过滤高浊水时。表 6-21 列出了不同类型无机颗粒的平均粒径和 Zeta 电位。可以看出，高岭土和二氧化钛颗粒的粒径最小（～7μm），二氧化硅次之（28.5μm），而氧化铝和氧化铁的颗粒粒径较大；对于 Zeta 电位，高岭土和二氧化硅颗粒的电负性最大，二氧化钛次之（−36.0mV），而氧化铝和氧化铁的 Zeta 电位的绝对值较小。

不同类型无机颗粒的平均粒径和 Zeta 电位

表 6-21

颗粒物类型	体积平均粒径（μm）	Zeta 电位（mV）
高岭土	6.94±0.75	−54.8±1.35
二氧化硅	28.53±2.27	−53.4±1.31
二氧化钛	7.17±0.25	−36.0±1.00
氧化铝	116.64±7.83	−20.3±0.15
氧化铁	113.53±4.36	−22.3±1.55

图 6-82 为不同类型的无机颗粒在过滤期间超滤膜跨膜压差的增长情况，几种颗粒物中，氧化铝颗粒造成的膜污染相对比较严重，跨膜压差增幅约 6kPa，相应地，氧化铝颗粒的反冲洗效率也相对较低（90.1%±2.8%），可能是由于氧化铝颗粒最小的电负性（表 6-21）所致。高岭土、二氧化硅、二氧化钛和氧化铁颗粒造成的膜污染均十分轻微，至运行结束时，跨膜压差分别增长了 5kPa、3.5kPa、2.6kPa 和 2.4kPa，平均反冲洗效率介于 94.6%～99.0% 之间。相应地，高岭土、二氧化硅、二氧化钛、氧化铝和氧化铁对应的水力不可逆污染指数分别为 0.47/m、0.24/m、0.18/m、0.68/m 和 0.12/m。可见，所有类型的无机颗粒物质引起的膜污染均较轻，并且周期性的水力反冲洗可几乎完全去除颗粒物造成的膜污染（反冲洗效率＞90%）。

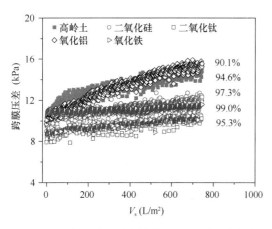

图 6-82　不同颗粒物在周期性过滤-反冲洗期间的
跨膜压差和反冲洗效率

2. 反冲洗对微生物污染物的去除效果

微生物污染是膜生物反应器中一类重要的污染，在饮用水处理领域，微生物造成的膜污染相对较小，然而细菌、藻类等微生物则在地表水处理中比较常见。本节选取酵母菌和实验室培养的铜绿微

囊藻作为典型的细菌和藻类，考察水力反冲洗对微生物引起的膜污染的去除特性。表 6-22 列出了两者的平均粒径和 Zeta 电位，可见酵母悬浮液的平均粒径相对较大，并且电负性相对较小。

酵母悬浮液和藻细胞的平均
粒径和 Zeta 电位　　表 6-22

类型	体积平均粒径（μm）	Zeta 电位（mV）
酵母菌	25.35±2.69	−12.77±1.44
藻细胞	3.59±0.02	−38.0±2.98

图 6-83 为由超滤膜过滤酵母菌和藻细胞时跨膜压差增长情况，可以看出过滤期间，跨膜压差基本呈指数增长，这与典型的生物污染的跨膜压差增长曲线一致，至运行结束时，酵母菌和藻细胞对应的跨膜压差分别达到 37.8kPa 和 54.1kPa。尽管膜污染相对较严重，周期性水力反冲洗仍可去除大部分污染物，运行期间，酵母菌和藻细胞的反冲洗效率分别为 95.5%±2.9% 和 95.8%±3.1%，水力不可逆污染指数分别为 2.21/m 和 2.02/m。因此，水力反冲洗可有效去除酵母菌和藻类，但在以上的实验室短期实验中，酵母菌和藻类的生长特性未被考虑，其更类似于颗粒污染物，这可能是反冲洗效率较高的原因。

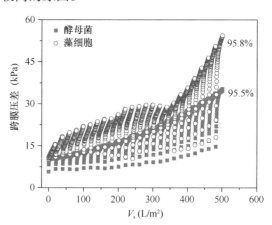

图 6-83　出水反冲洗对酵母菌和藻细胞引起的
膜污染的影响

3. 反冲洗对有机污染物的去除效果

采用低压膜（超滤或微滤）处理河湖等地表水时，天然有机物是造成不可逆污染的一类重要物质，有机物造成的膜污染引起人们的极大关注。选取腐殖酸、牛血清蛋白和海藻酸钠代表天然水中存在的腐殖质类物质、蛋白质和多糖类物质，以考察反冲洗对有机物污染的去除特性。实验条件下，三

种有机物均带负电，腐殖酸、牛血清蛋白和海藻酸钠的 Zeta 电位分别为 $-9.6\pm0.8mV$、$-6.7\pm0.6mV$ 和 $-7.2\pm0.5mV$。采用中空纤维超滤膜过滤有机物时，跨膜压差的增长情况如图 6-84 所示，由图可知，海藻酸钠引起的膜污染最严重（45.3kPa），而牛血清蛋白（20.5kPa）和腐殖酸（18.1kPa）引起的膜污染相对较轻。海藻酸钠严重的膜污染是由于其与超滤膜间最宽的总界面作用力范围，腐殖酸相对于牛血清蛋白较轻的污染可能在于腐殖酸与超滤膜之间相对较大的双电层斥力势垒。

　　由图 6-84 还可以看出，水力反冲洗对腐殖酸、牛血清蛋白和海藻酸钠造成的膜污染的平均反冲洗效率分别为 $67.1\%\pm7.6\%$、$65.8\%\pm8.2\%$ 和 $61.5\%\pm7.0\%$，然而根据统计学分析，三种有机物反冲洗效率之间并没有显著差异（$P=0.663>0.05$）。超滤膜过滤有机物过程中，由于有机物与膜之间较强的相互作用（吸附或膜孔堵塞），周期性水力反冲洗对有机物引起的超滤膜的去除效果并不理想（反冲洗效率小于 70%）。至于水力不可逆污染，腐殖酸、牛血清蛋白和海藻酸钠造成的水力不可逆污染指数分别为 0.82/m、1.38/m 和 5.02/m。

　　天然水中存在着多种有机物和颗粒物，当进水中为多种有机物或者颗粒物与有机物的混合时，水

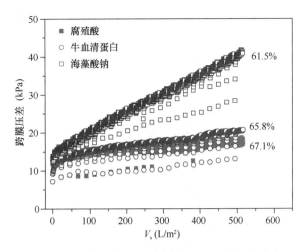

图 6-84　出水反冲洗对不同有机物引起的膜污染和清洗效率的影响

力反冲洗对形成的膜污染及清洗效率如图 6-85 所示。需要说明，此处采用的超滤膜为 PES 平板膜，并且采用单周期的运行方式。由图 6-85 可以看出，相比于颗粒物存在时单纯有机物（单一或多种）过滤时，反冲洗效率较低。此外，此处采用单一有机物获得的反冲洗效率低于图 6-84 中相应物质的效率，这是因为采用的膜材质（PVDF 和 PES）和运行条件（低通量多周期和高通量单周期运行）的不同所导致的。由图 6-85 还可以看出，当进水为高岭土与有机物的混合物时，水力反冲洗的效果有一定程度的改善。

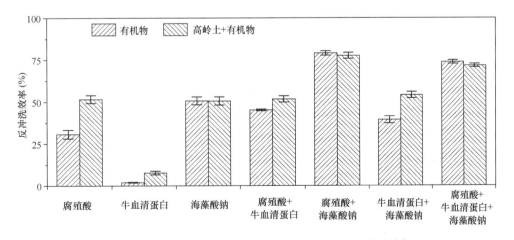

图 6-85　出水反冲洗时不同有机物引起的膜污染的清洗效率

6.7.3　预处理方式对反冲洗效果的影响

　　采用预过滤、混凝、氧化和吸附等预处理对松花江原水进行处理，原水及预处理后的水质参数见表 6-23，由表可以看出，微孔滤膜预过滤去除了

原水中的颗粒物质，预过滤后水中仅含有溶解性有机物质；混凝能同时降低水中颗粒物和有机物，浊度降低了约 40%，DOC 和 UV_{254} 去除率分别为 15.4% 和 24.5%；粉末活性炭吸附降低了水中小分子物质含量，DOC 和 UV_{254} 分别降低了 20.6%

和18.4%，然而系统中粉末活性炭的引入增加了原水中的颗粒物浓度，浑浊度增幅约为3.4NTU；次氯酸钠预氧化只是降低了水中有机物含量，实验条件下预氧化对DOC和UV_{254}的去除效率比较低，

分别仅为6.9%和10.2%。根据不同预处理后水样的三维荧光光谱（图6-86），可以看出，原水中荧光性物质为腐殖质类物质。经过不同预处理后，该峰值有不同程度的降低。

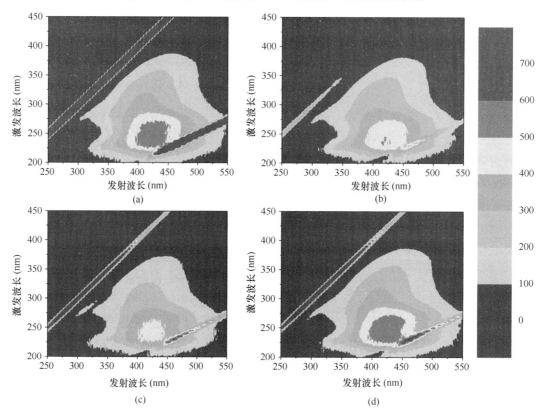

图6-86　预处理对三维荧光的影响
（a）原水；（b）混凝；（c）吸附；（d）氧化

过滤期间原水及不同预处理水质参数　表6-23

预处理	浑浊度 （NTU）	DOC （mg/L）	UV_{254} （1/cm）	SUVA [L/（mg·m）]
原水	15.5±0.25	5.64±0.18	0.098±0.003	1.74
预过滤[a]	0.55±0.05	5.64±0.18	0.098±0.003	1.74
混凝[b]	9.43±0.82	4.77±0.10	0.074±0.011	1.55
吸附[c]	18.9±0.30	4.48±0.15	0.080±0.005	1.79
氧化[d]	15.0±0.25	5.25±0.17	0.088±0.008	1.68

注：[a] 采用0.45μm微孔滤膜过滤；

　　[b] 混凝剂采用聚合氯化铝（4mg/L，以Al_2O_3计）；

　　[c] 吸附剂采用粉末活性炭（20mg/L）；

　　[d] 氧化剂采用次氯酸钠（1.0mg/L，以Cl_2计）。

图6-87为采用超滤出水作为反冲洗水时，不同预处理条件下超滤膜跨膜压差的增长情况。过滤原水期间，膜污染增长最快，至运行结束时，跨膜压差增至61.5kPa，周期性的水力反冲洗可在一定程度上缓解膜污染，平均反冲洗效率为80.5%±

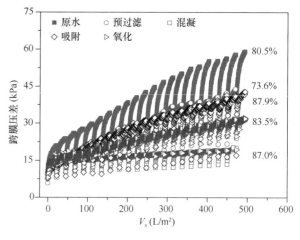

图6-87　预处理对江水引起的膜污染的影响

3.3%。采用0.45μm的微孔滤膜去除颗粒物后，膜污染程度有所降低（最终跨膜压差达到43.8kPa），这表明预过滤去除颗粒物后，反冲洗对不可逆污染的缓解能力比对总污染的缓解能力

低。该结果与颗粒物的加入提高反冲洗效率的现象相吻合。

对于吸附预处理，粉末活性炭的加入降低了原水有机物含量，提高了水中的颗粒物含量(18.9NTU)，与 0.45μm 微孔滤膜预过滤后膜的污染情况相似，颗粒物质的大量存在提高了反冲洗效率（87.9%±7.3%）。尽管次氯酸钠预氧化对有机物的降解效果不佳，预氧化相比于原水直接过滤却显著缓解了膜污染，运行结束时跨膜压差为 32kPa，平均反冲洗效率为 83.5%±8.6%。混凝同时降低了原水中颗粒物和有机物含量，每一周期跨膜压差的增长十分缓慢，至运行结束时，跨膜压差仅达到 19.2kPa；同时，混凝也提高了反冲洗效率（87.0%±8.1%）。

过滤原水期间，水力不可逆污染指数为 8.23/m，不同预处理方式处理后不可逆污染均有一定程度下降，预过滤、混凝、吸附、氧化后膜的水力不可逆污染指数分别为 5.28/m、1.01/m、4.21/m 和 2.91/m。

总体而言，预过滤、混凝、吸附和氧化等预处理不同程度上改变了进水水质特性，一定程度上缓解了膜的总污染，而反冲洗效率则受预处理形式影响较大。因此，预处理程度极大地影响着超滤膜的不可逆污染，根据特定进水的水质条件，选取合适的预处理工艺对超滤膜水力不可逆污染的控制至关重要。

6.7.4　反冲洗操作条件对反冲洗效果的影响

1. 反冲洗运行参数的影响

水力反冲洗的关键参数主要包括反冲洗间隔、反冲洗强度和反冲洗持续时间等方面。以春季松花江原水为处理对象，采用 PVDF 中空纤维超滤膜，考察反冲洗运行参数对反冲洗效率和水力不可逆污染的影响。过滤期间主要水质参数为，浑浊度为 $5.97±0.20$NTU，DOC 和 UV_{254} 分别为 $5.11±0.17$mg/L 和 $0.126±0.003$/cm。

2. 反冲洗间隔的影响

当反冲洗通量与过滤通量相同，反冲洗时间为 30s 时，进行了反冲洗间隔对超滤膜污染和反冲洗效率影响的实验。

如图 6-88 所示，随着反冲洗间隔的延长，反冲洗效率逐渐下降。当反冲洗间隔为 30min 时，污染相对较轻，反冲洗效率为 71.6%±4.0%；当增加反冲洗间隔至 60min、90min、120min 和

150min 时，反冲洗效率分别降至 53.3%±4.3%、45.3%±5.8%、38.4%±4.8% 和 38.2%±4.8%。至于水力不可逆污染，反冲洗间隔为 30min、60min、90min、120min 和 150min 时，水力不可逆污染指数分别为 2.95/m、2.93/m、2.99/m、2.95/m 和 3.11/m。可见，尽管反冲洗效率受反冲洗间隔影响较大，但是水力不可逆污染基本不受反冲洗间隔的影响。

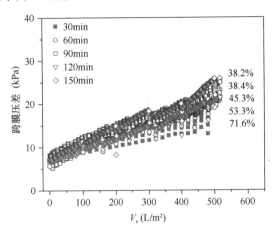

图 6-88　反冲洗间隔对膜污染和反冲洗效率的影响

3. 反冲洗强度的影响

固定反冲洗间隔和反冲洗持续时间分别为 30min 和 30s，进行了不同反冲洗强度下超滤膜的污染情况和反冲洗效率影响的实验。如图 6-89 所示，当反冲洗强度为 $0m^3/(m^2 \cdot h)$（即未进行反冲洗，仅进行松弛）时，清洗效率最低（56.4%），不可逆污染最严重（水力不可逆污染指数为 6.3/m）。当反冲洗通量为过滤通量的 1 倍时，反冲洗效率为 71.6%；增加反冲洗通量至过滤通量的 2 倍和 3 倍时，反冲洗效率略有提高，增加了 1.5% 和 4.3%；当反冲洗通量达到过滤通量的 4 倍和 5 倍时，反冲洗效率分别达到 79.2%±5.3% 和 82.1%±5.6%。

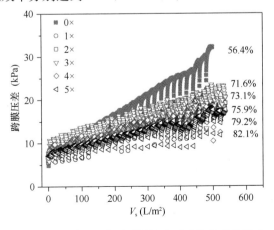

图 6-89　反冲洗强度对膜污染和反冲洗效率的影响

相应地，反冲洗通量为过滤通量的 1 倍～5 倍时，水力不可逆污染指数分别为 2.95/m、2.82/m、2.98/m、2.48/m 和 2.33/m，可见反冲洗强度对不可逆污染的影响也不明显。然而，增加反冲洗通量所减轻的膜污染相比于消耗的水量甚微，因而反冲洗强度的选择应综合考虑膜污染、净产水率和能耗等因素确定。

4. 反冲洗持续时间的影响

固定反冲洗间隔为 30min，反冲洗通量等于过滤通量，进行了不同反冲洗持续时间下跨膜压差的增长情况影响的实验。如图 6-90 所示，相比于连续过滤（反冲洗持续时间为 0s 的情况），30s 的反冲洗持续时间便可显著降低膜污染，运行结束跨膜压差为 21.8kPa，反冲洗效率为 71.6%；当反冲洗持续时间增至 60s 时，反冲洗效率并未显著提高（增加了约 2%）；继续增加反冲洗持续时间，反冲洗效率逐渐增加，当反冲洗持续时间达到或超过 90s 时，反冲洗效率显著提高（84.8%～86.7%）。随着反冲洗持续时间的延长，水力不可逆污染指数逐渐降低，从 30s 的 2.95/m 降低至 60s 时的 2.1/m，继续增加反冲洗持续时间，水力不可逆污染指数没有明显降低，反冲洗时间 150s 时为 1.79/m。

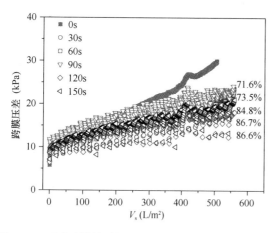

图 6-90 反冲洗持续时间对膜污染和反冲洗效率的影响

总体而言，在本研究的考察范围内，通过降低反冲洗间隔、增加反冲洗强度、延长反冲洗持续时间，在一定程度上提高了反冲洗效率，使得不可逆污染有所降低，但是反冲洗运行参数的优化对反冲洗效果的提升作用不显著，同时反冲洗效率的增加是以增加反冲洗用水率和能耗为代价的。换言之，通过反冲洗操作条件的优化不能从根本上改善反冲洗效率。

6.7.5 不同反冲洗水化学组分下超滤膜的污染情况

当超滤出水作为反冲洗用水时，对于以有机物为主的膜污染，增加反冲洗水量（如增加反冲洗频率、强度或时间），仅能够增加反向的水动力作用（物理作用），对膜污染的去除效果十分有限，因而超滤出水的反冲洗较差，需要采取化学方法来强化反冲洗过程。下面从反冲洗水化学组成方面来考察反冲洗过程涉及的反冲洗水与污染物之间的化学作用。

采用合适水质的反冲洗水可提高反冲洗效率，进而减缓不可逆污染。本实验选取腐殖酸和海藻酸钠两种典型有机物，采用超纯水、超滤出水、有机物质、二价阳离子和一价阳离子等组分作为反冲洗用水，系统地考察了反冲洗水组分对有机物引起（不可逆）膜污染的影响。

1. Ca^{2+} 对有机物产生的膜污染的影响

Ca^{2+} 是天然水中普遍存在的无机离子，实验发现 Ca^{2+} 对膜的有机污染有很大影响。首先考察 Ca^{2+} 对超滤过程中腐殖酸和海藻酸钠的沉积影响，以确定超滤实验进水中 Ca^{2+} 的含量。图 6-91 给出了进水中不同 Ca^{2+} 浓度下超滤过程中单位膜面积上沉积的有机物含量。

由图 6-91（a）可以看出，当进水中不含有 Ca^{2+}，过滤终止时，腐殖酸污染层向本体溶液中返混，因而在膜表面仅沉积少量的腐殖酸（3.57±0.18μg/cm²）；随着 Ca^{2+} 浓度的增加（0.05～0.50mmol/L），膜表面沉积的腐殖酸含量逐渐增加，至 0.50mmol/L 时，膜上沉积腐殖酸含量达到 37.82±0.25μg/cm²。而当 Ca^{2+} 浓度超过 0.50mmol/L 时，过滤后腐殖酸的沉积量不再增加，这可能是由于腐殖酸上能够与 Ca^{2+} 结合的官能团已全部与 Ca^{2+} 结合并达到饱和。采用超滤膜过滤腐殖酸溶液时，Ca^{2+} 和腐殖酸的羧基间形成的分子内络合，使得腐殖酸分子成为小而盘绕的结构；此外，Ca^{2+} 和腐殖酸的羧基间形成的分子间架桥，使得污染层中的腐殖酸分子呈现交联结构，形成致密的污染层。

如图 6-91（b）所示，超滤膜表面沉积的海藻酸钠含量也随进水中 Ca^{2+} 浓度的增加而逐渐增加。由于过滤期间形成了不易流动的海藻酸钠凝胶污染层，过滤终止时，大部分海藻酸钠仍然粘附在膜表

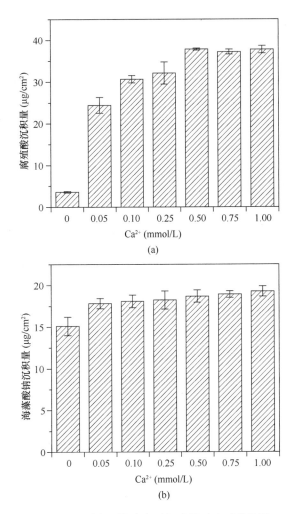

图 6-91　不同 Ca^{2+} 浓度下超滤膜过滤后单位膜

面积上沉积的有机物量

（a）腐殖酸；（b）海藻酸钠

（进水腐殖酸＝5mg/L，海藻酸钠＝2mg/L）（n＝3）

面，Ca^{2+} 的存在使得海藻酸钠由线状结构向盘绕结构转化，即形成所谓的"蛋盒"（egg-box）结构。过滤不含有 Ca^{2+} 的海藻酸钠溶液时，单位膜面积沉积的海藻酸钠含量为 $15.09\pm1.10\,\mu g/cm^2$，Ca^{2+} 的加入增加了海藻酸钠的沉积量（$17.82\sim19.28\,\mu g/cm^2$），但是增加量并不明显。为了保证膜表面沉积有足够量的污染物（腐殖酸或海藻酸钠）以便于开展后续的反冲洗研究，实验中 Ca^{2+} 浓度统一采用 0.50mmol/L。同时，为了考察离子强度的影响，分别对进水中含有 0 和 10mmol/L Na^+ 的腐殖酸和海藻酸钠溶液进行了研究。

2. 对跨膜压差的增长情况的影响

不同反冲洗水质下超滤膜连续多周期过滤腐殖酸和海藻酸钠溶液时跨膜压差的变化如图 6-92 所示。作为对照，连续过滤（未进行反冲洗）时超滤

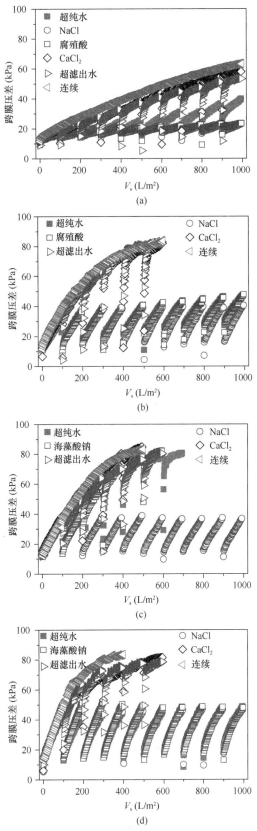

图 6-92　采用不同组分反冲洗水清洗时超滤膜

过滤期间跨膜压差的变化

（a）HA＋Ca^{2+}；（b）HA＋Na^+＋Ca^{2+}；

（c）SA＋Ca^{2+}；（d）SA＋Na^+＋Ca^{2+}

的跨膜压差也绘于图中。

由图 6-92（a）可知，即过滤 HA＋Ca²⁺ 溶液，连续过滤时过滤终端跨膜压差为 63.3kPa。当采用超滤出水或 CaCl₂ 溶液进行反冲洗时，反冲洗效果比较差，在 10 个周期的运行中跨膜压差分别增至 53.3kPa 和 58.0kPa。相比之下，超纯水反冲洗可在一定程度上减缓膜污染，至过滤结束时，跨膜压差达到 39.4kPa，当采用 NaCl 溶液、腐殖酸溶液作为反冲洗用水时，膜污染得到很好的控制，整个过滤期间，跨膜压差基本维持不变。当进水为 HA＋Na⁺＋Ca²⁺ 溶液时，超滤出水或 CaCl₂ 溶液反冲洗导致跨膜压差快速增加，过滤 6 个周期后跨膜压差便超过 80kPa，与连续过滤时跨膜压差的增长情况类似。相比之下，当采用 NaCl 溶液、超纯水和腐殖酸溶液作为反冲洗用水时，膜污染的控制作用明显，至过滤结束时，跨膜压差分别达到 40.4kPa、47.6kPa 和 47.5kPa，如图 6-92（b）所示。对比图 6-92（a）和图 6-92（b），当进水中同时含有 Na⁺ 和 Ca²⁺ 时，超纯水反冲洗的清洗效果更好。

由图 6-92（c）可知，对于 SA＋Ca²⁺ 溶液，连续过滤时跨膜压差达到 80kPa 所过滤的水样体积约为 400L/m²，当采用超滤出水作为反冲洗用水时，经过 6 个周期的运行，跨膜压差即达到 80kPa。然而，当将反冲洗水更换为超纯水时，超滤膜的污染情况并未得到明显改善，运行 7 个周期后跨膜压差也超过 80kPa。当考虑两种阳离子的溶液时，CaCl₂ 溶液反冲洗导致的跨膜压差增长最快，而 NaCl 溶液反冲洗则表现出最好的污染缓解效能，在 10 个周期的运行中，跨膜压差仅有轻微增加；对于有机物组分（即海藻酸钠），跨膜压差的增长也较可观，运行至第 6 周期，跨膜压差便超过 80kPa。当进水为 SA＋Na⁺＋Ca²⁺ 溶液时，超滤出水达到 300L/m² 时，跨膜压差便超过 80kPa，如图 6-92（d）所示；超滤出水反冲洗或 CaCl₂ 溶液反冲洗仍旧引起严重的膜污染，6 个周期的运行跨膜压差便超过 80kPa；相反，超纯水反冲洗的污染控制效果十分明显，运行末端跨膜压差达到 48.8kPa；当反冲洗水中仅含有一价阳离子（Na⁺）或有机组分（海藻酸钠）时，膜污染控制效果与超纯水反冲洗相当，经过 10 个周期运行，跨膜压差达到 46.4kPa 和 47.9kPa。

对比图 6-92（a）和图 6-92（b），可以看出，在高离子强度下膜污染较重。一方面，在高离子强

度下，腐殖酸溶液的 Zeta 电位绝对值降低（由 −14.4±0.4mV 降至 −11.4±0.6mV），见表 6-24；另一方面，由于腐殖酸分子中荷电官能团之间静电斥力的减少，腐殖酸分子从链式结构向盘绕结构转变，因而，分子尺寸有所降低（表 6-24），所以在高离子强度下，腐殖酸污染层更为致密，膜污染更严重。类似地，在高离子强度下，海藻酸钠引起的膜污染也较重，如图 6-92（c）和图 6-92（d）所示。这主要归因于海藻酸钠污染层结构的差异，根据 Ven 等人提出的概念结构，Ca²⁺ 的加入促进海藻酸钠-Ca 络合体的形成，而 Ca²⁺ 和 Na⁺ 的同时存在，降低海藻酸钠分子间静电斥力，导致海藻酸钠聚合物链的自缠绕，形成致密的凝胶层。在每一过滤周期，过滤 HA＋Ca²⁺、HA＋Na⁺＋Ca²⁺、SA＋Ca²⁺ 和 SA＋Na⁺＋Ca²⁺ 溶液时，跨膜压差的平均增幅分别约为 8kPa、21kPa、22kPa 和 32kPa。

有机污染物的主要特性　　　　　　　　　表 6-24

进水	Zeta 电位（mV）	颗粒直径（nm）
HA＋Ca²⁺	−14.4±0.4	104.4±4.1
HA＋Na⁺＋Ca²⁺	−11.4±0.6	90.7±4.3
SA＋Ca²⁺	−7.5±0.5	124.6±4.7
SA＋Na⁺＋Ca²⁺	−7.2±0.7	89.0±8.5

3. 对反冲洗效率和不可逆污染速率的影响

图 6-93 给出了过滤腐殖酸和海藻酸钠期间采用不同反冲洗水时反冲洗效率和水力不可逆膜污染指数。由图 6-93（a）可知，对于每一进水，根据方差分析获得的 p 值均小于 0.05，可见反冲洗效率随反冲洗水组分显著变化。当进水为 HA＋Ca²⁺ 溶液时，NaCl 溶液反冲洗的清洗效率最高（93.7%），其次是腐殖酸溶液（86.8%）和超纯水（81.6%），而超滤出水和 CaCl₂ 溶液的反冲洗效率较低，分别为 68.4% 和 51.5%；相应地，NaCl 溶液反冲洗导致的水力不可逆污染指数最小（0.35/m），随后是腐殖酸溶液（0.73/m）和超纯水（1.26/m），而超滤出水反冲洗和 CaCl₂ 溶液反冲洗引起的水力不可逆污染指数较大，分别达到 2.62/m 和 3.15/m，如图 6-93（b）所示。类似地，当进水采用 HA＋Na⁺＋Ca²⁺ 时，NaCl 溶液反冲洗仍旧获得了最高的反冲洗效率（98.0%），腐殖酸溶液反冲洗和超纯水反冲洗的清洗效果也很显著（～89.0%），相比之下，当超滤出水和 CaCl₂ 溶液作为反冲洗用水时，反冲洗效率仅为 60.9% 和 59.3%；至于水力不可逆污染指

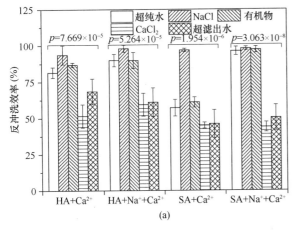

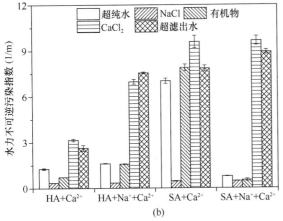

图 6-93　采用不同组分反冲洗水清洗时超滤膜的
反冲洗效率和水力不可逆污染指数
(a) 反冲洗效率；(b) 水力不可逆污染指数

注：由方差分析获得的 p 值也列于图中，每种进水上方 p 值表示反冲洗水组分的差异。

数，从小到大分别为 NaCl 溶液（0.34/m）＜腐殖酸溶液（1.58/m）≈ 超纯水（1.61/m）＜ CaCl$_2$ 溶液（6.97/m）≈ 超滤出水（7.54/m）。

当过滤 SA＋Ca^{2+} 溶液时，由图 6-93（a）可以看出，NaCl 溶液的反冲洗效率最高（96.9%），而其他类型反冲洗水的水力清洗效率相对较低，介于 44.9%～60.9%；相应地，超滤出水反冲洗引起严重的水力不可逆污染，污染指数为 7.83/m，当反冲洗采用 CaCl$_2$ 溶液、海藻酸钠溶液，甚至超纯水时，水力不可逆污染指数没有显著变化，分别 9.58/m、7.88/m 和 7.02/m；然而，采用 NaCl 溶液反冲洗时，可观察到最低的水力不可逆污染指数（0.46/m）。当进水采用 SA＋Na$^+$＋Ca^{2+} 溶液时，超纯水、NaCl 溶液和海藻酸钠溶液反冲洗均可获得较高的水力清洗效率（＞96%），而超滤出水或 CaCl$_2$ 溶液反冲洗时，水力清洗效率较低（43.8%～50.3%），

如图 6-93（a）所示；此处，超纯水、NaCl 溶液和海藻酸钠溶液反冲洗造成的水力不可逆污染指数较低（0.47～0.78/m），而超滤出水或 CaCl$_2$ 溶液反冲洗较差的污染控制性能还表现为较大的水力不可逆污染指数（分别达 8.92/m 和 9.66/m）。

概括来讲，对于腐殖酸和海藻酸钠而言，过滤/反冲洗性能确实随反冲洗水化学组分而显著变化。超滤出水反冲洗的清洗效果有限，表现为跨膜压差的快速增加、较低的反冲洗效率和较大的不可逆污染指数；反冲洗水中二价阳离子（Ca^{2+}）的存在加重了膜污染，一价阳离子（Na$^+$）的清洗效果最好，超纯水反冲洗可在一定程度强化反冲洗效率，但是纯水反冲洗的有效性限于高离子强度溶液形成的膜污染（即 HA＋Na$^+$＋Ca^{2+} 和 SA＋Na$^+$＋Ca^{2+}），纯水反冲洗对于 HA＋Ca^{2+} 和 SA＋Ca^{2+} 的清洗效果的提升作用并不特别理想；与纯水反冲洗相比，反冲洗水中有机组分（腐殖酸或海藻酸钠）的存在并不会降低反冲洗效率。

6.7.6　反冲洗水化学组分对膜上残留污染物的影响

1. 膜上残留腐殖酸和 Ca^{2+} 含量

HA＋Ca^{2+} 和 HA＋Na$^+$＋Ca^{2+} 进水可测出每一过滤周期沉积于单位膜面积上的腐殖酸和 Ca^{2+} 含量。

实验表明，当 NaCl 溶液和腐殖酸溶液作为反冲洗用水时，绝大部分污染物可以由反冲洗去除，残留于膜上的腐殖酸含量甚微（＜2%），而采用出水和 CaCl$_2$ 溶液进行反冲洗时，大部分腐殖酸仍残留于膜上；对两种进水而言，纯水反冲洗去除腐殖酸的效果差异较大，即超纯水反冲洗对由 HA＋Ca^{2+} 溶液形成的污染物的去除能力有限（约 55%），但其能够轻易去除由 HA＋Na$^+$＋Ca^{2+} 溶液形成的污染层中的腐殖酸（约 97%），可能是两种进水形成的污染层结构的差异所致。

当过滤 HA＋Ca^{2+} 溶液时，NaCl 溶液和腐殖酸溶液反冲洗在去除污染物（腐殖酸）的同时也去除了大部分的 Ca^{2+}，仅有少量的 Ca^{2+} 残留于污染层中（14.1%～16.2%）；当采用 CaCl$_2$ 溶液或超滤出水作为反冲洗用水时，大部分 Ca^{2+} 仍残留于污染层中；对于两种离子强度的腐殖酸溶液，超纯水反冲洗对 Ca^{2+} 的去除效果差异较大，即超纯水反冲洗对由过滤 HA＋Na$^+$＋Ca^{2+} 溶液形成的污

层中的 Ca^{2+} 具有良好的去除效果，这与超纯水反冲洗对腐殖酸的去除情形类似。

2. 残留腐殖酸含量与不可逆污染及残留 Ca^{2+} 含量之间的关系

图 6-94 为采用不同类型清洗溶液清洗后水力不可逆污染指数与残留腐殖酸之间的关系。由图可知，不可逆污染与反冲洗后膜上残留的污染物含量密切相关。同时，相比于图 6-94（a）、图 6-94（b）和图 6-94（c）中相同含量的残留腐殖酸对应的水力不可逆污染指数更小，进而佐证了 NaCl 溶液和腐殖酸溶液反冲洗的清洗效果优于超纯水反冲洗的效果。

图 6-95 给出了不同类型清洗溶液下残留腐殖酸

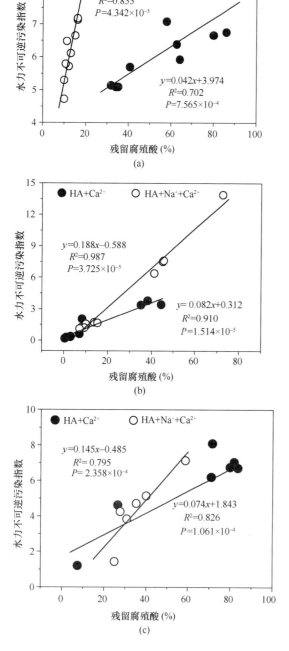

图 6-94 采用不同类型清洗溶液时水力不可逆污染与膜上残留腐殖酸之间的关系

（a）超纯水；（b）NaCl 溶液；（c）腐殖酸溶液

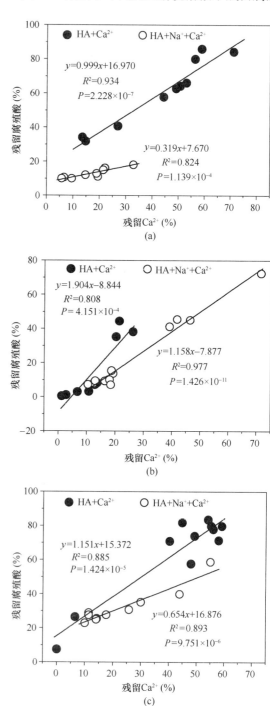

图 6-95 采用不同类型清洗溶液后膜上残留腐殖酸含量与残留 Ca^{2+} 含量之间的关系

（a）超纯水；（b）NaCl 溶液；（c）腐殖酸溶液

含量与残留 Ca^{2+} 含量之间的关系，可以看出，对于每一进水每种溶液清洗后残留腐殖酸含量与残留 Ca^{2+} 含量之间存在显著的线性关系（$R^2=0.808\sim0.977$），表明在水力清洗过程中，污染层中腐殖酸和 Ca^{2+} 是同时释放的。可以推断出，Ca^{2+} 的释放是实现有效水力清洗的关键步骤。对于膜上残留腐殖酸—残留 Ca^{2+} 拟合曲线的斜率（残留腐殖酸/残留 Ca^{2+}），NaCl 溶液反冲洗的斜率最大，腐殖酸溶液反冲洗次之，而超纯水反冲洗最小。换言之，较大的斜率表明在同样腐殖酸释放量下，释放的 Ca^{2+} 较多。这些结果反映了不同反冲洗水释放 Ca^{2+} 的能力大小：NaCl 溶液＞腐殖酸溶液＞超纯水。

3. 反冲洗对海藻酸钠污染的去除

通过测量不同组分反冲洗水的清洗废水中海藻酸钠和 Ca^{2+} 含量，可以获得反冲洗过程中污染层中海藻酸钠和 Ca^{2+} 的释放情况，当进水为 SA＋Ca^{2+} 溶液时，在反冲洗过程中，NaCl 溶液反冲洗导致的海藻酸钠的释放量最大，污染层中释放的 Ca^{2+} 含量仍旧是 NaCl 溶液反冲洗时最大，其他组分反冲洗水的清洗废水中 Ca^{2+} 含量很少。因此，在反冲洗过程中，海藻酸钠的释放与 Ca^{2+} 的释放密切相关。

对于 SA＋Na^+＋Ca^{2+} 溶液，超滤出水或 $CaCl_2$ 溶液反冲洗只能够释放少量的海藻酸钠，相比之下，当采用超纯水、NaCl 溶液和海藻酸钠溶液作为反冲洗水时，从污染层中释放的海藻酸钠量则相对较大。至于反冲洗过程中 Ca^{2+} 的释放，NaCl 溶液反冲洗释放的 Ca^{2+} 量最大，而超滤出水反冲洗和 $CaCl_2$ 溶液反冲洗释放的 Ca^{2+} 则较少。在反冲洗过程中，海藻酸钠的释放与 Ca^{2+} 的释放是同时的，同时海藻酸钠的释放量还与反冲洗效率密切相关，如图 6-96 所示。

6.7.7　反冲洗水化学组分控制膜污染的机理

正如前面指出，采用超滤膜过滤期间，原水中有机物（即腐殖酸和海藻酸钠）与 Ca^{2+} 之间络合作用在膜上形成致密的滤饼层（如腐殖酸污染层）或凝胶层（如海藻酸钠污染层）。水力反冲洗的关键是使该污染层变得松散并在反向水流的作用力下脱离膜表面。由于在同样的条件下，反冲洗过程中涉及的反向水动力相同，因而不同类型反冲洗水去除污染物的差异仅在于反冲洗水化学成分的不同。

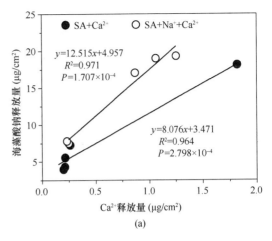

(a)

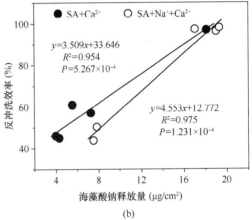

(b)

图 6-96　反冲洗过程中释放的海藻酸钠量与释放的
Ca^{2+} 及反冲洗效率之间的关系
（a）与释放的 Ca^{2+} 关系；（b）与反冲洗效率之间的关系

1. 不同化学组分反冲洗水缓解腐殖酸污染的机理

采用超滤出水进行周期性反冲洗时，反冲洗水中的高离子浓度防止污染层的有效扩散，如前所述，超滤出水反冲洗的主要机理是反向的水动力，而涉及的化学作用相对微弱。

（1）双电层释放

超纯水不含任何离子和有机物，当采用超纯水作为反冲洗用水时，由于压缩双电层的释放，使得致密的污染层变松弛并易于流动，因而超纯水反冲洗显著促进污染层的扩散。然后，在反向水流的作用下，已蓬松的污染层脱离膜表面并被带走。然而，采用超纯水反冲洗仅能部分去除沉积的腐殖酸，这是因为双电层释放与反向水动力共同作用不足以克服腐殖酸分子与膜之间的作用力（Ca^{2+} 架桥作用）。其他研究者用去离子水水力清洗天然有机物或模型污染物（海水）时得出类似的结论。

（2）竞争络合

类似于超纯水，腐殖酸溶液也不含有任何离子，因而当采用腐殖酸溶液作为反冲洗用水时，压缩双电层的释放以及污染层的膨胀作用均会发生，同时由于 Ca^{2+}—腐殖酸之间的作用强于较 Ca^{2+}—膜的作用，因此反冲洗时，大量腐殖酸的进入，会使与膜架桥的 Ca^{2+} 与腐殖酸络合，在反向水力冲洗的作用下脱离膜表面。相比于超纯水反冲洗，腐殖酸溶液反冲洗较高的水力清洗效果可能是由于反冲洗水中的腐殖酸分子与膜对 Ca^{2+} 的竞争络合作用，因为 Ca^{2+} 与腐殖酸分子中羧基的结合力强于与 PES 膜中磺基的结合力，这可以由反冲洗水中 Ca^{2+} 的存在以及腐殖酸溶液反冲洗时残留 Ca^{2+}—残留腐殖酸曲线中较大的斜率加以验证。因而，当腐殖酸溶液用于反冲洗时，Ca^{2+} 可能通过与反冲洗水中腐殖酸分子络合而被去除，导致较好的反冲洗性能。

（3）离子交换

通过比较纯水、NaCl 溶液和 $CaCl_2$ 溶液反冲洗效果，可以证实离子交换作用的存在。具体来说，NaCl 溶液反冲洗的清洗效果优于超纯水反冲洗，这可归因于反冲洗水中 Na^+ 与污染层中络合的 Ca^{2+} 发生离子交换反应；反冲洗废水中 Ca^{2+} 的存在，表现为 NaCl 溶液反冲洗时释放的大量 Ca^{2+}（即 100％膜上残留 Ca^{2+} 百分比），同时 NaCl 溶液反冲洗时残留 Ca^{2+}—残留腐殖酸曲线的斜率最大，均证实了一价盐溶液中 Na^+ 与滤饼层中络合的 Ca^{2+} 之间的离子交换作用。另外，进水为 $HA+Na^+ + Ca^{2+}$ 时的纯水反冲洗效率显著高于进水为 $HA+ Ca^{2+}$ 时的纯水反冲洗效率，可能由于污染层中存在少量的 Na^+ 与 Ca^{2+} 的离子交换反应。此外，两种不同价态阳离子（即 NaCl 溶液和 $CaCl_2$ 溶液）反冲洗效果的显著差异也为离子交换反应提供了辅助支持。

至于 $CaCl_2$ 溶液反冲洗，由于反冲洗水中较高的离子强度，双电层释放和污染层膨胀均不会发生；而且，由于反冲洗水中不含有 Na^+ 或腐殖酸分子，离子交换和竞争络合也不会发生；因而，$CaCl_2$ 溶液反冲洗的清洗效率最低。对于超滤出水反冲洗，尽管反冲洗水中含有 Na^+，但同时也含有大量的 Ca^{2+}，因而离子交换基本不会发生；尽管竞争络合可能会起作用，但是 Ca^{2+} 消耗腐殖酸，

降低反冲洗水中的自由腐殖酸含量，故而超滤出水反冲洗的效果也较差。

2. 不同化学组分反冲洗水缓解海藻酸钠污染的机理

类似地，当进水为海藻酸钠溶液，超纯水作为反冲洗水时，反冲洗过程中由于压缩双电层的释放而促进海藻酸钠污染层的分散，所以超纯水反冲洗提高了过滤 $SA+Na^+ + Ca^{2+}$ 溶液时的水力清洗性能；海藻酸钠溶液同样不含离子，反冲洗时也会释放压缩的双电层，其清洗效果与超纯水相似，表明反冲洗水中有机物不会恶化反冲洗效率。然而，超纯水和有机物（海藻酸钠）溶液的有效性仅限于 $SA+Na^+ + Ca^{2+}$ 溶液（高离子强度），而对 $SA+ Ca^{2+}$ 溶液效果则不大，高离子强度下超纯水反冲洗较高的清洗效率很可能归因于海藻酸钠污染层内较低的粘附力。

当采用一价盐溶液（Na^+）作为反冲洗用水时，反冲洗水中 Na^+ 与络合的 Ca^{2+} 之间的离子交换破坏了交联的海藻酸钠—Ca^{2+} 污染层，使得污染物易脱离膜，显著提高水力清洗性能。因而 NaCl 溶液反冲洗的机理涉及凝胶层膨胀和离子交换反应。当反冲洗水为二价盐溶液（Ca^{2+}）时，不同于一价阳离子与污染层中的二价阳离子之间的离子交换，反冲洗效果仅取决于反向的水动力条件，同时压缩双电层的释放也不会发生，因而，$CaCl_2$ 溶液反冲洗表现出非常差的清洗性能。同样地，超滤出水反冲洗由于也不会发生上述的几种机理，而反向水动力不足以克服海藻酸钠与膜之间的粘附力，所以超滤出水反冲洗的清洗效果也较差。

6.7.8 膜特性对腐殖酸引起的超滤膜不可逆污染的影响

上面采用 PES 超滤膜证实了反冲洗水质对有机物（如腐殖酸和海藻酸钠）引起的膜污染有显著影响。本文采用 5 种超滤膜进行实验，其膜特性见表 6-20。采用腐殖酸作为典型有机物，反冲洗水除了上述单一组分溶液和超滤出水，还考察了有机物和阳离子混合时（腐殖酸＋NaCl 溶液和腐殖酸＋$CaCl_2$ 溶液）的反冲洗效果。

1. 膜特性对超滤膜总污染的影响

图 6-97 显示了采用不同类型超滤膜过滤 $HA+ Ca^{2+}$ 和 $HA+Na^+ + Ca^{2+}$ 溶液时污染阻力随过滤体

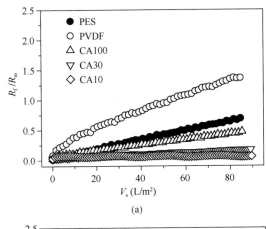

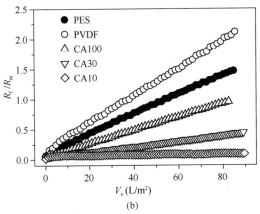

图 6-97　不同特性膜超滤过程中污染阻力的变化

(a) HA＋Ca²⁺；(b) HA＋Na⁺＋Ca²⁺

（数据取自 15 次测量的平均值）

积的变化。如图 6-97 (a) 所示，当过滤 HA＋Ca²⁺溶液时，膜材料显著影响膜污染阻力，其中PVDF 膜的污染最严重，过滤终端污染阻力为新膜固有阻力的 1.36 倍，相比之下，PES 膜和 CA100膜较低（分别为 0.69 倍和 0.47 倍）。另外，污染阻力随膜孔径减小而降低，CA30 和 CA10 膜过滤终端污染阻力分别为新膜固有阻力的 0.17 倍和0.06 倍。类似地，当进水采用 HA＋Na⁺＋Ca²⁺溶液时，5 种超滤膜的污染情况仍旧按照 PVDF（2.11 倍）、PES（1.47 倍）、CA100（0.95 倍）、CA30（0.44 倍）和 CA10（0.09 倍）的降序排列，只是污染阻力的绝对值有所不同。

表 6-25 列出了由接触角测量计算得到的表面能和界面凝聚自由能参数。当 ΔG^{Coh} 为负值时，表明材料处于不稳定状态（相互吸引），而正值的ΔG^{Coh} 则表明材料稳定（排斥）的性质。由表 6-25可知，PVDF 和 PES 超滤膜为疏水性膜，而 CA超滤膜和腐殖酸均为亲水性物质。

表面能和界面凝聚自由能参数（单位：mJ/m²）

表 6-25

表面	γ^{Tot}	γ^{LW}	γ^+	γ^-	ΔG^{Coh}
PES	41.22	37.11	0.40	11.05	−34.51
PVDF	34.96	34.01	0.05	4.75	−58.17
CA100	50.49	40.40	1.14	39.72	20.94
CA30	46.79	36.37	1.00	46.64	32.34
CA10	44.82	34.16	1.06	47.58	33.31
HA＋Ca²⁺	38.02	38.02	0	50.81	37.50
HA＋Na⁺＋Ca²⁺	39.45	39.45	0	49.66	35.14

超滤膜与污染物之间的界面粘附自由能见表 6-26，对于 HA＋Ca²⁺溶液，当腐殖酸和膜之间的 ΔG_{mwf}^{Tot} 为负值（吸引）时，腐殖酸分子易于在膜表面沉积；腐殖酸和 PVDF 膜之间的 ΔG_{mwf}^{Tot} 最小（−12.39mJ/m²），这证实了 PVDF 膜严重的污染情况。PES 膜的污染程度介于 PVDF 膜和 CA 膜之间，这归因于其与腐殖酸之间较大的 ΔG_{mwf}^{Tot}（−3.33mJ/m²）和最小的表面电荷（−21.69mV，表 6-26）。相反，CA 膜与腐殖酸之间 ΔG_{mwf}^{Tot} 为正值，表明腐殖酸接近 CA 膜时存在排斥的相互作用；同时小孔径的超滤膜（CA30 和 CA10）与腐殖酸之间的 ΔG_{mwf}^{Tot} 更大，表明其更不易遭受污染。当进水采用 HA＋Na⁺＋Ca²⁺溶液时，可得到相似的结论（表 6-26）。总体而言，超滤膜与腐殖酸之间的界面粘附自由能和污染物情况相符合。

超滤膜与污染物之间的界面粘附自由能（单位：mJ/m²）

表 6-26

超滤膜—污染物	HA＋Ca²⁺			HA＋Na⁺＋Ca²⁺		
	ΔG_{mwf}^{LW}	ΔG_{mwf}^{AB}	ΔG_{mwf}^{Tot}	ΔG_{mwf}^{LW}	ΔG_{mwf}^{AB}	ΔG_{mwf}^{Tot}
PES	−4.26	0.93	−3.33	−4.59	0.21	−4.38
PVDF	−3.48	−8.91	−12.39	−3.75	−9.70	−13.45
CA100	−5.05	29.20	24.15	−5.44	28.55	23.11
CA30	−4.08	34.80	30.72	−4.39	34.14	29.75
CA10	−3.52	35.37	31.86	−3.79	34.72	30.92

2. 膜特性和反冲洗水质对反冲洗效率的影响

图 6-98 为基于腐殖酸质量平衡方法计算的不同反冲洗组分的反冲洗效率可知，膜特性和反冲洗水化学组分均显著影响反冲洗效率。

3. 超滤膜对水力不可逆污染的影响

水力不可逆污染不仅与总污染相关，还和反冲洗效率相关。图 6-99 给出了采用不同反冲洗水和超滤膜过滤 HA＋Ca²⁺和 HA＋Na⁺＋Ca²⁺溶液时

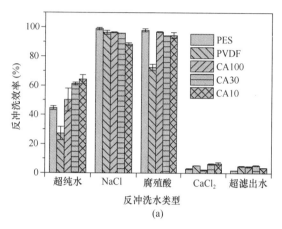

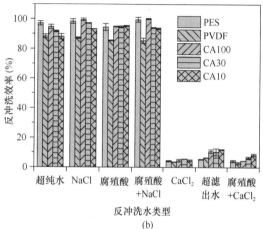

图 6-98 膜特性和反冲洗水组分对反冲洗效率
（质量平衡法）的影响

（a）HA+Ca^{2+}；（b）HA+Na$^+$+Ca^{2+} （n=3）

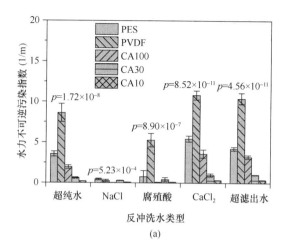

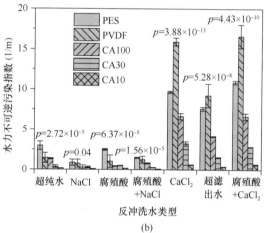

图 6-99 膜特性和反冲洗水组分对水力不可逆污染
指数的影响

（a）HA+Ca^{2+}；（b）HA+Na$^+$+Ca^{2+} （n=3）
每组反冲洗水上方的 p 值表明膜特性的差异

水力不可逆污染指数。对于每种反冲洗水，根据获得的 p 值（$p<0.05$），超滤膜的水力不可逆性随膜特性显著变化；具体来讲，当采用 HA+Ca^{2+} 溶液（图 6-99a）作为进水时，PVDF 膜遭受的水力不可逆污染指数最大，PES 膜次之；孔径较小的超滤膜（即 CA30 和 CA10）的水力不可逆污染指数小于大孔径的超滤膜（CA100）。此外，对于每一超滤膜，反冲洗水化学组分也显著影响水力不可逆污染，因为计算出的所有 p 值均小于 0.05；对于每一超滤膜，当采用 CaCl$_2$ 溶液和超滤出水作为反冲洗用水时，水力不可逆污染指数较大，而 NaCl 和腐殖酸溶液反冲洗可有效去除水力不可逆污染。类似地，当进水为 HA+Na$^+$+Ca^{2+} 溶液时（图 6-99b），水力不可逆污染的程度随膜特性和反冲洗组分而变化。相比于图 6-99（a），一些组分的反冲洗水（超纯水、NaCl 溶液、腐殖酸溶液和腐殖酸+NaCl 溶液）对于缓解水力不可逆污染更有

效。因此，膜特性和反冲洗水化学组分均显著影响水力不可逆污染。

6.7.9 反冲洗水中离子对超滤膜有机污染的影响

1. 离子价态的影响

一价、二价阳离子广泛存在于天然水体中，铁盐、铝盐等无机混凝剂在水处理领域普遍使用。本书选取 Na$^+$、Ca^{2+}、Mg^{2+}、Fe^{3+} 和 Al^{3+}（分别采用 NaCl、CaCl$_2$、MgCl$_2$、FeCl$_3$ 和 AlCl$_3$ 配制）等离子，考察反冲洗水中离子价态对膜污染的影响，其中二价离子（Ca^{2+} 和 Mg^{2+}）浓度为 0.50mmol/L，三价离子（Fe^{3+} 和 Al^{3+}）浓度为 0.25mmol/L。

图 6-100 显示了含有不同价态阳离子的反冲洗水清洗腐殖酸和海藻酸钠污染的超滤膜的反冲洗效率和水力不可逆污染指数。对于 HA+Ca^{2+} 溶液，一价阳离子的反冲洗效率最高，而二价和三价阳离

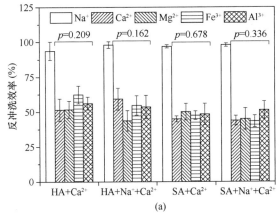

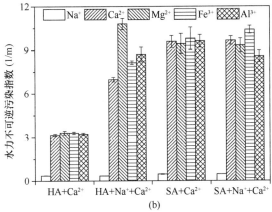

图 6-100　反冲洗水中离子价态对反冲洗效率和水力
不可逆污染指数的影响

（a）对反冲洗效率的影响；（b）对水力不可逆污染指数的影响

注：每种进水上方 p 值表示盐类型和所有反冲洗水的差异。

子的反冲洗效率较低（51.5%～62.4%），并且相差不大（$p=0.209$ 大于 0.05），平均值为 55.4%，如图 6-100（a）所示；至于水力不可逆污染，含有二价和三价阳离子的反冲洗水的水力不可逆污染指数为 3.15～3.30/m，远大于含一价盐离子的反冲洗水造成的水力不可逆污染指数（0.35/m），如图 6-100（b）所示。当进水更换为 HA＋Na⁺＋Ca²⁺溶液时，类似地，含二价和三价阳离子的溶液的反冲洗效率较低且无显著差异（$p=0.162$，大于 0.05），相比于一价阳离子，平均反冲洗效率降低了 45.2%，平均水力不可逆污染指数则为一价阳离子的 25 倍。同样地，对于 SA＋Ca²⁺ 和 SA＋Na⁺＋Ca²⁺溶液，二价和三价阳离子的反冲洗效率较低且基本相当（$p=0.678$、$p=0.336$，均大于 0.05），平均反冲洗效率分别为 47.8% 和 45.9%；相应地，采用含有二价和三价阳离子的水作为反冲洗水时，水力不可逆污染指数远远大于 NaCl 溶液反冲洗时的水力不可逆污染指数。

2. Ca²⁺ 浓度的影响

由前述可知，超纯水（即完全不存在二价、三价阳离子时）反冲洗可以获得相对理想的清洗效果，而上述浓度的二价和三价阳离子则使反冲洗效率下降。据此推测可能存在一个临界浓度，即当反冲洗水中相应离子浓度高于该浓度时，才会恶化反冲洗效果。为了考察当多价阳离子达到何种浓度时反冲洗效果会显著恶化，选取含有不同 Ca²⁺浓度（0.01mmol/L、0.05mmol/L、0.1mmol/L、0.25mmol/L 和 0.50mmol/L）的 CaCl₂ 溶液作为反冲洗水，如图 6-101 所示，0.01mmol/L 的 Ca²⁺造成的跨膜压差增长最慢，至运行结束时，跨膜压差仅为 36.1kPa；随着反冲洗水中 Ca²⁺浓度的增加，跨膜压差增长越快，反冲洗水中 0.05mmol/L 的 Ca²⁺造成的膜污染相当可观，运行末端达到 44.4kPa；当 Ca²⁺ 浓度达到 0.10mmol/L 和 0.25mmol/L 时，膜污染基本与 0.50mmol/L 的 Ca²⁺造成的膜污染相当，三种浓度下过滤终端跨膜压差分别达到 51.3kPa、56.1kPa 和 58kPa。当进水为 HA＋Na⁺＋Ca²⁺溶液时，反冲洗水中 0.01mmol/L 和 0.05mmol/L 的 Ca²⁺造成的膜污染较轻，经过 10 个周期的运行，跨膜压差分别达到 49.8kPa 和 58.6kPa；当反冲洗水中 Ca²⁺浓度达到 0.10mmol/L 时，反冲洗对膜污染的控制作用变差，到运行结束时，跨膜压差达到了 81.6kPa；当继续增加 Ca²⁺浓度至 0.25mmol/L 和 0.50mmol/L 时，反冲洗效果则显著恶化，运行 6 个周期后，跨膜压差便超过了 80kPa。

对于海藻酸钠溶液，当进水为 SA＋Ca²⁺溶液时，当反冲洗水中含有 0.01～0.25mmol/L 的 Ca²⁺时，跨膜压差的增长情况相似，运行 7 个周期后跨膜压差均达到 80kPa，可见考察的所有浓度的 Ca²⁺均会使反冲洗效果恶化，这是因为超纯水（即 0mmol/L）反冲洗对 SA＋Ca²⁺污染控制效果也较差。至于 SA＋Na⁺＋Ca²⁺溶液，反冲洗水中 0.01mmol/L 的 Ca²⁺对反冲洗效果影响不大，至运行结束时，跨膜压差增至 55.0kPa，略大于超纯水反冲洗时的跨膜压差（48.3kPa）；增加 Ca²⁺浓度至 0.05mmol/L 时，周期性的反冲洗仍具有一定的膜污染控制效果，过滤终端跨膜压差达到 66.0kPa；继续增加反冲洗水中 Ca²⁺浓度，反冲洗效果便显著恶化，Ca²⁺浓度为 0.10mmol/L、0.25mmol/L 和 0.50mmol/L 时，跨膜压差达到

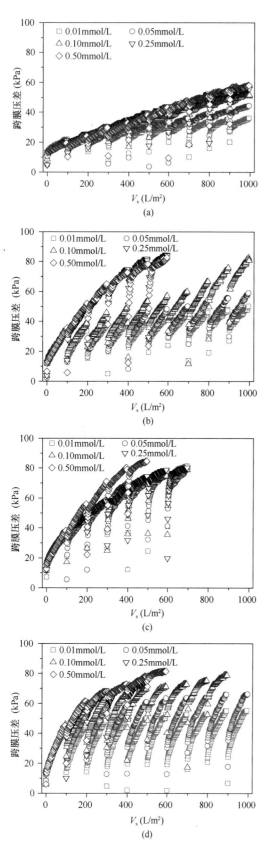

图 6-101　反冲洗水中 Ca^{2+} 浓度对跨膜压差影响

（a）HA+Ca^{2+}；（b）HA+Na^++Ca^{2+}；

（c）SA+Ca^{2+}；（d）SA+Na^++Ca^{2+}

80kPa 所需要的周期数分别为 9 个、6 个和 6 个周期。

图 6-102 显示了反冲洗水中 Ca^{2+} 浓度对反冲洗效率和水力不可逆污染指数的影响。

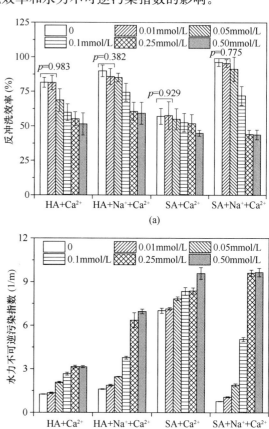

图 6-102　反冲洗水中 Ca^{2+} 浓度对反冲洗效率和水力不可逆污染指数的影响

（a）对反冲洗效率的影响；（b）对水力不可逆污染指数的影响

注：每种进水上方 p 值表示纯水和低浓度 Ca^{2+} 之间的差异。

由图 6-102（a）可知，对于每一种进水，反冲洗效率随 Ca^{2+} 浓度的增加而降低。同时可以看出，反冲洗水中含有的低浓度的 Ca^{2+}（如 0.01mmol/L），其反冲洗效率与超纯水反冲洗（0mmol/L）的效率相当（$p=0.983$、$p=0.382$、$p=0.929$、$p=0.775$，均大于 0.05）。相应地，反冲洗后残留污染物造成的水力不可逆污染指数也随着反冲洗水中 Ca^{2+} 浓度的增加而增加，如图 6-102（b）所示。概括起来，反冲洗水中存在的低浓度的二价阳离子不会影响反冲洗效果，只有达到一定浓度时才会显著恶化反冲洗效果。

3. Na^+ 浓度的影响

以上采用 10mmol/L 的 NaCl 溶液作为反冲洗水时，获得了较高的反冲洗效率和较低不可逆污染。前面研究也表明，对于多价盐（Ca²⁺）溶液，也只有当 Ca²⁺ 达到一定浓度时才会显著恶化反冲洗效果。同样，对于一价盐（NaCl），本书探讨当 Na⁺ 达到何种浓度才会显著改善反冲洗效果。对盐溶液反冲洗过程中不同浓度（0.01～600mmol/L，600mmol/L 的 NaCl 浓度系海水盐含量折合而来）的 NaCl 溶液下跨膜压差的增长情况进行了实验。

如图 6-103 所示，相比于超纯水（0mmol/L）反冲洗，盐溶液反冲洗效果更佳，并且超滤膜的跨膜压差随着反冲洗水中盐浓度的增加而降低；当 NaCl 溶液浓度超过 1mmol/L 时，过滤期间跨膜压差的增加均十分缓慢，至运行结束时，1mmol/L、10mmol/L、50mmol/L、100mmol/L 和 600mmol/L

的 NaCl 溶液反冲洗对应的跨膜压差分别为 23.1kPa、22.8kPa、22.7kPa、22.4kPa 和 23.9kPa。当进水为 HA＋Na⁺＋Ca²⁺ 溶液时，同样地，过滤期间跨膜压差也随 NaCl 溶液浓度的增加而略有降低，考虑超纯水反冲洗（0mmol/L）也有很好的反冲洗效果，在考察的所有浓度下，跨膜压差没有明显差异，过滤终端跨膜压差介于 40.1～47.6kPa。对于 SA＋Ca²⁺ 溶液，随 NaCl 浓度的增加，膜污染的控制作用较明显，0.1mmol/L 的 NaCl 溶液即可控制跨膜压差在 50kPa 以下；然而，当 NaCl 浓度达到或超过 50mmol/L 时，跨膜压差反而有所增加。对于进水为 SA＋Na⁺＋Ca²⁺ 的溶液，当采用不同浓度 NaCl 溶液反冲洗时，跨膜压差的增长均得到有效控制。

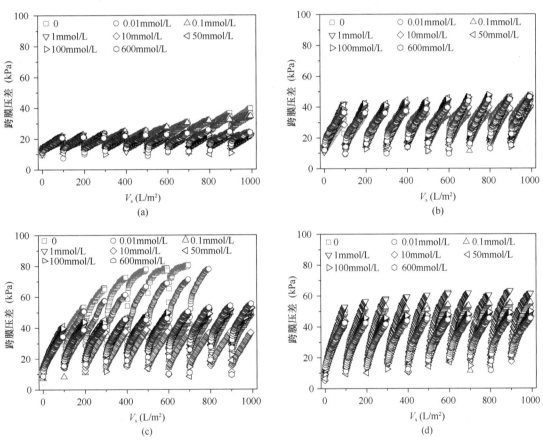

图 6-103 NaCl 浓度对跨膜压差变化的影响

(a) HA＋Ca²⁺；(b) HA＋Na⁺＋Ca²⁺；(c) SA＋Ca²⁺；(d) SA＋Na⁺＋Ca²⁺

图 6-104 显示了盐浓度对反冲洗效率和水力不可逆污染指数的影响。由图 6-104（a）可以看出，对于 HA＋Ca²⁺、HA＋Na⁺＋Ca²⁺ 和 SA＋Ca²⁺ 溶液，在考察的几种浓度下，NaCl 溶液反冲洗效率之间存在显著差异（$p=0.025$、$p=0.036$、$p=$

1.718×10^{-7}，均小于 0.05）。以过滤 SA＋Ca²⁺ 溶液为例，相比超纯水反冲洗，0.01mmol/L 的 NaCl 溶液便可使反冲洗效率增加 26%，当浓度增至 0.1mmol/L 时，反冲洗效率超过 90%，这可能是由于反冲洗水中盐含量与海藻酸钠凝胶层的反应

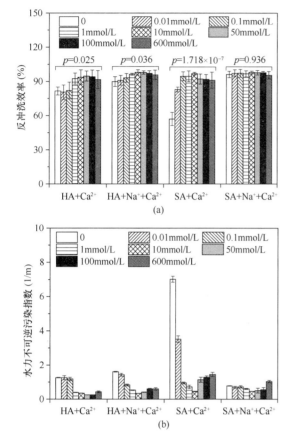

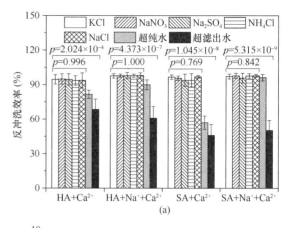

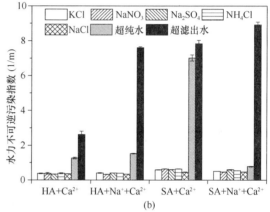

图 6-104　NaCl 浓度对反冲洗效率和水力不可
逆污染指数的影响

（a）对反冲洗效率的影响；（b）对水力不可逆污染指数的影响

注：每种进水上方 p 值表示盐浓度的差异。

图 6-105　盐类型对反冲洗效率和水力不
逆污染指数的影响

（a）对反冲洗效率的影响；（b）对水力不可逆污染指数的影响

注：每种进水上方 p 值表示盐类型和所有反冲洗水的差异。

是由化学计量关系控制的，根据 Na^+ 和络合的 Ca^{2+} 之间的化学计量关系，在本实验的反冲洗工况下 $[180L/(m^2 \cdot h)，2min]$，0.1mmol/L 的 Na^+ 足够与络合的 Ca^{2+} 发生离子交换反应；当 NaCl 浓度超过 50mmol/L 时，反冲洗效率略有下降（但反冲洗效率仍旧大于 91%），这可能归因于非常高的离子强度产生的电荷屏蔽作用。对 $SA+Na^++Ca^{2+}$ 溶液，因为超纯水反冲洗已经表现出了很高的反冲洗效率（96.2%），盐浓度对反冲洗效率的影响不显著（$p=0.936$，大于 0.05），尽管在高离子强度下（600mmol/L）反冲洗效率有所下降，但并不明显。相应地，水力不可逆污染指数随 NaCl 浓度的增加而呈下降趋势，而高浓度 NaCl 溶液可能由于电荷屏蔽效应而使水力不可逆污染指数有所上升，尽管如此，不可逆污染程度仍然很低。

4. 不同类型一价盐的影响

图 6-105 显示了盐溶液反冲洗时盐类型对反冲洗效率和水力不可逆污染指数的影响。如图 6-105（a）所示，所有类型的盐溶液的反冲洗效率均较高，并且对于每一进水，不同类型一价盐溶液的反冲洗效率之间没有显著差异（$p=0.996$、$p=1.000$、$p=0.769$、$p=0.842$，均大于 0.05）。过滤 $HA+Ca^{2+}$、$HA+Na^++Ca^{2+}$、$SA+Ca^{2+}$ 和 $SA+Na^++Ca^{2+}$ 溶液时，盐溶液的平均反冲洗效率分别为 94.2%、97.8%、95.4% 和 97.3%。将超滤出水和超纯水反冲洗的结果也纳入统计性分析时，对于 4 种进水，根据计算的 p 值（$p=2.024 \times 10^{-4}$、$p=4.373 \times 10^{-7}$、$p=1.045 \times 10^{-8}$、$p=5.315 \times 10^{-9}$，均小于 0.05），反冲洗效率均有显著差异，这表明相比超滤出水和超纯水，一价盐溶液反冲洗的清洗效率得到强化。由图 6-105（b）可知，水力不可逆污染指数随反冲洗水而变化，相比于超滤出水和超纯水，盐溶液反冲洗的水力不可逆污染指数显著降低。对于进水为 $HA+Ca^{2+}$、$HA+Na^++Ca^{2+}$、$SA+Ca^{2+}$ 和 $SA+Na^++Ca^{2+}$ 的

溶液，盐溶液反冲洗后水力不可逆污染指数分别为0.33～0.38/m、0.33～0.40/m、0.46～0.64/m 和0.47～0.60/m。

总体而言，对于 PES 膜、PVDF 膜或 CA 膜，采用一价盐溶液反冲洗时，所考察的 5 种惰性盐溶液均可以有效去除腐殖酸或海藻酸钠引起的超滤膜污染，并且不同类型盐溶液的反冲洗效率之间没有显著差异。只是由于膜材质的不同，三种膜的反冲洗效率而略有差异，CA 膜最大，PES 膜次之，PVDF 较低，但均高于 94%。因而，盐溶液反冲洗对有机污染的有效性不受膜特性的影响。

过滤混合有机物时，一价盐类型对反冲洗效率和水力不可逆污染指数的影响如图 6-106 所示。

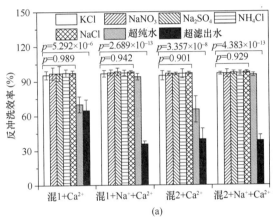

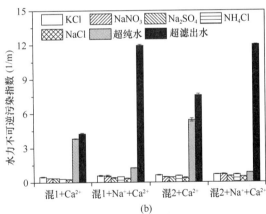

图 6-106 盐类型对反冲洗效率和水力不可
逆污染指数的影响

（a）对反冲洗效率的影响；（b）对水力不可逆污染指数的影响

混 1—HA 3.33mg/L＋SA 0.67mg/L；

混 2—HA 1.67mg/L＋SA 1.33mg/L

注：每种进水上方 p 值表示盐型和所有反冲洗水的差异。

对每一进水，五种盐溶液的反冲洗效率没有显著差异（$p=0.989$、$p=0.942$、$p=0.901$、$p=0.929$，均大于 0.05），每种进水的平均反冲洗效

率分别为 96.7%、97.5%、96.2% 和 97.0%。超滤出水反冲洗表现为最低的清洗效率和最高的水力不可逆污染指数，纯水反冲洗次之，尤其在低离子强度下，反冲洗效率较低；相比之下，一价盐溶液反冲洗极大提升了水力清洗效率，相应地，水力不可逆污染指数很低，四种进水平均的水力不可逆污染指数分别为 0.36/m、0.47/m、0.50/m 和0.61/m。总体而言，一价盐反冲洗不仅对单一的有机物（腐殖酸、海藻酸钠）引起的膜污染有效，而且对腐殖酸和海藻酸钠共存时混合物造成的膜污染也可有效去除。

5. 实际水体的验证

为了证实以上采用模型有机污染物（腐殖酸及海藻酸钠）获得的结果是否适用于实际水体，考察了天然有机物作为进水时，氯化钠溶液反冲洗的有效性，并与超纯水、超滤出水（及氢氧化钠）进行比较。此处采用 PVDF 超滤膜，采用较大的氯化钠溶液浓度。进水的主要水质特性见表 6-27。由于进水较低的污染物截留率，过滤通量采用 30L/（m²·h），天然有机物反冲洗条件分别为每 24h 反冲洗 10min，反冲洗通量采用 60L/（m²·h）。图 6-107 绘出了超纯水、氯化钠溶液和超滤出水作为反冲洗水时，进水跨膜压差的增长情况。由图可以看出，过滤天然有机物时，超滤出水反冲洗时，跨膜压差增长最快。相比之下，超纯水反冲洗和氯化钠溶液反冲洗引起的跨膜压差增长较为缓慢。

天然有机物的主要水质特性　　　　表 6-27

参数	天然有机物
pH	8.01
电导率（μS/cm）	245
Na（mg/L）	15.365
Ca（mg/L）	20.727
Mg（mg/L）	5.552
Fe（mg/L）	0.026
Al（mg/L）	0.159
DOC（mg/L）	6.25
UV$_{254}$（1/cm）	0.109

6. 过滤通量的影响

图 6-108 给出了不同过滤通量下 NaCl 溶液和超滤出水的反冲洗效率和不可逆污染指数。如图 6-108（a）所示，一方面，过滤通量对 NaCl 溶液反冲洗的清洗效率影响不显著（$p=0.975$、$p=$

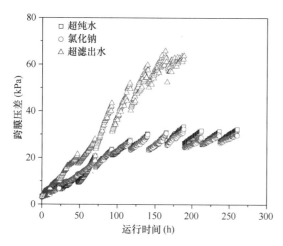

图 6-107 超纯水、氯化钠溶液和超滤出水作为
反冲洗水时进水跨膜压差的增长情况

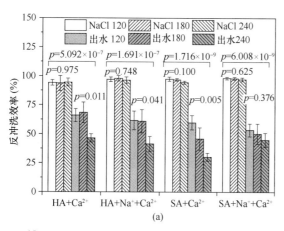

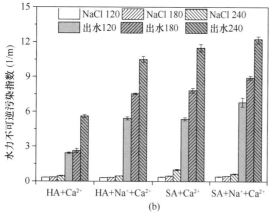

图 6-108 过滤通量对反冲洗效率和水力不可
逆污染指数的影响

（a）对反冲洗效率的影响；（b）对水力不可逆污染指数的影响
注：每种进水上方 p 值表示过滤通量的差异。

0.748、$p=0.100$ 和 $p=0.625$，均大于 0.05），而对超滤出水反冲洗的清洗效率影响较为显著（除 SA＋Na$^+$＋Ca^{2+}外）；另一方面，对每一进水，反冲洗水质对反冲洗效率的影响更为显著（$p=$

5.092×10^{-7}、$p=1.691\times10^{-7}$、$p=1.716\times10^{-9}$ 和 $p=6.008\times10^{-9}$，均小于 0.05）。至于水力不可逆污染，如图 6-108（b）所示，对于每一进水，NaCl 溶液反冲洗时水力不可逆污染指数相当低且过滤通量对其影响不大，相比之下，超滤出水反冲洗时超滤膜的水力不可逆污染指数随过滤通量的增加而显著增大。

7. 反冲洗操作的影响

在本研究考察的几种反冲洗强度（0.5 倍、1 倍、1.5 倍和 2 倍过滤通量）下，反冲洗强度对 NaCl 溶液和超滤出水反冲洗时的膜总污染、反冲洗效率和不可逆污染的影响均比较小，同时反冲洗水质对反冲洗效果的影响则十分显著。

反冲洗频率对反冲洗效果及产水率也具有重要影响。在保证相同产水率的前提下（过滤/反冲洗时间为 15/1min、30/2min、45/3min 和 60/4min），考察了盐溶液反冲洗时反冲洗频率对膜污染的影响。实验表明，当进水为 HA＋Ca^{2+} 溶液时，反冲洗频率对每一过滤周期内的跨膜压差影响较大，过滤时间为 15min、30min、45min 和 60min，单周期内跨膜压差分别增长了 3.5kPa、8kPa、10kPa 和 14kPa，随着反冲洗间隔的延长，过滤出水反冲洗效果有所下降；而 NaCl 溶液反冲洗可以有效缓解膜污染，反冲洗频率的影响较小，采用 NaCl 溶液反冲洗时，反冲洗频率对不可逆污染程度的影响也很小，四种进水（HA＋Ca^{2+}、HA＋Na$^+$＋Ca^{2+}、SA＋Ca^{2+} 和 SA＋Na$^+$＋Ca^{2+}）的平均水力不可逆污染指数分别为 0.39/m、0.37/m、0.39/m 和 0.47/m，远低于相应的超滤出水反冲洗的数值（2.36/m、7.93/m、8.68/m 和 11.08/m）。

反冲洗持续时间对反冲洗效率和水力不可逆污染指数的影响如图 6-109 所示。如图 6-109（a）所示，反冲洗效率随反冲洗持续时间的缩短而下降，当反冲洗持续时间缩至 30s 时，对 HA＋Ca^{2+}、HA＋Na$^+$＋Ca^{2+}、SA＋Ca^{2+} 和 SA＋Na$^+$＋Ca^{2+}溶液，清洗效率分别降至 58.8％、83.9％、88.4％和 93.3％；当反冲洗持续时间缩短至 10s 时，NaCl 溶液反冲洗对四种进水的平均清洗效率分别为 43.4％、66.0％、41.4％和 66.2％。这些值低于长时间（120s）低浓度 NaCl（0.1、1mmol/L）的反冲洗效率。由于纯水反冲洗也有较好的反冲洗效果，因此一定的反冲洗时间是必要的，过短的反冲洗持续时间起不到应有的反冲洗效果，由图6-109（b）可以看出，盐溶液反冲洗时，水力不可逆污染随着反冲洗持续时间的缩短而增加，尤其对反冲洗时间为 10s 的情况。本研究中，当反冲洗时间不低于 60s 时，均可实现有效的反冲洗。

因此，化学强化反冲洗是一项新技术，它对超滤净水工艺的推广有重要意义。

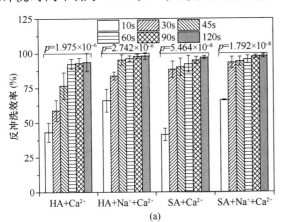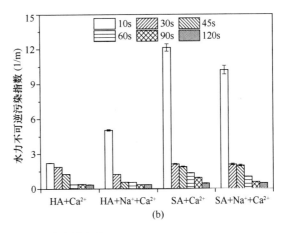

图 6-109　反冲洗持续时间对反冲洗效率和
水力不可逆污染指数的影响

（a）对反冲洗效率的影响；（b）对水力不可逆污染指数的影响

注：每种进水上方 p 值表示反冲洗持续时间的差异。

第 **7** 章

第三代饮用水净化工艺用于珠江水的实验研究

7.1 超滤组合工艺净化东江水中试实验研究

7.1.1 原水水质、实验系统和工艺参数

本实验水源位于珠江水系东江下游段,处于东莞市上游河段,引自粤港供水莲湖至旗岭段供水管渠。通过取水泵站经由引水管道输送至水厂的蓄水库,库容约为120万m³,原水水质参数见表7-1。

原水水质参数   表7-1

项目	单位	数值
水温	℃	14.2~31.2
浊度	NTU	5.31~16.89
COD_{Mn}	mg/L	1.28~4.00
氨氮	mg/L	0.03~0.50
pH	—	6.90~8.11
DO	mg/L	5.7~9.1

由表7-1知,原水整体水质较好。由于原水经过水库预沉,原水浊度较为稳定,氨氮及有机物含量都较低。

1. 超滤膜材料与组件

实验膜材料为海南立昇净水实业科技有限公司生产的PVC中空纤维超滤膜,标称截留分子量50kDa,膜丝的外径为1.69mm,内径0.90mm。

膜组件制作根据实验需要,选定合适的长度,采用凤凰牌环氧树脂和650聚酰胺树脂1:1混合物粘合。使用前,膜组件需在水中浸泡48h,并使用纯水连续过滤24h以上去除膜丝保存药剂。清洗后的膜丝需保存在水中以保持膜丝湿润,长期暴露空气将导致膜丝干燥变形,造成不可逆损害,影响膜丝性能。

2. 中试实验系统

中试实验系统共有两部分,第一部分为混凝/沉淀装置,包括管道混合器、网格絮凝池、斜管沉淀池以及加药系统;第二部分为浸没式虹吸超滤系统。

3. 超滤中试装置

本实验采用的超滤系统为浸没式虹吸超滤系统。超滤实验装置主要由原水恒位水箱、膜池、超滤膜组件、清水水箱、抽真空系统、反冲洗系统、曝气系统和控制系统等部件组成。装置的运行和反冲洗通过控制系统配合完成。超滤系统简图如图7-1所示。原水通过进水管进入膜池,经过抽真空系统使出水管形成负压后开启产水阀出水。在膜池运行一段时间后,需进行清洗,可以分别启动水洗和气洗系统。实验中采用的气洗强度为40m³/(m²·h),水洗强度40L/(m²·h)。抽真空部分由真空管、气水分离器和真空泵等组成。通过真空泵抽吸,膜池水经过膜丝先进入透明的真空管,注满真空管后多余的水进入气水分离器待抽真空结束后放空。

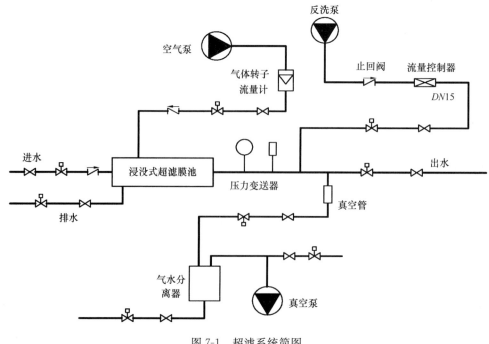

图7-1 超滤系统简图

超滤进水可有三种组合：（1）原水直接进超滤；（2）微絮凝后进超滤；（3）混凝—沉淀后水进超滤。直接超滤原水和微絮凝后超滤时，通量采用 7.5L/（m²·h）；混凝—沉淀后超滤时，通量采用 20L/（m²·h）。

4. 混凝剂投量优化实验

通过烧杯搅拌实验，确定初始的投药量。混凝剂采用水厂广泛使用的聚合氯化铝，投加量分别为 0mg/L、0.5mg/L、1mg/L、1.5mg/L、2mg/L、2.5mg/L、3mg/L、4mg/L、5mg/L、6mg/L、8mg/L、10mg/L、12mg/L 和 14mg/L（以氧化铝计）。混凝采用六联搅拌机分三次进行，搅拌条件设置为：快速搅动速度 300r/min，时长 30s；慢速搅动速度 60r/min，时长 15min；沉淀 30min。经沉淀后取各投药量下的上清液分别测量浊度、COD$_{Mn}$ 和铝含量。投药量对水中污染物质的去除效果，如图 7-2 所示。整体上，随着投药量的增加，出水浊度及 COD$_{Mn}$ 在初期呈现快速下降趋势，后期下降平稳。原水浊度 13NTU，COD$_{Mn}$ 为 2.71mg/L，经过混凝/沉淀，出水浊度最低为 0.18NTU，COD$_{Mn}$ 为 1.58mg/L。当投药量增加至 4mg/L 后，出水水质基本达到最佳出水，继续增加投量未见明显的提升。

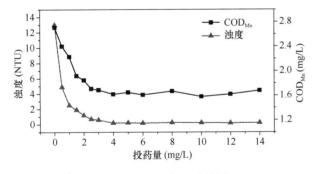

图 7-2　投药量与去除效果

铝系列混凝剂投加会引起水中铝的含量增高，沉淀后的上清液铝含量如图 7-3 所示。原水的铝含量为 0.014mg/L。在投药量小于 6mg/L 时，铝含量呈现小幅增长，并在 4mg/L 时出现局部最低点。根据曲线的走势，当投药量高于 13.5mg/L 时，铝含量高于饮用水卫生标准铝含量限值 0.2mg/L。

综合不同投药量下的污染物质去除效果和铝残留含量，可以认为 4mg/L 为混凝/沉淀的最佳投药量。中试正常运行期间，采用 4mg/L 投药量运行，减量投药期间采用 2mg/L 运行。

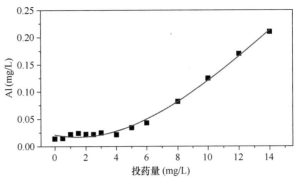

图 7-3　投药量与残留铝

7.1.2　超滤工艺的净水效能

1. 悬浮物去除效能

天然水体中含有大量的杂质，除容易沉降的大颗粒物质外主要以悬浮状态存在，制约着水的安全饮用。饮用水卫生标准上采用感官指标浑浊度考查水中悬浮物的多少，要求出水低于 1NTU。浊度高不仅带来感官上的不适，而且水中的病毒、细菌及其他有害物质大都附着在这些形成浊度的悬浮物中。因此，浊度并不仅仅作为感官指标，由于其与水中的微生物含量关系密切，美国已将浊度列入微生物指标。

图 7-4 为原水及沉后水浊度变化图。整体上，原水平均浊度 10.58NTU，最高 32NTU（切换原水泵，短时浑水进入原水箱），最低 6.58NTU。通过混凝沉淀，对浊度有较好的控制。前 19d，采用烧杯搅拌实验得出的最佳投药量 4mg/L 投药，后期采用减半方式混凝。整体上，正常投药量下，沉淀出水平均浊度为 1.37NTU，平均去除率为 86.15%；药量减半后出水平均浊度为 2.45NTU，浊度控制较差，平均去除率为 78.87%。对于第 7 天高浊水，由于未对投药进行及时的调节，导致沉淀池的出水浊度高达 5.9NTU。在实地水厂运行中

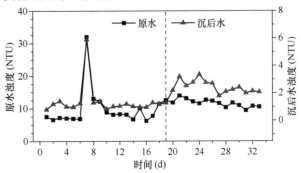

图 7-4　原水和沉后水浊度

发现，一般水厂未建立原水浊度与投药量间的反馈关系，多采用监测沉淀池出水的浊度进行药量调节，存在很大的滞后，对饮用水的安全保障不利。

图7-5为三种工艺的出水浊度变化图。由图可见，三种工艺的出水浊度均处于 0.11～0.13NTU 之间，平均去除率分别为 98.72%、98.72% 和 98.71%，未有明显差别。使用的超滤膜平均孔径为 0.01μm，能够去除水中绝大部分颗粒及胶体，有效地控制出水浊度，使得出水浊度低于 0.1NTU。本实验装置露天开放，未对出水水箱、反冲洗水箱进行封闭处理，使得反冲洗后对管路有一定的污染，导致出水浊度略微偏高。

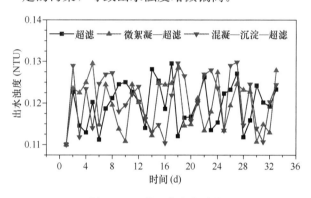

图7-5 三种工艺出水浊度

2. 有机物去除效能

水中有机物是水处理工艺重点去除的物质，而水中有机物种类繁多，难以分别准确定量，生产上通常采用 COD_{Mn} 来反映水中有机物的总量。

正常投药（4mg/L）中试运行第 10 天起，开始进行完整的水质记录。正常投药期间，原水 COD_{Mn} 范围为 1.9～2.88mg/L，经混凝沉淀后，出水平均 COD_{Mn} 为 1.42mg/L，平均去除率为 41.45%。整体上，出水的水质情况随着进水的水质变化。在前期进水有机物浓度逐渐降低，出水也呈下降趋势。在第 17 天，原水有机物浓度达到最高，混凝—沉淀、直接超滤、微絮凝超滤出水均出现大幅度升高，仅沉后水超滤维持在较低浓度。采用原水、微絮凝、沉后水经超滤后平均去除率分别为 35.54%、49.28% 和 54.23%，均能得到较好的出水水质。具体进水和出水的 COD_{Mn} 含量如图7-6所示。

对比三种超滤工艺，直接超滤对于有机物的去除效果最差，微絮凝—超滤一定程度提高有机物的去除效果，采用混凝—沉淀—超滤的去除效果最

佳。考查混凝—沉淀的运行过程，实验中絮凝池排泥周期为 0.5 次/d，运行过程中，网格絮凝池网格上有一定量絮体的累积，能够对水中的小分子有机物起吸附截留作用，从而提高沉后水的出水水质。

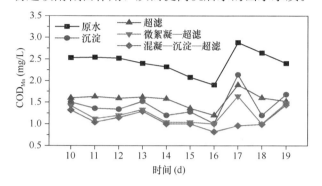

图7-6 4mg/L 投药下进水和出水 COD_{Mn}

减量投药（2mg/L）期间，原水平均 COD_{Mn} 为 2.51mg/L，略高于正常投药时段。采用减药量混凝沉淀后，出水平均 COD_{Mn} 为 1.69mg/L，平均去除率为 31.65%，相比正常投药降低了约 10%。观察同期的三个超滤的出水，均较为稳定。原水、微絮凝、沉后水经超滤后平均去除率分别为 37.33%、48.18% 和 49.05%。相比正常投药期间，直接超滤的有机物去除效果约上升 2%。比较前后直接超滤出水的平均 COD_{Mn} 分别为 1.56mg/L 和 1.55mg/L，未见明显变化。比较减药后的微絮凝—超滤和混凝—沉淀—超滤，可以发现相比于正常投药量下，微絮凝—超滤和混凝—沉淀—超滤过程对于有机物的去除效果均有所降低。相比两者，微絮凝—超滤仅下降 1%，而混凝—沉淀—超滤下降幅度明显。具体进出水情况如图7-7所示。

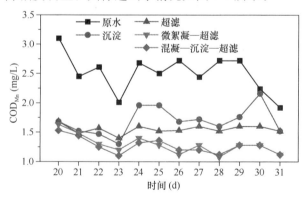

图7-7 2mg/L 投药下进水和出水 COD_{Mn}

分析认为减药投加下，采用微絮凝—超滤依然能够在膜池内形成大量絮体，有助于有机物的截留、吸附去除。而采用混凝—沉淀作为预处理，药

量减少条件下，混凝沉淀的效果变化显著，出水的浊度相比前期高 1.18NTU，由此使得后期的超滤出水水质降低，与微絮凝/超滤差异较小。由此可以认为，减量投药的条件下，沉淀池未有明显作用，采用微絮凝/超滤存在较大的优势。

3. 氨氮去除效能

水中的氨氮本身没有毒性，但氨氮可以通过氧化作用转化为硝酸盐和亚硝酸盐，对饮用水安全存在潜在威胁。

正常投药（4mg/L）期间，原水氨氮平均 0.19mg/L，最高为 0.34mg/L。通过混凝/沉淀，氨氮平均去除率为 73.75%，沉淀出水氨氮平均 0.05mg/L。由图 7-8 可见，直接超滤的氨氮去除率由 70.59% 上升至 90.91%，随后跌落至 60.93%，随时间发展，氨氮去除又进一步上升，平均去除率为 78.97%。结合超滤的运行，发现在第 15 天对直接超滤系统进行了水洗、反冲洗、排空，膜池内硝化细菌总量减少，氨氮去除效果由此减弱。

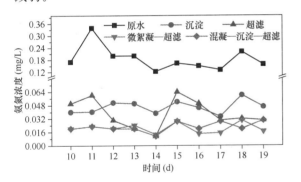

图 7-8　4mg/L 投药下进水和出水氨氮

对比投药的微絮凝—超滤和混凝—沉淀—超滤，两者氨氮去除效果较为接近，和直接超滤相比，一定程度提升了去除率，分别为 88.60% 和 87.13%。运行期间，第 13 天对微絮凝进行清洗，氨氮去除未有明显变化。相比之下，微絮凝—超滤对氨氮的去除效果短期内略高于混凝—沉淀—超滤。分析认为通过混凝—沉淀，去除了水中大部分悬浮物，附着在悬浮物上的细菌也大部分被去除，由此硝化作用相对较弱。

减量投药（2mg/L）情况下，采用正常投药量的一半进行投药，观察氨氮的去除情况如图 7-9 所示。在该周期内受降雨影响，原水氨氮有一定的升高，范围为 0.16～0.40mg/L。通过减药混凝，沉淀出水氨氮维持在 0.05～0.16mg/L，平均去除率

为 62.83%，同比下降 10.92%。在此期间，直接超滤、微絮凝—超滤和混凝—沉淀—超滤的氨氮平均去除率分别为 77.71%、86.44% 和 85.55%，未投药的直接超滤去除率有小幅的提升，其他两种工艺小幅度下降。整体上，三种工艺的去除率较为稳定，但依然受到超滤反冲洗的影响。三种工艺均进行反冲洗、排空操作，氨氮的去除率在清洗后均有所降低，其中直接超滤最为明显，降幅高达 24.21%。

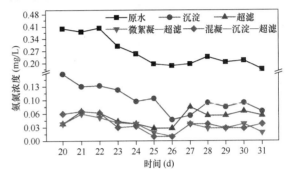

图 7-9　2mg/L 投药下进水和出水氨氮

对比可以发现实验原水氨氮含量较低，因此所需的硝化细菌量较小，并且本实验运行的通量较低，水力停留时间较长，有助于强化超滤的去除能力。随着未反冲洗时间的延长，膜表面及膜池累积的硝化细菌也在增长，因此氨氮的去除效果得以进一步提高。

4. 亚硝酸盐氮去除效能

亚硝酸盐对人体有一定的毒性，在一定条件下能够转化为亚硝胺，而亚硝胺是一种致癌物质。因此，有必要考查水中的亚硝酸盐浓度，此处以亚硝酸盐氮来反映其在水中的含量。

正常投药（4mg/L）期间，原水亚硝酸盐氮浓度范围为 0.064～0.098mg/L，平均 0.08mg/L。通过混凝—沉淀，沉后水的亚硝酸盐氮平均浓度为 0.06mg/L，平均去除率约为 28.68%。对于没有预处理的直接超滤，亚硝酸盐氮的平均去除率为 83.43%。由图 7-10 可见，直接超滤的亚硝酸盐氮去除率由 68% 上升至 90.71%，随后跌落至 72.42%，随时间发展，亚硝酸盐氮去除又进一步上升。分析认为，在第 15 天对直接超滤系统进行了水洗、反冲洗、排空，膜池内反硝化细菌总量减少，亚硝酸盐氮去除效果由此减弱。

对比投药的微絮凝—超滤和混凝—沉淀—超滤，两者亚硝酸盐氮去除效果较为接近，和直接超滤相比，未有明显差别，分别为 83.49% 和 84.23%。运

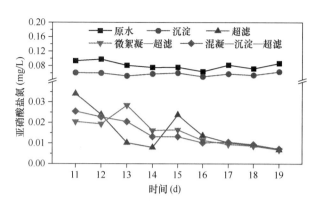

图 7-10 4mg/L 投药下进水和出水亚硝酸盐氮

行期间，未对系统进行清洗，亚硝酸盐氮去除较为稳定，总体上呈现稳步上升趋势，三个工艺后期亚硝酸盐氮出水浓度均为 0.006mg/L。

减量投药（2mg/L）期间亚硝酸盐氮的去除情况如图 7-11 所示。在该周期内，受阶段暴雨影响，原水亚硝酸盐氮相比较高，平均浓度为 0.172mg/L，同比增加一倍。通过混凝—沉淀，沉后水的亚硝酸盐氮平均浓度为 0.112mg/L，平均去除率约为 34.36%，去除效果不佳。对于没有预处理的直接超滤，随运行时间的增长，亚硝酸盐氮的平均去除率达到了 95.70%，在原水亚硝酸盐氮浓度到达 0.251mg/L 时，出水亚硝酸盐氮浓度控制在 0.003mg/L。

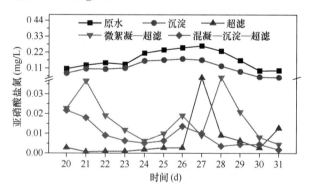

图 7-11 2mg/L 投药下进水和出水亚硝酸盐氮

对于减量投药混凝剂的微絮凝—超滤和混凝—沉淀—超滤，两者亚硝酸盐氮去除因投药量的影响，同比上升 3% 和 7%。在减药运行初期，对加药的两套系统进行了反冲洗，初期去除率较低，随时间发展进一步提高，整体去除率较未进行反冲洗的直接超滤低。随着运行时间的增长，去除率快速增长，在第 26 天、第 27 天和第 28 天，分别进行了混凝—沉淀—超滤、直接超滤和微絮凝—超滤的

超滤系统反冲洗，其中直接超滤和微絮凝—超滤的去除率降幅明显。

综上所述，超滤组合工艺都能获得达标的出水，在水厂改扩建工程中采用超滤组合工艺是可行的。

7.2 浸没式超滤膜净化东江沉后水中试实验研究

7.2.1 原水水质和中试实验系统

本实验是在东莞东城水厂内完成的。东城水厂的取水口位于东江的南支流，所在东江流域水资源量相对丰富，地表水主要由降雨补给，河川径流量较大。年平均降雨量 1788.6mm，日最大降雨量 367.8mm，雨量集中在 4 月~9 月，其中 4 月~6 月为前汛期，以降雨低槽天气降水为多；7 月~9 月为后汛期，台风降水活跃。枯水期为 11 月~翌年 2 月，3 月和 10 月为平水期。总体来说，水厂取水口水资源水量充沛。

根据历史水质资料可知，取水口所在的东江南支流从石龙镇至万江大桥、高埗大桥河段基本保持《地表水环境质量标准》GB 3838—2002 中的 II 类标准偏下水质，主要受上游排污影响。同时取水口水质受咸潮影响较大，每年 4 月中旬至 11 月中旬水质保持 III 类。

依照《地表水环境质量标准》GB 3838—2002，可判定东江水厂水源水质基本为 III 类，在实验阶段所检测的项目中，铁含量有超标（III 类）现象，氨氮不时超标，氯化物含量在咸潮部分时段超出水质要求。表 7-2 给出了实验期间水源水质概况。

水源水质	表 7-2
水质参数	变化范围
水温（℃）	14.7~32.9
浊度（NTU）	11.3~106
pH	6.95~7.37
COD_{Mn}（mg/L）	2.01~7.54
UV_{254}（1/cm）	0.050~0.055
氨氮（mg/L）	0.01~5.40（III 类水质限值 1.0）
总 Fe（mg/L）	0.30~0.91（III 类水质限值 0.3）
氯化物（mg/L）	9.5~672.3

本实验中所使用的浸没式中空纤维超滤膜由海南立昇生产。其主要性能参数见表7-3，膜材质为PVC合金，非对称性膜结构。

膜组件参数表　　　　　　表 7-3

项目	数值
膜堆外形尺寸（mm）	$L740mm \times W480mm \times H1900mm$（有效长度1500mm）
膜帘数	10
膜丝总数	约 $4000 \times 10 = 40000$ 根
水流方向	外压式
过滤膜面积	$25 \times 10 = 250m^2$
超滤膜材质	PVC合金
膜壳材质	ABS
端头封胶材料	环氧树脂
截留分子量	50kDa
内/外径（mm）	0.85/1.45
标称孔径	$0.01\mu m$
进水温度	5～40℃
pH	2～13
工作压力	0.01～0.06MPa
耐酸碱	2～12

水厂现有工艺为常规水处理工艺，采用管式静态混合器、折板絮凝池、平流沉淀池、V型滤池、氯气消毒等。水厂运行中，在一级泵站处投加高锰酸盐复合药剂、石灰乳液（改变原水 pH）或活性炭（暴雨期上游排污或水质恶化时投加），以提升水处理效果。

超滤膜装置安置于东城水厂平流沉淀池出水口附近，以平流沉淀池出水作为本膜系统的待滤水。实验工艺流程如图 7-12 所示。东莞水厂沉淀池提供给过滤系统的有效水深为 2.2m（约为21.6kPa），设计膜水箱液位高 2.75m，实验进水采用虹吸管底部进水，模拟水厂原有进水方式。系统出水采用虹吸方式，出水除满足反冲洗水箱进水之外，全部流进清水池。

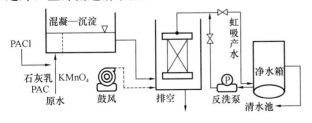

图 7-12　实验工艺流程图

实验选定系统膜滤通量为 40L/(m²·h)。采用气水合洗的时间为 5min，水洗强度为过滤通量的 2 倍，曝气强度为 45m³/(m²·h)。考察不同制水周期下的膜污染变化趋势，对过滤时间进行优化。优化实验安排在 2009 年 3 月 8 日至 2009 年 6 月 16 日，属于东江的平水期和前汛期，具体安排见表 7-4。

实验运行安排　　　　　　表 7-4

编号	A	B	C
日期（2009 年）	03.11～3.20	03.21～04.08	04.30～05.18
制水周期	8h	6h	4h
过滤通量	40L/(m²·h)		
反冲洗方式	气水合洗 5min		
反冲洗强度	水洗 80L/(m²·h)，曝气 45m³/(m²·h)		
EFM 周期	72h		
EFM 方式	250ppm 次氯酸钠浸泡 40min，每 10min 曝气 2min		

注：气洗强度，单位箱体投影面积上单位时间内的曝气量，m³/(m²·h)；

水洗强度，单位时间内透过单位膜面积的反冲洗水量，L/(m²·h)。

在 A、B 和 C 三个阶段中，跨膜压差趋势如图 7-13所示。

（1）制水周期为 24h、12h、8h 时（部分数据未给出），膜装置不能持续维持设计通量出水，具体表现在 TMP 增长过快。以 8h 为周期的维护式化学清洗 EFM（Enhanced Flux Maintenance）虽能有效恢复通量，但系统膜压差净增长率上升过快，系统所提供的水头无法维持 40L/(m²·h) 的恒通量出水；6h 制水周期时的工况基本稳定；在 4h 制水周期工况下，装置完全能维持 40L/(m²·h) 通量的产水能力，在 C 组实验中前 23d 里的连续运行中组件 TMP 最高为 18.2kPa。

（2）由表 7-5 可知，不同的制水周期，TMP 增长速率及产水率各不相同。制水周期从 8h→6h→4h 时，TMP 增长速率减小。但发现制水周期为 4h 的参数反而比 6h 制水周期的过滤压差大，可能原因是 4h 制水周期的实验已经进入水质的前汛期，雨水增多，河水水质恶化。当然，也应考虑前汛期水温的提高，会使跨膜压差整体下降。

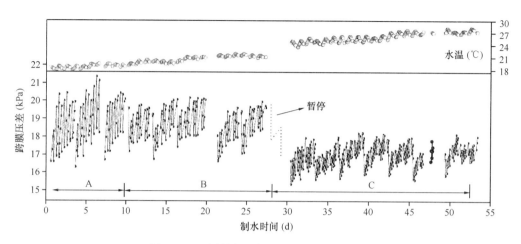

图 7-13　不同制水周期表现的跨膜压差趋势

		实验运行概况		表 7-5
编号	排污周期 (h)	产水率 (%)	过滤压差增长速率 (kPa/h)	TMP 净增长速率 (kPa/d)
A	8	96.6	均 0.32	均 0.55
B	6	95.4	均 0.28	均 0.42
C	4	93.2	均 0.28	均 0.44

（3）制水周期为 24h、12h、8h 时，系统之所以表现不稳定，分析原因是制水周期过长，膜上"污垢"不能及时得到清除，污泥层会加快转变为不可逆污染，造成反冲洗、曝气清洗效果不佳，其累积效应会影响维护性化学清洗效果。齐希光等人也发现过滤污染时间过长会影响反冲洗效率。

综上所述，除去水质因素外，可以得出：缩短制水周期，在一定程度上有利于减缓膜污染的趋势，使膜污染变得容易被物理清洗方式所去除，避免不可逆污染的快速增长。本实验制水周期选

用 4h。

7.2.2　膜系统运行趋势体现

1. 平水期及前汛期膜系统运行分析

膜系统前期运行，EFM 清洗周期选择 72h。观察跨膜压差趋势如图 7-14 所示。

从图 7-14 中看出，在平水期初始运行的 23 天里，总体上跨膜压差上升缓慢。在每个 EFM 清洗周期内，气水合洗方式在一定程度上抑制了跨膜压差的上升，但其净增长仍较为明显；采用 EFM 清洗（250mg/L 次氯酸钠鼓风浸泡 40min）后能迅速恢复通量，有效去除膜污染。

从膜的比通量运行趋势上可以解释，在每一 EFM 周期内比通量都随时间而降低，经过 EFM 清洗后，通量有较大程度的回升，说明一部分沉积的滤饼层阻力能够通过 EFM 清洗消除。

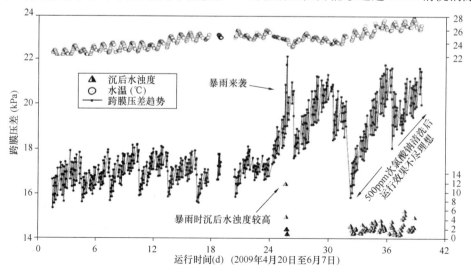

图 7-14　平水期及前汛期膜系统运行趋势

图 7-14 中暴雨来袭后，膜组件压差上升迅速，不能维持 40L/(m²·h) 通量的出水能力。随后进行的两次 EFM 清洗，虽然能使膜压差降低，但效果趋于减小。说明膜表面形成的污染层不同于平水期形成的膜污染，变得更为难以去除。

暴雨造成河水流量陡升，城市内河污水会溢流至东江内，对东江水质影响较大。原水浊度曾达到 106NTU，氨氮达到 5.8mg/L，沉后水浊度也达到 11.6NTU。冲击负荷造成混凝—沉淀工艺的效率下降，暴雨期间沉淀池排泥次数增加，砂滤池的反冲洗周期也大为缩短，反冲洗频繁。

沉淀池效率的下降，使得进入膜池的污染物增多，膜组件的物理反冲洗与化学清洗效果均不明显，表明在暴雨期造成膜压差上升的膜污染中，不可逆污染比例较大。

2. 咸潮期膜系统运行

东江水进入冬季后，主要的影响因素是水温和咸潮。冬季水质较为平稳，但水温迅速下降，引起通量的衰减。冬季中期（12 月初），在水温降到最低的同时，河流亦进入枯水期，河流水位下降，咸潮倒灌，不仅影响供水水质，而且对膜系统运行产生一定影响。

图 7-15 给出了咸潮期间跨膜压差随咸潮浓度变化的曲线。图中可以看出，氯化物浓度升高时，压差急剧上升；在咸潮高峰期过后，压差会重新回到咸潮高峰期前的水平。可以得出咸潮在影响水质的同时也影响膜系统的操作压力。

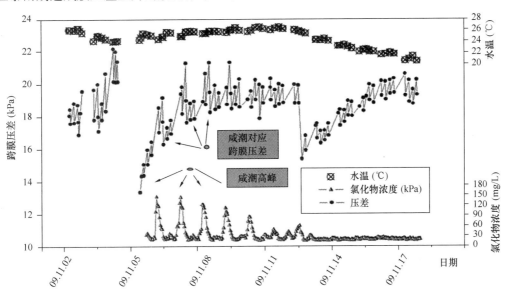

图 7-15　咸潮对跨膜压差的影响

咸潮期间，膜过滤压差上升的原因可能是：本装置超滤膜在过滤大分子物质时具有高截留、低传质系数的特点。因此在咸潮期，膜表面处大分子溶质的浓度可能达到相当高的程度，此时由大分子溶质形成的渗透压已不能忽视。因为除含盐量之外，咸潮海水倒灌也改变了原水中悬浮物、有机物的种类和浓度，更加剧了膜表面的大分子溶质的浓度。

7.2.3　超滤的净水效果

1. 浊度

超滤的物理筛分过程，能有效截留悬浮物、胶体颗粒及大分子有机物等杂质。图 7-16 为运行期间，超滤膜与砂滤出水在浊度方面的对比。

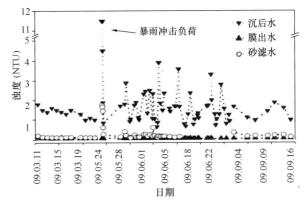

图 7-16　处理工艺中浊度去除情况

受暴雨期原水水质波动，实验期间沉后水浊度在 1~12NTU 范围内变化，而超滤膜出水浊度稳定在 0.046～0.100NTU 范围内，达到《生活饮用水卫生标准》GB 5749 中小于 1NTU 的要求，而砂滤水浊度在 0.068～1.76NTU 范围内波动，受沉后水水质影响较大。当沉后水水质较差时，砂滤池出水有时达不到饮用水卫生标准要求。

水中的颗粒物质的存在会降低自来水的卫生安全程度，因为它是各种介水致病微生物的载体。因此可以认为颗粒物去除率越高，自来水卫生安全性也就越高。超滤膜表现出的对浊度的优异去除能力同样表明其对水中细菌病毒具有良好的去除能力，能够确保饮用水的微生物安全性。

2. 有机物

天然有机物（NOM）广泛存在于地下水、地表水的水体中。它是动植物残体通过化学和生物降解作用以及微生物的合成作用形成的。天然水体中 NOM 的存在形态一般分两种：颗粒性的有机物和溶解性的有机物（DOM），其中 DOM 约占 NOM 的 80%～90%。在膜处理工艺中，溶解性有机物浓度是影响膜分离性能的重要因素。

图 7-17，图 7-18 显示了 COD_{Mn}、溶解性 COD_{Mn}（经 0.45μm 膜过滤）在水处理工艺中的迁移及去除情况。

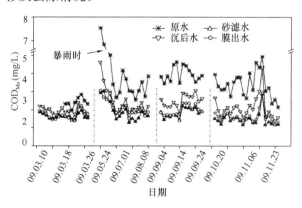

图 7-17　处理工艺中 COD_{Mn} 去除情况

实验期间所测定的原水 COD_{Mn} 变化范围为 2.01～7.54mg/L；沉淀池出水 COD_{Mn} 变化范围为 1.40～4.64mg/L，混凝沉淀去除率达到 34.5%；膜出水的 COD_{Mn} 浓度为 1.19～3.07mg/L，同期东城水厂砂滤池出水 COD_{Mn} 浓度为 1.16～3.03mg/L。砂滤及膜出水中 COD_{Mn} 含量均能基本满足卫生标准要求（3mg/L）。从以上数据可以看出，有机物的去除主要发生在水处理工艺的絮凝—沉淀阶段。

如图 7-18 所示，以溶解性 COD_{Mn} 表征的溶解

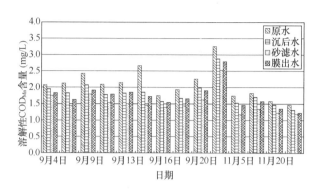

图 7-18　处理工艺中溶解性 COD_{Mn} 去除情况

性有机物在整个水处理过程中去除效果不明显。沉淀池平均去除率为 13.0%，此基础上砂滤池平均去除率为 17.4%；而超滤膜对溶解性 COD_{Mn} 的平均去除率仅为 5.5%，较砂滤池差。

超滤膜对沉后水中有机物表现出一定的去除能力，其机理是未沉淀的微小絮凝体会包裹、吸附一定的有机物，而超滤膜通过截留沉后水中这些微小絮凝体的方式达到去除有机物的目的。不过本实验所用超滤膜孔径为 0.01μm，去除溶解性有机物的能力有限。

3. UV$_{254}$

UV$_{254}$ 是衡量水中有机物指标的一项重要控制参数。其值的大小间接反应着含有共轭双键或苯环等一类有机物的含量。在水处理中，UV$_{254}$ 与 TOC、DOC 以及 THMs 前体物等常用有机物控制指标之间存在相关关系，且 UV$_{254}$ 可以作为它们的替代检测参数。

图 7-19 给出了在实验期间 UV$_{254}$ 在工艺中的变化情况。UV$_{254}$ 在原水中的范围为 0.027～0.059/cm；在混凝沉淀过程中平均去除率为 23.0%，沉后水 UV$_{254}$ 值的范围为 0.020～0.049/cm；此基础上砂滤池 UV$_{254}$ 平均去除率为 4.9%，UV$_{254}$ 值的范围为 0.018～0.048/cm；膜出水的 UV$_{254}$ 平均去除率为 1.2%，UV$_{254}$ 值的范围为 0.020～0.049/cm。超滤与砂滤在 UV$_{254}$ 的去除方面表现不佳。

4. 含氮化合物

一般天然地表水体和地下水体中氨的浓度较低，但被生活污水和某些废水所污染的水中氨氮的浓度会很高。氨含量过高会造成鱼类死亡，与氯气发生反应生成氯胺（一氯胺、二氯胺和三氯胺），加大氯气的耗量；同样会促使生成其他消毒副产

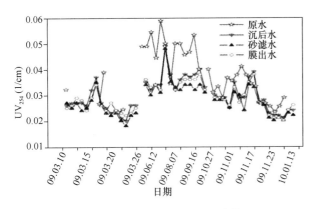

图 7-19　处理工艺中 UV_{254} 去除情况

物，威胁饮用水安全。实验考察了工艺对水中氮类污染物质的去除情况，以氨氮、亚硝酸盐氮和硝酸盐氮作为检测指标。

图 7-20 给出了水处理工艺中的氨氮的迁移和去除情况，如该图所示，砂滤池对氨氮的去除能力限值在 1.35mg/L 左右；在非暴雨期，砂滤池对于氨氮的去除效率约为 82%，在暴雨发生时去除效率下降为 30%（水源水暴雨后氨氮含量一度高过 5mg/L），故暴雨时期的砂滤出水氨氮（2.7～3.1mg/L）不能达到饮用水标准。本实验中超滤膜过滤没有显示出对氨氮具有去除作用。实验数据表明超滤膜对于氨氮的去除效果不及砂滤池。

砂滤对氨氮具有去除效果的原因可能是滤料的表面吸附和硝化细菌的生物降解作用。超滤膜由于孔径的限制，去除氨氮等小分子物质能力有限。要提高膜的去除效果，须与其他工艺相组合。

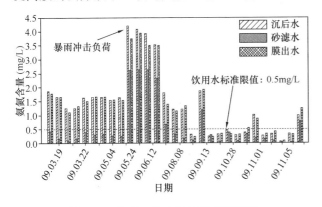

图 7-20　处理工艺中氨氮的去除情况

水中的亚硝酸盐不稳定，易在微生物或氧化剂的作用下转化为硝酸盐。硝酸盐和亚硝酸盐浓度高的饮用水可能对人体造成健康危害。图 7-21 给出了实验处理工艺中亚硝酸盐氮的去除情况。

国家新颁布《生活饮用水卫生标准》GB

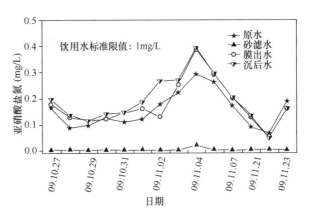

图 7-21　处理工艺中亚硝酸盐氮的去除情况

5749—2022 中，亚硝酸盐作为参考指标，其限值为 1mg/L。从图 7-21 中可看到砂滤池出水亚硝酸盐氮浓度小于 0.05mg/L；膜出水小于 0.5mg/L，二者均低于卫生标准限值 1mg/L。但砂滤池对亚硝酸盐氮的去除能力更强，化学安全性高于超滤膜出水。

砂表面的生物膜中累积的亚硝化细菌和硝化细菌会把水中的氨氮先转化成亚硝酸盐氮，再氧化成低毒性的硝酸盐氮。

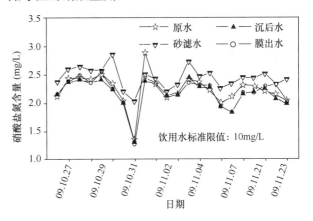

图 7-22　处理工艺中硝酸盐氮的去除情况

如图 7-22 所示，硝酸盐氮在不同处理单元出水中的含量比较可知，砂滤池出水中含量较之沉后水与超滤出水明显升高，这也验证了砂滤池中生物作用的存在。二者出水中的硝酸盐氮含量仍低于国家饮用水卫生标准限值：10mg/L。

5. 金属指标及硬度

一些研究表明，饮用水中铝含量过高会给人体健康带来不良影响。国家在 2006 年颁布的《生活饮用水卫生标准》GB 5749—2006 中将铝作为生活饮用水水质常规检测项目（其限值为 0.2mg/L）。

原水中 Fe 的含量较高，Mn 的含量不高。但为加强混凝作用，水厂人为投加高锰酸钾复合药剂，以强化混凝沉淀效果。

实验过程中进行的金属指标及硬度的检测结果见表7-6。数据表明砂滤池与膜出水中铁、锰和铝含量均满足饮用水卫生标准。

砂滤水/膜出水的部分水质对比　　表7-6

水样	Mn (mg/L)	Al (mg/L)	Fe (mg/L)	硬度 (mg/L CaCO₃)
原水	<0.02	0.020	0.65	62.5
沉后水	0.04	0.826	<0.05	48.8
砂滤水	0.02	0.019	<0.05	49.0
膜池浓缩水	0.19	3.450	0.92	—
膜出水	0.02	0.029	<0.05	47.2
GB 5749 限值	0.1	0.2	0.3	450

高的混凝剂投加量会导致沉后水中残铝含量升高，进而增加出厂水超标的风险。但本实验数据表明超滤及砂滤对残铝都有很好的去除作用。其去除机理可理解为：一方面占大部分的颗粒态铝的去除和除浊机理一样，在超滤及砂滤过程中容易被去除；另一方面，溶解态铝能与一些共存物形成络合物，与有机物一起被包裹在絮体内，进而被间接去除。

残余Fe、Mn：在本实验中的某过滤周期后期，膜池浓缩液中铁浓度为0.92mg/L，锰浓度为0.19mg/L，而膜出水铁浓度小于0.05mg/L（检测限），锰浓度小于0.02mg/L（检测限），可见超滤膜对Fe、Mn具有较好的去除效果。原水中的铁及后续投加的含锰药剂，会在铝水解产物絮凝体的作用下，在沉淀阶段较大部分被去除；而膜滤通过截留微小絮凝体的方式，使其得到去除。

7.3　超滤膜组件的优化和物理清洗对超滤运行的影响

7.3.1　原水水质、实验系统和运行条件

1. 实验原水

实验是在东莞水厂进行的，东江东莞段为该厂水源水，实验中膜反应器原水取自水厂混凝沉淀池出水，其主要水质指标见表7-7。

实验原水的主要水质指标　　表7-7

水质参数	东江水源水	混凝沉淀池出水
水温（℃）	15~20	15~20
pH	6.5~7.1	6.6~7.6

续表

水质参数	东江水源水	混凝沉淀池出水
浊度（NTU）	24~70	2.4~4.9
COD_Mn（mg/L）	1.60~2.50	0.89~2.10
DOC（mg/L）	1.59~2.12	0.74~1.53
UV₂₅₄（1/cm）	0.116~0.138	0.022~0.047
氨氮（mg/L）	0.92~1.91	0.21~0.88
亚硝酸盐氮（mg/L）	0.10~0.43	0.08~0.39
藻细胞浓度（个/L）	0.5~2.0×10⁷	0.1~0.4×10⁷

2. 中试超滤膜组件

在东莞水厂进行的中试实验中使用的膜组件包括帘式膜组件和方型膜组件。其中帘式膜组件中膜丝长度分别为2.00m和1.36m，有效膜面积分别为12.5m²和8.3m²；方型膜组件的长、宽和高分别为1.72m、0.215m和0.215m，有效膜面积为48m²。

3. 中试实验系统

实验有两套中试装置，其中安装帘式膜的反应器内，分三个并列反应池，根据需要安装不同长度膜，单个反应池的尺寸为3.10m×1.20m×0.2m，有效体积约为0.72m³，如图7-23所示；另一套反应器（内装方型膜组件）的尺寸为3.6m×0.3m×0.3m，有效体积约为0.30m³。

该水厂采用常规处理工艺：混凝沉淀—砂滤—氯消毒。东江水源水首先经过水厂的混凝沉淀池进行处理，混凝剂为聚合氯化铝，投加量为4.5mg/L（以Al³⁺计）。膜装置以混凝沉淀池出水作为实验原水，通过抽吸泵进入膜装置，出水进入清水箱。反应器侧面设有溢流口，因此在运行过程中，膜装置内液位高度恒定，以虹吸方式出水（其中帘式膜还可以重力流方式出水）。反应器底部均设有

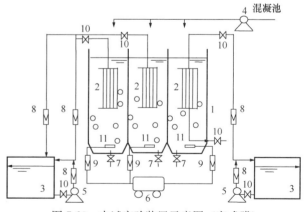

图7-23　中试实验装置示意图（帘式膜）

1—膜反应器；2—膜组件；3—清水箱（反冲洗水箱）；4—进水抽吸泵；5—反冲洗抽吸泵；6—空气压缩机；7—排泥口；8—液体流量计；9—气体流量计；10—阀门；11—曝气头

曝气装置，利用鼓风机通过安置于膜系统底部的穿孔管均匀向膜组件注入空气，进气量通过气体转子流量计控制。反冲洗水箱（侧面设溢流口）水则通过反冲洗泵从膜内向膜外进行逆向冲洗，膜装置内的污水可由反冲洗出水口排出。

从图 7-23 可见帘式膜组件可由上下两端出水，当采用虹吸方式出水时，关闭下端出水管，水通过虹吸作用从上部流出；当采用重力流时，关闭上端出水口，水在重力作用下由下端出水管流出，通过膜反应器侧面的穿孔管排出。

4. 运行条件

中试实验在东莞东城水厂进行。在对浸没式超滤膜处理受污染水源水效能和长期运行期间通量变化进行研究时，膜组件为帘式膜（长 1.36m，膜面积 8.3m²）。实验过程中采用虹吸方式出水，液位差（反应器内液面与出水管高度差）为 2.5m，反冲洗方式为每 24h 进行一次气水联合清洗，时间 5min，反冲洗水量为 1.2m³/h，冲洗气量为 2~3m³/h。

5. 反冲洗方案

实验中采用帘式膜组件反应器和膜组件，膜丝长均为 1.36m。液位恒高为 2.5m，五种不同的反冲洗方案见表 7-8，反冲洗水量和气量始终保持不变。

膜反应器反冲洗方案　　　表 7-8

方案	水洗周期 (h)	水量 (m³/h)	气洗周期 (h)	气量 (m³/h)	清洗时间 (min)
1	—		24		5
2	24		—		5
3	24	1.2	24	2~3	5
4	48		24		10
5	72		24		10

注：当气、水清洗时间重叠时，则气水同时进行清洗，且排泥只在水洗后进行。

7.3.2　超滤膜组件及运行条件的优化

1. 膜填充密度

在进行膜组件形式对通量影响的实验中，使用了帘式膜反应器和方型膜组件反应器进行对比实验，帘式膜反应器中膜长度为 2m。两个反应器的出水液位恒高为 2.5m。

实验中使用方型膜组件和帘式膜组件进行了对比，该方型膜反应器体积为 0.3m³，但膜面积达到 48m²；帘式膜反应器体积为 0.72m³，膜面积约为 12.5m²（2m 长度的膜），即方型膜反应器在单位体积内的膜过滤面积约为帘式膜反应器的 9 倍。

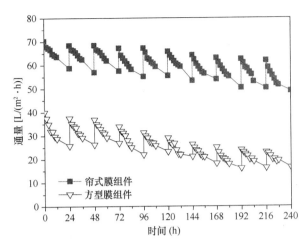

图 7-24　不同膜组件对通量变化的比较

从图 7-24 中可见，帘式膜和方型膜组件的初始通量分别为 70L/(m²·h) 和 40L/(m²·h)，但随着过滤时间的增加，方型膜组件的通量下降更为明显。反应器运行第 10 个周期的初始阶段通量值与初始值进行比较，帘式膜组件和方型膜组件下降幅度分别为 11.6% 和 42.5%。虽然方型膜组件节省了膜的安装空间，但于反冲洗和产水量而言十分不利。运行过程中帘式膜周期性清洗的通量恢复均超过 97%，而方型膜组件的平均值为 94.1%±0.02%。

利用帘式膜和方型膜组件中产水量与对应反应器的有效体积，计算得到实验初始阶段帘式膜和方型膜组反应器中的浓缩率分别约为 27.9 倍和 127.3 倍，在运行的最后一个周期其浓缩率分别降至为 24.1 倍和 76.8 倍，分别下降 13.6% 和 39.7%。分析认为填充密度越大，单位反冲洗周期内反应池内的浓缩倍数越高，膜污染越严重，反而造成产水量下降明显。膜组件运行过程中应设计合理的浓缩倍数，既保证出水通量，又能延缓膜污染程度。所以，后面的实验皆使用帘式膜。

2. 膜丝长度

对通量影响的实验中依然采用帘式膜装置，将长度分别为 2m 和 1.36m 帘式膜组件（膜面积分别为 12.5m² 和 8.3m²）安装在装置内的两个反应池中进行对比实验。出水液位高恒为 3.1m。

考虑该水厂中已有构筑物的空间限制，现场选取了膜丝长度分别为 1.36m 和 2m 膜进行实验，在其他运行条件一定时对比膜丝长度对产水量的影响，实验结果如图 7-25 所示。

从图 7-25 中可见，虽然初始通量一致，但随着过滤时间的增加，两种长度的膜丝产水量差距逐

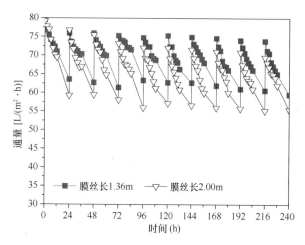

图 7-25 不同膜丝长度对通量变化的比较

渐明显，同一时间下 1.36m 膜通量均高于 2m 膜。在第 10 个周期的初始阶段，相比 1.36m 膜，2m 膜通量减少了 5.8%。分析认为单根长膜丝的膜面积较大，产水量较多，造成膜丝中水流速较高，水头损失较大，从而造成膜丝各点压差分布不均，致使其通量较短膜丝在一定程度上有所降低。

3. 物理清洗方式

在超滤运行过程中对膜组件进行周期性的物理清洗是缓解膜污染的有效手段。表 7-8 列出了五种水反冲洗和气冲洗的组合方式。在之前的实验中一直采用每 24h 气水反冲洗一次的方式，但从水厂运行角度考虑，适当地延长反冲洗周期一方面可以降低反冲洗耗水量，另一方面延长了膜运行周期有助于提高产水量。图 7-26 中为 5 种不同的清洗方式，重点研究延长水洗周期对通量变化的影响。

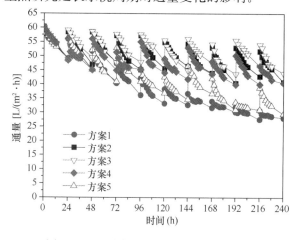

图 7-26 不同清洗方式对通量变化的比较

从图 7-26 中可见，气水同时清洗的效果明显优于其他清洗方式。总体来说，气水联合的清洗效果优于单一的清洗方式，这是因为随着过滤时间的

增加，被截留或吸附的污染物质在超滤膜表面形成的滤饼层逐渐增厚并变得紧密，单独的表面气冲或逆向水洗无法有效去除膜表面或孔内污染物；而气水同时使用时，逆向水洗一方面清除堵塞在膜孔的有机物，同时也使致密的滤饼层变得松散，此时曝气便可最大限度地冲刷膜表面污染物质。从图中还可看到，当水洗周期超过 48h 时，通量下降十分明显，相比方案 4（水洗周期 48h），在方案 5（水洗周期 72h）条件下实验结束时通量减少 27.2%。因此，在运行过程中可以适当延长水洗周期但不应超过 48h。通过计算得到方案 4 中单个水洗周期内浓缩率约在 26.1～30.1 之间，在此浓缩范围间，水洗能有效缓解膜污染。实验结果还证实，保持每 24h 单独水洗一次的效果与每 24h 气水同时清洗的效果接近，而长时间观察单独的气洗效果通量下降最为明显。因此，在实际应用中可适当延长气洗周期，不仅能够获得足够的产水量，同时能够在一定程度上降低能耗。

7.3.3 浸没式超滤膜处理受污染水源水的效能

1. 去除浊度的效能

浊度是出厂水重要水质指标之一，其表征的悬浮物、胶体是水中各种细菌、病毒和其他有机污染的载体，出水浊度的达标是提高水质安全性的首要保障。图 7-27 分析了浸没式超滤膜对浊度的去除并与同期砂滤池出水浊度进行了对比。实验结果证实，实验阶段东江水的浊度变化范围在 24～70NTU之间，经过混凝处理后降至 2.4～4.9NTU，可见混凝对东江水中颗粒物的去除十分有效。经膜处理后，出水浊度均低于 0.1NTU，去除率达到 99%以上；相反同期砂滤池出水浊度为 0.17±0.01NTU。

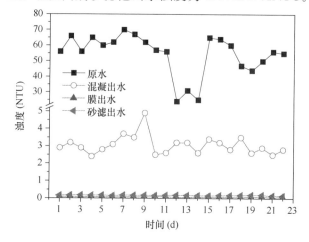

图 7-27 超滤膜与砂滤工艺除浊度效能比较

实验中所用 PVC 超滤膜的孔径为 0.01μm，因此通过截留作用能有效去除水中绝大部分悬浮物、胶体、细菌及大分子有机物质。实验结果证实，与砂滤池相比，浸没式超滤膜对浊度的去除具有很大的优势。在对滤后水进行消毒时可大幅降低消毒剂氯的使用量，从而减少了消毒副产物的生成量，有效地提高了水的生物安全性和化学安全性。

2. 去除 COD_{Mn} 的效能

图 7-28 通过 COD_{Mn} 分析了浸没式超滤膜对水体中总有机物的去除能力，并与同期的砂滤池进行了对比。如图 7-28 所示，实验期间东江水的 COD_{Mn} 浓度在 1.60～2.50mg/L 之间，混凝出水的 COD_{Mn} 变化范围在 0.89～2.10mg/L 之间，去除率达到 41.3%±9.9%。超滤膜对 COD_{Mn} 的去除率为 17.6%±12.6%，出水 COD_{Mn} 含量为 0.91±0.08mg/L，同时段砂滤池出水 COD_{Mn} 浓度为 0.84±0.07mg/L。膜工艺与砂滤池出水中 COD_{Mn} 含量相近。分析认为超滤膜对 COD_{Mn} 的去除主要是依靠膜表面的滤饼层以及膜自身吸附作用，由于膜孔径相对较大，因此只能过滤截留大分子物质，对小分子有机物的去除效果则相对较差。然而作为膜的预处理工艺，混凝很好地解决了这一问题，弥补了超滤膜对小分子有机物去除能力的不足，使最终膜出水 COD_{Mn} 达到《生活饮用水卫生标准》GB 5749 要求（≤3mg/L）。

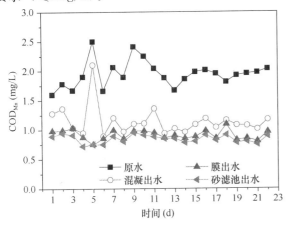

图 7-28　超滤膜与砂滤工艺除 COD_{Mn} 效能比较

3. 去除 DOC 的效能

图 7-29 为浸没式超滤膜去除 DOC 的能力并将其与砂滤池工艺进行了比较。

结果证实，混凝能有效去除水中溶解性有机物，对 DOC 去除能力达到 42.0%±9.9%，超滤对 DOC 的去除效果不高（17.4%±7.1%），主要是通过吸

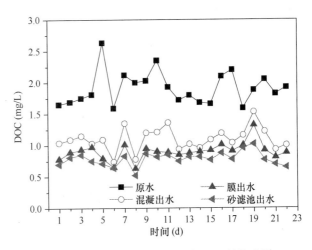

图 7-29　超滤膜与砂滤工艺除 DOC 效能比较

附和截留作用去除有机物质；砂滤对 DOC 的去除能力优于超滤，去除率为 27.8%±7.2%。

4. 去除 UV_{254} 的效能

作为表征水中具有芳香或共轭非饱和分子构型的有机化合物，UV_{254} 与三卤甲烷等消毒副产物生成量呈正比，直接关乎后续消毒工艺出水的消毒副产物浓度。从图 7-30 中可以看出，进水 UV_{254} 含量为 0.116～0.138/cm，混凝沉淀阶段对 UV_{254} 的去除率为 73.6%±5.1%，去除效果十分明显。砂滤池出水中 UV_{254} 含量低于超滤膜出水，后者对 UV_{254} 的去除率仅为 27.6%±9.6%；而同期砂滤池对 UV_{254} 的去除率达到 36.7%±11.7%。由此可见，混凝—超滤工艺中，UV_{254} 的去除主要依靠混凝沉淀，通过膜截留作用较难去除 UV_{254} 代表的小分子物质，但随着膜污染引起的阻塞现象不断加重，膜孔径会逐渐缩小，膜对有机物的去除能力将有所提高。

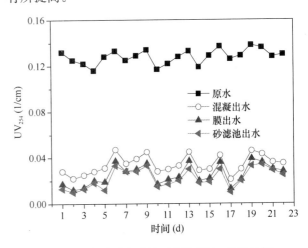

图 7-30　超滤膜与砂滤工艺除 UV_{254} 效能比较

5. 去除氨氮的效能

氨氮可以在亚硝酸盐菌的氧化作用下生成亚硝酸盐氮，之后在硝酸盐菌的进一步作用下生成硝酸盐氮，从而降低出水的氨氮浓度。作为水厂最为关注的水质指标之一，氨氮是水体富营养化的主要营养物质，出厂水中残留的氨氮会促进管网中细菌的生长繁殖，导致饮用水生物安全性降低。从图7-31中可以看出，进水氨氮浓度为0.92～1.91mg/L，经过混凝沉淀后降至0.55±0.15mg/L，去除率为62.1%±13.5%。在水溶液中部分氨氮会吸附在颗粒和（或）胶体物质表面，并随它们在混凝沉淀工艺中被去除。超滤膜出水氨氮值为0.50±0.13mg/L，对氨氮几乎没有去除作用。可以认为，超滤膜由于膜孔径的限制，截留氨氮等小分子物质能力几乎为零，而且由于运行条件的限制，亚硝酸盐菌均难以生长繁殖，很难通过生物作用除氨氮。值得注意的是，同期砂滤池出水中氨氮含量为0.07±0.02mg/L，去除率为86.7%±2.2%，为了证实砂滤池中确实存在生物作用，实验还分析了各工艺出水中亚硝酸盐氮的浓度变化情况。

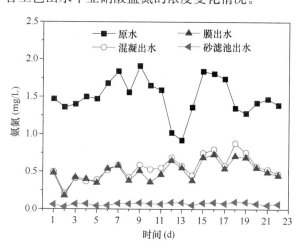

图7-31　超滤膜与砂滤工艺除氨氮效能比较

6. 去除亚硝酸盐氮的效能

图7-32中进一步对比了超滤膜与砂滤池对亚硝酸盐氮的去除能力。从图7-31中可见，原水中亚硝酸盐的浓度范围为0.10～0.43mg/L，混凝对亚硝酸盐氮的去除率为20.8%±9.0%。膜出水中亚硝酸盐氮的含量与混凝沉淀出水十分接近，膜对亚硝酸盐氮几乎没有去除效果；然而砂滤池出水中亚硝酸盐氮浓度为0.31±0.08mg/L，超过混凝沉淀池出水中的含量。进一步证实了砂滤池中在亚硝酸盐菌的生物作用下，水体中的氨氮被降解生成亚

硝酸盐氮。尽管PVC超滤膜对氨氮几乎没有去除能力，但由于混凝预处理工艺中能够去除原水中的部分氨氮，因此在本实验水质条件下膜出水基本达到国家标准。

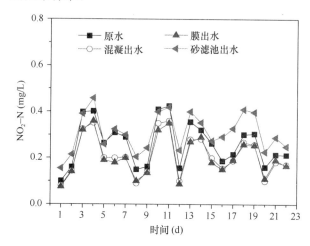

图7-32　超滤膜与砂滤工艺除亚硝酸盐氮效能比较

7. 去除藻细胞浓度的效能

东江水作为东莞市的饮用水源水，其富营养化现象一直是该自来水厂亟需解决的问题之一，因此，实验中还对浸没式超滤膜与砂滤池对藻细胞的去除能力进行了对比。实验结果如图7-33所示，原水中藻细胞浓度在$0.5×10^7$～$2.0×10^7$个/L之间，混凝预处理对藻细胞的去除能力虽然达到75.6%±7.4%，但出水中残留的藻细胞浓度依然达到$1.0×10^6$个/L。经过超滤工艺处理后，出水中观察不到藻细胞，PVC膜将藻细胞完全去除。砂滤对藻细胞的去除率超过70%，但出水中却依然存在着一定量的藻细胞（超过$1.3×10^5$个/L）。

实验证实了传统工艺在处理含藻水方面的局限性，为了保证藻细胞的完全去除，势必在处理工艺

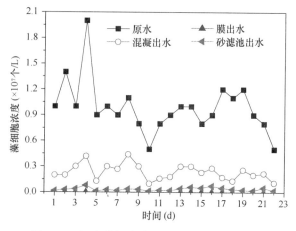

图7-33　超滤膜与砂滤工艺除藻细胞效能比较

中加大药剂的投加量以达到灭活藻细胞的效果，此过程中很可能破坏藻细胞的完整性，使藻细胞内溶物外泄，从而增大水中胞外有机物浓度，降低了水体的化学安全性，造成了二次污染。相反，采用混凝和超滤联用的工艺处理水源水则完全避免了上述情况的发生。

通过对浸没式超滤膜和同期砂滤池的出水水质进行对比，证实了超滤膜能够大幅提高对浊度和藻细胞的去除效果，而且膜出水中细菌总数为零。虽然超滤对有机物的去除能力相对较弱，但前期的混凝预处理很好地解决了这一问题，相比砂滤池，浸没式超滤膜更能保证出厂水水质。

7.3.4　长期运行期间通量的变化

经过之前有关浸没式超滤膜处理东江水的效能研究后，实验利用帘式膜反应器，在恒液位差2.5m，每24h气水反冲洗一次（期间无化学清洗）的条件下进行长期实验，观察通量变化情况。

从图7-34中可以看出，超滤膜初始运行通量70L/(m^2·h)，之后随着时间的增加，膜污染现象缓慢发生，第40个运行周期的初始通量为51L/(m^2·h)，下降幅度为27.1%。值得注意的是，在40d的运行时间内均未对膜进行化学清洗，仅依靠每24h反冲洗气冲的物理清洗方式维持，出水量却始终能维持在较高水平。在整个运行期间的物理清洗过程中，通量恢复率始终超过95%，清洗效果十分明显。混凝沉淀工艺起到了很好的预处理效果，不仅弥补PVC超滤膜工艺的不足之处（对有机物去除能力相对较低），而且对通量的下降起到了很好的缓解作用。实验结束后，采用300mg/L NaClO溶液对超滤膜进行维护性化学清洗，结果

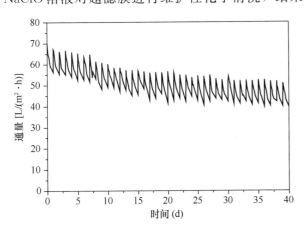

图7-34　浸没式超滤膜的通量变化

发现，通量恢复至65.5L/(m^2·h)，恢复率达到93.6%。

利用膜组件的产水量与对应反应器的有效体积，计算得到膜运行的第一个和最后一个周期反应器中的浓缩率分别约为18.5倍和13.6倍。由于本实验中通量能够在长时间内保持较高水平，具有十分重要的推广价值，因此将PVC浸没式超滤膜应用到其他不同水质时，可根据本实验中膜对主要污染物的去除能力和浓缩倍数关系计算得出适宜的运行参数，包括通量、反冲洗周期等。

实验结果证实了相比常规处理工艺，在水厂中采用混凝沉淀—超滤的工艺完全有能力保证相对稳定的产水量，同时确保出水的微生物安全性。因此，在实际改造中，将帘式超滤膜按一定填充密度安装在砂滤池内，提高出水水质的同时，产水量亦达到水厂要求。对于中国大部分既面临着资金短缺又急需升级改造的水厂而言，这一方法避免了兴建新的构筑物，节省了土地资源，所以浸没式PVC超滤膜技术在国内水厂拥有十分广阔的应用前景。

7.4　一体式粉末活性炭/超滤膜反应器（PAC/UF）工艺处理东江水中试实验研究

7.4.1　原水水质、中试实验系统和运行条件

1. 原水水质

东江水源水取自东江东莞段，该原水主要用于现场中试实验研究。东江水源水水质总体尚好，正常时期不超出《地表水环境质量标准》GB 3838—2002中规定的Ⅲ类水水质标准，但该水源水存在以下问题：

（1）原水受季节性污染严重：丰水期东莞市内纳污运河排洪和枯水期咸潮对东莞市供水影响很大，此时原水的浊度、氨氮、COD_{Mn}、氯化物、硫酸盐、铁、锰、pH、总碱度、阴离子合成洗涤剂等项目的监测值都有所增加。实验所在的东莞市某水厂受排洪和咸潮影响较严重，一年中有数十天因出水水质不达标而被迫停产。

（2）嗅味问题：原水中硫醇硫醚类致嗅物质使原水中异嗅异味严重。

（3）微量有机物风险：东江作为典型的微污染

水源，原水中存在藻毒素、内分泌干扰物等微量有机物的可能性较大，风险较高。

（4）氨氮、亚硝酸盐、锰等时有超标：丰水期城市排洪造成水源污染，引起氨氮、亚硝酸盐、锰等污染物浓度超标。

（5）水质稳定性较差：水源的硬度和碱度较低，水中微生物数量较多、微型水生动物滋生较快。

东莞市属水厂主要采用常规水处理工艺（混凝—沉淀—过滤—消毒），该工艺无法有效应对原水的这些水质问题。因此，本研究通过现场中试实验考察了一体式 PAC/UF 工艺升级改造常规砂滤工艺的可行性，以应对目前东江水原水的这些水质问题。

实验期间（2～4月），东江处于枯水期，原水以及水厂沉淀池出水的水质见表7-9，可以看到尽管原水中有机物的含量不高，但是氨氮浓度较大，且硬度和碱度较低。

实验期间东江水原水及经混凝沉淀之后原水水质　　表7-9

项目	原水	沉淀池出水
浊度（NTU）	39.1 ± 6.5	1.77 ± 0.38
COD_{Mn}（mg/L）	1.98 ± 0.29	1.53 ± 0.21
UV_{254}（1/cm）	0.027 ± 0.004	0.020 ± 0.003
NH_4^+-N（mg/L）	$1.00+0.13$	0.70 ± 0.33
NO_2^--N（mg/L）	0.12 ± 0.02	0.21 ± 0.06
硬度（以 $CaCO_3$ 计，mg/L）	50 ± 8	—
碱度（以 $CaCO_3$ 计，mg/L）	37.2 ± 4.6	31.5 ± 2.8
Fe（mg/L）	1.3 ± 0.3	0.037
Mn（mg/L）	0.06 ± 0.01	0.027

2. 超滤中试实验系统

本实验中，浸没式中空纤维膜超滤中试装置用于考察一体式 PAC/UF 工艺的净水效能。该中试装置安装在东莞市东江水务第二水厂沉淀池旁，采用沉淀池出水为中试的进水，膜中试装置工艺流程图如图7-35所示。实验装置由膜池、帘式膜组件、抽吸泵、鼓风机、反冲洗泵、曝气系统、控制系统等组成。其中，膜组件为外压式中空纤维膜组件，PVC 材质，由海南立昇生产，膜丝内/外径 0.85mm/1.45mm，截留分子量为 50kDa，总有效膜面积为 100m²；铁制膜池的有效容积约为 1.2m³；膜组件出水端压力由压力传感器自动采集

并记录；整个系统的运行由 PLC 自动控制。

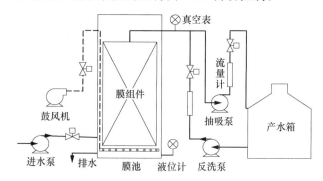

图7-35　浸没式中空纤维超滤膜中试实验装置示意图

该中试装置的运行，过滤时，沉淀池出水通过进水泵进入膜池，膜池水在出水离心泵的抽吸作用下，由外向内透过中空纤维超滤膜，然后通过集水管道流入产水箱。反冲洗时，在反冲洗离心泵的作用下，产水箱的清水由内向外从超滤膜丝流出；同时鼓风机开启，超滤膜在气泡和反向水流的共同作用下得到有效的清洗。PAC 利用蠕动泵直接投加于膜池（连续投加）。

3. 运行条件

实验期间，先运行一体式 PAC/UF 工艺 21d，药洗，然后运行单独超滤工艺。其中，运行单独超滤工艺的工况为：通量 30L/（m²·h），过滤 1h，气水反冲洗 30s，反冲洗强度 70L/（m²·h），气洗曝气量为 50m³/（m²·h）（以膜组件底面积计算）。回收率为 95%，即每次反冲洗后排液 0.15m³。

该装置运行一体式 PAC/UF 工艺的工况为：PAC 连续投加到膜池中，PAC 投加量为 20mg/L；为防止 PAC 的沉淀，在过滤过程中间歇曝气（开/停：2.5min/15min），曝气量 50m³/（m²·h）（以膜组件底面积计算）；其他运行工况与单独超滤工艺相同。

7.4.2　PAC/UF 工艺的净水效能

1. 对浊度和颗粒数的去除

图7-36 比较了一体式 PAC/UF、普通砂滤池和单独超滤对沉淀池出水浊度的去除效果。在实验运行期间，沉淀池出水浊度为 1.77 ± 0.38NTU，一体式 PAC/UF 工艺出水浊度为 0.041 ± 0.010NTU，单独超滤出水浊度为 0.041 ± 0.009NTU，水厂砂滤池出水浊度为 0.076 ± 0.012NTU。可以看到，与砂滤池相比，一体式 PAC/UF 工艺明显提高了浊度的去除效果。一体式 PAC/UF 和单独超滤出

水浊度基本一致，这说明 PAC 的投加不影响超滤膜出水的浊度，其主要原因是超滤对水中颗粒物的去除主要依靠物理筛分作用，而 PAC 的粒径远大于超滤膜孔径，所以在膜池中投加 PAC 对超滤膜出水浊度没有影响。

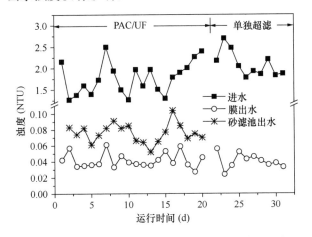

图 7-36　一体式 PAC/UF、普通砂滤池和单独超滤对沉淀池出水浊度的去除效果

图 7-37 为一体式 PAC/UF 工艺出水和水厂砂滤池出水颗粒数比较。沉淀池出水中大于 2μm 的颗粒数量为 5187±847 个/mL，且主要集中在 2～5μm（约占颗粒总数的 80%）；一体式 PAC/UF 工艺出水中大于 2μm 的颗粒数量为 13±8 个/mL，并且基本检测不出大于 10μm 的颗粒；水厂滤池出水中大于 2μm 的颗粒数量为 86±32 个/mL，基本检测不出大于 20μm 的颗粒。从浊度和颗粒数的去除效果可以看出，和水厂砂滤相比，一体式 PAC/UF 工艺对浊度和颗粒数都有良好的去除效果，较大程度提高了出水的生物安全性。

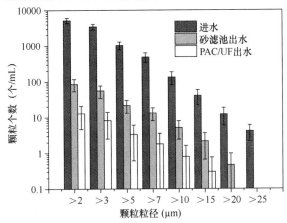

图 7-37　一体式 PAC/UF 工艺出水和水厂砂滤池出水对颗粒数的去除效果

在实验期间，超滤膜丝有一处破损，所以在单独超滤情况下，膜出水颗粒数为 40 个/mL 左右，而用同样的膜进行一体式 PAC/UF 工艺实验时，膜出水颗粒数低于 20 个/mL。这说明 PAC 的投加反而会使出水颗粒数减少。这是因为投加 PAC 后，膜池中颗粒物浓度大大增加，在过滤的过程中，膜池中颗粒物（主要是 PAC）在膜表面快速形成滤饼层，自动"修补"破损膜丝。

图 7-38 给出了在过滤周期（一个过滤周期为 1h）中，一体式 PAC/UF 工艺出水颗粒数的变化。可以看到，在反冲洗之后，颗粒数很高，但是过滤 4～5min 后，颗粒数快速降到 20 个/mL 以下，之后基本保持稳定。该现象与前人的结果是一致的。反冲洗时，在水流和气泡的作用下，膜表面滤饼层脱落或松动，滤饼层对破损膜丝的"修补"功能被破坏，所以反冲洗之后颗粒数很大。反冲洗之后，随着过滤的进行，滤饼层再次形成，其"修补"功能恢复，膜出水颗粒物达到正常水平。

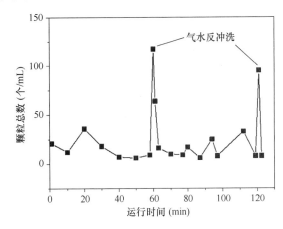

图 7-38　在过滤周期中一体式 PAC/UF 工艺出水颗粒数的变化

2. 对有机物的去除

图 7-39 对比了一体式 PAC/UF、单独超滤和普通砂滤池对沉淀池出水 COD_{Mn} 的去除效果。水厂沉淀池出水的 COD_{Mn} 为 1.53±0.21mg/L，一体式 PAC/UF 工艺出水 COD_{Mn} 为 1.21±0.22mg/L，去除率 21.0%±9.9%。水厂滤池出水 COD_{Mn} 为 1.70±0.16mg/L，滤池出水 COD_{Mn} 比进水高。

对水样中 $NO_2^- -N$ 的监测发现，沉淀池出水中含有较高浓度的 $NO_2^- -N$（0.21±0.06mg/L），且一体式 PAC/UF 出水和水厂滤池出水均发生 $NO_2^- -N$ 的累积（一体式 PAC/UF 出水 $NO_2^- -N$ 为 0.31±0.11mg/L，水厂滤池出水 $NO_2^- -N$ 为 0.45±

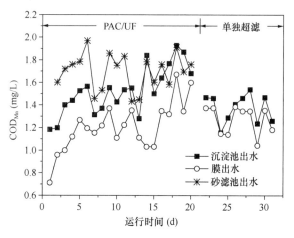

图7-39 一体式PAC/UF、单独超滤和普通砂滤池对沉淀池出水COD_{Mn}的去除效果

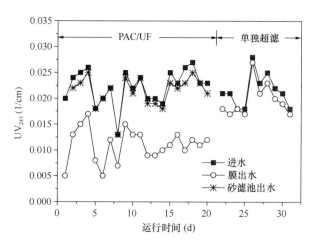

图7-40 一体式PAC/UF、单独超滤和普通砂滤池对沉淀池出水UV_{254}的去除效果

0.09mg/L，均高于进水）。在COD_{Mn}的测定过程中，$NO_2^- -N$消耗部分$KMnO_4$，使测定结果偏高。所以一体式PAC/UF工艺的COD_{Mn}去除率较低，这也导致水厂滤池出水COD_{Mn}高于滤池进水。假如按照O：N=16：14，也就1mg $NO_2^- -N$消耗1.14mg COD_{Mn}来计算，扣除$NO_2^- -N$的影响，一体式PAC/UF对不含亚硝酸盐部分COD_{Mn}的去除率为33.7%±11.1%，砂滤池不含亚硝酸盐部分COD_{Mn}的去除率为8.8%±8.7%。

同时从图7-39中单独超滤工艺的实验结果可以看出，单独超滤对COD_{Mn}去除效果不明显。中试进水COD_{Mn}为1.37±0.13mg/L，出水为1.27±0.13mg/L，去除率仅为7.6%±4.6%。这是因为超滤主要是依靠物理筛分作用去除污染物，本实验所用超滤膜截留分子量为50kDa，沉淀池出水由于经过了混凝沉淀，大分子有机物较少，所以单独超滤对COD_{Mn}去除效果不明显。实验期间，单独超滤工艺中未发现有明显的生物作用，基本不存在$NO_2^- -N$对COD_{Mn}测定的影响。

图7-40为一体式PAC/UF、单独超滤和普通砂滤池对沉淀池出水UV_{254}去除效果的比较。沉淀池出水UV_{254}为0.020±0.003/cm，一体式PAC/UF出水UV_{254}为0.010±0.003/cm，去除率为51.0±10.7%；滤池出水UV_{254}为0.020±0.003/cm，去除率为4.4%±2.6%。单独超滤进水UV_{254}为0.021±0.003/cm，出水UV_{254}为0.020±0.003/cm，去除率为8.6%±5.6%。

PAC吸附对UV_{254}表征的有机物有很好的去除效果，所以一体式PAC/UF表现出较高的

UV_{254}去除率。研究发现UV_{254}与THMs具有一定的相关性，可作为氯化消毒副产物前体物的替代指标。一体式PAC/UF工艺对UV_{254}有较高去除率，因此能控制出水氯化消毒副产物的生成，提高饮用水的化学安全性。

扣除$NO_2^- -N$对COD_{Mn}测定的影响，比较一体式PAC/UF和单独超滤的处理效果，可以认为一体式PAC/UF工艺中PAC吸附去除COD_{Mn}约25%，而超滤截留去除COD_{Mn}约为8%。PAC吸附去除UV_{254}超过40%，而超滤截留去除UV_{254}不到10%。因此投加PAC使一体式PAC/UF工艺对有机物去除大幅度提升。

由不同工艺对COD_{Mn}和UV_{254}的去除效果可知，水厂砂滤池主要靠介质截留和生物作用去除污染物，对有机物去除效果不明显；由于大部分的有机物大小都小于超滤膜孔径，所以单独超滤往往也不能有效去除有机物；而一体式PAC/UF充分发挥了PAC的吸附作用和超滤优良的物理筛分作用，从而能有效去除有机物。

3. 对氨氮的去除

图7-41为一体式PAC/UF、单独超滤和普通砂滤池对沉淀池出水$NH_4^+ -N$的去除效果比较。沉后水$NH_4^+ -N$为0.75±0.25mg/L，一体式PAC/UF出水$NH_4^+ -N$为0.60±0.25mg/L，去除率为18.6%±14.2%；滤池出水$NH_4^+ -N$为0.04±0.04mg/L，去除率为90.8%±16.0%。对于单独超滤，进水$NH_4^+ -N$为0.79±0.16mg/L，出水$NH_4^+ -N$为0.74±0.15mg/L，去除率为7.4%±5.9%。

东江水源水水温较高，砂滤池在长期运行中，

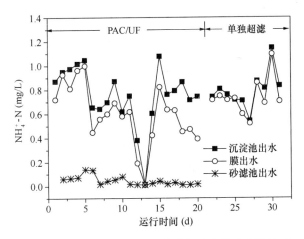

图 7-41　一体式 PAC/UF、单独超滤和普通砂滤池对
沉淀池出水氨氮的去除效果

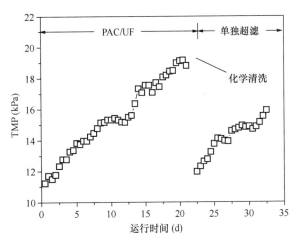

图 7-42　膜系统运行过程中 TMP 变化

滤料表面会形成生物膜，所以砂滤对 NH_4^+-N 有一定的去除效果。但是去除的氨氮大部分转化为 NO_2^--N，滤池出水会发生 NO_2^--N 的累积。由于单独超滤和一体式 PAC/UF 运行时，颗粒物（包括 PAC、颗粒悬浮物和微生物等）在膜池的平均停留时间仅为 8h 左右，小于硝化细菌繁殖的世代周期，故 NH_4^+-N 的去除效果不明显，并且基本都转化成 NO_2^--N，进出水 NO_3^--N 浓度基本不变，因此可认为一体式 PAC/UF 工艺的膜池中生物硝化作用很微弱。为了进一步提高该工艺对氨氮的去除效果，需要提高颗粒物在膜池的停留时间，增加膜池硝化细菌的量。

4. PAC/UF 工艺膜污染的特性

在实验期间，一体式 PAC/UF 工艺运行了 21d，TMP 由 11.2kPa 上升至 18.8kPa，TMP 平均增长速率为 0.36kPa/d；单独超滤运行了 10d，TMP 由 12.0kPa 上升至 15.9kPa，TMP 平均增长速率为 0.39kPa/d。可以看到，一体式 PAC/UF 和单独超滤在实验工况条件下均能稳定运行，二者膜污染速率差别不大，如图 7-42 所示。从一体式 PAC/UF 工艺对有机物的去除效能可知，PAC 吸附去除了大约 30% 的有机物。但是 PAC 的投加并未明显缓解膜污染，这是因为大部分被 PAC 吸附的有机物对膜污染的影响不大，同时沉积在膜上的 PAC 与有机物存在协同污染作用。

按照水温 20℃、运行初期 TMP=12kPa、TMP 上限 50kPa（即跨膜压差达到 50kPa 时进行化学清洗）计算，用一体式 PAC/UF 处理沉淀池出水，可以维持运行 3 个月左右化学清洗一次。

7.4.3　粉末活性炭停留时间对一体式 PAC/UF 工艺的影响

由上述的实验结果可以看出，尽管一体式 PAC/UF 工艺对有机物有很好的去除效果，但是它对氨氮的去除效果不佳。这主要是由于 PAC 在膜池的平均停留时间仅为 8h 左右，小于硝化细菌繁殖的世代周期，硝化细菌无法在膜池增殖。因此，在本节实验中，延长了 PAC 在膜池的停留时间，考察不同 PAC 停留时间（2d、4d、6d 和 8d）下，一体式 PAC/UF 工艺对氨氮和有机物的去除效果及其膜污染特性。

本实验中，PAC 通过蠕动泵连续投加到膜池中，投加量为 20mg/L；间歇曝气（开/停：1min/4min），曝气强度为 50m³/(m²·h)；当 PAC 停留时间为 2d 和 4d 时，通量为 30L/(m²·h)，而当 PAC 的停留时间为 6d 和 8d 时，为了控制膜污染，将通量降低到 20L/(m²·h)；PAC 停留时间为 2d 时，过滤周期为 60min，其他工况下，为了控制膜污染，将过滤周期缩短为 30min；反冲洗时间为 1min；实验期间水温为 23.9～26.9℃。

1. 粉末活性炭停留时间对氨氮去除的影响

不同 PAC 停留时间下，一体式 PAC/UF 工艺进出水氨氮和亚硝酸盐氮浓度变化如图 7-43 所示。可以看到，当 PAC 停留时间只有 2d 时，一体式 PAC/UF 工艺对氨氮的去除效果并不好，进水氨氮只被去除了 54.9%，并且被去除的氨氮只有部分被转化成硝酸盐氮（58.8%），出水出现亚硝酸盐累积的问题。当 PAC 停留时间提高到 4d 时，氨氮的去除率提高到 76.6%，出水亚硝酸盐累计的问题也有所缓解。当 PAC 停留时间变为 6d 时,一体式 PAC/UF 工艺可以去除 2.9mg/L 的氨氮。当 PAC 停留时间继续提高到 8d 时,一体式 PAC/UF 工艺对氨氮的去除效果进一步提升,已可以应对 3.3mg/L 的氨氮冲击负荷。因此,一体式 PAC/UF 工艺对氨氮的去除效果随着 PAC 停留时间的增加而增加。Leveille 等人也得到类似的实验结果。在本实验原水水质条件下,PAC 的停留时间维持到 4~6d 即可保证出水氨氮达标。在一体式 PAC/UF 工艺中,生物硝化作用是氨氮去除的主要途径。提高 PAC 的停留时间有利于硝化细菌的增长和累积,因此提高了一体式 PAC/UF 工艺对氨氮的去除效果。

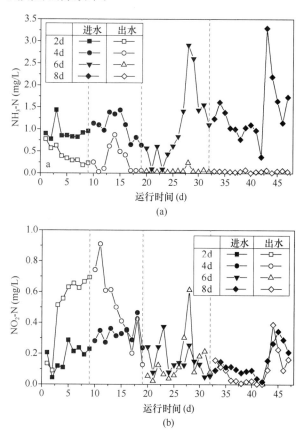

图 7-43 不同粉末活性炭停留时间下（2d、4d、6d 和 8d）一体式 PAC/UF 工艺对氨氮和亚硝酸盐氮的去除效果

（a）一体式 PAC/UF 工艺对氨氮的去除效果；

（b）一体式 PAC/UF 对亚硝酸盐氮的去除效果

需要注意的是,硝化作用对水温很敏感,氨氮的去除效果会随着温度的降低而降低。在一体式 PAC/UF 运行过程中,当水温较低时,可适当提高 PAC 的停留时间,并加大膜池中 PAC 的投加量,以减小低温对氨氮去除效果的影响。

2. 粉末活性炭停留时间对有机物去除的影响

不同 PAC 停留时间下,一体式 PAC/UF 工艺进出水 COD_{Mn} 变化如图 7-44（a）所示。当 PAC 的停留时间为 2d、4d、6d 和 8d 时,COD_{Mn} 的平均去除率分别为 9.52%、28.80%、41.40% 和 47.20%。在实验期间,进水 COD_{Mn} 有较大变化,PAC 停留时间越长,工艺对 COD_{Mn} 波动的抵抗力越好。当 PAC 的停留时间为 2d 和 4d 时,COD_{Mn} 的去除效果较差,这主要是由于出水出现亚硝酸盐累积的问题（图 7-43b）,而亚硝酸盐可以被 $KMnO_4$ 氧化,从而导致出水 COD_{Mn} 检测值升高。

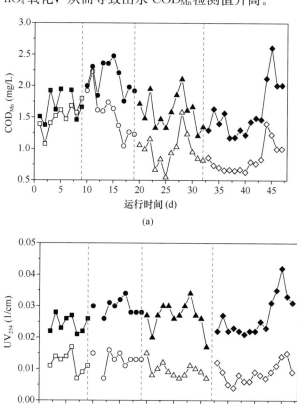

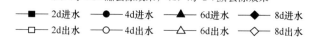

图 7-44 不同粉末活性炭停留时间下（2d、4d、6d 和 8d）一体式 PAC/UF 工艺对 COD_{Mn} 和 UV_{254} 的去除效果

（a）对 COD_{Mn} 去除效果；（b）对 UV_{254} 去除效果

同 PAC 停留时间下,一体式 PAC/UF 工艺进出水 UV_{254} 变化如图 7-44（b）所示。可以看到,出水 UV_{254} 随着进水 UV_{254} 的变化而变化。当 PAC 的停留时间为 2d、4d、6d 和 8d 时,一体式 PAC/UF 工艺对 UV_{254} 的去除率分别为 51.3%、56.4%、65.9% 和 68.2%。UV_{254} 可以用来衡量水

中不饱和或芳香性有机物的量，一般这些有机物比较容易被 PAC 吸附。

根据 COD_{Mn} 和 UV_{254} 的去除效果可以看出，随着 PAC 停留时间增加，有机物的去除效果更好。这主要是由于以下几个原因：（1）尽管 PAC 的投加量不变，但是膜池中 PAC 的浓度随着 PAC 停留时间的延长而增加，因此吸附了更多的有机物；（2）生物降解作用随着 PAC 停留时间的延长而加强，这样强化了可生物降解有机物的去除效果；（3）当 PAC 停留时间较长时，生物作用可以降解部分已被 PAC 吸附的有机物，生物活性炭吸附性能也有所恢复。总之，在不同 PAC 停留时间下，一体式 PAC/UF 工艺对有机物均有较好的去除效果，有机物的去除率随着 PAC 停留时间的增加而增加。

3. 粉末活性炭停留时间对膜污染的影响

不同 PAC 停留时间下，一体式 PAC/UF 工艺跨膜压差的变化如图 7-45 所示。当 PAC 停留时间为 2d 和 4d 时，工艺的通量为 20L/(m^2 · h)；当 PAC 停留时间变为 6d 和 8d 时，工艺的通量为 15L/(m^2 · h)。在 PAC 停留时间为 6d 的初期，由于通量的变化，跨膜压差有所下降。当 PAC 的停留时间为 2d、4d、6d 和 8d 时，跨膜压差的增长速率分别为 0.44kPa/d、0.91kPa/d、0.38kPa/d 和 0.56kPa/d。考虑通量降低，可以认为膜污染随着 PAC 停留时间的延长而加剧。Leveille 等人也发现当 PAC 的停留时间从 0d 增加到 60d 时，膜污染速率不断增加。但是，当采用膜生物反应器（membrane bioreactor，MBR）处理市政污水时，低污泥停留时间下，系统产生更多的胞外聚合物（extracellular polymeric substance，EPS，一种主要的膜污染物质），从而导致更严重的膜污染。在本实验中，膜污染随着 PAC 停留时间的增加而加剧的原因主要有：（1）随着 PAC 停留时间的延长，浓缩液的排放量减少，膜池中累积了更多的膜污染物质；（2）随着 PAC 停留时间的延长，生物作用也不断加强，导致微生物产生更多的胞外聚合物；（3）随着 PAC 停留时间的延长，浓缩液中悬浮固体含量也增加，这可能会导致膜堵塞（membrane clogging）。

随着 PAC 停留时间从 2d 增加到 8d，氨氮和有机物的去除效果不断提升，膜污染速率也随之升高。因此，存在一个优化的 PAC 停留时间（既能保证出水水质，又能最大限度控制膜污染），该停

留时间随着进水水质的变化而变化。在本实验中，PAC 停留时间可选为 4～6d。

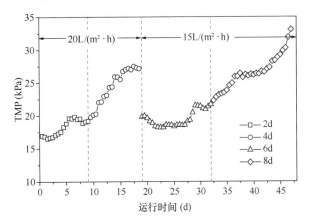

图 7-45　不同粉末活性炭停留时间下（2d、4d、6d 和 8d）一体式 PAC/UF 工艺的跨膜压差变化

7.4.4　曝气方式对一体式 PAC/UF 工艺的影响

曝气对一体式 PAC/UF 工艺有重大影响，一方面曝气可以擦洗膜表面，控制膜污染；另一方面曝气可以防止 PAC 沉淀。但是，曝气能耗较高，会大幅度增加一体式 PAC/UF 工艺的运行成本。本节试图采用间歇曝气来降低一体式 PAC/UF 工艺运行中的曝气能耗。

实验中间歇曝气取曝气 1min，停止 4min。本节首先考察 PAC 的沉降特性，讨论间歇曝气对膜池中悬浮 PAC 的量的影响；然后考察不同曝气方式对一体式 PAC/UF 工艺除污染特性、膜污染以及能耗的影响。

1. 粉末活性炭的沉降特性

在一体式 PAC/UF 工艺中，需要曝气来保证 PAC 维持悬浮状态。因此，当采用间歇曝气时，部分 PAC 会在曝气间隔内沉淀。为了讨论间歇曝气下 PAC 的沉淀情况，需考察 PAC 的沉降特性。实验中将中试膜池水位调节至水深为 2.4m。投加 PAC，使膜池内混合液中 PAC 浓度为 400mg/L。曝气使 PAC 混合均匀，然后停止曝气，测量膜组件顶部（水深 0.4m）不同时间点 PAC 的浓度（采用浊度来测定）。图 7-46 为停止曝气后，膜组件顶部 PAC 浓度随时间变化。可以看出，在静置的前 10min，PAC 浓度迅速降低至初始浓度的 1/3，但是之后 PAC 浓度缓慢下降，如果初始浓度按照 400mg/L 计算，则此时膜组件顶部的 PAC 仍有 100mg/L 左右。这种现象可能是细小的 PAC 不容

易沉淀造成的。

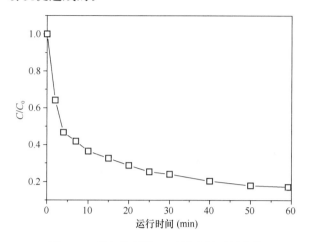

图 7-46　膜组件顶端 PAC 浓度随时间变化

从 PAC 的沉降曲线可以看出，只要保持一定的时间曝气一次，就可以维持膜池中一定的 PAC 浓度，也即在一体式 PAC/UF 工艺中可以采取间歇曝气防止 PAC 沉淀。本实验中间歇曝气取曝气 1min，停止 4min。从图中可以看出，当曝气间隔取 4min 时，膜组件顶端 PAC 浓度大于 46% 初始 PAC 浓度，可以保证膜池中悬浮 PAC 的量。

2. 曝气方式对一体式 PAC/UF 除污染效能的影响

表 7-10 为连续曝气和间歇曝气下中试对污染物的去除效果。从表中可以看出，一体式 PAC/UF 对颗粒物有良好的去除效果，出水浊度小于 0.05NTU，大于 $2\mu m$ 颗粒数小于 27 个。不同的曝气方式对浊度的影响不大，连续曝气使出水颗粒数略有增加。这主要是由于膜池中颗粒物（主要是 PAC）可在膜表面形成滤饼层，自动"修补"破损膜丝，而在连续曝气中，气泡不停擦洗滤饼层，一定程度削弱了该作用，导致出水颗粒物升高。

另外，相对于间歇曝气，连续曝气情况下一体式 PAC/UF 工艺对 COD_{Mn} 和 UV_{254} 去除效果更好。显然，与连续曝气相比，间歇曝气会导致部分 PAC 沉淀，无法发挥吸附作用；同时，连续曝气可以充分搅动混合液，使膜池中水与 PAC 更加充分地接触，提高传质效率。因此，连续曝气工况下，一体式 PAC/UF 工艺对有机物的去除效果略好。但是由于大部分 PAC 并未沉淀，因此在不同曝气方式下，有机物去除效果的差别并不十分显著。

水质指标	进水	连续曝气		间歇曝气	
		出水	去除率（%）	出水	去除率（%）
浊度（NTU）	1.70 ± 0.46	0.041 ± 0.009	97.6 ± 0.5	0.040 ± 0.005	97.7 ± 0.3
$>2\mu m$ 颗粒数	4900 ± 915	17 ± 10	99.6 ± 0.2	11 ± 7	99.8 ± 0.1
UV_{254}（1/cm）	0.021 ± 0.004	0.010 ± 0.004	52.2 ± 22.8	0.011 ± 0.003	47.6 ± 14.4
COD_{Mn}（mg/L）	1.37 ± 0.19	1.08 ± 0.08	21.8 ± 5.8	1.09 ± 0.10	20.7 ± 7.3

连续曝气和间歇曝气下一体式 PAC/UF 工艺的除污染效能　　　　表 7-10

总体看来，在连续曝气和间歇曝气下，一体式 PAC/UF 工艺对颗粒物、UV_{254} 和 COD_{Mn} 的去除效果差别并不十分明显，采用间歇曝气并不会大幅度改变一体式 PAC/UF 工艺对污染物的去除效能。

3. 曝气方式对膜污染的影响

图 7-47 为连续曝气和间歇曝气情况下跨膜压差的变化情况，其中跨膜压差的波动是水温变化导致的。可以看到连续曝气情况下 TMP 增长明显慢于间歇曝气。在连续曝气情况下，气泡不停擦洗超滤膜表面，膜丝也会在曝气过程中抖动，因此抑制滤饼层的形成，从而减缓了膜污染。

相对于间歇曝气，连续曝气可以一定程度上减轻膜污染，同时连续曝气情况下一体式 PAC/UF 工艺去除有机物效果也略好。但是，间歇曝气可以

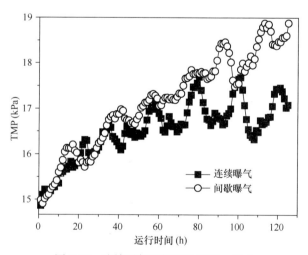

图 7-47　连续曝气和间歇曝气下一体式
PAC/UF 工艺跨膜压差的变化

节约成本。综合考虑一体式 PAC/UF 工艺的膜污染、除污染效能和运行成本，可以看出，对于 PAC/UF 工艺，间歇曝气更加经济合理。

7.4.5 一体式 PAC/UF 工艺对嗅味物质的应急处理效能

饮用水嗅味是引起用户投诉的主要问题，所以尤其受到供水企业的关注。本实验所处理的东江水源水，除了存在季节性高氨氮问题，还存在嗅味问题。李勇等人针对东江水源水嗅味问题的来源进行了详细的研究，结果表明主要的嗅味物质有土臭素（geosmin，GSM）、2-甲基异莰醇（2-methylisorboneol，2-MIB）和醇硫醚类物质（如甲硫醇、乙硫醇、甲硫醚、二甲二硫醚、二甲三硫醚等）。

对于土臭素和 2-甲基异莰醇，大量的研究表明 PAC 吸附对其有很好的去除效果。有实验表明，去除 100ng/L 的土嗅素需要投加 20mg/L 的 PAC；去除 100ng/L 的 2-甲基异莰醇需要投加 40mg/L 的 PAC。在一体式 PAC/UF 工艺中，可以随意调节 PAC 投加量，PAC 可以在工艺系统中维持一个很高的浓度，因此该工艺可以有效应对土嗅素和 2-甲基异莰醇引起的嗅味问题。

对于硫醇硫醚类嗅味物质，PAC 对其吸附效果不好。在本实验中，当进水甲硫醚浓度为 107μg/L，PAC 投加量为 20mg/L，甲硫醚的去除率不到 50%。因此，当进水中硫醇硫醚类嗅味物质浓度过高时，不能保证出水达标。

嗅味物质都是易挥发的物质，能够通过吹脱工艺部分去除。事实上，吹脱工艺已经广泛应用于挥发性有机物（volatile organic compounds，VOCs）的去除，美国 EPA 将吹脱工艺作为去除挥发性有机物的最佳方法。曝气系统是浸没式一体式 PAC/UF 工艺必不可少的组成部分，因此通过曝气系统吹脱可能可以去除部分嗅味物质，该方法操作简单，响应速度快，可用于嗅味物质的应急处理。

本书主要探讨一体式 PAC/UF 工艺中的曝气系统吹脱去除嗅味物质的能力。由于该工艺可以有效去除土嗅素和 2-甲基异莰醇，因此实验中只考察曝气系统吹脱去除硫醇、硫醚类嗅味物质的效能。实验在中试装置中进行，选用甲硫醚作为硫醇、硫醚类嗅味物质的代表，其阈值为 10μg/L。

实验条件：膜池水深 2.1～2.2m，曝气系统设在膜池底部，穿孔曝气管曝气，气孔孔径 3mm。连续曝气，曝气量为 50m³/(m²·h)，HRT 为 20min，不投加 PAC，水温 17.1℃。

不同进水浓度甲硫醚的去除效果如图 7-48 所示，可以看到，吹脱明显能去除一定量的甲硫醚。随着进水甲硫醚浓度降低，甲硫醚的去除率不断升高，但是去除量减少。该现象可以利用稳态情况下气液之间传质的"双膜理论"解释。当甲硫醚进水浓度为 90μg/L 时，曝气可吹脱 60% 的甲硫醚，考虑 20mg/L PAC 可去除约 50% 的甲硫醚，因此可保证出水甲硫醚浓度低于 10μg/L。

由上面的讨论可知，一体式 PAC/UF 工艺对土臭素和 2-甲基异莰醇有很好的去除效果，对硫醇硫醚类嗅味物质去除效果不佳。利用工艺的曝气系统吹脱，可以有效增加工艺对嗅味物质的去除效果。值得注意的是，曝气吹脱只是将水中嗅味物质转移到空气中，最好只将其作为应急处理手段。

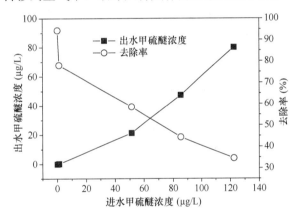

图 7-48 一体式 PAC/UF 工艺曝气系统对甲硫醚的去除效果

与其他超滤组合工艺一样，一体式 PAC/UF 工艺依靠超滤膜的截留作用，可以高效去除水中颗粒物和病原微生物，保证出水的生物安全性。同时，一体式 PAC/UF 工艺对有机物也有较好的去除效果，PAC 的投加量可以根据进水水质状况而调整，随着 PAC 的投加量从 0 增加到 30mg/L，有机物的去除率可从 8% 提高到 60%。对于进水中的氨氮污染，需要提高 PAC 的停留时间，依靠硝化作用去除，当 PAC 停留时间为 0.3～6d 时，一体式 PAC/UF 工艺可以去除 0.1～3mg/L 的氨氮。对于嗅味污染，一体式 PAC/UF 工艺可以有效解决土臭素和 2-甲基异莰醇引起的嗅味问题；通过工艺的曝气系统的吹脱作用，可以处理一定浓度硫醇硫醚类物质引起的嗅味问题。在一体式 PAC/

UF 工艺，PAC 的投加量和停留时间可以根据进水水质调整，在应对突发性污染和季节性污染方面，该工艺有一定的优势。因此，一体式 PAC/UF 可以灵活有效地应对原水中各种水质污染，可用于解决我国目前饮水水质安全问题。

对于水厂常规净水工艺（混凝—沉淀—过滤—消毒）的升级改造，可直接将滤池单元改造成一体式 PAC/UF 工艺。对水厂的升级改造中，不仅不增加用地，同时在一定的膜填装密度和通量下，其单位土地面积产水量可以比滤池高，所以还可以增加改造后水厂的产水规模。

总的说来，一体式 PAC/UF 可有效处理受污染水源水，其出水生物安全性高，不带来副产物问题，适用于水厂的升级改造。

7.5 一体式 PAC/UF 工艺中粉末活性炭与有机物对超滤膜的复合污染研究

7.5.1 实验装置

1. 平板超滤小试装置

本研究采用平板超滤小试装置考察模型污染物的污染行为及机理，该系统主要由 Amicon 8400 超滤杯（Millipore，美国）、压力传感器、蠕动泵和数据采集系统组成（图 7-49）。其中，超滤杯的容积为 400mL，使用 PES 平板超滤膜（美国 pall 生产，截留分子量 100kDa，接触角 58.2°，直径 76mm），通量为 150L/($m^2 \cdot h$)。除特别说明外，过滤采用"死端恒通量过滤"模式，即在过滤过程中，超滤杯不搅拌，且通量保持不变。

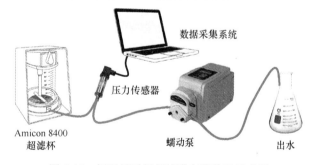

图 7-49　恒通量平板超滤膜实验装置示意图

在过滤过程中，超滤杯出水端在蠕动泵的抽吸作用下产生负压，该负压驱使超滤杯中的待滤液透过超滤膜。超滤杯出水端压力可通过压力传感器和

数据采集系统自动记录（每 10s 采集一次），利用该数据可以计算出超滤膜跨膜压差变化。

2. 浸没式中空纤维膜超滤小试装置

本实验采用浸没式中空纤维膜超滤小试装置考察水中有机物的膜污染特性，并探讨 PAC 预吸附对膜污染的影响，其实验装置如图 7-50 所示。该装置由进水系统、膜池、膜组件、出水系统、曝气系统、数据采集系统和控制系统组成。其中，进水系统采用恒水位水箱控制进水水量，并维持膜池液位；膜组件采用自制的浸没式中空纤维膜组件，PVDF 材质（海南立昇生产，截留分子量 100kDa，接触角 60.6°，内/外径 0.85mm/1.44mm），膜面积 25cm²；出水及超滤膜反冲洗由蠕动泵控制；膜组件出水端压力由压力传感器自动采集并记录于电脑上，每 10s 采集一次；整个系统运行由可编程控制器（PLC）自动控制。

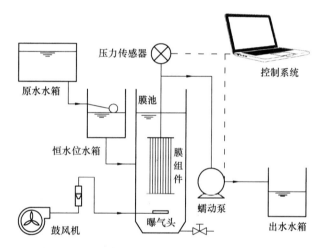

图 7-50　浸没式中空纤维超滤小试实验装置示意图

该小试装置采用恒通量运行。膜池水在蠕动泵抽吸作用下，由外向内透过中空纤维超滤膜，然后流入出水水箱。反冲洗时，蠕动泵反转，出水水箱的清水从膜丝内向外流出；同时鼓风机开启，超滤膜在气泡和反向水流的共同作用下得到有效的清洗。

该装置运行一体式 PAC/UF 工艺的工况为：通量 60L/($m^2 \cdot h$)，过滤 28min 反冲洗 2min，反冲洗通量为 90L/($m^2 \cdot h$)。当投加 PAC 时，该装置间歇曝气（开/停：1min/4min），曝气量 1.6L/min。

本书主要研究 PAC 在与超滤膜相互接触情况下，PAC 与有机物一起造成的复合污染。实验中首先考察在对实际水体和模型污染物（腐殖酸、牛血清蛋白和海藻酸钠）过滤过程中，PAC 是否会与有机物产生复合污染，然后以腐殖酸为代表，考

察 Ca^{2+}、PAC 投加量及 PAC 粒径对复合污染的影响，并讨论了复合污染的机理。

7.5.2　粉末活性炭与有机物对超滤膜的复合污染

1. 实际水体中有机物与粉末活性炭对超滤膜的复合污染

本文主要考察原水和经过混凝沉淀之后的原水中有机物与 PAC 对超滤膜的复合污染。实验中采用东江东莞段水源水作为进水。原水水质：浊度为 8.9～25.2NTU（由于原水置于水箱，24h 更换一次水，故浊度变化较大），COD_{Mn} 为 2.53～2.69mg/L，UV_{254} 为 0.037～0.041/cm，水温为 25.7～28.5℃。沉淀池出水水质：浊度为 1.7～2.8NTU，COD_{Mn} 为 1.74～1.90mg/L，UV_{254} 为 0.021～0.023/cm。

实验中采用浸没式中空纤维超滤小试装置。实验工况：一直抽吸且不排放浓缩液，通量 20L/($m^2 \cdot h$)；间歇曝气，开/停：1min/4min，曝气量 1.6L/min；PAC 一次性投加到膜池，PAC 投加量为 3g/L（相对膜池浓缩液体积计算）。

投加 PAC 前后，原水和沉淀池出水跨膜压差的增长情况如图 7-51 所示。由于过滤过程中无水力反冲洗，膜污染增长较快。图 7-51 中跨膜压差的波动是由水温的变化而导致的。对于原水，投加 PAC 后，膜污染先有所降低；但是过滤 16h 以后，投加 PAC 情况下超滤膜的跨膜压差超过了未投加 PAC 下超滤膜的跨膜压差。经过混凝沉淀之后，沉淀池出水中有机物的量和性质与原水不相同，其膜污染速率较原水也大幅度降低，但是投加 PAC 对超滤膜污染的影响与直接过滤原水的情况类似，都是在过滤

初期缓解膜污染，在过滤后期加剧膜污染。

表 7-11 对实验后超滤膜污染阻力进行分析。结果发现，本实验中膜污染主要是滤饼污染（＞81.1%），膜孔堵塞污染只占很小一部分。对比投加 PAC 前后污染阻力的变化可以发现，PAC 可以一定程度上缓解膜孔堵塞污染，但是大幅度增加了滤饼污染。

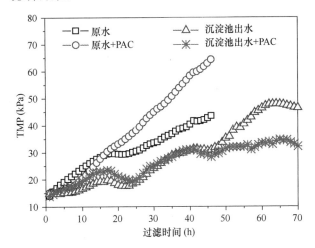

图 7-51　超滤和一体式 PAC/UF 工艺过滤后
原水和沉淀出水跨膜压差增长情况

由前可知，PAC 可以吸附一定量的膜污染物质。本实验发现在过滤初期，PAC 缓解膜污染；而在过滤的后期，PAC 加剧膜污染；同时 PAC 可以大幅度增加滤饼阻力。这个结果说明 PAC 与水中有机物存在协同污染，在过滤的初期，协同污染作用不强，且 PAC 可以吸附一定量的膜污染物质，所以 PAC 可以缓解膜污染；在过滤的后期，PAC 的吸附作用减弱，而协同污染作用增强，所以 PAC 加剧膜污染。

膜污染阻力分布　　　　　　　　表 7-11

膜污染阻力（$\times 10^{11}$/m）	原水	原水＋PAC	沉淀池出水	沉淀池出水＋PAC
总阻力	8.59	14.29	8.23	4.76
滤饼阻力	6.97 (81.1%)	13.27 (92.9%)	7.66 (93.1%)	4.24 (89.1%)
膜孔堵塞阻力	1.62 (18.9%)	1.02 (7.1%)	0.57 (6.9%)	0.52 (10.9%)

注：括号中数值为该部分阻力占总阻力的百分比。

2. 模型有机物与粉末活性炭对超滤膜的复合污染

上述实际水体中天然有机物与 PAC 之间存在复合污染。但是，天然有机物组成十分复杂，不同有机物与 PAC 之间的相互作用不同。所以，有必要考察天然有机物中不同组分与 PAC 对超滤膜的

复合污染。腐殖酸、蛋白质和多糖通常被认为是天然有机物的重要组成部分，也被认为是三种重要的膜污染物质。本实验中采用 Adrich 腐殖酸、牛血清蛋白和海藻酸钠分别代表腐殖酸、蛋白质和多糖类物质。

本实验中采用平板超滤小试装置。在过滤过程

中，先过滤300mL待滤液（不搅拌），然后进行水力清洗（搅拌桨以500r/min的转速搅拌剩下的50mL浓缩液2min），最后过滤100mL对应的背景溶液确定膜污染的可逆性。在过滤的过程中还测定20～50mL，50～100mL，100～150mL，150～200mL，200～250mL，250～300mL出水中腐殖酸的浓度，以确定腐殖酸的透过率（由于牛血清蛋白和海藻酸钠较难定量，所以只给出了过滤过程中腐殖酸的透过率）。在过滤前，PAC（50mg/L）和有机物先吸附1h。实验中，总污染和水力不可逆污染分别用总污染指数和水力不可逆污染指数来衡量。

通常在讨论复合污染的时候，会将污染物一起造成的膜污染同不同污染物造成的膜污染进行比较。对于PAC与有机物引起的复合污染，应该比较PAC和有机物的混合液（PAC＋有机物）的膜污染与PAC和PAC吸附后有机物膜污染之和。但是由于PAC粒径较大，其本身造成的膜污染可以忽略，因此这里只比较PAC与有机物混合液与PAC吸附后有机物造成的膜污染。

3. 腐殖酸

图7-52给出了腐殖酸（HA）、PAC吸附后的腐殖酸、PAC与腐殖酸的混合液在0mmol/L或0.5mmol/L Ca^{2+}浓度下的膜污染。可以看到，当溶液中存在Ca^{2+}时，膜污染指数显著增加，同时膜污染的可逆性也大大降低，这是由于Ca^{2+}能够与腐殖酸产生络合作用，使滤饼层更加致密。PAC吸附后腐殖酸的膜污染指数只比腐殖酸的膜污染指数略低，这说明PAC吸附只能一定程度上缓解膜污染。该现象是由于PAC倾向于吸附那些在超滤膜污染起到次要作用的小分子物质。在后续的研究中，将忽略PAC吸附对膜污染的影响。

当溶液中存在Ca^{2+}时，PAC与腐殖酸混合液的总污染指数和水力不可逆污染指数大大高于PAC吸附后腐殖酸的总污染指数和水力不可逆污染指数，这说明PAC和腐殖酸对超滤膜存在协同污染。当溶液中不存在Ca^{2+}时，尽管二者在总污染中存在协同污染；但是在水力不可逆污染中，协同污染并不明显（PAC＋腐殖酸的水力不可逆污染指数只是比PAC吸附后腐殖酸的水力不可逆污染指数略高）。

图7-53给出了在过滤过程中腐殖酸的透过率。经过1h预吸附后，后续过滤PAC＋腐殖酸混合液中（约30min），PAC仍会吸附腐殖酸，但是其吸附量很小（<1.5%），所以在过滤PAC＋腐殖酸时，可认为混合液中腐殖酸浓度不变。从图7-53中可以看出，在过滤初期腐殖酸的透过率较低，这是过滤初期超滤膜的吸附作用引起的；随着过滤的进行，腐殖酸的透过率渐渐达到稳定。当溶液中存在Ca^{2+}时，腐殖酸的透过率显著降低，这是由于Ca^{2+}可以与腐殖酸络合，从而促进腐殖酸的聚集。不管是溶液中有无Ca^{2+}，经PAC吸附后，腐殖酸的透过率大约下降了15%，这说明PAC主要吸附能够透过超滤膜的腐殖酸。对比PAC与腐殖酸的混合液与PAC吸附后腐殖酸二者的透过率可以看出，当溶液中存在Ca^{2+}时，PAC的存在对腐殖酸的透过率影响不大；而当溶液中无Ca^{2+}时，

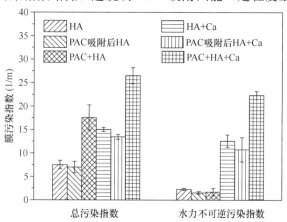

图7-52　腐殖酸、PAC吸附后的腐殖酸、PAC＋腐殖酸的膜污染

注：腐殖酸浓度为10mg/L，粉末活性炭投加量为50mg/L，Ca^{2+}浓度为0mmol/L或0.5mmol/L。

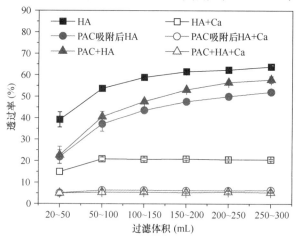

图7-53　腐殖酸、PAC吸附后的腐殖酸、PAC＋腐殖酸的膜污染和腐殖酸的透过率

注：腐殖酸浓度为10mg/L，粉末活性炭投加量为50mg/L，Ca^{2+}浓度为0mmol/L或0.5mmol/L。

PAC 的存在显著升高了腐殖酸的透过率。

4. 牛血清蛋白

牛血清蛋白（BSA）、PAC 吸附后的牛血清蛋白、PAC 与牛血清蛋白的混合液（PAC＋BSA）的在 0mmol/L 或 0.5mmol/LCa^{2+} 浓度下的总污染和水力不可逆污染如图 7-54 所示。牛血清蛋白造成的膜污染比腐殖酸造成的膜污染轻，但是其膜污染的可逆性较差。牛血清蛋白的分子量为 67kDa，而实验中超滤膜的截留分子量为 100kDa，因此牛血清蛋白能够透过超滤膜，它主要通过膜孔窄化作用来加剧膜污染。膜孔窄化造成的膜污染较难通过水力清洗消除，所以牛血清蛋白造成的膜污染的可逆性较差。水中的 Ca^{2+} 可以促进牛血清蛋白在膜上的吸附，因此当水中加入 0.5mmol/LCa^{2+}，牛血清蛋白的膜污染加剧。

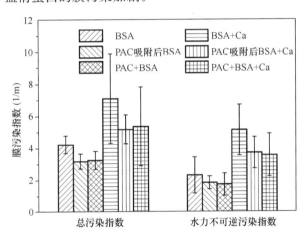

图 7-54　牛血清蛋白、PAC 吸附后的牛血清蛋白、PAC＋牛血清蛋白的膜污染

注：牛血清蛋白浓度为 2mg/L，粉末活性炭投加量为 50mg/L，Ca^{2+} 浓度为 0mmol 或 0.5mmol/L。

不论水中有无 Ca^{2+}，经过 PAC 吸附后，牛血清蛋白的总污染指数和水力不可逆污染指数均有所降低。这主要是由于 PAC 能够吸附一部分的牛血清蛋白，减少水中牛血清蛋白的量，从而减缓膜污染。

对比 PAC 与牛血清蛋白混合液和 PAC 吸附后牛血清蛋白的膜污染可知，不论是总污染还是水力不可逆污染，PAC 吸附后牛血清蛋白均与 PAC＋牛血清蛋白差别不大。这说明与腐殖酸不同，牛血清蛋白与 PAC 对超滤膜的复合污染不显著。

5. 海藻酸钠

海藻酸钠（SA）、PAC 吸附后的海藻酸钠、PAC 与海藻酸钠的混合液（PAC＋SA）在

0mmol/L 或 0.5mmol/L Ca^{2+} 浓度下的总污染和水力不可逆污染如图 7-55 所示。相对于腐殖酸和牛血清蛋白，海藻酸钠可造成更严重的膜污染。海藻酸钠分子量一般大于本实验中超滤截留分子量（100kDa），所以大部分海藻酸钠被截留在超滤膜表面，形成滤饼层污染。与腐殖酸和牛血清蛋白不同的是，当溶液中存在 Ca^{2+} 时，海藻酸钠的总污染指数有一定程度的降低，这个是由于 Ca^{2+} 能够促进海藻酸钠集聚，增大海藻酸钠的粒径，使海藻酸钠形成的滤饼层更为疏松。但是 Ca^{2+} 使海藻酸钠膜污染的可逆性大大降低（水力不可逆污染指数升高）。不论水中有无 Ca^{2+}，经过 PAC 吸附后，海藻酸钠的总污染指数和水力不可逆污染指数均无明显降低。PAC 对亲水性海藻酸钠的吸附效果较差，它不能有效降低水中海藻酸钠的量，所以 PAC 吸附不能有效缓解海藻酸钠的膜污染。

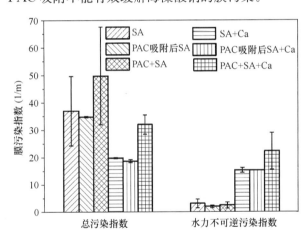

图 7-55　海藻酸钠、PAC 吸附后的海藻酸钠、PAC＋海藻酸钠的膜污染

注：海藻酸钠的浓度为 2mg/L，粉末活性炭投加量为 50mg/L，Ca^{2+} 浓度为 0mmol/L 或 0.5mmol/L。

对比 PAC 吸附后海藻酸钠的膜污染和 PAC＋海藻酸钠混合液的膜污染可知，不论是总污染还是水力不可逆污染，PAC 与海藻酸钠混合液的膜污染均大于 PAC 吸附后海藻酸钠的膜污染。这说明同腐殖酸类似，海藻酸钠与 PAC 对超滤膜存在显著的复合污染。

腐殖酸、牛血清蛋白和海藻酸钠的性质各异，它们造成的膜污染的机理各不相同，因此它们与 PAC 形成的复合污染也有所不同。其中，PAC 与腐殖酸和海藻酸钠有较强的复合污染，而与牛血清蛋白复合污染不明显。这说明复合污染与有机物的性质和复合污染的机理有关。由于腐殖酸在天然有

机物中的含量大，且较为容易检测，所以后续实验采用腐殖酸作为模型有机物，探讨 PAC 与有机物的复合污染的影响因素及机理。

7.5.3 复合污染的影响因素

1. 粉末活性炭投加量对复合污染的影响

PAC 投加量对 PAC 和腐殖酸的复合污染的影响如图 7-56 所示，从图中可以看出，不论是有无 Ca^{2+}，总污染指数都随着 PAC 投加量的增加而增加；当 PAC 投加量大于 100mg/L 时，其增幅有所缓减。Tian 等人考察了不同粒径石英颗粒与腐殖酸的复合污染，也发现总污染指数随着颗粒浓度的增加而增加。当水中无 Ca^{2+} 时，由于腐殖酸引起的水力不可逆污染不明显，所以 PAC 投加量对水力不可逆污染影响不大。

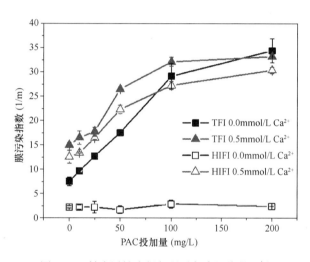

图 7-56　粉末活性炭投加量对复合污染的影响

注：TFI：总污染指数；HIFI：水力不可逆污染指数；腐殖酸浓度为 10mg/L。

PAC 投加量对腐殖酸去除率的影响如图 7-57 所示，从图中可以看出，当 PAC 投加量低于 50mg/L 时，PAC 吸附去除腐殖酸的量随着 PAC 投加量的增加而增加；当 PAC 投加量高于 50mg/L 时，PAC 吸附去除腐殖酸的量基本不变。超滤膜截留去除腐殖酸的量随 PAC 投加量的变化趋势也类似。造成这些结果的主要原因是 PAC 只能吸附去除一部分分子量较小的腐殖酸。复合污染随着 PAC 的投加量的增加而加剧，而腐殖酸的去除效果也随着 PAC 的增加而提升，因此在一体式 PAC/UF 工艺中，存在一个优化的 PAC 投加量。在本实验中，该优化投加量为 20～50mg/L。

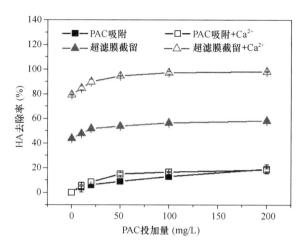

图 7-57　粉末活性炭投加量对腐殖酸去除效果的影响

注：腐殖酸浓度为 10mg/L。

2. 粉末活性炭粒径对复合污染的影响

PAC 粒径对 PAC 和腐殖酸的复合污染的影响如图 7-58 所示。可以看到，不管是水中有无 Ca^{2+}，总污染指数和水力不可逆污染指数均随着 PAC 粒径的增大而减小。特别是 d_{50} 为 69.4 μm 的 PAC，它与腐殖酸的混合液的总污染指数和水力不可逆污染指数只是比 PAC 吸附后腐殖酸的略高。这些结果均表明增大 PAC 粒径可以减轻 PAC 和腐殖酸的复合污染。

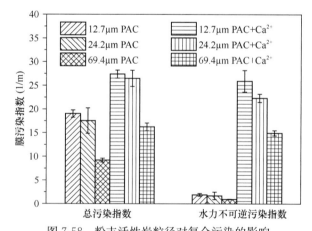

图 7-58　粉末活性炭粒径对复合污染的影响

注：腐殖酸浓度为 10mg/L，粉末活性炭投加量为 50mg/L，Ca^{2+} 浓度为 0mmol/L 或 0.5mmol/L。

当水中无 Ca^{2+} 时，69.4 μm、24.2 μm 和 12.7 μm 的 PAC 吸附去除的腐殖酸的比例分别为 13.1％、14.9％，16.2％；而当水中存在 0.5mmol/L Ca^{2+} 时，69.4 μm、24.2 μm 和 12.7 μm 的 PAC 吸附去除的腐殖酸的比例分别为 17.4％，20.5％，20.8％。随着 PAC 粒径的增大，从活性炭表面到其内部空隙的距离增长，腐殖酸更难扩散到其内部孔隙中，因此

PAC 吸附的腐殖酸的量随着其粒径的增大而不断减少。但是,在一体式 PAC/UF 工艺中,PAC 可以维持较长的停留时间,PAC 的吸附容量可以被充分利用,因此可以一定程度上消除 PAC 粒径对吸附效能的影响。

PAC 粒径对过滤过程中腐殖酸的透过率的影响如图 7-59 所示。当水中存在 0.5mmol/L Ca^{2+} 时,由于小粒径的 PAC 能吸附更多可透过超滤膜的腐殖酸,因此腐殖酸的透过率随着 PAC 粒径的降低而降低。与之相反,当水中无 Ca^{2+} 时,尽管粒径小的 PAC 也能吸附更多的腐殖酸,但是腐殖酸的透过率反而随着 PAC 粒径的降低而升高。

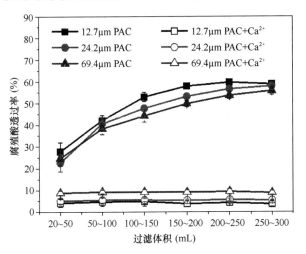

图 7-59　粉末活性炭粒径对腐殖酸透过率的影响
(腐殖酸浓度为 10mg/L,粉末活性炭投加量为 50mg/L,
Ca^{2+} 浓度为 0mmol/L 或 0.5mmol/L)

7.5.4　复合污染的机理

根据前人的研究,无机颗粒物与有机物的复合污染的机理主要有:(1)有机物吸附在无机颗粒上,改变无机颗粒的表面性质,从而影响无机颗粒的膜污染阻力;(2)抑制膜污染物的逆向扩散作用,增加膜表面上膜污染物的量;(3)膜污染物在形成滤饼层过程中的空间位阻效应,从而改变滤饼层结构。

1. 吸附腐殖酸后粉末活性炭滤饼阻力的变化

腐殖酸在 PAC 表面的吸附改变了 PAC 的 Zeta 电位和粒径,因此有可能改变 PAC 的滤饼阻力,从而影响复合污染。为了证实这个猜测,实验中采用 0.45μm 的膜测定 PAC 吸附腐殖酸前后的比阻(采用 Lee 等人的实验方法;由于腐殖酸能透过 0.45μm 膜,所以未被吸附的腐殖酸不影响 PAC 比阻的测定)。实验结果如图 7-60 所示,从图中可以看出,不管是水中有无 Ca^{2+} 离子,吸附腐殖酸前后 PAC 的比阻并没有明显变化。导致这一结果的主要原因是吸附腐殖酸之后,PAC 的相对粒径变化并不大,因此 PAC 比阻变化不大。另外,由于 PAC 的粒径较大,PAC 本身的比阻就很小(大约比腐殖酸小 5 个数量级)。因此,尽管腐殖酸吸附在 PAC 表面改变了 PAC 的表面性质,但是该变化对复合污染并无太大影响。从测定 PAC 比阻的实验中还可以得到,当只有 PAC 被截留在膜表面时,复合污染并不显著;只有当 PAC 和腐殖酸共同被截留在膜表面形成滤饼层时,才产生显著的复合污染。因此,在 PAC 和腐殖酸的复合污染中,"改变颗粒物表面性质"这个作用并不显著。

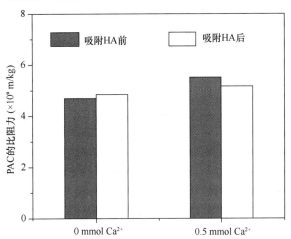

图 7-60　吸附腐殖酸前后 PAC 的比阻

2. 抑制逆向扩散

一般来讲,在过滤的过程中,由于水流的拖拽作用,污染物会朝向膜表面迁移;但是由于布朗运动和水流的剪切扰动,污染物也会朝浓缩液迁移,该现象被称为污染物的逆向扩散。污染物的逆向扩散可以减少膜表面污染物的量,从而减轻膜污染。当颗粒物在膜表面形成一个滤饼层的时候,由于有机物在该滤饼层中反向迁移更加困难,因此颗粒物的滤饼层可能会抑制有机物的逆向扩散,该现象被称为抑制逆向扩散作用(图 7-61)。在过滤 PAC 和腐殖酸的混合溶液时,PAC 滤饼层也有可能抑制腐殖酸的逆向扩散。

逆向扩散作用会减少膜表面污染物浓度,因此有可能改变污染物的透过率。由于搅拌可以促进污染物的逆向扩散,所以实验中比较了在过滤过程中搅拌(~100r/min)和不搅拌情况下腐殖酸的透过率(图 7-62)。当溶液中无 Ca^{2+} 时,搅拌情况下腐

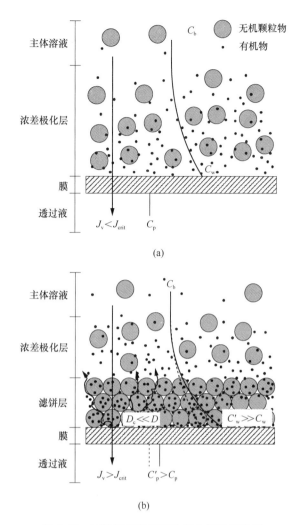

(a)

(b)

图 7-61　滤饼层抑制有机物逆向扩散示意图

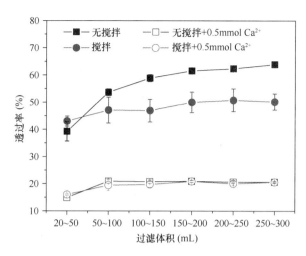

图 7-62　过滤 10mg/L 腐殖酸溶液过程中搅拌
（~100r/min）和不搅拌下腐殖酸的透过率

殖酸的透过率低于不搅拌情况下腐殖酸的透过率。由于搅拌可以促进腐殖酸的逆向扩散，因此可以得出：增强腐殖酸逆向扩散可以降低腐殖酸的透过率。这个现象主要是由于逆向扩散降低了膜表面腐殖酸的浓度，而腐殖酸在无 Ca^{2+} 的情况下，是线性结构，所以腐殖酸在膜表面的浓度越大，透过膜的腐殖酸越多。当溶液中存在 0.5mmol/L Ca^{2+} 时，由于腐殖酸基本都不可逆地沉积在膜表面，很难逆向扩散到主体溶液中，所以过滤过程中是否进行搅拌对腐殖酸的透过率影响不大。通过对搅拌和不搅拌情况下腐殖酸的透过率的比较可以看出，腐殖酸透过率增加可以作为逆向扩散作用减弱的证据。

从前可知，当水中不存在 Ca^{2+} 时，"PAC＋腐殖酸"的透过率要比"PAC 吸附后腐殖酸"的透过率要高，这说明在过滤 PAC 和腐殖酸的混合液的时候，腐殖酸在膜表面的浓度更高。因此，可以

认为 PAC 滤饼层阻碍了腐殖酸的逆向扩散。即在水中不存在 Ca^{2+} 时，在 PAC 和腐殖酸形成的复合污染中，存在抑制逆向扩散作用。

前已叙及，当水中存在 Ca^{2+} 时，大多数腐殖酸都不可逆地沉积在膜表面，腐殖酸的逆向扩散不明显，所以 PAC 滤饼层对逆向扩散的影响也不大，PAC 和腐殖酸的混合液与 PAC 吸附后腐殖酸中腐殖酸的透过率差别不大。

3. 空间位阻效应

腐殖酸比 PAC 小很多，当 PAC 和腐殖酸的混合液一起过滤时，腐殖酸可以填充到 PAC 颗粒的缝隙之间，这样形成的滤饼层更加密实，滤饼阻力更大。同时，PAC 增大了滤饼层的厚度。这样 PAC 和腐殖酸一起形成的滤饼层比二者单独形成的滤饼层的阻力要大，这个被称为空间位阻效应。

在前面的实验中，复合污染随着 PAC 的粒径的减小而增大，这个可以通过空间位阻效应解释：粒径小的 PAC 可以形成一个更致密的滤饼层，腐殖酸填充后，阻力会更大。从对空间位阻效应的描述可知，腐殖酸的总体积与 PAC 颗粒间缝隙的总体积之比是影响该效应的一个关键因素，当腐殖酸刚好填满所有的 PAC 缝隙的时候，空间位阻效应最大。复合污染随着 PAC 投加量的增加而增加，这是由于 PAC 颗粒之间的缝隙随着 PAC 投加量的增加而增加，而腐殖酸的总体积基本保持不变。当 PAC 投加量较低时，PAC 颗粒之间缝隙总体积小于腐殖酸的总体积，所以复合污染随着 PAC 投加量的升高而升高；当 PAC 投加量继续升高之后，PAC 颗粒之间缝隙总体积大于腐殖酸的总体积，

这时复合污染随着 PAC 投加量升高得并不明显。

　　本实验发现了 PAC 和腐殖酸的复合污染中存在一些特殊的现象。与有机物和无机胶体颗粒形成的复合污染不同，在 PAC 与腐殖酸的复合污染中，"空间位阻效应"起到重要作用，而颗粒物的稳定性的影响可以忽略。同时，本实验也首次给出了超滤系统中，"抑制逆向扩散作用"的证据，该作用一般在高压膜系统（纳滤和反渗透）中较为常见。PAC 与腐殖酸的复合污染可以作为其他大颗粒与有机物复合污染的参考。

　　表 7-12 总结了 PAC 和腐殖酸及二者复合污染的机理。由于 PAC 本身颗粒粒径较大，因此其膜污染基本可以忽略不计。在溶液中无 Ca^{2+} 情况下，

腐殖酸引起的膜污染相对较轻，且大部分为水力可逆污染；而当溶液中存在 Ca^{2+} 情况下，Ca^{2+} 可以与腐殖酸络合，腐殖酸引起的膜污染较重，且大部分都为水力不可逆污染。对于 PAC 与腐殖酸的复合污染，当溶液中无 Ca^{2+} 时，对于总污染，PAC 和腐殖酸存在明显的协同作用；对于水力不可逆污染，由于 PAC 和腐殖酸很容易被物理清洗手段清洗下来，所以复合污染并不显著。而当溶液中存在 Ca^{2+} 时，不管对于总污染还是水力不可逆污染，PAC 和腐殖酸均有严重的复合污染现象。当溶液中无 Ca^{2+} 时，复合污染主要机理为"空间位阻效应"和"抑制逆向扩散作用"；而当溶液中存在 Ca^{2+} 时，复合污染的主要机理为"空间位阻效应"。

粉末活性炭和腐殖酸复合污染的机理　　　　　　　　　　　　　　表 7-12

	PAC	HA	HA+Ca	HA+PAC	HA+PAC+Ca
总污染		■	■	■	■
不可逆污染	▬	■	▬	■	
污染机理					

● 粉末活性炭　　∨ 腐殖酸（HA）　　✚✚ Ca^{2+}　　○ 憎水性官能团

4. 粉末活性炭对一体式 PAC/UF 工艺膜污染的影响

　　关于 PAC 对一体式 PAC/UF 工艺膜污染的影响。本实验表明当 PAC 和有机物一起形成滤饼层的时候，存在明显的协同污染效应。一般说来，当 PAC 与超滤膜不接触的时候（在超滤前去除 PAC），PAC 可以通过吸附部分有机物来缓解膜污染，至少在该种情况下，PAC 不会加剧膜污染。但是，在一体式 PAC/UF 工艺中，PAC 与超滤膜相互接触，因此需要考虑 PAC 与有机物的复合污染。该复合污染的大小随着 PAC 粒径、PAC 的投加量以及 Ca^{2+} 浓度的变化而变化。超滤膜污染会因为 PAC 的吸附作用而降低，但是也会因为 PAC 与有机物的复合污染而升高，二者的相对大小决定了工艺最终的膜污染。PAC 对膜污染物质的吸附

效能以及 PAC 与有机物的复合污染的大小随着膜材质的不同、进水的不同以及操作条件的不同而变化。因此，在不同的研究中，PAC 对一体式 PAC/UF 工艺膜污染的影响不相同。

7.6　第三代饮用水净化工艺用于北江水的实验研究

7.6.1　实验系统

1. 超滤膜中试实验系统

　　实验在佛山水业集团公司沙口水厂中进行。中试装置包括混凝沉淀预处理装置和浸没式超滤膜装置，该装置可以通过阀门 1、2、3 的切换及加药泵的控制开展原水直接过滤、在线混凝—超滤、混

凝—超滤、混凝—沉淀—超滤等多种工艺的实验研究，工艺流程如图7-63所示。

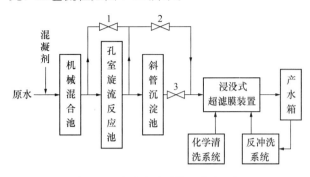

图7-63 中试实验系统工艺流程图

混凝沉淀装置包括机械混合池、孔室旋流反应池、斜管沉淀池及加药设备等，处理能力6m³/h。混凝沉淀部分主要参数：混凝剂采用水厂的液态聚合氯化铝；机械混合池混合时间为30s；孔室旋流反应池6格串联，总絮凝时间约20min；斜管沉淀池上升流速1.5mm/s，排泥周期36～48h。

浸没式超滤膜中试装置示意图如图7-64所示。膜系统运行由可编程程序控制器（PLC）控制，运行过程包括过滤、反冲洗、排污等步骤。过滤过程由抽吸泵抽吸产水，通过变频调节实现恒通量运行；反冲洗过程中除用膜出水对膜进行反向冲洗外，还通过膜池底部曝气促进膜丝的抖动以提高冲洗效果；由于采用死端过滤的方式，运行一段时间后需要将膜池排空一次。

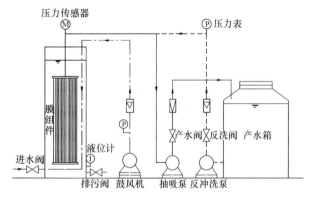

图7-64 浸没式超滤膜中试装置示意图

该装置采用海南立昇提供的浸没式中空纤维超滤膜，膜组件型号LJ1E-1500-V160，共8帘，总有效膜面积为200m²，膜组件具体参数见表7-13。

LJ1E-1500-V160 型膜组件参数 表7-13

内容	参数
膜组件型号	LJ1E-1500-V160

续表

内容	参数
膜组件外形尺寸	721mm×70mm×1622mm
膜面积	25m²
水流方向	由外向内
超滤膜材质	PVC合金
膜壳材质	ABS
端头封胶材料	环氧树脂
截留分子量	50kDa
内/外径（mm）	1.00/1.60
标称孔径	0.01μm
进水温度	40℃以下
pH	2～13
耐酸碱	优良

2. 超滤膜小试实验系统

小试装置采用微型自动化超滤实验台，共两台，每台包括两套平行的实验系统，单个系统设计流量0.5～5.0L/h，系统流程图如图7-65所示。该系统原水由原水箱经恒位水箱流往超滤膜池，恒位水箱内设浮球阀保持箱内水位稳定，进水设置水流量计来计量和调控水的流量。超滤膜采用抽吸泵抽吸，超滤出水流入出水箱。膜组件出口处设置压力传感器，可反映跨膜压差的大小。系统中设置了投药泵，可向膜池、膜池前或膜池后出水箱中投加药剂；设置的空气泵通过空气流量计经底部曝气器对膜组件进行曝气清洗。抽气泵反转，可对膜组件进行水力反冲洗。

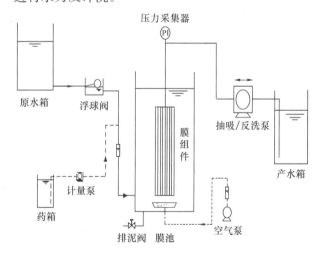

图7-65 可移动微型超滤实验台

7.6.2 单独超滤处理北江水的中试实验研究

在本实验中，原水不加混凝剂先流经预沉池，再进入膜池。实验过程中采用的膜过滤通量为

30L/(m²·h)，反冲洗周期 1h，反冲洗时间 30s，反冲洗通量 70L/(m²·h)，气洗曝气量 30m³/h，排放周期 8h，主要考察单独超滤处理北江水对污染物的去除效果和膜污染情况。

1. 原水水质

实验原水取自佛山市主要饮用水源地——北江支流东平河。实验于 2010 年 8 月进行，实验期间原水主要水质指标见表 7-14。

实验期间原水主要水质指标				表 7-14
水质参数	单位	最大值	最小值	平均值
水温	℃	31.9	29.9	31.0
浊度	NTU	45.3	11.7	24.4
pH	—	7.73	7.60	7.66
UV_{254}	1/cm	0.036	0.029	0.032
COD_{Mn}	mg/L	2.39	1.27	1.65
氨氮	mg/L	0.29	0.10	0.16

2. 对浊度去除效果

超滤过程是一个物理筛分的过程，能有效地截留无机颗粒物及大分子有机物等胶体杂质。图 7-66 为实验期间原水、初沉水、膜出水浊度情况。可以看出，实验过程中原水浊度波动较大，经反应沉淀池预沉后浊度在 9.5～24.0NTU 范围内变化，而整个实验过程中膜出水浊度稳定，恒低于 0.100NTU，平均值为 0.085NTU。这表明超滤膜是悬浮颗粒及胶体的有效屏障，虽然原水未经过混凝预处理，但超滤膜仍能实现对浊度的有效去除。

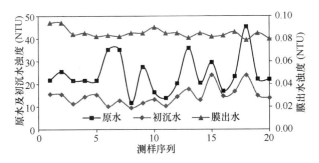

图 7-66 实验期间原水、初沉水、膜出水浊度变化

浊度是反映水中悬浮颗粒和胶体物质含量的一个替代性指标。悬浮颗粒和胶体不仅本身是污染物质，而且是水中细菌、病毒等微生物的重要附着载体。目前，美国国家环保局（USEPA）已将浊度列为微生物学指标，超滤过程对浊度的优异去除效能从侧面表明其对水中细菌、病毒的良好去除能力。而且，水中浊度过高将明显降低消毒剂灭活微

生物的效力，而超滤出水的低浊度能有效提高氯消毒效果，从而在保证消毒效果的条件下减少消毒剂投量。

3. 对有机物去除效果

实验考察了浸没式超滤膜对水中有机物的去除情况。

图 7-67 为实验期间原水、初沉水、膜出水 COD_{Mn} 情况。可以看出，北江原水水质较好，原水 COD_{Mn} 平均仅 1.65mg/L，初步沉淀对 COD_{Mn} 去除效果有限，沉后水 COD_{Mn} 平均为 1.50mg/L，平均去除率为 8.62%；超滤膜对 COD_{Mn} 有一定去除作用，超滤膜出水 COD_{Mn} 平均为 1.08mg/L，平均去除率为 34.00%。

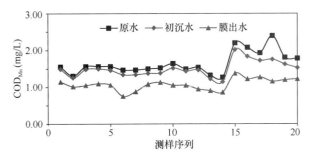

图 7-67 实验期间原水、初沉水、膜出水 COD_{Mn} 变化

初步沉淀对 COD_{Mn} 去除效果较差，而超滤膜对 COD_{Mn} 去除作用相对较好，这是由于原水中部分以胶体颗粒形式存在的有机物不能在预沉过程中沉淀下来，但由于其尺寸大于超滤膜孔径，因此在超滤过程中被超滤膜截留。

UV_{254} 是衡量水中有机物指标的一项重要控制参数，大量的研究表明，UV_{254} 与 TOC、DOC 以及 THMs 前体物等常用有机物控制指标之间存在相关关系，因此 UV_{254} 可以作为他们的替代检测参数，其值的大小反映了含有共轭双键或苯环等具有紫外吸收性能官能团的一类有机物的含量。图 7-68 为实验期间原水、沉后水、膜出水 UV_{254} 情况。可以看出，北江原水水质较好，原水 UV_{254} 平均仅 0.032/cm，初步沉淀对 UV_{254} 去除效果很差，沉后水 UV_{254} 平均为 0.031/cm，平均去除率仅为 3.88%；超滤膜对 UV_{254} 去除作用也较差，超滤膜出水 UV_{254} 平均为 0.029/cm，对 UV_{254} 平均去除率为 10.6%。

初步沉淀和超滤膜对 UV_{254} 去除作用都较差，这是由于与表征水中有机物总体含量的 COD_{Mn} 不同，UV_{254} 表征的主要是水中溶解性有机物，其尺

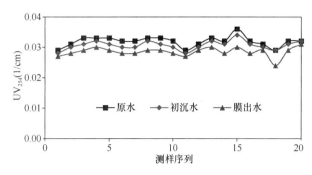

图7-68 实验期间原水、初沉水、膜出水 UV_254 变化

寸一般小于超滤膜孔径，因此既难以沉淀又难以被超滤膜截留。

4. 对氨氮去除效果

水体中的含氮化合物包括氨氮、亚硝酸盐氮、硝酸盐氮和含氮有机物。氨氮本身对人体健康一般不会造成危害，但高浓度的氨氮可能与氯发生反应，使消毒剂的用量大大增加，并产生令人厌恶的嗅和味。

图7-69为实验期间原水、沉后水、膜出水氨氮情况。可以看出，原水中氨氮含量本身较低，平均为 0.16mg/L；初步沉淀后，氨氮含量变化不大，这是由于氨氮在水中以溶解态存在，无法沉淀，只是在颗粒表面有一定的吸附和解吸作用，使初沉水与原水氨氮差值略有区别；经超滤膜过滤后，氨氮含量有较明显的降低，与原水相比，平均去除率为 75% 左右。理论上讲，氨氮分子量远小于超滤膜孔径，不会因为物理截留作用造成氨氮的去除。超滤膜长期运行过程中，虽然经常进行气水反冲洗，但膜表面仍有一定的滤饼层的存在，污泥层的吸附作用以及其中微生物的降解作用是造成氨氮降低的主要原因。

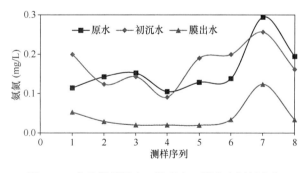

图7-69 实验期间原水、沉后水、膜出水氨氮变化

5. 对微生物去除效果

超滤膜能有效截留水中的致病微生物，保障饮用水的生物安全性。实验过程中对膜池进水和膜出水的细菌总数和总大肠菌群两项微生物指标进行了检测，结果见表7-15。

可以看出，膜出水（未经消毒处理）中细菌总数为 1~6CFU/mL，大肠菌群未检出，这表明超滤膜出水不经化学消毒即已满足饮用水卫生要求。

实验期间膜池进水和膜出水细菌总数与总大肠菌群　　　　　　表 7-15

检测次数	细菌总数（CFU/mL）		总大肠菌群（CFU/100mL）	
	膜池进水	膜出水	膜池进水	膜出水
1	172	6	33	0
2	134	3	32	0
3	79	3	31	0
4	193	5	35	0

6. 膜污染情况

该浸没式超滤膜系统采用恒通量死端过滤的运行方式，在过滤的过程中，超滤膜截留的污染物一部分吸附/沉积在膜孔内和膜表面，膜孔内吸附/沉积的污染物造成了膜孔的堵塞与窄化，膜表面吸附/沉积的污染物形成了滤饼层；另外一部分污染物积累在膜池内，浓度不断增加，会形成浓差极化现象。膜污染（包括膜孔的堵塞、滤饼层的形成和浓差极化）会造成膜过滤阻力的增加，在恒通量条件下表现为跨膜压差（TMP）的增加，因此通常以TMP的增长情况来表征膜污染。

该实验运行时间为 2010 年 8 月 9 日至 29 日（其中 8 月 23 日至 26 日暂停 3d），运行过程中TMP增长情况如图7-70所示。可以看出，在前14d连续运行过程中，TMP的增长可以分为 3 个阶段：在运行的最初 3d 里，TMP 由最初的 12.5kPa 快速增至 19.6kPa，增长速率为 2.37kPa/d；之后的第 4 天~第 11 天，TMP 由 19.6kPa 缓慢增至 22.3kPa，增长速率为 0.34kPa/d；而第 11 天~第 14 天，TMP 又进入快速增长期，由 22.3kPa 快速增至 31.0kPa，增长速率为 2.90kPa/d。暂停 3d（期间未进行化学清洗，仅气水反冲洗排空后通过反冲洗泵打入膜出水浸泡）后，重新开始运行时TMP 有较大幅度的降低，初始仅 21.5kPa，但运行过程中增长较快，3d 内又增至 31.8kPa，增长速率为 3.43kPa/d。

根据现有的膜污染理论，对 TMP 的增长过程简要分析如下：第一阶段的快速增长应该是由于运行初期污染物在膜孔内沉积和堵塞膜孔造成的；随着膜表面滤饼层的积累和膜孔堵塞和窄化达到一定程度，TMP 的增长主要由滤饼层的阻力增长决定，进入了平稳增长的第二阶段；第三阶段，随着 TMP 的增长和滤饼层的积累，滤饼层结构开始发生改变，滤饼层的压缩等因素造成滤饼层阻力急剧增加，从而造成 TMP 的快速增长；暂停浸泡过程中，滤饼层两侧的压差消失，滤饼层结构在一定程度上恢复至压缩前状态，因此暂停之后重新开始运行时 TMP 降至了一个较低值，但开始运行后，随着滤饼层两侧的压差重新出现，滤饼层的压缩等因素又造成了滤饼层阻力的急剧增加。

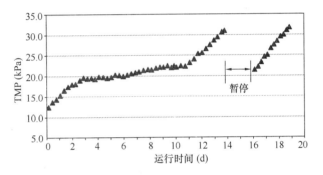

图 7-70　实验过程中跨膜压差增长情况

综上实验结果可知，北江原水在实验期间，只经超滤直接过滤，出水水质就能达到国家《生活饮用水卫生标准》GB 5749 的要求，特别是浊度和微生物指标均优于常规工艺。因此，对于北江水而言，在一年的某些季节和时段，是有可能采用无药剂直接超滤绿色工艺的。

7.6.3　在线混凝—超滤处理北江水的中试实验研究

1. 运行方式

在线混凝—超滤工艺流程采用了原水不加药流过反应沉淀池（相当于预沉过程）后投加混凝剂，然后进入浸没式超滤膜装置的方法。混凝剂投加点至膜池有约 10m 的管道，管内流速约 0.3m/s，原水与混凝剂在管道内完成混合过程。混凝剂采用水厂的液态聚合氯化铝（Al_2O_3 含量 4%），分为混凝剂投量（按商品液体质量计）20mg/L 和 30mg/L 两种工况。

实验过程中采用的通量为 30L/($m^2 \cdot$ h)，反冲洗周期 1h，反冲洗时间 30s，反冲洗通量 70L/($m^2 \cdot$ h)，气洗曝气量 30m^3/h，排放周期 8h，主

要考察在线混凝—超滤处理北江水对污染物的去除效果和膜污染情况。

2. 原水水质

实验原水取自佛山市主要饮用水源地——北江支流东平河。实验于 2010 年 9 月至 10 月进行，实验期间原水主要水质指标见表 7-16。

实验期间原水主要水质指标　　表 7-16

水质参数	最大值	最小值	平均值
水温℃	31.6	25.3	28.2
浊度（NTU）	78.9	15.6	27.0
pH	7.89	7.34	7.58
UV$_{254}$（1/cm）	0.040	0.028	0.033
COD$_{Mn}$（mg/L）	2.90	1.54	2.03

3. 混凝剂投量 20mg/L 的在线混凝—超滤工艺

（1）对浊度去除效果

图 7-71 为实验期间原水、膜出水浊度情况，可以看出，实验过程中原水浊度有一定波动，但膜出水浊度稳定，恒低于 0.100NTU，平均值为 0.088NTU。

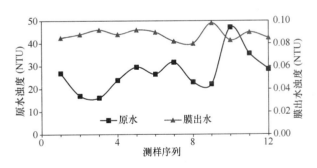

图 7-71　实验期间原水、膜出水浊度变化

（2）对有机物的去除效果

图 7-72 为实验期间原水、膜出水 COD$_{Mn}$ 情况，可以看出，北江原水水质较好，原水 COD$_{Mn}$ 平均为 2.11mg/L；在线混凝—超滤工艺（混凝剂投量 20mg/L）膜出水 COD$_{Mn}$ 平均为 1.24mg/L，平均去除率为 40.9%。

图 7-73 为实验期间原水、膜出水 UV$_{254}$ 情况。可以看出，北江原水 UV$_{254}$ 较低，平均仅 0.035/cm；在线混凝—超滤工艺（混凝剂投量 20mg/L）膜出水 UV$_{254}$ 平均为 0.024/cm，平均去除率为 30.9%。

（3）对微生物的去除效果

超滤膜能有效截留水中的致病微生物，保障饮

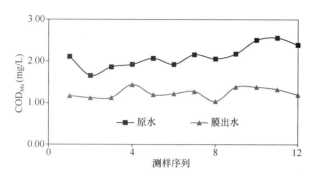

图 7-72 实验期间原水、膜出水 COD_{Mn} 变化

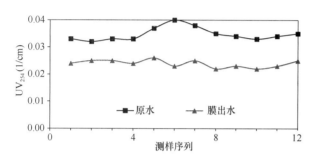

图 7-73 实验期间原水、膜出水 UV_{254} 变化

用水的生物安全性。实验过程中对膜池进水和膜出水的细菌总数和总大肠菌群两项微生物指标进行了检测，结果见表 7-17。

可以看出，膜出水（未经消毒处理）中细菌总数为 2～7CFU/mL，大肠菌群未检出，这表明超滤膜出水不经化学消毒即已满足饮用水卫生要求。

实验期间膜池进水和膜出水细菌
总数与大肠菌群　表 7-17

检测次数	细菌总数（CFU/mL）		总大肠菌群（CFU/100mL）	
	膜池进水	膜出水	膜池进水	膜出水
1	285	7	72	0
2	172	4	29	0
3	126	2	20	0

（4）膜污染情况

该实验运行时间为 2010 年 9 月 6 日至 15 日，运行过程中 TMP 增长情况如图 7-74 所示。可以看出，运行初期的 2d 内 TMP 有缓慢平稳的增长，之后 TMP 波动上升。在整个运行过程中，TMP 由 9.9kPa 增至 11.8kPa，平均增长速率为 0.21kPa/d。

由于实验过程中 TMP 增长很少，实验结束后未进行化学清洗。

4. 混凝剂投量 30mg/L 的在线混凝—超滤工艺

（1）对浊度去除效果

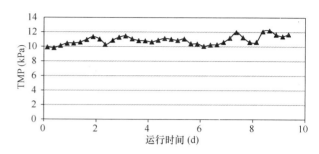

图 7-74 实验过程中跨膜压差增长情况

图 7-75 为实验期间原水、膜出水浊度情况，可以看出，实验过程中原水浊度有一定波动，但膜出水浊度稳定，恒低于 0.100NTU，平均值为 0.081NTU。

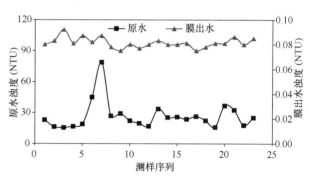

图 7-75 实验期间原水、膜出水浊度变化

（2）对有机物去除效果

图 7-76 为实验期间原水、膜出水 COD_{Mn} 情况。可以看出，北江原水水质较好，原水 COD_{Mn} 平均为 1.99mg/L；在线混凝—超滤工艺（混凝剂投量 30mg/L）膜出水 COD_{Mn} 平均为 1.07mg/L，平均去除率为 46.0%。

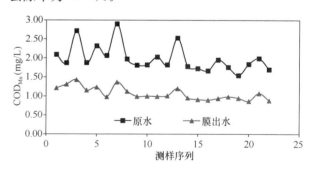

图 7-76 实验期间原水、膜出水 COD_{Mn} 变化

图 7-77 为实验期间原水、膜出水 UV_{254} 情况，可以看出，北江原水 UV_{254} 较低，平均仅 0.032/cm；在线混凝—超滤工艺（混凝剂投量 30mg/L）膜出水 UV_{254} 平均为 0.020/cm，平均去除率为 35.6%。

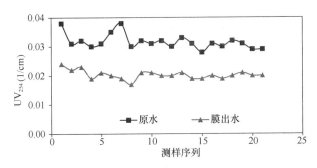

图 7-77　实验期间原水、膜出水 UV$_{254}$ 变化

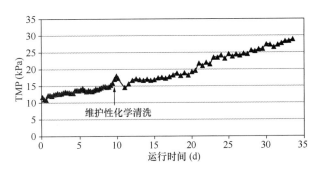

图 7-78　实验过程中跨膜压差增长情况

（3）对微生物去除效果

超滤膜能有效截留水中的致病微生物，保障饮用水的生物安全性。实验过程中对膜池进水和膜出水的细菌总数和总大肠菌群两项微生物指标进行了检测，结果见表 7-18。

可以看出，膜出水（未经消毒处理）中细菌总数为 1～6CFU/mL，大肠菌群未检出，这表明超滤膜出水不经化学消毒即已满足饮用水卫生要求。

实验期间膜池进水和膜出水细菌总数与大肠菌群　表 7-18

检测次数	细菌总数（CFU/mL）		总大肠菌群（CFU/100mL）	
	膜池进水	膜出水	膜池进水	膜出水
1	138	4	19	0
2	173	6	18	0
3	127	1	25	0
4	183	5	26	0
5	39	2	26	0
6	120	5	19	0

（4）膜污染情况

该实验运行时间为 2010 年 9 月 16 日至 10 月 19 日，运行过程中 TMP 增长情况如图 7-78 所示。可以看出，在运行的前 9d 内 TMP 由 11.8kPa 平稳增至 14.8kPa，第 10d 则增长较快。因此，9 月 26 日采用低浓度草酸（pH＝3）浸泡了 30min，浸泡后 TMP 由 17.4kPa 降至 14.7kPa；清洗之后第 1 天增长较快，此后增长较为缓慢，但有时会出现一定幅度的突然增加，如整个运行周期的第 20 天。在整个运行过程中，不考虑维护性化学清洗的 TMP 由 9.9kPa 增至 11.8kPa，平均增长速率为 0.50kPa/d。

需要说明的是，总体来看该工况下 TMP 平均增长速率高于混凝剂投量 20mg/L 的在线混凝—超滤工艺，但并不能确定混凝剂投量的增加会加剧膜污染，因为混凝剂投量 20mg/L 的工况运行时间较短（不足 10d），混凝剂投量 30mg/L 的工况在运行前期也增长较慢，后期才出现了一些较大幅度的增长。因此，在线混凝—超滤工艺中混凝剂投量对膜污染的影响有待进一步对比实验确定。

7.6.4　混凝—超滤处理北江水的中试实验研究

1. 运行方式

混凝—超滤工艺流程原水加药后进入机械混合池，混合后进入孔室旋流反应池，反应池出水进入浸没式超滤膜装置。混凝剂采用水厂的液态聚合氯化铝（Al$_2$O$_3$ 含量 4％），投量（按商品液体重量计）30mg/L。

实验过程中采用的通量为 30L/(m^2·h)，反冲洗周期 1h，反冲洗时间 30s，反冲洗通量 70L/(m^2·h)，气洗曝气量 30m^3/h，排放周期 8h，主要考察混凝—超滤处理北江水对污染物的去除效果和膜污染情况。

2. 原水水质

实验原水取自佛山市主要饮用水源地——北江支流东平河。实验于 2011 年 3 月进行，实验期间原水主要水质指标见表 7-19。

实验期间原水主要水质指标　表 7-19

水质参数	单位	最大值	最小值	平均值
水温	℃	17.2	14.8	15.6
浊度	NTU	38.2	14.7	25.1
pH	—	7.59	7.19	7.42
UV$_{254}$	1/cm	0.033	0.026	0.029
COD$_{Mn}$	mg/L	2.45	1.75	2.07

3. 对浊度去除效果

图 7-79 为实验期间原水、膜出水浊度情况，可以看出，实验过程中原水浊度有一定波动，但膜出水浊度稳定，恒低于 0.100NTU，平均值为 0.082NTU。

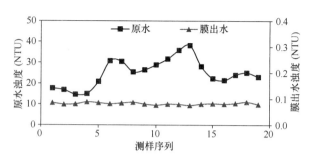

图7-79 实验期间原水、膜出水浊度变化

4. 对有机物去除效果

图7-80为实验期间原水、膜出水COD_{Mn}情况，可以看出，北江原水水质较好，原水COD_{Mn}平均为2.07mg/L；混凝—超滤工艺（混凝剂投量30mg/L）膜出水COD_{Mn}平均为1.27mg/L，平均去除率为38.8%。

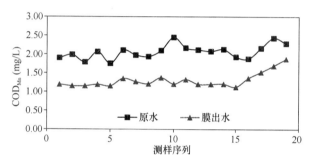

图7-80 实验期间原水、膜出水COD_{Mn}变化

图7-81为实验期间原水、膜出水UV_{254}情况，可以看出，北江原水UV_{254}较低，平均仅0.029/cm；混凝—超滤工艺（混凝剂投量30mg/L）膜出水UV_{254}平均为0.020/cm，平均去除率为32.9%。超滤出水总大肠菌群为0，细菌总数为1CFU/mL，达到水质标准要求。

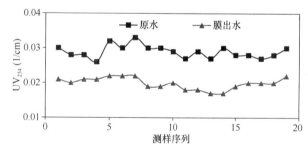

图7-81 实验期间原水、膜出水UV_{254}变化

5. 膜污染情况

该实验运行时间为2011年3月7日至3月28日，运行过程中TMP增长情况如图7-82所示。可以看出，随着运行时间的延长，TMP的增长速率

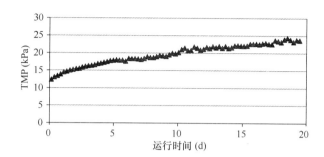

图7-82 实验过程中跨膜压差增长情况

逐渐变慢：在运行的前10d内TMP由12.5kPa较快地增至19.8kPa，平均增长速率为0.73kPa/d；后10d则增长较慢，由19.8kPa增至23.7kPa，平均增长速率为0.39kPa/d；整个运行过程中，TMP平均增长速率为0.56kPa/d。

7.6.5 混凝—沉淀—超滤处理北江水的中试实验研究

1. 运行方法

混凝—沉淀—超滤工艺流程，原水加药后进入机械混合池，混合后进入孔室旋流反应池，反应后的水进入斜管沉淀池，沉淀池出水进入浸没式超滤膜装置。混凝剂采用水厂的液态聚合氯化铝（Al_2O_3含量4%），投量（按商品液体重量计）30mg/L。

实验过程中采用的通量为30L/($m^2 \cdot h$)，水反冲洗通量70L/($m^2 \cdot h$)，气洗曝气量30m^3/h，反冲洗周期与排污周期有一定变化，主要考察不同运行参数的影响和混凝—沉淀—超滤处理北江水对污染物的去除效果和膜污染情况。

2. 原水水质

实验原水取自佛山市主要饮用水源地——北江支流东平河。实验于2010年5月至8月进行，实验期间原水主要水质指标见表7-20。

实验期间原水主要水质指标　　　表7-20

水质参数	最大值	最小值	平均值
水温（℃）	30.1	23.8	27.9
浊度（NTU）	259	15.6	71.5
pH	7.49	6.81	7.21
UV_{254}（1/cm）	0.037	0.022	0.028
COD_{Mn}（mg/L）	5.79	0.92	2.24
氨氮（mg/L）	0.34	0.02	0.13
亚硝酸盐氮（mg/L）	0.08	0.02	0.05
硝酸盐氮（mg/L）	2.00	1.14	1.33

3. 对浊度去除效果

图7-83为实验期间原水、沉后水、膜出水浊

度情况。

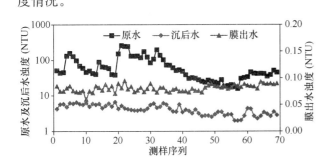

图 7-83　实验期间原水、沉后水、膜出水浊度变化

可以看出，实验过程中原水浊度变化较大，最高达到 259NTU；沉淀池出水浊度在 1.97～6.64NTU 范围内变化，而膜出水浊度稳定，恒低于 0.100NTU，平均值为 0.081NTU。

4. 对有机物去除效果

图 7-84 为实验期间原水、沉后水、膜出水 COD_{Mn} 情况。可以看出，北江原水水质较好，原水 COD_{Mn} 平均为 2.24mg/L；混凝沉淀预处理对 COD_{Mn} 有良好的去除效果，平均去除率为 62.1%，沉后水 COD_{Mn} 平均为 0.85mg/L；超滤膜出水 COD_{Mn} 平均为 0.70mg/L，超滤部分对 COD_{Mn} 平均去除率 17.6%，超滤膜对 COD_{Mn} 的去除效果并不明显。这可能是由于原水中大部分悬浮和胶体状有机物已在混凝沉淀单元去除，而基于物理筛分截留机理的超滤膜对于水中溶解性有机物并无明显去除作用，因此超滤单元对 COD_{Mn} 的进一步去除作用不明显。

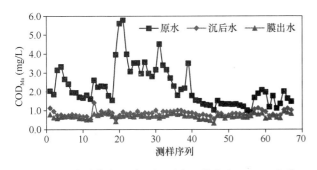

图 7-84　实验期间原水、沉后水、膜出水 COD_{Mn} 变化

图 7-85 为实验期间原水、沉后水、膜出水 UV_{254} 情况。可以看出，混凝沉淀预处理对 UV_{254} 有良好的去除效果，平均去除率为 42.9%，沉后水 UV_{254} 平均为 0.016/cm；超滤膜出水 UV_{254} 平均为 0.0155/cm，超滤部分对 UV_{254} 平均去除率仅 3.1%，超滤膜对 UV_{254} 的去除效果并不明显。这是由于超滤膜主要是基于物理筛分截留机理，只能

截留水中分子量较大的有机物，而原水中大部分大分子有机物已在混凝沉淀单元除去，因此超滤对 UV_{254} 的去除效果并不明显。

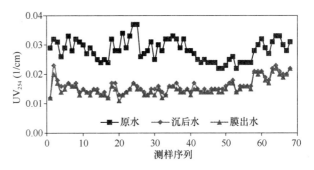

图 7-85　实验期间原水、沉后水、膜出水 UV_{254} 变化

5. 对氨氮、亚硝酸盐氮、硝酸盐氮的去除效果

水体中的含氮化合物包括氨氮、亚硝酸盐氮、硝酸盐氮和含氮有机物。氨氮本身对人体健康一般不会造成危害，但高浓度的氨氮可能与氯发生反应，使消毒剂的用量大大增加，并产生令人厌恶的嗅和味，另外，由于存在氨的硝化过程，可能产生大量亚硝酸盐，危害人体健康；水中的亚硝酸盐不稳定，易在微生物或氧化剂的作用下转化为硝酸盐和氨氮，硝酸盐和亚硝酸盐浓度高的饮用水可能对人体造成两种健康危害，即诱发正铁血红朊症（尤其是婴儿）和产生致癌的亚硝胺，这两种危害都是亚硝酸盐直接造成的，由于水中的亚硝酸盐性质不稳定，易在微生物或氧化剂的作用下转化为硝酸盐和氨氮，因而《生活饮用水卫生标准》GB 5749 中要求饮用水中氨氮不超过 0.5mg/L，硝酸盐氮不超过 10mg/L。

图 7-86 为实验期间原水、沉后水、膜出水中氨氮情况。可以看出，实验期间北江原水水质较好，原水氨氮含量低于 0.4mg/L，平均仅 0.13mg/L；经混凝沉淀处理后，氨氮含量略有降低，沉后水平均值为 0.11mg/L；又经过膜处理后，氨氮含量有一

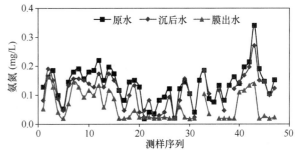

图 7-86　实验期间原水、沉后水、膜出水氨氮变化

定降低，膜出水平均值为 0.06mg/L。相对于混凝沉淀预处理，膜处理对氨氮的去除作用更强，氨氮属于溶解性物质，不可能被超滤膜直接截留，因此氨氮的去除可能是由于膜池内截留的微生物对氨氮有一定的生物降解作用。

图 7-87 为实验期间原水、沉后水、膜出水中亚硝酸盐氮情况。可以看出，与氨氮类似，经混凝沉淀预处理后，亚硝酸盐氮含量略有降低（原水和沉后水亚硝酸盐氮平均含量分别为 0.053mg/L 和 0.045mg/L）；进一步经膜处理后，亚硝酸盐氮含量有一定降低，膜出水平均为 0.016mg/L。超滤膜过滤造成亚硝酸盐氮降低的原因应该也是微生物的降解作用。

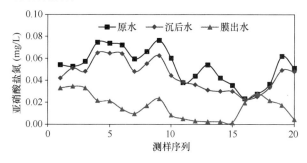

图 7-87 实验期间原水、沉后水、膜出水亚硝酸盐氮变化

图 7-88 为实验期间原水、沉后水、膜出水中硝酸盐氮情况。可以看出，原水、沉后水和膜出水硝酸盐氮含量依次有所升高，这说明上文中关于"氨氮和亚硝酸盐氮含量降低是由生物降解作用引起的"的推测是合理的，氨氮和亚硝酸盐氮在硝化细菌的作用下转化为硝酸盐氮。

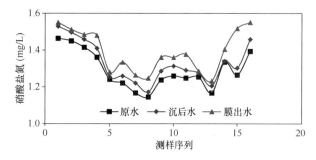

图 7-88 实验期间原水、沉后水、膜出水硝酸盐氮变化

6. 对微生物去除效果

超滤膜能有效截留水中的致病微生物，保障饮用水的生物安全性。实验过程中对膜池进水和膜出水的细菌总数和总大肠菌群两项微生物指标进行了检测，结果见表 7-21。

可以看出，膜出水（未经消毒处理）中细菌总

数为 2～6CFU/mL，大肠菌群未检出，这表明超滤膜出水不经化学消毒即已满足饮用水卫生要求。

实验期间膜池进水和膜出水细菌
总数与大肠菌群　　表 7-21

检测次数	细菌总数（CFU/mL）		总大肠菌群（CFU/100mL）	
	膜池进水	膜出水	膜池进水	膜出水
1	193	4	19	0
2	210	3	32	0
3	250	4	12	0
4	153	4	10	0
5	129	6	13	0
6	153	6	29	0
7	127	3	33	0
8	32	3	25	0
9	89	3	35	0
10	85	2	25	0
11	113	4	32	0
12	139	3	19	0
13	153	3	25	0

7. 膜污染情况

目前生产上采用的减缓膜污染的主要措施包括周期性气水反冲洗、定期排污等。反冲洗周期和反冲洗时间影响膜系统有效产水时间，过于频繁的反冲洗会造成有效过滤时间缩短；排污周期影响膜系统回收率，过短的排污周期会造成水资源的浪费。因此，实验过程中，在固定通量［30L/（m² · h）］、反冲洗通量［70L/（m² · h）］、曝气量（30m³/h）的条件下，改变反冲洗周期、反冲洗时间、排放周期 3 个主要参数，考察不同运行条件下跨膜压差平均增长速率。实验过程中运行情况汇总见表 7-22，跨膜压差增长情况如图 7-89 所示。

需要说明的是，由于实验过程中原水水质有一定的变化，且每种工况结束后未进行化学清洗，即每种工况的初始条件并不完全相同，因此这里得到的跨膜压差增长速率的数据并不能非常精确地表示不同工况的膜污染速率。由表 7-22 和图 7-89可以看出，总体上来说，在总的反冲洗时间一定的情况下，缩短反冲洗周期可以使跨膜压差增长速率有所降低；排除第 45 天至第 51 天实验过程中未加药的影响，缩短排放周期也会使跨膜压差增长速率降低。

混凝—沉淀—超滤实验过程中不同阶段运行参数　　　　　　表 7-22

时间 (d)	反冲洗周期 (h)	反冲洗时间 (s)	排放周期 (h)	跨膜压差平均增长速率 (kPa/d)	膜系统回收率 (%)	水温 (℃)
1～8	0.5	30	6	0.142	96.0	24.0～26.8
8～19	0.5	30	10	0.256	97.6	23.8～26.5
19～24	2	60	12	0.458	98.0	25.4～26.8
24～32	1	30	12	0.267	98.0	25.3～28.8
32～37	0.5	30	12	0.259	98.0	27.5～30.1
37～45	1	30	8	0.261	97.0	27.8～29.9
45～51	2	60	8	0.617	97.0	27.3～30.0
51～58	4	120	8	0.440	97.0	26.3～29.5
58～63	8	240	8	0.821	97.0	27.3～29.3

注：（1）膜系统回收率：膜系统净产水量 Q_1 与膜系统总进水量 Q_0 之比，Q_1 与 Q_0 的差值是系统排污水量。该中试实验系统每次排放时排放水量为 1.5m³。

（2）第 45 天至第 51 天实验过程中，加药泵出现过一次故障，造成约 12h 没有加药，跨膜压差增长较快。

综合考虑跨膜压差增长速率、系统回收率、有效过滤时间、设备启停等因素，可以认为 1h 反冲洗 30s、8h 排放一次是比较合适的运行方式。在该运行条件下，跨膜压差平均增长速率为 0.26kPa/d，按此推算，如果以跨膜压差增长达到 50kPa 作为进行化学清洗的条件，则化学清洗周期可以达到 153d。

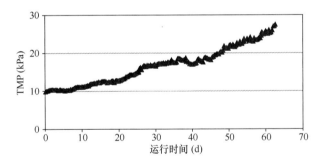

图 7-89　混凝—沉淀—超滤实验过程中跨膜压差增长情况

由以上实验可见，北江水水质较好，在一些季节时段可采用超滤膜直接过滤原水，即可获得达标的出水。在原水水质受到污染的季节时段，采用在线混凝—超滤、混凝—超滤、混凝—沉淀—超滤，即向水中投加混凝剂，可提高出水水质。将混凝作为超滤的前处理的各工艺中，在线混凝效果不如混凝（微絮凝）效果好，而混凝（微絮凝）效果不如混凝—沉淀效果好，但后者需要更多处理构筑物，建设费用较高。所以，超滤膜前预处理工艺的选择，应根据原水水质的情况确定。

7.6.6　膜生物反应器（MBR）除氨氮的实验研究

1. 实验方法、实验系统和实验原水水质

前面的实验虽然有一定的除氨氮的作用，但原水中氨氮含量很低，其除氨氮的作用有限。当水源水受到高含量氨氮污染时，前述工艺并不能有效去除氨氮，所以有必要探索超滤工艺高效除氨氮的方法。

浸没式超滤膜直接过滤低浊度原水，由于原水中无机成分含量较小，可以很少或基本不排放浓缩液，而使微生物能在膜池内不断积累，起到降解氨氮、有机物等污染物的作用，使单独超滤转化为膜生物反应器（MBR），从而形成一种将生物作用和膜分离技术相结合的净化微污染水源水的绿色处理工艺。

根据 MBR 内曝气与否，可以分为连续（或间歇）曝气的完全混合型 MBR（以下简称 MBR-A）和无曝气的膜丝附着型 MBR（MBR-B）。MBR-A 中，由于曝气的搅拌混合作用，膜池内累积的污染物和微生物大部分存在于混合液中，且混合液中溶解氧充足，但曝气能耗较高；MBR-B 中，由于膜丝两侧压力差的存在，在抽吸力的作用下，膜池内累积的污染物和微生物大部分附着在膜丝表面，MBR-B 中可利用的溶解氧仅为进水中含有的溶解氧，因此在进水中耗氧污染物含量较高的情况下，会出现溶解氧不足的情况，但 MBR-B 由于无曝气，能耗可以明显降低。

本实验采用图 7-65 中的小试装置，若运行过程中空气泵连续开启，间歇抽吸（抽吸 8min 停止 2min），不反冲洗，不排泥，则构成 MBR-A；若运行过程中空气泵不开启，间歇抽吸（抽吸 8min 停止 2min），不反冲洗，不排泥，则构成 MBR-B。

将北江原水静沉 2d 后加至原水箱，并加入一定量氨氮以模拟受污染原水。先后考察了不同通量条件下 MBR-A 与 MBR-B 对氨氮的去除效果和膜污染情况。

2. 实验运行参数与原水水质

为了考察不同通量条件下 MBR-B 对氨氮的去除效果和膜污染情况，两个系统均为间歇过滤，抽吸 8min 停止 2min，不反冲洗、不曝气、不排污，系统 1 通量为 10L/（m² · h），相应水力停留时间为 1h；系统 2 通量为 15L/（m² · h），相应水力停留时间为 0.6h。

实验所用原水为北江原水静沉后加入一定量氨氮的低浊度水，其主要水质指标见表 7-23。

原水主要水质指标　　　　表 7-23

水质指标	最高值	最低值	平均值
浊度（NTU）	11.5	1.62	6.89
温度（℃）	19.5	14.0	15.9
COD$_{Mn}$（mg/L）	2.41	1.73	2.09
UV$_{254}$（1/cm）	0.033	0.027	0.030
氨氮（mg/L）	2.00	0.60	1.30
亚硝酸盐氮（mg/L）	0.528	0.103	0.251
硝酸盐氮（mg/L）	2.68	1.95	2.26

3. 不同通量下对氨氮的去除效果

原水及不同通量 MBR-B 出水的氨氮、亚硝酸盐氮、硝酸盐氮含量分别如图 7-90、图 7-91、图 7-92所示。可以看出，在运行的前 5d 内，两个反应器对氨氮基本没有去除，说明反应器内的硝化菌仍很少，难以起到硝化作用；第 6 天至第 10 天对氨氮的去除逐渐增强，亚硝酸盐氮和硝酸盐氮都出现了增长，说明硝化菌开始发挥作用；第 11 天后硝化作用逐渐稳定。

可以看出，不同通量的两个 MBR-B 反应器在硝化作用启动时间上无明显差别。在后期通量 15L/（m² · h）的反应器出水氨氮和亚硝酸盐氮含量略低于通量 10L/（m² · h）的反应器，其出水硝

酸盐氮则略高于通量 10L/（m² · h）的反应器，考虑通量 15 L/（m² · h）的反应器单位时间产水量是通量 10L/（m² · h）反应器的 1.5 倍，这说明通量 15L/（m² · h）的反应器其生物硝化作用高于通量 10L/（m² · h）的反应器。这可能是由于通量 15L/（m² · h）的反应器浓缩倍数高于通量 10L/（m² · h）的反应器，其积累的生物量较大。

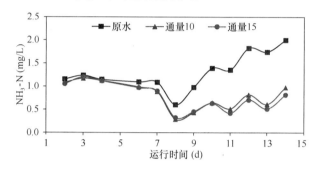

图 7-90　原水及不同通量 MBR-B 出水氨氮含量

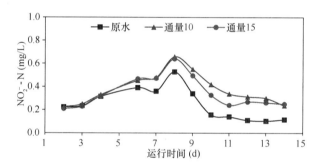

图 7-91　原水及不同通量 MBR-B 出水亚硝酸盐氮含量

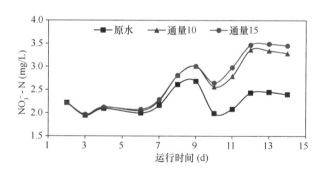

图 7-92　原水及不同通量 MBR-B 出水硝酸盐氮含量

4. 不同通量下膜污染情况

不同通量的 MBR-B 膜污染情况如图 7-93 所示。可以看出，通量为 10L/（m² · h）的反应器在运行的前 120h 内 TMP 有一定增长，后期则基本保持稳定；通量为 15L/（m² · h）的反应器的 TMP 则一直保持增长状态。在将近 14d 的运行过程中，通量为 10L/（m² · h）的反应器 TMP 由 8kPa 增至 28kPa，平均增长速率为 1.43kPa/d；通

量为 15L/(m²·h) 的反应器 TMP 由 12.5kPa 增至 77kPa，平均增长速率为 4.61kPa/d。

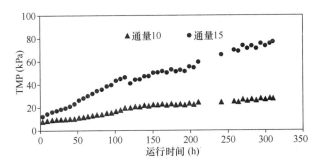

图 7-93　不同通量 MBR-B 膜污染情况

（抽吸 8min 停止 2min，不反冲洗、不曝气、不排污）

5. MBR-A 与 MBR-B 对比实验

为了考察 MBR-A 与 MBR-B 对氨氮的去除效果和膜污染情况，两个系统膜通量均为 10L/(m²·h)，均为间歇过滤，抽吸 8min 停止 2min，不反冲洗、不排污，系统 1（MBR-A）连续曝气，系统 2（MBR-B）不曝气。

实验所用原水为北江原水静沉后加入一定量氨氮的低浊度水，其主要水质指标见表 7-24。

原水主要水质指标　　　　　表 7-24

水质指标	最高值	最低值	平均值
浊度（NTU）	10.5	1.82	6.69
温度（℃）	28.0	23.5	25.7
COD_{Mn}（mg/L）	3.31	1.74	2.18
UV_{254}（1/cm）	0.034	0.026	0.031
氨氮（mg/L）	5.09	0.66	1.58
亚硝酸盐氮（mg/L）	1.562	0.012	0.334
硝酸盐氮（mg/L）	4.15	2.16	3.03

6. MBR-A 与 MBR-B 对氨氮的去除效果

原水及 MBR-A、MBR-B 出水的氨氮、亚硝酸盐氮、硝酸盐氮含量分别如图 7-94、图 7-95、图 7-96 所示。

需要说明的是实验过程中前 30d 氨氮是直接加在原水箱中，由于原水箱中有一定停留时间，有一定的生物作用，造成原水氨氮和亚硝酸盐氮波动较大；第 30 天后开始用加药泵向平衡水箱中加氨氮，避免了原水在水箱中停留造成的氨氮和亚硝酸盐氮浓度波动。

可以看出，对于 MBR-A，在运行的第 8 天左右开始出现氨氮的降低和亚硝酸盐氮的积累，说明

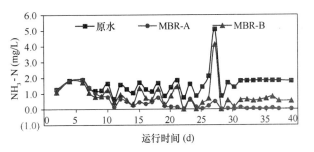

图 7-94　原水及 MBR-A、MBR-B 出水氨氮含量

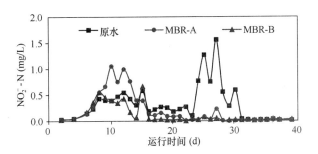

图 7-95　原水及 MBR-A、MBR-B 出水亚硝酸盐氮含量

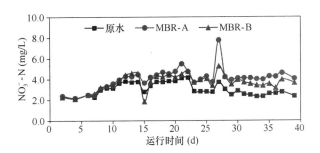

图 7-96　原水及 MBR-A、MBR-B 出水硝酸盐氮含量

亚硝化菌逐渐成熟，而硝化菌尚未成熟；之后氨氮的去除逐渐稳定，第 16 天左右亚硝酸盐氮开始降低，之后氨氮和亚硝酸盐氮的去除都比较稳定，在第 27 天的一次氨氮冲击负荷实验中，对于原水中 5mg/L 的氨氮，仍能保证出水氨氮低于 0.5mg/L。

对于 MBR-B，实验过程中没有观察到亚硝酸盐氮的积累过程，亚硝化菌和硝化菌的成熟过程可能是同步的，这一点有待进一步研究。另外，由于 MBR-B 中没有曝气供氧，进水中的溶解氧含量有限，因此对氨氮的去除有一定的限制。理论上氧化 1mg 的 NH_3-N 需要 O_2 4.57mg，25℃清水中的饱和溶解氧为 8.38mg/L，不考虑有机物氧化对氧的需求，溶解氧完全利用的情况下可以氧化 1.83mg/L 的 NH_3-N，在实际实验中，一般能去除 1.2mg/L 左右的氨氮。

7. 膜污染情况

MBR-A 与 MBR-B 膜污染情况如图 7-97 所

示。可以看出，MBR-A 中，运行初期 TMP 增长较快，200h 之后趋于稳定，后期略有增长；MBR-B 中，TMP 处于持续增长状态，在第 700 小时和第 1100 小时分别进行了一次水力反冲洗和高速水流表面冲洗，TMP 有所下降，且高速水流表面冲洗造成的 TMP 下降较多，冲洗过程中可以看到部分膜丝表面生物膜的脱落。

需要说明的是，两次冲洗前后，MBR-B 对氨氮和亚硝酸盐氮的去除效果基本不变，说明此时膜丝表面的生物量已经不是氨氮去除的限制性因素，定期进行冲洗使表面部分老化生物膜脱落有利于降低运行压力。

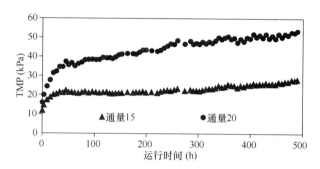

图 7-98 不同通量原水直接过滤膜污染情况
（北江原水间歇过滤，抽吸 8min 停止 2min，
每 12h 反冲洗 2min 后排空）

混凝装置，混凝后的水进入浸没式超滤膜小试装置。在混凝装置中，包括 1 个混合池，停留时间为 30s；5 个絮凝池，每个停留时间为 2min，总絮凝时间为 10min。超滤膜采取间歇过滤的运行模式，通量 20L/(m²·h)，抽吸 8min 停止 2min，每 12h 反冲洗 2min 后排空。实验过程中，原水浊度为 7.52～14.3NTU，UV$_{254}$ 为 0.027～0.033/cm，COD$_{Mn}$ 为 1.75～3.01mg/L。

实验过程中，跨膜压差增长情况如图 7-99 所示。在 15d 的运行过程中，TMP 由 14kPa 增至 22kPa，平均增长速率为 0.46kPa/d。

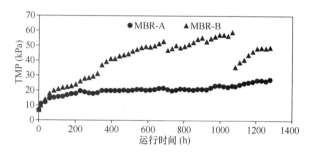

图 7-97 MBR-A 与 MBR-B 膜污染情况
［通量 10L/(m²·h)，抽吸 8min 停止 2min，不反冲洗、不排污，MBR-B 中箭头标示的两次 TMP 降低分别是水力反冲洗和高速水流冲洗造成的］

7.6.7 不可逆零污染通量实验研究

1. 原水直接超滤（有排污）不可逆零污染通量

实验采用如图 7-65 所示的小试装置。采用北江原水直接过滤，原水浊度为 4.53～15.4NTU，UV$_{254}$ 为 0.026～0.033/cm，COD$_{Mn}$ 为 1.85～3.21mg/L。

实验过程中采取间歇过滤的运行模式，抽吸 8min 停止 2min，每 12h 反冲洗 2min 后排空，系统 1 通量为 15L/(m²·h)，系统 2 为 20L/(m²·h)，二者 TMP 增长如图 7-98 所示。可以看出，在 20d 的运行过程中，通量为 15L/(m²·h) 的系统 1 在前 24h 内 TMP 由 12kPa 很快增至 20kPa，之后增长缓慢，最终增至 28kPa，可认为后期已接近了临界通量，即接近不可逆零污染通量。通量为 20L/(m²·h) 的系统 2 在前 24h 内 TMP 由 16kPa 很快增至 31kPa，之后增长略快于系统 1，最终增至 53kPa。

2. 混凝—超滤不可逆零污染通量

以北江水为原水，原水首先进入多头磁力搅拌

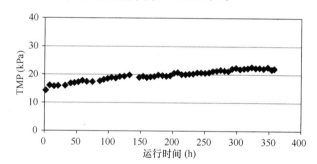

图 7-99 混凝—超滤工艺膜污染情况
［通量 20L/(m²·h)，间歇过滤，抽吸 8min 停止 2min，每 12h 反冲洗 2min 后排空］

3. 沉后水—超滤不可逆零污染通量

采用浸没式超滤膜小试装置，以沙口水厂沉后水为原水，考察不同通量下连续过滤以及间歇过滤的膜污染情况。实验过程中使用的沉后水浊度为 1.43～2.01NTU，UV$_{254}$ 为 0.017～0.021/cm，COD$_{Mn}$ 为 0.75～1.23mg/L。

实验过程中采取连续过滤的运行模式，每 2h 气水反冲洗 1min，12h（即反冲洗 6 次）排空一次，考察了 20L/(m²·h)、25L/(m²·h)、30L/(m²·h) 三种通量下的膜污染情况，结果如图 7-100 所示。

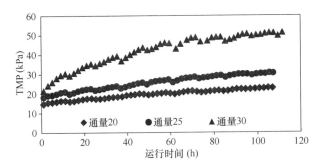

图 7-100 不同通量沉后水连续过滤膜污染情况
（连续过滤，每2h气水反冲洗1min，12h排空一次）

可以看出，通量 30L/（m²·h）条件下 TMP 增长较快，通量 20L/（m²·h）和 25L/（m²·h）条件下增长较为缓慢。

采取间歇过滤的运行模式，通量 25L/（m²·h），抽吸 8min 停止 2min（相当于连续过滤模式下通量 20L/（m²·h）），每12h反冲洗 2min 后排空，TMP 增长情况如图 7-101 所示。可以看出，该工况下，TMP 增长较慢，250h 内由 10.4kPa 增至 14.3kPa，平均增长速率为 0.38kPa/d，低于通量 25L/（m²·h）和 20L/（m²·h）连续过滤条件下的 TMP 平均增长速率。

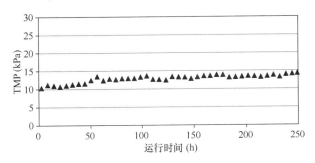

图 7-101 沉后水间歇过滤膜污染情况
［间歇过滤，通量 25L/（m²·h），抽吸 8min 停止 2min，
每12h反冲洗 2min 排空］

4. 砂滤池—超滤不可逆零污染通量

采用浸没式超滤膜小试装置，以沙口水厂砂滤池出水为原水，考察不同通量下膜污染情况。实验过程中砂滤池出水浊度为 0.105～0.421NTU，UV$_{254}$ 为 0.015～0.017/cm，COD$_{Mn}$ 为 0.67～1.02mg/L。

实验过程中采取连续过滤运行模式，每24h反冲洗 2min 后排空一次，考察了 10L/（m²·h）、20L/（m²·h）、30L/（m²·h）、40L/（m²·h）四种通量下的膜污染情况，结果如图 7-102 所示。可以看出，在 11d 的运行过程中，通量为 10L/（m²·

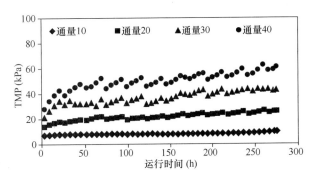

图 7-102 不同通量砂滤池出水连续过滤膜污染情况
（连续过滤，每24h反冲洗 2min 后排空）

h）条件下，TMP 基本没有增加；通量 20L/（m²·h）条件下，TMP 有缓慢增长；通量 30L/（m²·h）和 40L/（m²·h）条件下，TMP 增长较快。

由上可见，随着超滤膜前预处理的不断完善，水中能形成膜污染的物质被更多地去除，超滤膜的临界通量也相应地有所提高。膜污染包括可逆污染和不可逆污染，膜通量接近临界通量，表明膜污染已很轻，相应地不可逆污染也很轻，即接近不可逆零污染，所以接近临界通量的膜通量，也就是接近了不可逆零污染通量。上述实验表明，通过降低通量，并结合膜前预处理可有效控制不可逆污染。

7.7 生物预处理—超滤耦合工艺去除地表水中 PPCPs 研究

7.7.1 水源水和市政水厂水中的 PPCPs

药品和个人护理用品（pharmaceuticals and personal care products，PPCPs）主要包括各类的药物和个人护理用品。PPCPs 包含多种有机化合物，其中，药品类包括抗生素、激素、抗炎药物、抗癫痫药、血脂调节剂、β-受体阻滞剂、造影剂等；个人护理用品包括抗菌药物、染发物质、洗发水、沐浴露、合成香精、驱虫剂、防晒霜等。

抗生素因为其具有优良的抗菌效果，在人类疾病治疗和畜牧业养殖过程得到广泛应用，长期接触抗生素可导致具有公共卫生问题的耐药菌株的出现。抗生素包括很多类，如大环内酯类、青霉素类、β-内酰胺类、氨基糖苷类和氟喹诺酮类等。其他药品包括止痛药和消炎药（如布洛芬和双氯芬酸）；抗癫痫药物（如扑米酮和卡马西平）；血脂调节剂（如氯贝特、吉非罗齐）；β-受体阻滞剂（如美托洛尔和阿替洛尔）；显影剂（如碘普罗胺和泛影剂）。

水环境中经常检测到的三氯生和三氯卡班，作为常见的抗菌剂在个人护理产品中广泛存在。近年来人工合成的麝香作为替代型香料，被广泛地用作各种化妆品和洗涤用品的添加剂。常见的合成麝香是含硝基的佳乐麝香（Galaxolide）和吐纳麝香（Tonalide）以及多环麝香。对羟基苯甲酸酯是典型的防腐剂，2-乙基己基-4-三甲氧基肉桂酸酯（EHMC）和4-甲基苄基-樟脑（4-MBC）是防晒紫外线过滤剂。

人类每天可能通过吸入、饮食以及PPCPs在水环境中的转化而暴露于各种PPCPs风险中。大多数PPCPs的挥发性较低，因此空气污染暴露不明显。人类接触PPCPs主要有两个来源：饮用水或食用积累了药物残留的生物体。PPCPs可以在人类饮食来源的饮用水和食物中找到。抗菌药物三氯生可在自来水和婴儿奶瓶中检测到，成人和婴儿的每日三氯生摄入量估计分别为10ng/d和5ng/d。

水中的PPCPs主要来源于人类的使用和排泄、养殖、畜牧业及生产工厂的排放物等，PPCPs可以通过几种途径进入水环境，主要包括污水处理厂、工业生产、医院、水产养殖、农田径流，以能通过畜牧业、粪肥应用和垃圾填埋场等途径进入。未经处理的生活污水和来自工业生产和医院的经处理的污水中均含有部分可降解和难降解的PPCPs，直接进入水环境中。自然水循环也是PPCPs进入环境的重要途径。人类和动物生活过程中使用的药物可以直接或经过代谢后排出，进入生活污水处理厂，经污水处理厂进行处理后，其残余物随出水排入河流和溪流等地表水环境中。例如抗肿瘤药甲氨蝶呤，是一种二氢叶酸合成酶抑制剂，其在体内仅能代谢一部分，而大多数以原形药排出体外，在体外是一种三类致癌物。洗发水、沐浴露、牙膏、防晒霜、化妆品、洗手液等个人护理用品，在人类日常洗涤活动中，会被排放到污水系统和地表水中。此外，游泳和其他娱乐活动期间的刷洗也会导致PPCPs进入水体中。其他PPCPs进入环境的途径还包括：未使用的药物弃置到垃圾填埋场、从畜牧业养殖表面径流出的兽药、处理过的动物尸体以及使用再生水进行灌溉。

笔者团队主要对珠江的部分水系（北江水系和西江水系）中PPCPs的含量和分布规律进行了调研。

选取25种目标PPCPs，采用UPLC-MS/MS检测方法，调查了北江和西江流域饮用水中PPCPs的分布情况，主要包括水源水、出厂水和管网水中的浓度；针对水中检出率较高的PPCPs，研究了常规处理工艺和深度处理工艺对这些PPCPs的去除规律。

采集时间从2016年3月初开始，至2017年12月底结束。水源水、市政水厂进/出厂水，共进行了20批次的样品采集，水处理工艺流程共进行了6批次样品的采集。

水源水样品采集地点选择了佛山地区的水源地北江、西江及其支流作为研究对象，流经区域社会经济条件均有所不同。水源1为北江干流，水源2为北江下游支流漫水河，水源3为西江干流，水源4为西江下流支流高明河。

市政水厂进/出厂水样品采集地点选择了研究区域内的四间市政饮用水水厂的进出水。其中，水厂1、水厂2以水源1作为进水，水厂3、水厂4以水源3作为进水。进厂水样品在一泵原水取样点采集，出厂水样品在清水池后取样点采集，管网水在每间水厂对应的固定市政水厂管网点采集。

水处理工艺流程样品采集地点选择上述四间市政饮用水水厂的流程水。在流程结束位置，采集样品。

1. 水源水中PPCPs分布情况

水源1中PPCPs检出率和检出浓度如图7-103所示。结果表明，水源1中共有7种PPCPs检出，其中包括：抗生素（磺胺甲恶唑、磺胺二甲嘧啶、甲氧苄氨嘧啶、红霉素）、解热镇痛药（咖啡因）、抗癫痫药（卡马西平）和杀虫剂（避蚊胺）。其中，红霉素、咖啡因和避蚊胺这3种PPCPs经常检出，检出率均大于50%，平均检出浓度为6.5～24.7ng/L。其中，咖啡因的检出率为100%，平均检出浓度24.7ng/L。另外4种PPCPs均偶有检出，且平均检出浓度较低，均低于5.0ng/L。结果表明，水源1中检出的红霉素属于大环内酯类抗生素，这类抗生素的用量仅次于内酯胺类药物。虽然红霉素的检出率为95%，但平均检出浓度仅为8.5ng/L，说明水源1受到PPCPs物质污染较轻。

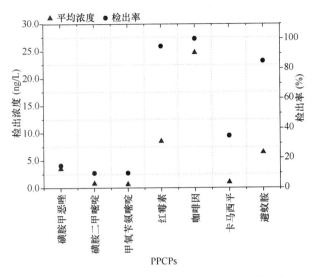

图 7-103 水源 1 中 PPCPs 平均检出浓度和检出率

水源 2 中 PPCPs 检出率和检出浓度如图 7-104 所示。结果表明，水源 2 中共有 16 种 PPCPs 检出，其中包括：抗生素（磺胺甲恶唑、磺胺嘧啶、磺胺二甲嘧啶、磺胺间甲氧嘧啶、磺胺氯哒嗪、磺胺甲氧哒嗪、甲氧苄氨嘧啶、多西环素、阿莫西林、红霉素、氧氟沙星、二甲硝咪唑）、解热镇痛药（咖啡因）、抗癫痫药（卡马西平）、杀虫剂（避蚊胺）和 β-阻滞剂（美托洛尔）。磺胺甲恶唑、磺胺嘧啶、磺胺二甲嘧啶、磺胺氯哒嗪、磺胺甲氧哒嗪、红霉素和咖啡因 7 种 PPCPs 几乎在每批次样品都有检出，除磺胺甲恶唑和磺胺甲氧哒嗪的检出率为 95%，其他物质检出率均为 100%，平均检出浓度在 25.4～1227.8ng/L。甲氧苄氨嘧啶、避蚊胺和二甲硝咪唑三种物质的检出率均高于 40%，平均检出浓度相对较低，在 2.1～3.5ng/L。其他 6 种 PPCPs 的检出率较低，均低于 25%，检出浓度在 0.7～17.6ng/L。磺胺间甲氧嘧啶虽然检出率为 15%，但平均检出浓度为 17.5ng/L。

结果表明，相较于干流水源 1，支流水源 2 的 PPCPs 种类明显增加，含量也大幅升高。磺胺类药物（磺胺甲恶唑、磺胺嘧啶、磺胺二甲嘧啶和磺胺氯哒嗪等）和大环内酯类药物（红霉素）含量和检出率均较高。多种 PPCPs 的平均检出浓度接近 100ng/L，其中红霉素的平均检出浓度高达 1227.8ng/L。红霉素作为一种抗菌剂常被添加到饲料中，被广泛应用于家禽和水产养殖。磺胺类药物是应用较早的一类人工合成抗菌药物，在水产养殖中也被广泛应用。同时，由于磺胺类药物稳定

性高，亲水性强，很容易通过排放和雨水冲刷等方式进入水环境中，导致水环境中其含量偏高。由此推断，该支流水体受到了比较严重的 PPCPs 污染。

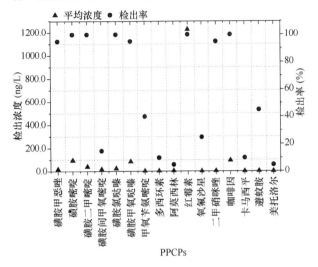

图 7-104 水源 2 中 PPCPs 平均检出浓度和检出率

水源 3 中 PPCPs 检出率和检出浓度如图 7-105 所示。结果表明，水源 3 中共有 10 种 PPCPs 检出，其中包括：抗生素（磺胺甲恶唑、磺胺二甲嘧啶、甲氧苄氨嘧啶、阿莫西林、红霉素、氧氟沙星）、解热镇痛药（咖啡因、对乙酰氨基酚）、抗癫痫药（卡马西平）和杀虫剂（避蚊胺）。磺胺甲恶唑、磺胺二甲嘧啶、红霉素、咖啡因和避蚊胺这 5 种 PPCPs 经常检出，检出率均高于 50%，平均检出浓度在 1.5～22.1ng/L。其中，红霉素的平均检出浓度和检出率均最高。其他 5 种 PPCPs 检出率均低于 30%，平均检出浓度也均低于 2.0ng/L。由此推断，干流水源 3 受到 PPCPs 污染较轻。

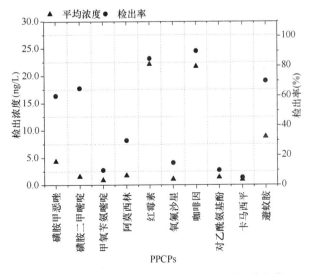

图 7-105 水源 3 中 PPCPs 平均检出浓度和检出率

水源4中PPCPs检出率和检出浓度如图7-106所示。结果表明，水源4中共有11种PPCPs检出，其中包括：抗生素（磺胺甲恶唑、磺胺间甲氧嘧啶、磺胺氯哒嗪、甲氧苄氨嘧啶、红霉素、氧氟沙星、二甲硝咪唑）、解热镇痛药（咖啡因、对乙酰氨基酚）、抗癫痫药（卡马西平）和杀虫剂（避蚊胺）。磺胺甲恶唑、磺胺间甲氧嘧啶、磺胺氯哒嗪、红霉素和咖啡因5种PPCPs检出率较高，均高于80%，平均检出浓度15.3~504.4ng/L。其中，红霉素在每批次样品中均有检出，平均检出浓度高达504.4ng/L。避蚊胺和氧氟沙星检出率相对较高（分别为60%和45%），平均检出浓度分别为5.7ng/L和35.5ng/L。甲氧苄氨嘧啶、二甲硝咪唑、对乙酰氨基酚和卡马西平4种PPCPs的检出率均低于30%，平均浓度在1.9~8.7ng/L。

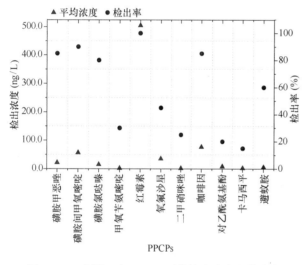

图7-106 水源4中PPCPs平均检出浓度和检出率

结果表明，相较于干流水源3，支流水源4的PPCPs种类明显增加，含量也有所升高。磺胺类药物（磺胺甲恶唑、磺胺间甲氧嘧啶和磺胺氯哒嗪）和大环内酯类药物（红霉素）在样品中的存在水平均较高，红霉素的检出率为100%，平均检出浓度高达504.4ng/L。相较于水源2，水源4中氟喹诺酮类药物（氧氟沙星）的检出率也略有提升，为45%，且检出浓度明显升高，平均检出浓度为35.5ng/L。鉴于氟喹诺酮类药物具有较强的吸附特性，容易吸附到沉积物和悬浮物等颗粒物质上，因此在水体样品中检测到溶解态的氟喹诺酮类药物浓度一般低于吸附态的药物浓度。样品中氟喹诺酮的实际浓度高于检出的浓度。由此推断，该支流水体同样受到了PPCPs污染。

四个水源水中PPCPs的检出种类和浓度有所不同，水源2中检出的PPCPs种类最多，共16种，然后依次为水源4为11种，水源3为10种，水源1为7种。从种类的构成来看，四个水源水中的PPCPs均以磺胺类和大环内酯抗生素、解热镇痛药和杀虫剂等为主，其他PPCPs种类略有不同。就PPCPs的浓度水平而言，在水源1和3中，大部分PPCPs在1.00~10.0ng/L浓度水平，个别物质的浓度高于10.0ng/L。而在水源2和4中，PPCPs含量较高，约有一半的检出物质浓度在50.0ng/L以上，红霉素在两个水源中的浓度更是高达1227.8ng/L和504.4ng/L。由此推断，水源2和4均受到较严重的PPCPs的污染。

水源2和水源4分别为水源1和水源3的下游支流，两个支流中PPCPs种类和浓度的突然增加，怀疑可能与支流沿线的畜禽类和水产类的养殖有直接关系。总体而言，两大干流水源1和水源3受PPCPs污染的风险较小，而两个支流水源2和水源4均受到PPCPs污染，当枯水期来临，PPCPs的污染情况可能更为严重。

2. 市政水厂进出水及管网水中的PPCPs

四间市政水厂包含了常规处理工艺和深度处理工艺。水厂1、水厂3和水厂4采用的是常规处理工艺，水厂2采用深度处理工艺，在常规工艺基础上增加了活性炭吸附和超滤。四间水厂处理工艺见表7-25。

研究区域内四间市政饮用水
水厂处理工艺　　　　　表7-25

水厂	处理规模 （10000m³/d）	处理工艺
水厂1	50	预氯化（ClO₂）、混凝、沉淀、过滤和消毒（NaClO）
水厂2	1.5	混凝、沉淀、过滤、活性炭吸附、超滤和消毒
水厂3	20.8	预氯化（液氯）、混凝、沉淀、过滤和消毒（液氯）
水厂4	5	混凝、沉淀、过滤和消毒（NaClO）

在水厂1的进水中（表7-26）共有7种PPCPs检出，包括磺胺甲恶唑、磺胺二甲嘧啶、甲氧苄氨嘧啶、红霉素、咖啡因、卡马西平和避蚊胺。其中，咖啡因的平均检出浓度最高，为

24.7ng/L，其他物质的平均检出浓度均低于 10.0ng/L。在水厂 1 的出水中（表 7-26），有 3 种 PPCPs 检出，包括红霉素、咖啡因和避蚊胺，其中红霉素和避蚊胺只是偶有检出。3 种 PPCPs 在出厂水中浓度明显降低，红霉素和避蚊胺浓度均在 1.0ng/L 左右，咖啡因浓度在 5.0ng/L 左右。在管网水中（表 7-26），仅有咖啡因偶有检出，且浓度较低，平均检出浓度低于 2.0ng/L。

水厂 1 进/出厂水及管网水中 PPCPs 的检出情况　　　　　　　表 7-26

PPCPs	进厂水浓度（ng/L）		出厂水浓度（ng/L）		管网水浓度（ng/L）	
	范围	平均值	范围	平均值	范围	平均值
磺胺甲噁唑	0.2～4.2	3.5	ND	ND	ND	ND
磺胺二甲嘧啶	0.8～09	0.8	ND	ND	ND	ND
甲氧苄氨嘧啶	0.6～0.7	0.7	ND	ND	ND	ND
红霉素	5.2～12.6	8.5	0.6～1.7	1.2	ND	ND
咖啡因	17.4～35.2	24.7	3.3～5.8	5.3	0.7～2.1	1.5
卡马西平	0.6～1.4	1.0	ND	ND	ND	ND
避蚊胺	4.4～10.7	6.5	0.7～1.3	0.9	ND	ND

注：ND 代表未检出。

在水厂 2 的出水中（表 7-27），只有咖啡因一种 PPCPs 有检出，且平均检出浓度和检出率均明显降低，平均检出浓度约为 1.0ng/L。

水厂 2 进出水及管网水中 PPCPs 的检出情况　　　　　　　表 7-27

PPCPs	进厂水浓度（ng/L）		出厂水浓度（ng/L）		管网水浓度（ng/L）	
	范围	平均值	范围	平均值	范围	平均值
磺胺甲噁唑	0.2～4.2	3.5	ND	ND	ND	ND
磺胺二甲嘧啶	0.8～0.9	0.8	ND	ND	ND	ND
甲氧苄氨嘧啶	0.6～0.7	0.7	ND	ND	ND	ND
红霉素	5.2～12.6	8.5	ND	ND	ND	ND
咖啡因	17.4～35.2	24.7	0.4～7.5	3.3	ND	ND
卡马西平	0.6～1.4	1.0	ND	ND	ND	ND
避蚊胺	4.4～10.7	6.5	ND	ND	ND	ND

注：ND 代表未检出。

在水厂 3 的进水中（表 7-28）共有 10 种 PPCPs 检出，包括磺胺甲噁唑、磺胺二甲嘧啶、甲氧苄氨嘧啶、阿莫西林、红霉素、氧氟沙星、咖啡因、对乙酰氨基酚、卡马西平和避蚊胺。其中，红霉素和咖啡因的平均检出浓度较高，均大于 20.0ng/L，其他物质的平均检出浓度均低于 10.0ng/L。在水厂 3 的出厂水中（表 7-28），有 7 种 PPCPs 检出，与原水中检出的物质吻合，除红霉素和咖啡因外，其他物质的平均检出浓度均低于 1.0ng/L。在水厂 3 的管网水中（表 7-28），有 4 种 PPCPs 检出，除红霉素外，其他物质的平均检出浓度均低于 0.5ng/L。

水厂 3 进出水及管网水中 PPCPs 的检出情况　　　　　　　表 7-28

PPCPs	进厂水浓度（ng/L）		出厂水浓度（ng/L）		管网水浓度（ng/L）	
	范围	平均值	范围	平均值	范围	平均值
磺胺甲噁唑	2.8～6.3	4.3	0.1～0.9	0.6	ND～0.5	0.2
磺胺二甲嘧啶	0.4～1.9	1.5	ND	ND	ND	ND
甲氧苄氨嘧啶	0.3～1.3	0.8	ND	ND	ND	ND

续表

PPCPs	进厂水浓度（ng/L）		出厂水浓度（ng/L）		管网水浓度（ng/L）	
	范围	平均值	范围	平均值	范围	平均值
阿莫西林	0.2~2.2	1.7	0.2~05	0.3	ND	ND
红霉素	14.2~30.8	22.1	ND~7.2	4.4	0.1~2.6	2.2
氧氟沙星	0.3~1.6	1.1	ND~0.4	0.4	ND	ND
咖啡因	16.9~29.1	21.7	0.2~2.6	1.5	0.1~1.0	0.4
对乙酰氨基酚	0.9~1.9	1.4	1.0	1.0	ND	ND
卡马西平	ND~0.9	0.3	ND	ND	ND	ND
避蚊胺	5.1~17.6	8.8	ND~0.7	0.4	ND~0.4	0.1

注：ND 代表未检出。

在水厂 4 的出厂水中（表 7-29），有 7 种 PPCPs 检出，与原水中检出的物质吻合，其中红霉素和咖啡因的平均检出浓度在 9.0ng/L 左右，其他物质平均检出浓度低于 5.0ng/L。在水厂 4 的

管网水中（表 7-29），有 4 种 PPCPs 检出，其中红霉素和咖啡因的平均检出浓度在 5.0ng/L 左右，其他物质的平均检出浓度均低于 1.5ng/L。

水厂 4 进出水及管网水中 PPCPs 的检出情况 表 7-29

PPCPs	进厂水浓度（ng/L）		出厂水浓度（ng/L）		管网水浓度（ng/L）	
	范围	平均值	范围	平均值	范围	平均值
磺胺甲恶唑	2.8~6.3	4.3	0.7~2.7	2.1	ND~0.5	0.2
磺胺二甲嘧啶	0.4~1.9	1.5	0.2~2.3	1.0	ND	ND
甲氧苄氨嘧啶	0.3~1.3	0.8	ND	ND	ND	ND
阿莫西林	0.2~2.2	1.7	ND~1.7	1.3	ND	ND
红霉素	14.2~30.8	22.1	0.5~15.2	9.6	ND~8.6	5.2
氧氟沙星	0.3~1.6	1.1	ND~0.8	0.5	ND	ND
咖啡因	16.9~29.1	21.7	ND~18.4	8.9	0.8~6.0	4.4
对乙酰氨基酚	0.9~1.9	1.4	ND	ND	ND	ND
卡马西平	ND~0.9	0.3	ND	ND	ND	ND
避蚊胺	5.1~17.6	8.8	ND~5.7	3.8	ND~3.0	1.4

注：ND 代表未检出。

以上结果表明，常规处理工艺对大部分 PPCPs 有一定的去除效果，但常规工艺去除效果有限，出水中仍存在残余的 PPCPs。因此，当水源受到较严重的 PPCPs 污染时，仅采用常规工艺比较难保障水质安全。对比水厂 3 和水厂 4 出厂水的 PPCPs 检出率和平均检出浓度，有预氯化工艺水厂 3 的出厂水中 PPCPs 检出率和浓度更低，这表明预氯化对 PPCPs 的去除起到一定的作用。水厂 2 相较于水厂 1 少了预氯化工艺，但增加了活性炭吸附和超滤两种深度处理工艺。出厂水中的 PPCPs 检出种类和平均检出浓度相较水厂 1 均有所降低。相较于常规工艺，深度处理工艺对 PPCPs 的去除效果较好。这说明，活性炭吸附和

超滤膜工艺这两种深度处理工艺对 PPCPs 有一定的去除作用。

根据这 4 间水厂情况，与出厂水相比，管网水中 PPCPs 种类和浓度均明显降低。这表明，PPCPs 在管网输送的过程中可能被降解和转化。分析原因可能由于管道中的氯消毒剂与 PPCPs 发生了氧化反应，使得部分种类 PPCPs 被氯氧化去除；管网内壁存在的生物膜对 PPCPs 起了吸附和转化的作用。

3. 常规水处理工艺对 PPCPs 的去除过程分析

常规处理工艺对 PPCPs 去除情况如图 7-107 所示。结果可以看出，常规工艺对 PPCPs 有一定的去除效果，PPCPs 的种类沿着处理工艺流程逐

渐减少，特别是在沉淀和过滤后，种类变化更为明显。在经过预氯化、沉淀和过滤流程处理后，大部分PPCPs的浓度明显降低。常规工艺能够将磺胺二甲嘧啶、甲氧苄氨嘧啶、氧氟沙星、对乙酰氨基酚和卡马西平5种PPCPs全部去除。常规工艺对磺胺甲恶唑和咖啡因的去除率均高于90%，分别为91.5%和90.2%；对阿莫西林和红霉素的去除率在80%~90%之间，分别为88.9%和82.7%；对避蚊胺的去除率最低，仅为75.2%。

预氯化工艺对各PPCPs的平均去除率为40.6%，说明预氯化工艺对PPCPs的去除有一定的作用，这是由于Cl₂和ClO₂等具有较强的氧化能力，能够对水中PPCPs起到一定的氧化去除作用。在消毒工艺中，对各PPCPs的去除效率并不高，原因是到达消毒工艺的PPCPs种类和浓度已大幅降低，影响了PPCPs的去除效能。混凝工艺对各PPCPs的平均去除率为54.3%，对各PPCPs的去除作用较明显。一方面是因为到混凝工艺，各PPCPs浓度已经较低，导致去除效率高；另一方面，絮凝剂能够提供大量的络合离子，通过吸附—电中和、吸附架桥和网捕卷扫等作用吸附去除水中的胶体颗粒的同时，促进PPCPs的去除。其中，磺胺二甲嘧啶和磺胺甲恶唑在混凝工艺中，去除率分别为62.1%和66.7%，混凝工艺对这两种物质的去除效果较明显。因为在中性pH条件下，磺胺二甲嘧啶和磺胺甲恶唑主要以中性分子或负离子形式存在，而聚合氯化铝絮凝剂带正电荷，两种物质更容易通过静电吸附作用与絮凝剂结合而被去除，因此两种物质在混凝工艺的去除率相对较高。过滤工艺对大部分PPCPs的去除效果均不明显，个别物质经过滤后的浓度还有所升高，这主要是因为吸附在固体颗粒表面上的PPCPs重新释放到水中，使得浓度增加。咖啡因在过滤工艺中去除效果较明显，去除率为69.1%。这可能是因为咖啡因的可生化性较好，容易被微生物所降解，在过滤工艺中，滤池内形成的生物膜能够强化对咖啡因的去除，因此咖啡因在过滤工艺中的去除效果较为明显。

相较于国内外其他研究，本实验中常规处理工艺对PPCPs的去除率相对较高。原因可能有以下几个方面：1）本实验原水中PPCPs浓度较低，大部分PPCPs平均检出浓度小于10ng/L，因此去除率较高；2）常规处理工艺中有预加氯工艺，氯氧化能够强化对PPCPs去除作用；3）滤池内形成的

生物膜对某些可生化性较好的PPCPs有一定去除作用。

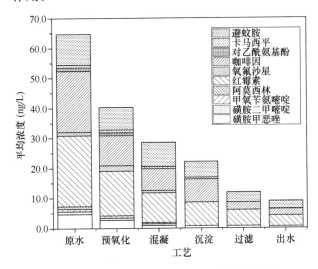

图7-107 常规处理工艺对PPCPs的去除情况

4. 深度处理工艺对PPCPs的去除过程分析

深度处理工艺对PPCPs去除情况如图7-108所示。结果表明，深度处理工艺将磺胺甲恶唑、磺胺二甲嘧啶、咖啡因、红霉素、卡马西平和避蚊胺6种PPCPs全部去除。深度处理工艺对咖啡因的去除率达94.3%。

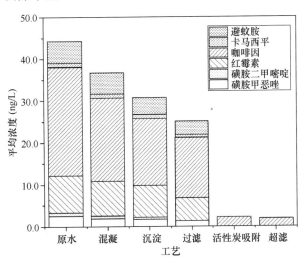

图7-108 深度处理工艺对PPCPs的去除情况

与常规工艺相比，深度处理工艺对大部分PPCPs的去除效率较高，除咖啡因外，其他PPCPs在出水中均未检出。PPCPs的种类沿着深度处理工艺流程逐渐减少，尤其经过活性炭吸附后，大部分PPCPs被去除，咖啡因的浓度明显降低。结果表明，活性炭吸附工艺对PPCPs的去除有一定效果。活性炭主要是利用微孔吸附水中的污

染物，使其从水中分离。但吸附具有选择性，这与吸附剂和吸附质的性质均有关系，因此如何选择合适的吸附剂处理某种特定 PPCPs 还需进一步的实验。由于在超滤工艺前，仅有咖啡因一种 PPCPs 检出且浓度较低，超滤工艺对 PPCPs 的去除效果需进一步的实验确认。

以上研究表明，现有的常规工艺中，预氯化和混凝工艺对 PPCPs 去除效果优于沉淀和过滤工艺。常规工艺对 PPCPs 有一定的处理效果，但是去除效果有限。当水源受到 PPCPs 污染较重时，需要增加深度处理工艺以去除高浓度的 PPCPs，提高出水水质对于种类繁多的 PPCPs，其性质复杂多样，采取单一的处理处置技术可能是不够的，应综合考虑各种处理工艺，根据 PPCPs 分子物化性质来确定。

7.7.2 生物活性炭—超滤耦合工艺去除水中 PPCPs 等污染物

由上节的水厂调研可知，深度处理工艺中的活性炭处理对 PPCPs 的去除效果较好。长期运行过程中，活性炭主要依靠其吸附和表面生成的生物膜的降解作用来去除 PPCPs 等污染物，但活性炭滤池出水中通常含有较多的微生物，导致出水的生物安全性降低。超滤是去除水中颗粒物和微生物的有效技术，对其他污染物也有一定去除作用。若将两

者耦合，各取其长，可形成一个处理受 PPCPs 污染原水的生物活性炭—超滤耦合工艺。

1. 实验用水及装置

以西江下流支流高明河河水（水源 4）为水源，实验期间河水水质波动较大，汛期受暴雨影响，原水浊度暴增（最高可达 200NTU 以上），且有机物、浊度和氨氮浓度均偏高，原水水质相对较差，原水水质情况见表 7-30。为避免河水浊度过高对系统产生影响，采用了预沉措施，经静沉后再流入中试装置。

实验期间原水水质情况　　　　　表 7-30

水质指标	范围	平均值
水温（℃）	16.9～33.8	24.9
pH	6.71～8.07	7.04
浊度（NTU）	6.67～231	54.6
溶解氧（mg/L）	4.34～7.46	5.94
COD_{Mn}（mg/L）	1.88～13.79	7.62
氨氮（mg/L）	0.09～4.54	2.31

实验是在中试规模进行的，处理过程如图 7-109 所示。本实验中的生物活性炭（BAC）滤池和曝气生物滤池（BAF）均由有机玻璃材料制成，直径为 200mm，滤柱高度为 3.0m，滤料层高度为 1.6m，滤料层底部设置高度 100mm 的鹅卵石承托层，实验装置如图 7-109 所示。

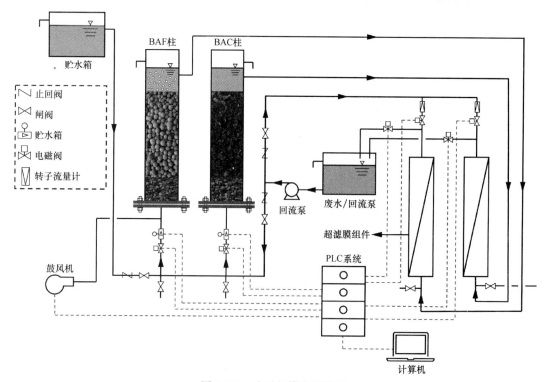

图 7-109　中试规模实验装置

高位水箱中的水凭借重力依次流经生物滤池和超滤膜组件，最终流至清水池。清水池内设置一台潜水泵，用于超滤膜组件的定期反冲洗，反冲洗程序由 PLC 系统控制。两座滤池皆采用上向流的运行方式，滤速均为 4m/h，曝气生物滤池的曝气量为 1.5m³/h。生物滤池每星期反冲洗一次，采用气冲—气水冲—水冲的程序进行反冲洗。超滤工艺采用内压式超滤膜组件，以恒水头重力流的方式运行。作用水头是 65cm，运行周期为 40min，冲洗程序为先正冲 1min，后反冲 1min。

本研究中活性炭生物滤池（BAC）选择椰壳活性炭作为滤料，具体参数见表 7-31；曝气生物滤池（BAF）选择了生物陶粒作为滤料，具体参数见表 7-32。

椰壳活性炭参数　　　　表 7-31

类型	材质	规格（目）	碘值（mg/g）	pH	填充相对密度	厂家
活性炭	椰壳	8～16	≥900	7～8	650±20	东莞市洪筌活性炭有限公司

生物陶粒参数　　　　表 7-32

类型	粒径（mm）	孔隙率	密度（g/cm³）	堆积密度（g/cm³）	厂家
生物陶粒	3～5	≥55%	1.4～1.8	0.95～1.0	河南大智环保材料有限公司

实验中采用内压式合金 PVC 中空纤维超滤膜（海南立昇净水科技有限公司），膜丝内径和外径分别为 1.0 和 1.6mm，有效膜面积为 10m²，截留分子量为 100kDa。

2. 对浊度的去除

浊度是评价饮用水水质的重要指标之一，其大小与水质的感官直接相关；同时，水中浊度高低还与微生物风险和消毒效果显著相关。因此，需要强化对浊度的深度削减。本书考察了在中试设备连续运行过程中，浊度的沿程去除效果。图 7-110 表明，原水浊度波动较大，平均浓度为 54.6±6.83NTU，暴雨时期原水浊度骤增，最高可达 231NTU。经过 BAC 生物滤池过滤处理后，出水平均浊度为 8.8±3.93NTU，最低浊度为 2.91NTU，暴雨时期，BAC 滤池出水浊度最高可达 61.9NTU，浊度平均去除率为 65.9%±18.86%。可见，BAC 滤池对浊度具有较好的去除效果，但其出水中浊度仍较高，不满足《生活饮用水卫生标准》GB 5749

要求（<1NTU），表明单独的 BAC 生物滤池难以保障供水水质要求。

当活性炭生物滤池出水经超滤处理后，水中的颗粒物、悬浮物和胶体等被进一步强化去除，浊度平均去除率高达 99.6%±0.27%，超滤出水最低可降至 0.016NTU，平均浊度为 0.12±0.06NTU，显著低于《生活饮用水卫生标准》GB 5749 限值，实现了对浊度的深度削减，保障供水安全。对比原水、BAC 生物滤池出水和超滤出水浊度可知，BAC 虽可对浊度起到一定的去除作用，但超滤却是去除浊度的主要屏障。

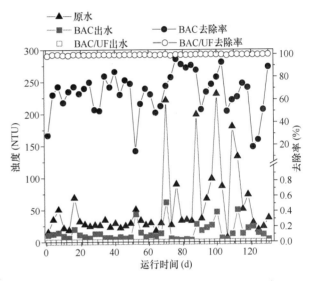

图 7-110　浊度沿程去除规律分析

3. 溶解氧变化规律

在活性炭生物滤池过滤过程中，DO 是反应滤池内生物作用的重要指标。因此，本书考察了原水、BAC 滤池出水和 BAC/UF 出水中 DO 含量随时间的变化，实验结果如图 7-111 所示。原水中 DO 最低浓度为 4.35mg/L，最高浓度为 7.46mg/L，平均浓度为 5.9±0.78mg/L。经 BAC 滤池过滤后，过滤初期（第 0 天～第 78 天），BAC 生物滤池出水中溶解氧浓度下降幅度较小，平均浓度为 5.1±0.81mg/L，溶解氧下降率为 12.5%±5.0%，表明该过程中活性炭生物滤池内的生物作用相对较弱，主要以吸附作用为主。随着过滤的进行，BAC 滤池出水中 DO 浓度逐渐降低（平均浓度为 4.6±0.63mg/L），这是由于活性炭表面或者孔隙中逐渐形成了生物膜，加速了溶解氧的消耗，同时表明 BAC 滤池中生物降解作用逐步形成。

活性炭生物滤池出水，直接进入超滤装置进行过滤，其出水中 DO 浓度的总体变化与 BAC 滤池内 DO 浓度的变化基本一致，过滤初期 DO 浓度变化不大，出水 DO 平均浓度为 4.8±0.72mg/L，DO 下降率为 5.8%±3.26%。随着过滤的进一步进行，超滤出水中 DO 浓度进一步下降，平均浓度为 3.0±0.71mg/L，降幅为 35%±13.0%。相比于常规超滤工艺，本书中超滤处理对溶解氧的消耗较大，这可能是由于本书中超滤工艺一直连续运行，并未采取化学清洗措施，超滤膜表面形成了生物膜，从而加速了溶解氧的消耗。

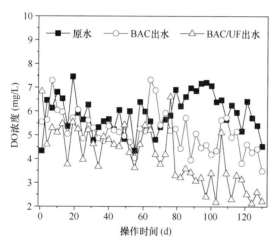

图 7-111　进出水 DO 浓度随时间变化规律

4. 对 COD_{Mn} 和 UV_{254} 的去除效能

有机物是影响饮用水供水安全的重要因素，有机物含量过高会导致出水中消毒副产物含量增加。本书中采用 COD_{Mn} 和 UV_{254} 表征水中有机物的含量，其中 UV_{254} 主要表征的是水中不饱和有机物的含量。长期运行过程中，BAC 生物滤池与超滤耦合工艺对 COD_{Mn} 和 UV_{254} 的去除效能及其随时间的变化如图 7-112 所示。原水的 COD_{Mn} 浓度为 7.62±2.60mg/L，属于典型的有机物污染水源水；且变化幅度较大，这可能是由于汛期雨水将地表有机物冲刷至水体中，加重了有机污染。过滤初期（第 1 天～第 40 天），BAC 滤池对有机物具有一定的去除效果，但去除效果不佳，平均去除率约为 23.2%±7.53%，出水中 COD_{Mn} 浓度为 6.34±1.23mg/L，相对较高，表明活性炭的吸附作用对水中的有机物吸附去除效果相对较差，这与水中有机物的性质以及高无机质的影响有关。随着过滤的进行，BAC 生物滤池对 COD_{Mn} 的去除效果逐渐增加，平均去除率高达 40.6%±16.38%，出水中 COD_{Mn} 浓度为 4.42±2.13mg/L，这是由于随着过

滤的进行，活性炭滤池内在滤料表面逐渐形成了生物膜，生物降解作用逐渐形成，加速了对水中有机污染物的去除效能。

BAC 滤池出水进入超滤工艺进一步处理。相比于 BAC 滤池，超滤装置对有机物的去除效能具有显著的稳定性，在第 0 天～第 40 天期间，超滤对 COD_{Mn} 的平均去除率为 55.3%±7.37%，出水 COD_{Mn} 平均浓度为 3.61±0.67mg/L，显著优于 BAC 滤池。长期运行过程中（第 41 天～第 130 天），超滤工艺出水中 COD_{Mn} 平均浓度为 3.05±1.21mg/L，平均去除率为 56.2%±13.60%，相比于第一阶段仅略微有所增加。上述结果表明，超滤工艺在整个过滤过程中对 COD_{Mn} 都具有高效的去除效能，且过滤初期和过滤后期基本维持一致，这可能是由于原水中浊度较高，水中的有机物主要吸附在胶体、悬浮物和颗粒物的表面，即以胶体态/颗粒态的形式存在，因此超滤在高效截留水中颗粒物和胶体的同时可实现对水中 COD_{Mn} 的高效去除。

BAC 生物滤池与超滤耦合工艺对 UV_{254} 的去除效能如图 7-112 （b） 所示。过滤初期（第 1 天～第 40 天），BAC 滤池出水中 UV_{254} 的平均含量为 0.15±0.027/cm，对 UV_{254} 的平均去除为 31%±10.01%，明显高于对 COD_{Mn} 的去除效能，这是由于水中的不饱和有机物多为芳香类或大分子类有机物，具有更强的大分子性和疏水性，更容易被活性炭吸附去除。随着过滤的进行，BAC 滤池出水中 UV_{254} 含量有所降低，约为 0.09±0.048/cm，这是由于进水中 UV_{254} 的含量降低所致，其对 UV_{254} 的去除率较过滤初期略微有所增加（36.6%±19.06%），这可能是滤饼层的生物降解作用引起的。

此外，超滤工艺对 UV_{254} 也具有显著的去除效能，平均去除率高达 55.2%±17.59%，出水中 UV_{254} 的平均浓度为 0.07±0.023/cm。先前的研究表明，常规超滤工艺对 UV_{254} 的去除效果较差（因为超滤的膜孔径大于水中的溶解性有机物，因而难以对其进行有效截留去除），但是本实验中超滤工艺对 UV_{254} 具有高效的去除效能，这可能是由两方面的原因引起：一是本实验中原水水质较差，水中颗粒物和胶体含量高，有机物主要吸附在颗粒物和胶体表面，从而被超滤截留去除，二是超滤膜表面形成了一层生物滤饼层，强化了对水中有机物的去除效能。

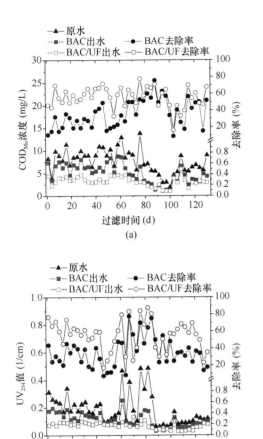

图 7-112　BAC 生物滤池与超滤耦合工艺对
有机物的去除效能

（a）COD_{Mn}；（b）UV_{254}

5. 对荧光性污染物的去除效能

本书还考察了水中荧光性污染物在 BAC 生物滤池与超滤耦合工艺中的沿程去除规律及效能，实验结果如图 7-113 所示。

原水中共检测出了 4 个荧光峰，分别为 A 峰（$E_x/E_m = 230\text{nm}/330\text{nm}$）、$B$ 峰（$E_x/E_m = 270\text{nm}/298\text{nm}$）、$C$ 峰（$E_x/E_m = 260.0\text{nm}/418.0\text{nm}$）、$D$ 峰（$E_x/E_m = 320.0\text{nm}/410.0\text{nm}$），分别代表芳烃蛋白、可溶性微生物产物（类似于蛋白）、黄腐酸样物质和腐殖酸样物质。经过 BAC 生物滤池预处理后，四个峰的强度明显降低。该体系具有与前人研究相似的荧光物质去除趋势，即吸附与微生物降解的协同行为能有效去除各种污染物。BAC 生物滤池出水经 UF 处理后，A 峰和 B 峰强度进一步降低，表明超滤膜对水中的蛋白类物质具有较高的去除效能；然而，C 峰和 D 峰的强度反而略微有所增加，这可能是由于水中的蛋白类物质在超滤膜表面的微

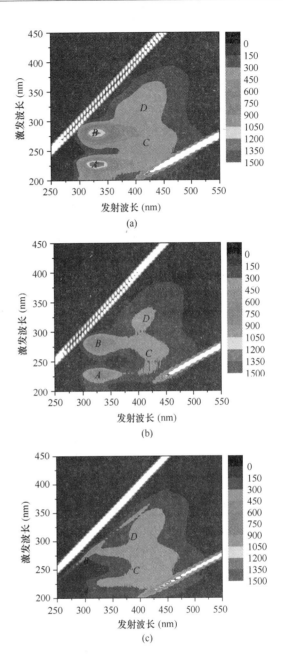

图 7-113　BAC 生物滤池与超滤耦合工艺对荧光性
污染物的去除效能（第 100d）

生物作用下发生了水解作用，生成了腐殖质类物质所致。因此，上述结果证明了 BAC 生物滤池与超滤耦合工艺可有效地去除水中的荧光性污染物。

6. 对含氮物质的去除

本书考察了 NH_4^+-N 和 NO_2^--N 在 BAC 生物滤池和超滤耦合工艺中的去除效能，实验结果如图 7-114 所示。原水中 NH_4^+-N 浓度为 $2.31 \pm 1.27\text{mg/L}$，显著高于《生活饮用水卫生标准》GB 5749 的限值（$<0.5\text{mg/L}$），属于氨氮污染型原水，需要强化去除；且原水中氨氮浓度的分布具有

显著的时空分布特性，第1天～第76天，受雨水冲刷的影响，原水中氨氮浓度相对较高（3.1±0.92mg/L），第79天～第130天，原水中氨氮浓度较为稳定，平均浓度为1.2±0.73mg/L。经过BAC生物滤池处理后，氨氮浓度有所降低；第1天～第76天，BAC生物滤池对氨氮的去除效果较差，出水中氨氮平均浓度为2.64±0.85mg/L，去除率约为15.1%±11.39%，这主要是过滤前期BAC滤池尚未形成生物硝化作用，且氨氮属于亲水性小分子物质，活性炭对其的吸附去除效果较差。随着过滤的进行（第79天～第130天），BAC滤池内不断附着滋生微生物，其对氨氮的去除作用不断增强，氨氮的平均去除率为50.1%±15.8%，出水中氨氮浓度为0.56±0.18mg/L，表明BAC滤池是强化氨氮去除的有效措施。此外，尽管BAC滤池对氨氮具有显著去除作用，但BAC滤池出水中并未观测到明显的NO_2^--N积累现象，表明BAC滤池能够有效控制具有毒害作用的NO_2^--N

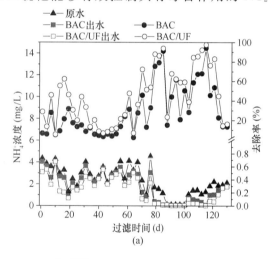

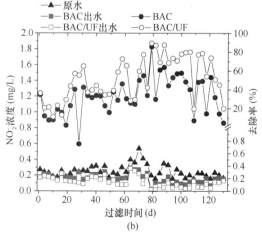

图7-114　BAC生物滤池与超滤耦合工艺对氮类物质的去除效能分析

的生成。

相比于BAC滤池，过滤初期（第1天～第76天），超滤工艺对氨氮的去除效果更为明显，出水中氨氮浓度进一步降低至2.20±0.88mg/L，平均去除率为30.0%±18.63%，这是由于超滤膜可以有效地截留水中的微生物（包括硝化细菌），并于膜表面形成生物滤饼层，强化了对水中氨氮的快速去除。长期运行过程中（第79天～第130天），超滤工艺出水中氨氮浓度进一步降低至0.39±0.16mg/L，平均去除率达65.1%±16.61%，表明在该操作模式下，超滤工艺连续运行过程中对氨氮具有显著的去除作用。此外，超滤处理后，出水中NO_2^--N浓度进一步降低（0.06±0.03mg/L），去除率高达71%±16.7%，进一步降低了NO_2^--N累积风险。

7. 对PPCPs的去除

本研究选取了原水中检出率和浓度均较高的10种PPCPs作为研究对象，分别为：红霉素（EM）、脱水红霉素（EA）、磺胺二甲嘧啶（SM2）、磺胺甲恶唑（SMX）、磺胺甲氧哒嗪（SMP）、磺胺甲氧嘧啶（SMD）、磺胺氯哒嗪（SCP）、磺胺嘧啶（SDZ）、二甲硝咪唑（DMH）和咖啡因（CAF），考察活性炭生物滤池—超滤耦合对PPCPs的强化去除效果和路径。原水中不同种类的PPCPs的含量差异较大，红霉素（EM）、脱水红霉素（EA）、磺胺二甲嘧啶（SM2）、磺胺甲恶唑（SMX）、磺胺甲氧哒嗪（SMP）、磺胺甲氧嘧啶（SMD）、磺胺氯哒嗪（SCP）、磺胺嘧啶（SDZ）、二甲硝咪唑（DMH）和咖啡因（CAF）的平均浓度分别为1542.0ng/L、14.2ng/L、40.1ng/L、15.6ng/L、78.0ng/L、75.0ng/L、19.0ng/L、87.6ng/L、7.6ng/L和75.0ng/L，且不同污染物的检出率也不一样，其中DMH和SCP的检出率分别为53.3%和80%，其余各种PPCPs的检出率均为100%，表明该水体受PPCPs污染较为严重，需要强化处理。图7-115表明，降雨对PPCPs浓度的影响很重要，原水中的PPCPs浓度从3月到7月呈下降趋势，由于降雨稀释，EA、SCP和TMP的浓度有时甚至低于UPLC-MS/MS的检出限。

BAC生物滤池对EM、EA、SM2、SMX、SMP、SMD、SCP、SDZ、DMH和CAF具有较好的去除效果，平均去除率分别达到20.81%、44.84%、

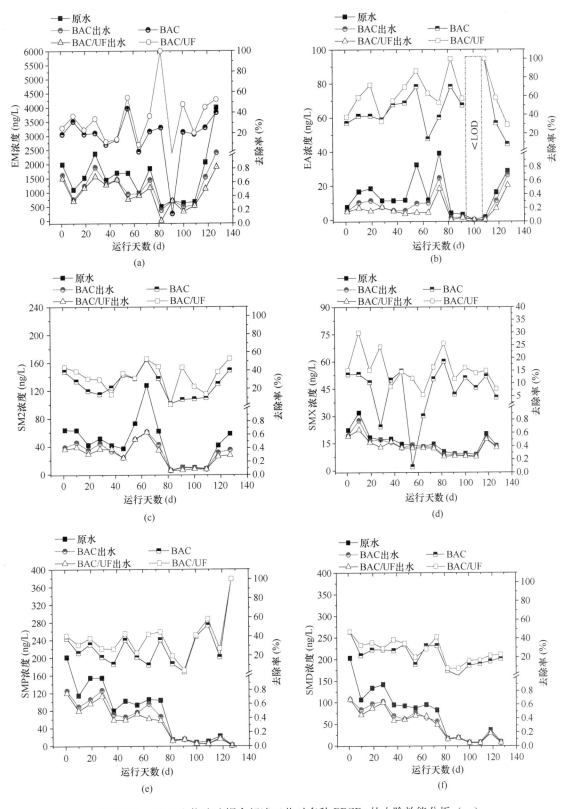

图 7-115　BAC 生物滤池耦合超滤工艺对多种 PPCPs 的去除效能分析（一）

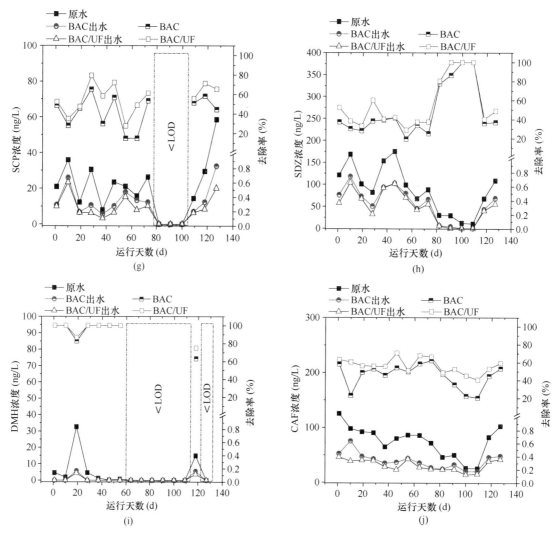

图 7-115　BAC 生物滤池耦合超滤工艺对多种 PPCPs 的去除效能分析（二）

24.40%、9.28%、29.84%、21.85%、42.64%、48.69%、93.21% 和 45.02%，这主要是由于 BAC 滤池同时具备吸附和生物降解作用，可强化对 PPCPs 的去除。BAC 生物滤池出水经超滤工艺处理，上述各 PPCPs 的去除率可分别提高到 34.27%、62.35%、33.20%、15.48%、37.84%、26.77%、56.21%、55.88%、95.21% 和 56.42%，这是由于超滤膜表面形成的生物膜的生物作用可进一步强化对 PPCPs 的去除。因此，BAC 生物滤池与超滤耦合工艺对 EA、SCP、SDZ 和 CAF 具有显著去除效果，平均去除率均在 50% 以上，但对 SMX 的去除效果相对较差，平均去除率为 15.48%。

为了明确 PPCPs 在 BAC 生物滤池与超滤耦合工艺的沿程去除情况，本书进一步探究了 BAC 生物滤池与超滤各自对 PPCPs 去除的贡献，实验结果如图 7-116 所示。在 130d 的运行中，BAC 生物

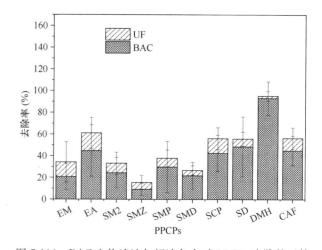

图 7-116　BAC 生物滤池与超滤各自对 PPCPs 去除的贡献

滤池对水中 EM、EA、SM2、SMX、SMP、SMD、SCP、SDZ、DMH 和 CAF 的去除率分别占总去除率的 60.72%、73.44%、73.50%、59.92%、78.84%、

81.65%、75.85%、87.13%、97.90%和79.80%。而超滤工艺对上述 PPCPs 的平均去除率约为27%，这表明 PPCPs 主要是在 BAC 生物滤池被去除，同时超滤对 PPCPs 也具有一定的去除作用，这与传统超滤工艺的截留效能相反，主要是由于本实验中超滤膜表面形成了一层具有生物降解作用的生物滤饼层，强化了超滤膜对 PPCPs 的去除作用。

7.7.3　曝气生物滤池—超滤耦合工艺去除水中 PPCPs 等污染物

上节中生物活性炭依靠吸附和生物降解去除PPCPs，在本节中考察主要依靠生物降解去除污染物的曝气生物滤池在去除 PPCPs 中的作用。

本实验研究的实验装置如图 7-109 所示。实验用水与上节相同。

1. 对浊度的去除

图 7-117 表明，经过 BAF 曝气生物滤池处理后，出水中平均浊度为 19.7±8.63NTU，最低浊度为 3.4NTU，浊度平均去除率为 39.3%±19.95%，相比于 BAC 生物滤池预处理，BAF 曝气生物滤池出水中浊度显著偏高，去除率下降了约20%，这主要是由于生物陶粒的形状相比于活性炭颗粒较为规则，导致水中颗粒物在滤床中的迁移曲折度和碰撞概率大幅降低，滤池的含污能力降低，导致其对水中的颗粒物和胶体的截留效果相对较弱，出水浊度偏高。BAF 曝气生物滤池出水经超滤处理后，出水中浊度显著降低，平均浊度为 0.12±0.06NTU，最低浊度可降至 0.01NTU，浊度平均去除率为 99.63%±0.35%，出水浊度显著低于《生活饮用水卫生标准》GB 5749 要求。相比于 BAC 生物滤池—超滤耦合工艺可知，尽管 BAC 生物滤池和 BAF 曝气滤池对浊度预去除效果不一样，但耦合工艺最终出水中浊度相差不大，表明超滤工艺具有较好的抗进水浊度冲击负荷的能力。

2. 对 CODMn 和 UV254 的去除

图 7-118 为原水、BAF 曝气生物滤池出水、超滤出水中 CODMn 和 UV254 随时间的变化。长期运行过程中，BAF 曝气生物滤池对 CODMn 具有较好的去除效果，BAF 滤池出水中 CODMn 平均浓度为 5.65±1.85mg/L，平均去除率为 24.7%±12.21%，这是由于长期运行过程中，滤料表面形成了一层生物膜，强化了对水中 CODMn 的去除效果。相比于 BAC 生物滤池，BAF 曝气生物滤池对 CODMn 的去

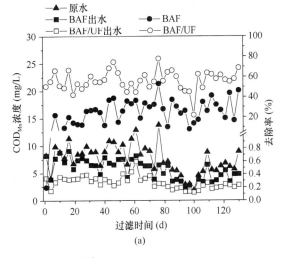

(a)

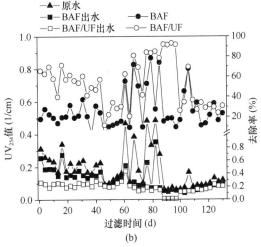

(b)

图 7-118　曝气生物滤池—超滤耦合工艺对有机物的
去除效能

（a）CODMn；（b）UV254

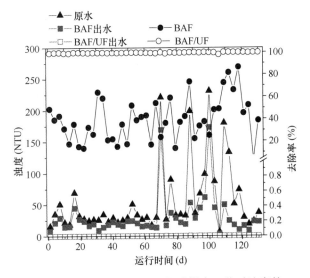

图 7-117　曝气生物滤池—超滤耦合工艺对浊度的
去除效能

除效果有所降低，降幅约 15%，主要是由于陶粒的吸附作用较差。BAF 滤池出水进入超滤装置进行过滤，出水中 COD_{Mn} 浓度进一步降低至 $3.23\pm1.12mg/L$，平均去除率提升至 $56.1\%\pm9.53\%$，与 BAC 生物滤池—超滤耦合工艺除 COD_{Mn} 的效果相当，可见尽管不同生物滤池对水中 COD_{Mn} 的去除效果有所差异，但最终耦合工艺出水的 COD_{Mn} 浓度相差不大，表明超滤工艺对 COD_{Mn} 的去除效果较为显著，这一方面是由于水中的颗粒型/胶体型有机物含量较高，容易被超滤截留去除，另一方面是由于超滤膜表面形成了一层生物膜，强化了对水中有机物的脱除。

图 7-118（b）为 BAF 曝气生物滤池—超滤耦合工艺对 UV_{254} 的去除效能随时间变化。与 COD_{Mn} 的去除类似，BAF 曝气生物滤池—超滤耦合工艺对 UV_{254} 也具有显著的去除效能，且长期运行过程中对 UV_{254} 的去除率保持相对稳定，耦合工艺出水中 UV_{254} 平均浓度为 $0.075\pm0.031/cm$，去除率为 $52.89\%\pm22.96\%$。相比于 BAC 生物滤池—超滤耦合工艺，BAF 曝气生物滤池—超滤耦合工艺对 UV_{254} 的去除率略微有所下降，这是由于生物陶粒的吸附作用较差所致。

3. 对荧光性污染物的去除

本书还考察了水中荧光性污染物在 BAF 生物滤池与超滤耦合工艺中的沿程去除规律及效能，实验结果如图 7-119 所示。经过 BAF 生物滤池预处理后，四个峰的强度明显降低。该体系具有与前人研究相似的荧光物质去除趋势，即吸附与微生物降解的协同行为能有效去除各种污染物。BAF 生物滤池出水经 UF 处理后，4 个峰值通常均有明显降低。相比于 BAC-UF 系统，BAF-UF 对荧光性污染物的去除效果更好。这可能是由于曝气生物滤池高溶解氧状态有助于微生物生长和保持较高的活性，这有助于污染物的去除。因此，上述结果证明了 BAF 生物滤池与超滤耦合工艺可有效地去除水中的荧光性污染物。

4. 对含氮物质的去除

图 7-120 为曝气生物滤池—超滤耦合工艺对水中 NH_4^+-N 和 NO_2^--N 的去除效果及其随时间变化。曝气生物滤池在过滤初期对氨氮就具有较好的去除效能，表明曝气生物滤池除氨氮启动周期短；长期运行过程中，氨氮的平均去除率为 $90\%\pm5.65\%$，出水中氨氮的平均浓度为 $0.23\pm0.20mg/L$，

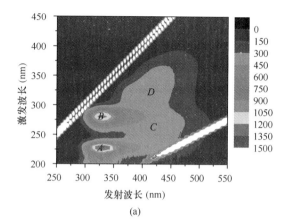

(a)

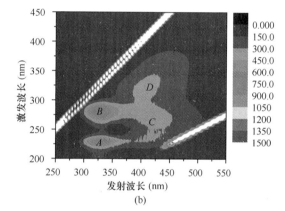

(b)

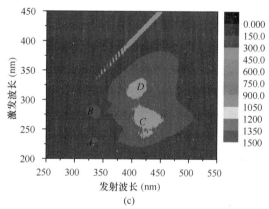

(c)

图 7-119　曝气生物滤池与超滤耦合工艺对荧光性污染物的去除效能（第 100 天）

满足《生活饮用水卫生标准》GB 5749 要求。相比于 BAC 生物滤池，曝气生物滤池对氨氮的去除效果显著提升，且除氨氮的启动周期显著缩短，表明生物陶粒更容易生物挂膜，从而快速形成硝化作用。

曝气生物滤池出水进入超滤膜池进行过滤处理，超滤出水中氨氮浓度 $0.18\pm0.27mg/L$，平均去除率提升至为 $92.30\%\pm9.00\%$。总体而言，在曝气生物滤池—超滤耦合工艺中，氨氮主要是由曝

气生物滤池去除，后续超滤工艺对氨氮的去除率相对较低，这一方面是由于经曝气生物滤池处理后，水中氨氮含量较低，不利于氨氮的进一步去除，另一方面可能是由于超滤膜表面的生物膜相对较少，硝化作用相对较弱。

此外，从图7-120（b）还可看出，在生物膜形成的初始阶段，BAF出水NO_2^--N浓度高于进水浓度，待生物膜稳定后，出水NO_2^--N浓度逐渐降低，最终低于进水浓度。原因分析，可能是因为亚硝化细菌的最大比增长速率较硝化细菌大，在生物膜生成前期，硝化细菌成为优势菌群，能够代谢大量的NH_4^+-N生成NO_2^--N，但生物膜中硝化细菌的量不足，不能将全部NO_2^--N转化为NO_3^--N，造成了NO_2^--N的积累。当硝化细菌的生长达到稳定状态时，能够及时消耗亚硝化细菌产生的NO_2^--N，此时BAF出水NO_2^--N浓度低于进水，NH_4^+-N在亚硝化细菌和硝化细菌的协同作用下被最终转化为NO_3^--N。

在组合工艺稳定运行后，曝气生物滤池—超滤耦合工艺不但对水中的氨氮具有高效的去除效果，而且曝气生物滤池和超滤出水中亚硝酸盐含量均较低，且始终保持在较低水平，平均浓度为$0.08\pm0.06mg/L$，表明曝气生物滤池—超滤耦合工艺对水中的亚硝酸盐也具有显著的去除效果，降低了NO_2^--N累积风险，显著提高供水的化学安全性。

5. 对PPCPs的去除

本书考察了曝气生物滤池—超滤耦合工艺对PPCPs的去除效能，实验结果如图7-121所示。原水中不同种类的PPCPs的含量差异较大，且不同污染物的检出率也不一样，表明该水体受PPCPs污染较为严重，需要强化处理。

原水经曝气生物滤池处理后，EM、EA、SM2、SMX、SMP、SMD、SCP、SDZ、DMH和CAF均得以有效去除，平均去除率分别为20.81%、44.84%、24.4%、9.28%、29.84%、21.86%、42.67%、48.69%、57.17%和45.0%，出水中平均浓度分别为1174ng/L、8.65ng/L、31.2ng/L、14.1ng/L、57.7ng/L、53.1ng/L、11ng/L、54.96ng/L、1.63ng/L和39.1ng/L，其中曝气生物滤池对EA、SMP、SCP、SD和CAF去除效果较为显著，对SMZ的去除效果最差。曝气生物滤池长期运行过程中，在生物陶粒表面快速形成了生物膜，强化了对水中PPCPs的去除效能。

此外，曝气生物滤池出水经过超滤处理后，出水中EM、EA、SM2、SMX、SMP、SMD、SCP、SDZ、DMH和CAF的浓度进一步降低，超滤对上述污染物的平均去除率分别为13.46%、16.34%、8.8%、6.21%、8.01%、4.91%、13.57%、7.19%、42.83%和3.56%，这是由于长期运行过程中超滤膜表面形成了一层生物滤饼层，强化了对水中微污染物的去除效能。

为了明确PPCPs在BAF生物滤池与超滤耦合工艺的沿程去除情况，本书进一步探究了BAF生物滤池与超滤各自对PPCPs去除的贡献，实验结果如图7-122所示。在130d的运行中，BAF生物滤池对水中EM、EA、SM2、SMX、SMP、SMD、SCP、SDZ、DMH和CAF的去除率占总去除率的分别为78.21%、73.89%、65.75%、68.80%、68.82%、79.88%、65.23%、68.02%、

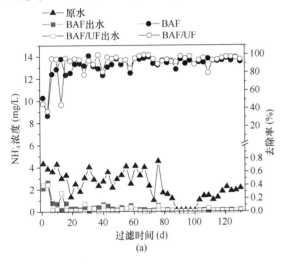

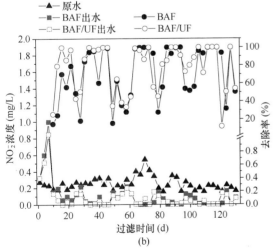

图7-120　曝气生物滤池—超滤耦合工艺对水中
氮类物质的去除效果

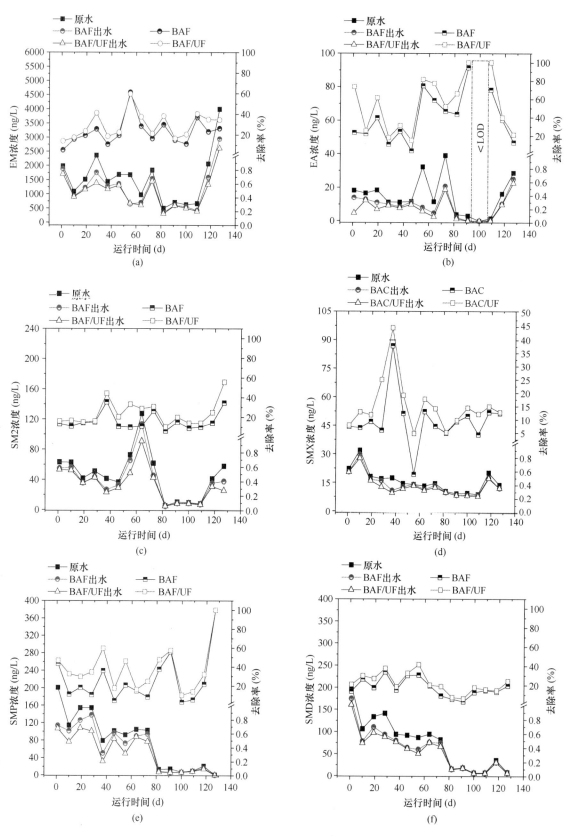

图 7-121　曝气生物滤池—超滤耦合工艺对多种 PPCPs 的去除效能分析（一）

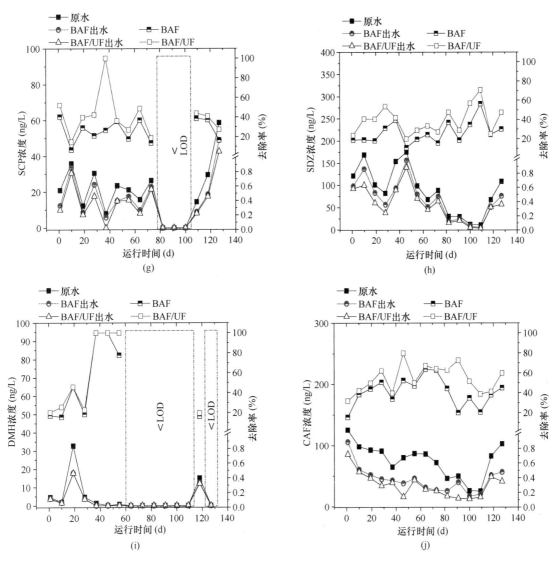

图 7-121　曝气生物滤池—超滤耦合工艺对多种 PPCPs 的去除效能分析（二）

90.16％和 75.16％。而超滤工艺对上述 PPCPs 的平均去除率约为 29％，表明 PPCPs 主要是在 BAF 生物滤池被去除，同时超滤对 PPCPs 也具有一定的去除作用，这与传统超滤工艺的截留效能相反，主要是由于本实验中超滤膜表面形成了一层具有生物降解作用的生物膜，强化了超滤膜对 PPCPs 的去除作用。

综上所述，原水中不同 PPCPs 的含量、种类和差异相差较大，其中检出浓度和检出频次最高的是红霉素（EM），最低的是二甲硝咪唑（DMH）；活性炭生物滤池—超滤和曝气生物滤池—超滤两种联用工艺对水中的 PPCPs 具有较好的去除效果，去除率最高的是脱水红霉素、磺胺氯哒嗪和磺胺嘧啶，且不同滤料（如活性炭和生物陶粒）对 PPCPs 的去除效能影响不大。

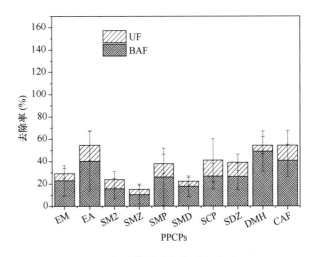

图 7-122　曝气生物滤池与超滤各自对 PPCPs
去除的贡献

7.8 化学清洗实验研究

化学清洗效果采用比渗透通量的恢复比 y 进行考察，即：

$$y = K_{w0}/K_w'$$

式中　y——比渗透通量的恢复比，大于1；

　　　K_{w0}——药洗后的比渗透通量，$L/(m^2 \cdot h \cdot bar)$ 作为下一周期的初始值；

　　　K_w'——膜物理清洗后、药洗前的比渗透通量，$L/(m^2 \cdot h \cdot bar)$。

化学清洗的过程包括：前反冲洗→浸泡→曝气→浸泡→曝气→……→后反冲洗。其中，前反冲洗主要去除掉膜表面污染物，使滤饼层疏松，才能更充分发挥药剂低浓度短时间的清洗作用；浸泡是使污染物和药液充分反应；曝气主要将泡松的污染物从膜表面振荡下来，促进向膜深处污染物反应；后反冲洗的作用是：一方面避免残留废液对膜出水产生影响；另一方面将残留的膜孔内污染物尽可能冲掉。

本实验中研究了盐酸、次氯酸钠和苛性钠三种药剂的清洗效果。表7-33为药洗参数设计，有A、B、C三个方案。

化学清洗实验设计　　　　表7-33

编号\阶段	A	B	C
I	NaClO，250mg/L，药洗40min	NaOH，pH≈11.6，药洗40min	HCl，pH≈2.32，药洗3h
II	HCl，pH≈2.09，药洗40min	NaClO，250mg/L，药洗40min	NaClO，250mg/L，药洗2h
III	—	HCl，pH≈2.37，药洗40min	NaClO，200mg/L，药洗12h
IV	—	NaClO，250mg/L 药洗9h	—

图7-123为实验A、B、C对应的药洗效果，可以看出，酸洗与次氯酸钠清洗对受污染膜的通量恢复所起的作用较大。而碱洗效果不佳，恢复率仅为1.02。

B组实验中，第Ⅱ、Ⅳ阶段的次氯酸钠清洗在去除膜污染物中的贡献最大，第Ⅲ阶段的酸洗次之，苛性钠最低。初步分析，该超滤膜污染以有机物污染为主，并存在着一定的铁锰沉积。这一推断在药洗浸泡液的成分分析结果中得到了验证。故选定次氯酸钠及HCl溶液作为药洗药剂。

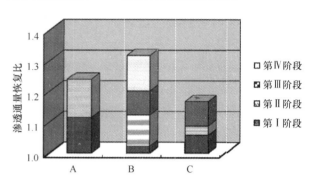

图7-123　不同药剂组合的化学清洗效果对比

此后的实验中以盐酸/次氯酸钠作为清洗药剂，进行了两次不同清洗顺序的对比实验，检测药洗液中铁、锰浓度见表7-34。

药洗水中金属浓度对比　　　　表7-34

顺序\离子项目	先 NaClO 洗	后酸洗	先酸洗	后 NaClO 洗
Fe（mg/L）	1.28	0.19	0.71	1.43
Mn（mg/L）	0.14	1.00	0.03	0.26

备注：浸泡液体积 $1.05m^3$，膜面积 $250m^2$。

由表7-34可知，NaClO洗与HCl洗对铁去除效果均好，HCl洗对锰污染去除效果取决于它在清洗顺序中的位置。据此分析，可能铁与有机物结合形成杂合体覆盖在膜的表层，而锰沉积在膜孔深处。故当NaClO洗对有机物清洗去除时，也伴随着铁的去除；而位于膜污染深处的锰沉积只有在表层污染去除后，再以酸洗才能清洗掉。

根据上述结果，进一步考察了次氯酸钠药洗效果受药剂浓度和药洗时间两个因素的影响情况。实验方法：在充分物理清洗后，采用浓度C的药液对膜浸泡 t_1 时间，排空进水并测定药洗效率 γ_1；排空后再次采用浓度为C的药液浸泡 t_2 时间，排空后测定累积浸泡时间为（t_1+t_2）的药洗效率 γ_2；再排空重新进药水，浸泡 t_3 时间，排空并测定累积浸泡（$t_1+t_2+t_3$）时间的药洗效率 γ_3……以累积浸泡时间为 X 轴，以反冲洗效率为 Y 轴，如图7-124所示。

由图 7-124 可以看出，在同样的清洗时间下，药洗浓度对清洗效率产生较大影响。而在同样的药液浓度下，药洗效率与浸泡时间在一定范围内近似成对数关系。虽然药洗时间越长，效果越好，但这样会降低有效过滤时间。该曲线一定程度上能为药洗成本控制提供参考，若采用次氯酸钠作为清洗药剂，则浸洗时间不应过于长，同时浓度亦不应过低，需做经济性分析。

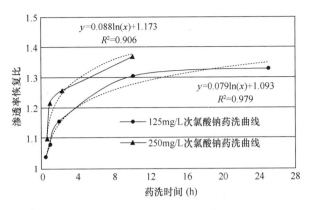

图 7-124　药剂浓度实验对比

第 8 章

第三代饮用水净化工艺用于
黄河水系的实验研究

随着给水水源日益受到污染，常规工艺已难以满足日益严格的饮用水水质标准，寻求新的饮用水处理工艺已成为给水领域最重要的研究课题。膜滤技术被誉为21世纪的水处理技术，是替代传统的饮用水处理工艺的最佳选择之一。其中，超滤膜的截留分子量较大，去除原水中的溶解性有机物的效果较低。为了提高膜去除有机物的效果，通常在超滤膜前设置膜前预处理工艺，从而减轻后续膜工艺的处理负荷。本章对直接超滤工艺、虹吸式超滤净水装置、活性炭滤池—超滤联用工艺、高密度沉淀池—超滤联用工艺处理黄河水进行了实验研究，同时对化学强化反冲洗对于黄河水引起膜污染的控制效能进行了探究。

8.1节采用直接超滤的工艺对引黄水库原水进行了中试实验，从超滤膜选型、稳定运行通量、膜污染控制几个方面分析了直接超滤工艺处理引黄水库原水的应用效能，并对直接超滤工艺处理引黄水库原水的净水效能进行评价。

8.2节采用虹吸式超滤净水装置进行中试实验，考察了虹吸式超滤净水装置长期运行过程中的净水效能，同时，通过向反冲洗水中投加NaCl、NaClO等措施，强化水力反冲洗，以控制虹吸式超滤净水装置的膜污染，并从跨膜压差、通量以及渗透率等三个方面考察虹吸式超滤净水装置长期运行的稳定性。

8.3节选取了水中三种典型有机物（腐殖酸、海藻酸钠、蛋白质）和两种颗粒物（无机物颗粒——高岭土，微生物颗粒——酵母菌颗粒），它们单独和多种混合情况下对超滤膜的污染进行了比较广泛和深入的研究，特别是后者颇有新意。

8.4节采用了上向流活性炭滤池—超滤联用（UACF-UF）、炭砂滤池—超滤联用（GACSF-UF）两套工艺，以东营南郊水厂一期工程沉后水为进水，来进行强化溶解性有机物去除的研究，对比分析了UACF-UF和GACSF-UF对有机物及其他水质指标的去除情况，探讨去除的机理，同时对UACF-UF和GACSF-UF中膜组件的污染情况进行考察，了解膜污染的组成，探讨膜清洗的效果，分析膜污染的原因。

8.5节以东营市饮用水水源黄河口水作为实验用水，首先研究了混凝剂聚合氯化铝（PAC）投药量，阴离子型聚丙烯酰胺（PAM）投加量及投加位置等参数对高密度沉淀池处理实验水的影响，然后采用高密度沉淀池和超滤膜的组合工艺进行了中试实验，与原水直接超滤和水厂传统工艺对于水质指标的去除效果进行了对比，最后将组合工艺与原水直接超滤对膜污染的影响进行了对比分析。

8.6节针对东营南郊水厂超滤膜污染严重的问题进行了研究，通过中试实验考察化学强化反冲洗中NaClO投加量和投加频次对PVC复合膜和PVDF膜污染的控制效能，优选出最佳的NaClO投加量及投加频次。通过生产实验，向水厂膜池反冲洗管路中投加NaClO强化水力反冲洗，考察其对PVC复合膜和PVDF膜污染的缓解作用，优选NaClO的最佳投加量和投加频次，解决优化膜污染问题，获得相应膜污染预防控制技术。

8.1 直接超滤工艺处理引黄水库原水的净水效能及膜污染控制研究

8.1.1 原水水质、中试装置及参数

1. 原水水质

原水为典型的黄河下游水库水，水质特征表现为：夏季高藻微污染，冬季低温低浊，水质情况见表8-1。

原水水质   表8-1

指标	超滤进水
浊度（NTU）	$1.07\sim11.2$
COD_{Mn}（mg/L）	$1.6\sim4.18$
DOC（mg/L）	$2.961\sim5.823$
UV_{254}（1/cm）	$0.037\sim0.056$
氨氮（mg/L）	$0.141\sim0.688$

2. 中试装置及参数

中试设备采用的中空纤维膜包含内压式PVC合金膜、外压式PVDF膜以及浸没式PVC复合膜，中试设备超滤膜主要性质见表8-2。

中试设备超滤膜性质   表8-2

膜形式	内压式超滤膜	外压式超滤膜	浸没式超滤膜
膜材料	PVC合金	PVDF	PVC复合
平均孔径（μm）	0.01	0.02	0.02
截留分子量（kPa）	50	100	100
内径（mm）	1.0	0.7	1.0
外径（mm）	1.6	1.3	2.0
有效过滤面积（m²）	40	50	15

中试包含两种形式的超滤装置，即压力式中空纤维超滤装置和浸没式中空纤维超滤装置。

（1）压力式中空纤维超滤系统

压力式中空纤维系统所采用的实验装置示意图及实物图如图8-1、图8-2所示。

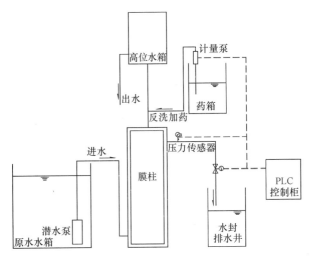

图8-1　压力式中空纤维超滤膜系统装置示意图

图8-2　压力式中空纤维超滤膜系统装置实物图

压力式超滤装置分为内压式及外压式超滤系统，分别采用PVC合金膜和PVDF膜。原水经由潜水泵进入超滤装置，进水量通过流量控制阀进行调节。超滤膜组件对原水进行过滤后，出水通过管道进入高位水箱。反冲洗时通过PLC控制系统自动打开排水电动阀，高位水箱中的出水开始下降，药箱中的药剂在计量泵的作用下与高位水箱中的出水混合后进入超滤膜组件，实现超滤膜的在线化学强化反冲洗过程。系统过滤周期为2h，反冲洗时间2min，反冲洗流量采用60L/（$m^2 \cdot h$）。

（2）浸没式中空纤维超滤系统

浸没式中空纤维系统所采用的实验装置示意图及实物图如图8-3、图8-4所示。将膜组件浸没在膜池中，原水通过水泵进入高位浮球阀水箱中，通过重力作用进行过滤，膜后水进入反冲洗水箱作为反冲洗水备用。系统运行通过PLC控制柜对反冲洗水泵进行控制实现自动运行，使膜后水反向进入超滤膜，与此同时控制计量泵开启，药箱中的药剂在计量泵的作用下与反冲洗水混合后进入超滤膜组件，实现超滤膜的在线化学强化反冲洗过程。过滤周期2h，反冲洗时间2min，反冲洗通量为过滤通量的2倍。膜组件出水管设置压力传感器，对监测跨膜压差（TMP）进行实时监测，并记录在计算机内。

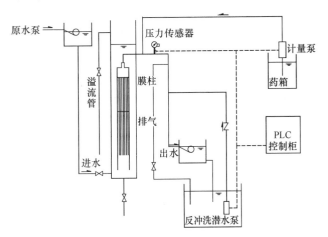

图8-3　浸没式中空纤维超滤膜系统装置示意图

图8-4　浸没式中空纤维超滤膜
系统装置实物图

8.1.2 超滤膜直接处理引黄水库原水运行参数优化

在超滤膜的实际运行过程中，通量是最为重要的参数之一，较高的通量可减少总的膜面积，节约投资，但是通量的提高会相应地增加超滤膜运行负担，使膜污染速率升高，从而需要增加物理、化学清洗的频率，因而提高维护费用。同时，由于超滤膜的材质、形式及截留分子量不同，在运行过程中膜污染情况也存在一定的差异。因此，本小节对不同通量下以及不同类型超滤膜运行特性进行研究。

1. 不同通量下超滤膜运行特性研究

结合超滤在实际工程中的应用情况，对中试实验系统中 3 种不同的超滤装置分别选取了 $10L/(m^2 \cdot h)$ 和 $20L/(m^2 \cdot h)$ 的通量值，运行周期为 2h，水力反冲洗时间为 2min。考察不同通量下的膜污染情况。

（1）不同通量下内压式 PVC 合金膜运行特性

内压式 PVC 合金膜系统在通量分别为 $10L/(m^2 \cdot h)$ 和 $20L/(m^2 \cdot h)$ 时的跨膜压差变化如图 8-5 所示。

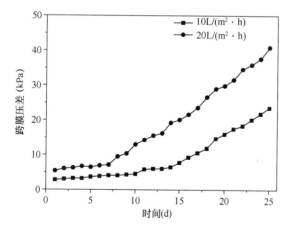

图 8-5　不同通量下内压式 PVC 合金膜跨膜压差的变化

可以看出，在超滤膜运行了 25d 左右后，通量为 $10L/(m^2 \cdot h)$ 的内压式 PVC 合金膜的跨膜压差从 3.08kPa 增长到 23.85kPa，通量为 $20L/(m^2 \cdot h)$ 的超滤膜从 5.45kPa 增长到 40.99kPa，跨膜压差增长速率分别为 0.99kPa/d 和 1.47kPa/d。通过分析可以看出，随着通量的增加，膜污染的速率也随之加快。这是由于通量较高时，水中污染物向膜表面迁移和沉积的速度也随之增大，从而使污染物在膜表面及膜孔内积累，跨膜压差也随之增大。设定超滤膜跨膜压差达到 40kPa 时进行维护性化学清洗，则

$10L/(m^2 \cdot h)$ 通量下可运行 35d，$20L/(m^2 \cdot h)$ 可运行 25d。通过分析可知，在采用膜后水反冲洗的条件下直接处理引黄水库原水时，内压式 PVC 合金膜系统的优化通量为 $10L/(m^2 \cdot h)$。

（2）不同通量下外压式 PVDF 膜运行特性研究

外压式 PVDF 膜系统在通量分别为 $10L/(m^2 \cdot h)$ 和 $20L/(m^2 \cdot h)$ 时的跨膜压差变化如图 8-6 所示。

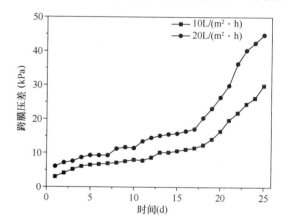

图 8-6　不同通量下外压式 PVDF 膜跨膜压差的变化

从图 8-6 中可以看出，外压式超滤膜系统运行了 25d 后，通量为 $10L/(m^2 \cdot h)$ 的外压式 PVDF 膜的跨膜压差从 3.09kPa 增长到 29.96kPa，通量为 $20L/(m^2 \cdot h)$ 的超滤膜的跨膜压差从 6.94Pa 增长到 43.04kPa，跨膜压差增长速率分别为 1.07kPa/d 和 1.56kPa/d。同样的，随着通量的增加，膜污染的速率也随之加快。设定超滤膜跨膜压差达到 40kPa 时进行维护性化学清洗，则 $10L/(m^2 \cdot h)$ 通量下可运行 34d，$20L/(m^2 \cdot h)$ 可运行 22d 左右。所以通过分析可知，在采用膜后水反冲洗的条件下直接处理引黄水库原水时，外压式 PVDF 膜以 $10L/(m^2 \cdot h)$ 的通量运行更有利于超滤膜的长期稳定运行。

（3）不同通量下浸没式 PVC 复合膜运行特性研究

浸没式 PVC 复合膜系统在通量分别为 $10L/(m^2 \cdot h)$ 和 $20L/(m^2 \cdot h)$ 时的跨膜压差变化如图 8-7 所示。

由图 8-7 可以看出，通量为 $10L/(m^2 \cdot h)$ 的浸没式 PVC 复合膜跨膜压差增长缓慢，运行 20d 后从 3.78kPa 增长到 16.37kPa，增长速率约为 0.63kPa/d，需要进行维护性化学清洗。而采用 $20L/(m^2 \cdot h)$ 的通量运行时，跨膜压差增长迅速，

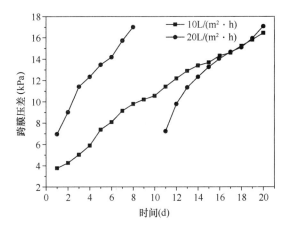

图 8-7　不同通量下浸没式 PVC 复合膜跨膜压差的变化

首次运行 8d，跨膜压差从 6.99kPa 增长到 16.98kPa，增长速率约为 1.25kPa/d，经过维护性化学清洗后再次运行，10d 左右跨膜压差从 8.13kPa 增长到 17.06kPa，增长速率约为 0.98kPa/d。由于采用重力式低压过滤，浸没式超滤膜的跨膜压差无法超过 20kPa。对两种通量运行时的跨膜压差进行分析，低通量条件下的膜污染增长速率更加缓慢，这与低通量直接超滤能够有效控制膜污染相一致。因此，通量为 10L/(m²·h)时，更有利于装置的维护以及长期实验的进行。

2. 不同类型超滤膜运行特性研究

实验分别对内压式 PVC 合金膜、外压式 PVDF 膜以及浸没式 PVC 复合膜直接处理引黄水库原水的运行效果进行研究，系统过滤通量选取 20L/(m²·h)，反冲洗时间为 2min，反冲洗通量为 60L/(m²·h)。主要分析了不同超滤膜类型对膜污染的影响，以选取最优形式的超滤膜。实验中三种类型超滤膜系统运行情况如图 8-8 所示。

图 8-8 可以看出，通量为 20L/(m²·h)时，在

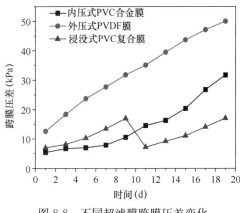

图 8-8　不同超滤膜跨膜压差变化

直接采用膜后水反冲洗的条件下，三种形式超滤膜的跨膜压差增长速率有着较为明显的差异。截留分子量为 50kDa 的内压式 PVC 合金超滤装置的跨膜压差增长速率为 1.31kPa/d，截留分子量为 100kDa 的外压式 PVDF 超滤装置的跨膜压差增长速率为 1.88kPa/d，而截留分子量为 100kDa 的浸没式 PVC 复合膜由于是通过重力作用进行低压过滤，跨膜压差无法超过 20kPa，故其在 20L/(m²·h)通量下运行时，每运行一周左右便无法正常运行，需进行维护性化学清洗。

对比发现，截留分子量为 50kDa 的内压式 PVC 超滤装置的膜污染速率明显低于截留分子量为 100kDa 的外压式 PVDF 和浸没式 PVC 复合超滤装置，可能是由于内压式 PVC 合金膜的截留分子量较低，较多的大分子污染物被截留在超滤膜表面，可以更早地形成滤饼层，滤饼层可以进一步吸附并截留进水中的污染物，防止污染物进入膜孔内部。而截留分子量较大的超滤膜由于孔径相对较大，污染物更容易进入膜孔内部，形成膜孔内部的污染，从而造成膜阻力的增加，导致跨膜压差增长较快。

8.1.3　化学强化反冲洗对直接处理引黄水库原水膜污染控制效能

化学强化反冲洗即在反冲洗水中添加一定量的化学药剂，在进行周期性的水力反冲洗的同时加入化学药剂，此做法同时具有常规水力反冲洗和维护性化学清洗的优点，可提高反冲洗效率。

通过前期调试，进一步对超滤装置直接处理水厂原水的运行效果进行研究，实验选取 10L/(m²·h)和 20L/(m²·h)的通量进行研究，分别分析了 NaCl 和 NaClO 化学强化反冲洗对膜污染的控制效能，具体运行参数见表 8-3。

内压式超滤装置运行参数　表 8-3

运行时间	超滤膜编号	运行通量	反冲洗加药参数	过滤周期
第一阶段	1 号、3 号、5 号	20L/(m²·h)	不加药	
	2 号、4 号、6 号	10L/(m²·h)		
第二阶段	1 号、3 号、5 号	20L/(m²·h)	100mg/L(NaCl)	2h
	2 号、4 号、6 号	10L/(m²·h)		
第三阶段	1 号、3 号、5 号	20L/(m²·h)	10mg/L(NaClO)	
	2 号、4 号、6 号	10L/(m²·h)		

1. NaCl 反冲洗对超滤膜污染的控制效能

本节考察了 NaCl 盐溶液反冲洗对直接超滤系统的膜污染控制效果，由于中试实验系统自身条件限制，反冲洗用水为超滤膜后水所配盐溶液。

（1）NaCl 反冲洗对内压式 PVC 合金膜污染的控制效能

图 8-9 为 NaCl 反冲洗对 PVC 合金膜污染的影响。在通量分别为 $10L/(m^2 \cdot h)$ 和 $20L/(m^2 \cdot h)$ 的条件下，反冲洗水中添加 100mg/L 的 NaCl 与直接采用膜后水相比，通量为 $10L/(m^2 \cdot h)$ 的跨膜压差增长速率从 0.99kPa/d 降到 0.76kPa/d，通量为 $20L/(m^2 \cdot h)$ 的跨膜压差增长速率从 1.47kPa/d 降到 1.11kPa/d。设定超滤膜跨膜压差达到 40kPa 时进行维护性化学清洗，则 $10L/(m^2 \cdot h)$ 通量下可运行 45d，$20L/(m^2 \cdot h)$ 可运行 30d。

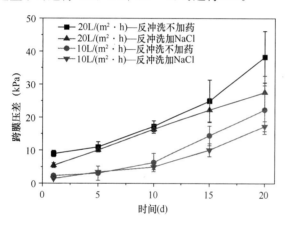

图 8-9　NaCl 反冲洗对 PVC 合金膜污染的影响

通过分析可知，与直接用膜后水反冲洗相比，NaCl 的投加可使 $10L/(m^2 \cdot h)$ 的内压膜跨膜压差增长速率降低 20.2%，使 $20L/(m^2 \cdot h)$ 的内压膜跨膜压差增长速率降低 24.5%。一价盐溶液可有效缓解腐殖酸或海藻酸钠引起的膜污染，并且一价盐溶液的反冲洗效果不受盐类型、膜材质及有机污染物组成的影响。因此，在反冲洗水中添加 NaCl，能够在一定程度上延缓跨膜压差增长速率，但效果不显著。

（2）NaCl 反冲洗对外压式 PVDF 膜污染的控制效能

图 8-10 为 NaCl 反冲洗对外压式 PVDF 膜污染的影响。在通量分别为 $10L/(m^2 \cdot h)$ 和 $20L/(m^2 \cdot h)$ 的条件下，反冲洗水中添加 100mg/L 的 NaCl 与直接采用膜后水相比，通量为 $10L/(m^2 \cdot h)$ 的跨膜压差增长速率从 1.11kPa/d 降到 0.96kPa/d，通量

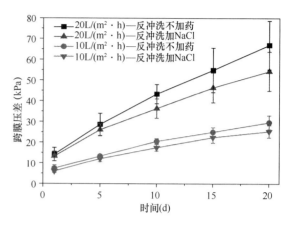

图 8-10　NaCl 反冲洗对 PVDF 膜污染的影响

为 $20L/(m^2 \cdot h)$ 的跨膜压差增长速率从 2.63kPa/d 降到 2.05kPa/d。设定超滤膜跨膜压差达到 40kPa 时进行维护性化学清洗，则 $10L/(m^2 \cdot h)$ 通量下可运行 35d，$20L/(m^2 \cdot h)$ 可运行 10d。

通过分析可知，与直接用膜后水反冲洗相比，NaCl 的投加可使 $10L/(m^2 \cdot h)$ 的外压膜跨膜压差增长速率降低 13.5%，使 $20L/(m^2 \cdot h)$ 的内压膜跨膜压差增长速率降低 22.1%，与内压膜相比略低。同样的，在反冲洗水中添加 NaCl，能够在一定程度上延缓跨膜压差增长速率，但效果不明显。

（3）NaCl 反冲洗对浸没式 PVC 复合膜污染的控制效能

由于浸没式系统是通过重力作用进行低压过滤，跨膜压差无法超过 20kPa，故其在 $20L/(m^2 \cdot h)$ 通量下运行时，每运行一周左右便无法正常运行，需进行维护性化学清洗，因此为了延长超滤膜的使用寿命，选择 $10L/(m^2 \cdot h)$ 的通量运行。

图 8-11 为浸没式 PVC 复合膜在 100mg/L 的 NaCl 溶液反冲洗时跨膜压差的变化情况，超滤膜

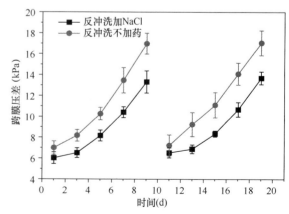

图 8-11　NaCl 反冲洗对 PVC 复合膜污染的影响

在进行周期过滤后进行反冲洗，反冲洗废液从溢流管排出，但膜柱底部的污染物无法排出从而不断积累，对超滤膜会造成一定的污染。在反冲洗水中添加 NaCl，跨膜压差增长速率从 1.11kPa/d 降低至 0.81kPa/d。

通过分析可知，与直接用膜后水反冲洗相比，NaCl 的投加可使浸没式 PVC 复合膜系统跨膜压差增长速率降低 27.2%，但运行 10d 左右仍需要进行维护性化学清洗，因此，对于浸没式超滤膜，在反冲洗水中添加 NaCl 对超滤膜污染的控制效果也不明显。

2. NaClO 反冲洗对超滤膜污染的控制效能

本节采用反冲洗水中添加 NaClO 的方式对超滤膜进行化学强化反冲洗，目的是通过氯氧化的方式在每次周期性反冲洗时及时清除该周期积累少量的有机污染，从而控制超滤膜污染，延长维护性化学清洗周期，提高超滤膜使用寿命。

（1）NaClO 反冲洗对内压式 PVC 合金膜污染的控制效能

图 8-12 为 NaClO 反冲洗对 PVC 合金超滤膜污染的去除效果。在通量分别为 10L/(m² · h) 和 20L/(m² · h) 的条件下，反冲洗水中添加 10mg/L 的 NaClO 与直接采用膜后水反冲洗相比，通量为 10L/(m² · h) 的跨膜压差增长速率从 0.99kPa/d 降到 0.22kPa/d，通量为 20L/(m² · h) 的跨膜压差增长速率从 1.47kPa/d 降到 0.56kPa/d。设定超滤膜跨膜压差达到 40kPa 时进行维护性化学清洗，则 10L/(m² · h) 通量下可运行 180d，20L/(m² · h) 可运行 120d。

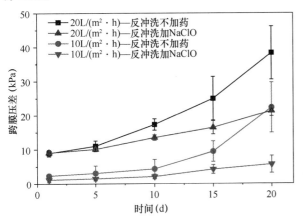

图 8-12　NaClO 反冲洗对内压式 PVC 合金膜污染的影响

分析可知，在反冲洗水中添加 NaClO，能够大幅度地延缓膜污染，降低跨膜压差增长速率，使超滤膜污染在一定程度上得到恢复。其中，10L/(m² · h) 通量的跨膜压差增长速率降低 77%，20L/(m² · h) 的跨膜压差增长速率降低 67%。

（2）NaClO 反冲洗对外压式 PVDF 膜污染的控制效能

图 8-13 为 NaClO 反冲洗对外压式 PVDF 膜污染的影响。在通量分别为 10L/(m² · h) 和 20L/(m² · h) 的条件下，反冲洗水中添加 10mg/L 的 NaClO 与直接采用膜后水相比，通量为 10L/(m² · h) 的跨膜压差增长速率从 1.11kPa/d 降到 0.76kPa/d，通量为 20L/(m² · h) 的跨膜压差增长速率从 2.63kPa/d 降到 1.45kPa/d。设定超滤膜跨膜压差达到 40kPa 时进行维护性化学清洗，则 10L/(m² · h) 通量下可运行 50d，20L/(m² · h) 可运行 18d。

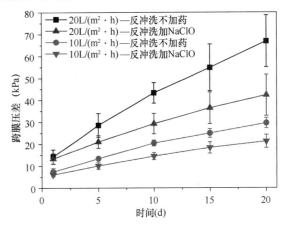

图 8-13　NaClO 反冲洗对外压式 PVDF 膜污染的影响

分析可知，在反冲洗水中添加 NaClO，能够使 10L/(m² · h) 通量的跨膜压差增长速率降低 31.5%，20L/(m² · h) 的跨膜压差增长速率降低 44.9%。

（3）NaClO 反冲洗对浸没式 PVC 复合膜污染的控制效能

图 8-14 为浸没式 PVC 合金膜装置在 10mg/L 的 NaClO 溶液反冲洗时跨膜压差的变化情况，通量仍采用 10L/(m² · h)。随着过滤周期的增加，膜柱内浓水中污染物浓度会随之升高，加速超滤膜污染积累。随着运行周期的增加，膜污染越来越严重，跨膜压差不断增长。在采用 NaClO 溶液进行反冲洗后，跨膜压差增长速率降低至 0.30kPa/d，降低了 72.9%，超滤膜污染状况得到有效控制。设定超滤膜跨膜压差达到 16kPa 时进行维护性化学清洗，则 10L/(m² · h) 通量下可运行 30d，明显延长了维护性化学清洗周期。

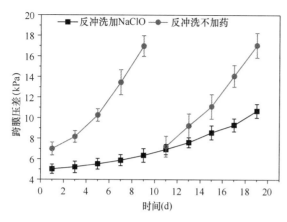

图 8-14 NaClO 反冲洗对浸没式
PVC 合金膜污染的影响

3. 强化反冲洗对膜污染的控制效能分析

通过对三种形式的中试实验系统运行效果分析可以得出，化学强化反冲洗对超滤膜污染有一定的控制效果。其中对于内压式 PVC 合金超滤膜系统，采用膜后水反冲洗时，此超滤膜的稳定运行通量为 10L/（m²·h）；反冲洗水中添加 NaCl 时，并不能有效地控制膜污染，稳定运行通量仍为 10L/（m²·h）；反冲洗水中添加 NaClO 时，可大幅度降低膜污染速率，提高稳定运行通量至 20L/（m²·h）左右。

对于外压式 PVDF 膜系统，反冲洗水中添加 NaClO 也可在一定程度上缓解膜污染，但整体效果与内压式 PVC 合金膜系统相比略差，稳定运行通量低。在实际工程中，较高的通量可减少总的膜面积，节约投资。因此，对于直接超滤引黄水库水时，选用内压式 PVC 合金膜系统，可考虑在反冲洗水中添加 10mg/L 的 NaClO 来有效缓解膜污染，降低跨膜压差。

对于浸没式超滤系统，采用常规的水力反冲洗和 NaCl 溶液反冲洗仅能在一定程度上延缓超滤膜污染，并不能有效控制超滤膜污染。采用 NaClO 溶液进行反冲洗后，跨膜压差增长速率明显降低，超滤膜污染状况得到有效控制，可见周期性采用 NaClO 强化反冲洗对直接超滤工艺的膜污染有很好的去除效果。

8.1.4 不同时期直接超滤系统运行效果

本小节中试原水取自东营市南郊水厂一期原水，为典型的黄河下游水库水，存在冬季低温低浊、夏季高藻的现象。因此在超滤膜直接处理引黄水库原水时，会因时期不同对超滤膜的运行效果产生不同的影响。针对所选用的三种形式的超滤膜以及引黄水库水所具有的夏季高藻、冬季低温低浊的特点，直接超滤系统长期运行效果的跨膜压差记录分别选取了高温高藻期（2017 年 7 月至 2017 年 10 月，共持续 120d）和低温低浊期（2017 年 12 月至 2018 年 3 月，共持续 120d）进行了 NaClO 化学强化反冲洗的实验。

1. 内压式 PVC 合金膜系统的运行效果

图 8-15 为在不同温度下，进行化学强化反冲洗时内压式 PVC 合金膜超滤系统的运行效果。通量分别为 10L/（m²·h）、20L/（m²·h）的膜 1、膜 2，在高温期，随着过滤周期的加长，膜的不可逆污染也随之增加，跨膜压差增长速率分别为 0.3kPa/d、0.97kPa/d；在低温期，膜 1、膜 2 可在进行化学强化反冲洗的条件下将跨膜压差维持在较低范围内长期稳定运行。

通过分析可以看出，在高温期，膜污染随着过滤周期的加长而加重，20L/（m²·h）通量的超滤膜表现的较为明显，其跨膜压差增长速率为 0.97kPa/d，约为 10L/（m²·h）通量超滤膜的 3 倍左右。设定超滤膜跨膜压差达到 45kPa 时进行维护性化学清洗，则 20L/（m²·h）通量下可运行 40d，而 10L/（m²·h）下约可运行 120d。

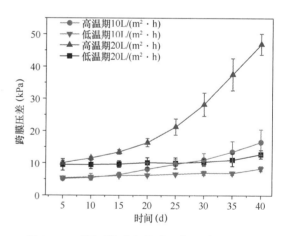

图 8-15 不同时期进行化学强化反冲洗时内压
式 PVC 合金膜系统运行效果

综合来说，对于内压式 PVC 合金超滤膜，实际工程中采用化学强化反冲洗的方式处理引黄水库水时，在高温期（8 月～10 月），由于引黄水库水存在高藻的特点，会对膜污染加重，因此应选择运行通量为 10L/（m²·h）时最为稳定。在低温低浊期（11 月～3 月），由于原水水质较好，浊度较低，因此采用 20L/(m^2·h) 通量可使超滤膜系统高效稳定运行。

2. 外压式 PVDF 膜系统的运行效果

图 8-16 为不同温度下化学强化反冲洗对外压式 PVDF 膜污染的控制效果。通量分别为 10L/(m^2·h)、20L/(m^2·h) 的膜 3、膜 4，在高温期，随着过滤周期的加长，膜的不可逆污染也随之增加，跨膜压差增长速率分别为 0.87kPa/d、1.5kPa/d；在低温期，由于原水水质的改善，膜 3、膜 4 的跨膜压差增长速率分别为 0.28kPa/d 和 0.76kPa/d。

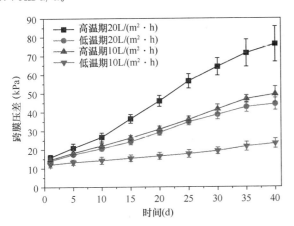

图 8-16　不同时期进行化学强化反冲洗时外压式 PVDF 膜系统运行效果

通过分析可以看出，同样的在高温高藻期，随着过滤周期的加长，膜污染逐渐加重，20L/(m^2·h) 通量的超滤膜表现得较为明显，其跨膜压差增长速率为 1.5kPa/d，约为 10L/(m^2·h) 通量超滤膜的 2 倍。设定超滤膜跨膜压差达到 45kPa 时进行维护性化学清洗，则 20L/(m^2·h) 通量下可运行 20d，而 10L/(m^2·h) 下约可运行 30d。在低温低浊期，通量为 10L/(m^2·h) 的超滤膜污染速率较低，可长期稳定运行。

综合来说，对于外压式 PVDF 膜，在实际工程中若采用化学强化反冲洗的方式处理引黄水库水时，采用 20L/(m^2·h) 在高温期（8 月～10 月）和低温期（11 月～3 月）均污染较快，而采用 10L/(m^2·h) 的通量在低温低浊期可长期稳定运行。

3. 浸没式 PVC 复合膜系统的运行效果

由于浸没式超滤系统在进行周期过滤后的反冲洗废液从膜柱上部的溢流管排出，因此膜柱底部的污染物会随着过滤周期的增加而积累，从而加速了膜污染的形成，影响通量。定期对浸没式膜柱进行排空，以减轻残留在膜柱内的污染物对超滤膜的影响。

图 8-17 反映了不同时期化学强化反冲洗对不同排泥周期的浸没式 PVC 复合膜污染的控制效果，运行通量 10L/(m^2·h)。在高温高藻期，排泥周期为 4d 时，跨膜压差增长速率为 1.29kPa/d，运行至第 9 天时跨膜压差增长至 16.38kPa，需进行维护性化学清洗。调整排泥周期为 2d，运行到第 9 天时跨膜压差增长至 12.08kPa，跨膜压差平均增长速率为 0.87kPa/d，且污染速率逐渐降低，设定超滤膜跨膜压差达到 16kPa 时进行维护性清洗，则此时设备可运行 20d 左右；低温低浊期，跨膜压差增长速率分别为 0.21kPa/d、0.11kPa/d，浸没式超滤装置可在此条件下分别稳定运行 60d 和 100d（水质稳定的条件下）。分析可知，在不同的时期，缩短排泥周期均可相对降低跨膜压差增长速率，减缓膜污染，但由于排泥时需将膜柱内原水排空，造成自用水率的提高，因此建议在高温高藻期调整排泥周期为 2d，低温低浊期调整排泥周期为 4d，具体排泥周期的选择应根据实际水质情况而定。

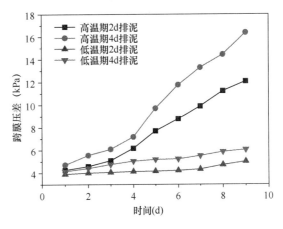

图 8-17　不同时期不同排泥周期浸没式 PVC 复合膜系统运行效果

8.1.5　直接超滤对引黄水库原水的净水效能

本小节主要研究了超滤直接过滤工艺处理引黄水库原水时的净水效能，并对内压式 PVC 合金膜、外压式 PVDF 复合膜以及浸没式 PVC 复合膜三种形式的超滤膜的综合净水效能进行对比分析。

在直接超滤工艺运行约 12 个月期间，每 2～3d 对原水和超滤出水进行随机取样，检测浊度、

COD_{Mn}、DOC、UV_{254} 和氨氮，分析了装置进出水分子量分布；每个季度对微生物数量以及藻类污染物指标进行送检；进行了原水及超滤出水荧光类有机物质分析。实验随机选取了浊度、COD_{Mn}、DOC、UV_{254} 和氨氮中的 48 次（每月 4 次）检测结果以及菌落总数、总大肠菌群指数、藻类含量，分析直接超滤工艺对浊度、有机物和微生物的去除效能。

1. 直接超滤对原水浊度的去除效能

直接超滤装置进水为引黄水库原水，夏季平均浊度 10NTU，冬季平均浊度 3.78NTU。

由图 8-18 可知，内压式 PVC 合金膜、外压式 PVDF 膜、浸没式 PVC 复合膜的出水浊度分别为 $0.079 \pm 0.017NTU$、$0.083 \pm 0.015NTU$ 和 $0.086 \pm 0.012NTU$，均在 0.1NTU 以下，平均去除率分别 98.17%、98.07%、97.93%，其中，内压式 PVC 合金膜的去除率略高于其他两种形式的超滤膜，分析认为，内压式 PVC 合金膜的截留分子量为 50000Da，孔径小于另外两种形式的超滤膜，因此去除率较高。

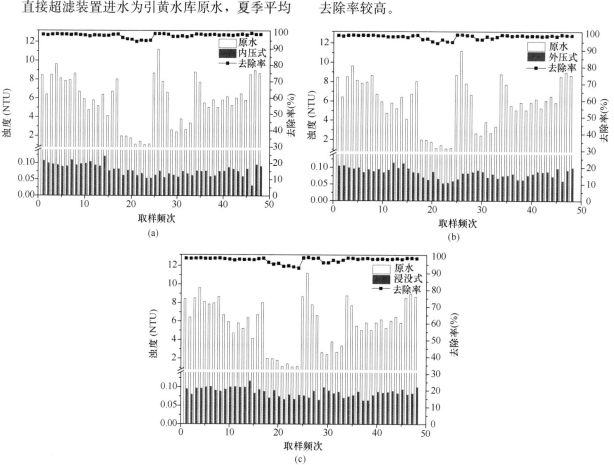

图 8-18　直接超滤工艺对原水浊度的去除效能
（a）内压式 PVC 合金膜；（b）外压式 PVDF 膜；（c）浸没式 PVC 复合膜

2. 直接超滤对原水有机污染的去除效能

（1）对 COD_{Mn} 的去除效能

由图 8-19 可知，内压式 PVC 合金膜、外压式 PVDF 膜、浸没式 PVC 复合膜的出水 COD_{Mn} 分别为 $1.50 \pm 0.26mg/L$、$1.58 \pm 0.25mg/L$、$1.54 \pm 0.24mg/L$，去除率分别为 $41.57\% \pm 11.33\%$、$38.07\% \pm 11.93\%$、$38.64\% \pm 15.13\%$。原水和出水的 COD_{Mn} 以及去除率的变化都比较大。

直接超滤工艺对有机物的去除率不高，但由于引黄水库原水自身有机物含量较低，因此在经过超滤膜过滤后，出水 COD_{Mn} 均满足《生活饮用水卫生标准》GB 5749 要求。

（2）对 DOC 的去除效能

由图 8-20 可知，实验期间原水的 DOC 为 $2.866 \sim 5.823mg/L$，内压式 PVC 合金膜、外压式 PVDF 膜、浸没式 PVC 复合膜的出水 DOC 分别为

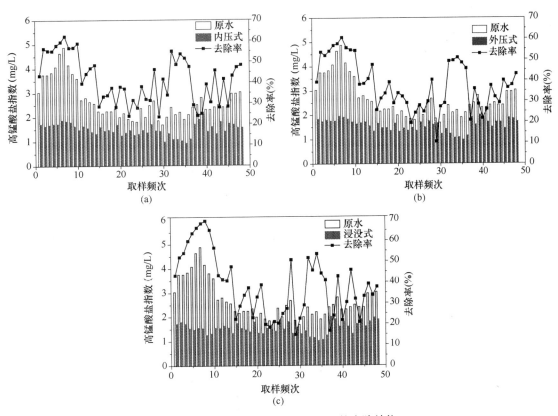

图 8-19　直接超滤工艺对 COD_{Mn} 的去除效能

（a）内压式 PVC 合金膜；（b）外压式 PVDF 膜；（c）浸没式 PVC 复合膜

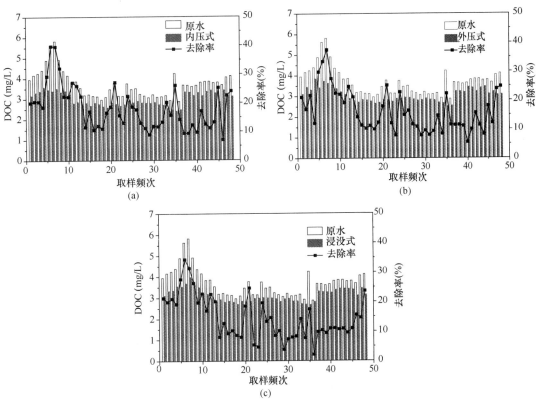

图 8-20　直接超滤工艺对 DOC 的去除效能

（a）内压式 PVC 合金膜；（b）外压式 PVDF 膜；（c）浸没式 PVC 复合膜

2.982±0.33mg/L、3.055±0.33mg/L、3.111±0.31mg/L，去除率分别为18.17%±7.64%、16.18%±7.35%、14.58%±7.42%。与高锰酸钾指数的去除效果相比，直接超滤对DOC的去除率更低，可见直接超滤对溶解性有机物的去除效果较差。

（3）对UV_{254}的去除效能

由图8-21可知，实验期间原水的UV_{254}为

0.036~0.053/cm范围之间，内压式PVC合金膜、外压式PVDF膜、浸没式PVC复合膜的出水UV_{254}分别为0.0348±0.006/cm、0.0353±0.006/cm、0.0358±0.006/cm，去除率分别为18.86%±7.27%、17.74%±7.59%、16.47%±8.61%。由于UV_{254}主要代表腐殖质和不饱和烃等分子质量较小的有机物，超滤对其去除主要依靠吸附作用，因此超滤对UV_{254}的去除率较低。

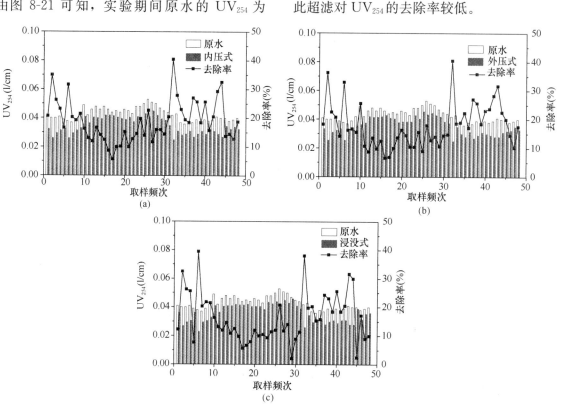

图8-21 直接超滤工艺对UV_{254}的去除效能
（a）内压式PVC合金膜；（b）外压式PVDF膜；（c）浸没式PVC复合膜

（4）对氨氮的去除效能

由图8-22可知，实验期间原水的氨氮值在0.160~0.824mg/L之间，内压式PVC合金膜、外压式PVDF膜、浸没式PVC复合膜的出水氨氮分别为0.155±0.037mg/L、0.159±0.037mg/L、0.166±0.041mg/L，去除率分别为53.67%±14.80%、52.14%±15.26%、50.53%±15.12%。水体中的氨氮以铵盐（NH^{4+}）或游离氨（NH_3）的形式存在，超滤膜无法截留这些小分子。超滤膜对氨氮表现出一定的去除能力，分析认为，本实验中超滤工艺的通量较低，反冲洗周期较长，膜柱内的硝化细菌逐步积累，强化工艺对氨氮的去除，同时由于超滤进水的氨氮含量很低，少量氨氮随着悬浮物的截留而被截留。

（5）不同超滤装置出水分子量分布

从图8-23中可以看出，直接超滤工艺进水的有机物分子量大于100kDa的有机物约占总DOC的29.44%，而三种形式的超滤膜出水中几乎不含分子量大于100kDa的有机物，说明超滤膜几乎可以将分子量大于100kDa的有机物全部截留；进水中分子量小于1kDa的有机物约占62.37%，说明原水中的有机物主要是由分子量小于1kDa的有机物组成；其他分子量区间的有机物含量低且进出水含量变化不大。对比三种不同形式超滤膜的出水有机物分子量情况可以看出，由于内压式PVC膜的截留分子量为50kDa，故其出水中大

于 30kDa 的有机物含量相对较低，其他分子量分布区间的有机物含量情况无太大差异。通过以上分析可以看出，直接超滤工艺主要是截留大分子量有机物（＞100kDa），对于分子量低于超滤膜截留分子量的有机物，仅通过超滤膜的截留作用几乎无法去除。

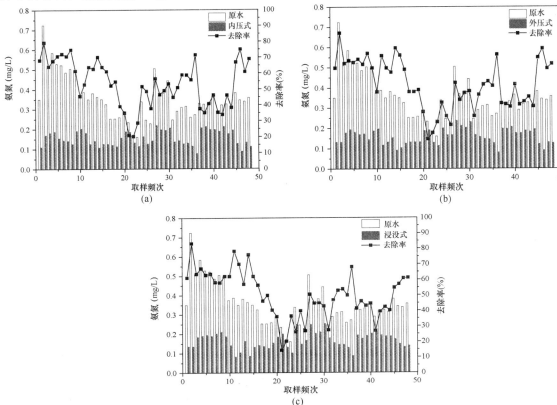

图 8-22　直接超滤工艺对氨氮的去除效能

（a）内压式 PVC 合金膜；（b）外压式 PVDF 膜；（c）浸没式 PVC 复合膜

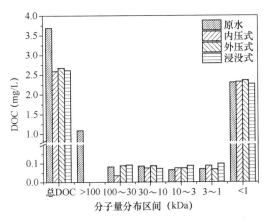

图 8-23　直接超滤工艺进出水分子量分布

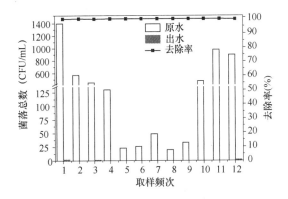

图 8-24　直接超滤对菌落总数的去除效能

3. 直接超滤对原水微生物及藻类的去除效能

（1）对微生物的去除效能

由图 8-24 可知，在 12 次水样检测中，原水中菌落总数最高值出现在 1 月份，高达 1400CFU/mL，最低值出现在 8 月份，为 23CFU/mL，平均含量 433CFU/mL。出水中，有 9 次水样菌落总数

检测结果为零，另外 3 次菌落总数检测结果分别为 2CFU/mL、1CFU/mL 和 2CFU/mL，分析认为，可能是由于取样时对取样口消毒不彻底导致。

由图 8-25 可知，原水中总大肠菌群含量在 8 月份最高为 2900CFU/100mL，1 月份最低为 7CFU/100mL，平均含量 766CFU/100mL。在 12 次出水均未检测出总大肠菌群，直接超滤工艺对大肠菌群的去除率为100%。

超滤膜孔径远远小于细菌尺寸，因此在理论上可以将微生物通过截留作用完全去除。与传统工艺相比，直接超滤工艺只需要在出厂时加入少量的氯来维持管网余氯，不仅减少了氯的投加，降低运行成本，还可以减少消毒副产物的产生。

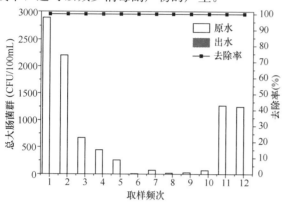

图 8-25　直接超滤对总大肠菌群的去除效能

（2）对藻类污染物的去除

由图 8-26 可知，引黄水库原水存在夏季高藻的特点，9 月份原水中藻类总量最高 1415 万个/L，1 月、2 月最低，不足 10 万个/L。

出水中藻类的检测结果均为零，说明直接超滤工艺能够高效地去除饮用水源中的藻类。

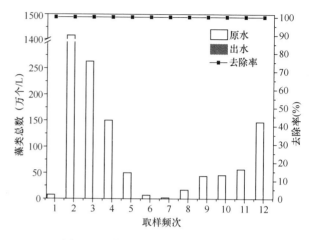

图 8-26　直接超滤对藻类总数的去除

4. 原水及直接超滤出水荧光类有机物质分析

通过三维荧光分光光度计测得直接超滤工艺原水以及三种形式超滤膜出水的三维荧光图谱如图 8-27 所示。五个特征峰 A、B、C、T_1、T_2 分别对应天然水体中腐殖质类、蛋白质类、络氨酸类等有机污染物。

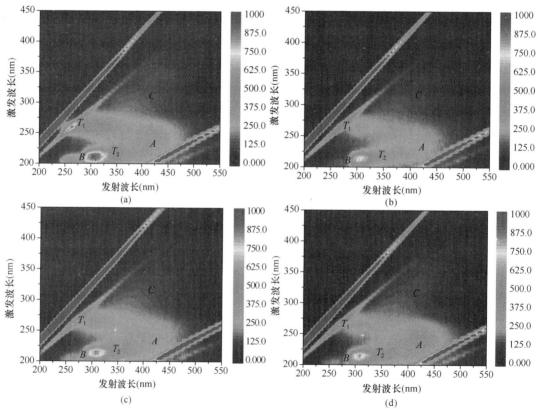

图 8-27　原水及直接超滤出水三维荧光图谱

（a）原水；（b）内压式 PVC 合金膜；（c）外压式 PVDF 膜；（d）浸没式 PVC 复合膜

由图 8-27 可以看出，直接超滤工艺的进出水主要在 B 区和 T_1 区发生了比较明显的变化，说明直接超滤工艺去除原水中的有机物主要是 B 区络氨酸类芳香族蛋白质和 T_1 区溶解性蛋白质类有机物，例如藻类新陈代谢的副产物。内压式 PVC 合金膜出水 B 区和 T_1 区的荧光强度略低于外压式 PVDF 膜和浸没式 PVC 复合膜，说明较低的截留分子量有利于超滤膜对有机物的截留。另外，内压式 PVC 合金膜对 A 区富里酸有一定的去除效果，A 区代表腐殖质类有机物，分析认为，这部分被去除的腐殖质类污染物分子量可能为 $50 \sim 100 \text{kDa}$，由于外压式 PVDF 膜和浸没式 PVC 复合膜的截留分子量大于这部分腐殖质类污染物，因此无法将其截留。

由上可知，直接超滤工艺通过其截留和吸附作用去除的主要是原水中大分子有机物以及部分附着在颗粒物上的有机物，其中主要包含溶解性蛋白质类物质以及少部分富里酸物质。

综上所述，本章针对在农村地区推广饮用水超滤处理应用中存在的问题，提出采用单个反冲洗阀门配合高位重力水箱控制反冲洗的原理，形成集成式单阀重力反冲洗超滤装置，从超滤膜选型、稳定运行通量、膜污染控制几个方面分析了直接超滤工艺处理引黄水库原水的应用效能，并与浸没式超滤装置进行对比，单阀重力反冲洗直接超滤工艺流程简单，集成化程度高，通过 PLC 控制系统可实现无人管理模式的全自动化净水，管理方便，工艺流程简单有效，超滤能够满足优异的出水水质要求，且运行过程产生的反冲洗废水中不含对环境有害的成分，适宜在地表水质较好的农村地区推广应用。

8.2　虹吸式超滤净水装置中试实验研究

8.2.1　原水水质、中试装置及参数

1. 原水水质

中试实验中，虹吸式超滤净水装置的进水为山东东营南郊水厂一期工艺平流式沉淀池出水，实验期间，其各项水质指标见表 8-4。

虹吸式超滤净水装置进水水质指标　表 8-4

检测项目	最大值	最小值	平均值
浊度（NTU）	2.43	0.947	1.65
氨氮（mg/L）	0.27	0.11	0.21
UV_{254}（1/cm）	0.034	0.021	0.031
COD_{Mn}（mg/L）	2.88	1.28	2.03
DOC（mg/L）	4.342	2.963	3.545
细菌总数（个/mL）	45	11	31
大肠杆菌（个/mL）	41	12	26

2. 中试装置及参数

中试虹吸式超滤净水装置使用的超滤膜为立升净水科技有限公司（苏州）提供的型号为 LH4-1080-V 的内压式中空纤维超滤膜组件，其基本参数见表 8-5。

中试超滤装置膜组件基本参数　表 8-5

类别	参数
有效膜面积（m²）	60
膜材料	PVC 合金
公称孔径（μm）	0.01
中空纤维内/外直径（Mm）	1.0/1.6
截留分子量（kDa）	50
最高进膜压力（MPa）	0.3
最大跨膜压差（TMP）（MPa）	0.15
建议跨膜压差范围（MPa）	$0.02 \sim 0.08$
最高工作温度（℃）	40
pH 范围	$2 \sim 13$

3. 装置结构

虹吸式超滤净水装置采用国内海南立昇净水科技实业有限公司生产的内压式超滤膜柱进行组装，设计规模为 $800 \text{m}^3/\text{d}$（需膜柱 16 支）。装置分两期建设，第一期先建 4 支膜柱的过滤装置，独立运行（运行时间：2017 年 4 月 20 日～2017 年 9 月 17 日）；第二期，继建 12 支膜柱，4 支一组，与第一期的 4 支膜柱装置连接，构成 16 支膜柱的超滤中试净水装置（运行时间：2017 年 12 月 1 日～2018 年 8 月 31 日）。其工艺流程示意图、运行实图如图 8-28 和图 8-29 所示。

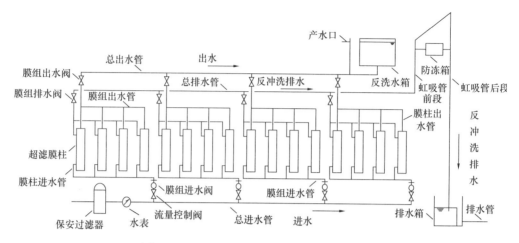

图 8-28　虹吸式超滤净水装置工艺系统示意图

图 8-29　虹吸式超滤净水装置运行实图

虹吸式超滤净水装置设有防冻装置，以防止气温在 0℃以下时小管径管内发生冻结，防冻装置如图 8-30 所示。

虹吸式超滤净水装置设反冲洗水箱，其尺寸为长 1.5m，宽 1.5m，高 1.2m，其中超高 0.2m，水深 1.0m，反冲洗水体积 2.25m³，满足反冲洗用水要求。水箱出水设于箱外，与水箱进水管相连，出水管上端有出水口，位于水箱顶端以下 0.2m。水箱外同时设液位管。反冲洗后膜滤的初滤水先进入反冲洗水箱以供下次反冲洗使用，反冲洗水箱内储满后溢流进清水池。反冲洗水箱尺寸及构造如图 8-31所示。

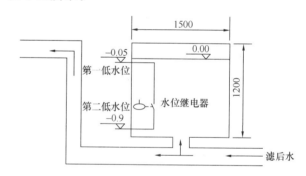

图 8-31　反冲洗水箱尺寸及构造示意图

此外，虹吸式超滤净水装置设排水水箱，以便将每次反冲洗水排出，排水水箱尺寸与构造如图 8-32所示。

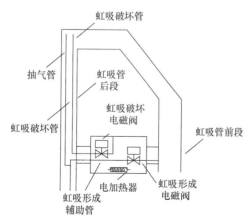

图 8-30　防冻箱及内部细节示意图

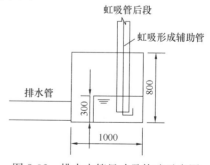

图 8-32　排水水箱尺寸及构造示意图

8.2.2　虹吸式超滤净水装置净水效能研究

本小节采用虹吸式超滤净水装置，通过长期中试实验研究了在原水的不同时期装置对于浊度、COD_{Mn}、UV_{254}、DOC、氨氮以及微生物等指标的去除效能。

1. 对浊度去除效能

（1）高温高藻期。虹吸式超滤装置于 2017 年 4 月底开始运行，至 2018 年 7 月，共经历两个高温高藻期，在此期间，装置对于浊度的去除效果如图 8-33 所示，图 8-33（a）、图 8-33（b）分别为两年的去除效能。

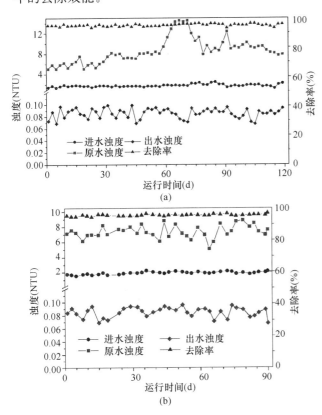

图 8-33　虹吸式超滤净水装置高温高藻期对浊度净化效能

由图 8-33（a）可知，第一年高温高藻期期间，水厂原水浊度在 5.06～14.5NTU 之间，平均值 8.56NTU，装置进水浊度在 1.23～2.47NTU 之间，平均值 1.84NTU，整体比较平稳，说明水厂混凝沉淀工艺对浊度的去除较为稳定，平均去除率约为 78.0%。此外，虹吸式超滤净水装置出水浊度几乎不受进水浊度的影响，始终保持在 0.1NTU 以下，平均去除率高达 95.10%。

图 8-33（b）中，装置在第二年高温高藻期运行时间约 90d，由于尚未进入秋季，因此原水浊度整体变化趋势较为平稳，介于 5.13～8.89NTU 之间，平均值 7.37NTU，虹吸式超滤净水装置进水浊度在 1.54～2.25NTU 之间，平均值 1.91NTU，混凝沉淀工艺对浊度的平均去除率约为 73.74%。此外，装置出水浊度仍始终低于 0.1NTU，去除率为 95.54%。

（2）水质过渡期。虹吸式超滤装置在过渡时期对浊度的去除效能如图 8-34 所示。

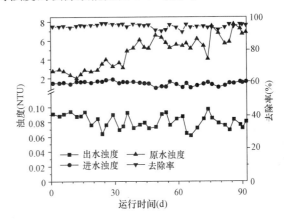

图 8-34　虹吸式超滤净水装置
水质过渡期对浊度去除效能

由图 8-34 可知，虹吸式超滤净水装置在此阶段运行约 90d，在此期间，由于气温回升，原水浊度也逐渐上升，介于 2.02～7.73NTU 之间，平均值 4.81NTU，整体较高温期低，虹吸式超滤净水装置进水浊度在 0.943～1.900NTU 之间，平均值 1.46NTU，水厂混凝沉淀工艺在此阶段对浊度的平均去除率为 64.05%，相比于高温期低，这是由于低温水的黏度大，水中胶体微粒运动速率小，微粒之间难以碰撞，不利于胶粒微粒脱稳沉降。同时水温低水黏度增大，水流的剪力增大，影响絮体的聚集和成长。同时由于现阶段水厂大多使用无机盐混凝剂，这种混凝剂在水解时吸热，在冬季水温较低时混凝剂难以水解，因此即使加大投药量也难以取得良好的效果。但与此同时，装置出水浊度仍能够保持在 0.1NTU 以下，平均去除率为 94.32%，略低于高温期。冬季装置进水浊度整体较低，但出水浊度基本不变，因此去除率也稍低于高温期间。

2. 对 COD_{Mn} 去除效能

（1）高温高藻期。虹吸式超滤净水装置在高温高藻期运行时，对 COD_{Mn} 的去除效果如图 8-35 所示。其中，图 8-35（a）、图 8-35（b）分别为两年的运行情况。

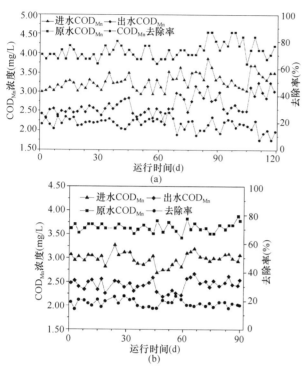

图 8-35 虹吸式超滤净水装置高温
高藻期对 COD_{Mn} 净化效能

图 8-35（a）中，第一个高温高藻期，运行前 80d，原水的 COD_{Mn} 值整体较为稳定，但 80d 之后逐渐上升，这可能是由于进入夏秋季节，降水较多，雨水的冲刷可能带来部分有机物，从而使得原水中 COD_{Mn} 的含量升高，也有可能是因为水中部分藻类死亡解体，释放了大量的胞内聚合物。在此期间原水 COD_{Mn} 处于 $3.73 \sim 4.54mg/L$ 之间，平均值 $4.05mg/L$。虹吸式超滤净水装置进水 COD_{Mn} 在 $2.94 \sim 3.86mg/L$ 之间，平均值 $3.27mg/L$。水厂混凝沉淀工艺对 COD_{Mn} 的平均去除率为 19.25%。装置出水 COD_{Mn} 在 $2.15 \sim 3.24mg/L$ 之间，平均去除率 18.86%。图 8-35（b）中，第二个高温高藻期，原水的 COD_{Mn} 值较为平稳，介于 $3.42 \sim 3.88mg/L$ 之间，平均值 $3.64mg/L$，装置进水 COD_{Mn} 在 $2.69 \sim 3.27mg/L$ 之间，平均值 $2.98mg/L$，混凝沉淀单元对其去除率约为 18.00%。装置出水 COD_{Mn} 值处于 $2.19 \sim 2.67mg/L$ 之间，平均值 $2.44mg/L$，去除率 18.33%。

（2）水质过渡期。虹吸式超滤净水装置在水质过渡期对 COD_{Mn} 的去除效能如图 8-36 所示，由图可知，在此期间，水厂原水 COD_{Mn} 在 $2.96 \sim 3.99mg/L$ 之间，较夏季稍低，平均值 $3.53mg/L$，虹吸式超滤净水装置进水 COD_{Mn} 在 $2.46 \sim$

$3.24mg/L$ 之间，平均值 $3.01mg/L$，水厂混凝沉淀工艺对 COD_{Mn} 的平均去除率为 14.42%，相比于夏季低，这可能是由于冬季低温低浊，使得混凝沉淀效果不佳。装置出水 COD_{Mn} 处于 $1.98 \sim 2.78mg/L$ 之间，平均值 $2.48mg/L$，平均去除率为 23.28%，略低于高温高藻期。这主要是由于混凝剂投加量和温度有关，夏季温度高，混凝剂投加量大，增强了混凝沉淀效果，因此 COD_{Mn} 的去除率也相应升高。

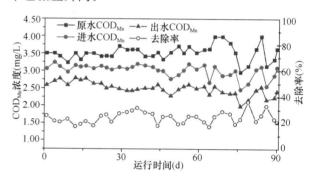

图 8-36 虹吸式超滤净水装置
水质过渡期对 COD_{Mn} 去除效能

3. 对 UV_{254} 去除效能

（1）高温高藻期。虹吸式超滤净水装置在高温高藻期运行时，对 UV_{254} 的去除效能如图 8-37 所示。

图 8-37（a）、图 8-37（b）分别为两年的运行情况，由图可知，两个阶段中，UV_{254} 值稍有波动，但幅度不大，整体较为平稳。图 8-37（a）中，在此阶段，水厂原水 UV_{254} 为 $0.032 \sim 0.044/cm$，平均值 $0.038/cm$，虹吸式超滤净水装置的进水 UV_{254} 值处于 $0.024 \sim 0.033/cm$ 之间，平均值 $0.030/cm$，水厂混凝沉淀工艺对 UV_{254} 的平均去除率为 21.53%，与此同时，装置出水 UV_{254} 值处于 $0.022 \sim 0.030/cm$ 之间，平均去除率约为 11.41%。图 8-37（b）中，水厂原水的 UV_{254} 处于 $0.034 \sim 0.044/cm$ 之间，平均值 $0.038/cm$，虹吸式超滤净水装置的进水 UV_{254} 值处于 $0.026 \sim 0.034/cm$ 之间，平均值 $0.030/cm$，水厂混凝沉淀工艺对 UV_{254} 的平均去除率为 20.35%，装置出水 UV_{254} 值处于 $0.022 \sim 0.030/cm$ 之间，平均去除率约为 11.36%。对比而言，超滤对于 UV_{254} 的去除效果略低于传统工艺，这是由于 UV_{254} 的去除主要是通过混凝/沉淀单元完成的，单独的超滤对 UV_{254} 的去除能力有限。UV_{254} 主要表征水中带有苯环或共

轭双键的溶解性腐殖质类有机物，其分子尺度远小于超滤膜的膜孔孔径，但却可通过混凝作用得到较好的去除效果。

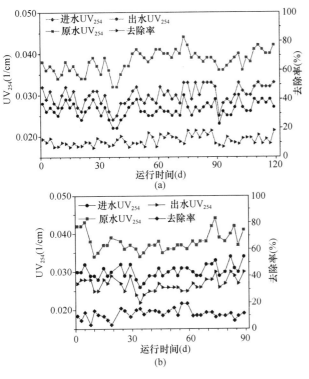

图 8-37 虹吸式超滤净水装置高温
高藻期对 UV_{254} 去除效能

（2）水质过渡期。虹吸式超滤净水装置在水质过渡期对 UV_{254} 的去除效能如图 8-38 所示，由图可知，在此阶段，水厂原水 UV_{254} 值处于 $0.036\sim 0.050/cm$ 之间，沉淀池出水 UV_{254} 值处于 $0.029\sim 0.044/cm$ 之间，水厂混凝沉淀工艺对 UV_{254} 的去除率约为 16.72%，较高温高藻期稍低，这是由于 UV_{254} 的去除主要依赖于混凝沉淀单元，低温低浊期混凝沉淀效果差导致 UV_{254} 的去除效果下降。虹

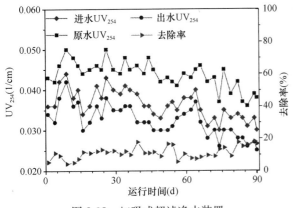

图 8-38 虹吸式超滤净水装置
水质过渡期对 UV_{254} 去除效能

吸式超滤净水装置出水的 UV_{254} 值处于 $0.025\sim 0.042/cm$ 之间，平均值 $0.032/cm$，其平均去除率约为 11.46%，仍低于混凝沉淀单元的去除率。

分析可知，虹吸式超滤净水装置在高温高藻期与低温低浊期对 UV_{254} 的去除率相差并不大，但其对 UV_{254} 的去除率显著低于对 COD_{Mn} 的去除效果，这是由于 COD_{Mn} 表征了水中的溶解性和颗粒性有机物及还原性物质的浓度，而 UV_{254} 只表征了水中溶解性有机物（不饱和键）的含量。此外，水中的天然有机物是主要的消毒副产物前体，因而 UV_{254} 与消毒副产物的生成势有很好的相关性。对于常规工艺而言，混凝沉淀单元后续的砂滤池滤料表面往往生长着稳定的微生物群落，其在降解进水中所携带污染物的同时自身也产生一定的代谢产物，最终导致出水中腐殖质类有机物含量有所升高，甚至导致砂滤出水 UV_{254} 可能高于混凝沉淀出水。

4. 对 DOC 去除效能

（1）高温高藻期

虹吸式超滤净水装置对 DOC 的去除效能如图 8-39所示。图 8-39（a）、图 8-39（b）分别为两年的运行情况。

图 8-39（a）中，无论是水厂原水还是沉后水，

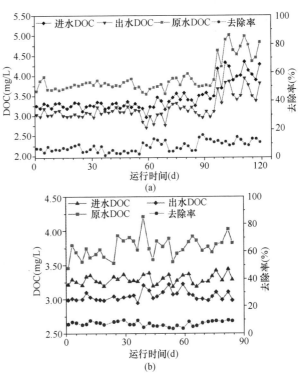

图 8-39 虹吸式超滤净水装置高温
高藻期对 DOC 去除效能

DOC 浓度在前期都比较平稳，后期进入秋季 DOC 含量出现上升趋势，与 COD$_{Mn}$ 类似，可能是降水的增加与藻类细胞破裂释放的有机物所导致的。在此期间，水厂原水 DOC 含量处于 3.54～5.01mg/L 之间，平均值 3.95mg/L，虹吸式超滤净水装置的进水 DOC 值处于 2.96～4.34mg/L 之间，平均值 3.46mg/L，水厂混凝沉淀工艺对 DOC 的平均去除率约为 12.49％。与此同时，虹吸式超滤装置出水 DOC 值处于 2.70～3.93mg/L，平均值 3.17mg/L，装置对 DOC 的平均去除率约为 8.06％。图 8-39 (b) 中，原水 DOC 含量处于 3.46～4.21mg/L 之间，平均值 3.79mg/L，装置进水 DOC 含量处于 3.186～3.600mg/L 之间，平均值 3.31mg/L，水厂混凝沉淀工艺对 DOC 的平均去除率约为 12.49％。装置出水 DOC 值处于 2.946～3.380mg/L 之间，平均值 3.06mg/L，装置对 DOC 的平均去除率约为 7.38％。

（2）水质过渡期

虹吸式超滤净水装置在水质过渡期对 DOC 的去除效能如图 8-40 所示。

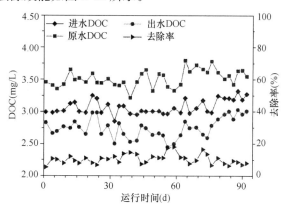

图 8-40　虹吸式超滤净水装置
水质过渡期对 DOC 去除效能

由图 8-40 可知，在水质过渡期，水厂原水 DOC 较为平稳，处于 3.215～3.795mg/L，平均值 3.519mg/L，整体低于高温高藻期，这是由于高温高藻期频繁的降雨对于 DOC 的含量上升贡献较大。沉淀池出水 DOC 处于 2.852～3.321mg/L 之间，平均值 3.074mg/L，水厂混凝沉淀工艺对 DOC 的平均去除率为 12.59％，与高温高藻期去除率相近。在此期间，虹吸式超滤净水装置出水 DOC 处于 2.451～3.031mg/L 之间，平均值 2.752mg/L，平均去除率 10.48％。可见，不论何种水质时期，DOC 在常规工艺中都很难去除，因

此常规工艺处理出水一般很难达到出水的水质生物安全要求，而超滤对其的去除效果也较差，因此 DOC 的去除仍旧主要通过生物作用来实现。

5. 对氨氮去除效能

（1）高温高藻期

虹吸式超滤净水装置在高温高藻期运行时，对氨氮的去除效果如图 8-41 所示。图 8-41 (a)、图 8-41 (b) 分别为两年的运行情况。

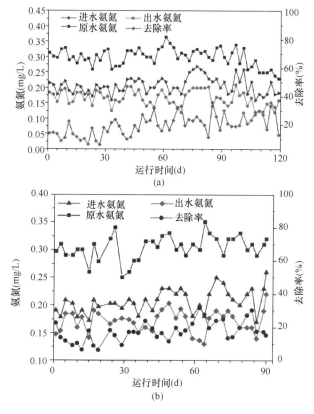

图 8-41　虹吸式超滤净水装置高温
高藻期对氨氮去除效能

图 8-41 (a) 中，水厂原水氨氮浓度处于 0.230～0.365mg/L 之间，平均值 0.300mg/L，虹吸式超滤净水装置的进水氨氮浓度处于 0.16～0.27mg/L 之间，平均值 0.21mg/L，水厂混凝沉淀工艺对氨氮的平均去除率约为 30.5％。与此同时，虹吸式超滤装置出水氨氮浓度处于 0.12～0.21mg/L，平均值 0.17mg/L，装置对氨氮的平均去除率约为 18.36％。图 8-41 (b) 中，原水氨氮浓度处于 0.25～0.35mg/L 之间，平均值 0.30mg/L，装置进水氨氮浓度处于 0.17～0.26mg/L 之间，平均值 0.21mg/L，水厂混凝沉淀工艺对氨氮的平均去除率约为 31.6％。装置出水氨氮浓度处于 0.130～0.22mg/L 之间，平均值 0.17mg/L，装置对氨氮

的平均去除率约为 17.5%。

装置在高温高藻期对氨氮具有一定的去除作用，这可能是以下两个原因导致的：（1）由于化洗周期长，超滤膜长期运行过程中，膜表面附着滋生了一定量的硝化细菌，通过其硝化作用将水中的氨氮转化为硝酸盐；（2）膜表面逐渐形成的滤饼层（主要由微生物和有机物等组成），其对水中的氨氮起到了良好的预过滤效应（如吸附和络合作用），从而导致氨氮被去除。

（2）水质过渡期

虹吸式超滤净水装置在水质过渡期对氨氮的去除效能如图 8-42 所示。

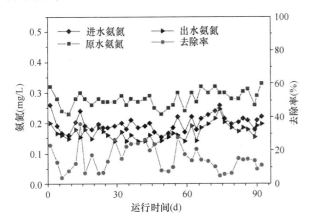

图 8-42　虹吸式超滤净水装置
水质过渡期对氨氮去除效能

由图 8-42 可知，在水质过渡期，水厂原水氨氮浓度有较大波动，处于 0.23～0.33mg/L，平均值 0.28mg/L，与高温高藻期差别不大。沉淀池出水氨氮浓度处于 0.15～0.26mg/L 之间，平均值 0.20mg/L，水厂混凝沉淀工艺对氨氮的平均去除率为 29.1%，略低于高温高藻期的去除效果，这可能是低温混凝沉淀效果差所导致的。在此期间，虹吸式超滤净水装置出水氨氮浓度处于 0.130～0.246mg/L 之间，平均值 0.169mg/L，平均去除率 14.9%，也略低于高温高藻期，这可能是由于冬季水温偏低，影响了微生物作用和超滤膜上滤饼层的预过滤效应。

6. 对微生物去除效能

实验期间，共进行了 4 次细菌总数与总大肠菌群数的检测，原水中的细菌总数在 427～716CFU/100mL 之间，总大肠菌群在 1300～1740CFU/mL 之间。沉后水中细菌总数平均为 14CFU/100mL，总大肠菌群平均为 11CFU/mL，混凝沉淀单元去

除了原水中大部分的病原微生物，在虹吸式超滤净水装置出水中，细菌与大肠杆菌均未检出。证明了超滤膜对于微生物确实有显著的去除效果，能够充分保证饮用水的生物安全性。

8.2.3　虹吸式超滤净水装置膜污染控制研究

跨膜压差（TMP）反映了运行过程中膜的污染状况，随着污染物在膜表面的累积并形成滤饼层，膜的过滤阻力越来越大，跨膜压差逐渐增大，且随着污染物的不断积累，跨膜压差增长的速度越来越快，进而导致运行能耗的大幅增加。因此，当跨膜压差增加到一定程度时，需要对超滤膜进行清洗，以维持超滤膜的产水量和降低能耗。通量是膜分离过程中的一个重要运行参数，是指单位时间内通过单位膜面积上的流量。渗透率为单位操作压力下，单位时间内通过单位膜过滤面积的水量。随着实验的进行，膜污染不断加剧，导致跨膜压差不断增大，膜的渗透率不断降低，因此，膜渗透率反映了超滤膜的抗污染性能，其衰减速率越小，说明膜抗污染性能越好。

本小节主要通过上述三个指标的变化来考察虹吸式超滤净水装置在运行过程中膜污染的情况，并对膜污染控制进行研究。

1. 跨膜压差变化

（1）高温高藻期

虹吸式超滤净水装置在高温高藻期运行的跨膜压差增长趋势如图 8-43 所示。第一阶段前期，装置在反冲洗水中投加 NaCl（100mg/L）控制膜污染，跨膜压差较不稳定，需要频繁进行维护性化学清洗以使跨膜压差保持在一定范围内。超滤膜的初始跨膜压差为 15kPa，跨膜压差随着运行时间增加先升高后降低，达到图 8-43 中第一个最低点时，跨膜压差降低至 12.5kPa，这是由于前端保安过滤器堵塞，此时取出保安过滤器滤芯清洗后重新安装运行，跨膜压差则升至 17kPa。之后继续运行，跨膜压差仍然是先升高后降低，当运行至反冲洗后的跨膜压差升高至 25.9kPa 时，虹吸管前段内的液面已经越过虹吸管顶端最高处开始溢流，此时开始进行维护性化学清洗，清洗后进入第二周期。

维护性化学清洗过后能将跨膜压差降至 16kPa，此后运行情况和第一周期趋势相同，当运行至第 28 天时再次进入维护性清洗阶段，清洗后跨膜压差降至 15.2kPa。第三、四周期亦如此。虽

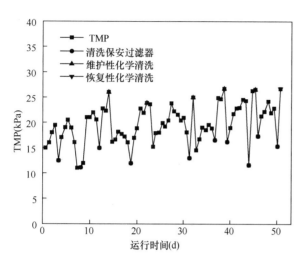

图 8-43　虹吸式超滤净水装置高温高
藻初期运行跨膜压差变化

然运行趋势相同，但每个阶段的运行总时间逐渐缩短，四个周期运行时间分别为 21d、7d、6d、5d。

此后开始反冲洗水加 NaClO（20mg/L），后两个运行周期趋势仍与之前趋势相同，但运行时间并没有增加，分别为 4d、5d。这是由于随着装置的运行，超滤膜不可逆污染逐渐加重，维护性清洗已经不能够有效缓解膜污染，必须采取有效的恢复性化学清洗以达到缓解膜污染的目的。

对装置进行恢复性化学清洗后，进入第二阶段，如图 8-44 所示。该阶段反冲洗加 NaClO（浓度为 20mg/L），运行工况较为稳定。一开始恢复性化学清洗后能够将跨膜压差降为 13.9kPa，之后随着时间运行，刚开始跨膜压差增长较快，在第 2 天增至 17.0kPa，随后跨膜压差趋于稳定，运行至第 6 天时，跨膜压差又开始降低，这主要是由于前端保安过滤器堵塞，清洗保安过滤器后跨膜压差增至 19.2kPa，在下一次清洗保安过滤器前，跨膜压

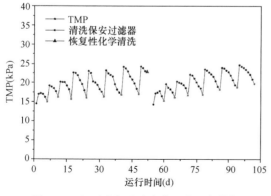

图 8-44　虹吸式超滤净水装置高温高藻期
稳定运行跨膜压差变化

差先缓慢降低后快速降低，一方面因为次氯酸钠有很好的缓解膜污染的效果导致跨膜压差不增长，另一方面保安过滤器的堵塞使得跨膜压差反而降低，这从清洗保安过滤器后跨膜压差突然急剧增长可以得知。

运行至第 52 天，反冲洗后的跨膜压差仍较高，虹吸管前段内的液面已经越过虹吸管顶端发生溢流，对装置进行维护性化学清洗。清洗后装置的跨膜压差恢复到 14.3kPa，此后的运行趋势与前一阶段大致相同。虹吸式超滤净水装置在此阶段运行，跨膜压差从最开始的 13.9kPa 增至 24.0kPa，期间只进行过一次维护性化学清洗，跨膜压差增长速度比较缓慢，运行较为稳定。

虹吸式超滤净水装置在高温高藻期第三阶段跨膜压差的变化趋势如图 8-45 所示，与第二阶段基本相同。随着过滤的进行，前端保安过滤器逐渐堵塞，使超滤膜通量逐渐下降，导致跨膜压差逐渐降低，当清洗保安过滤器后，通量恢复，跨膜压差也迅速增长；当采用维护性化学清洗或恢复性化学清洗后，跨膜压差迅速下降，尤其是采用恢复性化学清洗后跨膜压差比本阶段初始运行时跨膜压差更低，表明维护性化学清洗和恢复性化学清洗，可有效控制膜污染，以保障超滤膜的产水效能。

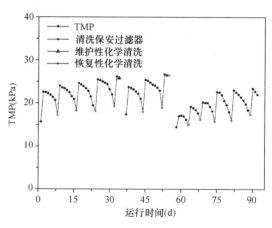

图 8-45　虹吸式超滤净水装置高温
高藻期第三阶段跨膜压差变化

（2）低温低浊期

虹吸式超滤净水装置在低温低浊期跨膜压差变化如图 8-46 所示。由于初期对装置进行维护性清洗后未将污染物彻底排出，导致其跨膜压差在维护性清洗结束后仍高达 30.26kPa，且增长速率也十分快，至第 9 天就增长至 53.24kPa，跨膜压差增

量为22.98kPa,增长速率为2.87kPa/d,于第10天第一次尝试将反冲洗水从装置进水口排出,跨膜压差恢复效果显著。为防止化学清洗药剂对超滤膜造成损坏,导致膜老化,暂时不对其进行清洗,定期对装置进行"停止进水、从进水口排出反冲水"的物理性冲洗,将装置的跨膜差控制在一定范围内。

在整个低温低浊期期间,装置的跨膜压差波动较大,十分不稳定,在进行物理性清洗后,装置的跨膜压差最低可降至21.05kPa,而最高则可高达53.64kPa。但每一次物理性冲洗都可以将跨膜压差恢复到较低水平,说明此时装置超滤膜的污染主要为可逆污染。

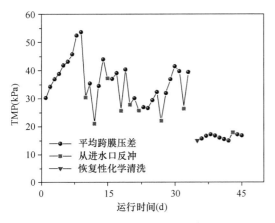

图8-46 虹吸式超滤净水装置低温
低浊期跨膜压差变化

至第33天,单纯的物理性冲洗也不能有效地控制膜污染,跨膜压差很快由26.33kPa上升至39.41kPa,于是对虹吸式超滤净水装置进行恢复性化学清洗,以达到恢复其跨膜压差的目的。

对虹吸式超滤净水装置进行恢复性化学清洗,并将清洗出的污染物全部由进水口彻底排出,使得污染物不能在装置进水口处积累。此次恢复性化学清洗效果显著,清洗后,装置的跨膜压差恢复到14.99kPa。之后的几天跨膜压差先增长较快,这是由于跨膜压差很低时,虹吸管前段内的液面在运行至2h时不能达到虹吸辅助管的高度,导致虹吸形成电磁阀即使开启也不能形成虹吸,因此延长其运行时间至4h,使其能够形成虹吸,导致膜污染较快。随着运行,前端保安过滤器的逐渐堵塞导致通量开始下降,因此跨膜压差又逐渐降低。对保安过滤器清洗后通量恢复,跨膜压差迅速增长至17.86kPa。

2. 膜通量变化

(1) 高温高藻期

虹吸式超滤净水装置在高温高藻期的通量变化如图8-47所示,图8-47(a)、图8-47(b)分别为装置在2017年、2018年高温高藻期的通量变化。

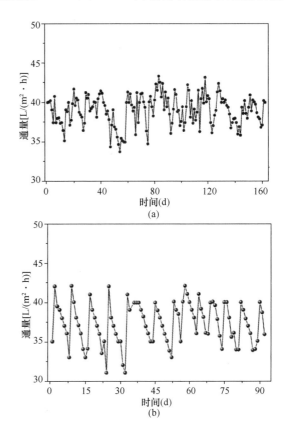

图8-47 虹吸式超滤净水装置高温
高藻期膜通量变化

由8-47(a)、图8-47(b)可知,在高温高藻期期间,装置的通量变化趋势相似,长期来看,随着运行时间增加,装置的通量总体来说能够稳定在40L/(m²·h)左右,但基本运行每3～4d,通量会有所下降,这是由于前端保安过滤器堵塞导致通量会略有降低,清洗完保安过滤器后,跨膜压差会立即升高,通量也会恢复至40L/(m²·h),随着时间运行至下一次更换保安过滤袋之前,通量会先升高后降低,与跨膜压差变化趋势基本相一致,如此循环使得通量能够稳定在40L/(m²·h)左右。

(2) 低温低浊期

虹吸式超滤净水装置在低温低浊期的通量变化如图8-48所示。前期由于冬季水温过低导致膜孔窄缩,在相同通量条件下运行,超滤膜能耗上升,对超滤膜的寿命也有所影响，且同时冬季气温过低无法对装置进行有效地清洗，因此装置在冬季保持较低通量运行，约为 30L/(m²·h)。在运行至第 33 天、第 34 天时，对装置进行恢复性化学清洗后，重新采用 40L/(m²·h) 的通量运行，但随着保安过滤器的逐渐堵塞，通量稍有降低，对保安过滤器进行清洗后，通量随即恢复。

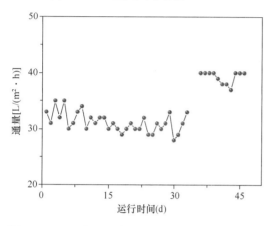

图 8-48　虹吸式超滤净水装置低温低浊期通量变化

3. 渗透率变化

（1）高温高藻期

虹吸式超滤净水装置在高温高藻期的渗透率变化如图 8-49 所示。图 8-49（a）、图 8-49（b）分别为 2017 年、2018 年高温高藻期渗透率变化情况，由图可知，装置在高温高藻期稳定运行时，其膜渗透率在每一次清洗后，先快速下降，后缓慢下降。虹吸式超滤净水装置在两个阶段稳定运行时，膜渗透率下降速率均约为 0.01L/(m²·h·kPa)，在两阶段后期，膜渗透率下降速率稍有上升，约为 0.02L/(m²·h·kPa)，这可能是由于进入秋季装置进水藻类浓度增加，使得超滤膜污染加快所导致。

（2）低温低浊期

虹吸式超滤净水装置在低温低浊期渗透率变化趋势如图 8-50 所示。在此阶段运行初期，还未进行物理性冲洗前，虽然其跨膜压差增长速率较快，但膜渗透率下降速度相对较为平缓，其下降速率约为 0.048L/(m²·h·kPa·d)。之后，由于进行物理性冲洗可以将装置的跨膜压差控制在一定范围内，所以导致其膜渗透率的变化波动也较大。恢复性化学清洗后，膜渗透率的下降速率先快后慢，分别为 0.085L/(m²·h·kPa·d) 和 0.026L/(m²·h·kPa·d)，这是由于刚进行恢复性化学清洗后

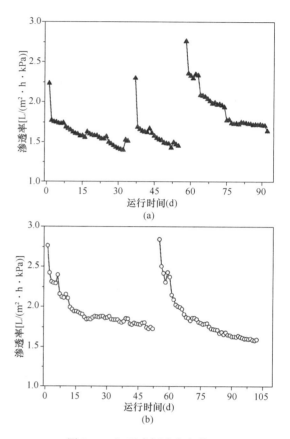

图 8-49　虹吸式超滤净水装置
高温高藻期渗透率变化

开始运行时，为能够顺利形成虹吸延长其运行时间，导致超滤膜污染较快。当形成一定厚度的滤饼层后，滤饼层也可对污染物进行截留，使得超滤膜的污染程度变得较为稳定。

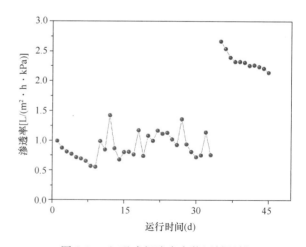

图 8-50　虹吸式超滤净水装置低温低浊期渗透率变化

8.2.4 虹吸式超滤净水装置的污染与清洗

本小节主要对装置的清洗进行研究。随着装置的运行，普通的化学强化反冲洗已经不能有效地控制膜污染，因此必须通过维护性化学清洗以使超滤膜的跨膜压差恢复到一定程度。维护性化学清洗是通过化学药剂浸泡的方式清除超滤膜表面污染物，达到延长恢复性化学清洗周期的工艺过程。当维护性化学清洗仍不能有效地缓解膜污染、使得超滤膜稳定运行时，必须采取恢复性化学清洗，相比于维护性化学清洗，恢复性化学清洗所使用的清洗药剂种类相似但浓度更大，所持续的时间更长，以使超滤膜在设计跨膜压差内恢复原有产水量。

1. 维护性化学清洗对跨膜压差恢复影响

对于虹吸式超滤净水装置，采用浓度为200～500mg/L的NaClO清洗液浸泡膜组件以缓解有机污染和生物污染，采用浓度为0.2%～0.5%（W/W）的HCl溶液、0.5%～1.0%（W/W）的柠檬酸溶液浸泡以缓解无机污染。

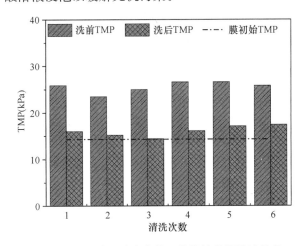

图8-51 虹吸式超滤净水装置维护性化学清洗效果

虹吸式超滤净水装置在运行期间进行的数次维护性化学清洗对跨膜压差恢复的影响如图8-51所示，由图可知，维护性化学清洗对跨膜压差有着良好的恢复作用，数次的清洗前跨膜压差均到达25kPa左右，但洗后都使得跨膜压差降至接近于超滤膜初始跨膜压差15kPa左右，这说明采用NaClO溶液与柠檬酸、盐酸溶液对膜污染物有着较好的去除效果，可以有效地降低跨膜压差。

同时，由装置运行过程中跨膜压差的变化可知，虽然维护性化学清洗能够有效恢复跨膜压差，但洗后装置的运行天数仍会逐渐降低，不能维持装置长期稳定运行。因此，为了维护超滤膜的完整性，在实际运行中应尽量减少维护性化学清洗的次数。

2. 恢复性化学清洗对跨膜压差恢复影响

对于虹吸式超滤净水装置，使用0.5%～2.0%（W/W）的NaOH溶液和500～1000mg/L的NaClO溶液去除有机污染；采用浓度为0.2%～1.0%（W/W）的HCl溶液、1.0%～2.0%（W/W）的柠檬酸溶液以及1.0%～2.0%（W/W）的草酸溶液去除无机污染。虹吸式超滤净水装置在运行期间进行的数次恢复性化学清洗对跨膜压差恢复的影响如图8-52所示。

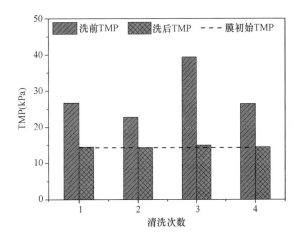

图8-52 虹吸式超滤净水装置恢复性化学清洗效果

由图8-52可知，虹吸式超滤净水装置在运行期间，只进行过4次恢复性化学清洗，但效果显著，每一次恢复性化学清洗都可以将装置的跨膜压差基本恢复至超滤膜的初始状态，且清洗后都可使装置长时间稳定运行、跨膜压差增长速率显著降低。

经对比可知，两种清洗方式都对超滤膜的跨膜压差恢复有一定效果，但相比于维护性化学清洗，恢复性化学清洗的效果更为显著，可以将装置的跨膜压差基本恢复至初始状态，但同时应考虑，若清洗时间过长、药剂浓度较高会导致超滤膜老化，使中空纤维膜结构受到破坏。

8.2.5 长、短流程超滤组合工艺应用化学强化反冲洗对比

中试实验系统采用的是短流程超滤组合工艺，其进水为水厂一期工艺平流式沉淀池出水，而山东省东营南郊水厂一期工艺采用了常规处理—超滤组合工艺，本小节针对其在运行过程中遇到的膜污染

问题，采取化学强化反冲洗手段进行膜污染控制，并与中试实验系统短流程超滤组合工艺进行对比，研究化学强化反冲洗效果，为超滤组合工艺发展提供技术支持。

1. 工艺流程对比

水厂一期超滤组合工艺流程示意图如图 8-53 所示。水厂一期工艺采用常规处理—超滤组合工艺，引黄水库原水经吸水井进入一级泵房后，通过管式混合器向其中加入混凝剂并充分混合，在折板絮凝池中进行聚集絮凝，后进入平流式沉淀池进行沉淀，沉淀时间为 117min，沉淀池出水通过重力流进入 V 型滤池过滤，滤后水进入浸没式超滤膜池，超滤出水经消毒后进入清水池，再由二级泵房加压后输入管网供给用户。

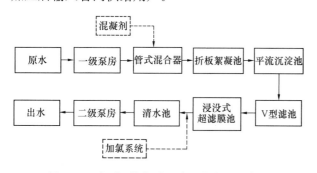

图 8-53　水厂一期超滤组合工艺流程示意图

中试超滤净水工艺流程示意图如图 8-54 所示。中试实验系统为短流程超滤组合工艺，引黄水库原水经吸水井进入一级泵房后，通过管式混合器向其中加入混凝剂并充分混合，在折板絮凝池中进行聚集絮凝，后进入平流式沉淀池进行沉淀，沉淀时间为 117min。与水厂一期超滤组合工艺不同的是，中试实验系统的进水为沉淀池出水，不经过砂滤直接进入超滤系统。

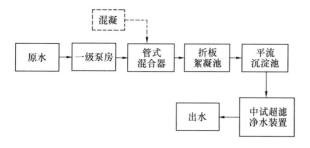

图 8-54　中试超滤净水工艺流程示意图

2018 年 8 月，同时对水厂一期工艺与中试超滤系统进行水质监测，期间，水厂原水水质见表 8-6。

2018 年 8 月原水水质				表 8-6
浊度 （NTU）	UV$_{254}$ （1/cm）	COD$_{Mn}$ （mg/L）	DOC （mg/L）	氨氮 （mg/L）
11.600	0.042	2.84	4.068	0.21

2. 浊度去除效能对比

中试短流程超滤净水工艺与水厂一期工艺对浊度的去除效果对比如图 8-55 所示。

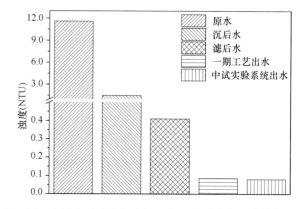

图 8-55　中试实验系统与水厂一期工艺对浊度去除效能对比

2018 年 8 月，原水浊度 11.600NTU，经混凝沉淀工艺处理后，浊度降至 1.480NTU，混凝沉淀工艺对其的去除率为 87.2%，经 V 型滤池砂滤后，浊度进一步降低至 0.410NTU，常规处理单元对浊度的去除率约为 96.5%，经浸没式超滤膜池过滤后，出水平均浊度约为 0.085NTU。中试短流程超滤组合工艺则采用水厂原水经混凝沉淀后的水为进水，出水平均浊度约为 0.081NTU，短流程超滤组合工艺对浊度的平均去除率约为 99.3%。无论是长、短流程超滤组合工艺，都可保证对浊度的去除，将出水浊度控制在 0.100NTU 以下。

3. COD$_{Mn}$去除效能对比

中试短流程超滤净水工艺与水厂一期工艺对 COD$_{Mn}$ 的去除效果对比如图 8-56 所示，由图可知，2018 年 8 月，原水 COD$_{Mn}$ 值 3.78mg/L，经混凝沉淀工艺处理后，降至 3.06mg/L，混凝沉淀工艺对其的去除率为 19.0%，经 V 型滤池砂滤后，COD$_{Mn}$ 含量进一步降低至 2.86mg/L，常规处理单元对 COD$_{Mn}$ 的去除率约为 24.3%，经浸没式超滤膜池过滤后，出水平均 COD$_{Mn}$ 值约为 2.46mg/L，水厂长流程超滤组合工艺对 COD$_{Mn}$ 的平均去除率为 34.9%，中试短流程超滤组合工艺出水平均 COD$_{Mn}$ 含量约为 2.54mg/L，平均去除率约 32.8%。无论长、短流程超滤组合工艺，均对

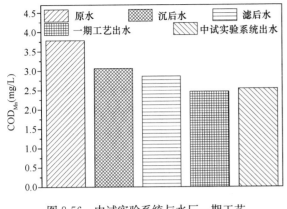

图 8-56 中试实验系统与水厂一期工艺
对 COD_{Mn} 去除效能对比

COD_{Mn} 有一定的去除效果，且水厂工艺效果略优于中试实验系统，这可能是由 V 型滤池中砂滤层所附着的微生物对有机物的去除造成的，而超滤对 COD_{Mn} 的去除主要通过去除颗粒型有机物和吸附包裹在絮体中的部分溶解性有机物达到。

4. UV_{254} 去除效能对比

中试短流程超滤净水工艺与水厂一期工艺对 UV_{254} 的去除效果对比如图 8-57 所示。

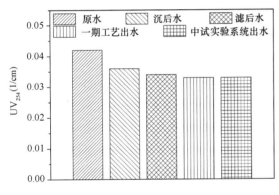

图 8-57 中试实验系统与水厂一期工艺
对 UV_{254} 去除效能对比

由图 8-57 可知，2018 年 8 月，原水 UV_{254} 值 0.042/cm，经混凝沉淀工艺处理后，降至 0.036/cm，混凝沉淀工艺对其的去除率为 14.3%，经 V 型滤池砂滤后，UV_{254} 值进一步降低至 0.034/cm，常规处理单元对 UV_{254} 的去除率约为 19.0%，经浸没式超滤膜池过滤后，出水平均 UV_{254} 值约为 0.033/cm，水厂长流程超滤组合工艺对 UV_{254} 的平均去除率为 21.4%，中试短流程超滤组合工艺出水平均 UV_{254} 值约为 0.033/cm，平均去除率约 21.4%。长、短流程超滤组合工艺对 UV_{254} 的去除效果相差不大。由于 UV_{254} 值与水中天然存在的腐殖质类大分子有

机物含量显著相关，同时水厂砂滤池砂层中附着有一定的微生物，在降解进水中所携带污染物的同时自身也会产生一定的代谢产物，可能导致出水中腐殖质类有机物含量升高，因此 UV_{254} 在经过混凝沉淀处理单元时有所去除，但经砂滤、超滤后去除效果不明显。

5. DOC 去除效能对比

中试短流程超滤净水工艺与水厂一期工艺对 DOC 的去除效果对比如图 8-58 所示，由图可知，2018 年 8 月，原水 DOC 含量为 4.07mg/L，经混凝沉淀工艺处理后，降至 3.38mg/L，混凝沉淀工艺对其的去除率为 17.0%，经 V 型滤池砂滤后，DOC 含量进一步降低至 3.19mg/L，常规处理单元对 DOC 的去除率约为 21.6%，经浸没式超滤膜池过滤后，出水平均 DOC 含量约为 2.93mg/L，水厂长流程超滤组合工艺对 DOC 的平均去除率为 28.0%，中试短流程超滤组合工艺出水平均 DOC 含量约为 3.00mg/L，平均去除率约 26.3%。与 UV_{254} 去除效果相似，超滤组合工艺对 DOC 的去除能力有限，主要通过混凝沉淀单元进行去除，而水厂工艺对 DOC 去除效果略优的原因可能是 V 型滤池砂滤层对有机物的吸附截留。

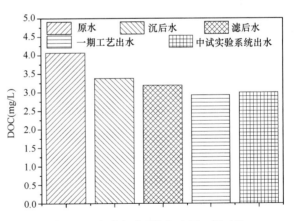

图 8-58 中试实验系统与水厂一期工艺
对 DOC 去除效能对比

6. 氨氮去除效能对比

中试短流程超滤净水工艺与水厂一期工程对氨氮的去除效果，如图 8-59 所示。

由图 8-59 可知，2018 年 8 月，原水氨氮浓度为 0.31mg/L，经混凝沉淀工艺处理后，降至 0.22mg/L，混凝沉淀工艺对其的去除率为 29.0%，经 V 型滤池砂滤后，氨氮浓度进一步降低至 0.2mg/L，常规处理单元对氨氮的去除率约

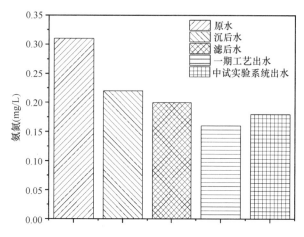

图 8-59 中试实验系统与水厂一期工艺对氨氮去除效能对比

为 35.5%，经浸没式超滤膜池过滤后，出水平均氨氮浓度约为 0.16mg/L，水厂长流程超滤组合工艺对氨氮的平均去除率为 48.4%，中试短流程超滤组合工艺出水平均氨氮含量约为 0.18mg/L，平均去除率约 41.9%。相比于有机物，水厂超滤组合工艺对氨氮的去除效果较好，超滤组合工艺对氨氮的去除主要通过混凝沉淀过程以及砂滤层中的微生物作用去除。

8.2.6 化学强化反冲洗控制长流程超滤组合工艺膜污染

1. 超滤出水反冲洗效果

水厂一期浸没式超滤膜池在使用超滤出水反冲洗时，其膜池跨膜压差变化趋势如图 8-60 所示，由图可知，膜池共经历了 3 个化学清洗周期。第一周期运行时间为 15d，不可逆 TMP 从 18.2kPa 增长至 36.8kPa，增长速率为 1.24kPa/d，总 TMP

从 21.8kPa 增长至 41.6kPa，增长速率为 1.32kPa/d；第二周期运行时间为 14d，不可逆 TMP 从 19.5kPa 增长至 39.9kPa，增长速率为 1.46kPa/d，总 TMP 从 21.3kPa 增长至 46kPa，增长速率为 1.76kPa/d；第三周期运行时间为 15d，不可逆 TMP 从 21.8kPa 增长至 42.2kPa，增长速率为 1.36kPa/d，总 TMP 从 24.7kPa 增长至 50.1kPa，增长速率为 1.69kPa/d。

可以看出，每次反冲洗后，超滤出水反冲洗均能够较好地降低 TMP，说明超滤出水反冲洗可有效地控制可逆污染。但随着运行时间的增长，可以看出跨膜压差增长速率逐渐上升，表明不可逆污染增加的速率逐渐加快。水厂超滤膜运行过程中，不可逆污染较为严重，超滤出水反冲洗难以有效地缓解膜污染，化学清洗周期一般约为 15d，化学清洗较为频繁。

2. 化学强化反冲洗效果

水厂一期浸没式超滤膜池在使用超滤出水反冲洗时，其膜池跨膜压差变化趋势如图 8-61 所示。中试系统实验证明，向反冲洗水中加入 20mg/L NaClO 溶液能够有效地控制超滤膜跨膜压差的增长，缓解膜污染。水厂一期工艺浸没式超滤膜池采用化学强化反冲洗后，膜池共运行了 35d，不可逆 TMP 从 11.3kPa 增长至 37.6kPa，增长速率为 0.75kPa/d，总 TMP 从 17.2kPa 增长至 46.2kPa，增长速率为 0.83kPa/d。可以看出，化学强化反冲洗可有效缓解膜污染。随着运行时间的增加，污染物不断在膜表面附着，不可逆污染不断增加，但与超滤出水反冲洗的不可逆 TMP 增长速率（1.24～1.46kPa/d）相比，采用 NaClO 反冲洗时，不可逆

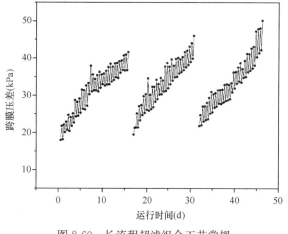

图 8-60 长流程超滤组合工艺常规
反冲洗跨膜压差变化趋势

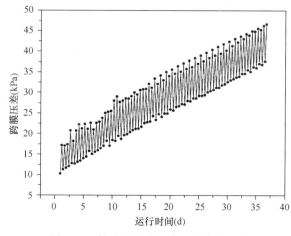

图 8-61 长流程超滤组合工艺化学强化
反冲洗跨膜压差变化趋势

TMP 增长速率下降了 $39.5\% \sim 48.6\%$，不可逆 TMP 增长速率明显下降，膜池运行周期可延长至 35d 左右。可见，采用 20mg/L NaClO 化学强化反冲洗可有效缓解膜污染，延长膜池运行周期。

综上所述，本文利用中试系统对化学强化反冲洗的效果加以验证，搭建虹吸式超滤净水装置，综合考察其净水效能、膜污染控制效能。装置对浊度、微生物的去除效能显著，能够充分保证出水的生物安全性，向反冲洗水中加入 20mg/L 的 NaClO 溶液能够有效控制膜污染，维持装置较长时间的稳定运行。本章研究表明，超滤能够有效地提高出水水质，保障供水水质安全，适合向农村地区加以推广，为农村地区供水问题的解决提供了思路，在农村供水中具有广阔的应用前景。

8.3　几种典型物质对超滤膜的污染

8.3.1　实验材料和实验方法

1. 超滤膜

实验中使用的超滤膜为 Pall 公司生产的聚醚砜膜（Polyethersulfone）。此超滤膜的标称截留分子量为 100kDa，直径为 76mm。聚醚砜超滤膜具有很好的热稳定性、化学稳定性和惰性，膜孔均匀、孔隙率高。

2. 膜污染的选择

三种有机物分别为腐殖类物质、多糖类物质、蛋白质类物质，分别选用腐殖酸、海藻酸钠和牛血清蛋白进行模拟。除特别说明，膜污染实验中，腐殖酸、海藻酸钠、牛血清蛋白的质量浓度均为 5mg/L。

分别使用高岭土和酵母细菌来模拟无机颗粒物和微生物颗粒物。高岭土常用来模拟水处理中的颗粒物；干酵母常用来做细菌沉积、黏附实验的模拟物。本实验选取干酵母作为膜生物污染中的模拟污染物，酵母菌购自湖北宜昌的安琪酵母公司，酵母平均粒径约为 4.7μm。

膜吸附蛋白质实验中所采用的是绿色荧光标记的牛血清蛋白。对于荧光标记的蛋白质，在实验中除称量过程外，总是保证其在避光条件下使用，以防光照射对荧光标记物的影响。

实验中，除特殊说明，所配置溶液的离子强度均控制在 10mmol/L；所有溶液均采用 Milli-Q 制

备的超纯水配制。

3. 单种污染物的膜污染实验

本实验中，用超滤杯（Amicon 8400，美国）直接过滤配置好的含有一定量污染物的溶液，过滤方式为死端模式，过滤过程中将超滤杯中的搅拌器去掉，整个过滤中无搅拌。采用恒压过滤法，通过精密压力表控制氮气瓶的出口压力，从而控制超滤膜进水端的压力，过滤实验过程中压力保持不变；超滤膜出水进入锥形瓶，并用带有自动采集重量软件的电子天平进行称量。膜污染采用比通量变化趋势来评价。比通量即为过滤实验中的膜通量与膜初始通量的比例，以比通量为纵坐标轴、过滤体积为横坐标轴绘图反应膜通量随过滤体积的变化趋势，进而反应膜污染的变化。

超滤膜过滤过程中的比通量变化趋势根据下式获得。

$$比通量变化趋势 = \frac{F_v}{F_0} \tag{8-1}$$

式中　F_v——过滤过程中过滤体积 V 时的膜通量；

F_0——过滤初始阶段的膜通量。

设每片超滤膜的初始纯水膜通量为 F_0，将膜过滤 400mL 污染物溶液结束时的通量称为膜的末端通量 F_1，过滤 50mL 超纯水测试超滤膜污染后清洗前的纯水通量 F_2，随后用 50mL 超纯水对超滤膜进行反冲洗，并测试其反冲洗后的纯水通量 F_3。在此过程中，将膜污染分为浓差极化层、可逆污染层、不可逆污染层，三者对比通量下降的贡献度分别用下式获得：

$$浓差极化层的贡献 = \frac{(F_2 - F_1)}{F_0} \tag{8-2}$$

$$可逆污染层的贡献 = \frac{(F_3 - F_2)}{F_0} \tag{8-3}$$

$$不可逆污染层的贡献 = \frac{(F_0 - F_3)}{F_0} \tag{8-4}$$

4. 两种污染物共存引起膜污染的实验方法

为了考察两种污染物同时存在时，其协同效应对超滤膜污染的影响，提出了相同污染物量—不同过滤顺序的膜污染实验方法。在此污染实验中，对不同阶段膜污染前后超滤膜的跨膜 Zeta 电位进行了测试，并利用节 8.3.1 中的方法分析过滤过程中浓差极化层、可逆污染层、不可逆污染层对比通量下降的贡献。

两种污染物的混合方式包括：

高岭土＋腐殖酸、高岭土＋海藻酸钠、高岭土＋

蛋白质、微生物＋腐殖酸、微生物＋海藻酸钠、微生物＋蛋白质、腐殖酸＋海藻酸钠、腐殖酸＋蛋白质、海藻酸钠＋蛋白质。

设第一种污染物为 A，污染物总量为 M_a；第二种污染物为 B，污染物的总量为 M_b，过滤方式如下。

第一组：A 的浓度为 $M_a/0.4L$，B 的浓度为 $M_b/0.4L$，将 A、B 混合配置 400mL。

第二组：A 的浓度为 $M_a/0.2L$，配置溶液 200mL；B 的浓度为 $M_b/0.2L$，配置溶液 200mL；两种溶液按 A-B 先后过滤，并记为 A-B；

第三组：按第二组的浓度配置，两种溶液按 B-A 先后过滤，并记为 B-A。

5. 三种污染物共存引起膜污染的实验方法

所考察的对象包括如下几组：

（1）高岭土＋腐殖酸＋海藻酸钠；

（2）高岭土＋腐殖酸＋蛋白质；

（3）高岭土＋海藻酸钠＋蛋白质。

其中，高岭土浓度始终为 100mg/L，腐殖酸、海藻酸钠和蛋白质浓度始终为 5mg/L。在过滤前、过滤后、反冲洗后分别测试超滤膜的跨膜 Zeta 电位，并对超滤膜进、出水水质进行测试，利用节 8.3.1 中的方法分析过滤过程中浓差极化层、可逆污染层、不可逆污染层对比通量下降的贡献。

6. 四种污染物共存引起膜污染的实验方法

四种污染物直接混合，包括高岭土、腐殖酸、海藻酸钠、蛋白质，高岭土浓度为 100mg/L，腐殖酸、海藻酸钠和蛋白质浓度分别为 5mg/L。测试进、出水中各有机物的浓度，并对过滤前、过滤后、反冲洗后膜的跨膜 Zeta 电位进行测试，并分析过滤过程中浓差极化层、可逆污染层、不可逆污染层对比通量下降的贡献。

8.3.2 有机物对超滤膜的污染

1. 三种有机物和膜的性质及膜通量

膜在水处理工艺中应用时，有机物是造成膜污染的主要污染物种类。影响有机物超滤膜污染的因素包括溶液的化学环境和运行方式，有机物和超滤膜的性质等。前者属于外界影响因素，如离子强度、pH、二价离子、反冲洗等，后者属于内在影响因素，如 Zeta 电位、亲疏水性等。

（1）三种有机物对膜通量的影响

三种有机物对超滤膜膜污染的过滤结果如

图 8-62所示。可以看出，在相同污染物浓度、相同溶液化学环境的条件下，三种有机物对超滤膜污染的结果截然不同，在分别过滤 400mL 的腐殖酸、海藻酸钠和蛋白质溶液时，超滤膜末端通量分别下降了 36％、85％和 56％。即在相同条件下海藻酸钠对超滤膜的污染势最大，蛋白质次之，腐殖酸最轻。

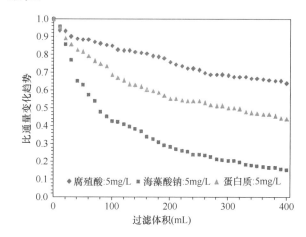

图 8-62　三种有机物对超滤膜初期污染的影响

三种有机物来源不同，性质也不同，为了进一步分析三种有机物对超滤膜污染的相关机制，对三种有机物和超滤膜的表面特性及有机物-超滤膜之间的界面性质进行了测试和分析。

（2）三种有机物和膜的性质

表 8-7 给出了超滤膜和三种有机物的 Zeta 电位和平均粒径。可知，超滤膜和三种有机物均带负电，三种有机物的 Zeta 电位分别为 $-38.13mV$、$-10.25mV$ 和 $-11.61mV$。蛋白质和海藻酸钠所携带的负电荷相当，而腐殖酸则相对蛋白质和海藻酸钠带有较多的负电荷。显然如果只从 Zeta 电位角度而言，三种有机物与超滤膜之间均存在双电层静电斥力。

超滤膜与三种有机物的 Zeta 电位和粒径　表 8-7

物质与膜	Zeta 电位	平均粒径
超滤膜	$-14.21mV$	—
腐殖酸	$-38.13mV$	6.3nm
海藻酸钠	$-10.25mV$	5.0nm
蛋白质	$-11.61mV$	4.5nm

表 8-8 给出了超滤膜和三种有机物在不同液体下的接触角。一般认为，接触角大于 45°时，此物为疏水性物质；反之则为亲水性物质。可以看出，

腐殖酸和蛋白质均为亲水性物质，而海藻酸钠和所使用的超滤膜表面均带疏水性基团。

超滤膜与三种有机物的接触角（°）　表8-8

物质与膜	纯水	丙三醇	二碘甲烷	二甲基甲酰胺
超滤膜	67.5±4.2	48±3.2	31.3±2.7	—
腐殖酸	38.5±1.9	—	43.1±3.5	45.3±4.6
海藻酸钠	55.3±1.4	15.4±6.5	50.7±2.9	—
蛋白质	12.6±1.7	11.8±2.3	42.0±3.1	—

2. 腐殖酸对膜的污染

（1）进水浓度的影响

为了考察进水腐殖酸浓度对膜污染的影响，分别配置了1mg/L、5mg/L、10mg/L的腐殖酸溶液进行过滤，结果如图8-63所示。当进水腐殖酸浓度分别为1mg/L、5mg/L、10mg/L时，超滤通量分别下降了17%、36%和63%，可见随着进水腐殖酸浓度的增大，膜污染也逐渐加重。进水中污染物的浓度直接影响着膜与污染物的接触，从而影响膜污染的速率。污染物浓度增大时，可能在膜表面形成较厚的滤饼层，或者有更多的污染物分子进入膜孔内形成膜堵塞，进而引起较大的膜通量下降。因此，在进水中含有腐殖酸类物质时，预处理措施应尽量降低腐殖酸的含量，从而有效地降低膜污染。

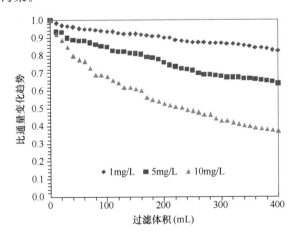

图8-63　不同腐殖酸浓度对超滤膜比通量变化趋势的影响
（压力：40kPa；离子强度：10mmol/L；pH：7.5；温度：20℃）

（2）压力的影响

对于恒压力膜运行系统，超滤膜工艺在设计运行时，膜的操作压力是重要的设计参数之一，不同的进水特性应有不同的操作压力的选择。在进水含有5mg/L腐殖酸时，操作压力对膜污染的影响如

图8-64所示，由图可知，在此进水水质和运行条件下，膜的初期污染受操作压力的影响不大。20kPa和60kPa压力下的终端通量值接近，而整个过滤过程中，40kPa压力下的膜污染速率是最轻的。分析认为，部分腐殖酸分子的尺寸与膜孔径相当或更小，因此其在高压力（如图8-64所示，60kPa）下更容易穿透膜。在相同进水浓度的前提下，膜截留的污染物较少，因此膜污染较轻。总之，在本实验条件下，改变操作压力对比通量变化趋势的影响较小。

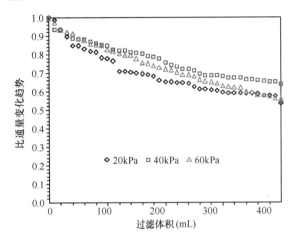

图8-64　不同操作压力对腐殖酸引起的
超滤膜比通量变化趋势的影响
（腐殖酸浓度：5mg/L；离子强度：
10mmol/L；pH：7.5；温度：20℃）

（3）离子强度的影响

离子强度代表溶液中离子价态的浓度，不同水源水可能具有不同的离子强度。在传统饮用水水源受污染日益严重的背景之下，非传统水源水（如海水）的离子强度往往具有较大的范围波动，因此，考察离子强度对腐殖酸膜污染的影响具有一定的工程意义。

改变进水溶液的离子强度，不仅能够改变膜表面的性质，如表面电荷浓度，而且会改变腐殖酸本身的特性，进而影响膜污染。由图8-65可以看到，当离子强度较低（1mmol/L）时，膜污染较严重；而当离子强度为10mmol/L和100mmol/L时，膜污染速率均有所减缓。前人研究表明，增大离子强度会大大压缩固体的双电层结构，进而影响膜与污染物之间的静电斥力，从而加重膜污染，但前者的研究多集中于非多孔膜（如反渗透膜和小孔径纳滤膜）的研究，本研究中的超滤膜为多孔膜，在过滤过程中膜与污染物之间的反应不仅表现在膜表面与

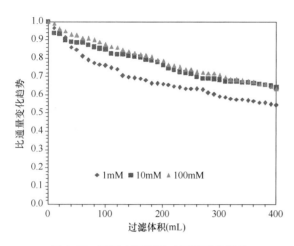

图 8-65 不同离子强度对超滤膜比通量
变化趋势的影响

（压力：40kPa；腐殖酸浓度：5mg/L；pH：7.5；温度：20℃）

污染物之间的反应，同时也会出现污染物在膜孔内的堵塞与黏附。因此，在本实验中，离子强度增大时，膜污染减轻。

（4）钙离子浓度的影响

钙离子作为一种具有架桥作用的二价离子，普遍存在于各种水源之中。不同钙离子浓度对超滤膜比通量变化趋势的影响如图 8-66 所示。

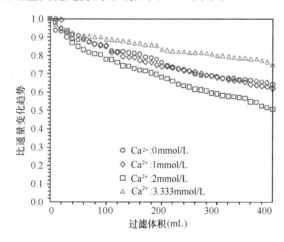

图 8-66 不同钙离子浓度对超滤膜
比通量变化趋势的影响

（压力：40kPa；离子强度：10mmol/L；腐殖酸浓度：
5mg/L；pH：7.5；温度：20℃）

可以看出，在相同离子强度背景之下，钙离子浓度为 1mmol/L 时，比通量变化趋势与无钙离子浓度时极为相似，这表明增加 1mmol/L 的钙离子不足以引起膜污染的变化。然而，当加大钙离子浓度至 2mmol/L 时，膜污染速率明显加大，过滤 400mL 腐殖酸溶液时，膜的终端通量下降至约

51%；有趣的是，当继续增加钙离子浓度至 3.333mmol/L 时，反而有效地减轻了膜污染，这与前人的研究相悖。分析认为，钙离子既可以与膜表面的官能团发生螯合作用，又能与腐殖酸分子中的部分官能团产生架桥作用，当投加钙离子浓度较低时（如 1mmol/L），钙离子的螯合架桥作用并未影响膜污染的速率；而当继续增加钙离子时，钙离子可能先与膜发生螯合作用，从而改变膜表面的性质，进而加重膜污染；随后，钙离子在腐殖酸分子之间产生架桥作用，进而产生腐殖酸的聚集体，从而产生膜污染的缓解效果。因此，这一角度而言，钙离子的适当投加有可能是减缓膜污染的措施之一。

（5）膜对腐殖酸的截留效率分析

为了进一步分析水力条件和溶液化学环境对膜污染速率的影响，分别对膜的进水、出水中的腐殖酸浓度进行了测试。由表 8-9 可以看出，初期膜污染的严重程度与膜对腐殖酸的截留没有明显的相关关系，这也进一步证明了水力条件和溶液化学环境在影响膜对腐殖酸的截留率的同时，也影响了超滤膜与腐殖酸本身的物理或化学特性，进而影响着超滤膜的初期污染速率。

不同运行条件下比通量下降比例及
膜对腐殖酸的截留率　　　　表 8-9

影响因素	运行条件	腐殖酸截留率	比通量下降比例
压力	60kPa	34%	44%
	40kPa	36%	36%
	20kPa	38%	46%
浓度	1mg/L	40%	17%
	5mg/L	36%	36%
	10mg/L	59%	63%
pH	4	83%	61%
	7.5	36%	36%
	10	23%	34%
离子强度	1mmol/L	48%	46%
	10mmol/L	36%	36%
	100mmol/L	17%	37%
钙离子浓度	0mmol/L	36%	36%
	1mmol/L	82%	38%
	2mmol/L	57%	49%
	3.33mmol/L	85%	25%

通常认为，超滤膜对污染物的截留率越大，其所造成的膜污染越严重。但本研究中，在不同条件下超滤膜污染速率与膜对腐殖酸的去除率没有直接

相关关系，这表明在实际工程中超滤膜有可能实现对污染物的高去除率同时获得较轻的膜通量下降，其内在机制仍待进一步研究。

3. 海藻酸钠对膜的污染

（1）进水浓度的影响

分别选择 1mg/L，5mg/L 和 10mg/L 作为海藻酸钠进水浓度研究海藻酸钠的进水浓度对超滤膜初期膜污染的影响，结果如图 8-67 所示。在实际生产中，1mg/L，5mg/L 和 10mg/L 可以用来模拟饮用水、污水和海水中海藻酸钠的浓度。由图 8-67可以看出，过滤 400mL 的 1mg/L、5mg/L 和 10mg/L 海藻酸钠溶液时，超滤膜末端比通量分别下降至超滤膜初始通量的 50.3%、15.3% 和 8.3%，即随着海藻酸钠浓度的增大，膜初期比通量下降的速率增大。

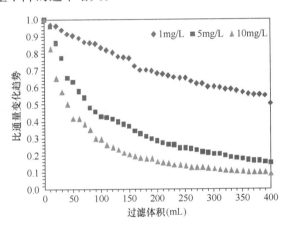

图 8-67　不同海藻酸钠浓度对超滤膜
比通量变化趋势的影响

（压力：40kPa；离子强度：10mmol/L；pH：7.5；温度：20℃）

（2）操作压力的影响

考察了操作压力对海藻酸钠引起的超滤膜比通量变化趋势的影响，结果如图 8-68 所示，由图可知，对于海藻酸钠而言，相同浓度的条件下，20kPa 和 40kPa 时其通量下降比例相似，均约为 85%；而超过 40kPa，即压力为 60kPa 时，其通量下降比例约为 90%。可见，对于海藻酸钠而言，即使在较低的操作压力之下（20kPa）也能造成较严重的膜污染，且在 40kPa 以下其比通量下降比例几乎不变；操作压力的继续增大则会加重海藻酸钠溶液对超滤膜的污染。

（3）钙离子浓度的影响

考察了钙离子浓度对海藻酸钠引起的超滤膜污染的影响，结果如图 8-69 所示。钙离子与海藻酸

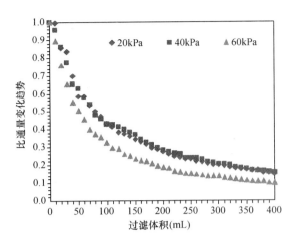

图 8-68　不同操作压力对海藻酸钠引起的
超滤膜比通量变化趋势的影响

（海藻酸钠浓度：5mg/L；离子强度：
10mmol/L；pH：7.5；温度：20℃）

钠分子有较强的交联性能，钙离子与海藻酸钠分子的交联不仅会影响海藻酸钠分子本身的性质，同时也会影响海藻酸钠引起的膜污染现象。由图 8-69 可知，在本实验条件下，钙离子的投加总是能够缓解膜污染。当钙离子浓度为 1mmol/L 时，超滤膜末端比通量与钙离子浓度为 0mmol/L 时相近，分别为 16% 和 15%；而当钙离子浓度增至 2mmol/L 和 3.33mmol/L 时，超滤膜末端通量分别占超滤膜初始通量的 22% 和 30%，分别提高了约 7% 和 15%。这与 SangyoupLee 的研究相悖，其发现二价离子的投加会大大加重反渗透膜的膜污染。

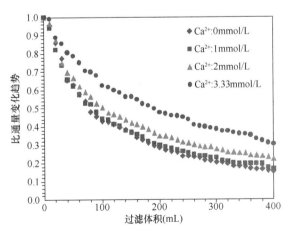

图 8-69　不同钙离子浓度对海藻酸钠
引起的超滤膜比通量变化趋势的影响

（海藻酸钠浓度：5mg/L；离子强度：
10mmol/L；pH：7.5；温度：20℃）

（4）离子强度的影响

考察了离子强度对海藻酸钠引起的超滤膜污染

的影响，结果如图 8-70 所示。由图 8-70 可知，虽然在所考察的离子强度范围内（1～100mmol/L），超滤膜比通量的下降比例相差不大，分别为 80%、85% 和 88%；但随着离子强度的增大，海藻酸钠膜污染有加重的趋势。离子强度的增大压缩了海藻酸钠和超滤膜表面的双电层，从而减轻了污染物与超滤膜之间的静电斥力，并促进了海藻酸钠分子在膜表面的沉积。海藻酸钠沉积在膜表面后形成的污染层透水性较差，这可能是加重膜污染的主要原因。此外，海藻酸钠表面双电层的被压缩可能也会导致更多的海藻酸钠分子进入超滤膜孔内，进而造成更严重的超滤膜孔内污染，引起更严重的超滤膜通量的下降。而在高离子强度下，海藻酸钠分子之间及海藻酸钠与超滤膜之间的静电斥力增大，减小了海藻酸钠分子的沉积，从而减轻了膜污染速率。

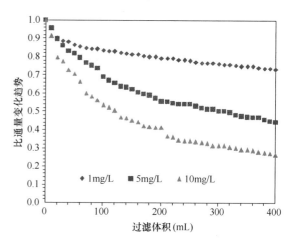

图 8-71　不同蛋白质浓度对超滤膜比通量变化趋势的影响

（蛋白质浓度：5mg/L；离子强度：10mmol/L；pH：7.5；温度：20℃）

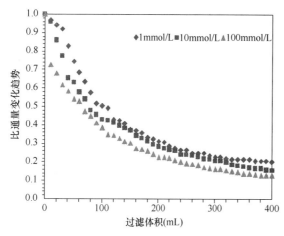

图 8-70　不同离子强度对海藻酸钠引起的超滤膜比通量变化趋势的影响

（海藻酸钠浓度：5mg/L；pH：7.5；温度：20℃）

4. 蛋白质对膜的污染

（1）进水浓度的影响

考察了 1mg/L、5mg/L 和 10mg/L 蛋白质浓度时超滤膜过滤 400mL 蛋白质溶液的比通量下降趋势，结果如图 8-71 所示，由图可知，随着浓度的升高，膜污染加重。在 1～10mg/L 时，蛋白质引起的超滤膜污染分别使得超滤膜通量下降了 27%、56% 和 74%。高浓度的蛋白质会增大蛋白质在膜表面沉积概率，并加重浓差极化现象，从而引起更严重的膜污染，造成更大的膜通量下降。

（2）操作压力的影响

考察了不同操作压力（20kPa、40kPa 和 60kPa）对蛋白质溶液引起超滤膜污染的影响，结

果如图 8-72 所示，由图可知，就通量比下降比例而言，20kPa、40kPa 和 60kPa 时超滤膜通量比分别下降了 44%、56% 和 52%。显然，随着操作压力的升高，超滤膜初始污染的速率有所增大；较高压力会产生较高的初始通量，因此会加快蛋白质分子在膜表面的沉积。此外，较高的初始通量也会加重蛋白质分子在超滤膜表面的浓差极化现象，进而造成更大的膜污染。

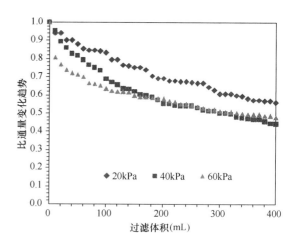

图 8-72　不同操作压力对蛋白质引起的超滤膜比通量变化趋势的影响

（蛋白质浓度：5mg/L；离子强度：10mmol/L；pH：7.5；温度：20℃）

（3）钙离子浓度的影响

考察了钙离子浓度对蛋白质超滤膜污染的影响，结果如图 8-73 所示。由图 8-73 可知，在保持 pH 和离子强度不变的前提下，投加 1mmol/L 钙

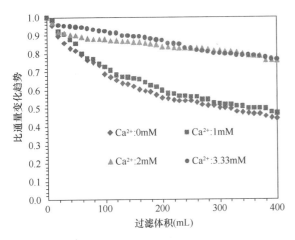

图 8-73 不同钙离子浓度对蛋白质引起的
超滤膜比通量变化趋势的影响

（蛋白质浓度：5mg/L；离子强度：

10mmol/L；pH：7.5；温度：20℃）

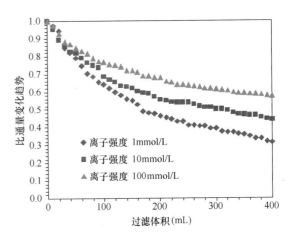

图 8-74 不同离子强度对蛋白质引起的
超滤膜比通量变化趋势的影响

（蛋白质浓度：5mg/L；离子强度：

10mmol/L；pH：7.5；温度：20℃）

5. pH 对膜污染的影响

pH 是影响超滤膜和有机物性质的重要因素之一。先前的研究多集中于 pH 的改变对超滤膜通量变化或跨膜压差变化的影响，至今未见 pH 对超滤膜与有机物之间界面作用力的影响及其对有机物超滤膜污染的贡献。本节基于 XDLVO 理论分析了 pH 对超滤膜和有机物本身特性（Zeta 电位、表面自由能）及有机物与超滤膜间界面自由能和界面作用力的影响，深入探讨了 pH 对三种有机物引起的超滤膜污染的相关影响机制。

（1）pH 对超滤膜性质的影响

pH 对超滤膜表面 Zeta 电位的影响。测试了不同 pH 下超滤膜表面的 Zeta 电位，图 8-75 给出了超滤膜表面 Zeta 电位随 pH 变化的情况。可见在测试的 pH 范围内，超滤膜表面始终带负电荷，且随着 pH 的增大，Zeta 电位的绝对值增大。

离子时对超滤膜蛋白质污染的影响较小，与无钙离子时的比通量下降比例相当，分别约为 56%（无钙离子）和 53%（1mmol/L 钙离子）。当投加钙离子至 2mmol/L 和 3.33mmol/L 时，超滤膜过滤 400mL 蛋白质溶液时的末端通量分别为初始通量的 75% 和 76%。显然，在本实验条件下，钙离子的投加对蛋白质引起的超滤膜污染有明显的减缓作用，但钙离子的浓度对延缓膜污染的程度有显著的影响。Wang 在考察蛋白质对纳滤膜的膜污染时，发现钙离子的投加会通过与羧基形成配合物而中和蛋白质分子表面的负电荷，从而加重膜污染。但对于纳滤膜而言，蛋白质只可能引起膜外部污染；而蛋白质引起的超滤膜污染则可能是外部污染、内部污染或两者的结合，因此蛋白质和超滤膜在不同钙离子环境中所产生的性质变化可能是钙离子能够减缓超滤膜蛋白质污染的原因所在。

（4）离子强度的影响

考察了蛋白质溶液在不同离子强度条件下引起的超滤膜污染趋势，结果如图 8-74 所示。由图 8-74 可知，在 1~100mmol/L 离子强度下，超滤膜蛋白质污染的比通量下降比例分别为 68%、56% 和 42%。显然，随着离子强度的增大，超滤膜污染逐渐减轻。Veera 的研究发现了高离子强度会引起蛋白质溶液对微滤膜产生更严重的膜污染。但 Lim 的研究表明，当离子强度增大时，蛋白质分子的双电层被压缩，分子间作用力亦会降低，从而增大了蛋白质分子层的孔隙率，所以会减轻膜污染。

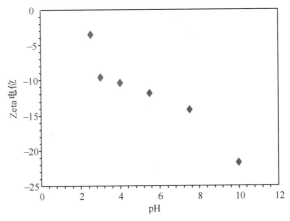

图 8-75 pH 对超滤膜表面 Zeta 电位的影响

（温度：20℃；离子强度：10mmol/L）

（2）pH 对超滤膜表面自由能的影响

测试了不同 pH 下 PES100 超滤膜在几种液体下的接触角（表 8-10）。可以看出，pH 的升高使得超滤膜接触角降低，也就是说，酸性条件下（pH 为 4）增大了超滤膜表面的疏水性能（接触角由 67.5°±4.2°变为 70.0°±2.6°），而碱性条件（pH 为 10）则增大了超滤膜表面的亲水性能（接触角由 67.5°±4.2°变为 58.0°±3.4°）。而超滤膜表面另外一种非极性液体（二碘甲烷）和极性液体（丙三醇）的接触角则分别为 31.3°±2.7°和 48.0°±3.2°。

超滤膜的接触角　　　　表 8-10

测试液体	PES100 超滤膜接触角（°）
水（pH=7.5）	67.5±4.2
水（pH=4）	70.0±2.6
水（pH=10）	58.0±3.4
二碘甲烷	31.3±2.7
丙三醇	48.0±3.2

（3）pH 对有机物性质的影响

pH 对有机物 Zeta 电位的影响。测试了腐殖酸、海藻酸钠、蛋白质三种有机物在不同 pH 下 Zeta 电位，结果见表 8-11。腐殖酸在 pH 为 4.0、7.5 和 10.0 时的 Zeta 电位分别为 −30.13mV、−38.13mV 和 −38.60mV；海藻酸钠溶液在 pH 为 4.0、7.5 和 10.0 时的 Zeta 电位分别为 −8.56mV、−10.25mV 和 −14.40mV；蛋白质溶液在 pH 为 4.0、7.5 和 10.0 时的 Zeta 电位分别为 +1.58mV、−11.61mV 和 −13.90mV。显然，腐殖酸和海藻酸钠溶液的等电点均小于 4；而蛋白质溶液的等电点在 4~7 范围之内，据文献报道，其等电点在 4.7 左右。

三种有机物在不同 pH 下的 Zeta 电位（mV）　表 8-11

pH	腐殖酸	海藻酸钠	蛋白质
pH=4.0	−30.13	−8.56	+1.58
pH=7.5	−38.13	−10.25	−11.61
pH=10.0	−38.60	−14.40	−13.90

（4）pH 对有机物接触角的影响

测试了腐殖酸、海藻酸钠和蛋白质三种有机物在不同 pH 下的接触角，结果见表 8-12，pH 的变化总会改变三种有机物的接触角。pH 的增大使得有机物表面的质子化程度降低，进而增大了有机物的亲水性，从而降低了有机物对水的接触角。但 pH 的增大，即水溶液中氢离子的减少均使得三种有机物其他液体（二碘甲烷、丙三醇、二甲基甲酰胺）的接触角略有增大。

三种有机物在不同 pH 下的接触角（°）　表 8-12

有机物	pH	水	二碘甲烷	丙三醇	二甲基甲酰胺
腐殖酸	pH=4.0	47.1±2.8	44.2±0.9	—	42.8±0.8
	pH=7.5	38.5±1.9	43.1±3.5	—	45.3±4.6
	pH=10.0	35.6±1.0	48.3±1.1	—	46.3±1.5
海藻酸钠	pH=4.0	57.4±3.1	45.3±4.8	10.3±6.7	—
	pH=7.5	55.3±1.4	50.7±2.9	15.4±6.5	—
	pH=10.0	51.6±2.5	55.2±3.9	12.6±7.8	—
蛋白质	pH=4.0	13.5±2.3	40.6±2.7	10.2±3.8	—
	pH=7.5	12.6±1.7	42.0±3.1	11.8±4.3	—
	pH=10.0	8.7±2.8	44.8±1.4	13.7±3.9	—

6. 离子强度对膜污染的影响

（1）离子强度对超滤膜性质的影响

离子强度对超滤膜表面 Zeta 电位的影响结果见表 8-13。由表 8-13 可知，离子强度在 1mmol/L 和 10mmol/L 时对超滤膜的 Zeta 电位影响较小。超滤膜在 1mmol/L 和 10mmol/L 离子强度时的 Zeta 电位分别为 −16.88mV 和 −14.21mV。但当离子强度增长至 100mmol/L 时，超滤膜表面 Zeta 电位有明显的减弱，仅为 −4.82mV。

不同离子强度下超滤膜表面的 Zeta 电位（mV）　表 8-13

离子强度	超滤膜
$I=1$mmol/L	−16.88
$I=10$mmol/L	−14.21
$I=100$mmol/L	−4.82

离子强度对超滤膜表面水的接触角影响不大，离子强度为 1mmol/L 和 100mmol/L 时水的接触角分别为 69.1°和 67.5°。经计算，不同离子强度下超滤膜的表面自由能见表 8-14。可以发现离子强度较弱地增大了超滤膜表面的总表面自由能；虽然降低了超滤膜的表面电位，但其却增大了超滤膜表面的路易斯碱部分自由能，即增大了超滤膜表面的

电子供体能力。

不同离子强度下超滤膜表面的自由能（mJ/m²） **表 8-14**

离子强度	范德华自由能	路易斯酸碱自由能	路易斯酸部分自由能	路易斯碱部分自由能	总表面自由能
$I_S=1$mmol/L	44.22	5.78	1.39	6.02	50.00
$I_S=10$mmol/L	44.22	5.95	1.28	6.90	50.17
$I_S=100$mmol/L	44.22	6.02	1.24	7.32	50.24

（2）离子强度对有机物性质的影响

离子强度对三种有机物 Zeta 电位的影响结果见表 8-15。可以看出，离子强度的增大总会降低有机物表面的 Zeta 电位，即降低有机物表面的电负性。离子强度的存在会压缩有机物表面的双电层厚度，对三种有机物而言，离子强度由 1mmol/L 升至 10mmol/L 较弱地影响三种有机物的 Zeta 电位，而从 10mmol/L 增至 100mmol/L 时，对 Zeta 电位的改变幅度则较大，如海藻酸钠在离子强度为 1mmol/L 和 10mmol/L 时的 Zeta 电位分别为 -11.62mV 和 -10.25mV，而离子强度 100mmol/L 时海藻酸钠的 Zeta 电位则仅为 -5.13mV。

不同离子强度对三种有机物的 Zeta 电位（mV） **表 8-15**

离子强度	腐殖酸	海藻酸钠	蛋白质
$I_S=1$mmol/L	-39.57	-11.62	-13.20
$I_S=10$mmol/L	-38.13	-10.25	-11.61
$I_S=100$mmol/L	-31.97	-5.13	-6.82

离子强度对三种有机物接触角的影响结果见表 8-16。由表 8-16 可知，离子强度的增大总是会降低有机物对水的接触角，但离子强度的变化对三种有机物的二碘甲烷、丙三醇或二甲基甲酰胺的接触角影响较小。离子强度的变化主要是由于其会影响有机物表面的电子层结构从而影响三种有机物表面的润湿性能。

不同离子强度下三种有机物的接触角（°） **表 8-16**

有机物	离子强度	水	二碘甲烷	丙三醇	二甲基甲酰胺
腐殖酸	1mmol/L	42.1±0.8	44.3±1.2	—	42.2±5.7
	10mmol/L	38.5±1.9	43.1±3.5	—	43.3±5.6
	100mmol/L	33.6±0.9	45.2±1.5	—	42.5±6.2

有机物	离子强度	水	二碘甲烷	丙三醇	二甲基甲酰胺
海藻酸钠	1mmol/L	55.2±2.8	48.5±0.9	15.6±5.8	—
	10mmol/L	55.3±1.4	50.7±2.9	15.4±6.5	—
	100mmol/L	51.3±1.7	50.4±0.8	12.7±4.4	—
蛋白质	1mmol/L	11.5±1.2	41.8±1.7	10.7±6.1	—
	10mmol/L	12.6±1.7	42.0±3.1	11.8±2.3	—
	100mmol/L	8.2±0.9	42.3±1.3	10.3±4.6	—

7. 钙离子对膜污染的影响

关于钙离子对超滤膜与有机物之间界面作用力的影响及其对有机物超滤膜污染的贡献，尚未见报道。本节基于 XDLVO 理论和界面作用力理论分析了钙离子浓度对超滤膜和有机物本身特性（Zeta 电位、表面自由能）及有机物与超滤膜间界面自由能和界面作用力的影响，深入探讨了钙离子浓度对三种有机物引起的超滤膜污染的相关影响机制。

（1）钙离子对超滤膜性质的影响

钙离子浓度对超滤膜表面 Zeta 电位的影响结果见表 8-17。可见，钙离子的存在总是会减小超滤膜表面的 Zeta 电位。同时，在离子强度保持不变的条件下，超滤膜表面水的接触角几乎没有变化。

不同钙离子下超滤膜表面的 Zeta 电位（mV） **表 8-17**

钙离子浓度	超滤膜
$I=10$mmol/L，Ca^{2+}：0mmol/L	-14.21
$I=10$mmol/L，Ca^{2+}：1mmol/L	-12.89
$I=10$mmol/L，Ca^{2+}：2mmol/L	-9.49
$I=10$mmol/L，Ca^{2+}：3.33mmol/L	-6.18

（2）钙离子对有机物性质的影响

钙离子浓度对三种有机物表面 Zeta 电位的影响结果见表 8-18。由表 8-18 可知，虽然投加钙离子时溶液的总离子强度保持不变，但投加钙离子总是能改变三种有机物表面的 Zeta 电位，这可能是由于钙离子与有机物表面电子供体官能团结合而致。仔细观察可以发现，投加钙离子浓度为 1mmol/L 时，三种有机物表面的 Zeta 电位略有升高，但增幅不大；而当钙离子浓度为 2mmol/L 和 3.33mmol/L 时，腐殖酸和海藻酸钠表面 Zeta 电位大幅下降，如腐殖酸 Zeta 电位由 -40.87mV

（钙离子浓度为 1mmol/L）降至－18.23mV（钙离子浓度为 2mmol/L）和－7.98mV（钙离子浓度为 3.33mmol/L）。而蛋白质分子在整个钙离子浓度范围内的 Zeta 电位值变化不大，在－8.64mV 与－12.07mV 之间。

结合 8.3.2 节中钙离子浓度对有机物膜污染的影响结果可知，虽然钙离子浓度减小了有机物和膜本身的 Zeta 电位，降低了两者之间的静电斥力，但并不是总是加重膜污染。

不同钙离子浓度下三种有机物的 Zeta 电位（mV）　表 8-18

钙离子浓度	腐殖酸	海藻酸钠	蛋白质
$Ca^{2+}=0mmol/L$	－38.13	－10.25	－11.61
$Ca^{2+}=1mmol/L$	－40.87	－12.09	－12.07
$Ca^{2+}=2mmol/L$	－18.23	－5.33	－11.40
$Ca^{2+}=3.33mmol/L$	－7.98	－7.32	－8.64

钙离子浓度对三种有机物接触角的影响结果见表 8-19。由表 8-19 中数据可知，当钙离子浓度为 1mmol/L 和 2mmol/L 时，三种有机物对水的接触角变化不大，且没有明显的变化规律；而当钙离子增至 3.33mmol/L 时，三种有机物对水的接触角有明显的减小趋势，如腐殖酸由无钙离子时的 39.5° 降至 3.33mmol/L 钙离子时的 33.2°。对于其他非水液体的接触角，钙离子的存在对其影响不大。因此，单纯从有机物本身在钙离子浓度影响下的接触角无法推测膜污染的快慢与轻重。

不同钙离子浓度下三种有机物的接触角（°）　表 8-19

有机物	钙离子浓度	水	二碘甲烷	丙三醇	二甲基甲酰胺
腐殖酸	$Ca^{2+}=0mmol/L$	38.5±1.9	43.1±3.5	—	45.3±4.6
	$Ca^{2+}=1mmol/L$	38.5±0.5	42.7±1.2	—	43.2±5.2
	$Ca^{2+}=2mmol/L$	41.3±1.3	43.9±2.0	—	42.8±6.1
	$Ca^{2+}=3.33mmol/L$	33.2±0.7	41.9±2.3	—	41.7±5.2
海藻酸钠	$Ca^{2+}=0mmol/L$	55.3±1.4	50.7±2.9	15.4±6.5	—
	$Ca^{2+}=1mmol/L$	55.8±0.9	49.4±0.7	13.3±4.9	—
	$Ca^{2+}=2mmol/L$	52.9±1.1	41.6±1.3	12.8±5.2	—
	$Ca^{2+}=3.33mmol/L$	47.7±1.3	45.9±2.6	12.2±6.1	—
蛋白质	$Ca^{2+}=0mmol/L$	12.6±1.7	42.0±3.1	11.8±2.3	—
	$Ca^{2+}=1mmol/L$	9.9±2.1	42.6±2.8	11.2±3.9	—
	$Ca^{2+}=2mmol/L$	9.3±3.5	44.2±1.2	12.3±4.7	—
	$Ca^{2+}=3.33mmol/L$	8.8±2.8	43.6±2.3	10.5±4.5	—

8.3.3　无机物颗粒和微生物颗粒对膜的污染

1. 高岭土对膜污染的影响

（1）进水高岭土浓度的影响

进水高岭土浓度对超滤膜污染的影响如图 8-76 所示，除进水高岭土浓度外，其他实验环境均相同。由图 8-76 可知，高浓度的高岭土溶液会造成较强的比通量下降。当高岭土浓度增大时，颗粒物向膜表面的对流迁移速率将会增加，从而增大了颗粒物在膜表面的整体沉积速率，进而增大了膜污染程度。在其他影响因素一定的前提下，控制进水污染物的浓度常常是控制膜污染的一个重要手段和研究内容。

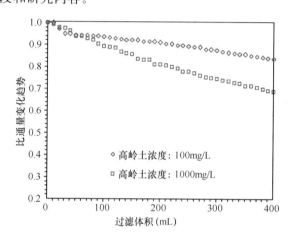

图 8-76　进水高岭土浓度对超滤膜比通量变化趋势的影响（温度：20℃；pH：7.5；压力：40kPa；离子强度：10mmol/L）

在这里提出一个临界污染物浓度的概念，因为实际工程中，在经济、用地等非技术因素限制条件下，往往运行压力（或运行通量）都只能在较小范围内选择。此种背景之下，就要考虑在压力（或通量）一定的条件下，当污染物浓度低于一个临界值时，才会出现零污染（或临界污染）的现象发生，此污染物浓度的临界值可以称其为临界污染物浓度。对临界污染物浓度的研究具有较强的工程意义，不仅要考虑预处理的程度，同时污染物本身与膜之间的界面效应也很重要。

不同高岭土浓度下超滤膜污染的可逆性结果如图 8-77 所示。由图 8-77 可知，在本实验条件下，增大高岭土浓度带来了不可逆污染层对比通量下降的贡献（约为 19.5%），从而加重了膜污染。而 1000mg/L 高岭土条件下浓差极化层和可逆污染层对超滤膜污染的贡献分别为 6.1% 和 5.7%，这与 100mg/L 高岭土条件下浓差极化层和可逆污染层对超滤膜污染的贡献相当，后者的贡献分别为6.9％和9.6％。

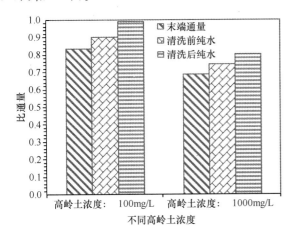

图8-77　进水高岭土浓度对超滤膜污染可逆性的影响
（温度：20℃；pH：7.5；压力：40kPa；离子强度：10mmol/L）

（2）离子强度的影响

离子强度对高岭土引起的超滤膜初期膜污染的影响如图8-78所示。由图8-78可知，在所实验的三种离子强度（1mmol/L、10mmol/L、100mmol/L）之下，随着离子强度的升高，膜污染的速率和程度均逐渐减轻。1mmol/L、10mmol/L和100mmol/L三种离子强度下，在400mL过滤液末端，通量分别下降至纯水通量的72％、80％和93％。

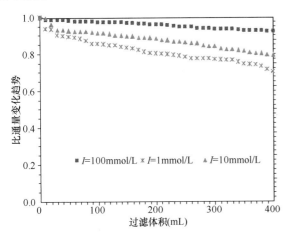

图8-78　离子强度对超滤膜比通量变化趋势的影响
（温度：20℃；pH：7.5；高岭土浓度：100mg/L；压力：40kPa）

离子强度代表了水中电荷的浓度。离子强度的增高会压缩固体表面的双电层，从而降低固体表面的Zeta电位。因此，在低离子强度条件下，颗粒物和膜表面之间应该存在较强的双电层斥力作用；相反，较高离子强度会大大减轻静电斥力。Elem-

elech研究了硅土颗粒在不同离子强度下对两种RO膜的污染情况，研究发现在所研究的最大离子强度下（100mmol/L），两种RO膜均有较强的膜污染发生；而在较低离子强度下（1mmol/L和10mmol/L），其中一种RO膜几乎未发生膜污染。但总体而言，在该实验条件下（过滤时间为50h），随着离子强度的增大，由于双电层的削弱，进而减小了膜与颗粒物之间的静电斥力，膜污染随之趋于更加严重。这与本研究中高岭土对超滤膜初期膜污染的现象相悖。

为了进一步探讨离子强度对初期超滤膜污染的可逆性影响，测试了超滤膜在不同离子强度下膜污染后、弱力清洗后、强力清洗后的纯水通量，结果如图8-79所示。由图8-79可以看出，清洗前膜的纯水通量分别为初始通量的92％、90％和94％，而经过弱力清洗后通量则分别为初始通量的98％、99％和100％。根据阻力分布的公式可以看出，随着离子强度的增大，浓差极化现象所贡献的通量下降更为轻微，分别为16％、7％和1％；而弱力清洗所去除的可逆性污染所能够恢复的通量则分别为初始通量的6％、9％和7％；同时可以看出，不可逆污染所带来的通量下降分别占初始通量的2％、1％和0。可见在不同离子强度背景条件下，其所造成的可逆性污染相差不大，离子强度对膜污染的影响主要体现在浓差极化现象和不可逆污染层上。

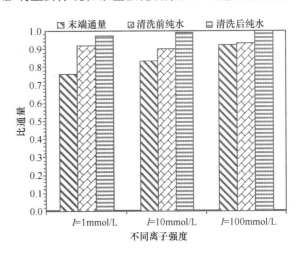

图8-79　离子强度对高岭土—膜污染可逆性的影响
（温度：20℃；pH：7.5；高岭土浓度：100mg/L；压力：40kPa）

（3）钙离子浓度的影响

钙离子具有良好的架桥、链接作用，研究钙离子存在情况下膜污染的程度、可逆性对超滤膜工艺的运行具有较强的工程指导意义。钙离子浓度对高岭土超滤膜初期膜污染影响的实验结果如图8-80所示，实验所考察的钙离子浓度范围为0mmol/L，1mmol/L，2mmol/L和3.333mmol/L。

由图8-80可知，钙离子存在时，膜污染可能减轻，也可能加重。如当钙离子由0mmol/L加至1mmol/L、2mmol/L时，在末端的通量提高量分别占超滤膜初始通量的8%和9%，末端比通量由无钙离子条件下的84%分别提高至92%和93%；而当钙离子增加至3.333mmol/L时，膜的末端通量则仅为超滤膜初始通量的15%。钙离子对颗粒在非渗透性固体表面的沉积具有较大的影响，但Elemelech证明了利用合成膜过滤硅土颗粒时，膜污染的速率主要由通量所产生的拖拽力控制，而双电层所引起的静电斥力起到的作用不大。因此，在其实验条件下，钙离子的存在与否对颗粒物的膜污染影响不大。本实验之所以获得不同的实验结果，可能应该归于所使用的颗粒物的种类和超滤膜本身的性质，这将会在下文中详细讨论。

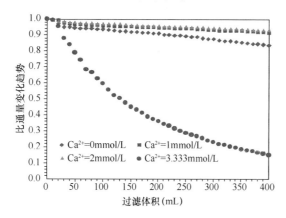

图8-80 钙离子浓度对高岭土超滤
膜比通量变化趋势的影响

（温度：20℃；pH：7.5；高岭土浓度：100mg/L；
压力：40kPa；离子强度：10mmol/L）

此外，考察了不同浓度钙离子存在条件下膜污染的可逆性，结果如图8-81所示。在1mmol/L或2mmol/L钙离子存在的实验条件下，过滤400mL溶液末端的膜通量分别为92%和93%，其纯水通量则分别为膜初始通量的93%和95%，可见此两种条件下浓差极化层对比通量下降的贡献相同，均约为2%，且均小于无钙离子时的5%。而当钙离子为3.333mmol/L时，在清洗之前膜的纯水通量（30.4%）较末端通量（15.2%）高，但在经过反冲洗后，其通量却能够恢复为超滤膜初始通量的97.1%。表明钙离子存在的情况下，膜污染几乎均可逆。

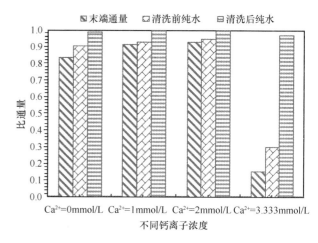

图8-81 钙离子浓度对高岭土膜污染可逆性的影响

（温度：20℃；pH：7.5；高岭土浓度：100mg/L；
压力：40kPa；离子强度：10mmol/L）

2. 微生物（酵母菌）颗粒对膜污染的影响

（1）进水浓度的影响

不同的水源水中，如地表水、城镇污水、咸水等可能含有不同浓度的微生物，在超滤膜系统设计时，微生物的浓度对超滤膜技术的评价具有较重要的意义。图8-82给出了进水微生物浓度对超滤膜初期生物污染的影响，所考察的微生物浓度范围为1~100mg/L。微生物造成膜污染包括迁移、粘附、分泌代谢产物、生长等步骤。显然，微生物浓度越高，其在膜表面沉积粘附的概率越大，微生物因此会造成较重的膜污染，在1mg/L、10mg/L、25mg/L、50mg/L和100mg/L酵母浓度的条件下，膜比通量分别下降至初始膜比通量的87.8%、78.1%、61.4%、41.7%和34.1%。此外，Lee的研究表明，在应用于水处理的微滤膜膜生物反应器中，MLSS浓度与微生物浓度有直接的相关性，且该研究认为MLSS浓度升高3倍，膜污染会增长约9倍。但Ye在研究酵母浓度（300mg/L，800mg/L和1450mg/L）对微滤膜污染的研究之中，发现在膜表面有较薄的微生物滤饼层存在，但膜污染却几乎为零。分析认为，可能是由于在Ye的研究中，其过滤方式为错流过滤，由于酵母细菌为颗粒状，因此错流过滤中错流速率所引起的剪切力将沉积在膜表面的酵母滤饼层去除，而剩下的薄滤饼层则由于孔隙率、滤饼层结构的不同而引起较小的膜阻力。本实验由于是死端过滤方式，且使用较小孔径的超滤膜，因此在膜表面易形成较密的滤饼层，进而随着微生物浓度的升高，造成更严重的

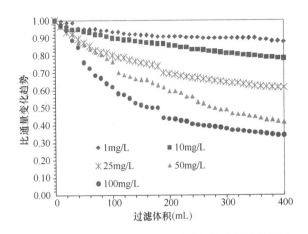

图 8-82 进水微生物浓度对超滤膜初期膜污染的影响
（pH：7.5；温度：20℃；离子强度：10mmol/L；压力：40kPa）

膜通量下降。

对不同浓度微生物污染下的膜污染进行了阻力分析，由图 8-83 可以看出，随着进水微生物浓度的升高，浓差极化层所带来的膜污染有增大的趋势。不难理解，反应器内污染物浓度的增大，进入浓差极化层的污染物自然也会增加，从而增大了浓差极化层的厚度，进而带来更大的浓差极化层污染。当微生物浓度超过 25mg/L 时，超滤膜开始出现不可逆膜污染，且随着浓度的增大，不可逆污染层对比通量下降的贡献增加。

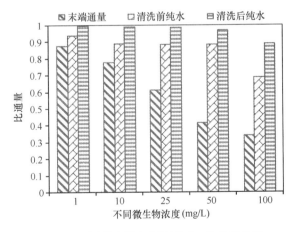

图 8-83 不同进水微生物浓度时，浓差极化层、
可逆污染层和不可逆污染层对超滤膜初期膜污染
引起的比通量下降的贡献
（pH：7.5；温度：20℃；离子强度：10mmol/L；压力：40kPa）

（2）钙离子浓度的影响

钙离子普遍存在于膜的进水中，但钙离子对膜生物污染的研究主要考察了钙离子的存在对微生物代谢产物，尤其是对多糖类物质、蛋白质类物质等污染物浓度、性质的影响。但微生物作为膜生物反应器中的主要存在物，鲜有报道研究钙离子对微生物本身引起膜污染的影响。

在相同离子强度的背景条件下，考察了钙离子浓度的变化对微生物本身引起超滤膜初期污染的影响，实验结果如图 8-84 所示。由图 8-84 可知，随着钙离子浓度的升高，微生物本身所引起的膜比通量分别下降至 61.4%（钙离子 0mmol/L）、52.3%（钙离子 1mmol/L）、33.3%（钙离子 2mmol/L）和 44.3%（钙离子 3.33mmol/L）。Kim 研究表明较高浓度的钙离子有益于膜污染的缓解，因其能够降低丝状菌的浓度、增强絮凝作用并增加膜生物反应器中胞外聚合物的疏水性。Zhang 认为钙离子在膜生物反应器中的投加增大了反应器中的颗粒粒径、降低了污泥悬浮液中的 EPS 和 SMP、增大了滤饼层的可过滤性，进而降低了膜污染。本实验中，当进水中只有酵母菌时，钙离子的增大却加速了膜污染，分析认为：可能是钙离子改变了微生物滤饼层的结构，如孔隙率、滤饼层厚度等；也可能是钙离子改变了微生物本身的结构。总之，在本实验所采用的实验条件中，钙离子对于微生物本身污染的影响是负面的。

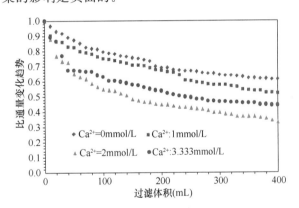

图 8-84 进水中钙离子浓度对超滤膜初期膜污染的影响
（pH：7.5；温度：20℃；离子强度：10mmol/L；压力：40kPa）

钙离子对超滤膜微生物污染可逆性的影响结果如图 8-85 所示。可以看出，钙离子的投加总是会增加膜的不可逆污染层对比通量下降的贡献，可能是因为钙离子会在膜表面和微生物颗粒间起到架桥作用，使得微生物污染层在此实验条件下难以去除。

（3）离子强度的影响

考察了不同离子强度条件下，微生物对超滤膜比通量变化趋势的影响，所考察的离子强度为 1mmol/L、10mmol/L 和 100mmol/L。离子强度

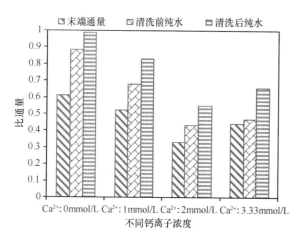

图 8-85　不同钙离子浓度存在时，浓差极化层、
可逆污染层和不可逆污染层对超滤膜初期膜污染
引起的比通量下降的贡献

（pH：7.5；温度：20℃；离子强度：10mmol/L；压力：40kPa）

对微生物超滤膜污染的影响实验结果如图 8-86 所示。由图 8-86 可以看出，随着离子强度的升高，膜污染趋势减小，在所考察的离子强度范围内，超滤膜比通量分别下降至初始膜通量的 50.2%、61.4% 和 66.9%。离子强度的增大会压缩细菌和膜表面的双电层，进而减小细菌与膜接触面的双电层斥力；但同时也会减小细菌之间的斥力。Zita 通过研究离子强度对污水活性污泥系统中絮体稳定性的影响，发现增加离子强度能够增加细菌彼此之间的粘附。虽然，Ghayeni 在研究污水中细菌与反渗透膜之间粘附作用时，指出离子强度的增加确实比较容易增大细菌在反渗透膜表面的吸附，但却未报道此形成的吸附层对膜通量下降的贡献。分析认为，本实验中，离子强度的增加，首先减小了细菌彼此之间的斥力，从而可能导致细菌形成絮凝体或减小了滤饼层形成之后滤饼层的阻力。

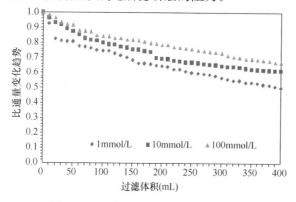

图 8-86　进水离子强度对微生物引起的
超滤膜初期膜污染的影响

（pH：7.5；温度：20℃；压力：40kPa）

由图 8-87 可以看出，随着离子强度的增大，浓差极化层对比通量下降的贡献度逐渐下降，但膜的可逆污染层对比通量下降的贡献度反而逐渐增大，且在离子强度低于 10mmol/L 时，几乎不产生不可逆污染层，而 100mmol/L 离子强度却产生了明显的不可逆污染层。

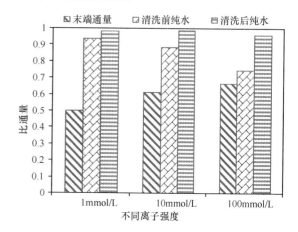

图 8-87　不同离子强度条件时，浓差极化层、
可逆污染层和不可逆污染层对超滤膜初期膜
污染引起的比通量下降的贡献

（温度：20℃；pH：7.5；压力：40kPa）

3. 滤饼层结构与膜污染

（1）滤饼层本身结构与膜污染的关系

对于高岭土和微生物颗粒而言，其所形成的膜污染均为外部膜污染，颗粒物会在膜表面能形成较厚的滤饼层，而滤饼层的性质取决于颗粒物彼此之间在不同条件下的界面作用。对高岭土和微生物颗粒的平均粒径、粒径分布宽度以及粒径分布的均匀性分析，这些均会直接影响颗粒物在膜表面形成的滤饼层的特性，如滤饼层的孔隙率、压实度、透水性等，从而影响膜污染状况。界面作用力虽然能够直接从宏观上影响颗粒物在膜表面的沉积、黏附，但界面作用力可能无法控制滤饼层的结构。

对于无机高岭土颗粒而言，其由硅氧四面体和铝氧八面体组成。高岭土颗粒在水体中的可能存在方式有以下 5 种，

1）分散于水体中；

2）面对面聚集；

3）边对面聚集；

4）边对边聚集；

5）b、c、d 三种聚集方式共存。

事实上，高岭土颗粒在水体中的聚集方式与聚

集能力可能受 pH、离子强度、二价离子等溶液化学环境以及表面结构的影响。高岭土的聚集方式也会直接或间接影响高岭土颗粒形成滤饼层时的孔隙率，进而影响滤饼层本身的渗透性质。

为了进一步了解高岭土膜污染的相关机制，对超滤膜高岭土污染后做了扫描电子显微镜的观察，并对膜表面污染层的 2D-FD（二维分形维数）进行了分析，结果如图 8-88 所示。由 SEM 图片可以看出，不同溶液化学条件下，膜表面形成的高岭土滤饼层形态不一，无论是高岭土的粘附量还是高岭土在膜表面的覆盖面积都存在明显差异。

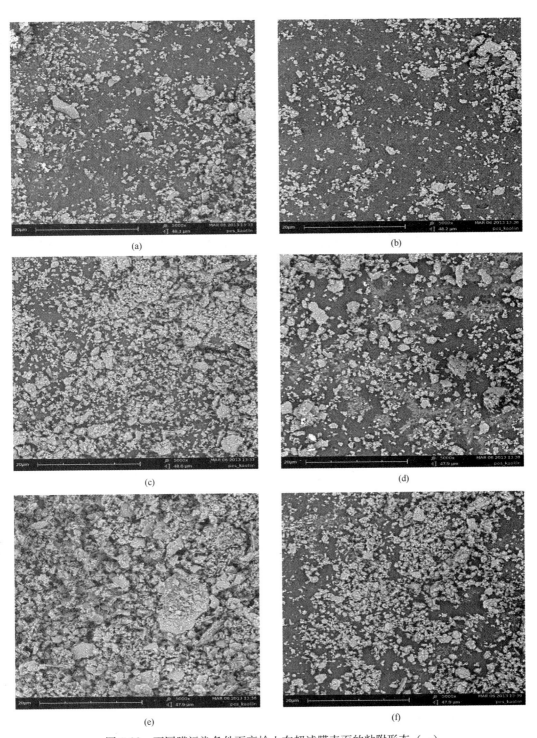

(a)　　　　　　　　　　　　　　(b)

(c)　　　　　　　　　　　　　　(d)

(e)　　　　　　　　　　　　　　(f)

图 8-88　不同膜污染条件下高岭土在超滤膜表面的粘附形态（一）

(a) $I_S=100\text{mmol/L}$；(b) pH=4；(c) $Ca^{2+}=1\text{mmol/L}$；(d) $Ca^{2+}=2\text{mmol/L}$；(e) $I_S=10\text{mmol/L}$；(f) pH=10

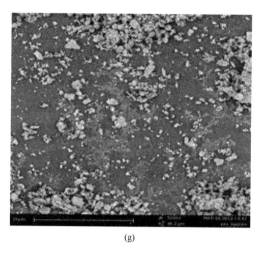
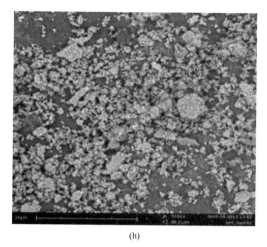

(g)　　　　　　　　　　　　　　　(h)

图8-88　不同膜污染条件下高岭土在超滤膜表面的粘附形态（二）

(g) I_S＝1mmol/L；(h) Ca^{2+}＝3.33mmol/L

事实上，有研究指出，低分形维数表明滤饼层的透水性能好，具有较大的孔隙率，而反之，分形维数的增大则会带来较严重的膜污染。Meng的研究表明膜污染的程度随分形维数的增大呈指数增长。高岭土在不同条件下形成的滤饼层具有不同的分形维数，如图8-89所示，超滤膜高岭土污染之后表面的2D-FD与超滤膜在该条件下的比通量下降比例有较好的相关性。

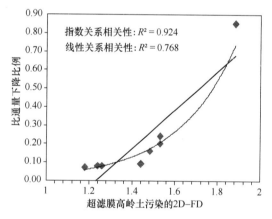

指数关系相关性：$R^2=0.924$
线性关系相关性：$R^2=0.768$

图8-89　不同膜污染条件下高岭土在超滤膜表面的2D-FD与其比通量下降比例的相关性

（2）颗粒物表面不均匀性与膜污染的关系

经过以上分析，可见XDLVO理论所获得的界面自由能和界面作用力无法正确预测膜污染，还有一种解释是对于微米级的颗粒物而言，其表面可能存在纳米级的电荷不均匀性，此种不均匀性可能会引起XDLVO理论无法预测的反应。

虽然由通量所产生的拖拽力很小，但颗粒物在渗透力的作用力下可以与超滤膜表面发生物理接触，此物理接触能够使颗粒物与超滤膜之间的不均匀吸附点产生反应，进而使得颗粒物附着在超滤膜表面。

高岭土表面性质的不均匀性。高岭土包含硅氧四面体和铝氧八面体，高岭土的等电点与其成分中三氧化二铝的成分有关，通常情况下，铝氧层的成分越高，其等电点越高。高岭土在不同溶液化学环境中的表面电荷存在较大的差异性，此差异性不仅表现在其表面的总电荷，同时有研究表明，对于具有硅氧四面体和铝氧八面体组成的不同表面的高岭土而言，在不同溶液化学环境下，其不同方向表面可能带有不同的电荷浓度或异性电荷。因此，Zeta电位的测试是对颗粒表面整体电荷浓度的一种合理估计，但其不能完全表现高岭土的硅氧四面体表面和铝氧八面体表面的带电特性。

有研究表明表面电荷的不均匀性可能在宏观上不利于沉积的条件下使得沉积发生。高岭土表面的电荷不均匀性既可能在分子水平上，也可能在宏观性质的水平上变化。颗粒物表面的电荷不均匀性不仅会影响颗粒物与超滤膜表面之间的粘附效应，同时也会影响颗粒物形成滤饼层之后滤饼层的特性，从而影响膜污染。

高岭土表面的不均匀性还在于其硅氧层表现出疏水性能，而铝氧层则表现出亲水性能。铝氧层表面有羟基存在，因此可以提供足够的氢键点形成较强的氢键。硅氧四面体的表面能够与水分子形成多个氢键，而这些官能团可以是电子供体或电子受体；铝氧八面体表面只能与水分子形成较弱、且不太稳定的氢键。

微生物表面的不均匀性会大大影响细胞的沉积和粘附性能。此外，对于微生物颗粒而言，其在膜表面形成滤饼层因溶液组成而不同，其表面结构可能会因为溶液化学环境的改变而变化，且涉及较复杂的物理、生物、化学过程。但可以推测的是，微生物颗粒表面可能存在一些能够和膜表面官能团发生特殊相互作用的微观反应。在某些条件下，微生物细胞（或细胞表面的蛋白质）在固体表面的沉积与粘附并不受宏观作用力（XDLVO 理论所计算的界面作用力）的控制，而其主要粘附机理由具体的某个离子或官能团所掌控，因而提出了微观型作用力，此微观型作用力可能是造成复杂的微生物颗粒膜污染现象的主要原因。

微观型作用力主要由微生物表面不均匀性、位排阻力等引起。对于酵母细胞，有研究表明，其表面的 90％ 被多糖类大分子物质包裹。酵母细胞实际由两层组成，内在一层为骨架层（skeletal lay-er），外部为蛋白质层（protein layer）。其中，骨架层决定了微生物颗粒的形状，成分主要为葡聚糖和甲壳素；蛋白质层决定了微生物细胞的物化性质，主要成分为糖基化的蛋白质。

对于微生物颗粒而言，无论是物理途径还是化学原理，其所表现出来的表面不均匀性都会影响微生物颗粒在膜表面的沉积、粘附行为。Wang 的研究证明了微生物表面不均匀性确实存在。在 Wang 的实验中，微生物表面的不均匀性控制着微生物颗粒在膜表面的沉积、粘附，即使在较高的高错流速率条件下，微生物颗粒都能在膜表面形成粘附，进而造成膜污染。

8.3.4　多种污染物共存引起的膜污染

本章以高岭土颗粒、酵母菌颗粒、腐殖酸、海藻酸钠、蛋白质为研究对象，分别考察了两种或多种污染物共存时超滤膜比通量的变化，并在不改变过滤总体积、过滤污染物总质量的前提下，研究了不同过滤顺序条件下膜比通量随过滤体积的变化行为，分析了各污染物之间的粘附自由能、不同过滤条件下膜污染的可逆性、不同过滤条件下跨膜 Zeta 电位的变化、不同过滤条件下膜表面的形态变化等，进而探讨了两种或多种污染物共存时超滤膜污染的相关机理。

1. 两种污染物共存引起的膜污染

（1）高岭土与腐殖酸

颗粒物与腐殖酸往往共存于天然水体中，两者的协同作用对膜污染的影响结果如图 8-90 所示，在整个过程中，超滤膜所过滤的液体对象中污染物总量相同。由图 8-90 可知，可以明显地看出，当采用不同的过滤顺序时，超滤膜表现出了不同的膜污染行为。高岭土与腐殖酸同时存在于过滤液中时，过滤 400mL 混合液超滤膜末端比通量约下降为超滤膜初始通量的 36％。当不同过滤顺序时，可以看出 400mL 过滤液末端时的比通量分别下降至初始通量的 37％（高岭土预先过滤时）和 52％（腐殖酸预先过滤时）。需要说明的是，此处所指的末端通量均为过滤污染液时的实时通量，因此可能由于不同污染物浓度、类别等形成不同的浓差极化现象，其差别不能直接反应膜污染的程度。

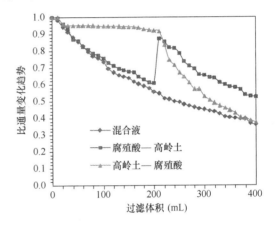

图 8-90　不同过滤条件下高岭土和腐殖酸对超滤膜污染的协同作用测试结果

当高岭土与腐殖酸以不同顺序过滤时，由图 8-90 可以看出，两种污染物依次过滤时在转换阶段有所差异。过滤 200mg/L 的高岭土溶液 200mL 的膜通量约下降为膜初始通量的 92％，当转为 10mg/L 的腐殖酸溶液时，其比通量由 84％ 降至终端的约 37％；反之，依次过滤腐殖酸—高岭土时，过滤 10mg/L 的腐殖酸溶液 200mL 时，膜比通量降为 61％，而随后 200mL 的 200mg/L 高岭土溶液使得膜比通量由 87％ 降至 52％ 左右。可见，高岭土的存在增大了腐殖酸对膜比通量下降，由 39％（100％～61％）升为约 47％（84％～37％）；而腐殖酸的存在也增大了高岭土对膜比通量下降的变化，由 8％（100％～92％）增至约 35％（87％～52％）。

膜污染指数能够直接反应污染液对超滤膜的污染潜力，可以计算不同污染液的膜污染指数。

通过计算得出了高岭土与腐殖酸系统中不同过

滤条件下不同过滤阶段的膜污染指数，如图8-91所示。由图8-91可知，混合液（100mg/L高岭土＋5mg/L腐殖酸）过滤时，混合液的实际MFI值约为4567s/L²，而200mg/L高岭土溶液和10mg/L腐殖酸溶液的MFI值则分别约为2064s/L²和3690s/L²，当超滤膜预过滤10mg/L腐殖酸和200mg/L高岭土溶液时，其再过滤高岭土和腐殖酸时MFI值则分别约为3629s/L²和9050s/L²。可见，高岭土或腐殖酸的存在会分别增大腐殖酸或高岭土的污染趋势，这与图8-90中的实验结果相吻合。有研究表明，MFI值与污染溶液中污染物浓度成正比，可以算出，100mg/L高岭土溶液和5mg/L腐殖酸溶液的MFI值应分别约为1032s/L²和1845s/L²，如果混合液中高岭土和腐殖酸没有相互协同作用，那么混合液的MFI值则应约为2877s/L²，其值远小于混合液实际过滤时的MFI值，因此高岭土和腐殖酸的协同作用大大增加了过滤液体的污染指数，进而引起更严重的膜污染。此外，过滤实验中，不同过滤条件下过滤相同污染物质量、液体体积，所需的时间分别为1600s（混合液）、1425s（高岭土—腐殖酸系列实验）和1175s（腐殖酸—高岭土系列实验）。

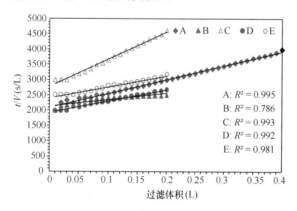

图8-91　高岭土与腐殖酸系列实验中 t/V 与过滤体积之间的线性关系

注：三种过滤方法分别为：过滤（A）高岭土和腐殖酸混合液；
（B）高岭土—（C）腐殖酸依次过滤；
（D）腐殖酸—（E）高岭土依次过滤

图8-92给出了不同过滤条件下末端通量、膜反冲洗前后纯水通量的变化。可以看出，对于混合液和高岭土—腐殖酸依次过滤系统而言，其浓差极化层对超滤膜比通量下降的影响几乎相同，分别约为43%和41%，但均大于腐殖酸—高岭土依次过滤系统中的浓差极化层贡献（约为24%）。此外，

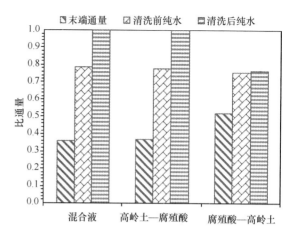

图8-92　不同过滤条件下高岭土和腐殖酸对超滤膜污染的可逆性测试结果

对于高岭土和腐殖酸而言，无论如何过滤，在过滤相同污染物总量、相同水量的情况下，过滤末端超滤膜的纯水通量差别不大，分别约为79%（混合液）、78%（高岭土—腐殖酸系列）和76%（腐殖酸—高岭土系列），表明此三种情况下所形成的滤饼层阻力相当；不同的是，根据反冲洗前后超滤膜纯水通量的变化可以看出，在混合液过滤和高岭土—腐殖酸系列过滤实验中，膜污染均为可逆污染，其反冲洗后均能恢复至超滤膜的初始通量，而在腐殖酸—高岭土系列实验中，反冲洗对超滤膜纯水通量的影响不大，仅提高了约1%，表明此系列中膜污染几乎均为不可逆滤饼层所引起的，其对超滤膜污染的贡献约为23%。

（2）高岭土与海藻酸钠

高岭土和海藻酸钠在不同过滤条件下的超滤膜比通量变化趋势测试结果如图8-93所示。由图8-93可以看出，混合液、高岭土—海藻酸钠系

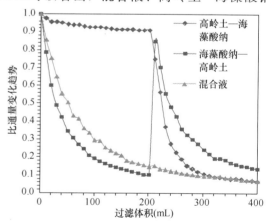

图8-93　不同过滤条件下高岭土和海藻酸钠对超滤膜污染的协同作用测试结果

列和海藻酸钠—高岭土系列过滤实验中，超滤膜在过滤相同质量的高岭土（40mg）和海藻酸钠（2mg）、相同体积的污染液（400mL）时，超滤膜末端通量分别约为超滤膜初始通量的7％、7％和13％。在高岭土—海藻酸钠系列实验中，过滤200mL的200mg/L高岭土溶液后，膜通量降为膜初始通量的91％，当转为10mg/L的海藻酸钠溶液时，膜通量由75％降至末端的7％；在海藻酸钠—高岭土系列实验中，过滤10mg/L的海藻酸钠溶液后，膜通量降至膜初始通量的10％，当转为200mg/L的高岭土溶液时，膜通量由85％降至末端的13％。可见，高岭土的存在减缓了海藻酸钠对超滤膜的污染（90％与68％）；而海藻酸钠的存在却加大了高岭土对超滤膜的污染（9％与72％）。

高岭土与海藻酸钠系统中不同过滤条件下不同过滤阶段的膜污染指数计算结果如图8-94所示。由图8-94可知，过滤高岭土和海藻酸钠混合液400mL时的膜污染指数约为32341s/L²，明显高于高岭土和腐殖酸的混合液。在高岭土—海藻酸钠系列过滤实验中，200mg/L高岭土和10mg/L海藻酸钠溶液的膜污染指数分别为2042s/L²和87481s/L²；在海藻酸钠—高岭土系列过滤实验中，10mg/L海藻酸钠和200mg/L高岭土溶液的膜污染指数分别约为64952s/L²和50551s/L²。显然，高岭土的存在大大增加了海藻酸钠溶液的膜污染指数，分析认为可能海藻酸钠分子在进入高岭土所形成的滤饼层时，能够改变滤饼层的结构、孔隙率等性质，进而使得滤饼层更密实，产生更大的膜阻

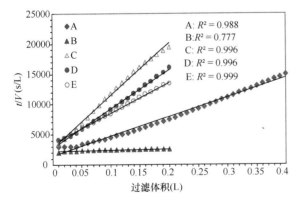

图8-94　高岭土与海藻酸钠系列实验中t/V与过滤体积之间的线性关系

注：三种过滤方法分别为：过滤（A）高岭土与海藻酸钠混合液；
（B）高岭土—（C）海藻酸钠依次过滤；
（D）海藻酸钠—（E）高岭土依次过滤

力。此外，过滤实验中，由于各阶段MFI值的不同，不同过滤条件下过滤相同污染物质量、液体体积时，所需的时间分别为5990s（混合液）、4385s（高岭土—海藻酸钠系列）和5895s（海藻酸钠—高岭土系列）。

高岭土—海藻酸钠系统实验中，不同过滤条件下末端通量、膜反冲洗前后纯水通量变化的测试结果如图8-95所示。由图8-95可知，反冲洗前超滤膜的纯水通量分别为50％（混合液）、63％（高岭土—海藻酸钠系列）和75％（海藻酸钠—高岭土系列），进而可知浓差极化层对超滤膜比通量下降的贡献分别约为43％、56％和62％，表明混合液（100mg/L高岭土＋5mg/L海藻酸钠）的浓差极化现象相对较弱，而200mg/L高岭土溶液的浓差极化现象次之，10mg/L海藻酸钠的浓差极化现象最重。经过反冲洗后，超滤膜的纯水通量分别约升为71％、87％和89％，表明不同过滤条件下所造成的可逆污染层对比通量的贡献分别约为21％、24％和14％，同时可知不同过滤条件下所形成的不可逆污染层对比通量的贡献分别约为29％、13％和11％。高岭土和海藻酸钠的协同作用虽然降低了过滤过程中的浓差极化现象，但却引起了超滤膜较重的水力可逆污染阻力和水力不可逆污染阻力。

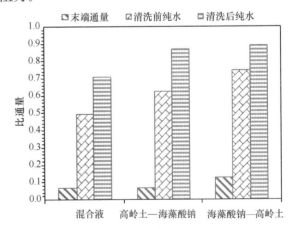

图8-95　不同过滤条件下高岭土和海藻酸钠对超滤膜污染的可逆性测试结果

（3）高岭土与蛋白质

高岭土和蛋白质在不同过滤条件下的超滤膜比通量变化趋势测试结果如图8-96所示。由图8-96可知，混合液、高岭土—蛋白质系列和蛋白质—高岭土系列过滤实验中，超滤膜末端通量分别约为初始通量的87％、80％和72％。高岭土—蛋白质系

列过滤实验中，过滤 200mg/L 高岭土溶液 200mL 时，比通量降为 93%，其后过滤 10mg/L 蛋白质溶液 200mL 时，比通量由 98% 降至 80%；蛋白质—高岭土系列过滤实验中，过滤 10mg/L 蛋白质溶液 200mL 时的末端比通量为 70%，随后过滤 200mg/L 高岭土溶液 200mL 时，超滤膜的比通量由 81% 降至 72%。可以明显看出，在依次过滤的实验中，超滤膜比通量均出现了初期的快速下降现象；且预过滤高岭土之后，对蛋白质引起的超滤膜污染有明显的减缓，由 30% 减小为 18%。与高岭土—腐殖酸系统和高岭土—海藻酸钠系统不同的是，高岭土与蛋白质预混合时其可能存在的协同效应并未加重膜污染趋势，反而有所减缓。

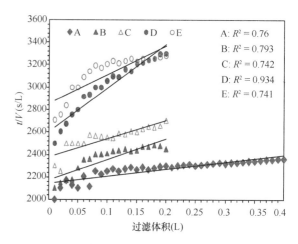

图 8-97 高岭土与蛋白质系列实验中 t/V 与过滤体积之间的线性关系

注：三种过滤方法分别为：过滤（A）高岭土与蛋白质混合液；
（B）高岭土—（C）蛋白质依次过滤；
（D）蛋白质—（E）高岭土依次过滤

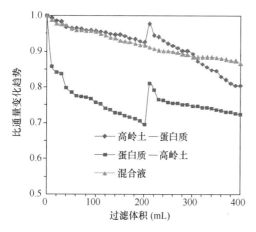

图 8-96 不同过滤条件下高岭土和蛋白质对超滤膜污染的协同作用测试结果

高岭土与蛋白质系统中不同过滤条件下不同过滤阶段的膜污染指数计算结果如图 8-97 所示。可以明显地看出，高岭土与蛋白质混合液的膜污染指数最小，仅为 620s/L²，远低于高岭土与腐殖酸或高岭土与海藻酸钠混合液的 MFI 值（分别为 4567s/L² 和 32341s/L²）。200mg/L 高岭土溶液和 10mg/L 蛋白质溶液的膜污染指数分别为 1836s/L² 和 3886s/L²；而在依次过滤实验中，高岭土的存在减小了 10mg/L 蛋白质溶液的膜污染指数，使其降为 1594s/L²，相反，蛋白质的存在增大了 200mg/L 高岭土溶液的膜污染指数，增至 2569s/L²。在此处，高岭土形成的滤饼层可能减弱了蛋白质与超滤膜表面的接触概率，从而减小了蛋白质所引起的膜污染；而蛋白质的存在可能影响了膜表面的孔隙率等特性，从而增大了高岭土的膜污染速率。

高岭土—蛋白质系统实验中，不同过滤条件下浓差极化层、可逆污染层、不可逆污染层对超滤膜污染贡献的测试结果如图 8-98 所示。由图 8-98 可知，混合液与高岭土—蛋白质系列过滤实验中，超滤膜几乎未发生不可逆污染，而蛋白质—高岭土系列过滤实验中不可逆污染层对超滤比通量下降的贡献约为 6%，即蛋白质单独与超滤膜接触时容易产生不可逆污染，而高岭土存在时能有效地避免不可逆污染。不同过滤条件下，超滤膜在反冲洗前的纯水通量分别约为 96%、85% 和 77%，可以得出可逆污染层对超滤膜比通量下降的贡献分别为 4%、15% 和 17%，而整个滤饼层对超滤膜比通量下降的贡献分别为 4%、15% 和 23%，表明在单独过滤时，膜表面更容易形成较厚或较密实的滤饼层，引

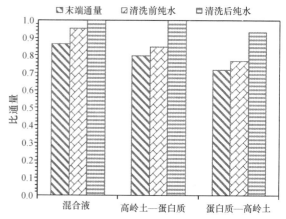

图 8-98 不同过滤条件下高岭土和蛋白质对超滤膜污染的可逆性测试结果

起较大的比通量下降。此外，浓差极化层对超滤膜比通量下降的贡献分别为 9%、5% 和 5%，表明混合液的浓差极化现象较 200mg/L 高岭土和 10mg/L 蛋白质时更严重，但总体而言，浓差极化层对膜比通量下降贡献的差别不大。

（4）微生物颗粒与腐殖酸

微生物颗粒与腐殖酸共存时，不同过滤条件下膜比通量变化趋势的测试结果如图 8-99 所示。由图 8-99 可知，微生物颗粒与腐殖酸预混合（25mg/L 高岭土＋5mg/L 腐殖酸）时，过滤 400mL 混合液膜比通量下降比例最大，末端比通量约为初始通量的 25%。在微生物颗粒—腐殖酸系列过滤实验中，在过滤 50mg/L 微生物颗粒 200mL 时，超滤膜的比通量下降为 69%，其后的 10mg/L 腐殖酸溶液使得膜比通量由 80% 下降至末端的约 32%；在腐殖酸—微生物颗粒系列过滤实验中，过滤 10mg/L 腐殖酸溶液使得膜比通量下降了约 40%，而其后的 50mg/L 微生物颗粒溶液使得膜比通量由 89% 降至约 53%。可见，微生物颗粒的存在改变了腐殖酸溶液对膜比通量的影响，分别下降了 48% 和 40%；反之，腐殖酸的存在对微生物颗粒溶液的膜污染也有一定的影响（31% 与 36%）。

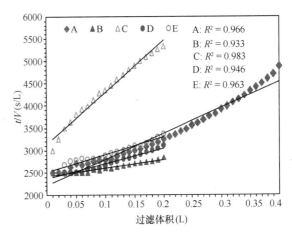

图 8-100　微生物颗粒与腐殖酸系列实验中 t/V 与过滤体积之间的线性关系

注：三种过滤方法分别为：过滤（A）微生物颗粒和腐殖酸混合液；
（B）微生物颗粒—（C）腐殖酸依次过滤；
（D）腐殖酸—（E）微生物颗粒依次过滤

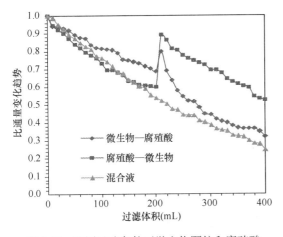

图 8-99　不同过滤条件下微生物颗粒和腐殖酸对超滤膜污染的协同作用测试结果

微生物颗粒与腐殖酸系统中不同过滤条件下不同过滤阶段的膜污染指数计算结果如图 8-100 所示。由图 8-100 可知，微生物颗粒和腐殖酸混合液的超滤膜污染指数约为 5797s/L²。50mg/L 微生物颗粒溶液的膜污染指数约为 1841s/L²（图 8-100 中 B），10mg/L 腐殖酸溶液的膜污染指数约为 3468s/L²（图 8-100 中 D）。而微生物颗粒—腐殖酸系列过滤

实验中，在预过滤微生物颗粒溶液后，腐殖酸溶液的膜污染指数升为 11585s/L²；而腐殖酸—微生物颗粒系列过滤实验中，在预过滤腐殖酸溶液后，微生物颗粒溶液的膜污染指数升为 3969s/L²。可以知道，如果微生物颗粒与腐殖酸之间没有协同效应，其混合液所引起的超滤膜污染指数应该为 2654.5s/L²，而微生物颗粒或腐殖酸在膜表面的存在也会分别增加腐殖酸或微生物颗粒溶液的膜污染指数。这表明微生物颗粒与腐殖酸在膜表面会发生物理、化学反应，从而加重过滤相同污染物总量、相同过滤体积后的比通量下降比例。

微生物颗粒—腐殖酸系统实验中，不同过滤条件下浓差极化层、可逆污染层、不可逆污染层对超滤膜污染贡献的测试结果如图 8-101 所示。由图 8-101 可以明显地看出，微生物颗粒与腐殖酸混合

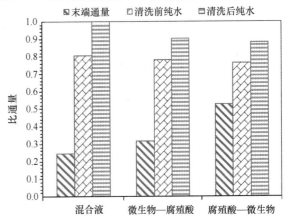

图 8-101　不同过滤条件下微生物颗粒和腐殖酸对超滤膜污染的可逆性测试结果

液总是能够形成较严重的浓差极化现象，其形成的浓差极化层对超滤膜比通量下降的贡献约为56%；而10mg/L腐殖酸溶液在预过滤200mg/L微生物颗粒溶液后浓差极化层对超滤膜比通量下降的贡献约为46%，相反，200mg/L微生物颗粒溶液在预过滤10mg/L腐殖酸溶液后浓差极化层对超滤膜比通量下降的贡献仅约为24%。有趣的是，虽然浓差极化现象不同，但不同溶液在膜表面形成的滤饼层对超滤膜比通量下降的贡献相差不大，分别约为19%、22%和23%。但不同的是，不同过滤条件下超滤膜表面形成滤饼层的可逆性有较大差异。如过滤混合液时，超滤膜表面的滤饼层几乎均为可逆污染层；而微生物颗粒—腐殖酸系列和腐殖酸—微生物颗粒系列过滤实验中，超滤膜表面形成不可逆污染层对超滤膜比通量下降的贡献分别为9%和12%。

（5）微生物颗粒与海藻酸钠

微生物颗粒与海藻酸钠共存时，不同过滤条件下超滤膜比通量变化趋势的测试结果如图8-102所示。由图8-102可知，微生物颗粒（混合液中浓度为25mg/L）和海藻酸钠（混合液中浓度为5mg/L）预混合过滤时超滤膜比通量下降至6%；在微生物颗粒—海藻酸钠系列过滤实验中，超滤膜过滤200mL微生物颗粒溶液后的末端比通量约为68%，而在过滤10mg/L的海藻酸钠溶液200mL后，超滤膜末端通量由超滤膜初始通量的58%降至7%；而反之海藻酸钠—微生物颗粒系列过滤实验中，超滤膜过滤200mL海藻酸钠溶液后的比通量仅为9%，而200mL微生物颗粒溶液也使超滤膜比通量由75%降至末端的11%。

微生物颗粒与海藻酸钠系统中不同过滤条件下

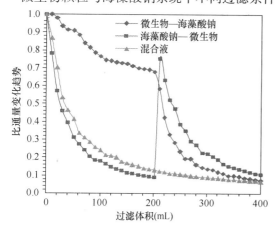

图8-102 不同过滤条件下微生物颗粒和海藻酸钠对超滤膜污染的协同作用测试结果

不同过滤阶段的膜污染指数计算结果如图8-103所示。由图8-103可知，50mg/L微生物颗粒溶液与10mg/L海藻酸钠溶液的膜污染指数分别约为1855s/L²和56557s/L²，当其以25mg/L微生物颗粒和5mg/L海藻酸钠的浓度预混合时，假设两种污染物之间在发生超滤膜污染时没有协同反应，只是单独贡献对超滤膜比通量的下降，那么混合液的膜污染指数应该约为29206s/L²，但实际过滤预混合液时，超滤膜的膜污染指数约为51134s/L²，这表明在预混合时，微生物颗粒与海藻酸钠之间所发生的物理或化学反应改变了污染物在膜表面的粘附行为或改变了污染物在膜表面的粘附结构，从而造成了更严重的膜污染。在预过滤50mg/L微生物颗粒溶液后，10mg/L海藻酸钠溶液所造成的膜污染指数约为62384s/L²，可见高岭土的存在对海藻酸钠溶液引起的膜污染指数影响不大；相反，在预过滤10mg/L海藻酸钠溶液后，50mg/L微生物颗粒所造成的膜污染指数约为45345s/L²，较海藻酸钠未存在时有很大的增高，可见，海藻酸钠的存在会大大加重随后高岭土溶液对超滤膜的污染。

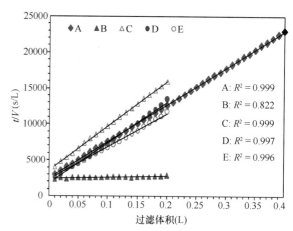

图8-103 微生物颗粒与海藻酸钠系列实验中t/V与过滤体积之间的线性关系

注：三种过滤方法分别为：过滤（A）微生物颗粒和海藻酸钠混合液；

（B）微生物颗粒—（C）海藻酸钠依次过滤；

（D）海藻酸钠—（E）微生物颗粒依次过滤

微生物颗粒—海藻酸钠系统实验中，不同过滤条件下浓差极化层、可逆污染层、不可逆污染层对超滤膜污染贡献的测试结果如图8-104所示。由图8-104可以明显地看出，无论何种过滤条件，超滤膜均存在不可逆污染，且不可逆污染层对超滤膜比通量的贡献分别为28%（预混合时）、22%（微生物颗粒—海藻酸钠系列实验）和28%（海藻酸钠—微生物颗粒系列实验）。浓差极化层对超滤膜比通量下降的贡献分别为 43％、65％ 和 41％，可见微生物颗粒单独存在与微生物颗粒和海藻酸钠混合时的浓差极化现象相差不大，且均小于仅有海藻酸钠存在时的浓差极化现象。此外，整个滤饼层对超滤膜比通量下降的贡献分别为 51％、28％ 和 48％，可见预过滤微生物颗粒能够大大减小滤饼层的阻力，同时可逆污染层对超滤膜比通量下降的贡献分别为 23％、6％ 和 20％，表明预过滤微生物颗粒时虽能减小整个滤饼层的阻力，对不可逆滤饼层的影响相对较小。

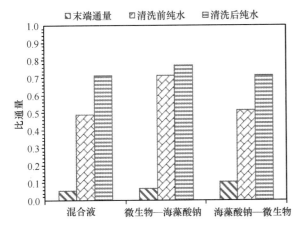

图 8-104　不同过滤条件下微生物颗粒和海藻酸钠
对超滤膜污染的可逆性测试结果

（6）微生物颗粒与蛋白质

微生物颗粒与蛋白质共存时，不同过滤条件下超滤膜比通量变化趋势的测试结果如图 8-105 所示。由图 8-105 可知，微生物颗粒与蛋白质预混合时，超滤膜过滤 400mL 混合液后末端比通量约为 38％。在微生物颗粒—蛋白质系列过滤实验中，预

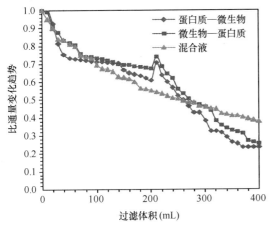

图 8-105　不同过滤条件下微生物颗粒和蛋白质
对超滤膜污染的协同作用测试结果

过滤 50mg/L 微生物颗粒溶液 200mL 后膜比通量降为约 68％，10mg/L 蛋白质溶液使得超滤膜比通量由 74％ 降至末端的 26％；在蛋白质—微生物颗粒系列过滤实验中，预过滤 10mg/L 蛋白质溶液 200mL 后膜比通量降为约 61％，其后的微生物颗粒溶液使得超滤膜的比通量由 71％ 降至约 23％。可见预混合微生物颗粒和蛋白质溶液没有加重膜污染，反而减轻了超滤膜的污染程度，不同的过滤顺序对超滤膜末端比通量下降的影响较小。

微生物颗粒与蛋白质系统中不同过滤条件下不同过滤阶段的膜污染指数计算结果如图 8-106 所示。由图 8-106 可知，微生物颗粒和蛋白质预混合时混合液的膜污染指数约为 $4610s/L^2$；可以很明显地看出预过滤微生物颗粒溶液后，10mg/L 蛋白质溶液的膜污染指数约为 $18710s/L^2$，反之预过滤 10mg/L 蛋白质溶液后，50mg/L 微生物颗粒溶液的膜污染指数约为 $18951s/L^2$。可见，超滤膜预过滤微生物颗粒或蛋白质溶液后，总是能够大大增加其后蛋白质溶液或微生物颗粒溶液的膜污染指数，结合图 8-105 也可以看出，不同顺序过滤时，超滤膜后半程的比通量下降速率总是较快。

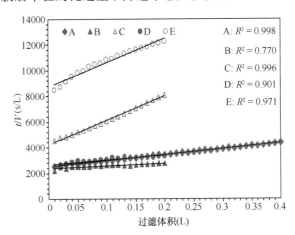

图 8-106　微生物颗粒与蛋白质系列实验中 t/V 与
过滤体积之间的线性关系

注：三种过滤方法分别为：过滤（A）
微生物颗粒和蛋白质混合液；
（B）微生物颗粒—（C）蛋白质依次过滤；
（D）蛋白质—（E）微生物颗粒依次过滤

微生物颗粒—蛋白质系统实验中，不同过滤条件下浓差极化层、可逆污染层、不可逆污染层对超滤膜污染贡献的测试结果如图 8-107 所示。由图 8-107 可知，虽然不同过滤条件下末端过滤溶液的组成、浓度等均不同，但其浓差极化层对超滤膜

比通量下降贡献的差别不大，分别约为 24%（预混合液）、21%（蛋白质—微生物颗粒系列过滤）和 23%（微生物颗粒—蛋白质系列过滤），同时所形成的滤饼层对超滤膜比通量下降的贡献分别为 38%、56% 和 50%。可见微生物颗粒和蛋白质预混合时形成滤饼层的渗透性更强，而微生物颗粒—蛋白质系列过滤实验中滤饼层的渗透性次之，蛋白质—微生物颗粒系列过滤实验中形成滤饼层的渗透性最差。此外，所形成的滤饼层中，可逆污染层对超滤膜比通量下降的贡献分别仅有 3%、2% 和 13%，可见预混合过滤和微生物颗粒—蛋白质系列过滤时膜表面不可逆滤饼层对超滤膜比通量下降的贡献相当，分别约为 35% 和 37%，而蛋白质—微生物颗粒系列过滤实验中不可逆污染层的贡献最大，约为 54%。分析认为，蛋白质更容易粘附在膜表面，并沉积在膜表面的粗糙结构中，从而不易去除；而当微生物颗粒存在时（预混合或预过滤在膜表面），可以减少蛋白质与超滤膜表面的直接接触，进而降低了不可逆滤饼层在膜表面的形成。

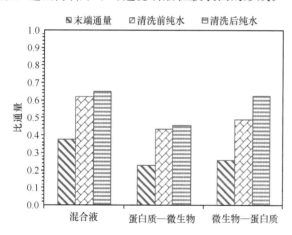

图 8-107　不同过滤条件下微生物颗粒和蛋白质对超滤膜污染的可逆性测试结果

（7）腐殖酸与海藻酸钠

腐殖酸与海藻酸钠均属于天然水体中常见的有机物种类，对此两种有机物混合液的超滤膜污染趋势以及不同顺序过滤的研究具有一定的工程意义，测试结果如图 8-108 所示。由图 8-108 可知，腐殖酸与海藻酸钠预混合（混合液中两者浓度均为 5mg/L）时超滤膜末端比通量约为 8%；预过滤 10mg/L腐殖酸溶液 200mL 时，超滤膜比通量降至约 61%，而其后过滤 10mg/L 海藻酸钠溶液后超滤膜比通量由 57% 降至约 6%；而预过滤 10mg/L 海藻酸钠溶液后，超滤膜比通量下降至 10%，而

其后过滤腐殖酸溶液时，初始比通量约为 97%，降至末端的 28%。可见，当超滤膜被腐殖酸污染后，减弱了海藻酸钠引起的超滤膜比通量的下降，由没有腐殖酸时的 90% 降至有腐殖酸时的 51%；而当超滤膜被海藻酸钠污染后，腐殖酸引起的超滤膜比通量下降由 39% 增至 69%。

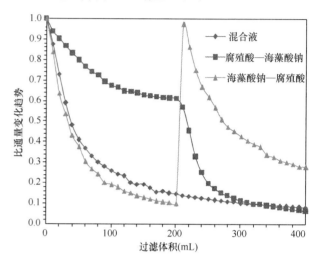

图 8-108　不同过滤条件下腐殖酸和海藻酸钠对超滤膜污染的协同作用测试结果

腐殖酸与海藻酸钠系统中不同过滤条件下不同过滤阶段的膜污染指数计算结果如图 8-109 所示。由图 8-109 可知，腐殖酸（混合液中浓度为 5mg/L）和海藻酸钠（混合液中浓度为5mg/L）预混合时，其膜污染指数约为 41871s/L²，显然其远远大于颗粒物与有机物预混合时的膜污染指数。观察图 8-109 中 B 和图 8-109 中 D 可知，10mg/L 腐殖酸溶液和 10mg/L 海藻酸钠溶液的膜污染指数分别约为

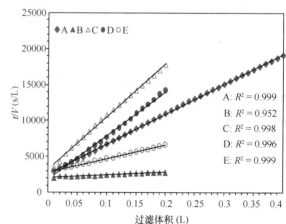

图 8-109　腐殖酸与海藻酸钠系列实验中 t/V 与过滤体积之间的线性关系
注：三种过滤方法分别为：过滤（A）腐殖酸和海藻酸钠混合液；（B）腐殖酸—（C）海藻酸钠依次过滤；（D）海藻酸钠—（E）腐殖酸依次过滤

3881s/L² 和 61198s/L²，而在预过滤海藻酸钠和腐殖酸之后，腐殖酸溶液和海藻酸钠溶液的膜污染指数则分别变为 18835s/L²（图 8-109 中 E）和 73749s/L²（图 8-109 中 C）。可见，海藻酸钠的存在大大加重了腐殖酸溶液的膜污染指数，而腐殖酸的存在也增大了海藻酸钠溶液的膜污染指数，但增幅较小，这与图 8-108 中的膜比通量下降现象也相吻合。

腐殖酸—海藻酸钠系统实验中，不同过滤条件下浓差极化层、可逆污染层、不可逆污染层对超滤膜污染贡献的测试结果如图 8-110 所示。由图 8-110 可以明显看出，无论以何种顺序过滤，可逆污染层对超滤膜比通量下降的贡献均较小，且相差不大，分别约为 3%（预混合时）、5%（腐殖酸—海藻酸钠系列过滤）和 1%（海藻酸钠—腐殖酸系列过滤）；而不可逆滤饼层对超滤膜比通量下降的贡献则分别约为 19%、30% 和 23%，可见预混合时能够减弱污染物在膜表面的不可逆吸附。此外，可以看出，不同过滤顺序时，末端浓差极化现象不同。其中，预混合时，混合液所形成的浓差极化层对超滤膜比通量下降的贡献约为 70%；而腐殖酸—海藻酸钠系列过滤和海藻酸钠—腐殖酸系列过滤时浓差极化层对超滤膜比通量下降的贡献分别约为 69% 和 48%。可见，从浓差极化现象的角度而言，不同溶液的大小程度依次为混合液（5mg/L 腐殖酸+5mg/L 海藻酸钠）>10mg/L 的海藻酸钠溶液>10mg/L 的腐殖酸溶液。

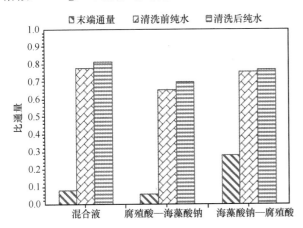

图 8-110 不同过滤条件下腐殖酸和海藻酸钠对
超滤膜污染的可逆性测试结果

（8）腐殖酸与蛋白质

腐殖酸和蛋白质共存时，不同过滤条件下超滤膜比通量变化趋势的测试结果如图 8-111 所示。由图 8-111 可知，腐殖酸和蛋白质预混合时超滤膜末

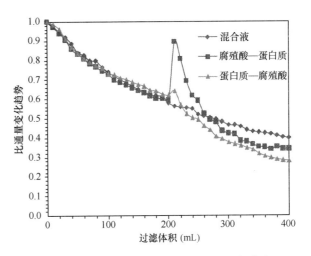

图 8-111 不同过滤条件下腐殖酸和蛋白质对
超滤膜污染的协同作用测试结果

端比通量约为 40%；而腐殖酸—蛋白质系列过滤实验中，过滤 10mg/L 腐殖酸溶液 200mL 后超滤膜比通量降为 59%，其后 10mg/L 蛋白质溶液使得超滤膜比通量由 89% 降至约 34%；同时蛋白质—腐殖酸系列过滤实验中，蛋白质溶液使超滤膜比通量下降至 62%，而其后的腐殖酸溶液使得超滤膜比通量由 64% 降至约 28%。可见，腐殖酸的存在加大了蛋白质溶液的膜污染，由 38% 升至 55%；而蛋白质的存在却减弱了腐殖酸的膜污染，由 41% 减小至 36%。在所考察的三种过滤方式下，超滤膜末端比通量下降的大小顺序依次为混合液>腐殖酸—蛋白质系列>蛋白质—腐殖酸系列。

腐殖酸与蛋白质系统中不同过滤条件下不同过滤阶段的膜污染指数计算结果如图 8-112 所示。

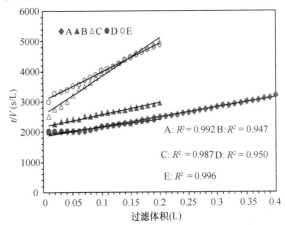

图 8-112 腐殖酸与蛋白质系列实验中 t/V 与
过滤体积之间的线性关系

注：三种过滤方法分别为：过滤（A）腐殖酸和蛋白质混合液；

（B）腐殖酸—（C）蛋白质依次过滤；

（D）蛋白质—（E）腐殖酸依次过滤

由图 8-112 中 A 可知，腐殖酸与蛋白质预混合时混合液的膜污染指数约为 $3216s/L^2$，$10mg/L$ 腐殖酸溶液和 $10mg/L$ 蛋白质溶液的膜污染指数分别约为 $3979s/L^2$（图 8-112 中 B）和 $2529s/L^2$（图 8-112 中 D）。而在预过滤腐殖酸溶液后，蛋白质溶液的膜污染指数升为 $12823s/L^2$，同时预过滤蛋白质后，腐殖酸溶液的膜污染指数也增长为 $9435s/L^2$。当腐殖酸与蛋白质之间没有协同作用发生的时候，腐殖酸与蛋白质混合液的膜污染指数应该约为 $3254s/L^2$，与实际过滤中混合液的膜污染指数大小相当，可以认为在预混合时腐殖酸和蛋白质之间没发生协同作用或其之间反应对膜污染的影响较小。

腐殖酸—蛋白质系统实验中，不同过滤条件下浓差极化层、可逆污染层、不可逆污染层对超滤膜污染贡献的测试结果如图 8-113 所示。由图 8-113 可以明显看出，不同过滤条件下，超滤膜表面均存在不可逆污染层，且不可逆污染层对超滤膜比通量下降的贡献分别约为 17%（预混合时）、41%（腐殖酸—蛋白质系列）和 43%（蛋白质—腐殖酸系列）。可见以预混合的方式过滤时，超滤膜表面的不可逆污染现象最弱，而以不同顺序依次过滤时不可逆污染层的贡献相当。但不同的是，三种过滤方式在膜表面形成的可逆污染层对超滤膜比通量下降的贡献相差不大，分别约为 4%、6% 和 7%。此外，混合液在膜表面形成的浓差极化现象最严重，其对超滤膜比通量下降的贡献约为 39%，而 $10mg/L$ 蛋白质溶液和 $10mg/L$ 腐殖酸溶液所引起的浓差极化现象对超滤膜比通量下降的贡献则分别约为 19% 和 23%。

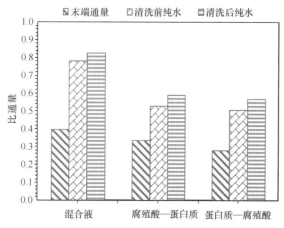

图 8-113　不同过滤条件下腐殖酸和蛋白质对
超滤膜污染的可逆性测试结果

（9）海藻酸钠与蛋白质

海藻酸钠和蛋白质共存时，不同过滤条件下超滤膜比通量变化趋势的测试结果如图 8-114 所示。由图 8-114 可知，三种过滤方式下超滤膜末端比通量分别为 7%（预混合时）、7%（蛋白质—海藻酸钠系列）和 17%（海藻酸钠—蛋白质系列）。蛋白质—海藻酸钠系列过滤实验中，$200mL$ 的 $10mg/L$ 蛋白质溶液使超滤膜比通量下降至 69%，其后的海藻酸钠溶液使超滤膜的比通量由 63% 降低了 56%；而海藻酸钠—蛋白质系列过滤实验中，过滤 $10mg/L$ 海藻酸钠溶液 $200mL$ 后超滤膜比通量下降了 92%，其后的蛋白质溶液使超滤膜比通量由 85% 降低了约 68%。可见海藻酸钠的存在大大加重了蛋白质对超滤膜比通量下降的贡献，相反，蛋白质的存在则减弱了海藻酸钠对超滤膜比通量下降的贡献。

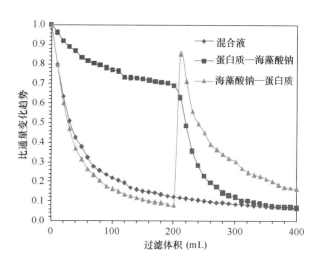

图 8-114　不同过滤条件下海藻酸钠和蛋白质对
超滤膜污染的协同作用测试结果

海藻酸钠与蛋白质系统中不同过滤条件下不同过滤阶段的膜污染指数计算结果如图 8-115 所示。由图 8-115 可知，海藻酸钠与蛋白质预混合时，混合液的膜污染指数约为 $36032s/L^2$，而 $10mg/L$ 海藻酸钠溶液（图 8-115 中 B）和 $10mg/L$ 蛋白质溶液（图 8-115D）的膜污染指数则分别为 $62145s/L^2$ 和 $1886s/L^2$。可以计算出海藻酸钠与蛋白质混合溶液在没有协同作用的条件下，其混合液的膜污染指数应该为 $32015.5s/L^2$，其值与实际获得的膜污染指数大小相当。此外，海藻酸钠的存在使得蛋白质溶液的膜污染指数（图 8-115C）影响较大，由 $1886s/L^2$ 增至 $28865s/L^2$；而蛋白质的存在使得海藻酸钠溶液的膜污染指数（图8-115中E）影响较小，仅从62145s/L²增至了68818s/L²。可见，对于海藻酸钠与蛋白质过滤系统而言，当海藻酸钠预先接触膜表面时，会加重其后溶液中蛋白质分子对超滤膜的污染速率；而蛋白质预先接触膜表面时，其对后续溶液中海藻酸钠分子引起超滤膜污染速率的影响较小。

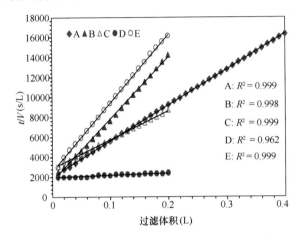

图8-115　海藻酸钠与蛋白质系列实验中t/V与过滤体积之间的线性关系

注：三种过滤方法分别为：过滤（A）海藻酸钠和蛋白质混合液；
（B）海藻酸钠—（C）蛋白质依次过滤；
（D）蛋白质—（E）海藻酸钠依次过滤

海藻酸钠—蛋白质系统实验中，不同过滤条件下浓差极化层、可逆污染层、不可逆污染层对超滤膜污染贡献的测试结果如图8-116所示。由图8-116可以明显看出，对于海藻酸钠与蛋白质的过滤系统而言，所形成的不可逆滤饼层对超滤膜比通量下降的贡献较大，分别约为52%（预混合时）、58%（海藻酸钠—蛋白质系列）和66%（蛋白质—海藻酸钠系列）；而可逆污染层对超滤膜比

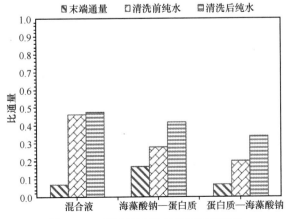

图8-116　不同过滤条件下海藻酸钠和蛋白质对超滤膜污染的可逆性测试结果

通量下降的贡献则分别为2%、14%和14%。可见，当海藻酸钠与蛋白质预混合过滤时膜表面的滤饼层几乎均为不可逆，但其滤饼层引起的超滤膜污染小于其他两种过滤方式；且蛋白质—海藻酸钠系列过滤时能够在膜表面形成最大阻力的滤饼层。此外，混合液的浓差极化现象最严重，其所形成的浓差极化层对超滤膜比通量下降的贡献约为39%，而其他两种过滤方式下浓差极化层对超滤膜比通量下降的贡献则分别约为11%和13%。因此，混合液中5mg/L海藻酸钠与5mg/L蛋白质之间的协同作用较10mg/L的海藻酸钠或10mg/L的蛋白质都能够引起更严重的浓差极化现象。分析认为，这可能是由于海藻酸钠分子与蛋白质分子会彼此限制反向迁移的能力，从而造成更严重的浓差极化现象。

2. 三种和四种污染物共存引起的膜污染

（1）高岭土、腐殖酸与海藻酸钠

将高岭土、腐殖酸、海藻酸钠三种混合液以及此三种污染物任两种预混合时对超滤膜比通量变化趋势的测试结果绘于图8-117中。由图8-117可知，高岭土、腐殖酸与海藻酸钠三种污染同时存在时，超滤膜污染最严重，其末端比通量最小，仅为5%左右。显然，在过滤400mL混合液时，当混合液中含有海藻酸钠时，超滤膜均会发生较严重的膜污染，表明海藻酸钠分子总是能够在系统中发挥主要作用，高岭土或腐殖酸的缺席对超滤膜比通量的下降均没有明显的改善作用，而当海藻酸钠不存在系统中时，超滤膜的末端比通量为36%，远高于其他三种混合液时超滤膜的末端比通量。

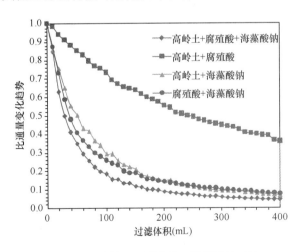

图8-117　高岭土、腐殖酸、海藻酸钠三种污染物预混合与任意两种污染物混合时超滤膜比通量变化趋势的测试结果

高岭土、腐殖酸、海藻酸钠三种污染物预混合与任意两种污染物混合时超滤膜污染可逆性的测试结果如图 8-118 所示。由图 8-118 可知，只有在海藻酸钠分子存在于混合液溶液中时，超滤膜才会发生不可逆污染，且高岭土的存在总是对超滤膜的不可逆污染存有较小的缓解作用。此外，无论海藻酸钠存在与否，高岭土的存在总能够有效缓解混合溶液的浓差极化现象，当没有高岭土存在时，腐殖酸＋海藻酸钠系列实验中浓差极化现象最严重，其对超滤膜比通量下降比例的贡献约为 70%，远大于其他三种过滤中浓差极化层对超滤膜比通量下降的贡献，其他三种过滤实验中，浓差极化层对超滤膜比通量下降比例的贡献分别为 43%、43% 和 50%。对于可逆污染层的贡献而言，可以明显地看出高岭土的存在能够有效地增大滤饼层污染的可逆性，当高岭土不存在时，滤饼层中可逆污染层部分对超滤膜比通量的下降仅有 3% 的贡献，而当高岭土存在时可逆滤饼层的贡献则分别约为 21%、21% 和 22%。

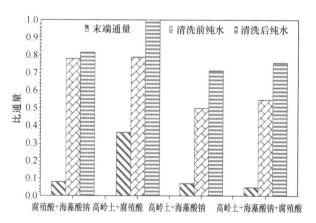

图 8-118　高岭土、腐殖酸、海藻酸钠三种污染物
预混合与任意两种污染物混合时超滤
膜污染可逆性的测试结果

（2）高岭土、腐殖酸与蛋白质

高岭土、腐殖酸、蛋白质三种混合液以及此三种污染物任意两种预混合时对超滤膜比通量变化趋势的测试结果如图 8-119 所示。由图 8-119 可以看出只有高岭土与蛋白质混合时，超滤膜污染最轻，其末端比通量远高于其他三种过滤情况下的末端比通量。在所考察的浓度范围之内，相同浓度之下，蛋白质总是比腐殖酸引起的膜污染严重，但与高岭土混合后，高岭土＋蛋白质混合液引起的膜污染却明显轻于高岭土＋腐殖酸所引起的膜污染；同时腐

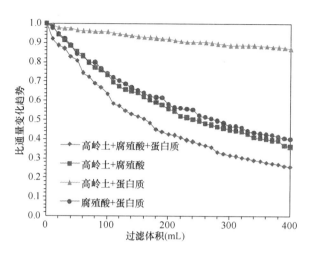

图 8-119　高岭土、腐殖酸、蛋白质三种污染物
预混合与任意两种污染物混合时超滤膜
比通量变化趋势

殖酸＋蛋白质所引起的膜比通量下降与高岭土＋腐殖酸的相似，表明两种混合液中腐殖酸在污染物协同机制中占主导作用。此外，高岭土、腐殖酸、蛋白质三种污染物混合时超滤膜比通量下降比例大于任两种污染物的混合液，表明三种污染物之间存在加重膜污染协同效应。

高岭土、腐殖酸、蛋白质三种污染物预混合与任意两种污染物混合时超滤膜污染可逆性的测试结果示于图 8-120 中。由图 8-120 可知，四种过滤条件下，不可逆污染层对超滤膜比通量下降的贡献分别约为 17%、0%、0% 和 0%，表明，高岭土存在时，超滤膜没有不可逆污染的现象发生。整个滤饼层对超滤膜比通量下降的贡献分别约为 21%、21%、4% 和 3%，表明腐殖酸与其他任一种污染物共存时，都会在膜表面形成较严重的滤饼层污

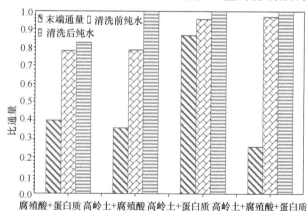

图 8-120　高岭土、腐殖酸、蛋白质三种污染物
预混合与任意两种污染物混合时超滤
膜污染可逆性分析

染，只有当腐殖酸不存在或三种污染物同时存在时超滤膜表面的滤饼层膜污染较轻。分析认为，首先腐殖酸类物质应该是复杂系统中引起滤饼层膜污染的主要物质，在水处理系统中应该尽量避免腐殖酸类物质进入膜反应器；其次，三种物质共存时，高岭土＋腐殖酸＋蛋白质系统内部可能发生了复杂的协同反应，这种协同反应可能降低了膜表面滤饼层的密实度等，从而减小了滤饼层所带来的阻力。此外，虽然三种物质共存时能够大大降低膜表面滤饼层的比阻，但是三种物质共存时，浓差极化现象最严重，四种过滤条件下，浓差极化层对超滤膜比通量下降的贡献分别约为39%、43%、9%和71%，这也说明了腐殖酸的存在同时会加重膜反应器中的浓差极化现象。

（3）高岭土、海藻酸钠与蛋白质

高岭土、海藻酸钠、蛋白质三种物质预混合及任意两种物质预混合时超滤膜比通量变化趋势的测试结果如图8-121所示。由图8-121可知，在四种不同条件的过滤实验中，有海藻酸钠存在的三种过滤溶液使得膜末端比通量分别降至约7%、7%和5%，远远低于海藻酸钠不存在时的末端比通量（约为87%）。可见只要有海藻酸钠存在，无论是高岭土与之共存，还是三种共存，超滤膜都会遭受相似的严重的膜污染。换个角度而言，高岭土的投加并未改变海藻酸钠＋蛋白质混合液的膜污染速率和膜污染程度，同时蛋白质的投加也没有影响高岭土＋海藻酸钠混合液的膜污染速率和膜污染程度。

高岭土、海藻酸钠、蛋白质三种污染物预混合

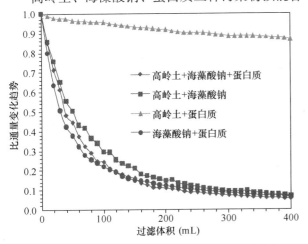

图8-121　高岭土、海藻酸钠、蛋白质三种污染物预混合与任意两种污染物混合时超滤膜比通量变化趋势的测试结果

与任意两种污染物混合时超滤膜污染可逆性的测试结果如图8-122所示。由图8-122可知，只有海藻酸钠＋蛋白质两种物质存在于混合液中时，超滤膜的不可逆污染现象最重，不可逆污染层对超滤膜比通量下降的贡献约为52%，而当高岭土加入时，即三种污染物共存时，不可逆污染层对超滤膜比通量下降的贡献约为30%，其值与蛋白质存在与否相差不大，图中可知高岭土＋海藻酸钠两种混合时不可逆污染层对超滤膜比通量下降的贡献约为29%；而海藻酸钠不存在时，高岭土＋蛋白质两种混合时超滤膜的不可逆污染所引起的比阻为0。对于整个滤饼层的贡献而言，海藻酸钠不存在时，其值最低，仅为4%；而海藻酸钠存在的三种情况下，整个滤饼层的贡献相差不大，分别约为54%、50%和48%。此外，海藻酸钠存在时浓差极化层对超滤膜比通量下降的贡献分别约为39%、43%和47%。

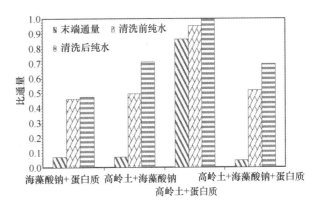

图8-122　高岭土、海藻酸钠、蛋白质三种污染物预混合与任意两种污染物混合时超滤膜污染可逆性的测试结果

（4）腐殖酸、海藻酸钠与蛋白质

腐殖酸、海藻酸钠、蛋白质三种污染物预混合与任意两种污染物混合时超滤膜比通量变化趋势的测试结果如图8-123所示。可以看出，只要有海藻酸钠存在，超滤膜末端比通量均下降至约7%，表明海藻酸钠在所研究的有机物中依然发挥主要的膜污染作用，且整个过滤过程中，有海藻酸钠存在的混合液表现出了几乎一样的膜污染速率。从图8-123还可以看出，海藻酸钠存在时，超滤膜的比通量先是快速下降，随后膜污染速率减小，最后趋于稳定；而海藻酸钠不存在时，即腐殖酸＋蛋白质混合时，膜污染的速率始终较稳定。

腐殖酸、海藻酸钠、蛋白质三种污染物预混合

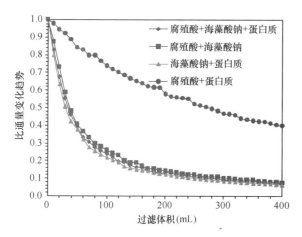

图 8-123　腐殖酸、海藻酸钠、蛋白质三种污染物
预混合与任意两种污染物混合时超滤膜
比通量变化趋势的测试结果

与任意两种污染物混合时超滤膜污染可逆性的测试结果示于图 8-124 中。如图 8-124 所示，浓差极化层对超滤膜比通量下降的贡献分别约为 39%、39%、70% 和 48%，可以看出腐殖酸＋海藻酸钠两种混合时浓差极化现象最严重，比三种共存时大 22% 左右；同时，三种有机物的任意组合都会造成不可逆污染层，不可逆污染层对超滤膜比通量下降的贡献分别约为 17%、52%、19% 和 29%，这里也存在一个有趣的现象，即海藻酸钠＋蛋白质两种混合时所形成的不可逆污染现象要强于三种有机物共存时。分析认为，腐殖酸＋海藻酸钠在膜表面的反向迁移能力最弱，而当大分子蛋白质加入时，蛋白质会减小腐殖酸或海藻酸钠在膜表面聚集的概率，从而减小分子向膜表面的迁移力，进而减弱浓

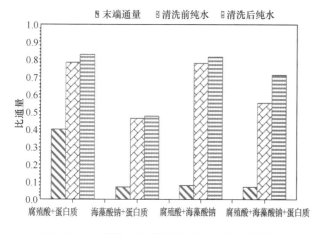

图 8-124　腐殖酸、海藻酸钠、蛋白质三种污染物
预混合与任意两种污染物混合时超滤膜
污染可逆性的测试结果

差极化现象；海藻酸钠＋蛋白质共存时两者的结合物更容易沉积在膜表面，且不易通过反冲洗脱除。

（5）高岭土、腐殖酸、海藻酸钠与蛋白质

高岭土、腐殖酸、海藻酸钠、蛋白质四种污染物同时存在于混合液及任意三种污染物共存时超滤膜比通量变化趋势的测试结果如图 8-125 所示。由图 8-125 可以看出，所考察的污染物混合溶液中，高岭土＋腐殖酸＋蛋白质所引起的膜污染速率和程度都是最小的，其他任三种污染物组合情况下与四种污染物同时存在时的膜污染速率和膜污染程度相当，这再次表明海藻酸钠在膜污染的过程中始终占据主导作用。

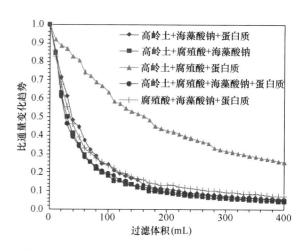

图 8-125　高岭土、腐殖酸、海藻酸钠、蛋白质四种
污染物预混合与任意三种污染物混合时超滤膜
比通量变化趋势的测试结果

高岭土、腐殖酸、海藻酸钠、蛋白质四种污染物预混合与任意三种污染物混合时超滤膜污染可逆性的测试结果示于图 8-126 中。如图 8-126 所示，在造成严重膜污染的污染物组合中，浓差极化层对超滤膜比通量下降的贡献由左至右依次约为 48%、47%、50% 和 47%；同时滤饼层的贡献依次约为 45%、48%、45% 和 48%。表明海藻酸钠存在时混合液的浓差极化现象均相当，且超滤膜过滤混合液时所形成滤饼层的阻力相当。就不可逆污染层而言，只要海藻酸钠不存在，超滤膜就不会发生不可逆污染。因此，多糖类物质应该作为水处理工艺的主要处理对象，尽量减少其进入膜反应器与膜接触。

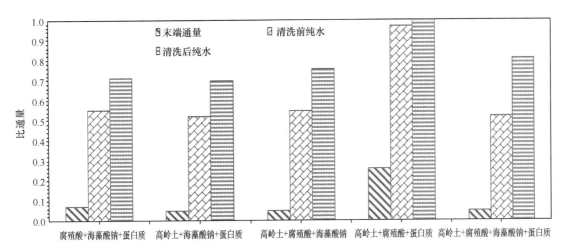

图 8-126 高岭土、腐殖酸、海藻酸钠、蛋白质四种污染物预混合与
任意三种污染物混合时超滤膜污染可逆性的测试结果

3. 多种污染物共存引起膜污染的工艺参数变化

（1）污染物的膜污染指数分析

对两种污染物的过滤实验数据进行综合比较见表 8-20，可以发现，在两种污染物顺序过滤实验中，第一种污染物过滤后总是会改变第二种污染物的膜污染指数；同时，两种污染物预混合时的实际膜污染指数与理论上两者之间无反应时的膜污染指数存在一定的差异。

**两种污染物共存引起膜污染时第二种
污染物的膜污染指数（s/L²）　表 8-20**

污染物	过滤次序	第二种污染物溶液的膜污染指数变化情况	混合液的实际 MFI 值/无反应时的 MFI 值
高岭土与腐殖酸系列	高岭土—腐殖酸 腐殖酸—高岭土	↑ ↑	4567/2877
高岭土与海藻酸钠系列	高岭土—海藻酸钠 海藻酸钠—高岭土	↑ ↑	32341/33497
高岭土与蛋白质系列	高岭土—蛋白质 蛋白质—高岭土	↓ ↑	620/2861
微生物与腐殖酸系列	微生物—腐殖酸 腐殖酸—微生物	↑ ↑	5797/26545
微生物与海藻酸钠系列	微生物—海藻酸钠 海藻酸钠—微生物	↑ ↑	51134/29206
微生物与蛋白质系列	微生物—蛋白质 蛋白质—微生物	↑ ↑	4610/2880
腐殖酸与海藻酸钠系列	腐殖酸—海藻酸钠 海藻酸钠—腐殖酸	↑ ↑	41871/32540
腐殖酸与蛋白质系列	腐殖酸—蛋白质 蛋白质—腐殖酸	↑ ↑	3216/3254
海藻酸钠与蛋白质系列	海藻酸钠—蛋白质 蛋白质—海藻酸钠	↑ ↑	36032/32016

分析认为，第二种污染物引起的膜污染指数的增大可能有两个原因，一是由于预过滤之后膜本身阻力的增大，导致后续超滤膜过滤时间加长，所以增大了膜污染指数；其次可能是预过滤之后膜表面形成滤饼层，第二种污染物主要在滤饼层中被截留，但其在滤饼层中的沉积、聚集大大增加了滤饼层本身的阻力，此阻力可能要大于第二种污染物在膜表面沉积聚集时所带来的阻力增加。混合液的实际膜污染指数的变化可能是由于两者在预混合时，彼此之间会发生反应，进而影响两种污染物各自的稳定性，从而造成不同程度的膜污染，还有可能源于两者之间存在反应，形成的第三聚集体会在膜表面发生不同的膜污染行为，从而引起不同程度的比通量下降。同时根据各过滤实验中膜污染指数计算方程的相关系数可以知道本实验中所涉及的过滤均为滤饼层污染。

此外，多种污染物混合液的膜污染指数测试结果如图 8-127 所示。由图 8-127 可知，5 种过滤条件下混合液的膜污染指数分别为 43711s/L²、8641s/L²、37379s/L²、36547s/L² 和 51320s/L²，结合图 8-126 可以看出，膜污染指数最小的（高岭土＋腐殖酸＋蛋白质）具有最弱的滤饼层污染，且在所考察的污染物混合液中，海藻酸钠存在时混合液的膜污染指数相差比例不大，这与图 8-126 中所观察的滤饼层对膜污染的贡献相似。

（2）过滤过程中有机物的迁移

在本实验中，高岭土和微生物颗粒总是能够完全被超滤膜截留，但过滤过程中的有机物可以分为

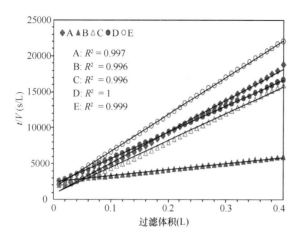

图 8-127 多种污染物混合过滤实验中 t/V 与
过滤体积之间的线性关系

A—高岭土＋腐殖酸＋海藻酸钠；B—高岭土＋腐殖酸＋蛋白质；
C—高岭土＋海藻酸钠＋蛋白质；D—腐殖酸＋海藻酸钠＋蛋白质；
E—高岭土＋腐殖酸＋海藻酸钠＋蛋白质

三部分：进水、出水、膜表面截留的有机物量。通常来讲，超滤膜对有机物的截留量越大，膜污染越重。对于超滤膜对污染物截留率和膜污染之间关系的研究较多，但多集中于单种污染物的研究，对于不同过滤顺序下有机物的截留率、不同混合前提下有机物截留率与超滤膜污染之间关系的报道则较少。

不同过滤条件下超滤膜对有机物的截留率和截留量测试结果见表 8-21。通过超滤膜对有机物截留量与超滤膜污染层之间的关系可以看出（图 8-128），污染物膜过滤过程中在膜表面或膜孔内的沉积量并不直接影响超滤膜各污染层的膜污染，这也表明，不同过滤条件下，有机物在膜表面的沉积行为、形成滤饼层的结构是不同的。污染物之间的反应应该是影响有机物截留率、污染物在膜表面沉积行为的主要因素。

不同过滤条件下超滤膜对有机物的
总截留率和截留量   表 8-21

污染物	过滤实验	有机物截留率（%）	有机物截留量（mg）
高岭土与腐殖酸	预混合	24.32	0.22
	高岭土—腐殖酸	41.67	0.37
	腐殖酸—高岭土	41.89	0.37
高岭土与海藻酸钠	预混合	61.32	0.52
	高岭土—海藻酸钠	65.96	0.56
	海藻酸钠—高岭土	80.61	0.68
高岭土与蛋白质	预混合	37.59	0.44
	高岭土—蛋白质	31.26	0.36
	蛋白质—高岭土	30.22	0.35
微生物与腐殖酸	预混合	37.79	0.34
	微生物—腐殖酸	58.69	0.52
	腐殖酸—微生物	43.90	0.39
微生物与海藻酸钠	预混合	58.49	0.50
	微生物—海藻酸钠	47.99	0.41
	海藻酸钠—微生物	75.41	0.64
微生物与蛋白质	预混合	43.10	0.50
	微生物—蛋白质	49.91	0.58
	蛋白质—微生物	30.92	0.36
腐殖酸与海藻酸钠	预混合	65.67	1.14
	腐殖酸—海藻酸钠	61.98	1.08
	海藻酸钠—腐殖酸	58.76	1.02
腐殖酸与蛋白质	预混合	71.88	1.47
	腐殖酸—蛋白质	60.94	1.25
	蛋白质—腐殖酸	44.53	0.91
海藻酸钠与蛋白质	预混合	74.70	1.50
	海藻酸钠—蛋白质	56.18	1.13
	蛋白质—海藻酸钠	52.19	1.05
高岭土＋腐殖酸＋海藻酸钠		67.05	1.16
高岭土＋腐殖酸＋蛋白质		67.38	1.38
高岭土＋海藻酸钠＋蛋白质		80.62	1.62
腐殖酸＋海藻酸钠＋蛋白质		70.86	2.05
高岭土＋腐殖酸＋海藻酸钠＋蛋白质		75.69	2.19

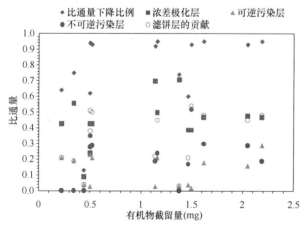

图 8-128 两种或多种污染物存在时有机物截留量与
超滤膜不同污染层引起比通量变化的关系

预过滤高岭土溶液并不会显著影响超滤膜系统对有机物的截留量，但对于腐殖酸和海藻酸钠而言，预混合时有机物的截留量总是低于顺序过滤时的截留量；而对于蛋白质，其与高岭土预混合时的有机物截留量却明显高于顺序过滤时的有机物截留量。有研究表明在预混合溶液中，高岭土对有机物有一定的吸附效应，从而会减少溶液中"自由"有机物分子的质量，进而减小超滤膜对有机物的截留率；但高岭土与有机物之间的反应会大大影响超滤膜表面滤饼层的孔隙率等，从而改变混合液引起的超滤膜污染行为。

（3）跨膜 Zeta 电位的变化

跨膜 Zeta 电位能够侧面反映超滤膜孔壁性质、滤饼层断面性质在膜污染中的变化。如前所述，在所考察的实验条件下，超滤膜污染均为滤饼层控制的污染。前人研究表明跨膜 Zeta 电位对膜层和滤饼层荷电情况的认识有很大的帮助作用，但关于跨膜 Zeta 电位的研究多集中于跨膜 Zeta 电位测试方法的影响因素、单种污染物在不同环境因素下对膜跨膜 Zeta 电位的影响等，对两种或多种污染物共存时对超滤膜跨膜 Zeta 电位变化的影响则缺乏深入的探讨，同时缺乏滤饼层在反冲洗之后对超滤膜跨膜 Zeta 电位贡献的研究。

在膜污染前后、反冲洗后，对超滤膜的跨膜 Zeta 电位进行了测试，并计算了超滤膜跨膜 Zeta 电位的变化率，计算了超滤膜在不同污染条件下形成滤饼层断面的 Zeta 电位，结果见表 8-22。

不同过滤条件下超滤膜跨膜
Zeta 电位的变化　　　表 8-22

污染物	过滤实验	$R_{末}(\%)$	$R_{反}(\%)$	ξ_c/ξ_m
高岭土与腐殖酸	混合液	31.25	20.63	0.60
	高岭土—腐殖酸	26.75	33.90	0.66
	腐殖酸—高岭土	14.60	13.84	0.81
高岭土与海藻酸钠	混合液	35.13	23.27	0.30
	高岭土—海藻酸钠	39.46	34.49	0.37
	海藻酸钠—高岭土	20.00	26.46	0.73
高岭土与蛋白质	混合液	5.09	23.04	0.95
	高岭土—蛋白质	20.42	19.53	0.76
	蛋白质—高岭土	−6.37	30.87	1.08
微生物与腐殖酸	混合液	20.31	18.13	0.75
	微生物—腐殖酸	13.88	34.09	0.82
	腐殖酸—微生物	21.92	24.69	0.72
微生物与海藻酸钠	混合液	41.54	47.25	0.15
	微生物—海藻酸钠	53.67	49.14	0.25
	海藻酸钠—微生物	43.69	39.22	0.16

续表

污染物	过滤实验	$R_{末}(\%)$	$R_{反}(\%)$	ξ_c/ξ_m
微生物与蛋白质	混合液	49.40	59.05	0.20
	微生物—蛋白质	54.81	66.49	−0.41
	蛋白质—微生物	58.95	29.61	−0.31
腐殖酸与海藻酸钠	混合液	25.27	17.08	0.68
	腐殖酸—海藻酸钠	12.29	24.95	0.81
	海藻酸钠—腐殖酸	15.73	26.70	0.70
腐殖酸与蛋白质	混合液	6.08	29.05	0.92
	腐殖酸—蛋白质	42.95	52.54	0.19
	蛋白质—腐殖酸	17.96	40.09	0.65
海藻酸钠与蛋白质	混合液	25.55	28.77	0.45
	海藻酸钠—蛋白质	31.84	41.14	−0.14
	蛋白质—海藻酸钠	53.65	45.76	−1.68
高岭土+腐殖酸+海藻酸钠		76.61	55.38	−0.39
高岭土+腐殖酸+蛋白质		20.62	13.72	0.79
高岭土+海藻酸钠+蛋白质		44.18	43.13	0.15
腐殖酸+海藻酸钠+蛋白质		37.05	12.58	0.33
高岭土+腐殖酸+海藻酸钠+蛋白质		49.86	39.54	0.04

由表 8-22 可知，污染物在不同组合条件下产生膜污染时，超滤膜表面滤饼层断面的 Zeta 电位有不同的变化，甚至有些污染条件下，膜表面滤饼层断面的 Zeta 电位为正，这可能是由于污染物中某些负电官能团在污染物之间发生反应时被屏蔽，也可能是源于有机物中所携带的低分子中带正电的官能团进入膜孔或粘附在滤饼层内孔上，从而导致滤饼层整体 Zeta 电位值为正。由图 8-129 可以发现，在一些污染物组合下，其不同过滤实验条件下滤饼层对膜比通量下降的贡献与滤饼层断面 Zeta 电位/新膜跨膜 Zeta 电位比值之间有很好的线性关系，如高岭土+腐殖酸系列、高岭土+海藻酸钠系列、腐殖酸+海藻酸钠系列等；但也有一些污染物组合膜污染时，滤饼层对膜比通量下降的贡献与滤饼层断面 Zeta 电位/新膜跨膜 Zeta 电位比值之间的相关性较差。分析认为，当超滤膜形成滤饼层时，滤饼层的结构并不均匀，此时某些特定离子或污染物表面的官能团可能会被屏蔽，从而影响整体滤饼层断面的 Zeta 电位。此现象与 Kazuho 在研究单种污染物形成滤饼层时断面 Zeta 电位变化规律时得到的结论相违背，这可能与该文章所用的污染物种类有关。Kazuho 所采用的污染物均为无机圆球颗粒物，其表面性质较均匀，且其单独存在时，

在膜表面形成的滤饼层结构也相对更为均匀，所以才发现滤饼层断面 Zeta 电位与滤饼层阻力有较好的线性相关性。但本书所采用的污染物中，并非所有污染物在膜表面形成滤饼层的断面 Zeta 电位都能够有效解释超滤膜的滤饼层污染。

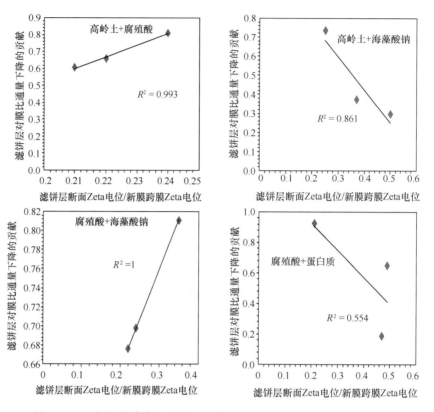

图 8-129　不同污染条件下滤饼层对膜比通量下降的贡献与滤饼层断面 Zeta 电位/新膜跨膜 Zeta 电位之间的关系

8.4　活性炭滤池—超滤联用对引黄水库水深度处理实验研究

8.4.1　原水水质及实验装置

东营市南郊水厂原水采用其配套的南郊水库水，水库水是黄河水经过简单沉砂处理后进入南郊水库的水。南郊水厂进水存在冬季低温低浊，夏季高藻的现象。在实验进行期间，水厂原水水质见表 8-23。

水厂原水水质		表 8-23
指标	范围	均值
水温（℃）	2～16	7.6
pH	8.00～8.20	8.12
细菌总数（CFU/mL）	16～30	21
UV$_{254}$（1/cm）	0.047～0.066	0.055
氨氮（mg/L）	0.8～4.0	1.5
COD$_{Mn}$（mg/L）	2.12～5.75	3.54
浊度（NTU）	4～13	9.83

中试实验中的进水为经过东营市南郊水厂一期工程的平流沉淀池处理过的沉后水。在实验进行期间，中试实验进水水质见表 8-24。

中试实验进水水质		表 8-24
指标	范围	均值
水温（℃）	3～16	7.9
pH	7.60～8.10	7.76
细菌总数（CFU/mL）	20～33	24
UV$_{254}$（1/cm）	0.035～0.060	0.047
氨氮（mg/L）	0.25～0.50	0.34
COD$_{Mn}$（mg/L）	2.0～3.5	2.46
浊度（NTU）	2.3～4.5	3.3

实验中进水将分别通过 GACSF-UF（炭砂滤池-超滤联用）、UACF-UF（上向流活性炭滤池-超滤联用）两套工艺，进行水质处理。图 8-130 和图 8-131 为实验装置示意图。

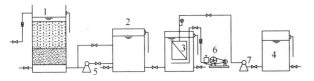

图 8-130　GACSF-UF 中试装置示意图

1—GACSF；2—滤后水箱；3—超滤组件；4—膜后水箱；

5—滤池反冲洗泵；6—鼓风机；7—超滤抽吸泵和反冲洗泵

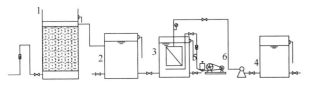

图 8-131　UACF-UF 中试装置示意图

1—UACF；2—滤后水箱；3—超滤组件；4—膜后水箱；

5—鼓风机；6—超滤抽吸泵和反冲洗泵

其中炭砂滤池（GACSF）选择 8×30 目活性炭作为实验用炭，石英砂采用的是河流黄砂，平均粒径为 0.8mm。GACSF 的炭层厚度为 800mm，砂层厚度为 400mm，滤速为 8m/h，过滤周期为 48h。上向流活性炭滤池（UACF）选择 20×50 目活性炭作为实验用炭，上升流速为 10m/h，活性炭滤料膨胀率约为 25%。本实验采用的超滤装置是由海南立昇净水科技实业有限公司提供，为外压浸没式中空纤维帘式超滤膜，共有两套，A 组件（接在 UACF 之后）的膜面积 37.5m²，B 组件（接在 GACSF 之后）的膜面积为 7.5m²，单格膜箱的规格 100cm×40cm×160cm（长×宽×高）。超滤膜材料为 PVC 合金，膜丝外径为 1.5mm，平均截留分子量是 50kDa，过滤的方式为死端过滤。实验中超滤组件的通量均定为 25L/(m²·h)，过滤周期为 60min，清洗方式为先气冲 15s，再水冲 1.5min。

表 8-25 为本实验采用的超滤膜的其他重要参数。

中试实验超滤膜的相关参数　　表 8-25

膜孔径（μm）	截留分子量（kDa）	跨膜压差（kPa）	设计通量[L/(m²·h)]
0.01	50	<80	<80

8.4.2　UACF-UF 和 GACSF-UF 净水效能对比分析

1. 浊度的去除效能对比分析

如图 8-132 所示，是 UACF-UF 工艺的浊度去除效果图。进水浊度较为稳定，基本在 2.1～4.0NTU 之间。UACF 对于浊度的去除效果比较微弱，且不稳定，去除率一般在 20%～30% 之间，最大也只能达到 42%，而且在开始阶段还出现了去除率为负的情况，通过肉眼观察，推断是由于新炭中夹杂的小颗粒物增大了出水浊度，随时间推移，这些杂质小颗粒被冲走。上向流流池由于颗粒之间流化，间隙变大，对于浊度的拦截效果很差。实验中超滤的出水浊度很稳定，基本保持在 0.2NTU 以下，相对于滤后水去除率接近百分之百。

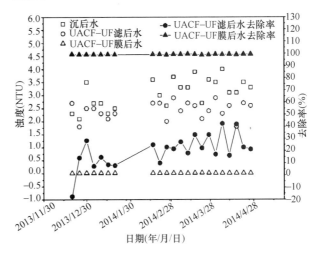

图 8-132　UACF-UF 工艺的浊度去除效果图

如图 8-133 所示，是 GACSF-UF 工艺的浊度去除效果图。GACSF 的出水浊度很稳定，基本可以维持在 0.5NTU 以下，相对于沉后水浊度去除率为 90% 左右。对应的超滤出水浊度去除效果也非常稳定，基本也在 0.2NTU 以下，相对于滤后水去除率接近百分之百。

两套工艺进行对比，可以看出，GACSF 对浊

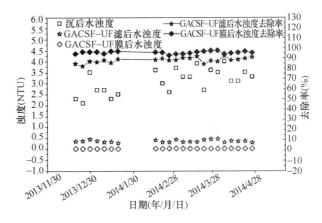

图 8-133　GACSF-UF 工艺的浊度去除效果图

度去除的效率、稳定性强于 UACF，而两套工艺整体对于浊度的去除则没有太大差别，这主要由超滤膜对于浊度超强的去除能力所致。若是出现超滤组件故障的情况，GACSF 的出水浊度可以满足直接接入市政管网的要求，所以相对于 UACF，GACSF 在供水安全上更有保障。若采用 UACF，需考虑增强超滤组件运行的稳定性，防止需要超越膜组件供水的可能。

2. 氨氮的去除效能对比分析

如图 8-134 所示，是 UACF-UF 工艺的氨氮去除效果图。进水的氨氮较低，基本维持在 0.50mg/L 以下，均值为 0.34mg/L。在 2014 年 3 月之前，UACF 对于氨氮的去除效果不稳定，且去除率基本在 15% 以下，甚至出现过负去除率现象，在 2014 年 3 月之后，去除率有较为明显的上升，基本维持在 20%～40% 之间。超滤膜对于氨氮去除的效果不明显，去除率最高时达到 17%。

如图 8-135 所示，是 GACSF-UF 工艺的氨氮去除效果图。该工艺的氨氮去除情况与 UACF-UF 工艺很相似。

两套工艺的氨氮去除情况进行对比，可以看出，两种滤池对于氨氮的去除效果都不好，可以认为它们对去除氨氮的限制因素基本一样。对两张图中的信息进行分析，2014 年 3 月之后较这之前的氨氮去除率有相对较为明显的提高，推测应该是温度起到了主导作用。氨氮的去除主要依赖于生物的硝化作用，生物硝化反应最适宜的温度是 20～30℃，当水温在 15℃ 以下的时候，细菌硝化反应的速率会明显下降，至 5℃ 时反应将会完全停止。

东营市的冬季温度较低，平均温度大概在 5℃ 左右，2014 年 3 月以后，温度开始上升，但温度也基本在 15℃ 以下，硝化作用相对于冬季时有明显上升，但是没能达到硝化细菌的最适宜温度，故对氨氮的去除情况仍不理想。同期的水厂氨氮出水均值为 0.04mg/L，原因是水厂滤池长期的运行使得硝化细菌的适应性更强，菌群数量更大。但由于进水的氨氮浓度很小，基本在 0.5mg/L 以下，因此两套出水的氨氮也都能稳定低于《生活饮用水卫生标准》GB 5749 规定的上限值 0.5mg/L。

3. COD_Mn 的去除效能对比分析

如图 8-136 所示，是 UACF-UF 工艺的 COD_Mn 去除效果图。进水 COD_Mn 较为稳定，基本在 2.0～4.0mg/L 之间。UACF 对于 COD_Mn 的去除效果较为稳定，去除率一般在 40%～60% 之间。随着时间推移，可以发现 2014 年 3 月以后的去除效果稍好于 2013 年冬季，可能归功于 2014 年 3 月以后这段时间的温度上升，微生物作用开始显现。超滤膜对于 COD_Mn 的去除能力一般，平均去除率只有 10% 左右，最高可达 30%。但有时去除率为负，推测出现负去除率的原因是氨的转化过程中生成的亚硝酸盐所带来的干扰。

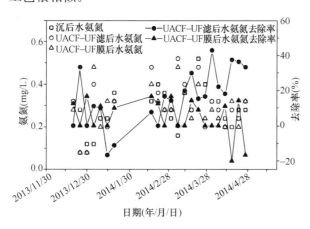

图 8-134　UACF-UF 工艺的氨氮去除效果图

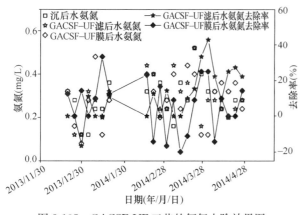

图 8-135　GACSF-UF 工艺的氨氮去除效果图

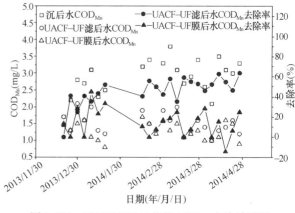

图 8-136　UACF-UF 工艺的 COD_Mn 去除效果图

如图 8-137 所示，是 GACSF-UF 工艺的 COD_{Mn} 去除效果图。GACSF 对于 COD_{Mn} 的去除效果较好，去除率一般在 30%～50% 之间。随着时间推移，与 UACF-UF 工艺相比，可以发现 2014 年 3 月以后的去除效果并没有明显好于 2013 年冬季，反而有所下降，这说明活性炭对有机物的去除能力在这段时间稍有下降。超滤膜对于 COD_{Mn} 的去除能力一般，平均去除率只有 15% 左右。

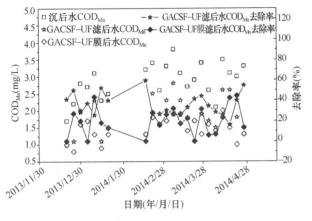

图 8-137 GACSF-UF 工艺的 COD_{Mn} 去除效果图

两组工艺进行对比，可以看出，UACF 对 COD_{Mn} 的去除效率、稳定性稍强于 GACSF，而两套工艺的超滤组件对 COD_{Mn} 的去除效果基本没有太大差别。从前期水温较低时，两种滤池的 COD_{Mn} 去除效果差别不大，可以看出，在吸附能力上，两种滤池相差不大。在利用微生物作用去除 COD_{Mn} 方面，UACF 要好于 GACSF。同期的水厂出水 COD_{Mn} 的平均值为 1.8mg/L，中试实验的两组工艺的最终出水 COD_{Mn} 均值都低于这个值，说明如预期一样，加入活性炭后对 COD_{Mn} 的去除效果更好。

4. UV_{254} 的去除效能对比分析

如图 8-138 所示，是 UACF-UF 工艺的 UV_{254} 去除效果图。进水 UV_{254} 较为稳定，基本在 0.03/cm 到 0.06/cm 之间。UACF 对于 UV_{254} 的去除效果良好，较为稳定，去除率一般在 60%～80% 之间。随着时间推移，可以发现 2014 年 3 月以后的去除效果稍好于 2013 年冬季，可能归功于 2014 年 3 月以后这段时间的温度上升，微生物作用开始显现。超滤膜对于 UV_{254} 的去除能力不显著，平均去除率约 10%。

如图 8-139 所示，是 GACSF-UF 工艺的 UV_{254} 去除效果图。GACSF 对于 UV_{254} 的去除率一般在 40%～60% 之间。随着时间推移，与 UACF-

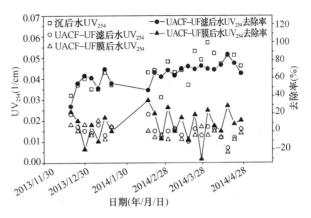

图 8-138 UACF-UF 工艺的 UV_{254} 去除效果图

UF 工艺相比，可以发现 2014 年 3 月以后的去除效果并没有明显好于 2013 年冬季，反而有所下降，这说明活性炭对有机物的去除能力在这段时间稍有下降。

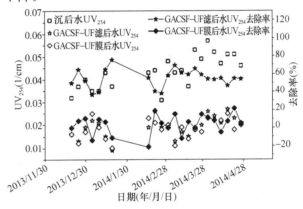

图 8-139 GACSF-UF 工艺的 UV_{254} 去除效果图

两组工艺进行对比，可以看出，UACF 对 UV_{254} 的去除效率、稳定性稍强于 GACSF，两组工艺的超滤组件对 UV_{254} 的去除效果基本没有太大差别。前期水温较低时两种滤池的 UV_{254} 去除效果差别不大，可以看出，在吸附能力上，两种滤池相差不大。在利用微生物作用去除 UV_{254} 方面，UACF 要好于 GACSF，这点可以从 2014 年 3 月以后两种滤池对于 UV_{254} 去除情况的不同可以得出。同期的水厂出水 UV_{254} 的平均值为 0.025/cm，中试实验的两组工艺的最终出水 UV_{254} 均值都低于这个值，表明加入活性炭后对 COD_{Mn} 的去除效果更好。

5. 三维荧光光谱分析

图 8-140～图 8-144 为中试实验中五种水质对应的三维荧光分析结果所绘等高线图。

荧光区域可以划分为芳香族蛋白质Ⅰ、芳香族

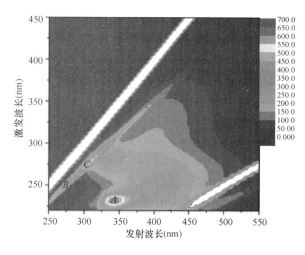

图 8-140　沉后水荧光图

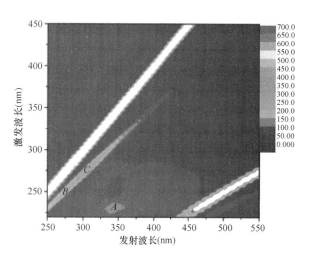

图 8-141　UACF-UF 滤后水荧光图

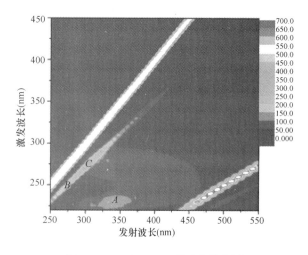

图 8-142　UACF-UF 膜后水荧光图

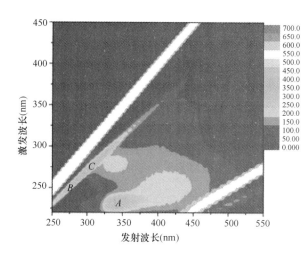

图 8-143　GACSF-UF 滤后水荧光图

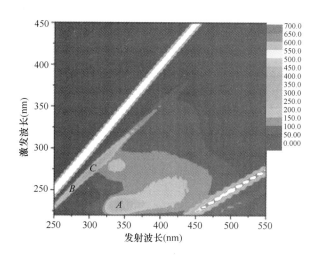

图 8-144　GACSF-UF 膜后水荧光图

FRI 法荧光区域划分　　　表 8-26

区域	有机物类型	激发波长 （nm）	发射波长 （nm）
Ⅰ	芳香族蛋白物质Ⅰ	220～250	280～330
Ⅱ	芳香族蛋白物质Ⅱ	220～250	330～380
Ⅲ	类富里酸	220～250	380～500
Ⅳ	类溶解性微生物代谢产物	250～280	280～380
Ⅴ	腐殖酸类	250～400	380～500

蛋白质Ⅱ、类富里酸、类溶解性微生物代谢产物和腐殖酸类五个区域，各个区域对应的激发波长和发射波长见表 8-26。

图 8-140 反映，沉后水的主要荧光峰有 A（230/345）、B（230/410）、C（280/334）三个峰，参照表 8-26，A 峰、C 峰为类芳香族蛋白质荧光，B 峰为类富里酸荧光，另依据水体里常见有机物的荧光识别位置 PARAFAC 模型，A 峰（T_2）、C 峰（T_1）代表色氨酸类蛋白质。

观察图 8-141、图 8-142，发现两组中试实验的荧光峰位置并没有显著变化，但是峰强度（FI）变化明显，筛选数据，将两组中试实验的水样荧光峰值强度变化的情况整理成表8-27。

水样荧光峰值强度变化的情况　　表8-27

水样	A		B		C	
	FI	去除率（%）	FI	去除率（%）	FI	去除率（%）
沉后水	652.8	0.00	312	0.00	289	0.00
UACF-UF 滤后水	131	79.93	85.94	72.47	59.62	79.35
UACF-UF 膜后水	158.1	−20.69	63.67	25.91	68.01	−14.07
GACSF-UF 滤后水	414.5	36.50	183	41.35	184	36.23
GACSF-UF 膜后水	379.5	8.44	172	6.12	168	8.91

沉后水数据直观地反映，中试进水中 A 峰的强度最大，B 峰、C 峰的强度相对较弱。沉后水经过 UACF 的处理后，三个荧光峰的强度变化均在 70% 以上，而经过 GACSF 处理后，三个荧光峰的强度变化在 40% 左右，远小于前者，可以认为 UACF 对于 A、B、C 三个荧光峰所对应的蛋白质和富里酸的去除效果要好于 GACSF。本章之前的有关章节提到，UACF 对于 COD_{Mn} 的去除率为 40%~60%，对于 UV_{254} 的去除率为 60%~80%，GACSF 对于 COD_{Mn} 的去除率为 30%~50%，对于 UV_{254} 的去除率为 40%~60%，在此，有机物去除效果的优劣进一步得到证明。同时，可以发现两种滤池对于 UV_{254} 的去除率和三种荧光峰的强度变化很巧合地一致，UV_{254} 是水中具有不饱和键及芳香性物质的重要表征指标，对于荧光峰强度 FI 和 UV_{254} 的较高相关性已经有过研究，可以认为，在本中试实验中，进水的荧光物质的主要组成是具有不饱和键的物质及芳香性物质。另外，超滤对荧光物质的去除效果不明显。

6. 细菌的去除效能对比分析

在本次的中试实验中共抽检过细菌总数 5 次，测定结果表明，原水的细菌总数在 16~30CFU/mL 之间，沉后水的细菌总数在 20~33CFU/mL 之间，均值为 24CFU/mL。GACSF-UF 工艺中的 GACSF 出水细菌总数在 5~15CFU/mL 之间，均值为 8CFU/mL，超滤出水未检出细菌；UACF-UF 工艺中的 GACSF 出水细菌总数在 78~393CFU/mL 之间，均值为 257CFU/mL，超滤出水未检出细菌。图 8-145 为中试实验期间，上述各种水体的细菌总数均值的对比图，各工艺名代表其

工艺出水。

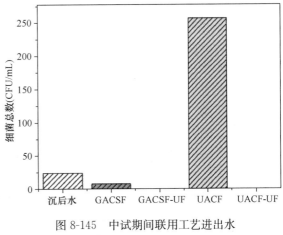

图 8-145　中试期间联用工艺进出水细菌总数均值的对比图

数据表明，GACSF 对于细菌的截留有一定作用。上向流活性炭不能截留细菌，反而滋生细菌。超滤出水未检出细菌，说明超滤可以可靠地去除细菌，能保证饮用水的生物安全。

8.4.3 UACF-UF 和 GACSF-UF 超滤膜污染对比分析

本小节对两组中试实验的膜组件污染情况进行了研究。在实验中超滤组件的运行参数为：运行通量 $25L/(m^2 \cdot h)$，过滤周期为 60min，清洗方式为先气水反冲 15s，再水冲 1.5min。

1. 实验期间跨膜压差变化情况分析

图 8-146 是运行期间超滤膜跨膜压差（TMP）随日期的变化规律，图中的 TMP 均为当天中午超滤膜物理清洗之后的跨膜压差值。

如图 8-146 反映，在超滤膜运行初期，UACF-UF 工艺中的膜组件跨膜压差值更高一些，起始值为

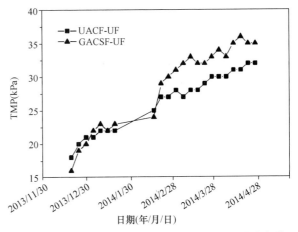

图 8-146　运行期间超滤膜跨膜压差随时间的变化规律

18kPa，而 GACSF-UF 工艺中的膜组件则为 16kPa，随着时间推移，两组膜组件的跨膜压差值均在上升，最终分别达到 32kPa 和 35kPa。

起始阶段，前者的跨膜压差值高，随着时间推移，前者的跨膜压差增长速率明显小于后者，而两者进水水质的主要差异是前者进水的浊度更高，后者的进水有机物更多。可以推断，初始跨膜压差的差异主要决定因素是进水的浊度不同，而跨膜压差的增长，也就是膜污染，更多的是取决于进水中有机物的浓度。

两者的跨膜压差变化曲线都存在共性：在开始的几天，跨膜压差迅速增长；然后，跨膜压差的增长开始趋于平缓，在中试实验的末期，可以明显看到跨膜压差基本不再明显增长。分析原因：超滤膜刚启用时，表面洁净，进水中的小颗粒物质、胶体易于沉积在膜孔内，溶解性有机物也吸附在膜的表层，这导致膜污染的迅速发生，跨膜压差急剧增加；进入稳定期后，超滤膜表面的沉淀吸附作用趋于饱和，膜污染速率开始下降，跨膜压差变化趋于平缓；在实验末期，超滤膜表面的污染已经趋于平衡，污染物无法牢固地依附于膜表面，易于被物理清洗除去。在最初运行的 5 个月，水厂的超滤组件（跨膜压差与中试实验相差不大）的跨膜压差便已升高到 40kPa，可以看出，炭滤池减缓了膜污染。

2. 物理清洗实验研究

图 8-147 是在连续的过滤周期内两组中试实验超滤组件跨膜压差（TMP）的变化图。为了能更好地研究物理清洗对于膜污染缓解的规律，本实验将过滤的周期定为 2h，在每个周期结束后，将采用清洗泵抽水反向对超滤膜进行物理冲洗的方式缓解膜污染。

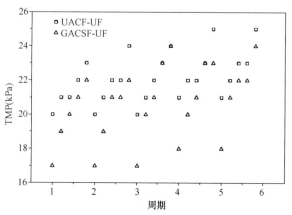

图 8-147 TMP 在连续的过滤周期内的变化图

由图 8-147 可知，两个中试实验的膜组件都具有共性：随着周期数的增加，物理清洗对超滤膜的性能恢复能力逐渐下降，清洗之后的跨膜压差值是在上升的。另外，GACSF-UF 工艺的跨膜压差出现升高的时间点更早，分析原因应该是其进水有机物浓度更高，不可逆污染更容易发生。上述的研究表明，物理清洗对于超滤的污染去除能力是有限的。

3. 化学清洗实验研究

为了研究化学清洗对膜污染去除的作用如何，在实验末期对两组中试实验的膜组件进行了化学清洗。本实验化学清洗采用的药剂是 0.3% 次氯酸钠（NaClO，弱碱性，同时有很强的氧化性）和 0.2% 柠檬酸，两组膜组件均采用先次氯酸钠清洗，后柠檬酸清洗的顺序。化学清洗后的跨膜压差及跨膜压差恢复率结果见表 8-28，表中跨膜压差 TMP 的单位均为 kPa，酸洗（柠檬酸清洗）后的恢复率是化学清洗总恢复率减去次氯酸钠清洗后的恢复率。

化学清洗后的跨膜压差及跨膜压差恢复率　　　表 8-28

清洗类型	TMP 及其恢复率	UACF-UF	GACSF-UF
NaClO 洗后	初始 TMP（kPa）	18	16
	清洗前 TMP（kPa）	32	35
	TMP（kPa）	28	29
	TMP 恢复率（%）	28.57	31.58
酸洗后	TMP（kPa）	26	28
	TMP 恢复率（%）	14.29	5.26

由表 8-28，可以看出对于两组中试实验的膜组件，NaClO 清洗对超滤膜性能的恢复效果要好于酸洗。同时可以看出，化学清洗无法完全清除掉长期以来积累的膜污染。

4. 化学清洗浸出液分析

（1）金属离子含量分析

本实验采用了 ICP-OES 对化学清洗时的浸出液的部分金属离子进行了检测，数据整理在表 8-29 中。图 8-148 中的上向 NaClO 后和上向酸后分别代指 UACF-UF 工艺中的膜组件 NaClO 清洗和酸洗的浸出液，炭砂 NaClO 后和炭砂酸后分别代指 GACSF-UF 工艺的中膜组件 NaClO 清洗和酸洗的浸出液。

化学清洗浸出液的金属离子浓度　表 8-29

	上向 NaClO 后	上向酸后	炭砂 NaClO 后	炭砂酸后
Al（mg/L）	0.337	7.475	0.130	5.417
Ca（mg/L）	24.690	131.400	10.780	100.400
Cu（mg/L）	0.002	0.027	未检出	0.015
Fe（mg/L）	0.016	4.087	未检出	6.769
Mg（mg/L）	26.210	36.720	25.270	38.400
Mn（mg/L）	0.003	0.596	未检出	0.628

由表 8-29，可以看出对于两组中试实验的膜组件，表面污染物中的各种金属离子的量基本没有显著差异，表中数据也进一步证明了，酸洗相比 NaClO 清洗对金属化合污染物的去除更有效。对比几种金属离子的含量，其中 Ca、Mg 的量最大，可以认为是引起膜污染的主要金属离子。

（2）三维荧光光谱分析

对上述四种化学浸出液作三维荧光分析，结果如图 8-148～图 8-151 所示。

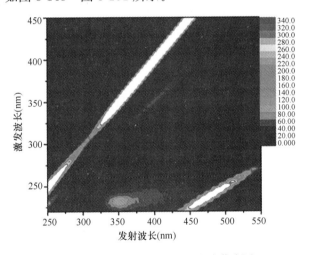

图 8-148　上向 NaClO 后浸出液荧光图

由于化学清洗可能给有机物质的结构带来破坏，因此 EEM 荧光图所反映的情况是化学作用发生之后的有机物荧光。两套工艺膜组件 NaClO 清洗之后的浸出液荧光峰对应的物质为蛋白质类，酸洗后的浸出液荧光峰对应的物质是腐殖酸，前者的强度明显小于后者。但是根据化学清洗的跨膜压差恢复情况，可以得出 NaClO 清洗效果好于酸洗的，分析主要原因应该是 NaClO 清洗去除的有机物的荧光结构大部分都被其氧化能力破坏掉了。

综上所述，本章采用了上向流活性炭滤池—超滤联用（UACF-UF）、炭砂滤池—超滤联用

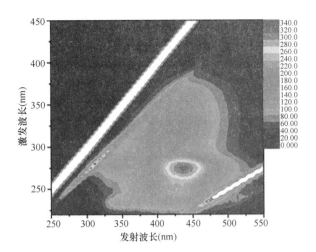

图 8-149　上向酸后浸出液荧光图

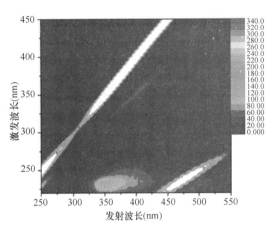

图 8-150　炭砂 NaClO 后浸出液荧光图

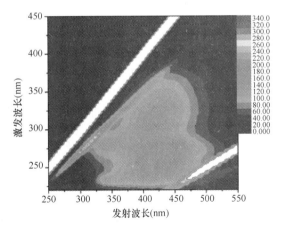

图 8-151　炭砂酸后浸出液荧光图

（GACSF-UF）两套工艺，以东营南郊水厂一期工程沉后水为进水，进行了强化溶解性有机物去除的研究，研究结果可对现有水厂的滤池改造提供借鉴意义，为超滤与其他工艺组合的可行性提供了理论支持，同时为解决超滤去除溶解性有机物效果差和

膜污染的问题提供思路，促进超滤技术的推广。

8.5 高密度沉淀池—超滤膜组合工艺处理低浊水中试实验研究

8.5.1 原水水质、中试实验系统及设备参数

1. 原水水质

实验水源为黄河东营段，水源水先进入水库，然后进入水厂进行处理。本实验取进厂水作为实验原水。黄河水在水库中存放后，除雨天和大风天气外，浊度一般较低，在30NTU以下，但有机物和藻类含量较高。

主要水质指标为浊度变化范围2～22NTU，温度4～31℃，UV_{254}范围为0.05～0.09/cm，藻类$200×10^4$～$237000×10^4$个/L。

实验阶段原水水质指标见表8-30。

原水主要水质指标			表 8-30
水质指标	浊度（NTU）	高锰酸盐指数（mg/L）	水温（℃）
数据	2.46～7.57	2.64～3.40	4.3～30.6

从表8-30显然看出东营水库水的特点为浊度低，尤其是冬季，浊度更低，在10NTU左右。

2. 中试实验系统

本套装置分为两大部分，第一部分为预处理部分，主体为高密度沉淀池，第二部分为深度处理部分，称为 EEM406 型超滤装置。装置实图如图8-152所示。

图 8-152 部分中试实验装置照片

中试实验流程图如图8-153所示。

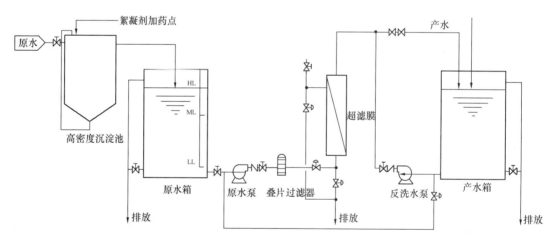

图 8-153 中试实验流程图

实验流程如图8-153所示，原水经泵提升后再经100 μm保安过滤器（碟片过滤器），直接进超滤膜过滤；或原水中投加混凝剂、回流污泥、PAM后，经混合、反应、沉淀预处理，沉淀水经泵加压进入超滤过滤。原水进入超滤后，通过中空超滤膜（截留分子量50kDa），净水从膜壁四周渗出，截留的细菌及其他各种杂质如铁锈、胶体、藻类、悬浮物和大分子有机物等通过反冲洗方式从排污口排出。装置考虑了原水水质对超滤膜可能存在的污染，设计了手动错流、定时冲洗的运行方式将被截流物排出，从而最大限度地保证超滤膜稳定运行。该系统处理能力为5.0m³/h。

超滤膜运行有可编程程序控制 PLC 控制，过滤方式为死端过滤，过滤30min，正冲20s，反冲40s，正冲流量为7.0m³/h，反冲洗用水为超滤膜产水，反冲洗废水排放，膜产水压力恒为0.03MPa。

3. 高密度沉淀池参数

（1）最大进水流量 5.5m³/h，沉淀停留时间不小于 12min，表面负荷 $q=11\text{m}^3/(\text{m}^2 \cdot \text{h})$，上升流速 $v=3.0\text{mm/s}$，斜管采用聚丙烯材料，正六边形，长 1000mm，角度 60°。

（2）混合池尺寸 300mm×300mm×1660mm，超高 150mm，停留时间 1.5min。

（3）反应池 700mm×700mm×1660mm，超高 150mm，反应时间 $t=8.1\text{min}$。

（4）沉淀池总高 3426mm，沉淀区 1000mm，配水区 760mm，斜管区 866mm，清水区 650mm，超高 150mm。

4. 膜装置参数

膜装置参数见表 8-31。

膜装置参数	表 8-31
参数名称	数值
膜过滤面积（m²）	40
处理水量（m³/d）	40～120
最大跨膜压差（MPa）	0.2
反冲洗最大跨膜压差（MPa）	0.15
最大进水压力（MPa）	0.30
进水温度（℃）	5～38
进水浊度（NTU）	≤10
进水 pH	2～13

8.5.2 组合工艺的净水效果

1. 聚合氯化铝（PAC）投加量对处理效果影响

从图 8-154 看出，随着 PAC 投加量的增加，沉后水的浊度去除率有显著的提高；但当 PAC 的投加量大于 20mg/L 时，继续增加其投加量，沉后水浊度去除率没有太明显提高。PAC 投加量对膜后水的浊度影响很小，显然超滤膜在浊度去除方面起到决定性的作用。

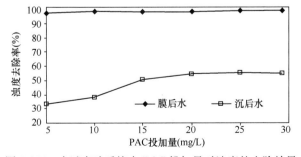

图 8-154 中试实验系统中 PAC 投加量对浊度的去除效果

从图 8-155 看出，随着 PAC 投加量的增加，沉后水的 COD_{Mn} 的去除率有显著的提高；但当 PAC 的投加量大于 20mg/L 时继续增加其投加量，对沉后水的 COD_{Mn} 去除率提高起到的作用很小。

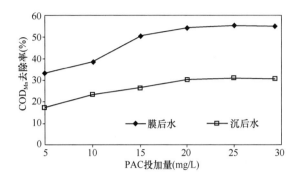

图 8-155 中试实验系统中 PAC 投加量对 COD_{Mn} 的去除效果

在投药量较小时，由于 PAC 提供的正电荷胶粒较少，提供正电荷的能力有限，不足以中和悬浮颗粒表面的负电荷，悬浮颗粒脱稳程度不高，无法聚集成较大颗粒，导致絮凝体平均粒径较小；随着投药量的增大，预制的多核基聚合物发挥强烈的电中和—凝聚作用，此时正电荷凝胶迅速与带负电荷的悬浮胶体颗粒结合，并且颗粒表面 ζ 电位降到 ±10mV 以内，使悬浮颗粒发生吸附电中和脱稳，有效聚集成长，此时的絮凝体颗粒尺寸最大，达到 0.45mm。但当进一步增大投药量时，网扫絮凝变成了主要的混凝作用机理，此时形成的絮凝体结构松散，抗剪切能力差，在机械搅拌作用下容易破碎，因而具有较小的平均粒径。

2. 聚丙烯酰胺（PAM）投加量对处理效果的影响

图 8-156 为中试实验系统中 PAM 投加量对浊度的影响。

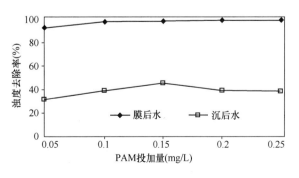

图 8-156 中试实验系统中 PAM 投加量对浊度的去除效果

从图 8-156 中可以看出，起始阶段随着 PAM 投加量的增加，对原水的浊度去除率有所提高；当投加量大于 0.15mg/L 后其作用不是很显著。实际生产运行过程中增大 PAM 投加量对直接提高高密度沉淀池的絮凝效果以至降低出水浊度的贡献不明显。

3. 聚丙烯酰胺（PAM）投加位置对处理效果的影响

从图 8-157 可以看出，PAM 投加量在 0.10～0.15mg/L 范围内时，膜后水浊度的去除率处于高效段，且末端投加对浊度的去除效果稍好于前端投加。

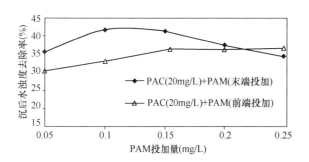

图 8-157　中试实验系统中 PAM 投加位置对
沉后水浊度的去除效果

注：前端投加表示 PAM 投加位置位于反应池前端，
末端投加表示 PAM 投加位置位于反应池末端。

从图 8-158 可以看出，PAM 在末端投加对沉后水 COD_{Mn} 去除效果好于前端投加。两者相比，末端投加去除率较前端投加去除率可提高 2% 左右。

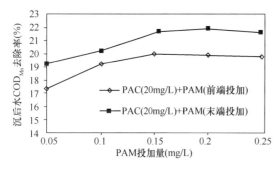

图 8-158　中试实验系统中 PAM 投加位置对
沉后水 COD_{Mn} 的去除效果

从图 8-159 可以看出，PAM 在末端投加对整体工艺来说，COD_{Mn} 的去除效果上后端投加好于前端投加。两者相比末端投加去除率较前端投加 COD_{Mn} 去除率可提高 3.5% 左右。

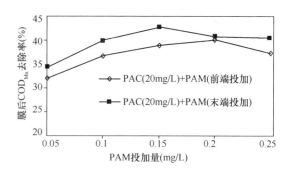

图 8-159　中试实验系统中 PAM 投加位置对
膜后水 COD_{Mn} 的去除效果

4. 对比组合工艺与直接超滤对浊度和 COD_{Mn} 的去除效果

本小节通过对原水采用直接超滤膜处理和对原水采用组合工艺（高密度沉淀耦合超滤膜）的处理结果的对比，分析高密度沉淀池对超滤的预处理作用功效。

在投加聚合氯化铝（PAC，20mg/L）、聚丙烯酰胺（PAM，0.15mg/L，末端投加）的情况下，组合工艺（高密度沉淀池耦合超滤膜）和直接超滤出水对浊度和 COD_{Mn} 的去除率随时间变化如图 8-160、图 8-161 所示。

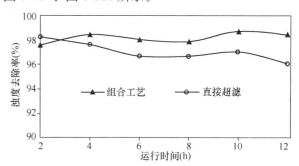

图 8-160　浊度去除率随时间的变化

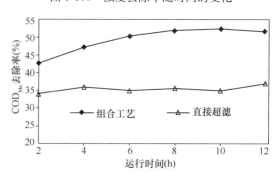

图 8-161　COD_{Mn} 去除率随时间的变化

从图 8-160 看出：组合工艺和直接超滤在去除浊度方面，组合工艺明显好于直接超滤工艺，分析原因：在超滤膜前设置高密度沉淀池，其有良好的浊度去除率。这样就有效地减轻了后续膜组件的处理负荷，使得组合工艺的处理效果好于直接超滤工艺。

从图 8-161 可以看出：对 COD_{Mn} 去除效方面，组合工艺表现出更加明显优势，由于超滤膜截留分子量较大，对溶解性有机小分子物质去除率较低，而高密度沉淀池由于具有较好的絮凝效果，在去除浊度的同时，对有机物也有很好的去除效果，组合工艺相对直接超滤工艺 COD_{Mn} 的去除率可提高约 15%。

5. 组合工艺与水厂传统工艺处理效果对比实验

本小节通过对原水采用组合工艺（高密度沉淀耦合超滤膜）和水厂传统工艺对浊度和有机物等指标的处理结果进行对比，分析高密度沉淀池与超滤的联用组合工艺的作用功效。

（1）对浊度去除效果

高密度沉淀池作为膜的预处理单元，大大扩展了超滤膜对原水浊度的适用范围。实验期间，水厂进水的浊度较低，为 3~22NTU。

图 8-162 为实验期间膜出水浊度和水厂滤池出水浊度的情况。

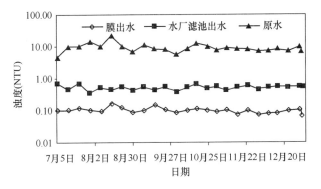

图 8-162　浊度去除效果

图 8-162 表明，原水直接超滤或高密度沉淀池预处理后再膜滤，膜出水浊度均在 0.1NTU 左右，优于水厂滤池出水浊度。这充分说明了超滤对浊度去除的保障作用。从图 8-162 可以看出在浊度的去除方面，组合工艺是有效的，且经过几个月的实验可以看出，出水水质很稳定。

（2）对有机物的去除效果

实验期间原水 COD_{Mn} 为 2.80~4.20mg/L。如图 8-163所示，对 COD_{Mn} 的去除情况，组合工艺去除率在 35% 左右，水厂处理工艺对其去除率在 30% 左右。两者对比看出，组合工艺在 COD_{Mn} 去除方面，好于传统工艺。

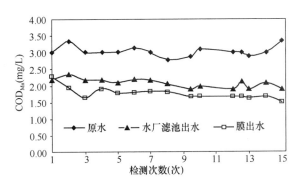

图 8-163　COD_{Mn} 去除效果比较

（3）对藻类去除效果的影响

表 8-32 为高藻期间，高密度沉淀池和超滤组合工艺对藻类的去除效果与水厂对藻类的去除效果比较。实验过程中，发现膜出水中检测出一定数量的藻类，分析其原因可能是超滤膜个别膜丝破损。本实验结果说明了高密度沉淀池和超滤膜联用对藻类有较好的处理效果，优于水厂的传统工艺。

膜处理工艺对藻类的去除　　　　　表 8-32

测定次数	原水藻类（$\times 10^4$/L）	组合工艺出水藻类（$\times 10^4$/L）	组合工艺藻类水去除率（%）	出厂水藻类（$\times 10^4$/L）	出厂水藻类去除率（%）
1	16700	40	99.760479	200	98.802395
2	17600	60	99.6590909	150	99.147727
3	17600	70	99.6022727	180	98.977273
4	104500	120	99.8851675	600	99.425837
5	123000	100	99.9186992	450	99.634146
6	204000	150	99.9264706	450	99.779412
7	233500	120	99.9486081	630	99.730193
8	237000	180	99.9240506	630	99.734177

8.5.3　组合工艺与直接超滤对膜污染影响的对比

本小节通过对原水采用直接超滤膜处理和对原水采用组合工艺（高密度沉淀耦合超滤膜）对膜污染影响的对比，分析高密度沉淀池作为膜的预处理对膜污染的缓解作用。

1. 直接超滤时膜污染状况研究

（1）通量大小对膜污染的影响

实验过程中，膜在恒通量下运行，膜污染状况通过跨膜压差的大小来间接表示。随着超滤的进行，由于受浓差极化和凝胶层等因素的影响，为保持通量恒定，膜前操作压力会升高。

图 8-164 和图 8-165 为原水直接超滤时，改变

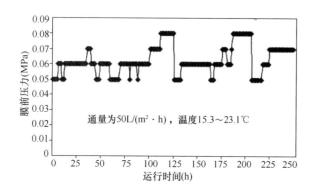

图 8-164　超滤膜前压力随运行时间的变化情况

通量，膜前压力随运行时间的变化情况。

图 8-164 中，通量为 50L/(m²·h)，温度为 15.3～23.1℃，膜前压力在运行 250h 内的变化情况。膜前起始压力为 0.05MPa，随着运行时间的延长，膜前压力增加，当压力增至 0.08MPa 时，对膜进行化学清洗。为减轻膜污染，在 250h 内进行了两次化学清洗。结果表明，每次化学清洗后膜前压力均可降至 0.05MPa，但是，经过化学清洗后，膜前压力增加速度变快。

图 8-165 为通量为 62.5L/(m²·h)，温度 8.20～14.0℃时，膜前压力在运行 250h 内的变化情况。膜起始压力为 0.05MPa，随着运行时间的延长，膜前压力逐渐升高，当压力增至 0.10MPa 时，对膜进行化学清洗。共进行了 4 次化学清洗。因此，在膜技术工程应用中，为减少膜污染，延长化学清洗的周期，应该选择合适的通量。

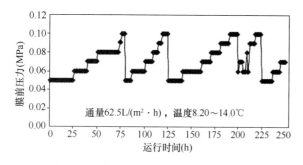

图 8-165　膜前压力随运行时间的变化情况

实验中化学清洗使用的化学药剂为 NaOH（pH＝12）稀溶液。方法为先用化学药剂循环清洗 30min，然后停机浸泡 20h，之后用清水洗干净。每次化学清洗后，膜前压力均降到 0.05MPa，说明碱液的化学清洗效果良好。

（2）膜清洗试剂对膜污染影响

实验中超滤膜采取过滤 30min，正冲 20s，反冲 40s 的运行方式。但是随着过滤的进行，在膜表面和膜孔内还是会积累产生膜污染物质，而单纯的水力冲洗不能去除这些污染物。因此，本实验采取在短期内进行化学药剂清洗的办法来减轻膜污染。

前期对于各种化学药剂的选择进行过一系列研究。结果表明酸类物质，如盐酸、硫酸、柠檬酸对于污染物质的去除没有太显著的效果，相反有时会使膜组件的通量进一步降低。碱液对膜组件的清洗有一定清除效果，但并不能彻底清除膜污染。氧化剂对于膜污染去除效果较好，这与氧化剂对有机物的有效氧化作用有关。因此，实验中每 8h 用 200mg/L 的 NaClO 溶液对膜进行化学清洗。

图 8-166 所示通量为 50L/(m²·h)，温度为 15.3～23.1℃，系统每次运行 8h，用 200mg/L 的 NaClO 溶液浸泡 5min 的条件下，膜前压力在运行 250h 内的变化情况。与图 8-165 所示的结果对比可以发现，经过 120h 后，膜压力由 0.05MPa 增至 0.09MPa，在 250h 内，仅有一次化学清洗。

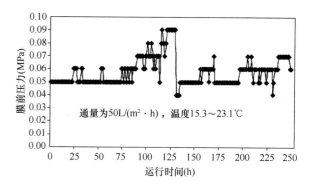

图 8-166　膜前压力随运行时间的变化情况

NaClO 溶液具有氧化性，可以抑制膜装置中微生物的生长，从而减少膜污染；并且 NaClO 能够氧化分解膜表面及膜孔内的部分有机物。当膜孔及膜表面的滤饼层被氧化破坏后，就失去吸附作用，再经反冲洗作用得以去除。因此，投加 NaClO 进行化学清洗，大大减轻了由单纯水力冲洗不能去除的膜污染，从而使膜污染速度变慢，使化学清洗周期延长。

2. 组合工艺对膜污染影响

实验期间，水厂原水中藻类数量逐渐增加，8 月～9 月原水中藻类数量增至 1.67×10⁸～2.37×10⁹ 个/L。当原水中藻类数量较大时，直接膜滤会使膜阻力迅速增大，膜过滤周期缩短，膜污染加剧。因此，采用高密度沉淀池作为膜装置的前处理单元可减轻超滤膜的出水负荷，减轻超滤膜污染，延长膜的化学清洗周期。

图 8-167 所示,当采用高密度沉淀池后,膜前压力随运行时间的变化情况。实验结果表明,当通量由 62.5L/(m²·h) 增加至 75.0L/(m²·h) 时,膜前压力由 0.04MPa 升高至 0.054MPa;并且,较高膜通量运行时,膜前压力在 300h 内保持恒定。这说明污泥回流可作为高藻期间超滤膜稳定运行的有效预处理方式。污泥回流可改善膜运行状况,原水经过高密度沉淀池预处理后,沉淀出水水质有很大程度的提高,减轻了膜污染,从而使膜前压力长时间内保持恒定。

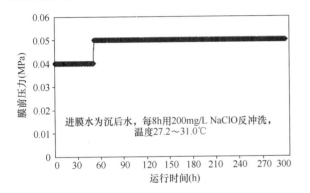

图 8-167 膜前压力随运行时间的变化情况

如图 8-168 所示,采用高密度沉淀池与超滤膜联用时,通量减少量随时间变化不是很明显;然而采用直接超滤工艺发现通量有明显减少趋势,这说明高密度沉淀池对减少膜污染,维持通量有很好的作用。

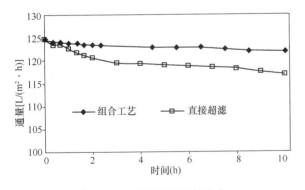

图 8-168 通量随时间的变化

超滤膜进、出口压差(反映了膜表面沉积层的状况)随过滤时间的变化如图 8-169 所示。从图 8-169 中可知,在 10h 的连续超滤实验中超滤膜进、出口压差变化明显。在设置高密度沉淀池条件下,压差从 40kPa 增加到 52kPa,压差增加较慢;采用直接超滤工艺则压差增加明显。因此,高密度

沉淀池作为膜的前处理对膜污染起到了很好的缓解作用。

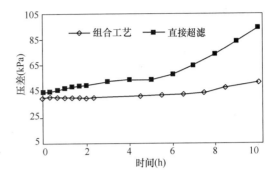

图 8-169 跨膜压差量随时间的变化

综上所述,本章采用高密度沉淀池作为超滤膜组件的前处理,研究了高密度沉淀池和超滤膜组件联用对东营水质的处理效果及高密度沉淀池对膜污染的影响,研究表明高密度沉淀池作为膜前预处理工艺可保证超滤膜装置高藻期间运行的稳定性,同时对膜污染起到了很好的缓解作用。研究结果拓展了超滤膜前预处理的方法,同时为超滤处理浊度低、藻类含量高的水质提供了思路。

8.6 东营南郊水厂浸没式超滤膜膜污染调控措施研究

8.6.1 实验用水及装置

本章的中试和生产实验在东营南郊水厂进行,东营市南郊水厂原水采用其配套的南郊水库水,水库水是黄河水经过简单沉砂处理后进入南郊水库的水。实验期间所采用的膜进水为水厂 V 型滤池出水。

如图 8-170 所示,中试实验装置由原水箱、膜池、贮水箱、反冲洗水箱和控制系统几部分组成,原水(水厂 V 型滤池出水)进入原水箱中,随后经水泵提升至膜池中进行过滤,膜池采用溢流的方式保持水位恒定,UF 膜出水进入贮水箱中。中试膜组件的有效膜面积为 15m²,采用恒流量 [30L/(m²·h)] 方式进行过滤,通过观测跨膜压差来分析其膜污染变化规律。反冲洗流量为过滤通量的 2 倍 [60L/(m²·h)],采用特别配制的反冲洗溶液(如次氯酸钠溶液)进行强化水力反冲洗,反冲洗时间为 3min,反冲洗周期为 105min,反冲洗过程中不断向膜池中曝气,强化反冲洗效果,曝气强度

为 0.4m³/h。反冲洗结束后，将膜池中的水排空，然后重新进水过滤。

图 8-170　现场中试实验装置工艺流程图

8.6.2 NaClO 强化水力反冲洗对超滤膜污染控制中试实验研究

1. 化学强化水力反冲洗对不同超滤膜污染的控制效能

（1）化学强化水力反冲洗对 PVC 复合膜污染控制研究

本小节将研究中试条件下 NaClO 强化水力反冲洗对 PVC 复合膜污染的控制作用（每次反冲洗都采用 NaClO 溶液）。实验结果如图 8-171 所示。

可以看出，在中试条件下，NaClO 强化水力反冲洗对 PVC 复合膜污染仍具有较好的控制作用，每次反冲洗后，PVC 复合膜的 TMP 均可恢复到上一阶段的初始值，甚至较之略微有所降低。PVC 复合膜长期运行过程中，其水力不可逆污染阻力逐渐降低，这可能是由于实验前，该套中试设备闲置较长时间，形成了较为严重的水力不可逆污染（主要是生物膜污染），随着实验的进行，不断强化水力反冲洗，导致原本形成的水力不可逆污染逐渐被去除，从而导致 PVC 复合膜的水力不可逆污染阻力逐渐降低。此外，还可以看出，随着过滤的进

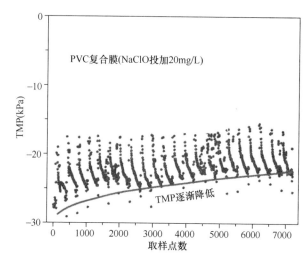

图 8-171　NaClO 强化水力反冲洗下 PVC复合膜 TMP 随时间变化规律

行，PVC 复合膜的总阻力也在不断降低。通过上述分析可知，NaClO 强化水力反冲洗可有效地缓解 PVC 复合膜的水力不可逆污染，提高了其运行的稳定性。

（2）化学强化水力反冲洗对 PVDF 膜污染控制研究

本小节将进一步研究 NaClO 强化水力反冲洗对 PVDF 膜污染的控制作用（主要是分析其对水力不可逆污染的缓解作用），实验结果如图 8-172 所示。与 PVC 复合膜跨膜压差迥异的是，PVDF 膜的跨膜压差仅为 2.5~4.5kPa，变化幅度显著低于 PVC 复合膜（约 6~8kPa），表明 PVDF 膜本身的抗污染效果显著高于 PVC 复合膜。同时可以看出，采用 NaClO 强化水力反冲洗后，PVDF 膜的水力不可逆污染阻力几乎没有发现显著变化，表明

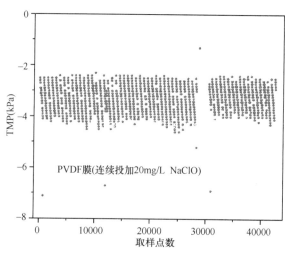

图 8-172　NaClO 强化水力反冲洗下 PVDF膜 TMP 随时间变化规律

NaClO 强化水力反冲洗可有效地控制 PVDF 膜的水力不可逆污染。

2. NaClO 投加量对超滤膜污染控制效果

（1）NaClO 投加量对 PVC 复合膜污染控制效果研究

上述研究表明，NaClO 单独投加对 PVC 复合膜的水力不可逆污染具有较好的控制作用。为了进一步降低 NaClO 的投加量，本小节将进一步考察不同 NaClO 投加量对 PVC 复合膜水力不可逆污染的影响，实验结果如图 8-173 所示。

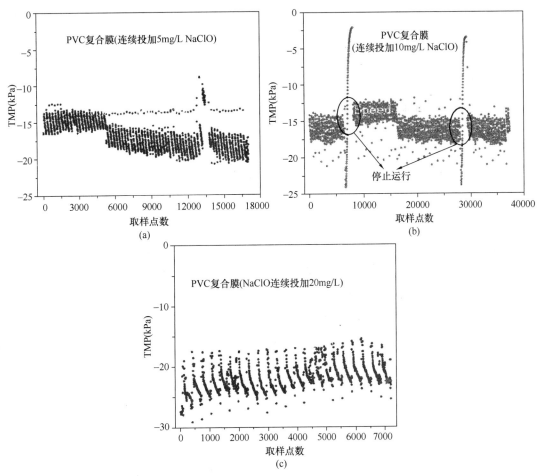

图 8-173　不同 NaClO 投加量下，PVC 复合膜 TMP 随时间变化规律
（a）NaClO 投加量为 5mg/L；（b）NaClO 投加量为 10mg/L；（c）NaClO 投加量为 20mg/L

图 8-173（a）表明，当 NaClO 的投加量为 5mg/L 时，NaClO 强化水力反冲洗可有效地缓解 PVC 复合膜的水力不可逆污染。实验初期，PVC 复合膜的水力不可逆污染阻力基本维持在 13kPa 左右，这可能是由于前一阶段实验（即 NaClO 投加量为 20mg/L）有效地去除了 PVC 复合膜的水力不可逆污染，使得该阶段过滤初期 PVC 复合膜的水力不可逆污染较轻。然而，随着过滤的进行，尽管 NaClO 强化水力反冲洗（5mg/L）仍可有效地缓解 PVC 复合膜的水力不可逆膜阻力，但每次强化水力反冲洗后，PVC 复合膜的 TMP 较上一阶段的初始值均略微有所降低，表明在 5mg/L 的 Na-ClO 强化水力反冲洗条件下，PVC 复合膜长期运

行过程中，仍形成了一定量的水力不可逆污染，且 PVC 复合膜的水力不可逆污染阻力平均增长速度约为 0.5kPa/d。

图 8-173（b）为 NaClO 投加量为 10mg/L 时，PVC 复合膜的 TMP 随时间变化规律。可以看出，该投加量下，NaClO 强化水力反冲洗可有效地缓解 PVC 复合膜的水力不可逆污染阻力，且在 PVC 复合膜组件长期运行过程中，其水力不可逆污染阻力基本维持在 14kPa 左右。

相比于 NaClO 投加量为 5mg/L 和 10mg/L，当 NaClO 的投加量为 20mg/L 时，如图 8-173（c）所示，强化水力反冲洗对 PVC 复合膜污染的控制效果更佳，随着过滤的进行，PVC 复合膜的水力

不可逆污染阻力不但没有增加，反而略微有所下降，表明该条件下，NaClO 的最佳投加量为 20mg/L。

（2）NaClO 投加量对 PVDF 膜污染控制效果研究

为了进一步节省 NaClO 投加量，本小节将进一步减少 NaClO 投加量，考察不同 NaClO 投加量（分别为 20mg/L、10mg/L 和 5mg/L）下，PVDF 膜的 TMP 和水力不可逆污染的变化情况，实验结果如图 8-174 所示。

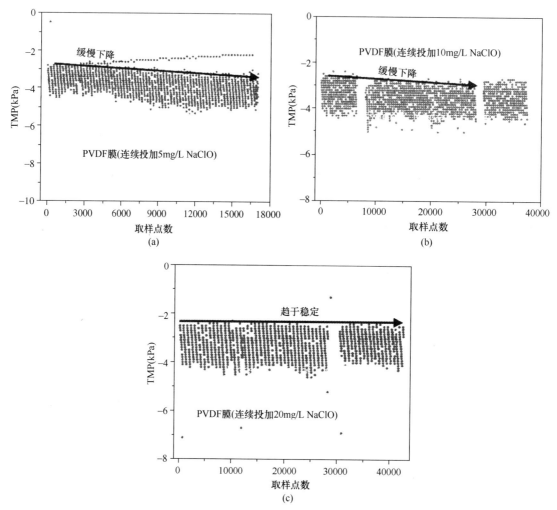

图 8-174 不同 NaClO 投加量下，PVDF 膜 TMP 随时间变化规律
（a）NaClO 投加量为 5mg/L；（b）NaClO 投加量为 10mg/L；（c）NaClO 投加量为 20mg/L

由图 8-174（a）可知，NaClO 强化水力反冲洗可有效地缓解 PVDF 膜的水力不可逆污染，避免其水力不可逆污染阻力快速增加；且与 PVC 复合膜 TMP 变化规律类似的是，当 NaClO 的投加量为 5mg/L 时，随着过滤的进行，每次强化水力反冲洗后，相比于上一阶段初的 TMP，PVDF 膜 TMP 的恢复值均略微有所下降，表明在当 NaClO 投加量为 5mg/L 时，PVDF 膜仍会形成一定的水力不可逆污染，但 PVDF 膜的水力不可逆污染阻力平均增长速度极低，远远低于 PVC 复合膜在该条件下水力不可逆污染阻力的增长速度，这也进一步证实了 PVDF

膜的抗污性显著优于 PVC 复合膜。因此，在实际应用中，需进一步增加 NaClO 的投加量。

图 8-174（b）表明，当 NaClO 投加量由 5mg/L 增加到 10mg/L 时，强化水力反冲洗对 PVDF 的水力不可逆膜污染的控制效果逐渐增强，尽管随着过滤的进行，PVDF 膜的水力不可逆污染阻力仍在缓慢地增加，这与 PVC 复合膜的实验结果略微有所差异，可能是由于坐标轴标尺不一样引起的，但是其增长速度较 NaClO 投加量为 5mg/L 时显著下降。同时还可以看出，当 PVDF 膜柱停止运行一段时间后，其水力不可逆污染会略微有所

降低，这可能是由于停止运行期间，沉积在膜表面滤饼层中或膜孔内的污染物进入了膜池液中，从而缓解了水力不可逆污染。

与 PVC 复合膜实验结果一致的是，当 NaClO 的投加量为 20mg/L 时，随着过滤的进行，PVDF 膜的总过滤阻力和水力不可逆污染阻力基本趋于稳定，表明在该条件下，PVDF 膜可以长期稳定运行。

综上所述，随着 NaClO 投加量的逐渐增加，PVDF 膜的总过滤阻力和水力不可逆污染阻力逐渐降低，且 NaClO 的最佳投加量为 20mg/L。

3. NaClO 强化反冲洗频次对超滤膜污染控制效果

本小节将进一步研究不同频次（2 次/d 和 4 次/d）强化水力反冲洗对 PVC 复合膜和 PVDF 膜污染控制效能。

（1）强化反冲洗频次对 PVC 复合膜污染控制效果研究

图 8-175 为不同强化反冲洗频次下，PVC 复合膜 TMP 随时间变化规律（连续运行 6d）。图 8-175（a）表明，当 NaClO 强化反冲洗频次为 2 次/d，尽管 PVC 复合膜的水力不可逆污染得到了有效的控制，但是随着过滤的进行，PVC 复合膜的水力不可逆污染阻力逐渐缓慢增加，实验初期和实验末期 PVC 复合膜的水力不可逆污染阻力分别为 15kPa 和 17.5kPa，平均涨幅为 0.4kPa/d，相比于对照组，其水力不可逆污染速率降低了 92%，即采用 2 次/d NaClO 强化水力反冲洗时，PVC 复合膜的运行周期可延长 10 倍左右。

相比于 NaClO 的投加频次为 2 次/d，当 NaClO 的投加频次增加到 4 次/d 时，PVC 复合膜的水力不可逆污染得到了更为有效的缓解，长期运行过程中，PVC 复合膜的水力不可逆污染几乎没有增加，甚至有略微降低的趋势，表明当 NaClO 的投加频次为 4 次/d 时，PVC 复合膜可以长期稳定运行，不需要采用 NaClO 浸泡清洗。尤其是当 PVC 复合膜组件停止运行一段时间后，重新运行，其水力不可逆污染进一步得以缓解，跨膜压差也随之下降。因此，该水质条件下，PVC 复合膜的最佳投加频次为 4 次/d。

（2）不同强化反冲洗频次对 PVDF 膜污染控制效果研究

PVDF 膜连续运行（6d）过程中，其 TMP 随

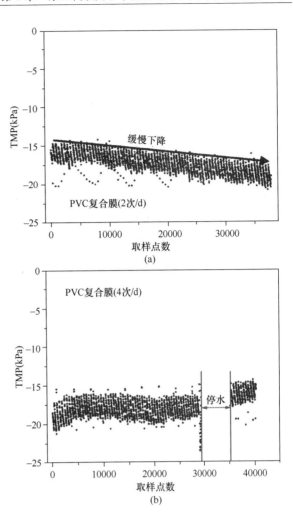

图 8-175　不同强化反冲洗频次对 PVC
复合膜 TMP 随时间变化规律
（a）反冲洗频次为 2 次/d；（b）反冲洗频次为 4 次/d

时间变化规律（连续运行 6d）如图 8-176 所示。与 PVC 复合膜的 TMP 随时间变化规律迥异的是，PVDF 膜连续运行过程中，其 TMP 只是略微有所下降，实验初期和实验末期的水力不可逆污染阻力仅相差 0.3kPa，平均降幅约为 0.05kPa/d，明显低于 PVC 复合膜的水力不可逆污染增长速率，进一步表明 PVDF 膜的抗污染效能显著优于 PVC 复合膜。在当前水质条件下，按照当前的水力不可逆污染速率，PVDF 膜可连续运行 0.5～1 年而不采用 NaClO 浸泡清洗，因此大幅地降低了操作维护工作量，同时也将显著地降低药耗。

图 8-176（b）为 NaClO 的投加频次为 4 次/d 时，PVDF 膜连续运行其 TMP 随时间变化规律。结果表明，每日采用 4 次 NaClO 强化水力反冲洗可有效地缓解 PVDF 膜污染（尤其是水力不可逆污染），随着过滤的进行，PVDF 膜的水力不可逆污染阻力维持稳

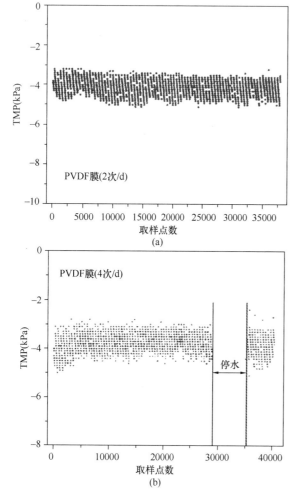

图 8-176　不同强化反冲洗频次
对 PVDF 膜 TMP 随时间变化规律

（a）反冲洗频次为 2 次/d；（b）反冲洗频次为 4 次/d

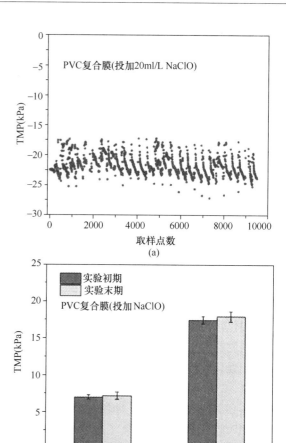

图 8-177　NaClO 强化水力反冲洗下 PVC
复合膜污染控制效果

（a）TMP 随时间变化规律；（b）水力可逆/不可逆污染阻力

定，即表明当 NaClO 的投加频次为 4 次/d 时，PVDF 膜的水力不可逆污染被有效地缓解，可以长期稳定运行而不需采用 NaClO 浸泡清洗。

综上可知，当 NaClO 的投加量为 20mg/L 时，PVDF 膜的最佳投加频次为 2～4 次/d。

8.6.3　化学强化水力反冲洗对超滤膜污染控制生产性实验研究

1. 化学强化水力反冲洗对 PVC 复合膜污染控制效果

中试实验研究表明，NaClO 强化水力反冲洗可有效地缓解 PVC 复合膜污染，且 NaClO 的最佳投加量为 20mg/L，因此本小节将进一步考察在生产规模上 NaClO 强化水力反冲洗对 PVC 复合膜污染的控制效能，实验结果如图 8-177 所示。

图 8-177（a）表明，当 NaClO 的投加量为

20mg/L 时，NaClO 强化水力反冲洗可有效地控制 PVC 复合膜污染，（尤其是水力不可逆污染），且随着过滤的进行，PVC 复合膜的总阻力和水力不可逆污染阻力基本维持稳定，这与中试实验结果一致，进一步在该水质条件下投加 NaClO（20mg/L）强化水力反冲洗能够有效地缓解 PVC 复合膜污染，保证膜工艺运行的安全可靠性。

图 8-177（b）指出，实验开始和实验结束时，PVC 复合膜的水力可逆污染阻力基本一致，表明这一阶段膜前进水水质相对较为稳定；同时 PVC 复合膜的水力不可逆污染阻力在实验开始和实验结束时也基本相同，进一步表明 NaClO 强化水力反冲有效地缓解了 PVC 复合膜的水力不可逆污染，有利于膜池的长期稳定运行。

2. 化学强化水力反冲洗对 PVDF 膜污染控制效果研究

本小节将进一步研究 NaClO 强化水力反冲洗

对 PVDF 膜污染的控制效能，主要考察了 PVDF 膜长期运行过程中 TMP 随时间变化规律及实验初期和实验末期 PVDF 膜的水力可逆污染阻力和水力不可逆污染阻力分布特性，实验结果如图 8-178 所示。

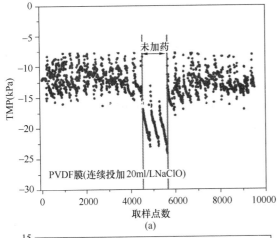

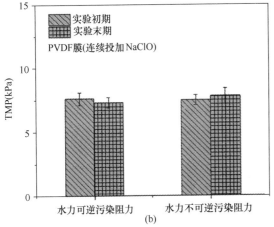

图 8-178　NaClO 强化水力反冲洗下
PVDF 膜污染控制效果
（a）TMP 随时间变化规律；（b）水力可逆/不可逆污染阻力

图 8-178（a）表明，NaClO 强化水力反冲洗可有效地缓解 PVDF 膜污染（尤其是水力不可逆污染），每次强化水力反冲洗后，PVDF 膜的 TMP 基本恢复到上一阶段的初始值，且随着过滤的进行，PVDF 膜的水力不可逆污染阻力维持相对稳定，进一步表明 NaClO 强化水力反冲洗能够有效地抑制 PVDF 膜阻力（尤其是水力不可逆污染阻力）增长，提高 PVDF 运行稳定性。值得一提的是，实验中由于加药设备故障，停止强化水力反冲洗一段时间，发现 PVDF 膜的 TMP 显著增加，尤其是水力不可逆污染阻力（增加了约 7kPa，平均增长速度约 3.5kPa/d）；当设备修好后重新开启强

化水力反冲洗，PVDF 膜的 TMP 显著下降，尤其是水力不可逆污染阻力，基本与故障发生前一致，进一步表明 NaClO 强化水力反冲洗，可有效地缓解 PVDF 膜污染。

此外，图 8-178（b）表明，实验初期和实验末期，PVDF 膜的水力不可逆污染阻力基本一致，即使中途因加药设备故障停止强化水力反冲洗一段时间，二者间的水力不可逆污染阻力仍没有显著的统计学差异，进一步证明了 NaClO 强化水力反冲洗在生产上调控 PVDF 膜污染是可行的。

3. 化学强化水力反冲洗频次对 UF 膜污染控制生产实验研究

前述研究表明，NaClO 强化水力反冲洗可有效地控制 PVC 复合膜和 PVDF 膜的水力不可逆污染，提高其长期运行的稳定性；然而前述中 Na-ClO 采用的是每次反冲洗均投加 NaClO，每天约投加 12 次，药剂消耗量较大，而中试实验研究表明，适当地降低 NaClO 强化水力反冲洗频次，仍可有效地缓解 PVC 复合膜和 PVDF 膜的水力不可逆污染，从而降低药剂消耗，因此本小节中将进一步分析强化水力反冲洗频次对 PVC 复合膜和 PVDF 膜污染的控制效能，受实验条件的限制及结合中试实验研究结果，本小节中主要考察强化水力反冲洗频次为 4 次/d 时，PVC 复合膜和 PVDF 膜的 TMP 随时间变化规律。

4. 化学强化水力反冲洗频次对 PVC 复合膜污染控制研究

本小节将以 PVC 复合膜长期运行过程中的水力不可逆污染阻力为控制指标，进一步考察 Na-ClO 强化水力反冲洗频次对 PVC 复合膜污染的控制作用，实验结果如图 8-179 所示。

图 8-179（a）表明，当每天采用 4 次 NaClO 强化水力反冲洗后，PVC 复合膜污染得到了有效的控制，每次强化水力反冲洗前后，PVC 复合膜的 TMP 基本完全恢复。但随着过滤的进行，PVC 复合膜的水力不可逆污染阻力逐渐缓慢增加，这可能是由于停止 NaClO 强化水力反冲洗期间，PVC 复合膜逐渐形成了一定量的水力不可逆污染。

图 8-179（b）进一步表明，随着过滤的进行，PVC 复合膜的水力不可逆污染略微有所增加，对比实验初期和实验末期 PVC 复合膜的水力不可逆污染阻力可知，实验初期 PVC 复合膜的平均水力不可逆污染阻力约为 19kPa，而实验末期约为 21kPa，涨幅

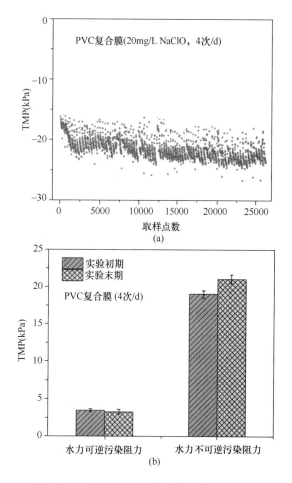

图 8-179　NaClO 强化水力反冲洗频次对 PVC
复合膜污染控制效能分析

（a）TMP 随时间变化规律；（b）水力可逆/不可逆污染阻力

约为 2kPa（运行时间为 7d），PVC 复合膜的水力不可逆污染阻力的平均增长速度约为 0.3kPa/d，这与中试实验结果略微有所偏差（中试条件下，当 Na-ClO 强化水力反冲洗的频次设为 4 次/d 时，PVC 复合膜的 TMP 基本维持稳定），这可能是由于生产上反冲洗时曝气强度不够及曝气不均匀所致，也可能与生产上每次反冲洗后膜池中的反冲洗废水不能完全排空（约有 1/3 残留在膜池中）有关。假设生产上当跨膜压差达到 40kPa 开始采用 NaClO 浸泡清洗，则按照当前的 PVC 复合膜的水力不可逆污染增长速率，其大约可以连续过滤 70d，当前水厂采用 NaClO 浸泡清洗的周期约为 7d/次，故采用 NaClO 强化水力反冲洗后，PVC 复合膜过滤采用 NaClO 浸泡清洗周期延长了约 10 倍。

5. 化学强化水力反冲洗频次对 PVDF 膜污染控制研究

　　当 NaClO 强化水力反冲洗的频次设为 4 次/d

时，PVDF 膜 TMP 随时间变化规律如图 8-180 所示。与 PVC 复合膜污染变化规律不一致的是，当 NaClO 强化水力反冲洗的频次设为 4 次/d 时，其对 PVDF 膜污染（尤其是水力不可逆污染）具有较好的控制效果，随着过滤的进行，PVDF 膜的水力不可逆污染阻力反而略微有所下降，这一方面可能是由于随着不断采用 NaClO 强化水力反冲洗，PVDF 膜中原本部分水力不可逆污染被逐渐去除，从而导致其水力不可逆污染阻力略微有所降低；另一方面可能是由于实验中 PVDF 膜池的曝气管路漏气，设备停止运行了一段时间，通常超滤装置停止运行一段时间后，重新开启，其 TMP 会略微有所下降（主要是由于膜表面和膜孔中的污染物反向扩散进入膜池水中，从而降低了膜污染）。

　　图 8-180（b）进一步表明，实验末期 PVDF 膜的水力可逆污染阻力和水力不可逆污染阻力相比

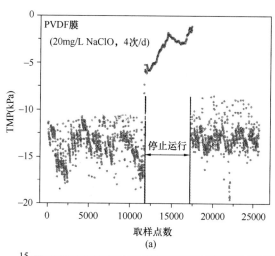

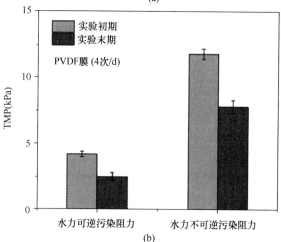

图 8-180　NaClO 强化水力反冲洗频次对 PVDF
复合膜污染控制效能分析

（a）TMP 随时间变化规律；（b）水力可逆/不可逆污染阻力

于实验初期均有所较低，尤其是水力不可逆污染阻力。实验初期和实验末期的水力不可逆污染阻力分别为 11.5kPa 和 7.8kPa，降幅为 3.7kPa。综上可知，当采用 NaClO 强化水力反冲洗的频次为 4 次/d 时，仍可有效地控制 PVDF 膜污染，提高其长期运行稳定性。

综上所述，针对当前东营水厂一期 PVC 复合膜和 PVDF 膜污染严重问题，通过中试和生产实验，优化了化学强化反冲洗药剂的种类、投加量和投加频次，建立了在线强化水力反冲洗超滤膜污染控制技术，解决了东营水厂当前膜污染严重及药耗严重等相关问题，研究成果为化学强化反冲洗的应用提供了宝贵的理论支持和现场资料，表明在线化学强化水力反冲洗是一种技术可行、经济实惠的控制膜污染的有效途径。

第 **9** 章

第三代饮用水净化工艺处理
苏州厂区河道水实验研究

9.1 浸没式超滤膜直接过滤苏州厂区河道水实验研究

9.1.1 原水水质和实验系统

1. 原水水质

实验在苏州一工厂内的中试中进行。原水由附近河渠引水入工厂河道，工厂河道水受到厂区生活污水和工业废水的污染较重。实验原水取自工厂受污染河道水，其水质指标见表9-1。

原水主要水质指标	表 9-1
水质参数	水质指标
浊度（NTU）	6.50～20.9
pH	8.04～8.54
水温（℃）	5.8～22.0
COD$_{Mn}$（mg/L）	3.82～6.97

浸没式膜组件主要工艺参数		表 9-2
参数名称	超滤膜	
类型	中空纤维膜	中空纤维膜
材质	PVC 合金	PVDF
温度（℃）	5～38	5～40
pH	2～13	2～12
切割分子量（kDa）	100	150
膜内径（mm）	1.00	0.85
膜外径（mm）	1.66	1.45
单帘膜面积（m²）	8.03	8.30
工作压力（MPa）	0.01～0.06	0.01～0.06
长度（mm）	1360	1360

2. 中试实验系统

实验装置如图9-1所示。工厂河道水经潜水泵抽取后进入原水箱，再经原水泵提升后直接进入反应器，反应器内的水位通过液位控制器控制，反应器中放置浸没式超滤膜组件，超滤膜组件由海南立昇生产，工艺参数见表9-2。膜组件底部采用穿孔管鼓风曝气，膜出水由抽吸泵负压抽吸，并定期以膜出水对膜组件进行反冲洗。该装置运行采用PLC控制，通过变频器调整膜运行参数（包括过滤时间、曝气时间、反冲洗时间等），实验过程中需记录膜运行压力、水温等运行参数。

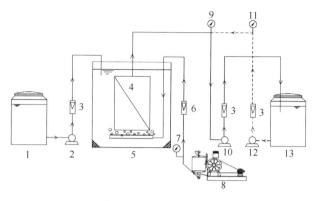

图 9-1 实验装置流程图

1—原水箱；2—原水泵；3—液体流量计；4—外压膜；
5—反应器；6—气体流量计；7—气体压力表；
8—罗茨风机；9—真空压力表；10—抽吸泵；
11—反冲洗压力表；12—反冲洗水泵；13—净水箱

浸没式超滤膜实验装置流程如图9-1所示，外压膜通过抽吸泵直接过滤原水，实验过程中通过穿孔管进行曝气。该装置处理能力为5.0m³/h。

9.1.2 浸没式超滤膜直接过滤原水的除污染效能

1. 对浊度的去除效果

超滤过程是物理筛分过程，能有效地截留水中的颗粒物、悬浮物、胶体、微生物及大分子有机物等污染物。图9-2为一个膜滤周期内，反应器进水浊度、混合液浊度及膜出水浊度变化情况。

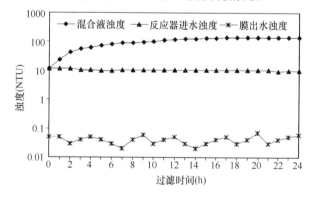

图 9-2 超滤膜对浊度的去除效果

由图9-2可见，反应器进水浊度较稳定，为9.54～11.7NTU，反应器中混合液浊度变化较大，由11.7NTU升高至152.5NTU，而膜出水浊度稳定，恒低于0.10NTU。

实验结果表明，超滤膜是悬浮颗粒及胶体的有效屏障，其除浊效果十分理想。值得指出的是，表现为浊度的胶体本身不仅是污染物，而且是水中细菌、病毒等微生物的重要附着载体。事实上，美国国家环保局已将浊度列为微生物学指标。超滤过程对浊度的优异去除效能同样表明其对水中细菌病毒的良好去除能力。进一步地，水中浊度过高将明显降低消毒剂灭活微生物的效力，而超滤处理出水的低浊度能有效提高后氯化消毒过程消毒剂作用效能，确保饮用水的微生物安全性。

2. 对水中有机物的去除效果

浸没式超滤膜过滤装置运行过程中，由抽吸负压作用，渗透水流出，而被膜阻留的水（浓缩液）及其悬浮固体留在反应器中，导致运行时间越长，浓缩液中悬浮固体浓度越高。在膜处理工艺中，溶解性有机物浓度是影响膜分离性能的重要因素。本实验中以滤纸过滤液 COD_{Mn} 来近似表示水总溶解性有机物含量。图 9-3 为在一个反冲洗周期内，超滤膜对 COD_{Mn} 的去除情况。反应器进水有机物含量变化不大，COD_{Mn} 值为 $3.88 \sim 6.06$mg/L，反应器中混合液曝气前后有机物含量随运行时间的延长而增加，而膜出水中有机物含量则较稳定，COD_{Mn} 为 $2.34 \sim 3.12$mg/L。针对原水水质，浸没式膜对水中有机物的去除效果较好，COD_{Mn} 去除率为 $62.5\% \sim 85.7\%$。

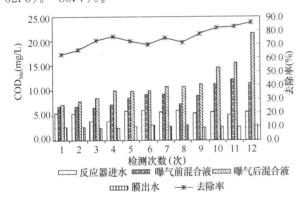

图 9-3　超滤膜对 COD_{Mn} 的去除效果

超滤膜对水中有机物的去除主要依靠截留、吸附等作用，去除效果与膜孔径有很大关系。实验中有机物去除效果较好，可能是由于实验原水中生活污水和工业废水占比较大，有机胶体和大分子有机物含量较多，可以通过膜的截留作用得以去除。

3. 对水中颗粒物的去除

浊度是反映水中颗粒物浓度的综合指标，但它不能够完全表示出膜对颗粒物的去除效果，而颗粒计数器能反映出膜工艺对水中微粒的去除效果，并且对水中的微生物的去除监测有很大意义。采用微

滤或超滤膜作为微生物的屏障将其从水中分离是近年来人们着重研究的一个重要方向。

有研究表明，通过超滤工艺处理后的膜出水，水中未检测出贾第虫和隐孢子虫；病毒的去除效果与膜性质及膜孔堵塞程度有关，膜的物理截留或吸附、膜面滤饼层的形成都会对病毒的去除效果产生影响；膜的完整性对微生物的去除效果起了至关重要的作用。

近年来，欧美一些国家暴发了多起由致病原生动物引起的较大规模介水流行病。水中致病原生动物有痢疾内变形虫（$10 \sim 20 \mu m$）、贾第虫（$8 \sim 10 \mu m$）、隐孢子虫（$4 \sim 5 \mu m$）等，其中贾第虫和隐孢子虫是上述大规模流行病的主要致病原生动物。此外，致病原生动物有较强耐氯性，常规氯消毒难以将其有效灭活。因此，如何及时并有效地监测及控制饮用水中致病原生动物是当前饮用水处理的研究热点。

美国对水中贾第虫、隐孢子虫与颗粒数量的相关关系进行了深入研究，经过大量水样调查后发现，当水中粒径大于 $2 \mu m$ 的颗粒数超过 100 个/mL 时，水中存在贾第虫、隐孢子虫的概率很大。为了确保水质，美国很多水厂对滤池出水中大于 $2 \mu m$ 颗粒物数量都控制在 50 个/mL 以下。

实验过程中对反应器进水、膜出水中 $2 \sim 750 \mu m$ 的颗粒数量进行了检测，如图 9-4 所示。结果表明，反应器进水中大于 $2 \mu m$ 颗粒总数为 $19405 \sim 23544$ 个/100mL，膜出水中大于 $2 \mu m$ 的颗粒总数为 $11 \sim 20$ 个/100mL，远低于美国对滤池出水颗粒数量的要求，因此可认为膜出水中存在贾第虫、隐孢子虫等原生动物的可能性极小。

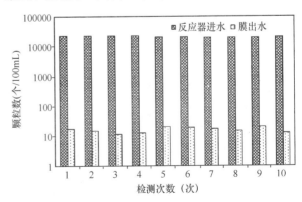

图 9-4　对水中颗粒数的去除效果

4. 对水中细菌总数的去除

实验过程中对反应器进水及膜出水中细菌总数进行检测，结果见表 9-3。

对细菌总数的去除效果								表 9-3
检测次数/次	1	2	3	4	5	6	7	平均值
原水(CFU/mL)	340	440	520	760	530	480	510	511
膜出水(CFU/mL)	0	2	1	0	0	0	1	0

结果表明,反应器进水中细菌总数平均值为 511CFU/mL,而在膜出水中未检测出细菌。因此,浸没式超滤膜过滤可以保证对水中细菌的去除。

9.1.3 运行参数对浸没式超滤膜膜污染的影响

膜过滤过程中,膜污染是一个不可避免的问题。膜污染是指与膜接触的料液中的微粒、胶体粒子或大分子有机物与膜存在物理、化学、生化或机械作用,在膜表面或膜孔内导致吸附、沉淀以及污染物的累积,造成膜孔径变小或膜孔堵塞,从而使膜通量下降或膜运行压力升高。膜污染的形式包括膜表面覆盖污染和膜孔内阻塞污染两种形式。研究表明,影响膜污染的主要物质有污泥絮体、大分子有机物、微细胶体粒子以及膜孔内繁殖的细菌等。

膜污染可分为可逆性膜污染和不可逆性膜污染。可逆性膜污染是指膜短期运行时的通量下降或运行压力升高,可以通过水力冲洗、气水冲洗等物理清洗方式得以恢复;不可逆性膜污染则是指通过物理清洗方式难以恢复的膜污染,当不可逆性膜污染累积到一定程度时,必须对膜进行化学清洗。膜运行过程中若通量保持恒定,膜污染可以通过运行压力的变化来间接表征。

1. 通量的影响

为获得较高通量而简单地提高操作压力,一方面提高操作压力需耗费更多的动力,增加运行费用;另一方面更重要的是较高的操作压力会引起膜表面滤饼层厚度的增加、滤饼层结构的致密化、膜过滤阻力的增大,从而导致膜污染加剧、化学清洗周期及膜的使用寿命缩短。

外压膜过滤多采用恒定通量的运行方式。膜组件存在一个临界通量,当实际运行通量大于临界通量时,会加剧膜污染。近些年来,许多学者的研究证明了只有把运行通量控制在临界通量以下,才会使膜污染减轻,延长膜清洗的周期。Field 等人根据实验结果提出如下的临界通量假说:对于微孔过滤,存在一个渗透通量 J_c,若初始通量 $J_0 < J_c$,则膜运行压力不随时间升高;若 $J_0 > J_c$,膜运行

压力将随时间很快升高,并出现明显的膜污染现象。但 Field 等的实验是在错流膜滤条件下实现的,对浸没式膜滤只具参考意义。

在原水浊度为 16.7NTU,水温为 8.5℃时,将通量由 10L/(m²·h) 增至 40L/(m²·h),考察膜运行压力与通量的对应关系,实验结果如图 9-5 所示。结果表明,通量由 10L/(m²·h) 增至 15L/(m²·h),运行压力升高较少,由 0.009MPa 升高至 0.010MPa;通量由 20L/(m²·h) 增至 40L/(m²·h),运行压力增加较多,由 0.015MPa 升高至 0.035MPa。

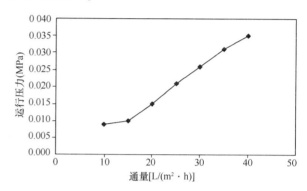

图 9-5 通量对运行压力的影响
(原水浊度 16.7NTU,温度 8.5℃)

图 9-6 为不同通量时,30min 过滤,3min 曝气,膜运行压力在相同过滤时间内的变化情况。结果表明,随着通量的增加,膜起始运行压力升高,运行压力升高速度加快。

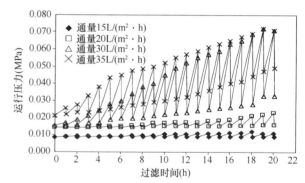

图 9-6 不同通量时膜压力随运行时间的变化情况

如图所示,当通量为 15L/(m²/h) 时,运行压力随时间基本不发生变化,在 20h 过滤时间内,运行压力由 0.0085MPa 增至 0.009MPa,说明 15L/(m²·h) 可能接近临界通量;当通量为 20L/(m²·h) 时,运行压力增长缓慢,相同过滤时间内,运行压力由 0.0145MPa 增至 0.016MPa;当

通量为 30L/(m²·h)、35L/(m²·h) 时，相同过滤时间内，膜运行压力分别增长 128%、133%。因此，根据膜运行压力的增长情况，确定实验用外压膜的临界通量可能在 20L/(m²·h) 左右。以后实验过程中，在考察膜运行参数、混合液性质及膜材料对膜污染状况的影响时，通量定为 20L/(m²·h)。

2. 操作方式的影响

有研究表明，当膜组件工作一段时间以后，膜的过滤阻力急剧上升，说明膜组件连续工作不能超过一定的时间，否则很快会造成膜污染。因此，膜组件在工作一定时间后，应停止膜过滤，进行曝气以减轻膜污染。

膜污染是由于膜表面污染物沉积速率和脱离速率不同引起的。膜滤过程中，混合液中的悬浮固体存在一个向膜表面运动的沉积速率。同时，曝气在膜表面造成剪切力的作用，也存在一个使沉积污泥从膜表面脱落的速率。采用间歇操作模式旨在通过定期地停止膜过滤，以使沉积在膜表面上的污泥以脱落速率进行脱落，使膜的过滤性能得以恢复。针对外压式超滤膜的运行，有研究提出了间歇操作的方式可以有效地减缓膜污染的发展速度。进一步实验确定，当间歇操作方式为膜过滤 15min、曝气 5min 的运行模式下，能有效控制膜污染。

实验过程中，当膜过滤一定时间后，停止工作，单纯曝气，由气泡产生的水流波动使膜丝振动并对膜表面污染物进行剪切，以防止滤饼层在膜表面沉积，从而减轻由于滤饼层阻力而引起的可逆性膜污染，使运行压力在较长时间内保持恒定。图 9-7 为操作方式对膜运行压力的影响。

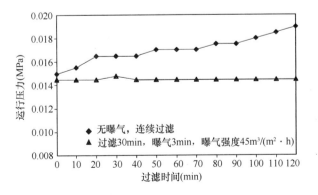

图 9-7　操作方式对膜运行压力的影响

结果表明，当采取连续过滤的操作方式时，膜运行压力速度升高较快，在 120min 内，运行压力

由 0.015MPa 增至 0.019MPa；当采取过滤 30min，曝气 3min，曝气强度（以单位反应器底面积的曝气量计算）为 45m³/(m²·h) 的操作方式时，膜运行压力稳定，在相同的过滤时间内，膜曝后运行压力在 0.0145MPa 左右。因此确定在实验过程中，膜组件采用间歇操作方式。

3. 曝气强度和曝气时间的影响

对于错流过滤，膜面的错流速度可以增加膜表面的水流紊动程度，阻止滤饼层在膜表面的沉积，从而延缓通量的下降。

在外压膜使用过程中，利用曝气产生的水流紊动可以阻止膜表面滤饼层的形成，使运行压力在一定时间内保持稳定。但曝气强度过大引起的剪切力增大会导致混合液中颗粒粒径减小，由于小粒径颗粒的增多滤饼层结构更加致密，从而使膜过滤阻力增加，因此并不是曝气强度越大越好。

图 9-8 为在曝气前运行压力相近的条件下，改变曝气强度和曝气时间，曝气后膜的运行压力的变化情况。由结果可以发现，当曝气强度为 15m³/(m²·h)、30m³/(m²·h) 时，曝气后运行压力降低缓慢，曝气 5min 后才趋于稳定；当曝气强度增加至 45m³/(m²·h)、60m³/(m²·h) 时，运行压力快速下降，曝气 1min 后即降到最低水平，并且较高的曝气强度并不使运行压力进一步降低。实验结果表明存在最优的曝气强度及曝气时间。为了保证膜运行的稳定性，确定实验过程中曝气强度为 45m³/(m²·h)，曝气时间为 3min。

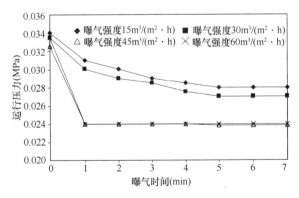

图 9-8　曝气强度及曝气时间对膜运行压力的影响

图 9-9 为 30min 过滤，3min 曝气，曝气强度不同时，曝气后运行压力在 24h 过滤时间内的变化情况。结果表明，在不同的曝气强度下，膜运行压力随过滤时间的增加程度有所不同；在曝气强度分别为 30m³/(m²·h)、45m³/(m²·h)、60m³/(m²·h)

时，运行压力在 24h 内分别增长 23.8%、10.3%、37.9%。在一定的曝气强度范围内，随着曝气强度的增加，膜运行压力的增加速率有减缓的现象，即膜污染发展速率随曝气强度增加而降低。

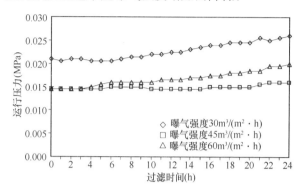

图 9-9　膜运行压力随不同曝气强度的变化情况

对于较高或较低的曝气强度，膜运行压力均上升较快的现象，可能是由于曝气强度较低时，由气泡扰动所引起的水力剪切作用不能有效防止大量污泥絮体在膜面的沉积，膜过滤阻力是以滤饼层阻力为主；当曝气强度过高时，污泥絮体被强大的剪切力破碎，细小污泥颗粒和胶体类物质增多，这些物质更容易引起膜孔的吸附和堵塞，从而使运行压力升高加快。不同曝气强度条件下，在过滤 24h 后，对反应器内混合液和膜出水中的溶解性 COD_{Mn} 值进行测定，结果见表 9-4。结果表明，反应器内混合液和膜出水中的有机物含量随曝气强度的增加而增加。

曝气强度对 COD_{Mn} 去除效果的影响　　表 9-4

曝气强度 [m³/(m²·h)]	30	45	60
反应器内混合液 COD_{Mn} (mg/L)	15.62	21.63	26.71
膜出水 COD_{Mn} (mg/L)	2.68	3.09	3.12

导致反应器内混合液和膜出水中有机物含量增加的原因，是过高的曝气强度对膜表面滤饼层结构产生破裂和磨损作用，使滤饼层颗粒变得细碎，溶解性有机物细小胶体颗粒增多，从而混合液中的溶解性有机物含量增加，膜出水中有机物含量也相应增加。

4. 曝气间隔时间的影响

实验结果表明间歇操作可有效防止膜污染。外压膜运行过程中，抽吸过滤时，悬浮固体和溶解性有机物会在膜表面沉积积累，停抽曝气时，膜表面

的滤饼层因水流剪切和颗粒扩散作用而脱离膜表面。所以理论上认为抽吸时间越短、停抽时间越长越有利于防止膜污染，但会导致膜系统产水率下降。

图 9-10 为在曝气强度为 45m³/(m²·h)，反冲洗周期为 24h 时，曝气间隔时间不同对膜运行压力变化的影响。结果表明，当过滤时间为 15min 和 30min 时，膜运行压力增加缓慢，过滤 24h 后，运行压力分别增长 19.2%、6.4%；当过滤时间为 55min 时，膜运行压力增加较快，相同时间内，运行压力增长 40.0%。因此，曝气间隔时间对膜运行压力有较大影响。曝气间隔时间越长，污泥絮体对膜造成的污染越不容易通过水流剪切作用得以恢复。为了保证较高的产水率，确定外压膜过滤时曝气间隔时间为 30min，停抽曝气时间为 3min。

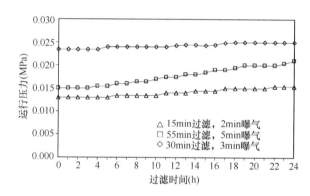

图 9-10　膜运行压力随曝气间隔时间的变化

5. 反冲洗方式的影响

可逆性膜污染可以通过物理清洗方法得以恢复。常用的物理清洗方法有水力反冲洗、夹气反冲洗、机械清洗、负压清洗等。水力反冲洗即用水反向透过超滤膜，除去沉积在超滤膜膜壁和孔道内的污染物，从而提高膜通量或降低膜运行压力。夹气反冲洗就是利用气体在组件内膜丝之间的爆破形成的振荡，使附着在膜表面的污染物质得以脱落，并被冲洗水带走，从而达到改善冲洗效果和节约反冲洗耗水的目的。机械清洗是用超小型海绵球对管式膜进行擦洗。负压清洗是通过一定的真空抽吸，在膜的功能面侧形成负压，以去除膜表面和膜孔内的污染物。

实验过程中对比了单独水力反冲洗和气水同时反冲洗对膜运行压力的恢复效果，结果如图 9-11 所示。其中，水力反冲洗强度为 62.3L/(m²·h)，曝气强度为 45m³/(m²·h)。

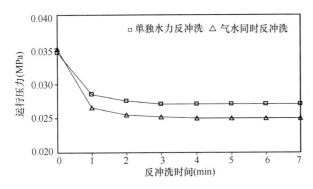

图 9-11　不同反冲洗方式对膜运行压力的影响

结果表明，在反冲洗前运行压力相同的条件下，气水同时反冲洗的效果明显优于单独水反冲洗的效果，气水反冲洗时运行压力下降 28.6%，单独水反冲洗时压力下降 21.7%；并且，两种反冲洗方式进行 5min 后，膜运行压力均降到最低值并达到稳定。因此，外压膜的反冲洗方式为气水同时反冲洗，反冲洗时间为 5min。

6. 反冲洗强度的影响

理论上认为反冲洗水量越大，对膜组件的清洗效果越好。但是，反冲洗水量大就需要在膜壁施以较大水压，过大的水压会对膜造成一定程度的损坏。为了达到最优的反冲洗效果，并节约反冲洗用水量，实验过程中采用气水同时反冲洗，曝气强度均为 45m³/(m²·h)，对比了不同反冲洗强度对膜运行压力的恢复效果，结果如图 9-12 所示。水力反冲洗强度由 15.6L/(m²·h) 增至 62.3L/(m²·h)，运行压力下降率由 17.0% 提高至 18.6%；反冲洗强度增至 99.6L/(m²·h) 时，压力下降率为 13.8%。这说明一定范围内增加反冲洗强度会提高反冲洗效果，反冲洗强度继续增加反而会导致反冲洗效果变差。这是由于反冲洗强度过低时，不能使膜孔内附着的污染物脱落；反冲洗强度过高时，膜

孔内的污染物会被水流剪切力所破碎，形成的细小颗粒更容易被膜孔紧密吸附不易脱落，从而使反冲洗效果降低。

图 9-13 为 5 次连续气水反冲洗前后平均压力恢复效果。结果表明，由于可逆性及不可逆性污染的存在，反冲洗能使膜运行压力得以一定程度恢复，5 次连续运行反冲洗后，运行压力平均恢复率为 99.7%。

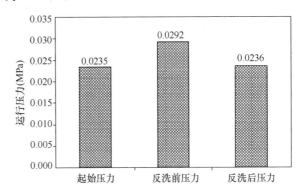

图 9-13　反冲洗对膜运行压力的恢复效果

7. 反冲洗周期的影响

实验过程中根据曝后运行压力的增长情况确定反冲洗排污周期。图 9-14 为两次较长运行时间内，膜运行压力的变化情况。如图 9-14 所示，外压膜连续运行 26h，曝前压力由 0.0235MPa 增至 0.0395MPa，曝后压力由 0.0235MPa 增至 0.0255MPa，曝前曝后最大压差为 0.014MPa，经过气水反冲洗后，压力降至 0.0235MPa；膜连续运行 40h，曝前压力由 0.0235MPa 增至 0.0560MPa，曝后压力由 0.0235MPa 增至 0.0345MPa，其中前 24h 曝后压力稳定，后 16h 曝后压力增加较快，曝前曝后最大压差为 0.0215MPa。实验结果说明：针对原水水质，合适的反冲洗排污周期应该低于 24h。

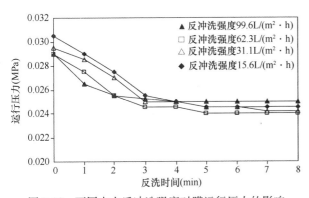

图 9-12　不同水力反冲洗强度对膜运行压力的影响

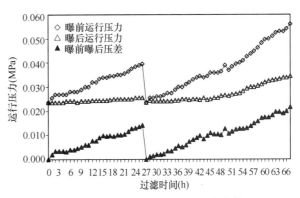

图 9-14　膜运行压力随过滤时间变化情况

如果仅仅从降低膜污染程度考虑，反冲洗周期越短，运行压力恢复效果越好。但在实际应用过程中，要考虑膜的产水率、运行能耗等因素，因此，并不希望频繁进行反冲洗，应根据工艺要求尽可能地延长反冲洗周期。反冲洗周期的延长，有利于系统膜产水率的增加，但过长的反冲洗周期又将导致膜运行压力升高。根据实验结果，确定反冲洗排污周期为24h。

综上，针对实验原水水质，浸没式超滤膜的运行参数确定为：通量恒定为20L/(m²·h)，膜过滤采取间歇运行方式，膜滤30min，曝气3min，曝气强度为45m³/(m²·h)；反冲洗排污周期为24h，反冲洗方式为气水同时反冲洗，其中，水力反冲洗强度为62.3L/(m²·h)，曝气强度为45m³/(m²·h)，反冲洗时间为5min。

9.1.4 混合液性质对浸没式超滤膜膜污染的影响

1. 混合液浊度的影响

在一个反冲洗排污周期内，随着膜运行时间的延长，反应器中混合液浊度逐渐升高，混合液中积累的污染物含量亦逐渐升高，为保持恒定的通量，膜运行压力必随之升高。

图9-15为膜运行压力随反应器中混合液浊度的变化情况，由图可见，在一个反冲洗排污周期内，膜运行压力随反应器中混合液浊度的升高而升高。这是由于在一个膜滤过程结束进行曝气时，膜表面形成的滤饼层会脱落进入反应器的混合液中。随着混合液中污染物的累积，混合液浊度会逐渐升高。并且，随着混合液中污染物含量的升高，浓差极化现象逐渐明显，在相同的膜滤周期内，膜表面形成的滤饼层会越来越密实，膜孔吸附堵塞现象越来越严重，造成膜过滤阻力越来越大。为保持通量

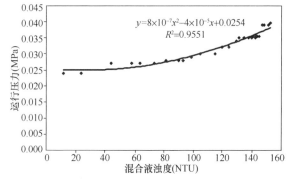

图9-15 反应器中混合液浊度对运行压力的影响

恒定，运行压力必然升高。

图9-16为在一个膜滤过程中，膜运行压力升高和混合液浊度降低在30min内的变化情况，由图中结果可以看出，当反应器中混合液浊度为126.8NTU，膜运行压力为0.0335MPa时，运行压力升高值随膜滤的进行显著增加，30min后压力升高值为0.0135MPa；同时，反应器中混合液浊度会降低，随着膜滤的进行，浊度降低值增加，30min后浊度降低值为55.7NTU。这是由于混合液中浊质不断沉积于膜表面，致使混合液中浊度降低。

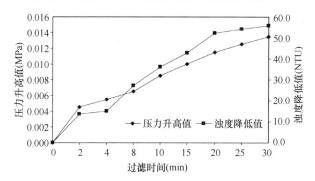

图9-16 某个膜滤过程中压力升高和浊度降低的情况
（混合液浊度126.8NTU，运行压力起始值为0.0335MPa）

2. 混合液中有机物含量的影响

图9-17为膜运行压力随反应器中混合液COD_{Mn}的变化情况。

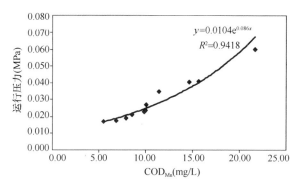

图9-17 反应器中混合液COD_{Mn}对膜运行压力的影响

结果表明，随着反应器中混合液COD_{Mn}的增加，运行压力逐渐升高，二者之间呈指数关系增长；并且，混合液中COD_{Mn}越高，运行压力升高速度越快。这是因为反应器中有机物含量越高，有机物越易以胶体粒子的特性吸附在膜表面或膜孔内，造成膜面上溶质浓度增加，在膜表面形成比较致密的凝胶层；且随着有机物含量的增加，凝胶层厚度增加，此时会在膜面上形成凝胶层"次级膜"，这种凝胶层结构致密，从而使膜过滤阻力增大，膜

运行压力升高。

3. 混合液温度的影响

混合液的温度对膜污染也有一定的影响。很多研究者的研究表明，温度的提高不仅可以降低混合液的黏度，有利于膜的过滤分离过程，还可以改变膜面上滤饼层的厚度和膜孔径，从而达到减轻膜污染的目的。有研究表明，温度升高1℃可使通量提高2%。但升高温度会直接影响膜本身的寿命，因此，膜的运行应尽量在常温下进行。

图9-18所示为反应器进水浊度为15.3NTU，通量为20L/（m² · h），30min过滤，3min曝气，曝气强度45m³/（m² · h），温度分别为7.5℃和15.0℃时，曝前及曝后运行压力在24h内的变化情况。结果表明，温度为7.5℃时，曝前压力增长速度较15.0℃时快；并且，温度为7.5℃时的运行压力较15.0℃时的运行压力高。

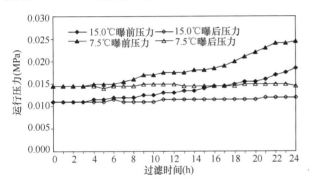

图9-18 温度对膜运行压力变化的影响

4. 膜材料的影响

膜材料不同时，膜孔径、膜致密层厚度及致密程度会有所不同，膜污染状况会有所差别。

实验过程中比较了在处理相同水质原水时，聚偏氟乙烯（PVDF）膜和聚氯乙烯（PVC）合金超滤膜对运行压力要求的不同，结果如图9-19所示。结果表明，对于相同的通量，PVDF膜对膜运行压

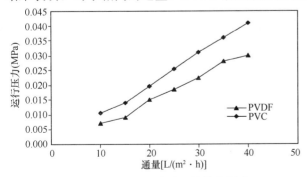

图9-19 膜材料对膜渗透性能的影响
（原水浊度15.9NTU，温度5.8℃）

力的要求明显低于PVC合金膜，说明了PVDF膜较PVC合金膜的渗透性能好。

图9-20为两种材料超滤膜，在通量均为20L/（m² · h），运行方式相同时［30min过滤，3min曝气，曝气强度45m³/（m² · h），反冲洗周期24h］，在连续4个反冲洗周期内曝前、曝后运行压力随时间的变化情况。由图9-20中结果可以发现，对于相同的通量，PVDF超滤膜运行压力明显低于PVC合金超滤膜；并且，PVDF膜曝前、曝后运行压力较PVC合金膜均增加缓慢，说明PVDF膜的抗污染能力要强于PVC合金膜。

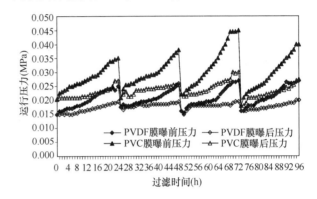

图9-20 膜材料对运行压力的影响（反应器
进水浊度10.7NTU，温度8.0～9.0℃）

由本实验可见，用超滤直接过滤受污染较重的原水，仍可以有效地去除水中的颗粒物和致病微生物，滤后水浊度低于0.1NTU，细菌总数接近零，大于2 μm的颗粒总数为11～20 个/100mL，即出水中致病原生动物存在的可能性很小。在优化各种运行参数情况下，膜污染并不严重。但直接超滤受污染较重（有机污染物含量较高）的原水，对水中有机物，特别是溶解性有机物的去除效果较差，出水水质达不到生活饮用水的要求，有必要与其他工艺组合以提高对有机物的去除。

9.2 多种超滤膜组合工艺净化苏州厂区河道水中试实验研究

9.2.1 原水水质、实验系统及实验方法

1. 原水水质

实验用原水取自苏州立升膜工厂的人工渠道，该厂区渠道由其附近苏州内河的一条支流引水，该渠道水受到生活污水和工业废水的污染，其水质见表9-5。

中试实验研究期间苏州内河水的水质特征 表 9-5

水质参数	结果
水温（℃）	22.0～31.5
pH	7.82～8.23
浊度（NTU）	3.45～13.41
COD_{Mn}（mg/L）	5.16～7.27
UV_{254}（1/cm）	0.058～0.011
DOC（mg/L）	4.84～6.52
THMFP（μg/L）	328～379

2. 预处理与浸没式超滤膜联用处理苏州内河水研究的中试实验系统

该实验中预处理与浸没式超滤膜组合应用的中

试实验装置如图 9-21 所示，整套系统主要进水系统、预吸附池、混凝反应池、污泥回流系统、平流沉淀池和浸没式超滤膜系统构成。浸没式超滤膜系统中设有曝气、反冲洗及自控装置，可实现气洗和水洗的自动控制，膜池进水为沉淀池出水，出水方式为泵抽吸，通过设置在浸没式超滤膜组件出水管上的真空压力表检测跨膜压力。该装置的设计处理水量为 $5m^3/h$，前端预吸附池的水力停留时间为 10min，混凝反应池分为 4 格，可以调节混凝时间，平流沉淀池水力停留时间约 1.5h。

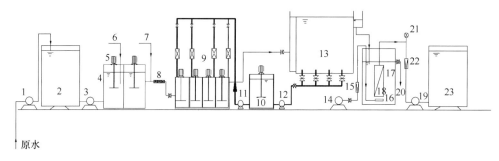

图 9-21　预处理与浸没式超滤膜联用的中试装置示意图

1—潜水泵；2—原水箱；3—原水泵；4—预吸附池；5—搅拌机；6—粉末炭投加装置；
7—混凝剂投加装置；8—管道混合器；9—反应池；10—污泥存储罐；11—污泥泵；12—自吸泵；
13—沉淀池；14—鼓风机；15—气体流量计；16—气体扩散器；17—浸没式超滤膜；18—超滤膜组件；
19—抽吸泵；20—溢流槽；21—压力表；22—液体流量计；23—产水箱

浸没式超滤膜池的尺寸为 170cm×100cm×180cm，按照长度方向平均分为 5 格。浸没式 PVC 中空纤维超滤膜的帘式膜组件垂直装于膜池内，膜丝有效长度 1.36m，单帘膜面积约 $8.03m^2$，一个膜组件中装有 3 帘膜，膜面积约为 $24.1m^2$。实验可以分别组成 4 种预处理工艺与超滤联用，这 4 种预处理工艺为：混凝、PAC＋混凝、污泥回流和炭泥回流。

3. 运行条件

各预处理中混凝剂采用聚合氯化铝，投加量为 10～15mg/L，混凝过程分为两个段，第一段以 410/s 的 G 值混凝 5min，第二段以 35/s 的 G 值絮凝 15min。粉末活性炭采用 200 目木质活性炭，粉末活性炭投加量为 10mg/L，预吸附 10min。沉淀池水力停留时间约 1.5h。经预处理后的出水进入浸没式超滤膜池。污泥回流和炭泥回流预处理是将沉淀池中的铝盐污泥或炭泥抽取到污泥存储池中，经充分搅拌后再将污泥泵入混凝池第一格。经实验得到，在回流比为 5% 条件下，污泥回流预处理中最佳污泥浓度为 3.04g/L，炭泥回流预处理中粉末

活性炭—铝盐污泥最佳浓度为 3.47g/L，两种污泥的特性见表 9-6。

实验期间两种污泥的特性　表 9-6

污泥参数	铝盐污泥	粉末活性炭—铝盐污泥
污泥含固率（w/w%）	0.283～0.361	0.313～0.385
pH	7.35～7.67	7.31～7.73
污泥浓度（g/L）	2.83～3.64	3.11～3.87
DOC（mg/L）	11.3～11.9	11.2～11.6

预处理对浸没式超滤膜出水水质的影响实验中，膜过滤采用恒通量运行，通量控制在 25L/(m²·h)，反冲洗周期为 24h，反冲洗通量为60L/(m²·h)。膜由抽吸泵抽吸出水，采用抽吸 9min/停抽曝气 1min 方式运行，曝气量为40m³/(m²·h)。

运行条件对浸没式超滤膜运行 TMP 的影响实验中，运行条件包括曝气、过滤方式、混凝预处理及反冲洗，分别考察了曝气强度、间歇过滤、间歇过滤间歇曝气和混凝等在短期或长期膜过滤过程中对浸没超滤膜污染的影响。

9.2.2 预处理对浸没式超滤膜出水水质的影响

1. 预处理及其与膜联用对浊度的去除

预处理及超滤膜对浊度的去除效能如图 9-22 所示。单独混凝、PAC＋混凝、污泥回流和炭泥回流预处理对浊度的去除率分别为 66.7%、73.1%、78.6% 和 80.2%，其中炭泥回流预处理对浊度的去除率比其他三种预处理高。

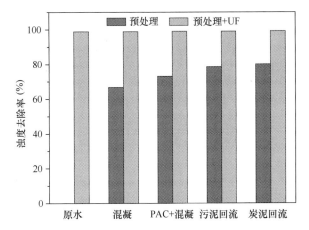

图 9-22　预处理及其与膜联用对浊度的去除效能

炭泥回流预处理对浊度的去除率比其他三种预处理高，其原因是在低浊原水中回流污泥可以增加水中凝结核，增大絮体粒径，从而强化混凝效果，而且粉末活性炭可以吸附有机物，本身也可增加水中颗粒物浓度，与回流的污泥协同强化混凝。另外，实验结果表明，各预处理方式对超滤膜后出水浊度的影响不大，超滤膜直接过滤原水的浊度去除率可达到 98.9%，平均在 0.1NTU 以下，各预处理方式虽可降低膜后出水浊度，但差别不大，可见，超滤膜对浊度有很好的去除效能，其去除效能几乎与预处理方式无关。

2. 预处理对颗粒物的去除

原水和预处理出水中的颗粒物粒径分布如图 9-23 所示，原水中颗粒物（>2.0μm）总数平均为 10800 个/mL，混凝、污泥回流、PAC＋混凝及炭泥回流预处理出水中的颗粒物（>2.0μm）总数均比原水有所降低，分别为平均 4300 个/mL、2850 个/mL、3700 个/mL 和 2600 个/mL。原水中 2.0～4.0μm 和大于 10.0μm 的颗粒物所占比例最大，炭泥回流预处理对 2.0～3.0μm 颗粒物有较好的去除作用，并将 12.0μm 以上的颗粒物全部去除，其出水浊度的降低可能是由于对上述颗粒物有

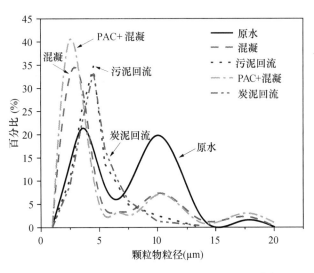

图 9-23　原水及预处理出水中的颗粒物粒径分布

效的去除，另外污泥回流工艺对以上两种颗粒物也有较好的去除效果。混凝和粉末活性炭吸附工艺的出水中 2.0～3.0μm 颗粒数比例比原水中要高，3.0μm 以上的颗粒物得到部分去除，说明这两种工艺对小粒径颗粒物的去除效果比炭泥回流和污泥回流要差。

混凝剂采用聚合氯化铝时，架桥和卷扫在混凝过程中起重要作用，回流污泥中含有大量氢氧化铝络合物和沉淀，原水中小粒径颗粒物（2.0～3.0μm）可能由于氢氧化铝络合物或沉淀物的吸附作用而得到去除，而大粒径颗粒物由于卷扫作用而得以共沉降。

实验结果还表明，超滤膜对水中颗粒物的去除几乎与预处理方式无关，超滤膜后产水颗粒数均小于 8 个/mL。超滤膜对浊度和颗粒物有很好的去除效能，这与超滤膜本身特性有关，本实验使用的超滤膜平均孔径为 0.01μm，理论上可以截留 2.0μm 以上的所有颗粒物。

3. 预处理及其与膜联用对有机物的去除

预处理及其与膜联用对 DOC、UV_{254} 和 THMFP 的去除效能分别如图 9-24 和图 9-25 所示，混凝、PAC＋混凝、污泥回流和炭泥回流预处理对 DOC、UV_{254} 和 THMFP 的去除率分别为 31.1%、21.7% 和 30.1%，43.3%、36.5% 和 46.6%，37.9%、28.4% 和 39.3% 以及 47.5%、42.3% 和 52.3%，其中炭泥回流预处理对 DOC、UV_{254} 和 THMFP 的去除率最高。

超滤膜直接过滤原水对 DOC、UV_{254} 和 THMFP 的去除率较低，分别为 15.7%、9.5% 和

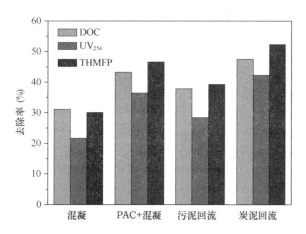

图 9-24　预处理对有机物的去除效能

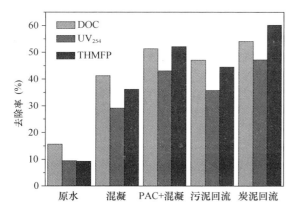

图 9-25　预处理与膜联用对有机物的去除效能

9.4%，混凝、PAC＋混凝、污泥回流和炭泥回流与超滤膜联用对 DOC、UV$_{254}$ 和 THMFP 的去除率分别为 41.3%、29.2% 和 36.2%，51.3%、43.1% 和 52.1%，47.1%、35.8% 和 44.5%，54.1%、47.2% 和 60.2%，可见，预处理能够明显提高超滤膜对有机物的去除作用，炭泥回流与超滤膜联用可以使有机物去除率达到更高的程度，其原因是该预处理在超滤膜前已对有机物有较好的去除效果，回流污泥中氢氧化铝络合物的吸附和卷扫以及粉末活性炭的吸附作用可以协同去除有机物，对 2.0~3.0 μm 以及大于 12.0 μm 颗粒物的有效去除也可能是由于炭泥回流与超滤联用对有机物有较好去除效能，粉末活性炭的吸附作用与回流污泥的强化混凝作用的协同可以达到更好的去除水中有机物的效果。

4. 预处理与膜联用出水中的余铝

预处理与超滤膜联用出水中的铝离子浓度如图 9-26 所示。原水中铝离子的浓度平均为 0.11mg/L，超滤膜对铝离子几乎没有去除作用。混凝、PAC＋混

凝、污泥回流和炭泥回流与膜联用的膜出水中铝离子浓度比原水有所增加，分别为 0.138mg/L、0.120mg/L、0.142mg/L 和 0.125mg/L，这是由于预处理中都加入混凝剂聚合氯化铝，回流的污泥中也含有铝离子，但是增加均比较少，没有超过《生活饮用水卫生标准》GB 5749 所规定的 0.2mg/L。

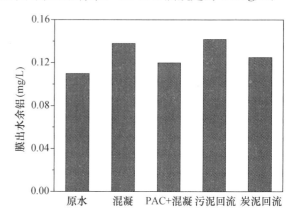

图 9-26　预处理与超滤膜联用出水中的余铝

9.2.3　预处理及运行条件对膜污染的影响

实验中超滤膜运行方式为恒通量运行，可以用跨膜压差的变化表征膜污染的趋势，预处理对浸没式超滤膜运行 TMP 的影响如图 9-27 所示。由于在改变预处理方式时对膜进行短期的化学清洗，各预处理与膜联用在刚开始运行时的初始跨膜压差存在一定差别，但这不会影响考察各预处理中膜污染的趋势。超滤膜直接过滤原水时，在运行 15d 的过程中 TMP 从 16kPa 发展到 42kPa，由于原水中的有机物和颗粒物在膜前没有得到有效去除，膜污染比较严重。混凝沉淀使水中颗粒物和大分子有机物得到一定程度的去除，但对引起不可逆污染的小分子有机物、亲水性有机物等去除较少，经过 15d 的运

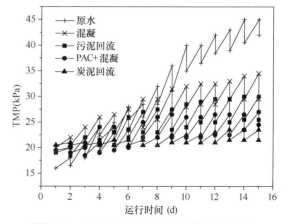

图 9-27　预处理对浸没式超滤膜污染的影响

行，TMP 从 20kPa 发展到 29.5kPa。污泥回流预处理工艺对水中有机物和颗粒物的去除效能高于单独混凝，因此污泥回流使超滤膜跨膜压差的增加趋势比混凝缓慢，15d 的运行中 TMP 从 19kPa 发展到 25.5kPa。

粉末活性炭吸附对溶解性有机物的去除效果较好，但经过 15d 的运行，TMP 从 19.5kPa 发展到 24.5kPa，说明仍然存在不可逆污染，有研究表明，粉末活性炭虽然能吸附大量水中有机物，但是对可逆膜污染有机物的去除多于不可逆膜污染有机物的去除，这与本实验的研究结果相似。炭泥回流与超滤膜联用在运行 15d 后 TMP 从 20.5kPa 发展到 21.5kPa，说明在运行期间不可逆污染很小，炭泥回流能有效减轻膜污染的原因有以下几点：（1）能有效去除原水的颗粒物；（2）能引起可逆污染的憎水性有机物可以被混凝＋炭泥回流强化去除；（3）粉末活性炭可以有效吸附部分引起可逆和不可逆污染的有机物；（4）回流污泥中的氢氧化铝络合物可以吸附及卷扫能引起膜污染的有机物。

1. 运行条件的影响

实验也研究了运行条件对浸没式超滤膜处理苏州内河水过程中膜污染的影响，主要考察曝气、过滤方式、预处理和反冲洗等对膜运行 TMP 的影响，具体包括曝气方式和强度、连续过滤、间歇过滤、间歇过滤间歇曝气、混凝预处理和水力反冲洗等，并探索超滤膜在实际应用中的优化运行条件。其中间歇曝气方式为曝气 1min/停止 9min；间歇过滤为过滤 9min/停止 1min，不曝气；间歇过滤间歇曝气则为膜过滤 9min/停止 1min，间歇曝气采用曝气 1min/停止 9min 的方式，1min 的曝气正好在膜停止过滤的时段进行；水力反冲洗为每 24h 对浸没式超滤膜反冲洗 1 次，每次反冲洗 5min，反冲洗强度为 60L/（m² · h）。

用短期的通量阶梯增加法所得到的 PVC 超滤膜过滤苏州内河水的临界通量曲线如图 9-28 所示，该水质条件下超滤膜的临界通量为 22.5L/（m² · h）。前面在实验室的研究表明，通量控制在短期实验所得到的临界通量以下时，对运行条件进行优化可以更好地缓解膜污染，因此以下实验中通量均采用 20L/（m² · h）。

不同曝气强度条件下连续和间歇曝气在 24h 的时间内对超滤膜处理苏州内河水运行 TMP 的影响

如图 9-29 所示。

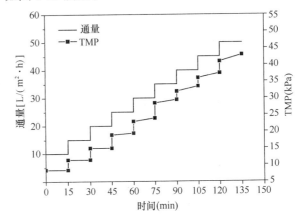

图 9-28 短期实验条件下超滤膜处理
苏州内河水的临界通量曲线

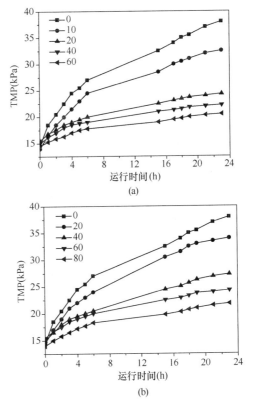

图 9-29 不同曝气强度条件下连续曝气和间歇曝气
对超滤膜运行 TMP 的影响
［曝气强度单位：m³/（m² · h），以膜池底面积计算］
（a）连续曝气；（b）间歇曝气

在图 9-29（a）中，无曝气条件下，膜直接过滤原水在 24h 内 TMP 由 14.5kPa 升高到 38.0kPa，增加了 23.5kPa；连续曝气可以缓解膜污染，当连续曝气的强度分别为 10m³/（m² · h）、20m³/（m² · h）、40m³/（m² · h）和 60m³/（m² · h）时，膜过滤过程中的 TMP 分别增加 18.5kPa、

8.8kPa、7.2kPa 和 6.0kPa。可见，连续曝气时曝气达到一定强度［实验中是 20m³/(m²·h)］后，再提高曝气强度对膜运行 TMP 的影响显著减小。

在图 9-29（b）中，间歇曝气也可缓解膜污染，当曝气的强度分别为 20m³/(m²·h)、40m³/(m²·h)、60m³/(m²·h) 和 80m³/(m²·h) 时，膜过滤过程中的 TMP 分别增加 19.5kPa、12.3kPa、8.8kPa 和 7.8kPa。可见，随着曝气强度的增加，膜运行的 TMP 会降低，但曝气达到一定强度［实验中是 40m³/(m²·h)］后，再提高曝气强度对膜运行 TMP 的影响显著减小，这表明，在浸没式超滤膜的实际应用过程中应选择合理的曝气强度，否则既耗能又不能对膜污染有更好的缓解作用。

实验中对比了连续过滤、间歇过滤和间歇过滤间歇曝气三种过滤方式在 24h 内对超滤膜运行 TMP 的影响，如图 9-30 所示。间歇过滤过程中 TMP 比连续运行时略有降低，TMP 由 15kPa 升高至 35.5kPa，增加了 20.5kPa，连续运行时 TMP 增加了 23.5kPa，表明间歇过滤对膜污染的缓解作用只是由膜过滤时间的减少引起的。

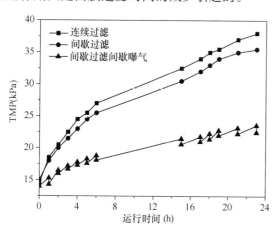

图 9-30　不同过滤方式对超滤膜运行 TMP 的影响
［间歇过滤间歇曝气的曝气强度为 60m³/(m²·h)］

间歇过滤间歇曝气条件下，膜运行 TMP 比连续运行时较大程度降低，该实验条件下膜过滤的 TMP 由 14kPa 升高至 23.6kPa，增加了 9.6kPa，这表明在过滤间隙进行曝气可使膜表面的污泥层得到及时消除，间歇过滤间歇曝气方式对膜污染有较好的缓解作用。

2. 混凝预处理对 TMP 的影响

实验考察了混凝预处理以及混凝＋间歇过滤间歇曝气方式在 24h 内对超滤膜运行 TMP 的影响，

如图 9-31 所示。膜过滤混凝沉淀后的出水时，在 24h 内 TMP 从 13.5kPa 升高到 22.4kPa，增加了 8.9kPa，混凝＋间歇过滤间歇曝气条件下，在 24h 内 TMP 从 14.0kPa 升高到 18.6kPa，增加了 4.6kPa，可见，由于混凝对悬浮颗粒物和大分子有机物有较好的去除作用，混凝预处理可以降低膜过滤过程中的 TMP，而且采用间歇过滤间歇曝气的方式，膜运行 TMP 得到进一步降低，表明预处理与间歇过滤间歇曝气方式相结合可以较好地缓解浸没式超滤膜在实际运行当中的膜污染。

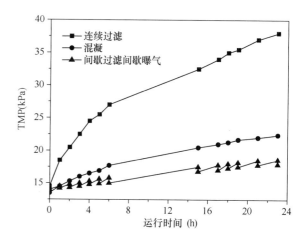

图 9-31　混凝预处理对超滤膜运行 TMP 的影响
［间歇过滤间歇曝气的曝气强度为 60m³/(m²·h)］

预处理与浸没式超滤膜联用处理苏州内河水的中试实验研究表明预处理能明显提高超滤膜的出水水质，并且炭泥回流预处理对颗粒物和有机物的去除率比其他几种预处理要高，而且预处理可以有效缓解膜污染。

3. 反冲洗对 TMP 的影响

随着过滤时间的延长，膜池内的污染物浓度会增加，造成膜的透水性下降。曝气虽然通过擦洗作用可以在一定程度上去除膜表面的污染层，但对膜孔内部的污染却作用不大。因此，当过滤到达一定程度后，需要对膜进行反冲洗，并且及时排放膜池内的混合液。

实验中每 24h 对浸没式超滤膜反冲洗一次，每次反冲洗 5min，反冲强度为 60L/(m²·h)。实验期间不同运行条件下超滤膜反冲洗前后 TMP 的变化如图 9-32 所示。可见，反冲洗对膜污染有较好的控制效果，因为反冲洗不但能去除孔内和孔口污染，还能通过水力冲洗去除膜表面的污染物质。由图 9-32 可见，"混凝＋间歇过滤间歇曝气＋水反冲"对膜污染有很好的控制效果，使运行 TMP 在一个周期里只增加 0.5～1.2kPa。但水力反冲洗一般会消耗超滤产水，从而降低产水率，在实际膜过滤过程中宜将曝气和水力反冲洗等运行条件进行优化。

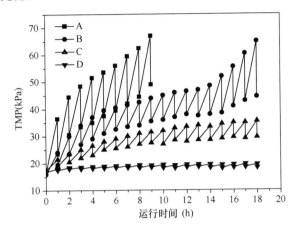

图 9-32 不同运行条件下超滤膜反冲洗前后 TMP 的变化
[A—原水连续过滤无曝气；B—原水间歇过滤间歇曝气；
C—混凝连续过滤无曝气；D—混凝间歇过滤间歇曝气，
间歇过滤间歇曝气的曝气强度为 60m³/(m²·h)]

9.3 浸没式超滤膜处理受污染水混凝沉后水的中试实验研究

9.3.1 实验系统、原水水质及运行条件

1. 实验系统

一个单元的浸没式超滤膜系统处理受污染水源水的中试实验装置如图 9-33 所示。主要由进水系统、中空纤维膜组件、抽吸系统、曝气系统、反冲

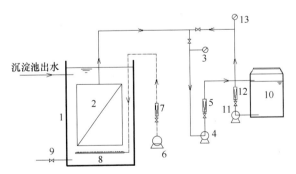

图 9-33 浸没式超滤膜中试实验装置示意图
1—膜滤池；2—浸没式超滤膜组件；3—真空表；
4—抽吸泵；5—出水流量计；6—风机；7—气体
流量计；8—穿孔曝气管；9—排泥阀；10—反冲洗
水箱；11—反冲洗水泵；12—反冲流量计；13—压力表

洗系统和排泥系统构成。膜池的进水取自沉淀池出水；出水由膜池外的抽吸泵抽出；通过设置在浸没式超滤膜组件和抽吸泵之间的真空表检测跨膜压力；为延缓膜污染，在膜组件底部设置穿孔管曝气；运行一段时间后，由反冲洗系统对浸没式膜组件进行反冲；膜池内的高浓度混合液通过排泥系统排出膜池外。

一个单元的膜池的尺寸为 0.80m×0.35m×1.80m，总容积 500L。浸没式中空纤维 PVC 超滤膜组件垂直安装于膜池内，每个膜组件安装 3 帘膜。膜丝有效长度 1.36m，单帘膜面积 8.03m²，一个膜组件的膜面积约 24.1m²。共设置 3 个单元，3 单元平行工作。

2. 运行条件

实验用原水取自苏州立升膜分离科技有限公司院内的人工渠道。该人工渠道由附近的河道引水，同时厂区内的生活污水和工业废水也排入该人工渠道，即实验用原水受污染较重。该受污染地表水首先进入混凝沉淀处理单元，混凝剂为聚合氯化铝，投加量为 5～10mg/L，沉淀池水力停留时间约 2.0h。经混凝沉淀处理后的水进入浸没式超滤膜系统。

实验中三组超滤膜的通量分别为 20L/(m²·h)、30L/(m²·h) 和 40L/(m²·h)，均采用间歇抽吸的运行方式，抽吸 9min/停抽 1min。在停止抽吸的 1min 的时间间隔内，对中空纤维膜丝进行曝气以控制膜污染，曝气强度 36m³/(m²·h)（以膜滤池底面积计算）。每天对膜组件进行水反冲洗一次，反冲强度为 60L/(m²·h)（以膜面积计算），时间为 5min。水反冲洗的同时也进行曝气清洗，强度亦为 36m³/(m²·h)（以膜滤池底面积计算）。

3. 原水水质

在中试实验研究期间，人工渠道的原水水质和经混凝沉淀处理后的膜滤池进水水质见表 9-7。

浸没式超滤中试实验研究期间原水水质　表 9-7

水质指标	原水		沉淀池出水	
	范围	均值	范围	均值
水温（℃）	22.5～32.0	27.6	22.5～32.0	27.6
pH	7.61～8.10	7.87	—	—
浊度（NTU）	2.60～23.4	9.65	1.64～4.29	2.87
COD$_{Mn}$（mg/L）	5.22～7.76	6.40	3.74～5.98	4.75

续表

水质指标	原水		沉淀池出水	
	范围	均值	范围	均值
UV$_{254}$（1/cm）	0.074～0.110	0.088	0.060～0.089	0.072
UV$_{410}$（1/cm）	0.003～0.009	0.005	0.002～0.006	0.004
NH$_3$-N（mg/L）	0.24～0.77	0.38	0.26～0.40	0.31

9.3.2 浸没式超滤膜系统净水效果

1. 不同通量下超滤膜的除浊特性

如图 9-34 所示，实验期间，膜池进水浊度（即沉淀池出水浊度）在 1.64～4.29NTU 之间波动，平均 2.87NTU。而不同通量的三组浸没式超滤膜的出水浊度却基本稳定在 0.1NTU 以下。1号、2号、3号膜的通量分别为 20L/(m² · h)、30L/(m² · h) 和 40L/(m² · h)，而其出水平均浊度分别为 0.04NTU、0.05NTU 和 0.03NTU。可见，通量对浸没式超滤膜的除浊特性影响不大。

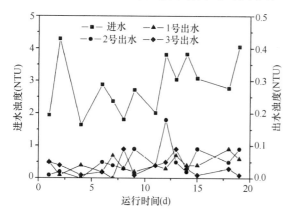

图 9-34 不同通量下浸没式超滤膜的除浊特性

浊度不仅是一项感官性水质指标，还是一项重要的微生物学指标。研究表明，水中致病菌、病毒经常附着于颗粒物之上，若能将水中颗粒物尽可能去除，就能有效控制介水传染病的流行。超滤可通过其强大的物理筛滤截留作用，将尺寸大于其孔径的颗粒性物质和胶体性物质完全去除。因而不但起到了除浊的作用，还起到了除菌消毒的作用。后续处理中仅需投加少量化学消毒剂以维持持续的消毒能力。

2. 不同通量下超滤膜去除有机物的特性

三种通量下的浸没式超滤膜对综合有机污染指标 COD$_{Mn}$ 的去除情况如图 9-35 所示。实验期间，膜池进水的 COD$_{Mn}$ 在 3.74～5.98mg/L 之间，平

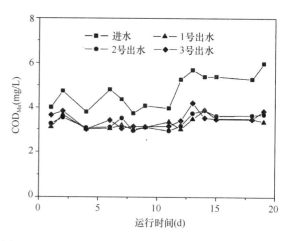

图 9-35 不同通量下浸没式超滤膜对 COD$_{Mn}$ 的去除特性

均 4.75mg/L。由图 9-35 可见，通量分别为 20L/(m² · h)、30L/(m² · h) 和 40L/(m² · h) 的 1号、2号和 3号膜出水 COD$_{Mn}$ 分别为 3.31mg/L、3.39mg/L 和 3.46mg/L，去除率分别为 29.1%、27.8% 和 26.1%。随着通量的增大，浸没式超滤膜对 COD$_{Mn}$ 的去除率略有下降，但下降幅度不是很大。

通量较小时，有机污染物在膜滤池混合液中的积累程度较低，膜进水侧和出水侧 COD$_{Mn}$ 的浓度差别较小，同时由于膜表面形成的污泥层能强化 UF 膜对有机物的截留，因而通量较小时膜对 COD$_{Mn}$ 的去除率略高。当通量增大时，有机物在混合液中的积累程度也提高，膜进出水侧的浓度差加大，出水 COD$_{Mn}$ 有提高的趋势。然而，由于通量增大，污泥层在膜表面的富集就更严重，虽然增大了跨膜压差，但也更加显著地强化了膜对有机物的截留。因而虽然通量大时膜对 COD$_{Mn}$ 的去除率有降低，但幅度不明显。

图 9-36 显示了实验期间浸没式超滤膜在不同

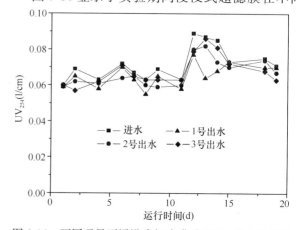

图 9-36 不同通量下浸没式超滤膜对 UV$_{254}$ 的去除特性

通量下对溶解性有机污染指标 UV_{254} 的去除情况。膜池进水 UV_{254} 平均 $0.072/cm$，通量为 $20L/(m^2 \cdot h)$、$30L/(m^2 \cdot h)$、$40L/(m^2 \cdot h)$ 的 1 号、2 号、3 号膜出水分别为 $0.065/cm$、$0.067/cm$ 和 $0.068/cm$。三组膜对 UV_{254} 的平均去除率分别为 8.5%、6.7% 和 5.1%。可见，超滤膜对溶解性有机指标 UV_{254} 的去除效率显著低于对综合有机污染指标 COD_{Mn} 的去除效率。可能是因为 UV_{254} 表征的有机物分子量通常较小，超滤膜对其的截留能力较低的缘故。

此外，随着通量的增加，浸没式 UF 膜对 UV_{254} 的去除率也有所下降，主要是因为通量增大之后，溶解性有机物在膜池内的积累程度增加，但下降幅度不是很大，可能是因为通量增加后膜表面形成的污泥层更为厚实，强化了对溶解性有机物的截留。这些被截留的有机物通过每天的排泥排出池外，周而复始。

3. 不同通量下跨膜压差的增长特性

实验中 1 号、2 号和 3 号三组膜的通量分别恒定实验在 $20L/(m^2 \cdot h)$、$30L/(m^2 \cdot h)$ 和 $40L/(m^2 \cdot h)$，其膜污染情况可通过各自跨膜压差的增长来反映。由图 9-37 可知，在运行的初始阶段，三组超滤膜的跨膜压差出现"突跃性"增长，在运行的 30h 内，1 号膜由起初的 5kPa 增长到 16kPa，2 号由 4kPa 增长到 16.5kPa，3 号由 5kPa 增长至 21kPa。这是由于膜在刚开始过滤实际地表水时，水中颗粒物、有机物等迅速在膜表面沉积，形成表面污泥层（凝胶层），增大了水透过膜时的水力阻力。

随着过滤的进行，三组膜的跨膜压进入稳定时

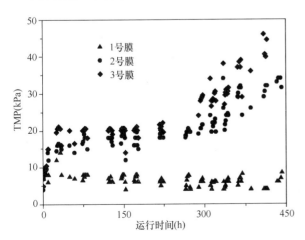

图 9-37　不同通量下浸没式超滤膜跨膜压的增长特性
通量：1 号膜—$20L/(m^2 \cdot h)$；2 号膜—$30L/(m^2 \cdot h)$；
3 号膜—$40L/(m^2 \cdot h)$

期。在 $30 \sim 300h$ 的过程中，三组膜的 TMP 几乎没有变化。这可能是因为通过曝气清洗、水反冲洗等手段，使得膜表面的污染达到动态平衡，膜的水渗透性几乎维持恒定，同时孔内污染亦尚未被"激发"（孔内污染随着运行时间的延长必然已经存在，但是还没有达到某种临界点，因而不会通过 TMP 反映出来）。

在 300h 以后，通量较大的 2 号和 3 号膜的跨膜压差进入快速增长期，这可能是由膜孔内形成的不可逆污染引起的，由于该两组膜通量较大，水中携带的有机物总量也大，在膜孔内沉积的可能性就越大。这种孔内不可逆污染无法通过曝气加以控制，水力反冲洗也不能完全去除孔内沉积的有机污染物，造成其在孔内的不断积累，减小孔断面尺寸，增大过水阻力。这种污染必须通过适当的化学清洗加以控制。

而通量较低的 1 号膜的运行压力在较长的时间内（442h）都比较稳定，证明污染物在 1 号膜表面和孔内的沉积速率与曝气和反冲洗去除这些污染物的速率可达到平衡。因此，可认为在这种具体操作条件下，1 号膜采取的通量 $20L/(m^2 \cdot h)$，已接近浸没式中空纤维 PVC 超滤膜的临界通量。

9.3.3　膜滤池内的污染物随运行时间的累积特性

在一个过滤周期（两个水反冲洗和排泥之间的间隔）内，进水中的污染物质被浸没式超滤膜所截留，并停留在膜池内。这样，膜池内的污染物就随着运行时间的延长而逐渐积累。

1. 浊度的累积

图 9-38 为一个过滤周期内不同通量的三组膜滤池中浊度随运行时间的变化情况。

1 号、2 号、3 号三组超滤膜的通量分别为 $20L/(m^2 \cdot h)$、$30L/(m^2 \cdot h)$ 和 $40L/(m^2 \cdot h)$，而膜池体积却同样为 500L。由图 9-38 可见，三组膜池混合液中的浊度均随运行时间的增长而线性增长。运行之初，三组膜池内的浊度分别为 7.4NTU、8.0NTU 和 7.2NTU。膜池经过 22h 的运行，其曝气前混合液浊度分别增长至 34.0NTU、45.7NTU 和 55.3NTU。

同时，也发现不同通量下膜池内混合液浊度并未按通量的倍数进行积累，比如，3 号膜通量是 1 号的 2 倍，而进水同为沉淀池出水，但运行 22h 后

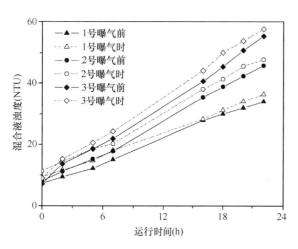

图 9-38　一个典型过滤周期内膜滤池内混合液
浊度随运行时间的累积

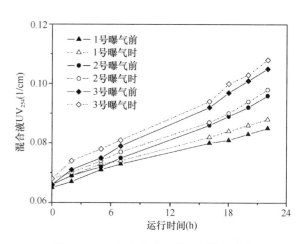

图 9-39　一个典型过滤周期内膜滤池内
混合液 UV_{254} 随运行时间的累积

3 号膜池曝气前的混合液浊度为 55.3NTU，积累量为 48.1NTU（55.3NTU－7.2NTU），而不是 1 号中浊度积累量（34.0NTU － 7.4NTU = 26.6NTU）的 2 倍。原因可能如下：（1）进入膜池的浊度在膜两侧压力差（跨膜压）的作用下富集于膜表面，造成混合液中浊度的减少；（2）进水为沉淀池出水，其中的浊度在膜池内积累到一定程度后开始互相集结形成大颗粒，从而减小了其散光浊度（即采用的浊度仪所测得的浊度）。

在抽吸泵停止抽吸的过程中，对膜进行了曝气清洗。曝气可使膜表面沉积的污泥层脱离膜表面并再次悬浮进入混合液，这样就降低了膜滤阻力，减小了跨膜压值。同时又会使得小颗粒互相集结形成的大颗粒破碎。两种机制导致膜池混合液中浊度值有所增高，如图 9-38 所示。

2. UV_{254} 的累积

与浊度相同，进水中的溶解性有机物也将随着运行时间的延长而在膜池中形成累积。差别是实验中的超滤膜可将进水浊度完全截留于膜进水侧（出水浊度＜0.01NTU），而对溶解性有机物的截留率却较低。

由图 9-39 可以看出，不管是何种通量 [1 号、2 号、3 号分别为 20L/（m²·h）、30L/（m²·h）、40L/（m²·h）]，膜池混合液中的 UV_{254} 浓度均随着运行时间的延长而线性增加。运行之初，三组膜池混合液中 UV_{254} 分别为 0.065/cm、0.066/cm 和 0.066/cm。经过 22h 的运行，三组膜池内的曝气前 UV_{254} 分别增长到 0.085/cm、0.096/cm 和 0.105/cm。

对于溶解性有机污染指标 UV_{254}，与浊度不同，其在不同通量下在膜池混合液中的累积几乎是按膜通量的倍数进行。比如，3 号膜通量为 1 号的 2 倍，经过 22h 的运行，3 号膜池内的累积浓度为 0.040/cm（0.105～0.065/cm），正好是 1 号膜池内累积浓度（0.085/cm－0.065/cm＝0.020/cm）的 2 倍。原因可能是 UV_{254} 所表征的溶解性有机物相互之间不发生作用，虽然也会由于跨膜压差而在膜表面附近富集，但无论是其在混合液中还是在膜表面，其累积的浓度均与处理的水量（即通量）呈正比。

由图 9-39 还可以看出，无论采用的通量如何，曝气均能造成膜池内混合液中 UV_{254} 浓度的增加。这主要是因为在停止抽吸的过程中，膜两侧压差（跨膜压）消失，曝气使得膜表面富集的溶解性有机物又回到主体混合液中的缘故。这样，消弱了有机类膜污染物在膜表面的浓度极化，延缓了膜的污染。

9.3.4　曝气和反冲洗对跨膜压差的影响

曝气作为一种有效控制膜污染的方式，在用于污水处理的浸没式膜生物反应器中得到广泛的应用。而浸没式膜在饮用水处理中的研究和应用都处于起步阶段，本研究在中试实验的基础上，考察了间歇曝气（曝气 1min/停止 9min）对不同通量下浸没式超滤膜跨膜压的影响。

图 9-40 比较了一个过滤周期内三组超滤膜曝气前后的跨膜压差。

如图所示，对于通量为 20L/（m²·h）的 1 号

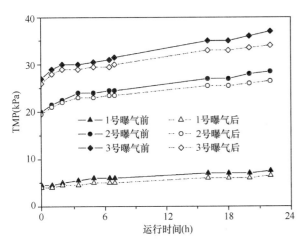

图9-40 一个典型过滤周期三组超滤膜曝气
前后跨膜压差的变化

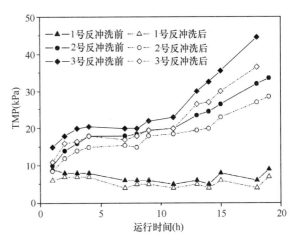

图9-41 三组超滤膜反冲洗前后跨膜压差的变化

膜，曝气可使 TMP 减小 0.5～1kPa；对于通量为 30L/(m² · h) 的 2 号膜，曝气可使 TMP 减小 0.5～2kPa；对于通量为 40L/(m² · h) 的 3 号膜，曝气可使 TMP 减小 1.0～3.0kPa。随着运行时间的延长，三组超滤膜的跨膜压差逐渐增长，而曝气对于跨膜压差的降低作用也越加明显。原因是随着运行时间的延长，膜池内的污染物浓度也不断增加，在抽吸力的作用下在膜表面的积累就越严重，造成跨膜压差的增加。而曝气能有效去除膜表面污泥层，因此，也就有效地降低了超滤膜的跨膜压差。

曝气一方面通过气泡在膜丝表面的振动、摩擦等作用，在膜丝表面产生剪切力并促使膜丝产生物理运动，使得抽吸过程中形成的污泥层松动、脱落，从而有效地去除超滤膜表面的污染物质。另一方面，通过间歇性的曝气，可使得膜表面的污泥层得以及时消除，而不致过于密实，形成不可逆的膜污染。

随着运行时间的延长，膜滤池内的污染物浓度会越来越大，一方面会恶化出水水质；另一方面，也会使得膜的负担越来越重，造成膜透水性的下降。曝气虽然可以去除膜表面的污染层，在一定程度上延缓膜污染，但对发生在膜孔内部的污染却无能为力。因此，当过滤进行到一定程度后，必须对膜进行反冲洗，并及时排放膜滤池内高浓度的混合液。

本研究中每天对浸没式超滤膜反冲洗一次，每次 5min，反冲洗强度为 60L/(m² · h)。图9-41反映了实验期间三组超滤膜反冲洗前后的跨膜压差变化情况。可见，对于通量为 20L/(m² · h) 的 1 号膜，反冲洗前后的跨膜压力虽然随进水水质和水温变化而略有波动，但一直较低，反冲洗可将跨膜压差降低1～3kPa；对于通量为 30L/(m² · h) 的 2 号膜，反冲洗可使跨膜压差降低 1.5～5.0kPa；对于通量为 40L/(m² · h) 的 3 号膜，反冲洗可使跨膜压差降低 2.0～8.0kPa。可见，反冲洗对膜污染的控制效果要好于曝气。

有学者将膜污染划分为表面污染、孔口堵塞污染和孔内沉积污染。曝气仅能控制膜的表面污染，而反冲洗不但能去除孔内污染和孔口污染，还能通过水力冲洗去除在膜表面结合较为紧密的污染物质（凝胶层），因此表现出更为优越的延缓膜污染的效果。在实际操作中应将曝气和反冲洗进行优化组合。

实验表明，浸没式超滤膜处理经混凝沉淀后的受污染较重的水，虽然在浊度方面能取得低于 0.1NTU 的出水，并且采用低通量［20L/(m² · h)］策略运行，优化曝气和水反冲洗条件，并及时排放膜池内浓水，可以使膜污染得到有效控制，膜系统长期稳定运行，但对有机物的去除达不到饮用水卫生标准的要求，所以需要探索对除氨氮和有机物更有效的超滤净水技术。

9.4 浸没式膜生物反应器（SMBR）净化受污染较重的原水实验研究

受污染较重的水源水，其主要特征是有机物和氨氮含量高，前述超滤组合工艺对有机物和氨氮含量较高的原水处理效果有限，故本实验探索 SMBR

处理该类原水的效果。

浸没式膜生物反应器（SMBR）技术将生物降解作用与膜滤作用置于同一个反应器内完成，具有占地面积小、出水水质优良的优点。近年来一些学者将其引入饮用水处理领域，并进行了一定的研究。结果表明SMBR不仅能有效截留颗粒物，还能通过生物降解与膜滤联合去除有机物，并通过生物作用有效地去除氨氮。

目前对于SMBR用于饮用水处理的启动特性尚未见到系统的报道，对SMBR应对氨氮冲击负荷的能力也需要进行研究。这是其实际应用时所面临的现实问题。本研究在实验室常温条件下，系统考察了SMBR用于受污染水源水处理的启动特性、长期稳定除污染效能和应对氨氮冲击负荷的能力。

9.4.1 实验系统、原水水质与运行条件

1. 实验系统

实验装置如图9-42所示。膜组件为束状中空纤维膜，由海南立昇净水科技实业有限公司提供，聚氯乙烯（PVC）材质，膜孔径0.01μm，膜面积0.4m²。膜组件直接浸入在反应器中，反应器有效容积为2L。原水通过恒位水箱进入反应器中，出水通过抽吸泵直接从膜组件抽出。在膜组件和抽吸泵之间设置真空表，监测跨膜压力（TMP）。空气泵连续向反应器内曝气以提供溶解氧、进行搅拌混合并清洗膜丝表面。

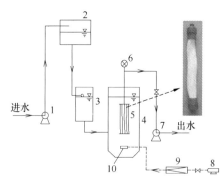

图9-42　实验装置示意图

1—提升泵；2—高位水箱；3—恒位水箱；4—SMBR；
5—膜组件；6—真空表；7—抽吸泵；8—空气泵；
9—气体流量计；10—空气扩散器

2. 运行条件

SMBR的运行方式通过时间继电器控制为抽吸8min/停抽2min。本实验中膜通量控制在10L/(m²·h)，处理水量4L/h，相应的水力停留时间

（HRT）为0.5h。反应器底部通过曝气头向反应器内的曝气速率为80L/h，相当于气水比20:1。

本实验中，除了混合液取样和膜清洗损失部分污泥外，不另外进行污泥排放，相当于污泥停留时间（SRT）为80d（以反应器内的混合液体积除以平均每天排放的混合液体积，即是污泥停留时间）。实验开始前向反应器内一次性投加3g粉末活性炭以作为微生物载体，相应于反应器内PAC浓度为1.5g/L。

3. 受污染水源水

实验中将自来水中按20:1～30:1的比例配入生活污水，作为实验用原水。启动期间的前5d采用较高的比例20:1，以饱和反应器内PAC，并加速活性污泥微生物的生长；之后始终采用较低的比例30:1，同时加入1mg/L的腐殖酸，以模拟微污染水源水。通过氯化铵（NH₄Cl）的投加控制该模拟水源氨氮浓度维持在3～4mg/L。该模拟微污染水源水先在室温下稳定2d后再供给SMBR使用。各实验阶段的原水水质见表9-8。

实验期间各阶段原水水质　　　　表9-8

原水水质指标	启动阶段	稳定运行阶段	氨氮冲击负荷阶段
水温（℃）	17.9±1.9	25.2±2.5	25.3±0.8
pH	7.12±0.14	7.17±0.16	7.25±0.12
浊度（NTU）	3.06±1.18	1.88±0.62	—
$NH_3-N(mg/L)$	2.99±0.74	3.49+0.49	6.24～9.74
$NO_2^--N(mg/L)$	0.090±0.082	0.096±0.117	0.052±0.021
TOC(mg/L)	6.872±0.796	5.952±0.711	5.812±0.562
$COD_{Mn}(mg/L)$	6.20±0.90	4.79±0.56	4.25±0.50
DOC(mg/L)	6.329±0.608	5.398±0.517	5.039±0.562
$UV_{254}(1/cm)$	0.106±0.008	0.086±0.008	0.076±0.002

9.4.2　SMBR处理受污染水源水的启动特性

1. SMBR启动过程对 NH_3-N、NO_2^--N 的去除特性

2007年4月11日起SMBR开始启动通水。5d后，自4月16日起反应器进水开始采用模拟微污染水源水并持续至实验结束。如图9-43（a）所示，SMBR自启动之日起的前20d对进水NH_3-N都几乎没有去除作用（3.16%±2.37%），第23天去除率增至17%，第26天增长至67%。经过一个月的运行，在启动之后的第29天，NH_3-N去除率增至87%，出水NH_3-N浓度低至0.4mg/L（进水3～

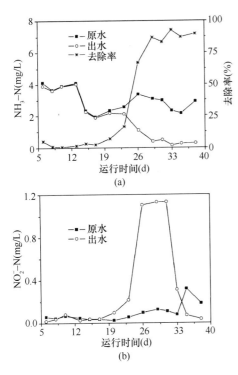

图 9-43　SMBR 启动过程对 NH$_3$-N、

NO$_2^-$-N 的去除特性

(a) NH$_3$-N；(b) NO$_2^-$-N

这符合 NH$_3$-N 的生物降解规律，首先由亚硝化细菌将其转化为 NO$_2^-$-N，再由硝化细菌将 NO$_2^-$-N 转化为 NO$_3^-$-N。

2. SMBR 启动过程对 COD$_{Mn}$ 的去除特性

SMBR 在其启动过程对 COD$_{Mn}$ 的去除特性如图 9-44 所示。

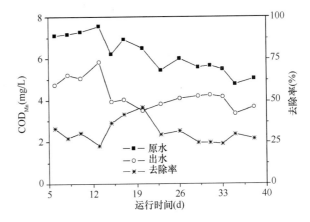

图 9-44　SMBR 启动过程对 COD$_{Mn}$ 的去除特性

4mg/L）。至此，可以认为 SMBR 系统反应器内负责 NH$_3$-N 氧化的亚硝化菌落已经成熟。

此外，由图 9-43（b）可以看出，在启动后的前 17d，SMBR 对 NO$_2^-$-N 既没有去除作用也没有产生明显的积累。而随着 SMBR 对 NH$_3$-N 去除率的逐渐升高，在第 20 天～第 23 天，出水 NO$_2^-$-N 浓度高于进水 4 倍，第 26 天～第 31 天，出水 NO$_2^-$-N 浓度更是高达 1.1mg/L（进水 0.097～0.125mg/L）。之后，运行到第 33 天时出水 NO$_2^-$-N 才降至 0.3mg/L，第 35 天降至 0.07mg/L。至此，认为反应器内负责 NO$_2^-$-N 氧化的硝化菌落已经成熟。

在 SMBR 启动之后的较长一段时间内（20d），系统对 NH$_3$-N 都几乎没有去除作用。而当度过了初始的困难时期，反应器内从无到有地积累了一定量的亚硝化细菌之后，亚硝化菌落的成熟过程则很快，仅用 9d 即可达到对进水 NH$_3$-N 的高效稳定去除。在这一个月当中水温也从 17℃ 上升至 20℃，这对亚硝化菌落的成熟也起到一定的作用。而反应器内负责 NO$_2^-$-N 氧化的硝化菌落的成熟则滞后于亚硝化菌落，自 SMBR 出水中出现 NO$_2^-$-N 积累至系统达到对 NO$_2^-$-N 的稳定去除用了 15d 的时间。

与 NH$_3$-N、NO$_2^-$-N 不同，SMBR 并没有表现出明显的负责有机污染物降解的异养菌的成熟标志。这可能是因为反应器内含有作为微生物生长载体的粉末活性炭，启动初期粉末活性炭尚未饱和，对进水有机物具有一定的吸附作用；而相对于自养菌，异养菌群生长繁殖速度较快，随着粉末活性炭吸附容量的逐渐饱和，反应器内异养菌群也逐渐成熟。这样，SMBR 在启动过程中对有机污染物的去除经历了以粉末活性炭吸附为主、粉末活性炭吸附与生物降解相结合、以生物降解为主这样 3 个阶段。最后，粉末活性炭吸附达到饱和，反应器内活性污泥也达到成熟，膜滤池演化为以粉末活性炭为生物载体的膜生物反应器。已有研究证明炭载活性污泥相对于传统活性污泥表现出许多优点，因活性炭表面生长的微生物与活性炭吸附的慢速生物降解有机物之间的接触时间显著增长，系统对其的生物降解作用也显著提高。整个启动期间，SMBR 对 COD$_{Mn}$ 保持着比较稳定的去除率，为 30.7%±6.8%。

3. SMBR 启动过程对 UV$_{254}$、DOC 的去除特性

水中有机污染物大体可分为颗粒性有机物和溶解性有机物两类。对于颗粒性有机污染物，超滤膜可以较容易地将其分离去除。溶解性有机物通常以 DOC、UV$_{254}$ 表示，因其去除困难，危害较大而受到人们广泛的关注。实验期间 SMBR 对 UV$_{254}$ 的去除情况如图 9-45 所示。SMBR 在其启动过程对 UV_{254} 的去除规律与 COD_{Mn} 基本相同：因启动初期粉末活性炭的吸附作用以及负责有机物氧化分解的异养菌落成熟较快，系统并未表现出明显的异养菌落成熟的标志。自启动之日起至实验结束，SMBR 对 UV_{254} 都保持着比较稳定的去除率，为 21.7%±5.4%。对 DOC 的去除也类似，去除率为 20.4%±4.2%。

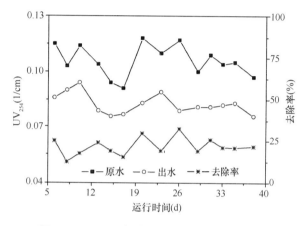

图 9-45　SMBR 启动过程对 UV_{254} 的去除特性

对于易生物降解的小分子量有机物，反应器内活性污泥可在本实验采用的较短的水力停留时间（0.5h）内将其降解；对于慢速生物降解的中等分子量有机物，因其吸附于活性炭中与炭表面微生物接触时间大大延长，也可以得到一定程度的降解；除此以外，超滤膜本身以及反应器内混合液过滤过程中在膜表面形成的污泥层对于溶解性大分子量有机物也有一定的去除作用。三种作用相结合，共同完成对水中溶解性有机污染物的去除。

9.4.3　SMBR 长期运行处理受污染水源水的除污染效能

1. SMBR 对 NH_3-N、NO_2^--N 的去除效能

SMBR 通过生物降解作用表现出优良的氨氮去除效能。如图 9-46（a）所示，尽管原水氨氮浓度在 2.17~4.24mg/L 范围内波动（平均 3.49±0.49mg/L），SMBR 出水中氨氮浓度仅为 0.38±0.14mg/L，平均去除率达到 89.4%±3.4%。另一方面，尽管 SMBR 出水中偶尔检测到亚硝酸盐氮积累现象，如图 9-46（b）所示，100d 运行期间内出水中亚硝酸盐氮浓度也低至 0.042±0.066mg/L，显著低于原水中的平均值 0.096±0.117mg/L。

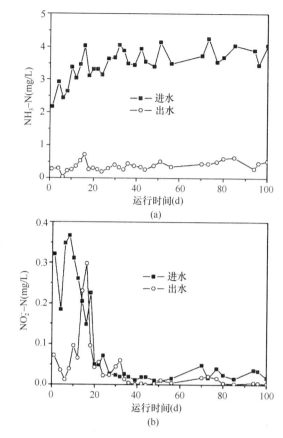

图 9-46　SMBR 长期运行时对 NH_3-N（a）、NO_2^--N（b）的去除效能

2. 对溶解性有机物的去除效能

水中总有机物大体可分为颗粒性有机物和溶解性有机物。即使是采用常规处理工艺（混凝、沉淀、过滤），也可较容易地将颗粒性有机物分离去除；此外，溶解性有机物因为其难于去除、危害较大而成为饮用水处理中人们关注的焦点。水中的溶解性有机物通常以 UV_{254} 和 DOC 表示。本实验如图 9-47 所示，经过 SMBR 处理之后，仅有 15.1%±4.1% 的进水 UV_{254} 被 SMBR 去除，出水中浓度仍达到 0.072%±0.005/cm。而 DOC 的平均去除率为 21.5%±7.0%。此外，从图 9-47 可见在 100d 的运行时间内 SMBR 对溶解性有机物的去除效率非常稳定。因此，当考虑长达 80d 的污泥停留时间，有理由推断 SMBR 对溶解性有机物的去除主要是通过生物降解作用完成的。

本实验中，采用了较长的污泥停留时间（SRT）80d。由于原水中浊度和可生物降解有机物含量均较低，采用较长的 SRT 不会造成 SMBR 内过多的悬浮固体积累，还能促进某些慢速生长微生物在反应器内的繁殖，从而促进对溶解性有机物的

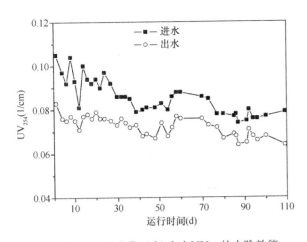

图 9-47　SMBR 长期运行时对 UV_{254} 的去除效能

降解。此外，一小部分难降解有机污染物也可能通过混合液取样和膜清洗而排出反应器。

由本实验的结果可见，SMBR 对有机污染物的去除效率较低，可能有两方面的原因：（1）受污染饮用水源中的可生物降解有机物含量较低，而 SMBR 主要通过生物降解作用去除有机物，因此除有机污染效率较低；（2）饮用水处理中 SMBR 的水力停留时间（HRT）较短，可能也是 SMBR 去除有机污染效率较低的原因。

3. 对总有机污染物的去除效能

COD_{Mn} 和 TOC 作为水中总有机污染物含量的综合指标，广泛应用于饮用水处理中。由图 9-48 可见，经过 SMBR 处理之后，进水中的 COD_{Mn} 从 $4.79 \pm 0.56mg/L$ 被 SMBR 处理到 $3.18 \pm 0.42mg/L$，平均去除率达到 $33.5\% \pm 6.3\%$。对 TOC 的平均去除率为 $28.6\% \pm 7.3\%$。显然，SMBR 对总有机污染物的去除率明显高于对溶解性有机污染物的去除率，这是因为 SMBR 中的膜能完全截留进水中的颗粒性有机物。

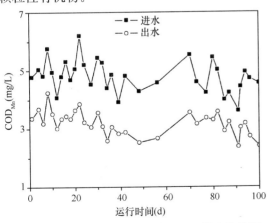

图 9-48　SMBR 长期运行时对 COD_{Mn} 的去除效能

4. 对消毒副产物前体物的去除效能

由于进水中的氨氮几乎被 SMBR 中的硝化菌群完全氧化，SMBR 出水的耗氯量显著降低。再加上被异养菌群降解的溶解性有机物和被膜截留的颗粒性有机物，SMBR 出水中的消毒副产物生成势必然被显著降低。如图 9-49 所示，本实验采用的受污染水源水中的 THMFP 和 HAAFP 浓度分别为 $249.1 \pm 18.7 \mu g/L$ 和 $168.3 \pm 10.9 \mu g/L$。SMBR 取得了 $34.1\% \pm 8.5\%$ 的 THMFP 去除率，出水中 THMFP 含量降低到 $163.7 \pm 19.7 \mu g/L$；而 SMBR 对 HAAFP 的去除率为 $24.7\% \pm 3.9\%$，出水中 HAAFP 浓度为 $126.8 \pm 12.3 \mu g/L$。

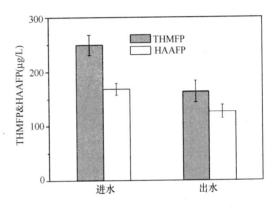

图 9-49　SMBR 长期运行时对消毒副产物前体物的去除效能

5. 对可生物降解有机物的去除效能

本实验进一步考察了 SMBR 对可同化有机碳（AOC）和可生物降解溶解性有机碳（BDOC）的去除能力，AOC 与 BDOC 两个指标与水的生物稳定性和管网中细菌二次增长势直接相关。实验结果如图 9-50 所示。

由图 9-50 可以看出，SMBR 将 AOC 由原水中

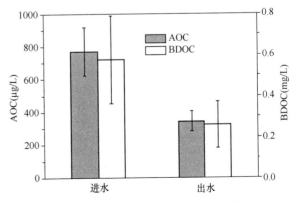

图 9-50　SMBR 长期运行时对可生物降解有机物的去除效能

的 771.3±145.9μg/L 降低到出水中的 344.4±61.1μg/L，将 BDOC 由原水中的 0.576±0.214mg/L 降低到出水中的 0.259±0.114mg/L，去除率分别达到了 54.9%±7.5% 和 51.7%±12.9%。可见，经过 SMBR 处理之后，受污染水源水的生物稳定性得到大幅度的提高。同时也说明生物处理工艺是去除可生物降解有机物的最佳工艺。

6. SMBR 内 UF 膜的 TMP 发展

本实验中，SMBR 内 UF 膜的通量设置在 10L/(m²·h)，110d 运行时间内的跨膜压差（TMP）发展情况如图 9-51 所示，由图可见，本实验初始的 TMP 比第 61 天膜经化学清洗后的 TMP 高出许多，原因是在开展本实验前 SMBR 已经运行一段时间，UF 膜已经形成一定的膜污染。在第 7 天和第 34 天，SMBR 内的 UF 膜被取出反应器，用自来水冲洗膜表面和反冲洗以进行彻底的物理清洗。

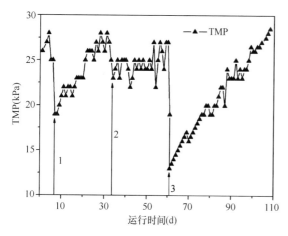

图 9-51　实验期间内 SMBR 内 UF 膜的 TMP 发展
1，2—对 UF 膜进行了物理清洗；3—对 UF 膜进行了化学清洗

在第 61 天，首先对 SMBR 中的 UF 膜进行物理清洗，使 TMP 由 27kPa 降低到 19kPa。然后，对膜采用 NaOH（5.0g/L）和 NaClO（200mg/L）的混合溶液进行了化学清洗，TMP 进一步降低到 13kPa。基于这些跨膜压差数据，可以计算出膜的可逆污染阻力（27－19＝8kPa）占总污染阻力（27－13＝14kPa）的 57.1%，而不可逆污染阻力（19－13＝6kPa）占总污染阻力的 42.9%。

在这之后，SMBR 的 TMP 随着运行时间逐渐增加，在第 110 天实验结束时增长到 28.5kPa。据此可计算出 TMP 的增长速率平均为 0.33kPa/d。

9.4.4　SMBR 应对氨氮冲击负荷的能力

1. 氨氮冲击负荷时 SMBR 对 NH₃-N 的去除情况

由于农业生产中化肥的大量使用，每逢夏季暴雨期间，大量化肥随暴雨径流进入江河，造成饮用水源的突发性氨氮污染。我国珠江、淮河等多处水源存在突发性高氨氮污染问题。水源中的高氨氮含量会造成饮用水处理和饮用水质的诸多问题，比如消耗水中的溶解氧，造成厌氧环境；加氯消毒时与氯反应生成氯胺，减少游离氯量，并可能产生具有恶臭味的三氯胺；造成管网中硝化菌群的生长，恶化水质等。研究水处理工艺应对氨氮冲击负荷的能力具有现实的意义。

本研究采用在实验室配水的方法考察了 SMBR 应对氨氮冲击负荷的能力。如图 9-52 所示，在初始的 200h 内，SMBR 在进水氨氮浓度为 3～4mg/L 的条件下稳定运行。在运行的第 205.5 小时时，在进水中配入一定量的氨氮，以模拟水源的氨氮冲击负荷。10h 后对 SMBR 进、出水进行取样，测得进水氨氮浓度为 6.62mg/L，而出水中氨氮仅为 0.22mg/L，远低于我国饮用水质标准 0.5mg/L。逐渐将进水氨氮提高到 8～10mg/L，出水中氨氮在 0.20～0.69mg/L，平均 0.34±0.14mg/L。

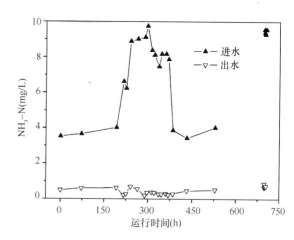

图 9-52　氨氮冲击负荷时 SMBR 对氨氮的去除情况

在运行的第 696.5 小时后再次在 SMBR 中加入氨氮冲击负荷，使进水浓度达到 9.55mg/L，1h 后对出水进行检测，发现出水中氨氮已经降低到 0.87mg/L。至此，可认为 SMBR 对饮用水源的突发性高氨氮含量问题有着优异的应对能力，能够在短时间内即适应原水的突发氨氮污染，并将其处理

到令人满意的水平。

2. 氨氮冲击负荷时 SMBR 出水的 NO_2^--N 变化情况

图 9-53 显示了 SMBR 应对水源突发氨氮污染过程中出水中的亚硝酸盐氮变化情况，由图可见仅在运行的第 297 小时反应器出水中出现了略显严重的亚硝酸盐积累现象，NO_2^--N 浓度达到 0.6mg/L。之后，出水中 NO_2^--N 的浓度迅速降低，到第 336 小时即减小到低于 0.1mg/L。

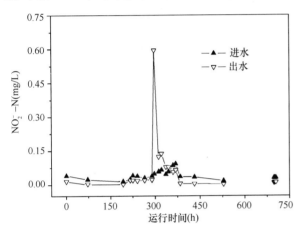

图 9-53　氨氮冲击负荷时 SMBR
出水 NO_2^--N 的变化情况

众所周知，硝化细菌的世代时间较长，不能在短时间内增殖出足够的生物量。然而，由上述可知，SMBR 能够较好地应对水源水中突发性氨氮冲击负荷。原因可能是 SMBR 内始终维持着一定量的硝化细菌，正常运行时进水氨氮浓度较低，硝化菌的活性也较低；而一旦进水氨氮浓度升高，这些硝化菌落即被激活，表现出优良的硝化活性。此外，反应器中较高的曝气速率致使混合液中有足够的溶解氧，也促进了对氨氮和亚硝酸盐氮的去除。

本实验还进行了生物颗粒活性炭（BAC）和 SMBR 除污染的对比。在相同的条件下（如原水水质和水力停留时间）对比研究了 BAC 和 SMBR 用于饮用水处理的除污染效能。结果表明，SMBR 能几乎 100％地截留进水浊度，而 BAC 则只能去除 60％，出水中仍含一定的颗粒有机物。一般来讲，饮用水源中的有机物可生化性较差，主要由难生物降解有机物构成。SMBR 主要通过生物降解作用去除进水溶解性有机物，对 DOC、UV_{254} 的去除率仅为 21.5％和 15.1％；BAC 通过颗粒炭吸附和生物降解的协同作用，能将 DOC、UV_{254} 分别去除 26.3％和 29.9％，效率较高。对于分子量在 0.5～3kDa 的有机物，BAC 的去除效果明显优于 SMBR。进水溶解氧（DO）含量限制了 BAC 对 NH_3-N 的降解，在进水 NH_3-N 平均 3.49mg/L 的情况下仅将其去除 54.5％，并且出水中存在 NO_2^--N 的积累；SMBR 因在反应器底部连续曝气而使混合液 DO 始终处于饱和状态，因而对进水 NH_3-N、NO_2^--N 保持着较高的去除效率：NH_3-N 去除 90％，NO_2^--N 去除 56％。

将生物活性炭（BAC）与 SMBR 联用，单独 BAC 的除浊效果不够理想，去除率仅为 60％；而后续的 SMBR 可将总浊度去除率提高至 96％以上。实验期间 BAC 将有机指标 TOC、COD_{Mn}、DOC、UV_{254}、BDOC 和 AOC 分别去除 27.8％、22.8％、26.3％、29.9％、57.2％ 和 49.3％；而其后的 SMBR 则可进一步强化对这些有机物的去除，将总去除率分别提高至 42.8％、49.9％、37.3％、38.3％、73.1％ 和 79.1％，化学分级表明 SMBR 去除的主要是憎水碱（HoB）、憎水酸（HoA）和弱憎水酸（WHoA）等有机组分。因受水中溶解氧含量限制，BAC 除 NH_3-N 效率仅为 54.5％，并且出水中产生严重的 NO_2^--N 积累；后续的 SMBR 则将 NH_3-N、NO_2^--N 的总去除率分别提高至 90％和 80％。由于 BAC 的预处理作用，组合工艺中 SMBR 的膜污染情况较之单独运行时显著减轻。

将 80d 和 20d 两种污泥停留时间的 SMBR 进行平行对比，结果表明其对有机污染物的能力基本相同，原因可能是长 SRT 时反应器内可以产生并积累某些微生物，这些微生物能够降解水中慢速生物降解有机物；而采用较短的 SRT 时，水中的难生物降解有机物被膜及其表面污泥层截留于反应器中，可通过污泥排放而及时排出反应器，也因此使其 TMP 增长速度稍慢。另外，两种 SRT 下的 SMBR 均能保持对氨氮和亚硝酸盐氮优良的去除效能，即 20d 的 SRT 足以使硝化菌维持足够的生物量。

向 SMBR 中连续投加粉末活性炭，便成为膜—粉末炭吸附生物反应器（MABR）。当 PAC 投加量为 8mg/L 原水时，对 TOC、COD_{Mn}、DOC、UV_{254}、THMFP、HAAFP、BDOC 和 AOC 的去除率分别达到 41.3％、59.4％、36.7％、53.5％、45.3％、27.4％、67.9％ 和 44.0％，显著高于平

行运行的 SMBR。在 MABR 中，膜的物理截留作用、生物降解作用以及 PAC 的吸附作用协同完成对溶解性有机污染物的去除，就 DOC 而言，三种作用的贡献分别为 11.1％、8.3％和 18.1％；就 UV_{254} 而言，三者的贡献分别为 11.4％、5.0％和 38.2％。SEM 和 CLSM 显微分析结果表明 MABR 中膜表面的动态污泥层（包括 PAC 层）能强化膜对混合液中溶解性有机物的截留，尤其是对 0.5～5kDa 的有机分子。化学分级结果表明 MABR 内 UF 膜表面的 PAC 层能显著强化对各种有机物组分的截留。

综上所述，向膜池内一次性投加粉末活性炭作为生物载体，使超滤和生物降解作用组合，形成浸没式膜生物反应器（SMBR），可以显著提高处理受污染较重的原水的处理效果，特别是能高效处理高氨氮含量的原水。将生物活性炭（BAC）与 SMBR 联用，可以发挥两者各自的优势，进一步提高除污染效果。向 SMBR 中连续投加粉末活性炭，形成膜—粉末炭吸附生物反应器（MABR），使除污染效果再显著提高，特别是对水中有机物的去除，即在实验原水水质条件下，出水 COD_{Mn} 值已能降至 3mg/L 以下，在出水浊度、氨氮及微生物指标上，都能达到生活饮用水限值的要求。对于该受较重污染的原水，由于在整个水处理过程中不添加混凝剂等化学药物，所以该工艺应属绿色工艺，所以是有发展前途的。

9.5 一体化膜混凝吸附生物反应器（MCABR）深度净化受污染水源水

混凝是饮用水常规处理工艺中的核心技术，历史悠久，在全世界范围内得到了广泛的应用。传统上，混凝的目的是通过电中和、网捕卷扫等作用去除水源水的浊度。近十几年来，研究发现混凝也能去除水中相当一部分的有机物，以憎水性的大分子天然有机物为主。之后，水处理工作者对混凝去除有机污染物的效能与机理进行了广泛而深入的研究，强化混凝被确认为饮用水去除有机物的最可利用技术。

本研究中，尝试在浸没式膜生物反应器（SMBR）中直接投加混凝剂以强化除污染作用，考察了一体化膜混凝生物反应器（MCBR）处理受污染水源水的效能。之后，在 SMBR 中同时投加混凝剂和吸附剂，系统研究了一体化膜混凝吸附生物反应器（MCABR）深度净化受污染原水的效能与机理。同时考察了投药量、水力停留时间对 MCABR 处理受污染水源水效能的影响。

9.5.1 实验系统、原水水质与运行条件

1. 膜混凝生物反应器（MCBR）处理受污染水源水的研究

实验系统主要由两组平行的 SMBR 组成，如图 9-54 所示，其中一组投加混凝剂，称之为膜混凝生物反应器（MCBR），与另一组不投加的 SMBR 进行平行对比。实验装置中的浸没式超滤膜组件由海南立昇净水科技实业有限公司提供，为束状中空纤维膜，聚氯乙烯（PVC）材质，膜孔径 0.01μm。反应器有效容积为 2.0L，原水通过恒位水箱供给到反应器当中，出水通过抽吸泵由膜组件抽出。跨膜压差（TMP）由安装在膜组件和抽吸泵之间的真空表进行监测。空气泵连续向反应器内曝气以提供溶解氧、清洗膜丝表面，并起到搅拌混合的作用，防止投加到系统中的药剂及活性污泥下沉。

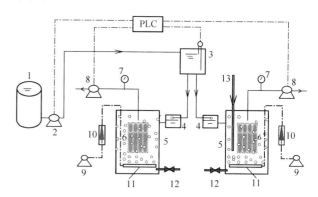

图 9-54　实验装置示意图
1—原水箱；2—提升泵；3—高位水箱；4—恒位水箱；
5—反应器；6—膜组件；7—真空表；8—抽吸泵；
9—空气泵；10—气体流量计；11—空气扩散器；
12—污泥排放阀；13—混凝剂投加系统

本实验中 MCBR 和 SMBR 的运行方式为抽吸 8min/停抽 2min。膜面积 0.4m²，膜通量控制在 10L/（m²·h），相应的水力停留时间（HRT）为 0.5h。空气泵连续向反应器内曝气以提供溶解氧、进行搅拌混合并清洗膜丝表面，气水比为 20∶1。反应器内污泥停留时间（SRT）为 20d，剩余污泥通过污泥阀排出。

为使 MCBR 和 SMBR 具有相同的初始条件，本实验开始之前，将两个反应器内活性污泥取出混匀，再均分到两个反应器当中。对于膜混凝生物反应器（MCBR），混凝剂选用聚合氯化铝（PACl），投加量为 10mg/L 原水，采用间歇投加方式，每天分 2 次投加到反应器当中。

2. 一体化膜混凝吸附生物反应器（MCABR）净化受污染水源水研究

本研究采用的实验装置为上述的膜混凝生物反应器（MCBR），在其中继续投加混凝剂聚合氯化铝，同时投加粉末活性炭。

研究一体化膜混凝吸附生物反应器（MCABR）净化受污染水源水的效能与机理时，混凝剂选用聚合氯化铝（PACl），投加量为 10mg/L 原水，吸附剂选用粉末活性炭，投加量为 8mg/L 原水；采用间歇投加方式，每天分 2 次投加到 MCABR 反应器当中。

考察投药量对 MCABR 除污染效能的影响时，一组反应器投加 PACl 为 10mg/L 原水，PAC 为 8mg/L 原水；另一组反应器投药量减半，PACl 为 5mg/L 原水，PAC 为 4mg/L 原水。采用间歇投加方式，每天分 2 次投加到 MCABR 反应器当中。

考察水力停留时间（HRT）对 MCABR 除污染效能的影响时，一组 MCABR 中 UF 膜面积采用 $0.4m^2$，对应水力停留时间为 30min，另一组 UF 膜面积采用 $0.2m^2$，对应水力停留时间为 60min。两组 MCABR 中 PACl 投加量均为 10mg/L 原水，PAC 为 8mg/L 原水。

3. 原水水质

在当地自来水中按 30:1 的比例配入生活污水，同时加入 1mg/L 的腐殖酸，以模拟受污染水源水；同时通过投加氯化铵（NH_4Cl）控制该模拟水源中的氨氮浓度在 3~4mg/L。该模拟受污染原水先在室温下稳定 2d 后再供给生物反应器使用。各实验阶段的原水水质见表 9-9。

实验期间各阶段原水水质　　　　　　　　　　表 9-9

水质指标	混凝强化 SMBR 处理受污染水的效能	一体化 MCABR 净化受污染水的研究	投药量对 MCABR 除污染的影响	水力停留时间对 MCABR 除污染的影响
水温（℃）	15.4±1.0	13.9±1.2	13.9±1.0	12.4±0.4
pH	7.14±0.14	7.18±0.13	7.16±0.18	7.21±0.15
浊度（NTU）	2.23±1.00	3.42±1.59	—	—
TOC（mg/L）	6.339±0.943	6.678±1.029	6.025±0.501	7.240±1.058
COD_{Mn}（mg/L）	4.18±0.31	3.97±0.39	3.63±0.22	3.98±0.27
DOC（mg/L）	5.734±0.597	5.723±0.662	5.140±0.352	6.301±0.776
UV_{254}（1/cm）	0.075±0.003	0.076±0.005	0.073±0.004	0.078±0.004
NH_3-N（mg/L）	3.61±0.29	3.70±0.27	3.61±0.15	3.93±0.31
PO_{43}^--P（μg/L）	92.13±17.96	92.08±15.10	100.8±14.2	105.0±16.2

9.5.2　膜混凝生物反应器（MCBR）除污染的效能与机理

1. MCBR 对颗粒物和微生物的去除

实验期间膜混凝生物反应器（MCBR）与平行运行的单独 SMBR 对部分污染物质的去除情况见表 9-10。

可见，原水浊度为 2.23±1.00NTU，无论是 MCBR 还是 SMBR，都通过反应器内 UF 膜的截留作用将出水浊度降低至 0.06±0.02NTU；同时，将大肠杆菌数由原水的 732±146CFU/100mL 完全去除，出水中大肠杆菌数为 0。对于浊度及大肠杆菌的去除，在 MCBR 中，主要参与机理为混凝、生物絮凝以及 UF 膜的截留作用；在 SMBR 中，主要参与的机理为生物絮凝和 UF 膜的截留作用。而两组反应器取得的效果相当，可见，UF 膜的截留对于控制颗粒物和微生物起着至关重要的作用。

实验期间 MCBR 和 SMBR 的除污染效能　　　　表 9-10

水质指标	原水	MCBR		SMBR	
		出水	去除率（%）	出水	去除率（%）
NH₃-N（mg/L）	3.61 ± 0.29	0.13 ± 0.02	96.3 ± 0.8	0.14 ± 0.03	96.0 ± 0.9
NO_2^--N（mg/L）	0.112 ± 0.037	0.033 ± 0.006	67.3 ± 11.6	0.031 ± 0.007	70.4 ± 8.9
PO_4^{3-}-P（μg/L）	92.13 ± 17.96	1.89 ± 1.63	97.8 ± 1.9	72.17 ± 10.62	20.9 ± 7.2
浊度（NTU）	2.23 ± 1.00	0.06 ± 0.02	97.0 ± 1.3	0.06 ± 0.02	96.8 ± 1.6
总大肠杆菌（CFU/100mL）	732 ± 146	≈0	≈100	≈0	≈100

2. MCBR 去除水中总体有机物

TOC 和 COD$_{Mn}$作为综合性有机污染指标广泛应用于饮用水处理领域。如图 9-55（a）所示，实验期间原水 TOC 浓度平均为 6.339 ± 0.943mg/L，SMBR 出水浓度为 4.750 ± 0.702mg/L，平均去除率为 24.8%；投加聚合氯化铝（PACl）进行混凝后，MCBR 的出水浓度则降低至 3.242 ± 0.785mg/L，对 TOC 的去除率达到 49.0%，比 SMBR 提高了 24.2%。图 9-55（b）显示了在生物反应器中投加 PACl 进行混凝后，对 COD$_{Mn}$的去除也有了显著的提高。在 2 周的运行期间，进水的 COD$_{Mn}$平均为 4.18 ± 0.31mg/L。MCBR 将其去除了 $58.5\%\pm4.1\%$，而平行运行的 SMBR 对其的去除率为 $35.0\%\pm7.5\%$。可见，MCBR 对 COD$_{Mn}$的去除率比平行运行的 SMBR 提高了 23.5%。

3. MCBR 去除水中溶解性有机物

饮用水源中的溶解性有机物通常以 DOC、UV$_{254}$表征，因其难以去除、危害较大而更为人们所关注。由图 9-56 可见，原水 DOC 浓度和 UV$_{254}$平均为 5.734mg/L 和 0.075/cm，SMBR 出水浓度分别为 4.750mg/L 和 0.063/cm，去除率平均为 17.2%和 16.0%；而 MCBR 出水中 DOC 和 UV$_{254}$则分别降低至 3.242mg/L 和 0.034/cm，去除率达到 43.5%和 54.7%。采用 PACl 在反应器中进行

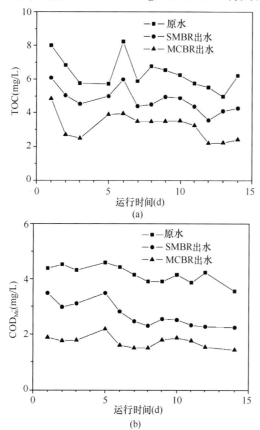

图 9-55　MCBR 和 SMBR 除 TOC、COD$_{Mn}$效能比较
（a）TOC；（b）COD$_{Mn}$

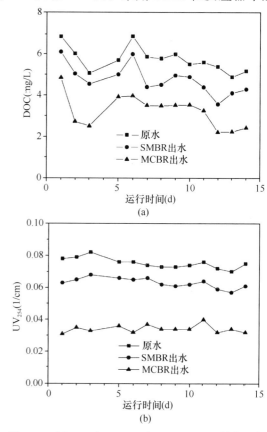

图 9-56　MCBR 和 SMBR 除 DOC、UV$_{254}$效能比较
（a）DOC；（b）UV$_{254}$

混凝后，MCBR 对 DOC 和 UV_{254} 的去除率比常规 SMBR 分别提高了 26.7％和 38.2％。

地表水中的天然有机物使水体产生黄褐色，造成使用上的问题。本实验中色度采用 UV_{455}（水样经 0.45 μm 滤膜过滤后在 455nm 处的吸光度）表征。实验期间 SMBR 对 UV_{455} 的去除率平均为 59.6％，而 MCBR 对 UV_{455} 的去除率则达到 90.6％。在生物反应器中投加 PACl 进行混凝后，MCBR 对色度的去除效率比 SMBR 提高了 41％。

铝盐和铁盐混凝剂非常适合于电性中和和网捕卷扫，广泛应用于饮用水处理中去除天然有机物（NOM），特别是憎水的、带负电的大分子有机物质。有报道指出适宜的混凝条件（如混凝剂类型、剂量和 pH）能够产生较大的混凝絮体；PACl 水解絮体的尺寸越大，这些絮体与有机物的碰撞概率就越大，并且更容易被膜所截留。在天然的水处理条件下，铝盐的水解产物以 $Al(OH)_3$ 为主，对 NOM 的去除效率依赖于腐殖质在 $Al(OH)_3$ 絮体颗粒上的吸附，此时网捕卷扫是主要的机理。在 MCBR 中，铝盐絮体颗粒被 UF 膜截留于反应器中，可维持较高的固体浓度，从而促进有机物在这些絮体上的吸附。

4. MCBR 去除水中的消毒副产物前体物

MCBR 对消毒副产物前体物的去除情况如图 9-57 所示。原水中三卤甲烷生长势（THMFP）与卤乙酸生长势（HAAFP）平均分别为 234.3 μg/L 和 128.1 μg/L。经 SMBR 处理后，THMFP 和 HAAFP 分别降低至 182.8 μg/L 和 90.7 μg/L，去除率平均为 22.0％和 29.2％。而 MCBR 则将 THMFP 和 HAAFP 分别降低至 150.6 μg/L 和 73.9 μg/L，去除率达到了 35.7％和 42.3％。在反应器中投加混凝剂进行混凝后，

MCBR 对 THMFP 和 HAAFP 的去除率分别比 SMBR 提高了 13.7％和 13.1％。这主要是因为混凝将可作为消毒副产物前体物的溶解性有机物转化为非溶解形态，并通过排泥排出反应器。

本研究中，MCBR 对 THMFP 和 HAAFP 的去除效率低于对 DOC 和 UV_{254}，即 MCBR 对消毒副产物前体物的去除能力不及对总体的溶解性有机物，混凝与 SMBR 的组合不能将消毒副产物生成势降低到令人满意的水平。这样，可以考虑在 MCBR 中再整合进其他技术，如粉末活性炭吸附等，以深度净化饮用水。

5. MCBR 去除水中 BOM

如图 9-58 所示，原水中 BDOC 和 AOC 浓度分别为 1.068mg/L 和 445.5 μg/L。经 MCBR 和 SMBR 处理后，其出水中的 BDOC 分别降低至 0.295mg/L 和 0.393mg/L，去除率分别达到 72.4％ 和 63.2％；出水 AOC 分别降低至 209.0 μg/L 和 242.3 μg/L，去除率分别为 53.1％ 和 45.6％。可见，在反应器中投加混凝剂进行混凝之后，使得系统对 BDOC 和 AOC 的去除率分别提高了 9.2％和 7.5％，提高的幅度不是很大。这是因为无论是在 MCBR 还是在 SMBR 中，可生物降解有机物都主要是通过生物的氧化分解作用去除的。

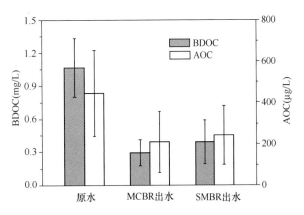

图 9-58　MCBR 和 SMBR 除 BOM 效能比较

6. MCBR 对氨氮的去除

由表 9-10 可见，无论 SMBR 还是 MCBR，对 NH_3-N 的平均去除率均达到 96％以上，两组反应器出水 NH_3-N 浓度都低于 0.15mg/L。本研究的实验条件下，对 NH_3-N 的去除主要是通过生物硝化作用来完成，而两组反应器都取得了优良的除氨氮效率，可认为在生物反应器中直接进行混凝不会

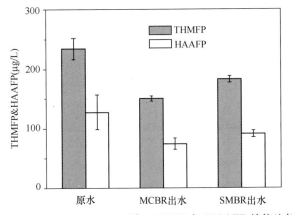

图 9-57　MCBR 和 SMBR 除 THMFP 与 HAAFP 效能比较

对反应器中的微生物群落造成不良影响。MCBR 和 SMBR 对 NO_2^--N 的平均去除率分别为 67.3% 和 70.4%，去除率偏低的原因可能是原水水温较低（15.4±1.0℃）。

7. MCBR 对溶解性磷酸盐的去除

一直以来可同化有机碳（AOC）被认为是控制管网水生物稳定性的关键参数。近年来一些学者提出以磷作为管网中细菌二次增长的限制因子，这种情况通常发生在有机物含量较高的水中。将水中磷浓度降低至一定的水平后，管网中细菌的再生长将受到明显的遏制。由于磷的去除较 AOC 要容易得多，有效去除水中的磷是提高饮用水生物稳定性，抑制管网中细菌二次增长的一个重要途径。

由图 9-59 可见，在进水溶解性 PO_4^{3-}-P 浓度为 92.13±17.96 μg/L 的情况下，MCBR 将其平均去除 97.8%，出水中 PO_4^{3-}-P 含量低至平均 1.89 μg/L，生物稳定性得到显著提高。而 SMBR 对溶解性 PO_4^{3-}-P 的平均去除率仅为 20.9%，主要去除途径可能是被膜组件截留后（可通过 0.45 μm 微滤膜而被实验中 0.01 μm 超滤膜组件截留的部分）随剩余污泥一起排放到反应器外。可见，在反应器中投加 PACl 进行混凝后，MCBR 对溶解性正磷酸盐的去除效率比 SMBR 提高了 76.9%，使得出水生物稳定性得到显著提高。

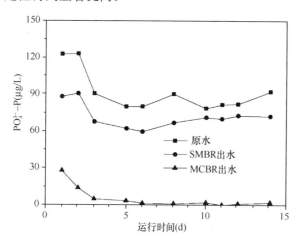

图 9-59 MCBR 和 SMBR 除磷效能比较

MCBR 中，对于溶解性 PO_4^{3-}-P 的去除主要是依靠化学混凝的作用将其转化为非溶解态的 Al-磷化合物，再随剩余污泥一起排放。另一方面，大量的混凝絮体停留在反应器中，促进了带正电荷的 Al（OH）$_3$ 胶体对磷酸盐的吸附。这也解释了 MCBR 初期对 PO_4^{3-}-P 的去除率为 77%，3d 之后，

去除率达到 95%，之后趋于稳定。

8. MCBR 中混凝对膜污染的延缓

尽管膜滤技术已被广泛接受为 21 世纪的水处理技术，膜污染仍然是膜技术进一步拓展和应用的主要障碍。在实际操作中，膜污染主要通过以下两种方式进行控制：①通过周期性的曝气、反冲洗和化学清洗进行控制；②添加吸附剂或进行混凝预处理等对膜污染加以控制。本研究中考察了在生物反应器中直接投加混凝剂 PACl 对膜污染的影响。

本实验中，MCBR 和 SMBR 的膜通量均维持在 10L/（m²·h），实验期间不对膜进行物理清洗或化学清洗。两组反应器的跨膜压差（TMP）增长情况如图 9-60 所示。两组反应器具有相同的初始跨膜压差 14kPa。经过 14d 的运行，SMBR 的 TMP 增长到 29kPa；而 MCBR 的 TMP 仅增至 23kPa，比 SMBR 降低了 6kPa。可见，在生物反应器中直接投加混凝剂进行混凝不仅能有效强化系统对污染物质的去除，还能有效延缓膜污染，减少膜的清洗次数，降低运行维护费用。

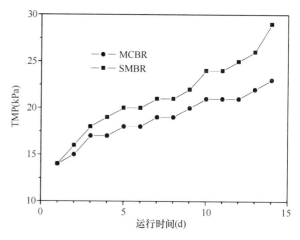

图 9-60 MCBR 和 SMBR 中 TMP 增长比较

本实验结束后，将 SMBR 和 MCBR 中的 UF 膜取出反应器，使用自来水对其进行彻底的表面清洗和反冲洗。然后，膜被重新放回反应器，进行正常的过滤。发现 MCBR 和 SMBR 中膜的 TMP 分别降低到 20.5kPa 和 17kPa。据此，可计算出在 SMBR 中，膜的可逆污染对 TMP 增长的贡献为 8.5kPa（56.7%），不可逆污染的贡献为 6.5kPa（43.3%）；同时，MCBR 中可逆和不可逆污染在 TMP 增长中的贡献则分别为 6.0kPa（66.7%）和 3.0kPa（33.3%）。这样，在 SMBR 的生物反应器中直接投加 PACl 进行混凝，不仅能有效降低膜的

总污染阻力，还能降低膜总污染阻力中不可逆污染的比例。

9. MCBR 中去除有机物的三种单元作用

在 MCBR 中，三种单元作用共同完成对进水有机物的去除：①UF 膜的截留作用；②微生物的降解作用；③投加到反应器中的 PACl 的混凝作用。本研究中定量考察了三种单元作用对 MCBR 去除有机物的贡献。如图 9-61 所示，单独 UF 对有机物的去除能力较低，对 DOC 和 UV_{254} 的去除率仅为 11.1% 和 11.4%。而 SMBR 对 DOC 和 UV_{254} 的去除率也只有 17.3% 和 16.3%。据此可推算出 SMBR 反应器内微生物通过生物降解去除了约 6.2% 的进水 DOC 和 4.9% 的 UV_{254}。此外，在反应器中投加 PACl 之后，MCBR 则取得了 44.0% 的 DOC 去除率和 54.5% 的 UV_{254} 去除率，显著高于单独 UF 和 SMBR 工艺。通过其与 SMBR 的比较可计算出，MCBR 对 DOC 和 UV_{254} 的去除中分别有 26.7% 和 38.2% 是由混凝剂所贡献的。

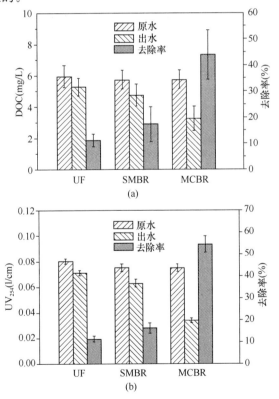

图 9-61　UF、SMBR 和 MCBR 对 DOC
和 UV_{254} 的去除情况
(a) DOC；(b) UV_{254}

本研究的实验结果表明 UF 膜对有机物的去除能力较低，这与有关报道的结果是一致的。并且，

通过生物降解作用去除的有机物量也很低，主要是小分子量的易生物降解有机物。这样，反应器中 PACl 的混凝在 MCBR 去除有机物的三种单元作用中就显得至关重要。如前所述，混凝对于去除饮用水源中的有机物，特别是憎水性带负电的有机物质非常有效。

10. MCBR 中膜表面污泥层对混合液中有机物的截留

实验中对 MCBR 和 SMBR 反应器内混合液中的溶解性有机物也进行了检测，MCBR 混合液中的 DOC 和 UV_{254} 含量比 SMBR 中分别低 33.1% 和 36.5%，表明在生物反应器内投加混凝剂进行混凝能够有效降低混合液中溶解性有机物的含量，从而降低 UF 膜的负荷，进而延缓膜污染。

另外，MCBR 和 SMBR 中 UF 膜对混合液中的 DOC 截留率分别达到 43.8% 和 41.9%，对 UV_{254} 的截留率分别达到 45.9% 和 38.1%。而单独的 UF 膜对混合液中溶解性有机物的去除能力很低，这表明在 MCBR 中还存在着其他的机理，能够强化 UF 膜对混合液中有机物的截留。

为了更好地理解这一点，实验结束后取反应器中 UF 膜进行了扫描电镜（SEM）和共聚焦激光显微镜（CLSM）分析。可见新膜表面非常平滑干净，而 MCBR 和 SMBR 系统中的 UF 膜表面则由一层污泥层所覆盖。而由 CLSM 照片可见两组系统的 UF 膜表面均分布着一层多糖层（绿色），上面散布着一些游离细菌（红色）。能谱分析结果表明 MCBR 中膜表面的污泥层中 Al 元素含量为 16%，而出水中未检测出游离 Al。据此，可推断水解后的 Al 絮体和微生物产物多糖共同沉积在膜表面，并互相连接形成网状结构，与所吸附的有机物、颗粒物等共同形成一层二级膜，进而对混合液中的溶解性有机物起到截留作用，强化 MCBR 中 UF 膜的分离有机物的能力。

11. MCBR 中膜及表面污泥层截留有机物的分子量分布与化学分级特性

如图 9-62 所示，原水中有机物分子量主要在 0.3～6kDa 范围内（原水以自来水为主体，并配以一定的生活污水和腐殖酸，故未出现大分子量有机物）。相对于原水，MCBR 反应器中混合液内的有机物仅在 0.3～2kDa 分子量区间内略低于原水，这主要是因为这个区间的有机物分子可以较容易为反应器内微生物所降解。而在 0.3～6kDa 整个分子量区间内，MCBR 出水中的有机物都明显低于混合液。本研究中采用的 UF 膜孔径为 0.01 μm，相当于 10 万道尔顿，因此可认为这是膜表面污泥层所起的强化截留作用。

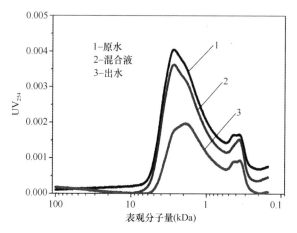

图 9-62　MCBR 中进水、混合液和出水中
有机物的分子量分布

图 9-63 显示了 MCBR 系统进水、混合液及出水中有机物的化学分级特性。混合液中的各有机组分含量与原水基本一致，该组合工艺对憎水碱（HoB）、憎水中性物（HoN）、憎水酸（HoA）、弱憎水酸（WHoA）和亲水有机物（HiM）5 种组分的去除率分别为 47.0%、53.7%、45.6%、39.5% 和 22.3%；而相对于混合液，MCBR 中 UF 膜对 5 种组分的截留率也分别为 37.0%、42.8%、52.7%、39.8% 和 19.0%。其中对前 4 种组分的截留率都显著高于单独 UF 对有机物的去除率（平均 11.1%），这主要源于膜表面污泥层所产生的附加截留作用。对亲水性物质的截留率较低，仅为 19.0%，可认为是膜与污泥层共同截留的结果。

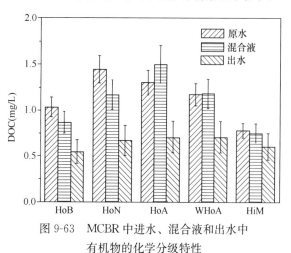

图 9-63　MCBR 中进水、混合液和出水中
有机物的化学分级特性

9.5.3　一体化膜混凝吸附生物反应器（MCABR）净化受污染源水

1. MCABR 去除溶解性有机物效能

饮用水源中的有机物主要包括颗粒性有机物和溶解性有机物。颗粒性有机物非常易于为膜所筛滤截留；而溶解性有机物则由于难以去除、危害较大而成为饮用水处理中的一个焦点，主要以 DOC 和 UV_{254} 表示。如图 9-64 所示，在 41d 的实验期间内，原水中 DOC 浓度为 5.723 ± 0.662 mg/L，而 MCABR 出水中浓度仅为 2.089 ± 0.454 mg/L，去除率达到 $63.2\% \pm 8.4\%$。此外，MCABR 将进水中的 UV_{254} 由 0.076 ± 0.005/cm 降低至 0.019 ± 0.006/cm，去除率为 $75.6\% \pm 7.3\%$。MCABR 表现出优异的去除溶解性有机物的效能。

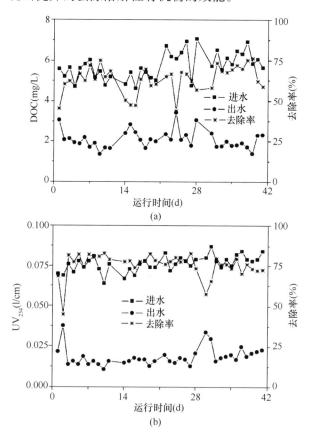

图 9-64　MCABR 去除 DOC 和 UV_{254} 效能
（a）DOC；（b）UV_{254}

一方面，活性炭对中等分子量的憎水有机物有着很强的吸附能力，活性炭吸附经常用于饮用水中去除溶解性有机物。另一方面，采用金属盐混凝则能优先去除大分子量的带负电有机物。此外，水中的低分子量、可生物降解有机物可通过反应器内微

生物的生化作用去除。在 MCABR 中，对溶解性有机物的去除是通过混凝、吸附和生物降解作用协同完成的。因此，有理由推断这个一体化的组合工艺能够取得比各个单独工艺更好的水处理效能。

2. MCABR 去除总体有机物效能

在饮用水处理领域经常采用 TOC 和 COD_{Mn} 作为水中总体有机污染物的综合性指标。实验期间 MCABR 对 TOC 和 COD_{Mn} 的去除情况如图 9-65 所示。

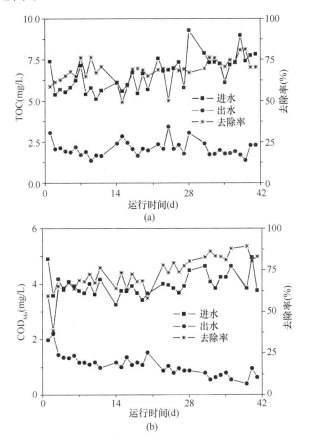

图 9-65　MCABR 去除 TOC 和 COD_{Mn} 效能
(a) TOC；(b) COD_{Mn}

由图 9-65 可见，原水中 TOC 和 COD_{Mn} 的平均浓度分别为 $6.678 \pm 1.029mg/L$ 和 $3.97 \pm 0.39mg/L$，经 MCABR 处理后，出水中浓度分别降低至 $2.089 \pm 0.454mg/L$ 和 $1.07 \pm 0.38mg/L$，平均去除率分别达到 $68.3\% \pm 7.1\%$ 和 $72.7\% \pm 10.4\%$。总体而言，MCABR 对有机污染物的去除效果显著，甚至高于对溶解性有机物的去除效率，这是因为 MCABR 可通过其中的 UF 膜将进水中的颗粒性有机物完全截留去除。

3. MCABR 去除消毒副产物前体物效能

实验期间一体化膜混凝吸附生物反应器对原水

中的消毒副产物前体物的去除情况如图 9-66 所示。由图 9-66 可见，进水中的三卤甲烷生成势（THMFP）和卤乙酸生成势（HAAFP）平均分别为 $217.1 \pm 53.7\mu g/L$ 和 $125.3 \pm 30.6\mu g/L$，经 MCABR 处理后，出水中的浓度分别降低到 $97.0 \pm 28.0\mu g/L$ 和 $53.3 \pm 10.0\mu g/L$。MCABR 对 THMFP 的平均去除率为 $55.3\% \pm 6.5\%$，对 HAAFP 的平均去除率为 $56.2\% \pm 8.1\%$。

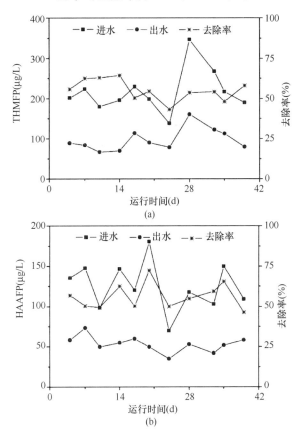

图 9-66　MCABR 去除 THMFP 和 HAAFP 效能
(a) THMFP；(b) HAAFP

饮用水源中的有机物是消毒副产物的前体物，消毒时将与消毒剂如氯等反应形成对人体有害的 THM、HAA 等。这样，在与氯反应之前就强化去除有机物是降低饮用水消毒副产物生成势的有效方式之一。由于原水中的有机物在 MCABR 系统中得到了有效地去除，处理后水中的消毒副产物生成势也得以显著地降低。

4. MCABR 去除可生物降解有机物效能

饮用水中的可生物降解有机物会在管网中为微生物的二次增殖提供营养基质，造成管网水的生物不稳定，恶化水质。因此，本研究也考察了 MCABR 对生物可降解有机物的去除效能，结果如图 9-67

所示。

由图 9-67 可见，在 41d 的实验期间内，MCA-BR 将进水的 BDOC 由 0.801 ± 0.183mg/L 降低到出水中的 0.257 ± 0.090mg/L，相应的去除率为 $67.4\%\pm11.0\%$。同时，原水中 AOC 浓度平均 683.9 ± 296.9μg/L，经 MCABR 处理后，出水中的 AOC 低至 151.3 ± 52.0μg/L，去除率达到 $75.5\%\pm8.4\%$。由于水中的可生物降解有机物通常是亲水性的小分子有机物，吸附和混凝对其的去除效果较差。因此，可认为 MCABR 对可生物降解有机物的去除主要是通过反应器内微生物的生化作用完成的。

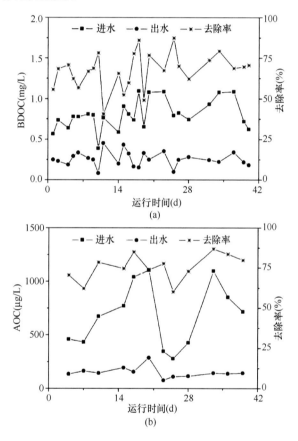

图 9-67　MCABR 去除 BDOC 和 AOC 效能
(a) BDOC；(b) AOC

5. MCABR 去除氨氮效能

NH_3-N 对人体没有直接危害，但其存在于水中会消耗大量的氯，降低消毒效率；同时为硝化菌的生长提供基质，造成管网水的生物不稳定。如图 9-68 所示，在 41d 的运行时间内，原水氨氮浓度在 $3.23\sim4.37$mg/L，平均 3.70 ± 0.27mg/L。经一体化膜混凝吸附生物反应器处理后，出水中的氨氮浓度降低至 $0\sim0.34$mg/L，平均 $0.08\pm$

0.07mg/L，平均去除率达到 $97.88\%\pm1.74\%$。

聚合氯化铝的混凝作用和粉末活性炭的吸附作用都不能有效去除氨氮，本研究中采用的低压 UF 膜（孔径 0.01μm）也不能有效地截留氨氮。因此，可认为原水中的氨氮在 MCABR 中主要是通过生物硝化作用去除的。此外，MCABR 系统中几乎 100% 的 NH_3-N 生物降解效率也表明在生物反应器中同时投加吸附剂和混凝剂不会对反应器内的生物群落造成严重的不利影响。混凝剂水解后主要以聚合体的形式存在，并随排泥一起排出反应器，不会在反应器中造成严重的积累。

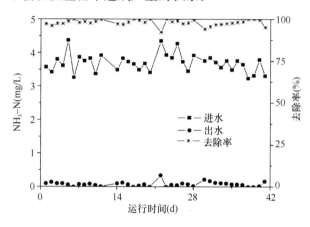

图 9-68　MCABR 去除 NH_3-N 效能

6. MCABR 去除溶解性磷酸盐效能

在水中有机物含量较高的情况下，磷将成为管网中细菌二次增长的限制因子，强化除磷则是控制管网水生物稳定性的重要途径。由图 9-69 可见，实验期间水源水中溶解性正磷酸盐浓度平均为 92.08 ± 15.10μg/L。MCABR 对溶解性正磷酸盐有着极其优良的去除效果，出水中 PO_4^{3-}-P 浓度低至 0.26 ± 0.69μg/L，几乎检测不到磷，出水的生物稳定性得到显著提高。在一体化膜混凝吸附生物

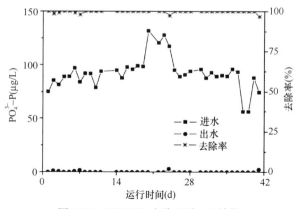

图 9-69　MCABR 去除 PO_4^{3-}-P 效能

反应器系统中，主要是利用溶解性正磷酸盐的化学沉淀反应，在混凝过程中将其转化为非溶解态，再通过剩余污泥排放将其去除。

7. MCABR 去除有机物的 4 种作用

在 MCABR 系统中，4 种单元作用协同完成对对溶解性有机物的去除：①系统内 UF 膜的截留作用；②反应器内微生物的降解作用；③聚合氯化铝的混凝作用；④粉末活性炭的吸附作用。在以前的章节中，分别探讨了单独 UF、传统 SMBR、膜吸附生物反应器（MABR）和膜混凝生物反应器（MCBR）对溶解性有机物的去除作用。为确定在 MCABR 去除有机物中 4 种单元作用各自的贡献，相关结果见表 9-11。

单独 UF 以及 SMBR 组合工艺对 DOC 和 UV_{254} 的去除情况   表 9-11

工艺	DOC			UV_{254}		
	进水 (mg/L)	出水 (mg/L)	去除率 (%)	进水 (1/cm)	出水 (1/cm)	去除率 (%)
UF	5.945 ± 0.712	5.275 ± 0.562	11.1 ± 2.4	0.080 ± 0.002	0.071 ± 0.002	11.4 ± 1.3
SMBR	5.599 ± 0.450	4.513 ± 0.532	19.4 ± 6.7	0.074 ± 0.004	0.062 ± 0.003	16.4 ± 3.8
MCBR	5.734 ± 0.597	3.242 ± 0.785	44.0 ± 9.5	0.075 ± 0.004	0.034 ± 0.002	54.5 ± 3.8
MCABR	5.723 ± 0.662	2.089 ± 0.454	63.2 ± 8.4	0.076 ± 0.005	0.019 ± 0.006	75.6 ± 7.3
MABR	5.599 ± 0.450	3.493 ± 0.406	37.5 ± 6.1	0.074 ± 0.004	0.034 ± 0.004	54.6 ± 5.9

可见，单独 UF 对进水有机物去除能力较低，对 DOC 和 UV_{254} 的平均去除率仅为 11.1% 和 11.4%；传统 SMBR 将去除率分别提高到 19.4% 和 16.4%，意味着生物降解作用对去除 DOC 和 UV_{254} 的贡献分别为 8.3% 和 5.0%。此外，当 PACl 投加到反应器中之后，MCBR 对 DOC 和 UV_{254} 的去除率分别达到 44.0% 和 54.5%，表明 PACl 的混凝作用对 DOC 和 UV_{254} 去除的贡献分别为 24.6% 和 38.1%。本研究中，当粉末炭进一步投加到系统中后，MCABR 对两个指标的去除率分别提高到 63.2% 和 75.6%，表明在 MCABR 中 PAC 的吸附作用对去除 DOC 和 UV_{254} 的贡献分别为 19.2% 和 21.1%。

从表 9-11 中还可以看出，当在 SMBR 直接投加 PAC 时（MABR），对 DOC 和 UV_{254} 的去除率为 37.5% 和 54.6%，表明 PAC 吸附对去除两个指标的贡献分别为 18.1% 和 38.2%。PAC 吸附在 MABR 中对 DOC 的去除率为 18.1%，可以认为与在 MCABR 中基本相同（19.2%）；然而，PAC 在 MABR 对 UV_{254} 的去除为 21.1%，高于其在 MCABR 中的去除效果（38.2%），这可能是因为 MCABR 中一部分 UV 活性物质已经被 PACl 混凝去除。

8. MCABR 处理受污染水源水的影响因素

虽然 MCABR 的污泥龄控制在 20d，即每天有 1/20 的混合液被排出反应器之外，但大量随进水投加的聚合氯化铝（PACl）和粉末活性炭仍会积累于反应器中。这些混凝剂和吸附剂在 MCABR 中可充分发挥混凝和吸附作用，提高系统的缓冲容量。

这样，就有必要考虑在 MCABR 中是否可以减少混凝剂和吸附剂的投药量，既节省了药剂费用，又不显著影响系统的除污染效能。

本研究中，在平行对比的条件下考察了投药量为 10mg/L PACl、8mg/L PAC 和 5mg/L PACl、4mg/L PAC 时 MCABR 净化受污染水源水的效能。结果见表 9-12。

投药量对 MCABR 水处理效能的影响   表 9-12

水质指标	原水	PACl 10mg/L；PAC 8mg/L		PACl 5mg/L；PAC 4mg/L	
		出水	去除率（%）	出水	去除率（%）
DOC（mg/L）	5.140 ± 0.352	2.039 ± 0.264	60.5 ± 6.9	2.424 ± 0.191	54.4 ± 2.5
UV_{254}（1/cm）	0.073 ± 0.004	0.016 ± 0.002	78.0 ± 2.5	0.023 ± 0.002	68.8 ± 2.7
TOC（mg/L）	6.025 ± 0.501	2.039 ± 0.264	66.7 ± 3.8	2.424 ± 0.191	59.5 ± 4.3
COD_{Mn}（mg/L）	3.63 ± 0.22	1.20 ± 0.18	66.9 ± 5.3	1.50 ± 0.25	58.7 ± 6.8
NH_3-N（mg/L）	3.61 ± 0.15	0.06 ± 0.05	98.5 ± 1.3	0.10 ± 0.09	97.3 ± 2.3
PO_4^{3-}-P（mg/L）	100.8 ± 14.2	0.0 ± 0.0	100.0 ± 0.0	2.6 ± 1.4	97.3 ± 1.5

可见，当 PACl 投加量为 10mg/L、PAC 投加量 8mg/L 时，MCABR 对溶解性有机指标 DOC、UV_{254} 的去除率平均为 60.5% 和 78.0%，而药剂量减半时，对两者的去除率为 54.4% 和 68.8%，降低了 6.1% 和 9.2%；投药量为 10mg/L PACl、8mg/L PAC 时，对综合有机指标 TOC、COD_{Mn} 的去除率平均 66.7% 和 66.9%，药剂量减半时，对两个指标去除率为 59.5% 和 58.7%，降低了 7.2% 和 8.2%。

此外，无论何种投药量，MCABR 对进水氨氮的去除率都超过 97%，出水氨氮小于 0.01mg/L。这是因为氨氮主要是通过生物降解作用去除的，与聚合铝和粉末炭的投加量关系不大。同时也说明反应器中聚合金属盐的积累对硝化细菌的负面影响较小。

当 PACl 和 PAC 的投药量分别为 10mg/L 和 8mg/L 时，出水中检测不到溶解性磷酸盐，去除率为 100%；而药剂量减半时，去除率降低为 97.3%，出水中含有 2.6μg/L 的 PO_4^{3-}-P。

由以上分析可知，药剂投加量对 MCABR 除氨氮的效能不产生影响；对去除有机物和磷的效能虽然产生一定影响，但影响不显著。说明 MCABR 通过反应器中聚合氯化铝和粉末活性炭的积累，而使得系统具有了巨大的缓冲容量，抗冲击负荷能力显著增强。

水力停留时间（HRT）大时，反应器的体积也大，增加占地面积和基建投资。HRT 小时，可能会造成对水中污染物质去除得不充分。本研究对比考察了水力停留时间分别为 30min 和 60min 情况下 MCABR 的除污染效能。

见表 9-13，当 HRT 为 30min 时，MCABR 对溶解性有机指标 DOC、UV_{254} 和综合有机指标 TOC 和 COD_{Mn} 的去除率平均为 61.2%、78.0%、66.3% 和 77.1%；当 HRT 增加到 60min 时，MCABR 对这些有机污染指标的去除率分别为 61.6%、78.6%、66.3% 和 77.4%，即当水力停留时间增加一倍时，MCABR 对有机污染物的去除率增加非常有限。此外，无论 HRT 为 30min 还是 60min 时，MCABR 对氨氮和溶解性磷酸盐的去除效率都几乎相同。

可见，在本实验条件下，水力停留时间对 MCABR 处理受污染水源水效能影响较小，30min 的水力停留时间足以满足 MCABR 去除水中污染物的要求。

水力停留时间对 MCABR 水处理效能的影响　　　　　　表 9-13

水质指标	原水	HRT：30min		HRT：60min	
		出水	去除率（%）	出水	去除率（%）
DOC（mg/L）	6.301±0.776	2.440±0.584	61.2±8.5	2.516±0.441	61.6±6.7
UV_{254}（1/cm）	0.078±0.004	0.017±0.003	78.0±3.0	0.017±0.001	78.6±1.5
TOC（mg/L）	7.240±1.058	2.440±0.584	66.3±7.1	2.516±0.441	66.3±4.7
COD_{Mn}（mg/L）	3.98±0.27	0.91±0.09	77.1±2.8	0.90±0.13	77.4±4.0
NH_3-N（mg/L）	3.93±0.31	0.09±0.11	97.7±2.6	0.08±0.05	97.9±1.1
PO_4^{3-}-P（mg/L）	105.0±16.2	0.0±0.0	100.0±0.0	0.0±0.0	100.0±0.0

综上所述，在 SMBR 基础上发展起来的 MCBR 和 MCABR，即将混凝剂投加到膜池内，使去除水中有机污染物以及磷酸盐的效果显著提高，并且基本上不影响硝化菌除氨氮的作用，所以是一项处理污染较重的原水的新技术。

9.6　超滤膜的化学清洗实验

当超滤膜直接过滤原水（9.1 实验）约 3 个月后，经过气水反冲洗后的运行压力由膜刚使用时的 0.013MPa 升高至 0.050MPa。此时，单独的物理清洗已不能使运行压力大幅度降低，必须对膜进行化学清洗。

本实验化学清洗步骤如下：膜经过气水反冲洗后，在反应器中注满 0.12% NaClO 和 1% NaOH 溶液，曝气 3h，浸泡 12h 后，排掉清洗液，向反应器中注满清水，曝气 30min，反冲洗 2h；然后，在反应器中注满 2% 柠檬酸溶液，采取与碱洗相同的清洗步骤。化学清洗效果如图 9-70 所示。

结果表明，碱洗后，膜运行压力由 0.050MPa 降至 0.016MPa；酸洗后，膜运行压力仍为 0.016MPa，可见酸洗对膜运行压力恢复效果作用

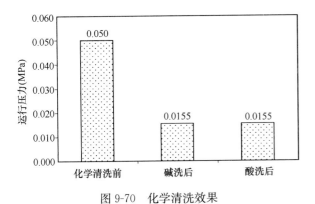

图 9-70　化学清洗效果

（原水浊度 9.47NTU，温度 7.5℃）

不大。由图 9-70 可知，当温度为 7.5℃时，新膜的起始运行压力为 0.015MPa。因此，经过化学清洗后，膜运行压力的恢复率为 96.7%。

实验过程中对化学清洗前后混合液中的有机物含量进行检测。结果表明，在碱洗前，反应器中混合液 COD_{Mn} 值为 5.04mg/L，碱液曝气 3h 后 COD_{Mn} 值为 17.88mg/L，碱液浸泡 12h 后 COD_{Mn} 值为 25.16mg/L。碱洗前后，COD_{Mn} 值增加 4 倍左右，说明实验过程中，有机物污染是造成膜污染的主要原因。

第10章

第三代饮用水净化工艺
用于含藻水的实验研究

目前我国主要以地表水作为饮用水水源，其中湖泊及水库水是重要的饮用水水源。《2016 中国环境状况公报》指出，目前我国湖泊水质状况改善，劣五类水占比降至 8%。但是仍然有 50% 左右的四至五类水。四至五类水体普遍存在水体富营养化的问题。水体富营养化极易引起藻类疯狂生长，从而暴发藻华。水体富营养化引起的藻华会产生一系列的危害，包括水体感官性状下降、藻类物质积聚并影响水体富氧和有毒性的藻类分泌物积累，严重影响周边区域的饮用水安全保障。处理由水体富营养化引起的高藻水，对于城市大型净水厂来说是巨大的挑战。由于高效的固液分离效率，超滤技术具备一定的处理高藻水的优势。然而在实际应用超滤工艺处理高藻水的过程中，由于藻类同时具备颗粒污染物（藻细胞）和有机污染物（富含胞外有机物，Extracellular organic matter，EOM）的双重特征，所以超滤在处理高藻水过程中势必遭遇严重的膜污染问题。笔者团队在国内较早将超滤用于高藻水处理及实验，并发现高藻水对超滤膜有污染的现象。因此，本章对于超滤技术处理高藻水的相关问题进行了深入研究，以期为超滤应用于高藻水的处理提供技术支持。

10.1 节首先考察了混凝剂的投加对藻细胞以及 EOM 的膜污染作用的影响；其次，考察高锰酸钾及其中间产物水合二氧化锰对藻细胞和 EOM 的特性以及它们的膜污染作用的影响，并进行了高锰酸钾预氧化强化混凝和超滤组合工艺处理藻细胞溶液和 EOM 溶液的研究。在此基础上结合黄河下游地区平原水库夏秋季节的天然高藻水，进行高锰酸盐复合药剂（PPC）强化混凝和超滤组合工艺处理高藻水的中试实验研究。同时，针对含藻水的处理难点，提出化学预氧化在线混凝耦合超滤膜强化含藻水处理的技术路线，并进行中试实验，重点考察了混凝剂投加量、化学预氧化药剂投量等工艺参数的选择对超滤膜污染程度和速度的影响。

10.2 节选取了水中 3 种典型有机物腐殖酸、海藻酸钠、蛋白质和两种颗粒物（无机物颗粒—高岭土，微生物颗粒—酵母菌颗粒），它们单独和多种混合情况下对超滤膜的污染进行了比较广泛和深入的研究，特别是后者颇有新意。

10.3 节针对高藻水本身特性，对超滤处理高藻水的运行参数及预处理方法进行了研究，首先通过改变超滤运行压力，考察了不同运行压力对于超滤处理高藻水的膜污染影响、藻类细胞破裂情况以及超滤对于高藻水的净水效能，然后采用了臭氧和 Fe（Ⅱ）/过硫酸盐 2 种高级氧化强化预处理技术，系统地考察预处理对藻细胞及 EOM 膜污染行为的影响，探索可行的藻类膜污染控制方法。

10.4 节中进行了浸没式超滤膜装置及 PAC/UF 生物反应器处理含藻水实验，首先通过对比不同 PAC 投加量下超滤膜装置跨膜压差（TMP）变化情况，确定反应器中适宜的 PAC 投加量，并在此基础上，对比研究 UF 和 PAC/UF 生物反应器处理含藻水的效能和膜污染情况及所涉及机理。最后研究了超滤膜在处理含藻水过程中主要的操作条件（包括：膜通量、曝气量和反冲洗）对膜污染的控制，改变进水水质，包括调节藻细胞浓度和原水 pH，向原水投加不同金属离子等，研究其对膜污染和膜清洗效果的影响。

10.5 节选取藻源污染水作为以内源有机物为主的典型水体，考察了吸附预处理对多种有机物共存的天然水超滤过程中不可逆膜污染的控制，在采用平板超滤膜短期过滤实验考察 MAR 的膜污染控制效能和机理的基础上，进一步使用模拟生产运行工况的一体式吸附—超滤系统进行了连续流运行实验，评价了连续流运行过程中 MAR 对不可逆膜污染的控制效能。

10.6 节构建超滤实验装置模拟东营水厂现行超滤工艺运行模式，以东营水厂 V 型滤池滤后水为超滤膜进水（即与水厂超滤工艺膜前进水水质条件相同），采用恒流量过滤模式，考察超滤工艺长期过滤过程中 TMP 变化规律，剖析藻源水对 PVC 复合膜和 PVDF 膜的污染特性，并利用配制而成的反冲洗溶液对超滤膜进行化学强化水力反冲洗，考察其对超滤膜污染的控制效能，并建立相应的清洗技术体系。

10.1 氧化强化混凝预处理缓解超滤膜藻源污染实验研究

10.1.1 实验用水及装置

本节小试研究过程中使用的高藻水用实验室培养的藻液配置，选择在藻类暴发中最常见的铜绿微囊藻作为目标污染物。藻种由中国科学院水生生物研究所淡水藻种库提供（No. HB909）。采用无菌培育的方法培养铜绿微囊藻，选用 BG11 培养基。培养基配方见表 10-1。

BG11 培养基配方　　　　表 10-1

药剂	浓度（mg/L）	备注
硝酸钠（NaNO₃）	1500.00	
磷酸氢二钾（K₂HPO₄）	40.00	配置母液 40g/L
硫酸镁（MgSO₄·7H₂O）	75.00	配置母液 40g/L
氯化钙（CaCl₂·2H₂O）	36.00	配置母液 40g/L
柠檬酸	6.00	配置母液 40g/L
柠檬酸铁铵	6.00	配置母液 40g/L
乙二胺四乙酸钠（EDTA·Na₂）	1.00	配置母液 40g/L
碳酸钠（Na₂CO₃）	20.00	配置母液 40g/L
硼酸（H₃BO₃）	2.86	
氯化锰（MnCl₂·4H₂O）	1.86	
钼酸钠（Na₂MoO₄·2H₂O）	0.22	配置混合母液 A₅
硫酸铜（CuSO₄·5H₂O）	0.08	
硝酸钴［Co(NO₃)₂·6H₂O］	0.05	

小试平板超滤膜实验采用美国 Pall 公司生产的聚醚砜材质平板超滤膜，膜型号及截留分子量详见表 10-2。平板膜的直径为 76mm，有效面积为 45cm²。

平板膜技术参数　　　　表 10-2

序号	膜型号	截留分子量（kDa）	直径（mm）	有效面积（cm²）
1	OM100076	100	76	45
2	OM030076	30	76	45
3	OM010076	10	76	45

小试平板超滤膜系统由超滤杯（Amicon8400，Millipore，美国）、电子天平（BSA2202，Saturis，德国）、氮气瓶、压力阀、可编程控制器和计算机组成。超滤实验按恒压力死端过滤的模式进行。平板超滤膜系统的示意图和实图如图 10-1 和图 10-2 所示。

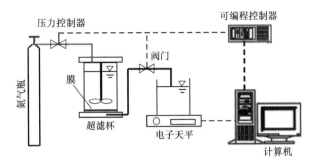

图 10-1　平板超滤膜系统示意图

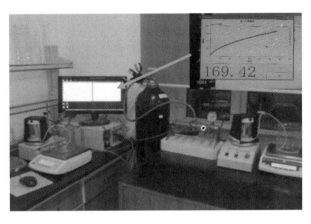

图 10-2　平板超滤膜系统实图

10.2.2～10.2.4 小节中试实验在山东省东营市南郊水厂进行，原水直接取自南郊水库。南郊水库位于黄河下游地区，黄河水经过两级沉砂池处理后进入水库。表 10-3 列出了南郊水库部分水质指标的月平均值。从数据上可以看出，南郊水库水存在明显的有机微污染现象。此外，南郊水库水在冬季具有低温低浊的问题，在夏秋季节还存在藻类暴发的现象。

南郊水库部分水质指标的月平均值　　　　表 10-3

月份	1	2	3	4	5	6	7	8	9	10	11	12
水温（°）	4	4	10	12	13	24	29	30	27	19	9	5
浊度（NTU）	4.97	5.13	6.18	20.08	16.5	14.51	9.87	8.84	11.27	12.86	10.56	6.68
pH	8.39	8.23	8.19	8.32	8.57	8.20	8.33	8.42	8.37	8.56	8.28	8.31
COD_{Mn}（mg/L）	3.48	3.26	3.01	2.82	2.64	2.68	2.59	3.34	3.53	2.85	3.61	3.55
藻类（万个/L）	20	5	120	7630	8860	7490	3560	790	3098	4280	3553	820
氨氮（mg/L）	0.37	0.39	0.36	0.34	0.52	0.32	0.35	0.36	0.51	0.24	0.29	0.23
溶解氧（mg/L）	8.9	9.2	10.2	11.8	11.1	11	10.7	8.1	6.2	5.5	5.5	8.4
细菌总数（CFU/mL）	20	9	9	9	15	45	27	25	23	19	23	29

10.1.2~10.1.4 小节中空纤维膜超滤系统如图 10-3 所示。中试装置有两部分，第一部分为一体化混凝/沉淀装置，包括机械混合絮凝池、斜管沉淀池以及加药系统；第二部分为内压式超滤装置。中试流程图如图 10-4 所示。

1. 混凝/沉淀装置

混凝/沉淀装置的系统设计最大进水量为 5.5m³/h，实验中流量可在 1~5.5m³/h 之间调整，沉淀池停留时间不小于 12min。斜管材料采用聚丙烯粘合的正六角形管，长 1000mm，水平倾角 $\theta = 60°$。

（1）混合池设计尺寸：300mm × 300mm × 1666mm，超高 150mm。

停留时间 $T = V/Q = 0.3 × 0.3 × 1.516 ÷ 5.5 = 1.5min$。

（2）反应池设计尺寸：700mm × 700mm × 1666mm，超高 150mm。

停留时间 $T = V/Q = 0.7 × 0.7 × 1.516 ÷ 5.5 = 8.1min$。

（3）沉淀池总高度为 3426mm。其中沉淀区、配水区、斜管区和清水区的高度分别为 1000mm、760mm、866mm、650mm，超高取 150mm。

采用泥斗排泥，集水系统采用穿孔管。

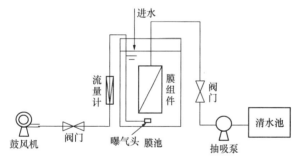

图 10-3　中空纤维膜超滤系统示意图

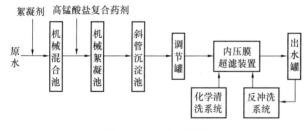

图 10-4　中试流程图

2. 中试装置

中试装置采用的是内压式超滤实验装置（LG1060X1-E 型，海南立昇）。内压式超滤实验装置由原水水箱、增压泵、叠片式过滤器、超滤膜组件、清水水箱、控制系统、空气压缩机、不锈钢框架，以及管件阀门等部件组成。装置的运行和反冲洗由阀门和启动控制系统配合完成。

原水经过一体化混凝/沉淀装置预处理后储存于进水水箱。然后，抽吸泵将预处理后的水打入中空纤维超滤膜的膜管内，在压力的作用下清水从膜壁四周渗出，不能通过超滤膜的污染物通过反冲洗从排污口排出。膜组件的主要性能参数见表 10-4。内压超滤膜的化学清洗方法详见表 10-5。

膜组件主要性能参数　　表 10-4

参数	范围
有效膜面积（m²）	40
中空纤维膜尺寸（mm）	外径：1.5；内径：1.0
膜平均孔径（μm）	0.01
截留分子量（kDa）	100
产水量（m³/d）	30~120
进水压力上限（MPa）	0.3
跨膜压差上限（MPa）	0.2

内压超滤膜化学清洗方法和参数　　表 10-5

清洗方法	碱洗	酸洗
清洗参数	0.5% NaOH + 0.2g/L NaClO 溶液，第一次循环过滤 30min，然后浸泡 5h，第二次循环过滤 30min	1.33% 柠檬酸溶液，第一次循环过滤 30min，然后浸泡 5h，第二次循环过滤 30min

10.2.5 小节中试实验研究中所用的水源为海南文昌赤纸水库水，实验期间水质稳定，藻类含量平均约为 853 万个/L，且主要以小球藻为主，约占 70%，其他的还包括棒杆藻、鱼腥藻和栅列藻等。另外，当地水源受工业污染较少，有机物含量较低，耗氧量平均小于 2.5mg/L；而原水浊度平均不超过 5NTU。

中试装置设计流量为 4m³/h，工艺流程如图 10-5 所示。根据调节反应器溢流口高度调整在线反应时间为 1min（超越反应器）、10min 和 20min。装置中所用管路均为 UPVC 材质。采用恒流泵在反应水箱进口处同时投加混凝剂和化学预氧化剂。超滤膜反冲洗周期设定为 2h：先反冲洗 120s，压力为 0.15MPa；再正洗 60s，压力为 0.04MPa，反冲洗用水为净水，正洗用水为原水。反冲洗参数由膜供应商提供，并对其定期化学清洗与维护。

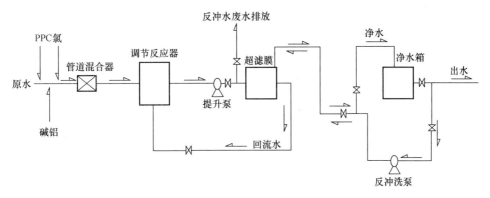

图 10-5　中试装置流程图

研究中采用海南立昇净水科技实业有限公司生产的 PVC 超滤膜组件，相关参数详见表 10-6 所示。

膜组件参数	表 10-6
参数名称	膜组件
中空纤维膜材料	PVC（聚氯乙烯）
滤芯长度（mm）	1200
滤芯直径（mm）	250
有效膜面积（m²）	48
最高进水压力（MPa）	0.5
膜内外最高压差（MPa）	0.2
推荐工作压力（MPa）	0.05～0.20
水温上限温度（℃）	40
水温下限温度（℃）	0
进水 pH	2～13
截留分子量（kDa）	80

10.1.2　混凝预处理对藻细胞及 EOM 膜污染作用的影响

1. 微絮凝对藻细胞的膜污染作用的影响

（1）PACl 投加量对藻细胞溶液的 Zeta 电位的影响

图 10-6 列出了藻细胞溶液的 Zeta 电位随 PACl 投加量的变化。由图 10-6 可知，未投加混凝剂时藻细胞溶液的 Zeta 电位为 -27.0 mV，这说明藻细胞本身带有负电性。随着 PACl 投加量的增加，藻细胞溶液的 Zeta 电位逐渐增大。当 PACl 投量为 4mg/L 时，藻细胞的 Zeta 电位为 -2.1 mV。当 PACl 投加量进一步增加至 6mg/L 和 8mg/L 时，藻细胞溶液的 Zeta 电位越过零点，出现正值。从

实验数据可以看出，PACl 投加量在 4～6mg/L 之间时可使藻细胞溶液（20 亿个/L）的 Zeta 电位趋近于零点。

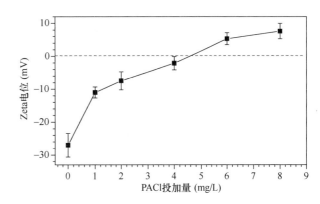

图 10-6　PACl 投加量对藻细胞溶液的 Zeta 电位的影响

（2）PACl 投加量对藻细胞引起的比通量下降的影响

图 10-7 列出了 PACl 溶液、藻细胞溶液以及微絮凝后藻细胞溶液超滤过程中的比通量下降曲线。由图 10-7 可知，PACl 溶液在超滤过程中也会引起的一定膜通量下降，但下降幅度较小，过滤周期的末端比通量在 0.83 以上。而藻细胞会引起严重的膜通量下降，过滤 300mL 藻细胞溶液能使比通量下降约 90%。当藻细胞溶液中存在混凝剂时，比通量下降有所减缓，且混凝剂投加量越大，比通量下降越少。分析认为：由于藻细胞带有负电荷，混凝剂可以通过电中和以及网捕卷扫等机制使藻细胞和细胞残体发生聚集。当这些聚集体迁移到膜表面时形成滤饼层孔隙可能大于藻细胞累积形成的滤饼层，从而提高了滤饼层的渗透性能，并减少了超滤过程中的膜通量下降。

（3）PACl 投加量对藻细胞引起的可逆和不可逆膜污染的影响

图 10-8 显示了不同混凝剂条件下 PACl 投加量对藻细胞引起的可逆和不可逆膜污染。由图 10-8 可知，PACl 溶液在超滤过程中也能引起一定的可逆和不可逆膜污染，但是污染程度明显少于藻细胞溶液。由于在中性条件下，PACl 是以一定的聚合体的形式存在的，在超滤过程中可能会停留在膜孔内或沉积在膜表面，从而具有一定的膜污染作用。当藻细胞溶液中存在混凝剂时，可逆膜污染有所缓解，但不可逆膜污染却显著增加。而藻细胞引起的不可逆膜污染随着 PACl 投加量的增加而显著加重。这是因为混凝剂的存在减少了藻细胞表面的负电性，使得藻细胞以及细胞残体更加容易迁移到膜表面并沉积在膜表面，进而引发不可逆膜污染现象。

细胞溶液几乎没有任何影响，这是因为藻细胞具有很好的浮游机制。当 PACl 投加量为 1mg/L 时，混凝/沉淀预处理的平均藻细胞去除率为 22.23%。随着混凝剂投加量的增加，藻类的去除率明显上升。藻细胞去除率在 PACl 投加量为 4mg/L 时达到最大（98.06%）。这说明混凝剂可以降低藻细胞表面的负电性，并使之脱稳聚集。当 PACl 投加量达到 6mg/L 和 8mg/L 时藻细胞去除率有所下降，可能是由于过量投加混凝剂使得藻细胞溶液的 Zeta 变为正值，细胞之间存在由正电荷引起的静电相斥作用。在这种情况下，藻细胞会重新分散，因此混凝剂投加量过高会降低混凝/沉淀预处理的除藻效能。

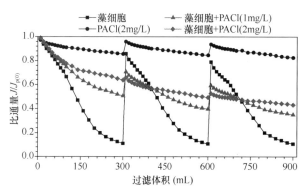

图 10-7 PACl 投加量对藻细胞溶液引起的
比通量下降的影响

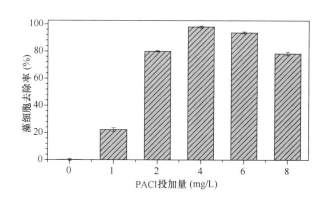

图 10-9 PACl 投加量对混凝/沉淀预处理的
藻细胞去除率的影响

（2）不同 PACl 投加量下混凝/沉淀预处理对藻细胞溶液超滤过程中的比通量下降的影响

由图 10-10 可知，混凝/沉淀预处理能显著地减少藻细胞溶液引起的比通量下降。当 PACl 投加量为 2mg/L 时，混凝/沉淀预处理后藻细胞在超滤过程中引起的比通量下降明显低于未经预处理的藻细胞，当混凝剂投加量增加至 4mg/L 时，藻细胞的去除率最高，比通量下降程度亦最少，过滤周期末端的比通量均在 0.74 以上。藻细胞的膜污染机理研究结果表明：藻细胞浓度越大，在膜表面形成的滤饼层厚度越大，对比通量的影响也越大。由于混凝/沉淀预处理能够有效地降低水中的藻细胞浓度，所以混凝/沉淀预处理可以显著提高比通量。当混凝剂投加量为 8mg/L 时，混凝/沉淀阶段的藻细胞去除率有所下降，所以比通量下降有所加重。这说明过量投加混凝剂不利于藻细胞引起的比通量下降的控制。

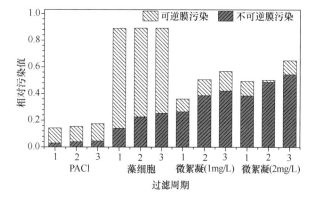

图 10-8 PACl 投加量对藻细胞引起的可逆和
不可逆膜污染的影响

2. 混凝/沉淀预处理对藻细胞的膜污染作用的影响

（1）PACl 投加量对混凝/沉淀预处理的藻细胞去除率的影响

由图 10-9 可知，未投加混凝剂时，静沉对藻

3. 不同 PACl 投加量条件下混凝/沉淀预处理后藻细胞引起的可逆和不可逆膜污染

由图 10-11 可知，混凝/沉淀预处理可以显著地降低藻细胞引起的可逆膜污染。这是因为藻细胞溶液超滤过程中可逆膜污染主要源于藻细胞累积形成的滤饼层，而混凝/沉淀预处理可以减少藻细胞的数量，增加滤饼层的渗透性，进而提高比通量。从不可逆膜污染的角度分析，当 PACl 投加量从 0 增加至 4mg/L 时，预处理后藻细胞在超滤过程中引起的不可逆膜污染逐渐下降。当 PACl 投加量为 8mg/L 时，预处理后藻细胞引起的不可逆膜污染明显增加，并略大于未投加混凝剂时藻细胞引起的不可逆膜污染。

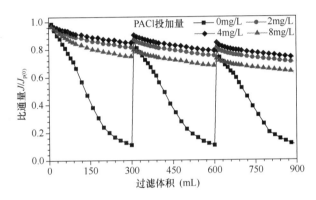

图 10-10　混凝/沉淀预处理对藻细胞引起的比通量下降的影响

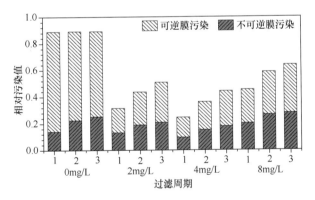

图 10-11　混凝/沉淀对藻细胞引起的可逆和不可逆膜污染的影响

4. 微絮凝对 EOM 膜污染作用的影响

（1）PACl 投加量对 EOM 溶液的 Zeta 电位的影响

图 10-12 显示了 EOM 溶液（3mg/L）的 Zeta 电位随 PACl 投加量的变化。随着 PACl 投加量的增加，EOM 溶液的 Zeta 电位亦逐渐增加，并在混

凝剂投加量大于 6mg/L 时超过零点。这些实验数据说明，采用混凝工艺处理 EOM 溶液时，PACl 最佳投加量为 6mg/L。

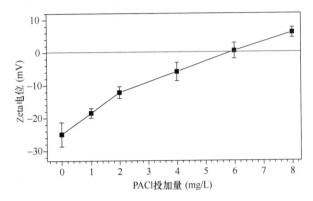

图 10-12　PACl 投加量对 EOM 溶液的 Zeta 电位的影响

（2）微絮凝对 EOM 引起的比通量下降的影响

图 10-13 列出了 PACl 溶液、EOM 溶液以及微絮凝后 EOM 溶液超滤过程中的比通量下降曲线。由图可知，PACl 溶液超滤过程中的比通量下降明显低于 EOM 溶液。当 EOM 溶液中存在 PACl 时，超滤过程中的比通量下降有所缓解，过滤周期的末端比通量在 0.33 以上。当 EOM 溶液中存在 PACl 时，有机物分子可能会发生聚集，进而减少膜孔堵塞并增加滤饼层的孔隙率。因此，微絮凝有利于减少 EOM 引起的比通量下降。

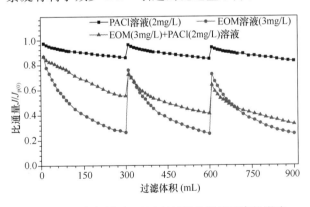

图 10-13　微絮凝对 EOM 引起的比通量下降的影响

（3）微絮凝对 EOM 引起可逆和不可逆膜污染的影响

图 10-14 列出了 PACl 溶液、EOM 溶液以及微絮凝后 EOM 溶液超滤过程中的可逆和不可逆膜污染。

由图 10-14 可知，PACl 溶液超滤过程中的可逆和不可逆膜污染均显著低于 EOM 溶液；当 EOM 溶液中存在 PACl 时，EOM 引起的可逆膜污染明显减少，而不可逆膜污染略有增加。分析认

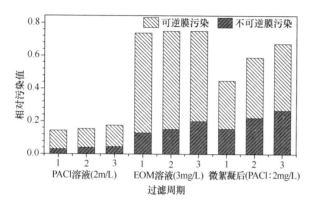

图 10-14　微絮凝对 EOM 引起的可逆和
不可逆膜污染的影响

为：由于 PACl 可能使 EOM 中的有机物分子发生聚集，使得有机物累积形成的滤饼层的孔隙率增大，从而减少由滤饼层引起的可逆膜污染；同时 PACl 会降低有机物的负电性，使这些有机物更容易迁移到膜表面，从而加重不可逆膜污染。

5. PACl 投加量对微絮凝缓解 EOM 的膜污染作用的影响

（1）不同 PACl 投加量下微絮凝对 EOM 引起的比通量下降的影响

图 10-15 显示了不同 PACl 投加量条件下微絮凝对 EOM 引起的比通量下降的影响。

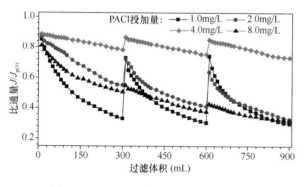

图 10-15　PACl 投加量对微絮凝对 EOM
引起的比通量下降的影响

由图 10-15 可知，当 PACl 投加量从 1mg/L 增加至 4mg/L 时，微絮凝后 EOM 引起的比通量下降逐渐减轻。尤其是 PACl 投加量为 4mg/L 时，过滤周期末端的比通量均在 0.73 以上。当 PACl 投加量增加至 8mg/L 时，比通量下降明显加重。从 PACl 投加量和 EOM 溶液的 Zeta 电位的关系可以看出，PACl 投加量为 4mg/L 时 EOM 溶液的 Zeta 电位接近零点，絮凝效果最好；当 PACl 投加量达到 8mg/L 时，EOM 中有机物可能带有正电

荷。因此，可以认为，在适宜的混凝剂投加量范围内微絮凝有可能减轻 EOM 引起的比通量下降。

（2）不同 PACl 投加量下微絮凝对 EOM 引起的膜污染可逆性的影响

由图 10-16 可知，在 PACl 投加量从 1mg/L 增加 4mg/L 的过程中，EOM 引起的可逆和不可逆膜污染均明显下降。这说明在适宜混凝剂投加量下，微絮凝能缓解 EOM 引起的膜污染。当 PACl 投加量达到 8mg/L 时，EOM 引起的不可逆膜污染显著增加。这意味着过量投加混凝剂会加重 EOM 引起的不可逆膜污染。

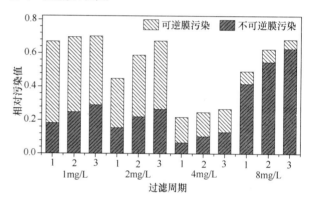

图 10-16　PACl 投加量对微絮凝/超滤组合工艺处理
EOM 溶液过程中膜污染可逆性的影响

6. 混凝/沉淀预处理对 EOM 引起的膜污染的影响

（1）不同 PACl 投加量下混凝/沉淀预处理对 EOM 溶液超滤过程中的比通量下降的影响

由图 10-17 可知，未投加混凝剂时，EOM 溶液超滤过程中会出现严重的比通量下降，过滤 300mL EOM 溶液会使比通量下降约 80%。当投加 2mg/L PACl 时，EOM 引起的比通量下降明显减少，过滤周期末端的比通量在 0.57～0.65 之间。当 PACl 投加量为 4mg/L 时，EOM 引起的比通量

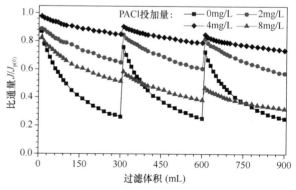

图 10-17　混凝/沉淀预处理对比通量下降的影响

下降得到进一步缓解，过滤周期末端的比通量均在 0.74 以上。当过量投加 PACl（8mg/L）时，比通量下降明显加重，第三个过滤周期末端的比通量仅为 0.32。由于混凝剂的存在可能使 EOM 溶液中的有机物发生一定程度的聚集，减少有机物引起的膜孔堵塞，进而减缓 EOM 引起的比通量下降。

（2）不同 PACl 投加量下混凝/沉淀预处理对 EOM 引起的可逆和不可逆膜污染的影响

由图 10-18 可知，当 PACl 投加量在 0～4mg/L 时，混凝/沉淀预处理后 EOM 引起的可逆膜污染和总体膜污染随着混凝剂投加量的增加而逐渐下降。当聚合铝投加量为 8mg/L 时，EOM 引起的总体膜污染显著增加。而混凝/沉淀预处理后 EOM 引起的不可逆膜污染随混凝剂投加量的变化没有明显的规律。PACl 投加量为 2mg/L 时，预处理后 EOM 引起的不可逆膜污染轻微增加，而当 PACl 投加量为 4mg/L 时，不可逆膜污染却显著下降。当过量投加 PACl（8mg/L）时，混凝/沉淀预处理后 EOM 引起的不可逆膜污染急剧增长，这是由于混凝剂在通过减少污染物和膜之间的静电阻力而加重不可逆膜污染的同时，也可能通过使有机物聚集而减少膜孔堵塞引起的不可逆膜污染。

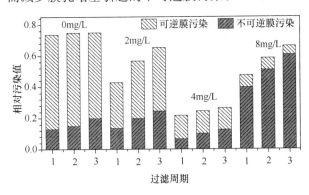

图 10-18　混凝/沉淀预处理对 EOM 引起的可逆和不可逆膜污染的影响

10.1.3　KMnO₄ 和 δ-MnO₂ 强化混凝对藻源膜污染的影响

1. KMnO₄ 和 δ-MnO₂ 强化混凝对藻细胞去除效能

表 10-7 显示了混凝/沉淀预处理以及 KMnO₄ 和 δ-MnO₂ 强化混凝预处理对藻细胞的去除效能。由表 10-6 可知，当 PACl 投加量为 2mg/L 时，混凝/沉淀预处理对藻细胞的平均去除率为 79.2%；

采用 KMnO₄（1mg/L）预氧化强化混凝预处理时，藻细胞的去除率增加至 90.4%。然而，KMnO₄ 投加量增加至 2.0mg/L 时，藻细胞去除率不能进一步提高。从表 10-7 还可以看出，δ-MnO₂ 颗粒也具有强化混凝的作用。在 0.6mg/L 的投加量下，δ-MnO₂ 能使藻细胞的平均去除率增加至 95.2%。当 δ-MnO₂ 颗粒的投加量增加至 1.2mg/L 时，藻细胞的去除效能无显著变化，平均去除率为 94.4%。从以上的分析可知，KMnO₄ 和 δ-MnO₂ 都提高混凝预处理对藻细胞的去除效能。

不同预处理对藻细胞的去除效能　　　　表 10-7

预处理	藻细胞去除率（%）
混凝/沉淀（PACL，2.0mg/L）	79.2±3.4
强化混凝（KMnO₄，1.0mg/L）	90.4±1.7
强化混凝（KMnO₄，2.0mg/L）	90.4±2.2
强化混凝（MnO₂，0.6mg/L）	95.2±3.1
强化混凝（MnO₂，1.2mg/L）	94.4±3.5

2. KMnO₄ 和 δ-MnO₂ 强化混凝对藻细胞的膜污染作用的影响

（1）KMnO₄ 和 δ-MnO₂ 强化混凝对藻细胞引起的比通量下降的影响

由图 10-19 可知，混凝/沉淀预处理后藻细胞溶液超滤过程中仍会出现较为严重的比通量下降，3 个过滤周期的末端比通量分别为 0.52、0.46 和 0.41。采用 KMnO₄ 预氧化强化混凝预处理后，藻细胞引起的比通量下降明显减轻，过滤周期的末端比通量在 0.76 和 0.83 之间。δ-MnO₂ 强化混凝预处理能进一步缓解藻细胞引起的比通量下降，使得过滤周期末端的比通量均在 0.81 以上。由于藻细胞浓度对藻细胞引起的比通量下降具有很大的影响，而 KMnO₄ 预氧化和 δ-MnO₂ 颗粒均能提高混凝预处理对藻细胞的去除效能，因此 KMnO₄ 和 δ-MnO₂ 强

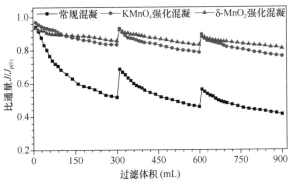

图 10-19　不同预处理对藻细胞引起的比通量下降的影响

化混凝预处理能缓解藻细胞引起的比通量下降。

（2）KMnO₄ 和 δ-MnO₂ 强化混凝预处理对藻细胞引起的可逆和不可逆膜污染的影响

图 10-20 显示了混凝/沉淀预处理后以及 KMnO₄ 和 δ-MnO₂ 强化混凝预处理后藻细胞在超滤过程中引起的可逆和不可逆膜污染。由图 10-20 可知，KMnO₄ 预氧化强化混凝预处理后藻细胞引起的可逆和不可逆膜污染明显低于混凝/沉淀预处理（常规混凝）。而 δ-MnO₂ 强化混凝预处理能进一步降低藻细胞引起的可逆和不可逆膜污染，这可能是因为 KMnO₄ 和 δ-MnO₂ 强化混凝预处理对藻细胞去除效能均大于混凝/沉淀预处理。

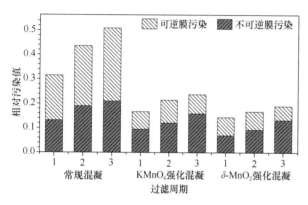

图 10-20 不同预处理对藻细胞引起的可逆和不可逆膜污染的影响

3. KMnO₄ 和 δ-MnO₂ 强化混凝对 EOM 的去除效能

表 10-8 显示了混凝/沉淀预处理以及 KMnO₄ 和 δ-MnO₂ 强化混凝预处理对 EOM 的去除效能。由表 10-8 可知，混凝/沉淀预处理对 EOM 的去除效能较低，UV₂₅₄ 和 DOC 的平均去除率分别为 12.50% 和 18.97%。采用 KMnO₄（1mg/L）预氧化强化混凝预处理时，UV₂₅₄ 和 DOC 的平均去除率增加至 14.96% 和 19.68%。随着 KMnO₄ 的投加量增加至 2mg/L 时，强化混凝预处理对 EOM 的去除率略有提升，UV₂₅₄ 和 DOC 的平均去除率分别为 18.75% 和 21.94%。由于 KMnO₄ 可能氧化破坏 EOM 中的腐殖质类有机物，所以 KMnO₄ 预氧化能提高混凝预处理对 EOM 的去除效能。还可以看出，δ-MnO₂ 颗粒也具有强化混凝的作用，在 0.6mg/L 的投加量下 δ-MnO₂ 能使 UV₂₅₄ 和 DOC 的平均去除率分别提高至 15.62% 和 22.37%。当 δ-MnO₂ 颗粒的投加量增加至 1.2mg/L 时，强化混凝预处理对 EOM 的去除效能仅略有增

加，UV₂₅₄ 和 DOC 的平均去除率分别为 15.63% 和 23.99%。从以上的数据分析可以看出，KMnO₄ 和 δ-MnO₂ 都能提高混凝预处理对 EOM 的去除效能。

不同预处理对 EOM 的去除效能　　　　表 10-8

预处理	UV₂₅₄ 去除率（%）	DOC 去除率（%）
混凝/沉淀（2.0mg/L）	12.50±2.03	18.97±1.01
强化混凝（KMnO₄，1.0mg/L）	14.96±1.52	19.68±4.73
强化混凝（KMnO₄，2.0mg/L）	18.75±1.86	21.94±2.28
强化混凝（δ-MnO₂，0.6mg/L）	15.62±1.64	22.37±1.12
强化混凝（δ-MnO₂，1.2mg/L）	15.63±1.15	23.99±0.48

4. KMnO₄ 和 δ-MnO₂ 强化混凝对 EOM 的膜污染作用的影响

（1）KMnO₄ 和 δ-MnO₂ 强化混凝对 EOM 引起的比通量下降的影响

图 10-21 列出了混凝/沉淀预处理以及 KMnO₄（1.0mg/L）和 δ-MnO₂（0.6mg/L）强化混凝预处理后 EOM 溶液（3.0mg/L）超滤过程中的比通量下降曲线。由图 10-21 可知，与混凝/沉淀预处理相比，KMnO₄ 预氧化强化混凝预处理对 EOM 引起的比通量下降有所减轻，过滤周期末端的比通量在 0.61~0.69；而 δ-MnO₂ 预氧化强化混凝能够进一步减轻 EOM 引起的比通量下降，使得过滤周期末端的比通量均在 0.68 以上。

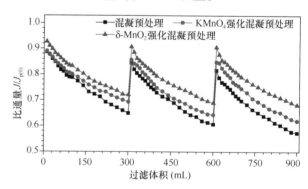

图 10-21 不同预处理对 EOM 引起的比通量下降的影响

（2）KMnO₄ 和 δ-MnO₂ 强化混凝对 EOM 引起的膜污染的可逆性的影响

图 10-22 列出了混凝/沉淀预处理以及 KMnO₄ 和 δ-MnO₂ 强化混凝预处理对 EOM 引起的可逆和不可逆膜污染。由图 10-22 可知，与混凝/沉淀预处理相比，KMnO₄ 预氧化强化混凝预处理后 EOM 引起的不可逆膜污染和总体膜污染均有所下

降；而 δ-MnO₂ 强化混凝能进一步提高 EOM 引起的膜污染的可逆性。KMnO₄ 和 δ-MnO₂ 强化混凝预处理都能够降低 EOM 引起的不可逆膜污染。

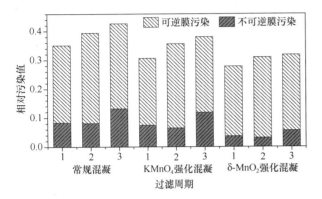

图 10-22　不同预处理对 EOM 引起的可逆和不可逆膜污染的影响

10.1.4　PPC 强化混凝和超滤组合工艺处理高藻水中试实验研究

本节中试实验中采用高锰酸盐复合药剂（Potassium permanganate composites，PPC）代替单一的 KMnO₄ 作为预氧化剂，进行 PPC 强化混凝预处理和超滤组合工艺处理天然高藻水中试实验研究。尽管 PPC 预氧化用于高藻水处理的研究已经很多，但是针对 PPC 预氧化缓解藻源膜污染的研究还很少。因此，关于 PPC 强化混凝和超滤组合工艺处理天然高藻水的实验研究具有重要意义。

1. PPC 强化混凝预处理优化研究

膜前预处理是超滤膜工艺稳定运行的保障，因为膜前预处理去除污染物质后能降低超滤膜表面的污染负荷，有利于膜污染的控制。因此，在特定的原水条件下需要确定最佳的工艺运行参数，使预处理工艺稳定运行并强化对污染物的去除。实验中通过烧杯实验的方式，考察了 PPC 预氧化强化混凝工艺处理南郊水库高藻水时最佳的混凝剂投加量和 PPC 投加量。

（1）混凝剂投加量优化研究

由图 10-23（a）可知，随着 PACl 的投加量从 0mg/L 增加到 10mg/L，混凝/沉淀预处理的浊度去除率逐渐升高，最高可达到 76.1%；当 PACl 的投加量为 4mg/L 时，出水浊度下降至 3.03NTU，

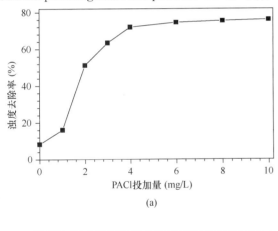

(a)

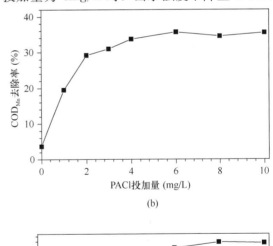

(b)

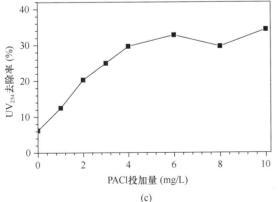

(c)

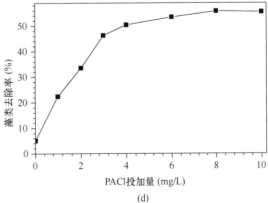

(d)

图 10-23　PACl 投加量对混凝去除污染效能影响

（a）浊度；（b）COD_{Mn}；（c）UV_{254}；（d）藻类

去除率为 62.2%，PACl 投加量在 4mg/L 之前，浊度下降的速率较快，去除率曲线增长明显，PACl 投加量在 4mg/L 之后，浊度去除率的曲线变得极为平缓。由图 10-23（b）、（c）可知，随着 PACl 投加量的增加，混凝/沉淀预处理对有机污染物的去除率逐渐提高。就 COD_{Mn} 而言，去除率曲线的拐点出现在 2mg/L，而从 UV_{254} 的去除率曲线可以看出，最佳的混凝剂投加量在 4mg/L。由图 10-23（d）可知，藻类的去除率随着 PACl 投加量的增加而增加，从去除率增长曲线可以看出，最佳的混凝剂投加量在 3～4mg/L 之间，藻类的去除率在 46.3%～50.4%。PACl 投加量在 4mg/L 以上时，藻类的去除率增长缓慢，去除率最高可达 55.7%。综上可知，采用混凝/沉淀工艺预处理引黄水库水时，最佳的 PACl 投加量可取 4mg/L。

（2）预氧化剂投加量优化研究

由图 10-24（a）可知，当 PPC 的投加量为 0mg/L 时，对浊度去除率达到 74.5%，随着 PPC 投加量的增加，浊度去除率增长非常有限，当 PPC 投加量为 2.0mg/L 时，浊度的去除率仅为 83.6%。分析认为：采用 PACl 作为混凝剂的混凝/沉淀工艺处理引黄水库夏秋季节高藻水时，浊度的去除率已经达到较高的水平，因此不能充分体现 PPC 预氧化的助凝作用。由图 10-24（b）可知，当 PPC 的投加量为 0mg/L 时，UV_{254} 去除率仅为 18.2%。当 PPC 投加量为 0.6mg/L 时，去除率可达到 45.4%。之后，UV_{254} 的去除率曲线则变得较为平缓。由图 10-24（c）可知，就藻类的去除率而言，PPC 的最佳投加量在 0.6～0.8mg/L 之间。当 PPC 投加量为 0.6mg/L 时，藻类的去除率可达到 80.0%。综合以上分析可知，当采用 PPC 强化混凝/沉淀工艺预处理引黄水库高藻水时，PPC 的最佳投加量可取 0.6mg/L。

2. PPC 强化混凝和超滤组合工艺净水效能分析

中试实验中，对比分析了混凝/沉淀预处理和超滤组合工艺、PPC 预氧化强化混凝预处理和超滤组合工艺，两种工艺分别运行 15d，其中 PACl 投加量为 4mg/L，PPC 投加量为 0.6mg/L。

（1）组合工艺对浊度的去除效能

中试实验期间，混凝/沉淀预处理和超滤组合工艺、PPC 预氧化强化混凝预处理和超滤组合工艺的出水浊度均在 0.1NTU 以下。由图 10-25（a）可知，混凝/沉淀预处理对浊度的去除率在 47.5%～

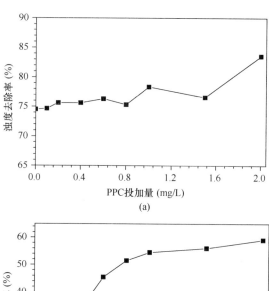
（a）

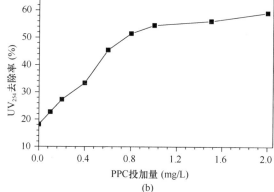
（b）

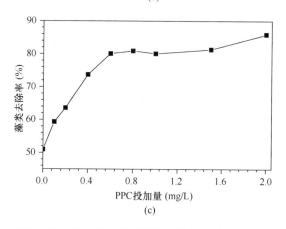
（c）

图 10-24　PPC 投加量对混凝去除污染效能的影响
（a）浊度；（b）UV_{254}；（c）藻类

90.6% 之间，PPC 预氧化强化混凝/沉淀预处理对浊度的去除率在 62.3%～87.6% 之间，这说明投加 0.6mg/L PPC 能使预处理工艺对浊度的平均去除率提高约 7%。分析认为：PPC 的主剂高锰酸钾在中性水质条件下具有一定的氧化能力，能够破坏部分颗粒物表面的有机涂层，同时预氧化产物二氧化锰微粒能为絮体的形成提供絮凝中心，因此能使水中的颗粒更易于形成絮体，从而提高浊度的去除效能。由图 10-25（b）可知，混凝/沉淀预处理和超滤组合工艺以及 PPC 预氧化强化混凝/沉淀预处

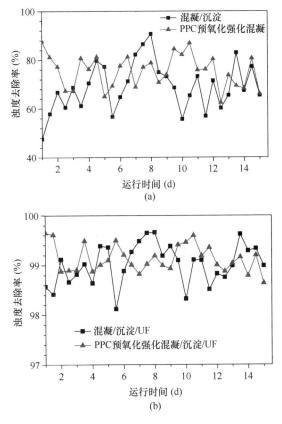

图 10-25　PPC 预氧化对浊度去除效能的影响
(a) 预处理；(b) 组合工艺

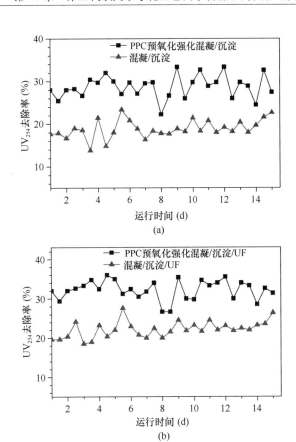

图 10-26　PPC 预氧化对 UV_{254} 去除效能的影响
(a) 预处理；(b) 组合工艺

理和超滤组合工艺对浊度的总体去除率均在 98% 以上，这说明超滤技术能够高效截留水中颗粒和胶体污染物，保障饮用水水质安全。

(2) 组合工艺对有机物的去除效能

中试结果表明：混凝/沉淀预处理和超滤组合工艺对 COD_{Mn} 的总体去除率在 31.6%～38.0% 之间，PPC 预氧化强化混凝预处理和超滤组合工艺对 COD_{Mn} 的总体去除率在 36.3%～40.1% 之间，这说明投加 0.6mg/L 的 PPC 仅使 COD_{Mn} 的总体去除率提高约 3%。UV_{254} 是水中有机物质的一个重要替代指标，它能反映水中具有双键或苯环结构的有机物的量。由图 10-26(a) 可知，混凝/沉淀预处理对水中 UV_{254} 的去除率在 13.8%～22.6% 之间，PPC 预氧化强化混凝预处理对水中 UV_{254} 的去除率在 23.7%～33.3% 之间，平均去除率提高约 10%。由图 10-26(b) 可知，混凝/沉淀和超滤组合工艺对 UV_{254} 的总体去除率在 18.5%～27.6% 之间，PPC 预氧化强化混凝和超滤组合工艺对 UV_{254} 的去除率为 25.4%～35.4%，表明投加 PPC 能增强组合工艺对 UV_{254} 的去除效能。

(3) 组合工艺对藻类的去除效能

由图 10-27(a) 可知，混凝/沉淀预处理对藻类的去除率在 47.8%～55.6% 之间，PPC 预氧化强化混凝/沉淀对藻类的去除率在 76.4%～82.0% 之间，说明投加 0.6mg/L 的 PPC 能使预处理工艺藻类的平均去除率提高约 28%。由图 10-27(b) 可知，混凝/沉淀和超滤组合工艺以及 PPC 预氧化强化混凝和超滤组合工艺对藻类的总体去除率均在 99.8% 以上，这说明超滤膜对藻细胞具有很好的截留效能。由于藻细胞的粒径均在 2μm 以上，而超滤膜孔径则在 0.1μm 以下，所以理论上超滤膜可以截留所有藻细胞。中试实验过程，工艺出水的藻类浓度均低于所采用的滤膜法的检测下限，即 2.5 万个/L。

有研究表明高锰酸钾能够通过氧化作用，使藻类细胞表面有机物释放，但不会破坏藻细胞。因此 PPC 预氧化具有在不破坏藻细胞的条件下实现藻类强化去除的可能性。PPC 的主剂高锰酸钾预氧化产物新生态二氧化锰有很大的比表面积，其表面还具有丰富的官能团，能通过氢键等作用力与藻细胞结合，因此 PPC 预氧化能提高膜前预处理工艺对藻类的去除效能，降低进入膜系统的污染物负荷。而超滤膜的孔径在 0.1μm 以下，远小于藻细胞和预氧化产物二氧化锰的粒径，理论认为超滤膜可以完全截留水中的藻细胞和残余二氧化锰颗粒。因此，将 PPC 预氧化和超滤联用，具有协同除藻功能。

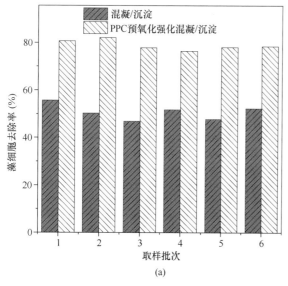

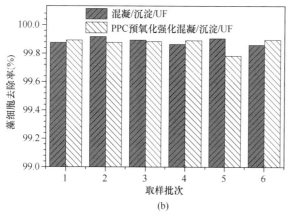

图 10-27　PPC 预氧化对藻类去除效能的影响
（a）预处理；（b）组合工艺

（4）组合工艺对病原性微生物的去除效能

由表 10-9 可知，PPC 预氧化强化混凝和超滤组合工艺中试实验期间，原水中的细菌总数在 49～72CFU/mL 之间，经过 PPC 预氧化强化混凝预处理后，沉淀池出水中的细菌在 14～27CFU/mL 之间，再经过超滤膜过滤后，出水中的细菌总数在 3CFU/mL 以下；混凝/沉淀和超滤组合工艺中试实验期间，原水中的细菌总数在 58～76CFU/mL 之间，经过混凝/沉淀预处理后，沉淀池出水中的

细菌总数在 24～38CFU/mL 之间，再经过超滤膜处理后，出水中的细菌总数在 2CFU/mL 以下。

中试实验出水中的细菌总数　　表 10-9

序号	PPC 预氧化/混凝/沉淀/超滤工艺中试出水细菌总数（CFU/mL）			混凝/沉淀/超滤工艺中试出水细菌总数（CFU/mL）		
	原水	沉后	超滤后	原水	沉后	超滤后
1	50	21	1	67	35	2
2	65	15	1	72	38	1
3	49	18	0	61	28	1
4	72	27	2	76	31	0
5	68	20	3	59	27	2
6	58	14	1	69	30	2
7	69	20	0	58	24	0

由图 10-28 可知，PPC 预氧化强化混凝和超滤组合工艺的中试实验中，预处理阶段对细菌总数的去除率在 61.0%～69.8% 之间；混凝/沉淀预处理和超滤工艺的中试实验中，预处理阶段对细菌总数的去除率在 47.0%～58.7% 之间。

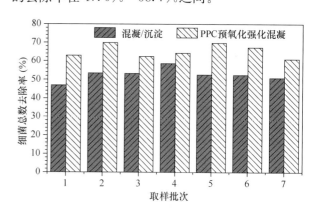

图 10-28　PPC 预氧化对预处理的细菌总数去除率的影响

这说明投加 0.6mg/L PPC 能使预处理工艺对细菌总数的平均去除率提高约 13%。PPC 预氧化提高细菌总数去除率的原因有两方面，一方面在于 PPC 具有强化混凝作用，提高预处理工艺颗粒物质的去除，从而提高对细菌的去除率；另一方面在于 PPC 具有一定的氧化能力，有可能通过氧化作用使细菌灭活。另外，由于超滤膜表面孔径远小于水中病原性微生物细胞，理论上超滤膜能完全截留去除水体中的病原性微生物，但可能在反冲洗过程中引入细菌以及细菌在超滤膜产水管道中滋生，从而使超滤膜出水中仍有少量的细菌，因此超滤膜工艺之后仍需要消毒措施作为饮用水微生物安全性的

保障。

3. PPC 强化混凝缓解超滤膜污染研究

（1）PPC 强化混凝预处理对膜前水质的影响

膜前水质是影响超滤膜污染的一个重要因素。原水经过预处理后进入超滤系统，因此不同的预处理形式将产生不同的膜前水质。从表 10-10 可知，PPC 预氧化对藻类和 UV_{254} 去除效能的强化作用大，PPC 预氧化强化混凝预处理后水中藻类浓度和 UV_{254} 明显低于混凝/沉淀预处理出水；然而 PPC 预氧化对膜前水中的浊度和 COD_{Mn} 的影响不明显。相关研究指出 PPC 具有强化混凝作用，能有效提高悬浮颗粒物质和胶体物质的去除效能。但在中试实验中，PPC 强化预处理阶段出水的 COD_{Mn} 和混凝/沉淀预处理出水没有明显差别。可能原因有两点，一是 PPC 强化混凝和超滤组合工艺中试期间原水水质相对差一些；二是由于 PPC 预氧化可能引起藻细胞表面的有机物释放到水中，导致水中溶解性有机物浓度升高。所以 PPC 强化混凝预处理后和混凝/沉淀预处理后的膜前水质在 COD_{Mn} 上差别不明显。

	膜前水质			表 10-10
水质指标	浊度 （NTU）	COD_{Mn} （mg/L）	UV_{254} （1/cm）	藻类 （万个/L）
混凝/沉淀 预处理出水	2.41± 0.80	2.94± 0.15	0.043± 0.007	1005± 217
PPC 预氧化/混凝/ 沉淀预处理出水	2.10± 0.50	2.97± 0.30	0.034± 0.011	478± 104

（2）PPC 强化混凝预处理对可逆膜污染的影响

图 10-29 列出了超滤膜处理原水、混凝/沉淀预处理出水和 PPC 预氧化强化混凝预处理出水时跨膜压差的增长情况。超滤膜直接过滤原水时，连续运行 2h，TMP_{20} 增加量在 0.02MPa 以上，而且随着过滤周期的增加而逐渐增大；超滤膜过滤预处理出水时，TMP_{20} 的增长速度远远低于直接处理原水，其中混凝/沉淀预处理出水超滤时每个反冲洗周期内 TMP_{20} 平均增加量为 0.008MPa，PPC 预氧化强化混凝预处理出水超滤时每个反冲洗周期的 TMP_{20} 平均增加量仅为 0.005MPa。这说明 PPC 预氧化对高藻水的可逆膜污染具有一定的缓解作用。对图 10-29 中水力反冲洗前后 TMP_{20} 的值进行分析后，可以发现原水超滤后水力反冲洗的 TMP_{20} 平均恢复率为 89.7%，混凝/沉淀预处理后 TMP_{20} 平

均恢复率为 91.6%，投加 PPC 后，TMP_{20} 平均恢复率可达 92.2%。这些实验数据表明 PPC 预氧化后超滤膜污染较轻，而且易于通过水力反冲洗消除。

超滤膜的可逆膜污染主要为滤饼层污染，而滤饼层污染的程度取决于水中污染物的数量。原水中悬浮颗粒物质、胶体以及藻类的数量巨大，能迅速形成较厚且较密实的滤饼层，从而导致跨膜压差快速增长。混凝/沉淀预处理后，水中污染物的数量大幅削减，从而使得滤饼层的厚度和密实度降低，所以跨膜压差的增长变得缓慢。PPC 预氧化强化了混凝/沉淀预处理的除污染作用，进一步减少了进入膜系统的藻类和有机物，有效地降低了膜表面的污染负荷。

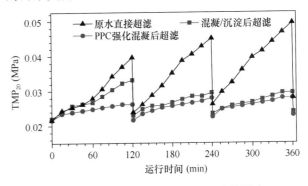

图 10-29　不同预处理对可逆膜污染的影响

（3）PPC 强化混凝预处理对不可逆膜污染的影响

从上述的水力反冲洗 TMP_{20} 恢复率可以看出，水力反冲洗无法使 TMP_{20} 恢复到最初水平，说明超滤膜在运行过程中已经形成不可逆膜污染。不可逆膜污染是影响超滤膜运行稳定性的重要因素。在超滤膜的连续运行过程中，水力反冲洗周期采用 0.5h，尽可能降低每周期内的 TMP_{20} 增长量，因此连续运行中 TMP_{20} 的增长主要源于不可逆膜污染的累积。

由图 10-30 可知，PPC 预氧化强化混凝预处理出水超滤时的起始 TMP_{20} 低于混凝/沉淀预处理出水超滤时的起始 TMP_{20}，这是由于 PPC 预氧化强化了预处理阶段对有机物和藻类的处理效能，使得膜前水质变好，因此起始阶段的不可逆膜污染较低。在 0~9d 之间，PPC 预氧化强化混凝预处理出水超滤时 TMP_{20} 增长量为 0.006MPa，混凝/沉淀预处理出水超滤时 TMP_{20} 增长量为 0.004MPa；在 9~15d，PPC 预氧化后 TMP_{20} 增加量为 0.005MPa，未投加 PPC 时 TMP_{20} 增加量为

0.009MPa。总体上看，PPC 预氧化强化混凝预处理出水超滤时 TMP$_{20}$ 增长量为 0.011MPa，混凝/沉淀预处理出水超滤时 TMP$_{20}$ 增长量为 0.013MPa。这说明 PPC 预氧化对超滤膜处理高藻水时的不可膜逆污染具有一定的缓解作用。

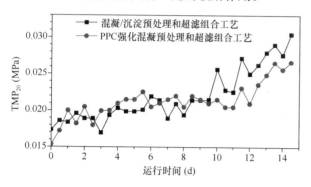

图 10-30　PPC 预氧化对不可逆膜污染的影响

（4）化学清洗效能分析

超滤膜的不可逆污染积累会引起跨膜压差的增大，从而导致整个水处理工艺的能耗上升。因此，在跨膜压差增长到一定程度时需要进行化学清洗。在中试实验过程中，为了确保膜滤实验在相近的初始状态下进行，每组实验完成后都进行了化学清洗。图 10-31 列出了化学清洗前后 TMP$_{20}$ 的变化情况。

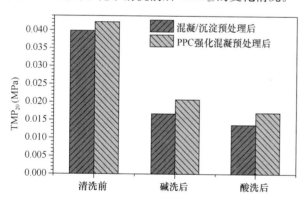

图 10-31　不同预处理对超滤膜化学清洗效果的影响

由图 10-31 可知，碱洗对 TMP$_{20}$ 的恢复作用高于酸洗。分析认为，超滤处理高藻水时的不可逆膜污染主要以有机物的膜孔堵塞和膜孔窄化为主，无机类污染的物质的影响相对较小，因此碱洗对 TMP 恢复的作用大。

10.1.5　预氧化在线混凝耦合超滤膜强化含藻水处理中试实验研究

"在线混凝"即为混凝剂连续投加，絮凝后水体进入超滤膜组件前无其他屏障用于去除絮体。在线混凝技术能够满足一体化水处理系统建设要求，结构紧凑，高效合理，具有较好的开发应用前景。

1. 在线反应时间 1min 时化学预氧化在线混凝耦合超滤膜研究

本节中考察了混凝剂和化学氧化剂投量对超滤膜系统的影响，采用的回流比（错流量和进水量）为 75%，在线反应时间初选为 1min。

首先在无化学预氧化的情况下考察了混凝剂投量对超滤膜通量、跨膜压差和出水水质的影响。

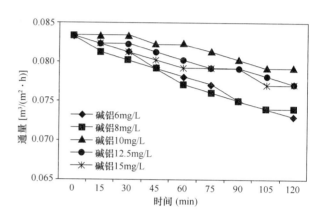

图 10-32　混凝剂投量对超滤膜通量影响

由图 10-32 可知，在过滤周期内，随着过滤时间的延长，超滤膜通量呈下降趋势，碱铝投量为 6mg/L 时通量下降最为明显；而碱铝投量为 10～12.5mg/L 时通量变化较为稳定，对膜污染控制效果最好；继续增加碱铝投量至 15mg/L，对改善通量无贡献，效果反而变差。

有研究表明，混凝预处理能够减少进入膜孔的污染物量。水中天然有机物（尤其是小分子有机物）在膜孔内的吸附对膜形成了不可逆污染，使膜的渗透通量下降很快；而通过混凝预处理小分子溶解性有机物聚集或吸附在金属氢氧化物上形成絮体，这些絮体在膜表面被截留，不能进入膜孔了。另外，膜表面沉积层的比阻随颗粒尺寸和孔隙率的增大而减小，经过混凝预处理后颗粒尺寸增大，形成的滤饼层阻力减小，渗透通量也会增大。此外，混凝预处理能够包裹部分藻细胞，减少进入超滤膜的活体藻细胞数量，在一定程度上控制了超滤膜的藻污染。

由图 10-33 可知，当碱铝投量为 8～12.5mg/L 时，超滤膜跨膜压差（TMP）增长缓慢，膜污染控制效果较好。而碱铝投量 6mg/L 和 15mg/L 时，TMP 增长速度均较快。因此，碱铝混凝预处理对

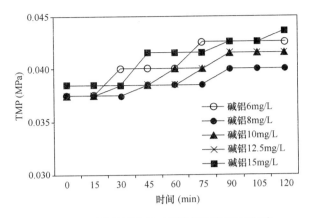

图 10-33 混凝剂投量对超滤膜跨膜压差影响

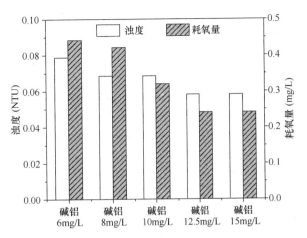

图 10-34 混凝剂投量对超滤膜出水水质影响

颗粒直径的形成具有适宜投量范围。其原因可能是：投量过低时，形成的絮体过于细小，对通量无明显改善作用；投量过高时，混凝剂水解过程会使水体 pH 降低至偏离最佳区域，对通量的改善具有负面影响。因为有研究表明：水体处在中性条件下，铝盐所形成的无定形 Al（OH）₃ 是主要的水解产物，有机物通过 Al（OH）₃ 的卷扫混凝作用形成较为疏松的微絮体，对超滤过程更为有利；而偏酸性条件下形成的 Al（OH）₃ 通常具有较高的正电荷，与有机物相互发生吸附电中和或形成络合物，此时形成的絮体颗粒较密实，进入超滤膜形成滤饼层阻力也较大，因此投量过高反而不利于控制膜污染。

另外，根据对超滤膜出水水质检测发现，超滤膜出水浊度稳定，碱铝投量对其影响不大。依其截留孔径，超滤膜能够截留水中大部分悬浮颗粒和致浊物质。而对耗氧量的去除中，当碱铝投量达到 12.5mg/L 时，去除效果最佳，继续增加碱铝投量无明显效果（图 10-34）。

综合超滤膜通量和过膜压差变化以及出水水质，当碱铝投量达到 12.5mg/L 时，可使通量降低和过膜压差的增长相对趋于稳定，且出水有机物含量最低，此时为混凝预处理控制超滤膜污染的最佳投量。

本研究中确定了在线反应时间为 1min 时，混凝预处理控制超滤膜污染的最佳混凝剂投加量为碱铝 12.5mg/L，此时通量、TMP 和出水水质均得到改善。但是，根据以上的研究发现，即使控制在最佳混凝剂投加量，超滤膜通量依然下降较快。这是因为混凝预处理无法杀灭藻细胞，进入超滤膜的活体藻细胞能够释放胞内聚合物，当聚合物积累到一定程度，严重堵塞膜组件进出口，从而严重影响制水工作。混凝预处理对藻细胞的吸附和包裹作用

无法使其灭活，因而会对超滤膜构成二次污染。要控制超滤膜的藻细胞污染，需增加化学预氧化措施，对藻细胞灭活。而有研究人员开发的 PPC 和氯联合预氧化技术已经在实践中论证了其除藻性能，因而将该项技术与在线混凝预处理相结合，强化超滤膜对含藻水的处理。

根据已经确定的最佳混凝剂投加量 12.5mg/L，比较了以下 3 种 PPC 和氯投加方案：

A 组：PPC 投量 0.3mg/L，氯投量 0.3mg/L，碱铝投量 12.5mg/L；

B 组：PPC 投量 0.5mg/L，氯投量 0.5mg/L，碱铝投量 12.5mg/L；

C 组：PPC 投量 0.7mg/L，氯投量 0.7mg/L，碱铝投量 12.5mg/L。

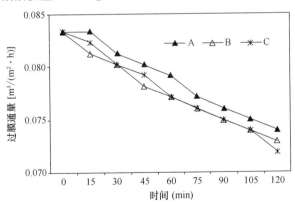

图 10-35 预氧化剂投量对超滤膜通量影响

由图 10-35 可知，A 组合中通量下降最少，此时 PPC 投量为 0.3mg/L，氯投量为 0.3mg/L。继续增加氧化剂投量，对通量改善无效果。这可能是因为在 PPC 和氯联合预氧化体系中，PPC 的还原产物原位生成的水合二氧化锰能够起到絮凝核心的

作用，通过吸附架桥等作用絮体变密实。而由前面的讨论可知，絮体密实不利于超滤膜过滤，会增加滤饼层阻力。因而在应用 PPC 和氯联合预氧化强化超滤膜过滤时，应考虑其双重影响：PPC 和氯能够协同灭活水中大部分藻细胞，大幅减少了进入超滤膜组件的活体藻细胞数量；PPC 的还原产物会使絮体密实，增加膜过滤阻力。根据原水水质，调整 PPC 和氯投量，使前一种作用占优势，是该项技术与超滤膜联用的前提。

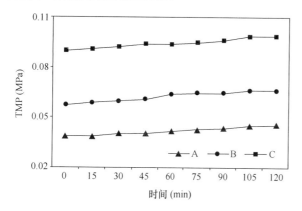

图 10-36　预氧化剂投量对超滤膜跨膜压差影响

由图 10-36 可知，采用化学预氧化后，TMP 增长缓慢。由于本研究控制超滤膜的初始通量相同，因而超滤膜初始 TMP 不同，但总体增长趋势可以看出，C 工艺中 TMP 增长相对较快，A 工艺和 B 工艺的 TMP 增长速度相对平稳。

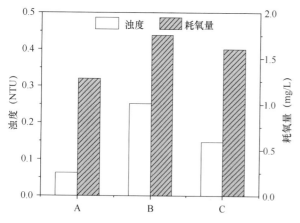

图 10-37　预氧化剂投量对超滤膜出水水质影响

由图 10-37 可知，A 工艺中出水的浊度和耗氧量均为最低，因而，可以认为 PPC 和氯投量较低时使灭藻作用发挥优于助凝作用，而通过灭藻作用，减轻了膜污染，在线混凝所形成的疏松絮体能够截留有机物，防止有机物进入膜孔内所形成的膜

孔吸附污染，并通过疏松滤饼层截留更多的悬浮颗粒，从而改善出水水质。

综上，在线反应时间 1min 时，本研究确定了最佳混凝剂投量碱铝 12.5mg/L 和此投量下的最佳化学氧化剂投量为 PPC 0.3mg/L、氯 0.3mg/L。然而，PPC 和氯联合预氧化杀藻与消毒过程相同，需要足够的接触时间以保证其杀藻效率，尤其是对于抗氧化能力较强的藻细胞（如栅列藻等）。因而本研究进一步探讨了其他在线反应时间下化学预氧化在线混凝与超滤膜的耦合。

2. 在线反应时间 10min 时化学预氧化在线混凝耦合超滤膜研究

控制在线反应时间为 10min，进一步考察混凝预处理控制超滤膜污染的最佳投加量。

由图 10-38 可知，当碱铝投量为 8mg/L 时，此时通量下降最快；而碱铝投量为 12.5mg/L 和 15mg/L 时，通量下降速度相对较慢。混凝预处理控制超滤膜的污染机理复杂，与原水水质密切相关，且针对含藻水的处理中，超滤膜的藻污染为主要污染。因而，在在线反应时间相对延长的情况下，碱铝投量较高的情况下，絮体大而疏松，易于碰撞粘附藻细胞。

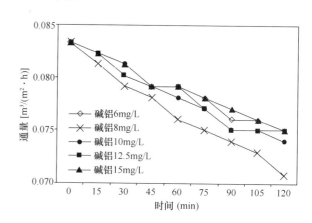

图 10-38　混凝剂投量对超滤膜通量影响
（10min 在线混凝时间）

进而考察了混凝剂投量对 TMP 的影响。由图 10-39 可知，当碱铝投量达到 12.5mg/L 和 15mg/L 时，TMP 增长相对缓慢；而碱铝投量为 6mg/L 时，TMP 增长速度最快。

进而考察了混凝剂投量对超滤膜出水水质的影响。研究发现，当碱铝投量为 12.5mg/L 时，超滤膜出水浊度和耗氧量均降至最低（图 10-40）。因而，在线反应时间为 10min 时，综合对超滤膜通

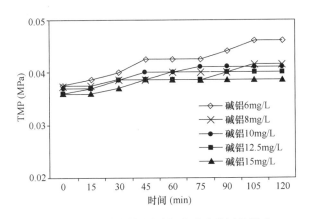

图 10-39　混凝剂投量对超滤膜跨膜压差影响
（10min 在线混凝时间）

量下降和 TMP 控制效果最好的混凝剂投量，以及对有机物去除效果最好的混凝剂投量，碱铝投量 12.5mg/L 为最佳投量。

进而，比较了在线反应时间为 10min 时，以最佳混凝剂投量碱铝 12.5mg/L，PPC 和氯联合预氧化中氧化剂投量对超滤膜的影响。所选择的氧化剂投量同在线反应时间 1min 时的。

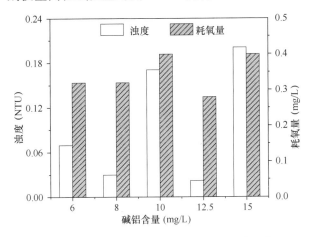

图 10-40　混凝剂投量对超滤膜出水水质影响
（10min 在线混凝时间）

由图 10-41 可知，A 工艺的通量下降较为缓慢，此时 PPC 投量 0.3mg/L、氯投量 0.3mg/L。而图 10-42 中，A 工艺的 TMP 增长最为缓慢。尽管在线反应时间延长对藻细胞的杀灭效果有所提升，但是生成的水合二氧化锰在絮凝时间增长的情况下在水体中絮凝核心的作用更为明显，因而生成的絮体更为密实，使膜的阻力上升更快。因此，在线反应时间 10min 时，也要控制 PPC 和氯的投量不能过高。满足杀藻效率的前提下，尽量减少其投量。

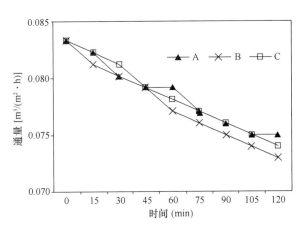

图 10-41　氧化剂投量对超滤膜通量影响
（10min 在线混凝时间）

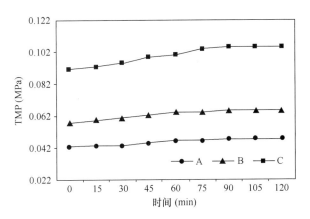

图 10-42　氧化剂投量对超滤膜跨膜压差影响
（10min 在线混凝时间）

由图 10-43 可知，氧化剂投量对超滤膜出水浊度影响较小，主要由超滤膜自身截留孔径决定了其截留效果；而 A 工艺的出水耗氧量也取得最佳效果，这可能是因为较低的氧化剂投量才能够发挥化学预氧化与在线混凝的协同效应。而较高的氧化剂

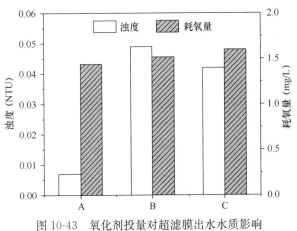

图 10-43　氧化剂投量对超滤膜出水水质影响
（10min 在线混凝时间）

投量会导致以水合二氧化锰为絮凝核的絮体更为密实，单纯的在线混凝无法杀藻并解决藻污染。

综上，在线反应时间为 10min 时，最佳混凝剂投量碱铝 12.5mg/L 和此投量下的最佳化学氧化剂投量为 PPC 0.3mg/L、氯 0.3mg/L。其结果与在线反应时间 1min 相同。在实际应用中，可随着水体内藻细胞浓度和优势藻属特征而调节在线反应时间及投量，以获得最佳杀藻效果同时对膜过滤阻力增加影响最小。

3. 在线反应时间 20min 时化学预氧化在线混凝耦合超滤膜研究

当水体内藻类含量超过 2000 万个/L 时，根据前期的研究经验，须进一步延长在线反应时间，保证杀藻效果。综合考虑在线混凝要求和设备紧凑需求，本研究设定最长的在线反应时间为 20min，并考察了混凝剂和化学氧化剂投量对超滤膜系统运行的影响。

延长在线反应时间，混凝预处理能够形成较大而疏松的絮体，但是如果该反应时间与混凝剂投量不相适应，可能会使形成的絮体破碎成微小絮体，因而应进一步考察混凝剂适宜投量。

由图 10-44 可知，当碱铝投量为 12.5mg/L 时，超滤膜通量下降最为缓慢；而碱铝投量为 6mg/L 和 8mg/L 时，超滤膜通量下降较快，膜污染较为严重。

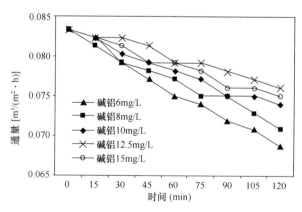

图 10-44　混凝剂投量对超滤膜通量影响
（20min 在线反应时间）

而当碱铝投量为 10mg/L 和 12.5mg/L 时，超滤膜 TMP 上升较为缓慢；碱铝投量 6mg/L 和 8mg/L 时，超滤膜污染严重，膜过滤阻力上升较快（图 10-45）。

对于超滤膜的出水水质观察发现，也得到同样

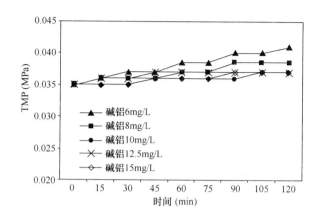

图 10-45　混凝剂投量对超滤膜跨膜压差影响
（20min 在线反应时间）

的结果，碱铝投量为 12.5mg/L 时出水水质最好（图 10-46）。

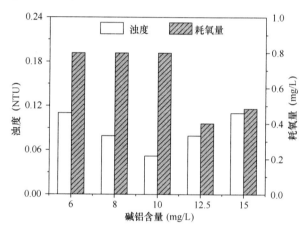

图 10-46　混凝剂投量对超滤膜出水水质影响
（20min 在线反应时间）

综合以上的结果发现，在线反应时间为 20min 时，碱铝投量为 12.5mg/L 可使混凝预处理对超滤膜污染控制效果相对较好。

进而，考察了在线反应时间为 20min 时，化学预氧化剂的投量对系统的影响，考察方式同前面在线反应时间为 1min 和 10min 的工艺。

由图 10-47 可知，A 工艺对超滤膜通量改善效果最好，且此时改善效果显著优于 B 工艺和 C 工艺。同样，A 工艺对超滤膜的 TMP 改善效果也最好，其增长最为平稳且变化较小（图 10-48）。而超滤膜出水水质检测结果也表明 A 工艺处理效能较好（图 10-49）。

综上，在线反应时间为 20min 时，最佳预氧化剂投量为 PPC 0.3mg/L 和氯 0.3mg/L。同时，研究还发现：在线反应时间的改变对混凝剂最佳投

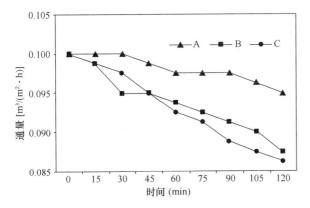

图 10-47　氧化剂投量对超滤膜通量影响
（20min 在线反应时间）

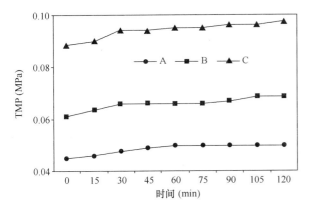

图 10-48　氧化剂投量对超滤膜跨膜压差影响
（20min 在线反应时间）

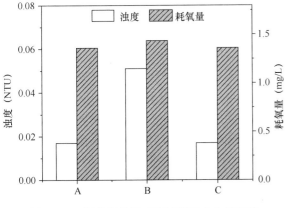

图 10-49　氧化剂投量对超滤膜出水水质影响
（20min 在线反应时间）

量和化学预氧化剂投量无明显影响。分析其原因可能是原水藻类含量相对稳定，藻类对混凝过程的影响远大于在线反应时间对混凝预处理效果的影响，因而调整在线反应时间不会改变药剂最佳投量。但是，以上的研究仅限于藻含量低于 1000 万个/L 的水体，对于藻类含量大于 1000 万个/L 甚至超过 2000 万个/L 时，在线反应时间的调整与超滤膜系

统运行会直接相关。因为藻类含量高时，接触时间决定了化学预氧化的杀藻效果。

本研究由于后期原水水质波动较大，未能进行平行对比实验，因而无法平行比较在线反应时间的调整对超滤膜系统运行的影响，但是总体上 PPC 和氯联合预氧化技术能够解决超滤膜的藻污染，实验期间膜组件运行稳定，且通过实验得出 PPC 和氯投量均不宜过高，以减少超滤膜过滤阻力。

4. 化学预氧化在线混凝对超滤膜藻类污染控制的机制分析

在化学预氧化在线混凝对超滤膜藻污染控制机制分析中，首先应该探讨常规直接超滤和在线混凝超滤过程中所涉及的机制。

如图 10-50（a）所示，直接超滤系统研究中，藻类和有机物及悬浮颗粒进入膜组件，有机物进入膜孔内部，降低通量，吸附在膜孔内。而活体藻细胞沉积在膜表面，在过滤过程中向体外释放胞外聚合物质，并与有机物相互粘结，增加了膜过滤阻力，且难以通过水力清洗去除。而反复的化学清洗会缩短膜的使用寿命，因而处理含藻水过程中，直接超滤技术不可取。

混凝预处理能够改善超滤膜污染，主要是通过混凝形成的絮体沉积在膜表面上，形成疏松的滤饼层，而容易进入膜孔内的小分子有机物就被截留在该滤饼层上，从而减少了污染的发生（图 10-50b）。但是，对于含藻水的处理，混凝对藻细胞的包裹吸附作用无法使其失活，藻细胞进入膜组件后继续释放胞内物，胞内物积累到一定程度会相互粘结，破坏膜滤的均匀性。因而，单纯的混凝预处理无法满足超滤膜处理含藻水的要求。

PPC 和氯联合预氧化技术的协同除藻性能在前面的研究中得到了论证：PPC 和氯能够根据其氧化能力的差异，对水体中藻细胞选择性灭活；或者其中的氧化剂高锰酸盐攻击藻细胞壁，为有效氯进入细胞内部提供通道，从而提高除藻效率。另外，PPC 的还原产物水合二氧化锰的强大吸附表面积能够与絮体共同包裹藻细胞（包括藻细胞尸体和残留活体藻细胞），从而控制藻细胞向膜组件内泄出胞内物（图 10-50c）。

失活后的藻细胞与絮体的静电力作用减弱，并且能够与有机物和悬浮颗粒等被水合二氧化锰和絮体共同包裹截留在滤饼层上方、絮体内部，从而有效控制藻细胞对超滤膜的持久污染（图 10-50d）。

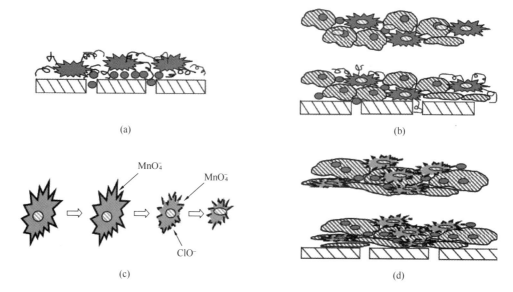

图 10-50　化学预氧化在线混凝耦合超滤膜强化含藻水处理机制分析

但是当 PPC 投量过高时，所形成的水合二氧化锰量较多时，会使絮体较为密实，不利于滤饼层的清洗去除，会增加后续工艺的过滤阻力，因而须根据原水藻细胞含量和有机物浓度控制其投量在适宜范围内。

综上所述，本文进行了化学氧化剂强化混凝控制超滤膜藻源污染实验研究，并在此基础上结合实际高藻水体进行了中试实验研究，研究发现 $KMnO_4$ 和 $\delta\text{-}MnO_2$ 强化混凝预处理均能缓解藻细胞和 EOM 引起的通量下降和不可逆膜污染，降低污染物负荷和改善滤饼层结构是 $KMnO_4$ 和 $\delta\text{-}MnO_2$ 强化混凝预处理缓解藻源膜污染的主要机理。中试实验的结果表明 PPC 强化混凝不仅能提高出水的水质，还能缓解高藻水超滤过程中的膜污染现象。针对含藻水的处理难点，提出了化学预氧化在线混凝耦合超滤膜强化含藻水处理的技术路线，确定了在线反应时间和药剂投量等对超滤膜处理含藻水效能的影响，优化了工艺参数，并建立了超滤膜藻源污染的控制策略，为高藻水混凝处理的工程应用提供了新思路，为季节性藻类暴发时超滤工艺水厂的运行提供技术支持。

10.2　超滤处理高藻水过程中膜污染特性

10.2.1　实验材料与方法

1. 藻种选择

研究过程中使用的高藻水用实验室培养的藻液配置，选择在藻类暴发中最常见的铜绿微囊藻作为目标污染物。藻种由中国科学院水生生物研究所淡水藻种库提供（No. HB909）。

2. 实验室藻类培养方法

采用无菌培育的方法培养铜绿微囊藻，选用 BG11 培养基（具体配方详见表 10-1）。接种前，培养基须在高温灭菌锅（LDZX-50KAS，上海申安，中国）中进行灭菌。待灭菌后培养基冷却至室温时，在无菌操作室（SW-CJ-2D，苏州净化，中国）内进行接种。接种后藻液置于 1L 和 3L 两种三角瓶中培养。采用人工气候箱［HPG-280BX（HX），哈东联，中国］模拟藻类的生长环境。培养温度为 $25\pm0.5℃$。同时提供间歇式光照，光照强度为 5000lx，光照时间为 14h/d。

3. 藻类生长周期

研究过程中监测了铜绿微囊藻在实验室培养条件下的生长周期。通常情况下，藻类的细胞浓度是通过藻细胞镜检计数完成的。但是这种检测方法受到偶然因素的干扰较多，而且检测过程较为繁琐。因此，实验室中采用紫外吸光度评价藻类的浓度。由图 10-51 可知，铜绿微囊藻细胞溶液在波长为 685nm 处具有明显的吸收峰。所以可以用 685nm 处的吸光度表征实验室培养的藻液的细胞浓度。图 10-52 列出了铜绿微囊藻在实验室条件下的生长曲线。可以看出，铜绿微囊藻从接种到 20d 内生长速度较快，在培养 20d 以后增长速度明显下降，增长曲线逐渐变得平缓。一般的微生物在培养过程中会出现 4 个阶段，即适应期、对数增长期、稳定期

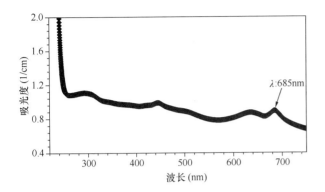

图 10-51　实验室培养的铜绿微囊藻在紫外和
可见光谱中的吸收

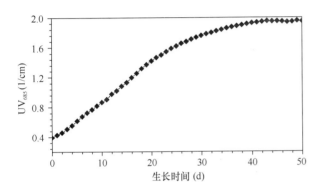

图 10-52　实验室培养的铜绿微囊藻的生长曲线

和衰亡期。但由于实验中采用的铜绿微囊藻已经在实验室中培养很长时间，对培养基和培养条件均非常适应，因此铜绿微囊藻的生长过程中没有表现出明显的适应期。同时，由于培养过程中以营养过剩的方式培养，因此藻类的生长在监测的时间内没有出现明显的衰亡期。根据实验室条件下铜绿微囊藻的生长曲线，可以把 0～20d 和 20～50d 分别作为铜绿微囊藻的对数增长期和稳定期。

4. 藻细胞的粒度分布

实验室培养的铜绿微囊藻的细胞呈近球形，直径在 2～8 μm 之间，如图 10-53 所示。但是由于藻

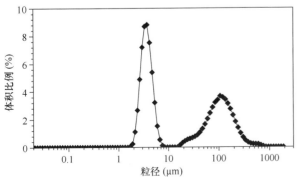

图 10-53　实验室培养的铜绿微囊藻的粒径分布

细胞新陈代谢过程中会释放一些黏质，使得藻细胞会聚集在一起。因此，在图 10-53 中亦可看到实验室培养的藻液中也存在 10～300 μm 之间的细胞聚集体。

5. 藻细胞和 EOM 的提取方法

理想的微生物 EOM 提取方法必须具备 3 个特点：（1）高效提取有机物；（2）对微生物细胞的破坏小；（3）不破坏胞外有机物的结构。目前，用于提取微生物胞外有机物的方法很多，包括物理法和化学法。物理提取方法有热提法、超声破碎法和高速离心法，而化学方法包括：NaOH 溶液提取法、EDTA 提取法、甲醛-NaOH 法、离子交换树脂提取法等。由于超滤是一种基于机械筛分的物理固液分离技术，超滤过程中藻细胞的破裂现象比较少。因此，藻细胞的 IOM 对高藻水超滤过程中的膜污染没有显著贡献。为了避免 IOM 的干扰，EOM 提取过程中需要避免藻细胞的破裂。热提法、超声法及化学提取法都会造成较为明显的藻细胞破裂，所以实验过程中采用了高速冷冻离心法提取藻类的 EOM。

根据 EOM 与藻细胞相对位置的差异，可将 EOM 分为 2 类 dEOM 和 bEOM。这两种 EOM 的分离提取方法如图 10-54 所示，可分为以下 5 个步骤：

（1）将藻液置于高速冷冻离心机（TGL-16GB，上海安亭，中国）内离心，离心力为 4000g，温度为 4℃；

（2）用 0.45 μm 过滤上清液，获得 dEOM 溶液；

（3）用 0.6% 的 NaCl 溶液将沉积在离心管内的藻细胞重新悬浮起来，使用 NaCl 溶液是为了保持细胞膜内外的渗透平衡，防止藻细胞的渗透破裂。

（4）重新悬浮的藻细胞溶液再进行离心，离心力改为 10000g，温度仍为 4℃；

（5）用 0.45 μm 过滤离心得到上清液，获得 bEOM 溶液。

当直接提取藻细胞的 EOM 时，可只采用步骤（4）和（5）。在这种情况下，提取的 EOM 中同时包括 bEOM 和 dEOM。

6. 平板膜超滤系统

平板超滤膜实验采用美国 Pall 公司生产的聚醚砜材质平板超滤膜，膜型号及相应的截留分子量

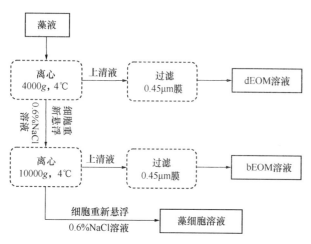

图 10-54 藻细胞和 EOM 的分离提取方法

详见表 10-11。平板膜的直径为 76mm，有效面积为 45cm²。PES 超滤膜为非对称结构，膜表面接触角在 55°~60°之间，具有明显的疏水性。由于新膜表面存在大量的保护性物质如甘油醇等，新的超滤膜在使用前需要用 Milli-Q 水浸泡 48h，然后过滤 Milli-Q 水，直到出水中的 DOC 与 Milli-Q 水的 DOC 相当为止。此外，为使超滤膜的通量稳定，在每次超滤实验之前要先过滤 1L Milli-Q 水。超滤膜在实验过程中可以重复利用，使用后的超滤膜需要通过化学清洗恢复膜通量。化学清洗药剂的配方和清洗程序详见表 10-12。

平板膜技术参数 表 10-11

序号	膜型号	截留分子量（kDa）	直径（mm）	有效面积（cm²）
1	OM100076	100	76	45
2	OM030076	30	76	45
3	OM010076	10	76	45

7. 系统组成

平板超滤膜系统由超滤杯（Amicon8400，Millipore，美国）、电子天平（BSA2202，Saturis，德国）、氮气瓶、减压阀、气体分流装置和计算机组成。超滤实验按恒压力死端过滤的模式进行，超滤膜放置于超滤杯底部，杯中的溶液在恒定氮气压力（0.03MPa）的驱动下，透过超滤膜，固体杂质被截留在超滤膜表面。通过超滤膜的液体流入放在电子天平上的烧杯内，计算机实时采集并记录电子天平的数据及其对应的时间。根据采集的数据，可以绘制超滤膜通量随时间或随过滤体积的变化曲线。平板超滤膜系统的示意图如图 10-55 所示。

化学清洗药剂的配方和清洗程序 表 10-12

清洗方法	碱洗	酸洗
药剂	4.0g/LNaOH＋0.2g/LNaClO 溶液	1%盐酸溶液
清洗方式	浸泡 30min	浸泡 30min

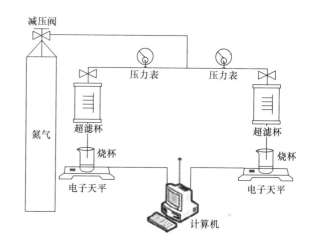

图 10-55 平板超滤膜系统示意图

10.2.2 藻源膜污染的表征及其膜污染特性

1. 藻细胞的膜污染特性

（1）EOM 提取和超滤过程中的藻细胞破裂

从水质和膜污染 2 个角度考虑，藻细胞破裂在高藻水处理过程中都是一个很严重的问题，会导致水质恶化、膜污染加重。超滤技术是一种物理分离技术，理论上超滤不会引起藻细胞的破裂。但也有部分学者指出超滤过程中有可能出现藻细胞破裂的现象。由于钾离子通常存在于藻细胞的液泡内作为酶的活化剂，而且藻细胞能主动吸收钾离子，不受渗透平衡的影响，因此钾离子浓度的显著增长可以反映藻细胞的破裂。实验过程中通过测定钾离子浓度对 EOM 提取过程以及超滤过程中的藻细胞破裂问题进行了详细的分析。

由表 10-13 可知，藻细胞溶液中钾离子浓度为 1.51mg/L，经过超滤膜分离后，出水中的钾离子浓度下降至 0.97mg/L。然而，超滤膜本身无法截留水中的溶解性离子。这说明藻细胞在超滤过程中仍可以吸收水中的钾离子。分析认为：在超滤过程中，藻细胞的新陈代谢正常进行，没有出现因藻细胞破裂而引起的钾离子大量释放的现象。

由于超滤过程中藻细胞不会出现显著的破裂现象，藻细胞的 IOM 对膜污染没有明显的贡献。因此，在研究 EOM 引起的膜污染时需要避免 IOM

的干扰，也就是说在 EOM 的提取过程中需要防止由于藻细胞破裂引起的 IOM 的释放。实验中，通过比较高速冷冻离心和直接微滤分离 2 种提取方法获得的 EOM 溶液中的钾离子浓度分析 EOM 提取过程中是否存在藻细胞破裂现象。由表 10-13 可知，高速冷冻离心提取的 EOM 溶液的钾离子浓度（18.15mg/L）略低于直接过滤（18.23mg/L），没有出现显著的钾离子浓度增长现象。这说明高速冷冻离心亦不会导致严重的藻细胞破裂现象。

（2）藻细胞溶液中的膜污染物分析

由于藻细胞溶液是由沉积在离心管内壁的藻细胞用 NaCl 溶液重新悬浮而成的，因此藻细胞溶液中可能存在藻细胞、藻细胞的残体以及残余的 EOM。由表 10-13 可知，藻细胞溶液的 DOC 和 UV_{254} 分别为 0.34mg/L 和 0.004/cm，这说明重新悬浮的藻细胞溶液中有机物含量很低，即残余的 EOM 非常少。因此，在藻细胞溶液超滤过程中藻细胞以及细胞残体是主要的膜污染物。

不同藻溶液和 EOM 溶液中的 DOC、UV_{254} 及 K^+ 浓度

表 10-13

样品	DOC (mg/L)	UV_{254} (1/cm)	K^+ (mg/L)
藻细胞溶液	0.34	0.004	1.51
超滤处理后藻细胞溶液	0.22	0.004	0.97
EOM（离心提取）	13.00	0.168	18.15
EOM（过滤提取）	10.26	0.166	18.23

（3）藻细胞浓度对比通量下降的影响

实验中分别考察了在 4 种不同细胞浓度的条件下，藻细胞溶液超滤过程中的比通量下降曲线。由图 10-56 可知，随着藻细胞浓度的增加，超滤膜的比通量下降的速度明显加快。当藻细胞浓度为 5 亿个/L 时，经过 4 个周期的运行，超滤膜的比通量下降至 0.51。当藻细胞的浓度为 40 亿个/L 时，受污染后超滤膜的比通量仅为 0.04。由于藻细胞的粒径远大于超滤膜的孔径，藻细胞主要在膜表面累积，形成滤饼层。随着藻细胞浓度的增加，膜面滤饼层厚度逐渐增加。同时，由于滤饼层的形成，超滤过程可以认为是由滤饼层过滤和膜过滤 2 个串联的过滤过程组成。当滤饼层阻力小于膜阻力时，通量由膜控制；当滤饼层的阻力大于膜时，滤饼层就成为超滤过程的瓶颈。因此，藻细胞浓度越大，比通量下降越明显。

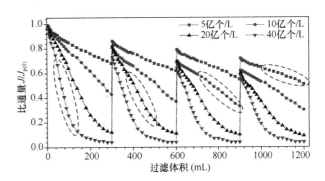

图 10-56　细胞浓度对藻细胞引起的比通量下降的影响

（4）藻细胞引起的二次通量快速下降

通过分析藻细胞溶液超滤过程中比通量下降的规律，可以看出初始过滤阶段比通量下降最为明显，尤其是在第一个过滤周期。分析认为，当过滤刚开始时，膜表面的污染物少，藻细胞能覆盖在膜表面并堵塞膜孔，因此初始过滤阶段比通量下降较快。初始过滤阶段结束后，膜表面已经完全被藻细胞覆盖，后续的藻细胞只能沉积在滤饼层上，不能直接堵塞膜孔，因此通常认为在初始阶段以后比通量下降将逐渐变缓慢。然而，从比通量下降曲线可以看出，在初始阶段以后，比通量存在第二次快速下降（如图 10-56 中虚线圈起的部分）。而其他污染物（高岭土、腐殖酸以及海藻酸钠）引起的比通量下降曲线都没有出现这种现象。因此，第二次比通量快速下降可以认为是藻细胞引起的膜污染的一个特性。从膜污染的过程分析，随着越来越多的藻细胞堆积在膜表面，藻细胞形成的滤饼层的阻力会逐渐增大。根据 Darcy 定律，在主要由颗粒引起的膜污染过程中，跨膜压差在滤饼层和膜之间的分配与二者的阻力成正比（如式 10-1 与式 10-2 所示）。因此，随着滤饼层阻力的增加，滤饼层内藻细胞受到的压力也会逐渐增大。据 Babel 等报道，藻细胞本身具有可压缩性能。当藻细胞受到足够大的压力时，藻细胞会被压缩使得滤饼层的孔隙率变小。因此，滤饼层压缩是引起第二次比通量快速下降的可能原因。比较不同浓度藻细胞溶液引起的第二次比通量快速下降，还可以发现藻细胞浓度越大，第二次比通量快速下降越早出现。这是因为藻细胞浓度越大，滤饼层阻力增长越快，所以滤饼层越早出现压缩的现象。

$$J = \frac{\Delta P}{R_m + R_c} \qquad (10\text{-}1)$$

$$\Delta P = \Delta P_m + \Delta P_c = J \times R_m + J \times R_c \quad (10\text{-}2)$$

式中　　 J ——膜通量；

ΔP ——膜过滤过程中的跨膜压差；

ΔP_m 和 ΔP_c ——作用在膜和滤饼层上的压力降。

（5）过滤周期对末端比通量的影响

比较各个过滤周期末端的比通量可以发现，当细胞浓度为 5 亿个/L 时，过滤周期末端的比通量随着过滤周期的增加逐渐下降。然而，对于细胞浓度大于 5 亿个/L 的 3 种藻细胞溶液，过滤周期末端的比通量没有随着过滤周期的增加而明显降低。分析认为：当膜过滤为控制阶段时，由于不可逆膜污染的累积，过滤周期末端的比通量将随着过滤周期的增加而下降；当滤饼层过滤为控制阶段，过滤周期末端的比通量由滤饼层阻力控制。由于藻细胞溶液过滤过程中，各个过滤周期进水中藻细胞浓度保持不变，滤饼层阻力基本保持一致；所以当滤饼层过滤成为控制阶段时，过滤周期末端比通量将没有明显变化。从以上分析可以看出，在该实验的条件下，当藻细胞浓度低于 5 亿个/L 时，超滤过程将由膜过滤控制；当藻细胞浓度高于 5 亿个/L 时，藻细胞累积形成滤饼层将成为超滤过程的瓶颈。

（6）藻细胞浓度对膜污染可逆性的影响

图 10-57 列出了不同细胞浓度的藻细胞溶液超滤过程中的可逆和不可逆膜污染。由图 10-57 可知，藻细胞在膜表面累积不仅会引起可逆膜污染亦可引起不可逆膜污染。细胞浓度越大，藻细胞在膜表面累积形成的滤饼层越厚，膜阻力也越大，因此藻细胞引起的可逆膜污染随着细胞浓度的增加而逐渐增加。但不可逆膜污染随藻细胞浓度的变化规律不如可逆膜污染明显。分析认为：不可逆膜污染主要源于藻细胞在膜表面的沉积和吸附，因此只有能接触膜表面的污染物才可能影响不可逆膜污染。在

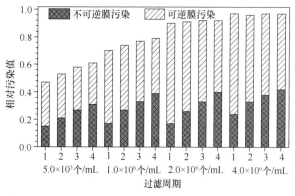

图 10-57　细胞浓度对藻细胞引起的膜污染的
可逆性的影响

这个实验中，藻细胞在初始过滤阶段可以直接沉积在膜表面，当滤饼层形成后藻细胞只能沉积在滤饼层上。藻细胞浓度的上升会增加滤饼层的厚度，但是不会增加藻细胞和膜的接触，因此藻细胞溶液的浓度对不可逆膜污染没有显著的影响。当每个过滤周期结束时，需要通过反冲洗去除膜表面累积的藻细胞。在下一个过滤周期的初始过滤阶段，藻细胞以及细胞残体又可以直接沉积在膜表面上，并与超滤膜发生直接接触。因此，藻细胞溶液引起的不可逆膜污染随着过滤周期的增加呈增长的趋势。

（7）污染前后超滤膜表面形态

图 10-58 列出了新膜、受藻细胞污染的膜以及反冲洗后膜的 SEM 图。从图 10-58 可以看出，新膜表面布满膜孔（图 10-58a）；在藻细胞溶液过滤后，超滤膜表面被大量的藻细胞覆盖（图 10-58b）。由于藻细胞的粒径在 2 μm 以上，明显大于超滤膜的孔径（约 0.01 μm），因此藻细胞在机械筛分的作用下会累积在膜表面上。经过水力反冲洗后，绝大部分的藻细胞能被冲洗，但是还有一些藻细胞仍附着在膜表面上（图 10-58c），这说明藻细胞确实可以引起不可逆膜污染。分析认为：藻细胞的细胞壁由纤维素和肽聚糖组成，部分蛋白质类有机物可能具有疏水性，疏水作用有可能促进藻细胞在膜表面吸附。此外，藻细胞死亡后形成细胞残躯可能对超滤膜的膜孔形成堵塞。

2. EOM 的膜污染特性

（1）超滤前后 EOM 的分子量分布

为了更深入分析 EOM 引起的超滤膜污染，实验中进行了膜过滤前后 EOM 的分子量分布研究，并从 DOC、蛋白质和多糖 3 个角度来分析 EOM 在各个分子量区间的分布。由图 10-59 可知，藻类的 EOM 主要分布在大分子（分子量大于 100kDa）和小分子区间（分子量小于 1kDa）。就 DOC 而言，EOM 中大分子和小分子有机物分别占 EOM 的 44.69% 和 33.36%。就蛋白质而言，EOM 中大分子和小分子蛋白质分别占 EOM 蛋白质总量的 36.92% 和 36.30%。EOM 中多糖的分子量分布明显不同于 DOC 和蛋白质，大分子多糖占 EOM 中多糖总量的比例（30.24%）明显少于小分子多糖（49.86%）。这些数据和 Henderson 的实验结果非常一致。综合上述分析可知，EOM 分子量分布呈现双峰的特性，即集中分布于大分子（>100kDa）和小分子（<1kDa）区间。由于藻细胞可以分泌蛋白

分子有机物。此外，EOM 中的蛋白质和多糖类物质还可能被与蓝藻共生的异养型微生物降解成小分子物质。所以 EOM 含有较多的小分子有机物也是合理的。

由图 10-59 可以看出，经过超滤膜处理后，EOM 溶液中分子量大于 100kDa 的有机物的比例显著下降，而分子量小于 100kDa 的有机物的比例都有不同程度的提高，尤其是分子量小于 1kDa 的有机物。这说明，超滤膜主要去除分子量大于其截留分子量（100kDa）的有机物，对分子量小于 30kDa 的有机物分子的截留效能有限。因此，EOM 中大分子有机物是主要膜污染物质。

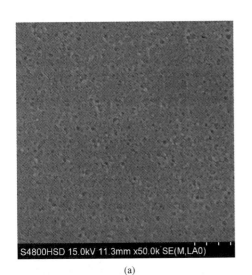

(a)

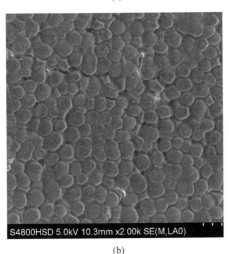

(b)

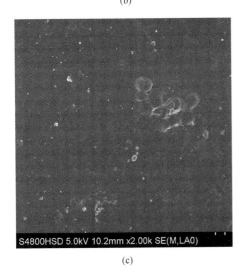

(c)

图 10-58　超滤膜的 SEM 图像

（a）新膜；（b）藻细胞污染后的膜；（c）水力清洗后的膜

质和多糖类物质，所以 EOM 含有大量大分子有机物是易于理解的。同时，藻细胞也会释放出藻毒素、氨基酸分子、土臭素、二甲基异冰片（2-MIB）等小

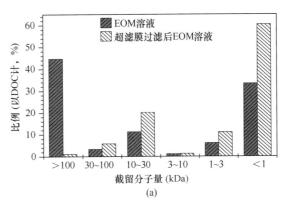

(a)

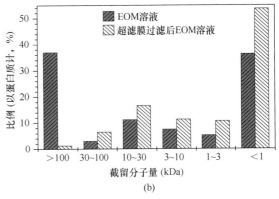

(b)

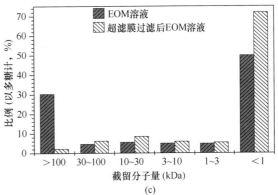

(c)

图 10-59　EOM 的分子量分布

（a）DOC；（b）蛋白质；（c）多糖

（2）超滤前后 EOM 的亲疏水性

实验中进行了超滤膜过滤前后 EOM 溶液中有机物的亲/疏水性分级研究。图 10-60 列出了 EOM 中各组分占总有机物量的比例。由图 10-60 可知，大部分 EOM 是亲水性有机物，而过渡性有机物的比例最低。就 DOC 而言，疏水性和亲水性有机物分别占 EOM 的 34.80% 和 61.50%。多糖类有机物亦主要分布于亲水区间，亲水性多糖占 EOM 中多糖类有机物的 76.91%。而 EOM 中的蛋白质类有机物主要分布于疏水区间，疏水性蛋白质类有机物的比例可达 60.93%，明显多于亲水性蛋白质类

有机物（34.17%）。由于 EOM 中含有大量的多糖、单糖以及多羟基酸等物质，所以通常认为 EOM 以亲水性为主。据 Henderson 等报道，蓝藻的 EOM 中亲水性有机物的比例可达 60% 以上。在另一个相似的研究中，EOM 的亲水性和疏水性有机物的比例分别为 57% 和 26%。

比较超滤膜过滤前后 EOM 中亲/疏水性组分的浓度可以发现，膜过滤后 EOM 中疏水组分的比例增加，而亲水性有机物的比例明显减少。就 DOC 而言（图 10-60a），膜过滤后 EOM 中亲水性有机物的比例下降至 41.04%，而疏水性有机物的比例反而增加约 22%。从蛋白质的角度分析，经过超滤膜过滤后，EOM 溶液中亲水性蛋白的比例亦有所下降，而疏水性蛋白质的比例有所上升，但是升降幅度均较小（图 10-60b），这说明超滤膜对亲水和疏水蛋白质类物质的去除能力相差不大。然而，从图 10-60（c）可以看到，亲水性多糖的比例显著下降，而疏水性多糖的比例却明显上升，说明超滤膜对亲水性多糖的去除能力较强。综合以上的分析可知，超滤膜对 EOM 中亲水组分的截留能力明显大于疏水组分。但是，从污染物和膜之间的相互作用的角度分析，疏水性有机物在水中不稳定，更倾向于迁移到水相的边界，因此疏水性有机物在膜表面吸附的趋势更加显著。然而实验结果与这个理论推测显然是相悖的。针对这个问题，实验中考察 EOM 的亲水组分的分子量分布。实验结果表明：经过 XAD-8 和 XAD-4 树脂处理后的 EOM 溶液中，分子量在 >100kDa、30~100kDa、10kDa~30kDa 和 <10kDa 等区间的有机物比例分别为 47.56%、11.12%、4.43% 和 36.89%。其中大分子区间的有机物的比例大于未经处理的 EOM 溶液（44.69%）。这说明 EOM 的亲水组分中含有较多大分子有机物。因此，可以认为机械筛分是引起 EOM 中亲水性有机物被超滤膜截留的关键原因，而有机物的亲水性并不是决定超滤膜对有机物截留效能的重要因素。

（3）EOM 浓度对膜通量下降的影响

图 10-61 列出了在不同 DOC 浓度的条件下 EOM 引起的比通量下降曲线。由图 10-61 可知，EOM 溶液会引起显著的比通量下降。当 EOM 溶液中 DOC 浓度为 0.75mg/L 时，过滤周期末端的比通量为 0.41。随着 EOM 溶液中有机物浓度的增加，比通量下降逐渐加重。当 EOM 溶液中 DOC

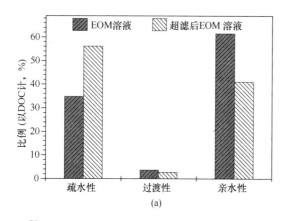

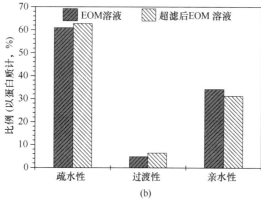

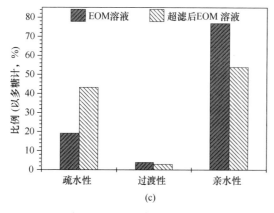

图 10-60 XAD 树脂分级结果

（a）DOC；（b）蛋白质；（c）多糖

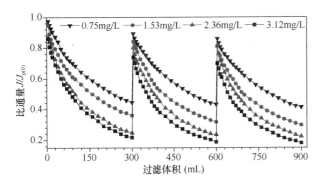

图 10-61　EOM 浓度对比通量下降的影响

浓度增加至 3.12mg/L 时，过滤周期末端的比通量下降至 0.18。这说明 EOM 的浓度对超滤过程中的比通量下降具有明显作用。分析认为：EOM 中含有大量的有机物，这些有机物可能通过膜孔堵塞以及形成滤饼层等方式导致比通量下降；EOM 浓度越高，形成的滤饼层越厚，所以过滤周期的末端通量越低。从比通量下降的趋势分析，EOM 在初始超滤引起比通量快速下降，这可能是因为在初始超滤阶段 EOM 可以和膜表面直接接触，导致膜孔被堵塞。在后续的过滤阶段，EOM 主要在滤饼层表面累积，对比通量的影响逐渐减小，因此比通量下降曲线逐渐变得平缓。

（4）EOM 浓度对膜污染可逆性的影响

图 10-62 列出了在不同 DOC 浓度的条件下 EOM 引起的可逆膜污染和不可逆膜污染。由图 10-62 可知，EOM 不仅能引起可逆膜污染，也能引起不可逆膜污染，而且 EOM 引起的可逆膜污染明显多于不可逆膜污染。通常认为，可逆膜污染是由污染物累积形成的滤饼层引起的，能被物理清洗去除，而不可逆膜污染与膜孔堵塞和膜孔吸附有关，难以被物理清洗去除。由于 EOM 中含有很多大分子有机物如蛋白质和多糖等，这些有机物可以

在膜表面累积形成滤饼层，从而导致可逆膜污染。除了大分子有机物以外，EOM 中也有中小分子有机物，这些有机物可能会引起膜孔堵塞。此外，EOM 中也含有疏水性有机物，这些物质可能通过疏水作用吸附在膜表面或膜孔内壁。所以 EOM 也会引起不可逆膜污染。

从图 10-62 还可以看出，EOM 引起的可逆膜污染会随着 DOC 浓度的增加而显著加重，而不可逆膜污染也会随着 DOC 浓度的增加亦有所增加，但是增加幅度很小。由于 DOC 浓度的增加会导致在膜表面沉积的有机物增多，形成的滤饼层变厚，所以 EOM 引起的可逆膜污染随着有机物量的增加而显著加重。然而，当滤饼层形成以后，多数的污染物会被滤饼层截留，而不能和超滤膜直接接触，因此 EOM 浓度的增加对其引起的不可逆膜污染没有显著的贡献。

（5）EOM 浓度对超滤过程中有机碳质量平衡的影响

图 10-63 列出了在不同 DOC 浓度的条件下 EOM 溶液超滤过程中有机碳的质量平衡。图中渗透液、浓缩液、膜表面沉积分别表示在穿过超滤膜进入渗透液的有机物、停留在浓缩液中的有机物以及沉积在膜表面的有机物。由图 10-63 可知，在 EOM 溶液超滤的过程中，大部分有机物会穿过超滤膜，这是因为 EOM 中也存在大量的小分子有机物（图 10-59）。但是随着 EOM 溶液的 DOC 浓度的增加，渗透液中有机物的比例逐渐下降，浓缩液中的有机物以及沉积在膜表面的有机物比例均有所上升。分析认为，引起这种现象的可能原因有两点。首先，有机物浓度增加导致滤饼层逐渐变厚、变得密实，导致更多的小分子有机物被截留在滤饼层。其次，有机物浓度增加也导致超滤过程浓差极

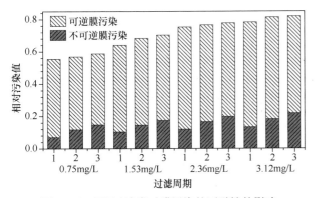

图 10-62　EOM 浓度对膜污染的可逆性的影响

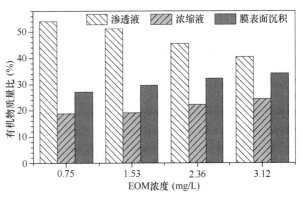

图 10-63　EOM 浓度对有机碳质量平衡的影响

化现象加重，使更多小分子有机物在浓差极化的作用下停留在浓缩液中。

（6）污染前后超滤膜表面形态分析

图10-64列出被EOM污染的超滤膜在反冲洗前后的SEM图像。由图10-64可知，超滤膜截留EOM后，膜表面会被EOM紧密覆盖，膜孔均不可见。经过水力反冲洗后，大部分有机物被冲走，但是反冲洗后超滤膜表面还残留一些污染物，膜孔的数量和清晰程度均明显低于新膜（图10-58a）。这说明大部分EOM在膜表面累积形成均可被水力反冲洗去除的滤饼层污染，但也有部分EOM可以附着在膜表面形成不可逆污染。

(a)

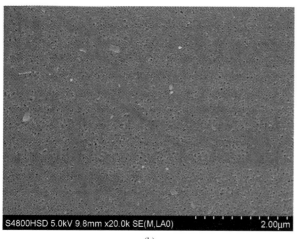

(b)

图10-64　EOM污染后超滤膜的SEM图
(a) 反冲洗前；(b) 反冲洗后

3. 藻细胞与EOM的复合污染机制

（1）比通量下降趋势

为了考察藻细胞和EOM在超滤过程中的联合污染作用，实验中进行了原藻液（EOM未被提取）、藻细胞溶液和EOM溶液的超滤对比实验。实验中使用的原藻液和藻细胞悬浮液的细胞浓度均为20亿个/L。此外，为保持EOM溶液和原藻液中有机物浓度一致，EOM溶液亦从20亿个/L的原藻液中提取。

由图10-65可知，原藻液超滤过程中比通量下降最严重，过滤300mL水样后，超滤膜的比通量下降至0.04。藻细胞溶液引起的比通量下降程度略低于原藻液，过滤300mL水样后，超滤膜的比通量下降至0.07。EOM溶液引起的比通量下降程度最少，过滤周期末端比通量为0.21。从比通量下降的趋势分析，EOM溶液在初始过滤阶段引起的比通量下降速度明显大于藻细胞溶液。这可能是因为EOM会引起膜孔堵塞，而藻细胞的粒径较大，不易于堵塞膜孔。此外，EOM形成的滤饼层亦可能更加密实一些。经过初始过滤阶段的快速下降以后，EOM引起的比通量下降曲线逐渐变得平缓。对于藻细胞溶液，由于滤饼层压缩，在中间过滤阶段还存在第二次比通量快速下降。当溶液中同时存在藻细胞和EOM时，超滤过程中比通量下降在初始过滤阶段和中间阶段均十分显著。这说明原藻液引起的膜污染兼具膜孔堵塞和滤饼层压缩现象。

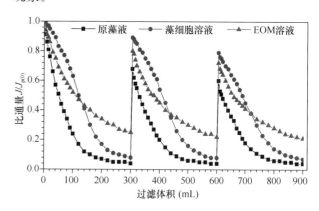

图10-65　原藻液、藻细胞溶液以及EOM溶液超滤过程中的比通量下降

（2）膜污染的可逆性分析

由图10-66可知，藻细胞和EOM的混合液超滤过程中的总体膜污染和不可逆膜污染均大于单独的藻细胞溶液和EOM溶液。由于EOM是藻细胞分泌的黏质，它可能促进藻细胞及细胞残体在膜表面吸附，从而加重不可逆膜污染。从图10-66可以看出，藻细胞和EOM共同引起的不可逆膜污染明显小于单独的藻细胞和EOM引起的不可逆膜污染

的总和。因此，可以认为藻细胞和 EOM 之间不存在协同膜污染作用。可能原因在于藻细胞形成的滤饼层具有截留 EOM 的作用，减少 EOM 形成的膜孔堵塞和膜孔吸附，从而减少 EOM 形成的不可逆膜污染。

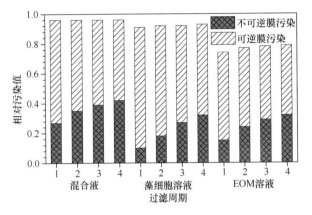

图 10-66　原藻液、藻细胞溶液以及 EOM 溶液超滤过程中膜污染可逆性分析

（3）污染前后超滤膜表面形态

图 10-67 分别列出了被原藻液污染的超滤膜在水力反冲洗前后的 SEM 图像。由图 10-67（a）可以看出，超滤膜处理原藻液后，大量的藻细胞覆盖在膜表面形成厚的滤饼层。经过水力反冲洗后，尽管大量的藻细胞被冲走，但仍有部分藻细胞残留在膜表面上（图 10-67b）。与图 10-59（c）相比，原藻液污染的超滤膜在反冲洗后残留的藻细胞多于藻细胞溶液污染的超滤膜。这说明 EOM 可能会促进藻细胞在膜表面的吸附。

（4）污染前后膜表面污染物官能团定性

通过检测污染物官能团中化学键的振动能量，ATR-FTIR 可以用于膜表面污染物的定性分析。图 10-68 列出了新膜和被藻细胞和 EOM 污染的膜的 FTIR 光谱图。图 10-68（a）显示了 PES 膜材料的红外吸收峰的位置。当超滤膜受到污染以后，如图 10-68（b）、（c）和（d）所示，FTIR 光谱上除了膜材料的吸收峰以外，还出现了许多其他的吸收峰。在 1540/cm 和 2930/cm 附近有 2 个明显的吸收峰，分别代表了 N-H 键和脂肪族类的 CH_2 基团（包括不对称和对称结构）。在 1650/cm 和 1537/cm 附近的吸收峰分别反映氨基化合物中的 C=O 和 N=H 键的存在。由于蛋白质的二级结构是由多肽链的部分氨基酸残基周期性的空间排列组成的，因此 1537/cm 附近的吸收峰标志着蛋白质或蛋白质

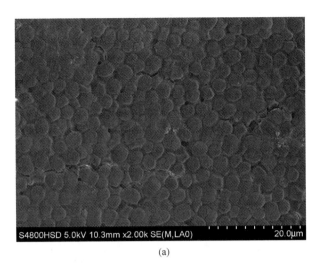

（a）

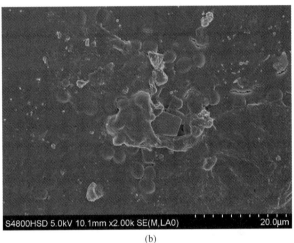

（b）

图 10-67　原藻液污染后膜的 SEM 图
（a）反冲洗前；（b）反冲洗后

类物质的存在。这表明藻细胞和 EOM 污染后的超滤膜表面均存在蛋白质类物质。除了蛋白质类物质的吸收峰外，FTIR 光谱还存在多糖类物质的典型官能团的吸收峰，如羟基（3280/cm）、C—O 单键（1050～1090/cm）以及 C=O 双键（1650/cm）的吸收峰。因此，被藻细胞和 EOM 污染的超滤膜表面也存在多糖类有机物。由于 EOM 中的蛋白质和多糖类物属于大分子有机物，能被超滤膜截留，所以被 EOM 污染的膜表面上可能存在蛋白质和多糖类有机物。据 Hoiczyk 和 Nobles 报道，蓝藻细胞的细胞壁主要由肽聚糖和纤维素组成，因此被藻细胞污染的超滤膜的 FTIR 光谱图中也可以发现蛋白质类和多糖类有机物的特征峰的出现。通过污染前后超滤膜的 FTIR 光谱图的对比分析，可以发现藻细胞以及 EOM 中的蛋白质和多糖类有机物都是重要的膜污染物。

（5）污染前后表面亲/疏水性

实验中对污染前后超滤膜表面亲/疏水性进行了考察，见表 10-14。通常认为，接触角小于 45° 的膜属于亲水性膜，而接触角大于 45° 的膜为疏水性膜。新膜的接触角为 58.5°，说明 PES 超滤膜是典型的疏水性膜。当超滤膜表面被藻细胞覆盖以后，膜表面的接触角下降至 37.4°，这说明藻细胞的细胞壁具有较强的亲水性。当超滤膜被原藻液以及 EOM 溶液污染后，膜表面接触角分别下降至 35.7° 和 34.2°，这说明 EOM 中含有大量的亲水性有机物，这些亲水性有机物在超滤过程中会覆盖在膜表面上形成滤饼层。经过水力反冲洗后，膜表面的接触角明显增大，但是仍低于新膜的接触角，尤其是受 EOM 污染的膜，接触角仅恢复至 50.3°。这说明部分藻细胞和 EOM 均可以吸附在膜表面形成不可逆膜污染，且 EOM 在膜表面的吸附污染强于藻细胞。

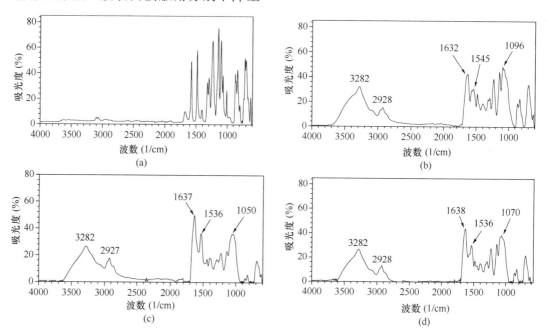

图 10-68　膜表面的 FTIR 光谱分析

（a）新膜；（b）原藻液污染的膜；（c）藻细胞污染的膜；（d）EOM 污染的膜

反冲洗前后超滤膜表面的接触角　表 10-14

污染物	污染后（°）	反冲洗后（°）
藻细胞	37.4	54.8
藻细胞和 EOM	35.7	52.1
EOM	34.2	50.3

（6）藻源超滤膜污染特性

根据原藻液、藻细胞溶液和 EOM 溶液超滤过程中比通量下降和可逆性分析结果可知，藻细胞和 EOM 均可在膜表面累积形成可逆膜污染，部分污染物还可以通过在膜表面吸附和堵塞膜孔形成不可逆膜污染。由于藻细胞表面带负电荷，静电相斥作用会阻止藻细胞在膜表面吸附。但在水流拖曳力的作用下，藻细胞仍可以迁移至超滤膜表面，形成滤饼层。此外，部分藻细胞在水力反冲洗后仍可以吸附在膜表面上（图 10-58c 和图 10-64b）。所以藻细胞是高藻水超滤过程中主要的膜污染物之一。从 EOM 溶液超滤实验结果可以看出，EOM 也能引起严重的超滤膜污染。超滤前后 EOM 溶液的化学分级结果显示，被超滤截留的主要是亲水性大分子有机物，这说明机械筛分是超滤膜截留 EOM 的主要机理。当超滤膜处理藻细胞和 EOM 的混合液时，比通量下降明显加快，而且不可逆膜污染明显增加。因为不可逆膜污染主要是由污染物和超滤接触引起的，且 EOM 是藻细胞分泌的黏质，所以它可能具有交联作用，会促进藻细胞在膜表面的吸附。这说明 EOM 不仅自身可以引起膜污染，还能加重藻细胞引起的膜污染。此外，由于藻细胞的粒径明显大于超滤膜的膜孔，且 EOM 中大分子有机物对膜污染的贡献明显大于小分子有机物，所以滤饼层污染可能是藻源超滤膜污染的主要机理。

（7）藻细胞和 EOM 超滤膜污染的特征

比较原藻液、藻细胞溶液和 EOM 溶液超滤过程中比通量下降规律可以发现，原藻液和 EOM 溶液超滤过程中比通量下降符合正常过滤规律，即比通量在过滤初始阶段快速下降，然后下降速度逐渐降低直到过滤结束。而对于藻细胞溶液，除了起始阶段比通量快速下降以外，在过滤中间阶段还存在一个明显的第二次比通量快速下降。如图 10-69 所示，在过滤初始阶段，藻细胞覆盖在膜表面并堵塞膜孔，导致比通量迅速下降；当藻细胞在膜表面累积到一定程度时，滤饼层底部的藻细胞可能发生压缩现象，导致滤饼层孔隙率急剧降低，从而引起比通量的第二次快速下降；在过滤后期，藻细胞在滤饼层表面缓慢累积，比通量缓慢下降。而对于 EOM 溶液，由于 EOM 中有机物分子远远小于藻细胞，在过滤初始阶段 EOM 形成的滤饼层孔隙较小，而且 EOM 更加容易进入膜孔，引起膜孔堵塞现象。因此，在 EOM 溶液超滤过程中，初始阶段比通量快速下降。当滤饼层形成后，EOM 主要沉积在滤饼层表面，对比通量的影响减小。由于有机物分子不会出现压缩现象，在初始过滤阶段以后，比通量下降逐渐变得缓慢。当藻细胞和 EOM 同时存在时，由于藻细胞形成的滤饼层中存在大量的孔隙，EOM 会填充在藻细胞之间的缝隙中，使得滤饼层变得密实（图 10-69），进而导致原藻液超滤过程中比通量快速下降。当藻细胞和 EOM 累积到一定程度，滤饼层中藻细胞亦会产生压缩现象，使得滤饼层的透水性进一步降低。因此，在原藻液超滤过程中，过滤周期中间阶段的比通量下降仍较为严重（图 10-65）。综合以上分析可知，由于藻细胞具有可压缩性，藻细胞溶液超滤过程中存在第二次比通量快速下降的现象；EOM 引起的膜通量下降以初始阶段比通量快速下降为主要特征；当藻细胞和 EOM 同时过滤时，初始阶段和中间阶段均存在比通量快速下降的现象。

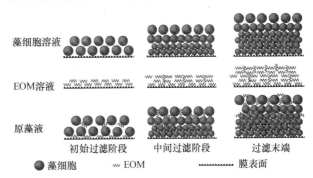

图 10-69　藻源超滤膜污染形成过程的示意图

4. EOM 的性质对膜污染的影响

膜污染是一种发生在污染物和膜表面之间的物理化学作用，污染物和膜的界面性质均对膜污染有显著的影响。同时，EOM 是富营养化水体中广泛存在的一类有机物，因此研究 EOM 的性质（如分子大小、电性和亲疏水）与膜污染程度以及膜污染机理之间的关系具有重要意义。

5. EOM 分子大小的影响

（1）预过滤对荧光特性的影响

图 10-70 列出了不同孔径的膜预过滤后 EOM 溶液的三维 EEM 荧光光谱图。由图 10-70（a）和（b）可知，孔径为 $2.0\,\mu m$ 和 $0.45\,\mu m$ 的膜预过滤后 EOM 溶液中存在 T_1、A 和 B，这说明 EOM 中同时存在溶解性的蛋白质类和腐殖质类有机物。经过 100kDa 膜过滤以后，T_1 峰的强度显著下降，说明

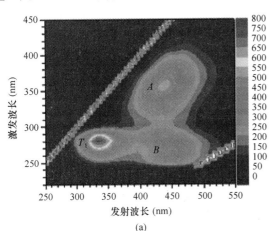

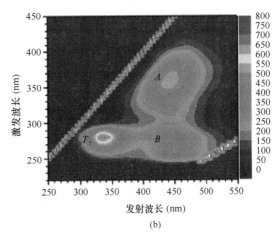

图 10-70　不同孔径的膜预过滤对 EOM 荧光特性的影响（一）

（a）$2.0\,\mu m$；（b）$0.45\,\mu m$

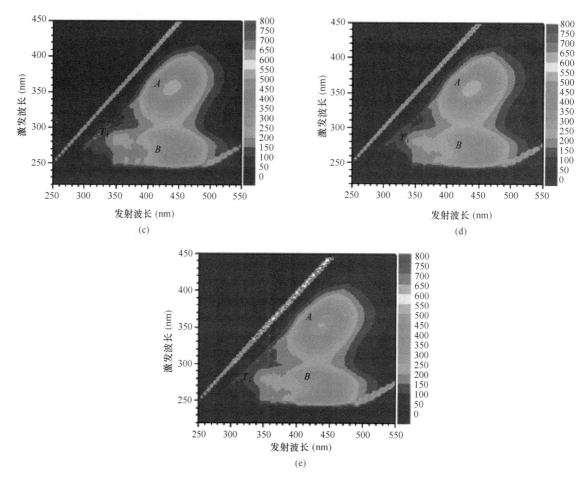

图 10-70　不同孔径的膜预过滤对 EOM 荧光特性的影响（二）

(c) 100kDa；(d) 30kDa；(e) 10kDa

大部分蛋白质类有机物的分子量大于 100kDa。然而 A 峰和 B 峰的强度在 100kDa 膜预过滤后没有明显的降低。即使在 30kDa 和 10kDa 膜过滤后，EOM 溶液的 EEM 荧光光谱图中仍存在明显的 A 峰和 B 峰。通过上述分析可知：EOM 中蛋白质类有机物属于大分子有机物，而腐殖质类有机物的分子量相对较小；预过滤不能有效地截留 EOM 中的腐殖质类有机物。

（2）预过滤对比通量下降的影响

由图 10-71 可知，经过孔径为 2.0μm 的微滤膜预过滤后 EOM 溶液仍会引起严重的比通量下降，过滤周期末端的比通量均可下降至 0.17。尽管 0.45μm 膜的孔径明显小于 2.0μm，但是 0.45μm 膜预过滤不能有效地缓解比通量下降，过滤周期末端的比通量在 0.18～0.19 之间。这说明孔径为 2.0μm 和 0.45μm 的微滤膜均未能有效截留 EOM 中对通量下降起主要作用的污染物成分，所以不能有效地缓解 EOM 引起的膜污染。经过截留分子量

为 100kDa 膜预过滤后，EOM 引起的比通量下降显著减少，过滤周期末端比通量在 0.76～0.79 之间。当 EOM 溶液经过截留分子量为 30kDa 的膜预过滤后，比通量下降得到进一步缓解，过滤周期末端的比通量在 0.88～0.92 之间。然而，与截留分子量为 30kDa 的膜相比，截留分子量为 10kDa 的膜的预过滤对比通量的改善不明显。比较 5 种孔径的膜预过滤对超滤膜通量的影响，可以发现 EOM 中分子量大于 100kDa 的大分子有机物是引起比通量下降主要的膜污染物，分子量在 30～100kDa 之间的有机物也具有一定的膜污染作用，而分子量小于 30kDa 的小分子有机物对比通量基本上没有影响。Howe 在研究天然水超滤过程中的膜污染时也得到类似的结论。

（3）预过滤对膜污染可逆性的影响

图 10-72 列出了孔径为 2.0μm 和 0.45μm 的微滤膜以及截留分子量为 100kDa、30kDa 和 10kDa 的超滤膜预过滤后 EOM 在超滤过程中引起

（4）碳水化合物的去除

图 10-129 分析了 PAC 对超滤膜处理碳水化合物效果的影响。在 15d 的运行中发现，单独使用 UF 和 PAC/UF 生物反应器对碳水化合物的处理效果基本一致（51.5%±11.2% 和 49.8%±11.1%）。从而证实，PAC 不能有效吸附碳水化合物这种高分子量的强亲水性物质。

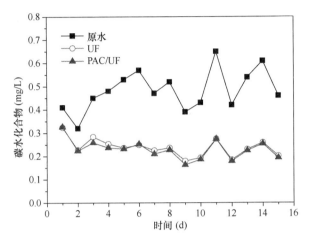

图 10-129　UF 与 PAC/UF 除碳水化合物效果的比较

（5）蛋白质的去除

图 10-130 显示进水中蛋白质浓度为 0.55±0.08mg/L，单独 UF 及 PAC/UF 生物反应器对蛋白质的平均去除率分别为 23.7%±3.6% 和 27.0%±2.9%。实验结果证实 PAC 不能有效除去藻细胞释放的蛋白质。可以认为，在本实验条件下粉末活性炭对铜绿微囊藻胞外分泌物中的碳水化合物和蛋白质的去除效果几乎可以忽略。

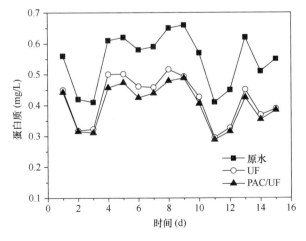

图 10-130　UF 与 PAC/UF 除蛋白质效果的比较

（6）藻毒素的去除

无论是细胞生长繁殖或老化溶解，铜绿微囊藻

细胞在生长的不同阶段均会向周围水体中分泌不同浓度的藻毒素。从图 10-131 中可以看出，PAC/UF 联用工艺对藻毒素 MC-LR 的去除率达到 79.4%±3.5%，比单独 UF 工艺的去除效果高出 40.8%±4.2%。MC-LR 的直径与实验所用的 PAC 的微孔和中孔孔径基本一致。因此，PAC 能够有效去除水溶液中的 MC-LR。

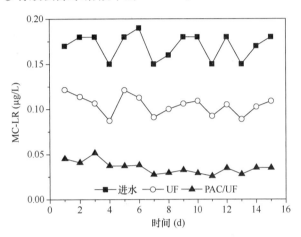

图 10-131　UF 与 PAC/UF 除 MC-LR 效果的比较

实验结果表明，当进水 MC-LR 的浓度仅为 0.17±0.02μg/L 时，单独超滤反应器对 MC-LR 的去除能力虽然仅为 35.1%±6.6%，但平均出水浓度低于联合国饮用水规范规定的允许浓度（1μg/L）。相反，有研究发现，当进水 MC-LR 的浓度为 12μg/L 时，未添加 PAC 时醋酸纤维滤膜对 MC-LR 的去除能力仅为 4%。有研究证实，MC-LR 的去除率与进水 MC-LR 浓度、膜特点以及操作条件等具体条件有关。

10.4.3　UF 与 PAC/UF 生物反应器处理含藻水的 TMP 变化

图 10-132 显示了 PAC 对膜过滤含藻水的 TMP 变化的影响。实验结果表明，TMP 从初始 7kPa 逐渐增加，当实验结束时单独 UF 工艺的 TMP 为 46.3kPa，而 PAC/UF 联用工艺的最终 TMP 仅为 29.5kPa。很明显，PAC 的投加对膜污染具有明显的缓解效果。

大量研究表明单独使用 PAC 对亲水性超滤膜通量变化没有影响。但是本实验中，当 PAC 投加到反应器时其颗粒替代了藻细胞，黏附在膜表面，由于大部分粉末炭粒径超过膜孔径的 100 倍，因此膜表面形成的 PAC 层会相对松散，这对膜的渗透

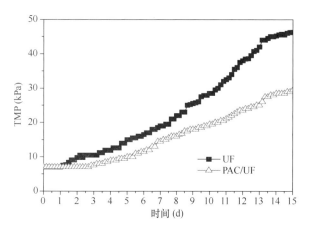

图 10-132　粉末活性炭对 TMP 变化的影响

性具有正面效果，大幅提高了膜过滤性能，降低了膜阻力上升速度。

实验结束后，用去离子水对膜进行反冲洗，之后将反应器中的超滤膜取出，再次用海绵和去离子水彻底清洗膜表面。同时，反应器内溶液将被排空。之后，将清洗过的超滤膜重新安装在反应器内并恢复运行。结果发现，单独 UF 及 PAC/UF 的初始 TMP 分别为 20.1kPa 和 13.8kPa。计算出单独的 UF 工艺，水力可逆污染阻力（46.3－20.1＝26.2kPa）占总污染阻力（46.3kPa）的 56.6%，而水力不可逆污染阻力（20.1－7.0＝13.1kPa）占总污染阻力（46.3kPa）的 28.3%。此外，在 PAC/UF 联合工艺中，可逆和不可逆膜污染比例分别为 53.2% 和 23.1%。这一结果指出，由于在本实验条件下 PAC 对碳水化合物和蛋白质的去除率较低，因此 PAC 不能有效降低不可逆膜污染所占比例。但是，PAC 的投加可以降低污染阻力。

因此，相比 UF 工艺，采用 PAC/UF 反应器处理含藻水，只需适当增加运行成本（PAC），便可获得更高的经济效益。因为 PAC/UF 工艺不仅能降低出水中 DOC，UV_{254} 和 $MC-LR_{eq}$ 含量，且能有效控制膜污染，降低清洗费用，同时延长膜使用寿命。此外，该工艺不易产生二次污染。

1. UF 运行参数对膜污染的控制

膜组件运行过程中，其操作条件的改变会对膜过滤含藻水时产生的污染变化规律造成显著影响，包括通量、曝气量和反冲洗方式等参数会对 TMP 上升速率起到促进或减缓的作用。

（1）通量对膜污染的控制

通量是影响膜系统和反映膜产量的重要参数，它直接影响了膜污染程度和浓差极化现象的出现，

因此，考察 PVC 超滤膜在不同通量下 TMP 随时间的变化规律是十分必要的。具体实验条件为：温度 17～20℃，连续曝气（气液比 12：1），研究藻细胞浓度分别为 $1×10^7$ 个/L、$1×10^8$ 个/L 和 $1×10^9$ 个/L 时，不同膜通量下 TMP 的变化情况，详细结果如图 10-133 所示。

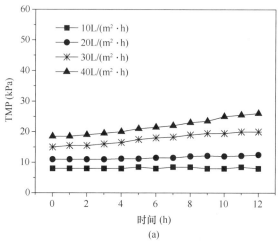

(a)

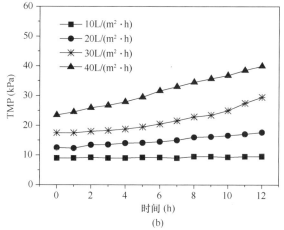

(b)

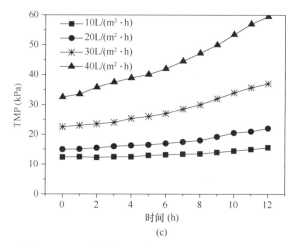

(c)

图 10-133　不同藻细胞浓度和通量下 TMP 的比较

（a）藻细胞浓度 $1×10^7$ 个/L；（b）藻细胞浓度 $1×10^8$ 个/L；

（c）藻细胞浓度 $1×10^9$ 个/L

实验结果证实，通量对不同藻细胞浓度的影响具有很大差异：原水中藻细胞浓度越大，通量对其影响越明显（图 10-133）。当原水中藻细胞浓度为 $1×10^7$ 个/L，通量为 40L/(m^2·h）时，实验过程中 TMP 增幅达到 40.5%；相反，当通量低于 20L/(m^2·h）时，实验期间 TMP 基本没有变化。然而，当原水中藻细胞浓度增至 $1×10^9$ 个/L，通量保持在 10L/(m^2·h）时，12h 内 TMP 增幅即达到 25.8%，随着通量增至 40L/(m^2·h），TMP 增幅高达 83.1%。通量越大，对膜表面的切向力就越大，污染物在膜表面的沉积速度也越快，浓差梯度也更容易形成，膜表面污染层也将更加紧实。

图 10-133 还证实，当其他条件一定时，通量与膜污染呈正比关系，减小通量则膜污染相应减轻。有研究人员在 1995 年提出了临界通量的概念，其作为表征膜过滤性能的主要参数，指在恒通量过滤中存在一个临界值，当通量大于该值时，膜过滤压差迅速上升；通量小于该值时，膜污染不发生或上升速率非常小。临界通量大小与原液性质，膜反应器运行条件和膜本身性质均有一定的关系。原水中藻浓度及其分泌物的增加会导致实验中 PVC 超滤膜的临界通量降低，致使在运行通量一定的情况下，藻浓度越大 TMP 升值越高；增加运行通量则会进一步加重膜污染。从图 10-133 中可见，当藻细胞浓度不超过 $1×10^8$ 个/L，采用通量 10L/(m^2·h) 运行时能在较长时间内保持低污染状态运行，从而降低反冲洗频率，延长超滤膜使用寿命。因此，在实际生产中，为了降低水厂运行成本应尽量采用低通量运行；除此外，也需要进一步研究其他缓解膜污染的方法，以期在长期运行下 TMP 不增加或增加缓慢，即在"零污染"状态下运行。

（2）曝气对膜污染的控制

曝气是缓解膜污染的有效方法之一，因为曝气强度能够增强液体流动的湍流程度，在膜表面产生水力剪切力，同时反应器中的气泡流动也会导致中空纤维膜丝的摆动，这些都会使悬浮杂质和污泥不易在膜表面粘附，减少了膜过滤阻力，从而减慢 TMP 的上升速度，有利于膜组件长时间保持较高渗透速率。因此，实验研究了曝气对 TMP 的影响。

首先配制原水中藻细胞浓度分别为 $1×10^7$ 个/L、$1×10^8$ 个/L 和 $1×10^9$ 个/L，在温度 17～20℃，通量 10L/(m^2·h) 和 20L/(m^2·h)，连续曝气（气液比 12:1）的实验条件下，考察藻细胞浓度对曝气缓解超滤膜 TMP 上升速率效果的影响，实验结果如图 10-134 所示。从图中可以看出，低藻细胞浓度、低通量条件下运行时，是否曝气对 TMP 的

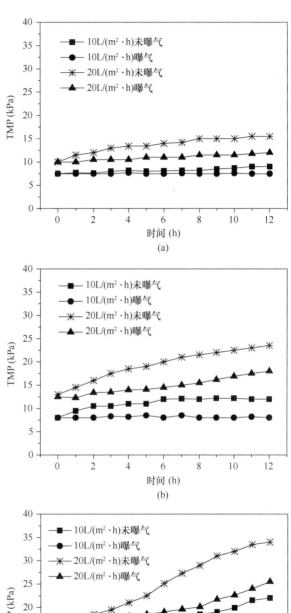

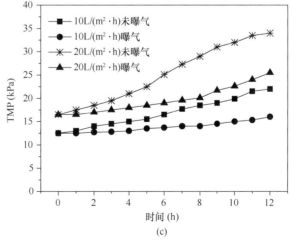

图 10-134　不同藻细胞浓度和通量下曝气对 TMP 的影响

（a）藻细胞浓度 $1×10^7$ 个/L；（b）藻细胞浓度 $1×10^8$ 个/L；

（c）藻细胞浓度 $1×10^9$ 个/L

影响并不十分明显，当进水藻细胞浓度为 $1×10^7$ 个/L，通量为 $10L/(m^2·h)$ 时，曝气对 TMP 影响很小。增大进水藻浓度后，曝气对 TMP 的影响明显增加，其中当藻浓度为 $1×10^8$ 个/L，通量为 $10L/(m^2·h)$ 和 $20L/(m^2·h)$ 时，相比未曝气，曝气条件下实验结束时 TMP 分别降低 4kPa 和 5.5kPa；进一步提高藻细胞浓度到 $1×10^9$ 个/L，该数值分别增加为 6kPa 和 8.5kPa。可见，曝气效果随藻细胞浓度和通量的提高而加强。

曝气强度指单位时间内，通过膜反应器单位截面积的气体体积。除了藻细胞浓度和运行通量，曝气强度是影响曝气效果的重要因素，而且它也是衡量膜反应器能耗的重要指标。图 10-135 研究了当进水藻细胞浓度为 $1×10^8$ 个/L 时，通量为 $10L/(m^2·h)$，气液比分别为 6∶1、12∶1、24∶1 和 36∶1 时（连续曝气）TMP 随时间的变化情况。

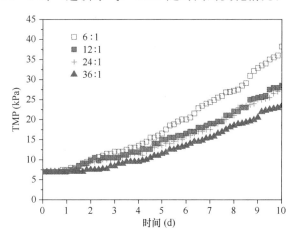

图 10-135　不同曝气强度下 TMP 的比较

实验结果显示，当气水比由 6∶1 增至 12∶1 时，实验结束时的 TMP 值由 38.2kPa 降至 28.5kPa，降幅达到 25.4%，此时气水比的增加延缓了膜污染，因为较强的曝气强度下由气泡扰动引起的水力剪切作用能有效防止污染物在膜表面的沉积。然而进一步增大气水比至 24∶1 时 TMP 变化不明显，意味着气液比值在一定范围内，对 TMP 变化的影响接近。进一步增加气水比至 36∶1 时 TMP 稍有下降，同时观察到反应器内充斥了大量气泡造成膜丝在水中抖动强烈。膜表面产生的过强的振动和摩擦，会引起附着在膜表面和悬浮在反应器中的藻细胞破裂，从而导致更多胞内分泌物释放到反应器中，不但加重膜污染还有可能导致出水水质下降；同时，大量气泡聚集在水中也会减小反应器内的有效体积，降低原水在反应器内的停留时间。从运行费用考虑，长期运行时膜丝的强烈抖动很可能会对其自身造成伤害，引起膜丝破裂并提早更换的情况出现。从而认为，在本实验条件下气液比为 12∶1 时较为适宜。

（3）反冲洗对膜污染的控制

除了上述影响因素外，反冲洗也是控制膜污染发展的有效手段。定期物理清洗可以保证膜表面或孔内污染物被及时去除，可避免短期内出现不可逆膜污染。图 10-136 研究了反冲洗频率和排泥对 TMP 变化的影响。

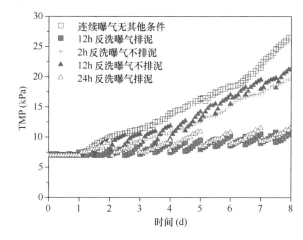

图 10-136　不同运行方式下 TMP 的比较

具体运行参数见表 10-20。

膜反应器的不同运行方式　　　　　　　　　　　表 10-20

	反冲洗频率	反冲洗水量	排泥	藻细胞浓度	通量	气液比
1	—	—	—			
2	每 2h 反冲洗 2min		—			连续
3	每 12h 反冲洗 5min		—	$1×10^8$ 个/L	$10L/(m^2·h)$	曝气
4	每 12h 反冲洗 5min	$30L/(m^2·h)$	有			12∶1
5	每 24h 反冲洗 5min		有			

由图 10-136 中可以看出，在曝气的条件下定期反冲洗能够在一定程度上减缓 TMP 的升高。当每 12h 对膜进行一次反冲洗时，相比曝气未反冲洗，过滤结束时 TMP 下降 19.6%。进一步增大反冲洗频率，对 TMP 变化影响则不明显，当运行 8d 后，在其他运行条件一定的情况下，每 2h 反冲洗一次和每 12h 反冲洗一次的 TMP 分别为 19.8kPa 和 21.3kPa。在膜运行中当曝气反冲洗但不排泥时，清洗过滤初期，由于截留的污染物较少且未被压实，膜表面的滤饼层处于疏松多孔状态，反冲洗通过使膜管在短时间内受到反向压力，从而将膜表面及孔内的污染物质冲刷到反应器溶液中，同时有效破坏了膜表面的凝胶层和滤饼层，对膜污染的缓解有很好的效果。但是，随着过滤时间的增长，滤饼层厚度不断增加，孔隙率逐渐减少，此时反冲洗仅能缓解浓差极化现象，对滤饼层的去除效果下降，导致过滤后期 TMP 增速加大。

此外，虽然在膜进行反冲洗后 TMP 明显降低，但在未排泥条件下，由于悬浮物仍存留于反应器中，在抽吸力作用下悬浮物会迅速地再次堵塞膜孔导致 TMP 在短时间内快速上升，即使增大反冲洗频率改善效果也十分有限。相反，反冲洗后排泥对 TMP 的影响则十分明显，采用每 12h 反冲洗并排泥一次时最终 TMP 仅为 10.8kPa，而相同条件不排泥时，TMP 上升至 21.3kPa，增幅达 97.2%。

2. 原水水质对 UF 膜污染的影响与控制机理

除了优化运行参数，改变进水藻细胞浓度或增加预处理措施，也可以在一定程度上缓解膜污染。尤其是改变原水的 pH 或投加金属离子，可能会在一定程度上引起藻细胞及其分泌物的物理化学性能的改变，从而对膜过滤产生影响。

（1）藻细胞浓度对膜污染的影响

配制藻细胞浓度分别为 1×10^7 个/L，1×10^8 个/L、1×10^9 个/L 和 1×10^{10} 个/L 的含藻水，在温度 17~20℃，通量 10L/($m^2\cdot$h)，气液比 12:1 的连续曝气实验条件下，考察藻浓度对 TMP 增长情况的影响，实验结果如图 10-137 所示。

从图 10-137 中可见，当原水中藻浓度为 1×10^7 个/L 和 1×10^8 个/L 时，运行 24h 后 TMP 基本没有变化。进一步增加藻浓度至 1×10^9 个/L 时，运行 24h 后 TMP 即达到 19kPa，相比运行初期增加 46.2%。总体而言，膜污染随着藻细胞浓度的增加不断增大。低浓度的藻溶液（小于 1×10^8 个/L），

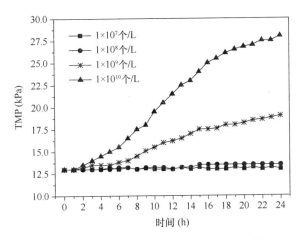

图 10-137　不同藻细胞浓度下 TMP 的比较

由于藻细胞和胞外有机物浓度均处于较低水平，因此在短时间内并不能引起严重的膜污染现象。然而逐渐增加藻浓度超过 1×10^9 个/L 时，原水中藻细胞及其分泌物浓度均大幅提高，导致采用 PVC 超滤膜直接过滤时产生严重膜污染现象。

（2）pH 对 TMP 变化的影响

pH 不仅会改变膜表面的带电性，同时还能影响水溶液的性质，从而引起膜过滤效果的变化。因此，对于含藻水而言，溶液 pH 的变化同样会对膜过滤产生一定影响。具体实验条件为，原水中藻细胞浓度 1×10^8 个/L，温度 17~20℃，通量 10L/($m^2\cdot$h)，连续曝气（气液比 12:1）。原水 pH 约为 8，利用 HCl 和 NaOH 溶液调节原水 pH 分别为 5、6.5 和 9.5，对比不同 pH 下 TMP 随时间的变化情况，实验结果如图 10-138 所示。

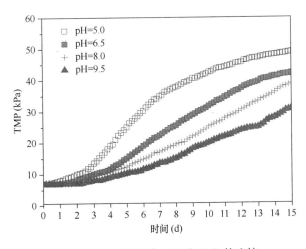

图 10-138　不同原水 pH 下 TMP 的比较

从图 10-138 中可以看出，运行 15d 后不同 pH（5.0、6.5、8.0 和 9.5）下 TMP 的增加量分别为

42kPa、35.5kPa、31.9kPa 和 23.9kPa。可见，增加原水 pH 能够使膜污染得到有效缓解。

（3）金属离子对 TMP 变化的影响

除了溶液 pH，天然水体中的金属元素（如 K、Na、Ca、Mg、Al、Fe 等）对 TMP 的变化和膜清洗效果也有很大影响。实验中分别向原水溶液中投加不同浓度的氯化钾（6mmol/L K$^+$）、氯化钙（6mmol/L Ca^{2+}）和氯化铝溶液（30mg/L Al^{3+}），从而对比不同金属离子对 TMP 随过滤时间的变化情况。具体实验运行条件为，原水中藻细胞浓度为 1×10^8 个/L，温度 17～20℃，通量 10L/（m^2·h），连续曝气（气液比 12：1）。

由于 Ca^{2+} 和 Al^{3+} 是诱发水垢的原因之一，有研究认为可能会引起更严重的膜污染现象，但从图 10-139 中可以看到 TMP 的增加趋势为：原水＞原水＋氯化钾＞原水＋氯化铝＞原水＋氯化钙。膜的初始压力均为 7kPa，相比单纯的含藻水过滤，投加钾离子对 TMP 变化几乎没有影响；然而向原水中投加氯化铝和氯化钙后，运行结束时 TMP 分别为 38.5kPa 和 25.0kPa，与未投加药剂相比，分别降低 16.8％和 46.0％。可见，Ca^{2+} 对膜污染的缓解能力十分突出。分析认为，向原水中投加 Al^{3+} 和 Ca^{2+} 时，不同的原水水质、运行时间、膜性质等因素均可能对膜污染变化规律产生不同影响。

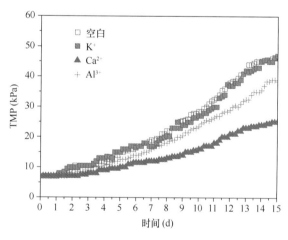

图 10-139 原水中投加不同金属离子时 TMP 的比较

Ca^{2+} 和溶解性有机物能进行螯合反应，形成具有复杂结构特性的高分子聚合物，从而提高 PVC 膜对有机物的去除能力，而且这种高分子聚合物附着在膜表面形成高渗透性的滤饼层，能够在一定程度上降低膜污染。

（4）腐殖酸对膜污染的影响

在膜过滤过程中，天然水体中的腐殖酸类物质不仅会造成膜污染，其对膜处理原水中的藻细胞及其分泌物的能力亦会造成一定的影响。本实验中采用了腐殖酸模拟富营养化水体中的天然有机物，研究天然有机物对 PVC 超滤膜处理含藻水的影响。

实验首先对比了 PVC 超滤膜过滤含藻水、含藻水与腐殖酸混合液、腐殖酸和胞外分泌物的 TMP 变化。具体实验条件为：通量 10L/（m^2·h），连续曝气（气液比 12：1），连续运行无反冲洗排泥。原水藻细胞浓度为 1×10^8 个/L，取适量腐殖酸储备液加入蒸馏水和含藻水中作为实验原水，将含藻水经 0.45μm 滤膜过滤后的滤液作为胞外有机物实验原水。实验原水水质见表 10-21，详细实验结果如图 10-140 所示。

实验原水水质　　　　表 10-21

原水	藻细胞浓度（个/L）	COD$_{Mn}$（mg/L）	DOC（mg/L）	UV$_{254}$（1/cm）
藻液	1×10^8	1.53±0.62	1.52±0.57	0.021±0.005
藻液＋腐殖酸	1×10^8	2.95±0.51	2.53±0.39	0.057±0.009
腐殖酸	—	2.08±0.16	1.78±0.25	0.043±0.006
胞外分泌物	—	0.51±0.37	1.35±0.55	0.019±0.003

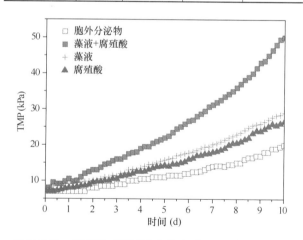

图 10-140 腐殖酸对膜过滤含藻水时 TMP 变化的影响

从图 10-140 中可见，TMP 上升速度依次为：藻液＋腐殖酸＞藻液＞腐殖酸＞胞外分泌物，实验结束时 TMP 增加量分别为 42.0kPa、21.0kPa、

19.5kPa 和 13.0kPa。采用超滤膜过滤腐殖酸和藻细胞的混合液时，腐殖酸与藻细胞的协同作用会造成相比两种物质单独存在时更严重的膜污染。

实验还发现，单独过滤胞外分泌物时膜污染增加缓慢，实验结束时 TMP 的增幅相比藻液降低 38.1%。藻液中藻细胞在其胞外黏性物质（主要成分碳水化合物）的作用下更紧密地粘附在膜表面，造成膜表面污染层十分紧密难以清除，而单独的胞外分泌物因污染物质相对单一，在膜表面形成的滤饼层结构可能相对疏松，使得膜污染发展相对缓慢。

10.4.4　pH、金属离子和腐殖酸对 UF 膜清洗效果的影响

1. pH 对膜清洗效果的影响

图 10-141 显示了原水中不同 pH（5.0、6.5、8.0 和 9.5）对不可逆膜污染所占比例的影响。实验结果表明，当进水溶液 pH 为 5.0、6.5、8.0 和 9.5 时，不可逆膜污染所占比例分别为 30.2%、26.4%、19.6% 和 10.2%，说明虽然在上述条件下膜污染并非完全可逆的，但增大溶液 pH 有助于提高可逆膜污染所占比例，促进了反冲洗后膜通量的恢复。

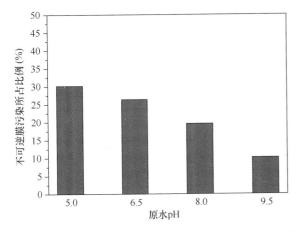

图 10-141　不同原水 pH 下不可逆膜污染所占比例的比较

2. 金属离子对膜清洗效果的影响

图 10-142 显示了金属离子（6mmol/L K⁺、6mmol/L Ca²⁺、30mg/L Al³⁺）对不可逆膜污染所占比例的影响。通过计算不可逆膜污染所占比例后发现，未投加任何金属离子时膜通量的损失为 27.7%；而原水中投加了 6mmol/L K⁺ 后，对 PVC 超滤膜的不可逆污染所占比例并未出现明显降低的效果；在超滤膜过滤的含藻水中投加

30mg/L Al³⁺，在对污染膜进行物理清洗后发现，超滤膜的不可逆污染所占比例降至 19.8%。然而，原水中 Ca²⁺ 的投加则使不可逆污染所占比例进一步降低至 14.5%，是实验条件下对 PVC 超滤膜的不可逆污染改善效果最明显的阳离子，即有效提高了物理清洗对膜通量的恢复效果，大幅减少了化学清洗药剂量和清洗频率。

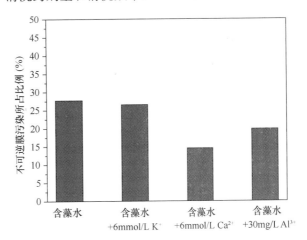

图 10-142　投加不同金属离子时不可逆膜污染所占比例的比较

3. 腐殖酸对膜清洗效果的影响

当过滤实验结束后，对污染膜进行物理清洗，如图 10-143 所示，不同物质对超滤膜造成的污染均由可逆和不可逆膜污染组成。其中胞外有机物引起的不可逆膜污染比例最高，达到 38.5%；腐殖酸的不可逆膜污染比例最低，仅为 17.8%；但腐殖酸的存在加重了膜过滤含藻水后的清洗难度，相比单独的含藻水处理，超滤膜过滤含藻水和腐殖酸混合液后引起的不可逆膜污染比例上升 5.3%。

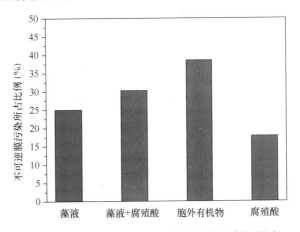

图 10-143　腐殖酸对不可逆膜污染所占比例的影响

通过分析腐殖酸与胞外分泌物的分子量分布情

况（图 10-144）后发现：由于腐殖酸的分子量分布主要集中在大于 30kDa 范围内（81.9%），更易于被超滤膜截留并在表面形成滤饼层；相反，胞外有机物的分子量主要集中于两个范围内：大于 30kDa（54.3%）和小于 1kDa（26.8%）。因此，相比于腐殖酸，分子量相对较小的胞外分泌物更易于引起膜孔阻塞现象等不可逆污染的出现。

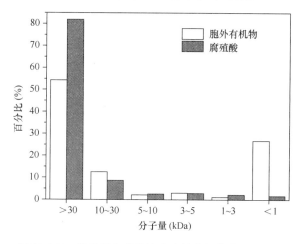

图 10-144　腐殖酸和藻溶液中胞外有机物分子量分布

综上所述，本章提出 PAC/UF 生物反应器处理高浓度含藻水的方法，系统地研究了水质及工艺参数对 PAC/UF 处理高浓度含藻水效果的影响，并与单独 UF 除藻进行了对比，表明 PAC 能有效改善超滤膜过滤含藻水的污染程度，减慢过滤过程中 TMP 值上升速度，从而降低过滤总阻力，证实 PAC/UF 是一种绿色、高效处理高浓度含藻水的新工艺。同时研究了超滤膜在处理含藻水过程中主要的操作条件（包括：通量、曝气量和反冲洗）对膜污染的控制情况，研究表明超滤膜工艺克服了现有常用含藻水处理工艺的诸多缺点，有着更广阔的发展前景，能够应用于实际生产。

10.5　中孔吸附树脂（MAR）对藻源污染水超滤过程中膜污染的控制

10.5.1　实验用水及装置

实验中使用藻类和有机物配制藻源污染水，模拟主要含有内源有机物的典型水体。藻类有机物是从实验室培养的铜绿微囊藻中提取的，该藻种购自中国科学院水生生物研究所，采用 BG-11 培养基在无菌条件下培养。实验中使用的藻源污染水主要水质指标见表 10-22。

藻源污染水主要水质指标　　　表 10-22

参数	单位	含量
pH	—	7.5±0.1
总有机碳	mg/L	3.04±0.35
UV$_{254}$	1/cm	0.042±0.004
SUVA	L/(mg·m)	1.38±0.02
电导率	μS/cm	385
钙	mg/L	8.6
镁	mg/L	2.4

实验中使用了中孔吸附树脂（MAR）和粉末活性炭 2 种吸附剂。MAR 是以聚醚砜（PES，Veradel 3000P，美国 Solvay 公司）树脂为原料在实验室中自行制备的一种粉末状吸附剂，PAC 为天津基准化学试剂有限公司生产的木质活性炭。吸附预处理实验在六联搅拌机上进行，除有特殊说明时之外，吸附剂投量均采用 50mg/L，吸附时间均为 30min，搅拌速度采用 100r/min。

平板膜超滤实验主要研究吸附预处理对超滤膜短期污染行为的影响及其机理。平板膜超滤系统主要由 Amicon 8400 超滤杯、蠕动泵和压力采集与控制装置组成，图 10-145 为系统示意图。该装置使用直径 76mm 的圆形平板膜，膜片置于容积为 400mL 的超滤杯的底部，超滤杯出水口处连接压力自动采集器和蠕动泵，在蠕动泵抽吸作用产生的负压下超滤杯内的待滤液通过超滤膜，通过调节蠕动泵的转速可以控制膜通量。实验采用恒通量死端过滤的方式运行，过滤过程中超滤杯的搅拌器不运转，膜通量保持在 150L/(m²·h)，压力采集器数据自动记录于电脑上，每 10s 采集一次，记录的跨膜

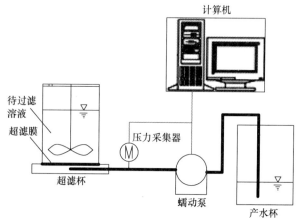

图 10-145　恒通量平板膜超滤实验装置示意图

压差数据可以反映恒通量条件下超滤膜的污染情况。

实验中使用的平板膜分别是 Pall 公司生产的 PES 材质的超滤膜和 Millipore 公司生产的醋酸纤维素（Cellulose acetate，CA）材质的超滤膜，2 种膜的主要参数见表 10-23。

平板超滤膜主要特性　　　　表 **10-23**

膜材质	截留分子量（kDa）	接触角（°）	Zeta 电位（mV）	膜面粗糙度（nm）
聚醚砜（PES）	100	58.2	−16.88	19.9
醋酸纤维素（CA）	100	19.3	−14.91	22.8

一体式吸附—超滤实验用于考察吸附剂对超滤膜连续流运行过程中长期污染行为的影响，实验装置如图 10-146 所示。该装置采用自制的浸没式中空纤维膜组件，膜组件置于敞口的膜池内，膜组件出水口与压力自动采集器和蠕动泵相连，在蠕动泵抽吸作用下，膜池内的待滤液通过超滤膜，过滤过程中蠕动泵的转速保持恒定使膜的通量保持在设定值，压力自动采集器数据记录于电脑上，每 10s 采集一次，根据记录的数据可以获得恒定通量条件下超滤膜跨膜压差的变化；此外，该装置通过蠕动泵的反转可以实现膜组件的反冲洗，通过膜池内底部曝气可以实现膜组件的曝气清洗，蠕动泵的抽吸和反转及曝气泵的启停通过 PLC 控制，可以实现连续运行，完全模拟生产中浸没式中空纤维超滤膜系统的各个操作。

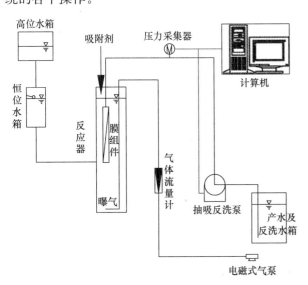

图 10-146　一体式吸附—超滤实验装置示意图

实验中使用的中空纤维超滤膜的材质为聚氯乙

烯（Polyvinyl chloride，PVC），膜的截留分子量为 100kDa，膜丝内径和外径分别为 0.85mm 和 1.45mm。自制的超滤膜组件的膜面积为 0.01m²，设定的过滤通量为 30L/(m²·h)，过滤 118min，反冲洗 2min，反冲洗通量为 60L/(m²·h)，曝气系统设定为每隔 4.5min 曝气 0.5min，以防止吸附剂在膜池底部沉积并控制膜表面的可逆污染，每 12h 即经过 6 个反冲洗周期后膜池排空一次。当膜池中不投加吸附剂时为单独超滤工艺；向膜池中投加吸附剂时即为一体式吸附—超滤工艺，实验过程中在每次排空后新进水时一次性投加吸附剂，按照产水体积计算的吸附剂投加量为 50mg/L。

10.5.2　对藻源污染水中有机物的去除效果

1. 吸附时间的影响

MAR 和 PAC 对藻源污染水中有机物的去除率随吸附时间的变化如图 10-147 所示。由图 10-147 可以看出，在最初 30min 内，MAR 和 PAC 对 DOC 的去除率随吸附时间的延长快速提高，当吸

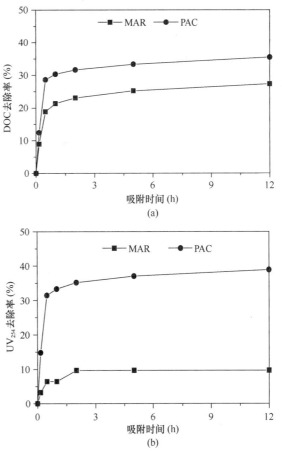

图 10-147　吸附时间对藻源污染水中有机物
去除率的影响（吸附剂投量 50mg/L）
(a) DOC；(b) UV_{254}

附时间由 10min 延长至 30min 时，MAR 对 DOC 的去除率由 9% 增至 19%，而 PAC 对 DOC 的去除率则由 12% 增至 29%。随着吸附时间的进一步延长，DOC 去除率有进一步增加，但增加幅度较小，当吸附时间达到 12h 时，MAR 和 PAC 对 DOC 的去除率分别达到 27% 和 35%。UV_{254} 去除率的总体趋势与 DOC 去除率类似，也是在最初 30min 内去除率增长较快，之后缓慢增长。吸附时间为 30min 时 MAR 和 PAC 对 UV_{254} 的去除率分别为 6% 和 31%，而吸附时间延长至 12h 时 MAR 和 PAC 对 UV_{254} 的去除率分别增至 10% 和 39%。

2. 吸附剂投量的影响

图 10-148 为 MAR 和 PAC 对藻源污染水中有机物的去除效果随吸附剂投量的变化。可以看出，无论以 DOC 计还是 UV_{254} 计，MAR 和 PAC 对藻类有机物的去除率都随着吸附剂投量的增加而增大，且在较低的吸附剂投量范围（10～50mg/L）内这种趋势更为明显。当吸附剂投量从 10mg/L 提

高到 50mg/L 时，MAR 对 DOC 的去除率从 6% 增至 27%，而 PAC 对 DOC 的去除率从 9% 增至 35%。当吸附剂投量进一步增至 200mg/L 时，MAR 和 PAC 对 DOC 的去除率分别为 43% 和 49%。MAR 对 UV_{254} 的去除率随吸附剂投量增加增长较慢，MAR 投量从 10mg/L 增至 50mg/L 时，UV_{254} 去除率仅从 3% 增至 10%，MAR 投量增至 200mg/L 时，UV_{254} 去除率为 19%。相比而言，PAC 投量从 10mg/L 增至 50mg/L 时，UV_{254} 去除率从 19% 快速增至 39%，之后随投量进一步增加变化较小。

10.5.3 对藻源污染水超滤过程中膜污染的控制效能

1. 吸附时间对膜污染控制效能的影响

吸附时间对预处理后藻源污染水超滤过程中跨膜压差增长的影响如图 10-149 所示。可以看出，未经吸附预处理的藻源污染水超滤过程中引起了跨膜压差的快速增长，在过滤结束时跨膜压差达到了 69.8kPa；相比而言，MAR 和 PAC 吸附预处理后跨膜压差增长速度都有所下降，而且对于每一种吸附剂，跨膜压差的增长速度都随着吸附时间的延长有所下降。MAR 吸附处理 10min 后的藻源污染水过滤结束时的跨膜压差为 50.0kPa；当吸附时间延长至 30min 和 2h 时，相应的过滤结束时的跨膜压差分别为 36.8kPa 和 33.8kPa。这说明 MAR 吸附预处理能够有效减缓藻源污染水超滤过程中的膜污染，且延长吸附时间能够提高 MAR 吸附预处理对膜污染的控制效果，但当吸附时间超过 30min 之后这种影响变弱，

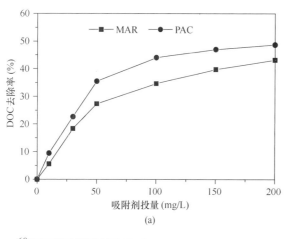

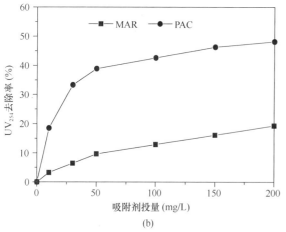

图 10-148 吸附剂投量对藻源污染水中有机物
去除率的影响（吸附时间 12h）
（a）DOC；（b）UV_{254}

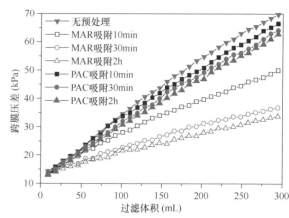

图 10-149 吸附时间对预处理后藻源污染水
超滤过程中跨膜压差增长的影响
（吸附剂投量：50mg/L，超滤前用 0.45μm 膜滤去吸附剂颗粒）

这与 MAR 对藻源污染水中有机物的去除率随吸附时间的增加而变化的规律是基本一致的。对于 PAC 而言，当吸附时间分别为 10min、30min 和 2h 时，吸附预处理后的过滤终点跨膜压差分别为 66.5kPa、64.1kPa 和 62.8kPa，说明吸附时间的延长对 PAC 吸附预处理对膜污染的控制效果影响很小，且与未经吸附预处理时的跨膜压差相比，PAC 吸附预处理对藻源污染水超滤过程中的膜污染的控制效果非常有限。MAR 吸附预处理后有机物的浓度高于 PAC 吸附预处理后有机物的浓度，但 MAR 吸附预处理后的膜污染明显小于 PAC 吸附预处理后的膜污染，这说明 MAR 吸附去除的那部分有机物对于跨膜压差增长的贡献远大于 PAC 吸附去除的那部分有机物的贡献。

图 10-150 为吸附时间对预处理后藻源污染水超滤过程中膜污染可逆性的影响。未经吸附处理的藻源污染水超滤过程中的可逆膜污染阻力为 $12.16 \times 10^{11}/m$，占总膜污染阻力的近 90%，说明藻类有机物引起的膜污染中可膜逆污染所占比例很大，而不可逆膜污染所占比例相对较小。MAR 吸附预处理 10min 后的水力可逆污染阻力和水力不可逆污染阻力分别为 $8.93 \times 10^{11}/m$ 和 $0.67 \times 10^{11}/m$，与未经吸附预处理相比分别下降了 27% 和 56%；延长吸附时间有效提高了 MAR 吸附预处理对可逆污染的控制效果，经过 30min 和 2h 的 MAR 吸附处理后的水力可逆污染阻力分别为 $5.16 \times 10^{11}/m$ 和 $4.42 \times 10^{11}/m$，而水力不可逆污染阻力随吸附时间的延长仅略有下降。相比而言，PAC 吸附预处理对可逆膜污染的影响较小，即使经过 2h 的吸附，水力可逆污染阻力也仅有 6% 的下降；但 PAC 吸附预处理对不可逆膜污染有一定的控制效果，2h 的 PAC 吸附预处理后的水力不可逆污染阻力为 $0.60 \times 10^{11}/m$，与未经吸附预处理相比下降了 61%。

由以上分析可以看出，对藻源污染水超滤过程中的膜污染，吸附时间对于 MAR 吸附预处理对膜污染的控制效果影响较大，特别是在吸附时间较短时，延长吸附时间能够有效提高膜污染控制效果；但 PAC 吸附预处理对膜污染控制效果较差，延长吸附时间并不能明显提高其膜污染控制效果。从膜污染可逆性角度来讲，可逆膜污染在藻源污染水引起的膜污染中所占比例很高，延长吸附时间能够有效提高 MAR 吸附预处理对可逆膜污染的控制效果，但对 PAC 吸附预处理影响不大；不可逆膜污染在藻源污染水引起的膜污染中所占比例较小，MAR 和 PAC 吸附预处理都能明显降低不可逆膜污染，且受吸附时间影响较小。

2. 吸附剂投量对膜污染控制效果的影响

吸附剂投量对吸附预处理后藻源污染水超滤过程中跨膜压差增长的影响如图 10-151 所示。可以看出，不同投量的 MAR 和 PAC 吸附预处理都使藻源污染水超滤过程中跨膜压差增长速度有一定程度的下降；对于每一种吸附剂，随着吸附剂投量的增加，吸附预处理后跨膜压差的增长速度有所下降，但 2 种吸附剂的膜污染控制效果随吸附剂投量变化的幅度却差别很大。经 MAR 吸附预处理后的跨膜压差增长速度随 MAR 投量增加明显下降，25mg/L、50mg/L 和 100mg/L 的 MAR 吸附预处

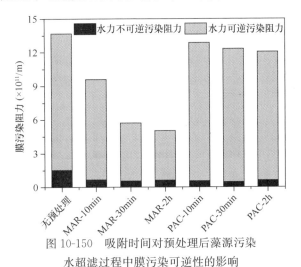

图 10-150　吸附时间对预处理后藻源污染水超滤过程中膜污染可逆性的影响

（吸附剂投量：50mg/L，超滤前用 0.45μm 膜滤去吸附剂颗粒）

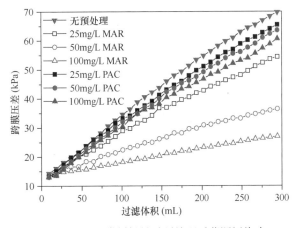

图 10-151　吸附剂投量对预处理后藻源污染水超滤过程中跨膜压差增长的影响

（吸附预处理时间：30min，超滤前用 0.45μm 膜滤去吸附剂颗粒）

理后过滤终点时的跨膜压差分别为 54.4kPa、36.4kPa 和 27.0kPa，这与 MAR 对有机物的去除率随吸附剂投量的变化规律是基本一致的。但 PAC 投量的增加仅使跨膜压差增长速度略有下降，25mg/L、50mg/L 和 100mg/L 的 PAC 吸附预处理后过滤结束时的跨膜压差分别为 65.4kPa、63.5kPa 和 60.6kPa，这与 PAC 对有机物的较高的去除率并不一致，说明 PAC 吸附去除的有机物组分对超滤过程中跨膜压差增长影响很小。

吸附剂投量对吸附处理后藻源污染水超滤过程中膜污染可逆性的影响如图 10-152 所示。随着 MAR 投量从 25mg/L 增至 100mg/L，吸附处理后的水力可逆污染阻力由 9.19×10^{11}/m 降至 3.13×10^{11}/m，占比例较小的水力不可逆污染阻力也由 0.81×10^{11}/m 降至 0.36×10^{11}/m，说明 MAR 吸附预处理对可逆膜污染和不可逆膜污染都有很好的控制效果。相比而言，在实验考察的吸附剂投量范围内，PAC 吸附预处理对不可逆膜污染有一定的控制效果，但对可逆膜污染影响很小，与未经吸附预处理相比，经 100mg/L 的 PAC 吸附处理后的水力可逆污染阻力和水力不可逆污染阻力分别下降了 8% 和 78%。

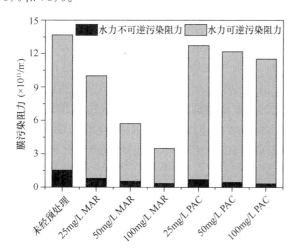

图 10-152 吸附剂投量对预处理后藻源污染水超滤过程中膜污染可逆性的影响

（吸附预处理时间：30min，超滤前用 0.45μm 膜滤去吸附剂颗粒）

3. 吸附剂颗粒对膜污染控制效能的影响

当吸附剂颗粒在超滤前未被去除时，过滤过程中吸附剂颗粒与有机物和膜之间的相互作用可能会对膜污染产生一定影响，从而影响吸附预处理对膜污染的控制效能。为了考察 MAR 和 PAC 颗粒对膜污染控制效能的影响，本节开展了将 50mg/L 吸附剂投加到水中吸附 30min 后不经 0.45μm 膜去除吸附剂颗粒的超滤实验，并与相同条件下吸附处理后滤去吸附剂颗粒的相应超滤实验结果进行了对比。

吸附剂颗粒对藻源污染水超滤过程中跨膜压差增长和膜污染可逆性的影响分别如图 10-153 和图 10-154 所示。图 10-153 可以看出，无论是 MAR 还是 PAC，吸附剂颗粒的存在都使跨膜压差的增长速度略有增加，但增加幅度很小，这说明 MAR 和 PAC 颗粒本身对藻源污染水超滤过程中膜污染的影响很小。由图 10-154 可以看出，MAR 和 PAC 颗粒本身都使可逆膜污染略有增加，但不可逆膜污染变化不大，这说明与藻类有机物共存时，MAR 和 PAC 颗粒不会造成明显的不可逆膜污染。

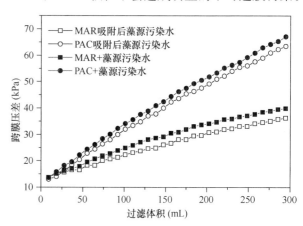

图 10-153 吸附剂颗粒本身对藻源污染水超滤过程中跨膜压差增长的影响

（吸附剂投量：50mg/L，吸附预处理时间：30min）

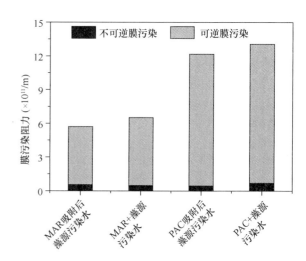

图 10-154 吸附剂颗粒本身对藻源污染水超滤过程中膜污染可逆性的影响

（吸附剂投量：50mg/L，吸附预处理时间：30min）

10.5.4　对藻源污染水超滤过程中膜污染的影响机理

超滤膜有机污染的程度一方面受有机物浓度的影响，另一方面受有机物特性（如分子量、亲/疏水性、电荷性质等）的影响。本节运用多种有机物性质表征技术对 2 种吸附剂吸附前后水中有机物特性的变化进行了分析，并结合超滤过程中有机物的迁移规律，对 MAR 和 PAC 吸附预处理对典型地表水超滤过程中膜污染的控制机理进行了探讨。吸附预处理时采用的吸附剂投量为 50mg/L，吸附时间为 30min。

1. 吸附预处理前后有机物分子量分布的变化

MAR 和 PAC 吸附处理前后藻源污染水中有机物的分子量如图 10-155 所示。

由图 10-155（a）可以看出，从 DOC 含量分析，未经吸附处理的藻源污染水中有机物的分子量分布范围较宽，且呈较明显的双峰分布，其中分子量大于 100kDa 的大分子组分和分子量小于 1kDa

的小分子组分所占比例较大，分别占有机物总量的 47.9% 和 27.7%，而分子量在 1～100kDa 之间的组分仅占 24.4%。MAR 吸附预处理后大分子组分含量下降较多，其 DOC 从 1.71mg/L 下降至 1.08mg/L，而其他分子量区间的 DOC 下降很少，说明 MAR 主要吸附了分子量大于 100kDa 的大分子有机物；相比而言，PAC 吸附处理后小分子部分下降很多，其 DOC 从 0.99mg/L 下降至 0.18mg/L，而其他分子量区间的 DOC 仅略有下降，说明 PAC 主要吸附分子量小于 1kDa 的小分子有机物。

从图 10-155（b）可以看出，藻源污染水的 UV$_{254}$ 在不同分子量区间内的分布明显不同于 DOC 的分布，其主要集中在分子量小于 1kDa 的小分子组分区间内，占总 UV$_{254}$ 的 69.6%，其次是分子量大于 100kDa 的大分子区间，占总 UV$_{254}$ 的 15.22%，这说明藻源污染水的有机物中产生紫外吸收的主要是分子量小于 1kDa 的小分子组分。MAR 吸附预处理之后各分子量区间内的 UV$_{254}$ 基本不变或下降很小，这说明 MAR 对藻源污染水中紫外吸收较强的小分子有机组分去除效果很差，而其能够有效去除的大分子组分紫外吸收很弱。相比而言，PAC 吸附预处理之后分子量小于 1kDa 区间内的 UV$_{254}$ 有较明显的下降（由 0.032/cm 降至 0.021/cm），但其他分子量区间内特别是分子量大于 100kDa 区间内的 UV$_{254}$ 的下降很少，这进一步证明了 PAC 对小分子有机物的选择性吸附作用。

2. 吸附预处理前后有机物亲/疏水性分布的变化

吸附预处理对藻源污染水中有机物亲/疏水性分布的影响如图 10-156 所示。由图 10-156（a）可以看出，从 DOC 角度分析，未经吸附处理的藻源污染水中亲水性组分含量最高，占 59.2%，其次是疏水性组分，占 36.7%，而过渡性组分含量很低，仅占 4.1%。MAR 吸附预处理后疏水性组分含量由 1.26mg/L 降低至 0.79mg/L，而亲水性组分仅由 2.03mg/L 下降至 1.83mg/L，过渡性组分含量则基本无变化；PAC 吸附预处理后疏水性组分含量下降更为明显，降低至 0.44mg/L，而亲水性组分和过渡性组分都下降很少。这说明 MAR 和 PAC 都主要吸附藻类有机物中的疏水性组分。

从图 10-156（b）可以看出，藻源污染水的 UV$_{254}$ 在不同亲/疏水性组分内的分布与 DOC 的分

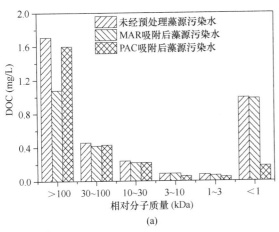
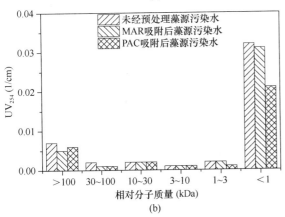

图 10-155　吸附预处理前后藻源污染水有机物分子量分布的变化
（a）DOC；（b）UV$_{254}$

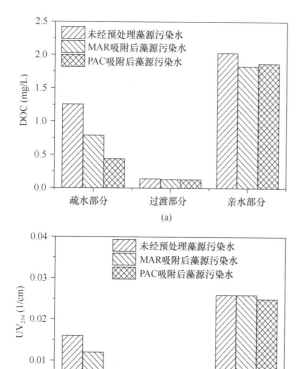

图 10-156　吸附预处理前后藻源污染水中
有机物亲/疏水性分布的变化
(a) DOC；(b) UV$_{254}$

布基本相同，这说明藻类有机物中不同亲/疏水性的各组分紫外吸收特性差别不大。MAR 吸附后疏水性部分的 UV$_{254}$ 下降了 25%，小于 MAR 吸附后疏水性部分的 DOC 的下降比例（37.3%），而亲水性组分和过渡性组分的 UV$_{254}$ 保持不变，这说明 MAR 吸附去除的疏水组分是紫外吸收较弱的有机物。相比而言，PAC 吸附后疏水组分的 UV$_{254}$ 有显著下降（由 0.016/cm 降至 0.004/cm），而亲水组分和过渡组分的 UV$_{254}$ 下降很小，进一步说明了 PAC 吸附去除的主要是藻类有机物中的疏水性组分。

3. 吸附预处理前后三维荧光光谱的变化

吸附预处理前后藻源污染水中各荧光组分的变化如图 10-157 所示。从图 10-157(a) 可以看出，未经吸附处理的藻源污染水样主要有 3 个荧光峰，包括代表蛋白质类的 T$_1$ 峰和代表腐殖质类的 A 峰和 C 峰，说明藻源污染水样中有蛋白质类和腐殖质类物质。经过 100kDa 膜过滤后 T$_1$ 峰强度显著降低，而 A 峰和 C 峰变化不大，这说明藻源污染水中大部分蛋白质类物质的分子量是大于 100kDa

的，而腐殖质类物质的分子量小于 100kDa。MAR 吸附处理后 T$_1$ 峰强度下降很多，C 峰略有下降，而 A 峰基本不变，说明 MAR 吸附对藻源污染水中分子量较大的蛋白质类物质有很好的去除效果，但对腐殖质类物质去除效果较差。图 10-157(d) 表明 PAC 吸附处理后代表腐殖质类有机物的 A 峰和 C 峰基本消失，而 T$_1$ 峰强度下降很少，说明 PAC 吸附主要去除了藻源污染水中的腐殖质类物质，而对蛋白质类物质去除很少。

4. 吸附预处理对超滤过程中膜污染阻力分布和有机物迁移的影响

吸附预处理对藻源污染水超滤过程中膜污染阻力分布的影响如图 10-158 所示。可以看出，藻源污染水超滤过程中造成的膜污染以外部污染为主，其阻力为 11.56×10^{11}/m，占总膜污染阻力的 84.5%，这说明大分子有机物导致的滤饼层在膜污染中起到了重要作用。MAR 吸附使外部污染下降了 64.0%，但内部污染仅下降 27.0%；与此相反，PAC 吸附对内部污染影响较大，使其下降了 57.2%，但外部污染仅下降了 2.5%。这说明 MAR 吸附对引起外部污染的有机物组分有很好的去除效果，但对引起内部污染的组分去除效果较差，而 PAC 吸附的作用则相反。与超滤进水中不含吸附剂颗粒相比，当吸附剂颗粒与膜直接接触时，MAR 和 PAC 颗粒都使外部污染阻力略有增加，但增加幅度很小；此外，MAR 和 PAC 颗粒的存在都使内部污染略有下降，这应该是由于 MAR 和 PAC 颗粒进一步吸附了部分引起内部污染的有机物。

吸附预处理对藻源污染水超滤过程中有机物质量平衡的影响如图 10-159 所示。可以看出，未经吸附预处理的藻类有机物超滤过程中膜出水和膜上沉积的有机碳分别为 0.50mg 和 0.44mg，分别占总有机碳的 43.5% 和 38.4%。MAR 吸附处理使膜上沉积部分的有机物质量降低至 0.26mg，与未经吸附预处理时相比下降了 42.5%，而膜出水和浓缩液部分下降很少，这说明 MAR 吸附预处理有效降低了藻类有机物在膜上的积累。相比而言，PAC 吸附使膜出水部分的有机物质量减少至 0.24mg，与未经吸附预处理时相比下降了 53.0%，而浓缩液和膜上沉积部分仅略有下降，这与 PAC 吸附对藻类有机物引起的膜污染的较差的控制效果是一致的。

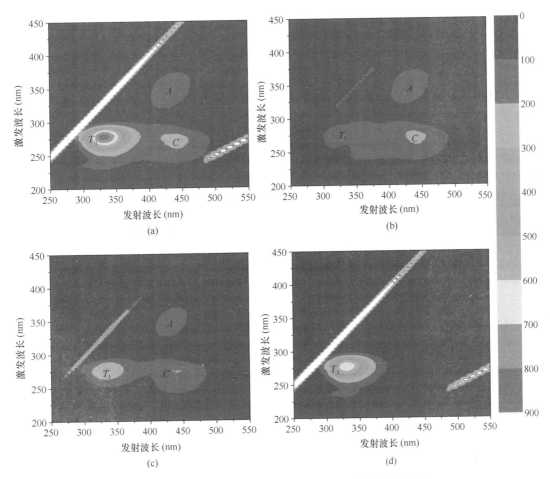

图 10-157　吸附预处理前后藻源污染水三维荧光光谱的变化

（a）未经吸附处理；（b）100kDa 醋酸纤维膜过滤后；（c）MAR 吸附处理后；（d）PAC 吸附处理后

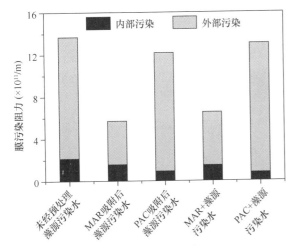

图 10-158　吸附预处理对藻源污染水
超滤过程中膜污染可逆性的影响

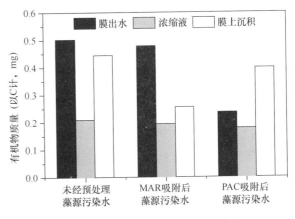

图 10-159　吸附预处理对藻源污染水
超滤过程中有机物质量平衡的影响

10.5.5　一体式吸附—超滤工艺处理典型地表水时的膜污染

为了考察较长运行时间下 MAR 和 PAC 吸附

对超滤过程中膜污染的控制效果，采用浸没式中空纤维超滤膜系统进行了连续流过滤实验，通过在超滤膜池中投加 MAR 或 PAC 构成了一体式吸附—超滤组合工艺，比较了单独超滤、MAR 吸附—超滤和 PAC 吸附—超滤 3 种工艺中的膜污染情况。

实验中采用的浸没式中空纤维超滤膜系统的运行工况按照生产性膜系统设定，包含周期性反冲洗、间歇性曝气、定期排空等，每种工艺运行时间为 3d，实验结果能够较好地反映实际应用中超滤膜的长期污染行为。

1. 跨膜压差的增长

一体式吸附—超滤工艺连续运行处理藻源污染水过程中跨膜压差增长情况如图 10-160 所示。3 种工艺的初始跨膜压差为 14.5 ± 0.5 kPa，在过滤过程中，3 种工艺的跨膜压差随着过滤的进行出现了不同程度的增加，其中单独超滤工艺增长最快，运行结束时跨膜压差达到 39.5kPa；PAC 吸附—超滤工艺的跨膜压差增长速度略低于直接超滤工艺，运行结束时跨膜压差为 35.0kPa；而 MAR 吸附—超滤工艺在运行结束时跨膜压差仅 22.3kPa，这说明投加 MAR 和 PAC 都能够降低藻源污染水引起的膜污染，但 MAR 的效果明显好于 PAC。

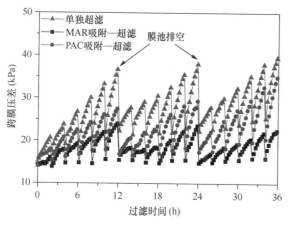

图 10-160　一体式吸附—超滤工艺连续运行处理藻源污染水时跨膜压差的增长

2. 膜污染的可逆性

由图 10-160 可以看出，每次气水反冲洗之后 3 种工艺的跨膜压差均有明显下降，这部分能够恢复的跨膜压差可以认为是由可逆膜污染引起的，而反冲洗之后跨膜压差与上一次反冲洗之后的跨膜压差相比增加的部分可以认为是由不可逆膜污染引起的。为了深入认识一体式吸附—超滤工艺连续运行过程中膜污染的可逆性及其变化规律，考察了每次气水反冲洗之后的跨膜压差随时间的增长情况，即不可逆膜污染随时间的变化以及一个膜池排空周期内膜污染可逆性的变化。

一体式吸附—超滤工艺处理藻源污染水过程中不可逆膜污染随过滤时间的增长如图 10-161 所示。

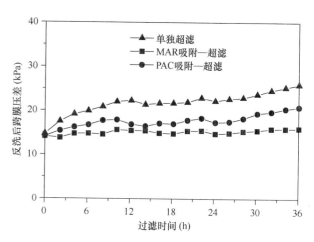

图 10-161　一体式吸附—超滤工艺处理藻源污染水过程中不可逆膜污染随过滤时间的增长

最后一次反冲洗后单独超滤、MAR 吸附—超滤和 PAC 吸附—超滤工艺的跨膜压差分别为 26.0kPa、16.0kPa 和 20.8kPa，与初始压力相比分别增加了 11.3kPa、1.9kPa 和 6.7kPa，即 MAR 吸附—超滤工艺的不可逆膜污染仅为单独超滤工艺的16.8%，PAC 吸附—超滤工艺的不可逆膜污染也比单独超滤工艺下降了 40.7%。这说明 MAR 能够显著降低藻源污染水超滤过程中的不可逆膜污染，而 PAC 也有一定的控制效果。

图 10-162 给出了一体式吸附—超滤工艺处理藻源污染水时一个膜池排空周期内膜污染可逆性的变化。在每个反冲洗周期内可逆膜污染都是构成膜污染阻力的主要部分，这说明藻类有机物引起的膜污染有较好的可逆性；随着反冲洗周期的增加，每个周期内的膜污染阻力明显增大，以单独超滤为例，第一个反冲洗周期内的膜污染阻力为 $6.67 \times$

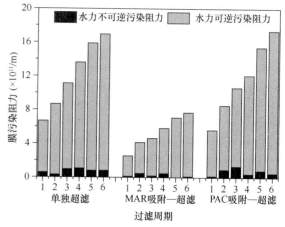

图 10-162　一体式吸附—超滤工艺处理藻源污染水时一个膜池排空周期内膜污染可逆性变化

$10^{11}/m$，第六个反冲洗周期内的膜污染阻力已增至 $16.96×10^{11}/m$，且增加的阻力主要为水力可逆污染阻力，水力不可逆污染阻力没有明显的规律性变化；与直接超滤工艺相比，MAR 吸附—超滤工艺的可逆膜污染和不可逆膜污染都有了明显下降，而 PAC 吸附—超滤工艺的可逆膜污染下降较少。

3. 水力不可逆污染阻力分布和有机物的迁移规律

单独超滤、MAR 吸附—超滤和 PAC 吸附—超滤处理 3 种工艺处理藻源污染水过程中水力不可逆污染阻力的分布如图 10-163 所示。可以看出，单独超滤工艺的不可逆膜污染中内部污染和外部污染阻力分别为 $8.17×10^{11}/m$ 和 $5.30×10^{11}/m$，内部污染所占比例较大。与单独超滤相比，MAR 吸附—超滤工艺的内部污染和外部污染都有明显下降，其中内部污染下降更多，仅为单独超滤工艺的 9.9%，外部污染也下降了 73%；而 PAC 吸附—超滤工艺的内部污染和外部污染也分别比单独超滤工艺下降了 57.5% 和 14.8%。这说明在连续流实验中，MAR 对不可逆膜污染中的内部污染和外部污染的控制效果都好于 PAC，这可能是由于 MAR 对不可逆的膜孔堵塞等内部污染的控制效果好于 PAC。

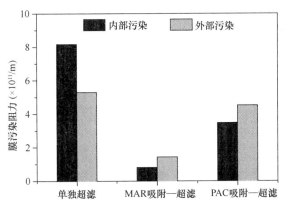

图 10-163　一体式吸附—超滤工艺连续运行处理藻源污染水过程中水力不可逆污染阻力分布

一体式吸附—超滤工艺连续运行处理藻源污染水过程中进一步考察了每个膜池排空周期末浓缩液中溶解性有机物的含量和性质。图 10-164 给出了各周期末浓缩液中 DOC 的浓度，可以看出，3 种工艺的浓缩液中 DOC 浓度都随排空周期数的增加而略有升高，这可能是由于在第一周期内吸附在膜上的有机物较多，而后期逐渐减少。不同工艺的浓缩液 DOC 浓度比较可以发现，单独超滤工艺的浓缩液有机物含量最高，投加吸附剂后浓缩液有机物

含量有不同程度的降低，其中投加 MAR 时降低更为明显，而投加 PAC 时下降较少，这 3 种工艺浓缩液中 DOC 浓度与其跨膜压差增长速度的规律是一致的。分析认为，虽然 PAC 对藻类有机物总体的去除效果好于 MAR，但膜池内浓缩累积的主要是其中分子量较大的组分，而 PAC 对这部分有机物的去除效果较差，因此 PAC 吸附—超滤工艺中浓缩液 DOC 浓度比 MAR 吸附—超滤工艺中的高。

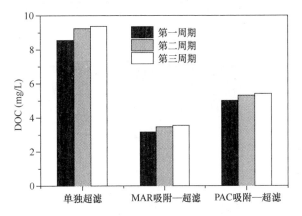

图 10-164　一体式吸附—超滤工艺连续运行处理藻源污染水过程中浓缩液 DOC 浓度变化

图 10-165 为连续流吸附—超滤实验进水及第二周期末浓缩液的三维荧光光谱图。可以看出，进水的荧光光谱图主要有 3 个峰，包括代表蛋白质类的 T_1 峰和代表腐殖质类的 A 峰和 C 峰，其中 T_1 峰的强度明显大于 A 峰和 C 峰的强度。与进水相比，单独超滤工艺浓缩液中的 T_1 峰的强度明显增大，A 峰和 C 峰的强度略有增加，此外，还出现了进水中并不明显的代表蛋白质类的 T_2 峰，这说明单独超滤过程中腐殖质类组分的浓缩并不明显，而蛋白质类浓缩较为明显。与直接超滤工艺的浓缩液相比，MAR 吸附—超滤工艺浓缩液的 T_1 和 T_2 峰的强度都有了显著下降，A 峰和 C 峰强度也略有下降，MAR 吸附—超滤工艺浓缩液的荧光强度甚至与进水类似，这说明投加的 MAR 对蛋白质类有很好的吸附效果。相比而言，PAC 吸附—超滤工艺浓缩液中 A 峰和 C 峰基本消失，而 T_1 和 T_2 峰的强度仅略低于直接超滤工艺浓缩液的 T_1 和 T_2 峰的强度，这说明 PAC 对腐殖质类有很好的去除效果，但对蛋白质类去除效果较差，这与图 10-164 中浓缩液 DOC 浓度的变化基本一致，也进一步解释了 3 种工艺跨膜压差增长速度的差异。

综上所述，本文结合膜污染阻力分布、有机物

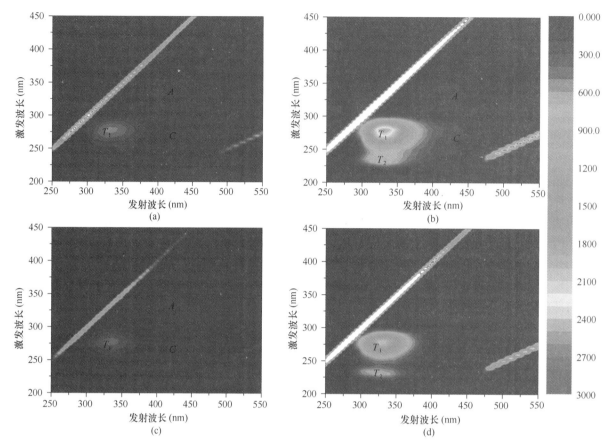

图 10-165　一体式吸附—超滤工艺处理藻源污染水过程中浓缩液的三维荧光光谱
(a) 进水；(b) 单独超滤浓缩液；(c) MAR 吸附—超滤浓缩液；(d) PAC 吸附—超滤浓缩液

迁移规律和有机物性质表征等考察 MAR 对藻源污染水超滤过程中膜污染的控制效能与机理，并采用模拟实际生产工况的浸没式中空纤维超滤膜系统通过连续流实验评价 MAR 对长期运行过程中不可逆膜污染的控制效能。本研究针对藻源水引起的膜污染，以 PAC 作为对照，系统研究 MAR 这一新型吸附材料对超滤膜污染的控制效能及其影响因素，研究内容对于新型吸附材料的开发应用和膜前吸附预处理工艺的设计有重要意义，有望促进超滤组合工艺在水处理中的推广应用。

10.6　化学强化反冲洗控制藻源水超滤膜膜污染研究

10.6.1　实验用水及装置

实验用水来自东营南郊水厂V型滤池出水，东营市南郊水厂原水采用其配套的南郊水库水，水库水是黄河水经过简单沉砂处理后进入南郊水库的。

南郊水厂进水存在冬季低温低浊，夏季高藻的现象。本节主要针对夏季高藻造成的超滤膜污染进行研究。

实验装置主要由原水箱、恒位水箱、膜池、自控箱和进/出水系统组成，如图 10-166 所示。水厂滤池出水经分配水箱进入各个膜池的原水箱，然后进入膜池过滤，出水经溢流堰进入废水渠。实验中所采用 PVC 复合膜的外径为 2mm，膜组件的有效膜面积为 $0.025m^2$，采用的通量为 $30L/(m^2 \cdot h)$，过滤周期为 90min，反冲洗时间为 3min，反冲洗均采用 UF 膜出水，反冲洗强度为 $60L/(m^2 \cdot h)$（过滤通量的 2 倍）。

考虑实际操作问题，每天进行 2 次化学强化水力反冲洗，时间分别在 08:00 和 20:00，水力反冲洗时采用特别配制的反冲洗溶液（如 NaCl 和 NaClO 溶液），反冲洗的同时采用曝气处理，反冲洗结束后将膜池中的水排掉，然后重新进水开始新一轮过滤处理。

图 10-166　现场实验装置图

10.6.2　不同药剂种类对跨膜压差调控作用

东营水厂一期在运行过程中超滤膜污染严重，且主要是有机膜污染，常规的水力反冲洗难以控制膜污染，因此需采取强化清洗措施。本研究中拟定采用强化水力反冲洗措施（即向反冲洗水中投加一定量的化学药剂，配制成反冲洗溶液）控制超滤膜污染，提高膜的产水能力。具体实验方案详见表 10-24。

药剂种类必选及药剂组合优化实验方案　　表 10-24

序号	药剂名称及组合	药剂浓度
1	NaCl	500mg/L
2	NaClO	20mg/L
3	NaClO＋NaCl	NaClO 为 20mg/L，NaCl 为 100mg/L
4	NaClO＋NaOH	NaClO 为 20mg/L，NaOH 调节 pH 为 11
5	NaClO＋HCl	NaClO 为 20mg/L，HCl 调节 pH 为 3
6	NaClO＋柠檬酸	NaClO 为 20mg/L，柠檬酸为 1%

注：超滤膜过滤周期为 90min，反冲洗时间为 3min，每日强化水力反冲洗 2 次，时间分别为 8:00 和 20:00，其余时间段均采用单独水力反冲洗。

1. 对照组 TMP 随时间变化规律

实验中剪取水厂生产上膜池中的 PVC 超滤膜丝，制成了 PVC 膜组件。PVC 复合膜实验对照组 TMP 随时间变化规律如图 10-167 所示。实验装置连续运行 20 余天，期间共采用了 4 次浸泡清洗，第一次和第二次浸泡清洗的周期约为 3d，TMP 由 2kPa 迅速增加到 50kPa 左右，TMP 平均增长速度约 15kPa/d，膜污染严重。然而，第三次和第四次

的浸泡清洗周期与生产上基本一致（约为 7d），TMP 由 10kPa 迅速增加到 45kPa 左右，TMP 平均增长速度约 5kPa/d。此外，图 10-167 还表明，PVC 复合膜连续过滤过程中膜污染较为严重，单独的水力反冲洗难以控制膜污染，即使采用高浓度 NaClO 溶液浸泡清洗，也只能暂时缓解超滤膜污染；在 PVC 复合膜长期运行过程中，水力不可逆污染逐渐加重，TMP 不断增加，即当前采用的高浓度 NaClO 浸泡清洗的方式，对 PVC 膜污染没有持久的控制效能。

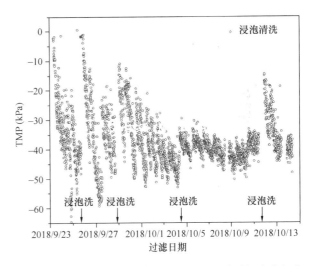

图 10-167　PVC 复合膜实验对照组 TMP 随时间变化规律

2. NaCl 对 PVC 膜污染控制效能研究

本实验中将考察 NaCl 溶液（500mg/L）反冲洗对 PVC 复合膜污染的控制效果，实验周期为 20d，实验结果如图 10-168 所示。

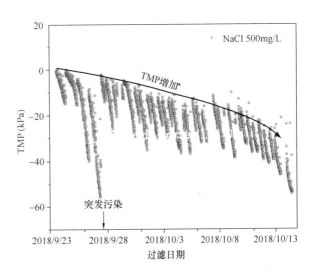

图 10-168　NaCl 溶液强化反冲洗下，PVC 复合膜的TMP 随时间变化规律

在每个强化反冲洗周期内，随着过滤的进行，TMP 的涨幅约 15kPa，然而每次强化水力反冲洗后，PVC 复合膜的 TMP 均可显著恢复，表明 NaCl 溶液强化水力反冲洗，可有效地去除膜表面的污染物（如滤饼层），缓解膜污染，尤其是水力不可逆污染。然而，随着过滤的进一步进行，每次强化水力反冲洗后，PVC 复合膜的 TMP 较上一周期均有所缓慢下降，表明尽管采用了 NaCl 溶液强化反冲洗，仍有部分水力不可逆污染形成。实验初期 PVC 复合膜的水力不可逆污染阻力为 2kPa，而实验末期（即过滤 20d 后）PVC 复合膜的水力不可逆污染阻力约为 25kPa，差值约为 23kPa，平均涨幅为 1.15kPa/d，相比于 PVC 对照组（5kPa/d），膜污染速率下降了约 4.3 倍，显著地缓解了膜污染。

3. NaClO 对 PVC 膜污染控制效能研究

本实验中采用 NaClO 溶液（20mg/L）来进行强化反冲洗，PVC 复合膜的 TMP 随时间变化规律如图 10-169 所示。

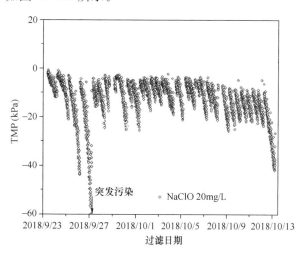

图 10-169　NaClO 溶液强化反冲洗下，PVC 复合膜的
TMP 随时间变化规律

在每个强化水力反冲洗周期内，PVC 复合膜的 TMP 涨幅约为 10～20kPa，平均涨幅约 15kPa，较 PVC 对照组的 TMP 增长速率略微有所增加，这可能是由于采用 NaClO 强化反冲洗后，膜表面较为干净，滤饼层的预过滤效应不明显，导致其单个周期内膜污染较对照组反而有所增加；但是当采用 NaClO 强化反冲洗后，PVC 复合膜的 TMP 基本完全恢复到上一周期的初始状态，表明 NaClO 溶液能够有效地强化反冲洗效能，缓解膜污染，尤其是控制水力不可逆污染。即使膜前进水水质突变

情况下，其仍能够有效地缓解膜污染，表明 Na-ClO 强化水力反冲洗措施可有效地提高 PVC 复合膜组件抗原水水质冲击负荷的能力。对比实验初期和实验末期 PVC 复合膜的水力不可污染逆阻力（分别为 3kPa 和 8kPa）可知，PVC 复合膜组件连续运行 20 余天，其水力不可逆污染阻力仅增长了约 5kPa，平均增长速度约 0.25kPa/d，约为 PVC 对照组（5kPa/d）的 5%，表明 NaClO 强化反冲洗可有效地缓解水力不可逆污染，保障超滤工艺的稳定运行。

4. NaClO＋NaOH 对 PVC 膜污染控制效能研究

为了强化 NaClO 的反冲洗效果，实验中通过 NaOH 调节反冲洗溶液的 pH 为 11，考察其 Na-ClO＋NaOH 强化反冲洗对 PVC 复合膜污染的控制效能，实验结果如图 10-170 所示。

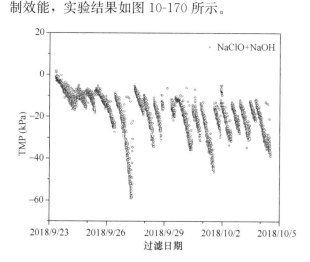

图 10-170　NaClO＋NaOH 溶液强化反冲洗下，
PVC 复合膜的 TMP 随时间变化规律

NaClO＋NaOH 可有效地缓解 PVC 膜污染，每次强化水力反冲洗后，PVC 复合膜的 TMP 均可得到有效的恢复。然而，长期运行过程中，PVC 复合膜的水力不可逆污染阻力仍在缓慢增加，对比实验初期和实验末期 PVC 复合膜的水力不可逆污染阻力（分别为 2kPa 和 12kPa）可知，水力不可逆污染阻力的平均增长速率约为 0.8kPa/d，较 PVC 对照组显著降低，约为其 1/6。然而，对比图 10-169 和图 10-170 可知，采用 NaOH 调节 pH 后，NaClO 溶液的反冲洗效果反而有所降低，这可能是由于调节 pH 后，溶液呈碱性，导致水中部分残余铝离子形成絮体，从而导致 NaClO＋NaOH 的反冲洗效果较单独的 NaClO 溶液的反冲洗效果反而有所降低。

5. NaClO＋NaCl 对 PVC 膜污染控制效能研究

实验中进一步考察了 NaClO＋NaCl 强化反冲洗对 PVC 复合膜污染的控制效能，实验结果如图 10-171 所示。

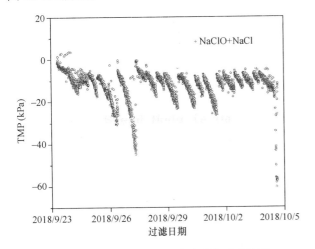

图 10-171　NaClO＋NaCl 溶液强化反冲洗下，PVC 复合膜的 TMP 随时间变化规律

采用 NaClO＋NaCl 可有效地控制 PVC 复合膜的水力不可逆污染，实验初期，每次强化水力反冲洗后，PVC 复合膜的 TMP 值较前一阶段略微有所下降。随着过滤的进行，每次 NaClO＋NaCl 强化反冲洗后，PVC 复合膜的 TMP 均可恢复到上一阶段的初始状态，表明 NaClO＋NaCl 可有效地缓解 PVC 复合膜的水力不可逆污染。对比 9 月 26 日和 10 月 5 日 PVC 复合膜的水力不可逆阻力可知，二者几乎没有显著的差异，表明 NaClO＋NaCl 联合强化水力反冲洗下，PVC 复合膜的水力不可逆污染得到了有效的控制。

6. NaClO＋柠檬酸对 PVC 膜污染控制效能研究

实验中进一步考察了 NaClO＋柠檬酸联合强化反冲洗对 PVC 复合膜污染的控制效能，实验结果如图 10-172 所示。

实验初期，NaClO＋柠檬酸联合强化反冲洗可有效地控制水力不可逆膜污染，每次强化反冲洗后，PVC 复合膜的 TMP 基本上恢复到上一阶段的初始值。然而随着过滤的进一步进行，NaClO＋柠檬酸联合强化反冲洗对水力不可逆污染的控制效果逐渐变差，连续过滤 7d 后，每次强化水力反冲洗后，PVC 复合膜的 TMP 较上一阶段的初始值均有所下降。整个实验阶段，PVC 复合膜的水力不可逆污染平均增长速度约为 1kPa/d，约为 PVC 对照

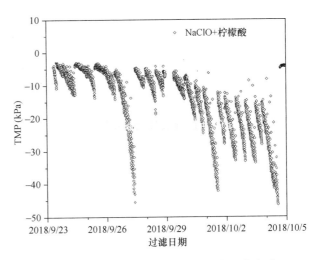

图 10-172　NaClO＋柠檬酸溶液强化反冲洗下，PVC 复合膜的 TMP 随时间变化规律

组的 1/5，然而实验后期，PVC 复合膜的水力不可逆污染增长速度有所增加，平均增长速度约为 1.5kPa/d，约为 PVC 对照组的 1/3。上述分析表明，相比于 PVC 对照组，NaClO＋柠檬酸联合强化反冲洗可有效地缓解水力不可逆污染，抑制 TMP 的快速增加，但较单独 NaClO 强化反冲洗而言，NaClO＋柠檬酸联合强化反冲洗对 PVC 复合膜的水力不可逆污染的控制效果反而显著下降。

7. NaClO＋HCl 对 PVC 膜污染控制效能研究

实验中还考察了 NaClO＋HCl 联合强化反冲洗对 PVC 复合膜水力不可逆污染的控制作用，实验结果如图 10-173 所示。实验初期，PVC 复合膜的水力不可逆污染阻力增加显著，由 5kPa 迅速增加到了 12kPa，但随着过滤的进行，PVC 复合膜

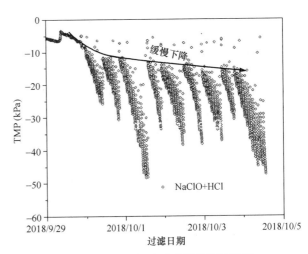

图 10-173　NaClO＋HCl 强化反冲洗下，PVC 复合膜的 TMP 随时间变化规律

的水力不可逆污染阻力增长速度明显降低，平均增长速度约为 0.7kPa/d，远远低于对照组（5kPa/d）。然而，对比单独 NaClO 溶液强化反冲洗可知，NaClO＋HCl 联合强化反冲洗对 PVC 复合膜污染的控制效果相对较差。

10.6.3　不同药剂投加量对跨膜压差调控作用

上节研究表明，NaCl、NaClO 和 NaClO＋柠檬酸对 PVC 复合膜的水力不可逆污染具有较好的控制作用，因此本小节将进一步分析上述 3 种药剂的不同投加量对 PVC 复合膜污染的控制作用，以期进一步降低药耗。

1. 不同 NaCl 投加量对 PVC 复合膜 TMP 调控作用

实验中考察了不同 NaCl 投加量（500mg/L、300mg/L 和 100mg/L）下，PVC 复合膜 TMP 随时间变化规律，实验结果如图 10-174 所示。

当 NaCl 的投加量为 100mg/L 时，TMP 变化规律共分为Ⅰ和Ⅱ两个阶段。第Ⅰ阶段，实验初期和实验末期 PVC 复合膜的水力不可污染逆阻力分别为 3kPa 和 30kPa，平均增长率为 5.4kPa/d；第Ⅱ阶段，实验初期和实验末期 PVC 复合膜的水力不可逆污染阻力分别为 14kPa 和 30kPa，其平均增长速度约为 3.5kPa/d。对比 PVC 对照组的水力不可逆污染阻力增长速度（5kPa/d）可知，采用 100mg/L 的 NaCl 溶液强化水力冲洗对 PVC 复合膜的水力不可逆污染控制效果较差。

相比于 NaCl 的投加量为 100mg/L，当 NaCl 的投加量为 300mg/L 时，NaCl 溶液对 PVC 复合膜污染的控制效果显著增加，每次强化水力反冲洗后，PVC 复合膜的 TMP 得到有效的恢复。整个实验过程中，PVC 复合膜的水力可逆污染阻力基本一致，约为 10～13kPa。但长期运行过程中，PVC 复合膜的水力不可逆污染阻力在缓慢增加，表明随着过滤的进行，PVC 复合膜的水力不可逆污染不断累积。实验初期和实验末期 PVC 复合膜的水力不可逆污染阻力分别为 2kPa 和 14kPa，过滤时间为 10d，故 PVC 复合膜的水力不可逆污染阻力的平均增长速度为 1.2kPa/d，相比于 NaCl 投加量为 100mg/L 时，PVC 复合膜的水力不可逆污染得到了有效的缓解。

相比于 NaCl 投加量为 300mg/L，当 NaCl 投加量为 500mg/L 时，PVC 复合膜的水力不可逆污

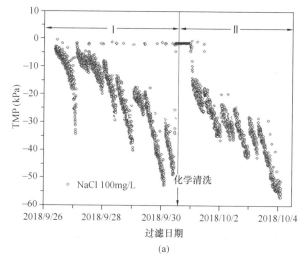
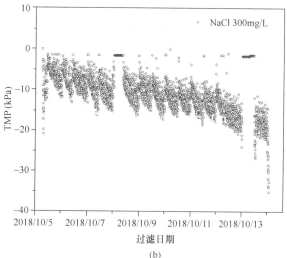
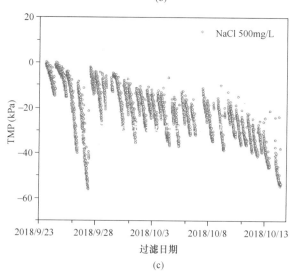

图 10-174　不同 NaCl 投加量下 PVC 复合膜 TMP 随时间变化规律

（a）NaCl 100mg/L；（b）NaCl 300mg/L；（c）NaCl 500mg/L

染阻力的增长速度约为 1.15kPa/d，二者相差不大，而当 NaCl 的投加量为 100mg/L 时，PVC 复

合膜的水力不可逆污染阻力显著增加，表明该实验条件下，NaCl 的最佳投加量为 300~500mg/L。

2. 不同 NaClO 投加量对 PVC 复合膜 TMP 调控作用

上述研究表明 NaClO 溶液能够有效地缓解 PVC 复合膜的水力不可逆污染，故本小节将进一步讨论 NaClO 投加量对 PVC 复合膜污染的影响，从而优化 NaClO 投加量，降低药耗。

实验中考察了不同 NaClO 投加量（10mg/L、20mg/L 和 30mg/L）下，PVC 复合膜 TMP 随时间变化规律，实验结果如图 10-175 所示。相比于对照组，当 NaClO 投加量为 10mg/L 时，PVC 复合膜的水力不可逆污染得有了有效的缓解，每次强化水力反冲洗后，PVC 复合膜的 TMP 基本恢复到上一阶段的初始值。经过连续 19d 的运行，PVC

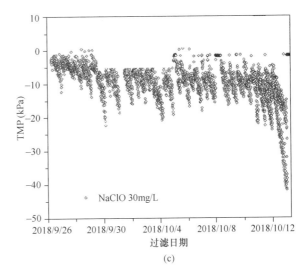

图 10-175 不同 NaClO 投加量下 PVC 复合膜
TMP 随时间变化规律（二）
（c）NaClO 30mg/L

复合膜的水力不可逆污染阻力由 2kPa 增长到了 8kPa，平均增长速度为 0.32kPa/d，相比于 NaClO 投加量为 20mg/L 时只增加了约 0.07kPa/d。

当 NaClO 的投加量为 30mg/L 时，PVC 复合膜的水力不可逆污染阻力并没有显著下降，基本与 NaClO 投加量为 20mg/L 时一致，表明当 NaClO 的投加量超过 20mg/L 后，继续增加 NaClO 的投加量，PVC 复合膜的水力不可逆污染基本保持不变。因此，NaClO 的最佳投加量为 10~20mg/L。

3. 不同 NaClO＋柠檬酸投加量对 PVC 复合膜 TMP 调控作用

如图 10-176 所示，当柠檬酸的投加量为 0.5% 时，相比于对照组，NaClO＋柠檬酸联合强化反冲洗对 PVC 复合膜的水力不可逆污染具有较好的控制作用，实验初期，PVC 复合膜的水力不可逆污染阻力为 2kPa，而当 PVC 膜组件连续运行 7d 后，PVC 复合膜的水力不可逆污染阻力增加到 20kPa 左右，整个过滤过程中 PVC 复合膜的水力不可逆污染阻力的平均增长速度约为 2.5kPa/d，膜污染速度较对照组降低了一半。

当柠檬酸的投加量为 1% 时，NaClO＋柠檬酸联用强化水力反冲洗，可有效地缓解 PVC 负荷的水力不可逆污染，其水力不可逆污染阻力增长速度约为 1.5kPa/d，较柠檬酸投加量为 0.5% 水力不可逆污染阻力的增长速度时降低了 40%，表明随着柠檬酸含量的增加，有助于缓解 PVC 复合膜的水力不可逆污染。

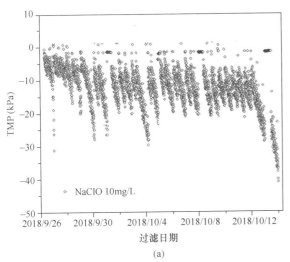

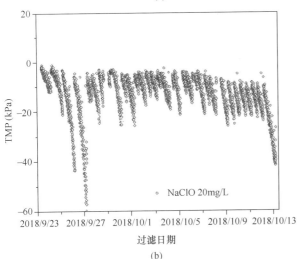

图 10-175 不同 NaClO 投加量下 PVC 复合膜
TMP 随时间变化规律（一）
（a）NaClO 10mg/L；（b）NaClO 20mg/L

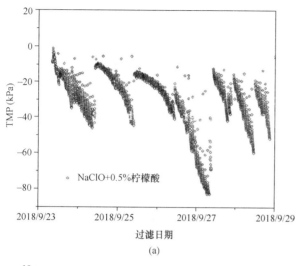

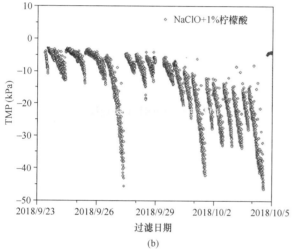

图 10-176　不同 NaClO+柠檬酸投加量下 PVC
复合膜 TMP 随时间变化规律

（a）NaClO+0.5%柠檬酸；（b）NaClO+1%柠檬酸

10.6.4　不同清洗方案对跨膜压差调控作用

为了进一步提高 PVC 复合膜的清洗效果，实验中考察了在线化学清洗（NaClO 的投加浓度为 200mg/L）、浸泡清洗和强化水力反冲 3 种清洗措施对 PVC 复合膜跨膜压差和水力不可逆污染的影响，实验结果如图 10-177 所示。

图 10-177（a）为采用化学清洗条件下，PVC 复合膜 TMP 随时间变化规律。当过滤 4d 后，膜前进水水质发生变化（突发污染），导致 PVC 复合膜的 TMP 大幅增加，常规水力反冲洗难以恢复 TMP，因此采用了 NaClO 在线化学清洗。清洗后，PVC 复合膜的 TMP 与过滤初期的 TMP 基本

一致，表明该阶段 PVC 复合膜的水力不可逆污染基本被去除。随着过滤进一步进行，PVC 复合膜的 TMP 进一步下降，当连续运行 14d 后，PVC 复合膜的 TMP 下降到了 50kPa 左右，水力不可逆污染阻力增加到了约 40kPa，因此需要再次采用在线化学清洗。但是本次化学清洗对 PVC 复合膜污染的控制效果不佳，清洗后 PVC 复合膜的水力不可污染逆阻力为 30kPa，这可能是由于 PVC 复合膜连续运行时间过长，导致膜表面形成的滤饼层过于致密，同时膜孔堵塞严重，因此较短时间的在线化学清洗难以有效地去除水力不可逆污染。

图 10-177（b）表明 NaClO 浸泡清洗对 PVC 复合膜水力不可逆污染只具有暂时的恢复作用，而在 PVC 复合膜连续运行过程中，其水力不可逆污染迅速形成，即 NaClO 浸泡清洗对 PVC 复合膜水力不可逆污染没有持久的控制作用，导致整个实验过程中共采用了 4 次浸泡清洗，严重地浪费了清洗药剂。

相比于在线化学清洗和浸泡清洗，图 10-177（c）表明强化水力反冲洗可有效地缓解 PVC 复合膜的水力不可逆污染，整个过滤过程中，PVC 复合膜的水力不可逆污染只是略有所增加。图 10-177（d）进一步表明，采用 NaClO 浸泡清洗时，PVC 复合膜的水力不可逆污染阻力增长速度最大，而采用在线化学清洗可明显降低 PVC 复合膜的水力不可逆污染阻力增长速度。值得一提的是，采用强化水力反冲洗，对 PVC 复合膜的水力不可逆污染控制效果最佳，相应的水力不可逆污染阻力增长速度约为 0.25kPa/d，远低于在线化学清洗和浸泡清洗。

综上所述，本章采用化学强化反冲洗的方法，考察超滤膜在高藻水条件下长期运行过程中的 TMP 变化规律及膜阻力分布特性，明确不同反冲洗组分对超滤藻源膜污染的控制效能，并优选药剂投加量、投加比例及最佳的清洗方案，总结出最适合东营南郊水厂夏季高藻水造成的膜污染水力反冲洗方案，为化学强化反冲洗的实际应用提供了理论支持，表明化学强化反冲洗方式对于藻源膜污染具有持续性控制效果，在应对藻源膜污染方面具有广阔的应用前景。

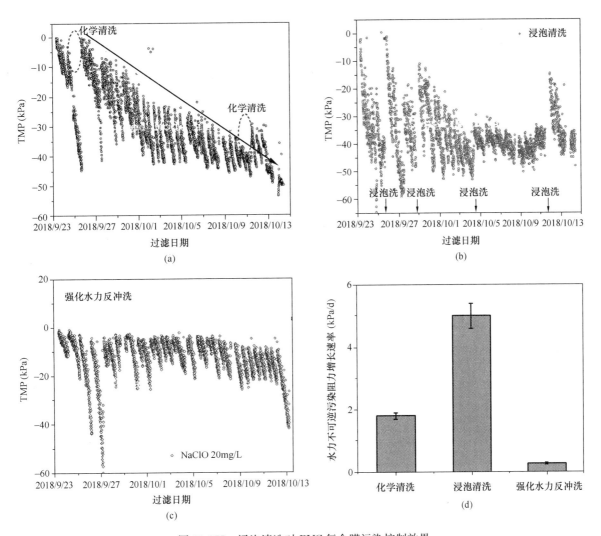

图 10-177　浸泡清洗对 PVC 复合膜污染控制效果

（a）化学清洗；（b）浸泡清洗；（c）强化水力反冲洗；（d）3 种清洗措施的水力不可逆污染阻力增长速率

第**11**章

第三代饮用水净化工艺（纳滤、反渗透）用于新兴微污染物、苦咸水、海水等的实验研究

现阶段，我国大部分自来水厂仍采用混凝、沉淀、过滤、加氯消毒的常规水处理工艺。常规水处理工艺主要以浊度、色度、微生物等为去除对象，可以满足我国的生活饮用水标准的要求。但由于近年来我国水源水受有机物污染较为严重，水中除含有悬浮物和胶体之外，还有大量的溶解性有机物、重金属离子、盐类、氨氮等，且常规处理工艺所采用的加氯消毒方式会形成对人体健康有害的三卤甲烷等消毒副产物，这些都对常规处理工艺提出了更高的要求和挑战。

而纳滤可去除水中的无机污染物（例如硬度、硝酸盐、砷、氟化物、重金属）及有机污染物（例如农药残留物、三卤甲烷、环境内分泌干扰物及天然有机物），同时可以保留对人体有益的矿物质，符合优质饮用水的要求。另外，纳滤还可以截留尺寸较小的病毒，达到消毒的目的，可以减少水中的残余氯，同时能维持配水管网内微生物数量的稳定，在饮用水深度处理、软化制取饮用水等诸多领域有越来越广泛的应用。反渗透的过滤相比于纳滤更为精密，能阻挡所有的溶解性盐及分子量大于0.1kDa 的有机物，因而在饮用水深度处理领域以及海水淡化方面的应用也越来越广泛。但无论是纳滤还是反渗透，在应用过程中都会受到膜污染问题的影响和制约，因此，本章主要针对纳滤和反渗透的稳定运行以及膜污染问题进行了研究。

11.1 节通过中试装置考察了不同水质条件和操作条件对超滤/纳滤组合工艺去除抗生素磺胺二甲基嘧啶去除效能的影响，同时对超滤、纳滤组合工艺长期运行效能及膜污染清洗进行了研究，对超滤、纳滤工艺运行参数进行了优化，最后对组合工艺处理突发污染物的效能进行了分析，判断超滤/纳滤组合工艺是否具有广谱的应急能力，分析组合工艺在处理突发污染物方面与常规应急处理技术的优势，提出将超滤/纳滤组合工艺作为一种水厂面对突发污染时的应急储备技术。

11.2 节提出了适于浊度、CODMn、UV254、溶解性固体、硫酸盐、硬度、氟化物、钠离子等南四湖水污染物同步去除的超滤/纳滤膜组合工艺，研究工艺对污染物去除规律，优化工艺设计参数及运行工况。为建立适用于高有机物、高无机盐类的特征污染物净化处理的膜组合工艺的设计、建设与运行管理技术体系提供支持和参考。

11.3 节搭建和调试了位于喀什地区实地运行的纳滤组合工艺装置，总结整理其长时间内产水量、产水水质等工况信息，进一步分析其运行过程中的问题和困难，并提出解决方案。对纳滤组合工艺的相关工况条件进行优化调节，从各个方面优化纳滤装置的运行，延长其使用寿命。实地调查评估纳滤组合工艺运行损耗，推测其必要的运行成本，为其他同类型工艺的运行提供参考经验。

11.4 节研究了超滤处理海水的效能，同时还研究了反渗透处理经过超滤预处理后海水的效能与运行稳定性，对各影响因素进行了探讨，最后对超滤-反渗透双膜工艺处理海水运行效果进行了分析，对双膜法工艺的运行参数进行了优化，以期为中、小型双膜法海水淡化设备的设计提供参考。

11.5 节从构建岸滤/膜滤组合过滤技术出发，针对岸滤/膜滤组合过滤技术的运行效能、稳定运行和调控过程等开展了研究，结合 BF 在水处理过程中的特点，以强化水质安全保障为目标，考察了使用纳滤（NF）作为膜滤部分的可行性与稳定性；在系统构建的基础上，从水质变化系统稳定性以及化学清洗运行稳定性影响 2 个方面研究了岸滤/膜滤组合过滤的运行情况，为岸滤/膜滤组合过滤技术更广泛的探索和应用提供技术支撑。

11.6 节首先提出两步离子交换膜电解系统，考察其回收纳滤浓水中二价离子（钙离子、镁离子和硫酸根离子）的性能；为精细化回收，提升资源回收效率，进而将阳离子交换膜（cation exchange membrane，CEM）电解工艺与超滤工艺相耦合，考察钙离子和镁离子的高效回收过程；为实现高品质水资源回收，最后构建完整的 CEM 电解/双膜法工艺，解析水质演变过程，同时解决淡水资源回收和复合膜污染控制的科学问题。

11.1 超滤/纳滤组合工艺处理钱塘江水系水源水中试实验研究

11.1.1 原水水质、实验系统和参数

中试实验地点为杭州市塘栖镇三星村宏畔自来水厂，占地面积 96 亩，于 2006 年建成投产，制水能力 13 万 m^3/d，主要负责临平、塘栖和崇贤区域的日常供水。水厂原水为钱塘江水系的东苕溪水，由獐山水厂负责取水并通过原水管网输送至厂区，目前水厂制水工艺流程如图 11-1 所示。

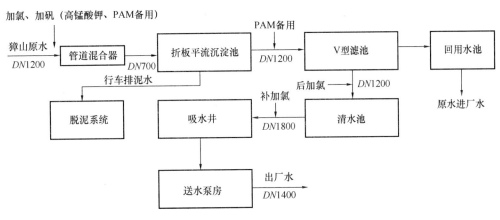

图 11-1　宏畔水厂工艺流程图

中试时间为 2015 年 7 月 5 日～2016 年 6 月 14 日，期间水温变化范围为 7～25℃，水厂原水和滤后水水质分别见表 11-1 和表 11-2。

实验期间水厂进水常规水质指标　表 11-1

检测项目	最大值	最小值	平均值
浊度（mg/L）	68.2	11.3	29.5
pH	7.51	7.3	7.39
NH_4-N（mg/L）	0.77	0.05	0.23
高锰酸盐指数（mg/L）	4.94	2.08	3.13
菌落总数（CFU/mL）	1800	930	1179
总大肠菌群（MPN/100mL）	920	540	675
总铁（mg/L）	0.43	0.05	0.15
总锰（mg/L）	0.55	0.05	0.23

实验期间滤后水常规水质指标　表 11-2

检测项目	最大值	最小值	平均值
浊度（mg/L）	0.72	0.08	0.15
pH	7.39	7.08	7.28
NH_4-N（mg/L）	0.49	0.02	0.11
高锰酸盐指数（mg/L）	3.17	1.32	1.80
菌落总数（CFU/mL）	2	0	0.1
总大肠菌群（MPN/100mL）	0	0	0
总铁（mg/L）	<0.05	<0.05	—
总锰（mg/L）	<0.05	<0.05	—

1. 超滤膜材料与组件

本次中试实验采用的外压式浸没式超滤膜组件由杭州天创环境科技股份有限公司提供，截留分子量为 60kDa。膜池有效容积为 4m³，膜池内设有高、中、低 3 个液位控制，当进水泵补水到高液位时停止进水，超滤膜组件开始正常产水，当膜池内

液位下降到中液位时补水泵再次开启，当液位低于低液位时设备停止工作，防止膜孔内进气，底部设有放空阀，根据浓水排放周期设置自动开启，膜组件主要性能参数见表 11-3。

超滤膜性能参数　表 11-3

序号	项目	浸没式超滤
1	膜型号	EM-25
2	膜材质	PVDF
3	膜孔径（μm）	0.05
4	膜丝外径（mm）	2.8
5	膜丝内径（mm）	1.2～1.5
6	设计通量［L/(m²·h)］	30～60
7	单支膜面积（m²）	44

2. 纳滤膜材料与组件

纳滤膜型号为陶氏 FILMTEC™ NF90-4040，膜的有效面积为 7.6m²，为了对比相同材质不同孔径纳滤膜对磺胺二甲基嘧啶的去除效果，实验过程中还选择了 NF270 和 NF290 纳滤膜进行对比实验研究。其中，NF90 和 NF270 纳滤膜均由美国陶氏公司提供；NF290 纳滤膜由杭州天创环境科技股份有限公司提供。3 种纳滤膜的主要性能参数见表 11-4。

纳滤膜的主要性能参数　表 11-4

型号	NF90	NF270	NF290
厂家	陶氏	陶氏	天创
类型	卷式	卷式	卷式
材质	聚酰胺	聚酰胺	聚酰胺
截留分子量（Da）	100～200	150～300	100～200
纯水通量［L/(m²·h)］	88	125	130

续表

型号	NF90	NF270	NF290
平均膜孔径（nm）	0.55	0.71	0.85
Zeta 电位（mV）	−24.9	−21.6	−20.2
接触角（°）	62	28	32.5
pH 范围（连续运行）	3～10	3～10	3～10
最高操作温度（℃）	45	45	45
最高操作压力（MPa）	4.1	4.1	4.1

3. 中试实验系统

整套系统采用 PLC 自动控制，连续 24h 运行，浸没式超滤膜组件有 2 种运行模式即恒压和恒流模式，可根据实验需要自行切换。超滤膜组件由 2 只柱式膜组成，每只膜面积为 44m²，总有效面积为 88m²，采用死端过滤方式。超滤运行通量为 35L/(m²·h)，系统回收率在 99.5% 以上，膜池 2d 排空一次。正常运行周期为 45min，气、水混合反冲洗时间为 30s，气洗流量为 4m³/h，水洗通量为 70L/(m²·h)。纳滤系统运行压力为 0.5MPa，回收率为 20%，浓水流量 30L/min 换算成错流速度为 0.24m/s，产水流量和浓水流量通过精密流量计记录。纳滤膜维护性物理清洗周期为 24h，采用纳滤产水进行反冲洗，反冲洗时打开浓水阀，降低系统压力至 0.05MPa 以下，采用低压高流速的清洗方式，清洗时间为 45s。

超滤/纳滤双膜中试现场图片和实验流程分别如图 11-2、图 11-3 所示，以砂滤水为原水，首先通过滤池出水中的潜水泵将原水打入进水箱中，再通过离心泵加压后经过精度为 5μm 的滤芯式保安过滤器，再经过高压离心泵增压进入超滤膜池

图 11-2　超滤/纳滤双膜工艺中试现场图片

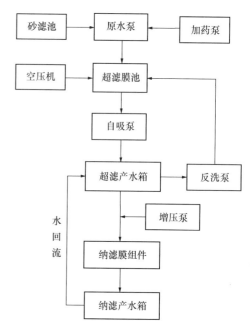

图 11-3　超滤/纳滤组合工艺流程图

中，产水作为纳滤进水，通过离心泵增压经过 1μm 保安过滤器进入纳滤膜组件，采用两段式过滤，第一段纳滤浓水作为第二段纳滤进水，两段产水合并后进入产水箱。在超滤原水泵前设置加药泵，用以控制有机物投加量和其他水质调节所需药剂的投加。

11.1.2　超滤/纳滤组合工艺去除抗生素实验研究

本小节主要通过中试实验研究了超滤/纳滤组合工艺对抗生素磺胺二甲基嘧啶的去除效能，系统探究了水质条件、操作条件中的运行参数和膜孔径对组合工艺去除磺胺二甲基嘧啶效能的影响。

1. 超滤/纳滤组合工艺对磺胺二甲基嘧啶的去除效能

组合工艺对磺胺二甲基嘧啶的去除效果见表 11-5，可以看出超滤膜对磺胺二甲基嘧啶基本上没有去除率，只有 0.4% 左右，而纳滤膜对磺胺二甲基嘧啶去除效果较好，去除率可达 96.8%。由于磺胺二甲基嘧啶分子大小远小于超滤膜，从理论上说超滤对磺胺二甲基嘧啶应该没有去除率，但实验结果表明超滤对磺胺二甲基嘧啶有一定的去除能力，原因是超滤膜的表面吸附作用，而纳滤对小分子磺胺二甲基嘧啶的去除主要是静电排斥和空间位阻作用。

超滤/纳滤组合工艺对磺胺二甲基嘧啶的去除效果　表 11-5					
进水	UF 出水	NF 出水	UF 去除率	NF 去除率	总去除率
50μg/L	49.8μg/L	1.6μg/L	0.4%	96.8%	96.8%

2. 水质条件对组合工艺去除磺胺二甲基嘧啶的影响

（1）离子强度

通过投加 NaCl 改变水体的离子强度，离子强度对组合工艺通量的影响如图 11-4 所示，超滤膜的通量基本不变，纳滤膜通量随着离子强度的增大会明显降低，当离子强度从 200μS/cm 增至 400μS/cm 时，对应的纳滤膜通量从 37.8L/(m²·h) 降低到 37.2L/(m²·h)，降幅为 1.6%。在较高浓度的离子条件下，膜的双电层得到压缩，有机污染物和膜本身所带的电荷减小，致使污染物分子与膜面之间的静电排斥作用减小，导致浓差极化和膜面有机物沉降现象增加，加厚了膜污染层。在较高的离子强度下，较小的错流速度不足以抵消浓差极化层对传质过程的影响，另外，静电排斥作用的降低会增加有机物分子之间的聚集程度，形成的污染层更加致密，膜的过滤阻力增加，引起通量下降。

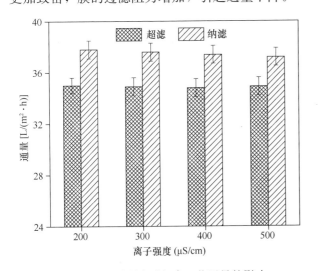

图 11-4　离子强度对组合工艺通量的影响

离子强度对组合工艺去除磺胺二甲基嘧啶的影响如图 11-5 所示，可以看出离子强度的增加对超滤去除磺胺二甲基嘧啶基本上没有影响，平均去除率在 1.0% 以下，而纳滤对磺胺二甲基嘧啶去除效果明显，去除率均在 96.0% 以上。当离子强度从 200μS/cm 增加到 500μS/cm 时，纳滤对磺胺二甲基嘧啶去除率分别为 96.7%、97.2%、98.8% 和

99.5%，去除率明显增加，这是因为纳滤膜表面的双电层压缩致使膜孔径得到不同程度的压紧或收缩，膜基质变得紧密，使得膜平均孔径减小，同时静电作用的削弱会使得更多的磺胺二甲基嘧啶吸附至膜面污染层，进入膜孔当中，在两者的综合作用下导致截留率上升。

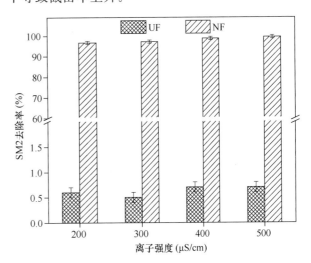

图 11-5　离子强度对组合工艺去除磺胺二甲基嘧啶的影响

（2）离子组成

通过投加不同种类的离子盐，改变水体中的离子环境，常见阳离子对组合工艺通量和磺胺二甲基嘧啶去除率的影响分别如图 11-6、图 11-7 所示。添加 2.5mmol/L NaCl、KCl、MgCl₂ 和 CaCl₂ 后，超滤和纳滤膜通量均出现一定程度的下降，与不加任何离子相比，超滤膜通量分别降低了 0.1L/(m²·h)、0.1L/(m²·h)、0.9L/(m²·h) 和 0.8L/(m²·h)，纳滤膜通量分别降低了 0.3L/(m²·h)、0.5L/(m²·h)、1.6L/(m²·h) 和 1.8L/(m²·h)，可以

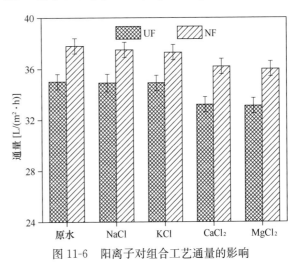

图 11-6　阳离子对组合工艺通量的影响

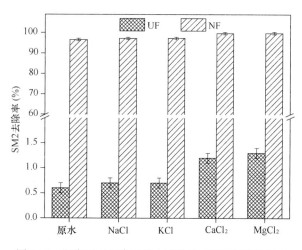

图 11-7 阳离子对组合工艺去除磺胺二甲基嘧啶的影响

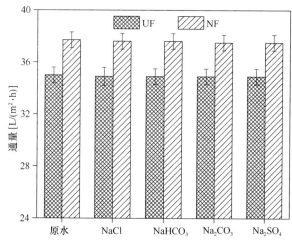

图 11-8 阴离子对组合工艺通量的影响

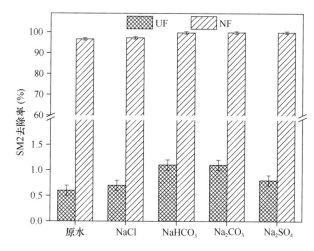

图 11-9 阴离子对组合工艺去除磺胺二甲基
嘧啶的影响

看出 Ca^{2+} 和 Mg^{2+} 对组合工艺通量的影响比较明显。

从图 11-7 可以看出，阳离子盐的加入均提高了超滤和纳滤工艺对磺胺二甲基嘧啶的去除率，超滤去除率也得到部分提高，去除率最大提高到 1.3%，纳滤在不同阳离子下磺胺二甲基嘧啶去除率分别增加了 0.7%、0.9%、3.1% 和 3.3%。其中加入 Ca^{2+} 和 Mg^{2+} 时对超滤工艺去除磺胺二甲基嘧啶影响不大，对纳滤去除磺胺二甲基嘧啶效果比较明显，本质原因还是在于超滤和纳滤膜本身物化性质和分离机理的不同，纳滤膜为带负电的聚酰胺膜，膜材料的不同会导致抗污染性能的差异。Ca^{2+}、Mg^{2+} 可与磺胺二甲基嘧啶的酸性官能团结合，中和了磺胺二甲基嘧啶分子本身的负电荷，降低了静电排斥作用，生成的盘绕紧密的复合小分子有机物会沉积在膜表面，形成密实的污染层，从而使通量下降；另外，磺胺二甲基嘧啶分子可利用 Ca^{2+} 独特的分子间架桥能力在污染层形成交联结构，使污染层更加紧密，产生屏蔽效应，加强筛分效果，继而提高水中磺胺二甲基嘧啶的去除率。Ca^{2+} 还会与膜本身的高分子材料相结合，进一步降低了膜孔径大小，加强了膜的筛分作用。

常见阴离子对组合工艺通量和磺胺二甲基嘧啶去除率的影响如图 11-8、图 11-9 所示。添加 2.5mmol/L 的 NaCl、NaHCO₃、Na₂CO₃ 和 Na₂SO₄ 后，超滤膜通量基本上没有变化，而纳滤膜通量略微降低。不同阴离子环境下超滤膜去除率略有增加，最大去除率提高 0.5% 左右，纳滤膜对应的磺胺二甲基嘧啶去除率分别增加了 0.4%、2.1%、2.9% 和 3.0%。阴离子盐的加入增大了纳滤膜表面的负电荷密度，使得膜与磺胺二甲基嘧啶

分子之间静电排斥作用增强，在一定程度上提高了磺胺二甲基嘧啶的去除率。磺胺二甲基嘧啶的 pKa 值为 7.4，碱性水体中的磺胺二甲基嘧啶整体上以分子形态存在，也一定程度上抑制了磺胺二甲基嘧啶的水解，使得组合工艺对磺胺二甲基嘧啶去除率明显增大。

（3）腐殖酸

添加不同浓度的腐殖酸（HA），考查水体中溶解性天然有机物（DOM）对组合工艺通量和磺胺二甲基嘧啶去除率的影响，实验结果如图 11-10、图 11-11 所示。当 HA 从 2mg/L 增至 8mg/L 时，超滤和纳滤膜通量均有所降低，超滤膜通量从 34.8L/(m²·h) 降低到 32.5L/(m²·h)，降幅为 6.9%；纳滤膜通量从 37.8L/(m²·h) 降低到 35.6L/(m²·h)，降幅为 5.8%。主要原因是腐殖

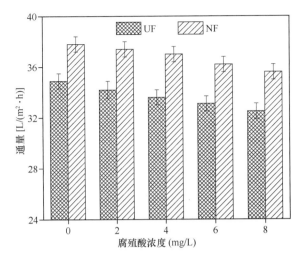

图 11-10　腐殖酸对组合工艺通量的影响

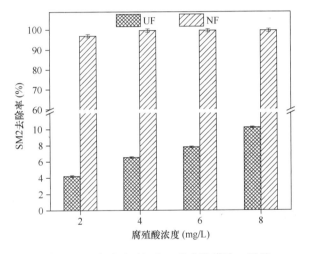

图 11-11　腐殖酸对组合工艺去除磺胺二甲基
嘧啶的影响

酸为大分子有机物，容易在膜表面或膜孔内的吸附，造成膜孔堵塞，水分子只能从较小的膜孔通过，引起了通量的下降。

未添加腐殖酸时，超滤对磺胺二甲基嘧啶的去除率为 0.6%，当腐殖酸浓度从 2mg/L 增加到 8mg/L 时，对磺胺二甲基嘧啶去除率分别为 4.2% 增加到 10.2%，相对于原水去除率分别提高了 3.6% 和 9.6%。这是因为高浓度的腐殖酸增加了磺胺二甲基嘧啶和腐殖酸之间的接触概率，引起更多的磺胺二甲基嘧啶吸附于腐殖酸表面，超滤对大分子有机物 HA 吸附和截留效果好，从而提高了超滤对磺胺二甲基嘧啶的去除效果，且浓度越大去除率越高。

腐殖酸的加入在一定程度上提高了纳滤对磺胺二甲基嘧啶的去除率，随着溶液中腐殖酸浓度的增

加，磺胺二甲基嘧啶去除率有所上升并趋于稳定，分析原因可能有 2 个：①腐殖酸与纳滤膜结合使得膜孔堵塞，致使膜孔径减小，增强了纳滤膜对磺胺二甲基嘧啶的筛分作用；②磺胺二甲基嘧啶分子结构中含有氨基，易与腐殖酸中羧基及酚羟基以氢键的方式的结合，形成了较大的分子，进而增强了膜的筛分作用。当腐殖酸浓度继续增加时，筛分作用达到最大限度，磺胺二甲基嘧啶去除率趋于稳定，在 99.8% 左右。

（4）初始浓度

磺胺二甲基嘧啶初始浓度对组合工艺和通量的影响分别如图 11-12、图 11-13 所示，当磺胺二甲基嘧啶浓度由 0.05mg/L 增至 5.0mg/L 时，超滤膜通量从 34.8L/(m²·h) 变为 34.2L/(m²·h)，降幅为 1.7%；纳滤膜的通量由 37.8L/(m²·h) 变为 37.0L/(m²·h)，降幅为 2.1%。超滤膜通量下降主要是由于磺胺二甲基嘧啶与水中颗粒物和大

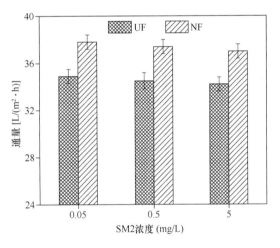

图 11-12　初始浓度对组合工艺通量的影响

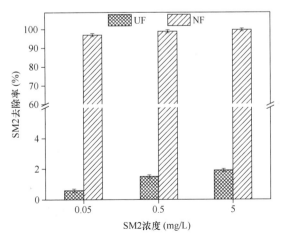

图 11-13　初始浓度对组合工艺去除磺胺二甲基
嘧啶的影响

分子有机物结合,在膜表面沉积形成污染层,在运行压力不变时膜的有效过滤压力降低。造成纳滤膜通量下降的原因有 2 个:①磺胺二甲基嘧啶浓度的增加会使单位时间内吸附至膜表面的磺胺二甲基嘧啶分子数量增加,由于磺胺二甲基嘧啶分子很小,很容易进入膜孔中引起堵塞,从而使膜的过滤阻力上升而使通量下降;②浓差极化现象会随着浓度的增大而越加明显,使膜浓水侧的渗透压升高,致使膜的操作压力被部分抵消,从而使通量下降。

对于超滤而言,膜孔径远大于磺胺二甲基嘧啶分子大小,大部分磺胺二甲基嘧啶分子直接穿透膜,只有少部分磺胺二甲基嘧啶吸附在膜面形成滤饼层,溶质浓度的提高会导致更多的磺胺二甲基嘧啶吸附在膜表面,造成超滤对磺胺二甲基嘧啶的表观去除率增加。溶质浓度从 0.05mg/L 增至 5mg/L 时,超滤膜对磺胺二甲基嘧啶去除率增加了 1.3%,纳滤对磺胺二甲基嘧啶去除率增加 2.1%,可见溶质浓度的提高在一定程度上提高了组合工艺对磺胺二甲基嘧啶的去除效果,这是因为堵塞的膜孔增加了膜的筛分作用,从而截留更多的磺胺二甲基嘧啶。

(5) pH

pH 对组合工艺通量和去除磺胺二甲基嘧啶的影响分别如图 11-14、图 11-15 所示。当溶液 pH 由 5 增加到 9 时,超滤膜通量和去除率均没有太大的变化,相反纳滤膜通量和去除率均有所增加。pH 从 5 增加到 9 时,纳滤膜通量从 37.5L/(m²·h) 增加到 38.0L/(m²·h),增幅为 1.3%;对应的磺胺二甲基嘧啶去除率分别由 95.7% 增加到

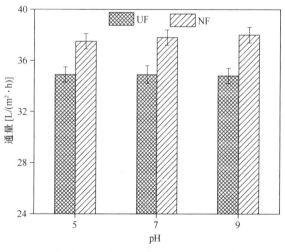

图 11-14　pH 对组合工艺通量的影响

99.9%,增加 4.2%。纳滤膜表面带有部分负电性,pH 可改变膜与磺胺二甲基嘧啶分子之间的静电作用,从而影响膜孔大小。纳滤膜膜孔径随 pH 升高而增加,从而增加了通量,低 pH 条件下,氢离子所带的正电荷中和了膜表面的负电荷,静电排斥作用的降低导致磺胺二甲基嘧啶在酸性条件下的去除率低于碱性条件。在碱性条件下,膜表面负电荷密度较高,膜面和磺胺二甲基嘧啶分子之间的静电排斥作用加强,同时,碱性条件抑制了磺胺二甲基嘧啶的水解,说明高 pH 有利于纳滤膜去除磺胺二甲基嘧啶。

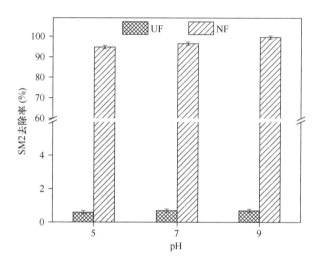

图 11-15　pH 对组合工艺去除磺胺二甲基嘧啶的影响

(6) 温度

不同温度下的通量和截留率变化如图 11-16、图 11-17 所示。当水温从 8~25℃ 变化时,超滤膜通量分别为 29.2L/(m²·h)、32.9L/(m²·h) 和 35.0L/(m²·h),增幅为 19.9%;纳滤膜通量分别为 32.7L/(m²·h)、34.6L/(m²·h) 和 37.9L/(m²·h),增幅为 15.9%。温度升高对超滤和纳滤膜通量的影响均很大,这是由于水的黏度随着温度的升高而降低,因而通量增加。水温由 8℃ 增加到 25℃ 时,超滤对磺胺二甲基嘧啶去除效果没有显著变化,溶质基本上透过膜进入后续处理单元;纳滤膜对应温度下磺胺二甲基嘧啶去除率分别为 96.5%、96.7% 和 96.6%,温度变化对纳滤去除磺胺二甲基嘧啶也没有明显的促进作用。由于热胀冷缩,膜孔径也会随温度的升高变大,降低了纳滤膜对磺胺二甲基嘧啶的筛分作用,磺胺二甲基嘧啶的去除率降低;同时,温度升高,磺胺二甲基嘧啶分子扩散作用增强,部分磺胺二甲基嘧啶透过膜进入产水

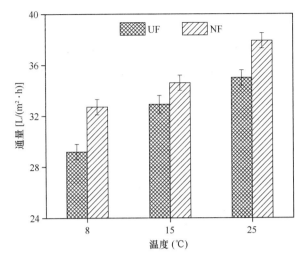

图 11-16　水温对组合工艺通量的影响

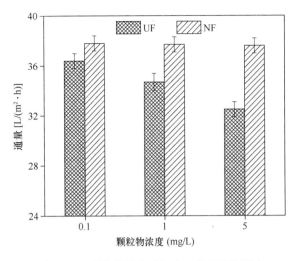

图 11-18　颗粒物浓度对组合工艺通量的影响

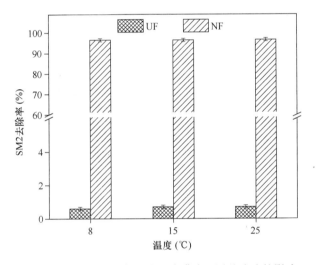

图 11-17　水温对组合工艺去除磺胺二甲基嘧啶的影响

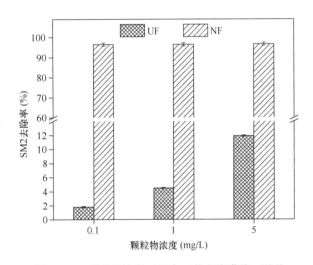

图 11-19　颗粒物浓度对组合工艺去除磺胺二甲基
嘧啶的影响

中，但是膜出水中溶质和溶剂的量同时增大，两者综合作用的结果是出水中磺胺二甲基嘧啶浓度保持恒定，因而温度的变化对磺胺二甲基嘧啶去除率基本没有影响。

（7）颗粒物

图 11-18、图 11-19 比较了 pH＝7.2±0.1 条件下颗粒物浓度对超滤/纳滤组合工艺通量和去除磺胺二甲基嘧啶的影响，颗粒物为粒径 5 μm 的高岭土。颗粒物浓度从 0.1mg/L 增至 5mg/L 时，超滤膜通量明显降低，从 36.4L/(m² · h) 降低到 32.5L/(m² · h)，降幅为 10.7%；由于颗粒物全部被超滤膜截留，纳滤膜通量在整个过程中几乎稳定不变。通量降低的主要原因是大量颗粒物沉积在膜表面，增加了过滤阻力，导致有效过滤压力降低。

超滤对磺胺二甲基嘧啶去除率随颗粒物浓度的升高而有所增加，当颗粒物浓度为 0.1mg/L 时，超滤对磺胺二甲基嘧啶的去除率为 1.8%，相比原水去除率增加了 1.2%；当颗粒物浓度增大到 5mg/L 时，超滤膜去除率为 11.9%，同比增加了 11.3%，可以看出颗粒物浓度越高，超滤对磺胺二甲基嘧啶的去除率越大，而纳滤对磺胺二甲基嘧啶去除率基本不变，保持在 96.8% 左右。颗粒物浓度的增加提高了超滤对磺胺二甲基嘧啶的去除效果，原因是高浓度的颗粒物增加了磺胺二甲基嘧啶与颗粒物之间的接触概率，同时也增加了吸附在膜表面的颗粒污染层厚度，降低了膜的有效孔径，磺胺二甲基嘧啶在颗粒物去除过程中被同步去除。

图 11-20、图 11-21 为颗粒物粒径对超滤/纳滤组合工艺去除磺胺二甲基嘧啶的影响，其中颗粒物粒径分别为 5 μm、11 μm 和 33 μm，颗粒物投加浓度均为 1.0mg/L。可以看出，当颗粒物粒径从 5 μm 增至 33 μm 时，超滤膜通量有所提高，纳滤膜通量基本不变。颗粒物粒径从 5 μm 增至 11 μm 时，超滤对磺胺二甲基嘧啶去除率基本上保持不变，从 11 μm 增至 33 μm 时，超滤对磺胺二甲基嘧啶的去除率增加了约 4.3%；当颗粒物粒径从 5 μm 增至 33 μm 时，纳滤对磺胺二甲基嘧啶去除率没有影响。颗粒物粒径对纳滤去除磺胺二甲基嘧啶没有效果的主要原因是纳滤膜对痕量有机物的去除机理：道南效应和膜孔的筛分作用，由于吸附抗生素的颗粒物全部被超滤截留，因此对后续纳滤的去除效能基本没有影响。

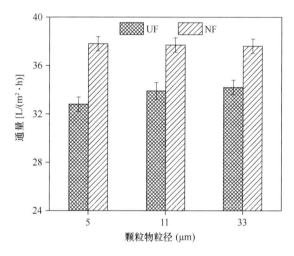

图 11-20　颗粒物粒径对组合工艺通量的影响

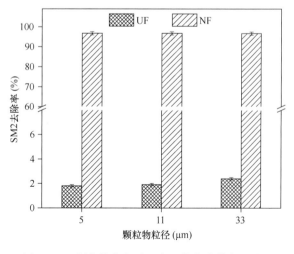

图 11-21　颗粒物粒径对组合工艺去除磺胺二甲基
嘧啶的影响

3. 操作条件对组合工艺去除磺胺二甲基嘧啶的影响

（1）纳滤压力

通量和浓差极化现象都会随着压力的升高而增加，这也就使得通量不会随压力升高而无限增大，选择合适的运行压力对于系统的长期运行以及膜污染控制有着很大的影响。实验过程中固定超滤膜通量为 $35.0L/(m^2 \cdot h)$，改变纳滤系统操作压力，考察运行压力对纳滤去除磺胺二甲基嘧啶和通量的影响，运行压力对组合工艺通量和磺胺二甲基嘧啶去除率的影响如图 11-22、图 11-23 所示。

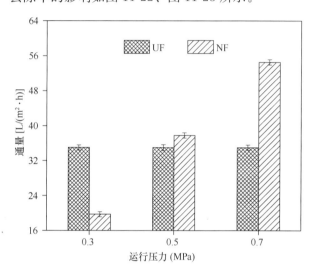

图 11-22　运行压力对组合工艺通量的影响

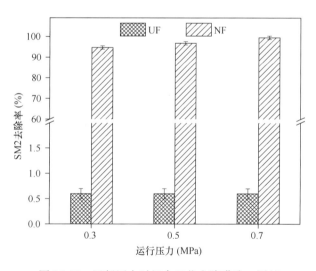

图 11-23　运行压力对组合工艺去除磺胺二甲基
嘧啶的影响

运行压力对超滤膜通量和去除率没有丝毫影响，纳滤膜通量随进水压力呈线性上升，磺胺二甲基嘧啶去除率随进水压力的增加而增大。压力从 0.3MPa

增大到 0.7MPa 时，通量由 19.7L/（m²·h）增加到 54.5L/（m²·h），增加 34.8L/（m²·h）；磺胺二甲基嘧啶去除率由 96.7% 上升为 99.5%，增加 2.8%。根据溶解-扩散模型，水通量随着运行压力的增大而增加，而溶质通量只与膜两侧溶质浓度有关。压力增大，膜的透水通量增大而溶质通量不变，因而磺胺二甲基嘧啶去除率增加，在后续实验中固定膜操作压力为 0.5MPa。

（2）回收率

回收率对组合工艺通量和去除磺胺二甲基嘧啶的影响如图 11-24、图 11-25 所示，回收率从 15% 增至 35% 时，纳滤膜通量略下降，从 37.8L/（m²·h）变为 36.9L/（m²·h），降幅为 2.4%；纳滤运行参数的改变不影响超滤对磺胺二甲基嘧啶去除的影响。回收率从 15% 增至 35% 时，纳滤膜对应的磺胺二甲基嘧啶去除率分别为 98.6% 变为 96.2%，

下降 2.4%。可以看出，纳滤对磺胺二甲基嘧啶的去除率随回收率的增加而下降，这是因为随着原液不断被浓缩，磺胺二甲基嘧啶浓度越来越大，溶质穿过膜的推动力变大，更多的溶质穿过膜进入透过液侧，溶质通量增加、产水通量减小，从而导致纳滤膜对磺胺二甲基嘧啶的截留率下降。此外，回收率会加强浓差极化层的形成，在该层内溶质浓度较高，渗透压力较大，溶质过膜压力也比较大，溶质很容易穿透纳滤膜进入产水中。考虑系统产水量的下降，在实际运行当中，单支膜的回收率设定值一般不超过 15.0%，不但可以保证产水水质，也可以延长系统稳定运行时间，减少清洗频率。如要进一步提高组合工艺的回收率和脱盐率，可以采用多级串联的方式，一方面可以保证产水量，另一方面可以提高浓水的利用效率，减少浓水排放量。工程应用中一般采用 2：1 的排列方式，两只膜组件的浓水作为第三只膜组件的进水，大幅提高了浓水利用率和产水率。

（3）超滤膜通量

超滤膜通量对组合工艺去除磺胺二甲基嘧啶的影响如图 11-26 所示。当超滤膜通量从 25L/（m²·h）增至 45L/（m²·h），对磺胺二甲基嘧啶的去除率略有增加，从 0.6% 增加到 1.1%，去除率增加了 0.5%，原因可能是随着通量的增加，超滤膜表面的污染层形成加快，当污染层达到一定厚度时可发挥一定的吸附作用，但不是很明显；纳滤膜对磺胺二甲基嘧啶的去除率显然没有因为超滤膜通量的提高而受到影响，去除率始终稳定在 96.8% 左右。超滤膜通量的提高会加剧超滤膜本身的污染，但并

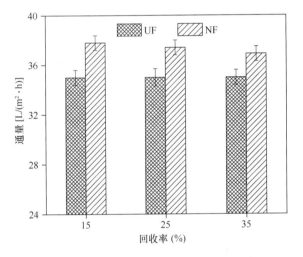

图 11-24　回收率对组合工艺通量的影响

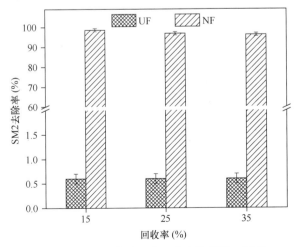

图 11-25　回收率对组合工艺去除磺胺二甲基嘧啶的影响

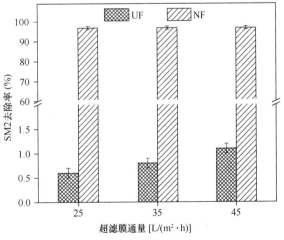

图 11-26　超滤膜通量对组合工艺去除磺胺二甲基嘧啶的影响

不能很大程度上提高组合工艺对磺胺二甲基嘧啶的去除效果。而纳滤膜本身的截留能力是很强的，超滤预处理大幅降低了纳滤膜污染的速度，从而保证了纳滤去除效果的稳定性。超滤膜通量的提高对组合工艺去除磺胺二甲基嘧啶没有明显的促进作用，相反会增加系统的运行能耗和超滤膜污染。

（4）运行时间

运行时间的长短直接反映了膜污染的程度，一般而言，随着时间的延长膜污染会加剧，时间对组合工艺去除磺胺二甲基嘧啶的影响实际上反映的是膜污染对组合工艺去除磺胺二甲基嘧啶的影响，实验比较了运行 2h、8h 和 14h 时的通量和磺胺二甲基嘧啶去除率，实验结果如图 11-27、图 11-28 所示。运行 2h 后超滤和纳滤膜通量分别下降了 0.6% 和 0.3%，运行 14h 后超滤和纳滤膜通量与初始通量相比分别下降了 2.0% 和 1.1%，可见超

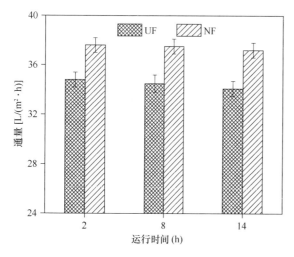

图 11-27　运行时间对组合工艺通量的影响

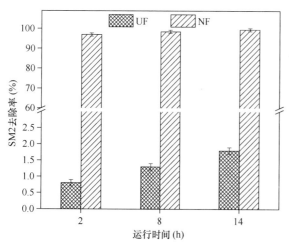

图 11-28　运行时间对组合工艺去除磺胺二甲基嘧啶的影响

滤膜和纳滤膜均受到一定程度的污染，而且时间越长污染越严重。运行 2h 后超滤和纳滤膜对磺胺二甲基嘧啶的去除率分别为 0.8% 和 97.0%，运行 14h 后去除率分别为 1.8% 和 99.5%，与初始相比去除率分别增加了 1.2% 和 2.9%，可见膜污染提高了组合工艺对磺胺二甲基嘧啶的去除率。随着运行时间的增加，累积在膜面的污染物越多，形成的污染层越厚，增加了膜的过滤阻力，降低了组合工艺的通量。污染层的吸附和截留会从一定程度上提高超滤膜的去除效果，同时存在于膜表面的微生物的氧化作用也会进一步提高磺胺二甲基嘧啶的去除率。而纳滤膜对痕量有机物的主要去除机理是空间位阻、静电排斥和疏水性作用，而膜污染对截留率影响的主要机理是空间位阻或孔径筛分作用，膜污染的主要原因是膜孔堵塞，使得膜平均孔径减小，增强了纳滤膜的截留效果。虽然膜污染可以提高组合工艺的去除效果，但是以牺牲产水量为代价，从长期运行角度考虑，是不利的，应加强反冲洗减少膜污染现象的发生。

（5）错流速度

通过调节浓水流量，实验考察了错流速度对组合工艺通量和磺胺二甲基嘧啶去除的影响，结果如图 11-29、图 11-30 所示。错流速度从 0.1m/s 增至 0.5m/s 时，超滤膜性能基本不受影响，纳滤膜通量略有增加，37.6L/(m²·h) 增至 38.0L/(m²·h)，增幅为 1.1%，说明错流速度的提高可缓解纳滤膜的污染。纳滤对磺胺二甲基嘧啶去除率基本上没有大的变化，始终维持在 97.6% 左右，流速越大膜孔堵塞越小，纳滤膜的孔径筛分作用减弱，同时产水通量略有增加，两者的综合作用下膜面流速对纳滤

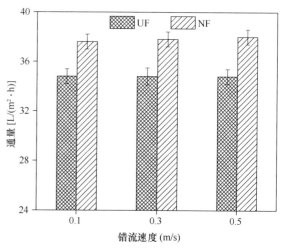

图 11-29　错流速度对组合工艺通量的影响

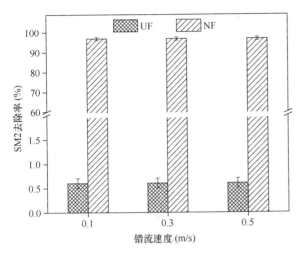

图 11-30　错流速度对组合工艺去除磺胺二甲基
嘧啶的影响

膜去除磺胺二甲基嘧啶基本上没有影响。

4. 膜孔径对组合工艺去除磺胺二甲基嘧啶的影响

为了探讨相同材质不同孔径的纳滤膜对磺胺二甲基嘧啶的截留性能，实验采用了 3 种不同型号的纳滤膜，NF90、NF270 和 NF290，对应的平均孔径大小分别为 0.55nm、0.71nm 和 0.85nm，实验结果如图 11-31 所示。孔径最小的 NF90 膜对磺胺二甲基嘧啶的去除率为 97.6%，孔径最大的 NF290 膜磺胺二甲基嘧啶去除率只有 85.7%，去除率相差 11.9%，可见膜孔径的大小对纳滤膜去除磺胺二甲基嘧啶效果有明显的影响，孔径小的纳滤膜去除磺胺二甲基嘧啶效果要高于孔径较大的纳滤膜。

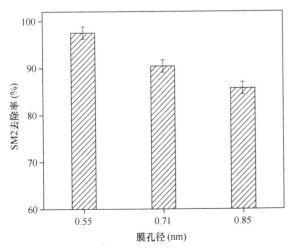

图 11-31　膜孔径对纳滤去除磺胺二甲基
嘧啶的影响

11.1.3　超滤/纳滤组合工艺运行效能研究

超滤膜可有效去除水中的泥砂、悬浮物和胶体，从众多中试实验和水厂实际运行经验来看，超滤膜对微生物和浊度等指标的控制优势很明显，但是对水中的有机物去除能力有限。而纳滤膜有其本身的特殊性质，在有机物控制和碱度、硬度等指标的去除方面具有明显优势，本小节主要从出水水质、微生物安全性等方面对超滤/纳滤组合工艺长期运行过程中对于微污染水源水的净水效能进行综合评价。

1. 组合工艺对有机物去除效能

组合工艺对高锰酸盐指数的去除效果如图 11-32 所示。超滤滤后水高锰酸盐指数在 2.0mg/L 左右，随时间呈波动性变化，超滤对高锰酸盐指数去除率在 4.8%～19.2% 之间，平均去除率为 11.5%；纳滤出水高锰酸盐指数基本在 1.0mg/L 以下，对高锰酸盐指数去除率在 47.0%～67.9% 之间，平均去除率为 55.8%。超滤膜孔径相对于小分子量的有机物而言还是比较大的，如要提高有机物去除率，往往需要强化预处理或者进行深度处理，而纳滤膜对有机物有很好的去除效果，大幅降低了出水中有机物含量。

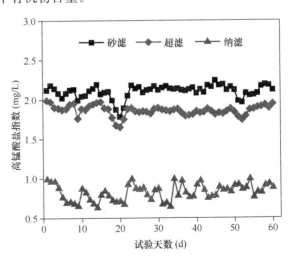

图 11-32　超滤/纳滤组合工艺对高锰酸盐指数去除效果

组合工艺对 UV_{254} 的去除效果如图 11-33 所示。砂滤后水的 UV_{254} 在 0.08/cm 左右，超滤对 UV_{254} 的去除率在 12.7%～29.3% 之间，平均去除率为 19.0%；纳滤出水 UV_{254} 比较稳定，保持在 0.004/cm 左右，去除率为 93.8%～95.6% 之间，平均去除率为 94.2%，出水水质很稳定。对比高

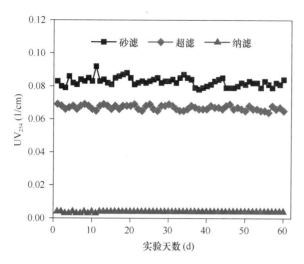

图 11-33　超滤/纳滤组合工艺对 UV_{254} 去除效果

锰酸盐指数去除结果可知，超滤对有机物去除率在 20% 以下，纳滤膜对有机物去除率在 48% 以上，纳滤膜特殊的纳米孔径结构和表面电荷在有机物去除方面发挥着很大的作用。

2. 组合工艺对浑浊度和颗粒数去除效能

2 个月的运行情况表明，原水浊度普遍较高，在 11.3～68.2NTU 之间，沉后水平均浊度为 0.09NTU。从图 11-34 可以看出，浸没式超滤对浊度很低的砂滤出水有进一步的处理效果，去除率为 17.0%～60.8%，平均去除率为 46.8%，出水浊度均在 0.05NTU 左右，在 0.1NTU 以下的保证率可达到 100%。超滤对浊度的去除主要是膜孔的机械筛分作用，同时也为后续纳滤膜的运行创造了良好的条件。而纳滤膜的孔径更小，可以分离更小的杂质，故纳滤出水的浊度略低于超滤出水，但相差不大。

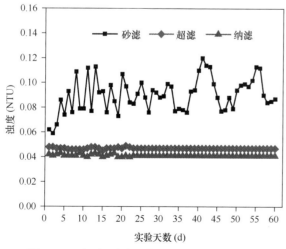

图 11-34　超滤/纳滤组合工艺对浊度去除效果

滤后水中颗粒物在 55～84 个/mL 之间变动，如不加以处理，这些颗粒物最终进入管网。组合工艺对颗粒物的去除效果如图 11-35 所示，超滤出水中粒径在 2～5 μm 之间的颗粒物始终保持在 1 个/mL 以下，大部分维持在 0 个/mL，粒径大于 5 μm 的颗粒物几乎全部被去除；纳滤膜的孔径比超滤更小，出水中颗粒物更少。对于超滤来说，膜平均孔径为 0.05 μm，由机械筛分原理可知，颗粒物应当被全部去除，对于检出的颗粒物可能来源于管道中微生物繁殖和反冲洗水。纳滤出水中颗粒物始终维持在 0 个/mL，出水的微生物学安全性大幅提高。

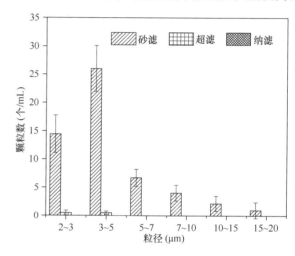

图 11-35　超滤/纳滤组合工艺对颗粒物去除效果

3. 组合工艺对微生物去除效能

砂滤出水细菌总数在 0～2CFU/mL，总大肠菌群未检出。组合工艺对细菌总数和总大肠菌群的去除情况见表 11-6，超滤工艺出水中两项细菌指标均未检出，这是因为超滤工艺可有效截留全部微生物，大幅降低消毒剂的使用量，提高了水质的生物和化学安全性。

超滤/纳滤组合工艺对微生物去除情况　　　表 11-6

项目	细菌总数（CFU/mL）	总大肠菌群（MPN/100mL）
砂滤	0～2	未检出
超滤	0	未检出
纳滤	0	未检出

4. 组合工艺对氯化物和硫酸盐去除效能

组合工艺对氯化物和硫酸盐的去除效果如图 11-36、图 11-37 所示，砂滤水氯化物和硫酸盐平均浓度为 13.2mg/L 和 20.7mg/L，超滤对氯化物和硫酸盐基本上没有去除效果，平均去除率分别

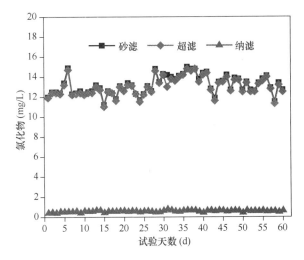

图 11-36　超滤/纳滤组合工艺对氯化物去除效果

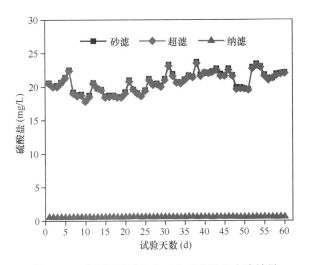

图 11-37　超滤/纳滤组合工艺对硫酸盐去除效果

为 0.58% 和 0.64%。相反，纳滤对氯化物和硫酸盐有着很高的去除率，分别为 95.6% 和 97.2%，且出水水质稳定。对比氯化物的去除效果，可以发现，NF90 纳滤膜对二价离子和单价离子均有较高的去除率。二价离子的半径一般大于单价离子，从孔径筛分作用原理可以看出纳滤膜对二价离子的截留率应高于单价离子，两者截留率如此接近的主要原因是纳滤膜的孔径远低于单价离子的直径，造成大于膜孔径的单价离子和二价离子的共同截留作用。

一般纳滤膜对单价离子的截留率在 50% 左右，而实验用 NF90 纳滤膜对氯化物有较高的去除效果，说明该膜脱盐性能很好，纳滤膜对硫酸盐的截留率高于对氯化物的截留率，一方面是因为 SO_4^{2-} 的离子半径大于 Cl^-，另一方面是因为 SO_4^{2-} 与纳

滤膜之间的静电排斥作用比 Cl^- 要强。

5. 组合工艺对碱度和硬度去除效能

组合工艺对碱度去除效果如图 11-38 所示。砂滤水平均碱度为 56.5mg/L，超滤对碱度去除率为 0.3%～1.2%，平均去除率为 0.7%，基本上对碱度没有去除。纳滤出水碱度平均值在 4.1mg/L 左右，去除率为 88.3%～96.6%，平均去除率达 92.7%。可以看出，超滤进水和出水中碱度含量相差不大，说明超滤不能有效降低水中的碱度，若想进一步降低碱度，必须采用截留分子量更小的纳滤膜。

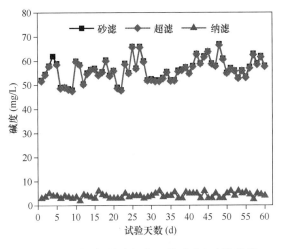

图 11-38　超滤/纳滤组合工艺对碱度去除效果

组合工艺对硬度的去除效果如图 11-39 所示，砂滤水总硬度稳定在 60.8～91.0mgCaCO₃/L，平均值为 78.8mgCaCO₃/L，超滤对硬度基本上没有去除效果；纳滤出水总硬度稳定在 3.4mgCaCO₃/L，去除率为 88.3%～96.6%，平均去除率为 92.8%，说明纳滤膜对硬度有较高的去除效果。超滤对多价

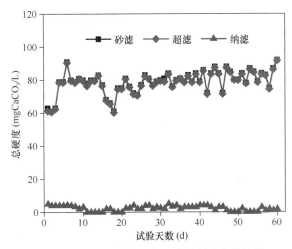

图 11-39　超滤/纳滤组合工艺对硬度去除效果

503

离子的去除仅靠膜面本身的吸附作用，但大部分离子会穿透超滤膜进入纳滤处理单元，组成硬度的主要离子为 Ca^{2+} 和 Mg^{2+}，二价离子与纳滤膜表面的负电荷会发生静电作用，同时多价离子的直径均大于纳滤膜的有效孔径，在过滤过程中被截留。

6. 组合工艺对氟化物的去除效能

组合工艺对氟化物的去除效果如图 11-40 所示，滤后水中氟化物含量平均值为 0.22mg/L，已经达到饮用水标准要求，超滤对氟化物基本上没有去除效果，去除率在 0～13.6% 之间，平均去除率为 2.1%；纳滤膜出水中氟化物比较稳定，在 0.004mg/L 左右，对氟化物去除率为 97.9%～98.2%，平均去除率为 98.1%。纳滤膜相比超滤膜有着更高的对氟化物的去除能力，主要是因为纳滤膜的孔径比超滤膜小，同时膜与氟化物之间的静电作用和纳滤膜本身的孔径筛分作用共同提高了纳滤膜对氟化物的去除效能。

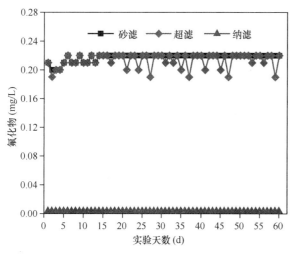

图 11-40 超滤/纳滤组合工艺对氟化物去除效果

11.1.4 超滤/纳滤膜的污染与清洗

本小节主要针对超滤/纳滤组合工艺的清洗方式进行研究。超滤膜的物理清洗方式主要有正洗、反冲洗、气洗和气水联合反冲洗，如物理清洗不理想，可进行化学清洗。化学清洗主要有碱洗和酸洗，碱洗药剂主要有 NaOH 和 NaClO，酸洗药剂主要有盐酸和柠檬酸。而纳滤膜的物理清洗一般采用纳滤产水低压高流速循环清洗，当通量下降 15% 和产水率明显降低时考虑化学清洗，针对不同类型的污染有专门的化学清洗药剂，可根据实际污染情况选择相应的清洗剂。

1. 物理清洗

中试装置考察了连续运行 120d 内物理清洗对于超滤跨膜压差和比通量的影响，结果如图 11-41 所示。从比通量的变化可以看出，超滤跨膜压差在运行初期 30d 内变化比较大，跨膜压差从初始的 16.0kPa 增至 21.0kPa，增加了将近 31.3%，平均每天增加 0.17kPa；从 30d 到 120d，跨膜压差从 21.0kPa 增至 27.8kPa，跨膜压差增加了 32.4%，平均每天增加 0.08kPa。从运行开始到实验末期，总跨膜压差增加了 73.8%，平均每天增加 0.1kPa；而比通量从初始的 2.19L/(m²·h·kPa) 降至 1.26L/(m²·h·kPa)，降低了 42.5%，平均每天降低 0.008L/(m²·h·kPa)，说明物理清洗的主要作用是通过水流或气流的剪切力将沉积在膜表面的滤饼层或堵塞在膜孔内的污染物冲洗到反冲洗水中，以达到通量恢复的目的。从实验数据可以看出，随着时间的延长，物理清洗不能有效降低膜的污染，要保证产水量必须定期采用化学药剂清洗，以使通量恢复到最大。

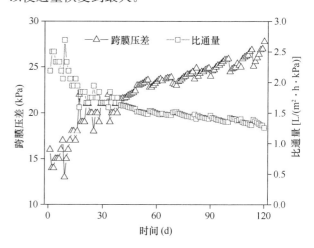

图 11-41 运行期间超滤跨膜压差和比通量变化

实验考察了单独纳滤和超滤预处理－纳滤运行 120d 时的膜污染情况，实验结果如图 11-42 所示。单独纳滤处理时，通量下降速度在 30d 内变化比较快，从初始通量 37.8L/(m²·h) 降至 34.7L/(m²·h)，通量下降 8.2%，平均每天下降 0.1L/(m²·h)；30d 到 120d 时，通量由 34.7L/(m²·h) 降至 32.4L/(m²·h)，通量下降了 6.6%，平均每天下降 0.03L/(m²·h)；整个运行阶段，通量总共下降了 14.3%，平均每天降低 0.045L/(m²·h)，从整个运行过程来看，物理清洗对通量的恢复作用逐渐降低。经超滤预处理后，通量下降的速率明显降

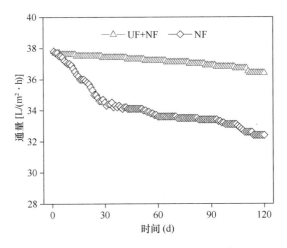

图 11-42　运行期间纳滤膜通量变化

低，整个运行过程中通量降低 3.7%，平均每天下降 0.01L/(m²·h)。可见超滤预处理明显降低了纳滤膜污染的速率，使得运行 120d 内纳滤膜通量都没有达到需要化学清洗的程度。对比超滤膜和纳滤膜污染的通量变化可知，纳滤膜的抗污染性能明显高于超滤膜，主要是因为超滤截留了大部分颗粒污染物，膜孔堵塞和膜面沉积加剧了膜污染，而纳滤膜前段设有保安过滤器预处理，同时采用了错流过滤方式，预处理和运行优化大幅降低了纳滤膜污染。纳滤运行过程必须有良好的预处理，才能保证系统的长期稳定运行。

2. 化学清洗

超滤膜化学清洗采用 0.2% NaClO 和 1.0% 柠檬酸进行清洗，碱洗时先在超滤产水箱中配制所需浓度的清洗药剂，由产水泵打入膜池中，在对膜丝进行浸泡之前，启动正常产水模式将药剂循环 5min，浸泡过程中每隔 30min 曝气 1min，保证膜丝与清洗药剂充分接触，浸泡时间为 6h，启动正常产水模式冲洗膜丝直至出水 pH 为中性，碱洗结束。酸洗时药剂循环时间设为 30min，其余步骤与碱洗相同。

纳滤膜化学清洗采用 0.1% NaClO + 0.05% NaOH 和 0.5% 柠檬酸进行清洗，按照先碱洗后酸洗的顺序进行，先利用纳滤产水配制所需浓度的药剂（pH=12），启动反冲洗模式，低压低流速置换系统内的原水，先低压低流速循环清洗 30min，再启动正常产水模式，浸泡 8h，低压高流速循环清洗 45min，启动正常产水直至出水 pH 呈中性，碱洗结束。酸洗时调节药剂 pH=4，其余步骤与碱洗相同，注意随时观察清洗液的 pH 变化，pH 变化超过 0.5 时应重新配置清洗药剂再次进行清洗。

超滤膜通量在跨膜压差为 15kPa 下测定，由于超滤膜长期运行采用了恒通量模式，在初始和膜污染实验结束时均开启恒压模式测定了在 15kPa 下的通量，方便计算化学清洗后通量恢复值；纳滤膜通量在 0.5MPa 下测定，错流速度恒定为 0.24m/s，化学清洗对组合工艺通量恢复情况见表 11-7。可以看出，超滤膜通量经化学清洗后恢复至初始值的 97.7%，纳滤膜通量恢复至初始值的 98.1%，与物理清洗相比，化学清洗可有效消除膜污染，恢复膜的正常产水能力。主要原因是酸洗可有效溶解无机物质和膜面沉积物，碱洗可破坏蛋白质，破坏凝胶层，溶解有机物。

化学清洗对超滤/纳滤膜通量的恢复情况　表 11-7

膜类型	初始通量 (LMH)	污染前通量 (LMH)	清洗后通量 (LMH)	通量恢复率 (%)
超滤膜	35	23.3	34.2	97.7
纳滤膜	37.8	32.4	37.1	98.1

11.1.5　纳滤膜运行的影响因素与优化

本节对影响纳滤膜系统运行的因素进行了探究，对于纳滤系统而言，运行压力、回收率和浓水流量 3 个关键参数对于纳滤系统的长期运行很重要，因此，本小节主要针对这 3 个参数，对纳滤系统的运行进行了优化。

1. 运行压力的影响

表 11-8 为纳滤在不同压力运行状态下纳滤膜的除污染效能，每个压力下运行 8h，以有机物和脱盐率为综合考察指标。当压力从 0.3MPa 增至 0.7MPa 时，纳滤膜对高锰酸盐指数和 UV$_{254}$ 去除率均没有太大的变化，保持在 55.7% 和 94.2% 左右，但出水电导率略有增加，从 95.7% 增至 97.9%，增加 2.2%。运行压力越大，膜分离层越密实，而水通量明显增加，在溶质透过率不变时，脱盐率有所上升，但不会无限制增大。当操作压力超过一定值时，脱盐率会保持稳定不变，当超过膜的承压范围时会破坏膜的结构，降低脱盐效果，建议运行时不宜选用过高的压力。

图 11-43 为相同运行周期内运行压力变化对通量和比通量的影响，当运行压力从 0.3MPa 增至 0.7MPa 时，通量分别为 18.9L/(m²·h)～

19.7L/(m² · h)、36.5L/(m² · h)～37.8L/(m² · h)和52.3L/(m² · h)～54.5L/(m² · h)；比通量分别为 0.063～0.065L/(m² · h · kPa)、0.073～0.076L/(m² · h · kPa) 和 0.075～0.078L/(m² · h · kPa)。可见，压力越大，通量和比通量下降速率相对较快，原因主要是膜面污染层形成速率加快，污染物累积在膜表面形成滤饼层，小分子有机物进入膜孔，造成膜平均孔径减小，降低膜的有效过滤压力，通量和比通量下降。

运行压力对纳滤去除效能的影响 表 11-8

水质指标	运行压力（MPa）	纳滤进水	纳滤出水	去除率（%）
高锰酸盐指数（mg/L）	0.3	1.86±0.13	0.83±0.15	55.3
	0.5	1.86±0.10	0.82±0.15	55.6
	0.7	1.89±0.16	0.83±0.16	56.2
UV₂₅₄（1/cm）	0.3	0.067±0.002	0.004±0.001	94.1
	0.5	0.068±0.003	0.004±0.001	94.2
	0.7	0.069±0.003	0.004±0.001	94.2
电导率（μS/cm）	0.3	212.4±1.2	9.1±0.1	95.7
	0.5	213.5±1.3	7.9±0.1	96.3
	0.7	214.7±1.2	4.5±0.1	97.9

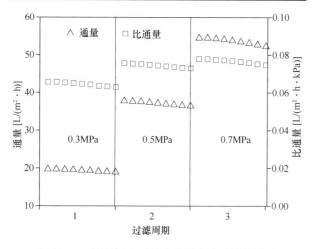

图 11-43 运行压力对纳滤通量和比通量的影响

2. 错流速度的影响

表 11-9 为 0.5MPa 运行压力下不同错流速度运行 8h 对纳滤膜去除效能的影响，可以看出错流速度从 0.1～0.3m/s 变化时，高锰酸盐指数和 UV₂₅₄ 去除率基本不变，分别保持在 55.7% 和 94.2% 左右，但电导率略有增加，提高了 0.4%。这是因为错流速度的提高冲刷了膜面污染层，一定

程度上提高了通量，水通量提高和溶质通量不变，从而提升了纳滤膜去除效果。

错流速度对纳滤去除效能的影响 表 11-9

水质指标	错流速度（m/s）	纳滤进水	纳滤出水	去除率（%）
高锰酸盐指数（mg/L）	0.1	1.88±0.14	0.83±0.16	55.7
	0.2	1.85±0.13	0.82±0.15	55.7
	0.3	1.87±0.15	0.83±0.16	55.6
UV₂₅₄（1/cm）	0.1	0.067±0.003	0.004±0.001	94.2
	0.2	0.068±0.004	0.004±0.001	94.3
	0.3	0.066±0.003	0.004±0.001	94.2
电导率（μS/cm）	0.1	212.5±1.6	8.3±1.4	96.1
	0.2	213.3±1.2	8.1±1.1	96.2
	0.3	214.2±1.4	7.5±1.2	96.5

图 11-44 为相同运行压力下错流速度变化对通量和比通量的影响。

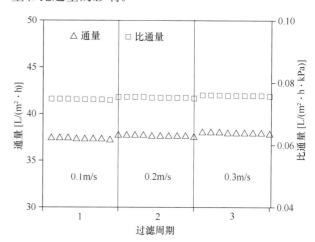

图 11-44 错流速度对纳滤通量和比通量的影响

过滤周期设为 8h，当错流速度从 0.1m/s 增至 0.3m/s 时，通量分别为 37.4～37.2L/(m² · h)、37.7～37.5L/(m² · h) 和 38.0～37.8L/(m² · h)；比通量分别为 0.074～0.075L/(m² · h · kPa)、0.075～0.075L/(m² · h · kPa) 和 0.076～0.076L/(m² · h · kPa)。可见，流速越大，通量也较大，通量和比通量下降速率相对缓慢，在流速为 0.2m/ 和 0.3m/s 时，纳滤膜比通量与运行初期相比基本不变。比通量和通量下降的速率反应了膜污染的快慢程度，流速越大曲线变化越平缓，膜污染也较低，从而提高了通量。中试实验在综合考虑产水量和膜污染速率的同时，选择错流流速为 0.24m/s。

3. 回收率的影响

表 11-10 为相同压力不同回收率对纳滤去除效能的影响，每个回收率运行 8h，当回收率从 25% 增加到 45% 时，高锰酸盐指数、UV$_{254}$和电导率分别降低 1.4%、0.9% 和 1.2%。一方面主要是由于纳滤进水被不断地浓缩，浓差极化现象越来越明显，进水溶质浓度不断增加，溶质穿过膜的推动力变大，更多的溶质穿过膜进入产水中。另一方面，回收率升高会增加膜污染，使得滤饼层形成加快，滤饼层可起到一定的物理吸附和截留作用，会提高膜的截留效果，但通量的降低使得出水中溶质浓度增加，两者综合作用的结果是膜的截留性能变差。在工程应用中若要提高系统的回收率可采用多级串联的方式，减少浓水排放量，提高进水转化为产水的效率，但同时会增加系统的投资成本。

回收率对纳滤去除效能的影响　表 11-10

水质指标	回收率(%)	纳滤进水	纳滤出水	去除率(%)
高锰酸盐指数(mg/L)	25	2.10±0.16	0.86±0.11	57.6
	35	2.08±0.17	0.89±0.12	57.3
	45	2.05±0.15	0.96±0.10	56.2
UV$_{254}$(1/cm)	25	0.077±0.004	0.007±0.001	94.8
	35	0.079±0.006	0.008±0.001	94.6
	45	0.078±0.005	0.010±0.001	93.9
电导率(μS/cm)	25	222.5±1.6	9.6±1.6	95.7
	35	219.3±1.2	10.7±1.4	95.1
	45	219.7±1.2	12.1±1.2	94.5

图 11-45 为不同回收率对纳滤通量和比通量的影响，过滤周期设为 8h，当回收率从 25% 增加到

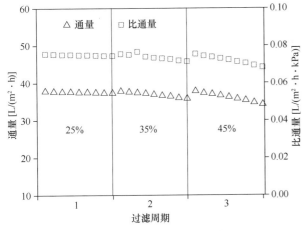

图 11-45　回收率对纳滤通量和比通量的影响

45% 时，通量分别为 37.3～37.8L/(m²·h)、35.8～37.8L/(m²·h) 和 34.2～37.8L/(m²·h)；比通量分别为 0.075～0.076L/(m²·h·kPa)、0.072～0.076L/(m²·h·kPa) 和 0.068～0.076L/(m²·h·kPa)。当回收率为 25% 时，通量下降 0.5L/(m²·h)，比通量下降 0.001L/(m²·h·kPa)；回收率为 45%，通量下降 3.6L/(m²·h)，比通量下降 0.008L/(m²·h·kPa)。可见，回收率越大，通量和比通量下降速率越快，膜污染速率也越快。通过综合考虑，中试最终选择 25% 的回收率运行，不仅延长了系统稳定运行时间也保证了产水量。

11.1.6 超滤/纳滤组合工艺对突发污染物的处理效能

本小节主要探究组合工艺在水源水质突发有机物污染、重金属污染和无机盐离子污染的应急能力，在实验中选择了苯系物（甲苯、乙苯、苯乙烯和对二甲苯）、磺胺类抗生素（磺胺二甲基嘧啶、磺胺甲恶唑）、重金属（Zn²⁺、Cd²⁺、Cr⁶⁺）和无机盐离子（NH$_4^+$、F⁻）等进行了投加，实验结果见表 11-11。

超滤/纳滤组合工艺对突发污染物的处理效能　表 11-11

污染物名称	进水浓度(mg/L)	UF出水(mg/L)	NF出水(mg/L)	总去除率(%)	国标限值(mg/L)
甲苯	2.000	1.986	0.028	98.6	0.7
乙苯	2.000	1.973	0.022	98.9	0.3
苯乙烯	2.000	1.982	0.018	99.1	0.02
对二甲苯	2.000	1.967	0.009	99.6	0.5
Zn²⁺	8.000	7.972	0.005	99.9	1.0
Cd²⁺	4.000	4.965	0.001	99.9	0.005
Cr⁶⁺	4.000	4.869	0.002	99.9	0.05
F⁻	5.000	4.958	0.008	99.9	1.0
NH$_4^+$	5.000	4.785	0.012	99.7	0.5
磺胺二甲基嘧啶	5.000	4.998	0.011	99.9	—
磺胺甲恶唑	5.000	4.995	0.009	99.9	—

可以看出，在投加 2mg/L 的苯系物后，组合工艺的最低去除率为 98.6%；投加 8mg/L Zn²⁺、4mg/L Cd²⁺、4mg/L Cr⁶⁺，去除率均在 99.9% 以上；投加 5mg/L F⁻、5mg/L NH$_4^+$ 等无机盐离子去除率高达 99.9%；对于国标中未规定的 2 种抗

生素磺胺甲恶唑和磺胺二甲基嘧啶，在投加浓度为5mg/L时，去除率将近99.9%。这些数据充分说明了该组合工艺具有良好的应急能力，出水各项指标浓度远低于国标限值。在水源发生污染后，这些污染物在常规处理中会被降解和去除一部分，大幅减轻组合工艺的处理负荷，使得污染物的去除率会有进一步的提高。

综上所述，本章采用超滤/纳滤组合工艺对抗生素磺胺二甲基嘧啶的去除效能及影响因素进行了研究，同时对超滤、纳滤工艺运行参数进行优化，并对超滤/纳滤组合工艺处理突发污染物能力进行了分析，所研究的超滤/纳滤组合工艺对处理微污染水源水具有很强的技术优势，不但解决了各自存在的不足，而且出水水质稳定、耐冲击负荷、对各种水质污染问题具有很强的处理能力和适用性，可作为一种广谱性的微污染水源水安全保障技术。同时，本研究表明，超滤/纳滤组合工艺具有广谱的应急能力，可将超滤/纳滤组合工艺作为一种水厂面对突发污染时的应急储备技术。

11.2 超滤/纳滤双膜工艺处理南四湖水中试实验研究

11.2.1 原水水质、实验系统和参数

1. 原水水质

通过调查显示，在丰水期和枯水期，南四湖水有机物含量基本相当，无机物含量差异较大。以枯水期水质指标为依据，主要水质特点如下：浊度超过30NTU，耗氧量约为$4\sim7$mg/L，TOC为$5\sim7$mg/L，UV_{254}为$0.090\sim0.112$/cm，可吸附有机碳（DOCA）、不可降解有机碳（DOCND）和不可降解可吸附有机碳［DOC（ND&A）］在溶解性有机物中的比例分别为90.4%、83.8%和74.6%；有机物以小分子有机物为主，分子量小于3kDa的占总量的72.3%；溴离子最高达到455μg/L，若采用臭氧氧化存在溴酸盐超标风险；氟化物、氯化物、硫酸盐和溶解性总固体含量最高达到了1.45mg/L、225mg/L、396mg/L和1295mg/L，而水厂常规工艺难以去除，容易导致管网化学不稳定引起的"黄水"现象；藻类总数在$400\sim800$万个/L，以绿藻、硅藻、蓝藻为优势藻。

将南四湖原水水质中主要污染物含量与《生活饮用水卫生标准》GB 5749（以下简称《标准》）相比，结果见表11-12。从表中可知，南四湖原水有机物含量很高，常可达7mg/L，因此常规工艺处理后COD_{Mn}仍具有超标的风险（《标准》限值3mg/L），且容易产生消毒副产物。原水中溶解性固体含量最高接近1300mg/L，超过《标准》1000mg/L的要求；硫酸盐含量常达到362mg/L，超过《标准》对硫酸盐250mg/L的要求；原水硬度最高时可达500mg/L（以$CaCO_3$计），因此也有超过《标准》中对硬度450mg/L的要求的风险；原水中钠离子所测含量达到247mg/L，也超过了《标准》200mg/L的限值要求。

南四湖水质主要污染物含量与《生活饮用水卫生标准》GB 57496 限值对比　　表 11-12

项目名称	南四湖水含量	《生活饮用水卫生标准》GB 5749 限值
浊度（NTU）	$34.9\sim70$	1
COD_{Mn}（O_2，mg/L）	$3.74\sim7.79$	3（水源限制，原水耗氧量大于6mg/L时为5）
溶解性固体（mg/L）	$1047\sim1368$	1000
硬度（以$CaCO_3$计，mg/L）	$375\sim467$	450
硫酸盐（mg/L）	$337.6\sim362.8$	250
钠离子（mg/L）	$233.5\sim247.6$	200
氟化物（mg/L）	$1.07\sim1.36$	1.0

2. 中试流程及设备

中试工艺为原水—混凝—沉淀—超滤—纳滤，超滤和纳滤单元控制方式为PLC自动控制，恒压运行。其工艺流程图如图11-46所示。

从南四湖孙杨田村处取水口处用潜水泵吸水，经过辐流式预沉池沉淀，絮凝药剂采用聚合氯化铝铁（PAFC），投药量4mg/L（Al^{3+}计），停留时间为2h；然后再经过机械搅拌絮凝池和斜管沉淀池的混凝沉淀，混凝沉淀后水再经过超滤和纳滤处理，纳滤产水即为实验产水，纳滤部分产生浓水排放于北湖湿地。

3. 膜组件及参数

超滤膜部分设计采用海南立昇内压式超滤膜组件。纳滤部分采用2套平行的系统，一套系统为H公司提供的纳滤膜组件（膜面积为7.9m²），配套系统由该公司配制；另一套系统采用美国G公司的纳滤膜组件（膜面积为8.2m²），2个超滤膜组

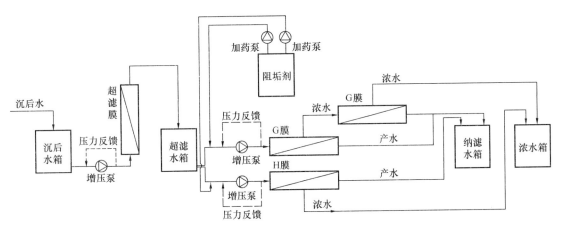

图 11-46　超滤-纳滤工艺流程图

件串联，配套设备及其配件由该公司提供。纳滤膜通量均按照 20L/(m²·h) 计算，则 H 系统产水量为 158L/h，G 系统产水量为 100L/h。纳滤系统的最小设计回收率按照 20% 计算，则超滤产水至少为 1290L/h。

（1）超滤膜单元

超滤单元由膜组件、PLC 自控系统、水箱、药箱和阀门等组件构成。实验所用超滤膜为立昇 LH3 系列中空纤维内压式超滤膜，膜丝内径为 1.0mm，超滤膜平均截留分子量为 80kDa。立昇 LH3-1060-V 超滤膜规格及性能见表 11-13。

立昇 LH3-1060-V 超滤膜规格及性能表　表 11-13

规格及性能	LH3-1060-V
初始产水量（m³/h）	15
设计产水量（m³/h）	2.4～6.4
设计通量［L/(m²·h)］	60～160
产水污染指数（SDI₁₅）	<1
产水浊度	<0.1NTU
去除总大肠菌群	每 100mL 产水水样中未检出
去除粪大肠菌群	每 100mL 产水水样中未检出
去除细菌	每 1mL 产水水样中未检出
类型	内压式中空纤维
滤膜材质	合金 PVC
膜壳材质	PVC
截留分子量（kDa）	80
标准膜面积（m²）	40
中空纤维丝数量	9100
中空纤维丝内外径（mm）	1.0/1.66

超滤单元的主要设备见表 11-14。

超滤膜工艺主要设备表　表 11-14

名称	规格型号	单位	数量
进水泵	南方 CHL4-30	台	1
反冲洗泵	南方 CHL8-20	台	1
压力传感器	德国 WIKA	个	3
转子流量计	系统配置	个	4
电磁阀	上海康可纳	个	5
超声波液位仪	E+H	个	1

（2）G 纳滤膜单元

G 纳滤膜采用一级两段式工艺，将两只相同膜组件串联，且第一支膜组件的浓水作为第二支膜组件的原水。G 纳滤膜规格及性能见表 11-15。

G 纳滤膜规格及性能表　表 11-15

规格及性能	G 纳滤膜	
脱盐率（MgSO₄）	平均：98%	
	最低：96%	
结构	卷式	
膜材料	芳香聚酰胺	
有效膜面积	8.2m²	
最大运行压力	2.07MPa	
最大进水余氯浓度	1000ppm hrs。建议去除余氯	
最高进水温度	50℃	
进水 pH 范围	3～9	
最大进水浊度	1NTU	
最大进水 SDI	5.0	
测试条件	MgSO₄ 水溶液	
	0.69MPa	
	25℃	
	15% 回收率	
	pH=6.5～7.0	

注：测试 24h 后的平均脱盐率。单支膜元件的通量可能在 -15%～+25% 的范围内变化。

G 纳滤膜工艺主要设备见表11-16。

G 纳滤膜工艺主要设备表 表 11-16

部件名	规格	单位	数量
泵	CDLF2-22	台	1
流量计	配套转子流量计	台	4
在线电导率仪	CM230	台	2
加药泵	米顿罗电磁驱动隔膜计量泵 P026	台	1
压力变送器	德国 WIKA	台	5
压力表	充油耐振 60mm	台	5

（3）H 纳滤膜单元

H 纳滤膜系统采用一级一段式膜系统，采用单只膜组件，其膜规格及性能见表11-17。

H 纳滤膜规格及性能表 表 11-17

规格及性能	H 纳滤膜
脱盐率	平均：90% 最低：80%
结构	卷式
膜材料	芳香聚酰胺
有效膜面积	7.9m²
最大运行压力	4.14MPa
最大进水余氯浓度	0mg/L
最高进水温度	45℃
进水 pH 范围	3~10
最大进水浊度	1NTU
最大进水 SDI	5.0
最大进水流量	3.6m³/h
最小浓水量与产水量比值	5:1
单只元件最大压力损失	0.07MPa
测试条件	500mg/L，NaCl 水溶液
	0.52MPa
	25℃
	15%回收率
	pH=6.5~7.0

H 纳滤膜工艺主要设备见表11-18。

H 纳滤膜工艺主要设备表 表 11-18

部件名	规格	单位	数量
泵	不锈钢 304，CDLF2-22	台	1
流量计	配套转子流量计	台	3

续表

部件名	规格	单位	数量
在线电导率仪	CM230	台	2
加药泵	米顿罗	台	1
压力变送器	德国 WIKA	台	4
压力表	充油耐振 60mm	台	4

11.2.2 超滤/纳滤双膜工艺对南四湖水污染物的去除效果

本小节实验工艺为原水—混凝—沉淀—超滤—纳滤（H 纳滤膜）工艺，实验回收率设定为34%，纳滤系统压力设定为 700kPa，并以 COD$_{Mn}$、UV$_{254}$、电导率、溶解性固体、溶解性有机碳为指标，测定各单元进出水的浓度，以考察工艺各单元对南四湖水污染物的去除效果。

1. 对 COD$_{Mn}$ 的去除效果

如图 11-47 所示，夏季原水 COD$_{Mn}$ 最高为 7.79mg/L，经过混凝沉淀和超滤工艺，COD$_{Mn}$ 降至 6.26mg/L，仍高于饮用水标准的上限值 3mg/L；冬季 COD$_{Mn}$ 含量为 3.74mg/L，经过混凝沉淀和超滤工艺，COD$_{Mn}$ 降至 2.25mg/L，达到饮用水卫生标准；而纳滤工艺可在任何季节大量去除水中的 COD$_{Mn}$ 含量，降至 0.70mg/L 以下，水质优异。

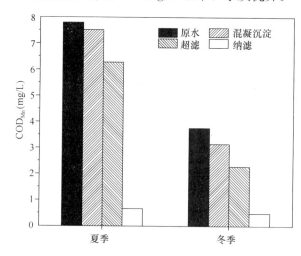

图 11-47 不同季节超滤/纳滤工艺对 COD$_{Mn}$ 的去除效果（纳滤回收率：单段 34%；压力：700kPa）

2. 对 UV$_{254}$ 的去除效果

如图 11-48 所示，夏季原水 UV$_{254}$ 最高 0.188/cm，经过混凝沉淀和超滤工艺，UV$_{254}$ 降至 0.175/cm，仍然较高；冬季 UV$_{254}$ 含量为 0.085/cm 左右，经过混凝沉淀和超滤工艺，UV$_{254}$ 降至 0.065/cm；再

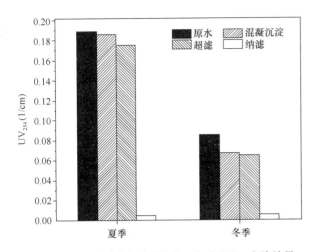

图 11-48 不同季节超滤/纳滤工艺对 UV_{254} 去除效果

（纳滤回收率：单段 34%；压力：700kPa）

经过纳滤工艺，仍可显著去除剩余水中 UV_{254} 含量，降至 0.005/cm 以下，水质优异。

3. 对电导率的去除效果

如图 11-49 所示，夏季原水电导率在 1746 μS/cm 上下，冬季时电导率明显升高。无机盐离子半径很小，常规工艺以及超滤工艺对这部分无机盐几乎无去除效果，出水与进水盐含量几乎相同；纳滤工艺对无机盐具有较好的处理效果，在夏季和冬季，均可降低 90% 以上（H 膜）的电导率，也就是基本相当于去除了 90% 以上的溶解性无机盐类，使纳滤产水的电导率仅为 162～286 μS/cm。

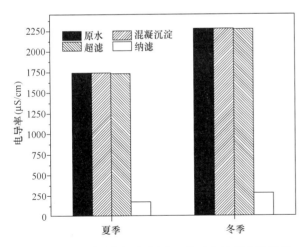

图 11-49 不同季节超滤/纳滤工艺对电导率去除效果

（纳滤回收率：单段 34%；压力：700kPa）

4. 对溶解性固体（TDS）的去除效果

如图 11-50 所示，夏季原水 TDS 含量为 1047mg/L，高于饮用水标准中 1000mg/L 的上限值，而冬季时水中 TDS 含量更是高达至 1368mg/L。

常规工艺以及超滤工艺对 TDS 也几乎无去除效果，出水与进水 TDS 含量几乎相同；纳滤工艺对 TDS 具有较好的处理效果，在夏季和冬季，均可去除水中 90% 以上（H 膜）TDS 含量，使纳滤产水的 TDS 仅为不到 200mg/L，符合饮用水标准。

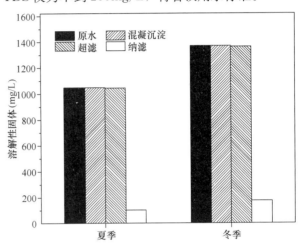

图 11-50 不同季节超滤/纳滤工艺对溶解性固体的去除效果

（纳滤回收率：单段 34%；压力：700kPa）

5. 对溶解性有机碳（DOC）的去除效果

如图 11-51 所示，夏季原水 DOC 为 9.09mg/L 左右，经过混凝沉淀和超滤工艺后，水中 DOC 分别降至 8.56mg/L 和 7.7mg/L，整体去除率分别为 5.8% 和 15.29%，经过 2 套纳滤单元处理后，产水中 DOC 含量略有不同，经过 G 纳滤膜过滤后，产水中 DOC 为 1.42mg/L，去除率达到 84.38%，而经过 H 纳滤膜过滤后，产水中 DOC 降为 0mg/L，去除率可达 100%。可知，混凝沉淀、超滤、纳滤对 DOC 均有去除效果，且过滤越

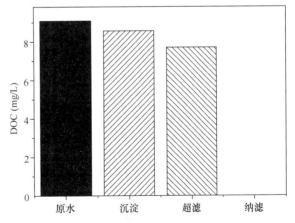

图 11-51 混凝—沉淀—超滤—纳滤工艺对溶解性有机碳的去除效果

（纳滤回收率：单段 34%；压力：700kPa）

精细，去除率越高；同为纳滤膜，H 纳滤膜对 DOC 的去除效果要优于 G 纳滤膜。

11.2.3 超滤/纳滤双膜工艺的长期运行性能研究

超滤单元作为纳滤预处理，其长期运行状况对后续纳滤单元非常重要，本小节考察了纳滤预处理，也就是超滤单元的优化和评价，确定超滤单元最优运行工况（压力、反冲洗周期、反冲洗方式）。纳滤单元是双膜系统的核心处理单元，阻垢剂的投量对双膜系统的连续运行影响巨大，因此本小节也同时考察了纳滤单元运行压力和水温对产水水质和水量的影响以及不同阻垢剂投加量下纳滤单元连续运行情况和造成的膜污染，并对膜进行化学清洗和扫描电镜分析，考察污染后清洗效果以及膜面微观情况。

1. 纳滤预处理的评价与优化

采用原水—混凝—沉淀—超滤工艺，考察超滤单元处理南四湖水连续运行10h的通量变化。超滤装置设定为死端过滤，进水压力恒定30kPa（跨膜压差为23kPa），水温 20～25℃。自控设定为每10h物理反冲洗一次，连续运行30h。物理反冲洗流程设定为上向顺冲30s，反冲洗50s，上向顺冲30s，下向顺冲30s，顺冲和反冲流量为70L/(m²·h)。定时测定通量变化情况，所得结果如图11-52所示。

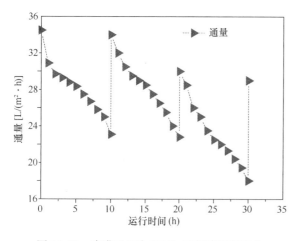

图 11-52 跨膜压差为 23kPa 下超滤通量变化

超滤初始通量为 34.5L/(m²·h)，运行10h降低至 23.1L/(m²·h)，通量衰减三分之一；进行物理反冲洗，反冲洗后超滤通量恢复为34L/(m²·h)，比初始少了 0.5L/(m²·h)，认为出现不可逆膜污

染，物理反冲洗无法完全恢复；再运行10h，通量降低至 22.8L/(m²·h)，物理反冲洗后通量只恢复到 30L/(m²·h)，比初始通量进一步降低；最后运行 10h 后，通量最终衰减到 18L/(m²·h)，进行物理反冲洗后，通量恢复到 29L/(m²·h)，比初始通量降低了 5.5L/(m²·h)，无法通过物理反冲洗恢复。

因此，为了保持超滤在较高通量下运行，结合南四湖高浊度的水质，后续实验采取每运行1h进行一次物理反冲洗的工作流程，以期超滤膜污染最小且通量保持在最大区间的条件下稳定运行。由于南四湖水中泥沙、浊度和有机物含量较高，膜柱容易拥堵，故超滤膜柱反冲洗工况设定为：每运行1h，上向顺冲洗20s，反冲洗30s，再顺冲洗（上冲、下冲）各20s。该物理清洗可最大限度恢复通量，冲洗水（顺冲洗、反冲洗）流量为运行流量2倍。实验设定通量为 34.5L/(m²·h)，冲洗通量为 70L/(m²·h)。顺冲水不跨膜，用原水冲洗；反冲洗水由于反向跨膜，其中颗粒物可能堵塞超滤膜支撑层。因而反冲洗水采用超滤产水，并在反冲洗进水口加装保安过滤器，以保证反冲洗水的清洁。

2. 纳滤工艺的评价与优化

（1）运行压力对南四湖水主要污染物的去除效果影响研究

原水经过混凝—沉淀—超滤—纳滤单元处理后，在任何纳滤单元运行工况下，纳滤单元产水浊度均低于 0.1NTU 的检测限、COD_{Mn} 均降至 0.64mg/L 以下、UV_{254} 均降至 0.005 以下，即均为微量水平，完全达到饮用水卫生标准。因而，在讨论有机污染物在纳滤不同运行工况下的处理区别的实际工程意义并不大，在本节的研究中，重点讨论纳滤在不同运行工况下（压力、温度、回收率）对无机污染物的处理特性研究。

1）纳滤运行压力对南四湖水电导率的去除效果研究

纳滤膜属于高压膜，不同压力下和回收率下，透过膜水量和盐量并不相同。考察纳滤膜处于实际运行回收率（单段34%），在不同运行压力下处理南四湖水质对电导率去除效果，所得结果如图11-53所示。可知，在较高的回收率下，随着运行压力增加，纳滤产水电导率仍有略微下降的趋势，从174 μS/cm 降低至 138 μS/cm，也就是纳滤膜在较高的运行压力下，出水水质更好，更有保障，压力对产水水质影响不大。

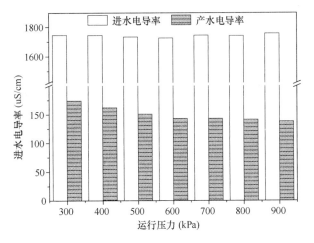

图 11-53　纳滤运行压力对电导率的去除效果

（回收率：单段 34%；温度：18℃；每段压力运行 3h 后取样）

2）纳滤运行压力对南四湖水溶解性固体（TDS）的去除效果研究

电导率和溶解性固体含量息息相关，实验直接考察纳滤膜处于实际运行回收率（单段 34%），在不同运行压力下处理南四湖水质对溶解性固体（TDS）去除效果，所得结果如图 11-54 所示，和去除电导率效果类似，进一步佐证了纳滤膜对溶解性固体的去除效果。由图可知，在较高的回收率下，随着运行压力增加，纳滤产水溶解性固体也有略微下降，从 113mg/L 降低至 90mg/L 左右。实验证明了无论在何种实验运行压力下，出水水质均有保障，压力对产水溶解性固体几乎无负面影响。

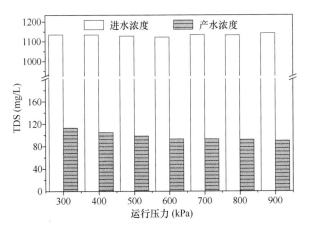

图 11-54　纳滤运行压力对溶解性固体（TDS）的去除效果

（收率：单段 34%；温度：18℃；每段压力运行 3h 后取样）

3）纳滤运行压力对硫酸盐的去除效果分析

南四湖水质硫酸盐含量超标，可达 360mg/L（饮用水标准上限 250mg/L），考察在纳滤膜较高回收率（单段 34%）时，在不同运行压力下对硫酸盐的去除效果，实验结果如图 11-55 所示。纳滤膜进水硫酸盐含量达 360mg/L 情况下，纳滤膜产水硫酸盐含量极其微小，均小于 16mg/L，而且运行压力越大，产水硬度越低，纳滤对硫酸盐去除效率越高。接近反渗透产水效果，产水水质完全优于饮用水卫生标准硫酸盐含量 250mg/L 的上限值。

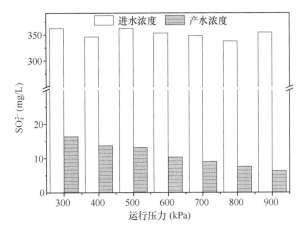

图 11-55　运行压力对 SO_4^{2-} 的去除效果

（回收率：单段 34%；温度：18℃；每段压力运行 3h 后取样）

4）纳滤运行压力对硬度的去除效果研究

南四湖水中硬度最高达 467mg/L，常规工艺和超滤工艺后硬度依然超标（饮用水标准 450mg/L），实验考察在纳滤膜较高回收率（单段 34%）时，在不同运行压力下对硬度的去除效果，实验结果如图 11-56 所示。纳滤膜进水总硬度含量达 467mg/L 的情况下，纳滤膜产水总硬度含量依然极其微小，均小于 27mg/L，而且运行压力越大，产水硬度越低，纳滤对硬度去除效率越高，其值越接近反渗透产水效果，产水水质完全优于饮用水卫生标准总硬度含量 450mg/L 的上限值。

分析纳滤膜对硫酸盐和硬度的高去除率现象，是因为纳滤膜为离子选择性透过膜，对二价及其以上离子具有很高的去除率（出厂测试去除率在 98% 以上）。在纳滤膜处理南四湖水质实验中所得结果可知，纳滤膜对南四湖水中硬度和硫酸盐可达到 95% 的去除率。

5）纳滤运行压力对硝酸盐的去除效果研究

南四湖水质硝酸盐含量为 0.84mg/L，完全符合生活饮用水卫生标准的限值 10mg/L。然而济宁市开采地下水较早的西部地区，其水中硝酸盐含量

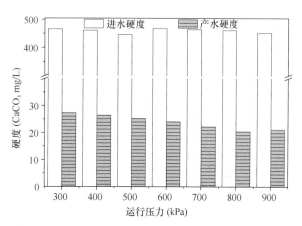

图 11-56　运行压力对硬度的去除效果

（回收率：单段 34%；温度：18℃；每段压力运行 3h 后取样）

较高（最高可达 9.51mg/L），接近饮用水卫生标准的限值 10mg/L。因而，为了研究纳滤膜对一价离子的去除情况，考察了纳滤膜对低浓度硝酸盐的去除效果，实验检测了纳滤膜处理南四湖水质进水和产水的硝酸盐含量，所得结果如图 11-57 所示。在纳滤进水硝酸盐浓度较低，为 0.78～0.85mg/L 时，纳滤产水中硝酸盐含量仅为 0.06～0.19mg/L，平均去除率仍可在 70% 以上；并且随之运行压力越大，产水硝酸盐含量越低，纳滤对硝酸盐去除效率越高。证明纳滤工艺对低浓度的硝酸盐仍然具有较好（>70%）的处理效果。

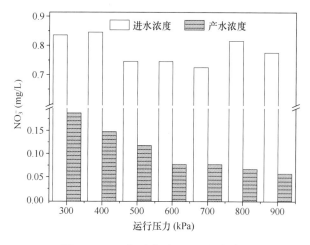

图 11-57　运行压力对 NO_3^- 去除效果

（回收率：单段 34%；温度：18℃；每段压力运行 3h 后取样）

6）纳滤运行压力对氟化物的去除效果研究

南四湖水质氟化物含量较高，可达到 1.36mg/L，超过饮用水卫生标准上限值 1.0mg/L 的要求。考察纳滤膜对南四湖水质氟化物的处理效果，测量纳滤膜处理南四湖水质进水和产水的氟化

物含量，所得结果如图 11-58 所示。在纳滤进水氟化物浓度为 1.07～1.36mg/L 时，纳滤产水中氟化物含量仅为 0.09～0.27mg/L，平均去除率仍可在 80% 以上；并且随着运行压力越大，产水氟化物含量越低，纳滤对氟化物去除效率越高。

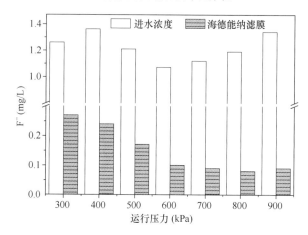

图 11-58　运行压力对 F^- 的去除效果

（回收率：单段 34%；温度：18℃；每段压力运行 3h 后取样）

7）纳滤运行压力对 Na^+ 的去除效果研究

南四湖水质钠离子含量较高，最高可达到 233.5mg/L，超过饮用水卫生标准上限值 200mg/L 的要求。考察纳滤膜对南四湖水质钠离子的处理效果，测量纳滤膜处理南四湖水质进水和产水的钠离子含量，所得结果如图 11-59 所示。在纳滤进水钠离子含量达到 233.5mg/L 时，纳滤产水中钠离子含量仅为 23mg/L；并且随着运行压力越大，产水中钠离子含量越低，实验中最低可达到 16.3mg/L 的水平，去除率甚至可在 93% 以上，使纳滤产水完全符合饮用水卫生标准 200mg/L 的上限值。

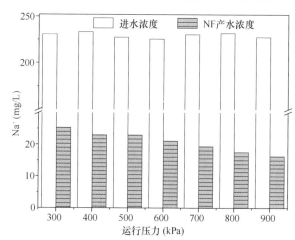

图 11-59　运行压力对 Na^+ 的去除效果

（回收率：单段 34%；温度：18℃；每段压力运行 3h 后取样）

（2）影响纳滤工艺通量的因素

纳滤膜运行压力和通量息息相关，膜在出厂的低回收率测试水样条件下，压力和通量呈线性相关。实验考察纳滤膜在处理南四湖水质中，采用较高的实验回收率时，压力和通量的关系，验证其是否依然呈线性相关趋势，实验结果如图 11-60 所示。实验采用 34% 的回收率，水温 18℃ 条件下，测量 300kPa、400kPa、……、900kPa 不同压力的产水量，所得结果证明了运行压力与通量基本呈线性相关的结论。

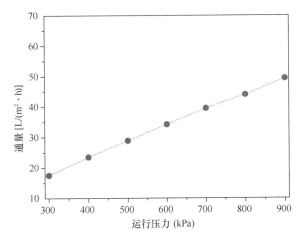

图 11-60　纳滤运行压力对通量的影响
（回收率：单段 34%；温度：18℃；每段压力运行 3h 后取样）

不同水温下，南四湖水质并不相同，从前文南四湖夏季和冬季水质对比及超滤/纳滤工艺处理效果研究可得出：在 5～30℃ 水温下，纳滤产水中浊度、COD_{Mn}、UV_{254}、电导率、溶解性固体、硬度、硫酸盐、硝酸盐、氟化物、钠离子含量几乎无变化，均为微量水平，所以纳滤运行温度对产水水质几乎无影响。然而，纳滤在不同水温条件下，通量变化明显，因而纳滤运行温度对南四湖水质处理的影响研究主要为纳滤运行温度对通量的影响研究。

纳滤膜运行通量和温度息息相关，实验考察纳滤膜（在处理南四湖水质中，采用较高的实验回收率），在不同季节、不同水温对通量的影响，实验结果如图 11-61 所示。实验采用 34% 的回收率，测量水温由冬季最低 5℃ 至夏季最高水温 30℃，所得结果表明在膜污染较轻的情况下，温度对通量有很大影响，水温越高，越利于纳滤膜产水，同等条件（34% 回收率，700kPa 为例）下，夏季纳滤膜通量可达到冬季的 2～3 倍以上。

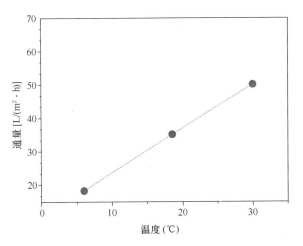

图 11-61　纳滤运行温度对通量的影响
（回收率：单段 34%；压力：600kPa）

（3）纳滤工艺的运行参数优化

实验采用南四湖原水—混凝—沉淀—超滤—纳滤工艺，优化纳滤单元运行压力、回收率、加药量等工艺参数。

1）运行压力

G 纳滤膜可承受运行压力为 0～2MPa，H 纳滤膜可承受运行压力为 0～4MPa。由于实验条件限制，实验最高压力仅可达到 0.9MPa，即 900kPa。因此在 300～900kPa 压力下进行实验，考察不同压力下膜运行情况。由上述图 11-60 及讨论可知，膜在不同压力下均可稳定运行，压力对产水水质影响不大，压力对通量呈正相关，即压力越大，通量越大。在水温 18℃，单段回收率 34%，运行压力 900kPa 条件下，H 纳滤膜通量可达到 50L/（m^2·h），G 纳滤膜通量可达 65L/（m^2·h）。因而，在实际生产中，为了获得较多的通量，应在纳滤膜和管道系统可承受范围内，尽可能提高运行压力。

2）回收率和阻垢剂

为提高水资源利用率，应尽可能提高系统回收率。高回收率下，会降低一些产水通量和脱盐率，但影响微小，可忽略不计。南四湖水硫酸盐含量和硬度含量较高，因而回收率太高情况下，易引起硫酸盐和碳酸盐过饱和沉积，引起纳滤膜面结垢现象，破坏纳滤膜产品，降低膜产水通量；且根据纳滤系统设计要求，为保证纳滤膜的正常性能，每根膜柱产水回收率不得高于 50%。因而，为了提高系统回收率，一般采用添加阻垢剂（提高结垢所需浓度）和多段式运行（多根膜柱串联，上段膜柱的浓缩后水作为下段膜柱进水）的方法。添加阻垢剂可以对水中易结垢离子进行络合保护，提高盐结垢所需浓度，使之不易结垢，因而可以提高回收率。

阻垢剂是用于减弱或者阻止盐类沉积和结垢的化学药剂，大多数阻垢剂为有机聚合物，如聚丙酰胺、羧酸、有机金属磷酸盐等。阻垢剂分子量一般在 2～10kDa，可以被纳滤膜截留而不影响产水水质。

经过综合考虑和对比，本实验采用清力品牌生产的 PTP-0100 型号 8 倍浓缩液阻垢剂。PTP-0100 适用于金属氧化物、硅以及致垢盐类含量高的水质，该阻垢剂不与水中残留的絮凝剂如铝、铁离子发生反应，在纳滤或者反渗透系统中有助于系统运行并降低运行维护费用。

3. 纳滤工艺的连续运行效能及其污染与清洗

（1）工艺回收率和阻垢剂投量优化

根据南四湖水质和纳滤膜设计要求，在未添加阻垢剂情况下，为防止纳滤膜结垢，回收率不可高于 20%，这大幅限制了水资源的利用率，而添加阻垢剂，可提高回收率，降低膜结垢风险。实验单只膜回收率设定为 38%，考察在该回收率下不引起膜面结垢的最小的阻垢剂投药量。

经过综合比较分析，实验采用清力 PTP-0100 型号阻垢剂，常规投加量为 3～6mg/L，实际投加量由水质情况决定，根据水质计算得出格里尔指数（LSI 值），确定准确投加量。LSI 表示低盐度苦咸水中的碳酸钙饱和度，用于表征碳酸钙结垢或腐蚀的可能性。

实验采用 2 种不同投加量为 5mg/L 和 7mg/L，测定 G 纳滤膜和 H 纳滤膜在 38% 回收率下最优投药量。

1）投加 5mg/L 阻垢剂

当投药量为 5mg/L 时，G 纳滤膜系统很快就出现通量衰减，通量变化如图 11-62 所示。由图可知，在纳滤膜运行压力为 600kPa，水温在 6.0～7.0℃ 之间波动，连续运行 70h 后通量就已经衰减严重。一段通量由最初的 29.26L/(m² · h) 降低至 25.60L/(m² · h)。运行期间，通量出现短暂的上升现象，是由于水温波动影响。

当投药量为 5mg/L 时，考察 H 纳滤膜单段系统处理南四湖水质的运行效果，实验结果如图 11-63 所示。系统采用 600kPa 运行压力，单段回收率设定为 34%，水温为 8.4～13.8℃ 波动时，H 纳滤膜

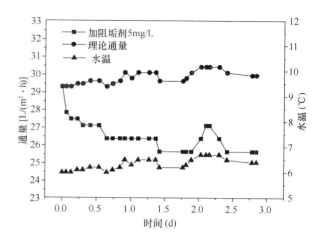

图 11-62　G 纳滤膜通量变化与理论通量对比
（阻垢剂 5mg/L）

（压力：600kPa；回收：37.5%～41.6%；
温度：6.0～7.0℃）

也很快就出现通量衰减。H 纳滤膜初始通量为 26.73L/(m² · h)，当连续运行 6d 后，实验水温 10.3℃ 情况下，通量降低到 20.33L/(m² · h)。水温的降低一定程度上影响了 H 纳滤膜通量，但相比于系统开始运行 12h 后温度为 10.8℃ 情况下 22.8L/(m² · h) 的通量，在 10℃ 时，通量下降了 2.47L/(m² · h)，纳滤膜面出现污染。

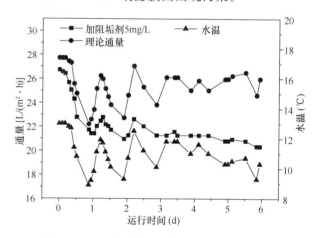

图 11-63　H 纳滤膜通量变化与理论通量对比
（阻垢剂 5mg/L）

（压力：600kPa；回收率：37.5%～41.6%；
温度：8.8～13.0℃）

2）投加 7mg/L 阻垢剂

对纳滤膜进行化学清洗后，通量基本恢复，实验研究投药量为 7mg/L 时系统运行情况，故对 G 纳滤膜系统运行结果进行分析。所得实验结果如图 11-64 所示。

由图可知，在纳滤膜运行压力为 600kPa，水

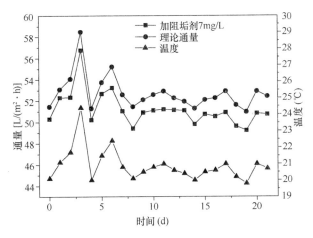

图 11-64　G 纳滤膜连续运行 21d 实际通量与理论
通量对比（阻垢剂 7mg/L）

（压力：600kPa；回收率：37.5%～41.6%；

温度：19.8～24.2℃）

温在 19.8～24.2℃ 之间波动，回收率控制在 37.5%～41.6%，PTP-0100 阻垢剂投加量为 7mg/L 时，连续运行 21d。G 纳滤膜双段系统稳定运行 21d 通量略微降低，从最初的实际通量与理论通量相差 1.14L/(m²·h)，在运行 21d 后实际通量与理论通量相差 1.70L/(m²·h)。也就是说，在投药量为 7mg/L 时，系统稳定运行，但依然出现了膜污染，致使通量下降。因而，处理南四湖水质，纳滤单元的阻垢剂 PTP-0100 的投加量应大于 7mg/L。

（2）纳滤膜的污染

1）G 纳滤膜的污染

对连续运行 21d 后的 G 纳滤膜进行扫描电镜分析，膜面污染物放大 100 倍结果如图 11-65 所示。

将每段纳滤膜的进水端（前端）和出水端（后端）的污染程度进行对比可知，每根膜前后端污染形态和程度并不完全相同。将 G 双段处理系统的第一段膜和第二段膜进行对比可看出，第二段膜的整体污染程度要比第一段膜更严重，这是由于第二段的进水是经过第一段浓缩后的水质，水中无机盐离子和有机污染物浓度都相应升高，造成第二段膜柱更容易发生污染。

2）H 纳滤膜的污染

将 H 纳滤膜放大 100 倍后如图 11-66 所示。

将纳滤膜的进水端（前端）和出水端（后端）的污染程度进行对比可知，经过化学清洗后，宏观表现上纳滤膜通量已经基本恢复，但微观上看来

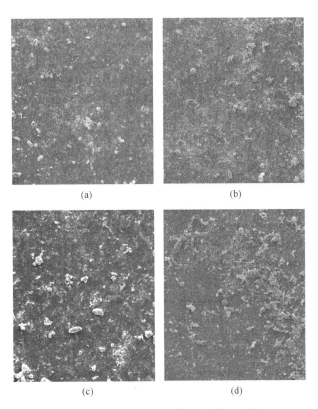

图 11-65　G 纳滤膜 100 倍镜下膜面污染图

（a）第一段前端 100 倍；（b）第一段后端 100 倍；

（c）第二段前端 100 倍；（d）第二段后端 100 倍

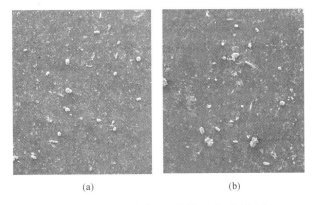

图 11-66　H 纳滤膜 100 倍镜下膜面污染图

（a）前端 100 倍；（b）后端 100 倍

H 纳滤膜并非完全清洗干净，而是仍然留有一部分化学清洗不能去除的污染物。而且前后端污染形态和程度也不完全相同，前端中大颗粒污染物较后端要更多一些。

（3）纳滤膜的清洗

1）物理冲洗

纳滤单元在每次停机前都要低压高通量进行物理冲洗，以冲出膜柱中的阻垢剂和一些易于冲出的污染物，降低膜污染程度。具体操作为：停机前停

止加药,降低系统运行压力至几十千帕,提高进水流量,采用低压高通量模式冲洗膜面5～10min。

2)化学清洗

卷式纳滤膜除了顺向物理冲洗,并不能进行像超滤一样的反冲洗操作。因而,当某温度下通量下降10%以后即要进行化学清洗。化学清洗可采用药剂较多,酸洗可用盐酸和柠檬酸等,碱洗可采用氢氧化钠溶液。本实验中化学清洗药剂采用盐酸和氢氧化钠,先进行酸洗去除无机盐结垢污染物,再进行碱洗去除有机污染物、杀灭细菌并舒张酸洗后收缩的膜孔,恢复通量。

3)通量恢复情况

考察化学清洗后的通量恢复情况,实验采用15%的低回收率测定2种纳滤膜在不同运行压力下化学清洗前和化学清洗后的通量,实验结果如图11-67和图11-68所示。

由图11-67可知,G纳滤膜化学清洗前通量与初始通量相比相差较大,清洗前G纳滤膜在300kPa压力下通量低于初始通量1.73L/(m²·h),压力越高,通量相差越大,运行压力为900kPa时二者通量相差达到了5.12L/(m²·h)。经过化学清洗后,通量恢复明显。运行压力为300～900kPa之间时,清洗后通量与初始几乎相同,说明化学清洗对G纳滤膜效果明显。

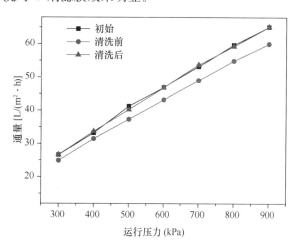

图 11-67　G 纳滤膜清洗前后通量
(水温:18℃;回收率:15%)

由图11-68可知,H纳滤膜化学清洗前通量与初始通量相比相差也较大,清洗前H纳滤膜在300kPa压力下通量低于初始通量3.83L/(m²·h),压力越高,通量相差越大,运行压力为900kPa时二者通量相差达到了9.60L/(m²·h)。经过化学

清洗后,H纳滤膜通量恢复也明显。运行压力为300kPa时,清洗后通量较初始通量仅低于1.55L/(m²·h),在运行压力为900kPa时,二者仅相差0.8L/(m²·h)。说明化学清洗对H纳滤膜效果也比较好,但相比于G纳滤膜,H纳滤膜的清洗效果仍然要差一点,通量没有完全恢复。

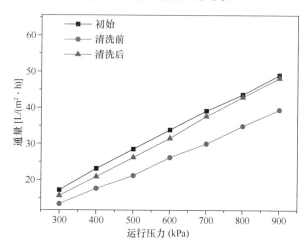

图 11-68　H 纳滤膜清洗前后通量
(水温:18℃;回收率:15%)

11.2.4　2种纳滤膜及不同纳滤系统的处理效能的对比研究

G纳滤膜和H纳滤膜2种纳滤膜对南四湖污染物的处理效能、相同运行条件下产水水质和水量等并不相同,因而本小节从2种膜的产水水质、水量和单位能耗的角度,考察G纳滤膜和H纳滤膜2种纳滤膜的各自特点;采用二段式系统可以提高水质回收率,但也相应会造成水质略有降低,因而本小节从一段产水与总产水的水质、水量和能耗角度,考察一段式系统和二段式系统的各自特点。

1. 对溶解性有机碳(DOC)的去除效果对比研究

仍采用原水—混凝沉淀—超滤—纳滤工艺对南四湖水进行处理,考察夏季水质情况下工艺对DOC的处理效果,结果如图11-69所示。

夏季原水DOC为9.09mg/L左右,经过混凝沉淀和超滤工艺后,水中DOC分别降至8.56mg/L和7.70mg/L,整体去除率分别为5.80%和15.29%,经过2套纳滤单元处理后,产水中DOC含量略有不同,经过G纳滤膜过滤后,产水中DOC为1.42mg/L,去除率达到84.38%,而经过H纳滤膜过滤后,产水中DOC降为0mg/L,去除率可达

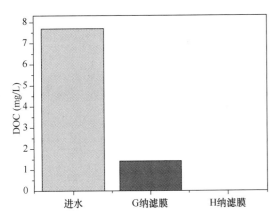

图 11-69　G 纳滤膜和 H 纳滤膜对溶解性
有机碳的去除效果

（纳滤回收率：单段 34%；压力：700kPa）

100%。可知，混凝沉淀、超滤、纳滤对 DOC 均有去除效果，且过滤越精细，去除率越高；同为纳滤膜，H 纳滤膜对 DOC 的去除效果要优于 G 纳滤膜。

2. 对 COD_{Mn} 和 UV_{254} 的去除效果对比研究

考察 G 纳滤膜和 H 纳滤膜对 COD_{Mn}、UV_{254} 的去除效果差异，测定其在不同水质下其对 COD_{Mn}、UV_{254} 去除效果，所得结果如图 11-70 所示。G 纳滤膜和 H 纳滤膜对 COD_{Mn}、UV_{254} 均有非常优秀的去除效果，产水 COD_{Mn} 含量均低于 0.7mg/L，产水 UV_{254} 的含量均低于 0.005/cm。

3. 对溶解性固体（TDS）的去除效果对比研究

考察 G 纳滤膜和 H 纳滤膜对溶解性固体 TDS 的去除效果差异，在不同压力下测定其对电导率和溶解性固体 TDS 去除效果，所得结果如图 11-71 所示。G 纳滤膜对电导率和 TDS 的去除效果较低，为 60%~70%；H 纳滤膜对电导率和 TDS 的去除效果较高，为 80%~90%，二者差异较大。分析原因，G 纳滤膜和 H 纳滤膜对二价及其以上离子的去除效果都高于 95%，差异不大。主要是由于 G 纳滤膜对一价离子的去除效率较低，只有 25%~50%；而 H 纳滤膜对一价离子仍具有 75%~90% 以上的去除率。

4. 对硫酸盐和硬度的去除效果对比研究

考察 G 纳滤膜和 H 纳滤膜对二价离子的去除率，在不同压力下测定其对硫酸盐和硬度的去除率，所得结果如图 11-72 所示。由图可知，纳滤膜对二价及其以上的离子保持了 90% 以上的去除率，出水硬度和硫酸盐含量很少。南四湖原水的硫酸盐

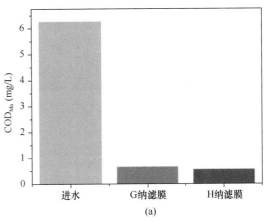

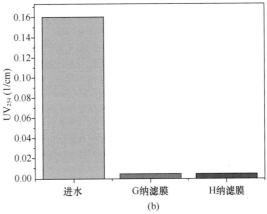

图 11-70　G 纳滤膜和 H 纳滤膜对 COD_{Mn} 和
UV_{254} 去除效果比较

(a) COD_{Mn}；(b) UV_{254}

（压力：600kPa；单段回收率：30%；温度：18℃）

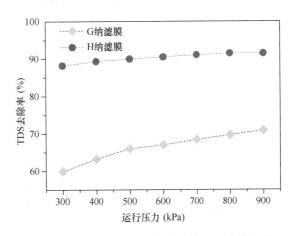

图 11-71　G 纳滤膜和 H 纳滤膜对 TDS 去除效果

（压力：600kPa；单段回收率：30%；温度：18℃）

和硬度最高时分别可达到 400mg/L 和 500mg/L，都超出了饮用水卫生标准的 250mg/L，常规工艺对其处理效果微乎其微；而经过纳滤单元的处理，产水中的硫酸盐和硬度仅含有 22.64mg/L 和 36.83mg/L，完全符合《生活饮用水卫生标准》

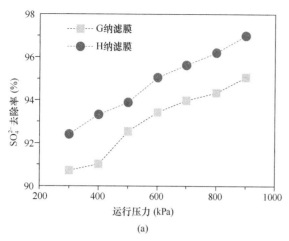

(a)

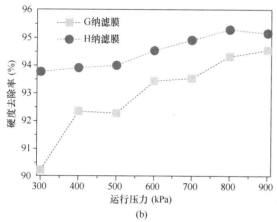

(b)

图 11-72　G 纳滤膜和 H 纳滤膜对硫酸盐和
硬度的去除效果

（a）硫酸盐；（b）硬度

（回收率：15%，水温：18℃）

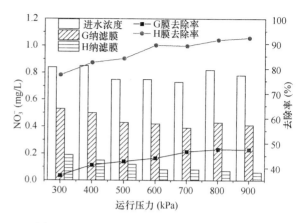

图 11-73　G 纳滤膜和 H 纳滤膜在不同压力下
对 NO_3^- 的去除效果

（回收率：15%，水温：18℃）

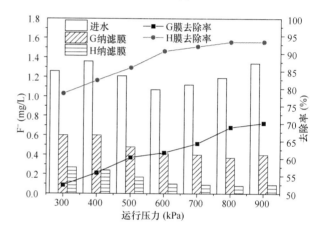

图 11-74　G 纳滤膜和 H 纳滤膜不同压力下
对 F^- 的去除效果

（回收率：15%，水温：18℃）

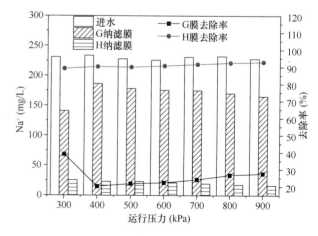

图 11-75　G 纳滤膜和 H 纳滤膜在不同压力下
对 Na^+ 的去除效果

（回收率：15%，水温：18℃）

GB 5749。

5. 对一价离子的去除效果对比研究

考察 G 纳滤膜和 H 纳滤膜对一价离子的去除效果，实验在不同压力下测定其对硝酸盐、氟化物、钠离子的去除效果，所得结果如图 11-73、图 11-74 和图 11-75 所示。G 纳滤膜和 H 纳滤膜对一价离子的去除效果不尽相同，整体表现为 G 纳滤膜对一价离子的去除率较低，对硝酸盐、氟化物、钠离子的去除率分别为 35%～45%、50%～70% 和 20%～40%；而 H 纳滤膜对一价离子保持较高的去除率，对硝酸盐、氟化物、钠离子的去除率分别在 75% 以上、80% 以上和 90% 以上。

6. 通量对比研究

（1）不同运行压力的通量对比研究

考察 G 纳滤膜和 H 纳滤膜在相同回收率下通量差异，测定其在不同压力下通量，所得结果如

图 11-76 所示。在回收率为 15%，水温 18℃ 情况下，G 纳滤膜通量明显优于 H 纳滤膜。300kPa

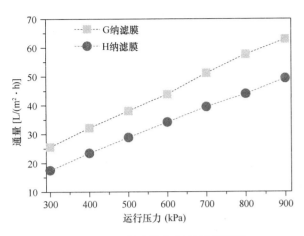

图 11-76　G 纳滤膜和 H 纳滤膜通量
（回收率：15%，水温：18℃）

下，G 纳滤膜通量为 25.6L/(m²·h)，而 H 纳滤膜只有 17.5L/(m²·h)；当运行压力为 900kPa 时，G 纳滤膜通量为 62.9L/(m²·h)，而 H 纳滤膜只有 49.4L/(m²·h)，仍低于 G 纳滤膜。

（2）不同温度下的通量对比研究

考察 G 纳滤膜和 H 纳滤膜在不同温度下通量差异，测定 6℃、18.3℃和 30℃时通量，所得结果如图 11-77 所示。在水温为 6℃时，G 纳滤膜通量为 29.27L/(m²·h)，H 纳滤膜通量为 18.29L/(m²·h)，比 G 纳滤膜低 10L/(m²·h)；水温最高为 30℃时，G 纳滤膜通量达到 67.62L/(m²·h)，H 纳滤膜通量也升高到 50.10L/(m²·h)，但仍然低于 G 纳滤膜 17.00L/(m²·h)。

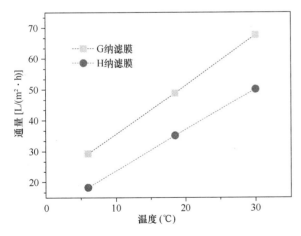

图 11-77　G 纳滤膜和 H 纳滤膜不同温度下通量
（压力：700kPa；回收率：15%）

7. 单位产水耗对比研究

实验测定水温为 18℃和 6℃下，同为一级一段系统的 G 纳滤膜和 H 纳滤膜运行单位时间内的产水量、耗电量指标，以考察一级一段系统的 G 纳滤膜和 H 纳滤膜的用电能耗差异，所得结果见表 11-19。

一级一段 G 纳滤膜和一级一段
H 纳滤膜用电能耗　　　　表 11-19

项目	产水量 （m³）	温度 （℃）	耗电量 （kWh）
G 纳滤膜	1	18	1.81
	1	6	3.51
H 纳滤膜	1	18	2.48
	1	6	6.09

一级一段系统，也就是单根纳滤膜柱处理南四湖水质，一根 G 纳滤膜（一级一段）在 18℃下每生产 1m³ 所需电能为 1.81kWh；一根 H 纳滤膜（一级一段）在 18℃下每生产 1m³ 所需电能为 2.48kWh；同理，在 6℃下时，一根 G 纳滤膜（一级一段）每生产 1m³ 所需电能为 3.51kWh；一根 H 纳滤膜（一级一段）每生产 1m³ 所需电能高达 6.09kWh。可以看出，一级一段式生产是能耗较高的，相同情况下 G 纳滤膜比 H 纳滤膜生产每吨水所需能耗更低。

8. 第一段与第二段的产水特性对比研究

以一级二段 G 纳滤膜系统为研究对象，考察一级二段式 G 纳滤膜系统的第一段产水与第二段产水对 COD_{Mn}、UV_{254}、溶解性固体、无机盐等指标的去除效果和产水能力、运行电耗方面的差异，采用 600kPa 压力下，系统回收率达到 68%，水温 18℃，投加清力阻垢剂 7mg/L 为实验条件。对所测数据进行对比，所得结果见表 11-20。

第一段纳滤产水和第二段纳滤产水对比　　表 11-20

项目	进水	第一段产水 （去除率）	第二段产水 （去除率）
运行压力	600kPa		
阻垢剂投加量	7mg/L		
每段回收率	—	38%	30%
COD_{Mn}	7.79mg/L	0.68mg/L （>90%）	0.68mg/L （>90%）
UV_{254}	0.181mg/L	0.005 （>95%）	0.005 （>95%）
电导率	1774μS/cm	710μS/cm （60%）	960μS/cm （45.9%）

续表

项目	进水	第一段产水 （去除率）	第二段产水 （去除率）
溶解性固体 TDS	1368mg/L	547mg/L （60%）	740mg/L （45.9%）
SO_4^{2-}	362.88mg/L	29mg/L （92%）	43mg/L （88%）
总硬度	467.2mg/L	47mg/L （90%）	61mg/L （87%）
NO_3^-	0.85mg/L	0.53 （35%）	0.66 （22%）
F^-	1.26mg/L	0.6 （50%）	0.76 （39%）
Na^+	233.5mg/L	186.3 （20%）	200 （12%）
产水通量	—	43.9 $L/(m^2 \cdot h)$	25.61 $L/(m^2 \cdot h)$

将一级二段纳滤系统（G 纳滤膜）的第一段产水和第二段产水进行比较，在进水压力为 600kPa，阻垢剂投加量 7mg/L 时，所得各方面结果如下：

（1）第一段产水的回收率为 38%，明显高于第二段 30%，是由于第二段的进水为第一段浓水，盐浓度较原水高。

（2）第一段产水和第二段产水对 COD_{Mn} 和 UV_{254} 的去除率并无差异，对 COD_{Mn} 均可去除 90% 以上，对 UV_{254} 均可去除 95% 以上。

（3）第一段产水和第二段产水对电导率和溶解性固体的去除率差异较大，第一段对其的去除率在 60% 以上，而第二段产水去除率仅为 45.9%，第一段效果明显优于第二段。

（4）第一段产水和第二段产水对 SO_4^{2-} 和总硬度的去除率差异并不大，第一段对其的去除率分别在 92% 和 90% 以上，而第二段产水去除率仍分别达到 88% 和 87%，相比于第一段稍有降低。

（5）第一段产水和第二段产水对 NO_3^-、F^- 和 Na^+ 去除率差异较大，第一段对 NO_3^-、F^- 和 Na^+ 的去除率分别可在 35%、50% 和 20% 以上，而第二段产水对 NO_3^-、F^- 和 Na^+ 的去除率均降低 8% 以上，其去除率仅为 22%、39% 和 12%。尤其对于 Na^+ 来说，G 纳滤膜第二段 12% 的去除率并不能很大程度降低原水中 Na^+，其产水含量仍面临超过饮用水卫生标准上限值 200mg/L 的

风险。

（6）G 第一段膜和第二段膜在产水通量方面差异也较大，在系统回收率达到 68%，水温 18℃，投加清力阻垢剂 7mg/L 条件下，第一段膜产水通量可达到 43.9L/($m^2 \cdot h$)，而第二段膜产水通量仅为 25.61L/($m^2 \cdot h$)。

9. 一段式与二段式系统的对比研究

以 G 纳滤膜系统为研究对象，考察一段式系统和二段式系统的优缺点。将第一段产水与总产水（第一段和第二段产水混合后）相对比，见表 11-21。由表对比可知，第一段产水和总产水在对 COD_{Mn}、UV_{254} 的去除效果相比几乎没有差异，在对二价离子的去除效果方面总产水略微低于第一段产水 1%～2%，但仍然保持了对二价离子 88% 以上的综合去除率。第一段产水和总产水在电导率、溶解性固体方面相比，总产水水质也略有降低，水中离子含量高了近 6%；在对一价离子的去除方面对比，总产水水中含量也略有升高，但均满足饮用水卫生标准。相比二者的总回收率和产水通量可知，采用二段式系统比采用一段式系统的回收率可以提高 30%，总回收率达到 68%，产水量可以提高 58.33%，据实验所耗电能记录，采用二段式系统和采用一段式系统电耗基本相同，因而采用二段式系统可以显著提高能源利用率。这是由于，采用二段式系统后，由于水质在第一段中已被浓缩，导致第二段产水水质较第一段稍差一点，产水量也低一点（水温 18℃、运行压力 600kPa 条件下，第二段产水量只有第一段产水量的 58.33%），但是混合后的总产水仍然满足饮用水卫生标准，且由于充分利用了水体势能（压力能），表现为相同电能消耗情况下，采用二段式系统较一段式系统更经济合理。因而，实际设计和生产中也宜采用二段、三段式系统。

第一段纳滤产水和总产水对比　　表 11-21

项目	进水	第一段产水 （去除率）	总产水（混合后） （去除率）
运行压力	600kPa		
水温	18℃		
阻垢剂投加量	7mg/L		
每段回收率	—	38%	68% （总回收率）
COD_{Mn}	7.79mg/L	0.68mg/L （>90%）	0.68mg/L （>90%）

续表

项目	进水	第一段产水（去除率）	总产水（混合后）（去除率）
UV$_{254}$	0.181/cm	0.005（>95%）	0.005（>95%）
电导率	1774μS/cm	710μS/cm（60%）	802（54.79%）
溶解性固体 TDS	1368mg/L	547mg/L（60%）	618（54.82%）
SO$_4^{2-}$	362.88mg/L	29mg/L（92%）	34.16（90.59%）
总硬度	467.2mg/L	47mg/L（90%）	52.16（88.83%）
NO$_3^-$	0.85mg/L	0.53（35%）	0.58（32.01%）
F$^-$	1.26mg/L	0.6（50%）	0.63（49.62%）
Na$^+$	233.5mg/L	186.3（20%）	191.35（18.05%）
产水通量	—	43.9L/(m^2·h)	69.51（总产水量）

综上所述，本章研究了超滤/纳滤双膜工艺对南四湖水的处理效能，得出了双膜工艺处理效能、工艺长期运行情况与特点，为处理高有机物和 TDS 超标水质提供技术支撑，研究内容不仅能够论证超滤、纳滤膜处理工艺在南四湖水质条件下的实际应用效果、获取处理运行经验，更重要的是可以探索论证出一条适合我国水质国情的用超滤/纳滤组合工艺处理高有机物和无机盐水库水的切实方法，为国内其他以高有机物、高无机盐为水质特点的地区，提供解决办法和思路。

11.3　纳滤组合工艺处理喀什地区苦咸水研究

11.3.1　中试原水水质、实验系统及参数

1. 原水水质

为全面描述喀什地区水源水系总体的水质状况，水源水样应以地表水、浅层地下水和深层地下水 3 组水体进行同向比较研究，同时选择了喀什市和草湖镇两个地点取水样进行分析。对于草湖镇，

采样对象包括地表水、20m 深浅层地下水和 150m 深深层地下水，而对于喀什市，采样对象包括流经喀什市区的吐曼河河水，喀什浅水层井深 40m 的地下水和喀什地区采集使用的深层地下水。采集水样密封保存后，按照国家水质分析标准规范进行监测，草湖镇水样检测结果见表 11-22，喀什地区水样检测结果见表 11-23。

草湖镇水样检测结果　　　　　表 11-22

检测项目①	深层地下水	浅层地下水	地表水
pH	7.78	7.61	7.65
浑浊度（NTU）	0.8	6.61*②	361*
色度	<5	<5	20*
肉眼可见物	无	无	浑浊*
电导率（μS/cm）	389	1701	635
氨氮（mg/L）	<0.02	0.28	0.31
总硬度（以 CaCO$_3$，mg/L 计）	240	1309*	772*
总氮（mg/L）	0.43	0.38	3.26*
总磷（mg/L）	<0.010	0.011	0.455*
碳酸盐（mg/L）	<0.010	<0.010	0.226
高锰酸盐指数（O$_2$，mg/L）	0.37	0.84*	7.86*
溶解性总固体（mg/L）	379	2510*	1967*
总有机碳（mg/L）	<0.5	0.9	6
氟化物（mg/L）	0.85	0.66	1.99*
氯化物（mg/L）	26.6	70.1	79.5
硝酸盐（以 N，mg/L 计）	0.59	<0.02	0.76
硫酸盐（mg/L）	103	1263*	665*
亚硝酸盐（mg/L）	<0.02	<0.02	0.17
铁（Fe，mg/L）	0.0102	0.37*	3.35*
锰（Mn，mg/L）	0.0007	0.402*	0.164*
铜（Cu，mg/L）	0.0008	0.002	0.0071
锌（Zn，mg/L）	0.001	0.0034	0.0128
铅（Pb，mg/L）	<0.00009	<0.00009	0.00349
硒（Se，mg/L）	0.0017	0.001	0.0014
砷（As，mg/L）	0.0012	0.0096	0.0544*
硼（B，mg/L）	0.235	0.803*	0.999*
铝（Al，mg/L）	<0.002	<0.002	2.33*
锶（Sr，mg/L）	0.918	6.86*	4.82*
银（Ag，mg/L）	0.13	<0.04	<0.04

续表

检测项目[1]	深层地下水	浅层地下水	地表水
钙（Ca，mg/L）	144	216*	149*
镁（Mg，mg/L）	84.7*	138*	81.7*
钇（Y，mg/L）	<0.016	0.058*	1.15*
镧（La，mg/L）	<0.016	<0.016	0.78*
铈（Ce，mg/L）	<0.020	<0.020	1.7*
镨（Pr，mg/L）	<0.012	<0.012	0.17*
钕（Nd，mg/L）	<0.020	<0.020	0.82*
钐（Sm，mg/L）	<0.028	<0.028	0.18*
铕（Eu，mg/L）	<0.016	<0.016	0.033*
钆（Gd，mg/L）	<0.016	<0.016	0.2*
镝（Dy，mg/L）	<0.12	<0.120	0.12*

① 主要展示检测结果中超标及有超标风险的项目；
② 带"*"的数值为存在饮水隐患或超出《生活饮用水卫生标准》GB 5749 的指标读数。

草湖镇地区的水质监测结果显示出该地区深层地下水水质良好，基本能够直接饮用。浅层地下水存在苦咸化、硬度高的问题，总溶解性固体（TDS）超标 150%，硬度超标 191%。地表水苦咸化程度弱于浅层地下水，但存在重金属及稀土金属的超标现象，及有机物突发污染的可能性。

喀什地区水样检测结果 表 11-23

检测项目	深层地下水	浅层地下水	地表水
pH	7.85	7.69	7.84
浑浊度（NTU）	0.25	0.29	35.3*
色度	<5	<5	10*
电导率（μS/cm）	401	836	1140*
氨氮（mg/L）	0.04	0.04	<0.02
总硬度（以 CaCO₃，mg/L 计）	475*	512*	673*
总氮（mg/L）	—	—	2.14*
总磷（mg/L）	—	—	0.05
高锰酸盐指数（O₂，mg/L）	0.27	0.22	1.48
溶解性总固体（mg/L）	832	1000*	1250*
氟化物（mg/L）	0.23	0.3	0.25
氯化物（mg/L）	53.7	120	119
硝酸盐（以 N，mg/L 计）	0.82	1.02	1.9
硫酸盐（mg/L）	413*	430*	691*

续表

检测项目	深层地下水	浅层地下水	地表水
亚硝酸盐（mg/L）	<0.02	<0.02	<0.02
铁（Fe，mg/L）	0.003	0.018	0.187
锰（Mn，mg/L）	<0.001	<0.001	0.033
锌（Zn，mg/L）	1.27*	0.011	0.003
铅（Pb，mg/L）	0.00036	<0.00009	0.00057
硒（Se，mg/L）	0.002	0.0025	0.0025
砷（As，mg/L）	0.0001	0.0002	0.0006
硼（B，mg/L）	0.0759	0.105	0.116

① 主要展示检测结果中超标及有超标风险的项目；
② 带"*"的数值为存在饮水隐患或超出《生活饮用水卫生标准》GB 5749 的指标读数；
③ "—"表示未进行该项指标的监测。

喀什地区的水质监测结果显示出该地区深层地下水硬度略微超标，且以永久硬度为主。其浅层地下水和地表水水质问题均为较弱的苦咸化，总体水质情况优于草湖镇地区，但常规处理工艺并不能降低该地区的饮用水安全风险。

2. 实验系统及膜组件参数

2018 年 6 月，在喀什地区粤新楼（A 地）及克托扎克镇小学（B 地）的 2 套包含纳滤工艺的处理装置投入使用，2019 年 7 月在草湖镇粤兵幼儿园（C 地）一套新的纳滤装置再次投产，三者均以浅层地下水为水源，进行淡化处理。装置的处理工艺示意图如图 11-78、图 11-79 所示。A 地取用的地下水浊度较大，为保障纳滤进水 SDI 小于 5，采用多介质过滤器和保安过滤器作为预处理工艺。多介质过滤器能将浊度下降至 3NTU，而保安过滤器则能完全保障纳滤进水要求。B 地取用的地下水浊度较小，但苦咸化问题更为严重，为防止水质波动，对比不同预处理技术，该装置采用保安过滤器和超滤作为预处理。超滤与纳滤系统可共用同一套清洗系统，便于化学清洗。C 地与 B 地相似，地下水浊度较小，但有苦咸化问题，因此 C 地与 B 地采用同样的工艺系统，为对比不同膜元件运行情况，C 地采用不同于 B 地的膜元件。

A 地纳滤装置采用 3 只陶氏 NF270-400 纳滤膜元件，组合成一级两段式纳滤系统，第一段由两只膜并联，第二段使用单只膜，进水压力约 6.3bar，产水水量约 4.86m³/h。多介质过滤器每日凌晨冲洗（先反向冲洗 5min，再正向冲洗 10min），纳滤系统每次开机运行前过流冲洗 5min，

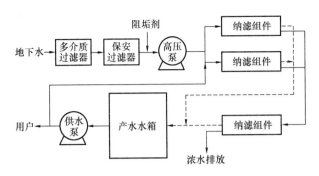

图 11-78　A 地装置示意图

累计运行达到 720min 时，进行 30min 过流冲洗。运行至 2019 年 7 月 6 日，累计产水 7971m³，累计进水 15777m³，设备综合产水回收率约 50.52%，纳滤膜产水回收率约 61.21%。

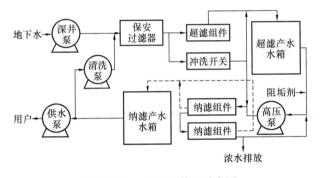

图 11-79　B、C 地装置示意图

B 地纳滤装置采用 2 只陶氏 NF90-4040 纳滤膜元件，同样组合成一级两段式纳滤系统，第一段和第二段均为单只膜，经过一年运行后，进水压力约 6.0bar，产水水量约 0.37m³/h。系统使用超滤预处理，即原水经过超滤过滤后，进入超滤产水箱待用，作为纳滤系统的进水。超滤预处理相比多介质过滤器，过滤精度更高，预处理效果更好。超滤膜使用内压式超滤膜组件，有效膜面积 10m²，设计产水量 0.6~1.0m³/h，截留分子量 67kDa，聚砜膜材质。纳滤系统清洗设定与 A 地装置一致，超滤系统开启前进行 30s 反冲洗，每运行满 8h 进行 15min 反冲洗。系统运行至 2019 年 7 月 15 日，累计产水 351.4m³，累计进水 877.5m³，累计浓水排放量 110.9m³，累计浓水回流量 269.5m³，设备综合产水回收率约 61.58%，纳滤产水回收率约 76.01%。

C 地纳滤装置工艺设置与 B 地相同，故装置示意图也完全相同，同样采用一级两段式纳滤系统，进水压力约 5.87bar，产水水量约 0.85m³/h，与 B 地装置不同在于 C 地装置采用 NF270 膜元件，系统于 2019 年 7 月 18 日开始运行。

A、B、C 三地装置使用的纳滤膜元件的具体性能表见表 11-24。

膜元件性能表　表 11-24

地区	型号	膜材质	膜面积 (m²)	产水量 (m³/d)	稳定脱盐率	运行 pH 范围	最大进水余氯 (mg/L)	单只最大回收率
A	NF270-8040	聚酰胺	37	47.3	>97%	2~11	≤0.1	15%
B	NF90-4040	聚酰胺	7.6	7.0	>97%	2~11	≤0.1	15%
C	NF270-4040	聚酰胺	7.6	8	>97%	2~11	≤0.1	15%

注：产水量和脱盐率基于标准测试条件得出：2000mg/L MgSO₄，70psi（0.48MPa），25℃，15%回收率。

11.3.2　中试装置运行情况分析

本小节通过对 A、B 两地纳滤装置在运行过程中的产水水量和产水水质等参数进行监测，从而对两地装置的运行情况进行了整理和分析。

1. 运行情况整理

A、B 两地的纳滤装置上都具备实时测定流量、电导率的仪器，运行中每 1h 均会读出数据并且实时共享到终端进行数据存储。将 A、B 两地的一些关键数据导出，并且均匀选择相关数据进行整理后，得到图 11-80、图 11-81 及图 11-82。

从图 11-80 中可以看出，A 地装置产水量稳定在 5.02±0.5m³/h 内，±10% 的产水量波动可能是进水水质波动导致前端保安过滤器受到影响后，进一步影响高压泵运行状态，最后导致进水压力变化形成的。B 地装置用户为当地小学的学生，因此有 2 个装置停运期，其产水量稳定在 0.48m³/h 左右，但运行 300d 后产水量开始突降，最终降至 0.285m³/h，产水量降低约 40.63%。

2 套装置均设置电导率测定仪，对进水及出水电导率进行在线检测，并且将电导率换算成 TDS 以便评估水质。两处装置的产水 TDS 及 TDS 去除

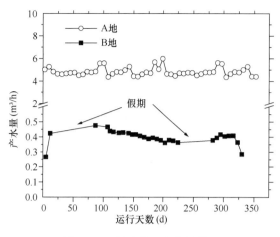

图 11-80　纳滤装置产水量情况

率情况如图 11-81 和图 11-82 所示。

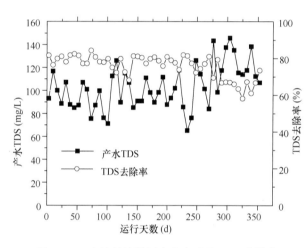

图 11-81　A 地纳滤装置产水水质及 TDS 去除率

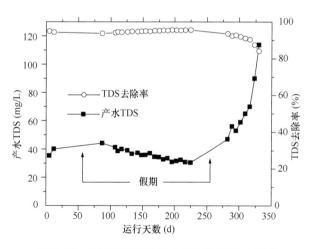

图 11-82　B 地纳滤装置产水水质及 TDS 去除率

A 地的装置在近一年的运行中，产水 TDS 稳定在 120mg/L，TDS 去除率维持在 80% 水平。运行至 300d 后，由于出现加药泵管理不当，阻垢剂未

按要求投加，导致纳滤产水 TDS 上升至 140mg/L，TDS 去除率下降至 75%，这主要是因为缺少阻垢剂，水中无机盐在膜表面有结垢趋势，造成表面无机盐浓度增高，从而使得出水 TDS 上升。

B 地的装置运行前 240d 较稳定，产水 TDS 保持在 40mg/L，TDS 去除率稳定在 95% 左右。运行 270d 后，与 A 地类似，由于加药泵管理不当，阻垢剂未能按要求投加，纳滤出水 TDS 由 45mg/L 经过 50d 左右上升至 114mg/L，TDS 去除率从 93.2% 降低至 84.1%，显然，未合理投加阻垢剂对脱盐率更高的 NF90 纳滤膜影响更大，其更易发生结垢风险。

2. 运行情况分析

A、B 两地装置的回收率变化情况如图 11-83 所示。

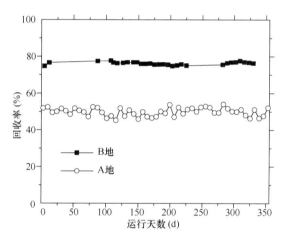

图 11-83　A、B 两地装置回收率变化情况

A 地装置回收率稳定在 51.2% 附近，B 地装置回收率一直稳定在 75.8% 附近。可见，在一年的运行周期内，虽然因为阻垢剂投加问题水质发生变化，但装置回收率保持在一定范围内，运行工况较稳定。

对 2 套装置的膜组件进行膜污染阻力分析，根据实测的膜通量和跨膜压力，可以计算出运行过程中纳滤系统的阻力情况，并观测变化情况，分析膜污染变化。在实测出过膜流量和跨膜压力后，查询相关组件的膜面积，即可计算出膜通量，而黏度系数可根据温度查询。A、B 两地装置的膜污染阻力变化情况如图 11-84 所示。

由图 11-84 可见，A 地装置中的 NF270 膜片产水量大，因此其阻力比 B 地装置中的 NF90 膜低很多，且运行阻力一直稳定在 0.34×10^{14} /m 左右，

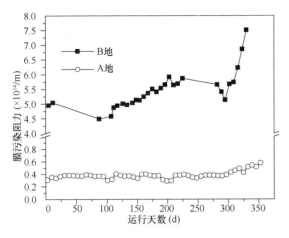

图 11-84　A、B 两地装置膜污染阻力变化情况

运行后期攀升至 0.41×10^{14}/m，阻力提升 20.59%。B 地装置中的 NF90 膜片在按要求投加阻垢剂的情况下，膜污染阻力在 120d 左右由 5.0×10^{14}/m 上升到 5.8×10^{14}/m，阻力提升 16%。在未按要求添加阻垢剂后，阻力在后续运行的 70d 左右由 5.57×10^{14}/m 上升到 7.52×10^{14}/m，阻力提升 35.01%，未按要求投加阻垢剂造成膜污染速率提升 4.17 倍。

11.3.3　中试调试

1. 回收率调节

本次中试调节中回收率采用实时测量的产水流量与浓水排出流量进行计算，每次调节回收率后等待装置运行 2h 稳定，再读取收集数据。调整回收率后主要需要考虑以下几点：

①膜元件浓水排放水量不得低于限值，一般为 0.6m³/h；

②原则上放浓水的 TDS 不宜太高，在本次中试调节中希望其低于 2000mg/L；

③考量回收率对产水水质和结垢污染的影响，在保障水质及装置稳定运行条件的前提下尽可能提高产量。

对 A、B、C 三地装置的回收率调节后造成的水质与水量运行变化情况如图 11-85、图 11-86 和图 11-87 所示。

A 地装置产水量较高，日常浓水排放量达到 4.15m³/h，且进水 TDS 较低，8 次检测浓水的 TDS 均值为 1346.36mg/L，且均未高于本次中试调试预设的排放 TDS 限制值（2000mg/L）。如图 11-85 所示，在产水 TDS 方面，回收率由 49.62% 提升到 56.15% 后，第一段纳滤膜产水 TDS 由 245.75mg/L

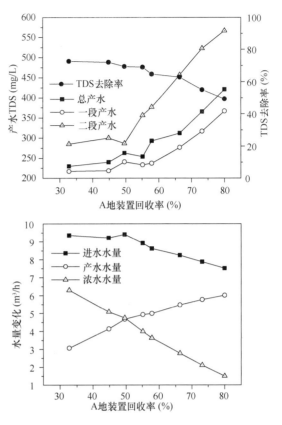

图 11-85　A 地装置回收率调节情况

下降至 230.56mg/L，下降 6.18%，第二段纳滤膜产水 TDS 由 286.67mg/L 上升至 356.12mg/L，增加 24.23%，TDS 总去除率跌破 70%。而回收率由 45.12% 提升到 49.62% 时，第一段纳滤膜产水 TDS 由 217.07mg/L 上升至 239.83mg/L，第二段纳滤膜产水 TDS 由 299.59mg/L 下降到 286.67mg/L。纳滤装置后段纳滤膜的产水 TDS 骤升往往代表膜超负荷运行，因此，回收率设定在 50%～60% 之间附近较为合适，能够保障第二段纳滤膜的稳定运行。在水量变化方面，调节回收率高于 50% 后，进水水量呈现下降趋势，回收率由 49.62% 调节至 80.02%，进水水量从 9.41m³/h 下降到 7.51m³/h，产水水量由 4.67m³/h 上升到 6.01m³/h，浓水水量由 4.74m³/h 下降至 1.50m³/h，可见关小浓水阀门后，提升的压力一部分使产水增多，另一部分迫使进水水量减少，水泵效率降低。由于中试地点采用的固定功率水泵，其运行效率变化对自身的电耗影响较低，因此对电耗成本产生主要影响的是水泵运行时间，而回收率越高产水量越大，达到所需水量的运行时间就越短，故回收率需要尽可能高一些。综合考虑产水水质和水量变化情况后，认为以产水水质为主要的约束条件，在满足水质要求的情况下，可

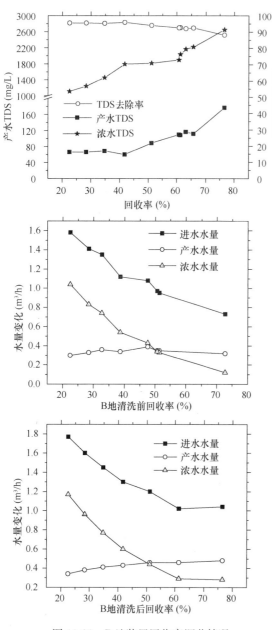

图 11-86　B 地装置回收率调节情况

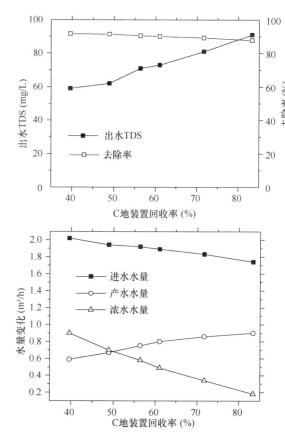

图 11-87　C 地装置回收率调节情况

以将 A 地装置回收率设定在 $50\%\sim60\%$ 之间，达到水质出水要求的同时能够稳定保障后置段位纳滤膜的负荷不超出其承受范围。

　　B 地装置用户用水量低，因此纳滤装置设定产水量较低，导致膜元件出水不足 $0.6\mathrm{m}^3/\mathrm{h}$。为达到浓水排水要求，将部分浓水回流到高压泵前，使回流流量与浓水排放流量之和满足膜元件的出水量要求。在产水水质方面，纳滤装置在第一段和第二段之间未设置取样口，只能检测产水 TDS，结果如图 11-86 所示，回收率由 20% 增加到 65%，TDS 的去除率始终大于 90%，产水 TDS 由 75mg/L 缓

缓升至 115mg/L，回收率大于 68% 时，TDS 的去除率跌破 90%，回收率调节为 75%，TDS 的去除率为 87%，产水 TDS 升高到 165mg/L。可见，随着回收率升高，TDS 会缓慢增加，前期 TDS 增加比较缓慢，后期增加比较快，但是出水水质都比较好，在产水水量方面，随回收率上升进水水量及浓水水量呈显著下降形式，其产水成本及电耗问题与 A 地装置相似，同样是回收率越高其制水成本越低。因此，认为 B 地装置回收率调节在 75% 附近为宜。

　　C 地装置用户用水量同样较低，且 C 地原水无机盐污染情况要轻于 B 地，因此同样使用回流方式并检测浓水出水浓度。经检测后，浓水排出TDS 浓度最高达到 1325mg/L，其浓水 TDS 并不高，在本次中试调试的应允范围内，可直接排放。纳滤装置在第一段和第二段之间没有设置取样口，因此仅检测产水 TDS。结果如图 11-87 所示，在水质变化方面，回收率达到 61.01% 后，产水 TDS 开始显著上升，回收率提升约 10% 到 71.68% 后，产水 TDS 由 73mg/L 上升到 81mg/L，增幅达到 10.96%，且去除率低到 90% 以下，失去深度水处

理的意义。在水量变化方面，回收率的提升同样导致进水水量和浓水水量的降低，其产水成本及电耗问题同样与 A 地相似，回收率越高制水成本越低。综合考虑产水水质和水量变化后，认为 C 地回收率调节在 60% 附近为宜，此时产水 TDS 约 70mg/L，能够维持较高的去除率，同时产水水量约 0.79m³/h，满足当地用户用水需求且浓水排放成本不高。

2. 化学清洗

经过近一年的运行，根据产水量、回收率及通量变化情况，认为 A 地装置未存在严重的膜污染，但 B 地装置由于未按要求添加阻垢剂，出现膜负荷加重，产水 TDS 骤升的现象，说明膜面已经少量结垢。为恢复 B 地装置的运行效果，对其进行化学清洗，具体清洗流程如下：

① 配制清洗液：2%（W）柠檬酸，pH 约为 2。

② 低流量输入清洗液：首先用清洗水泵混合一遍清洗液，之后低流量输入清洗液，以 0.35～0.6m³/h 的流量进行，以尽可能低的清洗液压力置换元件内的原水，其压力仅需达到足以补充进水至浓水的压力损失即可，不会产生明显的渗透产水。低压置换操作能够最大限度地减少污垢再次沉淀到膜表面，视情况而定，排放部分浓水以防止清洗液的稀释。

③ 循环清洗：当原水被置换掉后，浓水管路中出现清洗液，让清洗液循环回流到清洗水箱。

④ 浸泡：停止清洗泵运行，让膜元件浸泡在清洗液中，大约 1～3h 即可，污染过于顽固时，可延长浸泡时间到 10～15h。为维持浸泡过程的温度，可采用极低的循环流量，约 0.07～0.12m³/h。

⑤ 高流量水泵循环：使用 0.7～1.2m³/h 的流量循环 30～60min，冲洗掉被清洗液清洗下来的污染物。若污染严重，可将流量提高 50% 以便于清洗，在高流量条件下，将出现过高压降的问题，单元件最大允许的压降为 1bar，多元件压力容器最大允许压降为 3.5bar。

⑥ 冲洗：预处理的合格产水可以用于冲洗系统内的清洗液。为防止沉淀，最低冲洗温度为 20℃。

清洗前后效果对比情况如图 11-88 所示。

清洗后产水 TDS 明显降低，而 TDS 去除率有所上升。其中产水 TDS 由平均 204.37mg/L 下降至平均 93.57mg/L，产水 TDS 下降 54.22%；

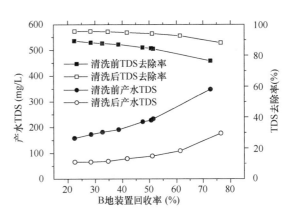

图 11-88　清洗前后 B 地装置运行情况对比

TDS 去除率由平均 85.31% 上升至平均 93.67%。同时，清洗后纳滤装置在 40% 以下回收率调节时，工况变化更加平缓稳定。根据实测数据，清洗前产水流量约 0.37m³/h，清洗完成后同工况条件下产水流量增至 0.43m³/h，增幅达 16.21%，效果显著。

3. 膜元件更换

B 地在下一学期用水规模将从 500 人扩大至 1000 人。现有装置能够满足该用水需求，但随着制水频率提升，膜元件会加速老化。C 地采用 NF270 膜元件及与 B 地相近的纳滤压力和流量，且有同款备用的 NF270 膜元件储备，因此尝试将 B 地装置中两段一级的纳滤装置中的第一段由 NF90 膜更换为 C 地备用的 NF270 膜，尝试以牺牲少量水质来提升产水量，更换后装置运行情况如图 11-89 所示。

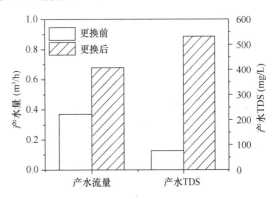

图 11-89　膜元件更换造成的产水量变化

更换膜元件后，维持回收率在 40% 左右，装置产水量由 0.37m³/h 增大到 0.68m³/h，增幅达 83.78%，但产水 TDS 从 75.38mg/L 上升到 532.11mg/L，增幅高达 605.90%，与预想有较大偏差。由于产水 TDS 较高，不考虑将膜元件的更换进行实际运用。推测将 NF270 作为第一段，NF90 作为第二段，进水压力不变情况下，第二段跨膜阻力显著大于第一段，NF270 承担了过高的流量，负荷过高，造成产水水质下降，同时第二段运行压力不足，导致系统浪费。这样的运行状态，不仅产水水质不好，对膜的污染也更加严重，对系统运行有损害，不宜采用这种方式提高系统产水量。

为验证混搭方式是否适合应用，使用陶氏手册 WAVE 软件运行模拟。进水水质设定为托克扎克镇深层地下水水质，单膜回收率控制在 15% 以内，双膜组合回收率为 37%，计算回流后装置综合回收率为 65%，分别进行 4 组（A、B、C、D）模拟运行。A 组：NF90-4040 ＋ NF90-4040。B 组：NF90-4040 ＋ NF270-4040。C 组：NF270-4040 ＋ NF90-4040。D 组：NF270-4040 ＋ NF270-4040。分别对 A、B、C、D 4 组中第一段、第二段的运行压力，产水量，产水水质及结垢可能性进行分析。

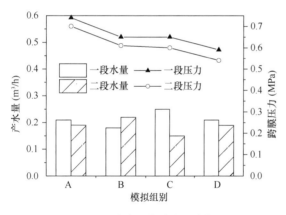

图 11-90　产水量与跨膜压力情况

在跨膜压力方面，由于模拟过程采用定流量运行，如图 11-90 NF270-4040 的运行压力低于 NF90-4040 约 0.15MPa，因此运行过程中涉及 NF270-4040 膜元件的组别运行压力有明显下降。另外，第二段跨膜压力由于能量损耗会低于第一段跨膜压力约 0.05MPa，这是造成第一段和第二段产水量差异的主要原因。对比 B 组与 C 组，C 组第一段运行压力比 B 组高，第二段运行压力比 B 组低，这是造成 C 组产水量差异较大的直接原因。

在产水量方面，由于回收率及回流比已经进行严格规定，且产水总水量定为 0.4m³/h，四组装置的进水水量（1m³/h）、产水水量（0.4m³/h）、浓水排放量（0.6m³/h）和浓水回流量（0.6m³/h）

是完全一致的，甚至 A 组和 D 组的第一段、第二段的独自产水量也非常相似。B、C 两组实验产水情形存在差异，B 组先使用 NF90-4040 膜元件，再使用 NF270-4040，先密后疏的过滤搭配加上先高后低的装置压力分布，导致 B 组中第一段与第二段产水差距相对 C 组要小。C 组则恰恰相反，先疏后密的过滤搭配上先高后低的压力分布，将产水差距拉得较大。产水一旦产生较大差距，膜寿命也同样会产生较大差距，不利于装置整体的维护管理。因此，从产水量方面分析，B 组采用的膜元件混搭方式优于 C 组的混搭方式。

图 11-91 展示了装置第一段和第二段及综合产水 TDS 情况。可以明显地看到 NF90-4040 与 NF270-4040 产水水质的明显差异，在原水约 1000mg/L 的进水条件下，NF270-4040 保持 65% 至 75% 的 TDS 去除率，NF90-4040 保持 95% 以上的 TDS 去除率，两者差异性主要体现在对一价离子的去除上，包括 Na^+、K^+、Cl^- 等离子。对比 B、C 两组的产水水质，两者产水水质差异不大，C 组略微优于 B 组。

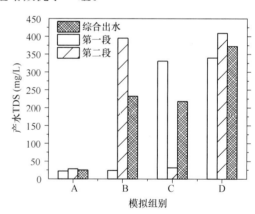

图 11-91　各组模拟条件下的 TDS 情况

图 11-92 展示了各组情况下，其产生结垢的判别系数，包括朗格缪尔指数和史蒂夫戴维斯指数，两者都以 0 为判别标准，大于 0 则具备结垢倾向，且数值越大越容易结垢。通过 A 组与 D 组相比，可以看到 NF90-4040 相比 NF270-4040 更易结垢。通过 B 组与 C 组对比，可以看到在膜元件混搭的过程中，NF90-4040 膜元件置于后方时更容易结垢。因此，在结垢方面的考量下，B 组模拟情况同样优于 C 组模拟情况。

另外，在四组模拟实验中，均未出现设计预警，即陶氏 WAVE-RO 软件是认可 B、C 两组的

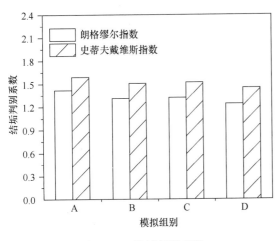

图 11-92 结垢判别系数

质情况见表 11-26。

纳滤组合工艺产水水质情况　　　表 11-26

中试地点	检测项目	进水	调试前		调试后	
			产水	去除率	产水	去除率
A	电导率(μS/cm)	876.34	214.65	75.51%	226.33	74.17%
	SDI	5.3	3.3	37.74%	2.1	60.38%
	TDS(mg/L)	512.11	118.52	76.86%	114.39	77.66%
B	电导率(μS/cm)	3485.65	233.12	93.31%	155.75	95.53%
	SDI	4.8	1.3	72.92%	1.2	75%
	TDS(mg/L)	1982.55	116.56	94.12%	78.32	96.05%
C	电导率(μS/cm)	1472.51	—	—	195.64	86.71
	SDI	4.9	—	—	1.7	65.31
	TDS(mg/L)	689.42	—	—	94.71	86.26

注：表内数据为 5 次检测的均值，由于水质较为稳定，不附加标准差；C 地（粤兵幼儿园）刚搭建完毕，不存在调试前的运行情况。

混搭模式的，但需要在装置设计阶段就将膜元件的类别和个数进行定义。在现场中试进行的混搭尝试，有可能是运行压力和膜元件不匹配，同时膜元件已经过一年的运行时间且进行过化学清洗，最终导致运行效果不如预期。此外，四组模拟实验均出现结垢预警，即四组的结垢判别系数都是正数，必须考虑阻垢剂的投加。

最后，使用陶氏 WAVE-RO 软件固定 TDS，运行压力 6.1bar，进水水量 1m³/h，比较不同风险因子对 NF90 和 NF270 元件运行的影响，两者均采用一级二级段式运行模式，其运行结果见表 11-25。

元件选型模拟分析表　　　表 11-25

项目	水质 A	水质 B
TDS（mg/L）	2500	2500
氯化物（mg/L）	70	800
硬度（CaCO₃，mg/L）	90	850
NF90 产水量	0.36	0.32
NF90 产水 TDS（mg/L）	71.5	165.7
NF270 产水量	0.54	0.49
NF270 产水 TDS（mg/L）	266.40	1132（超标）

由表 11-26 可以看出，主要风险因子为硫酸盐和硬度时，NF270 既可水质达标，产水量也高 50%；而主要风险因子为氯化物时，NF270 去除率不足 50%，产水氯化物甚至超标，为满足水质要求，需要选择 NF90。

11.3.4　运行效益分析

1. 现场产水水质与膜损耗

对现场 A、B、C 三地均进行中试调节前后水

由表 11-26 可见，纳滤装置产水效果存在差异。A 地与 C 地均使用 NF270 膜元件，对总溶解性固体保持 75% 以上去除率，其主要去除钙镁等高价离子；B 地使用 NF90 膜元件，去除率在 95% 以上，大部分离子均可去除。中试调试对 A 地作用不明显，主要解决其进水 SDI 过高导致纳滤启动困难的问题；同时对 B 地作用较明显，化学清洗后将产水 TDS 控制在 100mg/L 以下。

根据 B 地装置实地运行情况，将其工况条件及水质条件输入陶氏纳滤手册中推荐的 WAVE 纳滤模拟软件中，对其运行情况进行模拟剖析。在模拟过程中，将纳滤膜的可逆阻力部分定义为纳滤膜的恢复性，结果如图 11-93 所示。

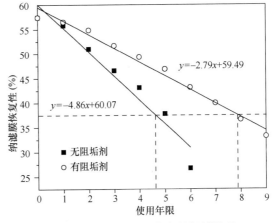

图 11-93　模拟纳滤膜恢复性损耗情况

由于纳滤膜自身阻力占据约 40%，起始纳滤膜恢复性就只有 60% 左右，当纳滤膜清洗后比通量下降到初始比通量的 60% 时，纳滤膜恢复性下降到约 37.5%，将其作为纳滤膜损耗极限。可见达到损耗极限时，有阻垢剂的组别可以达到 8 年更换周期，而无阻垢剂的组别不足 5 年则需要更换膜元件。此外，不投加阻垢剂导致比通量拟合下降曲线的斜率增长 74.19%，可见阻垢剂对纳滤装置运行的重要性。

2. 运行成本核算

纳滤装置的运行成本包括固体投资折旧和日常运行成本两部分，由于这 2 套装置属于初期运行阶段，没有满负荷运行，而且该项目设备由粤海水务援赠，相关设备和产品的价格未知，因此不进行固定投资折旧部分的相关计算。2 套纳滤淡化装置成本构成基本相同，这里以在托克扎克镇 B 地的 NF90 纳滤装置为例进行核算。

纳滤设备的日常运行成本以电耗、水耗、药耗和维护费用为主。而电耗与水耗又随着回收率改变导致进水量和工作压力改变一同变化，在中试过程中对回收率调节时，同时记录和推算电耗情况与水耗情况，如图 11-94 所示。

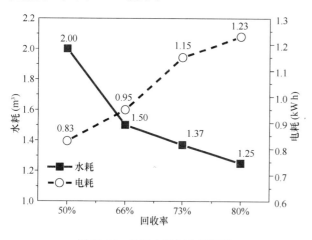

图 11-94　B 地电耗与水耗调节

根据 B 地回收率调节结果，电耗为 0.85kWh/m³，水耗为 1.7m³/m³。该设备去年产水约 350m³，是第一年调试运行阶段，以后产水量以 1000m³ 计。其正常电耗和药耗成本计算见表 11-27，电耗和阻垢剂等日常运行成本为 0.68 元/m³，化学清洗成本 0.025 元/m³，电耗 0.43 元/m³，水耗成本 0.20 元/m³。其他耗材成本计算见表 11-28，纳滤膜更换成本达到 0.41 元/m³，超滤膜更换成

本 0.60 元/m³。由粤海水务援赠装置及膜元件，并提供维修和更换，最终 B 地小学正常情况下使用该装置进行苦咸水淡化的制水成本为 1.74 元/m³。

电耗和药耗成本核算　　　　表 11-27

项目	消耗量	折算成本（元/m³）	备注
阻垢剂	2.5mg/L	0.025	10000 元/t 计
电耗	0.86kWh/m³	0.43	按 0.5 元/kWh 计
水耗	1.7m³/m³	0.20	按 0.12 元/m³ 计
化学清洗	25	0.025	2%柠檬酸，每四年一次
合计		0.68	

耗材成本估算表　　　　表 11-28

项目	年消耗量	折算成本（元/m³）	备注
纳滤膜元件	812.5 元	0.41	八年/次
PP 棉	100 元	0.05	一年/次
超滤膜	1200 元	0.6	五年/次
合计		1.06	

11.3.5　运行情况及建议

1. 运行情况

在过去近一年的运行中，Λ、B 两地装置均满足用户用水量及用水水质要求，但运行后期都没有重视阻垢剂投加问题，导致出水 TDS 变高。其中 A 地装置及时恢复阻垢剂投加，之后装置运行正常，但其仍旧面临进水浊度较高，多介质过滤器穿透，保安过滤器不断堵塞的问题，需要对多介质过滤器进行调整。而 B 地装置出水水质变化大，出现较大的膜阻力提升，对其进行化学清洗，清洗后出水 TDS 有所恢复。另外，对 2 套装置的运行回收率进行调节实验，选取最优化的回收率以保障浓水排放要求以及优化后置段纳滤膜元件的运行负荷，结果表明 A 地装置回收率宜设置为 50% 左右，B 地宜设置为 60% 左右。最后，尝试在 B 地装置的多段系统中更换前第一段纳滤膜，使用 NF270，第二段仍使用 NF90，以提高产水量。结果表明虽然产水量有所提升，但产水水质恶化明显，膜元件运行状态不佳，失去了装置脱盐淡化的目的，不宜采用更换一段膜元件的方法提升产水量。

2. 运行建议

（1）保障阻垢剂正常投加。2 套装置在未按要求投加阻垢剂后，都出现产水水质变差的现象，且使用 NF90 的装置更为敏感。在纳滤装置运行过程中，根据水质不同，需投加 1.5～3mg/L 的阻垢剂，并一直保持。

（2）调节合适的回收率。所选定的回收率一定要考虑产水水质、排放浓水的 TDS 以及对后置段位膜元件的影响。在多段纳滤系统中，主要考虑最后一段纳滤膜元件。在多级纳滤系统中，主要考虑第一级纳滤膜元件。

（3）及时化学清洗。在膜结垢污染从水力可逆污染阻力发展为水力不可逆污染阻力前，要及时进行化学清洗，避免膜彻底损坏而增加维护成本。当产水量下降超过 20%，产水水质变差是需要进行化学清洗的标志。

（4）提升多介质过滤器冲洗频率。粤新楼（A地）纳滤装置长期因进水含沙量较高，导致多介质过滤器穿透，堵塞保安过滤器，进一步引发纳滤进水压力不足，装置无法启动。面对该问题，需要进一步提升多介质过滤器冲洗及反冲洗频率，建议从 1 天 1 次提升到 1 天 2 次。

（5）装置停运。由于托克扎克镇小学（B 地）及草湖镇粤兵幼儿园（C 地）存在间歇性的周期供水方式，纳滤装置需要停运。纳滤装置停运期间需要保障膜元件浸水，而长期停运时需要定期对膜元件进行物理清洗，一般一周一次即可。

综上所述，本章针对喀什地区浅层地下水水源苦咸化盐碱化严重等问题，对纳滤组合工艺处理当地水质进行实验研究，开展了现场中试处理当地浅层地下水并进行优化调节的研究，本章研究的膜法深度处理净水工艺和设备，以安全供水为研究目标，改善现有工艺无法满足饮用水标准的安全风险，构建系统的节能运行技术参数体系，可以有效地降低膜污染与实现水质达标，解决喀什地区的饮用水安全问题，提高喀什人民的生活水平，并为喀什地区工农业的发展提供安全可靠的饮用水资源。同时，本章搭建并调试的纳滤组合工艺处理喀什地区苦咸水的中试装置可为以纳滤为核心的组合工艺推广提供可借鉴的实地运行经验，为建立纳滤组合工艺处理苦咸水的理论—实践—防治体系提供理论支持和实例支持。

11.4　超滤—反渗透双膜法处理渤海湾海水实验研究

11.4.1　实验原水及实验装置

实验场地位于山东省莱州市，邻近渤海莱州湾，所用海水由莱州海庙港一海产养殖场在每天涨潮时从距海岸 200m 的海中抽取，并存于一较大沉淀池（图 11-95）。

图 11-95　实验场地及取水的沉淀池

在实验后期，养殖场停产，将沉淀池出租改为育苗所用，新鲜海水不能及时补充，导致实验所用海水水质有所变化。实验所用超滤与反渗透设备如图 11-96 所示。

本实验选用美国陶氏（DOW）公司生产的 SW30-2540 小型海水淡化反渗透膜元件。其产品规范见表 11-29。

图 11-96　超滤与反渗透设备实物图

反渗透膜规范　　　　　　表 11-29

产品型号	元件标号	有效面积		运行压力	产水量	脱盐率
		ft²(m²)		psi(bar)	Gpd(m³/d)	(%)
SW30-2540	80737	29(2.8)		800(55)	700(2.6)	99.4

陶氏 SW30-2540 反渗透膜为聚酰胺复合膜，最高操作温度 45℃，最高运行压力 1000psi（69.0bar），最高压降为 15psi（1.0bar），承受 pH 范围 2～11，最大给水 SDI_{15} 值 5，允许游离氯含量小于 0.1mg/L，对于单只膜元件典型回收率为

8％，产水量在±20％的范围内变化。

实验过程中，海水通过叠片式过滤器，除去大颗粒物质，进入超滤装置，再经过高压泵加压，打入反渗透膜组件，海水透过反渗透膜，产出淡水从反渗透装置一侧流出，而浓水由浓水出口流出，一部分回流至高压泵前重新进入反渗透装置，另一部分排出，流程如图 11-97 所示。

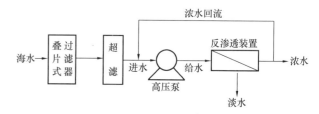

图 11-97　反渗透海水淡化系统流程示意图

11.4.2　超滤预处理特点及处理海水效能研究

超滤膜是通过膜孔筛分截留有机物，从而起到固液分离作用，随着海水透过超滤膜，海水中污染物会在超滤膜表面以及膜孔的内部不断积累，从而降低超滤膜的过滤能力。本小节通过改变超滤膜的通量、清洗周期及清洗方式，研究其对海水出水浊度、SDI 等指标的影响，考察超滤作为反渗透预处理时对海水的处理效能。

1. 超滤预处理特点

目前超滤膜使用最广泛、最成熟的形式为中空纤维超滤膜，中空纤维超滤膜又分为内压式和外压式，内压式管径平均统一，水流速度均衡，适用于各种水质，进水流道为中空纤维的内腔，所以对进水颗粒粒径与含量有较严格限制，外压膜进水流道在膜丝之间，膜丝存在一定的自由活动空间，一般以气体冲洗，比较适合原水水质差、悬浮物含量高的情况。

使用中空纤维式超滤膜预处理海水，可以在较低的流速下运行，通过自动、短时、频繁的清洗，可以处理高浓度污染的表层海水。超滤预处理可以确保反渗透设备在高截留率下操作，长期运行安全稳定，且运行费用低，能耗小。

与传统预处理相比，超滤预处理海水几乎完全取代了传统预处理中加次氯酸钠、混凝、沉淀、过滤等过程，且作用非常明显。在较低压力下，海水就可以通过超滤膜，水中的悬浮物、胶体微粒和细菌等杂质被截留去除，水与溶质通过膜。另外一般加氯消毒不能去除原生生物如隐性孢子虫和贾第虫等，但是超滤可以起到完全除去原生生物的作用。并且超滤能够降低反渗透进水浊度与 SDI，去除悬浮物与胶体物质，从而防止海水中的胶体碎屑，例如黏土、淤泥、$FeCl_3$、$Al(OH)_3$ 等物质在反渗透膜面上沉积；去除微生物（细菌、藻类等），可以有效防止海洋生物如细菌等对反渗透膜的影响。

2. 通量对超滤膜处理海水运行的影响研究

本部分先后考察了 3 种通量条件下超滤膜处理海水的运行情况，实验期间海水的主要水质指标如图 11-98 所示。

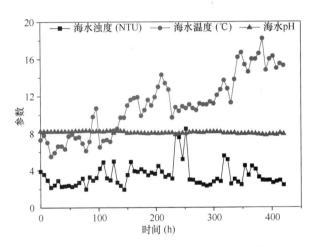

图 11-98　不同通量实验期间海水主要水质指标
（浊度、温度和 pH）

由图 11-98 可以看出，进水海水的 pH 比较稳定，保持在 7.79～8.28 之间。海水浊度较小，普遍小于 5NTU，在实验运行 250h 左右时，海水浊度升高，最大浊度达到 8.48NTU。实际运行中海水温度总体不断升高，最低温度为 5.5℃，最高温度为 18.2℃，运行至 120h 左右时，温度由 11.2℃降低至 6.2℃，之后缓慢升高。

实验所用海水浊度处于较低水平，海水比较清澈，由于风浪较大，在 250h 左右产生波动，海水浊度较大；海水温度随着天气的转暖呈锯齿形升高，在 120h、240h 由于气候突然变化，气温突然降低，导致海水温度降低。

（1）出水浊度

超滤进水和出水浊度每 2h 测量一次，各通量条件下超滤出水浊度如图 11-99 所示。超滤进水浊度与进水海水浊度相同，如图 11-98 所示，海水浊度均小于 10NTU，如图 11-99 所示，不论进水浊度如何变化，超滤出水浊度较低并且相当稳定，出

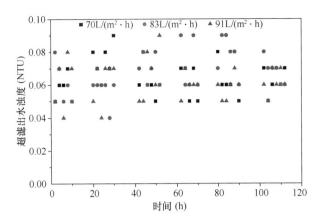

图 11-99　不同通量下超滤出水浊度

水浊度最大值仅为 0.09NTU。70L/(m^2·h) 通量条件下出水浊度平均为 0.064NTU，浊度平均去除率为 97.9％；83L/(m^2·h) 通量条件下出水平均浊度为 0.068NTU，浊度平均去除率为 98.5％；91L/(m^2·h) 通量条件下出水浊度平均为 0.062NTU，浊度平均去除率为 98.0％。

浊度检测结果表明，不同工况条件下出水浊度基本一致，平均浊度小于 0.07NTU，说明超滤膜对海水浊度的去除率相当高，出水浊度与通量无太大关系，并且都达到反渗透膜进水浊度的要求。

（2）出水 SDI

SDI 每 4h 测定一次。图 11-100 中显示了不同通量下超滤出水 SDI，使用管道式 SDI 仪进行测定。从图 11-100 中可以看出，三种工况条件下超滤出水 SDI 均小于 5，符合反渗透膜的进水要求。

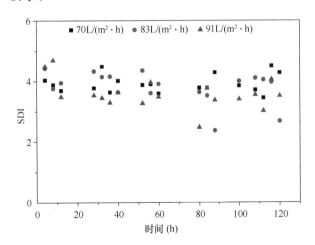

图 11-100　不同通量下超滤出水 SDI

综上分析可知，其他条件保持不变，仅改变超滤膜运行通量的工况条件下，超滤出水浊度和 SDI

基本保持不变，与运行通量没有多大关系。

3. 清洗周期对超滤膜处理海水运行的影响研究

本部分先后考察了 3 种不同清洗周期条件下超滤膜处理海水的运行情况，每种清洗周期条件下系统运行 5d，实验期间海水的主要水质指标如图 11-101 所示。

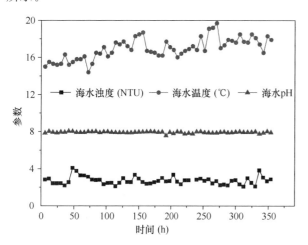

图 11-101　不同清洗周期实验期间海水主要水质指标
（浊度、温度和 pH）

此阶段实验海水指标如图 11-101 所示，当天气温度上升时，进水海水温度也随之升高，海水温度基本在 14℃ 以上，最高温度 19.6℃，在 75h 温度由 16℃ 下降至 14.5℃，之后缓慢上升至 19℃，再次下降至 16℃，100h 内温度维持在 16℃ 左右，在 250h 后温度变化较大；pH 保持在 7.78~8.04 之间；浊度在 5NTU 以下，平均进水浊度仅为 2.7NTU，在 50h 时浊度上升至 4.5NTU。

（1）出水浊度

图 11-102 显示了不同清洗周期下超滤出水浊度。如图所示，超滤出水浊度较低并且相当稳定，出水浊度最大值仅为 0.09NTU。25min 清洗时出水浊度平均为 0.068NTU，浊度平均去除率为 97.4%；35min 清洗时出水平均浊度为 0.063NTU，浊度平均去除率为 97.7%；45min 清洗条件下出水浊度平均为 0.059NTU，浊度平均去除率为 98.1%。

浊度检测结果说明，不同实验工况条件下出水浊度相差很小，浊度去除率很高，大于 97%。表明超滤膜出水浊度都达到反渗透（SWRO）进水要求。并且随着清洗周期的增加，出水浊度有所降低，这是由于清洗周期长，膜表面形成滤饼层，加强了污染物去除能力。

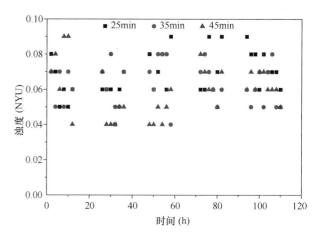

图 11-102　不同清洗周期下超滤出水浊度

（2）出水 SDI

图 11-103 显示了不同清洗周期下超滤出水 SDI。SDI 每 4h 测定一次。从图中可以看出，3 种实验工况条件下超滤出水 SDI 小于 4，符合反渗透膜的进水要求。

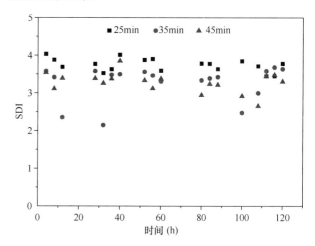

图 11-103　不同清洗周期下超滤出水 SDI

4. 清洗方式对超滤膜处理海水运行的影响研究

本部分考察了 3 种不同清洗方式条件下超滤膜处理海水的运行情况，每种清洗方式条件下系统运行 5d，实验期间海水的主要水质指标如图 11-104 所示。海水温度较高，均在 16℃ 以上，最高不超过 22℃，在 60h 左右海水温度下降至 16℃，之后缓慢上升，在 225h 左右达到最高，接近 21.5℃，在 225h 后，温度缓慢下降；pH 稳定保持在 7.7~8.2 之间；运行期间海水浊度基本都在 4NTU 以下，运行时间在 60~120h 之间时，进水海水浊度值升高，达到了 6NTU 以上，最高值为 11.2NTU，这

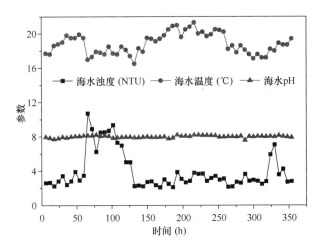

图 11-104　不同清洗方式实验期间海水主要水质指标
（浊度、温度和 pH）

是由于此阶段海面风浪较大，风停之后浊度值下降，保持在较低水平。

（1）出水浊度

图 11-105 显示了不同清洗方式下超滤出水浊度。

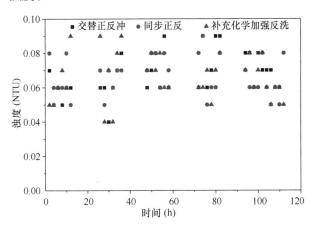

图 11-105　不同清洗方式下超滤出水浊度

如图所示，超滤出水浊度较低并且相当稳定，出水浊度均小于 0.090NTU。交替正反冲出水浊度平均值为 0.068NTU，浊度平均去除率为 98.8%；同步正反冲出水浊度平均值为 0.067NTU，浊度平均去除率为 97.6%；补充化学加强反冲洗条件下出水浊度平均值为 0.066NTU，浊度平均去除率为 97.9%。

浊度检测结果说明，不同实验工况条件下出水浊度基本相同，浊度去除率都很高，出水水质清澈，完全符合反渗透进水浊度要求。

（2）出水 SDI

图 11-106 显示了不同清洗方式下超滤出水

SDI，SDI 每 4h 测定一次。由图 11-106 可知，3 种实验工况条件下超滤出水 SDI 小于 4，满足反渗透膜的进水要求。

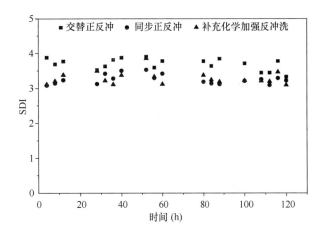

图 11-106　不同清洗方式下超滤出水 SDI

11.4.3　反渗透处理超滤产水效能及运行稳定性研究

反渗透进水的压力直接影响反渗透膜的产水量与脱盐率，水中盐的浓度也是影响膜渗透压的主要指标，对于小产水量的反渗透系统来讲，采用浓水回流有效利用了超滤预处理后的海水，从而提高了整个系统回收率。本小节通过改变反渗透运行压力与反渗透浓水回流量，研究对产水量、回收率、脱盐率等的影响，探究实验条件下较合适的运行压力与浓水回流量，使得整个系统产水量与回收率均较高，能耗较小，反渗透膜污染也较小。

1. 运行压力对反渗透处理超滤产水的影响

不同运行压力实验期间反渗透进水的 SDI、温度和 pH 如图 11-107 所示。反渗透进水由超滤出水提供，故 SDI 较小，均小于 3.8，平均 SDI 为 3.18。进水温度最低为 16.2℃，最高温度为 21.5℃。pH 保持在 7.82～8.13 之间，比较稳定。SDI 值、温度、pH 均满足反渗透进水要求。

图 11-108 反映了反渗透进水 TDS 情况。总溶解固体 TDS 与电导率呈函数关系，表征水中含盐量的多少。由于本实验地点为靠近海边的一个养殖场，养殖场所用海水是从距海岸 200m 处抽取，因此实验所用海水 TDS 较低，普遍低于 21000mg/L，最高为 21000mg/L，最低为 19850mg/L，且相当稳定。

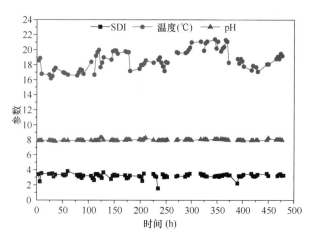

图 11-107 不同运行压力实验期间反渗透进水的
SDI、温度和 pH

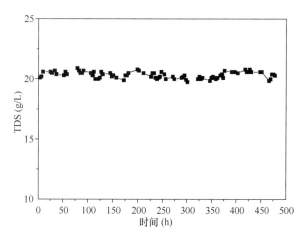

图 11-108 不同运行压力实验期间反渗透进水的 TDS

图 11-109 显示了不同运行压力实验期间反渗透进水的浊度情况。浊度在 0.04NTU 和 0.09NTU 之间，且变化不大，完全满足反渗透进水标准。

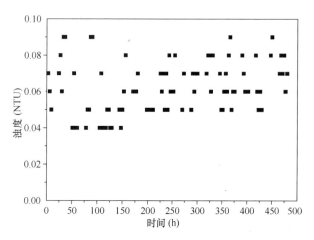

图 11-109 不同运行压力实验期间反渗透进水的浊度

（1）对产水量的影响

图 11-110 显示了不同运行压力下反渗透产水量随时间变化的关系。

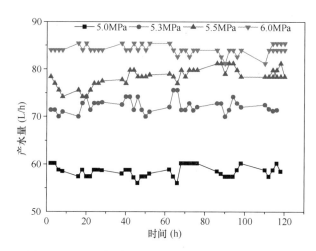

图 11-110 不同运行压力下反渗透产水量随时间变化

在运行过程中，不同压力下产水量基本保持不变。5.0MPa 压力下反渗透膜产水量平均为 58.4L/h，压力升高到 5.3MPa 时，反渗透膜最大产水量为 75.6L/h，最小为 70.0L/h，平均为 72.4L/h。5.5MPa 压力下，反渗透膜产水量在 74.2～81.2L/h 之间，平均值为 78.3L/h，压力上升为 6.0MPa 时，产水量最大值为 85.4L/h，最小为 81.2L/h，平均产水量为 84.1L/h。

随着反渗透膜给水压力的升高，驱动反渗透的净压力升高，反渗透膜产水量增加，但随着运行压力的升高，提高压力所增加的产水量值逐渐减少，由 5.0MPa 增加到 5.5MPa 产水量平均增长了 22.7L/h，压力由 5.5MPa 上升到 6.0MPa 时，产水量仅增加了 5.8L/h；压力过高，导致浓差极化增大，影响了产水量，故 6.0MPa 压力下产水量缓慢下降；并且压力过高，导致能耗增加，本实验过程中当压力上升至 6.0MPa 时，高压泵线路开始发热。

随着运行时间的增加，产水量基本没有下降，反渗透膜基本没有污染，表明了超滤作为反渗透预处理能够有效提高反渗透进水水质，降低反渗透膜污染，使得反渗透安全稳定地运行。

（2）对回收率的影响

图 11-111 显示了不同运行压力下反渗透膜回收率。

压力为 5.0MPa 时，系统回收率最低为 11.0%，最高为 14.1%，平均回收率为 12.0%；5.3MPa 压

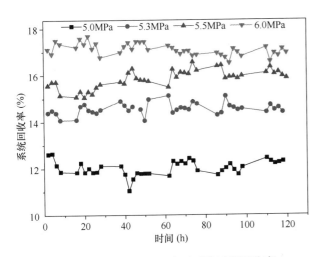

图 11-111　不同运行压力下反渗透膜回收率

力下，系统回收率在 14.0%～15.1% 之间，平均回收率为 14.6%；反渗透膜给水压力为 5.5MPa 时，平均回收率为 15.8%。当给水压力增长至 6.0MPa，回收率达到最高，平均回收率为17.1%。

回收率在运行期间基本保持在一个稳定的范围内，压力不同，回收率也有所差别，且随着压力的升高而增加。这是因为在反渗透给水量不变情况下，随着反渗透给水压力的升高，反渗透膜产水量增加，回收率也随之增加。

（3）对脱盐率的影响

图 11-112 显示了不同运行压力下反渗透膜脱盐率。

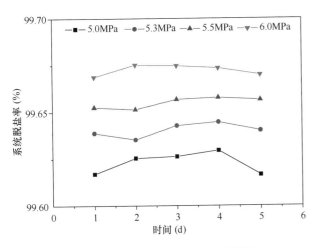

图 11-112　不同运行压力下反渗透膜脱盐率

由图可知，在不同压力下反渗透膜的脱盐率都很高，超过 99.6%，最大脱盐率为 99.7%。随着压力升高，反渗透膜脱盐率有所增加但是变化很小。在压力 5.0MPa 下，平均脱盐率为 99.62%，

压力上升到 5.3MPa 时平均脱盐率为 99.64%，脱盐率平均值增加了 0.02%；继续增加压力到 5.5MPa，平均脱盐率为 99.66%，6.0MPa 下脱盐率平均值为 99.67%。

盐透过量不受进水压力的影响，但是进水压力升高增加了驱动反渗透的净压力，从而增加产水量，同时透盐量几乎不变，因此增加的产水量会使透过膜的盐分稀释，从而降低了透盐率，使得脱盐率提高。

（4）对产出淡水水质的影响

反渗透进水温度、pH 等如图 11-113 所示。图 11-114 显示了反渗透膜出水的温度和 pH 与运行时间的关系。出水温度与反渗透膜给水温度有关，随给水温度变化，但高于给水温度。出水最低温度为 16.7℃，最高温度为 21.9℃；产出淡水 pH 比较稳定，在 7.11～7.88 之间。

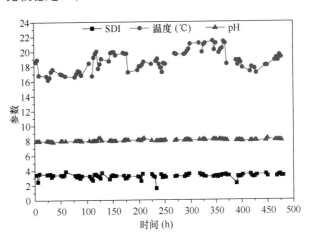

图 11-113　不同运行压力下反渗透进水温度、
pH、SDI

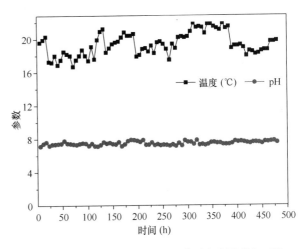

图 11-114　不同运行压力下反渗透出水温度与 pH

反渗透膜能去除海水中的溶解性离子，但不能去除海水中溶解性气体 CO_2，由于溶解性离子被截留，因此产出淡水盐度降低，但是产出淡水中 CO_2 与海水中含量相比基本不变。反渗透产水的 pH 只与进水 pH 以及进水中 HCO_3^- 含量有关，与反渗透运行压力条件无关。

每个压力下实验运行 5d，取每天所产淡水 TDS 含量平均值作图，图 11-115 显示了不同运行压力下反渗透产水 TDS。不同压力下所产淡水 TDS 变化幅度较大。压力为 5.0MPa 时，TDS 在 73～80mg/L 间。5.3MPa 压力下，所产淡水 TDS 最小值为 71.5mg/L，最大值为 74.5mg/L。压力为 5.5MPa 时，所产淡水 TDS 在 65～72mg/L 之间。当压力达到 6.0MPa，淡水 TDS 在 64.0～70.5mg/L 间。

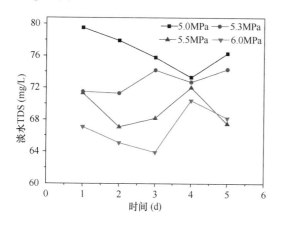

图 11-115　不同运行压力下反渗透产水 TDS

反渗透膜产出淡水 TDS 随压力增加而减小，这是由于压力并不会影响盐透过量，压力增大导致驱动海水通过反渗透膜的净压力增大，产水量变大，而透盐量不变，产水稀释了透过膜的盐分，TDS 降低，6.0MPa 压力下最低含盐量仅为 64mg/L。

图 11-116 反映了反渗透产出淡水浊度的变化情况。产出淡水浊度最大值为 0.07，最小值为 0.03，表明反渗透产出淡水水质相当好，远小于生活饮用水浊度标准。

2. 浓水回流对反渗透处理海水运行的影响研究

此阶段实验反渗透进水 SDI、温度和 pH 指标与时间关系如图 11-117 所示。反渗透给水 SDI 很稳定，均在 4 以下，最大值为 3.53，最小值为 2.22，平均值为 3.17，完全符合反渗透膜进水 SDI

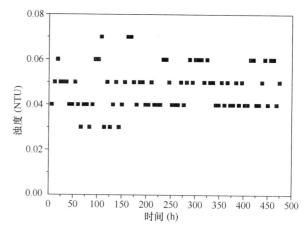

图 11-116　不同运行压力下反渗透产水浊度

不得大于 5 的条件；反渗透给水温度较高，均在 16℃以上，在中间时间部分有波动，在 360h 后，反渗透给水温度也有一个大的跳跃，温度均在 22℃以上；反渗透进水中 pH 为 8 左右（0～150h），比较稳定；运行 150h 后，pH 有所上升，为 8.2～8.4，但仍满足反渗透进水要求。

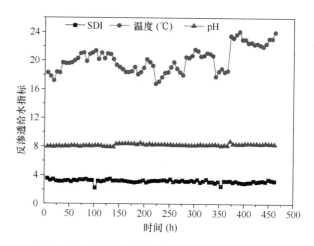

图 11-117　不同浓水回流量实验期间反渗透进水的 SDI、温度和 pH

反渗透给水水质稳定，SDI 较小，说明超滤膜预处理出水水质良好且稳定，完全能够保证反渗透进水的水质要求；温度在 360h 产生波动，因为此间气温突然大幅度上升，导致海水温度也随之上升；本实验所用海水是海港一养殖场每天从距海岸 200m 处海中抽取的，存于一个较大的沉淀池，养殖场为了增加海水中含氧量，向沉淀池海水中加入一种光和氧化菌，消耗海水中 CO_2，而海水的 pH 主要与海水中 CO_2 含量有关，CO_2 含量减少，pH 升高。

图 11-118 显示了不同浓水回流量实验期间反渗透进水 TDS。反渗透进水即超滤出水，可以看出，反渗透进水 TDS 比较小，在 20g/L 左右，且进水 TDS 比较稳定；前 150h 内，进水 TDS 值在 20g/L 左右波动，但变化不大；在 150h 以后，进水值略有升高，但不超过 21g/L；在 350h 后，进水 TDS 又开始波动，且波动较大。

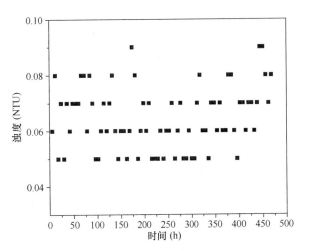

图 11-119　不同浓水回流量实验期间反渗透给水浊度

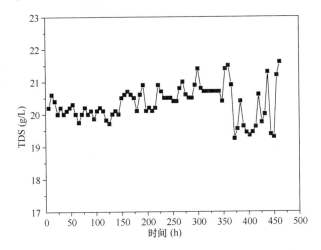

图 11-118　不同浓水回流量实验期间反渗透进水 TDS

由于本实验所用海水靠近海岸，所以海水中 TDS 含量比标准海水的 TDS 含量 35g/L 要小；实验运行时间在 150h 以内时，每天在海水涨潮时从海中抽取新鲜海水补充进入养殖场沉淀池，因此海水 TDS 保持在一个稳定的范围内，且变化很小；在 150h 后，停止抽取新鲜海水补充，天气气温与海水温度也比较高，由于蒸发等作用海水 TDS 稍微增加，增量不大，对反渗透海水淡化系统影响不大；350h 后由于实验所在地降雨等原因，海水 TDS 含量开始波动，但是总体来看变化还是较小，对反渗透系统影响不大。

此阶段实验过程中反渗透给水浊度与时间关系如图 11-119 所示。反渗透给水浊度始终小于 0.09NTU，最小能够达到 0.05NTU，且在实验过程中浊度很稳定。

反渗透给水浊度完全满足反渗透进水水质要求，稳定的水质会保障反渗透海水淡化系统安全稳定运行，对反渗透膜有很好的保护作用，增加了反渗透膜组件的使用寿命，同时也表明了超滤预处理效果良好且稳定。

（1）回流量对产水量的影响

相同压力条件下，不同的浓水回流量导致反渗透系统产水量不同，图 11-120 显示了不同浓回

流量条件下反渗透系统的产水量。可以看出，回流量越大，产水量越小；在没有浓水回流条件下，反渗透系统产水量为 78L/h 左右，最大产水量为 81L/h，最小产水量为 77L/h，产水量比较稳定，在运行过程中产水量也没有产生明显的下降；当浓水回流量为给水总量的 25％时，反渗透系统产水量降低，最大值为 75.6L/h，最小值为 71L/h，平均值为 73.2L/h，变化幅度也不大，且整个运行过程中反渗透系统进水量基本没有变化；当浓水回流量增加到给水总量的 50％时，反渗透系统产出淡水量继续下降，在 60L/h 左右波动，上下变化不超过 3L/h，运行中反渗透系统淡水产水量也基本保持不变；浓水回流量最大达到给水总量的 75％，反渗透系统淡水产量达到最低水平，平均产量仅为 47L/h，最大产水量为 49L/h，最小 46L/h。

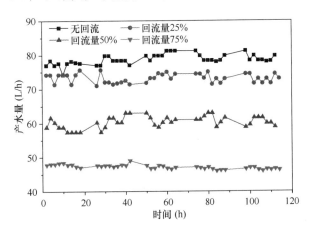

图 11-120　不同浓水回流量下反渗透产水量

由于浓水的回流，反渗透给水中的含盐量增加，海水透过反渗透膜的渗透压也增加，在进水压力不变的情况下，净压力降低，反渗透系统的产水

量减小，所以随着回流量的增加，反渗透产出淡水量减小；在最高回流量时，随着实验的运行反渗透产水量缓慢下降，可能是由于给水含盐量变大，浓差极化度变大，导致膜表面产生污染，产水量变小。

（2）回流量对回收率的影响

由于存在浓水回流，反渗透进水和给水之间含盐量差别很大，反渗透系统膜堆回收率和系统回收率也有差别，需要分开计算反渗透系统的膜堆回收率和系统回收率，且系统回收率要大于膜堆回收率。不同回流量下反渗透系统膜堆回收率和系统回收率分别如图 11-121 和图 11-122 所示。

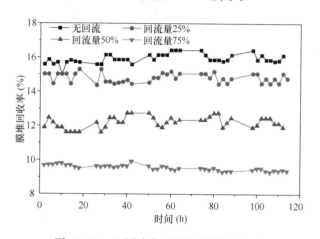

图 11-121　不同浓水回流量下膜堆回收率

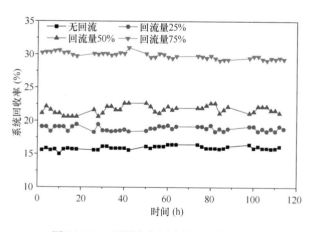

图 11-122　不同浓水回流量下系统回收率

图 11-121 表明，不同浓水回流量条件下反渗透系统膜堆回收率不同，随着回流量的增加，膜堆回收率减小，各回流量条件下反渗透系统膜堆回收率比较稳定，变化不大；当无浓水回流时，膜堆回收率与系统回收率没有差别，膜堆回收率稳定在 16% 左右，变化趋势与产水量变化趋势相同；当浓

水回流量为 25% 时，膜堆回收率降为 14.8%，最大膜堆回收率为 15.3%，最小膜堆回收率为 14.3%；50% 浓水回流量时，反渗透膜堆回收率继续下降，平均回收率为 12.2%，下降了 2.1%；最大浓水回流量 75% 时，膜堆回收率最低，平均回收率下降了 2.5%，最小膜堆回收率仅为 9.3%，其变化趋势与产水量变化趋势相同。

在图 11-122 中，反渗透系统回收率变化情况与膜堆回收率变化情况相反，随着浓水回流量的增加，系统回收率也增加；浓水回流量为零时，系统回收率等于膜堆回收率，数值与变化趋势都相同；25% 回流量时，反渗透系统回收率平均值为 18.9%，在 0.5% 的范围内变化；回流量增加为给水总量的 50% 时，系统回收率平均值达到 21.7%，最小回收率为 20.6%，最大回收率为 22.7%；75% 回流量时，反渗透系统回收率达到最大，最大回收率为 31%。

（3）回流量对脱盐率的影响

图 11-123 和图 11-124 分别显示了不同浓水回流量条件下反渗透系统膜堆脱盐率和系统脱盐率与时间的关系。与回收率类似，在无浓水回流和有浓水回流情况下，反渗透系统膜堆脱盐率与系统脱盐率不同，但膜堆脱盐率要大于系统脱盐率。

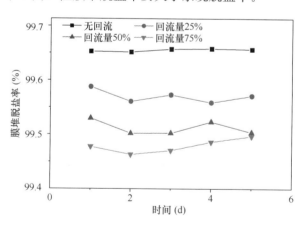

图 11-123　不同浓水回流量下膜堆脱盐率

如图 11-123 所示，浓水回流量不同，膜堆脱盐率不同。无回流量时膜堆脱盐率平均值最大为 99.66%；25% 回流量时，膜堆脱盐率最小值为 99.57%；50% 回流量条件下脱盐率平均值为 99.50%；75% 回流量条件下平均脱盐率为 99.48%。透盐率均在 99.4% 以上，符合产品技术参数中的规定。

如图 11-124 所示，不同回流量条件下，系统

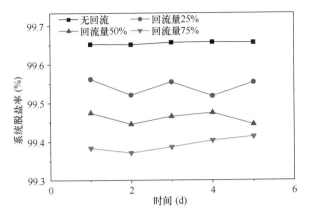

图 11-124　不同浓水回流量下系统脱盐率

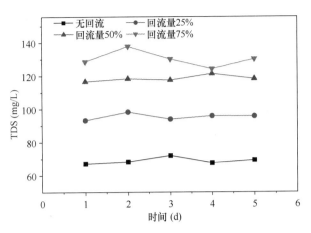

图 11-125　不同浓水回流量下反渗透出水 TDS

脱盐率不同，随着浓水回流量的增加，反渗透系统脱盐率降低，各条件下系统脱盐率变化较大。无浓水回流时系统脱盐率与膜堆脱盐率相同；25%回流量时，系统脱盐率均值为 99.55%；50%浓水回流量时，系统平均脱盐率下降为 99.45%；最高 75%回流量时，系统脱盐率均值最低为 99.38%。

与膜堆脱盐率相比，系统脱盐率变化范围更大，当浓水回流量为总给水量的 0%、25%、50%、75%时，膜堆脱盐率分别减少了 0.09%、0.07%、0.02%，系统脱盐率分别减少了 0.11%、0.10%和 0.07%。表明浓水回流量增大时，脱盐率下降速度变快。

反渗透海水淡化系统增加浓水回流时，给水含盐量增大，而反渗透膜的透盐率与膜两侧盐浓度差成正比，给水含盐量增加，浓度差增大，所以膜透盐率增加，产水中的含盐量变大。系统脱盐率等于产出淡水含盐量与反渗透进水含盐量之比，进水含盐量不变，产水含盐量随回流量增加而增加，所以反渗透系统脱盐率随着回流量增加而减小。膜堆脱盐率等于产出淡水含盐量与给水含盐量之比，浓水回流，透盐率变高，虽然给水含盐量也升高，但膜堆脱盐率下降。

（4）回流量对产出淡水水质的影响

图 11-125 显示了不同回流量下反渗透产出淡水中 TDS 含量。随回流量的增加，淡水中 TDS 含量增大，总体来看，淡水 TDS 含量比较稳定，变化较小。无浓水回流条件下产出淡水含盐量最低，平均为 68.8mg/L，25%回流量时，淡水含盐量上升至 95.4mg/L；50%浓水回流量条件下，淡水含盐量均值为 118.4mg/L；当浓水回流量达到最大的 75%时，产出淡水含盐量均值也最大，为

130.2mg/L。

回流量增加导致反渗透给水含盐量增加，反渗透膜透盐量与膜两侧盐浓度有关，反渗透膜透盐量增加，故所产淡水含盐量增加，TDS 量也变大，产水含盐量最大为 140mg/L，小于饮用水标准。

图 11-126 显示了不同浓水回流量下反渗透出水浊度，可以看到浊度均在 0.04～0.06NTU 之间，且分布均匀稳定，表明反渗透出水浊度与浓水回流量无关，反渗透出水浊度很低，甚至小于蒸馏水浊度，出水水质相当好。

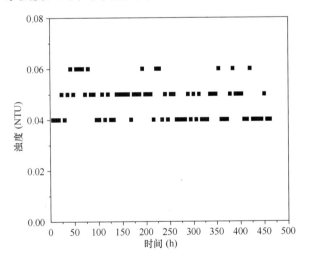

图 11-126　不同浓水回流量下反渗透出水浊度

11.4.4　超滤—反渗透双膜法处理海水运行效果研究

超滤对海水预处理效果良好，超滤出水的浊度与 SDI 都能够满足反渗透进水要求，保证了反渗透安全运行。本小节超滤与反渗透运行条件与参数设置为，超滤通量 83L/(m²·h)，每 35min 采用

同步正冲反冲 45s 清洗一次，同时每 12h 化学加强反冲洗一次，反渗透以 5.5MPa 压力运行，浓水回流量为总给水量的 50%，系统运行 30d，通过考察运行中跨膜压差、进出水浊度、SDI、反渗透产水量、脱盐率变化，检验超滤/反渗透工艺处理海水长期稳定性。同时检测稳定运行时进出水水质，分析 UV$_{254}$ 及溶解性离子浓度等水质指标，还对双膜工艺进出水进行了 EEM 荧光光谱分析。

1. 超滤—反渗透双膜工艺运行稳定性分析

（1）跨膜压差

图 11-127 显示了长期运行过程中超滤膜跨膜压差随时间变化关系。在运行 30d 中，采用物理清洗结合化学强化反冲洗，超滤跨膜压差呈锯齿形变化，在 57～78kPa 范围内波动，总体而言运行较为稳定。在运行初期，化学强化反冲洗后跨膜压差下降较小，第 3 天化学强化反冲洗后，跨膜压差从 73～57kPa，跨膜压差减小了 16kPa，在之后的运行过程中，最大跨膜压差下降量为 20kPa。

通过清洗，超滤膜跨膜压差稳定在一个较低水平，波动不超过 20kPa，在开始时由于酸洗效果不是很明显，对膜表面污染去除效果低，跨膜压差降低很小，在运行 12h 后加碱清洗，跨膜压差迅速降低。在化学强化反冲洗后，超滤膜跨膜压差都能够降低到原来的水平，通量得到恢复，系统稳定运行。

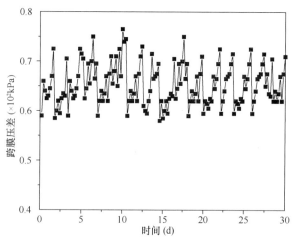

图 11-127 长期运行过程中超滤膜跨膜压差随时间变化关系

（2）超滤进/出水浊度

图 11-128 显示了长期运行过程中超滤进/出水浊度。进水海水浊度基本在 4NTU 以上，在运行到第 10 天和第 12 天之间时，浊度升高，最高值为

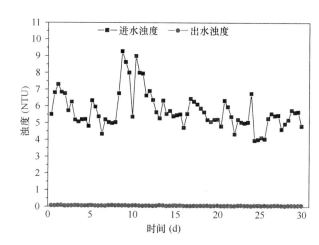

图 11-128 长期运行过程中超滤进/出水浊度

9.8NTU，在第 12 天后浊度开始减小，在第 16 天时降到 4.6NTU，随后在 4～7NTU 之间内波动；出水浊度很小，均值仅为 0.064NTU，变化不大。

由于养殖场停止抽取新鲜海水补充，进水浊度较与之前实验相比有所升高，在 10～12d 之间时，水池中进行施工，导致进水浊度升高，之后海水浊度降低，恢复到原来水平；超滤浊度去除率达到 98.88%，出水浊度值稳定，进水水质变化对超滤膜效能几乎没有影响，系统运行稳定，处理效果好。

（3）超滤出水 SDI

图 11-129 显示了长期运行过程中超滤出水 SDI。海水经过超滤膜，出水 SDI 在 3.5 以下，最低值为 2.3，均值在 3.2 左右。

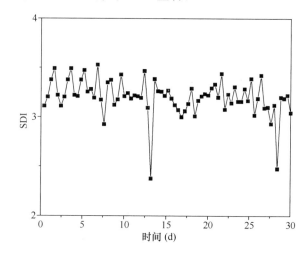

图 11-129 长期运行过程中超滤出水 SDI

超滤出水 SDI 较低，并且稳定，变化较小，表明超滤处理海水系统运行稳定，能够有效降低反渗透进水 SDI。

（4）反渗透产水量

图 11-130 显示了长期运行过程中反渗透产水量随时间变化关系。产水量在 5d 左右时最高，为 63.0L/h，之后随着系统运行，产水量在 57～62L/h 之间波动，在 25d 后，产水量有所下降，均值为 59.3L/h。

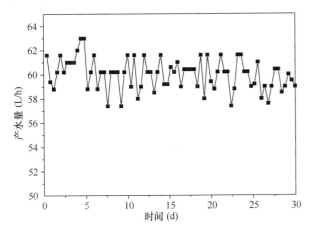

图 11-130　长期运行过程中反渗透产水量随时间变化关系

在运行的 30d 内，反渗透产水量比较稳定，没有明显的降低，表明反渗透系统运行很稳定，反渗透膜受到污染较小。虽然在 25d 后，产水量均值有所降低，但变化很小，反渗透膜在 30d 内可安全稳定运行，不需要进行清洗。

（5）反渗透脱盐率

图 11-131 显示了长期运行过程中反渗透脱盐率随时间变化关系，反渗透脱盐率均在 99.4% 以上，脱盐率整体呈下降趋势，在 5d 左右时脱盐率最高，达到 99.48%，之后下降至 99.45%，并稳定在 99.45% 左右，在 25d 左右时，脱盐率开始下降。

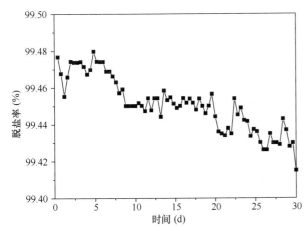

图 11-131　长期运行过程中反渗透脱盐率随时间变化关系

在连续运行的 30d 内，反渗透脱盐率较高，在 99.4% 以上，随着系统的运行，反渗透膜由于浓差极化，透盐量增大，脱盐率缓慢下降，但透盐量下降幅度很小，不需要进行化学清洗。表明经过超滤预处理后的水能有效防止反渗透膜结垢，反渗透系统运行稳定。

2. 双膜法对海水中有机物的去除效果

图 11-132 显示了海水、超滤出水、反渗透浓水及反渗透出水的 UV_{254}，UV_{254} 是水中一些有机物在 254nm 波长紫外光下的吸光值，反映了水中一些有机物，如腐殖质类大分子有机物和含有芳香烃与双键（或者羟基）的有机化合物的含量。由图可知海水经过超滤处理，UV_{254} 由 0.060 降低为 0.044，反渗透浓水 UV_{254} 最高为 0.074，反渗透出水 UV_{254} 为 0.002。

超滤截留了海水中部分有机物，降低了出水的 UV_{254}，但去除率较小，约为 26.7%，超滤出水中还有较多大颗粒有机物，导致 SDI 值大于 3。反渗透能够截留大部分有机物，出水 UV_{254} 值极低，截留的有机物随浓水排出，导致反渗透浓水 UV_{254} 升高。

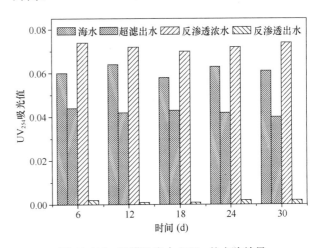

图 11-132　双膜法海水 UV_{254} 的去除效果

3. 双膜法处理海水进出水 EEM 荧光光谱分析

EEM 荧光光谱图中，根据激发波长和发射波长一般可分为 5 个区域，不同区域代表不同物质。EEM 荧光光谱图具体区域划分见表 11-30。

EEM 荧光法区域划分　　　　表 11-30

区域	有机物类型	激发波长（nm）	发射波长（nm）
I	芳香族蛋白物质	220～250	260～330

续表

区域	有机物类型	激发波长 (nm)	发射波长 (nm)
Ⅱ	芳香族蛋白物质	220~250	330~380
Ⅲ	类富里酸	220~250	380~500
Ⅳ	类溶解性微生物代谢产物	250~280	280~380
Ⅴ	腐殖酸类	250~400	380~500

图 11-133、图 11-134、图 11-135 分别给出了海水、超滤出水、反渗透浓水的三维 EEM 荧光光谱图。荧光光谱图中明显存在 2 个峰，第一个峰发射波长为 330~380nm，激发波长为 220~250nm，为Ⅱ区域，代表芳香族蛋白物质，第二个峰发射波长为 280~380nm，激发波长为 250~280nm，为Ⅳ区域，代表类溶解性微生物代谢产物，说明海水、超滤出水、反渗透浓水中不仅含有蛋白质类有机物，还有微生物代谢产物。

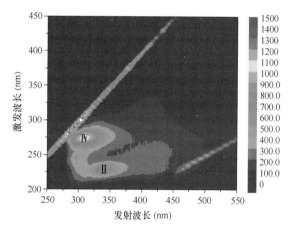

图 11-133　海水三维 EEM 荧光光谱图

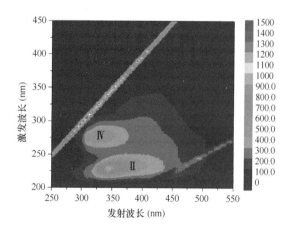

图 11-134　超滤出水三维 EEM 荧光光谱图

图 11-136 显示了反渗透产出淡水的三维 EEM 荧光光谱图。EEM 图中无明显的峰，表明反渗透

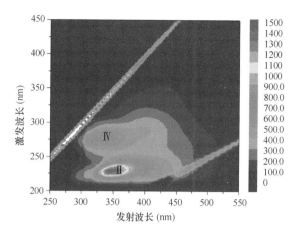

图 11-135　反渗透浓水 EEM 荧光光谱图

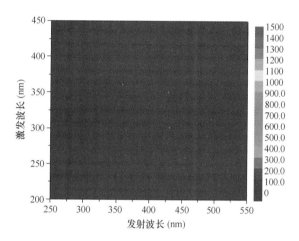

图 11-136　反渗透产出淡水三维 EEM 荧光光谱图

产出淡水中蛋白质类有机物与微生物代谢产物含量极少。

由图 11-133 与图 11-134 比较可知，海水在经过超滤膜处理后，EEM 荧光光谱图中区域Ⅱ内峰减弱，而区域Ⅳ内的峰增强，表明超滤膜能够截留海水中的蛋白质类有机物，降低了出水中蛋白质类有机物的含量，而超滤不能截留海水中的微生物代谢产物，超滤出水中微生物代谢产物含量反而有所增加。

图 11-134 与图 11-136 比较可知，经过反渗透膜后，EEM 荧光光谱图中区域Ⅱ内峰与区域Ⅳ峰几乎消失，这表明反渗透膜几乎能够截留全部的蛋白质类物质与微生物代谢产物，反渗透产出淡水中的蛋白质类物质与微生物代谢产物含量非常小。

图 11-134 与图 11-135 比较，EEM 荧光光谱图中区域Ⅱ内峰与区域Ⅳ峰荧光强度明显增强，反渗透浓水中的微生物代谢产物与蛋白质类物质含量增加，表明了反渗透膜截留的蛋白质类物质与微生

物代谢产物均随反渗透浓水排出。

4. 双膜法处理海水进出水水质分析

系统稳定运行之后，实验水质分析见表 11-31。

实验水质分析表　　　　表 11-31

项目	海水	淡水
色度（度）	0	0
浊度（NTU）	5.52	0.05
pH	8.00	7.25
嗅和味	苦咸涩	无
电导率（μS/cm）	42000	235
TDS（mg/L）	21000	117.5
总硬度（mg/L）	4637.2	9.30
化学耗氧量（mg/L）	10.20	0.17
氯化物（Cl^-，mg/L）	13875.0	53.50
硫酸盐（SO_4^{2-}，mg/L）	1598.20	3.80
钠（mg/L）	9480	34.54
钾（mg/L）	369.1	1.646
镁（mg/L）	1011	1.634
钙（mg/L）	373.3	0.797
铜（mg/L）	1.20	0.005
锌（mg/L）	1.80	0.004
铁（mg/L）	0.80	0.002
锰（mg/L）	0.10	0
镉（mg/L）	未检出	未检出
银（mg/L）	未检出	未检出
铬（mg/L）	未检出	未检出
铅（mg/L）	未检出	未检出

表 11-31 对海水以及反渗透产出淡水的水质进行了分析。由表可以看出反渗透产出的淡水中各项指标均有明显下降，满足饮用水标准。

其中浊度的去除率达到了 99.1%，产出淡水浊度仅为 0.05NTU，远小于饮用水规定浊度值；pH 为 7.25，较之海水 pH 下降了不到 1；产出淡水无异味，饮用口感与普通饮用水无区别；淡水含盐量小于规定的 800mg/L，脱盐率达到 99.44%；产出淡水中的总硬度与化学需氧量都很小，去除率分别达到了 99.80% 和 98.3%。海水中氯化物与硫酸盐含量较大，但经反渗透膜后都有明显降低，对氯化物的脱除率为 99.61%，对硫酸盐脱除率为 99.76%；对于一价金属离子钠、钾的脱除率分别为 99.64% 和 99.55%，对于二价金属离子，镁的脱除率为 99.84%，钙的脱除率为 99.78%，铜的

脱除率为 99.58%，锌的脱除率为 99.78%，铁的脱除率为 99.75%，锰的脱除率为 100%，重金属离子镉、银、铬、铅在反渗透产出淡水中均未检出。

综上所述，本章实验对超滤—反渗透双膜法处理渤海湾海水的效能与运行稳定性进行了研究，对双膜法工艺的运行参数进行了优化，以期为中、小型双膜法海水淡化设备的设计提供参考，特别是考虑目前我国正在积极开发海岛及沿海偏远地区，对于较小海岛及沿海偏远地区，小规模的海水淡化设备能够有效解决日常供水问题，双膜法具有易于设备化、模块化，自动化程度高等优点，与传统海水淡化法相比，更适合应用于小规模的海水淡化。因而本章研究内容可为双膜法应用于小规模的海水淡化工程提供思路。

11.5　岸滤/纳滤组合过滤技术净水特性与运行稳定性研究

11.5.1　原水水质、实验系统和参数

实验所有原水均为松花江哈尔滨段江水。原水水质随时间变化差异较大，各月份的水质情况见表 11-32。

实验原水水质平均值变化情况　　表 11-32

取样时间	pH	浊度（NTU）	DOC（mg/L）	UV_{254}（1/cm）	氨氮（mg/L）
2018.8	7.34	55.30	8.14	0.144	0.56
2019.2	7.28	12.25	4.54	0.139	1.03
2019.8	7.37	34.88	6.34	0.142	0.98
2020.2	7.35	7.10	3.32	0.128	0.94
2020.8	7.30	36.49	7.93	0.135	0.77

实验周期内，典型水质分为夏季和冬季，夏季（7～9 月）时期，松花江流域降雨充沛，造成水量增加，同时上游泥沙杂质汇入江水，原水浊度急剧增加，最高超过 50NTU，同时雨水冲刷土壤，DOC 浓度也有所升高。而在冬季（11～4 月），松花江水温降低，表层结冰，下层水体浊度低于 10NTU，DOC 也明显低于夏季，属于典型的低温低浊水体。

实验所用的岸滤（BF）实验装置包括原水箱、进水泵、滤柱及产水收集装置，如图 11-137 所示。

其中，滤柱材质为 UPVC 滤柱，内径 250mm，有效过滤高度为 160cm，沿滤柱纵向设置 6 个取样口，采用下向流过滤，设溢流控制有效水位，并通过水位溢流形成表层冲刷，控制滤柱堵塞。出水通过针型阀调整产水量，控制所有装置停留时间为 35～40h，滤速为 0.87～1.11m/d。

BF 实验需要使用实际河道岸边土壤作为过滤介质，实验中使用夏季条件下，松花江岸边泥土模拟 BF 过滤介质，取样位置在松花江哈尔滨段下游，距岸边 2m 处，取样深度为 30cm，以排除表层污染。同时筛选去除岸泥中垃圾、石块、植物等杂质。

在实验中构建了 3 种 BF 装置，包括沉积层岸滤（SBF）和含水层岸滤（ABF），以模拟不同河岸条件的处理环境，同时设置砂滤（SF）作为对照。3 套系统通过调整泥质和石英砂的比例来模拟环境，具体信息见表 11-33。

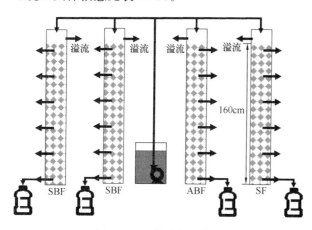

图 11-137　岸滤实验装置

岸滤装置信息表　　　　表 **11-33**

装置	有效高度 (cm)	泥质：石英砂 (%，$v:v$)	停留时间 (h)
SBF	160	85：15	35～40
ABF	160	45：55	35～40
SF	160	0：100	15～20

实验的膜滤部分包括超滤（UF）和纳滤（NF）。其中 UF 使用平板膜死端过滤系统，过滤过程为恒压过滤，通过氮气提供压力，完整实验系统由超滤杯（Amicon8400，Millipore，美国）、电子天平、氮气源和记录计算机等部分组成。

实验所用 NF 膜滤部分为恒压平板错流过滤系统，实验系统包括平板错流模块（CF042D，

STERLITECH，美国）、原水箱、恒温水槽、齿轮加压泵、错流阀、产水回流阀、浓水阀、电子天平以及计算机等部分，系统如图 11-138 所示。

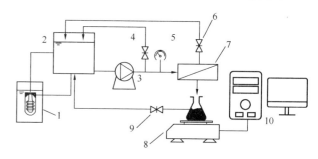

图 11-138　纳滤装置结构图
1—恒温水槽；2—原水池；3—高压泵；
4—回流阀；5—压力计；6—错流阀；
7—NF 组件；8—天平；9—产水回流
阀；10—电脑

实验中对污染后的纳滤膜进行化学清洗，化学清洗药剂根据美国杜邦膜《反渗透与纳滤膜元件产品与技术手册》建议，选择 4 种化学清洗药剂，分别是柠檬酸（pH＝12）、氢氧化钠（pH＝12），以及乙二胺四乙酸四钠盐（Na_4-EDTA 1 wt%，pH＝12）和十二烷基硫酸钠盐（Na-SDS，0.025wt%，pH＝12），清洗药剂使用实验室分析纯药剂，纯水配置。清洗过程按照手册建议，包括配置化学清洗液、低速循环（0.1MPa，错流 5L/h，4h）、浸泡 2h、高速冲洗（0.3MPa，错流 40L/h，0.5h）以及纯水冲洗 5 个步骤。每张纳滤膜经过四次化学清洗后不再使用。

11.5.2　组合过滤技术净水效果分析

图 11-139（a）为 DOC 在原水、BF 出水和膜滤出水（UF 和 NF2 种膜滤技术分别考察）中的分布规律，当系统稳定运行后，在 SBF、ABF 和 SF 系统中，原水经过 BF 处理后，DOC 的浓度均有一定程度的下降，且除了 SF 系统外，2 种 BF 系统出水的 DOC 浓度稳定性有所增强。在增加膜滤单元后，使用 UF，对 DOC 并没有显著的去除效果，这是因为 UF 孔径范围在 10nm 以上，对于水中的溶解性有机物无法有效截留，有限的 DOC 浓度降低源自水中颗粒性有机碳（POC）被膜拦截，以及当 POC 及水中残留颗粒物在膜表面累积，产生膜污染后，通过截留和吸附能去除部分溶解性有机物。同时我们注意到，即使 UF 对 DOC 的控制效果不佳，但 3 组系统相对来说，SBF 组 UF 对

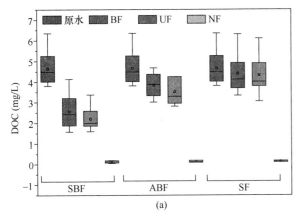

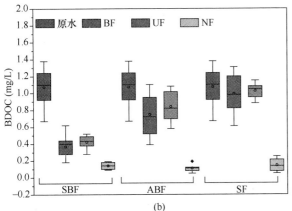

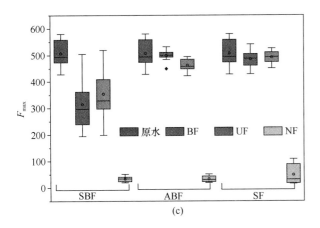

图 11-139　组合过滤系统 DOC、BDOC 和 EEM 峰
A 最大荧光强度分布

（a）DOC；（b）BDOC；（c）EEM 峰 A 最大荧光强度

DOC 的控制作用好于其他两组，这主要是因为 SBF 组生物作用较强，生物代谢后增加了水中蛋白质类有机物的组分（如 EEM 结果所示），而蛋白质类有机物一方面会产生较严重的膜污染，另一方面也会形成更致密的滤饼层，一定程度上增加有机物的去除效果。相比 UF，使用 NF 作为膜滤部分时，因为 NF 对于水中天然有机物和微生物代谢有机物均能通过空间位阻作用（所用 NF270 截留

分子量约 270Da）去除，因此 3 组条件下，最终组合过滤的出水 DOC 浓度都低于 0.5mg/L，且稳定性强。

水中的 BDOC 除了可以用来表征 BF 部分生物活性的强弱，同时也表示水体中微生物生长的环境，即生物稳定性，是饮用水安全的重要方向之一。图 11-139（b）为 BDOC 在原水、BF 出水和膜滤出水中的分布规律，从图中可以看出，生物作用是去除水中 BDOC 的有效措施之一，通过 SBF 中生物的代谢作用，可以实现在自然条件下大幅度降低水中 BDOC，而且在运行周期内，BDOC 浓度始终处于较低水平。此外，对于传统的物化处理过程如 SF 代表的滤池以及 UF 等技术，对于 BDOC 都没有有效的去除效果。

目前饮用水净化过程中，无论是强化有机物去除还是提高水质的生物稳定性，都需要增强处理流程中的生物作用，如臭氧活性炭工艺、慢滤池工艺以及本书提到的 BF 工艺等。但对于 NF 而言，对于水中各类天然有机物，它都是通过位阻作用去除，没有选择性，因此其对 BDOC 也有极好的处理效果，在 SBF 的基础上，进一步提升了水质的稳定性，为后续使用低氯消毒、直饮供水等高品质饮用水技术提供可能。

虽然 BF 技术利用生物作用对于 BDOC 有很好的处理效果，但生物过程对于水中的有机物是具有选择性代谢的。以松花江为代表的北方地表水中腐殖质是最主要的污染物，能否去除水中腐殖质，是有机物污染物指标是否达标的控制要素。图 11-139（c）为 EEM 检测结果中，代表腐殖质的峰 A 的最大荧光响应在原水、BF 出水和膜滤出水中的变化规律，以此代表组合过滤技术对腐殖质的去除效果。从图中可以看出，相比于水中可以被生物优先利用的小分子有机物，以 SBF 为主的自然生物处理过程对腐殖质的效果不如 BDOC，一方面因为腐殖质在水中极为稳定，而且在天然水环境中已经过了生物代谢的筛选，不属于水体自然生物的优先代谢底物，另一方面 BF 过程因水流会经过河岸泥质，无法避免泥质中的腐殖质溶出，而此部分腐殖质相比水中腐殖质，生物稳定性更强，因此对腐殖质的去除效果不佳。而 UF 对腐殖质，特别是松花江水中的腐殖质去除效果几乎没有。对于面向饮用水的组合过滤技术，为了实现有机物控制指标的达标，需要使用 NF 作为最终屏障，稳定地截留水中以及溶出的腐殖质类有机物，实现饮用水的化学安全。因此，构建组合过滤技术时，使用NF作为膜滤部分，无论是进一步提高水质的生物稳定性，还是保障水体的化学安全性，都具有显著的优势。

11.5.3 水质条件对有机污染物去除的影响

在本节中，水质的波动通过两个方式实现，一是在全年不同季节中，夏季相比冬季是恶化的水质，以考察水质恶化情况下组合过滤技术的效能表现；二是在实验室中对松花江原水进行微剂量臭氧预氧化（0.02~0.05mg O_3/mg DOC），以模拟水中有机物浓度降低和可生化性提高的水质改善条件，考察组合过滤技术对水质改善的响应情况。表11-34为本实验过程中不同水质条件主要水质参数。

不同水质条件主要水质参数　　表11-34

水质条件	处理方式	DOC (mg/L)	UV$_{254}$ (1/cm)	SM2 (配制, μg/L)
夏季	夏季江水	7.28±0.39	0.144±0.04	108.5±12.8
冬季	冬季江水	3.37±0.21	0.128±0.05	112.1±8.4
0.02	夏季0.02mg O₃/mg DOC 预氧化	7.22±0.17	0.137±0.05	106.3±9.5
0.05	夏季0.05mg O₃/mg DOC 预氧化	7.18±0.32	0.129±0.03	105.7±3.9
pre	夏季0.05mg O₃/mg DOC 预氧化	7.18±0.32	0.129±0.04	105.7±3.9
post	岸滤出水 预氧化	5.53±0.27	0.114±0.05	66.5±13.5

1. 对DOC和UV$_{254}$去除的影响

首先是季节造成水质恶化条件下，BF部分进出水有机物含量和去除率的变化。从图11-140中我们首先明显观察到夏季水质恶化明显，无论是DOC还是UV$_{254}$都有显著增加。相比冬季，夏季的DOC浓度增加149%，由3.14mg/L增长至7.82mg/L。UV$_{254}$也由0.128/cm增加至0.145/cm。对于两种滤柱，处理效果有所差异。对于BF，在夏季BF对DOC的去除率为28.9%，出水DOC浓度为5.56mg/L；冬季对DOC去除率为41.1%，出水DOC浓度为1.85mg/L。从出水水质和去除率浓度看，似乎在水质恶化条件下，BF

不能有更好的去除效果，但我们比较系统去除DOC的量，夏季条件下，BF去除了水中2.26mg/L的DOC，相比冬季去除1.29mg/L的DOC，有显著提高。这种去除率和去除量的差异首先因为冬季条件下自然环境中生物作用较弱，水中BDOC占比较高，更有利于BF去除水中有机物；此外冬季条件下水中整体DOC浓度低，实验室BF滤柱的负荷低，因此去除率高。但随着水质恶化，DOC浓度急剧升高，BF对DOC的去除量也有所升高，这种现象体现了BF装置对水质冲击负荷的适应能力。对照UV$_{254}$的变化可以看出，这种抗冲击负荷能力在UV$_{254}$去除上没有显著体现，BF在冬季条件下无论去除率还是去除的绝对量都优于夏季，趋势和结果与SF相近。这个结果说明这种抗有机物冲击负荷能力主要源自生物降解方面的作用。

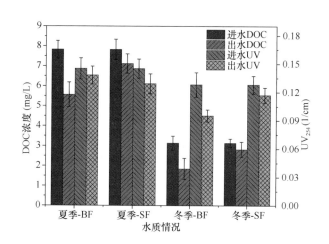

图11-140　不同季节水质变化对有机物去除的影响

图11-141为夏季水质条件下，模拟水质变化对DOC和UV$_{254}$的去除影响。不同于水质恶化时UV$_{254}$的去除效果不佳，水质改善对UV$_{254}$的影响较大。0.02mg O_3/mg DOC预氧化水质改变（后称为小幅度水质改变）后组合过滤比原夏季水质条件对膜前UV$_{254}$的去除效能提高8.7%。0.05mg O_3/mg DOC预氧化水质改变（后称为大幅度水质改变）对膜前UV$_{254}$的去除效能提高14.9%，这种效果主要因为实验室中通过预氧化模拟水中有机物浓度改善，而该过程能有效攻击水中芳香类有机物，UV$_{254}$响应敏感，松花江水中腐殖质类又是主要污染物，加上BF系统自身对腐殖质类有机物去除效果不佳，因此水质改善过程对UV$_{254}$的去除有明显效果。

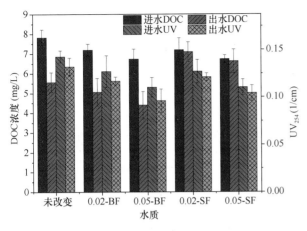

图 11-141　夏季水质条件下原水水质变化对
有机物去除的影响

图 11-142 显示冬季水质条件下实验室模拟水质改善后对有机物去除的影响。实验结果表明，水质改善对 BF-组合过滤的有机物去除有促进作用。水质改变后，原水 UV_{254} 下降幅度在 12.6%～16.9%，同时组合过滤对 UV_{254} 的去除率提高 9.23%～11.42%。在 DOC 方面，小幅度水质改变后组合过滤对膜前 DOC 的去除效能提高 11.5%，大幅度水质改变后组合过滤对膜前 DOC 的去除效能提高了 20.1%。对于 SF 系统，水质变化的影响与夏季相似。这种不同说明原水水质的变化对组合过滤中 BF 部分有机物去除的影响受原水有机物特性影响较大，冬季的原水没有经过生物筛选，可生化性更强，对于这类有机物，水质变化后组合过滤效能变化明显。

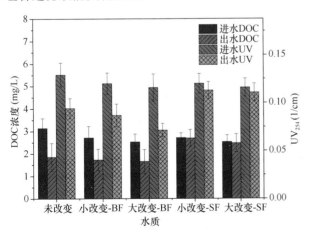

图 11-142　冬季水质条件下原水水质变化对
有机物去除的影响

总体来说，在原水水质发生变化或波动时，组合过滤技术具有一定的处理效果稳定性，体现在水

质严重恶化时，BF 部分显著提升对有机物的去除量，遏制出水水质恶化；在水质改善时，BF 出水水质改善程度也显著低于原水变化程度，水质保持稳定。此外以上所有有机物的浓度变化都是膜前的浓度变化，而对于经过 NF 后，由于 NF 的高效截留对于组合过滤整体的有机物去除，环境水质的变化影响不大。

2. 对微量有机物 SM2 的去除

研究首先考察了不同条件水质变化时，组合过滤各点位 SM2 浓度变化，特别是考虑水中有机物是在 BF 中沿程去除的，因此在考察 SM2 浓度变化时，也在 BF 的前、中、末 3 个点位进行取样检测。从图 11-143 可以看到对于原水位置，在实验室模拟水质变化过程中，SM2 浓度没有变化，显示出微量有机物在实际水体中更高的稳定性，也更需要净水过程对其有效去除。对于 BF，整体来说，BF 对 SM2 有一定的去除效果，去除率为 30.97%，从沿程来看，在 BF 前端（前 10cm 处），对 SM2 的去除率为 12.30%，占总去除率的 39.71%，虽然也很高，但并没有 DOC 或 BDOC 去除那么集中，说明对于 SM2 的去除，不是主要依靠表面活性层的快速降解，这是因为 SM2 作为药物，自然环境中的微生物对其降解效能不高。随着水流向下，至中端（70cm 处），SM2 去除率达到 24.75%，此段贡献了 40.20%，至 BF 出水（160cm）的末段贡献了去除率的 20.10%。可以看出，对于 SM2 的去除，整个 BF 沿程都在进行，这也说明了 BF 沿程过滤介质对其的吸附是主导作用之一，而辅以生物降解，最终去除了 3 成微量有机物。

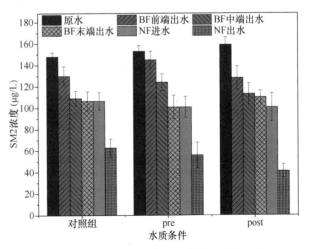

图 11-143　SM2 在组合过滤中沿程浓度变化

对于 NF 部分，其对 BF 处理后的 SM2 可以进一步去除。其中对照组 NF 对 SM2 的去除率为41.03%。当实验室模拟水质变化时，NF 对于 SM2 的去除率为 44.54%，相比对照组，提升了3.51%，变化不大。而经过膜前水质改善后，NF 部分对于 SM2 的去除率为 59.01%，水质变化显著提升了 NF 对于 SM2 的去除。总体来说，组合过滤技术整体对于 SM2 的去除率在 57.57%～74.09%之间，能很好地去除微量有机物，而且去除过程两个部分都有贡献，其中 BF 部分贡献了47.62%的 SM2 去除，与膜滤部分相当，可以说组合过滤技术对于类似微量有机物的去除是通过多种作用协同实现的。同时注意到，与常规有机物的规律一致的是，水质变化时，组合过滤技术在微量有机物去除方面也保持了很好的稳定性。但如果将 BF 与 NF 分别研究，可以看出这种稳定性主要还是因为 BF 部分的特性。对于 NF 部分，水质变化会显著影响微量有机物的截留过程，这点与常规有机物差异较大。

11.5.4 膜滤周期能耗分析

NF 运行时的能耗十分复杂，在此处我们进行简化，只关注膜面上能耗的变化情况。对于一个理想的 NF 过滤过程，系统的能耗全部为水泵给液体增加的能量，以提供过滤所需的压力。在 NF 错流过滤时，这些能量首先分为两部分，在回收率为 R 的情况下，包括对抗阻力产水的部分和被浓水带走的部分，如图 11-144 所示，图中 V_0 为进水量，ΔP 为进水压力。显然当工况确定后，即恒压过滤时，确定回收率后，输入和浓水带走的能量也确定了，只用分析用于产水的部分能量。

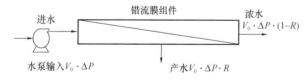

图 11-144　纳滤过程能量分析

确定工况后，对 NF 能量输入进行分解，分为3 部分，即平衡渗透压能量、产生通量能量和其他能量（图 11-145），其中对于我们过滤过程有用的是前两个能量，我们想要计算或者获得这个能量的具体值，分别通过测定原水渗透压和纯水通量可以计算获得。对于第三部分，其余能量包括了各种不

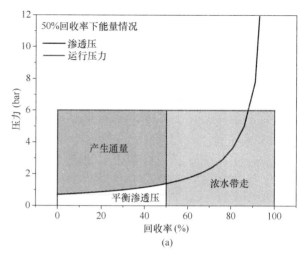

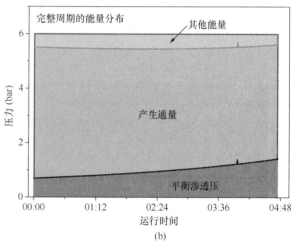

图 11-145　NF 过程能量分析
（a）单一工况点分析；（b）周期内能耗占比分析

利过程的消耗，包括但不限于流道水力损失、浓差极化现象和膜污染等，因此如果我们分析不同运行策略下其他能量的占比，就能对 NF 运行情况做出更直观的比较。图中所示为初始浓度 2000mg/L 硫酸镁，运行压力 6bar，系统回收率 50%的工况下，计算可以得到浓水带走的能量占总能量 50%，而系统所需最低能耗（平衡渗透压）占总能量8.06%；产生通量能量占总能量 41.94%，这是某个工况点我们进行的分析。

如果将这个分析过程延长到整个过滤周期，我们就能得到一个周期内 NF 的能耗占比情况，如图 11-145（b）所示。在整个周期内，系统所需最低能耗（平衡渗透压）占组件内能量 16.47%；产生通量能量占组件内能量的 75.18%；其他能量占组件内能量的 8.35%。我们可以看到，从纯能量输入角度而言，此时膜污染等不利因素造成了8.35%的能量浪费，当然其他能量包括膜污染及膜污染造成的流道水力条件恶化，因此可以说膜污染产生，导致其他能量占比增加，产生通量能量降低，通量下降，造成了更高的能耗。从能量分析角度验证了常规意义上膜污染的危害。

在能耗分析的基础上，我们对原水、pre 水质条件和 post 水质条件下（水质条件见表 11-34）NF 一周期内能量占比进行了分析，以在能量角度比较水质变化时组合过滤能耗变化和稳定性。结果如图 11-146 所示，首先我们对比夏季和冬季条件下不利能耗的变化，从之前的水质条件我们看出，夏季相比冬季水质恶化明显，但从能耗角度来说，经过 BF 预处理后，即使水质明显恶化，夏季的不利能耗占比仅比冬季增加 2.74%，变化不大。同时在对夏季水质进行改善后，不利能量占比也没有显著变化，仅降低 1.45%。这两组对比的结果说明，BF 对水质的稳定效果不仅体现在有机物去除效果上，也体现在对 NF 膜污染和能耗控制上，通过 BF 稳定的生物作用，在水质发生变化时，保障了组合过滤技术的持续稳定运行。

而对比 pre 和 post 两种不同的水质条件，可以看到不利能耗占比明显不同，相比原水水质改善，在膜前改变水质后，不利能量占比降低 4.96%，仅为 8.31%，是所有组别中最小的。这个结果差异从能耗角度证明了在岸滤/膜滤组合过滤技术中，不同于 BF，NF 对水质变化十分敏感，水质改善或恶化会显著体现在能耗上。

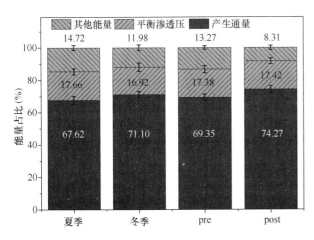

图 11-146　不同水质条件下 NF 能耗占比变化

11.5.5　化学清洗对膜污染和运行效能的影响

本节使用松花江水为原水，通过自然处理技术预处理后，进行岸滤/膜滤实验，造成膜污染后使用四类化学清洗药剂，即酸、碱、螯合剂和表面活性剂进行清洗，具体药剂分别是：柠檬酸（pH＝2），氢氧化钠（pH＝12），碱性条件乙二胺四乙酸四钠（pH＝12，1wt% Na$_4$-EDTA）和碱性条件十二烷基硫酸钠（pH＝12，0.025wt% Na-SDS），化学清洗流程包括配置化学清洗液、低速循环（0.1MPa，错流 5L/h，4h）、浸泡 2h、高速冲洗（0.3MPa，错流 40L/h，0.5h）及纯水冲洗 5 个步骤。

1. 化学清洗药剂与恢复率

图 11-147 为预污染前后以及不同药剂化学清洗后 NF 原水渗透率及纯水渗透率的变化情况和清洗恢复率。如图 11-147(a) 所示，不使用任何预处理条件下，地表水在过滤条件下产生了严重的膜污染，NF 的原水渗透率由初始的 8.3～9.1L/(m^2·h)/bar，快速下降至 5.62～6.01L/(m^2·h)/bar，比通量下降超过 35%，达到需要化学清洗的条件。通过化学清洗，NF 的原水渗透率均有所恢复，但不同药剂清洗后恢复效果不同。从图中我们可以看出，酸、碱、螯合剂和表面活性剂清洗后，纳滤膜的原水渗透率恢复率分别为 74.6%、84.1%、90.5%和 94.2%。

可以看出，柠檬酸对地表水造成的膜污染清洗效果最差，这主要是因为酸洗主要去除无机结垢类膜污染，但松花江地表水中无机盐强度低，膜污染中无机污染所占比例小于 10%，对于有机污染物，酸洗没有很好的效果，清洗过程主要依靠水力作用。氢氧化钠对膜污染的清洗效果好于酸洗，这与超滤化学清洗研究和实践结论一致，源于 NOM 在碱性条件中更高的溶解性。2 种特殊清洗药剂对膜污染的清洗效果都很好，其中 Na$_4$-EDTA 作为螯合剂，不仅会与金属离子结合，去除占比较低的无机膜污染，而且会与羧酸盐发生配位反应，而 NOM 如腐殖酸中富含羧基，因此 Na$_4$-EDTA 能有效溶解有机膜污染物质，恢复 NF 通量；Na-SDS 作为一种阴离子表面活性剂，对膜污染物特别是有机污染物有很强的清洗作用。因此，四种化学清洗药剂中，表面活性剂的清洗恢复率最高。但是从图 11-147(a) 可以看出，相比于单纯的酸和碱化学清洗，使用特殊清洗剂，清洗效果有显著的提升（$p<0.05$），但 Na$_4$-EDTA 和 Na-SDS 清洗效果方面，虽然都很优异，并没有显著的差异（$p=0.439$）。

此外从图 11-147(b) 中，我们也可以看出，

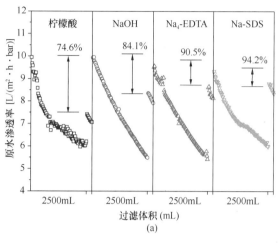

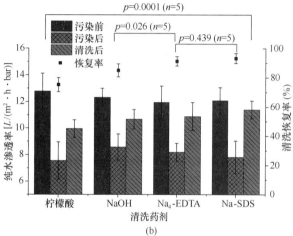

图 11-147　化学清洗后纳滤的渗透率变化和恢复率

（a）原水；（b）纯水

如果以清洗前后的纯水渗透率来看，4 种清洗药剂的恢复率都有所提高，高于原水渗透率清洗恢复率 5.2%~7.9% 不等，这一方面说明实际水体过滤过程中，污染物与膜的界面作用和浓差极化作用会影响膜的渗透性能，另一方面恢复率差异的不同也说明了，清洗后的膜的再次污染特性也有所不同。

2. 不可逆膜污染控制

图 11-148 为四个周期内膜原水渗透率变化情况，可以看到随着 NF 运行周期的增加，膜的渗透率在逐渐降低，特别到第四周期后，酸洗和单纯碱洗的初始渗透率已经降到很低了 [5.87L/(m²·h·bar) 和 6.75L/(m²·h·bar)]，恢复效果不如 Na₄-EDTA 和 Na-SDS [7.4L/(m²·h·bar) 和 7.07L/(m²·h·bar)]。但是从图中可以看到，在第三和第四周期中 Na₄-EDTA 和 Na-SDS 清洗后的纳滤膜渗透率下降情况和恢复情况与前两周期有所不同，可以观察到 Na₄-EDTA 效果优于 Na-SDS。

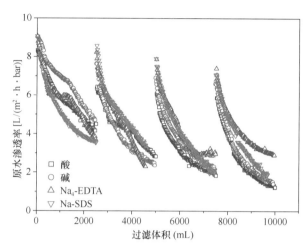

图 11-148　长期运行时化学清洗药剂对原水渗透率的影响

为进一步观察长期运行下化学清洗药剂对膜污染的影响，对四个周期过程中化学清洗后不可逆膜污染的累积进行了计算，结果如图 11-149 所示。结合图 11-148 和图 11-149，可以明显看出，随着过滤周期进行，膜的不可逆污染在持续累积，这种不可逆污染发生，化学清洗过程难以完全扼制，这也是造成 NF 膜寿命衰减的主要过程。但 4 种化学清洗药剂对不可逆膜污染的影响却是不同的。其中酸洗效果较差，不可逆膜污染也增长最快，其中第一周期最高，产生 7.97×10^{12}/m，后续三个周期增加量逐渐减小，最终四个周期后，水力不可逆污染阻力达到 14.23×10^{12}/m，其中第四周期的初始渗透率也只恢复到第一周期的 68.2%，不可逆膜污染严重。Na₄-EDTA 清洗后，第一周期水力不可逆污染阻力增长较少，只有 2.9×10^{12}/m，而且后续三个周期每个周期不可逆膜污染增长速度较缓且增量逐渐减小，最终四个周期后水力不可逆污染

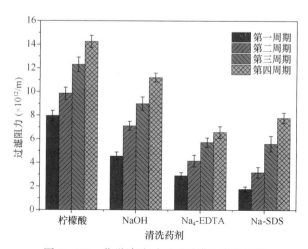

图 11-149　化学清洗对不可逆膜污染的影响

554

阻力仅增加至 $6.58 \times 10^{12}/m$，渗透率恢复率也维持在 82%。氢氧化钠结果与 Na_4-EDTA 接近，但效果不如 Na_4-EDTA。Na-SDS 在第一周期清洗效果最好，水力不可逆污染阻力也累积最少，仅有 $1.78 \times 10^{12}/m$，但 Na-SDS 与其他清洗剂不同的是，其第四周期不可逆污染阻力的增量要大于第二和第三周期，导致四个周期后，水力不可逆污染阻力的累积量反而高于 Na_4-EDTA，达到 $7.84 \times 10^{12}/m$，这是因为在反复的清洗过程中，表面活性剂部分单体因为亲/疏水作用吸附在膜表面，进而增加膜过滤阻力。

总的来说，对于地表水造成的纳滤膜污染，从清洗效果上来说，Na-SDS 的清洗效果最好，显著好于使用单一的酸或碱洗。而在不可逆膜污染控制方面，虽然单次清洗 Na-SDS 的效果更好，但因为清洗剂单体吸附问题，长期来说 Na_4-EDTA 效果与 Na-SDS 差距不大。

3. 生物污染控制

BF 预处理后生物污染非常严重，而且生物污染主要源自膜面的生物相关有机物累积。在此 NF 使用 BF 出水，进行连续 7d 的长时间过滤，之后进行化学清洗，重复 4 次，记录每次清洗过程中不可逆膜污染的变化。结果如图 11-150 所示，可以看到，在长时间生物污染条件下，化学清洗的效果不佳，特别是酸和碱，经过 4 个周期的运行，膜的比通量即使清洗后也不足 0.2，已经不能进行正常过滤。而螯合剂稍好，但每次清洗都无法控制不可逆膜污染的发生，4 个周期后，不可逆阻力已经达到 $29.2 \times 10^{12}/m$，接近 4 倍膜自身阻力了，也已不具备过滤性能。效果最好的是表面活性剂，4 个

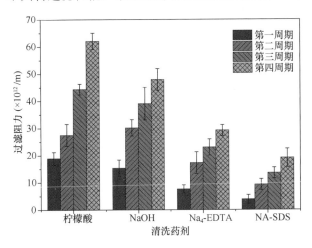

图 11-150　化学清洗对生物膜污染的效果

周期清洗后比通量降至 0.35，水力不可逆污染阻力为 $19.3 \times 10^{12}/m$。总的来说，对于 BF 造成的生物膜污染，如果已经发生较严重的膜污染，通过表面活性剂化学清洗虽然能去除部分污染物，但效果有限，对于生物污染，膜前使用一定量的抑菌剂也许是最好的解决方案。

4. 清洗药剂对 SM2 截留效能的影响

图 11-151 为污染后和化学清洗后，相比新的纳滤膜（去除率 64.6%），对 SM2 去除率的变化情况，从图中我们可以看出，污染后去除率下降，且整个过程与污染程度正相关。而化学清洗后，能够一定程度缓解去除率的下降问题，但都不能有利于微量有机物去除或完全缓解去除率下降问题。

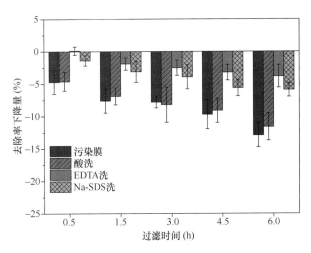

图 11-151　膜污染及化学清洗后 SM2 的去除率变化

具体来看，酸洗对去除率衰减的缓解作用很有限，甚至在渗透率下降 20% 的组别里，清洗后 SM2 去除率相比清洗前，反而下降了 1.2%。有趣的是，虽然前文已经证明了对于地表水造成的纳滤膜污染，Na_4-EDTA 与 Na-SDS 都很有效，且差距很小，但在微量有机物去除方面，2 种清洗剂存在一定差异，Na_4-EDTA 对 SM2 去除率下降的缓解作用显著好于 Na-SDS，在污染最严重的组别里，膜污染造成去除率下降了 9.2%，使用 Na-SDS 清洗后，相比洁净膜，去除率下降 5.7%，而使用 Na_4-EDTA 清洗后，去除率仅下降 1.9%，在其他组别也有相似的结果。

5. 化学清洗对组合过滤运行能耗的影响

根据前文膜滤周期能耗分析的研究方法，考察了化学清洗后，完整周期内，过滤过程能耗的变化情况，结果如图 11-152 所示，可以看到，对于新

的 NF270 膜来说，其他能量占比仅为 3.64%，这部分能量主要是因为实验所用纳滤小试组件流道较窄，会消耗部分能量，而污染再清洗，多个周期循环清洗过滤后，对于清洗效率不高的药剂来说，其他能量占比显著增高，其中酸洗组的其他能量占比达到 13.35%，对比 2 种特殊清洗药剂，注意到虽然从清洗效果和初期膜污染控制等方面来说，Na-SDS 都十分有效，甚至优于 Na$_4$-EDTA，但在周期内能耗控制方面，Na$_4$-EDTA 效果更好，减少了其他能量 2.47%，相比酸洗减少了 4.54% 的其他能耗。在不考虑水泵转化效率等因素，单纯计算膜面能耗的前提下，膜污染造成了每升产水多耗能 0.0288kWh 能量，也就是吨水电耗增加 0.288kWh，按 1.2 元/kWh 计算，造成吨水费用增加 0.345 元，这是很高的，这也是膜技术应用中膜污染影响严重的关键；如果我们通过合理的化学清洗，例如使用 Na$_4$-EDTA 清洗，相比使用酸洗，可以降低 4.54% 的能耗，吨水不利电耗降低 0.220kWh，吨水节约电耗 0.068kWh，吨水费用节约 0.085 元，通过正常的化学清洗过程就能实现能耗削减，有效改善了 NF 部分和组合过滤技术的运行稳定性。

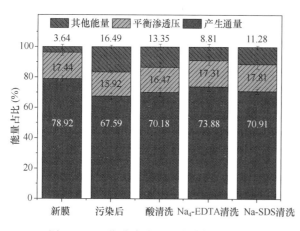

图 11-152　化学清洗后过滤周期能量占比

综上所述，本节针对现有净水技术流程复杂、药剂使用等问题，提出利用自然处理技术和膜滤技术构建重视水体天然属性的绿色净水技术——岸滤/膜滤组合过滤技术，探究了 BF 与 NF 在净水过程中的作用机理和协同效应，证明岸滤/膜滤组合过滤技术在绿色运行的前提下，显著提高饮用水的生物稳定性和安全性；针对岸滤/膜滤组合过滤两部分的运行特性，提出组合过滤技术稳定运行机制，并构建了基于 NF 化学清洗过程的岸滤/膜滤

组合过滤稳定运行改善措施，改善了技术能耗条件。本节的研究内容将为岸滤/膜滤组合过滤技术更广泛的探索和应用提供技术支撑。

11.6　离子交换膜(CEM)电解耦合双膜法工艺回收纳滤浓水效能

11.6.1　原水水质、实验系统和参数

1. 实验纳滤浓水之一

实验的纳滤浓水有 2 种，一种取自哈尔滨市文昌污水处理厂内一个用于处理污水厂二级出水的 MF/NF 双膜法中试设备。取得的纳滤浓水在 24h 内使用 0.45μm 的玻璃纤维滤膜过滤，最后置于 4℃ 条件下避光保存。该纳滤浓水中含有 55±2mg/L TOC、150±9mg/L Na$^+$、35±7mg/L K$^+$、469±13mg/L Ca^{2+}、118±7mg/L Mg^{2+}、855±47mg/L HCO$_3^-$、409±26mg/L Cl$^-$ 和 920±49mg/L SO$_4^{2-}$，pH 为 8.3± 0.3，用于 11.6.2 节实验。

2. 实验纳滤浓水之二

另一种纳滤浓水取自一个处理天然地表水的 MF/NF 中试设备。纳滤浓水从中试设备的卷式膜组件中排出，然后采用 0.45μm 的玻璃纤维滤膜过滤，在 4℃ 下避光保存备用。其水质特性见表 11-35，用于 11.6.3 和 11.6.4 小节实验。

纳滤浓水性质		表 11-35
指标	数值	单位
TOC	29±1	mg/L
Na$^+$	58±2	mg/L
K$^+$	16±2	mg/L
Ca^{2+}	266±4	mg/L
Mg^{2+}	72±2	mg/L
铝	0.20±0.04	mg/L
铁	0.09±0.01	mg/L
HCO$_3^-$	695±15	mg/L
Cl$^-$	134±3	mg/L
SO$_4^{2-}$	320±5	mg/L
pH	8.1±0.3	—

3. 两步离子交换膜电解装置

两步离子交换膜电解反应器流程如图 11-153 所示（对应于 11.6.2 节），该工艺系统包含了 1μm 镀铂钛阳极、奥氏体不锈钢阴极、AHA 阴离

子交换膜、Nafion 117 阳离子交换膜和直流电源。等量的纳滤浓水分别进入阴离子交换膜电解反应器（AEM 电解）的阳室（简称阴膜阳室）和阴室（简称阴膜阴室），以恒流（10mA/cm²）电解 1h 后，阴膜阴室出水采用 0.22 μm 的微滤膜过滤以去除颗粒物，阴膜阳室出水不使用微滤膜进行处理。

经过第一步膜电解之后，阴膜阳室出水直接转移至第二步阳离子交换膜电解反应器（CEM 电解）的阴室（阳膜阴室），而澄清的阴膜阴室出水也被转移至 CEM 电解的阳室（阳膜阳室）。在通电之前，依次加入一定量的 Ca(OH)₂ 和 NaAlO₂ 至阳膜阴室中，混合均匀。采用恒定电流（10mA/cm²）电解 1h 后，将阳膜阴室出水通过 0.22 μm 微滤膜过滤，获得钙矾石固体资源。其中，电极的有效面积均为 10cm²，电极间距为 25mm，运行过程中采用磁力搅拌器以恒定转速 600r/min 保证溶液始终均匀混合。

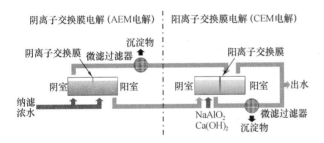

图 11-153　两步离子交换膜电解示意图

4. CEM 电解/超滤装置

采用了 Nafion 117 阳离子交换膜，电极均为 Pt/Ti 阳极和奥氏体不锈钢阴极，电极有效面积为 10cm²，电极间距为 25mm。等量的纳滤浓水分别进入 CEM 电解反应器中阳室和阴室，两个电极室的有效容积均为 150mL，并采用磁力搅拌器（600r/min）保证电极室中的溶液均质化。运行过程中，直流电源以 5mA/cm² 的恒定电流密度进行电解。经过不同的电解时间后，阳室溶液和阴室溶液无需经过沉淀分别进入后续的两个超滤杯。因此，CEM 电解/超滤装置形成了阳极/超滤（SAUF）工艺和阴极/超滤（SCUF）工艺。对照组即没有阳离子交换膜的电解反应器与超滤组合，如图 11-154 所示（对应于 11.6.3 节）。

5. CEM 电解—超滤—纳滤装置（用于 11.6.4 节）

纳滤浓水首先经过 CEM 电解/超滤处理，其中 CEM 电解的电解时间（即水力停留时间，

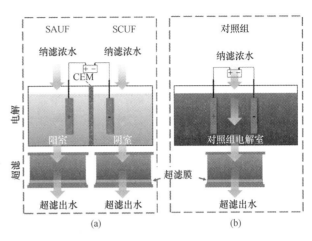

图 11-154　CEM 电解/超滤装置示意图
(a) SAUF 系统和 SCUF 系统；(b) 对照组系统

HRT）设置为 0h、0.12h、0.24h 和 0.36h，以 10mA/cm² 恒流电解；构建了 SAUF 工艺和 SCUF 工艺两部分组成的 CEM 电解/超滤系统，经过 CEM 电解/超滤预处理后，SAUF 和 SCUF 出水混合作为纳滤工艺的进水进行后续的纳滤实验。

纳滤装置包含齿轮泵和错流式膜组件等部件，纳滤膜在 6bar 压力和 64L/h 的错流流速下连续运行 22h。在过滤过程中，使用了恒温槽控制纳滤系统内的水温维持在 20±0.5℃。实际过滤前，对新膜采用去离子水在相同工况下预先过滤 0.5h，从而达到压实纳滤膜的目的。通过电子天平和计算机记录计算纳滤膜渗透通量，实验装置如图 11-155 所示（对应于 11.6.4 节）。

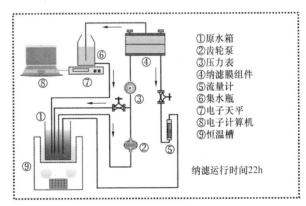

① 原水箱
② 齿轮泵
③ 压力表
④ 纳滤膜组件
⑤ 流量计
⑥ 集水瓶
⑦ 电子天平
⑧ 电子计算机
⑨ 恒温槽

纳滤运行时间 22h

图 11-155　纳滤装置示意图

11.6.2　离子交换膜电解回收纳滤浓水二价离子

1. 阳离子

如图 11-156 所示，Ca(OH)₂ 和 NaAlO₂ 的投加剂量显著影响了纳滤浓水的各种阳离子浓度。对

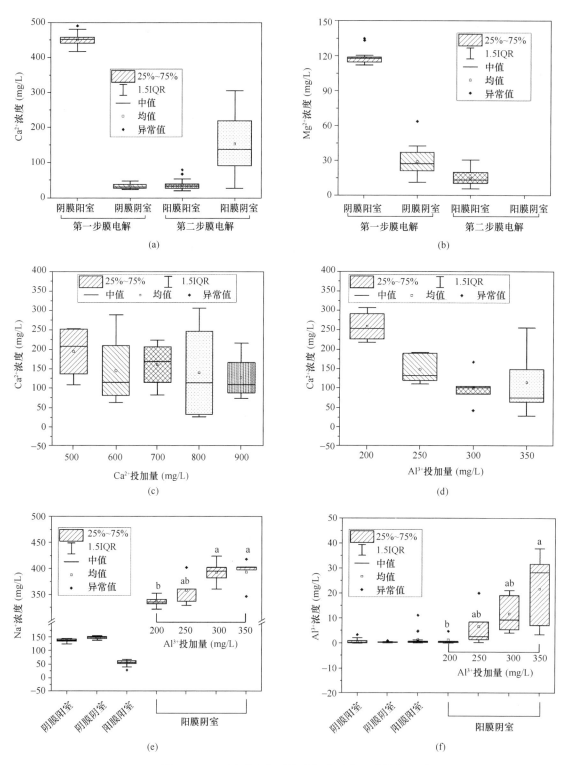

图 11-156　两步膜电解系统中阳离子的迁移转化

(a) Na^+；(b) Al^{3+}；(c) Ca^{2+}；(d) Mg^{2+}；

(e) $Ca(OH)_2$；(f) $NaAlO_2$ 投加量对阳膜阴室钙离子浓度的影响

于钙离子（图 11-156a），第一步电解的阴膜阴室由于碱性环境促进了溶液中碳酸氢根转化为碳酸根，从而形成了碳酸钙而被大量去除；在阴膜阳室中的钙离子以离子形式储存在酸性溶液中。在第二步电

解的阳膜阴室中，所留存的 Ca^{2+} 参与了钙矾石的生成，然而 $Ca(OH)_2$ 的添加导致阳膜阴室中残余钙的平均浓度高于阴膜阴室。此外，通过图 11-156（c）发现，随着 $Ca(OH)_2$ 添加量的增加，剩余钙离子

浓度变化不显著。不过，残余钙离子浓度与 $NaAlO_2$ 的投量呈反比例关系，如图 11-156（d）所示。因此，图 11-156（c）和图 11-156（d）说明了纳滤浓水中钙离子浓度的变动对出水钙离子的影响不大，关键在于控制 $NaAlO_2$ 的投加量。从膜电解出水的剩余钙离子浓度分析，本研究的 $NaAlO_2$ 最优投量为 $300mgAl^{3+}/L$，进一步增加 Al^{3+} 的浓度会因浓水中钙离子浓度变化而导致出水中残余 Ca^{2+} 浓度大幅变化，增加了处理难度。

碱性环境下镁离子会形成氢氧化镁沉淀，使得阴膜阴室中的 Mg^{2+} 浓度降至 29.2mg/L。在阳膜阳室中，镁离子在电场的迁移作用下透过阳离子交换膜进入阳膜阴室，使出水中镁离子浓度得以降低。结果还发现，阳膜阴室出水中的 Mg^{2+} 平均浓度仅为 0.87mg/L，远低于阴膜阴室，这可能是由于生成了水滑石型化合物 $[Mg_6Al_2SO_4(OH)_{16} \cdot nH_2O]$，其溶解度远低于氢氧化镁，从而降低了镁离子的残余浓度。

如图 11-156（e），钠离子在第一步膜电解的出水中浓度几乎相近，约为 143.5mg/L。经过第二步膜电解后，浓度降至 55.4mg/L 左右。而在阳膜阴室中，受 $NaAlO_2$ 投加的影响，Na^+ 浓度随 $NaAlO_2$ 投加量的增加而增加，从 $336.6mgNa^+/L$ 提高到 $393.6mgNa^+/L$。当 $NaAlO_2$ 投加量从 $300mgAl^{3+}/L$ 增加至 $350mgAl^{3+}/L$ 时，Na^+ 浓度的增加并不显著。

对于 Al^{3+} 而言（图 11-156f），阴膜阳室、阴膜阴室和阳膜阳室中的平均 Al^{3+} 浓度仅为 0.65mg/L。在阳膜阴室中，由于添加了 $NaAlO_2$，且该电极室的 pH 环境高于 12.0，其出水中含有大量的残余溶解性铝离子和胶体。从图中可以看出，铝盐投加量为 $250mg Al^{3+}/L$ 和 $300mg Al^{3+}/L$ 时，阳膜阴室出水中的余铝浓度差异并不显著。当 $NaAlO_2$ 为 $350mg Al^{3+}/L$ 时，出水中残余铝的平均浓度达到 21.7mg/L，浓度显著提升。$NaAlO_2$ 的最优投量应为 $300mg Al^{3+}/L$。

2. 阴离子

如图 11-157（a）所示，第一步膜电解反应器的阳室中，氯离子被浓缩至 643.5mg/L 左右，相应地，阴膜阴室中的氯离子降至 150.5mg/L。经过第二步膜电解系统后，下降了 28.72mg/L。

从图 11-157（b）中发现，NO_3^- 浓度的变化趋势与氯离子相似，在阴膜阳室和阴膜阴室中产生了显著的浓度梯度差，平均浓度分别是 28mg/L 和 13mg/L。经过第二步膜电解后，硝酸盐总量也发生了下降。结果表明，纳滤浓水中的多种阳离子和阴离子均可能参与固体沉淀形成，说明了实际的硫酸盐去除率要低于理论计算结果。

如图 11-157（c）所示，阳膜阴室中的硫酸盐得到有效回收，平均浓度下降至 537.2mg/L，去除率最高可达 80.0%。从图 11-157（d）中看出，硫酸盐的回收率由 $Ca(OH)_2$ 投量和 $NaAlO_2$ 投量共同控制，当 Al^{3+} 投量为 300mg/L 时，800mg/L 与 900mg/L 的钙离子投加量对去除率的影响较小，而 700mg/L 与 800mg/L 的钙离子投加量对硫酸盐的去除影响较大。

3. 有机污染物透过特性

纳滤浓水通常含有 $21 \sim 60mgDOC/L$，若部分

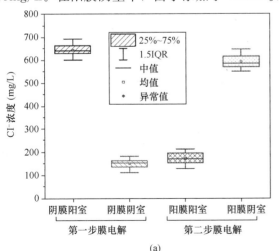

(a)

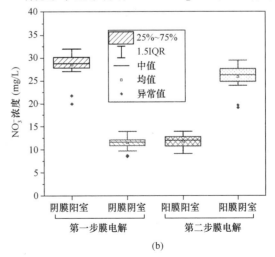

(b)

图 11-157 两步膜电解系统中阴离子的迁移转化（一）

(a) 氯离子；(b) 硝酸盐离子

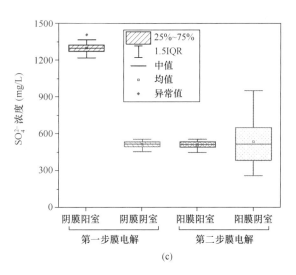

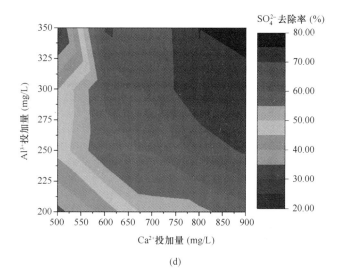

图 11-157　两步膜电解系统中阴离子的迁移转化（二）

（c）硫酸根离子；（d）氢氧化钙和偏铝酸钠投加量对阴膜阴室硫酸盐去除的影响

有机物可随固体沉淀排出膜电解系统之外，将有利于实现水资源的进一步回用，实现液体零排放。

首先对有机碳浓度进行了分析。如图 11-158 所示，阳极处理后溶解有机碳浓度略有降低，这表明阳极的矿化作用弱。经过阴极处理后，DOC 浓度显著降低。通过对比（第二步膜电解阴膜阴室出水和阳膜阳室出水）发现，阳极对有机物略有截留，但效果依然较弱。在阳膜阴室中，平均 DOC 浓度降低至 36.7mg/L，这说明可能形成了具有高吸附容量的固体颗粒，包括钙矾石、无定形氢氧化镁和硅酸盐等。两步膜电解系统可以截留纳滤浓水中 31% 的有机物，69% 的有机物会透过膜电解系统。

从图 11-159(a) 看出，经过膜电解之后，UV$_{254}$ 吸光度值显著降低。具体而言，纳滤浓水 UV$_{254}$ 吸

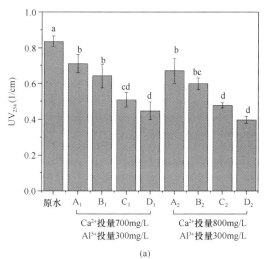

(a)

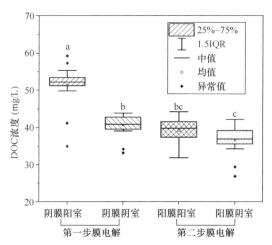

图 11-158　两步膜电解系统中溶解性有
机物透过的变化规律

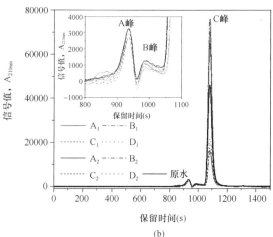

(b)

图 11-159　膜电解对水中有机物污染物去除的影响

（a）UV$_{254}$；（b）分子量分布

（A、B、C 和 D 分别代表了阴膜阳室、阴膜阴室、阳膜阳室和阳膜阴室的出水；1 代表实验组为 Ca^{2+} 投加量 700mg/L 和 Al^{3+} 投加量 300mg/L，2 代表实验组为 Ca^{2+} 投加量 800mg/L 和 Al^{3+} 投加量 300mg/L）

光度与阴膜阳室出水 UV_{254} 吸光度存在显著性差异，且阴膜阴室出水与阳膜阳室出水也存在显著性差异，一方面，这可能是由于阳极的氧化作用可以破坏纳滤浓水中的腐殖酸类物质和芳香族化合物，另一方面，可能是酸性环境改变了腐殖酸的分子结构，使之表现为不溶特征。在第二步膜电解中，两种投量组合下阳膜阳室和阳膜阴室的 4 个 UV_{254} 吸光度值差异性不显著，这说明阳极预氧化与固体沉淀吸附的流程顺序对 UV_{254} 的去除影响微弱。

根据分子量分布图谱（图 11-159b），有机物主要由三类峰组成。大分子物质在图中的响应较弱，这是因为大分子聚合物的紫外响应一般较低。

从峰强度中发现，三类峰的强度均有所降低，这说明膜电解具有广泛的污染物去除能力。

11.6.3　CEM 电解/超滤系统处理纳滤浓水

1. 超滤膜通量过程研究

如图 11-160 所示，实验分析了超滤膜比通量变化和膜阻力分布情况。结果发现，比通量受电解时间影响显著。在 SAUF 系统中，90min 阳极电解可以有效提升比通量，其比通量高于对照组系统（图 11-160c）。当电解时间短于 90min 时，阳极在控制比通量方面具有不规则性。这可能是有机物结构的动态变化导致比通量的波动。

在 SCUF 系统中（图 11-160b），短时电解可

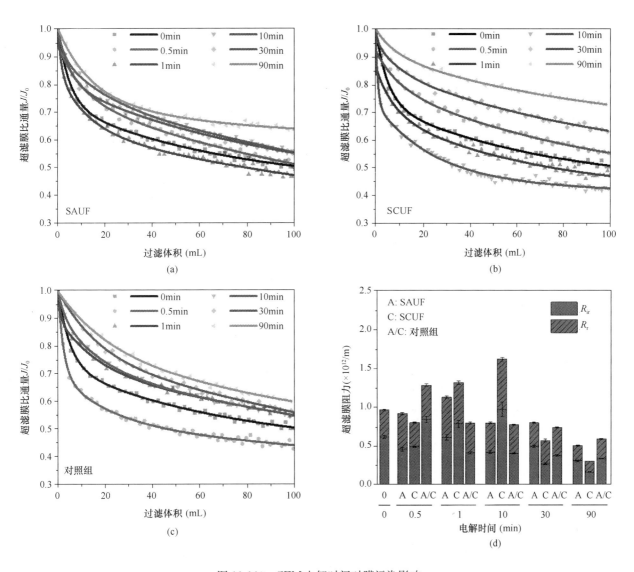

图 11-160　CEM 电解时间对膜污染影响

（a）SAUF 处理后比通量曲线；（b）SCUF 处理后比通量曲线；（c）对照组系统处理后的比通量曲线；

（d）膜污染阻力分布（电解时间：0min、0.5min、1min、10min、30min 和 90min）

能会降低超滤的比通量，但随着电解时间延长至
30min和90min，比通量可显著提高25%和44%。
此时，阴室中的溶液变得浑浊。这是由于无机离子
沉淀［CaCO$_3$和Mg(OH)$_2$］以及有机物的结构变
化导致了膜污染发生了变化。

在对照组系统中，阳极和阴极的反应发生在同
一反应器中。如图11-160(c)，阳极和阴极共同电
解预处理0.5min后，比通量曲线有所下降；继续
延长电解时间，比通量曲线得到了改善。电解
90min后，最终比通量达到0.60，是对照组系统
的最高数值。然而，在相同的电解时间下，该比通
量数值低于SCUF(0.73)和SAUF(0.63)。比通
量曲线的结果表明，CEM电解比对照组电解法能
够更好地提升比通量，缓解膜污染。

基于图11-160(a)、图11-160(b)和图11-160
(c)，电解确实减轻了膜污染，尤其是在SCUF中。
在本节所有比通量研究中，SCUF系统在电解
10min工况下，超滤膜反而发生了最严重的膜污
染。为了进一步区分膜污染，分析了超滤膜的膜阻
力分布（图11-160d）。其中，R_t、R_m、R_r和R_{ir}分
别是膜总阻力（1/m）、本身阻力（1/m）、可逆阻
力（1/m）和不可逆阻力（1/m）。R_r和R_{ir}在电解
10min后均显著增加。随着阴极电解时间延长至
30min甚至90min，R_r和R_{ir}值均逐渐下降，尤其
可逆膜阻力。

2. 钙镁资源回收

主要考察了超滤膜截留钙、镁颗粒质量随电解
时间的变化规律。如图11-161(a)所示，经过
0.5min的电解之后，3种电解方式产生的含钙颗
粒的量相近，约为3.82g Ca^{2+}/(m^2 membrane)。
在SAUF系统中，膜面的含钙颗粒量随电解时间
不断减少；在电解90min后，含钙颗粒量减少到
0.70g Ca^{2+}/(m^2 membrane)。相反，在SCUF系
统中的含钙颗粒截留量显著提升。在SCUF系统
电解90min后，含钙颗粒截留量达到了
42.28gCa^{2+}/(m^2 membrane)。而在对照组中，含
钙颗粒的截留量远低于SCUF系统，仅为8.61g
Ca^{2+}/(m^2 membrane)。从含钙颗粒的截留量来看，
CEM电解的阴室促进了钙的沉淀，在膜表面的沉
淀量远高于对照组，CEM电解的阳室则抑制了钙
的沉淀过程。若钙颗粒直接影响超滤膜通量，则
CEM电解的阳室和阴室可能形成不同趋向的膜
污染。

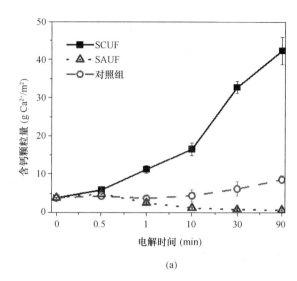

(a)

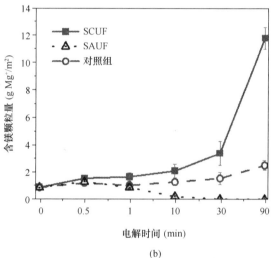

(b)

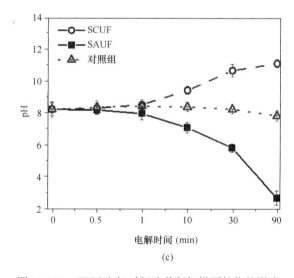

(c)

图11-161 CEM电解对超滤截留钙镁颗粒物的影响
(a) 含钙颗粒（按Ca^{2+}计算）；(b) 含镁颗粒（按Mg^{2+}计算）；
(c) 电解系统中的pH变化

如图 11-161(b) 所示，含镁颗粒的截留量与含钙颗粒相似。在 SAUF 中，随电解时间的延长，颗粒物的截留量不断降低，最终趋近于零。在对照组中，截留量随电解时间不断增加，但是截留量较低。在 SCUF 中，含镁颗粒的截留量随电解时间同样不断增加，截留量高于对照组。对比图 11-161(a) 和图 11-161(b)，可以发现，在 SCUF 系统中，Ca^{2+} 和 Mg^{2+} 的回收量同时增加，但回收速率有显著差异。电解 30min 后，回收的 $CaCO_3$ 纯度最高，达到约 90.6%；使用 90min 的电解时间，$CaCO_3$ 纯度略有降低，为 82.3%，但回收量大幅增加。因此，SCUF 系统可以通过控制电解时间优先回收 $CaCO_3$，后回收 $Ca(OH)_2$，实现分级回收。

3. 对有机物去除的影响

如图 11-162 所示，在对照组系统中和 SAUF 系统中，有机物的透过率都达到了 90%。因此，不足 10% 的有机物被超滤膜所截留。在 SAUF 系统中，阳极对有机物的矿化作用小于 0.24mg/L。SAUF 系统的阳极处理 30min 和 90min 后，TOC 去除率增加。在 SCUF 系统中，有机物的透过率随电解时间的增加而下降，最终下降至 81% 左右。当电解时间在 0.5～10min 之间，SCUF 系统的 TOC 去除率保持相对稳定。然而，将电解时间增加到 30min 之后，SCUF 的阴室去除了 1.87mg/L 的有机物（以 TOC 计）。继续延长电解时间至 90min，TOC 浓度则甚至降低了 3.93mg/L，去除率比对照组提高了 44%。

11.6.4 CEM—超滤—纳滤耦合工艺处理纳滤浓水

1. 纳滤膜渗透通量和电导率变化

首先分析了纳滤进出水的电导率和纳滤膜渗透通量的变化规律。从图 11-163(a) 中可以看出，使用 CEM 电解后，纳滤进水的电导率有所下降，这说明 CEM 电解可能减轻纳滤膜界面的浓差极化和无机结垢。CEM 电解通过去除纳滤浓水中的钙、镁阳离子和碱度阴离子，从而实现膜出水的电导率下降。此外，纳滤出水中的电导率也随 CEM 电解时间的延长而下降，可能是碱度离子下降造成的。在图 11-163(b) 中，黑色点代表了未经 CEM 电解预处理的双膜法纳滤膜渗透通量。可以看出，纳滤膜渗透通量最初为 6.81L/(m² · h · bar)，过滤 22h 后下降至 2.69LL/(m² · h · bar) 左右。对照

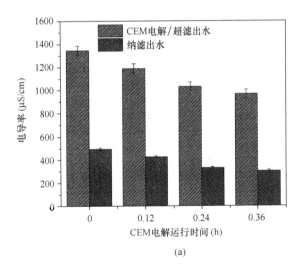

(a)

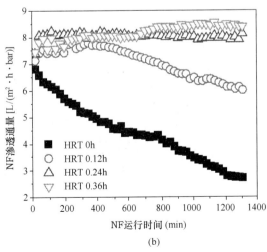

(b)

图 11-163 系统电导率趋势及 NF 膜渗透通量变化

(a) 电导率；(b) NF 渗透通量

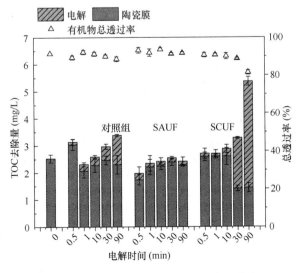

图 11-162 CEM 电解对 TOC 去除的影响

组的通量下降率显著大于 CEM 电解预处理的纳滤膜渗透通量，说明纳滤膜界面形成了较为严重的膜污染。经过 0.12h、0.24h 和 0.36h 的 CEM 电解预处理之后，纳滤膜初始渗透通量分别提升到 7.14L/(m²·h·bar)、7.41L/(m²·h·bar) 和 7.46L/(m²·h·bar)。此外，CEM 电解（0.12h HRT）也增加了最终纳滤膜渗透通量，纳滤运行 22h 后，通量相比于对照组提高了 123%。若将 CEM 电解的 HRT 延长至 0.24h 和 0.36h，纳滤膜渗透通量全程保持水平状态，这可能与纳滤的复合污染大幅下降有关。

2. 纳滤过程水质变化

探究了 CEM 电解对纳滤去除污染物性能的影响。随着电解时间延长至 0.36h，CEM 电解显著去除了纳滤浓水中的钙离子和镁离子，分别降至 66.1mg Ca^{2+}/L（图 11-164a）和 47.2mg Mg^{2+}/L（图 11-164b）。阴室的碱性环境将 Ca^{2+} 转化为 $CaCO_3$ 晶体，将 Mg^{2+} 转化为无定形 $Mg(OH)_2$。从纳滤的出水水质角度分析，CEM 电解显著降低了纳滤产水的 Ca^{2+} 浓度，仅为 7.5~11.7mg/L。然而，产水中 Mg^{2+} 的平均浓度略有下降，无显著性差异。此外，从图 11-164（c）中可以看出，CEM 电解并未对纳滤膜前和膜后的 Na^+、K^+、Cl^- 和 SO_4^{2-} 的浓度造成显著的影响，表明了 CEM 电解起到了软化作用和微脱盐作用；同时，上述去除性也能表明 CEM 电解没有破坏纳滤膜的完整性。

如图 11-164（d），对于直接双膜法，其出水 TOC 平均浓度为 2.1mg/L，低于南非纳米比亚再生水厂的有机碳限制值 3mg/L。尽管 CEM 电解能够降低纳滤进水中有机物的平均浓度，然而浓度变化不显著。不过，经过电解后，纳滤膜出水中的 TOC 浓度得到显著降低，出水平均浓度仅为 0.7~1.2mg/L。CEM 电解使纳滤对各类污染物的去除率进一步提升或维持原有水平，实现纳滤出水水质提升。

3. NOM 的荧光和分子量分布

从三维荧光谱图中识别出 2 个峰，图 11-165（a）给出了每个峰的峰强度和位置，正如图 11-165（a）所示，纳滤进水的荧光强度随 CEM 电解时间的增加而增强。然而，此时 TOC 浓度却发生了下降（图 11-164d），这说明荧光强度的增强主要与 CEM 电解处理后盐度降低有关（图 11-163a）。继续延长 CEM 电解时间，腐殖质类物质的荧光强度得到降低。从纳滤膜出水水质方面分析，纳滤膜去除了 90% 以上的腐殖质类污染物，表明荧光有机物的分子量分布普遍高于 500Da（即 NF270 纳滤膜切割分子量）。而且，可以发现膜出水的荧光强度与电解时间呈负相关关系，纳滤膜使部分腐殖质类物质超分子化，提高了膜对其截留率。

如图 11-165（b）所示，纳滤进水和出水中包含了 3 个紫外吸收峰，峰 1 与蛋白质类生物聚合物和腐殖质有关，峰 2 与腐殖酸单元体（腐殖酸降解

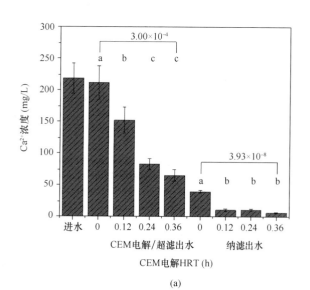

(a)

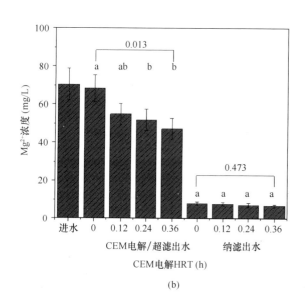

(b)

图 11-164　CEM 电解对 NF 去除性能的影响（一）

(a) Ca^{2+} 浓度；(b) Mg^{2+} 浓度；

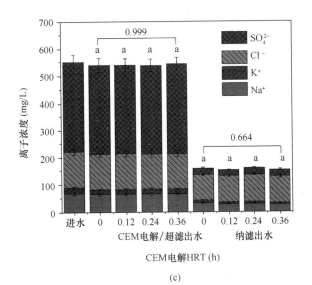

(c)

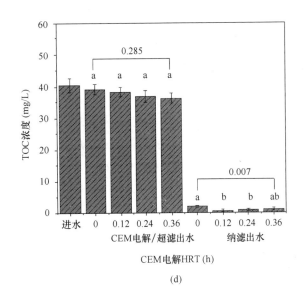

(d)

图 11-164　CEM 电解对 NF 去除性能的影响（二）

（c）离子浓度；（d）TOC 浓度

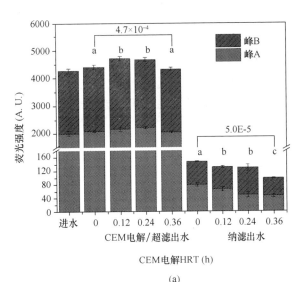

(a)

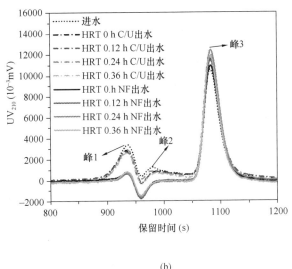

(b)

图 11-165　CEM 电解对 NOM 的荧光性和分子量分布的影响峰 A（$E_x/E_m = 270/420nm$）、

峰 B（$E_x/E_m = 320/420nm$）、峰 1（$15.566 \pm 0.021min$）、峰 2（$16.401 \pm 0.064min$）

和峰 3（$18.040 \pm 0.008min$）。C/U 代表 CEM 电解/超滤过程

产物）有关，峰 3 与硝化作用和细菌活性呈正相关。CEM 电解的固体沉淀具有吸附能力，可以吸附部分有机物；并且二价离子浓度大幅减低，减少了 NOM 与二价阳离子之间的架桥作用，使峰 1 的信号强度和分子量均低于进水。由于纳滤膜对有机物的有效截留，纳滤膜出水中主要包含一个强峰（峰 3）和一个弱峰（峰 1）。峰 3 的信号强度有所增强，是由类芳香蛋白物质的水解和含氮低分子的氧化而引起。结果表明 CEM 电解改变了有机物的分子性质，使污染物在膜界面的相互作用行为发生

改变。

4. CEM 电解对纳滤工艺的能耗影响

在本研究中，钙、镁资源回收时间参数设为 30～90min。通过式（11-1）计算，CEM 电解过程的能耗估计为 0.396～1.088kW/m³。

$$E = \frac{\int_0^t IU}{1000V} \tag{11-1}$$

式中　I——实时电流，A；

　　　U——实时电压，V；

t——电解时间，h；

V——进水体积，m^3；

E——能耗，kWh/m^3。

此外，通过式（11-2）～式（11-4）计算了超滤过程的能耗。在本研究中，m 设定为 0.2；n 设定为 0.25；ρ 假定为 $1000kg/m^3$；g 为 $9.81m/s^2$；η_1 和 η_2 均设为 0.60，h_1 设为 8m，h_2 设为 12m。计算可得，超滤能耗约为 $0.118kWh/m^3$。因此，CEM 电解/超滤组合工艺的总能耗约为 0.514～$1.206kWh/m^3$，方能实现有效的资源回收。

$$E_{total} = E_1 + E_2 \tag{11-2}$$

$$E_1 = (1+m)(1+n)\frac{\rho V g h_1}{1000\eta_1\eta_2} \tag{11-3}$$

$$E_2 = (1+m)n\frac{\rho V g h_2}{1000\eta_1\eta_2} \tag{11-4}$$

式中 E_1——超滤抽吸泵能耗，kJ；

E_2——超滤反冲洗泵能耗，kJ；

m——水力损失系数；

n——超滤反冲洗占比；

η_1——电能转化为机械能的系数；

η_2——泵的效率；

V——泵送纳滤浓水的体积，L；

g——重力加速度，m/s^2；

ρ——纳滤浓水的密度；

h——泵所需的抽吸或正压的水头，分别为 h_1 和 h_2。

常用的资源回收工艺的参数和能耗值可参考表 11-36。苏打石灰法常用于硬度大于碱度的水质情况，处理浓水时回收率较高；然而，需要大量的化学药剂，对环境的友好性较差，且形成的固体沉淀包含了硫酸钙等杂质，回收纯度较低。与 CDI 系统相比，CEM 电解/超滤工艺能耗相当，但回收率更高；此外，CEM 电解不需要脱附过程，直接以固体形式回收资源，更具环境友好性。电渗析（ED）工艺具有稳定的金属回收率，然而 ED 技术通常由多层离子交换膜堆叠而成，其投资成本和维护成本远高于 CEM 电解/超滤工艺。据报道，离子交换膜占 ED 工艺总投资的 40% 以上，而 CEM 电解系统中离子交换膜面积不足 ED 工艺的 1/4。此外，从占地规模来看，虽然本研究中的 CEM 电解/超滤系统的占地面积比 ED 系统大 1～3 倍，但 CEM 电解技术的机理在于析氢、析氧过程，提高电流密度可以进一步降低其占地面积。因此，CEM 电解/超滤工艺在二价金属回收方面优于 ED 工艺。

针对 NF/RO 浓水的金属资源回收工艺对比　　　　表 11-36

处理工艺	可回收的金属种类	回收率（%）	EC^a（kWh/m^3）	建设成本	环境友好性[b]
苏打石灰法	Ca, Mg	98%～99%	—	*	*
BMED[c]	Na, K	88%, 93%	—	* *	* *
常规电渗析	Na, K, CaMg	64%～87%	0.9	* * *	* *
电容去离子	Na, K, CaMg	76%～83%	0.594	* *	* *
选择性电渗析[d]	Na	70%	18.91	* * * *	* *
CEM 电解/超滤	Ca, Mg	95%, 64%	0.514～1.206	* *	* * *

注：[a] EC 代表能耗，kWh/m^3；

[b] 星号越多，其优势越突出；

[c] BMED 代表双极膜电渗析；

[d] MEM 代表单价离子选择透过膜。

利用式（11-5）～式（11-6）计算 CEM 电解—超滤—纳滤的总能耗 E_t，kWh/m^3。E_t 由 CEM 电解（E_1，kWh/m^3）、超滤（E_2，kWh/m^3）和纳滤（E_3，kWh/m^3）组成，如式（11-5）所示。使用从直流电源记录的数据，通过式（11-6）计算 CEM 电解的理论能耗。此外，CEM 电解系统中产生的 H_2 和 O_2 可以通过氢氧燃料电池回收再利用，

以减少能源消耗。据估算，当 CEM 电解的水力停留时间 0.12h、0.24h 和 0.36h 时，E_1 能耗分别为 $0.435kWh/m^3$、$0.771kWh/m^3$ 和 $1.230kWh/m^3$。超滤工艺是 CEM 电解—超滤—纳滤能耗最低的工艺，其计算方法采用了式（11-2）～式（11-4），可得 E_2 能耗为 $0.118kWh/m^3$。

$$E_t = E_1 + E_2 + E_3 \tag{11-5}$$

$$E_1 = \frac{1-ab}{1000V} \int_0^{HRT} IU \tag{11-6}$$

式中　a——CEM 电解制氢效率，设为 0.7；

$\quad\quad b$——氢氧燃料电池的转换效率，设为 0.6；

$\quad\quad V$——CEM 电解过程中的总处理量，m^3，设为 $1000m^3/d$；

$\quad HRT$——CEM 电解的水力停留时间，h，分别为 0.12h、0.24h 和 0.36h；

$\quad\quad I$——CEM 电解的恒定电流，A，设为 0.01A；

$\quad\quad U$——某一时刻的 CEM 电解电压，V。

对于纳滤工艺来说，对照组的纳滤过滤能耗 E_3 记为 E_{3c}，其数值通过 DuPont 公司的 WAVE 软件进行估算。在软件模拟中，使用了 NF270 膜元件，参考 11.6.1 部分源于天然地表水的纳滤浓水的基础资料作为纳滤工艺模拟的污染物初始浓度数值；日流量和回收率分别设置为 $10000m^3/d$ 和 90%，模拟取得 E_{3c} 为 $1.42kWh/m^3$。本研究中的其他 E_3 值由式（11-7）计算取得。从表 11-37 的能耗结果看出，CEM 电解—超滤—纳滤工艺用于处理纳滤浓水具有可行性。对于苦咸水和来源于二级出水的纳滤浓水，其盐浓度高于本研究，CEM 电解耦合纳滤工艺的能耗优势将更加突出，前景更加广阔。

$$E_3 = E_{3c} \frac{\int_0^{22h} \frac{6J_cA}{1000}}{\int_0^{22h} \frac{6JA}{1000}} \tag{11-7}$$

式中　J_c——图 11-163(b) 中对照组随过滤时间的纳滤膜渗透通量，$L/(m^2 \cdot h \cdot bar)$；

$\quad\quad J$——图 11-163(b) 中其他实验组沿过滤时间的纳滤膜渗透通量，$L/(m^2 \cdot h \cdot bar)$；

$\quad\quad A$——纳滤膜有效过滤面积，$0.0042m^2$。

不同 CEM 电解水力停留时间下的组合工艺能耗对比　　　　表 11-37

HRT	E_1（kWh/m^3）	E_3（kWh/m^3）	E_t（kWh/m^3）
对照	0	1.420	1.538
0.12h	0.435	0.883	1.436
0.24h	0.771	0.776	1.665
0.36h	1.230	0.764	2.112

综上所述，本文设计了两步离子交换膜电解系统，考察了其回收纳滤浓水中的二价离子（钙离子、镁离子和硫酸根离子）的效能；进而简化了膜电解工艺，将阳离子交换膜（CEM）电解工艺与超滤工艺相耦合，考察了钙离子和镁离子回收效能；最后构建了完整的 CEM 电解—超滤—纳滤工艺，并考察了水质演变过程。本文的研究内容可为构建绿色、低药的纳滤组合工艺提供新思路，有望促进纳滤在非常规水源水处理领域的进一步发展。

第12章

重力驱动超滤净水技术原理

12.1 重力流超滤 (GDM) 技术概述

超滤能够有效地去除水中的悬浮物、胶体和病原微生物，且不会明显改变水的理化特性，已经成为饮用水安全保障的关键技术之一。然而，当前超滤运行压力高，操作复杂，且高压运行环境导致膜污染严重，能耗增加，须通过频繁的物理清洗和化学清洗控制膜污染，显著增加运维；同时其反冲洗和化学清洗废水也容易导致水生态环境二次污染，限制了超滤技术在饮用水处理领域的进一步推广应用。

针对常规超滤工艺在应用中存在的不足，开发了一种超低压重力流超滤净水技术（Gravity driven membrane system，GDM）。GDM 工艺可以在较低压力（4~10kPa）下长期稳定运行，不需要采取物理清洗和化学清洗控制膜污染，不会引起水生态环境二次污染，且大幅减少了附属设备和管理维护工作量。

GDM 能在免维护条件下长期稳定工作，主要是 GDM 长期过滤过程中，在膜表面形成了一层生物滤饼层，过滤过程中，当被膜截留的有机物和被滤饼层中微生物降解的有机物量达到动态平衡时，膜的过滤阻力将不再增加，从而膜通量也趋于稳定而能长期工作。

GDM 膜表面形成的滤饼层能够进一步强化对水中污染物（如生物聚合物和小分子有机物）的去除效能。过滤初期 GDM 对病毒（以 MS2 为例）几乎没有截留效果（即超滤膜本身对 MS2 没有显著的去除作用）；当 GDM 膜表面形成滤饼层后，其对 MS2 的去除率增加了 4log，即生物滤饼层可显著强化对水中病原微生物的截留效果，因此 GDM 是一种高效的物理消毒方式。GDM 工艺对小分子有机物（如 AOC）和氨氮均具有较好的去除效果，且与慢滤池或生物滤床联用时，可进一步提高 AOC 和氨氮的去除效能。

目前，在饮用水处理领域对 GDM 技术开展了广泛的研究，同时在雨水回收利用、灰水处理、海水淡化预处理和污水厂出水深度处理等方面也开展了相关研究。GDM 技术在分散式水处理应用中的优势如下：

（1）操作简单

与常规超滤不一样的是，GDM 工艺采用连续过滤模式，即 GDM 长期运行过程中不采用任何的水力反冲洗和化学清洗控制膜污染。在实际应用过程中，用户只需要打开或关闭出水阀门，即可控制 GDM 的运行，获取所需的饮用水。因此，GDM 工艺操作极为简单。

（2）近零维护

GDM 工艺采用无清洗过滤模式，相比于常规的超滤工艺，其不需要配备水力反冲洗、错流、曝气、化学清洗等辅助系统，省去了相应的运维工作。因此，GDM 工艺长期运行过程中的维护工作量极少。

（3）超低压力

GDM 工艺所采用的过滤水头为 0.002~0.007MPa，远远低于常规超滤工艺（0.05~0.1MPa），显著降低 GDM 工艺的运行能耗。

（4）可靠性高

常规超滤工艺中，清洗过程超滤膜无法产水，尤其是膜污染较重时，清洗频繁，严重影响超滤工艺产水的可靠性。相比之下，GDM 工艺采用连续过滤模式，避免了因反冲洗和化学清洗而断水的现象，有效地提高了供水可靠性。此外，GDM 工艺采用重力流过滤，不需要额外供电，即使出现长时间停电现象，其亦可正常运行，保障供水安全。

（5）费用低

常规超滤工艺的运行费用相对较高，运行成本约为 0.1 元/m³，投资成本为 250 元/m³。GDM 系统的成本和运行费用，平均年成本仅为 2.5 元，其运行费用几乎可以忽略不计，极大地节省费用。

（6）净水效能高

相比于常规超滤工艺，GDM 系统膜表面的生物滤饼层可起良好的预过滤效应（Secondary membrane or dynamic membrane），强化对水中污染物（AOC、藻毒素和微生物）的去除效能，保障供水水质安全。

然而，GDM 工艺仍存在一些瓶颈问题，制约了其推广应用：

（1）通量低

GDM 工艺的稳定通量一般为 4~7L/(m²·h)，较常规超滤工艺明显低。此外，GDM 的稳定通量受原水水质和操作条件影响较大，水中有机物浓度越高，其稳定通量越低。因此，在实际应用过程中可采取一定的技术或手段改善膜前进水水质以提高 GDM 的稳定通量。

（2）对 DOC 去除效果差

GDM 对 DOC 的去除效果相对较差，去除率通常低于 10%，甚至有报道指出受大分子有机物水解作用的影响，GDM 出水中 DOC 的浓度较进水浓度反而有所增加。因此，应采取一定的措施调控生物滤饼层的水解作用，提高 GDM 出水水质和保障供水水质安全。

12.2　GDM 工艺处理微污染地表水

12.2.1　工艺通量稳定性及其影响因素研究

1. 原水水质

除特别申明外，本节实验均以河水为原水，其水质信息见表 12-1，原水中有机物、浊度和氨氮浓度相对较低。实验期间原水水质相对较为稳定，但暴雨期间受地表冲刷物的影响，原水浊度将增加到 10～40NTU，且其余各指标也略微有所增加。实验中采用恒温器将原水加热到 20℃。

实验期间河水水质特性分析　　表 12-1

序号	水质指标	浓度
1	DOC	1.2～2.5mg/L
2	TOC	1.5～3.0mg/L
3	氨氮	0.1～0.3mg/L
4	浊度	1～3NTU
5	溶解氧	6～8mg/L
6	pH	6～8
7	温度	7～23℃

2. 实验装置

实验装置如图 12-1 所示，主要由原水箱、膜组件、溢流堰和集水装置 4 部分组成。

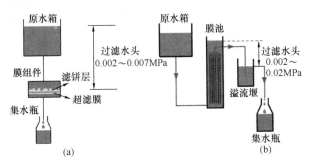

图 12-1　GDM 实验装置流程图

（a）平板膜；（b）中空纤维膜

在重力作用下，原水直接从原水箱进入超滤膜池中进行过滤，膜出水进入集水瓶，采用天平实时监测集水瓶中的产水重量，以分析通量随时间变化规律。本研究中 GDM 工艺采用连续过滤模式，长期过滤过程中不采用任何的水力和化学清洗。因此，随着过滤的进行污染物及微生物不断被超滤膜所截留，膜表面将逐渐形成一层生物滤饼层。

3. 膜材质对 GDM 工艺通量稳定性影响

在常规超滤工艺中，不同膜材质对通量影响较大。因此，本节中将考察膜材质对 GDM 通量稳定性的影响（图 12-2）。

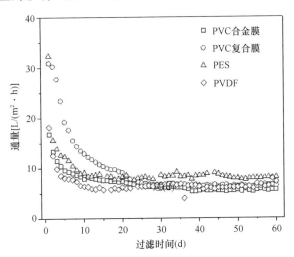

图 12-2　膜材质对 GDM 通量稳定性影响

实验中采用了 4 种中空纤维膜，其材质分别为 PVC 合金膜、PVC 复合膜、PES 和 PVDF，截留分子量均为 150kDa。长期过滤过程中，尽管各 GDM 系统的膜材质不一样，但是其通量变化规律基本一致，且通量均可达到稳定状态，表明膜材质不会影响 GDM 的通量稳定性。然而，各 GDM 工艺过滤初期的通量相差较大，表明在生物滤饼层未形成前膜材质对 GDM 的通量影响较大，这与常规 UF 过滤现象一致。在 GDM 长期运行过程中，各 GDM 系统的稳定通量 [5.5～8.1L/（m²·h）] 相差不大，表明膜材质不会显著影响 GDM 工艺的稳定通量（除 PES 膜稳定通量相对偏高外），这与常规 UF 工艺明显不同。

4. 膜组件类型对 GDM 工艺通量稳定性影响

膜组件类型是影响通量的重要因素，常见的主要有平板膜组件和中空纤维膜组件。研究中采用 PES 平板膜和 PES 中空纤维膜（截留分子量均为 150kDa），考察不同膜组件类型对 GDM 长期过滤通量稳定性的影响。

图 12-3 表明，尽管膜组件类型不一样，但 2 种 GDM 系统的通量变化规律基本一致，且均观察到了通量稳定现象，表明膜组件类型不会影响通量稳定性。然而，过滤初期平板膜的通量显著高于中空纤维膜；而随着过滤的进行，二者间的通量差异逐渐缩小，但平板膜组件的稳定通量始终略高于中空纤维膜组件。

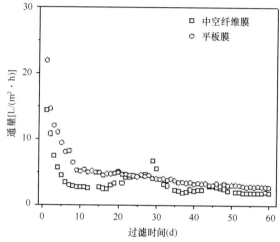

图 12-3　膜组件类型对通量稳定性影响研究

5. 原水类型对 GDM 工艺通量稳定性的影响

受地形和地貌的影响，不同地区所采用的原水类型也相差较大。因此，本实验中将重点考察不同原水类型（水质信息详见表 12-2）对 GDM 工艺长期运行过程中通量变化规律的影响。

图 12-4 表明，尽管各 GDM 系统的进水类型和水质显著不同，但其通量下降规律几乎一致。在 0～15d，随着过滤的进行，大量的污染物截留在膜表面，形成了一层致密的滤饼层，导致通量大幅下降，分别由 20.9L/(m² · h)、14.5L/(m² · h)、14.4L/(m² · h) 和 32.3L/(m² · h) 下降到 7.2L/(m² · h)、3.1L/(m² · h)、2.6L/(m² · h) 和 8.3L/(m² · h)，通量下降幅度为 66%、79%、82% 和 74%，约占其总通量下降量的 90%。

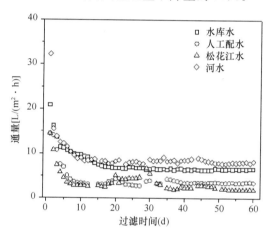

图 12-4　原水类型对 GDM 工艺长期运行通量稳定性影响

不同类型原水水质信息　　　　　　　　　　　　表 12-2

水质	DOC (mg/L)	氨氮（mg/L）	浊度（NTU）	UV$_{254}$ (1/cm)
江水	3.06～7.13	0.43～1.25	3.16～9.58	0.078～0.119
河水	1.16～2.58	0.15～0.33	1.15～3.69	0.023～0.041
水库水	1.21～2.89	0.07～0.25	1.23～3.87	0.025～0.044
模拟配水	2.06～4.15	1.81～2.85	2.26～3.55	0.04～0.08

随着过滤的继续进行，GDM 通量维持在相对稳定的通量范围内，尽管原水类型和水质各不相同，但各 GDM 系统中均出现了通量稳定现象，表明原水类型不会影响 GDM 工艺的通量稳定性。与常规 UF 工艺类似的是，GDM 工艺的稳定通量水平却显著地受到了原水类型和水质的影响，松花江水的浊度（3.16～9.58NTU）和有机物浓度（TOC：3～7mg/L）显著高于河水（浊度：1～4NTU，TOC：1～3mg/L），其稳定通量也显著低于后者。因此，原水类型不会影响 GDM 工艺长期运行的通量稳定性，但是会显著影响其稳定通量水平。

6. 生物作用对 GDM 通量稳定性影响

为了考察不同生物作用对 GDM 通量稳定性的影响，实验共采用了 3 组 GDM 系统。实验中采用河水（Chrisbach water，Switzerland）作为各 GDM 的原水，通过向 GDM 系统中投加叠氮化钠和环己酰亚胺，以抑制 GDM 滤饼层内的细菌、原生/后生动物的生物作用，考察其各自对 GDM 工艺长期运行的通量稳定性的调控机制，实验方案详见表 12-3。

各 GDM 系统的通量变化规律如图 12-5 所示，由于采取了不同生物调控措施，因此各 GDM 系统的通量变化规律相差较大。但总体而言，各 GDM

系统通量变化趋势可分为快速下降阶段（Ⅰ）和缓慢下降/稳定阶段（Ⅱ）。

各 GDM 系统主要实验参数　　表 12-3

序号	实验装置	实验措施
1	GDM（抑制细菌）	投加叠氮化钠（0.35%）
2	GDM（抑制捕食）	投加环己酰亚胺（100mg/L）
3	GDM 对照组	—

第Ⅰ阶段（0～14d），GDM（抑制细菌）、GDM（抑制捕食）和 GDM 对照组的通量下降率分别为 73.63%、65.89% 和 67.92%，该阶段通量快速下降主要是由膜表面滤饼层形成及膜孔堵塞引起的。随着过滤的继续进行（第Ⅱ阶段），GDM 对照组的通量逐渐趋于稳定，稳定通量为 8.68±0.58L/(m²·h)。GDM（抑制捕食）系统的通量也达到了稳定状态，稳定通量为 4.51±0.21L/(m²·h)，但较 GDM 对照组有所显著下降，降幅约 48.1%。相比之下，GDM（抑制细菌）系统的通量持续缓慢下降，难以达到稳定状态。图 12-5（b）进一步表明，随着过滤的进行，GDM 对照组和 GDM（抑制捕食）的过滤阻力均已达到了稳定状态；而 GDM（抑制细菌）的过滤阻力仍不断增加，未达到明显的稳定状态。

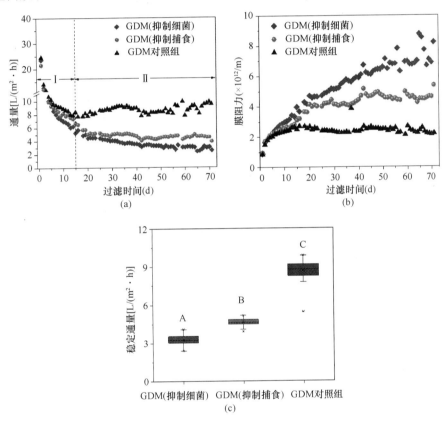

图 12-5　不同生物作用下各影响因素随时间变化规律及各 GDM 系统稳定通量的显著性差异分析
(a) GDM 通量随时间变化规律；(b) 过滤阻力随时间变化规律；(c) 各 GDM 系统稳定通量的显著性差异系统

上述结果表明，GDM 工艺的通量稳定性主要受滤饼层中细菌等生物作用的影响；而原生/后生动物的捕食作用不是影响 GDM 的通量稳定性主要因素，但有助于 GDM 工艺的稳定通量的显著提升。

7. 铁锰对 GDM 通量稳定性影响

近年来越来越多关于地表水锰含量升高导致出厂水锰超标的现象出现，相比于地下水除锰，地表水除锰已成为城镇供水的一个新问题，影响着饮用水供水安全。常规超滤工艺对铁锰的去除效果较差，且锰及其氧化产物容易吸附在膜孔中，导致严重膜污染，降低超滤膜的产水能力和使用寿命。

为了考察水中铁锰污染物对 GDM 通量稳定性的影响，实验中配制了模拟地表水（不含铁锰）、含铁地表水、含锰地表水、含铁含锰地表水，并构建了 4 组 GDM 系统，分别为 GDM 对照、GDM-Fe、GDM-Mn 和 GDM-Fe＋Mn。各原水水质信息和相应的 GDM 处理装置见表 12-4。

原水水质特性及相应的 GDM 处理装置　　　　表 12-4

水质特性	GDM 对照组	GDM-Fe	GDM-Mn	GDM-Fe+Mn
DOC（mg/L）	2.1～3.3	2.1～3.3	2.1～3.3	2.1～3.3
铁（mg/L）	0.10±0.021	0.95±0.028	0.10±0.020	0.95±0.025
锰（mg/L）	0.004±0.002	0.004±0.002	0.48±0.052	0.47±0.054
浊度（NTU）	2.1～3.8	2.1～3.8	2.1～3.8	2.1～3.8
pH	6.8～7.6	6.8～7.6	6.8～7.6	6.8～7.6
温度（℃）	15～18	15～18	15～18	15～18

GDM 工艺处理含铁锰水，长期运行过程中，通量变化规律如图 12-6 所示。在过滤初期，GDM 对照组的通量高于其余各组，这是由于水中的铁、锰形成了一定的膜污染。随过滤进行，相比于 GDM 对照组，原水中铁、锰污染物并没有显著地影响 GDM-Fe、GDM-Mn 和 GDM-Fe+Mn 的通量变化规律，且在各 GDM 系统中均观测到了通量稳定现象，表明水中铁、锰的存在不会影响 GDM 工艺长期运行的通量稳定性。然而，原水中铁、锰污染物浓度对 GDM 对照组、GDM-Fe、GDM-Mn 和 GDM-Fe+Mn 的稳定通量水平产生了一定的影响，相比于 GDM 对照组，GDM-Mn 的稳定通量提升

了 18%，而 GDM-Fe 的稳定通量则下降了约 17%，表明水中锰的存在有利于稳定通量的提升，而铁的存在会导致稳定通量下降。GDM-Fe+Mn 的稳定通量与 GDM 对照组相当，表明铁锰共存时铁会抵消锰对 GDM 稳定通量的提升作用。

8. 其他水质因子对通量稳定性影响

为了考察不同原水水质对 GDM 通量稳定性的影响，实验共采用了 4 组 GDM 系统，每组系统各有 6 个 GDM 实验装置（图 12-1a）平行运行，以保证实验结果的准确可靠性。实验中采用河水（Chrisbach water，Switzerland）作为各 GDM 系统的原水，通过向 GDM 系统的进水投加不同污染物（如醋酸钠、腐殖酸和钙离子）改变原水水质（具体实验信息参见表 12-5）。

各 GDM 系统主要实验参数　　表 12-5

序号	实验装置	实验措施
1	GDM（钙离子）	投加氯化钙（1.0mmol/L）
2	GDM（醋酸钠）	投加醋酸钠（1mg C/L）
3	GDM（腐殖质）	投加腐殖酸（1mg/L）
4	GDM 对照组	—

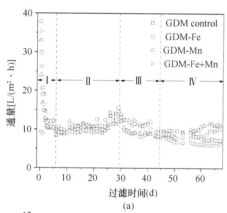

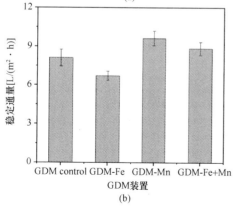

图 12-6　GDM 工艺处理含铁、锰地表
水长期运行的通量变化规律

不同原水水质下，各 GDM 长期运行过程中通量变化规律如图 12-7 所示。通量变化规律主要分为快速下降阶段（Ⅰ）和通量稳定阶段（Ⅱ）。在第Ⅰ阶段（0～14d），各 GDM 系统的通量水平及变化规律基本一致。在第Ⅱ阶段，各 GDM 系统的通量先略微有所增加，随后逐渐趋于稳定。

GDM（钙离子）的稳定通量为 9.59±0.51L/（m²·h），相比于 GDM 对照组 [8.68±0.58L/（m²·h）]，略微有所增加。在常规超滤中，Ca^{2+} 会与水中的腐殖酸和生物聚合物等结合，形成复合污染，导致通量显著下降，这与本节中的研究结果相悖，可能是由于 Ca^{2+} 的存在更有利于膜面滤饼层形成"团簇"，提高了其疏松多孔性。

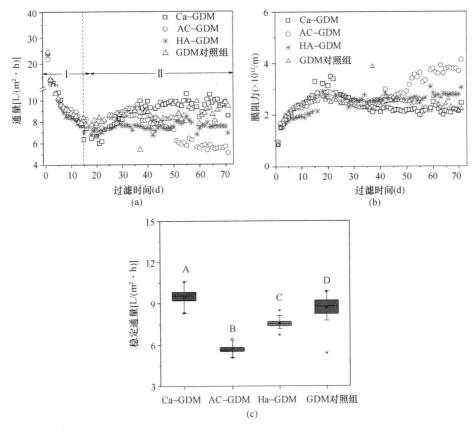

图 12-7　不同原水水质条件下各影响因素随时间变化规律及各 GDM 系统稳定通量的显著性差异分析

（a）GDM 通量随时间变化规律；（b）过滤阻力随时间变化规律；（c）各 GDM 系统稳定通量的显著性差异分析

GDM（腐殖质）的稳定通量为 7.54 ± 0.36 L/（$m^2\cdot$h），相比于 GDM 对照组略微有所下降，约为其稳定通量的 86.96%。部分研究指出原水中的本源腐殖质对 GDM 通量稳定性及稳定通量水平的影响甚微；但外源性腐殖质会显著地影响 GDM 的通量稳定性及稳定通量水平，这可能是由于外源性腐殖酸在 GDM 系统中因二次"团聚"作用而形成了腐殖质胶体/颗粒物，进而被截留在膜表面，导致严重的膜污染。

在常规超滤工艺中，醋酸钠对超滤膜污染影响较小。然而，本研究发现当向原水中投加醋酸钠后，尽管 GDM（醋酸钠）的通量也达到稳定状态，但是其稳定通量较 GDM 对照组显著降低，降幅约 34.17%，这可能是由于醋酸钠极易被滤饼层中的微生物同化利用，从而促进滤饼层中微生物的生长繁殖，加速了膜表面的生物污染。

12.2.2　GDM 工艺净水效能研究

1. 对浊度的去除效能

水中的悬浮物和胶体颗粒不仅会影响出水的感官，同时还会为水中的病原微生物提供附着栖息场所，导致微生物难以被去除或灭活，影响出水水质，因此需要强化去除。如图 12-8 所示，原水中浊度为 0.8～2.0NTU，冬季（12 月～4 月）原水浊度一般低于 1.0NTU，夏季原水浊度一般低于 3.0NTU，当持续暴雨时浊度可增加到 10NTU 以上，属于典型的低浊度水，常规净水工艺难以保障浊度的有效去除。

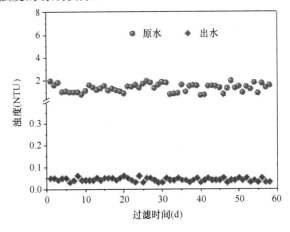

图 12-8　GDM 工艺长期运行过程中浊度去除效能

GDM 工艺中采用的 UF 膜孔径为 10～100nm，对水中的悬浮物、胶体和病原微生物形成了天然的截留屏障，其出水浊度可有效地控制在 0.05NTU 以下，平均截留率大于 98%，满足《生活饮用水卫生标准》GB 5749—2006 要求，有效地保障对浊度的去除效果。此外，水厂高通量超滤膜出水浊度为 0.08～0.10NTU，约为低压超滤实验出水浊度的 2 倍，表明 GDM 膜面形成的生物滤饼层对水中的悬浮物和胶体物质起到了强化去除作用。

2. 溶解氧（DO）变化规律

实验期间原水（水库表层水）中 DO 浓度通常为 5～7mg/L，当水厂原水管道表层取水头部检修时，原水从水库底部泄洪渠道抽取，此时 DO 浓度很低（低于 1.0mg/L）。

图 12-9 表明实验初期（1～7d），由于水厂取用水库底部水，因此原水中 DO 浓度很低，此期间 DO 平均浓度为 0.65mg/L，GDM 工艺出水中 DO 平均浓度约为 0.60mg/L，膜池进水和出水中 DO 浓度相差不大。过滤 10d 后，水厂取水头部修好，改取用水库表层水，原水中 DO 浓度回升，平均浓度约为 6.00mg/L。随着过滤时间的进行（10～20d），GDM 膜池消耗的溶解氧量逐渐增加，出水中 DO 浓度较进水逐渐下降，出水中 DO 平均浓度约为 4.21mg/L，DO 浓度平均下降量约为 1.80mg/L。随着过滤的继续进行（20～30d），GDM 膜池进出水的 DO 浓度差异大幅增加，出水中 DO 平均浓度降至 3.93mg/L，DO 浓度平均下降量高达 2.25mg/L。此外，实验期间通过定期检测水厂（常规超滤工艺）出厂水 DO 浓度可知，出厂水中 DO 浓度略微高于原水浓度（涨幅约 3%～15%），可见 DO 浓度降低并非因为进出水压力发生变化，而是由 GDM 膜面生物滤饼层内微生物作用消耗了水中的溶解氧引起的。

3. 对 UV$_{254}$ 的去除效能

GDM 长期过滤过程中，其对 UV$_{254}$ 的去除效能如图 12-10 所示。

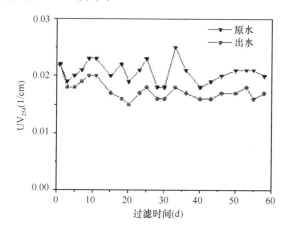

图 12-10　GDM 工艺对 UV$_{254}$ 去除效能

实验期间原水 UV$_{254}$ 的浓度相对稳定（0.021 ± 0.001/cm），出水中 UV$_{254}$ 浓度为 0.016 ± 0.001/cm，GDM 对 UV$_{254}$ 的平均去除率约为 18%。相比于常规的 UF 过滤工艺，GDM 系统除具有 UF 膜的截留作用外，膜表面形成的滤饼层还起到了良好的预过滤作用（secondary filter），进一步强化对水中 UV$_{254}$ 的去除效能。实验中还发现，不同膜材质和膜截留分子量的 GDM 工艺，其出水中 UV$_{254}$ 浓度相差不大，表明膜材质对 GDM 工艺去除水中 UV$_{254}$ 的效果影响不大。此外，即使暴雨时期，原水 UV$_{254}$ 发生浓度显著增加，但 GDM 工艺出水中 UV$_{254}$ 值仅发生较小的波动，表明 GDM 工艺具有一定的抵抗 UV$_{254}$ 冲击负荷的能力。

4. 对 DOC 的去除效能

水中的溶解性有机物（DOC）与消毒副产物前体物、嗅味及管网中微生物二次生长等密切相关，因此本节将考察 GDM 工艺对 DOC 的去除作用，实验结果如图 12-11 所示。实验初期，GDM 对 DOC 基本没有去除作用，然而随着过滤时间的延长，GDM 对 DOC 的去除率逐渐增加，平均去除率约为 13%，这一方面是由于膜表面形成的滤饼层强化了对 DOC 的吸附截留作用，另一方面可能是由于 GDM 膜表面滤饼层中附着滋生的微生物降解了部分小分子 DOC 物质。图 12-11 还表明 GDM 对 DOC 的去除作用波动较大，这可能是受

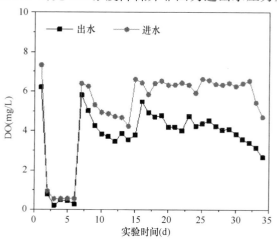

图 12-9　GDM 工艺进出水中溶解氧变化规律

原水水质的影响。此外，笔者团队在研究中还发现，GDM 工艺对 DOC 的去除效果与原水水质显著相关，当原水中颗粒型/胶体型有机物含量较高时（如松花江水），GDM 工艺出水中的 DOC 浓度较进水反而有所增加，这是由于截留在膜面滤饼层颗粒型/胶体型有机物被水解为小分子有机物而透过超滤，导致出水水质恶化。因此，实际应用中，单级 GDM 工艺难以保障 DOC 的有效去除。

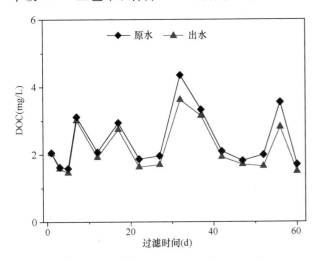

图 12-11　GDM 工艺对 DOC 去除效能

5. 对 AOC 的去除效能

管网中微生物的二次污染一直是困扰着饮用水处理的一大难题，研究表明强化水中生物可同化有机物（AOC）的去除能够有效地解决该问题。因此，本节考察了 GDM 工艺对 AOC 的去除效能。AOC 作为小分子有机物，常规的 UF 工艺很难将其截留去除。然而，在 GDM 工艺中，UF 膜面生物滤饼层内附着滋生了大量的微生物，有助于强化 AOC 的去除。图 12-12 为 GDM 工艺通量达到稳定后，进出水中 AOC 浓度变化规律，原水中 AOC

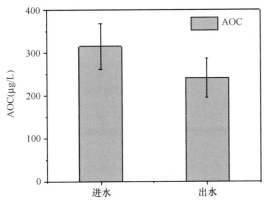

图 12-12　GDM 工艺对 AOC 去除效能

浓度为 $317\pm53\,\mu g/L$，出水中 AOC 浓度为 $241\pm46\,\mu g/L$，AOC 的平均去除率为 $24.2\%\pm8.7\%$，有效地提高了出水的生物稳定性。

6. 分子量分布特性

本文采用液相色谱有机碳联用仪（SEC-OCD）考察了 GDM 工艺进出水中有机物分子量分布特性，以便解析有机物在 GDM 系统内的迁移转化和去除规律。水中的有机物按照分子量大小可分为：生物聚合物（Biopolymers，BP）、腐殖质（Humic substances，HS）、腐殖质基体（Building block，BB）、低分子量的腐殖质（LMW humics and acids，LMWha）和中性物质（Neutrals），其中生物聚合物（Biopolymers）分子量在 20kDa 以上；腐殖质（Humics）分子量在 1kDa 左右；腐殖质基体（Building block）的分子量在 350～500Da 范围内；小分子腐殖质和酸类物质（LMW humics and acids）及中性物质（Neutrals）的分子量小于 350Da。

由图 12-13 可知，原水中具有明显的生物聚合物峰，生物聚合物浓度约为 80.0 $\mu g/L$，而出水中该峰几乎完全消失，浓度仅为 8.5 $\mu g/L$，GDM 工艺对生物聚合物的去除率高达 89%，这一方面是由于 UF 本身对生物聚合物具有较好的截留作用，另一方面是由于膜表面生物滤饼层的预过滤效应强化了对生物聚合物的去除效能。相比于生物聚合物，腐殖酸、腐殖酸单体及小分子有机物也被部分去除，去除率约 20%～35%，但 GDM 工艺对中性小分子物质几乎没有去除作用。

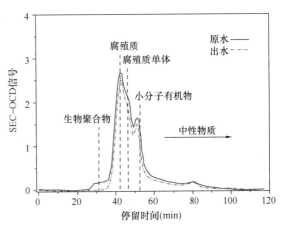

图 12-13　进/出水中有机物分子量变化规律

7. 对氨氮的去除效能

氨氮作为亲水性小分子物质，难以被 UF 膜截留去除，因此常与生物预处理联用以强化对氨氮的去除效能。相比于常规的 UF 膜滤，GDM 工艺能够显著强化对氨氮的去除效能（图 12-14）。

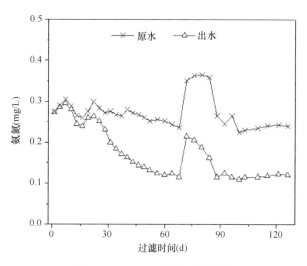

图 12-14 GDM 对氨氮去除效能

实验初期，GDM 对氨氮的去除率几乎为零，表明 UF 膜本身难以截留去除水中的氨氮。然而随着过滤的进行，出水中氨氮浓度逐渐降低，最终趋于稳定，出水中氨氮浓度约为 0.12mg/L，氨氮的平均去除率约为 50%，这是由于在 GDM 长期过滤过程中膜表面滤饼层中附着滋生了大量的微生物（如硝化细菌），通过其生物作用而强化去除水中的氨氮。此外，笔者团队近期的研究还表明，当向 GDM 系统中接种少量的生活污水（即接种微生物），可显著地提高生物滤饼层中硝化细菌的含量，缩短除氨氮的启动周期和提高氨氮的去除效能。

8. 对微生物的截留效能

研究中考察了 GDM 工艺对细菌和大肠杆菌的去除效能，结果见表 12-6。在前 5d 抽样检测中，GDM 膜池出水中细菌总数和总大肠菌群均未检出；过滤 10d 后，GDM 膜池出水中检测到细菌，细菌总数为 1CFU/mL，总大肠菌群数未检出；连续运行 15d 后，GDM 膜池出水中也检测到了细菌（1CFU/mL），总大肠菌群数均为未检出；采用次氯酸钠浸泡出水槽 1h，随后继续过滤，GDM 膜池出水中均未检测到细菌和大肠菌群，表明出水中检测到细菌总数和总大肠菌数是由出水槽长期暴露在空气中引起的，并非超滤膜微生物泄露所致。因此，在实际应用中，对超滤出水后的各种设施进行定期消毒是十分必要的。

GDM 工艺对微生物去除效能　　　　表 12-6

过滤时间 (d)	细菌总数（CFU/mL）		总大肠菌群（MPN/100mL）	
	进水	GDM 出水	进水	GDM 出水
1	1.2×10^3	未检出	11	未检出
3	0.8×10^3	未检出	7	未检出
5	1.1×10^3	未检出	11	未检出
10	1.0×10^3	1	17	未检出
15	1.05×10^3	3	11	未检出
20	0.95×10^3	未检出	13	未检出
25	1.3×10^3	1	11	未检出
30	0.9×10^3	未检出	14	未检出

9. 对铁锰的去除效能

本文考察了 GDM 工艺对铁、锰的去除效能（原水水质信息参见表 12-4），实验结果如图 12-15 所示。

图 12-15（a）表明，GDM 工艺可以有效地去除水中的铁，出水中铁浓度约为 0.03mg/L，远低于《生活饮用水卫生标准》GB 5749 要求（<0.3mg/L）；同时 GDM-Fe 和 GDM-Fe＋Mn 工艺各自对铁的去除效果相当，表明水中锰的存在不会显著地影响 GDM 工艺的除铁效果。然而，相比于除铁，GDM 工艺的除锰效果显著不同。在过滤初期，GDM 膜面未形成滤饼层，其对锰的去除效果较差（低于 5%），表明超滤膜本身对锰没有显著去除效果。随着过滤的进行，GDM 膜表面逐渐形成一层滤饼层（内含锰氧化物），锰的去除率逐渐增加，最高去除率达 98.3%±1.35%，出水中锰浓度低于 0.05mg/L，满足城镇供水要求，表明 GDM 膜面形成的含铁锰滤饼层是除锰的关键。笔者进一步实验证明，通过在 GDM 膜面预涂覆活性锰氧化物，有助于除锰功能的快速启动和强化除锰效能。此外，对比 GDM-Mn 和 GDM-Fe＋Mn 系统的除锰效能可知，水中铁的存在对 GDM 除锰效能影响不大，有利于 GDM 工艺在处理含铁锰水方面的应用。

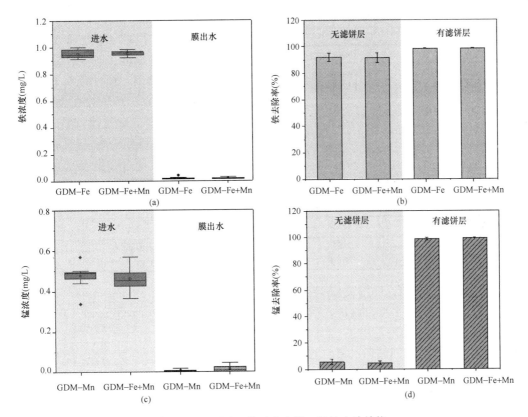

图 12-15　GDM 工艺对水中铁、锰的去除效能

12.2.3　经济效益分析

本节对比了 GDM 工艺和常规超滤工艺的经济技术效益。表 12-7 表明，GDM 工艺的成本费用主要集中在超滤膜和反应器上。假定 GDM 工艺的稳定通量为 $4\sim10L/(m^2 \cdot h)$，每个家庭的生活用水（即做饭和饮用水）量为 $20\sim40L/d$，则 GDM 工艺所需的膜面积低于 $0.5m^2$（按照 $0.5m^2$ 计算）。目前市场上超滤膜价格按照 $100\sim250$ 元/m^2 计，则超滤膜的投资为 $50\sim125$ 元，膜池和配套的进/出水管路所需费用与膜费用假定按照 $1:1$ 计算，故 GDM 的总投资约为 $100\sim250$ 元。GDM 的使用寿命按照 $5\sim8$ 年计算，平均成本约 $12.5\sim50$ 元/年，远低于我国农村最低生活标准。同时，GDM 工艺在实际运行中不会产生额外的能耗，其运行成本几乎为零，且操作简单，运维工作量极低（表 12-7）。

GDM 经济效益分析　　　　表 12-7

序号	指标	GDM	常规超滤工艺
1	通量［L/（m²·h）］	4～10	30～60
2	跨膜压差（kPa）	4～7	20～100
3	膜面积（m²）	0.5	0.008～0.08
4	过滤动力	重力	泵抽吸

续表

序号	指标	GDM	常规超滤工艺
5	成本	100～250 元	7 元/m³
6	运行费用（元/m³）	几乎为 0	0.07
7	附属设备	少	多
8	操作维护	极为简单	复杂
9	使用寿命	长	较长
10	出水浊度（NTU）	<0.1	<0.2
11	细菌截留率	>5logs	1～3logs
12	病毒（MS2）	2～4log	～0
13	AOC	20%～80%	～0

此外，GDM 工艺有机地结合了超滤膜和生物滤饼层的双重截留功能，可同步实现对水中颗粒物、胶体、致病微生物、氨氮、铁、锰等多元污染物的高效去除，保障饮用水供水安全。

12.2.4　生物预处理调控 GDM 工艺优化研究

1. 原水水质

以松花江水为原水（原水水质信息详见表 12-8），实验期间原水水质相对较稳定，但暴雨期间原水浊度会剧增到 $30\sim100NTU$，需要预沉（静置）处理 24h 后（浊度降到 20NTU 以下）方可使用。实验中采用恒温装置控制进水水温为 20℃。

<table>
<tr><td colspan="3" align="center">实验期间松花江水水质信息　　　表 12-8</td></tr>
</table>

序号	水质指标	浓度
1	DOC	3～7mg/L
2	TOC	4～8mg/L
3	氨氮	0.3～1.5mg/L
4	UV$_{254}$	0.081～0.121/cm
5	浊度	3～10NTU
6	溶解氧	5～8mg/L
7	pH	6～8
8	温度	4～25℃

2. 实验装置

本章中构建了生物预处理＋GDM 组合工艺，考察了 GAC 缓速滤池、改性纤维滤球（MFB）缓速滤池和微滤（MF）预处理对 GDM 工艺通量稳定性的影响，探究了污染物在生物预处理＋GDM 组合工艺内的迁移转化规律，明确了生物预处理技术对 GDM 通量稳定性的调控机制，进一步提高了 GDM 工艺的稳定通量和出水水质。活性炭及改性纤维滤料特性见表 12-9。

活性炭和改性纤维滤料特性　　　表 12-9

类别	尺寸	材质	比表面积	产地	简写
活性炭	2.0mm×1.0mm	煤质	920m²/g	山西新华	GAC
改性纤维球	Φ=10±0.5mm	纤维	3650m²/m³	河南巩义	MFB

生物预处理＋GDM 组合工艺实验装置如图 12-16 所示，原水首先由原水箱自流进入循环水箱，然后由潜水泵提升至预处理池中进行预处理，部分原水经预处理后再次溢流回循环水箱，另外部分水直接进入 GDM 膜池进行超滤处理，超滤出水直接进入溢流堰，每天定期检测出水水量和水质。

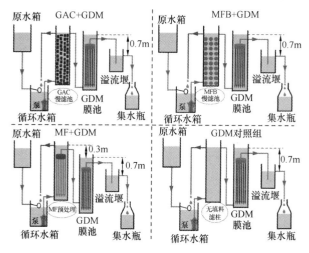

图 12-16　生物预处理＋GDM 组合工艺实验装置流程图
（彩图请扫版权页二维码）

3. 通量变化规律

通量稳定性是 GDM 工艺能否成功应用的关键考核指标之一。本文追踪了 GAC＋GDM、MFB＋GDM、MF＋GDM 和 GDM 对照组在相同的工况下长期运行（180 余天）的通量变化规律。图 12-17 表明，长期运行过程中，GAC＋GDM、MFB＋GDM、MF＋GDM 和 GDM 对照组的通量变化规律基本一致，主要分为 3 个阶段（Ⅰ、Ⅱ和Ⅲ）。

第Ⅰ阶段（0～33d）为通量快速下降阶段，GAC＋GDM、MFB＋GDM、MF＋GDM 和 GDM 对

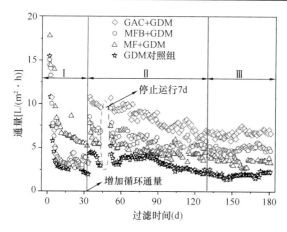

图 12-17　各 GDM 系统通量随时间变化规律

照组通量分别由 14.5L/(m²·h)、15.0L/(m²·h)、17.8L/(m²·h) 和 15.4L/(m²·h) 下降到 3.3L/(m²·h)、3.2L/(m²·h)、5.1L/(m²·h) 和 2.0L/(m²·h)，通量下降率分别为 77.2％、78.7％、71.3％和 87.0％，该阶段通量快速下降主要是由滤饼层污染和膜孔堵塞污染引起的。随后（Ⅱ阶段），GAC＋GDM、MFB＋GDM、MF＋GDM 和 GDM 对照组的通量均逐渐缓慢下降。经过 130d 的连续运行（Ⅲ阶段），各组的通量最终趋于稳定状态。相比于 GDM 对照组 [1.93±0.23L/(m²·h)]，GAC＋GDM 和 MFB＋GDM 的稳定通量分别为 6.68±0.35L/(m²·h) 和 4.91±0.27L/(m²·h)，涨幅约 250％和 150％，这是由于 GAC 和 MFB 滤池有效地去除了水中的有机污染物，改善了 GDM 膜前进水水质，显著地缓解了膜污染。MF＋GDM 联用工艺的稳定通量较 GDM 对照组有显著提高。

4. 膜阻力特性分析

实验末期，考察了各 GDM 系统的膜阻力分布

特性,实验结果如图 12-18 所示。由于本研究中只采用了简单的水力反冲洗,因此膜的过滤总阻力 (R_t) 可分为膜本身引起的阻力 (R_m)、水力可逆污染阻力 (R_{re}) 和水力不可逆污染阻力 (R_{ire})。SPSS 统计软件分析表明,各 GDM 系统间水力可逆污染阻力和水力不可逆污染阻力存在显著的统计学差异 ($p < 0.05$)。相比于 GDM 对照组,GAC + GDM、MFB + GDM 和 MF + GDM 联用工艺显著地降低了膜过滤总阻力,平均降幅达 68.7%、57.1% 和 39%,表明耦合生物预处理工艺可以显著地降低 GDM 膜污染。生物预处理工艺还显著地改变了其阻力分布特性。GAC + GDM、MFB + GDM 和 MF + GDM 的水力可逆污染阻力分别较 GDM 对照组 (7.91×10^{12}/m) 下降了约 68.7%、66.5% 和 44.6%,占总阻力下降量的 85.4%、87.0% 和 84.1%,可见生物预处理工艺主要是降低 GDM 的水力可逆污染阻力。在各 GDM 系统中水力不可逆污染阻力只占了总过滤阻力的很小一部分,这可能也是导致 GDM 长期运行过程中通量达到稳定状态的原因之一。

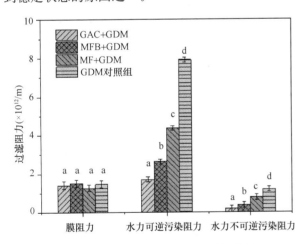

图 12-18　各 GDM 系统膜阻力特性分析

此外,GAC 对 GDM 水力可逆污染和水力不可逆污染的控制效果最佳,MFB 次之,MF 效果最差,这是由于 GAC 滤池不但可以有效地去除水中的可生物降解有机污染物,同时其吸附作用还可去除部分难生物降解有机污染物;相比之下,MFB 主要是通过生物降解作用去除水中的有机物污染物,而 MF 主要是去除颗粒性/胶体型污染物,对溶解型有机物去除效果较差。

5. 通量恢复率

实验结束后,采用水力反冲洗考察各 GDM 系统的

通量恢复效果,水力反冲洗强度为 45L/(m²·h),约为 GDM 初始膜通量的 3 倍,实验结果如图 12-19 所示。

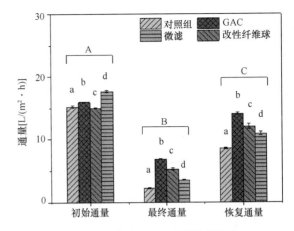

图 12-19　各组 GDM 通量恢复特性

水力反冲洗后,GDM 对照组、GAC + GDM、MFB + GDM 和 MF + GDM 联用工艺通量显著恢复,对应的恢复通量分别为 8.6 ± 0.16 L/(m²·h)、14.4 ± 0.18 L/(m²·h)、12.0 ± 0.36 L/(m²·h) 和 10.9 ± 0.24 L/(m²·h),约为膜初始通量的 56%、88%、80% 和 61.9%,表明 GAC 和 MFB 预处理工艺能够显著地提高 GDM 的通量恢复性;而 MF 预处理虽然能够有效地提高 GDM 的稳定通量,但对 GDM 的通量恢复性影响不大。

6. 对浊度、细菌及 UV₂₅₄ 的去除效能

表 12-10 表明,GAC 和 MFB 滤池出水中浊度相对较为稳定,浊度去除率均为 90% 左右,但暴雨期间,其出水中浊度高于《生活饮用水卫生标准》GB 5749—2006 规定值 1.0NTU。GAC + GDM 和 MFB + GDM 联用工艺出水中浊度均为 0.07 ± 0.01 NTU,即使暴雨期间,其出水中浊度也低于 0.1NTU。

生物预处理 + GDM 联用工艺对浊度、

细菌总数和 UV₂₅₄ 去除效能　　　表 12-10

水样	浊度 (NTU)	细菌总数 (CFU/mL)	UV₂₅₄ (l/m)
原水	6.13 ± 4.43	$(0.8 \sim 2.6) \times 10^3$	0.101 ± 0.026
GAC 滤池出水	0.56 ± 0.14	$(1.0 \sim 3.5) \times 10^2$	0.033 ± 0.010
GAC/GDM 出水	0.07 ± 0.01	10 ± 2	0.031 ± 0.012
MFB 滤池出水	0.63 ± 0.19	$(0.9 \sim 3.2) \times 10^2$	0.076 ± 0.013
MFB/GDM 出水	0.07 ± 0.01	15 ± 4	0.075 ± 0.012
MF 滤池出水	0.15 ± 0.03	$(0.1 \sim 0.5) \times 10^2$	0.107 ± 0.013
MF + GDM 出水	0.06 ± 0.01	17 ± 3	0.100 ± 0.011
GDM 对照组	0.09 ± 0.03	18 ± 5	0.116 ± 0.018

此外，长期运行过程中 GAC 和 MFB 滤池对微生物截留效果也较差，出水中细菌总数分别为 $(1.0\sim3.5)\times10^2$ 和 $(0.9\sim3.2)\times10^2$CFU/mL，难以保障饮用水的生物安全性，而 GAC＋GDM 和 MFB＋GDM 联用工艺出水中细菌总数分别为 10 ± 2CFU/mL 和 15 ± 4CFU/mL，远远低于《生活饮用水卫生标准》GB 5749—2006 限值。因此，慢滤池（即 GAC 和 MFB）与 GDM 联用工艺可有效地强化浊度和微生物的去除效能，弥补单级慢滤池出水浊度和微生物浓度较高的缺陷。

GDM 对照组出水中 UV_{254} 含量较原水反而有所上升，这是由于截留在膜表面的有机颗粒物和大分子有机物被滤饼层中的微生物水解成溶解性小分子，然后进入出水中所致。相比之下 GAC＋GDM 和 MFB＋GDM 出水中 UV_{254} 含量显著降低，去除率分别为 69％和 26％，其中 GAC 和 MFB 滤池对 UV_{254} 的去除率分别高达 67％和 25％，表明在 GAC＋GDM 和 MFB＋GDM 联用工艺中 UV_{254} 主要是被 GAC 和 MFB 滤池强化去除的。此外，颗粒型有机物和大分子有机物（如生物聚合物）也被 GAC 和 MFB 滤池大量去除，有效地缓解后续 GDM 工艺中有机物的水解现象。相比之下，MF 预处理工艺虽能够强化对浊度和微生物的去除效果，但其对 UV_{254} 的强化去除效果并不显著。

因此，GAC（或 MFB）滤池＋GDM 联用工艺能够有机地结合 GAC 滤池和 GDM 工艺的双重功效，且相互弥补了 GAC 滤池和 GDM 各自在实际应用中的不足，有效地强化了水中溶解性有机物、浊度及微生物的去除效能，有助于推动 GDM 膜技术的广泛应用。

7. 对 DOC 的去除效能

图 12-20（a）表明，MF＋GDM 和 GDM 对照组出水中 DOC 浓度较原水增加了约 $12.5\%\pm4.01\%$ 和 $18.9\%\pm3.70\%$。在本研究中，长期过滤过程中截留在微滤膜表面的有机污染物会因水解作用而透过微滤膜，导致 MF＋GDM 出水中 DOC 浓度较进水中反而有所增加；不过，相比于 GDM 对照组，MF＋GDM 出水中 DOC 浓度有所降低，表明微滤预处理对 GDM 系统中有机物的水解作用具有一定的缓解效果。

MFB＋GDM 工艺过滤初期对 DOC 几乎没有去除效果，GAC＋GDM 联用工艺在过滤初期对 DOC 就具有较好的去除作用，平均去除率为

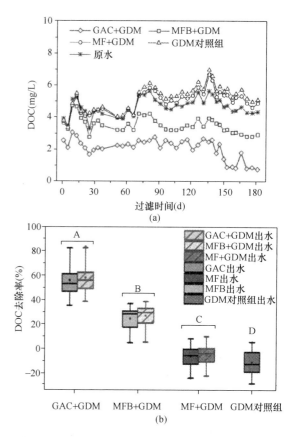

图 12-20　生物预处理＋GDM 工艺对 DOC 去除效能
(a) DOC 浓度；(b) DOC 去除率

$40.0\%\pm2.2\%$，这是由于 GAC 对水中的有机物具有较强的吸附作用。相比于其他 3 种 GDM 工艺，GAC＋GDM 联用工艺在过滤初期亦能有效地去除水中的 DOC，保障出水水质，因而更有利于其在以有机物污染为主的源水净化方面的推广应用。

当通量达到稳定后（120～180d），GAC＋GDM 和 MFB＋GDM 联用工艺出水中 DOC 浓度为 1.94 ± 0.71mg/L 和 3.32 ± 0.38mg/L，（原水中 DOC 为 4.81 ± 0.41mg/L），DOC 去除率分别为 $59.67\%\pm14.76\%$ 和 $30.98\%\pm7.90\%$。相比于 GDM 对照组，GAC＋GDM 和 MFB＋GDM 联用工艺显著地提高了 DOC 的去除效率，改善了膜出水水质。

在 GAC＋GDM 和 MFB＋GDM 联用工艺中，DOC 主要是在 GAC 和 MFB 滤池中被去除；后续 GDM 工艺对 DOC 的去除效果较差（<5％），这主要是由两方面原因造成的：一是由于 GDM 膜表面滤饼层内附着滋生的微生物量比较少，生物降解作用较低；二是经 GAC 和 MFB 滤池过滤后水中

残余的有机物的可生化性低，难以被后续 GDM 工艺进一步去除。

8. 对 AOC 的去除效能

GDM 对照组能够有效地去除水中的 AOC，出水中 AOC 浓度为 $270\pm56\,\mu g/L$，AOC 平均去除率为 $32.1\%\pm14.0\%$，有效地提高了出水的生物稳定性。UF 膜难以将 AOC 有效地截留去除，故本实验中 GDM 对照组对 AOC 的去除主要归因于滤饼层中的生物降解作用。此外，GDM 对照组出水中 AOC 的浓度依旧较高，且其去除效果受原水水质影响较大。因此，实际应用中仅采用单级 GDM 过滤工艺难以保障出水的生物稳定性，需要进行强化处理。

相比于 GDM 对照组，GAC 和 MFB 滤池显著地强化了 AOC 的去除效能，这是由于 GAC 和 MFB 滤池中附着滋生了大量的微生物，致使整个联用工艺中的生物量远远高于单独的 GDM 对照组。

尽管 GAC+GDM 联用工艺对 DOC 的去除率比 MFB+GDM 对 DOC 的去除率约高一倍，但是其对 AOC 的去除率只比 MFB+GDM 联用工艺略高，表明 GAC+GDM 除了去除部分可生物降解的 DOC 物质（如 AOC）外，同时还去除了部分难生物降解的 DOC 物质（可能是由活性炭吸附去除的）。尽管 MF+GDM 对 DOC 并没有显著的去除效果，但是其对 AOC 的去除率却十分显著，是由于 MF 工艺连续过滤，其膜表面形成了生物滤饼层，显著地提高了 MF+GDM 系统内的总生物量。

此外，图 12-21（b）进一步揭示了 AOC 在生物预处理工艺和 GDM 间的迁移转化规律。GAC、MFB 和 MF 预处理工艺对 AOC 的平均去除率约占 GAC+GDM、MFB+GDM 和 MF+GDM 联用工艺对 AOC 总去除率的 $96.6\%\pm1.1\%$、$93.3\%\pm2.1\%$ 和 $84.36\%\pm1.56\%$，表明在 GDM 联用工艺中 AOC 主要是由生物预处理工艺去除的。

9. 对荧光性污染物的去除效能

实验中采用了 3DEEM 考察各 GDM 工艺对水中荧光性污染物的去除效能，实验结果如图 12-22 和表 12-11 所示。

在原水、GAC+GDM、MFB+GDM、MF+GDM 和 GDM 对照组出水中都只观察到一个荧光峰（峰 A），即腐殖质峰，对应的激发光和发射光波长为 $245\sim250\,nm$ 和 $420\sim430\,nm$，表明该类水

体中的荧光性污染物主要是腐殖质类物质，但是其荧光性污染物强度却相差极大，其中 GAC+GDM 出水中峰 A 强度最低（几乎不可见），MFB+GDM 出水中峰 A 的强度也有所降低。相比之下，MF+GDM 出水中峰 A 的强度基本上与原水相当；而 GDM 对照组出水中峰 A 的强度较原水反而略有增加，这可能是由滤饼层中的微生物将部分截留的大分子有机物水解成了腐殖质类物质所致。

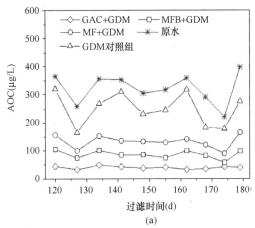

(a)

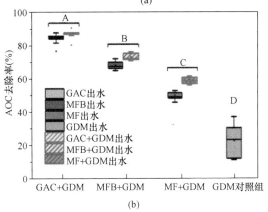

(b)

图 12-21　通量稳定后各 GDM 系统进出水中
AOC 浓度变化规律与去除率分析
（a）AOC 浓度变化规律；（b）AOC 去除率

原水和各 GDM 系统出水中荧光

样品	峰 A	
	Ex/Em	Intensity
原水	245/426	631.75 ± 136.59
GAC+GDM	245/428	95.02 ± 25.35
MFB+GDM	245/423	350.23 ± 39.87
MF+GDM	245/422	659.29 ± 85.68
GDM 对照组	250/424	868.39 ± 118.59

性污染物强度分析　　表 12-11

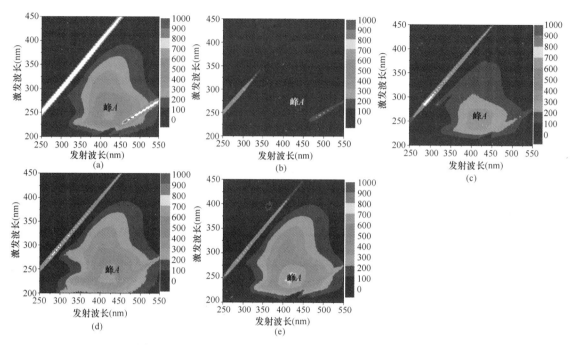

图 12-22 通量稳定后各膜系统对荧光性污染物的去除特性

(a) 原水；(b-e) GAC+GDM、MFB+GDM、MF+GDM 和 GDM 对照组出水

10. 生物预处理对滤饼层物质组成特性的调控原理

本节首先考察了 EPS 浓度和各 GDM 系统的稳定通量间的相关性，实验结果如图 12-23 所示。

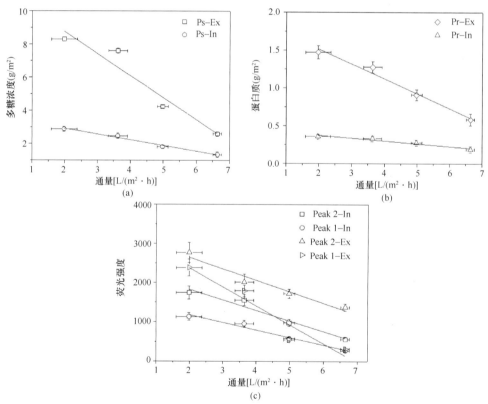

图 12-23 膜表面滤饼层中 EPS 浓度和稳定通量间的相关性分析

（a）多糖；（b）蛋白质；（c）荧光性污染物浓度与稳定通量的相关性

Ps—多糖；Pr—蛋白质；In—膜孔内的 EPS；Ex—滤饼层中的 EPS

拟合结果表明，GDM 的稳定通量与 GDM 滤饼层和膜孔中的 EPS 浓度间具有显著的负相关性（$R^2>0.9$），即随着 GDM 滤饼层和膜孔中 EPS 浓度的增加，GDM 的稳定通量显著下降，首次在 GDM 系统中量化了 EPS 对 GDM 通量稳定性及稳定通量水平的影响。

GDM 工艺运行过程中，GDM 膜表面形成的滤饼层的强化截留作用、微生物代谢作用使滤饼层和膜孔中 EPS 增加，同时生物分解/水解作用导致滤饼层中的污染物（如 EPS）浓度降低，缓解膜污染。因此，降低污染物在膜表面/膜孔中的沉积、调控滤饼层中微生物的 EPS 分泌量和促使滤饼层中微生物水解/降解截留在膜表面的有机颗粒物/大分子有机物，是降低 GDM 滤饼层/膜孔中 EPS 浓度和提高其稳定通量的有效途径。

一方面，GAC、MFB 和 MF 等预处理工艺可有效地去除原水中的污染物，改善后续 GDM 膜前进水水质，有效地缓解膜污染。经 GAC、MFB 和 MF 预处理后，可改善 GDM 膜前进水浊度、颗粒有机物 POC，同时也大幅度削弱了原水水质冲击负荷对 GDM 的影响，从而降低 GDM 膜表面滤饼层及膜孔中的 EPS 浓度，提高稳定通量。

另一方面，GAC、MFB 和 MF 预处理工艺对 AOC 的去除率占 GAC＋GDM、MFB＋GDM 和 MF＋GDM 联用工艺对 AOC 总去除率的 $96.6\%\pm1.1\%$、$93.3\%\pm2.1\%$ 和 $84.36\%\pm1.56\%$，其后续 GDM 对 AOC 的去除率显著低于 GDM 对照组（$23.1\%\pm9\%$），表明生物预处理工艺可有效地降低水中的营养物（如 AOC），降低后续 GDM 滤饼层内的生物量和生物活性，从而降低 GDM 系统内的 EPS 分泌量，缓解膜污染，提高稳定通量。

因此，在生物预处理＋GDM 组合系统中，生物预处理工艺一方面可有效地预去除水中的污染物，改善 GDM 膜前进水水质，调控污染物在 GDM 系统中的沉积过程；另一方面生物预处理工艺还可有效地去除水中的营养物质（如 AOC），有效地降低滤饼层中微生物的生长、繁殖和 EPS 分泌，进而降低 GDM 系统内的 EPS 分泌量，缓解膜污染，提高稳定通量。

11. 生物预处理调控滤饼层结构特性

如图 12-14 所示，采用 GAC 滤池预处理工艺后，GDM 膜表面滤饼层显得极为粗糙，可观测到

明显的"孔""隙""腔"和"通道"结构，且颗粒物间无明显的相互粘黏现象。

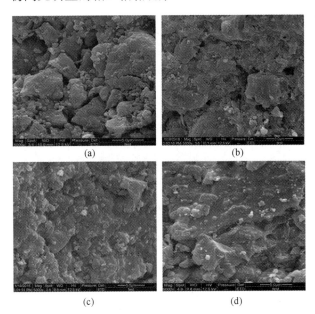

图 12-24　不同预处理下 GDM 膜面滤饼层的结构特性分析
(a) GAC＋GDM；(b) MFB＋GDM；
(c) MF＋GDM；(d) GDM 对照组

此外，相比于 GDM 对照组，MFB 预处理工艺也可有效地提高 GDM 膜表面滤饼层的粗糙度和孔隙率。因此可以推测，GAC＋GDM 和 MFB＋GDM 的稳定通量较 GDM 对照组显著提高，可能是由于 GAC 和 MFB 预处理工艺增加了后续 GDM 膜表面滤饼层的粗糙度和多孔性。然而，MF＋GDM 系统膜表面滤饼层的结构特性与 GDM 对照组相差不大，且 MF 预处理能够有效地去除水中的原生/后生动物而降低后续 GDM 滤饼层内的捕食作用；但是 MF＋GDM 的稳定通量却比 GDM 对照组高 80% 左右，当前 GDM 相关研究中提出的"滤饼层结构决定 GDM 通量稳定性及稳定通量水平"的假设难以解释该现象，这也进一步证实了 EPS 对 GDM 通量稳定性的重要影响。

12.2.5　一体式 GAC/GDM 耦合工艺强化净水技术研究

1. 原水水质

本实验在瑞士联邦水科学与技术研究所（Eawag）开展，以河水为实验原水（表 12-12），水中有机物、浊度和氨氮浓度相对较低。实验期间原水水质较为稳定，但暴雨期间受地表冲刷物的影响，原水浊度将增加到 10～40NTU，且其余各指

标也略微有所增加。实验中采用恒温器将原水加热到20℃。

实验期间河水水质特性分析　表 12-12

序号	水质指标	浓度
1	DOC	1.2~2.5mg/L
2	TOC	1.5~3.0mg/L
3	氨氮	0.1~0.3mg/L
4	浊度	1~3NTU
5	溶解氧	6~8mg/L
6	pH	6~8
7	温度	7~23℃

2. 实验装置

为了进一步减少实验装置的占地面积，研究中

设计了一体式 GAC/GDM 耦合工艺实验装置，如图 12-25 所示。各 GDM 系统配置信息见表 12-13。

各 GDM 系统配置信息一览表　表 12-13

序号	装置名称	装置类型	备注
1	NGDM	一体式	GAC 未使用过，具有良好的吸附作用
2	OGDM	一体式	GAC 连续使用 3 年以上，已吸附饱和，仅具有生物降解作用
3	SGDM	分置式	GAC 未使用过，具有良好的吸附作用
4	GDM 对照组	—	—

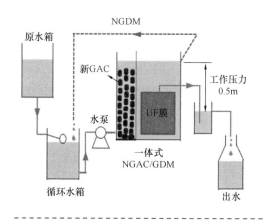
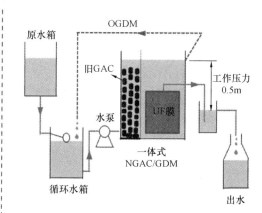
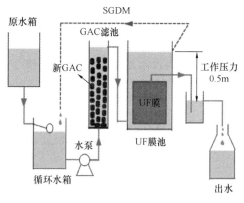
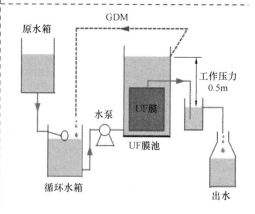

图 12-25　一体式 GAC/GDM 耦合工艺和分置式 GAC+GDM 组合工艺流程图

该装置主要由原水箱、循环水箱、一体式 GAC/GDM 池、溢流堰和集水瓶五部分组成。实验中，原水自流进入循环水箱，然后经提升泵进入一体式 GAC/GDM 膜池。在一体式 GAC/GDM 膜池中，GAC 和 UF 膜放置在同一个膜池中，二者间采用一个 2mm 厚的有机玻璃板（板上布满了 1mm 的过水孔）隔开，进水先经 GAC 滤层进行过滤，然后进入膜组件区域进行过滤，出水经溢流堰

进入集水瓶。

为了对比反应器构型对 GDM 工艺长期运行通量稳定性的影响，本研究还构建了分置式 GAC+GDM 组合工艺（简称 SGDM），考察 NGDM 和 SGDM 2 种工艺长期运行效能，以明确一体式工艺取代分置式工艺的可行性。此外，为了区分颗粒活性炭的吸附和生物降解作用分别对一体式 GAC/GDM 通量稳定性的影响，以预测一体式 GAC/

GDM 耦合工艺的长期（即指 GAC 吸附饱和后）运行效能。实验中采用了已经吸附饱和的 GAC（取自连续运行 3 年以上的生物活性炭滤池，其 GAC 已经完全吸附饱和），构建了一体式 GAC/GDM 系统（简称 OGDM），其操作条件与 NGDM 一致。

3. 通量变化规律

NGDM、OGDM、SGDM 和 GDM 对照组连续运行 90 余天，其通量变化规律如图 12-26 所示。总体而言，NGDM、OGDM、SGDM 及 GDM 对照组运行过程其通量变化规律基本一致，可分为 4 个阶段（Ⅰ、Ⅱ、Ⅲ和Ⅳ）。

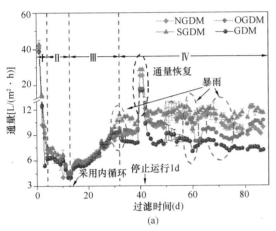

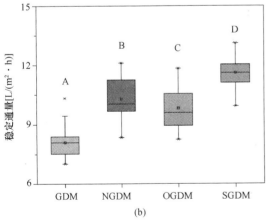

图 12-26　各实验装置通量随时间变化规律和
稳定通量（过滤 30d 后）

(a) 通量；(b) 稳定通量

第Ⅰ阶段（0～3d）为通量快速下降阶段，NGDM、OGDM、SGDM 和 GDM 对照组，通量分别由 40.1L/(m² · h)、39.1L/(m² · h)、42.7L/(m² · h) 和 38.8L/(m² · h) 下降到 9.3L/(m² · h)、8.7L/(m² · h)、10.0L/(m² · h) 和 7.4L/(m² · h)，通量下降率分别为 76.8%、77.7%、76.6% 和 80.9%，该阶

段通量的下降主要是由滤饼层污染及膜孔堵塞污染所引起。在第Ⅰ阶段过滤过程中，GAC 对 GDM 膜污染没有明显的缓解作用。

第Ⅱ阶段为通量缓慢下降阶段（4～13d），该阶段通量下降速率较第Ⅰ阶段显著降低，该阶段 NGDM、OGDM、SGDM 和 GDM 对照组的通量也无明显差别，表明 GAC 对 GDM 的通量没有起到显著的提升作用。检测进/出水中 DO 浓度发现，NGDM 和 SGDM 系统出水中 DO 浓度约为 1～2mg/L，而 OGDM 系统出水中 DO 浓度则低于 1.0mg/L。厌氧条件会加强滤饼层和膜表面间的相互作用，影响滤饼层结构，加重滤饼层污染，导致通量下降。为了提高 DO 浓度，避免厌氧环境影响 GDM 的通量稳定性，实验中于第Ⅱ阶段末所有的 GDM 系统采用了内循环，并利用跌水曝气提高系统的 DO 浓度。

第Ⅳ阶段（33～87d）为通量稳定阶段，由于不同 GDM 工艺配置不一样，其稳定通量也相差较大。相比于 GDM 对照组 [7.6L/(m² · h)]，SGDM 的稳定通量为 11.7L/(m² · h)，提高了约 53.9%，表明 GAC 预处理不会影响 GDM 的通量稳定性，且对 GDM 的稳定通量具有显著的提升作用。在第 76 天以前，NGDM 的稳定通量与 SGDM 相差不大（约为其 90%～95%），表明在一体式 GAC/GDM 耦合工艺中 GAC 滤层同样能够强化 GDM 的稳定通量。此外，在第 60 天以前，OGDM 的稳定通量与 NGDM 相差不大（约为其 93%～105%）；在实验末期，OGDM 的通量甚至高于 NGDM，表明 GAC 滤饼层即使失去吸附作用，其依旧可以显著地提高 GDM 的通量水平，即在一体式 GAC/GDM 耦合工艺中 GAC 滤层可以长期维持其对 GDM 通量的提升作用。

4. 膜阻力特性分析

各 GDM 工艺的膜阻力特性如图 12-27 所示。总体而言，在各 GDM 系统中，R_c 均为最主要的膜污染阻力，R_{mp} 在总阻力中所占的比例均最低，表明在 GDM 过滤过程中膜孔堵塞污染相比于滤饼层污染物可忽略不计。

相比于 GDM 对照组（0.14×10^{12}/m），GAC 可有效地缓解膜孔堵塞污染，使得 R_{mp} 显著降低，如 SGDM 的 R_{mp} 仅为 0.05×10^{12}/m，下降了约 61.7%。此外，根据 SPSS 统计软件分析表明，GAC 工艺配置型式及 GAC 是否具有吸附作用对

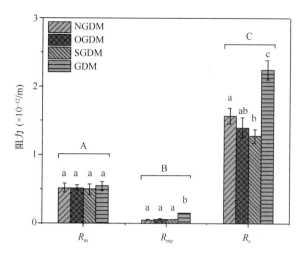

图12-27　各GDM系统膜阻力特性分析

R_m—膜本身阻力；R_c—膜表面生物滤饼层所引起的过滤阻力；

R_{mp}—膜孔堵塞所造成的过滤阻力

GAC控制GDM膜孔堵塞污染的影响不大。此外，SGDM和OGDM的R_c间并无显著性差异，表明一体式和分置式对GDM滤饼层污染的控制效果相当；而NGDM和OGDM间的R_c存在显著性差异，这是由于NGDM过滤后期，其新形成的滤饼层结构较为致密，导致其滤饼层阻力相对较高。总体而言，投加GAC后GDM的过滤阻力显著下降（尤其是滤饼层阻力），且不同GAC配置型式及GAC吸附/生物降解作用对GDM过滤阻力分布影响不大。

5. TOC去除效能分析

GDM对照组对TOC平均去除率约为10.21%±13.60%，表明GDM对照组对TOC具有较好的去除作用，但其去除效果受原水水质影响较大。GAC滤层可显著地提高TOC的去除效果，NGDM对TOC平均去除率达81.60%±6.51%，且原水水质变化对TOC去除率影响较小。SGDM对TOC平均去除率约82.50%±5.93%，与NGDM相比，二者对TOC的去除率无显著差异（$p>$0.05），表明GAC的配置形式不会影响TOC的去除效能。

此外，图12-28还表明OGDM对TOC的去除率为40.00%±14.95%；相比于NGDM，OGDM对TOC的去除率下降了约50%，且其出水中TOC浓度受原水中TOC浓度变化影响较为明显；但同比于GDM对照组，其对TOC的去除率显著提高，这是由于在OGDM系统中GAC滤层内附着滋生了大量的微生物，其内的生物吸附/降解作

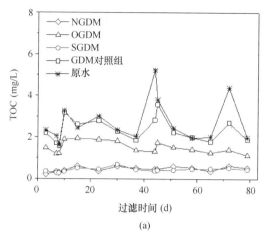

(a)

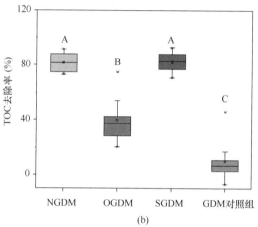

(b)

图12-28　进/出水中TOC浓度随时间变化规律

及TOC去除效能差异性分析

（a）TOC浓度；（b）TOC去除率

用强化了对TOC的去除效能。

6. 对DOC的去除效能

图12-29表明，各GDM系统对DOC的去除规律与对TOC的去除规律一致，这是因为原水中的颗粒型有机物浓度相对较低（约0.1~0.4mg/L）。GDM对照组对DOC具有一定的去除作用，其出水中DOC平均浓度为2.18±0.54mg/L，平均去除率约为6.46%±13.23%，这可能是由于GDM膜表面形成的生物滤饼层对水中的DOC可起到预过滤作用（secondary filtration），且生物滤饼层内附着滋生的微生物对DOC也具有一定的生物降解作用。本文中原水的POC（0.1~0.4mg/L）显著低于前述中原水的POC浓度（0.5~1.5mg/L），滤饼层中微生物的水解作用相对较弱，因此观测到了GDM对DOC的积极去除作用。

投加GAC后，GDM出水中DOC浓度显著降低，表明耦合GAC滤层能够有效地强化对

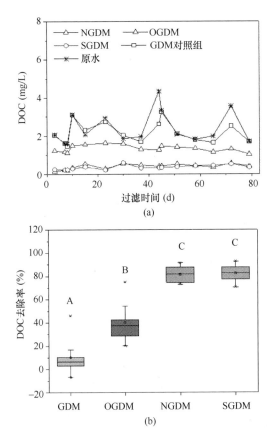

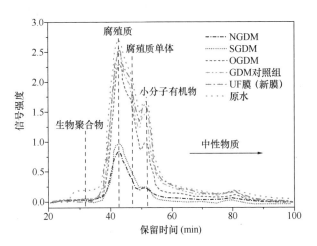

图 12-30 通量稳定后各 GDM 系统不同
分子量污染物去除效能分析

图 12-29 进出水中 DOC 浓度随时间变化规律及
DOC 去除效能差异性分析

(a) DOC 浓度；(b) DOC 去除率

DOC 的去除效能，提高 GDM 工艺抵抗原水 DOC 冲击负荷的能力；此外，一体式 GAC/GDM 耦合工艺对 DOC 的去除效果与分置式 GAC＋GDM 组合工艺相当，表明一体式 GAC/GDM 耦合工艺长期运行过程中依然对 DOC 具有较好的去除效能。

7. 有机物分子量分布特性分析

由图 12-30 可知，原水中可见清晰的生物聚合物峰，GDM 和 UF 膜（新膜，每日更换，故无滤饼层，用以考察超滤膜本身对有机物的去除效能）出水中该峰几乎完全消失，这一方面表明 UF 本身的截留作用，另一方面也表明滤饼层强化了对生物聚合物的去除效能。GDM 和 UF 膜出水腐殖酸峰相比于原水下降了约 14.68% 和 4.26%，表明 UF 膜对腐殖酸去除效果较差，而膜表面生物滤饼层的形成可提高对腐殖酸的去除效能。

此外，UF 膜对小分子有机物也具有一定的去除作用（7.32%）；然而 GDM 出水中小分子有机物浓度较原水略微有所增加，这可能是由生

物滤饼层对截留在膜表面的大分子有机物（如生物聚合物）的生物水解作用造成的。本章实验中，由于原水中有机颗粒物浓度较低，导致水解作用较弱，故总体而言 GDM 对照组对 DOC 体现出了较好的去除作用；GDM 工艺对 DOC 的去除效能，主要取决于原水中有机颗粒物/大分子有机物的浓度。

NGDM 对生物聚合物的去除率约 91.1%，较 GDM 对照组只是略微有所提高；但 NGDM 对水中其余各有机物组分却具有显著的去除效果，对腐殖质、腐殖质单体、小分子有机物和中性物质的去除率分别为 73.58%、84.27%、91.06% 和 80.31%，表明 GAC 滤层可显著提高 GDM 的出水水质。此外，NGDM 和 SGDM 的分子量分布曲线基本重合（腐殖酸峰除外），表明一体式 GAC/GDM 耦合工艺和分置式 GAC＋GDM 组合工艺对水中各有机物组分具有同等的去除效能，进一步证明一体式 GAC/GDM 取代分置式 GAC＋GDM 是可行的。

相比于 GDM 对照组，OGDM 对生物聚合物无明显的强化去除作用（去除率为 87.78%），但其对腐殖质、腐殖质单体、小分子有机物和中性物质具有较好的强化去除作用，去除率分别为 24.62%、38.73%、53.66% 和 38.15%，这是由于 GAC 滤层中附着滋生了大量的微生物，可有效地摄取并分解水中的溶解性小分子有机物。结合 NGDM 和 OGDM 对水中各有机物组分的去除效能可知，在一体式 GAC/GDM 耦合工艺中，过滤初期，活性炭吸附作用强，能够有效地吸附去除水中

的各种有机污染物组分，保障过滤初期的出水水质；长期运行过程中，即使 GAC 滤层已吸附饱和，GAC 滤饼层内的生物作用对水中的各有机物污染物组分仍具有显著的去除效能，进一步表明一体式 GAC/GDM 耦合工艺的可行性。

8. 对 AOC 的去除效能

各 GDM 系统通量稳定后，其对 AOC 的去除效能如图 12-31 所示，GDM 对照组对 AOC 具有较好的去除效果。尽管 GDM 对照组对 AOC 具有较好的去除作用，但其出水中AOC浓度依旧较高，

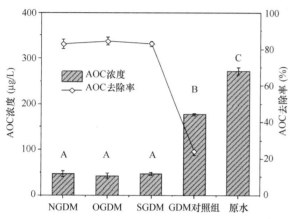

图 12-31　通量稳定后各 GDM 系统对 AOC 去除效能

难以保障出水的生物稳定性，因此需强化处理。

强化系统内微生物的分解作用是提高 AOC 去除效能的有效途径。一体式 GAC/GDM 系统内微生物总量同比于 GDM 对照组大幅增加，生物降解作用也随之显著提高。因此，NGDM 系统可有效地强化 AOC 的去除效能，其出水中 AOC 平均浓度为 $46.6\pm6.53\,\mu g/L$，去除率达 82.7%，显著地提高了出水的生物稳定性。对比 NGDM 和 SGDM 系统，二者对 AOC 的去除效果无显著差异，表明一体式和分置式系统均可有效地去除水中的 AOC。此外，NGDM 和 OGDM 对 AOC 的去除效果相当，表明在一体式 GAC/GDM 工艺长期运行过程中，即使活性炭已经完全吸附饱和，其已形成的生物作用也可以有效地保证 AOC 的去除效能。

9. 污染物迁移转化规律

图 12-32（a）为 DOC 在原水、膜池水（即 GAC 滤层出水）和出水（即 GDM 出水）中的分布规律，在 NGDM、OGDM 和 SGDM 系统中，GAC 滤层对 DOC 的去除率占 DOC 总去除率的 90% 以上，而 GDM 本身对 DOC 并没有显著的去除效果。因此，在一体式 GAC/GDM 耦合工艺中，

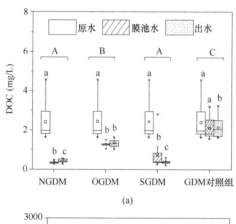

(a)

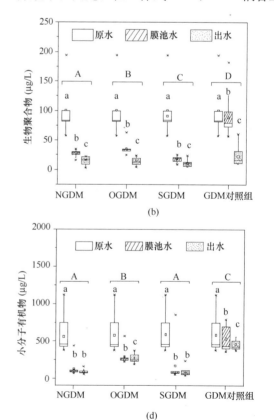

(b)

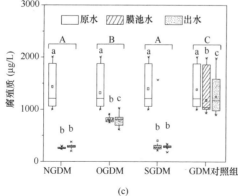

(c)

(d)

图 12-32　不同污染物组分在各 GDM 系统中的迁移转化规律
膜池水、原水—经 GAC 过滤但尚未经 GDM 过滤；出水—GDM 过滤出水

GAC 滤层仍可起到有效的预过滤作用，极大地改善 GDM 膜前进水水质，显著地降低了有机污染物在 GDM 膜表面或膜孔中沉积的风险。相比之下，在 GDM 对照中，进水和膜池水中 DOC 浓度并无显著变化，表明原水中的各种污染物可直接接触超滤膜，导致污染物在 GDM 膜表面或膜孔中沉积的风险将大幅增加。

生物聚合物在原水、膜池水和出水中的分布情况如图 12-32（b）所示，NGDM、OGDM、SG-DM 和 GDM 对照组对生物聚合物都起到了有效的去除作用。GAC 滤层对生物聚合物的去除率分别约占生物聚合物总去除率的 83.90%±8.93%、74.89%±9.35% 和 91.27%±5.90%。在一体式 GAC/GDM 耦合工艺和分置式 GAC+GDM 组合工艺中，生物聚合物大部分都已经被 GAC 滤层有效地去除，只有小部分生物聚合物能够到达后续的 GDM 而被截留在膜表面。相比之下，在 GDM 对照组中，原水中大部分生物聚合物可直接接触超滤膜表面，去除率为 73.00%±18.58%，表明大量的生物聚合物被截留在了膜表面。生物聚合物作为水中主要的膜污染物，其在膜表面大量沉积会导致通量显著下降，这也可能是导致 GDM 对照组稳定通量较低的原因之一。

腐殖质在各 GDM 系统中的去除规律如图 12-32（c）所示，在 GDM 对照组中，GDM 对腐殖质的去除率约为 4.45%±12.70%，表明 GDM 对腐殖质去除效果较差。在 NGDM 系统中，腐殖质的去除率高达 77.87%±6.33%，且腐殖质主要是由 GAC 滤层所去除，有效地降低了腐殖质对后续 GDM 的膜污染风险；此外，SGDM 对腐殖质的去除率（72.09%±18.36%）与 NGDM 相差不大，表明 GAC 的配置类型对腐殖质的去除效能影响不大。不过同比于 NGDM，OGDM 对腐殖质的去除效果明显有所下降，但依然优于 GDM 对照组。小分子有机物在 GAC/GDM 系统中的去除规律如图 12-32（d）所示。GDM 对照组对小分子有机物具有较好的去除作用，去除率为 15.10%±17.67%，这一方面是由于 GDM 膜表面的生物滤饼层起到了较好的预过滤效应；另一方面是由于滤饼层内附着滋生的微生物的生物吸附/降解作用进一步强化了对小分子有机物的去除作用。相比之下，在 NG-DM 系统中，GAC 滤层可有效地预去除水中的小分子有机物，其对小分子有机物的去除率占 NG-

DM 对小分子有机物总去除率的 90% 以上，显著地降低了小分子有机物到达/接触 GDM 的机会；同时可以发现，当原水经 GAC 滤层处理后，后续 GDM 工艺对小分子有机物的去除率极低（几乎可以忽略不计）。因此，GAC 滤层可通过去除水中的小分子有机物（即微生物生长所需的营养物）的方式，有效地调控后续 GDM 膜表面滤饼层内微生物的生长和 EPS 分泌，缓解其膜污染，提高稳定通量。此外，OGDM 对小分子有机物也起到了较好的去除作用，表明即使 GAC 滤层已完全吸附饱和，其内的生物降解作用也可有效地去除水中的小分子有机物，去除率为 48.96%±16.88%，从而在长期过滤过程中维持 GAC 滤层对 GDM 通量的提高效应。

因此，在一体式 GAC/GDM 耦合工艺中，GAC 滤层可以有效地预去除水中的有机污染物（如生物聚合物和小分子有机物），从而降低后续 GDM 膜污染，提高其稳定通量。

12.3　GDM 工艺处理天然水中铁、锰的实验研究

12.3.1　GDM 工艺处理含铁含锰地下水中试实验研究

1. 原水水质

实验用水为黑龙江省哈尔滨市阿城区第二水厂的地下水源水，经过曝气后作为实验用原水，主要污染物的浓度见表 12-14。原水水质较好，主要是铁、锰超标，需要净化处理。

实验用水水质　　　　　　　表 12-14

项目	检测结果	项目	检测结果
Fe(mg/L)	1.27	亚硝酸盐(mg/L)	0.003
Mn(mg/L)	1.84	硝酸盐(mg/L)	0.05
氨氮(mg/L)	0.23	总碱度(mg/L)	257.0
浊度(NTU)	2.04	总硬度(mg/L)	263.0
耗氧量	1.07	氯化物(mg/L)	50.54
色度	5	硫酸盐(mg/L)	30.63
pH	7.0	TDS(mg/L)	700

注：硬度和碱度均以 $CaCO_3$ 计。

2. 实验装置

实验中共设置 4 组实验，如图 12-33 所示。

GDM 膜池有效水深为 100cm，材质为有机玻璃。在 GDM 膜池的侧壁安装浮球阀，进而维持膜池水位的恒定、保证了恒定的跨膜压差（Transmembrane Pressure，TMP），跨膜压差为 7kPa。原水在重力差的驱动下，进入膜池过滤，出水进入溢流堰，而后进入排水系统。GDM1 系统和 GDM2 系统采用 PES 均质膜，GDM3 系统和 GDM4 系统采用 PVDF 均质膜；GDM2 系统和 GDM4 系统的进水中投加定量的锰氧化物，GDM1 系统和 GDM3 系统的进水中不投加任何物质。

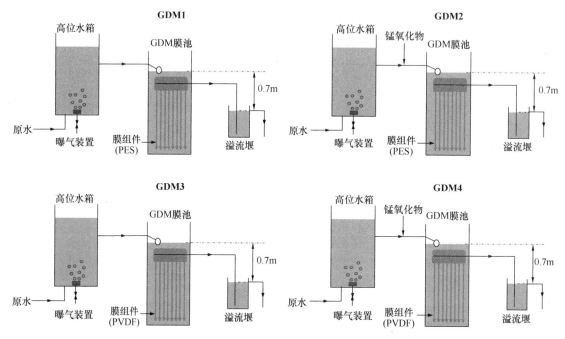

图 12-33　GDM 系统工艺流程图

3. 通量稳定性

各 GDM 系统长期运行，其通量变化规律如图 12-34 所示。与处理地表水类似，长期运行过程中各 GDM 系统通量变化规律可以分为三个阶段，即通量快速下降阶段、通量缓慢下降阶段和通量稳定阶段。第一阶段(0～10d)，4 组 GDM 系统的出水通量均快速下降，GDM 1～GDM 4 的通量分别由 9.25L/(m²·h)、10.10L/(m²·h)、7.34L/(m²·h) 和 7.62L/(m²·h) 下降到 7.14L/(m²·h)、8.10L/(m²·h)、6.36L/(m²·h) 和 5.95L/(m²·h)，通量迅速下降是由膜表面滤饼层污染形成和膜孔堵塞污染所致。第二阶段(11～45d)，通量缓慢下降，但各组 GDM 系统的通量变化趋势不一致，其中 GDM 1 和 GDM 2 系统的稳定通量分别为 5.62L/(m²·h) 和 6.30L/(m²·h)；而 GDM3 和 GDM4 系统的平均通量分别稳定在 6.06L/(m²·h) 和 5.58L/(m²·h)。第 50 天，进水系统出现问题，各 GDM 膜池中有效水深从 1.0m 降至 0.5m，导致部分超滤膜丝裸露在空气中，膜表面的滤饼层结构亦受到不同程度的破坏。第 50～60 天，各 GDM 系统的出水通量均有所降低，但通量下降幅度有较大差异。上述情况表明当膜表面滤饼层形成并稳定后，GDM 通量也趋于稳定；当膜表面滤饼层结构遭到破坏后，不但不能提高 GDM 系统的通量，反而会导致 GDM 系统的稳定通量水平降低。第三阶段(＞60d)，4 组 GDM 系统的出水通量都保持稳定状态（膜阻力变化规律也进一步证明达到了稳定状态），GDM1、GDM2、GDM3 和 GDM4 的稳定通量分别为 3.68±0.081L/(m²·h)、5.20±0.069L/(m²·h)、4.61±0.067L/(m²·h) 和 5.70±0.022L/(m²·h)，表明尽管地下水水温较低且含铁锰污染物，但不会显著地影响 GDM 工艺长期运行的通量稳定性。

对比 4 组 GDM 系统的通量随时间变化规律可知，超滤膜材质和投加锰氧化物对稳定出水通量水平均有影响，但是影响程度有所差别。GDM 1～GDM 4 的稳定通量分别为 3.68±0.081L/(m²·h)、5.20±0.069L/(m²·h)、4.61±0.067L/(m²·h) 和 5.70±0.022L/(m²·h)，其中，GDM3 和 GDM4 系统的稳定出水通量是 GDM1 和 GDM2 系统的稳定出水通量的 1.25 倍和 1.10 倍；GDM2 和 GDM4 系统的稳定出水通量是 GDM1 和 GDM3 系统的稳定出水通量的 1.41 倍和 1.24 倍，表明 GDM 系统（PVDF 膜）的稳定通量高于 GDM 系统（PES 膜），且投加锰氧化物有助于提升 GDM 系统的稳定通量。

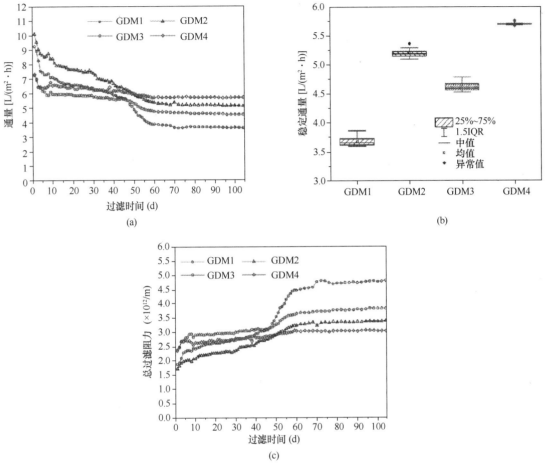

图 12-34　GDM 系统出水通量、稳定通量和总过滤阻力
(a)出水通量；(b)稳定通量；(c)总过滤阻力

此外，尽管 4 组 GDM 系统的稳定通量为 3.8～5.7L/(m² · h)，显著低于常规超滤工艺，但 GDM 系统的膜渗透性为 50～80L/(m² · h · bar)，且略高于常规超滤的膜渗透性[13～100L/(m² · h · bar)]。因此，GDM 工艺具有与常规超滤相当的膜渗透性能，兼具驱动压力低、无清洗、能耗低、维护费用低、操作简单等工艺特点，在分散式（村镇）水处理领域具有广阔的应用前景。

4. 对铁的去除效能

图 12-35 表明，GDM 1 和 GDM 3、GDM 2 和 GDM 4 系统除铁的效果均很好。

曝气后的原水中总铁浓度大约为 0.5～1.2mg/L，运行第 3 天时，GDM 1 和 GDM 3、GDM 2 和 GDM 4 系统出水中总铁浓度分别为 0.086mg/L 和 0.088mg/L、0.099mg/L 和 0.095mg/L，均低于

0.1mg/L，去除率分别为 90.2%、88.8%、90.1% 和 89.2%。当运行至第 7 天，4 组 GDM 系统出水浓度均低于 0.05mg/L，远低于我国《生活饮用水卫生标准》GB 5749—2006 规定。此外，各 GDM 系统的除铁效果基本相当，表明超滤膜材质对 GDM 系统除铁的效果无显著影响，且投加锰氧化物对除铁没有显著的强化作用，这是由于水中 Fe^{2+} 极易被氧化成氢氧化铁（溶解氧充足时），而 GDM 膜池的水力停留时间为 4h，可充分保证铁的完全氧化，形成的氢氧化铁颗粒被超滤膜截留，进而达到去除铁离子的目的。

5. 对锰的去除效能

图 12-36 为 4 组 GDM 系统进出水中锰离子浓度随时间变化规律，曝气后水中锰离子浓度为 1.5～2.25mg/L。

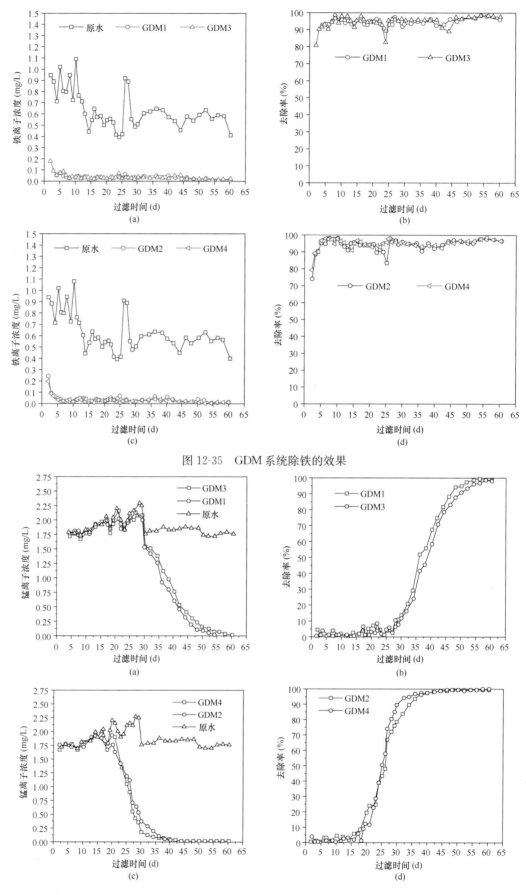

图 12-35　GDM 系统除铁的效果

图 12-36　GDM 系统除锰的效果

过滤初期，GDM1 和 GDM3、GDM2 和 GDM4 系统除锰的效果均较差，即超滤膜的物理截留作用对锰离子几乎没有去除效果。GDM1 和 GDM3 系统出水中锰浓度随时间变化规律相同，连续运行 28d 后，除锰效果逐渐形成，去除率分别为 7.23% 和 10.52%；第 28~50 天，GDM1 和 GDM3 的除锰能力大幅提升，去除率分别高达 94.36% 和 87.44%；连续运行 56d 后，GDM1 和 GDM3 系统出水中锰离子浓度分别为 0.034mg/L 和 0.060mg/L，去除率分别为 99% 和 97%，表明 GDM 系统已经形成了高效稳定的除锰的能力。当预投加锰氧化物后，除锰启动周期有所缩短，连续 19d 后，GDM2 和 GDM4 系统的除锰效果逐渐形成，锰离子去除率分别为 12.36% 和 10.87%；运行 38d 后，出水中锰离子浓度分别为 0.061mg/L 和 0.065mg/L，去除率分别为 96% 和 97%，除锰启动周期较对照组显著缩短。对比各 GDM 系统的启动时间可知，GDM1 和 GDM3 系统启动所需时间基本一致（55d），而 GDM2 和 GDM4 系统所需时间均约为 35d，表明在膜面预涂覆活性锰氧化物是促进除锰效果快速形成的有效手段，而超滤膜的材质对 GDM 系统除锰启动时间无显著影响。

6. 对浊度的去除效能

图 12-37 为 4 组 GDM 系统对浊度去除效果。地下水经曝气后，由于铁氧化物胶体的形成，进水浊度有所增加，约为 1~3NTU，各 GDM 出水中浊度均低于 0.1NTU，出水浊度较稳定，且不受进水浊度变化、膜材质及预投加锰氧化物等因素的影响，表明 GDM 工艺对浊度具有高效的阻控作用。

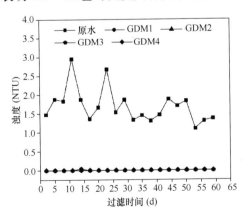

图 12-37 GDM 系统除浊度效果

7. 对有机物的去除效能

图 12-38 为 4 组 GDM 系统对有机物去除效

果。过滤初期，GDM1-4 系统对 UV_{254} 的去除率分别为 14.15%、14.93%、16.07% 和 19.32%，表明超滤膜对有机物具有一定的截留作用。随着过滤的进行，尽管 GDM 膜表面不断形成含铁锰氧化物的滤饼层，但是各 GDM 系统对 UV_{254} 的去除效能并未显著增加，这可能是由于原水中有机物含量较低，且地下水水温较低，不适于微生物生长繁殖以及对有机污染物的降解。

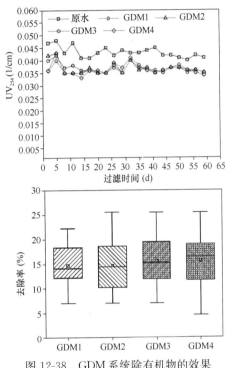

图 12-38 GDM 系统除有机物的效果

8. 进水锰浓度对 GDM 系统除锰效果的影响

GDM 系统运行稳定后，梯度增加进水中锰浓度，考察其对 GDM 工艺净水效能的影响，为了防止 GDM 系统出水中 Mn^{2+} 的浓度超过《生活饮用水卫生标准》GB 5749 规定，实验中采用小增量（增加量 0.25mg/L）、多批次的方式提高进水中 Mn^{2+} 浓度，实验结果如图 12-39 所示。

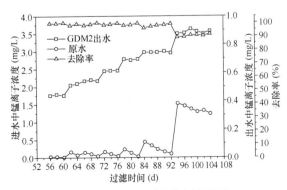

图 12-39 GDM 系统除锰的效果

第61天开始，将定量的硫酸锰溶液加入进水管中，进水锰浓度提高至约 2.000mg/L，出水中锰离子由 0.010mg/L 增加至 0.034mg/L，随后下降到 0.017mg/L。第65天，再次提高进水中锰浓度至 2.200mg/L，出水 Mn^{2+} 的浓度仅略微上升（0.043mg/L），运行 5d 后，出水锰浓度下降至 0.010mg/L，远低于《生活饮用水卫生标准》GB 5749 规定的浓度。第84天，进水中锰浓度提高至 2.960mg/L，出水 Mn^{2+} 的浓度为 0.110mg/L。随着过滤的进行，GDM 系统出水中锰浓度逐渐下降，第92天时 GDM 系统出水中 Mn^{2+} 的浓度仅为 0.026mg/L。第93天，进水锰浓度提高至 3.520mg/L，出水锰浓度为 0.380mg/L，超过我国《生活饮用水卫生标准》GB 5749 规定，随着过滤的进行，GDM 工艺出水中锰浓度虽有所下降，但仍高于 0.2mg/L。由于 GDM 系统出水中溶解氧浓度约 5.0mg/L，即溶解氧不是去除锰离子的限制因素。因此，在此条件下，GDM 工艺除锰的原水锰临界浓度为 3.0mg/L。

9. 进水锰浓度对氨氮和铁去除效能的影响

本实验考察了进水锰浓度冲击负荷对 GDM 工艺除铁除氨氮效能的影响，实验结果如图 12-40 所示。

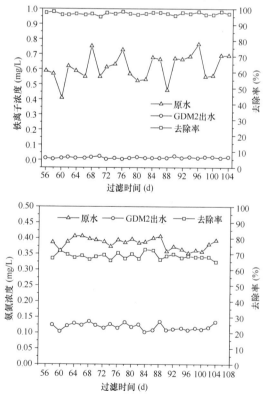

图 12-40　进水锰浓度冲击负荷对
GDM 工艺除铁除氨氮效能的影响

示。尽管进水中锰浓度由 1.700mg/L 梯级增加到 3.520mg/L，但 GDM 系统出水中铁浓度始终保持稳定，约为 0.015mg/L，平均去除率为 97.4%；GDM 出水中氨氮浓度也保持稳定，并未产生明显波动，表明在溶解氧充足的条件下，进水中锰离子浓度变化并不会显著影响 GDM 工艺的除铁除氨氮的效果。

10. 进水氨氮浓度对 GDM 系统除氨氮效能的影响

当 GDM 系统运行稳定后（60d，出水氨氮浓度为 0.09mg/L），逐渐增加进水中氨氮浓度（每次增幅为 0.25mg/L），以考察 GDM 工艺对氨氮的去除能力和原水边界，实验结果如图 12-41 所示。

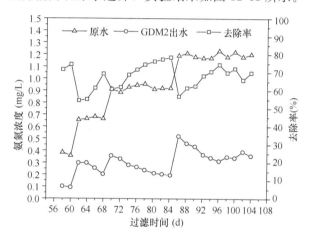

图 12-41　GDM 系统除氨氮的效果

第61天，向进水中投加氯化铵溶液，进水中氨氮浓度增加到 0.66mg/L，出水中氨氮的浓度亦随之增加至 0.30mg/L；连续运行 7d 后，出水中氨氮浓度降低至 0.20mg/L。第70天，再次提高进水中氨氮浓度至 0.90mg/L，出水中氨氮浓度为 0.36mg/L；连续运行 14d 后，GDM 系统出水中氨氮浓度降至 0.20mg/L。第85天，将进水中氨氮浓度提升至 1.20mg/L，出水中氨氮浓度为 0.52mg/L，超出我国《生活饮用水卫生标准》GB 5749 限值；连续运行 10d 后，GDM 系统出水中氨氮浓度降低至 0.35mg/L。因此，该条件下 GDM 工艺对氨氮去除的边界上限浓度为 0.9mg/L，不宜超过 1.2mg/L。

11. 进水氨氮浓度对 GDM 系统除铁锰效能的影响

进水氨氮浓度冲击负荷对 GDM 工艺除铁除锰效能的影响如图 12-42 所示。

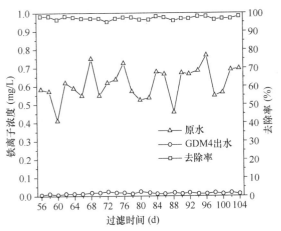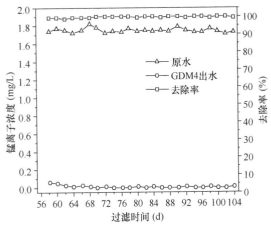

图 12-42　进水氨氮浓度冲击负荷对 GDM 工艺除铁除锰效能的影响

尽管进水中氨氮浓度梯度增加，但 GDM 工艺出水中铁和锰的浓度始终保持稳定，分别为 0.015mg/L 和 0.020mg/L，平均去除率分别高达 99％和 98％，即原水中氨氮浓度的增加不会显著地影响 GDM 工艺的除铁除锰效果，这是由于水中溶解氧浓度较高，保证了铁和锰离子氧化过程有效进行。

12.3.2　GDM 工艺处理含铁含锰地表水小试实验研究

1. 原水水质

本实验采用生活污水和脱氯水勾兑模拟微污染地表水源水，通过调整二者的勾兑比例控制进水中有机物的含量，同时通过向原水中投加铁和锰模拟突发铁锰污染的地表水，详细水质信息见表 12-15。

实验中四组 GDM 系统进水水质信息　表 12-15

序号	水质指标	浓度			
		GDM1	GDM2	GDM3	GDM4
1	DOC (mg/L)	2.13～3.04	3.32～4.36	4.62～5.31	7.59～8.72
2	氨氮 (mg/L)	0.09～0.26	1.01～1.39	1.92～2.49	3.34～4.62
3	UV_{254} (1/cm)	0.058～0.082	0.061～0.091	0.070～0.105	0.083～0.131
4	Fe^{2+} (mg/L)	0.59～1.50	0.46～1.26	0.66～1.32	0.69～1.47
5	Mn^{2+} (mg/L)	0.42～0.70	0.32～0.69	0.34～0.79	0.32～0.73

2. 实验装置

GDM 小试实验装置如图 12-43 所示。

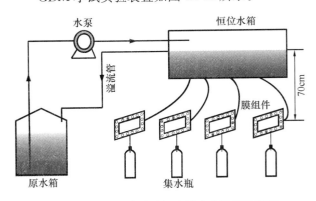

图 12-43　GDM 除铁除锰小试实验装置示意图

每组实验装置分别设置独立的原水箱和恒位水箱，恒位水箱和膜组件间的高度差（70cm）是 GDM 过滤的驱动压力。在重力作用下，原水从恒位水箱进入膜组件中，过滤后的膜出水进入集水瓶。本实验采用 PES 超滤膜（150kDa），有效过滤膜面积为 76.87cm²。长期运行过程中，GDM 工艺连续运行，不采取任何曝气、错流、反冲洗等措施控制膜污染。

3. GDM 通量变化规律及有机物浓度对其的影响

GDM 系统在无清洗条件下，长期连续运行（82d），其通量变化规律如图 12-44 所示。

第 0～10 天（通量快速下降阶段），GDM1～GDM4 的膜通量分别由 42.99L/(m^2·h)、33.10L/(m^2·h)、26.14L/(m^2·h) 和 21.20L/(m^2·h) 下降至 9.43L/(m^2·h)、6.76L/(m^2·h)、5.81L/(m^2·h) 和 4.94L/(m^2·h)，降幅约 78.1％、79.6％、

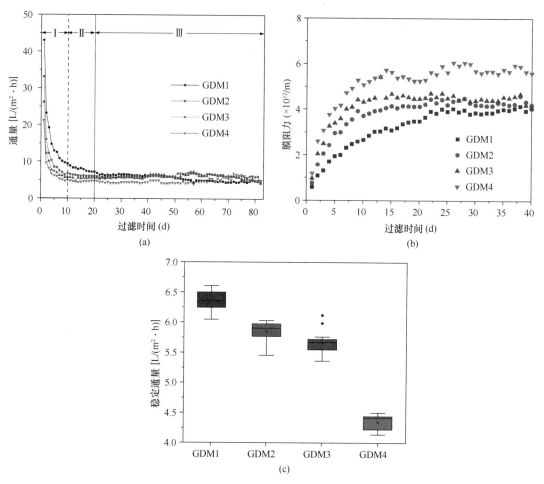

图 12-44　GDM 工艺长期运行的产水效能分析
(a)通量变化规律；(b)膜过滤阻力；(c)稳定通量(20～40d)

77.8％和 76.7％；且进水中有机物浓度越高，GDM 的膜通量下降越快，这是由于运行初期，GDM 膜污染主要是由水中的污染物在膜面或膜孔中吸附沉积，形成孔道阻塞和滤饼层污染。连续运行 20d 后，各 GDM 系统的膜通量趋于稳定，平均稳定通量分别为 6.43±0.25 L/(m² · h)、5.91±0.71 L/(m² · h)、6.13±0.49 L/(m² · h)和 4.81±0.66 L/(m² · h)，表明地表水中的铁锰不会影响 GDM 工艺长期运行的通量稳定性，但对 GDM 工艺的稳定通量水平有一定的影响，当有机物浓度在 0～5mg/L 时，增加水中的有机物和无机物含量有助于提高 GDM 的稳定通量，当有机物含量超过 5mg/L 时，随着有机物含量的增加，GDM 的稳定通量逐渐下降。

4. 对铁的去除效能

图 12-45 为各组 GDM 系统运行过程中（0～41d），原水和出水中铁离子的浓度随运行时间变化的规律。尽管各 GDM 系统的进水有机污染程度不同，且进水中铁离子浓度稍有波动，但其均可有效地去除水中的铁离子，出水中铁浓度低于 0.3mg/L，且运行 2d 后，出水铁浓度降低至 0.1mg/L 以下，符合《生活饮用水卫生标准》GB 5749，这是由于原水呈弱碱性（pH＝7～7.5），且水中溶解氧含量充足（6～8mg/L），加速了铁的氧化去除。

5. 对锰的去除效能

各 GDM 系统在运行过程中，原水和出水中锰离子浓度随运行时间的变化规律如图 12-46 所示。

在启动初期，GDM 系统对锰离子的去除效果较差，表明水中的锰离子难以被超滤膜截留去除。运行 3d 后，GDM2、GDM3、GDM4 组对锰离子开始产生了一定的去除作用，但去除率较低。随着过滤的进行，各 GDM 除锰效率逐渐提升，连续运行 35d 后，其对锰的去除效率逐渐达到了稳定状态，GDM2 和 GDM3 对锰的去除率高达 94％和 95％，出水中锰离子的浓度低于 0.1mg/L，满足《生活

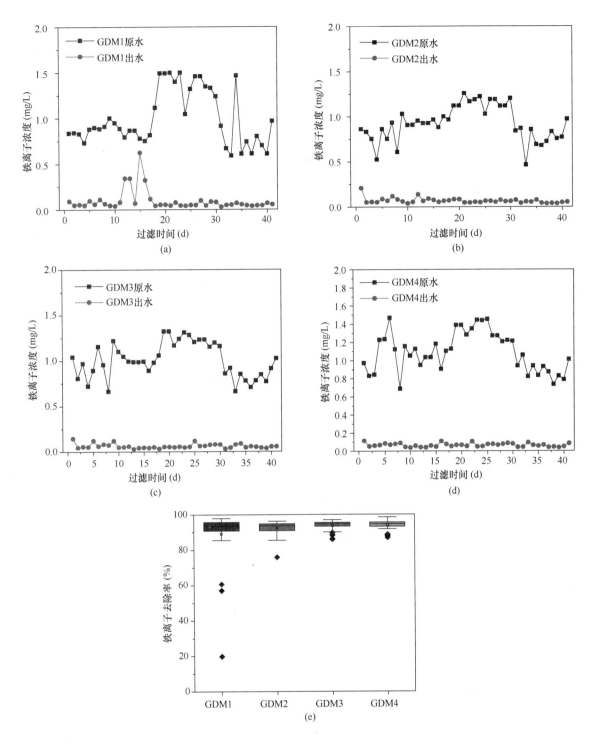

图 12-45　GDM 系统进出水中铁离子浓度随时间变化规律

(a) GDM1；(b) GDM2；(c) GDM3；(d) GDM4；(e) 铁去除率（30～40d）

饮用水卫生标准》GB 5749。GDM1 和 GDM4 对锰的去除效果相对较差，尤其是 GDM1，其对锰的去除率仅约 20%，这可能是由于 GDM1 是采用的脱氯自来水配水，原水中有机物质、无机物和微生物含量少，不利于 GDM 膜面滤饼层的形成和锰

的快速去除；而 GDM4 可能是由于水中有机质含量过高，导致锰和有机物形成含锰复合污染物，导致其难以被快速氧化去除，表明 GDM 工艺对水中锰的去除效果与原水中污染物的含量和组分显著相关。

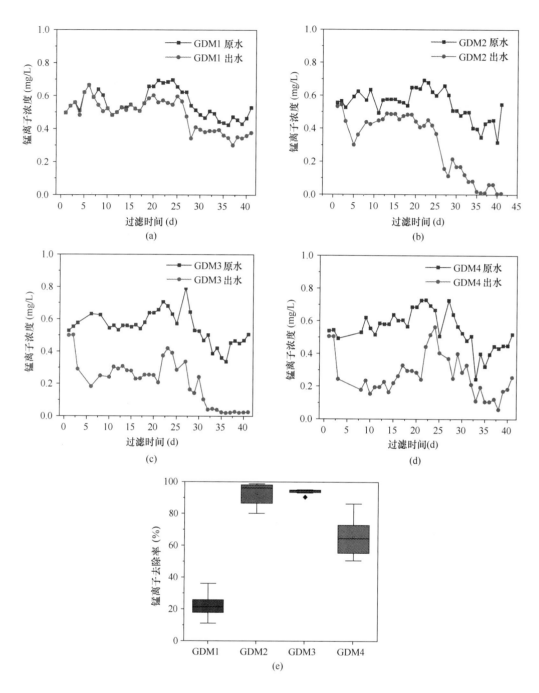

图 12-46　GDM 系统进/出水中锰离子浓度随时间变化规律

(a) GDM1；(b) GDM2；(c) GDM3；(d) GDM4；(e) 锰去除率（30～40d）

6. 对 EEM 的去除效能

长期运行过程中，GDM 工艺对水中荧光性有机污染物的去除效能如图 12-47 所示。GDM1、GDM2、GDM3 和 GDM4 的进水中荧光性有机物浓度逐渐增加，且主要均为蛋白质类和腐殖酸类污染物。随着过滤的进行，GDM1、GDM2、GDM3 和 GDM4 出水中的荧光性污染物浓度不断降低，去除效果随时间显著提升；第 16 天后，GDM1、GDM2、GDM3 和 GDM4 对荧光性污染物的去除效果均达到稳定状态（除第 25 天有所波动外），这是由于长期运行过程中，GDM 膜表面逐渐形成生物滤饼层，对水中的荧光性污染物起到了较好的去除作用，同时滤饼层中不断形成的铁锰氧化物对水中的荧光性污染物也具有较好的吸附作用。

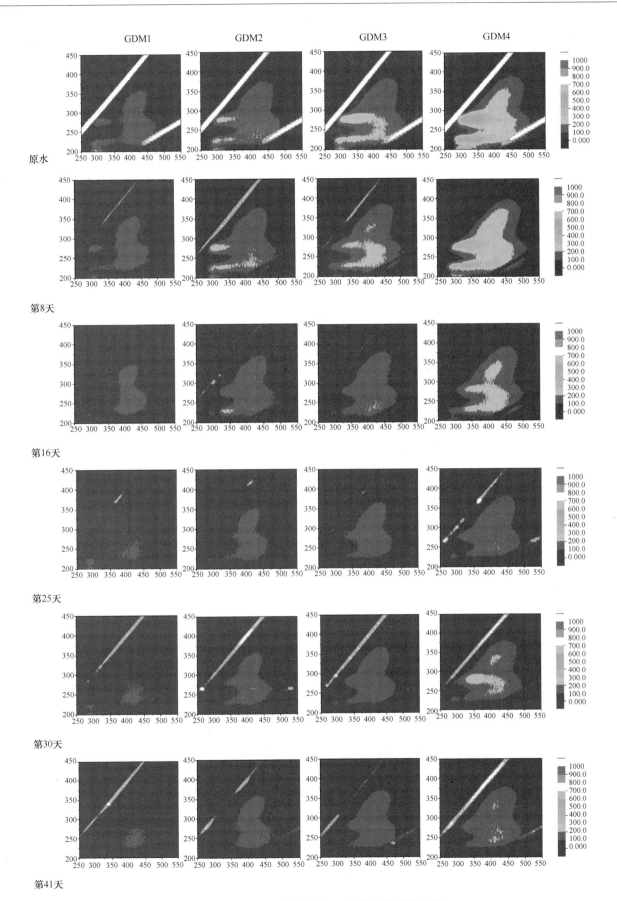

图 12-47　GDM 系统进出水 EEM 随时间变化规律

7. 对 DOC 的去除效能

溶解性有机物极易透过超滤膜，故常规超滤工艺对其的去除率相对较低（20%）。GDM 系统长期运行过程中，对 DOC 的去除效能如图 12-48 所示。

相比于常规超滤工艺，GDM 系统对 DOC 具有较好的去除能力，GDM1、GDM2、GDM3 和 GDM4 对 DOC 的平均去除率分别为 33.81%、33.57%、36.54% 和 54.00%，这是由于铁锰氧化过程中产生的铁锰氧化物具有较好的吸附作用，可将水中的有机物吸附去除。

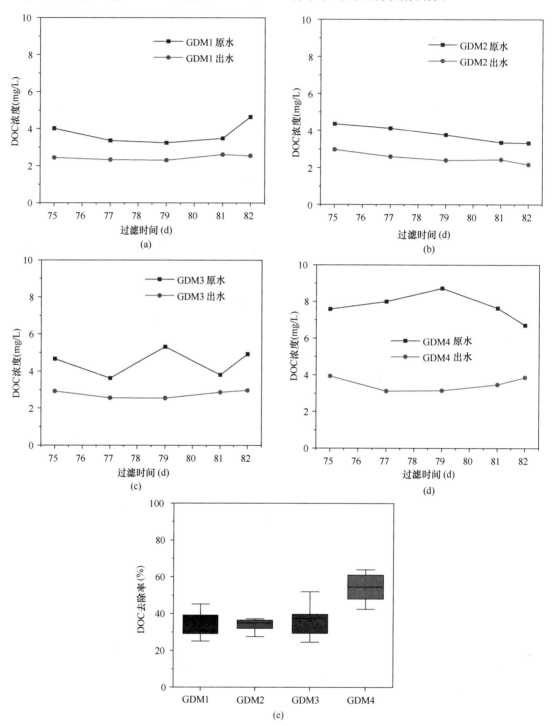

图 12-48　GDM 系统进出水 DOC 浓度随时间变化规律
（a）GDM1；（b）GDM2；（c）GDM3；（d）GDM4；（e）去除率

8. 突发性重金属污染的模拟研究

连续运行 35～41d 后，向原水中投加一定浓度的铬离子、砷离子和铅离子，考察 GDM 工艺运行稳定后对突发离子污染的阻控作用。第 35 天向原水中投加的铬离子和铅离子初始浓度为 150～200 μg/L，随后逐渐加大投量至 300～400 μg/L，而进水中砷离子浓度始终处于 300～350 μg/L。投加上述离子污染物后，各 GDM 组的出水中铁、锰含量维持相对稳定，膜通量未发生显著变化，表明原水突发上述离子污染，不会影响 GDM 工艺的除铁除锰效能和通量稳定性。

9. 对铬的去除效能

原水突发铬污染期间，各 GDM 系统对铬的去除效能如图 12-49 所示。当原水中铬离子浓度为 150～200 μg/L 时，GDM1、GDM2、GDM3 和 GDM4 出水中铬离子的浓度均低于检出限，当进水中铬离

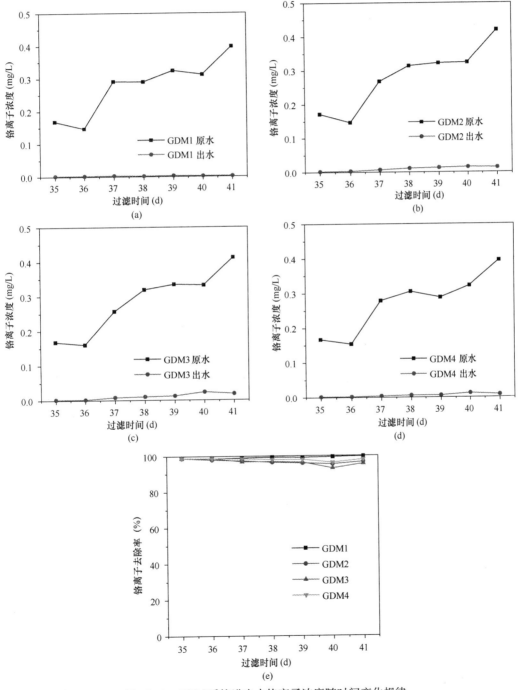

图 12-49　GDM 系统进出水铬离子浓度随时间变化规律

（a）GDM1；（b）GDM2；（c）GDM3；（d）GDM4；（e）去除率

子浓度处于 300～400 μg/L 时，铬离子的去除率分别为 99.1%±0.35%，96.9%±1.10%，96.6%±1.81% 和 98.0%±0.79%，出水中平均铬离子浓度分别为 0.002mg/L、0.012mg/L、0.014mg/L、0.007mg/L，满足《生活饮用水卫生标准》GB 5749—2006 要求（＜0.05mg/L），这可能是由于生物滤饼层及铁锰氧化对铬吸附去除。因此，GDM 工艺可有效去除水中的铬离子，当原水突发铬污染时，GDM 系统可保障供水安全。

10. 对砷的去除效能

如图 12-50 所示，GDM1、GDM2、GDM3 和 GDM4 对砷离子的去除率分别为 85.75%、76.40%、67.69% 和 66.33%，出水中砷离子浓度分别为 0.046mg/L、0.076mg/L、0.105mg/L、0.101mg/L，表明 GDM 工艺对砷具有较好的去除作用。然而，随着过滤的进行，各 GDM 系统对砷的去除率逐渐下降，第41天，GDM1、GDM2、

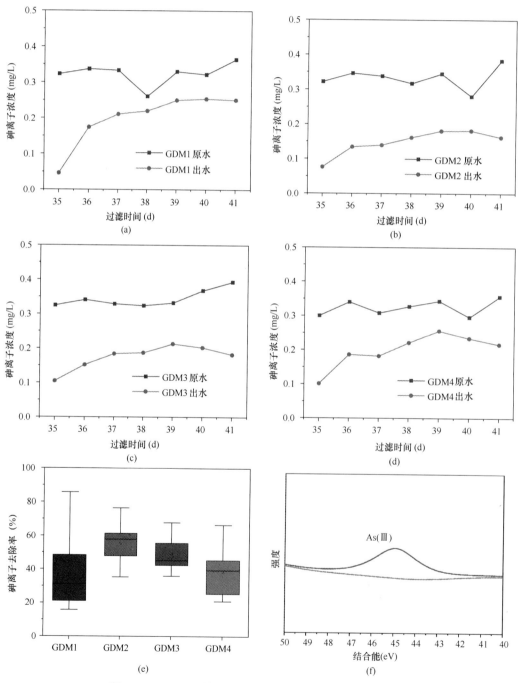

图 12-50　GDM 系统进出水中砷离子浓度随时间变化规律
(a) GDM1；(b) GDM2；(c) GDM3；(d) GDM4；(e) 去除率；(f) XPS 分析

GDM3 和 GDM4 对砷离子的去除率分别下降至 21.11%、35.35%、45.10% 和 20.95%，出水中砷浓度分别为 0.251mg/L、0.162mg/L、0.182mg/L 和 0.216mg/L。通过 XPS 分析可知，砷在滤饼层内以 As（Ⅲ）的形式存在，而几乎没有被氧化为五价砷，表明本实验中 GDM 对砷的去除依靠的是铁锰氧化物的吸附作用；且砷的去除率与进水中的有机物浓度成负相关性，这可能是由于有机物与砷形成了竞争吸附作用。

综上所述，当原水受到突发性的砷离子污染时，GDM 系统内的活性铁锰氧化物可以对砷离子产生一定的吸附作用，但此吸附作用对砷离子的去除效果取决于原水中其他竞争性离子的浓度大小，且吸附能力会随着吸附逐渐饱和而降低。因此，当进水中砷含量较低时，GDM 工艺可有效地保障供水安全。

11. 对铅的去除效能

当 GDM 工艺通量达到稳定状态后，其对铅的去除效能如图 12-51 所示。各 GDM 系统均可有效地去除水中的铅，且对铅的去除率与原水中有机物污染程度无明显关联，表明进水有机物浓度不影响铅的去除。

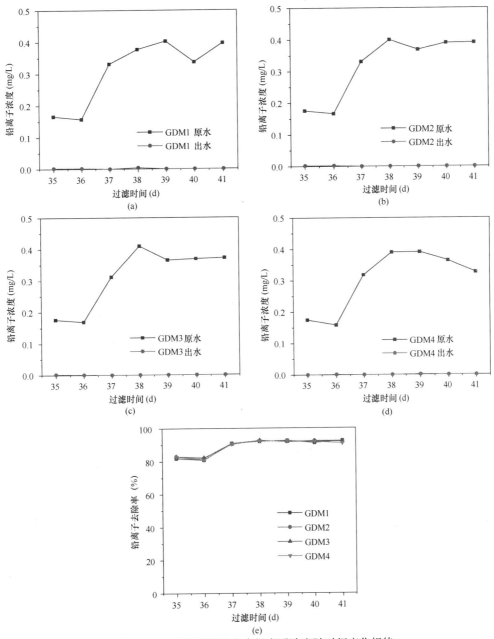

图 12-51　GDM 系统进出水铅离子浓度随时间变化规律
（a）GDM1；（b）GDM2；（c）GDM3；（d）GDM4；（e）去除率

此外，将进水中铅浓度由 150μg/L 提升至 400μg/L 时，GDM 系统对铅的去除率由 82% 提升至 92%，出水中铅浓度始终低于检出限，满足《生活饮用水卫生标准》GB 5749—2006（<0.01mg/L），表明 GDM 工艺可有效地应对突发性铅污染，保障供水安全。

12.3.3 GDM 工艺处理含铁含锰地表水中试实验研究

1. 原水水质

本课题实验用水为海南文昌赤纸水库水，冬季水质较好，夏季铁锰季节性超标，藻类含量显著增加。水库水由潜水泵提升至中试设备原水箱，通过加药泵投加一定量的氯化锰及氯化亚铁以维持铁锰浓度的稳定，经过简单曝气后作为实验用水，实验期间主要水质情况见表 12-16。

海南文昌某水库水原水水质　　表 12-16

指标	范围
铁（mg/L）	0.35～0.65
锰（mg/L）	0.21～0.61
氨氮（mg/L）	0.05～0.39
DOC（mg/L）	0.068～1.087
COD_{Mn}（mg/L）	1.6～4.18
UV_{254}（l/cm）	0.019～0.053
浊度（NTU）	1.64～9.25
叶绿素 a（μg/L）	0.020～0.045
温度（℃）	18.5～30.3
DO	6.1～8.6
pH	6.0～8.2

2. 中试装置及参数

中试装置示意图及实物图如图 12-52 所示，该装置主要由原水箱、加药箱、混合器、GDM 膜池、溢流堰 5 部分组成。原水来自赤纸水库，经潜水泵抽吸进入高位原水箱中并对原水进行曝气处理，随后进入 GDM 膜池，超滤处理后出水直接进入溢流堰，最后排出系统，其中膜池进水管设有混合器，保证氧化剂与原水充分混合。在 GDM 膜池

的侧壁安装浮球阀，以维持膜池水位的恒定、保证恒定的跨膜压差，约 0.006MPa。

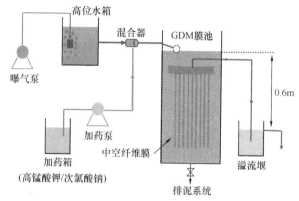

图 12-52　中试装置示意图

为了考察膜材质对 GDM 系统除铁锰污染物的影响，中试实验中使用了 2 种不同材质的中空纤维膜：PES 膜和 PVDF 膜，均为帘式膜组件，其主要性质见表 12-17。

中试设备超滤膜性质　　表 12-17

膜形式	外压式超滤膜	
膜材料	PES	PVDF
平均孔径（μm）	0.1	0.1
内径（mm）	1.0	1.0
外径（mm）	2.2	2.2
有效过滤面积（m²）	15	15

为了加速 GDM 工艺除铁锰的启动过程，本实验采用高锰酸钾及次氯酸钠 2 种水厂中常用的强氧化剂，考察预氧化及不同氧化剂对 GDM 除锰启动过程的影响。原水与氧化剂（$KMnO_4$ 和 $NaClO$）充分混合后进入 GDM 膜池，即 $KMnO_4$＋GDM 和 $NaClO$＋GDM；此外另有一套 GDM 系统不加任何预处理作为对照组。

综上所述，中试实验共设置 6 个实验组（表 12-18），分别为 GDM-PES、GDM-PES-$KMnO_4$、GDM-PES-NaClO、GDM-PVDF、GDM-PVDF-$KMnO_4$ 和 GDM-PVDF-NaClO，对比不同膜材质及不同在线预氧化方式对除锰效能快速启动的影响。

膜组件性质　　表 12-18

膜组件名称	膜材质	措施	备注
GDM-PES	PES		对照组
GDM-PES-$KMnO_4$	PES	$KMnO_4$ 预氧化（0～27d）	缩短并加速除锰启动过程
GDM-PES-NaClO	PES	NaClO 预氧化	缩短并加速除锰启动过程
GDM-PVDF	PVDF		对照组
GDM-PVDF-$KMnO_4$	PVDF	$KMnO_4$ 预氧化	缩短并加速除锰启动过程
GDM-PVDF-NaClO	PVDF	NaClO 预氧化	缩短并加速除锰启动过程

注：高锰酸钾投加时间为 0～27d；次氯酸钠投加时间为 0～55d，每 15d 排除底部积泥 1 次。

为研究 GDM 工艺处理含锰地表水的净水效能以及耦合预氧化工艺对其的调控作用，各实验组连续运行约 3 个月，每 2d 对原水和膜出水进行检测，检测指标主要包括：锰、铁、氨氮、浊度、UV$_{254}$、COD$_{Mn}$、DOC 和叶绿素 a，每个月对微生物数量进行检测，分析系统在长期运行条件下对铁锰、浊度、有机物和微生物的去除效能。

3. 膜材质对 GDM 工艺除锰启动过程的影响

未投加任何氧化剂的 GDM 系统（即对照组）进出水中锰离子浓度随时间变化的曲线，如图 12-53 所示。曝气后水中锰离子浓度为 0.21～0.80mg/L，平均浓度为 0.50mg/L。由图可知，在不投加氧化剂情况下，运行初期 GDM 系统对锰离子的去除效果几乎为零，表明超滤膜的物理截留作用难以去除水中的锰离子；随着过滤的进行，GDM 膜表面逐渐形成一层滤饼层，出水中锰离子浓度逐渐降低，锰的去除率逐渐增加，表明膜表面滤饼层的形成是除锰的关键。运行至 20～45d 时，GDM 工艺已形成较好的除锰效果，锰的平均去除率约为 50%，但出水中锰浓度仍不满足《生活饮用水卫生标准》GB 5749—2006 要求（低于 0.1mg/L）。随着过滤的继续进行（45～70d），GDM 膜表面滤饼层不断形成和发展，GDM 系统出水锰浓度降低至约 0.1mg/L，随后 GDM 系统出水中锰浓度进一步降低至约 0.02mg/L（其中，第 65 天，GDM-PVDF 组出水中平均锰浓度为 0.02mg/L，去除率为 96.6%；第 72 天，GDM-PES 组出水中平均浓度为 0.02mg/L，去除率为 96.6%）。因此，随着过滤的进行，锰离子不断被氧化为锰氧化物，并不断被截留在 GDM 膜表面，强化了水中锰的高效去除。

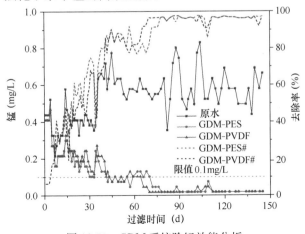

图 12-53　GDM 系统除锰效能分析

4. 预氧化对 GDM 除锰启动过程的影响

为了进一步强化除锰作用，加速除锰启动过程，考察了高锰酸钾和次氯酸钠预氧化对 GDM 工艺除锰效能的影响，实验结果如图 12-54 所示。采用投加高锰酸钾预氧化后，GDM 工艺出水中锰浓度低于 0.1mg/L，即高锰酸钾预氧化耦合 GDM 工艺可有效地去除水中的锰离子。在第 13 天停止投药，第 14～15d，GDM 工艺对锰离子的去除率由 80% 下降到 40% 左右，表明 GDM 工艺本身已经形成了较好的除锰效果，投加高锰酸钾有助于活性锰氧化物的形成，加速除锰启动过程。第 27 天停止投药后，GDM-PVDF-KMnO$_4$ 组出水中锰浓度约为 0.1mg/L，满足《生活饮用水卫生标准》GB 5749—2006 要求（低于 0.1mg/L）。相比于对照组，GDM-PVDF-KMnO$_4$ 组除锰启动周期大幅缩短（由 70d 缩短至 27d），这是由于高锰酸钾预氧化加速了滤饼层内活性锰氧化的快速形成和积累，强化了除锰效能。连续运行 45d，GDM-PVDF-KMnO$_4$ 出水中锰浓度相对较为稳定，平均浓度为 0.02mg/L，去除率高达 96.8%。

相比于高锰酸钾预氧化，次氯酸钠开始氧化速率较慢，随着膜表面锰氧化物的不断积累，在其催化作用下，次氯酸钠的氧化速率逐渐加快，使得 GDM 工艺出水中锰浓度低于 0.1mg/L。然而，由于次氯酸钠在水中性质极不稳定，导致除锰效果极不稳定，GDM-PES-NaClO 和 GDM-PVDF-NaClO 组出水中锰浓度波动均较大。第 45 天停止投药后，GDM-PES-NaClO 和 GDM-PVDF-NaClO 组出水中平均锰浓度为 0.07mg/L；第 55 天，出水中平均锰浓度为 0.02mg/L，去除率高达 96.8%。尽管采用高锰酸钾和次氯酸钠 2 种不同的预氧化方式，但 PES 组和 PVDF 组的除锰曲线趋势基本一致，表明预氧化条件下膜材质不会对 GDM 系统的除锰效果产生显著影响。此外，对比各组达到稳定除锰效果（即出水锰浓度 0.02mg/L）所需的时间可知，GDM-PVDF、GDM-PVDF-KMnO$_4$ 和 GDM-PVDF-NaClO 所需时间分别为 70d、45d 和 55d；GDM-PES、GDM-PES-KMnO$_4$ 和 GDM-PES-NaClO 所需的时间分别为 78d、50d 和 55d。上述结果表明，采用预氧化可显著缩短 GDM 工艺取得稳定除锰效果所需的过滤时间，且高锰酸钾预氧化效果优于次氯酸钠。

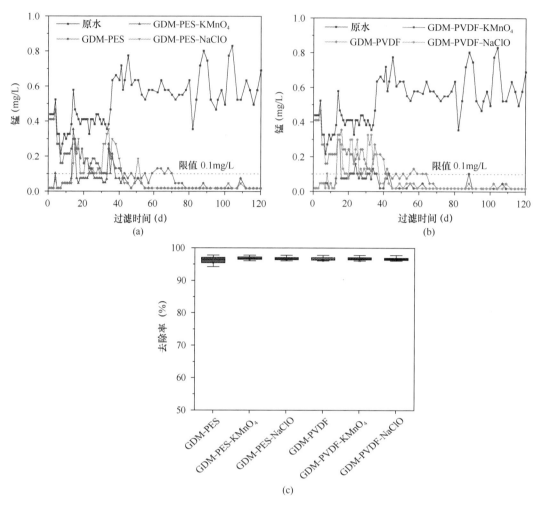

图 12-54 不同氧化剂对 GDM 除锰启动影响

(a) PES 膜；(b) PVDF 膜；(c) 锰去除率（稳定后）

值得一提的是，本实验中投加的高锰酸钾和次氯酸钠浓度对水中的微生物具有显著的杀灭和抑制作用，但其却显著地促进了 GDM 除锰功能的快速形成，尤其是投加高锰酸钾（有助于快速形成锰质活性滤膜），表明在 GDM 工艺处理含铁含锰地表水过程中，主要是活性锰氧化物的催化氧化作用在除锰过程中起到了关键作用。

5. 对铁的去除效能

原水经曝气后总铁浓度为 0.35～0.85mg/L，平均浓度为 0.51mg/L，各 GDM 工艺对铁的去除效能如图 12-55 所示。

各 GDM 组出水中铁浓度的变化趋势和去除率基本一致，可分为 2 个阶段：第一阶段（0～30d），铁的去除率逐渐增加，出水平均浓度为 0.08mg/L，满足《生活饮用水卫生标准》GB 5749—2006 要求（低于 0.3mg/L）；第二阶段（30～90d），铁的去除率达到稳定状态，各 GDM 系统出水中铁浓度均

为 0mg/L，去除率达到 100%。此外，不同膜材质和预氧化方式对除铁效果影响不大。

6. 对氨氮的去除效能

图 12-56 为各组 GDM 系统出水氨氮浓度随时间变化规律曲线。原水经曝气后的氨氮浓度波动较大，约为 0.13～0.52mg/L，平均浓度为 0.30mg/L。过滤初期，各 GDM 工艺进出水中氨氮浓度基本一致，表明超滤膜本身难以截留水中的氨氮，且预氧化对氨氮的去除也没有显著强化作用。随着过滤的进行，各 GDM 组出水中氨氮浓度逐渐降低，这是由于长期运行过程中，GDM 膜面滤饼层内不断形成的活性锰氧化物对氨氮起到了较好的催化氧化作用，同时滤饼层内附着滋生的微生物（如硝化细菌）也对氨氮起到了强化去除作用。过滤 40d 后，GDM-PES、GDM-PES-KMnO₄、GDM-PES-NaClO、GDM-PVDF、GDM-PVDF-KMnO₄、GDM-PVDF-NaClO 各组膜出水氨氮浓度分别为：0.06mg/L、0.03mg/L、0.03mg/L

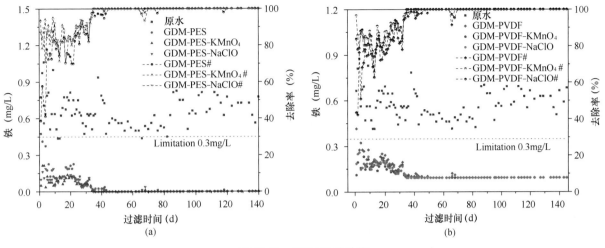

图 12-55　GDM 除铁效能

(a) PES；(b) PVDF

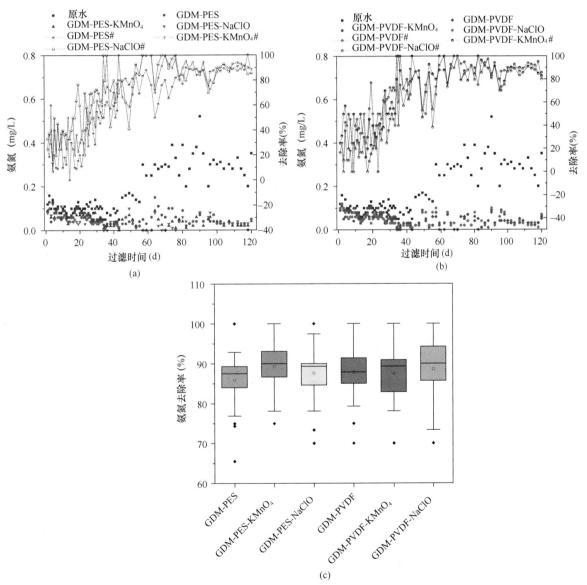

图 12-56　GDM 工艺对氨氮的去除效能

(a) PES；(b) PVDF；(c) 氨氮去除率（稳定后）

和 0.04mg/L、0.04mg/L、0.04mg/L，氨氮平均
去除率为 80%～90%，且各组的氨氮去除率基本
一致。

7. 对浊度的去除效能

长期运行过程中，原水和 GDM 膜出水中浊度
变化规律如图 12-57 所示。原水取自水库水，冬季
浊度较低且稳定（1.5～4NTU）。春季开始原水浊
度逐渐增加（雨季原水浊度骤升），且曝气后水中
的二价铁被氧化成氢氧化铁胶体，导致原水浊度的
波动较大（1.8～9.2NTU）。经 GDM 工艺过滤
后，出水浊度较为稳定（约 0.2NTU），远远满足
《生活饮用水卫生标准》GB 5749—2006 中浊度低
于 1NTU 的要求，平均去除率均达到 92%，且不
随进水浊度的变化而显著变化。

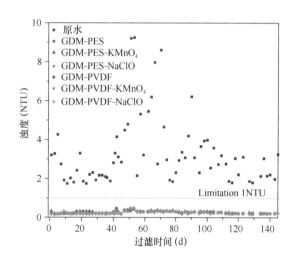

图 12-57　GDM 系统除浊度的效果

8. 对 UV_{254} 的去除效能

图 12-58 为各组 GDM 系统对天然有机物去除
效果。

原水中 UV_{254} 浓度为 0.019～0.062/cm，平均
值为 0.030/cm。GDM-PES、GDM-PES-KMnO₄、
GDM-PES-NaClO、 GDM-PVDF、 GDM-PVDF-
KMnO₄、GDM-PVDF-NaClO 各组膜出水 UV_{254} 分
别为 0.0163/cm、0.0150/cm、0.0150/cm、0.0160/
cm、0.0155/cm、0.0154/cm，各 GDM 系统对 UV_{254}
平均去除率分别为 38.85%、44.08%、43.90%、
39.85%、42.19%、42.25%。此外，相比于对照组，
采用高锰酸钾和次氯酸钠预氧化可促进 UV_{254} 去
除，且在停止加药后仍存在促进作用。

9. 对 DOC 的去除效能

GDM 工艺长期运行过程中，膜组件进水和出

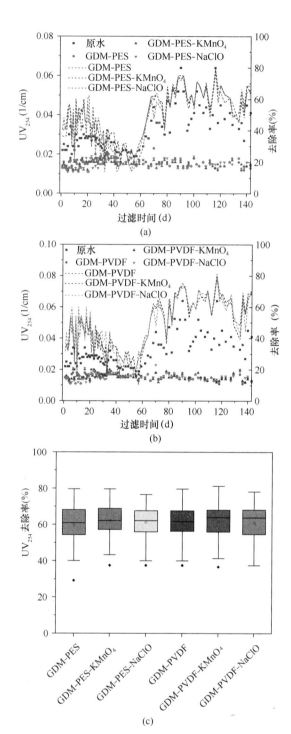

图 12-58　GDM 系统 UV_{254} 去除率
(a) PES；(b) PVDF；(c) UV_{254} 去除率（稳定后）

水中 DOC 浓度随时间变化规律如图 12-59 所示。
实验期间原水的 DOC 为 0.668～1.087mg/L。过
滤初期，GDM 系统对 DOC 的去除效果较差，去
除率低于 5%，采用次氯酸钠预氧化后，膜出水
DOC 浓度甚至高于进水。随着过滤的进行，GDM
膜表面滤饼层内铁锰氧化物不断积累，对水中的有

机物起到了一定的吸附作用，DOC 的去除率亦随之逐渐增加，平均去除率约 10%～12%，较 UV$_{254}$ 去除率显著降低，表明 GDM 工艺对溶解性有机物的去除效果甚微。

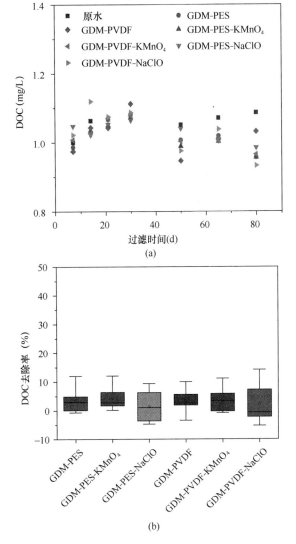

图 12-59　GDM 系统对 DOC 的去除效能
（a）浓度；（b）去除率

10. 对叶绿素 a 的去除效能

如图 12-60 所示原水中叶绿素 a 浓度为 0.020～0.045μg/L，平均浓度为 0.030μg/L。长期运行过程中，各 GDM 组出水叶绿素 a 的大小及变化趋势基本一致，第 1～50 天，出水平均浓度为 0.004～0.005μg/L，平均去除率约为 86%；随着过滤进行，出水中叶绿素 a 浓度进一步降低，平均浓度低至 0.002μg/L，去除率提升至 93%，表明超滤膜对藻类具有较好的截留效果，且随着滤饼层的形成，对藻类的去除效果进一步提高。

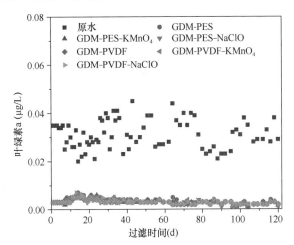

图 12-60　GDM 系统对叶绿素 a 的去除效能

11. 对微生物的去除效能

由表 12-19 可知，原水的细菌总数为 147CFU/mL，总大肠菌数为 23MPN/100mL。超滤膜对微生物具有较好的截留作用，其中，对照组出水中细菌总数约为 20CFU/mL，高锰酸钾预氧化组出水中细菌总数约为 17CFU/mL，次氯酸钠预氧化组出水中细菌总数约为 1CFU/mL，原因是超滤出水槽长期暴露在开放环境中导致了微生物二次污染，且由于投加的次氯酸钠可在水中较长时间存在，因此次氯酸钠预氧化组出水中的细菌总数明显低于对照组和高锰酸钾预氧化组。此外，各组膜池均未检测到总大肠菌群，可见超滤工艺对大肠菌群具有较好的去除效果，保障了供水生物安全。

GDM 出水微生物指标　　　　　　　　　　　　　表 12-19

细菌总数						
原水	PES	PES＋KMnO$_4$	PES＋NaClO	PVDF	PVDF＋KMnO$_4$	PVDF＋NaClO
147	21	18	1	20	16	1
总大肠菌群数						
原水	PES	PES＋KMnO$_4$	PES＋NaClO	PVDF	PVDF＋KMnO$_4$	PVDF＋NaClO
23	未检出	未检出	未检出	未检出	未检出	未检出

12. GDM 装置膜运行工况

图 12-61 为各 GDM 系统通量随时间的变化趋势。由图可知，运行期间各 GDM 系统出水通量的变化可以分为 3 个阶段。第一阶段是迅速下降阶段，可以看出各 GDM 系统的出水通量均快速下降，该阶段出水通量迅速下降是由膜表面滤饼层污染和膜孔堵塞污染引起的。第二阶段是缓慢下降阶段，可以看出各 GDM 系统的出水通量变化趋势不一致，且下降的速率明显变缓，趋于稳定。第三阶段是稳定阶段，各组 GDM 系统的出水通量都长期趋于稳定状态，这是由于各 GDM 膜面均形成了疏松多孔的滤饼层结构。GDM-PES、GDM-PES-KMnO$_4$、GDM-PES-NaClO、GDM-PVDF、GDM-PVDF-KMnO$_4$、GDM-PVDF-NaClO 的平均稳定通量分别为 3.248L/（m^2·h）、3.370L/（m^2·h）、3.400L/（m^2·h）、3.046L/（m^2·h）、2.352L/（m^2·h）、3.170L/（m^2·h），相比于 PVDF 膜，相同实验条件下 PES 膜组件的稳定通量相对较高。此外，采用氧化预处理不会对 GDM 工艺长期运行的通量稳定性产生显著影响，且对其稳定通量也没有显著的提升作用。

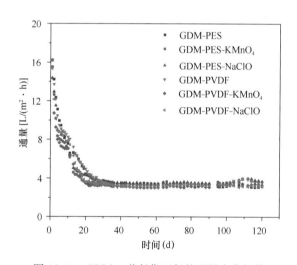

图 12-61　GDM 工艺长期运行的通量变化规律

12.3.4　小结与展望

本节针对铁锰引起的严重膜污染问题以及超滤膜难以截留铁锰等污染物的难题，率先开发了 GDM 处理含铁含锰地下水和地表水关键技术及调控措施，实现了在无清洗条件下长期稳定运行，且有机地结合了活性滤膜、滤饼层和超滤膜三重净化功效，解决了除锰启动周期长、运行不稳定等难题，同步实现了对铁、锰的深度脱除，是对接触氧化法除铁除锰技术的科学拓展和外延。未来，将在铁锰对 GDM 通量稳定性影响机制、原水边界条件、关键影响因子识别与调控、膜组件构效优化、耦合工艺研发等方面开展系统研究，促进 GDM 处理含铁含锰天然水技术的快速发展和应用。

12.4　重力流膜生物反应器（GDM-BR）处理灰水研究

12.4.1　实验装置、实验用水及运行条件

1. 实验装置

本节采用 2 套实验装置，重力流膜生物反应器（Gravity Driven Membrane bioreactor system, GDMBR）反应器的材质为有机玻璃，有效容积为 9L。如图 12-62 所示，反应器顶部设有溢流管，使反应器水位保持一定高度，进而产生恒定的重力驱动压力差（或跨膜压差，TMP）。溢流口到出水口的距离为 50cm，因此重力驱动差为 5kPa。进水口设置在反应器的底部，同时，溢流出来的混合液通过循环水泵循环至进水口。污水经过生化处理后，在重力压的驱动下，通过平板超滤膜组件的过滤作用排出系统外。图 12-62（a）为研究不同溶解氧

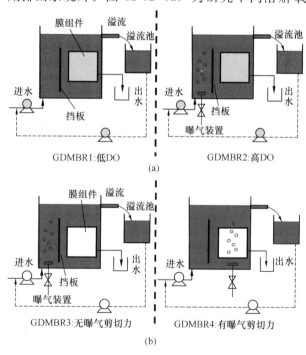

图 12-62　实验装置示意图
（a）溶解氧浓度对 GDMBR 运行影响的装置图；
（b）曝气剪切力对 GDMBR 运行影响的装置图

（DO）条件下对 GDMBR 膜通量稳定特性影响的实验装置示意图。2 个 GDMBR 反应器平行运行 4 个月，主要区别为 GDMBR1 在低 DO 下运行，GDMBR2 在高 DO 下运行，并且 GDMBR2 中的曝气分散器与膜组件分离，因此，曝气剪切力无法影响膜表面。图 12-62（b）为研究有无曝气剪切力对 GDMBR 膜通量稳定特性影响的实验装置示意图。2 个 GDMBR 反应器平行运行 4 个月，主要区别为 GDMBR3 中设置挡板，将曝气分散器与膜组件分离，该反应器中膜组件条件运行为无曝气剪切力，与之相反 GDMBR4 中的曝气分散器在膜组件底部，运行过程中气泡上升形成两相流作用在膜表面。

每个 GDMBR 中设有 3 个平板膜组件。实验用的超滤膜为德国（Wiesbaden, Germany）Microdyn Nadir 公司的 UP150 型号，材质为聚醚砜（PES），截留分子量为 150kDa，平均膜孔径为 15nm。膜组件的制备方法是：将超滤膜裁剪成有效面积为 10cm×10cm，并用环氧树脂粘贴在 PVC 框上的正反面上，因此，每个平板膜组件的有效膜面积为 200cm²，每个 GDMBR 反应器的膜过滤总面积为 600cm²。膜组件使用前用去离子水浸泡 24h，以去除新膜表面的有机物保护层。

2. 实验用水

灰水主要包括厨房灰水、洗衣灰水、盥洗灰水和沐浴灰水等。本文采用的原水为人工配水，主要模拟经过格栅和精细筛网后的厨房灰水和浴室灰水。进水的配方根据 Nghiem 等人的文献和 Daiper 等人的研究报告。进水中的溶解性有机物主要由葡萄糖、油酸以及部分腐殖酸组成；进水中的颗粒有机物由纤维素和大分子腐殖质组成。人工配水的主要组成成分和浓度见表 12-20，相当于进水中包含 300mg COD/L、100mg TOC/L、10 mg NH_4^+-N/L 和 5mg TP/L，pH 的范围为 7.5～8.0。

实验配水成分和浓度　　表 12-20

	化合物	浓度
有机物	葡萄糖（Glucose）	250mg/L
	油酸（oleic acid）	10mg/L
	亚油酸（linoleic acid）	10mg/L
	腐殖酸（Humic acid）	2mg/L
	纤维素（Cellulose）	10mg/L
香波	十二烷基硫酸钠（Sodium laurilsulfate）	5mg/L
	单氟磷酸钠（Sodium monofluorophosphate）	5mg/L
无机盐	碳酸氢钠（NaHCO₃）	pH：7.0～7.5
	氯化钙（CaCl₂）	Ca：50mg/L
	氯化铵（NHCl₄）	TN：10mg/L
	磷酸二氢钾（KH₂PO₄）	TP：5mg/L
	微量元素（Trace element）	1mL/L

3. 运行条件

2 组实验的重力流式膜生物反应器（GDMBR）平行运行 120d。表 12-21 为对比 R1 和 R2，探讨溶解氧浓度对 GDMBR 除污染效能及通量稳定性的影响；对比 R3 和 R4，探讨曝气两相流剪切力对 GDMBR 运行稳定性的影响。实验运行期间，温度保持在 20℃。GDMBR 操作压力为 50cm 水头（即 5kPa）。系统不接种外源污泥，而是系统自身驯化污泥，此外整个实验期间不排泥。当单位膜面积曝气量（Special aeration demand per membrane area，SADm）大于 250L/（m²·h）时，曝气可有效将膜表面滤饼层吹脱下来，并减少滤饼层阻力。因此，实验中 R4 的 SADm 设为 1000L/（m²·h），曝气量为 60L/h。在此曝气量下，反应器中的溶解氧浓度为 6.0～6.5mg/L。

实验中 GDMBR 的操作条件　　表 12-21

	膜组件			体积（L）	SRT（d）	DO（mg/L）	SADm [L/（m²·h）]
	膜孔径（kDa）	面积（cm²）	压力（kPa）				
GDMBR1	150	600	5	9	不排泥	0.5～1.0	0
GDMBR2	150	600	5	9	不排泥	6.0～6.5	0
GDMBR3	150	600	5	9	不排泥	6.0～6.5	0
GDMBR4	150	600	5	9	不排泥	6.0～6.5	1000

注：SADm 为单位膜面积所需要的曝气量（Specific Aeration Demand per Membrane area）。

12.4.2 GDMBR 在不同溶解氧浓度下处理灰水的效能研究

灰水具有低有机物浓度、低氨氮和低悬浮颗粒物等特点，进行处理后可达到回用水标准。膜生物反应器工艺（MBR），因其具有占地面积小、出水水质高、污泥停留时间和水力停留时间相分离等优点，被广泛应用于污水处理与回用领域。然而MBR 工艺存在以下不足之处：较高的初期设备投资；运行过程中的膜污染问题；由膜污染问题带来的水力反冲洗、物理清洗和化学药剂清洗等操作复杂性及由膜污染问题带来的运行费用的增加。为了缓解膜污染和降低运行的操作复杂性，瑞士联邦水科学与技术研究中心（Eawag）的研究人员开发出重力驱动式的膜过滤系统。本节利用 GDM 工艺的少维护特性，将其与传统活性污泥法相结合，构建重力流膜生物反应器系统对分散式的灰水进行处理与回用。在不同溶解氧浓度下，一方面考察 GDMBR 系统去除有机物效能情况；另一方面考察在不同溶解氧浓度下，GDMBR 处理灰水中的氮磷问题。

膜生物反应器对有机物的去除主要体现在两方面，一方面是膜孔径对大分子有机物的物理截留而去除；另一方面是系统中的活性污泥对有机物的生物吸附和生物降解并转化成自身物质而去除。本研究由于 GDMBR 系统不接种外源污泥，取而代之的是采取系统自培养的方式，因此有必要研究混合液中活性污泥的生长情况。

本节表征污泥活性的方法三磷酸腺苷（Adenosine Triphosphate，ATP）测定，具有简单、快速和准确等优点，在水处理领域活性污泥的测定中得到越来越广泛的应用。ATP 是自然界各种生命活动中共用的能量载体，无论是真核细胞还是原核细胞，都以 ATP 作为能量储存和转移的分子。ATP 可作为细胞活性的一个标志物。具有代谢活性的细胞含有一定量的 ATP，检测 ATP 含量可作为培养细胞增殖和细胞活性的定量指标；而在细胞发生凋亡或坏死时，其 ATP 含量会迅速下降。

1. DO 对污泥浓度的影响

实验期间，GDMBR1 与 GDMBR2 平行运行 4个月，反应器 2 的曝气装置与膜组件分离。2 个反应器的主要区别为：GDMBR1 中的溶解氧浓度为 $0.5\sim1.0mg/L$，GDMBR2 的溶解氧浓度为 $6.0\sim$

$6.5mg/L$。从图 12-63 可以看出，2 个反应器中的污泥浓度随时间而增加。运行期的前 60d 中，GDMBR1 中的污泥浓度（$200\sim350mg/L$）高于 GDMBR2 中的污泥浓度（$100\sim200mg/L$）；运行期的后 60d，结果相反，GDMBR2 中的污泥生长速率超过 GDMBR1 中的污泥，在运行的末期，GDMBR2 中的污泥浓度达到 $900mg/L$ 且有继续增长的趋势，而 GDMBR1 中的污泥浓度稳定在 $400\sim500mg/L$ 范围。这表明在运行的初期，好氧条件下，只有少部分有机碳被微生物体利用，转化成自身物质，而大部分的有机碳被矿化成二氧化碳；而实验运行后期，GDMBR2 的运行通量始终高于 GDMBR1 中的运行通量，GDMBR2 的停留时间少于 GDMBR1 的停留时间，进水的有机负荷 GDMBR2 高于 GDMBR1，因此，污泥生长速率超过 GDMBR1，污泥浓度也大于 GDMBR1 中的污泥浓度。

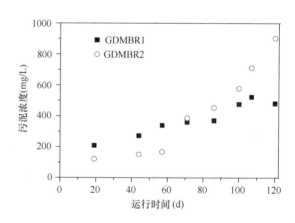

图 12-63 溶解氧浓度对污泥生长量的影响

2. DO 对污泥活性的影响

如前所述，ATP 含量的大小可以表征系统内微生物的活性。如图 12-64 所示，前 30d 内，2 个GDMBR 反应器的生物污泥活性随运行时间快速增加，这说明此段时间内，2 个反应器内的生物活性污泥处于快速生长期，但 GDMBR2 的污泥活性始终高于 GDMBR1 中的污泥活性；1 个月后，GDMBR1 和 GDMBR2 的污泥活性均达到稳定，分别稳定在 1.5nmol/L ATP/（mg/L）COD 和 2.0nmol/L ATP/（mg/L）COD。相关文献表明，溶解氧浓度越高，污泥比好氧速率（SOUR），污泥硝化速率（SNR）等指标越高，污泥的代谢能力，如硝化反应和有机物氧化能力越强，与此同时 Jorgensen 等人的研究表明 SOUR、荧光素二乙酸水解（FDA

与 ATP 之间在表征污泥活性时有良好的正相关性。因此，DO 浓度越高，ATP 含量越高，这与本研究结果一致。溶解氧越高，污泥的活性越高，代谢能力越强。

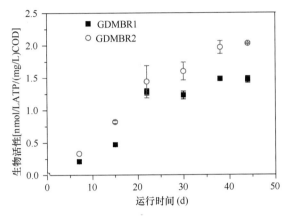

图 12-64　溶解氧浓度对污泥混合液 ATP 含量的影响

3. DO 对有机物总量和溶解性有机物的去除效能影响

图 12-65 给出了出水 COD 的浓度和 GDMBR 反应器内混合液溶解性 COD（SCOD）浓度随运行时间的变化。运行的前 30d，GDMBR1 出水 COD 浓度从 60mg/L 快速下降到 15mg/L 左右，而 GD-MBR2 出水 COD 浓度从 40mg/L 下降到 10mg/L 以内；运行期为 30～70d 时，GDMBR1 出水 COD 浓度从 20mg/L 降到 10mg/L 左右，而 GDMBR2 出水 COD 浓度在 10mg/L 以内；第 70～100 天，GDMBR2 的 COD 去除效率继续提高，出水 COD 浓度降至 5mg/L 左右，GDMBR1 的 COD 去除效率也出现增加，出水 COD 浓度降至 10mg/L 以内。因此，可以得出 GDMBR 处理灰水，出水 COD 可满足《城镇污水处理厂污染物排放标准》GB

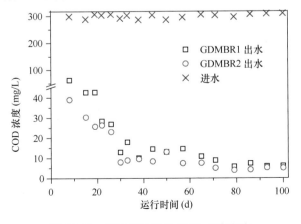

图 12-65　溶解氧浓度对 COD 去除影响

18918—2002 中一级 A 的标准，图 12-65 同时给出了混合液中的溶解性 COD（SCOD）变化趋势，不难看出 2 个 GDMBR 反应器中的 SCOD 随时间而减小，并且 GDMBR2 中的 SCOD 浓度一直低于 GDMBR1 中的浓度。Dong 等人研究 MBR 处理市政污水在不同的 DO 浓度下对 COD 和 TN 去除效率影响，结果表明 DO 浓度在 0.5mg/L 时，COD 去除效率为 94.5%，当 DO 为 2～4mg/L 时，COD 的去除效率提高至 96%。与本节研究的结果相似，Liu 等人利用浸没式的 MBR（三菱丽阳公司，poly-ethylene，PE 膜材质，孔径 0.4μm）处理低浓度的洗澡灰水，COD 从进水的 130～322mg/L 去除至出水的 18mg/L，COD 去除率也高达 94.4%。

如图 12-66 所示，出水 TOC 的去除趋势与 COD 去除趋势类似。运行期的前 30d，GDMBR1 出水 TOC 浓度从 21mg/L 降至 7mg/L，而 GDM-BR2 出水 TOC 浓度从 15mg/L 降至 5mg/L 左右。接下来的 40d（30～70d），GDMBR1 的出水 TOC 继续降到 5mg/L 左右，而 GDMBR2 的出水 TOC 稳定在 3～4mg/L；之后 30d，GDMBR1 出水 TOC 浓度持续稳定在 5mg/L 左右，而 GDMBR2 对 TOC 的去除效率略有提高，出水 TOC 浓度可低至 2.8mg/L。与此同时，2 个反应器中的污泥混合液的溶解性 TOC（DOC）也随时间降低。GD-MBR1 中的 DOC 在前 30d 内，从 90mg/L 降至 20mg/L 左右；接下来的 40d 稳定在 10～20mg/L；后 30d 继续降低至 10mg/L 左右。GDMBR2 的 DOC 在起初 30d 内从 70mg/L 迅速降至 10mg/L 左右；第 30～70 天，由 10mg/L 降至 5mg/L 左右；第 70～100 天，稳定在 5mg/L 左右。由此可知，两个反应器中溶解性有机物的减少体现了大量的有机物被微生物同化作用吸收并转化为微生物有机

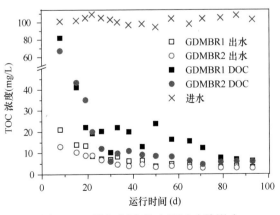

图 12-66　溶解氧浓度对 TOC 去除影响

体，同时被超滤膜截留。提高 DO 的浓度，一方面提高了 GDMBR 中的污泥活性，另一方面表明具有较高活性的污泥对 COD 和 TOC 有较好的去除效果。总的来说，利用 GDMBR 处理灰水，对 COD 和 TOC 具有较高的去除效率，可分别高达 98% 和 97%。在运行期第 2～3 个月内，GDMBR 对 COD 和 TOC 的去除都有不同程度的提高，这可能是由于膜表面的滤饼层对有机物有强化去除的效果。

4. GDMBR 反应器中有机物的迁移转化

利用 LC-OCD 仪检测，图 12-67 和表 12-22 给出了进水的有机物分子量分布信息、出峰时间和位置等信息。可以看出进水的有机物主要由腐殖质（Humics，HS）、腐殖质基本单元（Building block，BB）、低分子量的腐殖质（LMW humics and acids，LMWha）和中性物质（Neutrals）组成，这与配水的组成物质完全一致。配水中的中性物质主要由葡萄糖和脂肪烃组成，其分子量小于 1kDa；同时进水含有一定量的小分子腐殖酸，分子量在 350～500Da；以及大分子的腐殖质类物质，分子量在 1kDa 左右。

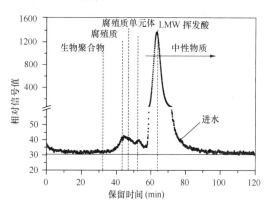

图 12-67　进水水样的 LC-OCD 色谱图

图 12-68（a）和（b）分别给出了反应器内污泥混合液在第 45 天和第 114 天的分子量分布信息，表 12-22 和表 12-23 给出了相应的计算结果。与进水中有机物分子量分布相比，从第 45 天 2 个 GD-MBR 中的污泥混合液的分子量分布图可以看出，中性物质几乎消失，从 102.5mg/L 降至 1.0mg/L 左右；生物聚合物（Biopolymers，BP）峰明显增高，GDMBR1 和 GDMBR2 的生物聚合物峰分别从 0 增加到 6.0mg/L 和 3.2mg/L；同时，腐殖质和腐殖质基本单元的峰值略有升高。这表明，在第 45 天，两个 GDMBR 已经培养出成熟的活性污泥，

可有效降解进水中的糖类和脂肪烃等小分子物质；与此同时，降解的有机物部分转化成自身的物质或胞外聚合物（Extracellular Polymeric Substances，EPS）；剩余的代谢物如腐殖质类物质排出体外，无法被生物再利用，因此，腐殖质和腐殖质基本单元的峰值相比进水都有所升高。

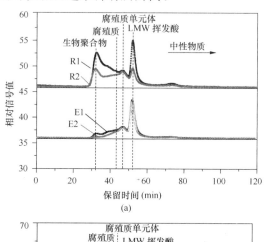

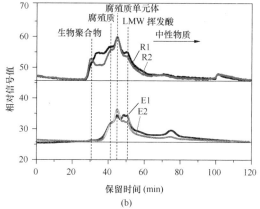

图 12-68　LC-OCD 色谱图分析
（a）运行周期的第 45 天 GDMBR 混合液和出水水样分析；
（b）运行周期的第 114 天 GDMBR 混合液和出水水样分析
R1、R2—GDMBR1 和 GDMBR2 的污泥
混合液；E1、E2—GDMBR1 和 GDMBR2 的出水

对比 GDMBR 中的污泥混合液在第 45 天和第 114 天的分子量分布图可以看出，溶解性有机物 DOC 明显降低，这说明反应器运行越来越稳定，微生物生长良好，活性升高。具体地，2 个 GDM-BR 反应器中的中性物质峰值仍然很低，说明该系统对小分子类物质有较好的去除效果；2 个 GDM-BR 中的生物聚合物峰值都有较大程度的降低（GDMBR1：从 6.0mg/L 降至 1.1mg/L；GDM-BR2：从 3.2mg/L 降至 0.9mg/L）；同时腐殖质和腐殖质基本单元的峰值略有升高。由于腐殖质类物质为生物代谢后不可利用或较难利用的产物，因此，该类物质随时间增加在反应器内有所积累。

溶解氧浓度对有机物定性和定量的影响（LC-OCD 计算结果分析，第 45 天）　　表 12-22

样品	DOC	BP	HS	BB	LMWha	Neutrals
F	104891	358	1035	760	129	102536
	所占百分比（%）	(0.3)	(1.0)	(0.7)	(0.1)	(97.8)
R1	12116	6046	2092	780	1801	1397
	所占百分比（%）	(49.9)	(17.3)	(6.4)	(14.9)	(11.5)
R2	7067	3270	1959	509	566	764
	所占百分比（%）	(46.3)	(27.7)	(7.2)	(8.0)	(10.8)
E1	5648	1211	1495	509	1828	604
	所占百分比（%）	(21.4)	(26.5)	(9.0)	(32.4)	(10.7)
E2	3959	565	1229	494	1180	490
	所占百分比（%）	(14.3)	(31.0)	(12.5)	(29.8)	(12.4)
去除率 E1/F（%）	94.6	—	—	33.0	—	99.4
去除率 E2/F（%）	96.2	—	—	35.0	—	99.5
去除率 E1/R1（%）	53.4	80.0	28.5	34.7	—	56.8
去除率 E2/R2（%）	44.1	82.7	37.2	2.9	—	35.9

注：F 为进水；R1 和 R2 分别为 GDMBR1 和 GDMBR2 的污泥混合液；E1 和 E2 分别为 GDMBR1 和 GDMBR2 的出水（浓度：μg/L）。

溶解氧浓度对有机物定性和定量的影响（LC-OCD 计算结果分析，第 114 天）　　表 12-23

样品	DOC	BP	HS	BB	LMWha	Neutrals
F	104891	358	1035	760	129	102536
	所占百分比（%）	(0.3)	(1.0)	(0.7)	(0.1)	(97.8)
R1	6996	1122	2496	1599	148	1631
	所占百分比（%）	(16.0)	(35.7)	(22.9)	(2.1)	(23.3)
R2	5934	914	2108	1439	113	1360
	所占百分比（%）	(15.4)	(35.5)	(24.3)	(1.9)	(22.9)
E1	4625	46	1208	1083	278	2010
	所占百分比（%）	(1.0)	(26.1)	(23.4)	(6.0)	(43.5)
E2	3416	56	1093	1056	126	1084
	所占百分比（%）	(1.6)	(32.0)	(30.9)	(3.7)	(31.7)
去除率 E1/F（%）	95.6	87.2	—	—	—	98.0
去除率 E2/F（%）	96.7	84.4	—	—	2.3	98.9
去除率 E1/R1（%）	33.9	95.9	51.6	32.3	—	—
去除率 E2/R2（%）	42.4	93.9	48.1	26.6	—	—

注：F 为进水；R1 和 R2 分别为 GDMBR1 和 GDMBR2 的污泥混合液；E1 和 E2 分别为 GDMBR1 和 GDMBR2 的出水（浓度：μg/L）。

对比 GDMBR1 和 GDMBR2 的混合液不难看出，高 DO 浓度情况下，混合液中的 SMP、生物聚合体、腐殖质和腐殖质基本单元的浓度都不同程度地低于低 DO 浓度情况。这说明高 DO 浓度下，微生物的活性更强，充分利用并分解进水有机物并合成自身物质；而在低 DO 浓度下，微生物代谢作用降低，并产生更多的腐殖质类物质。

5. 出水中有机物分子量分布

如表 12-22 和表 12-23 所示，从溶解性有机物（DOC）整体去除情况来看，GDMBR1 在第 45 天和第 114 天分别为 94.6% 和 95.6%；GDMBR2 在

第 45 天和第 114 天的 DOC 去除率分别为 96.2% 和 96.7%，并且是主要针对中性物质的去除。由前面混合液分子量分布讨论可知，中性物质的分子量（350～500Da）远小于超滤膜孔径（150kDa），因此，对中性物质的去除并非膜过滤的物理截留，而是将中性物质转化为微生物自身物质或矿化排出系统外。且随运行时间增加，DOC 的去除率在 2 个 GDMBR 系统都略有升高。这可能是由于膜表面生成的滤饼层对 DOC 存在预过滤的强化去除作用。

由表 12-22 可知，在运行周期的第 45 天，

GDMBR1 出水中的有机物主要为生物聚合物、腐殖质和小分子腐殖质及酸类物质，分别占 DOC 的 21.4%、26.5% 和 32.4%；腐殖质基本单元次之，为 9.0%。GDMBR2 出水中的有机物主要为腐殖质和小分子腐殖质及酸类物质，分别占 DOC 的 31.0% 和 29.8%；生物聚合物和腐殖质基本单元，分别为 14.3% 和 12.5%。从中可以看出，一方面，小分子腐殖质及酸类物质无法被超滤膜截留，因此出水中小分子腐殖质及酸类物质始终占有较高比例；另一方面，GDMBR 在高 DO 浓度下可有效去除生物聚合物，并且主要归功于生物新陈代谢作用而非单纯的超滤膜物理截留。如表 12-23 所示，在运行周期的第 114 天，GDMBR1 和 GDMBR2 的出水中，主要组成部分为腐殖质和腐殖质基本单元，占 20%～30%；而生物聚合物仅占 1% 左右。这说明随着运行时间的增加，反应器内的活性污泥代谢产物腐殖质类物质增加，且不能被膜有效截留；而大分子的生物聚合体的减少，可能说明无论在高 DO 还是低 DO 条件下，膜表面都形成了致密的生物滤饼层，该滤饼层对生物聚合体有强化去除作用。

对比反应器内混合液的 DOC 和反应器出水的 DOC 分子量分布和浓度，在第 45 天，GDMBR1 通过膜过滤作用去除 DOC 达 53.4%，其中主要去除的部分为生物聚合物，为 80.0%；腐殖质和腐殖质单元物质次之，分别为 28.5% 和 34.7%。GDMBR2 去除 DOC 可达 44.1%，主要去除的部分还是生物聚合物，为 82.7%；腐殖质次之，为 37.9%。然而在第 114 天，GDMBR1 和 GDMBR2 对生物聚合物的去除率均显著提高，分别为 95.9% 和 93.9%。

6. 生物滤饼层强化有机物去除

由前可知，随着运行时间的增加，无论 DO 高低，GDMBR 系统对 SMP 中生物聚合物的去除效率都有明显增加。由于生物聚合物的分子量范围大于 20kDa，因此，仅靠超滤膜本身过滤不能将其全部去除，可能的原因是随着运行时间增加，膜表面积累了较致密的生物滤饼层，该滤饼层对生物聚合物有强化去除作用。为了证明此观点，在运行的第 114 天，分别取 GDMBR1 和 GDMBR2 的污泥混合液，利用新的超滤膜（与 GDMBR 相同型号的膜），在相同压力（5kPa）下，直接过滤污泥混合液，并与 GDMBR 的出水进行对比分析。出水的分子量分布

如图 12-69 所示，结果分析见表 12-24。

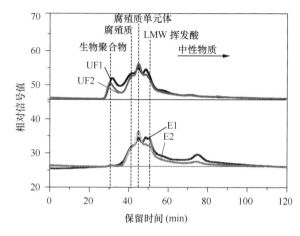

图 12-69　LC-OCD 色谱图分析（第 114 天）：膜表面污泥滤饼层对有机物去除的影响

如图 12-69 所示，直接超滤出水水样（UF1 和 UF2）与 GDMBR 出水水样（E1 和 E2）最大区别在于，E1 和 E2 水样的生物聚合物峰值明显削弱；而其他峰例如腐殖质和腐殖质基本单元和小分子腐殖质及酸类物质峰全部存在，这说明 GDMBR 反应器中膜表面生成的滤饼层对混合液 DOC 中的生物聚合物有巨大贡献。表 12-24 给出了计算结果，高 DO 情况下，UF1 中的生物聚合物浓度为 0.587mg/L，明显高于 GDMBR1 的出水 E1 中生物聚合物的浓度（0.046mg/L）；低 DO 情况下，同样 UF2 的出水生物聚合物浓度为 0.512mg/L，也明显高于 GDMBR2 的出水 E2 中生物聚合物的浓度（0.056mg/L）。反观腐殖质、腐殖质基本单元和小分子腐殖质及酸类物质，UF 出水与 GDMBR 的出水浓度较为接近。对比这些结果不难分析出，GDMBR 反应器运行过程中，膜表面生成的生物污泥滤饼层对生物聚合物有强化去除作用，而对腐殖质、腐殖质基本单元和小分子腐殖质及酸类物质没有明显的强化去除效果。主要原因是生物聚合物的分子量大于 20kDa，能被滤饼层截留，而腐殖质和腐殖质基本单元和小分子腐殖质及酸类物质的分子量小于 1kDa，很难被滤饼层截留。本文采用的超滤膜膜孔径大小为 150kDa，因此，无法较好地截留分子量小于 1kDa 的腐殖质和腐殖质基本单元和小分子腐殖质及酸类物质；但可以部分截留生物聚合物，生物滤饼层对污泥混合液形成预过滤的作用，使得大部分生物聚合物积累在生物滤饼层内。

滤饼层对有机物去除影响（LC-OCD 计算结果分析，第 114 天）　　　　表 12-24

样品	DOC	BP	HS	BB	LMWha	Neutrals
R1	6996	1122	2496	1599	148	1631
所占百分比（%）	(16.0)	(35.7)	(22.9)	(2.1)	(23.3)	
R2	5934	914	2108	1439	113	1360
所占百分比（%）	(15.4)	(35.5)	(24.3)	(1.9)	(22.9)	
UF1	4845	587	1716	914	238	990
所占百分比（%）	(13.2)	(38.6)	(20.6)	(5.4)	(22.3)	
UF2	3808	512	1304	968	132	893
所占百分比（%）	(13.4)	(34.2)	(25.4)	(3.5)	(23.5)	
E1	4625	46	1208	1083	278	2010
所占百分比（%）	(1.0)	(26.1)	(23.4)	(6.0)	(43.5)	
E2	3416	56	1093	1056	126	1084
所占百分比（%）	(1.6)	(32.0)	(30.9)	(3.7)	(31.7)	
去除率 UF1/R1（%）	30.7	47.7	31.2	42.8	—	39.3
去除率 UF2/R2（%）	35.8	44.0	38.1	32.7	—	34.3
去除率 E1/R1（%）	33.9	95.9	51.6	32.3	—	—
去除率 E2/R2（%）	42.4	93.9	48.1	26.6	—	—

注：R1 和 R2 分别为 GDMBR1 和 GDMBR2 的污泥混合液；UF1 和 UF2 分别为用 150kDa 的新超滤膜直接过滤 GDMBR1 和 GDMBR2 的污泥混合液。E1 和 E2 分别为 GDMBR1 和 GDMBR2 的出水（浓度：μg/L）。

通过 GDMBR 反应器 120d 的运行，图 12-70 给出了不同 DO 浓度下，GDMBR 去除灰水中溶解性有机物的机理。进水中的主要成分为大分子腐殖质和小分子的中性物质（葡萄糖、油酸和亚油酸等）。经过 45d 的运行后，2 个 GDMBR 反应器污泥混合液与进水相比，中性物质急剧减少，同时生物聚合物的浓度逐渐增加，证明了系统中培养出成熟活性污泥，污泥活性达到稳定。腐殖质基本单元和小分子腐殖酸的出现证明污泥将有机物进行分解。对比 2 个反应器可以看出，溶解性有机物的浓度在低 DO 下都不同程度地高于高 DO 情况；出水中的 SMP 主要由生物聚合物和低分子量腐殖酸和挥发酸组成，且低 DO 下的出水 SMP 高于高 DO

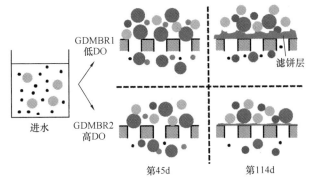

生物聚合物　腐殖质　腐殖质基本单元　小分子腐殖质和酸类　中性物质

图 12-70　溶解氧对 GDMBR 去除灰水
中溶解性有机物的机理图

情况。当反应器运行后期（第 114 天），2 个反应器污泥混合液中生物聚合物的浓度有所降低，难降解的腐殖质的浓度升高。低 DO 下，除了腐殖质浓度高于高 DO 情况外，其他分子量的有机物的浓度相近。运行后期，主要是出水 SMP 中的生物聚合物浓度显著性降低。这主要归功于运行后期膜表面的污泥滤饼层对大分子的生物聚合物有强化去除作用。

7. DO 对氨氮的去除效能影响

与生活污水相比，灰水中氨氮的含量非常低。因此，本实验配水氨氮浓度为 10mg/L。2 个 GD-MBR 总共运行 120d，未经过任何外来污泥接种，活性污泥完全是由系统自身培养。图 12-71 给出系统出水氨氮、硝态氮、亚硝态氮和总氮的变化趋势。如图 12-71（a）所示，进水氨氮浓度保持在 10mg/L 左右，低 DO 浓度条件下，前 20d 出水的氨氮浓度 2～3mg/L，第 30 天以后，出水氨氮浓度有所增加，范围稳定在 5～6mg/L。这些结果表明，在系统运行的前一个月，被去除的氨氮主要被厌氧微生物生长所利用；30d 后，微生物生长和代谢稳定，出水氨氮浓度反而增加，去除效果变差。高 DO 条件下，如图 12-71（b）所示，GDMBR 运行前 40d，出水氨氮稳定在 2～4mg/L 范围，40d 过后，出水氨氮浓度急剧下降，之后的运行时间内，出水氨氮的浓度小于 0.2mg/L，低于检测限。

这说明好氧情况下 GDMBR 系统在 40d 内可培养出氨氧化菌（AOB），且系统去除氨氮效果稳定。

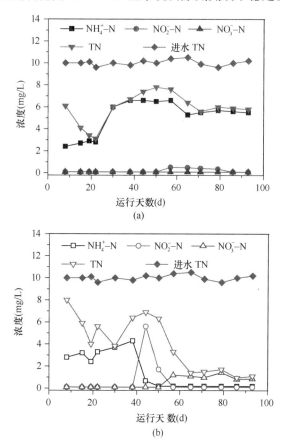

图 12-71　溶解氧浓度对 GDMBR 去除氨氮和总氮的影响
(a) GDMBR1（低 DO 条件下）；(b) GDMBR2（高 DO 条件下）

8. DO 对总氮的去除效能影响

如图 12-71（a）所示，在低 DO 条件下，出水亚硝态氮和硝态氮的浓度都小于 0.1mg/L，低于系统的检测限。这说明低浓度的 DO 不利于氨氮的去除，系统无法培养出 AOB 或亚硝酸盐氧化菌（NOB）。GDMBR1 系统运行 40 天达到稳定，出水中的总氮浓度在 5～6mg/L，且主要为氨氮。GD-MBR2 系统的运行条件为高 DO 浓度，由图 12-71（b）可以看出，在运行的第 40 天附近，出水亚硝酸盐的浓度显著增高，第 50 天可高达 5mg/L；同时系统的硝酸盐浓度在运行期的前 57 天仍然无法检测出。这说明在 40～50d 内，GDMBR2 培养出 AOB 细菌，且硝化细菌菌群主要为 AOB 而不是 NOB。GDMBR2 运行的第 57 天，系统出水的硝态氮浓度开始有所增加，且稳定在 1mg/L 左右；而亚硝酸盐的浓度开始逐渐降低，这说明 GDMBR2 运行 60d 后，系统内开始出现 NOB。系统运行 60d

过后，出水亚硝酸盐的浓度又降回 0.1mg/L（低于检测限），而硝酸盐的浓度保持在 1mg/L 左右。

总氮的去除方面，低 DO 条件下，进水氨氮主要通过微生物的生长代谢作用去除，少部分氨氮通过氨氧化作用去除。高 DO 条件下，GDMBR 系统可慢慢培养脱氮细菌，如 AOB 和 NOB。系统中的氨氮一部分被微生物生长所利用，另一部分通过生物氧化作用转化成亚硝酸盐和硝酸盐。由图 12-72，由于 GDMBR 系统由膜反应器和膜池溢流池所构成，因此膜池溢流池充当了缺氧池，反硝化作用在此池中发生。并且溢流回流比为 4，因此出水 TN 被较好地去除，去除率可高达 90%。如此高的总氮去除率的主要原因是进水 C/N 较高，含有充足的碳源。因此，高 DO 下的 GDMBR 系统处理生活灰水有较好的脱氮效果。

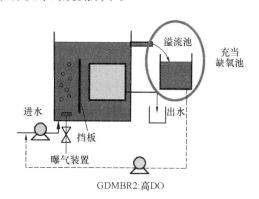

图 12-72　GDMBR2 反应器流程图

9. DO 对磷酸盐的去除效能影响

生活灰水中磷主要来自洗衣废水和餐饮废水。磷是微生物生长的必需元素，本实验中，进水磷酸盐的浓度为 5mg/L。从图 12-73 可以看出，2 个 GDMBR 系统在运行的前 40d 对总磷有一定的去除效果，去除率都在 35% 左右。这说明系统去除的部分磷被微生物生长和新陈代谢所利用。40d 后，GDMBR1 反应器出水的 TP 开始升高，过了 80d，反而比进水浓度高，无去除效果。这说明在厌氧条件下，磷酸盐无法被储存，而从微生物体内（聚磷菌）被释放到环境外。对于 GDMBR2 反应器，40d 过后，出水 TP 开始下降，到第 50 天，出水总磷可降低到 2mg/L 左右。这说明 GDMBR2 反应器内生长了聚磷菌，且聚磷菌在好氧条件下对磷有较高的生物吸收和储存作用。然而过了 60d 后，系统出水的 TP 也开始升高，90d 后超过了进水 TP 的浓度。这说明，GDMBR2 中的聚磷菌吸附磷酸

盐的能力已经达到饱和，而 GDMBR 系统在整个
运行过程中没有排泥，TP 无法通过排泥而去除，
因此在运行期末期出水磷酸盐的浓度反而增加。后
续可以通过缩小 SRT 进行出水 TP 的控制。

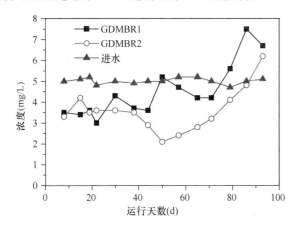

图 12-73　溶解氧浓度对 GDMBR 去除总磷的影响
（GDMBR1 的除磷效能，DO：0.5～1.0mg/L；
GDMBR2 的除磷效能，DO：6.0～6.5mg/L）

12.4.3 溶解氧浓度对 GDMBR 通量稳定性影响的研究

DO 浓度对恒压式 MBR 出水通量稳定特性影
响的研究尚无报道。由前可知，DO 浓度影响 GD-
MBR 污泥混合液的性质和有机物去除效率，进而
可能会影响膜表面污泥滤饼层的形态结构和活性。
滤饼层污泥活性的变化及形态结构的改变进而可能
改变滤饼层中的生物作用（如：捕食作用），因此
可能会影响通量的稳定特性。为了更好地控制实验
对照性，研究 DO 浓度这一因素对 GDMBR 通量稳
定性的影响，本节采用挡板将曝气装置和膜组件进
行空间分离，如图 12-62（a）所示，以排除曝气剪
切力对膜表面污泥滤饼层形态的影响。同时，实验
采用的反应器为恒压式重力流膜生物反应器（GD-
MBR），膜表面所受到的压力是介质的重力，为
恒力。

1. DO 对 GDMBR 通量稳定性的影响

2 个 GDMBR 反应器同步运行 120d。实验期
间，GDMBR1 不采用曝气，反应器内 DO 浓度范
围为 0.5～1.0mg/L；GDMBR2 采用空气曝气，
并且曝气装置与膜组件分离，之间有挡板。GDM-
BR2 中的 DO 浓度范围在 6.0～6.5mg/L。整个运
行期间不接种外源污泥，由系统各自原位富集形成
活性污泥，整个运行期间 GDMBR 反应器不排泥。

图 12-74 给出了 2 个 GDMBR 反应器运行
120d 的出水通量变化趋势。运行期可以大致分为 2
个阶段。第一阶段为前 50d，可以看出 2 个 GDM-
BR 反应器的出水通量在此阶段快速下降，GDM-
BR1 反应器的通量从 52.0L/（m² · h）降到 1.0L/
（m² · h）左右，GDMBR2 反应器的通量从 54.0L/
（m² · h）降到 2.0L/（m² · h）左右。在反应器运
行的第 25 天左右，2 个 GDMBR 反应器的通量略
有回升，这是实验过程中平板膜组件内积累了大量
的气泡，破坏了整个反应器的压力所导致。第 25
天，通过在膜组件的上方安装排气管和排气阀，解
决了气泡在膜组件内部积累问题。第二阶段，2 个
GDMBR 反应器的通量都长期趋于稳定状态。GD-
MBR1 反应器的通量稳定在 0.8～1.0L/（m² · h），
GDMBR2 反应器的通量稳定在 1.8～2.0L/（m² · h）。
这些数据表明，利用重力流作为驱动力的恒压式膜
生物反应器，在无反冲洗和水力清洗的情况下，其
通量先快速降低，随后可以达到稳定。DO 浓度影
响后期稳定通量的数值，高 DO 可以提高 GDMBR
稳定通量的数值。因此，与高 DO 相比，低 DO 加
重了 GDMBR 的膜污染。

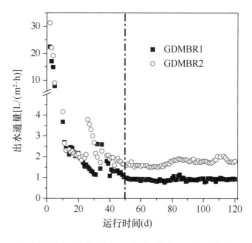

图 12-74　DO 对 GDMBR 出水通量的影响
（GDMBR1，DO 为 0.5～1.0mg/L；
GDMBR2，DO 为 6.0～6.5mg/L）

GDMBR 系统通量可稳定保持的原因是膜表面
生成了非均相的松散的生物滤饼层，并且生物滤饼
层中发生了生物捕食作用。高等级的微生物（如原
生动物和后生动物）可以捕捉低等级的微生物、细
菌和滤饼层中的有机物，同时破坏滤饼层的结构。
并且进水 TOC 浓度越高，通量的稳定值就越低。
本研究中，虽然进水的 DOC 浓度在 100mg/L 左

右，但是通过 GDMBR 中培养出活性污泥，并且这些污泥通过新陈代谢作用消耗了大量的 DOC 并转化成自身物质或者被碳化排出系统外。因此，GDMBR1 和 GDMBR2 中混合液的 DOC（或 SMP）的浓度仅分别为 20mg/L 和 10mg/L 左右。本研究中 GDMBR 系统的结果与之前的报道结果相一致，出水通量都能达到稳定。

如前所述，虽然 GDMBR 的稳定通量比较低 [高 DO 浓度下 2L/（m²·h）左右；低 DO 条件下 1L/（m²·h）左右]，但是 GDMBR 膜渗透性方面，高 DO 浓度下 GDMBR 的渗透性为 0.4L/（m²·h·kPa）；低 DO 浓度下 GDMBR 的渗透性为 0.2L/（m²·h·kPa）。与传统恒流式 MBR 相比较，大型浸没式 MBR 处理城市污水的运行通量一般为 8～20L/（m²·h），由于反冲洗和化学清洗的作用，MBR 系统的运行压力可维持在 20～60kPa，因此，传统恒流 MBR 的膜渗透性范围在 0.13～1.00L/（m²·h·kPa）。GDMBR 的渗透性在传统恒流 MBR 的范围内。此外，没有反冲洗、物理清洗和化学清洗的 GDMBR 与传统的恒流 MBR 相比具有很多优势，尤其在分散式污水处理应用方面优势更为明显。

2. DO 对 GDMBR 过滤阻力的影响

由上可知，DO 浓度越低，GDMBR 出水通量越小，膜污染速率越快。为了探究低 DO 下 GDMBR 膜污染速率加快的原因，在此针对 2 个 GDMBR 系统的膜过滤阻力问题进行探讨。

图 12-75 给出了整个 120d 运行期内，2 个 GDMBR 反应器中膜污染阻力随时间的变化趋势。可以看出，GDMBR1 中的总过滤阻力在前 50d 处于快速增长阶段，由 0 增加到 20×10^{12}/m 左右。

GDMBR2 中的总过滤阻力在前 40d 处于快速增长阶段，由 0 增加到 10×10^{12}/m 左右。在之后的运行时间内，GDMBR1 的总过滤阻力基本维持在 20×10^{12}/m 附近，GDMBR2 的总过滤阻力维持在 $8 \times 10^{12} \sim 10 \times 10^{12}$/m。因此，DO 浓度对 GDMBR 反应器过滤阻力的影响与对 GDMBR 通量的影响正好呈反相关，通量越小，受到的过滤阻力越大。高 DO 下，GDMBR 过滤总阻力稳定所需要的时间短，且过滤总阻力小于低 DO 下的总阻力。

3. DO 对水力阻力可逆性的影响

水力清洗是平板 MBR 中较为常见的缓解膜污染的操作方式。GDMBR 运行的末期将膜组件从反应器中取出，进行水力阻力可逆性的分析。图 12-76 给出了 2 个 GDMBR 反应器中膜组件的水力可逆污染阻力（R_r）和水力不可逆污染阻力（R_{ir}）分布情况。过滤总阻力（R_t）方面，GDMBR1 和 GDMBR2 的总阻力分别为 20.0×10^{12}/m 和 9.7×10^{12}/m。膜本身阻力方面（R_m）占总阻力很小部分，且 2 个反应器都为 0.3×10^{12}/m。水力可逆污染阻力方面，GDMBR1 和 GDMBR2 分别为 19.2×10^{12}/m 和 9.2×10^{12}/m，分别占总阻力的 95.8% 和 94.7%，并且 GDMBR1 中的 R_r 几乎是 GDMBR2 中的 2 倍。水力不可逆污染阻力方面，GDMBR1 和 GDMBR2 分别为 0.5×10^{12}/m 和 0.2×10^{12}/m，分别占总阻力的 2.4% 和 1.9%，并且 GDMBR1 中的 R_r 几乎是 GDMBR2 中的 2.5 倍。因此，GDMBR 的过滤阻力中，水力可逆污染阻力占主要部分。DO 浓度显著影响 GDMBR 水力污染阻力的可逆污染性，低 DO 下 GDMBR 膜过滤的水力可逆污染阻力、水力不可逆污染阻力和总阻力都

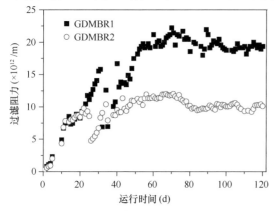

图 12-75 DO 对 GDMBR 运行中总过滤阻力的影响
（GDMBR1：低 DO；GDMBR2：高 DO）

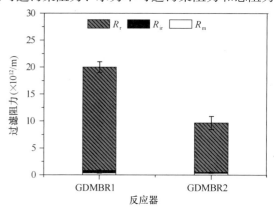

图 12-76 DO 对 GDMBR 中膜过滤阻力水力清洗可逆性的影响（$n = 3$）
（GDMBR1：低 DO；GDMBR2：高 DO）

远大于高 DO 下的阻力。因此，提高 DO 浓度能够有效降低 GDMBR 中水力可逆污染阻力。

4. DO 对各阻力分布的影响

在 GDMBR 运行的最后一天将膜组件取出，先进行水力阻力可逆性的分析，之后进行各阻力分布的分析，包括膜本身阻力 R_m、滤饼层阻力 R_c 和膜孔阻塞阻力 R_p。如图 12-77 所示，关于 R_t，GDMBR1 和 GDMBR2 分别为 $20.0 \times 10^{12}/\text{m}$ 和 $9.7 \times 10^{12}/\text{m}$。$R_m$ 占总阻力很小一部分，且 2 个 GDMBR 反应器都为 $0.3 \times 10^{12}/\text{m}$。$R_p$ 方面，GDMBR1 和 GDMBR2 分别为 $0.30 \times 10^{12}/\text{m}$ 和 $0.14 \times 10^{12}/\text{m}$，都占总阻力的 1.5%，并且 GDMBR1 的 R_p 是 GDMBR2 的 2 倍多。R_c 方面，GDMBR1 和 GDMBR2 分别为 $19.4 \times 10^{12}/\text{m}$ 和 $9.2 \times 10^{12}/\text{m}$，分别占总阻力的 96.8% 和 95.0%，因此滤饼层阻力是 GDMBR 过滤阻力的主要部分。此外，GDMBR1 的 R_c 约为是 GDMBR2 的 2 倍。DO 浓度显著影响 GDMBR 过滤阻力的分布情况，低 DO 下，GDMBR 滤饼层阻力、膜孔阻塞阻力和总阻力都远大于高 DO 下的各阻力。

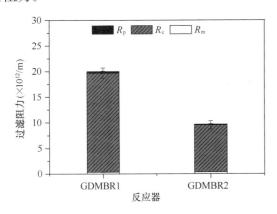

图 12-77　DO 对 GDMBR 中膜过滤阻力分布的影响（膜本身阻力、滤饼层阻力和膜孔阻塞阻力）（$n=3$）（GDMBR1：低 DO；GDMBR2：高 DO）

综上所述，无论 DO 高低，生物滤饼层阻力和水力可逆污染阻力占膜过滤总阻力的较大部分，并且生物滤饼层阻力中的大部分阻力为水力可逆污染阻力。研究表明，对比常规 MBR 反应器（恒流操作，且有反冲洗），滤饼层阻力约占总阻力的 80%，而水力不可逆污染阻力占 8% 左右。由此可知，低压式的恒压 GDMBR 中，可减少水力不可逆污染阻力（仅 2% 左右），同时增加了生物滤饼层阻力（95% 左右）。这说明 GDMBR 运行过程中主要的阻力来源为生物滤饼层阻力，而该部分阻力主要为水

力可逆污染阻力，这有利于通过简单的水力清洗控制 GDMBR 的膜污染。

由前可知，DO 浓度越高，GDMBR 的稳定通量数值越大，过滤阻力越小，膜污染程度越小。为了分析 DO 浓度如何影响 GDMBR 的膜污染，本节对 2 个 GDMBR 反应器的污泥混合液进行了表征。

5. DO 对悬浮污泥浓度的影响

图 12-78 给出了 2 个 GDMBR 中污泥混合液浓度和混合液中 COD 浓度随时间的变化。2 个反应器中的污泥浓度都随时间而增加。

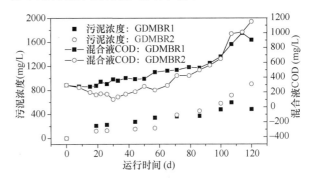

图 12-78　DO 对 GDMBR 中污泥混合液浓度及 COD 的影响（GDMBR1：低 DO；GDMBR2：高 DO）

运行期的前 60d 中，GDMBR1 中的污泥浓度（$200 \sim 350\text{mg/L}$）高于 GDMBR2 中的污泥浓度（$100 \sim 200\text{mg/L}$）；但运行期的后 60d，GDMBR2 中的污泥生长速率超过 GDMBR1 中的速率。运行末期，GDMBR2 中的污泥浓度达到 900mg/L 且有继续增长的趋势，而 GDMBR1 中的污泥浓度稳定在 $400 \sim 500\text{mg/L}$。这表明在运行的初期，高 DO 下，只有少部分有机碳被微生物体利用，转化成自身物质，而大部分的有机碳被矿化成二氧化碳；而运行后期，GDMBR2 的运行通量始终高于 GDMBR1 中的运行通量，GDMBR2 的 HRT 小于 GDMBR1 的 HRT，GDMBR2 的进水有机负荷高于 GDMBR1，因此，污泥生长速率超过了 GDMBR1。如图 12-78 所示，2 个反应器混合液 COD 随时间都呈现增加的趋势。前 80d 内，GDMBR1 污泥混合液中的 COD 高于 GDMBR2；相反，后 40d，GDMBR2 混合液中的 COD 高于 GDMBR1。Meng 等人在一篇综述中报道了 MBR 中的膜污染与污泥的性质密不可分。混合液污泥的浓度方面，2 个 GDMBR 反应器中的污泥浓度相差不大，且浓度都很低。因此，污泥浓度不是影响膜污染的主要因素。

6. DO 对悬浮污泥粒径分布的影响

在 GDMBR 运行末期，取反应器中的污泥混合液进行粒径分布的分析。图 12-79 可以看出，GDMBR2 中的污泥粒径大于 GDMBR1 中的污泥粒径。GDMBR1 中的峰值出现在 100 μm 左右，而 GDMBR2 的峰值出现在 300 μm 左右。GDMBR1 中的污泥混合液平均粒径为 295 μm，而 GDMBR2 中的污泥混合液平均粒径为 436 μm。这说明 DO 浓度显著影响 GDMBR 中污泥混合液的粒径大小，DO 越低，污泥的平均粒径越小。很多研究表明膜污染速率与混合液中污泥的粒径分布有关，污泥的粒径越大，膜过滤阻力越小（$r_p = -0.730$）。因此，本节得出的结论与其相符合。

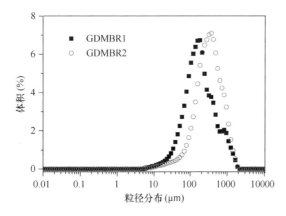

图 12-79 DO 对污泥混合液粒径分布的影响
（GDMBR1：低 DO；GDMBR2：高 DO）

7. DO 对悬浮污泥 EPS 含量的影响

胞外聚合物（extracellular polymeric substance，EPS）是污泥分泌的大分子有机物，它是引起膜污染的主要物质。图 12-80 给出了在运行期第 120 天时悬浮污泥 EPS 含量情况，GDMBR1 中的

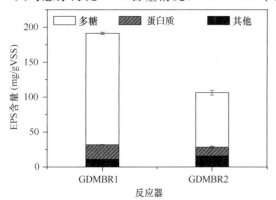

图 12-80 DO 对 GDMBR 中污泥混合液的 EPS 含量的影响
（GDMBR1：低 DO；GDMBR2：高 DO）

EPS 含量为 $191.3 \pm 5.3 \text{mgEPS/gVSS}$，远大于 GDMBR2 中 EPS 含量，值为 $106.3 \pm 4.6 \text{mgEPS/gVSS}$。GDMBR1 和 GDMBR2 中悬浮污泥的蛋白质类物质含量分别为 $159.7 \pm 1.7 \text{mgPr/gVSS}$ 和 $78.0 \pm 3.5 \text{mgPr/gVSS}$。GDMBR1 和 GDMBR2 中悬浮污泥的多糖类物质含量分别为 $20.6 \pm 0.4 \text{mgPs/gVSS}$ 和 $12.7 \pm 1.5 \text{mgPs/gVSS}$。由此可以得出，DO 浓度显著影响 GDMBR 的悬浮污泥的 EPS 含量。DO 浓度越低，污泥 EPS 的含量（包括蛋白质类物质和多糖类物质的含量）越高。

8. DO 对悬浮污泥 SMP 浓度的影响

溶解性有机物（soluble microbial products，SMP）也被称为溶解性的胞外聚合物（soluble extracellular polymeric substance，sEPS），是引起膜污染的主要物质。图 12-81 给出了 GDMBR 中 SMP 的浓度随时间的变化。前 30d，污泥混合液中的 SMP 浓度迅速降低，GDMBR1 中的 SMP 从 80mg/L 降到 20mg/L 左右；GDMBR2 中的 SMP 从 70mg/L 降到 10mg/L 左右。30d 之后，2 个反应器中的 SMP 浓度相对稳定，后 90d 的运行时间内，GDMBR1 中的 SMP 浓度从 20mg/L 降低至 15mg/L；而 GDMBR2 中的 SMP 仍保持在 10mg/L 左右。这些数据表明，DO 影响污泥混合液中 SMP 的浓度，DO 越高，污泥混合液中的 SMP 浓度越低。

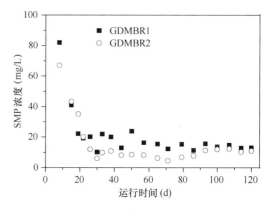

图 12-81 DO 对污泥混合液中溶解性有机物浓度的
影响（GDMBR1：低 DO；GDMBR2：高 DO）

SMP 包括多糖类物质，蛋白质类物质以及其他大分子酸类等有机物质。为了更好地了解 DO 浓度如何影响 SMP 的浓度和性质。本文利用 LC-OCD 对 SMP 中的有机物进行定性和定量分析。图 12-82 给出了 2 个 GDMBR 反应器中污泥混合液

SMP 在第 45 天、79 天和 114 天的分子量分布情况，从图 12-82 可以看出，溶解性有机物主要包括：生物聚合物，分子量大于 20kDa；腐殖质，分子量在 1kDa 左右；腐殖质基本单元，分子量在 300～500Da 范围内；低分子量的腐殖质和酸类物质，分子量小于 350Da 以及分子量更小的中性物质。

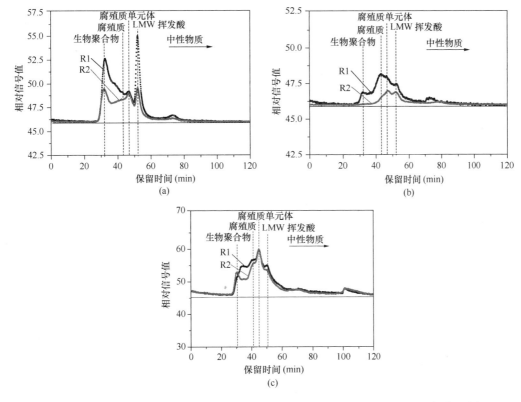

图 12-82　DO 对 GDMBR 中污泥混合液中 DOC 分子量分布影响的 LC-OCD 色谱图分析

（a）第 45 天；（b）第 79 天；（c）第 114 天

（GDMBR1：低 DO；GDMBR2：高 DO）

表 12-25 给出了积分计算结果，可以看出，2 个 GDMBR 反应器中的 SMP 随运行时间的增加有不同程度的降低，与前面讨论的结果相一致。第 45 天，GDMBR1 中的 SMP（DOC）浓度为 12.1mg/L，其中生物聚合物的浓度为 6.0mg/L，占 49.9%，腐殖质、腐殖质基本单元、低分子量的腐殖质和酸类物质及中性物质分别占了 SMP 的 17.3%、6.4%、14.9% 和 11.5%。GDMBR2 中的 SMP（DOC）浓度为 7.1mg/L，其中生物聚合物的浓度为 3.3mg/L，占 46.3%；腐殖质、腐殖质基本单元、低分子量

溶解氧浓度对污泥混合液溶解性有机物分子量分布的影响（LC-OCD 计算结果分析）　　　表 12-25

天数	样品	SMP（DOC）	BP	HS	BB	LMWha	Neutrals
45	R1	12116	6046	2092	780	1801	1397
		所占百分比（%）	(49.9)	(17.3)	(6.4)	(14.9)	(11.5)
	R2	7067	3270	1959	509	566	764
		所占百分比（%）	(46.3)	(27.7)	(7.2)	(8.0)	(10.8)
79	R1	11614	2473	4364	2150	316	2338
		所占百分比（%）	(21.3)	(37.6)	(18.5)	(2.7)	(20.1)
	R2	5605	751	2441	1101	176	1135
		所占百分比（%）	(13.4)	(43.6)	(19.6)	(3.1)	(20.2)
114	R1	6996	1122	2496	1599	148	1631
		所占百分比（%）	(16.0)	(35.7)	(22.9)	(2.1)	(23.3)
	R2	5934	914	2108	1439	113	1360
		所占百分比（%）	(15.4)	(35.5)	(24.3)	(1.9)	(22.9)

注：R1 和 R2 分别为 GDMBR1 和 GDMBR2 的污泥混合液（浓度：μg/L）。

的腐殖质和酸类物质及中性物质分别占了 SMP 的 27.7%、7.2%、8.0% 和 10.8%。因此，可以得出生物聚合物（如多糖类物质和蛋白质类物质）是 SMP 的主要成分。

运行期的第 79 天，GDMBR1 和 GDMBR2 中的 SMP 相比第 45 天略有降低，GDMBR1 中的 SMP 浓度为 11.6mg/L，GDMBR2 中的 SMP 浓度为 5.6mg/L。其中，GDMBR1 混合液 SMP 的生物聚合物的浓度降至 2.5mg/L，仅占 SMP 的 21.3%；腐殖质浓度升高至 4.3mg/L，占 37.6%；其余的腐殖质基本单元、低分子量的腐殖质和酸类物质及中性物质分别占了 SMP 的 18.5%、2.7% 和 20.1%。对于 GDMBR2，SMP 中的生物聚合物的浓度降至 0.75mg/L，仅占 SMP 的 13.4%；腐殖质浓度为 2.4mg/L，占 SMP 的 43.6%；其余的腐殖质基本单元、低分子量的腐殖质和酸类物质及中性物质分别占了 SMP 的 19.6%、3.1% 和 20.2%。

对比第 45 天的 SMP 数据可以看出，2 个 GDMBR 反应器中 SMP 的浓度都有所降低，主要降低的部分为生物聚合物，而腐殖质类物质的浓度都有所增加。这表明反应器随着运行时间的增长，活性污泥生长良好，不仅利用进水中的小分子糖类等物质，还可以利用自身代谢分泌的大分子的有机物。因此，随着运行时间的增加，污泥微生物先前产生的生物聚合物被慢慢代谢，而难被降解的腐殖质类物质的浓度越积累越多。DO 浓度影响了 GDMBR 污泥混合液中 SMP 的浓度，DO 越高，SMP 的浓度越低。而从 LC-OCD 结果得知，主要是 SMP 中的生物聚合物的浓度降低。

反应器运行的第 114 天，GDMBR1 中的 SMP 浓度继续有所降低，值为 7.0mg/L；而 GDMBR2 中的 SMP 浓度没有明显变化，为 5.9mg/L。对于 GDMBR1 中的 SMP，生物聚合物的浓度继续降低，值为 1.1mg/L 仅占 SMP 的 16.0%；腐殖质浓度为 2.5mg/L，占 SMP 的 35.7%；其余的腐殖质基本单元、低分子量的腐殖质及酸类物质及中性物质分别占了 SMP 的 22.9%、2.1% 和 23.3%。对于 GDMBR2 中的 SMP，生物聚合物的浓度为 0.9mg/L，占 SMP 的 15.4%；腐殖质浓度为 2.1mg/L，占 SMP 的 35.5%。其余的腐殖质基本单元、低分子量的腐殖质和酸类物质及中性物质分别占 SMP 的 24.3%、1.9% 和 22.9%。

相比第 79 天，GDMBR1 的 SMP 浓度继续降低，且降低的部分仍为生物聚合物，而 GDMBR2 中的 SMP 浓度维持在 0.6mg/L 左右，且 SMP 中的生物聚合物浓度也稳定在 0.7～0.9mg/L 内。这充分表明，在高 DO 下，GDMBR 中的 SMP 浓度更低，且主要降低了 SMP 中生物聚合物的组分。

9. DO 对悬浮污泥生物活性的影响

本文同时研究了 GDMBR 反应器中污泥活性随时间的变化。如前面所述，ATP 的含量可以代表系统内微生物的活性。污泥活性越高说明，新陈代谢能力越好。如图 12-83 所示，2 个 GDMBR 反应器中的污泥活性随时间的增加而增强。运行期前 30d，GDMBR 中污泥活性快速增加。过了 30d，污泥活性增加速度变慢，GDMBR1 中的污泥活性稳定在 1.5nmol/L ATP/(mg/L)COD，GDMBR2 中的污泥活性稳定在 2.0nmol/L ATP/(mg/L)COD 左右。这说明 2 个 GDMBR 系统成功培养出各自的活性污泥；同时，DO 浓度影响污泥的活性，DO 越高，污泥的活性越高。污泥活性越高，代谢能力越强，进而能够降解更多的有机碳，降低污泥混合液中的 SMP 浓度。

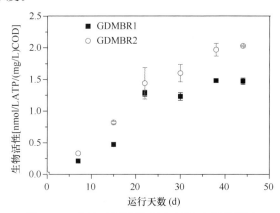

图 12-83 DO 对污泥混合液 ATP 含量的影响
（GDMBR1：低 DO；GDMBR2：高 DO）

10. DO 对污泥滤饼层形态的影响

膜生物反应器（MBR）中，随着处理时间的增加，膜表面会截留并累积污泥滤饼层，因此，污泥滤饼层的性质与膜污染关系密不可分。本节将研究 DO 浓度对污泥滤饼层的形态形貌、理化性质和生化性质的影响。

利用光学相干断层扫描技术（Optical Coherence Tomography，OCT）表征污泥滤饼层的二维结构，可以不破坏膜表面的污泥形态和结构，真实反映污泥滤饼层在反应器运行过程中的形态形貌。

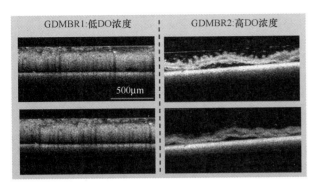

图 12-84　DO 对污泥滤饼层形态和形貌的影响
（典型的光学相干层析成像表征图片，GDMBR 运行的第 35 天）

图 12-84 给出了 2 个 GDMBR 反应器在运行第
35 天的膜表面污泥滤饼层二维结构图。其中左侧
为 GDMBR1 中具有代表性的膜表面污泥滤饼层的
OCT 图片，右侧为 GDMBR2 中膜表面污泥滤饼层
的形态图片。OCT 图片主要给出了污泥滤饼层和
超滤膜的纵向切面信息。箭头代表超滤膜与污泥滤
饼层的分界线，箭头下方为超滤膜，箭头上方为污
泥滤饼层。从图中可以看出，GDMBR1 中的污泥
滤饼层的厚度大于 GDMBR2 中的污泥滤饼层，并
且 GDMBR1 中的污泥滤饼层更为密实。表 12-26
给出了经过 Matlab 计算后的污泥滤饼层厚度，
GDMBR1 中的滤饼层平均厚度为 413 μm，而 GD-
MBR2 中的污泥滤饼层厚度为 275 μm。粗糙度方
面，GDMBR2 中的污泥表层更为粗糙，值为
22.4 μm，而 GDMBR1 中污泥滤饼层表面粗糙度
为 17.6 μm。

图 12-85 给出了 2 个 GDMBR 系统在运行期的
第 120 天的典型膜表面滤饼层形态图。可以看出，
运行末期 GDMBR1 中膜表面污泥滤饼层的厚度远
大于 GDMBR2 中的污泥厚度。

表 12-26 给出了厚度和粗糙度的计算结果，运
行期第 120 天，GDMBR1 中污泥滤饼层的厚度为
790 μm，而 GDMBR2 中的污泥滤饼层厚度为
344 μm。粗糙度方面，GDMBR1 污泥滤饼层表面
的粗糙度为 77.8 μm，而 GDMBR2 污泥滤饼层表
面粗糙度为 121 μm。对比运行期第 35 天，2 个
GDMBR 反应器的污泥滤饼层的厚度均显著性地增
加，尤其是 GDMBR1 反应器，污泥厚度约增加一
倍。同时，表面粗糙度的大小也随时间增加，这说
明污泥滤饼层表面是非均相的。因此，可以总结出
DO 浓度显著影响污泥滤饼层的形态和厚度，DO

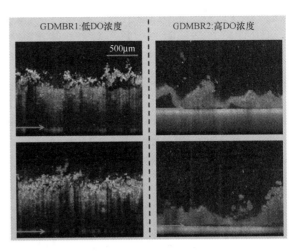

图 12-85　DO 对污泥滤饼层形态和形貌的影响
（典型的光学相干层析成像表征图片，GDMBR 运行的第 120 天）

浓度越低，污泥滤饼层越厚，污泥滤饼层的积累速
度越快，污泥滤饼层表面粗糙度也越小。

利用 OCT 图像计算污泥滤饼层
厚度和粗糙度（n=3）　表 12-26

	厚度（μm）		粗糙度（μm）	
	GDMBR1	GDMBR2	GDMBR1	GDMBR2
运行期 35d	413±16	275±15	17.6±5.8	22.4±5.6
运行期 120d	790±41	344±70	77.8±31	121±16
水力清洗后	8.9±2.0	7.4±1.4	—	—
化学清洗后	5.4±0.3	7.5±1.3	—	—

以上实验结果表明，DO 浓度显著影响膜表面
生物滤饼层的形成，DO 浓度越低，膜表面的生物
滤饼层厚度越大，积累速度越快。膜污染速率与滤
饼层的厚度相关，滤饼层越厚，膜污染速率越快，
膜的出水通量越小。本节中，低 DO 下 GDMBR 膜
表面的污泥滤饼层厚度大，并且总阻力和滤饼层阻
力高。本节中污泥滤饼层单位厚度所受到的膜过滤
阻力值（Resistance per thickness）通过计算为
2.53×10^{16}/m 和 2.81×10^{16}/m，因此 DO 浓度对
GDMBR 中膜表面污泥滤饼层的孔隙率或者密度的
影响不大。

GDMBR 运行末期，将膜组件从反应器中取
出，并用去离子水进行水力清洗，清洗后再次用
OCT 技术表征膜表面。图 12-86 给出 2 个 GDMBR
反应器的膜组件经过水力清洗后的 OCT 图片。可
以看出，2 个反应器的超滤膜表面的污泥滤饼层几
乎都被洗脱下去。表 12-26 给出了计算结果，GD-
MBR1 和 GDMBR2 的超滤膜表面经过水力清洗后
的厚度分别为 8.9 μm 和 7.4 μm 的污泥滤饼层。因
此，可以认为低压式的重力流膜生物反应器膜表面

滤饼层非常容易被水力洗脱下来，无论 DO 浓度高低，GDMBR 的过滤阻力主要为水力可逆膜阻力，这意味着 GDMBR 中的水力清洗将十分有效地恢复膜通量和控制膜污染。

膜组件通过水力清洗后，进行化学清洗，即将膜组件 24h 浸没于浓度为 0.1% 的 NaClO 溶液中，然后用去离子水将膜表面残留的化学药剂清洗干净，再用 OCT 技术表征化学清洗后的膜表面情况。图 12-86 同时给出了 2 个 GDMBR 中的膜组件经过化学清洗后的 OCT 表征图片。可以看出通过化学清洗后的 2 个膜组件的表面依然无法观测到污泥滤饼层，甚至可以看到膜表面经过药剂清洗后有些受损。表 12-26 给出了化学清洗后的膜表面滤饼层厚度结果。经过化学清洗后，GDMBR1 和 GDMBR2 中的膜表面滤饼层厚度为 5.4 μm 和 7.5 μm。与水力清洗的结果相比，经过化学清洗后膜表面的滤饼层厚度没有明显的减少。这说明低压式的 GDMBR 系统没有必要进行化学药剂清洗，简单的水力物理清洗即可达到很好的膜污染控制效果。

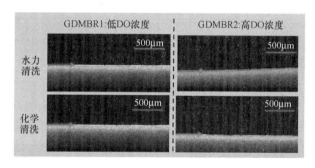

图 12-86　DO 对物理水力清洗和化学清洗后的膜表面滤饼层形态的影响
（典型的光学相干层析成像表征图片）

11. DO 对污泥滤饼层粒径分布的影响

在 GDMBR 运行末期，将膜组件从反应器中拿出来，并将膜表面的污泥滤饼层刮下来，用去离子水将其重新悬浮。用马尔文激光粒度对悬浮的污泥滤饼层进行粒径分布测量。图 12-87 给出了 2 个 GDMBR 系统中膜表面污泥滤饼层的粒径分布情况，2 个反应器的污泥滤饼层样品粒径都呈双峰分布。2 个 GDMBR 污泥滤饼层的第一个峰值都在 200 μm 左右，GDMBR1 的第 2 个峰值在 600～700 μm 处，而 GDMBR2 的第 2 个峰值在 1500 μm 处。此外，GDMBR1 中污泥滤饼层的平均粒径为 344 μm，GDMBR2 中污泥滤饼层的平均粒径 484 μm。这表明 DO 浓度影响 GDMBR 中膜表面污

泥滤饼层的粒径，低 DO 下，污泥滤饼层中的颗粒物粒径偏小。

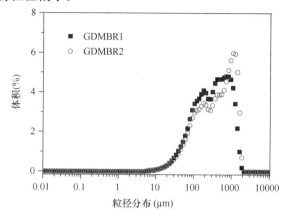

图 12-87　DO 对 GDMBR 膜表面污泥滤饼层中颗粒物粒径分布的影响
（GDMBR1：低 DO；GDMBR2：高 DO）

12. DO 对污泥滤饼层生物活性的影响

如前面所述，ATP 含量的大小可以表征系统内微生物的活性。GDMBR 中膜表面的污泥滤饼层在运行期的末期将其取出，并重新悬浮于去离子水中，并进行均质化。测量混合液中单位 VSS 的 ATP 大小以表征生物活性。如图 12-88 所示，GDMBR1 和 GDMBR2 中膜表面的污泥滤饼层的活性分别为 0.84nmol/L ATP/（mg/L）VSS 和 1.10nmol/L ATP/(mg/L) VSS。因此得出 DO 浓度也影响膜表面污泥滤饼层的生物活性，反应器中 DO 浓度越大，膜表面污泥滤饼层的生物活性越高。之前相关的实验显示，利用 GDM 对比处理地表水和投加 NaN₃ 的地表水。由于 NaN₃ 的强毒性，使投加 NaN₃ 组在整个 GDM 过滤过程中无任何生物作用，并且测量混合液和膜表面滤饼的 ATP 含量为 0。结果表明，生物活性显著影响 GDM 过滤

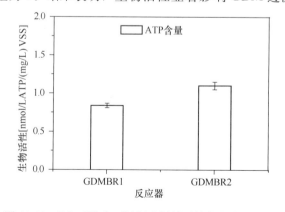

图 12-88　DO 对膜表面污泥滤饼层活性的影响（$n=3$）
（GDMBR1：低 DO；GDMBR2：高 DO）

的特性。不投加 NaN₃ 组 ATP 含量高,生物膜表面发生了捕食作用(如高等级的原生动物和后生动物对低等级的细菌和有机碳进行捕食),使膜表面生成非均相的松散的污泥滤饼层,而投加 NaN₃ 组膜表面积累非常均匀的较厚的污泥滤饼层。这与本研究的结果类似,DO 浓度影响污泥滤饼层的活性,DO 浓度越高,污泥滤饼层的活性越高。与低 DO 相比,高 DO 下的污泥滤饼层越薄,表面粗糙度越大,说明 DO 浓度影响着污泥滤饼层的生物作用(捕食作用)。DO 浓度越高,污泥活性越大,捕食作用越明显,污泥滤饼层结构越松散,表面粗糙度越大。

13. DO 对污泥滤饼层 EPS 含量的影响

结合态 EPS 是污泥分泌的大分子有机物,是引起膜污染的主要物质,EPS 的含量越高,膜污染越严重。图 12-89 给出了在运行期第 120 天时,GDMBR 中膜表面污泥滤饼的 EPS 含量情况,GDMBR1 中污泥滤饼层的 EPS 含量为 284.6 ± 13.2 mgEPS/gVSS,远大于 GDMBR2 中污泥滤饼层的 EPS 含量,值为 122.9 ± 8.8 mgEPS/gVSS。GDMBR1 和 GDMBR2 中膜表面污泥滤饼层的蛋白质含量分别为 184.3 ± 11.3 mgPr/gVSS 和 103.7 ± 0.7 mgPr/gVSS。GDMBR1 和 GDMBR2 中膜表面污泥滤饼层的多糖含量分别为 42.6 ± 8.3 mgPs/gVSS 和 24.7 ± 2.1 mgPs/gVSS。由此可知,这与 DO 浓度影响膜污染阻力的趋势完全一致。低 DO 下,膜表面污泥滤饼层分泌的 EPS 的含量越高(包括蛋白质和多糖含量越高),膜污染越严重。而 EPS 也是加重膜污染的水力可逆污染阻力和水力不可逆污染阻力的主要物质。

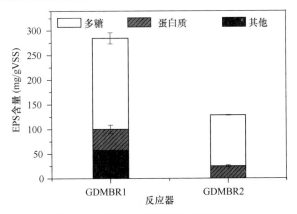

图 12-89　DO 对 GDMBR 膜表面污泥
滤饼层 EPS 含量的影响($n=3$)
(GDMBR1:低 DO;GDMBR2:高 DO)

14. DO 对 GDMBR 膜通量稳定性影响的机理分析

无论 DO 浓度的高低,GDMBR 经过 50d 的运行期后,膜的出水通量都可以达到稳定。相比高 DO 情况,低 DO 下稳定后的出水通量数值更小。通过对比不同 DO 浓度对 GDMBR 中污泥混合液的性质和 GDMBR 膜表面污泥滤饼层的性质的影响,其与 GDMBR 膜出水稳定通量大小的关系如图 12-90 所示。

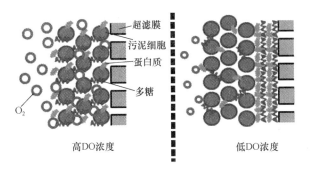

图 12-90　溶解氧浓度对 GDMBR 膜污染
现象影响的机理图

首先,低 DO 下 GDMBR 中悬浮污泥的活性小于高 DO 下的污泥活性。因此在去除有机物的效率方面,低 DO 的 GDMBR 效率更低,进而 GDMBR 污泥混合液中含有较高的 SMP 类物质(尤其是生物聚合物)。随着运行时间的增加,2 个 GDMBR 对有机物的去除效率相近,因而污泥混合液中更多的 SMP 类物质累积在膜表面的污泥滤饼层中,并增加污泥滤饼层的厚度。

其次,对污泥滤饼层的表征可知,低 DO 下 GDMBR 的污泥滤饼层的厚度远大于高 DO 情况。同时阻力分析结果表明,低 DO 下的 GDMBR 过滤总阻力大于高 DO 情况,并且主要增加的是滤饼层阻力和水力清洗可逆阻力。污泥滤饼层的活性方面,低 DO 下的污泥活性小于高 DO 情况,因此低 DO 下的污泥滤饼层中生物作用降低。结合滤饼层表面粗糙度的结果,低 DO 下降低了滤饼层的表面粗糙度。因此,推测滤饼层中的捕食作用(高等原生动物和后生动物对污泥滤饼中的细菌和有机物的捕食能力)可能降低,进而无法形成较松散的非均相的滤饼层。

最后,污泥滤饼层的生化性质显示,低 DO 下的 EPS 含量(包括多糖含量和蛋白质含量)都远高于高 DO 情况。污泥悬浮液中大量 SMP 随着时间慢慢积累到污泥滤饼层中,因而滤饼层中 EPS

的含量（在运行末期）高于高 DO 情况。本书首次利用 CLSM 研究不同 DO 浓度下 GDMBR 中膜表面生物滤饼层内 EPS 的分布情况。污泥滤饼层横截面中的 EPS 分布说明，在 DO 浓度充足时，细菌细胞、蛋白质和多糖的分布相对均匀；低 DO 下，EPS 中的蛋白质和多糖位于污泥滤饼层的内侧，更接近于膜表面。这表明当 DO 成为微生物生长的限制因素时，污泥微生物分泌大量的 EPS 类物质，且 EPS 类物质分布在生物滤饼层的内侧，而细胞分布在污泥滤饼层外侧，这有助于微生物细胞竞争更多主体混合液中的溶解氧。

如果为了提高膜的出水通量，可适当增加混合液中 DO 的浓度以缓解滤饼层阻力和水力可逆污染阻力；如果仅对污水的处理水质有较高要求，而对通量没有较高要求时（例如分散式的农村污水处理，或分散式的楼宇中水处理回用等），可采用低 DO 浓度，进而节省大量能耗。

12.4.4 曝气剪切力对 GDMBR 膜通量稳定性的影响

增加曝气量可以缓解滤饼层阻力进而可减少膜污染。至今未有单独研究曝气剪切力对 GDMBR 膜污染的影响。

本实验采用恒水头的重力流膜生物反应器（GDMBR），因此膜表面所受到的压力为恒力。实验装置如图 12-62（b）所示，采用挡板将曝气装置和膜组件进行空间分离作为对照组，以避免曝气剪切力对膜表面污泥滤饼层的影响。2 个 GDMBR 反应器的曝气量均为 60L/h，溶解氧浓度控制在 6.0~6.5mg/L 范围。

图 12-91 给出了 2 个 GDMBR 反应器运行

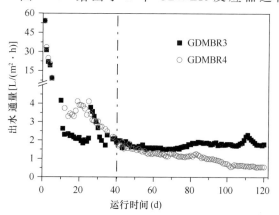

图 12-91　曝气剪切力对 GDMBR 出水通量的影响
（GDMBR3：无曝气剪切力；GDMBR4：有曝气剪切力）

120d 中的出水通量变化趋势。运行期主要分为 2 个阶段。第一阶段为前 40d，可以看出 2 个 GDMBR 反应器的出水通量处于快速下降阶段，2 个反应器的通量均从 54.0L/(m² · h) 降到 2.0L/(m² · h) 左右。在反应器运行的第 25 天左右，2 个 GDMBR 反应器的通量都有些许的回升，此现象是由于实验过程中平板膜组件内积累了大量的气泡，破坏了整个流程的压力。第 25 天，通过在膜组件的上方安装排气管和排气阀，解决气泡在膜组件内部积累问题。在这一阶段大部分时间里，GDMBR4 的出水通量略高于 GDMBR3 的出水通量。第二阶段，GDMBR3 反应器的出水通量维持在 1.8~2.0L/(m² · h) 范围内。而 GDMBR4 反应器的出水通量持续下降，到 120d 时，其运行通量降至 0.5L/(m² · h) 左右。由此现象可以得出以下结论：GDMBR 中，在无反冲洗和水力清洗的条件下，受到曝气剪切力的作用，其运行初期（前 40d）通量可保持较高水平，但随着运行时间的延长，运行通量无法保持稳定，并持续下降。而无剪切力等外力作用下的 GDMBR 的出水通量可长期保持稳定。由此可得，曝气两相流剪切力显著影响 GDMBR 出水通量，有剪切力的情况下，运行初期可缓解膜污染，但长期情况下，剪切力的存在会降低膜的出水通量，即加重膜污染。

先前关于重力流式膜系统（GDM）的研究表明，利用 GDM 系统处理地表水或稀释的污水（DOC 的范围在 2.0~15.3mg/L），一般经过一到两周时间后，出水通量可以达到稳定[4~15L/(m² · h)]。影响通量稳定的原因有 2 个，一方面为进水有机物浓度，另一方面是膜表面生成了非均相的生物膜，并且生物膜中发生了生物捕食作用，高等级的微生物可以捕捉低等级的微生物和滤饼层中的有机物，并破坏滤饼层的结构。此外，这些文章还报道了进水 TOC 浓度越高，通量的稳定值就越低。本文中，虽然 2 个 GDMBR 反应器的进水 TOC 为 100mg/L，但是反应器内培养出了活性较高的生物污泥，因此将进水中的大部分有机物进行生物降解，溶液中的 DOC（SMP）范围仅在 10mg/L 左右，与之前的报道浓度相近。在没有剪切外力作用下的 GDMBR 在运行超过 40d 后，出水通量可以稳定在某个范围内，与之前的 GDM 系统相似。而存在曝气剪切力的 GDMBR 受到外力作用后，通量不能达到稳定，这与膜表面的污泥滤饼层的生化和理化性质发生改变密不可分。

1. 曝气剪切力对 GDMBR 过滤阻力的影响

根据上节结论，曝气两相流剪切力影响 GDMBR 的出水通量，存在剪切力的情况下，GDMBR 出水通量在运行初期保持较高值，后来随着运行时间的延长，出水通量越来越低，并且无法到达稳定。

图 12-92 给出了 120d 运行期中 2 个 GDMBR 反应器中膜污染总阻力随时间的变化趋势。主要分为 2 个阶段：前 40d 中，GDMBR3 中的总过滤阻力增长速度大于 GDMBR4 的增长速率，总阻力也在大部分时间里高于 GDMBR4 的总阻力；第 40 天时，2 个 GDMBR 的总阻力都为 10×10^{12}/m 左右；40 天之后，GDMBR3 中总阻力仍然维持在 $8 \times 10^{12} \sim 10 \times 10^{12}$ m 范围内；而 GDMBR4 的总阻力持续上升，运行的末期总阻力在 30×10^{12}/m 以上。总阻力变化与通量变化情况正好成反相关。由此可知，曝气剪切力显著影响 GDMBR 过滤过程中的总阻力。存在曝气剪切力的情况下，GDMBR 过滤总阻力一直增加，且不能达到稳定，而无曝气剪切力情况下，过滤总阻力在运行初期处于快速增长阶段，但运行后期总阻力基本维持稳定。

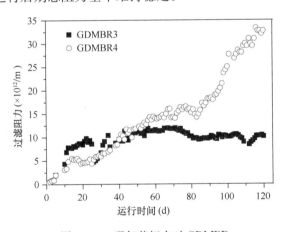

图 12-92　曝气剪切力对 GDMBR
运行中总过滤阻力的影响
（GDMBR3：无曝气剪切力；GDMBR4：有曝气剪切力）

2. 曝气剪切力对水力污染阻力可逆性的影响

GDMBR 运行末期将膜组件取出进行水力清洗，分析曝气两相流剪切力对 GDMBR 水力污染阻力可逆性的影响。图 12-93 给出了 2 个 GDMBR 反应器中膜组件的 R_r 和 R_{ir} 分布情况。R_t 方面，GDMBR3 和 GDMBR4 的总阻力分别为 9.7×10^{12}/m 和 32.7×10^{12}/m。R_m 方面，占 R_t 很小部分，且

2 个反应器都为 0.3×10^{12}/m 左右。水力可逆污染阻力方面，GDMBR3 和 GDMBR4 分别为 9.2×10^{12}/m 和 29.5×10^{12}/m，分别占 R_t 的 94.8% 和 90.2%，并且 GDMBR3 中的 R_r 约是 GDMBR4 中的 3 倍。水力不可逆污染阻力方面，GDMBR3 和 GDMBR4 分别为 0.5×10^{12}/m 和 1.2×10^{12}/m，分别占 R_t 的 5.0% 和 3.7%，并且 GDMBR4 中的 R_t 约是 GDMBR3 中的 2.4 倍。因此 GDMBR 的过滤阻力中，水力可逆污染阻力占主要部分。剪切力增加 GDMBR 的总过滤阻力，其中主要增加了水力可逆污染阻力，其次水力不可逆污染阻力也有不同程度的增加。水力不可逆污染阻力的增加表明，存在剪切力的情况下，不利于 GDMBR 反应器进行水力清洗。

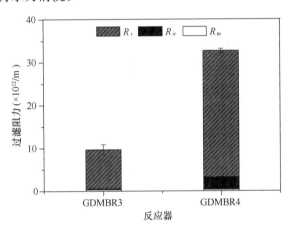

图 12-93　曝气剪切力对 GDMBR 中膜过
滤阻力水力清洗可逆性的影响（$n=3$）
（GDMBR3：无曝气剪切力；GDMBR4：有曝气剪切力）

3. 曝气剪切力对各阻力分布的影响

GDMBR 运行的末期将膜组件取出，进行水力污染阻力可逆性的分析后，再进行各阻力分布的分析，其中包括 R_m、R_c 和 R_p。如图 12-94 所示，GDMBR3 和 GDMBR4 的 R_t 分别为 9.7×10^{12}/m 和 32.7×10^{12}/m。滤饼层阻力方面，GDMBR3 和 GDMBR4 分别为 9.2×10^{12}/m 和 31.1×10^{12}/m，分别占 R_t 的 94.8% 和 95.1%，并且 GDMBR4 中的 R_c 约是 GDMBR3 中的 3 倍。这些数据表明，滤饼层阻力占了 GDMBR 过滤总阻力的主要部分。曝气两相流剪切力的存在显著性地增加 GDMBR 的滤饼层阻力。膜孔阻塞阻力方面，GDMBR3 和 GDMBR4 分别为 0.14×10^{12}/m 和 1.31×10^{12}/m，分别占 R_t 的 1.4% 和 4.0%。可以看出，剪切力对 GDMBR 的膜孔阻塞阻力也略有增加。

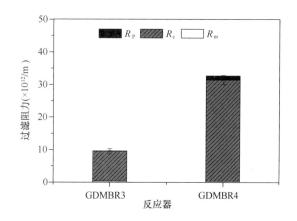

图 12-94　曝气剪切力对 GDMBR 中膜过滤阻力分布的影响
（膜本身阻力、滤饼层阻力和膜孔阻塞阻力）（n＝3）
（GDMBR3：无曝气剪切力；GDMBR4：有曝气剪切力）

　　综上所述，低压重力流膜生物反应器（GDM-BR）处理生活灰水，经过 40d 后出水通量可以达到稳定。高 DO 下，出水膜通量可稳定在 $2L/(m^2 \cdot h)$ 左右，膜渗透性可稳定在 $0.4L/(m^2 \cdot h \cdot kPa)$ 左右；低 DO 下，出水膜通量可稳定在 $1L/(m^2 \cdot h)$ 左右，膜渗透性可稳定在 $0.2L/(m^2 \cdot h \cdot kPa)$ 左右。

　　低 DO 下 GDMBR 稳定后的出水膜通量更低（或膜污染更严重）。阻力分析表明，低 DO 下水力污染可逆阻力和生物滤饼层阻力显著增加；同时，水力不可逆污染阻力和膜孔堵塞阻力也略有增加。因此，提高反应器中 DO 的浓度是缓解水力可逆污染阻力和水力不可逆污染阻力的重要手段。

　　DO 浓度影响膜污染的主要机理为，与高 DO 情况相比，低 DO 下悬浮污泥的活性降低，分解有机物能力降低，并产生大量的 SMP 类物质（尤其是生物聚合物），并积累在膜表面的污泥滤饼层中，导致污泥滤饼中的 EPS 含量（蛋白质和多糖）明显升高，增加了滤饼层阻力。同时与高 DO 相比，低 DO 下滤饼层中的污泥活性降低，滤饼层的厚度大及表面粗糙度小，说明生物捕食作用可能减弱，因此无法形成松散的非均相的生物滤饼层结构。

　　高 DO 下的 GDMBR 膜表面生物滤饼层中的细胞、多糖类物质和蛋白质类物质沿着滤饼层由内而外分布相对均匀；低 DO 下，污泥细胞分布在生物滤饼层外侧，而蛋白质和多糖位于生物滤饼层的内侧更接近于膜表面。从而降低了稳定后的出水通量，带来更严重的膜污染。

第13章

绿色工艺——第三代饮用水净化工艺的发展方向

近年来，随着我国工业化进程的迅速发展和人们对饮用水品质要求的日趋严格，饮用水净化工艺不断发展。大多数饮用水净化工艺在应用过程中常会伴生对人体有害的副产物，不符合绿色发展的理念；而绿色工艺旨在解决这一问题，为饮用水净化工艺的未来发展指明方向。作为第三代饮用水核心净化工艺，膜滤技术能够在净化水的同时减少有害物质的产生，最大限度地保留水中的益生元素，有效保障饮用水的安全性和高品质，是绿色工艺发展的重要基础。

13.1　什么是饮用水绿色净化工艺

1. 饮用水净化工艺的发展历程

人类在约 500 万年的发展史中，都是傍水而居，直接饮用天然地表水（江水、河水、湖水、山泉水及由地表水补给的浅层地下水）。人类长期生活的自然环境，本身就是一个生态系统；人类是这个自然生态系统的一个组成部分，参与生态系统的物质循环和能量循环，并在其中进化和发展了数百万年，完全适应了这个环境，其中也包括水环境。人类在这种天然水环境中经历上百万年进化发展形成的基因，对地表水应该是最适应的，即天然地表水对人体健康是最有利的。

19 世纪末，人类遭遇了第一个重大饮用水安全问题——霍乱、痢疾、伤寒等介水细菌性传染病的流行。20 世纪初，人们发明了氯消毒，解决了这一问题；同时为了提高氯消毒效果，在消毒前采用了混凝、沉淀及过滤等工艺以强化去除水中的浊质，形成了第一代饮用水净化工艺。20 世纪中叶，戊型肝类、脊髓灰质炎等介水病毒性传染病暴发，而采用"深度除浊"的方法将水的浊度降低到足够低（如 0.5NTU），就能使病毒浓度降至致病阈值以下，从而有效地控制住了疾病的传播。

20 世纪 70 年代以来，人们在饮用水中发现了对人体有害的氯化消毒副产物和人工合成的难生物降解有机物；而臭氧—活性炭工艺对消毒副产物前体及微量有机污染物具有较好的控制和去除效果，可有效地削减消毒副产物的生成趋势。于是将臭氧—活性炭置于第一代工艺之后，便形成了第二代工艺，又称为"深度处理"工艺。此外，又开发出多种除有机物的工艺，如强化混凝、生物过滤、粉末活性炭吸附、氧化以及高级氧化技术等。

绿色工艺，就是要求对水的天然属性没有影响或影响削减到最小。然而，近百年由于社会经济和生产的发展，大量废弃物进入天然水体，受到污染的地表水已不适于人类直接饮用。为了保障饮用水的安全性，人们采用各种方法以消除污染，恢复水的天然属性。第一代和第二代饮用水净化工艺中所采用的各种处理方法，其中物理方法（自然沉淀、慢砂滤等），物理化学方法（活性炭吸附等），生物方法（慢滤、生物预处理、生物活性炭等），对水的天然属性没有影响或影响很小，一般被认为是绿色工艺；而化学方法由于需向水中投加多种化学药剂，会影响水的固有化学成分、含量及其存在形态，引入新的化学物质并产生许多副产物，特别是对人体有毒害的副产物等，因此一般被认为是非绿色工艺。

2. 饮用水生物安全方面的深度处理——超滤和纳滤

20 世纪末，"两虫"问题暴发，即致病原生动物——贾第鞭毛虫和隐孢子虫（两虫）引起的介水传染病。"两虫"的卵囊和孢囊具有很强的抗氯性，氯消毒难以将其灭活。因此，第一代和第二代工艺都难以有效控制"两虫"疾病的传播和暴发。

人们发现，21 世纪材料科学发展的成果——膜滤可控制住"两虫"疾病的流行。在用微滤和超滤去除"两虫"过程中，发现其对病菌和病毒也有去除作用。微滤膜孔径较大（$>0.1\,\mu m$），对病菌和病毒去除效果不佳，超滤孔径为 $0.002\sim0.100\,\mu m$，对病菌和病毒去除效果较好。水中最小的生物是病毒，所以也是去除的难点。介水传染性病毒的最小尺寸约为 $0.02\,\mu m$，现今已能制造出孔径小于 $0.02\,\mu m$ 的超滤膜（即致密型超滤膜），可将水中所有微生物（包括致病微生物）全部去除，从而实现饮用水的生物安全性由相对安全向绝对安全的"质"的飞跃。目前超滤膜已成为用于水厂的主流产品；而纳滤膜属高压膜，膜孔径小于 $0.002\,\mu m$，无疑也能将水中微生物全部除去，可称为在饮用水生物安全性方面的深度处理。

我国饮用水卫生标准中没有关于病毒指标的规定，但要求水的浊度不能高于 1.0NTU。美国的一级标准中规定了病毒（肠道病毒）的最大污染物浓度目标值要求为 0，最大污染物浓度要求为病毒的去除/灭活率不低于 99.99%。浊度限值要求 95% 的水样要达到 0.3NTU，最大限值为 1.0NTU。超滤用于饮用水净化，首要目的是提高水的生物安全性，所以超滤膜对病毒的去除率也应要求达到99.99％的要求。然而，目前用于水厂的超滤膜，由于国内尚缺乏超滤膜孔径的检测机构以及检测膜孔的统一标准方法，结果造成超滤膜市场的混乱，难以达到对病毒去除率99.99％的统一要求；但是超滤膜对病毒的去除率可通过测试得到，病毒去除效果本身就是超滤膜提高生物安全性的目标值，也能反映出超滤膜的性能和品质。所以有必要在未来的超滤水厂设计规程中明确提出对生物安全性的要求，即提出对病毒去除率达99.99％的要求，这会促进致密型超滤膜（对病毒去除率达到99.99％）制备技术的发展和应用。

3. 膜滤是第三代饮用水净化工艺的时代特征

随着化学工业的发展和检测技术的进步，在饮用水中发现了越来越多的有毒害物质，特别是微量及超微量的有机污染物，成为水质净化的难点。水中对人体有毒害的物质，一般包括有机物和无机物，其中有毒害的有机物主要有：消毒副产物、农药、持久性有机物、内分泌干扰物、化妆品、抗生素、藻毒素等；有毒害的无机物主要包括：氟、砷、氰化物、铁、锰、重金属（汞、铅、铬、镉、铊等）、放射性元素等。上述有害物质，使用现有的各种方法/技术大多能得到一定程度的去除，但其中的化学方法（如混凝、氧化、还原等）不是绿色工艺。

膜滤是去除水中有机和无机污染物的有效技术。超滤能去除水中大分子有机物和以固体形态存在的污染物；而且通过耦合混凝、氧化、吸附、生物处理等措施，可将溶解态的污染物和小分子有机物转化为固态物质，再利用超滤有效截留去除。纳滤膜的截留分子量为200～2000Da，而水中大部分微量有机污染物的分子量都是200～300Da，所以纳滤是去除水中微量有机污染物的有效技术；同时纳滤还可有效截留水中的二价无机离子，对一价无机离子也有一定的去除作用，实现对目标污染物的深度脱除。反渗透能去除水中绝大部分溶解性物质，包括一价无机离子，从而获得纯水。

将膜滤技术（如微滤、超滤、纳滤及反渗透等）用于饮用水净化处理，提升和改造饮用水净化工艺的科学技术水平，这样形成的第三代净水工艺是具有时代特征的。针对各地不同的水源水质、污染物特性以及用水水质需求，研发出了多种膜滤应

用形式的饮用水净化第三代工艺。一方面，膜滤或可取代第一代或第二代工艺；另一方面，膜滤也可与第一代或第二代工艺相结合，以求获得更好的技术经济效益。

4. 膜滤是饮用水净化绿色工艺的基础

消毒，特别是药剂消毒，是当前饮用水净化工艺中应用最广的技术。致密型超滤膜和纳滤膜能将水中的致病微生物（包括病毒在内）几乎全部去除，而无需向水中投加任何药剂，所以有望取代药剂消毒工艺。混凝是绝大部分以地表水为水源的水厂都采用的工艺，超滤出水的浊度可低至0.1NTU以下，显著优于常规的混凝—沉淀—砂过滤工艺，且无需向水中投加任何药剂，所以也可取代第一代工艺。水中大量存在的各种类型的微量有机污染物，是以臭氧—活性炭为代表的第二代工艺的处理关键所在；而纳滤可去除大部分微量有机污染物，且无需向水中投加任何药剂，所以也可取代第二代工艺。纳滤和反渗透能去除水中的微量重金属、毒质以及过量的无机离子，而无需向水中投加任何药剂，可取代各种相应的净化处理工艺。

膜滤作为一种物理过程，是绿色工艺。且以膜滤为特征的第三代工艺，在多种水质条件下都可以实现绿色净化处理。目前，我们团队研发了几种可用于实际生产的绿色工艺：包括原水直接超滤、粉末活性炭/超滤膜生物反应器除高浓度氨氮并实现低温条件下（<2℃）水中氨氮和有机物的有效去除、颗粒活性炭—超滤和生物滤池—超滤处理有机物和氨氮污染的原水、重力流超滤—生物滤饼层/超滤耦合工艺（GDM）、超滤—纳滤处理高硬度水及新型微污染物、超滤—反渗透海水淡化等。

饮用水净化是一个从源头到龙头的系统工程。随着化学工业发展及检测技术进步，现今许多水厂的水源受到污染，水中越来越多的污染物被检出，每检出一类新的污染物，就要采用各种方法予以去除，包括药剂法，从而导致向水中投加的药剂越来越多，对水的化学安全性的影响也越来越不容忽视，这是采用"末端治理"的必然结果。绿色工艺就是要推动净化处理关口前移，实现由"末端治理"向"源头治理"的转变，加强对水源的环境保护，减少对水源水的污染，从源头上削减污染物的种类和数量。尽管采用以膜滤为核心的绿色净水工艺，基本上可将水中污染物去除而获得安全优质的饮用水，但如果水源受到污染越少，水质越好，水

处理工艺就会更简捷，成本就会更低，运维和管理也会更简单，越易于推广和应用。上述讨论的绿色工艺，主要指水的净化处理过程。要使居民真正饮用健康的饮用水，还需要确保出厂水在输配过程中不受污染。我国《生活饮用水卫生标准》GB 5749—2006 中对出厂水消毒剂余量作了明确规定，以防止水的二次污染。现今国外（如荷兰）已有无消毒剂的输配水系统，实现了输配水系统中水的绿色自然属性的保持；而我国输配水管道情况复杂，要实现无消毒剂输配任重而道远，但这是未来输配水系统发展的重要方向。

13.2 重力流直接超滤工艺（GDM）净化南方地区水库水中试实验研究

13.2.1 原水水质及实验装置

1. 水库水水质特性

本实验以海南文昌赤纸水库水为原水，冬季（12～4 月）原水浊度一般低于 1.0NTU，夏季（5～11 月）原水浊度略高，一般为 2～4NTU（暴雨期间原水浊度可增加到几十 NTU），属于典型的低浊度水；1～9 月原水中 UV_{254} 浓度为 0.018～0.025/cm，10～12 月原水中 UV_{254} 浓度为 0.027～0.045/cm，这是由于藻类死亡后释放有机物引起的；氨氮浓度为 0.07～0.20mg/L；溶解氧（DO）浓度为 4～7mg/L；COD_{Mn} 浓度为 1～3mg/L；4～11 月原水温度为 28～33℃，12～3 月原水温度为 16～23℃；pH 为 6.8～7.6。

2. 实验装置

GDM 中试实验装置位于海南省文昌市会文镇定大自来水厂，实验用水取自水厂原水管道，本实验主要考察无清洗条件下直接超滤工艺（GDM）长期运行的净水效能及通量稳定性。现场共有浸没式（SGDM）膜池 5 个以及内压式（IGDM）膜柱 5 根，其中 IGDM 全为 PVC 合金膜（截留分子量为 50kDa），SGDM 中 1 号、3 号、5 号为 PVC 复合膜（截留分子量为 100kDa），2 号、4 号为 PVC 合金膜（截留分子量为 50kDa）。

SGDM 和 IGDM 中试实验装置工艺流程如图 13-1所示，原水借助输水管道压力自行流入恒位水箱，再通过配水管进入浸没式超滤膜池和内压

式超滤膜柱进行直接超滤处理，出水进入溢流槽，原水箱和溢流槽间的水位差即为超滤膜组件的工作水头。GDM 中试实验装置实物如图 13-2 所示。

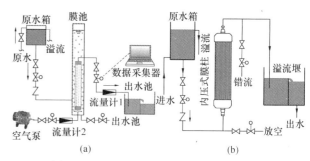

图 13-1　SGDM 和 IGDM 工艺流程示意图

图 13-2　GDM 中试实验装置实物图

13.2.2 SGDM 工艺净水效能

SGDM 实验方案见表 13-3。实验中以浊度、细菌总数和总大肠菌群数、氨氮、COD_{Mn}、DOC、EEM 等为考察指标，系统地探究了 SGDM 工艺长期运行的净水效能。由于各个实验阶段过程中上述污染物的去除效能相差不大，因此本节主要分析了第一阶段 SGDM 工艺的净水效能。

1. 对浊度的去除效能

浊度作为重要的饮用水安全指标，其大小与水中悬浮物/胶体颗粒含量以及消毒工艺对细菌和病原微生物的杀灭/灭活效果密切相关，充分降低浊度可显著提高出水的生物安全性。图 13-3 表明，1 号、2 号、3 号、4 号、5 号膜池出水浊度为 0.03～0.06NTU，出水平均浊度为 0.04NTU，平均截留

SGDM 工艺对微生物去除效能（3 号为复合膜组件，4 号为合金模组件）　　表 13-1

检测序号	测试时间（d）	细菌总数（CFU/mL）			总大肠菌群（MPN/100mL）		
		原水	3 号出水	4 号出水	原水	3 号出水	4 号出水
1	1	1.2×10^3	未检出	未检出	11	未检出	未检出
2	3	0.8×10^3	未检出	未检出	7	未检出	未检出
3	5	1.1×10^3	未检出	未检出	11	未检出	未检出
4	10	1.0×10^3	未检出	1	17	未检出	未检出
5	15	1.05×10^3	1	1	11	未检出	未检出
6	20	0.95×10^3	未检出	未检出	13	未检出	未检出
7	25	1.3×10^3	1	1	11	未检出	未检出
8	30	0.9×10^3	未检出	未检出	14	未检出	未检出

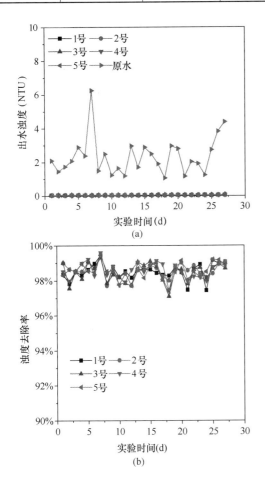

图 13-3　SGDM 对浊度的去除效能
（a）出水浊度；（b）浊度去除率

率大于 98%，满足《生活饮用水卫生标准》GB 5749—2006 要求；而水厂超滤出水浊度为 0.08～0.2NTU，约为 SGDM 工艺出水浊度的 2 倍，这是由于 SGDM 膜面形成的生物滤饼层强化了对水中的悬浮物、胶体以及病原微生物的去除作用，且 SGDM 工艺采用超低压过滤，避免了微生物因挤压变形而泄露的情况。因此，SGDM 工艺能够高效地去除水中的浊度、悬浮物以及病原微生物。

2. 对微生物的去除效能

表 13-1 表明，SGDM 工艺对水中的细菌和大肠杆菌具有高效截留作用，过滤前 5d，3 号和 4 号膜池出水中细菌总数和总大肠菌群均未检出；随着过滤的进行（15d），3 号和 4 号膜池出水中均检测到细菌，细菌总数均为 1CFU/mL，总大肠菌群数均为未检出；为了探究潜在的细菌风险源，实验中采用次氯酸钠溶液（20mg/L）浸泡出水槽 1h，清洗后继续过滤，出水中均未检测到细菌和大肠杆菌，表明是由于出水槽长期暴露在空气中而引起的二次生物污染，而非超滤膜泄露所致。因此，尽管 SGDM 工艺能够高效地截留水中的病原微生物，但在实际应用中，对其出水后的各种设施进行消毒处理是十分必要的。

3. 对 UV_{254} 的去除效能

如图 13-4 所示，原水中 UV_{254} 浓度通常为 0.027～0.045/cm（暴雨期间增加到 0.095/cm），1 号、3 号和 5 号膜池出水中 UV_{254} 平均浓度分别为 0.021/cm、0.022/cm 和 0.021/cm，对 UV_{254} 的平均去除率分别为 41.37%、40.40% 和 40.17%，表明不同驱动压力对 UV_{254} 的去除效能影响不大。2 号和 4 号膜池出水中 UV_{254} 平均浓度分别为 0.021/cm 和 0.022/cm，与 PVC 复合膜池出水相近，表明膜材质也不会显著影响 SGDM 工艺对水中 UV_{254} 的去除效能。此外，暴雨期间，尽管原水中 UV_{254} 浓度陡增至 0.095/cm，SGDM 工艺出水中 UV_{254} 浓度仍维持在 0.025/cm 以下，表明 SGDM 工艺具有较好的抵抗 UV_{254} 突发冲击负荷的能力。

4. 对 COD_{Mn} 的去除效能

原水中 COD_{Mn} 浓度通常为 1～2mg/L（暴雨期间会增加到 3～4mg/L），SGDM 工艺对 COD_{Mn} 的去除效能如图 13-5 所示。总体而言，SGDM 工艺

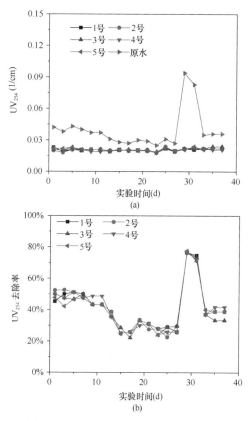

图 13-4　SGDM 工艺对 UV$_{254}$ 去除效能

（a）UV$_{254}$；（b）去除率

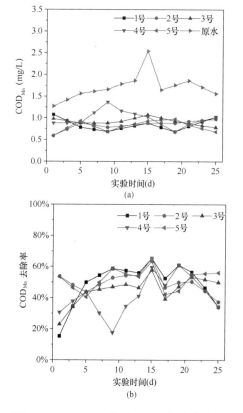

图 13-5　SGDM 工艺对 COD$_{Mn}$ 的去除效能

（a）COD$_{Mn}$；（b）去除率

对 COD$_{Mn}$ 的去除率约为 40%～60%，出水 COD$_{Mn}$ 浓度为 0.5～1.2mg/L；相比于常规超滤工艺，SGDM 工艺可有效去除水中的 COD$_{Mn}$，这是由于 SGDM 工艺膜面形成的生物滤饼层进一步强化了对有机物的去除。1 号、3 号和 5 号膜池出水中 COD$_{Mn}$ 平均浓度分别为 0.85mg/L、0.92mg/L 和 0.81mg/L，相差不大，表明工作水头不会显著影响 SGDM 工艺对 COD$_{Mn}$ 的去除效果，这与 UV$_{254}$ 的去除效果一致。暴雨时原水 COD$_{Mn}$ 浓度突然增加，出水 COD$_{Mn}$ 浓度仍较稳定，说明该 SGDM 工艺具有一定的抵抗 COD$_{Mn}$ 冲击负荷的能力。

5. 溶解氧（DO）浓度变化规律

实验期间原水中 DO 浓度为 3～7mg/L；当表层取水头部检修时，水厂从水库底部泄洪渠取水，此时 DO 浓度很低（低于 1.0mg/L）（图 13-6）。

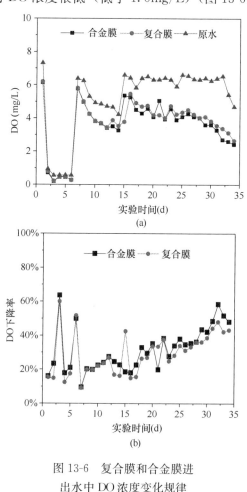

图 13-6　复合膜和合金膜进

出水中 DO 浓度变化规律

（工作水头均为 65cm）

（a）DO；（b）DO 下降率

实验初期（2～10d），取用水库底层水，原水中 DO 平均浓度为 0.65mg/L，合金膜和复合膜组件出水中 DO 平均浓度分别为 0.42mg/L 和 0.45mg/L，DO 平均下降率约为 35％ 和 31％。过滤 7d 后，重新取用表层水，原水中 DO 浓度增加至 4.23～6.61mg/L（平均浓度为 5.93mg/L），SGDM 工艺出水中 DO 浓度也显著增加。随着过滤的进行（10～20d），合金膜和复合膜组件出水中 DO 浓度缓慢下降至 4.17mg/L 和 4.21mg/L，DO 浓度平均下降量分别为 1.43mg/L 和 1.38mg/L；当过滤时间为 20～30d 时，合金膜和复合膜组件出水中 DO 浓度分别下降至 3.73mg/L 和 3.93mg/L。实验中，对比了水厂（常规超滤工艺）和 SGDM 工艺进/出水中 DO 变化规律，发现水厂出水中 DO 浓度略高于原水（约 3％～15％），表明 SGDM 工艺出水中 DO 浓度降低主要是由膜面生物滤饼层的消耗所致。

6. 对 DOC 的去除效能

图 13-7 为 SGDM 工艺进出水中 DOC 浓度变化规律，原水中 DOC 浓度为 1.80mg/L，1 号、2 号、3 号、4 号和 5 号膜池出水中 DOC 的平均浓度分别为 1.07mg/L、1.41mg/L、1.07mg/L、1.04mg/L 和 1.00mg/L，DOC 平均去除率分别为 41.87％、23.42％、41.81％、43.75％ 和 45.62％，即除 2 号膜池外，其余膜池对 DOC 平均去除率均高于 40％。水厂（常规超滤工艺）对 DOC 的去除率为 9％～16％，表明 SGDM 工艺对 DOC 的去除效能显著高于常规超滤工艺，这是由于 SGDM 膜面形成的生物滤饼层可显著提高对水中有机污染物（如生物聚合物、小分子有机物和 AOC）的去除效能。

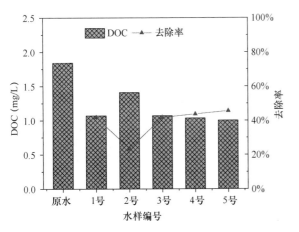

图 13-7　SGDM 工艺对 DOC 去除效能分析

7. 对荧光性污染物的去除效能

SGDM 工艺对荧光性污染物的去除效能如图

13-8 和表 13-2 所示。原水中共检测出了 4 类荧光物质，主要特征峰为 A、B、C、D，分别代表酪氨酸类蛋白物质、色氨酸类蛋白物质、腐殖质、生物代谢产物（SMP）；而合金膜和复合膜池出水中只有峰 B 和峰 C，没有峰 A 和峰 D，说明 SGDM 工艺对酪氨酸类蛋白物质和 SMP 具有显著的去除效果，但对色氨酸类蛋白物质以及腐殖质的去除效果略差。为了进一步量化 SGDM 工艺对荧光性污染物的去除效能，表 13-2 分析了 SGDM 工艺进出

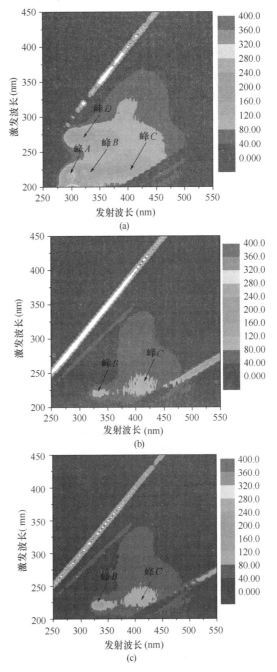

图 13-8　原水、2 号和 3 号膜池出水的荧光特性分析
(a) 原水；(b) 2 号出水；(c) 3 号出水

水中荧光性污染物的强度，相比于原水，2 号膜池出水中峰 B、峰 C 强度分别下降了约 56.45% 和 28.63%，3 号膜池出水中峰 B、峰 C 的强度分别下降了约 58.57% 和 38.93%，表明 SGDM 工艺对色氨酸类蛋白物质以及腐殖质也具有较好的去除作用。

原水、2 号和 3 号膜池出水的荧光特性分析 表 13-2

水样	峰 A		峰 B		峰 C		峰 D	
	Ex/Em	强度	Ex/Em	强度	Ex/Em	强度	Ex/Em	强度
原水	220/303	273.27	220/326	333.19	230/410	149.84	275/306	198.40
2 号出水	—	—	220/330	145.12	230/410	106.94	—	—
3 号出水	—	—	220/330	131.02	225/412	90.16	—	—

13.2.3 SGDM 工艺运行参数优化研究

1. SGDM 中试实验方案

现场共设有 5 组外压式膜组件，其中 1 号、3 号、5 号为 PVC 复合膜组件，2 号、4 号为 PVC 合金膜组件。本节将重点研究不同运行参数（如工作压力、采取排泥、曝气或者间歇过滤等）对 SGDM 工艺长期运行的通量稳定性和膜阻力的影响，具体方案见表 13-3。

SGDM 工艺实验方案 表 13-3

实验阶段 \ 实验措施	膜柱编号	膜材质	水头（cm）	排泥周期（d）	间歇过滤（开/关，h/h）	连续/间歇曝气
第一阶段实验（不同水头）	1 号	复合膜	65	—	—	—
	2 号	合金膜	120	—	—	—
	3 号	复合膜	200	—	—	—
	4 号	合金膜	200	—	—	—
	5 号	复合膜	120	—	—	—
第二阶段实验（排泥措施）	1 号	复合膜	120	1	—	—
	2 号	合金膜	120	1	—	—
	3 号	复合膜	120	3	—	—
	4 号	合金膜	120	—	—	—
	5 号	复合膜	120	—	—	—
第三阶段实验（间歇过滤）	1 号	复合膜	65	—	0/24	—
	2 号	复合膜	65	—	3/21	—
	3 号	复合膜	65	—	6/18	—
	4 号	复合膜	65	—	12/12	—
第四阶段实验（曝气措施）	1 号	复合膜	65	—	—	—
	2 号	复合膜	65	—	—	间歇
	3 号	复合膜	65	—	—	连续
第五阶段实验（曝气/排泥）	1 号	复合膜	65	7	—	间歇
	2 号	合金膜	65	7	—	—
	3 号	复合膜	65	7	—	—
	4 号	合金膜	65	7	—	连续
	5 号	复合膜	65	7	—	连续

注：1 号、3 号和 5 号膜池采用 PVC 复合膜，2 号和 4 号膜池采用 PVC 合金膜；第二阶段实验（排泥实验）时采用直接排泥，排泥前不采取曝气措施；其余阶段若采取排泥措施，则每次排泥前先曝气 5min，曝气强度为 $1.5m^3/h$，然后再排泥；第三阶段（间歇过滤）时，新增加 1 组复合膜组件；表中：一表示未采取该措施。

2. 工作水头对 SGDM 工艺膜通量的影响

在常规膜滤过程中，工作水头与膜通量和能耗具有显著的正相关性。因此，本实验中考察了不同工作水头对 SGDM 工艺长期运行的通量稳定性和膜阻力的影响（实验方案详见表 13-3 第一阶段）。图 13-9 表明，长期运行过程中，各 SGDM 工艺的膜通量变化规律基本一致，可分为 3 个阶段，即快速下降阶段、缓慢下降阶段（过渡阶段）和稳定阶段。1 号、3 号和 5 号膜池的初始通量分别为 30.91L/(m²·h)、54.13L/(m²·h) 和 36.65L/(m²·h)，随着工作水头的增加而显著增加，这与常规超滤工艺是一致的；第 1～10 天，SGDM 工艺的通量快速下降，下降率分别为 58.27%、71.15% 和 68.06%，且工作水头越大，其通量下降越明显。第 11～25 天，通量缓慢下降，分别下降到 7.01L/(m²·h)、9.16L/(m²·h) 和 8.46L/(m²·h)。第 26 天后，SGDM 工艺的通量达到稳定阶段（图 13-9b 中膜阻力变化规律进一步证实达到了稳定状态），平均通量分别为 6.76L/(m²·h)、8.81L/(m²·h) 和 8.54L/(m²·h)。对比 1 号、3 号和 5 号膜池的初始通量和稳定通量可知，尽管工作水头对 SGDM 工艺的初始通量具有显著的提升作用，但是对其稳定通量的影响较小。此外，图 13-9（b）表明当工作水头由 65cm 增加到 200cm 时，膜阻力由 3.53×10¹²/m 增加到 8.19×10¹²/m，即膜阻力随着工作压力的增加而显著增加，这也解释了为何 SGDM 工艺的稳定通量不会随着工作水头的增加而显著增加。

此外，2 号和 4 号膜池的初始通量分别为 16.33L/(m²·h) 和 23.40L/(m²·h)，相比于 3 号和 5 号膜池，相同工作水头下其初始通量显著降低，表明膜材质会显著影响 SGDM 工艺的初始通量，这与常规超滤工艺一致。第 26 天后，2 号和 4 号膜池的通量也达到了稳定状态，平均稳定通量分别为 6.17L/(m²·h) 和 9.23L/(m²·h)，与 3 号和 5 号膜池的稳定通量相差不大，表明膜材质不会对 SGDM 工艺的通量稳定性和稳定通量水平产生显著影响。

3. 排泥对 SGDM 工艺通量稳定性的影响

膜池放空的过程中，膜、水、污染层多相界面间的水面张力变化会导致部分滤饼层脱落和污染物去除，有助于缓解膜污染和提升膜通量。因此，本节将考察定期放空膜池（即排除膜池内的浓缩液和

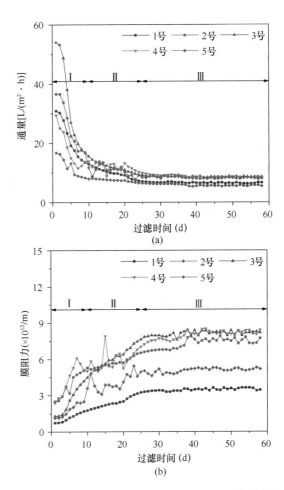

图 13-9　不同工作水头作用下通量和膜阻力随时间变化规律
（a）通量；（b）膜阻力

（1 号、3 号和 5 号均为复合膜组件，工作水头分别为 65cm、200cm 和 120cm；2 号和 4 号为合金膜组件，工作水头分别为 120cm 和 200cm）

底泥）对 SGDM 工艺通量稳定性的影响（实验方案详见表 13-3 第二阶段）。

图 13-10 表明，采取排泥措施后，1 号、3 号和 5 号膜池的通量持续缓慢下降，在连续运行过程中，未观察到明显的通量稳定阶段，这可能是由于膜池放空过程导致滤饼层脱落，影响了膜面滤饼层的结构和微生化稳态。随着过滤的进行，1 号、3 号和 5 号膜池的通量由 28.51L/(m²·h)、24.25L/(m²·h) 和 26.88L/(m²·h) 分别下降到 8.31L/(m²·h)、8.01L/(m²·h) 和 8.05L/(m²·h)，相差不大，表明不同排泥周期对 SGDM 工艺的通量水平不会产生显著影响。此外，长期运行过程中，2 号和 4 号膜池的通量由 13.78L/(m²·h) 和 14.06L/(m²·h) 下降到 5.39L/(m²·h) 和 5.36L/(m²·h)，最终通量也相差不大，也未

观测到通量稳定现象，进一步表明排泥措施会影响SGDM工艺长期运行的通量稳定性，但不会显著影响SGDM工艺的通量水平。

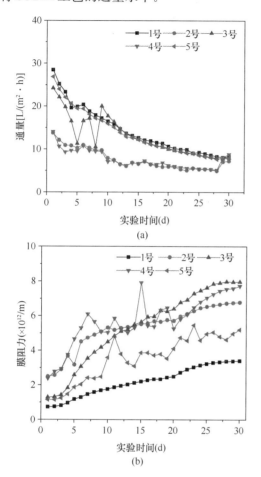

图 13-10 排泥对 SGDM 工艺渗透性能的影响

（a）通量；（b）膜阻力

（1号、3号和5号为复合膜，排泥周期分别为1次/d、1次/3d和不排泥；2号和4号为合金膜，排泥周期分别为1次/d和不排泥，工作水头均为120cm）

4. 间歇过滤对 SGDM 工艺通量稳定性的影响

间歇过滤有利于缓解超滤膜污染，提高膜通量。因此，本实验中考察了间歇过滤（间歇周期为24h）对SGDM工艺连续运行过程中通量稳定性的影响（实验方案详见表13-3第三阶段）。

由图13-11可知，1号、2号、3号和4号膜池的初始通量基本一致。随着过滤的进行，各SGDM的通量下降趋势总体一致，分为快速下降阶段、缓慢下降阶段和稳定阶段。其中，2号、3号和4号膜池采用间歇过滤模式，其通量下降速率明显低于1号膜池。过滤30d后，各组SGDM膜池的通量均趋于稳定，1号、2号、3号和4号膜池的稳定通量分别为 6.6L/(m² · h)、9.8L/(m² ·

h)、11.4L/(m² · h)和12.7L/(m² · h)；相比于1号膜池，2号、3号和4号膜池的稳定通量水平分别提升了约48.5%、72.7%和92.4%，表明间歇过滤可显著提升SGDM工艺的稳定通量，且间歇时间越长，通量提升效果越显著。

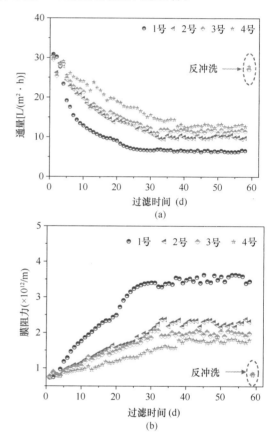

图 13-11 间歇过滤对 SGDM 工艺渗透性能的影响

（a）通量；（b）膜阻力

（1号、2号、3号、4号为复合膜，间歇时间分别为0、3h、6h和12h）

尽管间歇过滤可显著地提升SGDM工艺的稳定通量，但是会大幅缩短其有效过滤时间。因此，本实验将评估间歇运行下，SGDM工艺的产水效能。表13-4表明，相比于连续运行（1号膜池），当间歇时间为3h和6h时，2号和3号膜池的日产水量提升了约29.0%；而当间歇时间为12h时，尽管4号膜池的稳定通量较1号膜池提升了92.4%，但其日产水量反而略微有所下降（约3.7%）。因此，上述结果表明，当间歇时间为3～12h时，间歇运行有助于提升SGDM工艺的产水效能；当间歇时间超过12h时，间歇操作条件下SGDM工艺的产水效能反而有所下降。对于分散式供水系统，其用水高峰期通常为早、中、晚，间隔时间为3～6h，与本研究中采用的间歇时间基本一致，进一步增强 SGDM 技术在分散式供水系统中的应用适配性。

间歇运行下 SGDM 工艺产水效能分析 表 13-4

指标	1 号	2 号	3 号	4 号
间歇时间(停止/运行，h/h)	0/24	3/21	6/18	12/12
稳定通量[L/(m²·h)]	6.6	9.8	11.4	12.7
日产水量(L/d)	1584	2058	2052	1524
产水效能(对比 1 号)	—	↑	↑	↓

注：↑表示间歇过滤膜池每天的产水量大于连续过滤膜池每天的产水量；↓表示间歇过滤膜池每天的产水量低于连续过滤膜池每天的产水量。

5. 曝气对 SGDM 工艺通量稳定性的影响

曝气能够在膜面形成刮擦作用，减缓滤饼层的形成，有助于缓解膜污染和提高膜通量。因此，本实验考察了曝气(如连续曝气和间歇曝气)对 SGDM 工艺长期过滤过程中通量和阻力的影响(实验方案详见表 13-3 第四阶段)。如图 13-12 所示，长期运行过程中，1 号膜池的通量逐渐达到稳定状态，稳定通量约为 7L/(m²·h)，与图 13-9 结果一致。当采用曝气措施后，2 号和 3 号膜池的通量较

1 号膜池显著提升，实验末期其通量分别为 10.7L/(m²·h)和 13.4L/(m²·h)，较 1 号膜池分别提升了约 53% 和 91%，表明曝气有利于减缓膜污染，且连续曝气效果更佳。然而，长期运行过程中，2 号和 3 号膜池的通量持续缓慢下降，难以达到稳定状态，这是由于曝气扰动影响了 SGDM 膜面生物滤饼层的结构和组成稳定性。因此，尽管曝气能够有效地提升 SGDM 工艺的通量，但会导致通量难以达到稳定状态；此外，曝气措施还会导致膜池内水的浊度显著增加，致使出水中伴生腥味，故当采取曝气措施时应定期排除膜池内的浓缩液。

6. 曝气/排泥对 SGDM 工艺通量稳定性的影响

上述研究表明，采取曝气措施虽有助于提高 SGDM 工艺的通量水平，但会导致其出水中伴生嗅味。因此，本研究将考察定期曝气/排泥对 SGDM 工艺通量稳定性的影响(实验方案详见表 13-3 第五阶段)。长期运行过程中，1 号、2 号、3 号、4 号和 5 号膜池的通量变化规律如图 13-13 所示。

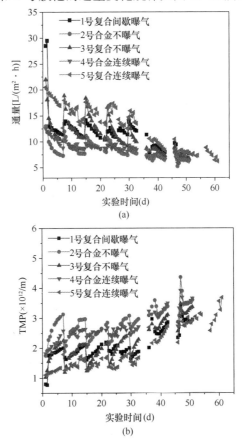

图 13-13 曝气/排泥对低压直接超滤工艺渗透性能的影响
[1 号，3 号和 5 号均为 PVC 复合膜，采用间歇曝气(1min On/10min OFF)、不曝气(对照组)、连续曝气措施；2 号和 4 号为 PVC 合金膜，采用不曝气、连续曝气措施。曝气强度均为 48L/(m²·h)，排泥周期均为 7d]

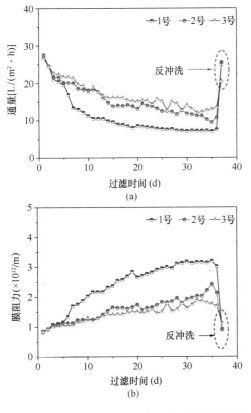

图 13-12 曝气对 SGDM 工艺通量稳定性的影响
[1 号、2 号、3 号均为 PVC 复合膜，分别采用不曝气、间歇曝气 (1min On/10min OFF) 和连续曝气，曝气强度为 48L/ (m²·h)]

每次曝气/排泥后通量都会有一定程度的提升，随后又逐渐降低，且每次曝气/排泥后通量恢复率都有所降低，并最终趋于稳定，1号、3号和5号膜池的平均稳定通量分别为7.98L/(m²·h)、7.25L/(m²·h)和8.11L/(m²·h)，尽管1号和5号分别采取了间歇曝气和连续曝气措施，但其稳定通量却与3号膜池相差不大，表明采取周期性曝气/排泥措施后，对膜池进行连续曝气或间歇曝气不会对SGDM工艺的通量产生显著的提升作用。此外，2号和4号膜池的通量变化规律与复合膜的通量变化规律基本一致，稳定通量分别为6.52L/(m²·h)和6.55L/(m²·h)，较PVC复合膜的稳定通量略低，也表明曝气/排泥措施不会影响SGDM工艺的通量稳定性。

7. 水力反冲洗/化学清洗对SGDM工艺通量恢复的影响

本节考察了水力反冲洗/化学清洗对SGDM工艺通量的恢复作用。图13-14表明，采用水力反冲洗后，1号、2号、3号、4号和5号膜池的通量分别提升到34.07L/(m²·h)、6.21L/(m²·h)、30.89L/(m²·h)、9.84L/(m²·h)和32.37L/(m²·h)，分别为初始通量的120%、45%、127%、70%和120%，表明水力反冲洗可有效恢复PVC复合膜(1号、3号和5号)的渗透性能，但对PVC合金膜组件(2号和4号)的通量恢复效果较差。采用化学清洗后，1号、2号、3号、4号和5号的膜通量分别恢复到初始通量的122.80%、98.68%、139.48%、115.93%和123.09%；化学清洗对PVC复合膜的通量提升效果甚微(2%~10%)，但

对PVC合金膜的通量提升效果显著，化学清洗后PVC合金膜的通量基本恢复到初始水平，表明化学清洗是恢复PVC合金膜通量的有效途径。

13.2.4 IGDM工艺净水效能

IGDM的实验方案见表13-7。本节考察了IGDM工艺对浊度、UV$_{254}$、氨氮和有机物的去除效能，由于各个阶段IGDM工艺对上述污染物的去除效能相差不大，因此本节主要分析第一阶段IGDM工艺的净水效能。

1. 对浊度的去除效能

IGDM工艺对浊度的去除效果如图13-15所示，1号、2号、3号、4号、5号膜柱对浊度的平均去除率均高达98%，出水浊度均为0.03~0.06NTU，平均出水浊度为0.04NTU，略低于SGDM工艺的出水浊度，这是由于IGDM工艺采用错流过滤，减少了悬浮物在膜表面的沉积，有助于削减胶体的透过率。此外，IGDM工艺亦具有较

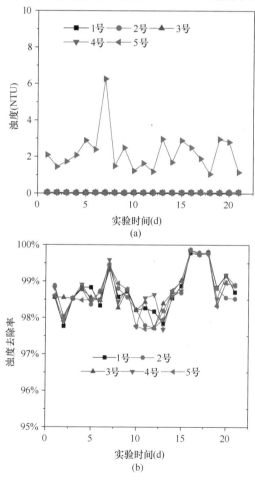

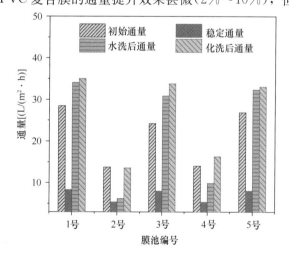

图13-14 物理/化学清洗对SGDM工艺通量恢复效果研究
(1号、3号和5号为PVC复合膜，2号和4号为PVC合金膜)

图13-15 内压式超滤膜对浊度去除效能
(a)进出水浊度；(b)去除率

好的抗浊度冲击负荷的能力，即使暴雨期间原水浊度骤升，IGDM 工艺出水浊度仍低于 0.06NTU，远低于《生活饮用水卫生标准》GB 5749—2006 要求（1.0NTU）。此外，水厂内压式超滤膜的出水浊度为 0.08～0.20NTU，约为 IGDM 工艺出水浊度的 2～5 倍，这是由于 IGDM 膜面形成了一层生物滤饼层，对水中的颗粒物和胶体起到了强化截留作用。

2. 对微生物的去除效能

长期运行过程中，IGDM 工艺对微生物的去除效能见表 13-5。过滤前 10d，IGDM 工艺出水中细菌总数和总大肠菌群均未检出；第 15 天时 IGDM 膜池出水中检测到细菌总数（1CFU/mL），总大肠菌群数未检出，利用次氯酸钠溶液（20mg/L）浸泡出水槽 1h，清洗后继续过滤，出水中细菌总数和总大肠菌群数均未检出；与 SGDM 工艺类似，IGDM 工艺出水中检测到细菌总数也是由出水槽长期暴露在空气中而引起的二次污染所致，而非超滤膜破损导致的微生物泄露。因此，在实际应用中，应定期对 IGDM 工艺出水的后续设施进行消毒处理，保障出水生物安全性。

IGDM 工艺对微生物的去除效能　　表 13-5

检测序号	测试时间（d）	细菌总数（CFU/mL）		总大肠菌群（MPN/100mL）	
		原水	IGDM 出水	原水	IGDM 出水
1	1	$1.2×10^3$	未检出	11	未检出
2	3	$0.8×10^3$	未检出	7	未检出
3	5	$1.1×10^3$	未检出	11	未检出
4	10	$1.0×10^3$	未检出	17	未检出
5	15	$1.05×10^3$	1	11	未检出
6	20	$0.95×10^3$	未检出	13	未检出
7	25	$1.3×10^3$	1	11	未检出
8	30	$0.9×10^3$	未检出	14	未检出

3. 对 UV_{254} 的去除效能

原水中 UV_{254} 浓度通常为 0.027～0.045/cm（暴雨期间增加到 0.095/cm），IGDM 工艺对 UV_{254} 的去除效果如图 13-16 所示。1 号、2 号、3 号、4 号和 5 号膜池出水中 UV_{254} 平均浓度分别为 0.018/cm、0.019/cm、0.019/cm、0.019/cm 和 0.018/cm，平均去除率分别为 56.5%、54.9%、54.2%、54.9% 和 55.2%，相差不大，表明错流强度不会显著影响 IGDM 对 UV_{254} 的去除效能。1 号和 5 号膜池对 UV_{254} 的去除效能比其余膜池略

高，这是由于 1 号和 5 号错流强度大，易将截留在膜面的有机污染物冲刷掉，避免其水解而穿过滤膜。暴雨时期原水中 UV_{254} 含量显著增加，但 IGDM 出水中 UV_{254} 浓度仍相对稳定，说明 IGDM 工艺具有较好的抗 UV_{254} 冲击负荷的能力。

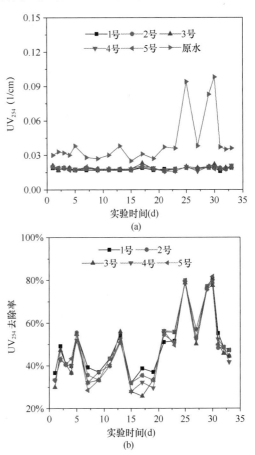

图 13-16　IGDM 工艺对 UV_{254} 去除效能
(a) UV_{254}；(b) 去除率

4. 对氨氮的去除效能

图 13-17 表明，总体而言，IGDM 工艺对氨氮的去除效果分为两阶段，前期各个膜柱对氨氮的去除效果较差，且极不稳定，经常出现出水中氨氮浓度大于进水的情况。随着过滤的进行，IGDM 工艺对氨氮的去除率先增加，后逐渐趋于稳定。过滤 20d 后，1 号、2 号、3 号、4 号和 5 号膜柱出水中氨氮平均浓度分别为 0.13mg/L、0.14mg/L、0.14mg/L、0.14mg/L 和 0.14mg/L，氨氮的平均去除率约 20%，表明长期运行过程中 IGDM 工艺对氨氮具有较好的去除作用；当原水中氨氮浓度增加时，出水氨氮浓度仅略微有所增加，氨氮去除率随之增加，表明 IGDM 工艺具有一定的抗氨氮浓度冲击负荷的潜能。

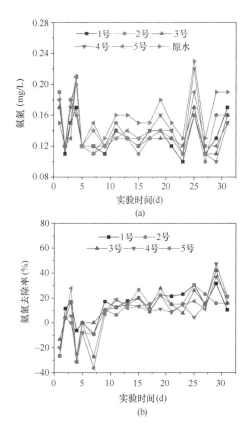

图 13-17 IGDM 工艺对氨氮去除效能
（a）氨氮；（b）去除率

5. 对 COD_{Mn} 的去除效能

原水中 COD_{Mn} 浓度通常低于 2.0mg/L，且较为稳定（暴雨期间增加到 3mg/L），IGDM 工艺对 COD_{Mn} 去除效能如图 13-18 所示。各 IGDM 膜柱出水中 COD_{Mn} 含量为 0.6～1.2mg/L，COD_{Mn} 的去除率为 20%～60%，平均去除率约 40%；此外，工艺长期运行过程中，IGDM 工艺对 COD_{Mn} 的去除效果比 SGDM 略好，这是由于 IGDM 工艺采用了错流措施，降低了 COD_{Mn} 在膜面的累积，避免其因穿透超滤膜而进入出水中。此外，传统超滤工艺（如水厂）对 COD_{Mn} 的去除率低于 20%，显著低于 IGDM 工艺对 COD_{Mn} 的去除效能，这是由于 IGDM 工艺有机结合了生物滤饼层和超滤膜的双重截留效果。

6. 溶解氧（DO）浓度变化规律

实验期间原水中 DO 浓度为 3～7mg/L（当表层取水头部检修时，水厂从水库底部泄洪渠取水，原水 DO 浓度低于 1.0mg/L），IGDM 膜柱进/出水中 DO 浓度变化规律如图 13-19 所示。

第 1 天由于取用水库底部水，原水中 DO 浓度较低（约 0.23mg/L），1 号、4 号和 5 号膜柱出水

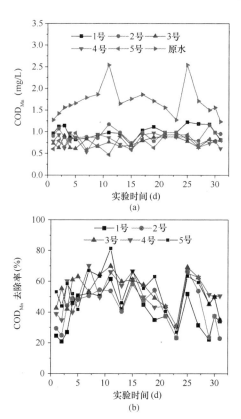

图 13-18 IGDM 工艺对 COD_{Mn} 去除效能
（a）COD_{Mn}；（b）去除率

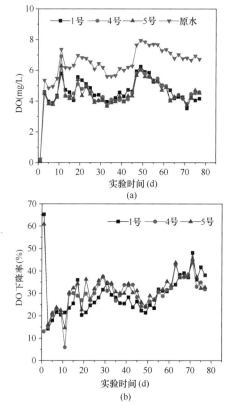

图 13-19 IGDM 工艺溶解氧（DO）浓度变化规律
（a）DO；（b）下降率

中 DO 浓度分别为 0.08mg/L、0.2mg/L 和 0.09mg/L，DO 下降率达到 60%～70%（4 号除外）。从第 2 天开始，取用水库表层水，原水中 DO 浓度大幅增加，IGDM 工艺出水中 DO 含量也显著增加。随着过滤的进行，1 号、4 号和 5 号膜柱出水中 DO 含量不断下降，DO 消耗率不断增加，分别由 14.21%、15.14% 和 16.07% 增加到 34.52%、31.13% 和 34.68%，这是由于膜面生物滤饼层的形成，加大了对溶解氧的消耗。值得一提的是，水厂常规超滤工艺出水中 DO 浓度基本上与原水一致，甚至比原水略高，而 IGDM 工艺出水中 DO 浓度较原水显著下降，表明 IGDM 工艺出水中 DO 浓度下降不是因超滤过程造成的，而是由膜面生物滤饼层引起的。

7. 对 DOC 的去除效能

由图 13-20 可知，原水中 DOC 浓度为 1.80mg/L，1 号、2 号、3 号、4 号和 5 号膜柱出水中 DOC 的平均浓度分别为 0.81mg/L、0.82mg/L、0.84mg/L、0.77mg/L 和 0.81mg/L，去除率分别为 56.23%、55.58%、54.33%、57.95% 和 56.16%，表明 IGDM 工艺对 DOC 具有较好的去除效果，且不同的错流强度对 DOC 的去除率影响不大。水厂常规工艺对 DOC 去除率约为 10%～20%，远低于 IGDM 工艺，这是由于 IGDM 膜面的生物滤饼层强化了对 DOC 的去除效果。此外，同比 SGDM 工艺可知，IGDM 工艺对 DOC 的去除率提升了约 10%～20%。

8. 三维荧光（EEM）分析

IGDM 工艺进/出水中荧光性污染物分析如

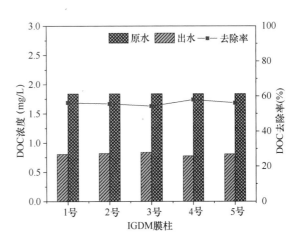

图 13-20　IGDM 工艺对 DOC 去除效能

图 13-21 所示，共观察到 4 个特征峰（即峰 A、峰 B、峰 C、峰 D），分别代表酪氨酸类蛋白物质、色氨酸类蛋白物质、腐殖质、生物代谢产物（SMP）。原水中检测到了峰 A、峰 B、峰 C、峰 D，而 IGDM 出水中只观测到峰 B、峰 C，表明 IGDM 工艺对酪氨酸类蛋白物质以及 SMP 具有高效去除作用。

为进一步考察 IGDM 工艺对色氨酸类蛋白物质和腐殖质的去除效果，表 13-6 列出了水样中各峰出现的位置以及峰强度，原水中峰 B、峰 C 的强度分别为 333.19 和 149.84，IGDM 出水中峰 B、峰 C 的强度为 117.92 和 89.13，峰强度下降率为 64.61% 和 40.51%，表明 IGDM 工艺对色氨酸类蛋白物质和腐殖质也具有较好的去除效果，但去除效果显著低于酪氨酸类蛋白物质和 SMP。

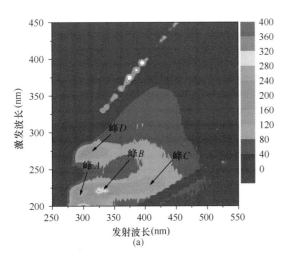
(a)

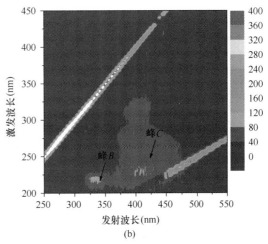
(b)

图 13-21　原水和膜柱出水三维荧光分析

IGDM 工艺进出水中荧光污染物分析　　表 13-6

水样	峰 A		峰 B		峰 C		峰 D	
	Ex/Em	强度	Ex/Em	强度	Ex/Em	强度	Ex/Em	强度
原水	220/303	273.27	220/326	333.19	230/410	149.84	275/306	198.40
出水	—	—	220/329	117.92	230/408	89.13	—	—

13.2.5　IGDM 工艺运行参数优化研究

1. IGDM 工艺中试实验方案

本节考察了不同运行参数（如错流强度、错流方式等）对 IGDM 工艺长期运行的通量稳定性和稳定通量水平的影响，旨在优化工艺运行参数，降低膜污染，提高 IGDM 工艺的产水性能。中试实验现场共有 5 组 IGDM 膜柱，均为 PVC 合金膜（截留分子量为 50kDa），具体实验方案详见表 13-7。

IGDM 工艺实验方案　　表 13-7

实验措施　　实验阶段	膜柱	化学清洗	水头（cm）	错流强度 [L/(m²·h)] 连续错流	错流强度 [L/(m²·h)] 间歇错流	错流时间（关/开，min/min）	高强度错流周期（d）	间歇过滤（开/关，h/h）
第一阶段（连续错流）	1 号	✓	200	45	—	—	—	—
	2 号			30	—	—	—	—
	3 号			15	—	—	—	—
	4 号			22.5	—	—	—	—
	5 号			37.5	—	—	—	—
第二阶段（物理清洗）	1 号	—	200	45	—	—	—	—
	2 号			30	—	—	—	—
	3 号			15	—	—	—	—
	4 号			22.5	—	—	—	—
	5 号			37.5	—	—	—	—
第三阶段（间歇错流）	1 号	✓	200	—	45	15/1	—	—
	2 号			—	30	15/1	—	—
	3 号			—	15	15/1	—	—
	4 号			—	22.5	15/1	—	—
	5 号			—	37.5	15/1	—	—
第四阶段（错流周期）	1 号	✓	120	—	22.5	10/1	—	—
	2 号			—	22.5	15/1	—	—
	3 号			—	22.5	20/1	—	—
	4 号			—	22.5	25/1	—	—
	5 号			—	22.5	30/1	—	—
第五阶段（大错流）	1 号	✓	120	—	22.5	15/1	1	—
	2 号			—	22.5	15/1	3	—
	3 号			—	22.5	15/1	5	—
	4 号			—	22.5	15/1	7	—
	5 号			—	22.5	15/1	9	—

续表

实验阶段	实验措施 膜柱	化学清洗	水头（cm）	错流强度 [L/（m²·h）] 连续错流	错流强度 [L/（m²·h）] 间歇错流	错流时间（关/开，min/min）	高强度错流周期（d）	间歇过滤（开/关，h/h）
第六阶段（间歇过滤＋高强度错流）	1 号	√	120	—	22.5	15/1	3	12/12
	2 号			—	22.5	15/1	5	12/12
	3 号			—	22.5	15/1	10	12/12
	4 号			—	22.5	15/1	15	12/12
	5 号			—	22.5	15/1	20	12/12

注：均为 PVC 合金膜；前三个实验阶段工作水头均为 200cm，第三阶段开始工作水头改为 120cm；高强度错流时间为 3min，强度为 45L/（m²·h）；其中√表示采取该措施，—表示未采取该措施。

2. 连续错流对 IGDM 工艺通量稳定性的影响

实验开始前，先对 IGDM 膜柱进行水力反冲洗和化学清洗，恢复其过滤性能。与 SGDM 工艺不同的是，IGDM 工艺须采取错流措施以避免因截留大量污染物而造成膜丝堵塞。本节考察了连续错流条件下，不同错流强度对 IGDM 工艺通量稳定性的影响（实验方案详见表 13-7）。

如图 13-22 所示，1 号、2 号、3 号、4 号、5 号

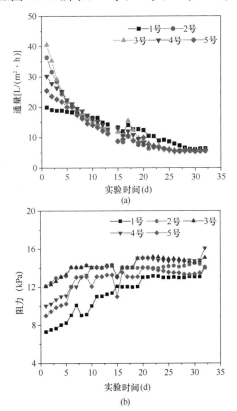

图 13-22　连续错流条件下，不同错流强度对 IGDM 工艺通量稳定性的影响
［1 号、2 号、3 号、4 号、5 号的错流流量分别为 45L/（m²·h）、30L/（m²·h）、15L/（m²·h）、22.5L/（m²·h）和 37.5L/（m²·h），工作水头为 200cm］

膜柱的初始通量分别为 19.93L/（m²·h）、36.34L/（m²·h）、40.53L/（m²·h）、30.20L/（m²·h）、25.53L/（m²·h），表明随着错流强度增加，IGDM 工艺的初始通量逐渐减小。与 SGDM 工艺不同的是，长期运行过程中，IGDM 工艺的通量持续缓慢下降，难以达到稳定状态。实验末期，1 号、2 号、3 号、4 号、5 号膜柱的通量分别为 6.35L/（m²·h）、5.49L/（m²·h）、5.70L/（m²·h）、5.56L/（m²·h）、5.79L/（m²·h），相差不大，表明连续错流条件下，错流强度对 IGDM 工艺的通量水平不会产生显著影响。

3. 水力反冲洗对 IGDM 工艺通量稳定性的影响

在第一阶段的基础上，对 IGDM 膜柱只进行水力反冲洗，不进行化学清洗，考察水力反冲洗对 IGDM 工艺长期运行通量稳定性的影响。本节实验中，错流方式仍为连续错流，错流强度、错流时间与第一阶段保持一致（实验方案详见表 13-7）。

图 13-23 表明，1 号、2 号、3 号、4 号、5 号膜柱的初始通量分别为 15.13L/（m²·h）、20.00L/（m²·h）、27.72L/（m²·h）、22.61L/（m²·h）、14.78L/（m²·h），相比于第一阶段明显降低，通量下降率分别为 24.08%、44.96%、31.61%、25.13% 和 42.11%，表明水力反冲洗对 IGDM 工艺的通量恢复效果较差，且显著低于 SGDM 工艺。长期运行过程中，IGDM 工艺的通量先快速下降，后逐渐趋于稳定，1 号、2 号、3 号、4 号、5 号膜柱的稳定通量分别为 4.45L/（m²·h）、4.23L/（m²·h）、3.31L/（m²·h）、4.52L/（m²·h）和 3.66L/（m²·h）。通过第一阶段和第二阶段的连续运行可知，IGDM 工艺长期运行，其通量可达到稳定状态；但连续错流方式对其通量稳定性和

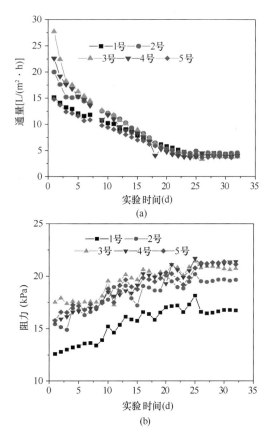

图 13-23　水力反冲洗对 IGDM 工艺通量稳定性的影响
［在第一阶段的基础上，只进行水力反冲洗，不进行化学清洗，然后开始第二阶段实验。其中，1 号、2 号、3 号、4 号和 5 号膜柱的错流强度分别为 45L/（m²·h）、30L/（m²·h）、15L/（m²·h）、22.5L/（m²·h）和 37.5L/（m²·h），工作水头均为 200cm］

稳定通量水平的调控作用有限，且连续错流易导致水资源严重浪费，故不适合 IGDM 工艺的长期运行，后续将进一步探究间接错流对 IGDM 工艺通量稳定性的影响。

4. 间歇错流对 IGDM 工艺通量稳定性的影响

第二阶段实验结束后，对各膜柱进行水力反冲洗和化学清洗，随后开展第三阶段实验，本阶段主要考察间歇错流对 IGDM 工艺长期运行通量稳定性的影响规律（实验方案详见表 13-7）。

各 IGDM 工艺的通量和膜阻力随时间变化规律如图 13-24 所示，1 号、2 号、3 号、4 号和 5 号膜柱的初始通量分别为 27.43L/（m²·h）、36.00L/（m²·h）、39.58L/（m²·h）、32.93L/（m²·h）、29.64L/（m²·h），同比第一阶段可知，化学清洗后 IGDM 工艺的通量基本上恢复到初始状态，表明化学清洗对 IGDM 工艺的通量恢复至

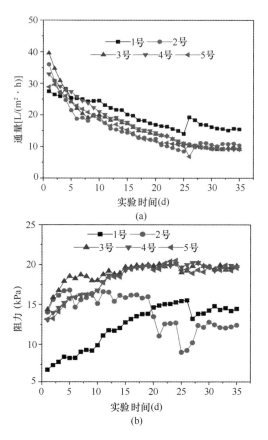

图 13-24　间歇错流强度对 IGDM 工艺通量稳定性的影响
［1 号、2 号、3 号、4 号、5 号的错流流量分别为 45L/（m²·h）、30L/（m²·h）、15L/（m²·h）、22.5L/（m²·h）和 37.5L/（m²·h），工作水头均为 200cm，均采用间歇错流，运行 15min，错流 1min］

关重要，这与 SGDM（复合膜）工艺迥异。随着过滤的进行，通量先逐渐下降（1～25d），后趋于稳定（26～33d）。1 号、2 号、3 号、4 号和 5 号膜柱的稳定通量分别为 15.46L/（m²·h）、10.39L/（m²·h）、9.09L/（m²·h）、9.13L/（m²·h）和 9.36L/（m²·h），同比图 13-22 可知，间歇错流不会影响 IGDM 工艺的通量稳定性，且有助于提升其稳定通量水平，分别提升了约 143.46%、89.25%、59.47%、64.21% 和 61.66%，表明间歇错流是调控 IGDM 工艺长期稳定运行的有效措施。

5. 间歇错流周期对 IGDM 工艺的通量稳定性影响

上一节表明间歇错流不会影响 IGDM 工艺的通量稳定性，且比连续错流更能有效地改善缓解膜污染和提高其稳定通量。因此，本节中将进一步考察不同间歇错流周期对 IGDM 工艺通量稳定性的影响（实验方案详见表 13-7）。

图 13-25 表明，1 号、2 号、3 号、4 号和 5 号膜柱的初始通量分别为 23.93L/(m²·h)、29.56L/(m²·h)、28.31L/(m²·h)、30.45L/(m²·h)、26.58L/(m²·h)，且长期运行过程中，各 IGDM 膜柱的通量变化规律基本一致；实验末期 1 号、2 号、3 号、4 号和 5 号膜柱的通量分别为 13.09L/(m²·h)、10.43L/(m²·h)、11.17L/(m²·h)、12.02L/(m²·h)、10.63L/(m²·h)。尽管 1 号膜柱的初始通量最低，但其末期通量最大，4 号膜柱次之，2 号、3 号、5 号膜柱相差不大，表明间歇过滤周期大于 10min 时，IGDM 工艺的通量会有所降低。此外，对比前三节实验结果可知，尽管本节将工作水头由 200cm 降到了 120cm，但 IGDM 工艺的通量反而有所增加，且跨膜压差也没有明显变化，间接地表明驱动压力对 IGDM 工艺的通量稳定性影响较小。

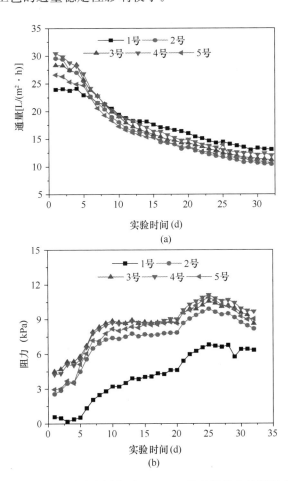

图 13-25　间歇错流周期对 IGDM 工艺通量稳定性的影响
（1 号、2 号、3 号、4 号、5 号膜柱的错流周期分别为 10min、15min、20min、25min、30min，每次错流时间均为 1min，工作水头均为 120cm）

6. 高强度错流对 IGDM 工艺通量稳定性的影响

上述研究表明，采用低强度错流时，实验后期因膜丝堵塞而导致错流强度难以达到设计要求。因此，本节将考察定期采用高强度错流[45L/(m²·h)]对 IGDM 工艺长期运行的通量稳定性的影响（实验方案详见表 13-7），实验结果如图 13-26 所示。

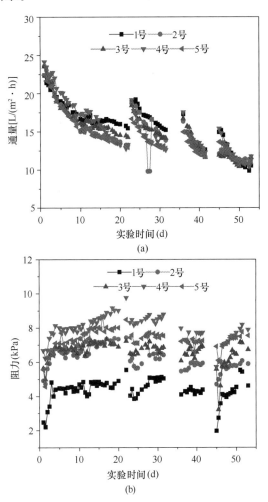

图 13-26　高强度错流对 IGDM 工艺通量稳定性的影响
[1 号、2 号、3 号、4 号和 5 号膜柱的高强度错流周期分别为 1d、3d、5d、7d、9d，高强度错流时间为 3min，强度为 45L/(m²·h)，常规错流强度和周期为 22.5L/(m²·h) 和 15min/1min]

随着过滤的进行，1 号、2 号、3 号、4 号和 5 号膜柱的通量逐渐缓慢降低，未观测到明显的通量稳定状态，这是由于高强度错流会破坏 IGDM 膜面生物滤饼层的结构而影响其稳态形成。第 23 天时，因原水管道检修而停水 1d，重新运行前对各 IGDM 膜柱采用高强度错流处理 3min，防止管道内沉积物堵塞膜丝，高强度错流后 1 号、2 号、3

号、4 号和 5 号膜柱的通量均有显著提升。此外，第 32~35 天和 42~45 天，也因水厂原水管道检修导致 IGDM 工艺停止运行，每次重新运行前均采用高强度错流 3min，各 IGDM 工艺的通量都有一定程度的提升，这是由于装置停止运行过程中，因驱动压力释放导致滤饼层松散以及污染物反向扩散到主体溶液中，进而容易通过高强度错流冲刷掉，缓解膜污染。实验末期，1 号、2 号、3 号、4 号和 5 号膜柱的通量分别为 10.53L/（m²·h）、11.45L/（m²·h）、11.58L/（m²·h）、11.73L/（m²·h）和 11.03L/（m²·h）；对比图 13-25 可知，本阶段 IGDM 工艺的平均通量没有显著提升（可能是由于本阶段原水中藻类含量显著增加，加速了 IGDM 工艺的膜污染），但采用高强度错流后可维持常规错流强度，有利于 IGDM 工艺的长期稳定运行。

7. 间歇过滤/高强度错流对 IGDM 工艺通量稳定性的影响

上一节研究表明，IGDM 工艺停止运行一段时间后，采用高强度错流可有效地提升其通量水平和缓解膜污染。因此，本节考察了间歇过滤/高强度错流对 IGDM 工艺通量稳定性的影响规律（实验方案详见表 13-7 第六阶段）。

图 13-27 表明，随着过滤的进行，IGDM 工艺的通量逐渐缓慢下降，未观测到明显的通量稳定现象。实验末期，1 号、2 号、3 号、4 号和 5 号膜柱的通量分别为 8.58L/（m²·h）、7.70L/（m²·h）、6.91L/（m²·h）、7.00L/（m²·h）和 6.58L/（m²·h），相比于图 13-26 有所显著降低，这是由于本阶段实验过程中原水藻类含量显著增加，加重了 IGDM 的膜污染。此外，对比 1 号、2 号、3 号、4 号和 5 号膜柱的通量水平可知，1 号膜柱的通量明显大于其余膜柱，5 号膜柱的通量最低，表明 IGDM 工艺的通量水平随高强度错流周期的延长而显著降低，这是由于采用较短的高强度错流周期，有利于及时将截留在膜丝内的污染物冲刷掉，缓解膜污染。

8. 水力反冲洗/化学清洗对 IGDM 工艺通量的影响

为了揭示 IGDM 工艺长期运行过程中的膜污染行为和特性，本节考察了水力反冲洗/化学清洗对 IGDM 工艺通量和阻力的恢复作用，清洗方案如下：实验结束后，先对 IGDM 工艺进行水力反冲洗和化学清洗，然后重新过滤并考察其通量变化

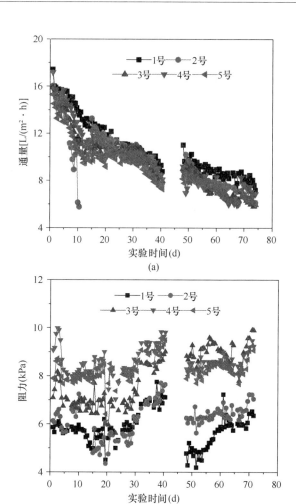

图 13-27　间歇过滤/高强度错流对
IGDM 工艺通量稳定性的影响
[1 号、2 号、3 号、4 号、5 号膜柱的高强度错流周期分别为
3d、5d、10d、15d 和 20d，高强度错流时间为 3min，强度为
45L/（m²·h）；每天运行 12h，停止运行 12h；常规错流强
度和周期为 22.5L/（m²·h）和 15min/1min]

情况。

由图 13-28 可知，1 号、2 号、3 号、4 号和 5 号的初始通量分别为 19.93L/（m²·h）、36.34L/（m²·h）、40.53L/（m²·h）、30.20L/（m²·h）和 25.44L/（m²·h），稳定通量分别为 4.45L/（m²·h）、4.23L/（m²·h）、3.31L/（m²·h）、4.52L/（m²·h）和 3.66L/（m²·h）。水力反冲洗后，1 号、2 号、3 号、4 号和 5 号的通量分别恢复到 15.93L/（m²·h）、12.03L/（m²·h）、26.09L/（m²·h）、16.01L/（m²·h）和 12.43L/（m²·h），为初始通量的 79.99%、33.10%、64.37%、53.01% 和 48.86%；除 2 号膜柱外，水力反冲洗后 IGDM 工艺的通量可恢复到初始通量的 50%~80%，

与 SGDM 工艺(合金膜组件)的情况类似,但显著低于 SGDM 工艺(复合膜组件)的通量恢复效果。采用化学清洗后,1号、2号、3号、4号和5号膜柱的通量分别恢复到 21.58L/(m²·h)、34.24L/(m²·h)、42.06L/(m²·h)、30.03L/(m²·h)和 24.37L/(m²·h),约为初始通量的 108%、94%、104%、99%和 96%,即化学清洗后 IGDM 工艺的通量基本完全恢复。

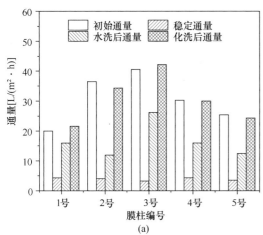

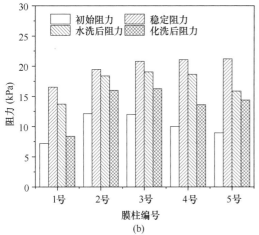

图 13-28 水力反冲洗/化学清洗对
IGDM 工艺通量恢复的影响

13.3 生物颗粒活性炭/超滤净化水库水实验研究

13.3.1 实验原水和实验装置

1. 实验原水

实验所用原水为广州某优质水库水,浊度和有机物含量较低,水质较好。通常浊度变化范围为 1.46~8.68NTU,COD_Mn 含量变化范围为 0.89~2.56mg/L,UV_254 含量变化范围为 0.018~0.027cm⁻¹,DOC 含量变化范围为 1.66~2.00mg/L,氨氮含量变化范围为 0.03~0.24mg/L,亚硝酸盐氮含量变化范围为 0.005~0.012mg/L,硝酸盐氮含量变化范围为 0.69~0.84mg/L,实验期间原水主要水质指标见表 13-8。

由于水库水存在突发性和季节性有机物、氨氮增高的可能,所以采用投加氯化铵的方式模拟水库水受到突发性氨氮污染,所用配水氨氮浓度范围为 0.50~2.00mg/L,其他水质指标与原水相同;采用投加腐殖酸的方式模拟水库水受到有机物污染,所用配水 COD_Mn 含量为 4.00mg/L,其他水质指标与原水相同。

进水水质指标		表 13-8
项目	范围	均值
水温（℃）	13.0~33.0	—
浊度（NTU）	1.46~8.68	3.87
氨氮（mg/L）	0.03~0.24	0.20
亚硝氮（mg/L）	0.005~0.012	0.008
UV_254（1/cm）	0.018~0.027	0.023
高锰酸盐指数（mg/L）	0.89~2.56	1.73
DOC（mg/L）	1.66~2.00	1.86
溶解氧（mg/L）	7.25~8.34	7.80

2. 小试实验装置

超滤小试装置采用恒水头过滤模式运行,示意图如图 13-29 所示。有机玻璃管内径为 3.4cm,PVC 复合膜面积为 0.0136m²,过滤水头为 80cm,30℃时超滤小试过滤纯水的通量为 86L/(m²·h),

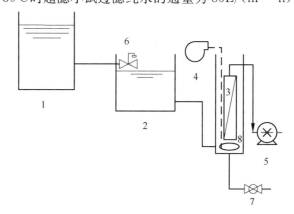

图 13-29 超滤小试装置示意图

1—原水箱;2—平衡水箱;3—超滤膜;4—风机;

5—蠕动泵;6—浮球阀;7—放空阀;8—曝气器

水温变化在 27～30℃ 之间。实验过程中超滤膜每 6h 反冲洗一次，每次反冲洗时先以 1L/min 的通气量气洗 1min，再以 120L/(m² · h) 通水量和 1L/min 的通气量气水联合反冲洗 2min。

3. 中试实验装置

超滤中试装置示意图如图 13-30 所示，实验采用 2 种平行中试工艺，包括 GUF 工艺和 BAC-GUF 组合工艺，2 种工艺的超滤膜池参数均相同。

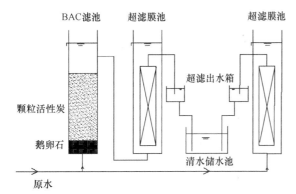

图 13-30　超滤中试装置示意图

超滤膜池中的膜丝采用浸没式 PVC 复合膜，膜面积为 10m²；BAC 滤池采用 3.0m×φ200mm 透明 PVC 管，上层为厚度 1.60m、8×16 目的颗粒状椰壳活性炭，底层为厚度 0.25m、粒径 1.0～1.5cm 的鹅卵石。

超滤膜池采用恒水头过滤方式运行，每 12h 反冲洗一次，每 24h 排泥一次，反冲洗方式为先以 1m³/h 气量气洗 1min，再以 60L/(m² · h) 水量气水联合洗 2min；BAC 滤池采用上向流过滤方式运行，滤速为 8m/h，空床停留时间（EBCT）为 12min，每 7d 反冲洗一次，反冲洗时先气洗 10min（1m³/h），再水洗 10min（1000L/h）。

4. 活性炭和超滤膜

实验所用颗粒活性炭为椰壳颗粒活性炭，各项指标参数见表 13-9。

实验所用超滤膜为中空纤维式 PVC 复合膜，膜丝内、外径分别为 1.2mm 和 2.0mm，超滤膜孔径为 0.02μm，截留分子量为 100kDa。

颗粒活性炭参数　　　　　　　　　　　　　　表 13-9

参数	规格	碘值	比表面积	灰分	水分	强度	pH	填充比
数值	8×16 目	≥800mg/g	≥950m²/g	≤8%	≤5%	≥95%	5～7	600±20

13.3.2 超滤膜反冲洗水中投加 NaCl 对膜污染的控制

1. 过滤水头对通量的影响

图 13-31 为过滤水头对 GUF 工艺通量的影响，可以看出，3 种过滤水头下 GUF 工艺的通量均经历了快速下降期、缓慢下降期和稳定期。在 1～3d

快速下降期，120cm 过滤水头下 GUF 工艺的通量由 41.16L/(m² · h) 衰减到 20.96L/(m² · h)，降低了 49.08%；80cm 过滤水头下 GUF 工艺的通量由 21.10L/(m² · h) 衰减到 15.50L/(m² · h)，降低了 26.54%；40cm 过滤水头下 GUF 工艺的通量由 17.24L/(m² · h) 衰减到 13.50L/(m² · h)，降低了 21.69%。在 3～8d 缓慢下降期，120cm 过滤水头下 GUF 工艺的通量由 20.96L/(m² · h) 衰减到 15.60L/(m² · h)，降低了 25.57%；80cm 过滤水头下 GUF 工艺的通量由 15.50L/(m² · h) 衰减到 14.80L/(m² · h)，降低了 4.5%；40cm 过滤水头下 GUF 工艺的通量由 13.50L/(m² · h) 衰减到 13.30L/(m² · h)，降低了 1.50%。在 9～30d 稳定期，120cm、80cm 和 40cm 过滤水头下 GUF 工艺的通量分别稳定在 15.5L/(m² · h)、14.5L/(m² · h) 和 13.3L/(m² · h)。可以看出，过滤水头越大 GUF 工艺的初始通量就越高，通量下降的速度就越快，稳定运行后的比通量也就越低。

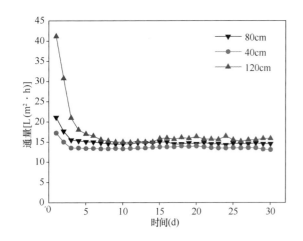

图 13-31　过滤水头对通量的影响

2. 反冲洗水中 NaCl 含量对膜污染的控制作用

在 80cm 过滤水头条件下，研究反冲洗水中 NaCl 含量 0mmol/L、10mmol/L 和对超滤小试通量及膜污染的影响。

由表 13-10 可以看出，在 120cm、80cm 和 40cm 过滤水头下，GUF 工艺对 COD_{Mn} 的截留总量分别为 63.70g、59.10g 和 56.38g。分析可得，这是因为过滤水头越大，GUF 工艺的初始通量就较高，产水总量也较大，截留的污染物总量也较多，导致膜孔内及膜表面的污染物累积较多；相比之下，过滤水头较小，GUF 工艺的初始通量较低，截留污染物总量也较少，污染相对较轻，通量下降相对较慢。综上所得，过滤水头对 GUF 工艺运行稳定后的通量影响不大，GUF 工艺在 1m 左右水头下就可以获得 14L/(m²·h) 左右的通量，此结果可为 GUF 工艺实际工程应用提供参考。

不同过滤水头下 GUF 工艺对 COD_{Mn} 的截留总量　　表 13-10

过滤水头 (cm)	产水总量 (m³)	原水 COD_{Mn} 平均值 (mg/L)	COD_{Mn} 去除率 (%)	截留总量 (g)
40	98.82		32.42	56.38
80	108.36	1.76	30.99	59.10
120	124.42		29.09	63.70

如图 13-32 所示，可以看出，反冲洗水不含 NaCl (0mmol/L) 时，通量由最初的 26.66L/(m²·h) 降至 17.18L/(m²·h)，降低了 35.56%；反冲洗水 NaCl 含量为 10mmol/L 时，通量由最初的 26.52L/(m²·h) 降至 20.27L/(m²·h)，降低了 23.57%。可见，NaCl 清洗可以明显提高 GUF 工艺的通量，运行 10d 后通量比反冲洗水不含 NaCl 时高 3.09L/(m²·h)，提高了 17.99%。

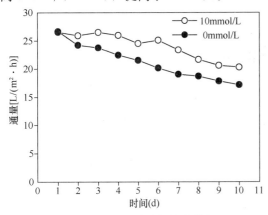

图 13-32　通量随时间变化情况

水力清洗效率（HCE）可采用通量恢复的方法测定，反冲洗效率的计算可表示为下式：

$$HCE(n) = (J_{ni}^{n+1} - J_f^n)/(J_{ni}^n - J_f^n) \quad (13-1)$$

其中 $HCE(n)$ 为第 n 周期反冲洗效率，J_{ni}^n 和 J_f^n 分别为第 n 周期最初通量和最终通量，J_{ni}^{n+1} 为第 $n+1$ 周期最初通量，本实验反冲洗效率取 10 个周期的平均值。

在反冲洗水 NaCl 含量为 10mmol/L 与 0mmol/L 的情况下，连续多周期过滤水库水时，每个周期内通量的变化如图 13-33 所示。可以看出，反冲洗水不含 NaCl (0mmol/L) 时反冲洗效果较差，反冲洗后通量的提高值约为 4L/(m²·h)；相比较之下，反冲洗水 NaCl 含量为 10mmol/L 时反冲洗效果较好，反冲洗后通量的提高值约为 8L/(m²·h)。

在反冲洗水 NaCl 含量为 10mmol/L 与 0mmol/L 的情况下，连续多周期过滤水库水时，反冲洗效率如图 13-34 所示。可以看出，反冲洗水不含 NaCl 时 (0mmol/L) 反冲洗效率为 72.82%；反冲洗水 NaCl 含量为 10mmol/L 时反冲洗效率为 93.83%，比反冲洗水不含 NaCl 时高了 21.01%，说明反冲洗水中投加 10mmol/L 的 NaCl 可以明显提高 GUF 工艺的通量，显著增强 GUF 工艺的反冲洗效果。

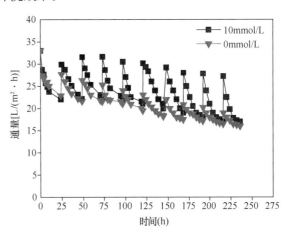

图 13-33　每个周期内通量变化情况

GUF 工艺的 HIFI 值变化如图 13-35 所示，可以看出，运行 10 个周期后，在反冲洗水 NaCl 含量为 10mmol/L 与 0mmol/L 的情况下，GUF 工艺超滤膜的 HIFI 分别由 1.85×10^{-4} m²/L 和 3.30×10^{-4} m²/L 升高至 7.30×10^{-4} m²/L 和 24.70×10^{-4} m²/L，10 个周期内的平均值分别为 2.87×10^{-4}

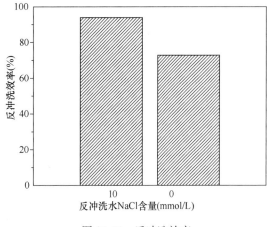

图 13-34 反冲洗效率

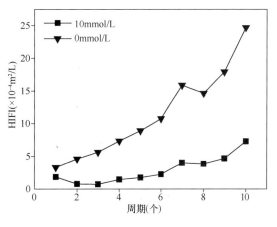

图 13-35 HIFI 变化情况

m²/L 和 11.37×10^{-4}/m²/L。可见，反冲洗水投加 NaCl 可以明显降低 GUF 工艺的 HIFI，而 HIFI 与膜污染直接相关，HIFI 数值越小，膜污染速率越缓慢，HIFI 数值越大，膜污染速率越快。综上所述，反冲洗水中投加 10mmol/L 的 NaCl 可以有效缓解 GUF 工艺的膜污染，HIFI 可降低 74.76%。

13.3.3 生物活性炭/超滤组合工艺的除污染效能

1. 对浊度的去除效能

图 13-36 为 2 种工艺对浊度的去除效果图，可以看出，进水浊度一般为 2.00～2.50NTU，个别时候可达 4.00NTU；BAC 的浊度平均去除率达 50.12%，出水浊度平均为 1.20NTU；超滤工艺与 BAC—GUF 组合工艺的超滤出水浊度非常稳定，总体去除率分别为 96.44% 和 96.89%，出水浊度分别为 0.08NTU 和 0.07NTU。

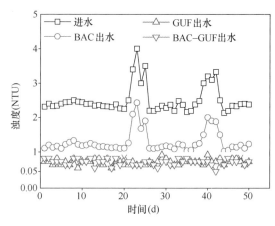

图 13-36 浊度去除效果

由于天气原因，实验 22～25d 和 38～42d 进水浊度分别增大至 3.70NTU 和 3.20NTU，BAC 的浊度去除率分别下降到 38.55% 和 40.12%，但 2 种工艺出水浊度几乎不受影响，均稳定在 0.10NTU 以下，可见超滤对出水浊度有极好的保障作用。浊度与病原微生物之间有良好的相关性，为了保证滤后水的生物安全性，要求出厂水浊度不高于 0.10NTU。实验期间超滤工艺与 BAC—超滤组合工艺出水均未检出总大肠菌群。可以看到，虽然 BAC 可能增加出水中的生物泄漏风险，但超滤充分保证了 BAC—超滤组合工艺出水的生物安全性。

2. 对有机物的去除效能

图 13-37（a）为 2 种工艺进/出水 COD_{Mn} 及去除率的变化情况，可以看出，进水 COD_{Mn} 含量变化范围为 1.08～2.56mg/L，平均含量为 1.61mg/L。超滤工艺出水 COD_{Mn} 平均含量为 0.97mg/L，平均去除率为 39.75%；BAC—GUF 组合工艺出水 COD_{Mn} 平均含量为 0.67mg/L，平均去除率为 58.39%；BAC 出水 COD_{Mn} 平均含量为 0.88mg/L，平均去除率为 45.34%。

图 13-37（b）为 2 种工艺进出水 UV_{254} 及去除率的变化情况，可以看出，进水 UV_{254} 含量变化范围为 0.018～0.027/cm，平均值为 0.021/cm。超滤工艺出水 UV_{254} 平均值为 0.017/cm，平均去除率为 19.05%；BAC—GUF 组合工艺出水 UV_{254} 平均值为 0.011/cm，平均去除率为 47.62%；BAC 出水 UV_{254} 平均值为 0.014mg/L，平均去除率为 33.33%。

图 13-38 为 2 种工艺对 DOC 的去除效果图，原水 DOC 含量的平均值为 1.86mg/L，GUF 工艺

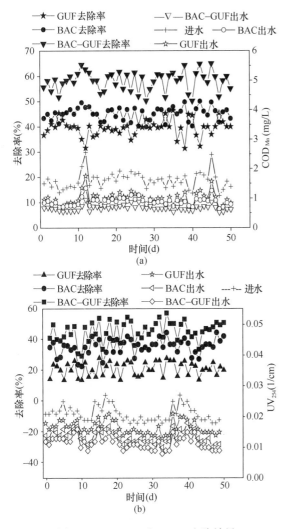

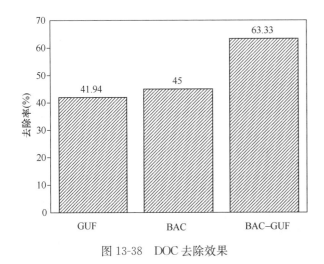

图 13-37　COD_{Mn} 和 UV_{254} 去除效果

（a）COD_{Mn}；（b）UV_{254}

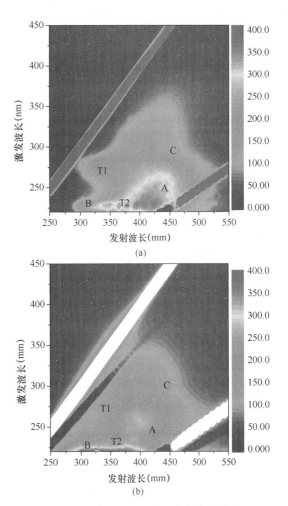

图 13-39　BAC 进出水三维荧光光谱图

（a）进水；（b）出水

定，其中 BAC 的 DOC 去除率为 45.00%。

上述结果表明，BAC—GUF 组合工艺对 COD_{Mn}、UV_{254} 和 DOC 的去除率比 GUF 工艺分别高 18.64%、28.57% 和 21.39%，其中 BAC 去除率分别占 BAC—GUF 组合工艺的 77.65%、69.99% 和 71.06%，显著提高了 BAC—GUF 组合工艺的有机物去除率，这是 BAC 的吸附作用和微生物降解作用的结果，UV_{254} 表征的腐殖酸、富里酸等物质氯化后容易形成各种形式的有机氯化物，BAC—GUF 组合工艺对 UV_{254} 的去除效果显著改善，提高了对消毒副产物及其前体物的去除能力。

图 13-39（a）为 BAC 进水 EEM 谱图，可以看出，进水中主要为 A 区的富里酸类腐殖质。对比图 13-39（b）出水 EEM 谱图可发现，BAC 对富里酸类腐殖质的去除效果最明显，去除率为 44.22%，对 C 区腐殖酸类腐殖质的去除率为 28.15%；但出水中 B 区的络氨酸类蛋白质荧光强

图 13-38　DOC 去除效果

出水平均含量为 1.08mg/L，去除率为 41.94%；BAC—GUF 组合工艺的出水 DOC 平均含量为 0.682mg/L，去除率为 63.33%，且去除率较为稳

度增强了 31.21％。可见，BAC 可以显著去除腐殖质类物质，而腐殖质又是主要的消毒副产物前体物，所以 BAC 在提高出水水质和降低出厂水三氯甲烷等消毒副产物方面有显著作用，这与图 13-37（b）的分析结果一致。出水中 B 区络氨酸类蛋白质的荧光强度增强，表明其主要是 BAC 中微生物的胞外分泌物。BAC 对进水的浊度、COD_{Mn}、UV_{254} 及腐殖质等荧光物质的有效去除减少了造成膜污染的污染物进入超滤膜池，减轻了膜污染负荷。

3. 对三氮的去除效能

图 13-40 为 2 种工艺对氨氮的去除效果图。

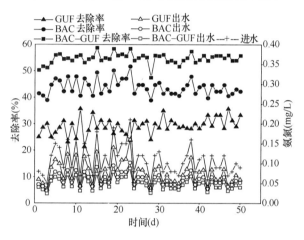

图 13-40 氨氮去除效果

可以看出，进水氨氮浓度变化范围为 0.070～0.210mg/L，平均值为 0.109mg/L。GUF 工艺出水氨氮浓度平均值为 0.078mg/L，平均去除率为 28.44％；BAC—GUF 组合工艺出水氨氮浓度平均值为 0.049mg/L，平均去除率 55.05％，比超滤工艺高 26.61％，其中 BAC 的氨氮去除率达 44.95％，占 BAC—GUF 工艺对氨氮去除率的 81.65％。

图 13-41 为 2 种工艺对亚硝酸盐氮的去除效果图，可以看出，进水亚硝酸盐氮浓度变化范围为 0.0040～0.0100mg/L，平均值为 0.0067mg/L；GUF 工艺出水亚硝酸盐氮浓度平均值为 0.0053mg/L，平均去除率为 20.90％；BAC—GUF 组合工艺出水亚硝酸盐氮浓度平均值为 0.0009mg/L，平均去除率达 86.57％，比 GUF 工艺高 65.67％，其中 BAC 的去除率达 83.58％，占 BAC—GUF 组合工艺对亚硝酸盐氮去除率的 96.55％，且出水始终未出现亚硝酸盐氮累积现象。

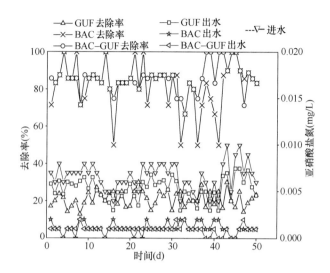

图 13-41 亚硝酸盐氮去除效果

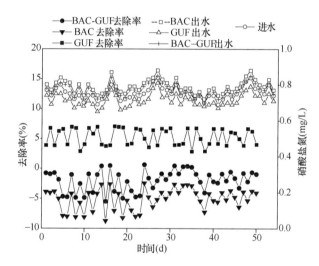

图 13-42 硝酸盐氮去除效果

图 13-42 为 2 种工艺对硝酸盐氮的去除效果图，可以看出，进水硝酸盐氮浓度变化范围为 0.69～0.84mg/L，平均值为 0.75mg/L。GUF 工艺出水硝酸盐氮浓度平均值为 0.71mg/L，平均去除率为 5.33％；BAC—GUF 组合工艺出水硝酸盐氮浓度平均值为 0.77mg/L，比原水高了 2.67％，但远小于"饮用水标准"的限值。

一般认为超滤对氨氮的去除率在 10％ 左右，而本实验中超滤工艺的氨氮去除率达 30％ 左右，可能主要是膜池内壁附着的少量微生物及滤饼层中的微生物对氨氮降解作用的结果。可见，长期运行的超滤工艺也有较显著的生物降解作用，提高了氨氮的去除效果；BAC 进水中三氮总和的平均值为 0.869mg/L，出水为 0.853mg/L，相差很小，可认为进出水三氮基本保持平衡，这是亚硝酸菌和硝酸菌对氨氮和亚硝酸盐氮转化的结果。

4. 对细菌的去除效能

GUF 工艺和 BAC—GUF 组合工艺出水微生物数量见表 13-11，实验期间共检测超滤工艺与 BAC—GUF 组合工艺出水中细菌总数与总大肠菌群 10 次，其中总大肠菌群在 2 种工艺出水中均未检出。超滤工艺出水中细菌总数 9 次未检出，1 次检测结果为 2CFU/100mL；BAC—GUF 组合工艺出水中细菌总数均未检出。由此可以得出，GUF 工艺和 BAC—GUF 组合工艺对微生物有极好截留性能，超滤膜对细菌极高的去除率保证了 BAC—GUF 组合工艺出水的生物安全性。

GUF 工艺和 BAC—GUF 组合工艺
出水微生物数量　　　　表 13-11

序号	细菌总数 (CFU/100mL)		总大肠菌群 (CFU/100mL)	
	GUF	BAC-GUF	GUF	BAC-GUF
1	0	0	0	0
2	0	0	0	0
3	0	0	0	0
4	0	0	0	0
5	0	0	0	0
6	0	0	0	0
7	2	0	0	0
8	0	0	0	0
9	0	0	0	0
10	0	0	0	0

13.3.4　生物活性炭/超滤组合工艺对膜污染的控制效果

1. 超滤通量的变化

图 13-43 为 2 种工艺通量变化图，可以看出，

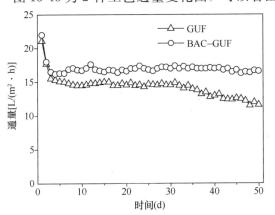

图 13-43　通量随时间变化状况

BAC—GUF 组合工艺的通量经历了快速下降期、过渡期和稳定期 3 个阶段，GUF 工艺的通量经历了快速下降期、过渡期和缓慢下降期 3 个阶段。1～3d 通量快速下降期，GUF 工艺和 BAC—GUF 组合工艺的通量变化趋势相差不大，分别由 21.10L/(m²·h) 和 22.00L/(m²·h) 快速衰减到 15.50L/(m²·h) 和 16.50L/(m²·h)，分别降低了 26.54% 和 25.00%；4～30d 通量过渡期，GUF 工艺和 BAC—GUF 组合工艺的通量平均值分别为 14.66L/(m²·h) 和 16.90L/(m²·h)；31～50d 为 BAC—GUF 组合工艺的通量稳定期和 GUF 工艺的通量缓慢下降期，BAC—GUF 组合工艺的通量平均值为 16.87L/(m²·h)，GUF 工艺通量变化范围为 11.88～14.12L/(m²·h)。

综上所述，在通量快速下降期，2 种工艺的通量变化趋势和衰减程度非常相似，结合图 13-39 所得的结论，可以说明腐殖质类或者微生物代谢产物、蛋白质类等不同种类污染物在该阶段对膜的污染速率没有显著差异。这是因为在通量快速下降期膜污染机理主要为膜孔阻塞，膜污染程度与有机物和超滤膜形成的总界面力的作用范围密切相关，蛋白质类物质和腐殖质类物质与超滤膜形成的总界面力的作用范围相近，两者形成的膜污染的程度也相似，所以 2 种工艺通量变化趋势相似。在通量过渡期，BAC—GUF 组合工艺的通量比超滤工艺高出 15.28%～35.18%，膜污染程度较轻。随着 2 种工艺的继续运行，通量的相差程度呈持续增加的趋势，说明由腐殖质造成的膜污染具有较明显的累积作用；由微生物代谢产物、蛋白质类等造成的膜污染则可以逐步趋于较稳定的状态，呈现出达到稳定通量的趋势，且增大进水中蛋白质浓度，不会降低长期运行超滤工艺的稳定通量，即不会增强膜污染程度，这对超滤工艺的长期稳定运行是非常有益的。这是因为在超滤过滤过程中，污染物不断被吸附到膜表面的滤饼层上，因而通量不断下降，当使污染物附着到滤饼层的作用力与滤饼层对污染物的阻力相等时，将不再有或仅有少量的污染物继续附着在滤饼层上，然后通量将不再继续下降。

2. 膜污染状况研究

2 种工艺在运行 50d 后对超滤膜进行化学清洗，清洗方式为先用水反冲洗 3min 去除可逆污染物，再用 0.5% NaClO 反冲洗 20min 后浸泡超滤膜池 3h，得到了化学清洗液。图 13-44（a）和图

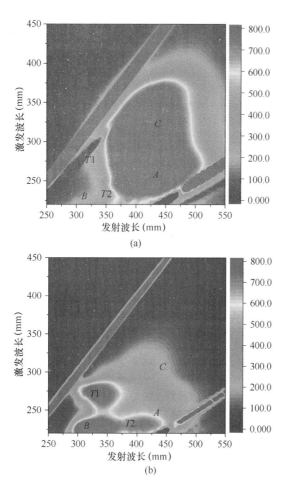

图 13-44　化学清洗液的 EEM 谱图
(a) GUF；(b) BAC-GUF

13-44（b）分别为 GUF 工艺和 BAC—GUF 组合工艺化学清洗液的 EEM 谱图，可以看出，超滤工艺的化学清洗液含有大量 A 区的富里酸和 C 区的腐殖酸等腐殖质类物质，BAC—GUF 组合工艺化学清洗液含有的主要物质为 B 区的络氨酸、T2 区的色氨酸和 T1 区的溶解性微生物产物等蛋白质类物质，同时也含有少量 A 区和 C 区的腐殖质类物质。这说明超滤工艺中超滤膜的不可逆污染物主要是富里酸和腐殖酸等腐殖质类物质，而 BAC-GUF 组合工艺主要是蛋白质类物质。GUF 工艺的不可逆膜污染物主要由膜表面的蛋白质类污染物及膜孔内的腐殖质和蛋白质类污染物组成，BAC—GUF 组合工艺中的 BAC 有效去除了 A 区的富里酸类腐殖质和 C 区的腐殖酸类腐殖质，显著缓解了由腐殖质类有机物造成的膜污染，尽管 B 区的络氨酸类蛋白质、T1 区的溶解性微生物产物、T2 区的色氨酸类蛋白质是 BAC—GUF 组合工艺的主要不可逆污染物，但这些污染物的含量以及对膜的污染程

度明显小于富里酸类腐殖质和腐殖酸类腐殖质。可以看出，增加 BAC 可以有效缓解腐殖质类污染物造成的膜污染，但也产生了由微生物代谢产物造成的膜污染。腐殖质类物质与蛋白质类物质的共存会加剧超滤膜的不可逆污染，BAC 对腐殖质类有机物有着较好的去除效果，降低了引起超滤膜不可逆污染的污染负荷，所以 BAC 对 BAC—GUF 组合工艺的膜不可逆污染有着较好的控制作用。

13.3.5　生物活性炭/超滤组合工艺对氨氮突发污染的适应性

投加氯化铵模拟氨氮突发污染时，BAC—GUF 组合工艺和 GUF 工艺对氨氮的去除效果如图 13-45 所示。当进水氨氮浓度由 0.22mg/L 突增到 1.0mg/L 时，BAC—GUF 工艺出水氨氮浓度由 0.091mg/L 突增到 0.48mg/L，仍小于《生活饮用水卫生标准》GB 5749—2022 的限值（＜0.5mg/L）；但超滤工艺出水氨氮浓度由 0.11mg/L 突增到 0.8mg/L，超出了该限值。随后 BAC—GUF 组合工艺出水氨氮浓度越来越低，8h 后降到了 0.13mg/L，且去除率由最初的 52.0% 升高到 87.0%；而 GUF 工艺出水氨氮浓度一直在 0.8mg/L 左右，去除率一直在 20% 左右。可以看出，当进水氨氮浓度突增为 1.0mg/L 时，BAC 能及时保证 BAC—GUF 组合工艺出水氨氮浓度达标，这是因为 BAC 内生长的硝化细菌具有一定抗氨氮负荷冲击的能力，并且进水氨氮浓度的升高还会增强硝化细菌的代谢能力、增加硝化细菌的数量，所以随着实验的进行，BAC 的氨氮去除率不断增加至稳定；而在进水氨氮突增为 1.0mg/L 时，GUF 工艺不具备抗氨氮冲击能力。

当进水氨氮浓度由 0.21mg/L 突增到 1.50mg/L 时，BAC—GUF 组合工艺出水氨氮浓度由 0.088mg/L 突增到 0.840mg/L，GUF 工艺出水氨氮浓度由 0.102mg/L 突增到 1.260mg/L，去除率分别为 44.0% 和 16.0%。随着实验的进行 BAC—GUF 组合工艺出水氨氮浓度越来越低，6h 后 BAC—GUF 工艺出水降到了 0.47mg/L。随后 BAC—GUF 组合工艺出水氨氮浓度仍有下降趋势，12h 后稳定在 0.28mg/L，去除率稳定在 81%；而 GUF 工艺出水氨氮浓度一直在 1.25mg/L 左右，氨氮去除率一直在 17% 左右。在投加氯化铵之前，BAC 进水氨氮浓度相对较低，硝化细菌的新陈代

谢和生长繁殖受到限制，所以当进水氨氮浓度突然增大至 1.5mg/L 时，BAC 不能及时使 BAC—GUF 组合工艺出水氨氮浓度满足"饮用水卫生标准"的限值要求。但经过短暂的适应期，硝化细菌代谢能力逐渐增强，生长繁殖逐渐旺盛，所以 BAC 最终能适应 1.5mg/L 氨氮负荷冲击。

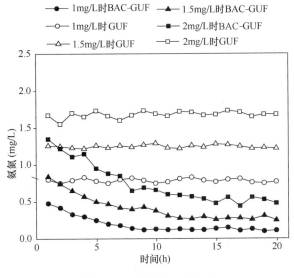

图 13-45　氨氮的去除效果

当进水氨氮浓度由 0.22mg/L 突增到 2.0mg/L 时，BAC—GUF 工艺出水由 0.089mg/L 突增到 1.35mg/L，GUF 工艺出水由 0.109mg/L 突增到 1.67mg/L。随着实验的进行 BAC—GUF 组合工艺出水氨氮浓度越来越低，15h 后降到了 0.54mg/L，且不再下降。而 GUF 工艺出水氨氮一直在 1.7mg/L 左右，去除率一直在 15% 左右。结果表明，BAC—GUF 组合工艺可应对的最大氨氮负荷为 2.0mg/L，当进水氨氮大于 2.0mg/L 时，出水将不能满足"饮用水卫生标准"的限值要求。原水中 DO 的含量在 7.0~8.0mg/L 左右时，不能满足硝化细菌降解高负荷氨氮的需氧量，因此建议实际工程生产中采取 BAC 曝气的方式以提高 BAC—GUF 组合工艺应对高负荷突发氨氮污染的能力。

本研究构建出的 BAC—GUF 组合工艺采用全流程重力式、低耗能的运行方式，对优质水源水具有良好、稳定的净化效能及膜污染控制作用，且具有一定的应对突发氨氮污染的能力，是一种具有推广和应用价值的绿色净水工艺。

13.4　曝气生物滤池/超滤工艺净化水库水实验研究

13.4.1　实验用水及实验装置

1. 实验用水水质

实验用水为我国东南某山区水库水，水质条件较好，具体见表 13-12。

实验用水水质	表 13-12
水质指标	变化范围
水温（℃）	19~25
pH	6~8
浊度（NTU）	2~4
NH_3-N（mg/L）	0.05~0.12
COD_{Mn}（mg/L）	1.5~2.3
UV_{254}（mg/L）	0.015~0.020
DOC（mg/L）	1.04~2.25

2. 实验装置

实验装置由曝气生物滤池和内压式中空纤维滤膜两部分组成，装置示意图如图 13-46 所示。

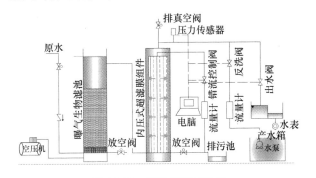

图 13-46　实验装置示意图

3. 曝气生物滤池

本实验采用 1 座 20.5cm×300cm 的有机玻璃柱作为滤池主体，曝气生物滤池共分为 4 个区域，设计流向为上向流。原水由配水管直接打入滤池底部，气、水均从滤池底部进入，依次通过缓冲配水区、承托层、填料层和出水区，从顶部流出。由空压机为滤池曝气供氧，所有气体、流量均由设备上相应的流量计控制。缓冲配水区在滤池底部，该部分还设有曝气出气口，设计高度为 200mm，其作用是通过气水混合使原水在该区混匀后通过穿孔板均匀流出，以防污染物的集中式污堵；承托层选用大小相近的鹅卵石，堆积高度240mm，主要是为了防止堵塞滤头和滤料流失；陶粒常被作为吸附剂使用，具有极性强、成本低、对极性和不饱和的分子均有很强的亲和力，而对极化率大的非极性分子也有很强的吸附能力，本次实验选用粒径为2～6mm的陶粒滤料作为滤料层填料，高度为163cm。滤池顶端设置出水口和溢流口，出水口通过配水管进入膜柱内，溢流管接入溢流水渠。

4. 超滤设备

原水由水泵打入高位水箱，水箱通过配水管分配给各膜柱。原水由膜柱底部进入、顶部流出，出水进入溢流槽。高位水箱与溢流槽水位保持恒定水头，采用重力式虹吸出水，出水进入产水箱，作为反冲洗水使用。本实验采用由某膜分离科技有限公司生产的内压式PVC合金膜组件，参数如下：膜孔径为0.01μm，截留分子量为50kDa，膜面积为10m²，膜丝内外径为1.0mm/1.6mm。中空纤维非常细，膜组件的腔体内可以装填上百万根膜丝，相对于管式、板框式和卷式等形式的膜组件，膜的比表面积在单位体积中相对较大，从而具有小型化、紧凑化、方便安装、节省占地等优点。本次实验使用的改性后PVC合金膜提高了膜本身亲水性和抗污染性能，大幅度增强了膜分离性、机械强度、耐酸碱、耐腐蚀性和使用寿命等，其价格仅为国外同类膜价格三分之一。内压式超滤过程按错流

方式的不同可以分为以下2种工作方式：一种是间歇式错流，过滤过程中料液全都垂直透过膜，通过定期错流或反冲洗的方式排出浓缩液；一种是连续错流，过滤过程中料液拥有2条通道，一条是垂直透过膜进行产水，污染物被截留在膜外侧，另一条则是收集被截留在膜外的污染物，与膜平行流出成为浓缩液，排入指定区域处理处置。间歇式过滤具有截留率高、能耗低等优点，被超滤水厂普遍采用。错流过滤中料液流经膜表面时，由于压力的作用使其在膜表面产生剪切力，该方式下在一定程度可以缓解膜污染、应对突发性水体污染问题，但也提高了自身对自用水及能源的需求，在实际应用中采纳较少。

13.4.2 曝气生物滤池（BAF）/超滤（UF）组合工艺的净水效能和膜污染

1. 对浊度和病原性微生物的去除效能

实验期间原水浊度2～4NTU，经BAF+UF组合工艺和UF工艺处理后，出水浊度均低于0.1NTU；而对2组工艺出水微生物进行了7次检测，见表13-13，组合工艺出水未检测到病原性微生物，而直接超滤工艺出水微生物被检测出一次。这可能是由于出水后设施长期暴露在空气中，细菌在适宜的环境下得以生存繁殖，因而混入送检样品中被检出。

出水病原性微生物检测 表13-13

	细菌总数（CFU/mL）			大肠菌群（CFU/100mL）		
次数	原水	BAF+UF出水	UF出水	原水	BAF+UF出水	UF出水
1	84	<1	<1	11	未检出	未检出
2	76	<1	<1	8	未检出	未检出
3	68	<1	2	7	未检出	未检出
4	82	<1	<1	4	未检出	未检出
5	68	<1	<1	8	未检出	未检出
6	72	<1	<1	6	未检出	未检出
7	67	<1	<1	6	未检出	未检出

2. 对COD$_{Mn}$的去除效能

图13-47为BAF+UF组合工艺与UF直接超滤对COD$_{Mn}$去除率的变化图，数据显示，组合工艺对COD$_{Mn}$的平均去除率为31.47%，最高去除率达44.91%，而直接超滤工艺的平均去除率为20.83%，最高去除率为25.12%，可见组合工艺对污染物的去除率更高，但是从两者的变化曲线可

以发现，组合工艺虽然整体比直接超滤去除率高，但是组合工艺的去除率随时间波动较大，相比之下，直接超滤工艺的去除率随时间呈平稳增长趋势，这可能是前置曝气生物滤池预处理对COD$_{Mn}$的去除率波动变化造成的，由于曝气生物滤池主要依靠附着在滤料上的微生物净化水体，而微生物对外界条件的变化较为敏感，设备连续运行时，影响

微生物生长的任一因素改变都会影响，进而使曝气生物滤池总体去除率呈现波动变化的趋势，而超滤膜主要依靠微孔物理截留及吸附作用去除水中的胶体物质及大分子有机物，受制约的因素较少，因此随时间变化呈现较稳定的态势。

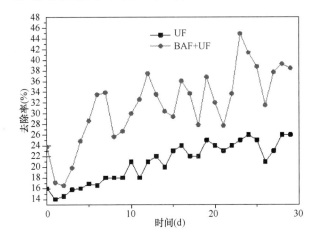

图 13-47　2 组工艺对 COD$_{Mn}$ 的去除效果

3. 对氨氮的去除效能

由于本次实验采用的原水氨氮含量较低，保持在 0.05～0.15mg/L 之间，因此本组实验通过加药设备向供水管中投加氯化铵，模拟氨氮突发污染情况，加药后进水氨氮的浓度约 0.9～1.7mg/L，如图 13-48 所示。

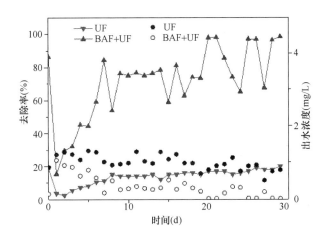

图 13-48　2 组工艺对氨氮的去除效果

超滤膜本身对氨氮的去除率较低，平均去除率仅为 14.7%，而组合工艺对氨氮的去除效果提升较大，平均去除率达到 72.82%，这是由于水中的氨氮分子量较小，主要为铵离子（NH_4^+）和游离氨（NH_3）形式存在的氮，因此可以直接穿越超滤膜，而超滤膜在长期连续运行时，膜内表面会形

成一层生物滤饼层，水体中的微生物可以附着在滤饼层表面，其上附着的硝化细菌则可以通过硝化作用去除水中的氨氮，但是生物滤饼层的形成会造成膜污染，从而影响产水率，因此需要借助错流及反冲洗等操作去除，故超滤膜可以对氨氮保持一定的去除率但是总体并不高。而曝气生物滤池可以为微生物提供长期的、相对稳定的生存环境，利于脱氮微生物的生长、繁殖，因而组合工艺对氨氮的去除效果更为优异。

在第 2 天向供水管中投加氯化铵，增大原水氨氮的浓度，模拟突发性水体氨氮污染。结果显示，进水氨氮浓度突然增加到 1.274mg/L，BAF＋UF 组合工艺对氨氮的去除率分别下降了 15.09%、71.01%，出水氨氮浓度分别为 1.23mg/L、1.08mg/L，氨氮的相关水质标准限值为 0.5mg/L，由图中可以看出直接超滤工艺出水始终未达标，但是组合工艺在第 7 天开始出水氨氮浓度低于 0.5mg/L，可以得出组合工艺对于突发性水体氨氮污染具有良好的控制效果。

4. 对 DOC 的去除效能

图 13-49 显示了直接超滤与 BAF＋UF 组合工

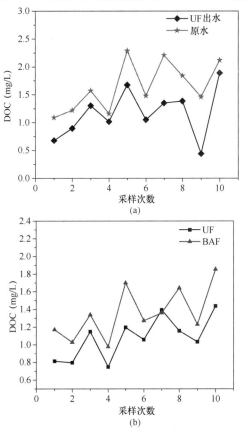

图 13-49　2 组工艺对 DOC 的去除效果

（a）直接超滤；（b）BAF＋UF 组合

艺对DOC的去除效能，直接超滤过程中，进出水DOC分别为1.04～2.25mg/L、0.48～1.96mg/L，其平均去除率为25.84%。组合工艺对DOC去除效果数据显示，BAF出水DOC为0.98～1.85mg/L，经超滤后出水为0.81～1.45mg/L，即组合工艺中超滤工艺对DOC的平均去除率20.15%，BAF＋UF组合工艺整体对DOC的总平均去除率34.35%。

可以看出，组合工艺中超滤对DOC的去除效果略有下降，平均降低5.69%，这可能是由于BAF对DOC进行了预处理，截留了进水中的部分细菌等微生物，同时也消耗了进水的一部分营养物质，因而使得后续的超滤工艺对DOC的去除效果变差。数据也显示了组合工艺对DOC去除效果的提升微弱，直接超滤工艺对DOC也具有一定的去除效果，这是因为内压式超滤过程中，进水从膜丝内部经过，水中的微生物会附着在膜表面形成生物滤饼层，而内压式超滤的过滤方式增大了进水与生物的接触面积，微生物产生的胞外聚合物充分与水体中的物质接触，所以内压式超滤本身对DOC也具有良好的去除效果，且其去除效果应比外压式及浸没式超滤更好。

5. 对通量的影响

图13-50为BAF＋UF组合工艺与直接超滤（UF）在初始通量不同的条件下随时间变化曲线。

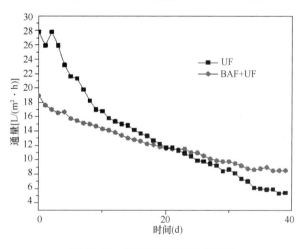

图13-50　2组工艺对通量的影响

本次实验超滤膜采用恒定水头的恒压产水方式，在压力保持恒定的情况下，根据通量的变化情况可了解膜的污染情况，组合工艺通量平均每天下降率约为0.26L/（m²·h），而直接超滤工艺的通量平均每天下降率约0.56L/（m²·h），由此可

见，组合工艺可以在一定程度上延缓通量的下降速率，这是由于添加的曝气预处理设备对污染物进行了预处理，截留并降解了原水中部分污染物，从而提高出水水质。说明添加曝气预处理设备可以在一定程度上延缓超滤通量的削减速度。但是通量整体下降的趋势仍未改变，这主要是由于超滤膜直接过滤原水时，由于膜的亲水性较差，主要截留其中的疏水性有机物，而生物预处理采用的陶粒滤料虽亲水性强、有利于微生物固着、生长与快速繁殖，但其主要是去除水中的亲水性有机物，因此曝气生物滤池可以在一定程度上缓解亲水性物质对滤膜造成的污染，但是对疏水性物质引起的膜污染控制效果有限。

一般情况下当有机膜通量因膜表面污染而下降至初始通量的30%时，应对膜管进行化学清洗，由图可知本次实验UF与BAF＋UF中超滤膜的化学清洗周期分别为25d、40d，而在相同的初始通量下，组合工艺的化学清洗周期将更长。

6. 膜污染物识别分析

利用PARAFAC模型对本实验预处理及超滤前后和反冲洗液进行三维荧光光谱模拟，共识别出4个荧光组分，如图13-51所示。

三维荧光法是描述荧光强度随激发波长与发射波长变化关系图，表示为三维荧光光谱（Three-Dimensional Excitation Emission Matrix Fluorescence Spectrum，3DEEM），能够在水质测定时揭示有机污染物的类别及其含量信息，具有高效、高选择性、高灵敏度等特点。溶解性有机物的来源不同则其荧光性质也不相同，实验采用三维荧光光谱图考察水中的可溶性有机物，根据天然环境中各种溶解性有机物的荧光峰的位置可以分为4个区域：A区（Ex为350～440nm，Em为370～510nm）为腐殖类荧光；B区（Ex为310～360nm，Em为370～450nm）和D区（Ex为240～270nm，Em为370～440nm）为类富里酸荧光；C区（Ex为240～270nm，Em为300～350nm）为类蛋白荧光。平行因子法解析得到的水样中的荧光组分如图13-51所示，波长对应的荧光物质见表13-14。C1组分在270nm和435nm附近有2个激发峰，在325nm处有一个发射峰，属于A区范围，主要为腐殖质类，其成分可能是陆源腐殖酸；组分C2（Ex/Em，310/380nm）有1个激发峰和1个发射峰，为腐殖类质物质；组分C3（Ex/Em，230/410nm）有1个

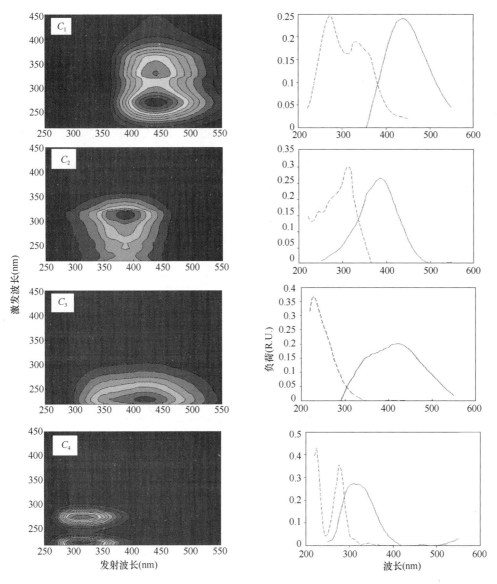

图 13-51　平行因子法解析得到的水样中的荧光组分

激发峰和 1 个发射峰，代表类富里酸物质；组分 C4 [Ex/Em，225（275）/315nm] 有 2 个激发峰和 1 个发射峰，代表了蛋白质类荧光组分，主要是类酪氨酸物质，和微生物的代谢相关。

水体中常见有机物的荧光中心识别位置　表 13-14

荧光峰命名	荧光物质类型	激发波长(nm)	发射波长(nm)
A	类富里酸	237~260	400~500
C	腐殖酸类	300~370	400~500
C_1	腐殖酸类	320~340	410~430
C_2	腐殖酸类	370~390	460~480
D	土壤富里酸	390	509
E	土壤富里酸	455	521
M	腐殖质	290~310	370~410

续表

荧光峰命名	荧光物质类型	激发波长(nm)	发射波长(nm)
T_1	类色氨酸	275	340
T_2	类色氨酸	225~237	340~381
B_1	类酪氨酸	275	310
B_2	类酪氨酸	225~237	309~312
N	浮游植物生产力相关	280	370

如图 13-52（a）和（b）所示，直接超滤的物理反冲洗前后各组分荧光强度并无明显变化，只有 C_4 组分反冲洗后的荧光强度略有提高。说明物理反冲洗对 C_4 组分有一定的去除作用，该类物质主要为酪氨酸，是构成蛋白质的重要组分，其产生主要与水体中的微生物相关，是超滤膜在长期运行中，附着

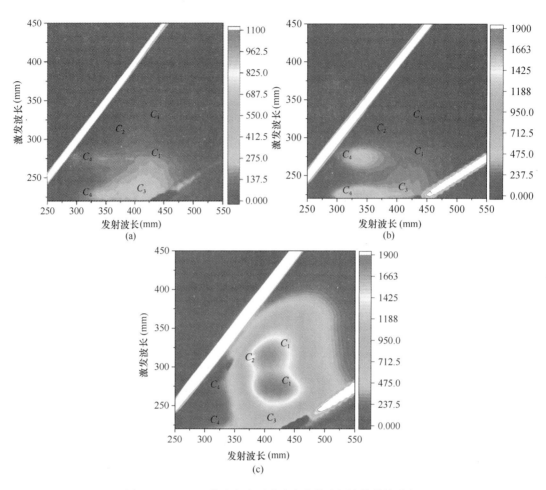

图 13-52 UF 工艺出水和反冲洗水中荧光污染物特性分析
(a) UF 出水；(b) 物理反冲洗水；(c) 化学反冲洗水

在其表面的微生物代谢产生的。而化学反冲洗前后荧光组分变化明显，从图 13-52（c）中可以看出，化学反冲洗对 C_1、C_2、C_3 均有较高的去除效果，该部分代表引起超滤膜污染的不可逆污染组分，主要为腐殖质。因此可以得出，水体中腐殖质是造成膜不可逆污染的重要原因，针对腐殖质采取相应的前置预处理措施可能在缓解膜污染方面有重要作用。

对比图 13-53（a）和（b）可以发现，BAF 与 BAF＋UF 组合工艺出水 EEM 图差异不大，各组分荧光强度均较低。通过物理反冲洗后，发现 C_4 组分荧光强度明显增大，与超滤的反冲洗 EEM 图相似，说明 BAF＋UF 组合工艺通过物理反冲洗也能去除一部分微生物代谢产生的 EPS，但是强度不大。而图 13-53（d）可以看出，组合工艺的化学反冲洗水中 C_3 组分荧光强度略有提升，这说明膜污染较轻，且化学反冲洗对腐殖质类物质造成的膜污染有一定的缓解作用。

综上所述，对于直接超滤工艺，物理反冲洗水

中各组分差异不明显，BAF＋UF 组合工艺物理反冲洗水中酪氨酸的荧光强度高于直接超滤工艺，这可能是由于 BAF 预处理设备中的微生物代谢产生的 EPS 进入膜丝内，附着于膜表面，该部分 EPS 具有比直接超滤中的 EPS 更易脱落的特点，因而容易被物理反冲洗带走造成该组分荧光强度上升的现象。此外，BAF＋UF 组合工艺化学清洗出水中各组分的荧光强度要明显低于直接超滤工艺，这说明预处理对造成膜不可逆污染的物质如腐殖质等具有良好的控制效果，通过预处理使得腐殖质含量得到大幅度的削减，减轻了超滤膜进水 DOM 的含量，对于延缓膜污染取得良好的效果。从上面的反冲洗液 EEM 图还可以发现，物理反冲洗液都有蛋白质类荧光峰的出现，强于腐殖质类荧光峰，说明蛋白质类污染的可逆性要好于腐殖质类。

研究对比 BAF＋UF 组合工艺与直接超滤（UF）工艺对水库水进行处理，可以发现，BAF＋UF 组合工艺对污染物处理效果良好，对水中的 COD_{Mn}、

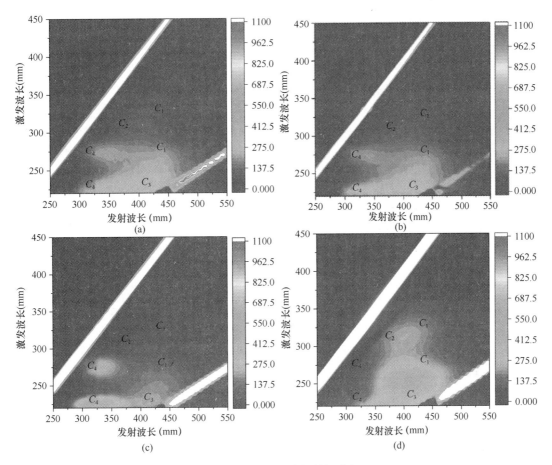

图 13-53　荧光污染物特性分析

（a）BAF 出水；（b）BAF＋UF 出水；（c）BAF＋UF 物理反冲洗废水；（d）BAF＋UF 化学反冲洗废水

NH_3-N 的去除以及膜污染的控制均有一定的改善作用。尤其对氨氮具有高去除率。所以，BAF＋UF 组合工艺是净化含有机物和氨氮较高水库水的一种绿色工艺。

13.5　绿色工艺水厂实例

13.5.1　梯面水厂

1. 水厂概况

梯面水厂为广州市花都区村镇小型水厂，以羊石水库为水源，水处理工艺为浸没式超滤直接过滤水库原水，由海南立昇和广东省建筑设计研究院联合设计建造，设计供水规模为 $1000m^3/d$，于 2014 年 11 月 22 日建成投产。

2. 原水水质

羊石水库水质良好，在水厂投产后的半年时段里，原水最高浊度为 31.1NTU，平均浊度为 7.45NTU；高锰酸盐指数平均含量为 1.48mg/L；

氨氮浓度为 0.06～0.77mg/L；细菌总数为 22～73CFU/mL，总大肠菌群数为 5～49MPN/100mL，耐热大肠菌群为 2～33MPN/100mL；pH 为 6～9；硫酸盐(以 SO_4^{2-} 计)为 3.1mg/L；氯化物为(以 Cl^- 计) 1.7mg/L；硝酸盐为(以 N 计)0.77mg/L；铁 0.06mg/L，锰小于 0.01mg/L；其他水质指标皆符合《地表水环境质量标准》GB 3838—2002 规定。水库原水水质检测报告见表 13-15（2015 年 9 月 1 日）。

水库原水水质（2015 年 9 月 1 日）　　　表 13-15

序号	检验项目	计量单位	检测结果
1	水温	℃	26.2
2	pH	—	7.38
3	溶解氧	mg/L	7.6
4	高锰酸盐指数	mg/L	1.6
5	化学需氧量	mg/L	9.4
6	5d生化需氧量	mg/L	0.9
7	氨氮	mg/L	0.07
8	总磷	mg/L	0.01

续表

序号	检验项目	计量单位	检测结果
9	总氮	mg/L	0.91
10	铜	mg/L	<0.01
11	锌	mg/L	<0.01
12	氟化物（以F计）	mg/L	0.08
13	硒	mg/L	<0.0005
14	砷	mg/L	<0.0005
15	汞	mg/L	<0.00005
16	镉	mg/L	<0.0001
17	铬（六价）	mg/L	0.005
18	铅	mg/L	0.0002
19	氰化物	mg/L	<0.002
20	挥发酚类（以苯酚计）	mg/L	<0.002
21	石油类	mg/L	<0.01
22	阴离子表面活性剂	mg/L	<0.05
23	硫化物	mg/L	<0.02
24	粪大肠菌群	个/L	3500
25	硫酸盐	mg/L	3.1
26	氯化物	mg/L	1.7
27	硝酸盐	mg/L	0.77
28	铁	mg/L	0.06
29	锰	mg/L	<0.01

3. 水厂净水工艺流程

羊石水库原水直接进入超滤膜池，经超滤和NaClO消毒处理后进入清水池，通过供水泵送往用户。超滤膜池设置了气洗和水反冲洗以控制膜污染，恢复通量；同时在超滤膜前段设置投药点，以应对原水水质突发污染。梯面水厂设计处理水量为1000m³/d，设计通量为10.68L/（m²·h），实际供水720m³/d左右，运行平均通量8.74L/（m²·h）。采用水库水直接超滤工艺，水厂的净水工艺如图13-54所示，水厂的平面布置如图13-55所示。

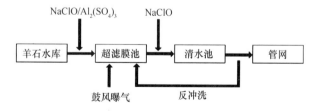

图13-54 梯面水厂工艺流程图

超滤部分共设有2个膜池，单个膜池占地

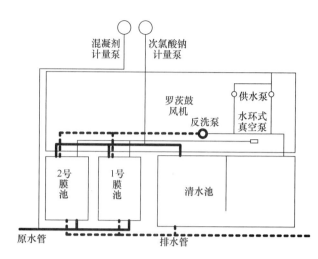

图13-55 水厂工艺设备的平面布置图

3.0m×2.0m，总高4.5m。所用的超滤膜为立昇公司的PVC合金膜，产品型号LGJ2A-2000×65。单膜池放置2组膜堆，2膜池总计膜面积为3900m²。超滤膜组件详细参数见表13-16。

超滤膜参数 表13-16

产品型号		LGJ2A-2000×65
膜性能	膜材料	PVC合金
	公称孔径（μm）	0.01
	膜纤维内/外径（mm）	1.00/1.60
	截留分子量（kDa）	50
	最高抽吸压力（kPa）	80
使用条件	pH	1~13
	最高温度（℃）	40

4. 超滤工艺运行参数

随着超滤膜的过滤，达到设置的运行过滤时间，需进行反冲洗。具体操作流程如下：关闭膜池进水阀，继续虹吸出水待膜池液位降至设定值，开启鼓风机气冲40s，再进行气水联合冲洗60s，排水至设定液位，然后重新进水开始过滤处理；当累计反冲洗次数达到系统设置值后对膜池进行排空处理。

化学清洗采用100~200mg/L的NaClO浸泡处理1h，并通过循环泵强化清洗效果，其化学清洗周期根据跨膜压差决定。

表13-17记录了在该参数下的膜池运行状态。该表以膜池彻底排空为一周期。通过记录过滤周期内的过滤启动和过滤停止时间，计算过滤占比，即过滤时间与整个过滤流程时间比值。该表记录了各个过滤流程中的初期膜前浊度、反冲洗液浊度和该

时段原水浊度。通过 2 个膜池的几个周期的过滤占比计算，可知 2 个膜池每天平均过滤时间为 21.12h，超滤膜的平均运行通量约为 8.74L/(m² · h)。

主要运行参数 表 13-17

项目	1 号	2 号
过滤	150min	300min
计数	4	2
降液	3.2m	3.2m
排放	3.0m	3.0m
抽真空	60s	60s
排空	230s	230s

由表 13-18 可知，通过反冲洗液部分排放的方式可较好地控制膜前的浊度，提高原水利用率，产水率可达 96%。反冲洗液是否排放还应视实际情况而定，当原水浊度升高，则应加大放空频率，否则易导致严重的膜污染。

膜池运行浊度监测 表 13-18

膜池	日期	原水浊度(NTU)	初期膜前浊度(NTU)	反冲洗液浊度(NTU)	累计次数	过滤占比(%)
1 号	2014/12/16	4.8	4.8	40.2	1	84
		4.8	24.7	55.7	2	86
		5.0	35.2	63.0	3	91
		5.0	43.6	73.9	4	88
	2014/12/17	5.2	5.2	44.2	1	83
		4.8	22.5	50.5	2	86
		4.6	36.4	62.3	3	88
		5.1	46.5	76.8	4	85
	2014/12/21	8.3	8.3	56.7	1	87
		8.1	35.1	84.0	2	84
		8.4	58.9	94.0	3	88
		8.7	66.3	137	4	85
	2014/12/23	10.1	10.1	83.0	1	89
		19.3	59.0	126	2	82
		13.0	76.0	93.5	3	89
		12.9	59.9	117.8	4	84
	2014/12/29	12.0	12.0	86.0	1	84
		11.6	63.0	104	2	87
		13.0	65.8	132	3	89
		12.1	82.4	160	4	90

续表

膜池	日期	原水浊度(NTU)	初期膜前浊度(NTU)	反冲洗液浊度(NTU)	累计次数	过滤占比(%)
2 号	2014/12/15	5.2	5.2	52.2	1	93
		4.8	24.7	98.4	2	90
	2014/12/16	5.7	5.7	48.9	1	92
		5.7	29.2	94.1	2	95
	2014/12/17	5.3	5.3	62.3	1	93
		7.6	32.5	112	2	90
	2014/12/26	11.3	11.3	133	1	94
		12.0	71.2	210	2	91
	2014/12/29	11.7	11.7	136	1	92
		12.9	77.7	216	2	95

受村镇水厂条件限制，对于水厂原水和出厂水的日常检测仅有 3 个指标：浊度、pH 和余氯。水厂采取定期送样至区自来水公司检测的方式，检测频率为 2 次/周。

5. 对颗粒物的去除效能

图 13-56 为水厂的原水和出厂水的浊度变化规律。原水平均浊度为 7.45NTU，最高 31.1NTU。12 月中旬，水厂改用潜水泵取水，随着水库水位降低，原水浊度逐渐上升至 10NTU，最高时高达 19NTU。4 月后，进入雨季，雨水冲刷使得库区的浊度增加。超滤膜可有效地截留水中的颗粒物质，即使在高浊度时出水也极为稳定，出水浊度始终稳定在 0.089NTU 左右，远低于《生活饮用水卫生标准》GB 5749—2006 限值。

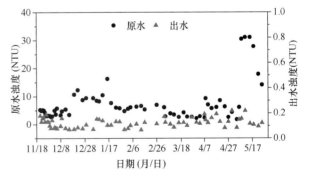

图 13-56 原水及出厂水浊度变化规律

6. 对有机物的去除效能

由图 13-57 可知，原水中平均 COD_{Mn} 含量为 1.48mg/L，表明原水受有机污染的程度低。经超滤处理后，出水中 COD_{Mn} 含量仅为 0.88mg/L，平均去除率高达 40.08%。在未投加混凝剂的条件下，超滤对有机物的去除达到较高水平，表明水中的颗粒型/胶体型有机物含量较高。

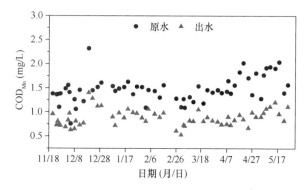

图 13-57　原水及出厂水 COD_{Mn} 变化规律

7. 对氨氮的去除效能

原水中氨氮浓度为 0.06～0.77mg/L，出水中氨氮浓度最高为 0.19mg/L，平均浓度为 0.035mg/L，平均去除率高达 85.14%。由图 13-58 可知，11 月份，超滤对氨氮具有较好的去除效果，平均去除率为 76.74%。随后，氨氮的去除率逐渐增加，分别为 87.63%、90.24% 和 93.71%。

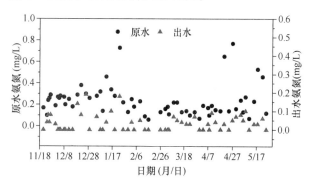

图 13-58　进出水氨氮浓度

8. 对微生物的去除效能

由表 13-19 可知，12 月至次年 4 月原水的微生物含量较低，在 5 月时受暴雨冲刷影响，原水中微生物含量显著增加。经超滤及消毒处理后，出厂水的生物安全性能够得到良好的保证。出厂水中耐热大肠菌群和总大肠菌群均未检出，细菌总数如图 13-59 所示。出水最高细菌总数为 29CFU/mL，最低为 0。因此，采用超滤+消毒相结合的方式，能够有效保证饮用水的生物安全性。

如表 13-20 所示，2015 年 9 月 1 日对出厂水进行检测，在 106 项指标中，除总氯过低外（由于投氯过少），其他皆符合《生活饮用水卫生标准》GB

5749—2006，有效地保障了供水安全。

原水微生物含量　　　　　表 13-19

时间	细菌总数 （CFU/mL）	总大肠菌群 （MPN/100mL）	耐热大肠菌群 （MPN/100mL）
2014/12/3	73	5	5
2015/1/7	33	11	2
2015/2/4	22	2	2
2015/4/8	50	49	33
2015/5/6	1100	1600	540

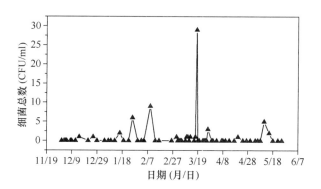

图 13-59　出水时细菌总数

出厂水水质检测（2015 年 9 月 1 日）　　表 13-20

序号	检验项目	计量单位	检测结果
1	总大肠菌群	CFU/100mL	0
2	耐热大肠菌群	CFU/100mL	0
3	大肠埃希氏菌	CFU/100mL	0
4	菌落总数	CFU/mL	1
5	砷	mg/L	<0.005
6	镉	mg/L	<0.0001
7	铬（六价）	mg/L	<0.004
8	铅	mg/L	<0.0001
9	汞	mg/L	<0.00005
10	硒	mg/L	<0.0005
11	氰化物	mg/L	<0.002
12	氟化物	mg/L	0.08
13	硝酸盐	mg/L	0.79
14	三氯甲烷	mg/L	0.0027
15	色度	度	<5
16	浑浊度	NTU	0.13
17	臭和味	—	无
18	肉眼可见	—	无
19	pH	—	7.48
20	铅	mg/L	<0.001
21	氯化物	mg/L	2.5
22	硫酸盐	mg/L	3.1
23	溶解性总固体	mg/L	37

续表

序号	检验项目	计量单位	检测结果
24	总硬度（以 CaCO₃ 计）	mg/L	6.1
25	耗氧量（COD$_{Mn}$法）	mg/L	1.60
26	挥发酚类	mg/L	<0.002
27	阴离子合成洗涤剂	mg/L	<0.05
28	总 α 放射性	Bq/L	0.030
29	总 β 放射性	Bq/L	0.071
30	贾第鞭毛虫	个/10L	<1
31	隐孢子虫	个/10L	<1
32	铁	mg/L	0.01
33	锰	mg/L	<0.01
34	铜	mg/L	<0.01
35	锌	mg/L	<0.01
36	银	mg/L	0.0001
37	铊	mg/L	0.00007
38	三卤甲烷（总量）	—	0.073
39	微囊藻毒素-LR	mg/L	0.0001
40	氨氮	mg/L	0.02

9. 三维荧光膜污染物质分析

考察了原水、滤后水、膜池浓缩液和反冲洗液中荧光污染物含量，进而分析超滤膜的污染物质迁移规律。

图 13-60 和表 13-21 表明，原水中主要存在 A、B、T_1 和 T_2 4 个峰，分别表示水中的腐殖酸类有机物、富里酸类有机物和色氨酸类蛋白质。

图中 A、B 两峰强度较小，表明其含量较小，受腐殖酸及富里酸类有机物污染较低，色氨酸类蛋白物质含量较多。经超滤处理后，T_1 和 T_2 峰强度大幅降低，表明超滤可有效地截留色氨酸类物质。图（c）为反冲洗前膜池浓缩液，相比（a）图，4 个峰强度都显著增强，与图（b）结果相吻合。图（d）为反冲洗废水，对比原水可知，通过气洗、水洗，膜表的污染物质大量溶入水中，引起峰强度继续升高。

至今为止，梯面水厂已运行数年，水厂出水水质始终稳定达标，表明超滤直接过滤水库水的绿色工艺是成功的。

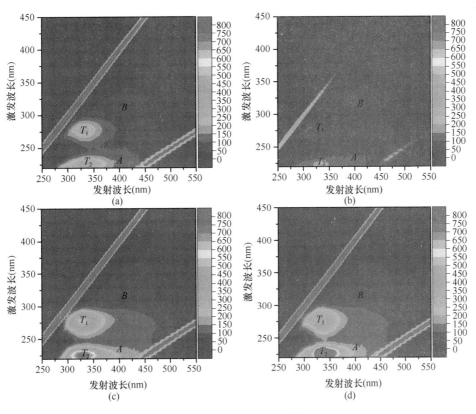

图 13-60　EEM 荧光光谱图
（a）原水；（b）超滤出水；（c）膜池浓缩液；（d）反冲洗液

各水样特征峰强度 表 13-21

项目	原水		出水		浓缩液		反冲洗液	
	Ex/Em（nm）	强度	Ex/Em（nm）	强度	Ex/Em（nm）	强度	Ex/Em（nm）	强度
T1	280/328	272	280/328	94.86	280/327	536.2	280/311	1179
T2	225/328	481.1	225/337	189.6	225/327	842.8	225/330	1990
A	230/399	146.3	230/396	114.4	225/420	184	225/410	175.818
B	315/406	71.86	315/410	69.09	325/414	97.93	315/412	171.3

13.5.2 文昌市会文自来水厂

1. 水厂概况

文昌市会文自来水厂位于海南省文昌市会文镇，以赤纸水库（库容 565 万 m^3）为水源，在重力作用下，由大口径玻璃钢管（全程 13.2km）引至净水厂。该水厂于 2008 年开始建设，2009 年投产使用，设计规模为 5000m^3/d，并先后于 2014 年和 2020 年进行了 2 次扩建，处理规模分别高达 8000m^3/d 和 20000m^3/d。净水厂将原水净化达标后，采用变频高压泵送至全镇各用户。

2. 原水水质

赤纸水库水质良好，原水温度为 15～28℃，浊度为 1.24～5.23NTU，pH 为 6.85～7.36，硬度为 60～75mg/L，铁浓度低于 0.1mg/L，锰浓度低于 0.03mg/L（当表层取水管道维修时，从水库底部泄洪渠取水，铁浓度高达 4～6mg/L，锰浓度高达 0.5～0.7mg/L），细菌总数为 75～90CFU/mL，总大肠菌数为 6～15MPN/100mL。

3. 水厂工艺流程

文昌市会文自来水厂采用直接超滤技术，具体工艺流程如图 13-61 所示。原水在重力作用下自流进入水厂，超滤前设有加药装置（加药点距离水厂 1.5km，采用静态混合器混合），夏季（通常为 6～10 月份）水温高，藻类暴发时易造成严重膜污染，导致膜产水量大幅下降、水力反冲洗和化学清洗频繁，因此需投加混凝剂（三氯化铁）控制膜污染；其余月份原水水质好，不需投加混凝剂，采用直接

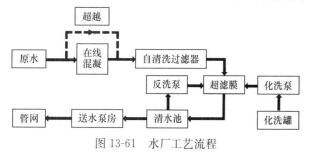

图 13-61 水厂工艺流程

过滤方式，即原水经 100 μm 滤网过滤器（截留水中的颗粒物、沙粒、藻类等污染物以防止划伤或堵塞中空纤维膜丝）过滤后直接进入膜组件进行超滤处理，出水进入清水池，然后由水泵送至市政管网。随着水厂操作和管理水平的大幅提高，运营经验的不断积累，自 2017 年以来，在线混凝停止运行，全年原水均采用直接超滤处理。

水厂采用聚氯乙烯（PVC）中空纤维超滤膜，截留分子量为 50kDa，膜孔径为 0.01 μm，膜丝内径和外径分别为 1.0mm 和 1.6mm，每根膜柱的有效膜面积为 40m^2，采用内压式过滤。

4. 超滤设计和运行参数

设计膜通量为 70L/（m^2·h），实际运行通量为 50L/（m^2·h）。设计进水压力为 0.1MPa，实际进水压力为 0.04～0.09MPa，平均进水压力为 0.07MPa，出水压力为 0～0.006MPa，跨膜压差约为 0.04～0.09MPa。每个过滤周期内，过滤时间为 30min，排浓缩液时间为 15s，上反冲洗时间为 45s，强度为 150m^3/h（约为设计产水量的 3 倍）；下反冲洗时间为 40s，强度为 150m^3/h（约为设计产水量的 3 倍）；顺冲（错流）时间为 25s。

5. 维护性清洗

定期采用次氯酸钠溶液浸泡清洗，每次浸泡时间为 30min，浸泡周期为 7d，次氯酸钠浓度为 50～100mg/L。

6. 化学清洗

水厂采用碱洗＋酸洗联合清洗措施，设计化学清洗周期为 4 个月，实际运行时由于夏季藻类暴发，膜污染严重，通常每 2～3 个月化学清洗一次，膜污染严重时甚至 1 个月化学清洗一次，其余月份原水水质相对较好，通常 4～6 个月化学清洗 1 次；每次化学清洗时间为 24h。碱洗药剂为次氯酸钠＋氢氧化钠，但实际运行中发现氢氧化钠投加与否对化学清洗效果影响不大，因此目前只采用次氯酸钠清洗，碱洗时间为 0.5h。酸洗采用草酸钠＋盐酸，

酸洗时间为 23.5h。化学清洗后通量基本上恢复为 90% 以上。

7. 对浊度的去除效能

水中的颗粒物、悬浮物和胶体不仅会影响出水的感官性状，同时还会为微生物提供附着栖息场所，导致微生物难以被去除或灭活，影响出水的感官指标和微生物安全稳定性。因此，对浊度阻控效果是评价超滤膜过滤效能的重要指标。如图 13-62 所示，原水最高浊度为 5.85NTU（暴雨期间浊度可增加到几十 NTU），最低浊度为 1.02NTU，平均浊度为 2.25±1.15NTU，属于低浊度原水。经超滤处理后，出厂水浊度最高为 0.30NTU，最低为 0.14NTU，平均浊度为 0.20±0.02NTU，去除率在 98% 以上；此外，尽管 5 月份和 9～10 月份期间原水浊度显著增加，但出厂水浊度仍维持稳定，表明超滤工艺具有高效的抗浊度冲击负荷能力。

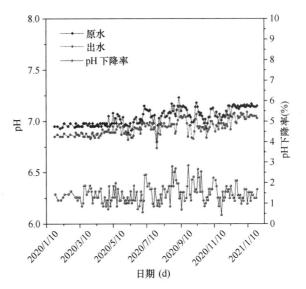

图 13-63 2020 年～2021 年期间文昌市会文水厂进水和出水 pH 变化规律

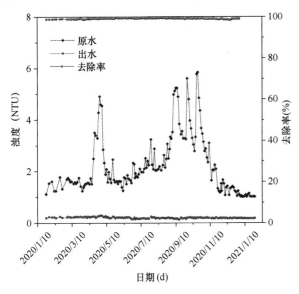

图 13-62 2020 年～2021 年期间文昌会文水厂进水和出水浊度变化规律

8. 对 pH 的影响

pH 是影响饮用水品质的关键指标。如图 13-63 所示，原水中 pH 为 6.81～7.23，经净化处理后，出水的 pH 略微有所降低（6.74～7.13），平均降幅约 7%，满足《生活饮用水卫生标准》GB 5749—2006 规定（pH=6.5～8.5）。

9. 对细菌总数的去除效能

2020 年～2021 年期间文昌市会文水厂进水和出水中细菌总数变化规律如图 13-64 所示。进水中细菌总数为 72～150CFU/mL，平均浓度为 80±

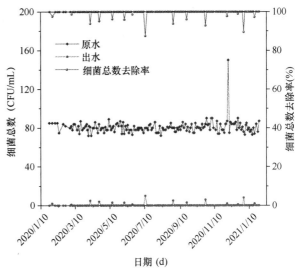

图 13-64 2020 年～2021 年期间文昌市会文水厂进水和出水中细菌总数变化规律

6CFU/mL，出水中细菌总数为 0～10CFU/mL，平均值为 0.33±1.33CFU/mL，平均去除率高达 99.59%，显著优于《生活饮用水卫生标准》GB 5749—2006 规定（<100CFU/mL）。

10. 对总大肠菌群的去除效能

如图 13-65 所示，水厂进水中总大肠菌群数为 3～18MPN/100mL，平均浓度为 9.78±4.50MPN/100mL，出水中总大肠菌群数始终未检出，去除率高达 100%，有效地保障了饮用水生物安全。

表 13-22 为 2021 年 4 月份水厂原水和出厂水水质分析报告，结果表明出厂水中浊度为低于

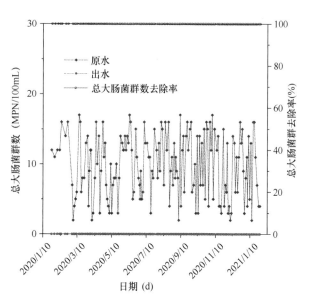

图 13-65　2020 年～2021 年期间文昌市会文水厂
进水和出水中总大肠菌群数变化规律

0.1NTU，肉眼可见物、细菌总数和总大肠菌群数均未检出，耗氧量为 0.65mg/L，氨氮为 0.06mg/L，其余各项指标也远低于《生活饮用水卫生标准》GB 5749—2006 限值，有效地保障了当地饮用水供水安全。

2021 年 4 月份水厂原水和出厂水水质分析报告　表 13-22

序号	指标	计量单位	检测结果	限值
1. 微生物指标				
1	总大肠菌群	CFU/100mL	未检出	不得检出
2	耐热大肠菌群	CFU/100mL	未检出	不得检出
3	大肠埃希氏菌	CFU/100mL	未检出	不得检出
4	菌落总数	CFU/mL	未检出	不得检出
2. 毒理学指标				
5	砷	mg/L	<0.01	0.01
6	镉	mg/L	<0.005	0.005
7	铬（六价）	mg/L	<0.004	0.05
8	铅	mg/L	<0.01	0.01
9	汞	mg/L	<0.001	0.001
10	硒	mg/L	—	0.01
11	氰化物	mg/L	—	0.05
12	氟化物	mg/L	0.1	1.0
13	硝酸盐（以 N 计）	mg/L	0.29	10
14	三氯甲烷	mg/L	—	0.06
15	四氯化碳	mg/L	—	0.002

续表

序号	指标	计量单位	检测结果	限值
16	溴酸盐	mg/L	—	0.01
17	甲醛	mg/L	—	0.9
18	亚氯酸盐	mg/L	—	0.7
19	氯酸盐	mg/L	—	0.7
3. 感官性状和一般化学指标				
20	色度	度	<5	15
21	浑浊度	NTU	0.09	3
22	嗅和味	—	无	无
23	肉眼可见物	—	无	无
24	pH	—	7.40	6.5—8.5
25	铝	mg/L	—	0.2
26	铁	mg/L	<0.05	0.3
27	锰	mg/L	<0.05	0.1
28	铜	mg/L	—	1.0
29	锌	mg/L	—	1.0
30	氯化物	mg/L	12	250
31	硫酸盐	mg/L	11	250
32	溶解性总固体	mg/L	66	1000
33	硬度（CaCO$_3$ 计）	mg/L	18	450
34	耗氧量（COD$_{Mn}$法）	mg/L	0.65	3.0
35	挥发酚类	mg/L	—	0.002
36	阴离子合成洗涤剂	mg/L	—	0.3
4. 消毒剂常规指标				
37	氯气及游离氯	mg/L	0.26	0.3
38	一氯胺（总氯）	mg/L	—	0.5
39	臭氧	mg/L	—	—
40	二氧化氯	mg/L	0.25	0.1-0.8
41	氨氮	mg/L	0.06	0.5
42	亚硝酸盐	mg/L	0.002	1

11. TMP 变化规律

TMP 是衡量膜污染和膜工艺长期运行稳定性的重要指标。图 13-66 为水厂 6 组膜堆 2020 年～2021 年间 TMP 的变化规律。该水厂膜组件连续运行过程中，TMP 变化相对稳定，基本维持在 0.03～0.06MPa（2 号膜堆略微偏高），表明在直接超滤情况下，通过合理设置膜堆的水力反冲洗、维护性清洗和化学清洗的周期、清洗时间和清洗强度等工艺参数，可有效地控制膜污染，保障超滤工艺的长期稳定运行。

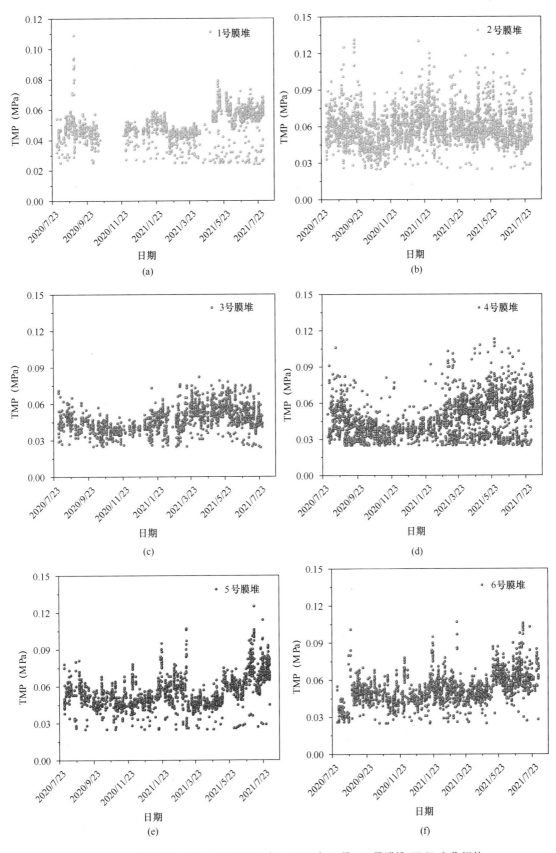

图 13-66　文昌市会文自来水厂 2020 年～2021 年 1 号～6 号膜堆 TMP 变化规律

13.5.3　小结与展望

综上可知，花都梯面水厂和文昌市会文自来水厂近10年的稳定运行经验证明，直接超滤工艺处理优质水源水（不投加药剂，膜后消毒除外），在理论和技术上均是可行的，不仅可有效地保障饮用水供水水质安全，而且可显著降低净水工艺的占地面积、投资成本、运行费用和运维管理工作，是饮用水绿色净化工艺走向应用的重要标志。未来，如何从膜材料、膜组件构型、工艺耦合等角度，进一步强化对水中污染物的去除效能，提升膜的渗透性能，是促进饮用水绿色净化工艺发展和推广应用的重要方向。

第 **14** 章

膜材料制备/改性

膜材料自身性质直接影响膜滤工艺净水效果和能耗。在膜组件长期运行过程中，膜性能的不足逐渐成为膜法水处理技术中亟需解决的技术难题。随着城镇饮用水水质要求的提高，对膜材料的抗污染性能、分离性能、耐氯性能、机械性能等提出了更高要求。通过掺杂纳米材料、表面改性、新型制备方法等手段可以有效提升膜材料性能，解决以膜滤工艺为核心的水处理过程中的主要瓶颈问题。近年来，材料、化工等学科迅速发展，通过学科交叉和功能化纳米材料的应用，膜材料研发领域有望迎来重大突破。

14.1 提升抗污染性能

膜污染是膜法水处理的主要问题，采用混凝、预氧化、预吸附等预处理工艺能够在一定程度上控制膜污染，但投入成本较高、效果有限，且易伴随膜老化和环境二次污染等问题。提高膜材料自身性质是缓解膜污染的合理尝试。团队通过掺杂、涂覆、接枝等方法对膜材料功能层进行改性从而提升膜材料抗污染性能。

14.1.1 纳米复合膜材料控制超滤膜污染

膜污染作为超滤过程中不可避免的问题，一直是限制超滤膜技术大规模推广应用的瓶颈。膜表面粗糙度、亲水性、孔径分布及聚合物极性等因素均会影响膜抗污染性能，常采取接枝、共混、涂覆等手段优化膜物化特性，提升其抗污染性能。在众多纳米材料中，碳纳米管（CNTs）具有独特的一维结构、优异的化学、电学、光学、力学性质，纤维素纳米材料（CNs）具备可生物降解、非石油基、低环境影响、人畜健康风险低等性质，在水处理领域受到特别的重视与关注。

为了缓解天然有机物（NOM）在膜表面造成的膜污染，将纳米纤维素晶体（CNCs）与疏水性聚醚砜（PES）共混通过相转化法制备纳米复合膜。纳米复合膜制备过程如图 14-1 所示。

CNC 含量增加对纳米复合膜的表面形貌影响不大。CNCs 是亲水性纳米颗粒，具有优异的分散性，使纳米复合膜表面光滑。随着 CNC 浓度的增加，指状孔结构变得狭窄，纳米复合膜孔数量增加，可以为水分子传输提供更多的通道。

通过 AFM 表征发现，对照 PES 膜平均粗糙度（R_a）为 5.06nm。由于亲水性 CNCs 与有机溶剂的高混合性，低浓度 CNCs 组成的膜表现出更低

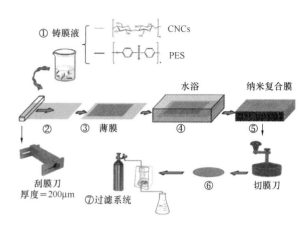

图 14-1 纳米复合膜制备示意图

的表面粗糙度。随着 CNCs 的增加，CNC-M6 表面粗糙度 R_a 增加了 42.5%，过量的 CNCs 更易出现团聚现象，不利于纳米材料的充分分散。

对照 PES 膜，CNC-M2、CNC-M4 的 ζ 电位值如图 14-2（a）所示。对照 PES 膜，CNC-M2 和 CNC-M5 膜的等电点分别为 4.72、4.29 和 3.53。由于 CNC 带负电，随着 CNC 含量增加，纳米复合膜表面电负性增强。对照 PES 膜与纳米复合膜

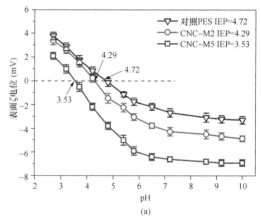

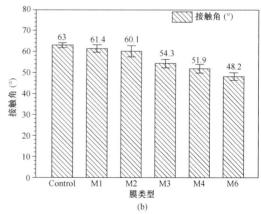

图 14-2 膜表面 ζ 电位与纯水接触角
（a）表面 ζ 电位；（b）纯水接触角

的纯水接触角如图 14-2（b）所示，对照 PES 膜接触角为 63°，随着 CNC 浓度的增加，纳米复合膜接触角减小，亲水性增强。这个现象是由于 CNCs 具有丰富的亲水基团，导致纳米复合膜亲水性提高。此外，与对照 PES 膜对比，孔径大小随着 CNC 含量的增加先增大再减小。

研究选取 3 种类型的污染物，腐殖酸（HA），牛血清蛋白（BSA）和海藻酸钠（NaAlg），分别代表地表水中腐殖质，蛋白质和多糖类污染物。

使用 10mg/L 的 HA 溶液对膜进行周期抗污染性能评估，如图 14-3 所示。在第三个过滤周期结

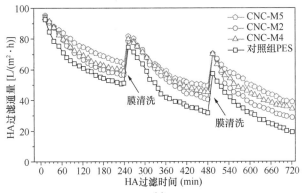

(a)

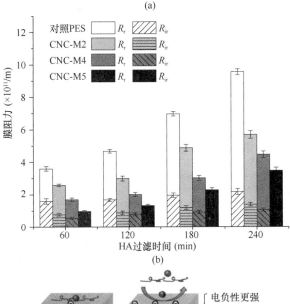

(b)

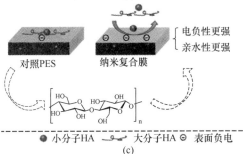

(c)

图 14-3　CNC 对 HA 污染的影响

(a) HA 污染曲线；(b) 膜污染与过滤时间关系；
(c) 在 HA 过滤过程中，CNC 对超滤污染的影响示意图

束后，CNC-M2，CNC-M4 和 CNC-M5 的 HA 通量相比于对照 PES 膜分别增加 37.3%、64.2% 和 83.5%。水力反冲洗后，纳米复合膜通量恢复率增加，表明清洗效率提高。改性膜亲水性的增加可能降低 HA 与膜之间的相互作用力，缓解 HA 在膜表面吸附、堵塞膜孔的情况，反冲洗时，沉积在膜孔和吸附在膜表面的 HA 更容易被去除，从而达到更高的膜清洗效率。从表面电荷角度来说，CNCs 的添加提高了纳米材料复合膜表面的电负性，增强 HA 与膜表面之间的排斥作用，减弱纳米复合膜污染程度。可逆污染是 HA 过滤的主要污染类型。在每一个研究时间点，随着 CNC 浓度的增加，可逆污染（R_r）和不可逆污染（R_{ir}）显示出减弱趋势。这些数据表明随着 CNCs 的增加，由 HA 导致的 R_r 和 R_{ir} 会被减弱。

改性膜 BSA 渗透通量和清洗效率与对照膜相比更好，表明高亲水性能够促使膜表面形成致密、稳定的水合层，使 UF 膜具备更好的抗污染性能。另外，表面负电荷增加可以提升 CNC 共混膜抗 BSA 污染性能。与 CNC 共混膜抗 HA 的影响类似，亲水性的提升和膜表面负电荷的增加在 BSA 污染控制方面起着重要作用，因为 BSA 是疏水的并且带有电负性。

当 NaAlg 作为污染物时，膜污染曲线如图 14-4（a）所示。3 个过滤周期以后，与对照膜 10.9 LMH 的渗透通量相比，CNC-M2，CNC-M4 和 CNC-M5 通量分别增加 25.8%、60.6% 和 100.7%。此外，在所有目标污染物中，由 NaAlg 导致的通量下降最为严重。如图 14-4（c）所示，研究表明，增加膜的孔径和负电荷是提高抗 NaAlg 污染的主要原因，揭示了改性超滤膜处理不同天然有机物的抗污染机制。

研究纳米材料的存在部位对于提升超滤膜抗污染性能的影响，相较于共混在膜整体内，研究表面涂覆纳米材料对于提升超滤膜抗污染性能的影响同样具有重要意义。通过在聚醚砜（PES）超滤膜表面涂覆 CNCs、CNFs、原始多壁碳纳米管（MWCNTs）、羧基化 MWCNTs（MWCNT-COOH）和聚乙二醇化 MWCNTs（MWCNTs-PEG）制备纳米材料涂覆改性膜。图 14-5 显示了涂覆改性膜制备原理。

对 CNCs 和 CNFs 进行傅里叶红外光谱扫描（FTIR），孔径分布表征（PSD）和 ζ 电位表征，

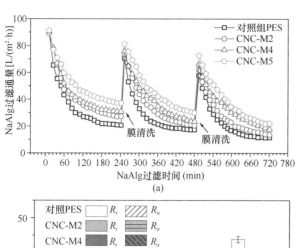

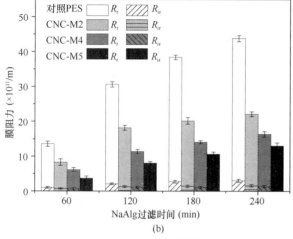

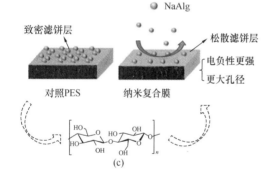

图 14-4　CNC 对 NaAlg 污染的影响

（a）NaAlg 污染曲线；（b）膜污染与过滤时间关系；

（c）在 NaAlg 过滤过程中，CNC 对超滤污染的影响示意图

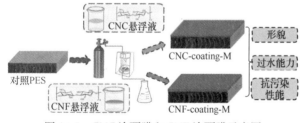

图 14-5　CNC 涂覆膜和 CNF 涂覆膜示意图

结果如图 14-6 所示。从图 14-6（a）可知，FTIR 结果显示 CNCs 和 CNFs 是亲水的。如图 14-6（b）所示，CNCs 和 CNFs 的 ζ 电位随着 pH 的增加而减少。当 pH 相同时，CNCs 比 CNFs 表现出更强

的电负性。如图 14-6（c）所示，CNCs 平均直径为 2.5 μm，比 CNF 直径（502 μm）更小，表明 CNCs 比 CNFs 显示出更好的分散性。

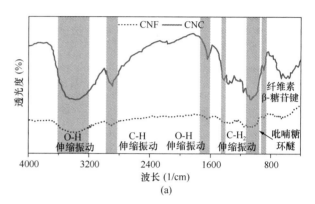

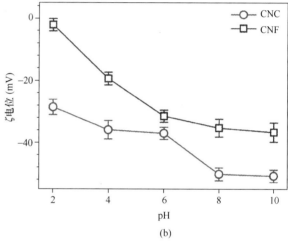

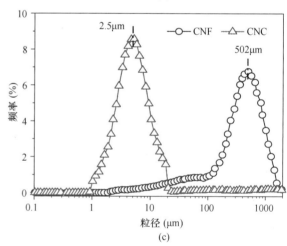

图 14-6　CNC 和 CNF 表征

（a）FTIR；（b）ζ 电位；（c）PSD

未改性和功能化 MWCNTs 的透射电镜（TEM）图像如图 14-7 所示。原始 MWCNTs 分散不均匀。羧基化 MWCNTs 的分散性大幅提升，PEG 化 MWCNTs 则表现出了最佳的分散效果。

　　涂覆超滤膜的表面、纵断面形貌如图 14-8 所示。从图可知，对照膜的膜孔均匀分散在膜表面，涂覆膜的表面完全被纳米材料覆盖，在功能化 MWCNTs 涂覆膜中同样存在这一现象。在纵断面扫描电镜（SEM）图中，可以清晰地看到 CNFs 涂覆层和支撑层之间的边界线。CNCs 则紧密堆积在支撑层上，几乎没有发现空隙。因此，改性过程预防了过滤期间膜表面直接接触污染物。

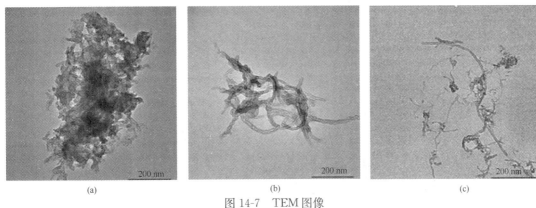

(a)　　　　　　　　　(b)　　　　　　　　　(c)

图 14-7　TEM 图像

（a）MWCNT；（b）MWCNTs-COOH；（c）MWCNTs-PEG

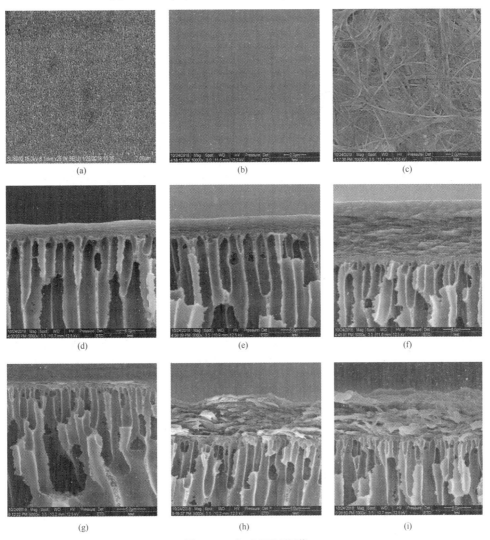

(a)　　　　　　　　　(b)　　　　　　　　　(c)

(d)　　　　　　　　　(e)　　　　　　　　　(f)

(g)　　　　　　　　　(h)　　　　　　　　　(i)

图 14-8　表面 SEM 图像

（a）PES 对照膜；（b）CNC 涂覆-M3；（c）CNF 涂覆-M3，膜的横截面；（d）CNC 涂覆-M1；（e）CNC 涂覆-M2；
（f）CNC 涂覆-M3；（g）CNF 涂覆-M1；（h）CNF 涂覆-M2；（i）CNF 涂覆-M3

用原子力显微镜（AFM）图像显示膜的表面粗糙度，膜样品粗糙度如图 14-9 所示。对照膜表面光滑，膜孔均匀分布于膜表面。由于在涂覆前 MWCNTs 存在严重团聚现象，r-MWCNTs 膜表现出粗糙的结节状表面结构。MWCNTs-COOH 的有效分散导致 COOH 在膜表面分布均匀，MWCNTs-COOH 中大量羧基和羟基可以减轻膜表面的粗糙度。对于 PEG 膜，可以直观地观察到单个纳米管覆盖在膜表面。由于 MWCNTs-PEG 表面存在具有良好分散性和大量亲水性基团（—COOH 和 PEG），因此其表面最光滑。CNC 涂覆膜表面粗糙度仅比对照 PES 膜表面粗糙度略有增加。然而，CNF 涂覆膜表现出更高的表面粗糙度。

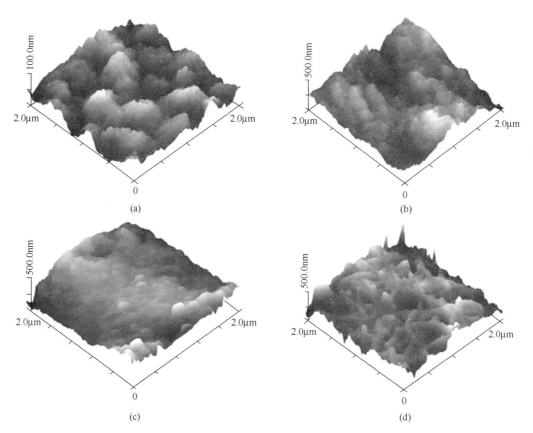

图 14-9 AFM 图（彩图请扫版权页二维码）

（a）对照膜；（b）r-MWCNTs 膜；（c）MWCNTs-COOH 膜；（d）MWCNTs-PEG 膜

选用 HA、BSA 作为 CN 涂覆膜的目标污染物，考察涂覆 CN 对于提升膜抗污染性能的影响，成果如图 14-10 所示。

在过滤过程中，对照膜的通量严重降低。过滤 400mL HA 溶液后，对照膜的比通量降至 0.11，CNC 涂覆膜和 CNF 涂覆膜则分别为 0.42 和 0.17。该结果表明，CNC 涂覆膜比 CNF 涂覆膜表现出更好的抗腐殖酸污染性能。与 CNFs 相比，CNCs 负电荷更强，导致在 CNC 涂覆膜表面负电荷更强。因此，带负电荷的 CNC 涂覆膜表面与 HA 之间的静电排斥也比 CNF 涂覆膜更强，导致 CNC 涂覆膜对 HA 的抗污染性能更好。控制污染的另一个关键因素是表面粗糙度，CNC 涂覆膜比 CNF 涂覆膜表面更光滑，这对于抗 HA 污染很有帮助。与 HA 污染类似，通过用 CNs 进行表面涂覆可以减轻 BSA 引起的膜污染。由于 CNCs 和 CNFs 涂覆层充当保护层，从而减少了底层 UF 膜支撑层的 BSA 污染。

可逆污染是主要膜污染。由图 14-11 可知，对照膜、CNF 涂覆膜和 CNC 涂覆膜的可逆污染比 R_r/R_m 为 24.69、20.24 和 13.02，表面涂覆可以有效减少可逆污染。与可逆污染相比，HA 造成的不可逆污染是轻微的。对照膜、CNF 涂覆膜和 CNC 涂覆膜不可逆污染比 R_{ir}/R_m 分别为 0.49、0.45 和 0.26。结果表明，CNCs 可以显著控制 HA 造成的不可逆污染，但是 CNFs 对不可逆污染控制的影响很小。

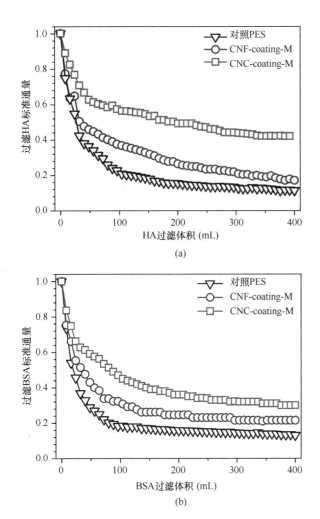

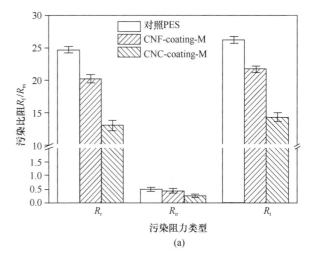

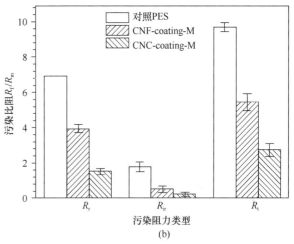

图 14-10 CNC 和 CNF 涂覆层对污染控制的影响

（a）HA 污染；（b）BSA 污染

图 14-11 膜污染

（a）HA 污染；（b）BSA 污染

对于 MWCNTs 改性膜，选用多糖（SA）作为目标污染物考察其抗污染性能，如图 14-12 所示。SA 的通量下降比 HA 或 BSA 的通量下降更为严重。对照膜、r-MWCNTs 膜、MWCNTs-PEG 膜和 MWCNTs-COOH 膜的稳定通量值分别为 17.25、27.39、40.39 和 31.48L/（m² • h）。尽管 MWCNTs-PEG 膜的表面更光滑，但是由于 MWCNTs-COOH 膜的表面电荷最强，带负电的表面可以抵消表面粗糙度降低的影响。因此，可以推断出表面电荷在 SA 污染中比表面粗糙度起着更重要的作用。

14.1.2 活性层改性控制纳滤膜污染

同时具有良好抗污染能力与分离能力的高性能纳滤膜，对于城镇饮用水的净化具有重要意义。目前，以哌嗪和三甲酰氯在聚合物载体上通过界面聚合（IP）制备的薄膜复合膜（TFC）是目前商用

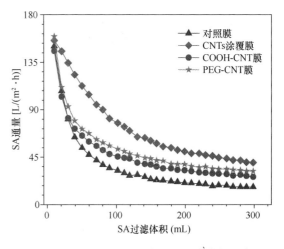

图 14-12 MWCNTs 改性对 SA 溶液的影响

NF 膜的主要类型。NF 膜的表面特性，表面电荷、形态、亲水性和官能团是影响膜污染的主要因素。近几年，团队通过调控界面聚合反应、掺杂亲水纳

米材料及表面涂覆、接枝亲水物质多种途径调节纳滤膜物化性质从而提升其抗污染性能。

在一项工作中，通过在界面反应过程中原位掺入碳酸氢钙制备一种抗污染性能优良的复合纳滤膜（TFC-Ca），如图 14-13 所示。在水溶液中加入不同浓度的 $Ca(HCO_3)_2$ 调节 TFC-NF 膜的性能。

在膜样品表面观察到典型的纳滤膜结节状结构，

如图 14-14 所示。随着 $Ca(HCO_3)_2$ 含量在 $0.5\sim2.0$ wt％范围逐渐增加，这些结节状结构的数量和大小也在增加。有趣的是，当 $Ca(HCO_3)_2$ 的用量达到 3.0 wt％时，薄膜表面呈现新的纳米链状结构。对于 TFC-Ca4.0 膜，纳米链状结构的数目远多于 TFC-Ca3.0 膜。研究认为，TFC-Ca 膜的这种特性可能与碳酸盐的诱导有关。

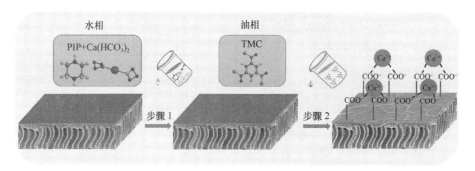

图 14-13　界面聚合反应制备 TFC-Ca 膜的过程（彩图请扫版权页二维码）

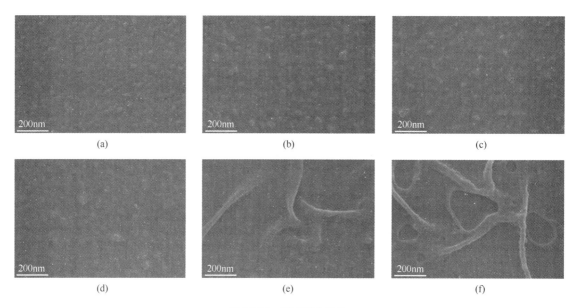

图 14-14　膜 SEM 图像

（a）TFC 对照膜；（b）TFC-Ca0.5 膜；（c）TFC-Ca1.0 膜；（d）TFC-Ca2.0 膜；（e）TFC-Ca3.0 膜；（f）TFC-Ca4.0 膜

纯水接触角反应膜表面亲水程度，膜样品纯水接触角如图 14-15（a）所示。所有的纳滤膜都具有相对亲水的表面，接触角小于 35.0°。TFC-Ca 膜的接触角远低于 TFC 对照膜，说明 TFC-Ca 膜具有更大的亲水性。关于表面电荷，TFC-Ca 膜表现为一个电负性下降的表面（图 14-15b）。离子交换过程中，Ca^{2+} 的络合作用消耗了由界面聚合过程中未反应的酰氯水解而生成的-COOH 基团，导致电负性下降。如图 14-15（c）所示，TFC-Ca 膜显

示出了一个下降的截留分子量（MWCO）。TFC-Ca4.0 膜的 MWCO 值从 392Da 下降到 345Da。根据获得的 MWCO 值，进一步计算膜孔径（图 14-15d）。显然，随着 $Ca(HCO_3)_2$ 的加入量从 0.0wt％提高到 4.0wt％时，平均孔径从 0.94nm 减小到 0.74nm。聚酰胺结构内部新形成的羧基—Ca^{2+}—羧基网络使网络孔径减小，平均孔径减小。总的来说，TFC-Ca 膜的亲水性提高，孔径变小，负电荷减少。

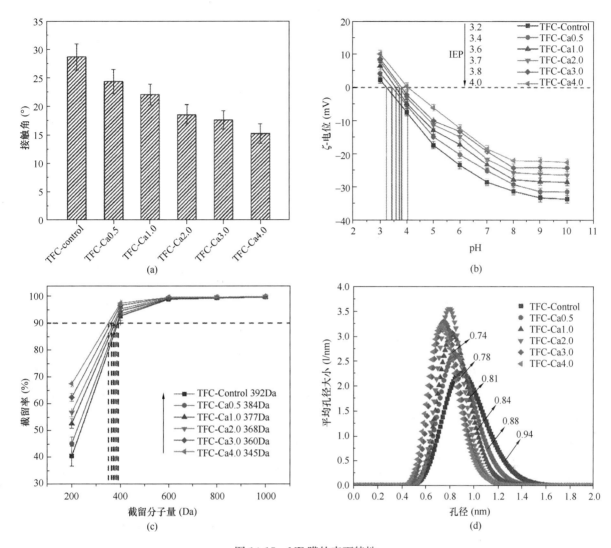

图 14-15 NF 膜的表面特性

（a）亲水性；（b）ζ-电位；（c）以 PEG 截留为特征的截留率；（d）平均孔径大小

以天然有机质 HA 为模型污染物。对膜进行了 5 个周期的污染和清洗实验，结果如图 14-16（a）所示。TFC-Ca 膜的通量下降速度比 TFC 对照膜慢得多，表明改性膜具有更好的抗污染性能。如图 14-16（b）所示，与 TFC 对照膜相比，TFC-Ca 膜具有更低的 FDR。随着污染周期的延长，FDR 值呈上升趋势，表明不可逆膜污染逐渐增加。相反，TFC-Ca 膜的 FRR 值远高于 TFC-对照膜（图 14-16c）。另外，随着过滤周期从 1 增加到 5，TFC-Ca 膜的 FRR 值逐渐下降。比通量曲线、FDR 和 FRR 结果表明，Ca(HCO₃)₂ 改性显著提高了 TFC 膜的抗污染性能。

通过在纳滤膜活性层中掺杂纳米材料对提升纳滤膜抗污染性能具有重要影响。首次将纤维素纳米晶（CNCs）引入 TFC 膜的聚酰胺层中，调控纳滤

膜微结构，制备抗污染性能优越的 TFN 膜。

通过红外光谱分析对 PES 载体和 CNC-TFC 膜的表面官能团进行了表征。对于 CNC-TFC 膜，在大约 1625/cm、1440/cm 和 3200～3600/cm 处观察到新的峰值，表明 PIP 和 TMC 之间的界面聚合是成功的。用 XPS 对 CNC-TFC 膜的表面元素组成进行了表征。CNC-TFC 膜的 N/O 原子比随 CNC 含量的增加而增大，表明 CNC-TFC 膜的交联程度增加。该结果表明，CNC-TFC 膜的聚酰胺结构随着 CNC 的加入发生了改变。

观察 CNC-TFC 膜表面，可发现 TFC-CNC 膜表面由粗糙的结状物和球状物组成，如图 14-17 所示，这是由于哌嗪（PIP）和均苯三甲酰氯（TMC）之间的交联作用。随着 CNC 含量的增加，CNC-TFC 膜呈现出数量更多的类似结状。有趣的

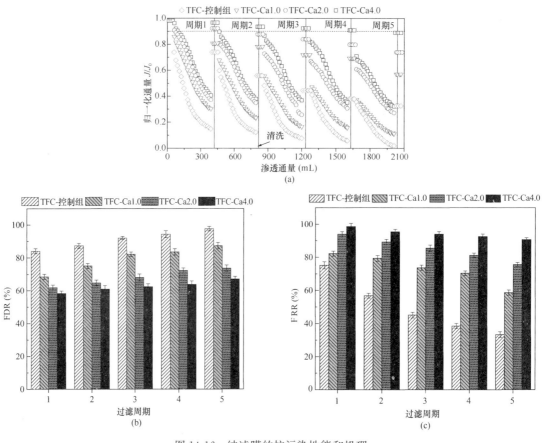

图 14-16　纳滤膜的抗污染性能和机理

（a）以 HA 为污染源的比通量曲线；（b）通量下降率（FDR）；（c）下降恢复率（FRR）

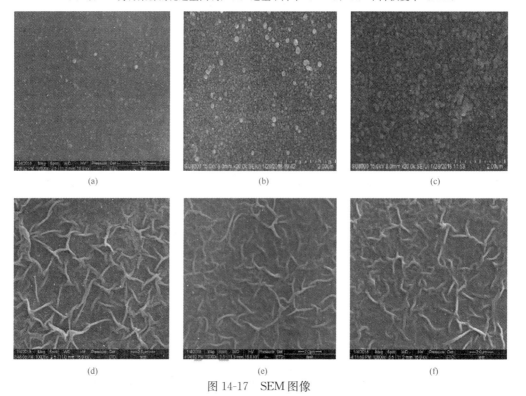

图 14-17　SEM 图像

（a）TFC-control-M；（b）CNC-TFC-M1；（c）CNC-TFC-M2；（d）CNC-TFC-M4；（e）CNC-TFC-6；（f）CNC-TFC-7

是，CNC-TFC-20 的表面呈现出脊状和谷状结构，这可能是球状结构的连续分布造成的。在界面聚合反应中，亲水性的 CNCs 加入聚酰胺层中，可以加速 PIP 从水相向有机相的扩散，从而形成不同的表面形貌。此外，CNC 颗粒的尺寸可能超过聚酰胺层的厚度，这会使得 CNC-TFC 膜的表面更粗糙。总的来说，CNC-TFC 膜的表面粗糙度仅略高于 TFC 对照膜。

Zeta 电位测量和截留分子量（MWCO）表征表明，随着 CNC 含量的增加，CNC-TFC 膜的表面电负性增大，截留分子量减小。CNC-TFC 膜亲水性增强，渗透性增强。

膜的 HA 污染情况如图 14-18 所示。在第一阶段，使用去离子水对膜进行预压，以获得稳定的水通量。然后，将进料液改为 HA 后，所有 CNC-TFC 膜的通量都严重下降。待 HA 通量稳定后，CNC-TFC-0、CNC-TFC-1、CNC-TFC-5 和 CNC-TFC-20 膜的 FDR 值分别为 18.1%、19.8%、22.7% 和 27.3%。FDR 值的增加表明随着 CNC 含量的增加，污染阻力在逐渐增强。在第三阶段，测试清洗后的 CNC-TFC 膜的纯水通量。CNC-TFC-0、CNC-TFC-1、CNC-TFC-5 和 CNC-TFC-20 的 FRR 值分别为 81.9%、86.3%、92.7% 和 95.9%。与对照膜相比，CNC-TFC 膜的 FRR 值更大，表明增加

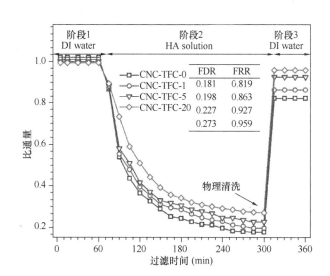

图 14-18　HA 污染导致的膜的比通量变化规律

CNC 含量有利于提高清洗效率。污染实验表明，CNC-TFC 膜在耐污染性和清洗效率方面均优于 TFC 对照膜。

优化界面聚合反应条件、掺杂纳米材料调控纳滤膜活性层，从而提升抗污染性能，同样地，在膜表面涂覆、接枝亲水物质也能够达到提升抗污染性能的目标。通过在新生聚酰胺膜表面涂覆可再生的铁离子单宁酸（Fe^{III}-TA）层，制备了多功能复合纳滤膜（Fe-TFC），如图 14-19 所示。

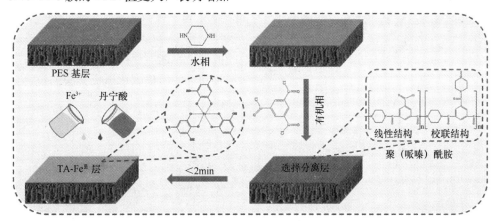

图 14-19　PIP 与 TMC 界面聚合及 TA 与 Fe^{III} 配位聚合的表面改性过程示意图（彩图请扫版权页二维码）

由 SEM 照片可知，TFC 对照膜的表面有一些结状粗糙结构，这是界面聚合制备聚酰胺的典型结构。在涂覆 Fe^{III}-TA 层，膜表面的峰谷结构都被 Fe^{III}-TA 金属酚醛网络覆盖，表面变得更粗糙，但聚酰胺膜的典型结构仍清晰可见，这表明 TFC 膜的整体表面结构没有明显变化。

对于 PES 膜，它的接触角为 58.8°。在 PES

载体上形成 PA 膜后，膜表面的接触角减小。这可能是由于在界面聚合过程中形成了亲水性的羧基。将 Fe^{III}-TA 层涂覆到选择层上，使 Fe-TFC-0 膜的接触角从 49.6° 降低到涂覆后 Fe-TFC-3 膜的 26.9°，这表明表面亲水性增强。

随着 pH 的增加，Fe-TFC 膜的 ζ 电位逐渐由正电位变为负电位。在相同 pH 下，Fe^{III}-TA 涂覆

膜的表面电负性比对照膜低。对于 Fe-TFC-0 膜，MWCO 为 357Da。当 Fe^{III} 与 TA 的摩尔比从 1:1 增加到 3:1 时，膜的 MWCO 值从 313Da 下降到 225Da，表明 Fe^{III}-TA 涂覆层使得膜的孔径缩小。总之，与对照膜相比，Fe-TFC 膜表现出了更强的亲水性、更小的孔径和更低的电负性。

Fe-TFC 膜的周期污染曲线如图 14-20 所示，抗污染性能优于对照膜。此外，随着 Fe^{III} 与 TA 摩尔比的增加，涂覆膜的抗污染性能有所提高。当周期数从 1 增加到 5 时，对照膜的 FDR 由 84.2% 增大到 97.7%，而随着 Fe^{III} 与 TA 摩尔比从 1:1 增加到 3:1，涂覆膜的 FDR 值分别从 68.7% 增加到 87.3%，64.2% 增加到 81.2%，58.3% 增加到 74.3%。这些结果证实了与对照 TFC 膜相比，Fe^{III}-TA 涂覆膜具有更好的抗污染性能，同时 DRR 的结果也证实了这点。

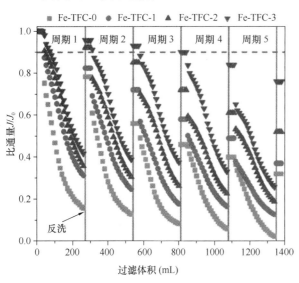

图 14-20 在 5 个周期的污染实验中，HA 污染的 Fe-TFC 膜的比通量曲线

两性离子聚合物侧链同时具有相同数量的阴离子官能团和阳离子官能团，超亲水侧链带有的正负离子官能团通过静电相互作用使得聚合物形成的水合层更强健、更稳定，具有极好的抗污染潜力。两性离子聚合物的侧链同时带有正负电荷官能团，这一特征使得聚合物具有"盐响应"特性，利用氯化钠溶液清洗膜表面，聚合物刷遇到盐溶液后，处于膨胀状态，给膜表面吸附的污染物脱离的驱动力，清洗效率大幅提升。通过共混、接枝、静电吸附等常见手段即可将两性物质与膜结合。

通过观察对比对照膜及改性 TFC-PDA、TFC-

PDA-PSBMA 膜 SEM 照片，未发现 3 种膜表面有明显区别，三者在膜表面均呈现聚酰胺纳滤膜典型"峰谷"结构。

对样品粗糙度进行表征，得到 TFC、TFC-PDA、TFC-PDA-PSBMA 的平均粗糙度分别为 21.7mm、23.0mm、20.2nm，平均粗糙度呈现出 TFC-PDA > TFC > TFC-PDA-PSBMA 膜的趋势。多巴胺含有大量的胺基、羟基等亲水官能团，且 SBMA 侧链上同时存在铵根、磺酸根等带电亲水基团，利用多巴胺和两性物质 SBMA 作为改性材料，发现 TFC、TFC-PDA、TFC-PDA-PSBMA 膜对应的纯水接触角分别为 59.12°、41.45°、18.37°，呈现亲水性逐渐提高的趋势。此外，TFC、TFC-PDA、TFC-PDA-PSBMA 膜的 MWCO 分别为 295.7Da、243.5Da、226.1Da，通过公式计算对应为 0.40nm、0.36nm、0.34nm，膜孔孔径呈现逐渐减小的趋势。

选用腐殖酸作为典型地表水天然有机污染物，TFC 和 TFC-PDA-PSBMA 膜的污染曲线如图 14-21 所示。腐殖酸是疏水物质，通过增强纳滤膜表面亲水性，可提升膜表面与腐殖酸的排斥作用，通过在纳滤膜表面沉积多巴胺，使得纳滤膜表面亲水性明显提升，因此 TFC-PDA 膜的抗污染性能相对于 TFC 膜更佳。在纳滤膜表面接枝两性物质，两性物质本身极为亲水，TFC-PDA-PSBMA 膜的亲水性也得到了显著的提高，TFC-PDA-PSBMA 膜的抗污染性能明显提升，证实了通过在纳滤膜表面接枝两性物质确实可以提升膜的抗污染性能。

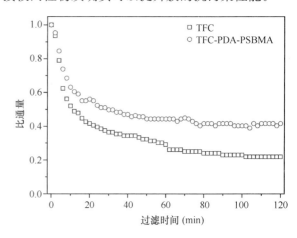

图 14-21 TFC 和 TFC-PDA-PSBMA 膜腐殖酸污染曲线

14.2　提升分离性能

传统净水工艺在微污染水源水处理方面存在一定的局限性，超滤膜分离技术能对水中不溶解的细小颗粒物和微生物作较彻底截留，纳滤膜可以通过孔径筛分作用有效截留水中分子质量较大的有机溶质。此外，商品化的纳滤膜表面通常带负电荷，通过静电排斥作用可以有效去除部分带电荷的有机小分子以及无机盐离子，充分保障了出水的化学安全性和生物安全性，因此可作为一种高效的微污染水源水深度处理技术。传统膜分离技术除了膜污染问题，也存在盐截留率和过水通量间的 Trade-off 问题。团队成员采取物理化学改性方法提升膜分离性能，有望解决膜分离性能瓶颈问题。

14.2.1　功能化纳米颗粒提升超滤膜分离性能

掺杂磁性纳米材料，可有效提升超滤膜性能，实现水质净化，并依靠磁性特质，回收磁性纳米材料。在这一项工作中，开发碳纳米管改性膜材料，制备新型超滤膜，以加强膜的亲水性，同时在膜污染形成过程中控制膜污染。首先将负载 Fe_3O_4 的碳纳米管制成具有磁性的 MWCNTs/Fe_3O_4 复合纳米材料，再在有无碳纳米管和磁场作用条件下，制成3种具有不同特性材料的超滤膜，分别为 PVC 超滤膜、MWCNTs/Fe_3O_4 无序修饰超滤膜及 MWCNTs/Fe_3O_4 有序修饰超滤膜。

对膜样品进行亲水程度评价，PVC 膜的水接触角为 $72.5° \pm 1.2°$，含有 MWCNTs/Fe_3O_4 的无序修饰 PVC 膜的表面接触角为 $63.5° \pm 1.1°$，表明引入的 MWCNTs/Fe_3O_4 增强膜亲水性，这是由于酸处理后的 MWCNTs 引入了 -COOH 和 -OH 等亲水官能团。对于有序修饰膜，其接触角为 $64.6° \pm 1.7°$，和无序修饰基本没有差别，说明磁场作用没有改变膜的性质，有序修饰不能改变膜表面的亲/疏水性。

PVC 膜的孔隙率为 $82.8\% \pm 1.1\%$，MWCNTs/Fe_3O_4 无序修饰膜的孔隙率为 $85.6\% \pm 1.7\%$，然而 MWCNTs/Fe_3O_4 有序修饰比无序修饰膜的孔隙率略大，其值为 $86.4\% \pm 0.6\%$。总体而言，负载了 Fe_3O_4 的 MWCNTs 加大了所制膜的孔隙率，而磁场作用的影响则很微小。负载了 Fe_3O_4 的 MWCNTs 同样也增大了膜的平均孔径。

3种不同膜的纯水通量随时间的变化趋势如图 14-22 所示。对应不同过滤时间点，MWCNTs 有序修饰膜的纯水通量最大，MWCNTs 无序修饰膜的次之，PVC 膜的最小。由于磁性 MWCNTs 有序修饰膜结构上的优势如平均孔径较大且均匀、导流通道通畅，使其纯水通量较大。在过滤前 1h 内，有序修饰膜和无序修饰膜在变化趋势和大小上都十分接近。而在接下来的 20min，二者过滤趋势开始产生差异。到达过滤末端时，有序修饰膜的纯水通量更大更稳定。这主要是因为有序修饰膜的内部结构（畅通的导流网格）更利于水分流通。

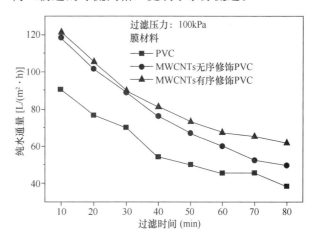

图 14-22　含有不同修饰材料膜的纯水通量

3种膜对牛血清蛋白（BSA）的截留效果如图 14-23（a）所示。相比于 PVC 膜对 BSA 的截留率为 63.8%，MWCNTs 无序修饰膜和 MWCNTs 有序修饰膜对 BSA 的截留率分别为 74.6% 和 73.2%，改性膜对 BSA 的截留率呈现上升的趋势。3种膜对腐殖酸（HA）的分离效果如图 14-23（b）所示。PVC 膜对 HA 的截留率为 84.9%，MWCNTs 无序修饰的为 93.4%，而 MWCNTs 有序修饰的为 90.1%，MWCNTs 无/有序修饰膜对 HA 的截留率比 PVC 膜大。由于改性膜的孔径和孔隙率均要比纯 PVC 膜的大，同时亲水性好，因而在截留污染物质时，体现出了更加出色的分离性能。

除此之外，制备纤维素纳米晶体共混超滤膜，并系统评价 CNC 复合膜的性能。与 PES 超滤膜相比，CNC 复合膜电负性更强，亲水性有所提升，孔隙率有一定程度的增大。

膜的纯水通量如图 14-24（a）所示。在 60kPa 压力下，PES 超滤膜的纯水通量为 185L/(m^2·h)，明显低于 CNCs 共混改性膜的通量。当 CNC 共混

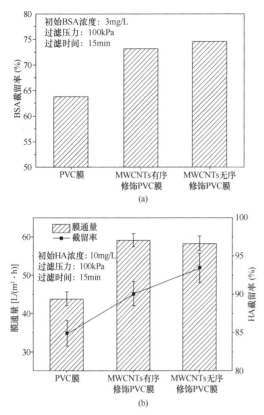

图 14-23　含有不同修饰材料膜的截留效果
(a) BSA；(b) HA

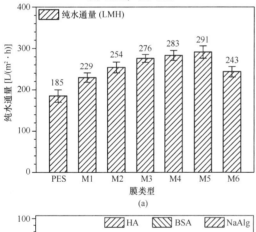

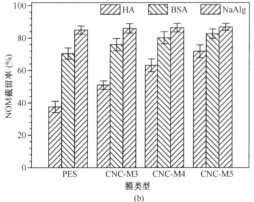

图 14-24　PES 超滤膜和 CNC 复合膜
(a) 纯水通量；(b) 天然有机物去除率

量小于 0.3g 时，随着 CNC 浓度的增加，CNC 复合膜的通量呈现出增大的趋势，其中，CNC-M5 膜的水通量比纯 PES 膜提高了 56.5％。但是，随着 CNC 共混含量的进一步增加，CNC-M6 膜通量呈现下降态势。CNC 复合膜的变化主要归因于膜的孔径和亲水性。对天然有机物的去除率如图 14-24（b）所示，相比于对照膜，CNC 复合膜显著增强了对疏水性 NOM 污染物（HA 和 BSA）的去除率，并且对 NaAlg 的去除率也略有提高。随着 CNC 量的增加，CNC 复合膜的 NOM 去除率有所提升。通过对超滤膜共混改性，可以同时有效提升超滤膜渗透、截留性能。

14.2.2 突破选择性/渗透性互相制约的纳滤膜构筑

水处理领域对高性能纳滤（NF）膜需求非常大，要求纳滤膜能够同时提升脱盐和抗污染性能，且能保持长期的稳定运行。通过调控界面聚合反应、掺杂亲水纳米材料及构建中间层多种途径调节纳滤膜物化性质从而提升其分离性能。

采用界面聚合原位结合 $Ca(HCO_3)_2$ 手段制备高分离性能 TFC 纳滤膜。Ca^{2+} 通过与膜表面上的羧基络合成功地结合到聚酰胺的内部结构中，从而提高了膜表面亲水性，缩小膜孔孔径并减弱膜表面电负性。膜表面特征（即孔径、表面粗糙度和电负性）在 TFC 纳滤膜的排斥机理中起着至关重要的作用。由于原位掺入 $Ca(HCO_3)_2$ 后 TFC-Ca 膜的表面特性发生很大变化，因此不可避免地影响分离性能。

对照膜及改性膜的渗透性能可通过图 14-25(a) 进行对比，与 TFC 对照膜相比，TFC-Ca 膜显示出更大的水通量。TFC 对照膜的水通量最低，为 $8.7±0.4L/(m^2 \cdot h \cdot bar)$，而 TFC-Ca 4.0 膜水通量最高，为 $13.4 ± 0.3L/(m^2 \cdot h \cdot bar)$。随着 $Ca(HCO_3)_2$ 含量的增加，TFC-Ca 膜的水通量逐渐提高。这些结果表明，在界面聚合过程中加入碳酸盐可以提高膜表面亲水性，增大有效过滤面积，进而显著提高 TFC 膜的水通量。图 14-25(b) 显示了纳滤膜对 NaCl 截留率和渗透性。随着 TFC-Ca 膜氯化钠溶液通量逐渐提高，TFC-Ca 膜对 NaCl 的截留率也逐步提升。Na_2SO_4 过滤实验也有相似的结果(图 14-25c)，这表明 TFC-Ca 膜具有更好的分离性能。就天然有机物而言，还观察到 TFC-Ca 膜

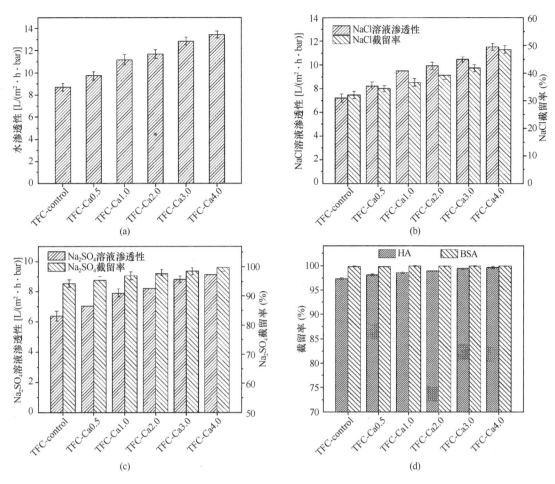

图 14-25 纳滤膜的透水和截留能力

(a)纯水通量；(b)2000mg/L NaCl 盐水通量与截留性能；(c)2000mg/L Na₂SO₄ 盐水通量与截留性能；(d)HA 与 BSA 截留能力

对 HA 和 BSA 有更高的截留率(图 14-25d)。特别地，TFC 对照膜和 TFC-Ca4.0 膜的 HA 和 BSA 截留率分别从 97.3％增至 99.6％和 99.8％增至 100.0％，这表明改性膜在实际水处理中具有巨大潜力。TFC-Ca 膜分离性能的提高可以从 2 个方面进行解释：第一，COOH-Ca²⁺-COOH 内部键结缩小膜孔尺寸，从而有利于通过位阻效应提高截留率。第二，虽然 Ca²⁺ 的添加可以减少膜的负电荷，但 TFC-Ca 膜表面仍呈现较强的电负性。因此，TFC-Ca 膜截留性能的提高可归因于位阻效应和道南效应的结合。

CNCs 具有高比表面积、低成本、环境中广泛存在等诸多优点，研究 CNCs 改性纳滤膜聚酰胺层，对提升 TFC 膜分离性能具有重要意义。研究发现，当聚酰胺层掺入 CNCs 后，CNC-TFC 膜的亲水性提高，电负性增强，交联度增加，孔径减小。

CNC-TFC-0、CNC-TFC-1、CNC-TFC-5 和 CNC-TFC-20 的纯水通量如图 14-26(a)所示，分别为 10.30L/(m² · h · bar)、12.86L/(m² · h · bar)、14.10L/(m² · h · bar)和 16.45L/(m² · h · bar)。在聚酰胺层中掺入仅 0.020 wt％的 CNCs，CNC-TFC-20 的透水性比 CNC-TFC-0 膜提高了 60.0％，这表明 CNCs 在增强 TFC 膜过水通量方面具有巨大作用。透过性能及 Na₂SO₄ 和 MgSO₄ 的截留率分别如图 14-26(b)和图 14-26(c)所示。可以看出，所有 CNC-TFC 膜均表现出出色的 SO₄²⁻ 截留性能，Na₂SO₄ 和 MgSO₄ 的截留率分别约为 98.7％和 98.8％。与二价离子的高截留率相比，TFC-CNC 膜对一价离子的截留率较低(图 14-26d)，TFC-CNC-20 膜的 NaCl 截留率约为 22.7％。聚酰胺层中掺入 CNCs 的 TFC-CNC 膜的截留分子量远远小于 TFC 对照膜(TFC-CNC-0)，TFC-CNC 膜的孔径减小对截留一价离子具有积极影响。总之，在聚酰胺层中添加少量的 CNCs 后，TFC-CNC 膜的透水性得到了显著提高。同时，TFC-CNC 膜对

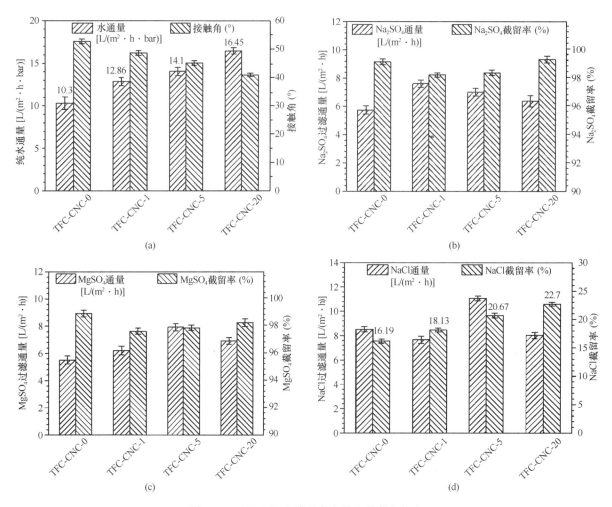

图 14-26　TFC-CNC 膜的亲水性和盐截留能力

(a)透水性能和接触角；(b)Na$_2$SO$_4$透过性和截留率；(c)MgSO$_4$透过性和截留率；(d)NaCl 透过性和截留率

二价离子表现出很高的截留率，而且也提高了单价离子截留率。结合前文，在聚酰胺层中掺杂 CNCs 不仅可以有效提升纳滤膜抗污染性能，与此同时，也能打破纳滤膜的"trade-off"效应，同时提升纳滤膜透过/选择性能。

在界面聚合之前，引入中间层，是一种有效调控纳滤膜活性层的手段。与传统界面聚合工艺相比，中间层可以增加反应界面中胺基的存储并控制胺基的扩散，从而有利于形成超薄、无缺陷、致密的聚酰胺活性层，使膜具有较高的渗透性能和良好的分离性能。引入中间层的方法有望成为一种新的纳滤膜制备方法，通过对中间层的选择和调控，制备更高性能的纳滤膜。

首次采用有机物聚乙烯醇（PVA）构筑中间层调控纳滤膜性能，将 PVA 涂覆到聚醚砜（PES）支撑层上，通过界面聚合在聚醚砜（PES）超滤支撑层和聚乙烯醇（PVA）中间层上制备了高性能纳滤膜（TFC-P）。PVA 中间层对聚酰胺膜的性能影响很大，系统评估 PVA 中间层对 PES 支撑层表面特征（即孔径分布、亲水性、表面粗糙度和表面孔隙率）的影响。

与 PES 对照膜相比，PES-PVA 膜获得了更加粗糙的表面。水接触角从 58.8°±2.2°减小到 42.6°±2.0°，表明膜表面的亲水性更大。水通量和孔径的减小可忽略不计，表明 PVA 层非常薄。由于接枝了大量电子中性的-OH 基团，PES 膜表面的天然负电荷被屏蔽，产生更高的 ζ 电位。值得注意的是，PVA 中间层增加了 PES 支撑层的孔隙率和比表面积。PVA 涂覆后膜的比表面积从 3.9±0.3m^2/g 增加到 4.8±0.5 m^2/g，而总孔隙率从 45.4%±3.2%增加到 68.5%±5.1%。PES-PVA 的表面孔隙率也表现出极大的提高（由从 4.0%提升至 32.6%）。总体而言，PVA 涂层显著改变了支撑层的表面性能，并构建了新的界面。

对 TFC-P 膜进行物化性质表征结果显示，与 TFC-C 膜相比，TFC-P 膜的接触角小得多，表明获得了更大的亲水性。平均孔径从 TFC-C 膜的 0.88nm 降低到 TFC-P 膜的 0.82nm。使用从 XPS 光谱检测到的 O/N 比计算聚酰胺层的交联度（DNC）。TFC-P 膜的交联度为 75.4%，远高于 TFC-C 膜（56.9%）。TFC-P 膜聚酰胺层高度交联通常会导致较小孔径，从而导致更高截留率。与 TFC-C 膜相比，由于-COOH 基团的天然亲水性和负电荷，使 TFC-P 膜具有更低的 ζ 电位和更好的亲水性。

TFC-C、TFC-P 膜水通量分别为 9.1±0.5 和 31.4±1.6L/(m² · h · bar)。显然，透水性提高了 245.1%，这可以归因于如上所述的表面积大幅增加，亲水性改善和聚酰胺分离层的厚度减小。截盐结果表明，TFC-P 膜的截留率比 TFC-C 膜高（图 14-27b）。对于这两种膜，其截盐率均遵循 $Na_2SO_4 > MgSO_4 > MgCl_2 > NaCl$ 的顺序，这与典型的 NF 脱盐膜一致。对于 Na_2SO_4，TFC-C 和

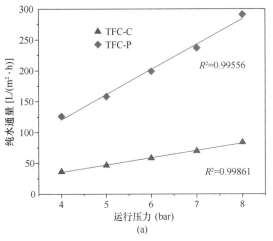

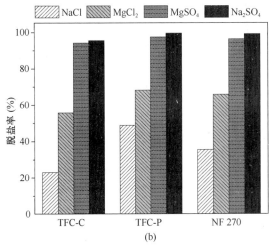

图 14-27 TFC NF 膜的分离特性

（a）不同压力下水通量；（b）盐截留率

TFC-P 膜的截留率分别为 95.2% 和 99.4%。截留率的提高可归因于孔径减小、ζ 电位降低和交联度提高。总之，PVA 中间层的加入对聚酰胺分离层的结构和形态具有显著影响，可以调节制备的 TFC 膜的分离性能。

使用有机物 PVA 作为中间层能够实现突破纳滤膜 "trade-off" 效应，因此，尝试使用亲水纳米材料 CNCs 作为纳滤膜中间层改性材料，研究 CNCs 中间层对纳滤性能的影响。选用 PES 微滤膜作为支撑层，在支撑层上涂覆纤维素纳米结晶作为中间层调节微滤膜微结构，并优化纤维素纳米晶体涂覆量，在 CNCs 中间层上进一步发生界面聚合反应制备 TFC-CNC 膜，为了进一步提升膜性能，在 TFC-CNC 膜表面发生多巴胺氧化自聚反应，形成聚多巴胺改性薄层，获得 TFC-CNC-PDA 膜，示意图如图 14-28 所示。

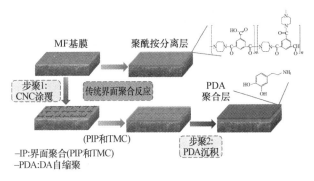

图 14-28 TFC-CNC-PDA 膜制备示意图

对对照膜及改性膜物化性质进行性质研究。通过 SEM 照片发现，CNCs 中间层完全覆盖 PES 微滤膜孔径，且 MF-CNC 膜表面 CNCs 分布均匀、没有缺陷。与对照 TFC 膜相比，基于改性支撑层的 TFC-CNC 膜呈现出更均匀的表面。PDA 沉积后，TFC-CNC-PDA 的表面形态与 TFC-CNC 基本相似。但是，在其表面上发现了可能由多巴胺（DA）沉积造成的小团聚体。从纵断面图像看，MF 支撑层、CNCs 中间层、PA 层和 PDA 沉积层结合紧密，层与层之间没有边界线。CNCs 中间层和 PDA 沉积导致膜表面平均粗糙度（R_a）降低。R_a 从 TFC 对照膜的 28.1nm 降低到 TFC-CNC-PDA 的 14.4nm，这表明涂覆材料可能已经填充在粗糙区域中，从而导致改性膜具有更光滑的表面。

截留分子量从对照 TFC 的 461.3Da 增加到 TFC-CNC 的 588.1Da。在自聚合过程中，小分子多巴胺可能沉积在 TFC-CNC 膜表面上或堵塞膜

孔，导致 TFC-CNC-PDA 膜的截留分子量降低（378.9Da）。在 pH 为 3 至 10 范围内，所有膜的表面电荷均呈现下降趋势，并且膜的电负性遵循以下顺序：TFC-CNC-PDA＞对照 TFC＞ TFC-CNC。TFC-CNC 膜的纯水接触角（37.6°）低于对照 TFC（40.8°），表明通过加入 CNCs 中间层可提高纳滤膜表面亲水性。PDA 涂覆后，TFC-CNC-PDA 膜的水接触角进一步降低至 33.8°，表明亲水性进一步提高。

膜的纯水透过性和 Na₂SO₄ 截留率如图 14-29（a）所示。水通量从对照 TFC 的 9.4L/(m²·h·bar) 提高到 TFC-CNC 的 26.1L/(m²·h·bar)。加入 CNCs 中间层导致 TFC-CNC 的纯水透过性显著增加，但截盐率略有下降（86.7%）。相反，PDA 的沉积对膜的透水性和截盐率表现出相反的作用，对于 TFC-CNC-PDA，Na₂SO₄ 截留率增加（98.2%），透水性略有下降 [23.1L/(m²·h·bar)]。如图 14-29（b）所示，与对照 TFC 相比，增加 CNCs 中间层使得膜的 NaCl 截留率有所提升，PDA 表面涂覆进一步提升 NaCl 截留率。

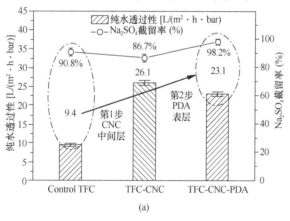

(a)

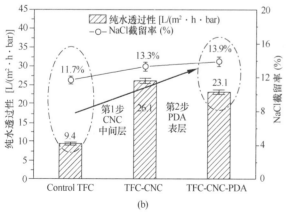

(b)

图 14-29 膜的分离能力

（a）纯水透过性和 Na₂SO₄ 截留率；（b）纯水透过性和 NaCl 截留率

由于膜孔径的均匀分布和亲水性的增强，CNCs 中间层显著提高了膜的透水性，而略微降低了溶质的截留率。相反，PDA 沉积层改善了溶质截留率，而水通量略有下降，这主要是由于孔径减小所致。总的来说，通过两步法可以克服透水性-选择性的"trade-off"限制，并且所制备的膜表现出高的脱盐性能。

14.3 提升耐氯性能

膜清洗是控制纳滤膜污染的常用手段，膜清洗分为物理、化学清洗，其中次氯酸钠稀溶液是使用最频繁的化学清洗剂之一，污染后的膜常通过浸泡次氯酸钠（NaClO）溶液或在反冲洗时加入氯进行清洗。在处理城镇饮用水时，当进水含有微污染物时，常采用预氧化工艺去除部分有机物。因此，聚合物膜在与氯长期接触过程中易老化受损，使用寿命缩短，通过膜材料改性提升膜耐氯性能是缓解膜老化有效途径。

14.3.1 纳米材料共混改性提升超滤膜耐氯性能

在膜化学清洗过程中，次氯酸钠是其中一种常用氧化剂，在与含氯溶液长期接触过程中，超滤膜发生老化现象，膜性能退化，使用寿命缩短，大幅增加膜工艺运行成本，而使用共混法可将纳米颗粒贯穿膜整体，整体提升膜耐氯性能，有望解决膜老化问题。

通过掺杂不同含量 CNCs 制备 CNC 共混超滤膜，研究共混 CNCs 对于提升超滤膜耐氯性能的影响机制。利用浸泡次氯酸钠时间反映膜的老化程度，每种膜选用 5 个浸泡时长（0d、1d、2d、5d 和 10d），代表膜的 5 种老化程度。

膜老化过程纯水接触角变化情况如图 14-30 所示，老化初始阶段（2d 内），对照膜和 CNC 复合膜的接触角明显增大，在之后的 8d，接触角增加幅度减小，表明此时的膜表面化学性质趋于稳定。经过 10d 的老化，所有膜接触角分别增加 9.75°、9.18°、8.82°、7.60°，CNC 复合膜接触角增加程度更小，且 CNCs 共混量越多，接触角增加程度越小。研究表明 CNC 共混膜的亲水性与对照膜相比，不易受 NaClO 的影响。

老化会导致膜表面强酸基团数量的增加，因此在老化作用下 CNC 复合膜 Zeta 电位绝对值增大，

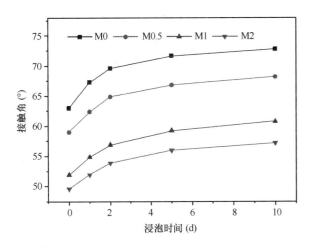

图 14-30　老化膜的接触角变化情况

老化膜带有更多负电荷。老化 10d 后，对照膜和 CNC 复合膜的粗糙度与未老化膜相差不大，可得知老化对超滤膜的表面粗糙度无显著影响。而通过孔径测试发现，膜孔在老化作用下，膜的 MWCO 增大，意味着在老化降解过程中极有可能发生孔径的扩大。进一步对比发现，在老化的进程中，CNCs 浓度大的共混膜，其膜孔变化程度更小，因此，认为虽然 CNCs 无法阻止表面官能团的形成，但在膜孔径的维持中作用明显。

所有超滤膜的通量在老化后都增大，老化膜通量见表 14-1。老化初始阶段（浸泡 2d 时间内），膜通量大小顺序均为 M2>M1>M0.5>M0，与膜在浸泡前保持一致。老化 5d 时，M1 通量达到最大，超过 M2。老化 10d，M0.5 通量达到最大，通量大小顺序变为 M0.5>M1>M2>M0。由此发现，随着老化强度的增加，掺杂 CNCs 纳米颗粒较多的膜，其膜通量的增长更为缓慢，CNCs 可以控制老化膜通量的增加。

老化膜通量 [L/ (m² · h)] 及标准化通量　　表 14-1

老化天数	M0	J/J_0	M0.5	J/J_0	M1	J/J_0	M2	J/J_0
0	310	1.00	423	1.00	472	1.00	485	1.00
1	322	1.04	436	1.03	472	1.00	485	1.00
2	342	1.10	448	1.06	477	1.01	494	1.02
5	410	1.32	542	1.28	549	1.16	538	1.11
10	466	1.50	601	1.42	587	1.24	582	1.20

膜样品 HA 去除率随浸泡时间变化情况如图 14-31 所示，老化初期（2d），M0、M0.5、

M1、M2 去除率较未老化膜分别提升 2.0%、11.0%、9.0%、10.0%。表明短期老化作用对膜的截留能力有积极影响。在同等强度的老化作用下，CNC 膜较初始值提升幅度更大，可能由于 CNCs 的添加，使得老化后的膜携带更多的负电基团，因此对 HA 排斥作用强。而长时间的老化作用（10d）使得膜对 HA 去除率效果变差。经过 10d 的老化，对照膜的 HA 去除率下降最多，较 M0 下降 6.2%。相较之下，与未老化膜相比，CNC 共混膜 M0.5-10d 的截留率下降 3.0%，M1-10d 和 M2-10d 截留率则分别提升 3.1%、6.3%。相同老化时间内，CNCs 共混量高的老化膜对 HA 的去除率更高。

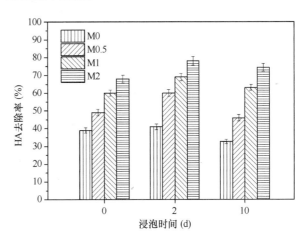

图 14-31　老化膜对 HA 的去除效能

14.3.2　功能层原位接枝改性提升纳滤膜耐氯性能

纳滤膜在接触高浓度氯溶液时会出现严重的性能恶化，不利于纳滤膜的长期高效运行。通过表面改性调节纳滤膜物化性质从而提升其耐氯性能。首先，课题组团队通过共价改性的方法在聚酰胺膜表面接枝了不受氯干扰的三聚氰胺，以提高纳滤膜的耐氯性，如图 14-32 所示。

改性膜分别在 pH 为 10.5、7.0 和 3.5 的 NaClO 溶液中浸泡。图 14-33 显示了 3 种典型 pH 分别为 10.5、7.0 和 3.5 的氯化后的膜的扫描电镜图像。PA-TFC-0 膜的抗氯化性能最差，表现为氯化后的膜表面出现破损和裂缝。相反，在不同 pH 下的氯化实验中，改性膜的表面形貌更为完整。改性膜的氯化表面没有明显的缺陷和断裂。可见，三聚氰胺的接枝显著提高了膜的耐氯性。

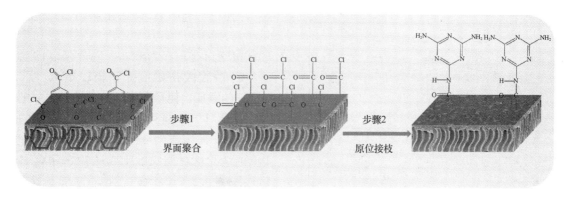

图 14-32　聚酰胺膜表面原位接枝三聚氰胺示意图

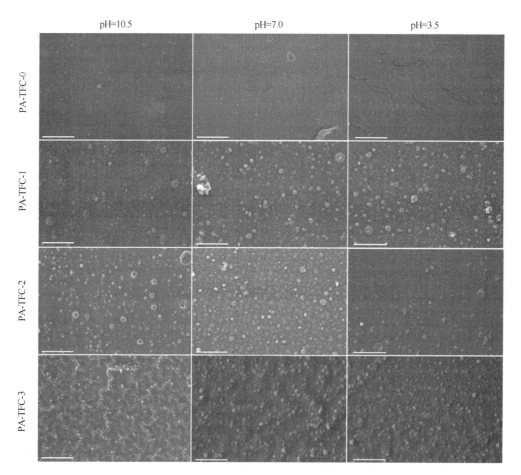

图 14-33　在不同 pH 条件下，改性膜用 2000mg/L NaClO 溶液浸泡 10h 后的 SEM 图

定期记录通量和 Na_2SO_4 截留率（图 14-34）。随着氯暴露强度的增加，所有的纳滤膜都表现出比通量的增加。当 PA-TFC-0、PA-TFC-1、PA-TFC-2 和 PA-TFC-3 在 pH3.5 的 2000mg/L NaClO 溶液中作用 10h 时，PA-TFC-0、PA-TFC-1、PA-TFC-2 和 PA-TFC-3 膜的比通量分别为 2.65、1.96、1.66 和 1.51。膜表面明显的缺陷和破损可以解释 PA-TFC-0 膜水通量大幅度提高的原因。如

图 14-34 所示，与改性纳滤膜相比，PA-TFC-0 膜表现出更大的 Na_2SO_4 截留率下降。pH 为 3.5 时，在 2000mg/L 的 NaClO 溶液中，PA-TFC-0 膜对 Na_2SO_4 的截留率为 43.1%，而 PA-TFC-1、PA-TFC-2 和 PA-TFC-3 膜的截留率分别为 75.3%、80.4% 和 82.8%。改性膜的氯化稳定性的提高归功于三聚氰胺接枝层的存在，因此，在氯化实验条件下，改性纳滤膜具有良好的分离性能和不变的化

学结构，进一步证明了接枝膜具有优异的耐氯性能，在实际水处理中具有很大的应用潜力。

通过原位改性技术在聚酰胺纳滤膜表面接技 Fe^{III}-TA 涂层进行纳滤膜表面改性，该方法不仅可以提升纳滤膜抗污染性能，还可以有效提升纳滤膜耐氯性能。

对 TFC-0 和 TFC-3 膜在不同 pH（pH 3.5、7.0 和 10.5）进行了静态加速氯化实验。如图 14-35 所示，与 TFC-0 膜相比，接枝的 TFC-3 膜表现出更好的耐氯性。随着氯溶液浓度的增加，氯化作用更为严重。此外，随着 pH 的降低，改性和未改性聚酰胺膜都表现出明显且连续的截盐率下降和水通量

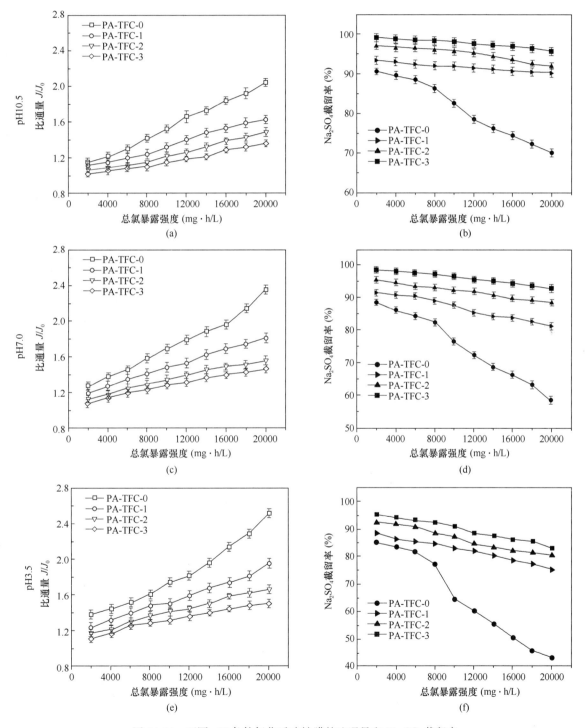

图 14-34　不同 pH 条件氯化后改性膜的比通量和 Na_2SO_4 截留率

（a, b）10.5；（c, d）7.0；（e, f）3.5

增加，表明聚酰胺膜的活性层受到了游离氯的侵蚀。特别是，对于 TFC-0 膜，当暴露于 pH 10.5 的 12000mg·h/L NaClO 时，比通量从 1.00 迅速增加到 1.81，而 Na_2SO_4 截留率从 99.2% 迅速下降到 72.3%（图 14-35a，d）。相比之下，在相同的实验条件下，TFC-3 膜表现出较低的比通量增加（从

1.00 到 1.25）和较低的盐截留率下降（从 99.9% 到 92.5%）。显然，原位接枝 Fe^{III}-TA 层改性膜具有较低的截盐率下降和较低的水通量增加，表明改性膜具有较高的耐氯性。原位接枝 Fe^{III}-TA 层制备的复合膜具有优异的耐氯性和分离性能，为聚酰胺脱盐膜界面的构建提供了新的视角。

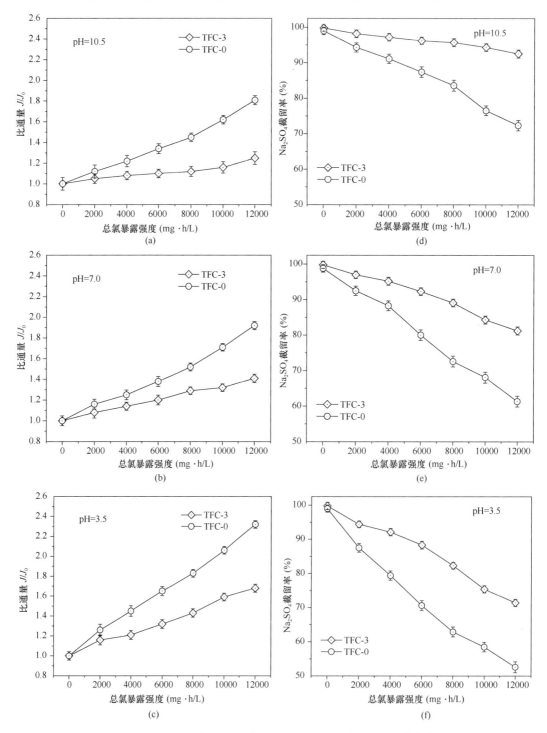

图 14-35　TFC-0 和 TFC-3 膜浸泡 NaClO 溶液后的分离性能变化

（a）pH 10.5；（b）pH 7.0；（c）pH 3.5 下的比通量；（d）pH 10.5；（e）pH 7.0；（f）pH 3.5 下的 Na_2SO_4 截留率

一致。

14.4　提升机械强度

机械强度代表了膜整体的物理性质，即本体性质。有机膜普遍存在机械强度不高的问题，需要添加无纺布等提高机械性质的材料。在反冲洗和曝气过程中，膜材料承受水流剪切力、曝气剪切力、小粒径颗粒物表面剪切等作用力，容易发生断丝甚至超滤膜被破坏的现象。采取物理改性和化学改性手段，掺杂或引入机械强度高的纳米材料提升膜骨架结构，从而实现改性膜机械强度的加强。

14.4.1　纳米材料共混改性提升超滤膜机械性能

CNTs 和 CNCs 均具有良好的亲水性及机械性能，CNTs 的杨氏模量超过 1TPa，CNCs 的杨氏模量为 150GPa。采用羟基功能化碳纳米管、纤维素纳米晶体，以共混方法制备 CNTs、CNCs 纳米复合膜，不仅共混 CNCs、CNTs 对于提升纳米复合膜的抗污染性有极好的效果，研究共混 CNTs、CNCs 纳米材料对提升超滤膜机械性能的影响也具有重要的意义。

对照膜、CNTs 纳米复合膜应力-应变曲线如图 14-36（a）所示，CNTs 纳米复合膜在弹性范围内的直线斜率大于 Control-M，说明碳纳米管共混改性可以提高纳米复合膜的杨氏模量。对照膜的杨氏模量为 44.7MPa，0.5CNTs-M、1.0CNTs-M、2.0CNTs-M 的杨氏模量分别增长至 52.5MPa、66.7MPa、83.3MPa，相比 Control-M 分别提升了 17.4%、49.2% 和 86.4%。此外，共混改性可以有效提高纳米复合膜的最大拉伸应力。随着碳纳米管共混含量的升高，CNTs 纳米复合膜的最大拉伸应力呈增加趋势。对照膜、CNCs 纳米复合膜应力-应变曲线如图 14-36（b）所示，由图可知，CNCs 共混改性可以提高纳米复合膜的杨氏模量，0.5CNCs-M、1.0CNCs-M、2.0CNCs-M 的杨氏模量分别增长至 49.6MPa、52.7MPa、67.0MPa，相比 Control-M 分别提升了 11.0%、17.9% 和 49.9%。此外，共混改性可以有效提高 CNCs 纳米复合膜的最大拉伸应力。随着纳米纤维素晶体共混含量的升高，CNTs 纳米复合膜的最大拉伸应力呈增加趋势。杨氏模量和最大拉伸应力的增强说明 CNCs 纳米复合膜的刚度性质有所提升，这一结果与碳纳米管共混改性增强 CNTs-M 刚度性质结果

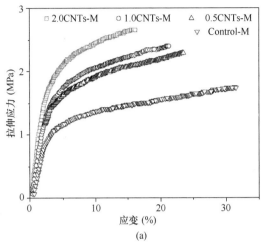

(a)

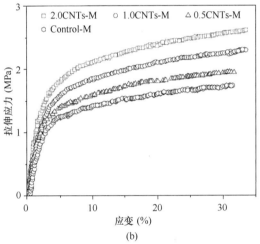

(b)

图 14-36　对照膜、纳米复合膜应力-应变曲线
（a）CNTs 复合膜；（b）CNCs 复合膜

CNTs 纳米复合膜的韧性如图 14-37（a）所示，Control-M 的韧性最大，为 0.438MJ/m³，碳纳米管共混改性降低了 CNTs 纳米复合膜的韧性，且随着碳纳米管共混含量的提升，CNTs 纳米复合膜韧性呈下降趋势。CNCs 纳米复合膜的韧性如图 14-37（b）所示，可知 Control-M 的韧性最小，为 0.438MJ/m³，纤维素纳米晶体共混改性显著提升 CNCs 纳米复合膜的韧性，且随着碳纳米管共混含量的提升，CNCs 纳米复合膜韧性呈上升趋势。对比可知，碳纳米管和纳米纤维素晶体对于纳米复合膜韧性的影响作用呈相反效果。CNCs-M 和 CNTs-M 韧性性质的不同归因于纳米纤维素晶体和碳纳米管自身机械强度特性。碳纳米管自身刚度性质极强，有利于 CNTs-M 刚度性质的增加；同时碳纳米管自身延展性较弱，会导致 CNTs-M 韧性下降。

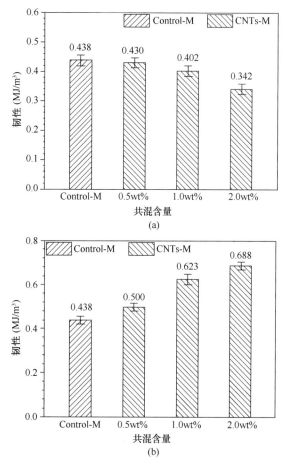

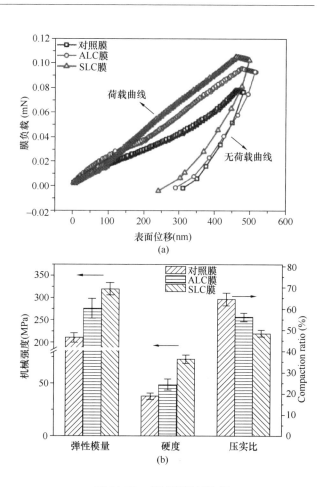

图 14-37　超滤膜韧性
（a）CNTs 纳米复合膜；（b）CNCs 纳米复合膜

图 14-38　超滤膜机械性能
（a）TFC 膜荷载-位移曲线；
（b）TFC 膜在压缩条件下的弹性模量、硬度和压实比

14.4.2　纳米颗粒掺杂部位对纳滤膜机械性能比较研究

纤维素纳米材料能够有效提升超滤膜机械性能，那么，研究纤维素纳米材料是否能够提升纳滤膜机械性能同样具有重要意义。因此，开展关于纤维素纳米晶体（C-CNCs）的掺杂部位提升纳滤膜的机械性能相关研究，纳米材料 C-CNCs 分别被掺入活性层和支撑层中，被称为活性层纳米复合（ALC）膜和支撑层纳米复合（SLC）膜。

一个循环期间膜表面的荷载-位移曲线如图 14-38（a）所示。在 0～100nm 阶段，在相同位移下，ALC 膜上的荷载优于 SLC 膜和对照膜，ALC 膜优异的机械性能归因于其中掺入了纳米材料 C-CNCs。C-CNCs 与聚酰胺活性层的环/桥构象中化学交联的存在对机械性能有重要的影响。在 100～500nm 阶段，膜上的荷载大小依次为 SLC 膜＞ALC 膜＞对照膜。从图 14-38（b）可知，对照膜

的弹性模量和硬度最低，分别为 210 ± 21MPa 和 37.8 ± 3.2MPa。ALC 膜的弹性模量和硬度分别为对照膜的 131.4％ 和 124.8％。而 SLC 膜的弹性模量和硬度达到了对照膜的 152.4％ 和 185.9％。研究结果表明不论掺入位置如何，引入 C-CNCs 均会改善 TFC 膜的机械性能。C-CNCs 掺入支撑层会同时影响支撑层和聚酰胺活性层的结构，从而导致 SLC 膜的机械性能大幅度提高。因此，相比于将 C-CNCs 掺杂在活性层，将 C-CNCs 掺杂在支撑层更有利于提升纳滤膜机械性能。

14.5　小结与展望

膜材料是膜分离技术的核心，直接影响着膜的分离性能，而性能优异的膜材料应具有分离性能良好、耐污染性好、机械与化学稳定性好等特点。在膜材料制备与改性领域，团队已经开展了大量研究，通过掺杂功能化纳米材料、调控界面聚合反

应、接技亲水物质、加入中间层等多种途径提升膜的抗污染性能、分离性能、耐氯性能以及机械强度，并已经取得不错的成果。

根据现有研究成果，采用多功能纳米材料对复合膜进行改性能够有效提升膜性能。但由于纳米材料制备以及膜改性的工艺较为复杂，纳米复合膜还无法实现大规模的工业化推广和应用。因此，研究如何将性能优异、成本低廉、环境友好的纳米材料用于高分子膜或无机膜的制备与改性，将有助于推动高性能纳米复合膜的推广应用。另外，有机聚合物膜材料和无机膜材料目前已经得到了广泛和深入的研究，而有机-无机杂化膜材料，兼有有机膜分离性能和无机膜稳定性好等的优点，是膜材料发展的趋向之一。鉴于传统膜材料在研发和使用过程中所面临的膜污染、渗透性/选择性之间的平衡等种种问题，开发新型膜材料是解决这些问题的重要手段，为膜材料的应用提供了新的机遇。因此，未来需要对纳米复合膜、有机-无机杂化膜及新型膜材料的制备及应用开展进一步研究，研发具有高性能、低成本、绿色环保等优良特性的膜材料。此外，尽管目前有很多关于膜材料制备与改性的研究，但不少研究成果仍停留在实验室研究阶段，成果转化速度慢，难以实现大规模工程应用。因此未来需加强实验室研究成果转化相应的平台、资金和人力等方面的支撑，为研发高性能低成本的膜制备技术，实现面向实际工程应用的膜材料规模化制备创造条件。

随着对膜制备及改性技术研究的深入，未来将会研发出更多性能优良且经济实用的膜材料，并规模化应用于水处理中，从而产生巨大的社会和经济效益。

参 考 文 献

[1] 李圭白，李星. 污染源治理与饮用水除污染并重——关于我国城市水环境污染对策的探讨[J]. 人民长江，1996(09)：25-26.

[2] 李圭白. 水的社会循环和水资源可持续利用[J]. 给水排水，1998(09)：1.

[3] 李圭白. 水工业学科的研究对象及其与相关学科的关系[J]. 给水排水，1998(01)：60-62.

[4] 李圭白，杨艳玲. 水资源可持续利用与水工业[J]. 哈尔滨建筑大学学报，1999(01)：48-50.

[5] 李圭白，李星. 水的良性社会循环与城市水资源[J]. 中国工程科学，2001(06)：37-40.

[6] 李圭白. 缺水地区社会可持续发展的一个条件——用水零增长和污废水零排放[J]. 给水排水，2003(07)：1.

[7] 夏圣骥. 超滤膜净化地表水研究[D]. 哈尔滨：哈尔滨工业大学，2005.

[8] 夏圣骥，李圭白，彭剑锋. 超滤膜净化水库水实验研究[J]. 膜科学与技术，2006(02)：56-59.

[9] 夏圣骥，徐斌，闫东晗，李圭白. 超滤膜净化松花江水数学建模[J]. 沈阳建筑大学学报（自然科学版），2006(02)：303-306.

[10] 孙丽华，吕谋，李圭白. 混凝/砂滤/超滤组合工艺对水中颗粒物质的去除[J]. 青岛理工大学学报，2006(05)：74-77.

[11] 李圭白，杨艳玲. 超滤——第三代城市饮用水净化工艺的核心技术[J]. 供水技术，2007(01)：1-3.

[12] 李圭白，杨艳玲，李星. 第三代城市饮用水净化工艺初探[J]. 城镇供水，2007(01)：7-10.

[13] 夏圣骥，徐斌，姚娟娟，李圭白. 粉末活性炭-超滤膜工艺净化松花江水[J]. 华南理工大学学报（自然科学版），2007(06)：133-136.

[14] 孙丽华，李星，吕谋，夏圣骥，李圭白. 五种预处理方式对超滤膜处理松花江水的效能比较[J]. 给水排水，2007(05)：133-136.

[15] 杨艳玲，李星，李圭白. 新一代饮用水净化工艺——以超滤为核心技术的组合工艺[J]. 建设科技，2007(13)：62-63.

[16] 孙丽华，李圭白，李星，夏圣骥，吕谋. 用混凝-超滤法处理低温低浊水[J]. 膜科学与技术，2007(06)：59-62.

[17] 梁恒. 水库水藻类的监测预测及其控制机理研究[D]. 哈尔滨：哈尔滨工业大学，2007.

[18] 于莉君，赵虎，李圭白，李娟. 粉末活性炭—混凝—超滤联用处理含藻水的研究[J]. 中国给水排水，2008，24(19)：51-54.

[19] 孙丽华，李星，夏圣骥，吕谋，李圭白. 高锰酸钾强化混凝/砂滤/超滤组合工艺处理松花江水实验研究[J]. 膜科学与技术，2008(01)：77-80.

[20] 夏圣骥，李圭白，张军，姚娟娟. 混凝/超滤去除地表水中颗粒特性[J]. 哈尔滨工业大学学报，2008(10)：1657-1660.

[21] 田家宇，梁恒，李星，田森，李圭白. 一体化超滤膜混凝吸附生物反应器饮用水除污染效能[J]. 给水排水，2008(08)：17-21.

[22] 李立秋. 高密度沉淀池—超滤膜组合处理低浊水实验研究[D]. 哈尔滨：哈尔滨工业大学，2008.

[23] 孙丽华. 以超滤膜为核心的组合工艺处理地表水实验研究[D]. 哈尔滨：哈尔滨工业大学，2008.

[24] 于莉君，李圭白，赵虎，赵振宇. PPC强化混凝与超滤联用处理含藻水的研究[J]. 水处理技术，2009，35(3)：53-56.

[25] 张艳，李圭白，陈杰. 采用浸没式超滤膜技术处理东江水的中试研究[J]. 中国环境科学，2009，29(1)：6-10.

[26] 田家宇，张宇，施雪华，陈杰，李星，田森，李圭白. 超滤膜/混凝生物反应器去除饮用水中有机物的效能[J]. 中国给水排水，2009，25(05)：20-23.

[27] 张艳，李圭白. 混凝沉淀—浸没式超滤膜处理东江水的中试研究[J]. 中国给水排水，2009，25(11)：37-39.

[28] 孙丽华，李星，杨艳玲，李圭白. 浸没式超滤膜处理地表水的膜污染影响因素实验研究[J]. 给水排水，2009，45(04)：18-22.

[29] 张艳，于丽君，李立秋，李圭白. 浸没式超滤膜用于砂滤池的研究[J]. 膜科学与技术，2009，29(05)：70-73.

[30] 孙丽华，李星，杨艳玲，孙文鹏，李圭白. 浸没式超滤膜运行中膜污染控制方法实验研究[J]. 哈尔滨商业大学学报（自然科学版），2009，25(06)：664-668.

[31] 田家宇，杨艳玲，南军，梁恒，李圭白. 膜生物反应器用于饮用水处理的启动特性[J]. 北京工业大学学报，2009，35(12)：1680-1684.

[32] 田家宇. 浸没式膜生物反应器组合工艺净化受污染

水源水的研究[D]. 哈尔滨：哈尔滨工业大学，2009.

[33] 瞿芳术，梁恒，王辉，陈杰，李圭白. PAC-UF工艺处理沉淀池出水实验[J]. 哈尔滨工业大学学报，2010，42(11)：1779-1782.

[34] 瞿芳术，崔宝军，梁恒，纪洪杰，田家宇，李圭白. PPC预氧化和超滤协同处理引黄水库高藻水[J]. 给水排水，2010，46(08)：15-19.

[35] 孙丽华，李星，陈杰，林建禄，李圭白. 超滤膜组合工艺处理高藻水库水实验研究[J]. 工业水处理，2010，30(02)：24-27.

[36] 孙文鹏，李星，杨艳玲，孙丽华，李圭白，陈杰. 超滤浓差极化阻力与复合滤饼阻力增长模型的研究[J]. 中国给水排水，2010，26(03)：80-83.

[37] 李圭白，城市饮用水处理工艺的发展过程[N]，中国建设报，2010.

[38] 李圭白，田家宇，齐鲁. 第三代城市饮用水净化工艺及超滤的零污染通量[J]. 给水排水，2010，46(08)：11-15.

[39] 叶挺进，梁恒，曹国栋，黄禹坤，郭五珍. 二氧化氯和超滤组合处理微污染水[J]. 给水排水，2010，46(08)：20-24.

[40] 齐鲁，田家宇，梁恒，陈忠林，南军，李星，李圭白. 粉末活性炭/污泥回流工艺强化膜前预处理的研究[J]. 中国给水排水，2010，26(07)：50-53.

[41] 史慧婷，杨艳玲，李星，王毅，李圭白. 腐殖酸对超滤膜污染特性的研究[J]. 哈尔滨商业大学学报（自然科学版），2010，26(05)：536-540.

[42] 瞿芳术，梁恒，雒安国，田家宇，陈忠林，李圭白. 高锰酸盐复合药剂预氧化缓解超滤膜藻类污染的中试研究[J]. 环境科学学报，2010，30(07)：1366-1371.

[43] 史慧婷，杨艳玲，李星，王毅，李圭白. 混凝-超滤处理低温低浊受污染水实验研究[J]. 哈尔滨商业大学学报（自然科学版），2010，26(02)：144-148.

[44] 孙丽华，李星，杨艳玲，李圭白. 浸没式超滤膜处理地表水除污染效能实验研究[J]. 膜科学与技术，2010，30(01)：69-72.

[45] 田家宇，徐勇鹏，潘志辉，芦澍，李圭白. 膜吸附生物反应器（MABR）用于饮用水去除有机物[J]. 哈尔滨工业大学学报，2010，42(10)：1568-1571.

[46] 李圭白. 水危机及其对策——水的良性社会循环[J]. 城镇供水，2010(03)：3-7.

[47] 梁恒，陈忠林，瞿芳术，田家宇，李圭白. 微宇宙环境下藻类生长与理化因子回归研究[J]. 哈尔滨工业大学学报，2010，42(06)：841-844.

[48] 李圭白. 饮用水处理工艺的发展历程[J]. 中国建设

[49] 王毅，齐鲁，史惠婷，杨艳玲，李圭白. 饮用水处理过程中受污染超滤膜化学清洗实验研究[J]. 现代化工，2010，30(S2)：316-318.

[50] 俞文正. 混凝絮体破碎再絮凝机理研究及对超滤膜污染的影响[D]. 哈尔滨：哈尔滨工业大学，2010.

[51] 齐鲁. 浸没式超滤膜处理地表水的性能及膜污染控制研究[D]. 哈尔滨：哈尔滨工业大学，2010.

[52] 沈玉东. 超滤膜取代砂滤工艺处理微污染河水的中试研究[D]. 哈尔滨：哈尔滨工业大学，2010.

[53] 齐鲁，王洪臣，郑祥，程荣，陈清，陈杰，梁恒，李圭白. 超滤膜在饮用水处理中临界通量的影响因素研究[J]. 工业用水与废水，2011，42(06)：10-14.

[54] 罗旺兴，李凯，梁恒，王培宁，叶挺进，黄禹坤，李圭白. 二次在线混凝对浸没式超滤膜性能的影响[J]. 中国给水排水，2011，27(09)：1-4.

[55] 崔俊华，王培宁，李凯，张建辉，李圭白. 基于在线混凝-超滤组合工艺的微污染地表水处理[J]. 河北工程大学学报（自然科学版），2011，28(01)：52-56.

[56] 齐鲁，程荣，王洪臣，郑祥，田家宇，梁恒，李圭白. 浸没式超滤膜净化松花江水的集成工艺[J]. 沈阳建筑大学学报（自然科学版），2011，27(01)：119-124.

[57] 沈玉东，田家宇，吕谋，陈杰，林建禄，李圭白. 浸没式超滤取代砂滤处理东江水的中试研究[J]. 哈尔滨商业大学学报（自然科学版），2011，27(04)：554-560.

[58] 高伟，梁恒，韩梅，常海庆，余华荣，陈杰，李圭白. 膜生物反应器净化微污染引黄水库水效能[J]. 哈尔滨工业大学学报，2011，43(08)：31-34.

[59] 纪洪杰，高伟，常海庆，梁恒，田希彬，郭爱玲，李圭白，沈裘昌. 南郊水厂超滤膜组合工艺运行情况评价[J]. 供水技术，2011，5(03)：1-5.

[60] 田家宇，徐勇鹏，张艳，潘志辉，韩正双，李圭白. 污泥停留时间对SMBR净化受污染水源水的影响[J]. 哈尔滨工业大学学报，2011，43(08)：35-38.

[61] 张艳. 浸没式超滤膜处理含藻水及膜污染控制研究[D]. 哈尔滨：哈尔滨工业大学，2011.

[62] 周莎莎. 传统工艺与超滤联合处理引黄水库水实验研究[D]. 哈尔滨：哈尔滨工业大学，2011.

[63] 黄静，杨艳玲，李星，奚璐翊，李圭白. 不同预处理/超滤工艺的除污特性及氯消毒效能[J]. 中国给水排水，2012，28(01)：22-25.

[64] 王毅，徐勇鹏，李星，李圭白. 超滤膜冲洗废水回用强化处理低温低浊水的研究[J]. 中国给水排水，

信息（水工业市场），2010(06)：8-9.

2012，28(21)：51-53.

[65] 李圭白，梁恒. 超滤膜的零污染通量及其在城市水处理工艺中的应用[J]. 中国给水排水，2012，28(10)：5-7.

[66] 常海庆，梁恒，高伟，纪洪杰，李圭白. 东营南郊净水厂超滤膜示范工程的设计和运行经验简介[J]. 给水排水，2012，48(06)：9-13.

[67] 周莎莎，李圭白，吕谋. 粉末活性炭和超滤组合工艺处理低温低浊水实验研究[J]. 青岛理工大学学报，2012，33(04)：63-67.

[68] 李凯，田家宇，叶挺进，王培宁，韩正双，陈杰，李圭白. 混凝沉淀-浸没式超滤膜处理北江水中试研究[J]. 哈尔滨工业大学学报，2012，44(02)：38-42.

[69] 齐鲁，赵旭东，薛重华，王洪臣，梁恒，李圭白. 截留分子质量和材质对浸没式超滤膜过滤性能的影响[J]. 水处理技术，2012，38(06)：7-10.

[70] 田家宇，徐勇鹏，张艳，潘志辉，韩正双，李圭白. 浸没式MBR工艺应对饮用水源氨氮冲击负荷的效能[J]. 北京工业大学学报，2012，38(04)：636-640.

[71] 谢观体，邵森林，梁恒，陈杰，李圭白. 浸没式超滤膜处理水厂沉后水中试研究[J]. 水处理技术，2012，38(04)：114-117.

[72] 王兆之，梁恒，李圭白. 膜材料对阈通量的影响[J]. 给水排水，2012，48(11)：127-131.

[73] 常海庆，梁恒，高伟，李圭白. 膜生物反应器与预处理联用净化微污染引黄水库水[J]. 哈尔滨工业大学学报，2012，44(12)：25-31.

[74] 韩正双，田家宇，陈杰，李凯，朱春伟，李圭白. 膜-吸附生物反应器处理东江水的中试研究[J]. 哈尔滨工业大学学报，2012，44(02)：33-37.

[75] 邵森林，梁恒，张建辉，陈杰，李圭白. 曝气对一体式PAC/UF工艺的影响[J]. 哈尔滨工业大学学报，2012，44(06)：16-19.

[76] 梁恒，张剑桥，瞿芳术，高伟，李圭白. 微宇宙环境下调控初始条件的藻类预测模型[J]. 哈尔滨工业大学学报，2012，44(02)：99-101.

[77] 梁恒，李星，陈卫，纪洪杰，李圭白，杨艳玲，张永吉，贾瑞宝，沈裘昌，陈杰. 引黄水库水超滤膜处理集成技术研究与综合示范[J]. 给水排水，2012，48(12)：15-18.

[78] 李圭白. 饮用水安全问题及净水技术发展[J]. 中国工程科学，2012，14(07)：20-23.

[79] 瞿芳术. 超滤处理高藻水过程中膜污染特性及控制研究[D]. 哈尔滨：哈尔滨工业大学，2012.

[80] 孟聪. 超滤工艺处理引黄水库水的临界通量及膜污染控制的实验研究[D]. 哈尔滨：哈尔滨工业大学，2012.

[81] 杨威，赵秋静，韩正双，李凯，梁恒，李圭白. MBR净化受污染地表水的自然启动及稳定运行除污染特性[J]. 环境工程学报，2013，7(04)：1363-1367.

[82] 李圭白，梁恒，瞿芳术. 城市饮水生物致病风险控制技术发展的历史观[J]. 给水排水，2013，49(11)：1-5.

[83] 刘永旺，李星，杨艳玲，罗旺兴，黄禹坤，林显增，李圭白. 粉末活性炭-超滤一体化工艺处理微污染水中试研究[J]. 北京工业大学学报，2013，39(12)：1874-1879.

[84] 齐鲁，王洪臣，郑祥，刘国华，梁恒，李圭白. 过滤方式对浸没式超滤膜出水水质和膜污染的影响[J]. 北京工业大学学报，2013，39(02)：304-308.

[85] 齐鲁，沈玉东，王洪臣，梁恒，李圭白，陈清. 浸没式超滤膜替代砂滤处理东江水的中试研究[J]. 环境工程学报，2013，7(03)：857-862.

[86] 高伟，梁恒，李圭白. 三种有机物对超滤膜污染的界面作用研究[J]. 中国给水排水，2013，29(09)：66-69.

[87] 韩正双，田家宇，梁恒，沈玉东，陈杰，李圭白. 投炭点对混凝/沉淀/膜滤去除水中有机物的影响[J]. 中国给水排水，2013，29(09)：56-59.

[88] 高伟，梁恒，李圭白. 微生物本身对超滤膜污染的影响因素研究[J]. 给水排水，2013，49(05)：115-119.

[89] 邵森林，梁恒，谢观体，陈杰，李圭白. 一体式PAC-UF工艺处理水厂待滤水的中试研究[J]. 北京工业大学学报，2013，39(01)：131-136.

[90] 孟聪，李圭白，吕谋. 预处理对超滤膜产生不可逆吸附污染的影响[J]. 青岛理工大学学报，2013，34(04)：82-86.

[91] 王兆之，梁恒，李圭白. 预处理对阈通量的影响[J]. 哈尔滨工业大学学报，2013，45(06)：38-42.

[92] 李凯，梁恒，叶挺进，罗旺兴，赖日明，林显增，李圭白. 在线混凝对浸没式超滤膜出水水质和膜污染的影响[J]. 北京工业大学学报，2013，39(02)：287-291.

[93] 张剑桥. PAC-UF系统中超滤膜的物理损伤及其工艺净水效能研究[D]. 哈尔滨：哈尔滨工业大学，2013.

[94] 韩正双. 外源接种和粉末炭强化MBR处理受污染地表水的研究[D]. 哈尔滨：哈尔滨工业大学，2013.

[95] 高伟. 几种典型物质对超滤膜的污染及其影响因素

与机制研究[D]. 哈尔滨：哈尔滨工业大学，2013.

[96] 何青. 几种优化操作条件提高"零污染通量"的方法及其机理性研究[D]. 哈尔滨：哈尔滨工业大学，2013.

[97] 杜星，梁恒，叶挺进，陈杰，林显增，黄禹坤，罗旺兴，李圭白. 北江水源水混凝—沉淀—超滤工艺低通量中试研究[J]. 给水排水，2014，50(06)：9-13.

[98] 何青，李圭白，吕谋，孟聪，陈超. 操作条件及运行通量对超滤膜污染的影响[J]. 青岛理工大学学报，2014，35(03)：94-99.

[99] 鄢忠森，瞿芳术，梁恒，郑文禹，杜星，党敏，李圭白. 超滤膜污染以及膜前预处理技术研究进展[J]. 膜科学与技术，2014，34(04)：108-114.

[100] 刘永旺，李星，杨艳玲，任家炜，罗旺兴，林显增，李圭白. 粉末活性炭-超滤一体化工艺处理微污染水效果[J]. 中南大学学报(自然科学版)，2014，45(07)：2517-2522.

[101] 李圭白，瞿芳术，梁恒. 关于在城市饮水净化中采用绿色工艺的一些思考[J]. 给水排水，2014，50(08)：1-3.

[102] 王红雨，齐鲁，陈杰，陈清，李圭白. 颗粒物粒径和有机物分子量对超滤膜污染的影响[J]. 环境工程学报，2014，8(05)：1993-1998.

[103] 常海庆，梁恒，贾瑞宝，瞿芳术，高伟，余华荣，纪洪杰，李圭白. 水动力条件对 MBR 中超滤膜不可逆污染的影响[J]. 哈尔滨工业大学学报，2014，46(12)：20-25.

[104] 李磊，张艳，马放，李圭白. 铜绿微囊藻分泌物对超滤膜污染的影响[J]. 中国给水排水，2014，30(15)：39-43.

[105] 杨威，王丽，邵森林，李圭白. 一种基于膜污染指数的超滤膜污染评价方法[J]. 工业用水与废水，2014，45(02)：33-36.

[106] 张翌. 超滤—反渗透双膜法处理渤海湾海水实验研究[D]. 哈尔滨：哈尔滨工业大学，2014.

[107] 吴晓波. 预培养硝化细菌强化超滤工艺处理季节性突发氨氮污染研究[D]. 哈尔滨：哈尔滨工业大学，2014.

[108] 李倩. 接触氧化—超滤组合工艺处理含高浓度铁锰及氨氮地下水的研究[D]. 哈尔滨：哈尔滨工业大学，2014.

[109] 王彩虹，闫新秀，王瑾丰，牛晓君，梁恒，李圭白. 不同粒径高浓度粉末活性炭组合 UF 膜工艺特征和过滤效果[J]. 环境工程学报，2015，9(10)：4797-4802.

[110] 李圭白，瞿芳术. 城市饮水净化超滤水厂设计若干

新思路[J]. 给水排水，2015，51(01)：1-3.

[111] 李圭白，梁恒. 创新与我国城市饮用水净化技术发展[J]. 给水排水，2015，51(11)：1-7.

[112] 鄢忠森，瞿芳术，梁恒，余华荣，李凯，阳康，李圭白. 利用葡聚糖和蛋白质进行超滤膜切割分子量测试对比研究[J]. 膜科学与技术，2015，35(03)：44-50.

[113] 高伟，梁恒，李圭白. 两种污染物共存及不同过滤顺序对超滤膜的污染特性研究[J]. 给水排水，2015，51(09)：115-119.

[114] 王彩虹，陆美青，闫新秀，梁恒，李圭白. 响应面法在超滤过程分析和评价中的应用[J]. 环境工程学报，2015，9(11)：5348-5356.

[115] 丁安. 重力流膜生物反应器处理灰水效能及通量稳定特性研究[D]. 哈尔滨：哈尔滨工业大学，2015.

[116] 李凯. 中孔吸附树脂对超滤膜不可逆污染的控制研究[D]. 哈尔滨：哈尔滨工业大学，2015.

[117] 邵森林. PAC/UF 工艺中 PAC 对膜污染及净水效能的影响研究[D]. 哈尔滨：哈尔滨工业大学，2015.

[118] 鄢忠森. 低药剂短流程超滤工艺处理微污染水实验研究[D]. 哈尔滨：哈尔滨工业大学，2015.

[119] 党敏. 超滤/纳滤双膜工艺处理南四湖水中试研究[D]. 哈尔滨：哈尔滨工业大学，2015.

[120] 杨震宇. 化学氧化-超滤组合工艺处理含铁锰地下水的技术研究[D]. 哈尔滨：哈尔滨工业大学，2015.

[121] 孙国胜，刘帅，武睿，鄢忠森，瞿芳术，梁恒，李圭白. 超滤膜处理东江水的阈通量和极限通量的对比[J]. 膜科学与技术，2016，36(06)：126-132.

[122] 陈楠，李星，杨艳玲，瞿芳术，唐小斌，李圭白，陈杰. 低水头、低通量浸没式直接超滤工艺净水效能研究[J]. 中国给水排水，2016，32(19)：53-57.

[123] 唐小斌，梁恒，瞿芳术，丁安，李星，陈杰，李圭白. 低压无清洗浸没式直接超滤工艺中试研究[J]. 中国给水排水，2016，32(17)：29-33.

[124] 孙国胜，武睿，何利，鄢忠森，瞿芳术，梁恒，李圭白. 短流程超滤工艺处理东江水中试研究[J]. 中国给水排水，2016，32(15)：14-19.

[125] 韩正双，梁恒，李圭白. 粉末炭-膜生物反应器净化低温沉后水的除污效能[J]. 供水技术，2016，10(04)：1-5.

[126] 王灿，王美莲，杨海燕，瞿芳术，吕谋，徐叶琴，李圭白. 活性炭表面性质对其控制超滤膜不可逆污染的影响[J]. 中国给水排水，2016，32(17)：23-28.

[127] 吕谋，李倩，陈志和，李洪生，李圭白，梁恒，金树峰. 接触氧化-超滤组合处理含铁锰和氨氮地下水[J]. 哈尔滨工业大学学报，2016，48（08）：31-36.

[128] 白朗明，梁恒，贾瑞宝，瞿芳术，丁安，李圭白. 纳米纤维素晶体对超滤膜亲水性能的提升研究[J]. 给水排水，2016，52(12)：30-35.

[129] 王彩虹，闫新秀，王瑾丰，牛晓君，梁恒，李圭白. 在线混凝改善粉末活性炭-超滤工艺效能研究[J]. 水处理技术，2016，42(06)：81-85.

[130] 常庆. 反冲洗水化学组成对超滤膜不可逆污染的影响[D]. 哈尔滨：哈尔滨工业大学，2016.

[131] 朱学武. 超滤/纳滤组合工艺处理钱塘江水系水源水中试研究[D]. 哈尔滨：哈尔滨工业大学，2016.

[132] 王灿. 不同性质的活性炭对超滤膜不可逆污染的影响研究[D]. 哈尔滨：哈尔滨工业大学，2016.

[133] 王美莲，朱学武，丁怀宇，王力彪，邱晖，瞿芳术，梁恒，李圭白. 操作条件对超滤—纳滤组合工艺去除抗生素磺胺二甲基嘧啶影响研究[J]. 给水排水，2017，53(S1)：23-27.

[134] 朱学武，成小翔，谢柏明，邱晖，陈潜，瞿芳术，李圭白，梁恒. 超滤/纳滤组合工艺的运行与优化研究[J]. 中国给水排水，2017，33(05)：10-15.

[135] 杨海燕，王灿，鄢忠森，李冬平，赵焱，瞿芳术，梁恒，徐叶琴，李圭白. 超滤处理东江水不可逆膜污染物的识别和活性炭对其吸附去除[J]. 环境科学，2017，38(04)：1460-1466.

[136] 王小波，瞿芳术，王昊，余华荣，梁恒，李圭白. 超滤膜处理高藻水过程中天然颗粒物对膜污染的影响[J]. 膜科学与技术，2017，37(06)：39-45.

[137] 王天玉，贾瑞宝，于海宽，纪洪杰，梁恒. 超滤膜在南郊水厂改造中的应用[J]. 供水技术，2017，11(04)：1-5.

[138] 党敏，朱学武，杜星，瞿芳术，梁恒，李圭白. 超滤—纳滤双膜工艺处理微污染水源水中试研究[J]. 给水排水，2017，53(01)：44-48.

[139] 成小翔，朱学武，梁恒，瞿芳术，丁安，李圭白. 臭氧/陶瓷超滤膜短流程净水工艺实验研究[J]. 中国给水排水，2017，33(01)：22-26.

[140] 杨海燕，王灿，赵焱，鄢忠森，佘沛阳，梁恒，徐叶琴，李圭白. 东江水膜污染物质的确定及污染机理研究[J]. 哈尔滨工业大学学报，2017，49(08)：8-14.

[141] 王辉，丁安，成小翔，朱学武，王金龙，李圭白，梁恒. 钙离子浓度对超滤天然有机物膜污染的影响[J]. 中国给水排水，2017，33(15)：31-35.

[142] 杨海洋，杜星，甘振东，李圭白，梁恒. 混凝-助凝-超滤工艺处理地表水膜污染[J]. 哈尔滨工业大学学报，2017，49(02)：13-19.

[143] 瞿芳术，王小波，任南琪，余华荣，梁恒，陈伟雄，李圭白. 生物活性炭滤池/超滤组合工艺处理华南山区水库水[J]. 中国给水排水，2017，33(09)：16-21.

[144] 李圭白，李星，瞿芳术，梁恒. 试谈深度处理与超滤历史观[J]. 给水排水，2017，53(07)：1-48.

[145] 王天玉，贾瑞宝，于海宽，纪洪杰，梁恒. 碳泥回流对于超滤组合工艺的影响[J]. 供水技术，2017，11(03)：1-6.

[146] 杨海燕，邢加建，王灿，孙国胜，赵焱，梁恒，李圭白. 预处理对短流程超滤工艺不可逆膜污染影响的中试实验[J]. 环境科学，2017，38(03)：1046-1053.

[147] 鄢忠森，瞿芳术，梁恒，李冬平，孙国胜，李圭白. 肇庆高新区超滤膜水厂示范工程运行分析[J]. 中国给水排水，2017，33(07)：46-49.

[148] 邢加建，武睿，杨海燕，瞿芳术，梁恒，李圭白. 直接超滤/吸附-超滤工艺处理东江水中试对比研究[J]. 供水技术，2017，11(01)：8-13.

[149] 白朗明. 碳纳米管和纳米纤维素晶体对超滤膜性能的提升研究[D]. 哈尔滨：哈尔滨工业大学，2017.

[150] 王辉. 臭氧氧化联合粉末活性炭吸附缓解超滤膜污染研究[D]. 哈尔滨：哈尔滨工业大学，2017.

[151] 杜星. 低压膜法水处理中表面流体剪切力对混合颗粒污染的影响[D]. 哈尔滨：哈尔滨工业大学，2017.

[152] 王明泉. 水源调蓄供水雌激素污染特征及光催化耦合膜滤技术[D]. 哈尔滨：哈尔滨工业大学，2017.

[153] 王小波. 生物预处理/超滤组合工艺处理华南山区水库水研究[D]. 哈尔滨：哈尔滨工业大学，2017.

[154] 曹伟奎. 曝气生物滤池耦合超滤工艺处理山区水库水的实验研究[D]. 哈尔滨：哈尔滨工业大学，2017.

[155] 朱学武，党敏，甘振东，杜星，瞿芳术，梁恒，李圭白. 超滤-纳滤双膜工艺深度处理南四湖水中试研究[J]. 给水排水，2018，54(03)：28-32.

[156] 柳斌，瞿芳术，施周，唐小斌，纪洪杰，梁恒，李圭白. 低压重力驱动式超滤工艺处理引黄水库水中试研究[J]. 给水排水，2018，54(06)：40-44.

[157] 曹伟奎，瞿芳术，吕谋，李圭白，秦世亮，梁恒. 内压式超滤工艺处理山区水库水的实验. 净水技术

[J]，2018，37(07)：31-36.

[158] 杜星，张开明，关妙婷，王志红，李圭白，梁恒. 压力驱动膜系统中流体剪切力及其对膜污染的影响. 膜科学与技术[J]，2018，38(06)：138-148.

[159] 唐小斌. 生物滤饼层/超滤耦合工艺净化水源水机理及优化研究[D]. 哈尔滨：哈尔滨工业大学，2018.

[160] 柳斌. 超滤处理含藻水的藻源混合污染特性与工艺调控研究[D]. 哈尔滨：哈尔滨工业大学，2018.

[161] 李丽. 直接超滤工艺处理微污染水源水的净水效能及膜污染控制研究[D]. 哈尔滨：哈尔滨工业大学，2018.

[162] 王彩虹. 工艺调控与膜改性对超滤膜除污染效能的影响及机制研究[D]. 哈尔滨：哈尔滨工业大学，2018.

[163] 黄乔津. 外循环连续过滤-超滤组合工艺处理松花江水的中试研究[D]. 哈尔滨：哈尔滨工业大学，2018.

[164] 李丽，于海宽，吕谋，李圭白，纪洪杰. 集成式单阀重力反冲洗超滤工艺处理引黄水库原水[J]. 中国给水排水，2019，35(05)：12-18.

[165] 黄乔津，郭远庆，梁恒，李圭白. 连续过滤-超滤工艺处理松花江水中试研究[J]. 哈尔滨工业大学学报[J]，2019，51(02)：8-15.

[166] 郑斌，褚岩，赵绪军，甘振东，梁恒. 纳滤和反渗透技术在高含盐地下水中的应用及比较研究[J]. 给水排水，2019，55(05)：17-24.

[167] 徐凯，杨艳玲，于海宽，李星，梁恒，李圭白，纪洪杰. 新型超滤系统的除污染效能及膜污染控制中试研究[J]. 给水排水，2019，55(06)：44-49.

[168] 吴梓坚，余华荣，梁恒. 应用前表面三维荧光表征有机膜污染物质的方法. 哈尔滨工业大学学报[J]，2019，51(02)：22-26.

[169] 牛东媛. 化学强化反冲洗对超滤膜污染控制实验研究[D]. 哈尔滨：哈尔滨工业大学，2019.

[170] 武虹好. 纳米纤维素晶体/聚醚砜复合超滤膜的抗污染性能及膜老化研究[D]. 哈尔滨：哈尔滨工业大学，2019.

[171] 杨晶. 强化混凝和超滤组合工艺处理高藻水过程中膜污染特性研究[D]. 哈尔滨：哈尔滨工业大学，2019.

[172] 刘珂. 次氯酸钠化学清洗对超滤膜性能影响的研究[D]. 哈尔滨：哈尔滨工业大学，2019.

[173] 甘振东，孟凡，朱学武，李圭白，梁恒. 岸滤工艺作为纳滤预处理技术的效能和适用性研究[J]. 给水排水，2020，56(S2)：22-28.

[174] 梁恒，唐小斌，柳斌，王金龙，瞿芳术，李圭白. 超滤组合工艺处理含藻水膜污染机制及调控研究[J]. 给水排水，2020，56(07)：54-60.

[175] 唐小斌，郭铁成，岳霄，于海宽，李星，李圭白，梁恒. 化学强化水力反冲洗缓解藻源膜污染机制及优化研究[J]. 给水排水，2020，56(S2)：142-149.

[176] 唐小斌，张洪嘉，王元馨，王金龙，陈睿，李圭白，梁恒. 缓速滤池耦合重力流超滤工艺净化微污染地表水研究[J]. 给水排水，2020，56(11)：25-32.

[177] 瞿芳术，余华荣，朱学武，杜星，李圭白，梁恒. 基于超滤/纳滤双膜工艺的给水厂应急处理技术研究[J]. 给水排水，2020，56(S2)：189-194.

[178] 林显增，林达超，张伟杰，罗旺兴，黄明珠，梁恒. 浸没式超滤膜中试装置直接处理北江水的研究[J]. 中国给水排水，2020，36(09)：63-68.

[179] 武睿，郭卫鹏，赵焱，钟健宇，甘振东，梁恒，李圭白. 纳滤工艺在浅层地下水处理中的应用研究[J]. 给水排水，2020，56(11)：9-14.

[180] 梁恒，唐小斌，王金龙，陈睿，李圭白. 无清洗重力驱动超滤工艺净水效能及机理. 哈尔滨工业大学学报[J]，2020，52(06)：103-110.

[181] 邢加建. 紫外/氯预处理控制超滤膜污染的效能与机制研究[D]. 哈尔滨：哈尔滨工业大学，2020.

[182] 黄凯杰. 重力流超滤处理含铁含锰地下水研究[D]. 哈尔滨：哈尔滨工业大学，2020.

[183] 钟健宇. 纳滤组合工艺处理喀什地区苦咸水效能调控[D]. 哈尔滨：哈尔滨工业大学，2020.

[184] 孟凡. 用于苦咸水淡化的纳滤/反渗透工艺运行与优化[D]. 哈尔滨：哈尔滨工业大学，2020.

[185] 丁俊文. 基于亲水材料的功能层改性纳滤膜构筑及性能研究[D]. 哈尔滨：哈尔滨工业大学，2020.

[186] 赵焱，武睿，郭卫鹏，钟健宇，甘振东，梁恒. 天然沸石与纳滤组合工艺处理铜突发污染的应用. 净水技术，2021，40(04)：24-30.

[187] 梁恒，李圭白. 饮用水净化工艺的代际认知与融合[J]. 给水排水，2021，57(01)：1-3.

[188] 朱学武. 基于界面特性制备高性能纳滤膜及其性能研究[D]. 哈尔滨：哈尔滨工业大学，2021.

[189] 高圣华，张晓，张岚. 饮用水中病毒的健康危害与控制[J]. 净水技术 2020，39，(03)，1-8.

[190] 王小佬，纳滤膜在市政给水处理方面的应用[Z]，纳滤膜产业联盟，2020.

[191] 杨海燕，活性炭-超滤水质安全保障绿色工艺优化[D]. 哈尔滨：哈尔滨工业大学，2016.

[192] 李凯，田家宇，叶挺进，王培宁，韩正双，陈杰，李圭白. 混凝沉淀-浸没式超滤膜处理北江水中试研究[J]. 哈尔滨工业大学学报 2012，44，(02)，

38-42＋51.

[193] 唐小斌．海南省文昌市赤纸水库水 GDM 实验报告［R］，2014-2015.

[194] 秦世亮．生物活性炭-重力式超滤工艺处理优质水库水效能研究［D］．哈尔滨：哈尔滨工业大学，2018.

[195] 王茜．生物滤池-超滤耦合工艺去除微污染地表水中典型 PPCPs 的机制及调控研究［D］．哈尔滨：哈尔滨工业大学，2022.

[196] 柳志豪．重力式超滤处理地表水除铁除锰效能与机理研究［D］．哈尔滨：哈尔滨工业大学，2022.

[197] 甘振东．岸滤/纳滤组合过滤技术净水特性与运行稳定性研究［D］．哈尔滨：哈尔滨工业大学，2021.

[198] 王金龙．离子交换膜电解耦合双膜法工艺回收纳滤浓水机制与调控［D］．哈尔滨：哈尔滨工业大学，2021.

[199] 唐小斌．东营南郊水厂浸没式 PVC 复合膜和 PVDF 膜污染分析及调控措施研究报告［R］，2018.

[200] 孙唯祎．有机物对重力流超滤处理含铁锰地表水的影响机制及应对突发污染研究［D］．哈尔滨：哈尔滨工业大学，2021.

[201] 宋必伟．活性炭滤池—超滤联用对引黄水库水深度处理实验研究［D］．哈尔滨：哈尔滨工业大学，2014.

[202] XIA S J, LI X, LIU R P, LI B. Pilot study of drinking water production with ultrafiltration of water from the Songhuajiang River (China)[J]. Desalination, 2004, 179(1-3): 369-374.

[203] XIA S J, NAN J, LIU R P, LI G B. Study of drinking water treatment by ultrafiltration of surface water and its application to China[J]. Desalination, 2004, 170(1): 41-47.

[204] XIA S J, LI X, LIU R P, LI G B. Study of reservoir water treatment by ultrafiltration for drinking water production[J]. Desalination, 2004, 167: 23-26.

[205] XIA S J, LI X, ZHANG Q L, XU B, LI G B. Ultrafiltration of surface water with coagulation pretreatment by streaming current control[J]. Desalination, 2007, 204(1-3): 351-358.

[206] LIANG H, GONG W J, CHEN J, LI G B. Cleaning of fouled ultrafiltration (UF) membrane by algae during reservoir water treatment[J]. Desalination, 2008, 220(1-3): 267-272.

[207] LIANG H, YANG Y L, GONG W J, LI X, LI G B. Effect of pretreatment by permanganate/chlorine on algae fouling control for ultrafiltration (UF) membrane system[J]. Desalination, 2008, 222(1-3): 74-80.

[208] TIAN J Y, LIANG H, YANG Y L, TIAN S, LI G B. Enhancement of organics removal in membrane bioreactor by addition of coagulant for drinking water treatment[J]. Journal of biotechnology, 2008, 136: S668.

[209] TIAN J Y, LIANG H, YANG Y L, TIAN S, LI G B. Membrane adsorption bioreactor (MABR) for treating slightly polluted surface water supplies: as compared to membrane bioreactor (MBR)[J]. Journal of membrane science, 2008, 325(1): 262-270.

[210] TIAN J Y, LIANG H, LI X, YOU S J, TIAN S, LI G B. Membrane coagulation bioreactor (MCBR) for drinking water treatment[J]. Water research, 2008, 42(14): 3910-3920.

[211] LIANG H, GONG W J, LI G B. Performance evaluation of water treatment ultrafiltration pilot plants treating algae-rich reservoir water[J]. Desalination, 2008, 221(1-3): 345-350.

[212] LIANG H, JUN N, HE W J, LI G B. Algae removal by ultrasonic irradiation-coagulation[J]. Desalination, 2009, 239(1-3): 191-197.

[213] TIAN J Y, CHEN Z L, LIANG H, LI X, WANG Z Z, LI G B. Comparison of biological activated carbon (BAC) and membrane bioreactor (MBR) for pollutants removal in drinking water treatment[J]. Water science and technology, 2009, 60(6): 1515-1523.

[214] SUN L H, LIU R P, XIA S J, YANG Y L, LI G B. Enhanced As(Ⅲ) removal with permanganate oxidation, ferric chloride precipitation and sand filtration as pretreatment of ultrafiltration[J]. Desalination, 2009, 243(1-3): 122-131.

[215] TIAN J Y, CHEN Z L, YANG Y L, LIANG H, NAN J, WANG Z Z, LI G B. Hybrid process of BAC and sMBR for treating polluted raw water[J]. Bioresource technology, 2009, 100(24): 6243-6249.

[216] QI L, LIANG H, WANG Y, LI G B. Integration of immersed membrane ultrafiltration with the reuse of PAC and alum sludge (RPAS) process for drinking water treatment[J]. Desalination, 2009, 249(1): 440-444.

[217] TIAN J Y, LIANG H, NAN J, YANG Y L, YOU S J, LI G B. Submerged membrane bioreac-

tor（sMBR）for the treatment of contaminated raw water[J]. Chemical engineering journal，2009，148（2-3）：296-305.

[218] SUN L H，LI X，ZHANG G Y，CHEN J，XU Z，LI G B. The substitution of sand filtration by immersed-UF for surface water treatment：pilot-scale studies[J]. Water science and technology，2009，60(9)：2337-2343.

[219] LIANG H，NAN J，ZHANG X X，CHEN Z L，TIAN J Y，LI G B. A novel on-line optical method for algae measurement[J]. Journal of chemical technology & biotechnology，2010，85（10）：1413-1418.

[220] TIAN J Y，XU Y P，CHEN Z L，NAN J，LI G B. Air bubbling for alleviating membrane fouling of immersed hollow-fiber membrane for ultrafiltration of river water[J]. Desalination，2010，260(1-3)：225-230.

[221] TIAN J Y，CHEN Z L，YANG Y L，LIANG H，NAN J，LI G B. Consecutive chemical cleaning of fouled PVC membrane using NaOH and ethanol during ultrafiltration of river water[J]. Water research，2010，44(1)：59-68.

[222] TIAN J Y，CHEN Z L，NAN J，LIANG H，LI G B. Integrative membrane coagulation adsorption bioreactor（MCABR）for enhanced organic matter removal in drinking water treatment[J]. Journal of membrane science，2010，352(1-2)：205-212.

[223] ZHANG Y，TIAN J Y，LIANG H，NAN J，CHEN Z L，LI G B. Chemical cleaning of fouled PVC membrane during ultrafiltration of algal-rich water[J]. Journal of environmental sciences，2011，23(4)：529-536.

[224] YU W Z，GREGORY J，LIU T，YANG Y L，SUN M，LI G B. Effect of enhanced coagulation by KMnO4 on the fouling of ultrafiltration membranes [J]. Water science and technology，2011，64(7)：1497-1502.

[225] YU W Z，LIU T，GREGORY J，CAMPOS L，LI G B，QU J H. Influence of flocs breakage process on submerged ultrafiltration membrane fouling[J]. Journal of membrane science，2011，385：194-199.

[226] GAO W，LIANG H，MA J，HAN M，CHEN Z L，HAN Z S，LI G B. Membrane fouling control in ultrafiltration technology for drinking water production：A review[J]. Desalination，2011，272(1-3)：1-8.

[227] QU F S，LIANG H，HE J G，MA J，WANG Z Z，YU H R，LI G B. Characterization of dissolved extracellular organic matter（dEOM）and bound extracellular organic matter（bEOM）of Microcystis aeruginosa and their impacts on UF membrane fouling[J]. Water research，2012，46(9)：2881-2890.

[228] QI L，WANG H C，ZHENG X，LI G B. Effects of natural organic matters molecular weight distribution on the immersed ultrafiltration membrane fouling of different materials[J]. Desalination and water treatment，2012，50(1-3)：95-101.

[229] ZHANG Y，TANG C Y，LI G B. The role of hydrodynamic conditions and pH on algal-rich water fouling of ultrafiltration[J]. Water research，2012，46(15)：4783-4789.

[230] QU F S，LIANG H，TIAN J Y，YU H R，CHEN Z L，LI G B. Ultrafiltration（UF）membrane fouling caused by cyanobateria：Fouling effects of cells and extracellular organics matter（EOM）[J]. Desalination，2012，293：30-37.

[231] QU F S，LIANG H，WANG Z Z，WANG H，YU H R，LI G B. Ultrafiltration membrane fouling by extracellular organic matters（EOM）of Microcystis aeruginosa in stationary phase：influences of interfacial characteristics of foulants and fouling mechanisms[J]. Water research，2012，46（5）：1490-1500.

[232] DING A，QU F S，LIANG H，MA J，HAN Z S，YU H R，GUO S D，LI G B. A novel integrated vertical membrane bioreactor（IVMBR）for removal of nitrogen from synthetic wastewater/domestic sewage[J]. Chemical engineering journal，2013，223：908-914.

[233] ZHANG Y，MA F，LI G B. Fouling of ultrafiltration membrane by algal-rich water：effect of kalium，calcium，and aluminum[J]. Journal of colloid and interface science，2013，405：22-27.

[234] HAN Z S，TIAN J Y，LIANG H，MA J，YU H R，LI K，DING A，LI G B. Measuring the activity of heterotrophic microorganism in membrane bioreactor for drinking water treatment[J]. Bioresource technology，2013，130：136-143.

[235] BAI L M，QU F S，LIANG H，MA J，CHANG H Q，WANG M L，LI G B. Membrane fouling during ultrafiltration（UF）of surface water：Effects of sludge discharge interval（SDI）[J]. Desalination，2013，319：18-24.

709

[236] WANG Z Z, LIANG H, QU F S, MA J, CHEN J, LI G B. Start up of a gravity flow CANON-like MBR treating surface water under low temperature [J]. Chemical engineering journal, 2013, 217: 466-474.

[237] SHAO S L, QU F S, LIANG H, CHANG H Q, YU H R, LI G B. Characterization of membrane foulants in a pilot-scale powdered activated carbon-membrane bioreactor for drinking water treatment [J]. Process biochemistry, 2014, 49(10): 1741-1746.

[238] LI K, LIANG H, QU F S, SHAO S L, YU H R, HAN Z S, DU X, LI G B. Control of natural organic matter fouling of ultrafiltration membrane by adsorption pretreatment: Comparison of meso-porous adsorbent resin and powdered activated carbon[J]. Journal of membrane science, 2014, 471: 94-102.

[239] DING A, LIANG H, QU F S, BAI L M, LI G B, NGO H H, GUO W S. Effect of granular activated carbon addition on the effluent properties and fouling potentials of membrane-coupled expanded granular sludge bed process[J]. Bioresource technology, 2014, 171: 240-246.

[240] SHAO S L, LIANG H, QU F S, YU H R, LI K, LI G B. Fluorescent natural organic matter fractions responsible for ultrafiltration membrane fouling: Identification by adsorption pretreatment coupled with parallel factor analysis of excitation emission matrices[J]. Journal of membrane science, 2014, 464: 33-42.

[241] LI K, QU F S, LIANG H, SHAO S L, HAN Z S, CHANG H Q, DU X, LI G B. Performance of mesoporous adsorbent resin and powdered activated carbon in mitigating ultrafiltration membrane fouling caused by algal extracellular organic matter[J]. Desalination, 2014, 336: 129-137.

[242] CHANG H Q, QU F S, LIANG H, JIA R B, GAO W, BAI L M, JI H J, LI G B. Quick start-up of membrane bioreactor for treating micro-polluted surface water under low temperature[J]. Journal of water supply: research and technology, 2014, 63(5): 350-357.

[243] DU X, QU F S, LIANG H, LI K, YU H R, BAI L M, LI G B. Removal of antimony (III) from polluted surface water using a hybrid coagulation-flocculation-ultrafiltration (CF-UF) process[J]. Chemical engineering journal, 2014, 254: 293-301.

[244] QU F S, LIANG H, ZHOU J, NAN J, SHAO S L, ZHANG J Q, LI G B. Ultrafiltration membrane fouling caused by extracellular organic matter (EOM) from Microcystis aeruginosa: effects of membrane pore size and surface hydrophobicity[J]. Journal of membrane science, 2014, 449: 58-66.

[245] YU H R, QU F S, LIANG H, HAN Z S, MA J, SHAO S L, CHANG H Q, LI G B. Understanding ultrafiltration membrane fouling by extracellular organic matter of Microcystis aeruginosa using fluorescence excitation-emission matrix coupled with parallel factor analysis [J]. Desalination, 2014, 337: 67-75.

[246] WANG Z Z, FIELD R W, QU F S, HAN Y, LIANG H, LI G B. Use of threshold flux concept to aid selection of sustainable operating flux: A multi-scale study from laboratory to full scale[J]. Separation and purification technology, 2014, 123: 69-78.

[247] LIU B, LIANG H, QU F S, CHANG H Q, SHAO S L, REN N Q, LI G B. Comparison of evaluation methods for Microcystis cell breakage based on dissolved organic carbon release, potassium release and flow cytometry[J]. Chemical engineering journal, 2015, 281: 174-182.

[248] QU F S, DU X, LIU B, HE J G, REN N Q, LI G B, LIANG H. Control of ultrafiltration membrane fouling caused by Microcystis cells with permanganate preoxidation: Significance of in situ formed manganese dioxide[J]. Chemical engineering journal, 2015, 279: 56-65.

[249] CHANG H Q, QU F S, LIANG H, JIA R B, YU H R, SHAO S L, LI K, GAO W, LI G B. Correlating ultrafiltration membrane fouling with membrane properties, water quality, and permeate flux[J]. Desalination and water treatment, 2015, 56(7): 1746-1757.

[250] DING A, PRONK W, QU F S, MA J, LI G B, LI K, LIANG H. Effect of calcium addition on sludge properties and membrane fouling potential of the membrane-coupled expanded granular sludge bed process[J]. Journal of membrane science, 2015, 489: 55-63.

[251] WANG Z Z, QU F S, LIANG H, LI G B, FIELD R W. Effect of low temperature on the performance of a gravity flow CANON-like pilot plant MBR treating surface water[J]. Desalination and

water treatment, 2015, 56(11): 2856-2866.

[252] QU F S, YAN Z S, LIU W, SHAO S L, REN X J, REN N Q, LI G B, LIANG H. Effects of manganese dioxides on the ultrafiltration membrane fouling by algal extracellular organic matter [J]. Separation and purification technology, 2015, 153: 29-36.

[253] QI L, ZHENG X, LI G B. Factors influencing critical flux of UF membrane in drinking water treatment[J]. Desalination and water treatment, 2015, 56(12): 3305-3312.

[254] CHANG H Q, LIU B C, LUO W S, LI G B. Fouling mechanisms in the early stage of an enhanced coagulation-ultrafiltration process[J]. Frontiers of environmental science & engineering, 2015, 9(1): 73-83.

[255] CHANG H Q, QU F S, LIU B C, YU H R, LI K, SHAO S L, LI G B, LIANG H. Hydraulic irreversibility of ultrafiltration membrane fouling by humic acid: effects of membrane properties and backwash water composition[J]. Journal of membrane science, 2015, 493: 723-733.

[256] YU H R, LIANG H, QU F S, HAN Z S, SHAO S L, CHANG H Q, LI G B. Impact of dataset diversity on accuracy and sensitivity of parallel factor analysis model of dissolved organic matter fluorescence excitation-emission matrix[J]. Scientific reports, 2015, 5(1): 1-11.

[257] SHAO S L, QU F S, LIANG H, LI K, YU H R, CHANG H Q, LI G B. Powdered activated carbon - membrane bioreactor operated under intermittent aeration and short sludge retention times for micro-polluted surface water treatment[J]. International biodeterioration & biodegradation, 2015, 102: 81-88.

[258] QI L, LIU G H, ZHENG X, LI G B. Reuse of PAC and alum sludge (RPAS) process: pretreatment to reduce membrane fouling[J]. Desalination and water treatment, 2015, 53(9): 2421-2428.

[259] BAI L M, LIANG H, CRITTENDEN J, QU F S, DING A, MA J, DU X, GUO S D, LI G B. Surface modification of UF membranes with functionalized MWCNTs to control membrane fouling by NOM fractions[J]. Journal of membrane science, 2015, 492: 400-411.

[260] YU H R, QU F S, CHANG H Q, SHAO S L, ZOU X X, LI G B, LIANG H. Understanding ul-

trafiltration membrane fouling by soluble microbial product and effluent organic matter using fluorescence excitation - emission matrix coupled with parallel factor analysis[J]. International biodeterioration & biodegradation, 2015, 102: 56-63.

[261] SHAO S L, QU F S, LIANG H, CHANG H Q, YU H R, LI G B. A pilot-scale study of a powdered activated carbon-membrane bioreactor for the treatment of water with a high concentration of ammonia[J]. Environmental science: water research & technology, 2016, 2(1): 125-133.

[262] WANG C H, WEI A S, WU H, QU F S, CHEN W X, LIANG H, LI G B. Application of response surface methodology to the chemical cleaning process of ultrafiltration membrane[J]. Chinese journal of chemical engineering, 2016, 24(05): 651-657.

[263] DU X, QU F S, LIANG H, LI K, CHANG H Q, LI G B. Cake properties in ultrafiltration of TiO 2 fine particles combined with HA: in situ measurement of cake thickness by fluid dynamic gauging and CFD calculation of imposed shear stress for cake controlling[J]. Environmental science and pollution research, 2016, 23(9): 8806-8818.

[264] WANG H, QU F S, DING A, LIANG H, JIA R H, LI K, BAI L M, CHANG H Q, LI G B. Combined effects of PAC adsorption and in situ chlorination on membrane fouling in a pilot-scale coagulation and ultrafiltration process[J]. Chemical engineering journal, 2016, 283: 1374-1383.

[265] SHAO S L, LIANG H, QU F S, LI K, CHANG H Q, YU H R, LI G B. Combined influence by humic acid (HA) and powdered activated carbon (PAC) particles on ultrafiltration membrane fouling [J]. Journal of membrane science, 2016, 500: 99-105.

[266] TANG X B, DING A, QU F S, JIA R H, CHANG H Q, CHENG X X, LIU B, LI G B, LIANG H. Effect of operation parameters on the flux stabilization of gravity-driven membrane (GDM) filtration system for decentralized water supply[J]. Environmental science and pollution research, 2016, 23(16): 16771-16780.

[267] CHENG X X, LIANG H, DING A, QU F S, SHAO S L, LIU B, WANG H, WU D J, LI G B. Effects of pre-ozonation on the ultrafiltration of different natural organic matter (NOM) fractions: Membrane fouling mitigation, prediction and mech-

anism[J]. Journal of membrane science, 2016, 505: 15-25.

[268] DING A, LIANG H, LI G B, DERLON N, SZIVAK I, MORGENROTH E, PRONK W. Impact of aeration shear stress on permeate flux and fouling layer properties in a low pressure membrane bioreactor for the treatment of grey water[J]. Journal of membrane science, 2016, 510: 382-390.

[269] LI K, HUANG T L, QU F S, DU X, DING A, LI G B, LIANG H. Performance of adsorption pretreatment in mitigating humic acid fouling of ultrafiltration membrane under environmentally relevant ionic conditions[J]. Desalination, 2016, 377: 91-98.

[270] WANG M Q, QU F S, JIA R H, SUN S H, LI G B, LIANG H. Preliminary study on the removal of steroidal estrogens using TiO_2-doped PVDF ultrafiltration membranes[J]. Water, 2016, 8(4): 134.

[271] CHANG H Q, LIANG H, QU F S, SHAO S L, YU H R, LIU B, GAO W, LI G B. Role of backwash water composition in alleviating ultrafiltration membrane fouling by sodium alginate and the effectiveness of salt backwashing[J]. Journal of membrane science, 2016, 499: 429-441.

[272] CHANG H Q, LIANG H, QU F S, MA J, REN N Q, LI G B. Towards a better hydraulic cleaning strategy for ultrafiltration membrane fouling by humic acid: Effect of backwash water composition[J]. Journal of environmental sciences, 2016, 43: 177-186.

[273] DING A, LIANG H, LI G B, SZIVAK I, TRABER J, PRONK W. A low energy gravity-driven membrane bioreactor system for grey water treatment: permeability and removal performance of organics[J]. Journal of membrane science, 2017, 542: 408-417.

[274] DING A, WANG J L, LIN D C, TANG X B, CHENG X X, WANG H, BAI L M, LI G B, LIANG H. A low pressure gravity-driven membrane filtration (GDM) system for rainwater recycling: Flux stabilization and removal performance[J]. Chemosphere, 2017, 172: 21-28.

[275] LIU B, QU F S, LIANG H, GAN Z D, YU H R, LI G B, VAN DER BRUGGEN B. Algae-laden water treatment using ultrafiltration: Individual and combined fouling effects of cells, debris, extracellular and intracellular organic matter[J]. Journal of

membrane science, 2017, 528: 178-186.

[276] CHENG X X, LIANG H, DING A, ZHU X W, TANG X B, GAN Z D, XING J J, WU D J, LI G B. Application of Fe(II)/peroxymonosulfate for improving ultrafiltration membrane performance in surface water treatment: Comparison with coagulation and ozonation[J]. Water research, 2017, 124: 298-307.

[277] BAI L M, BOSSA N, QU F S, WINGLEE J, LI G B, SUN K, LIANG H, WIESNER M R. Comparison of hydrophilicity and mechanical properties of nanocomposite membranes with cellulose nanocrystals and carbon nanotubes[J]. Environmental science & technology, 2017, 51(1): 253-262.

[278] DU X, QU F S, LIANG H, LI K, BAI L M, LI G B. Control of submerged hollow fiber membrane fouling caused by fine particles in photocatalytic membrane reactors using bubbly flow: Shear stress and particle forces analysis[J]. Separation and purification technology, 2017, 172: 130-139.

[279] YAN Z S, LIU B, QU F S, DING A, LIANG H, ZHAO Y, LI G B. Control of ultrafiltration membrane fouling caused by algal extracellular organic matter (EOM) using enhanced Al coagulation with permanganate[J]. Separation and purification technology, 2017, 172: 51-58.

[280] SHAO S L, CAI L Y, LI K, LI J Y, DU X, LI G B, LIANG H. Deposition of powdered activated carbon (PAC) on ultrafiltration (UF) membrane surface: influencing factors and mechanisms[J]. Journal of membrane science, 2017, 530: 104-111.

[281] CHANG H Q, LIU B C, LIANG H, YU H R, SHAO S L, LI G B. Effect of filtration mode and backwash water on hydraulically irreversible fouling of ultrafiltration membrane[J]. Chemosphere, 2017, 179: 254-264.

[282] CHENG X X, LIANG H, QU F S, DING A, CHANG H Q, LIU B, TANG X B, WU D J, LI G B. Fabrication of Mn oxide incorporated ceramic membranes for membrane fouling control and enhanced catalytic ozonation of p-chloronitrobenzene[J]. Chemical engineering journal, 2017, 308: 1010-1020.

[283] CHENG X X, LIANG H, DING A, TANG X B, LIU B, ZHU X W, GAN Z D, WU D J, LI G B. Ferrous iron/peroxymonosulfate oxidation as a pretreatment for ceramic ultrafiltration membrane:

Control of natural organic matter fouling and degradation of atrazine[J]. Water research, 2017, 113: 32-41.

[284] WANG H, DING A, GAN Z D, QU F S, CHENG X X, BAI L M, GUO S D, LI G B, LIANG H. Fluorescent natural organic matter responsible for ultrafiltration membrane fouling: Fate, contributions and fouling mechanisms[J]. Chemosphere, 2017, 182: 183-193.

[285] CHANG H Q, LIANG H, QU F S, LIU B C, YU H R, DU X, LI G B, SNYDER S A. Hydraulic backwashing for low-pressure membranes in drinking water treatment: A review[J]. Journal of membrane science, 2017, 540: 362-380.

[286] DING A, WANG J L, LIN D C, TANG X B, CHENG X X, LI G B, REN N Q, LIANG H. In situ coagulation versus pre-coagulation for gravity-driven membrane bioreactor during decentralized sewage treatment: Permeability stabilization, fouling layer formation and biological activity[J]. Water research, 2017, 126: 197-207.

[287] LIU B, QU F S, LIANG H, VAN DER BRUGGEN B, CHENG X X, YU H R, XU G R, LI G B. Microcystis aeruginosa -laden surface water treatment using ultrafiltration: Membrane fouling, cell integrity and extracellular organic matter rejection[J]. Water research, 2017, 112: 83-92.

[288] DU X, LIU X F, WANG Y, RADAEI E, LIAN B, LESLIE G, LI G B, LIANG H. Particle deposition on flat sheet membranes under bubbly and slug flow aeration in coagulation-microfiltration process: Effects of particle characteristic and shear stress[J]. Journal of membrane science, 2017, 541: 668-676.

[289] SHAO S L, FENG Y J, YU H R, LI J Y, LI G B, LIANG H. Presence of an adsorbent cake layer improves the performance of gravity-driven membrane (GDM) filtration system[J]. Water research, 2017, 108: 240-249.

[290] WANG H, PARK M, LIANG H, WU S M, LOPEZ I J., JI W K, LI G B, SNYDER S A. Reducing ultrafiltration membrane fouling during potable water reuse using pre-ozonation[J]. Water research, 2017, 125: 42-51.

[291] DU X, WANG Y, LESLIE G, LI G B, LIANG H. Shear stress in a pressure - driven membrane system and its impact on membrane fouling from a hydrodynamic condition perspective: a review[J]. Journal of chemical technology & biotechnology, 2017, 92(3): 463-478.

[292] QU F S, YAN Z S, WANG H, WANG X B, LIANG H, YU H R, HE J G, LI G B. A pilot study of hybrid biological activated carbon (BAC) filtration-ultrafiltration process for water supply in rural areas: role of BAC pretreatment in alleviating membrane fouling[J]. Environmental science: water research & technology, 2018, 4(2): 315-324.

[293] XING J J, WANG H X, CHENG X X, TANG X B, LUO X S, WANG J L, WANG T Y, LI G B, LIANG H. Application of low-dosage UV/chlorine pre-oxidation for mitigating ultrafiltration (UF) membrane fouling in natural surface water treatment [J]. Chemical engineering journal, 2018, 344: 62-70.

[294] TIAN J Y, WU G W, YU H R, GAO S S, LI G B, GUI F Y, QU F S. Applying ultraviolet/persulfate (UV/PS) pre-oxidation for controlling ultrafiltration membrane fouling by natural organic matter (NOM) in surface water[J]. Water research, 2018, 132: 190-199.

[295] TANG X B, DING A, PRONK W, ZIEMBA C, CHENG X X, WANG J L, XING J J, XIE B H, LI G B, LIANG H. Biological pre-treatments enhance gravity-driven membrane filtration for the decentralized water supply: Linking extracellular polymeric substances formation to flux stabilization[J]. Journal of cleaner production, 2018, 197: 721-731.

[296] GUO Y Q, BAI L M, TANG X B, HUANG Q J, XIE B H, WANG T Y, WANG J L, LI G B, LIANG H. Coupling continuous sand filtration to ultrafiltration for drinking water treatment: Improved performance and membrane fouling control [J]. Journal of membrane science, 2018, 567: 18-27.

[297] TANG X B, PRONK W, DING A, CHENG X X, WANG J L, XIE B H, LI G B, LIANG H. Coupling GAC to ultra-low-pressure filtration to modify the biofouling layer and bio-community: flux enhancement and water quality improvement[J]. Chemical engineering journal, 2018, 333: 289-299.

[298] DING A, WANG J L, LIN D C, CHENG X X, WANG H, BAI L M, REN N Q, LI G B, LIANG H. Effect of PAC particle layer on the performance of gravity-driven membrane filtration (GDM) system during rainwater treatment[J]. En-

vironmental science: water research & technology, 2018, 4(1): 48-57.

[299] CHENG X X, WU D J, LIANG H, ZHU X W, TANG X B, GAN Z D, XING J J, LUO X S, LI G B. Effect of sulfate radical-based oxidation pretreatments for mitigating ceramic UF membrane fouling caused by algal extracellular organic matter [J]. Water research, 2018, 145: 39-49.

[300] DING A, WANG J L, LIN D C, ZENG R, YU S P, GAN Z D, REN N Q, LI G B, LIANG H. Effects of GAC layer on the performance of gravity-driven membrane filtration (GDM) system for rainwater recycling [J]. Chemosphere, 2018, 191: 253-261.

[301] BAI L M, LIU Y T, DING A, REN N Q, LI G B, LIANG H. Fabrication and characterization of thin-film composite (TFC) nanofiltration membranes incorporated with cellulose nanocrystals (CNCs) for enhanced desalination performance and dye removal [J]. Chemical Engineering Journal, 2018, 358: 1519-1528.

[302] BAI L M, LIU Y T, BOSSA N, DING A, REN N Q, LI G B, LIANG H, WIESNER M R. Incorporation of cellulose nanocrystals (CNCs) into the polyamide layer of thin-film composite (TFC) nanofiltration membranes for enhanced separation performance and antifouling properties[J]. Environmental Science & Technology, 2018, 52 (19): 11178-11187.

[303] LIU B, QU F S, YU H R, TIAN J Y, CHEN W, LIANG H, LI G B, BART V B. Membrane Fouling and Rejection of Organics during Algae-Laden Water Treatment Using Ultrafiltration: A Comparison between in Situ Pretreatment with Fe(II)/Persulfate and Ozone[J]. Environmental Science & Technology, 2018, 52(2): 765-774.

[304] TANG X B, CHENG X X, ZHU X W, XIE B H, GUO Y Q, WANG J L, DING A, LI G B, LIANG H. Ultra-low pressure membrane-based biopurification process for decentralized drinking water supply: Improved permeability and removal performance[J]. Chemosphere, 2018, 211: 784-793.

[305] XU D L, BAI L M, TANG X B, NIU D Y, LUO X S, ZHU X W, LI G B, LIANG H. A comparison study of sand filtration and ultrafiltration in drinking water treatment: Removal of organic foulants and disinfection by-product formation[J]. Sci-

ence of the Total Environment, 2019, 691: 322-331.

[306] LIN D C, TANG X B, XING J J, ZHAO J, LIANG H, LI G B. Application of peroxymonosulfate-based advanced oxidation process as a novel pretreatment for nanofiltration: Comparison with conventional coagulation[J]. Separation and Purification Technology, 2019, 224: 255-264.

[307] YU H R, WU Z J, ZHANG X L, QU F S, WANG P, LIANG H. Characterization of fluorescence foulants on ultrafiltration membrane using front-face excitation-emission matrix (FF-EEM) spectroscopy: Fouling evolution and mechanism analysis[J]. Water Research, 2019, 148: 546-555.

[308] XING J J, LIANG H, CHENG X X, YANG H Y, XU D L, GAN Z D, LUO X S, ZHU X W, LI G B. Combined effects of coagulation and adsorption on ultrafiltration membrane fouling control and subsequent disinfection in drinking water treatment[J]. Environmental Science and Pollution Research, 2019, 26(33): 33770-33780.

[309] YU H R, QU F S, ZHANG X L, SHAO S L, RONG H W, LIANG H, BAI L M, MA J. Development of correlation spectroscopy (COS) method for analyzing fluorescence excitation emission matrix (EEM): A case study of effluent organic matter (EfOM) ozonation[J]. Chemosphere, 2019, 228: 35-43.

[310] LI K, WEN G, LI S, CHANG H Q, SHAO S L, HUANG T L, LI G B, LIANG H. Effect of pre-oxidation on low pressure membrane (LPM) for water and wastewater treatment: A review[J]. Chemosphere, 2019, 231: 287-300.

[311] SHAO S L, SHI D T, LI Y Q, LIU Y, LU Z Y, FANG Z, LIANG H. Effects of water temperature and light intensity on the performance of gravity-driven membrane system[J]. Chemosphere, 2019, 216: 324-330.

[312] BAI L M, LIU Y T, DING A, REN N Q, LI G B, LIANG H. Fabrication and characterization of thin-film composite (TFC) nanofiltration membranes incorporated with cellulose nanocrystals (CNCs) for enhanced desalination performance and dye removal [J]. Chemical Engineering Journal, 2019, 358: 1519-1528.

[313] CHENG X X, ZHOU W W, LI P J, REN Z X, WU D J, LUO C W, TANG X B, WANG J L,

LIANG H. Improving ultrafiltration membrane performance with pre-deposited carbon nanotubes/nanofibers layers for drinking water treatment[J]. Chemosphere, 2019, 234: 115112.

[314] LIN D C, YAN Z S, TANG X B, WANG J L, LIANG H, LI G B. Inorganic coagulant induced gypsum scaling in nanofiltration process: Effects of coagulant concentration, coagulant conditioning time and fouling strategies[J]. Science of the Total Environment, 2019, 670: 685-695.

[315] XING J J, LIANG H, CHUAH C J, BAO Y P, LUO X S, WANG T Y, WANG J L, LI G B, SNYDER S A. Insight into Fe(II)/UV/chlorine pretreatment for reducing ultrafiltration (UF) membrane fouling: Effects of different natural organic fractions and comparison with coagulation[J]. Water Research, 2019, 167: 115112.

[316] XING J J, LIANG H, XU S Q, CHUAH C J, LUO X S, WANG T Y, WANG J L, LI G B, SNYDER S A. Organic matter removal and membrane fouling mitigation during algae-rich surface water treatment by powdered activated carbon adsorption pretreatment: Enhanced by UV and UV/chlorine oxidation[J]. Water Research, 2019, 159: 283-293.

[317] DU X, YANG W P, ZHAO J, ZHANG W X CHENG X X, LIU J X, WANG Z H, LI G B, LIANG H. Peroxymonosulfate-assisted electrolytic oxidation/coagulation combined with ceramic ultrafiltration for surface water treatment: membrane fouling and sulfamethazine degradation[J]. Journal of Cleaner Production, 2019, 235: 779-788.

[318] DU X, ZHANG K M, XIE BING H, ZHAO J, CHENG X X, KAI L, NIE J XU, WANG Z H, LI G B, LIANG H. Peroxymonosulfate-assisted electro-oxidation/coagulation coupled with ceramic membrane for manganese and phosphorus removal in surface water[J]. Chemical Engineering Journal, 2019, 365: 334-343.

[319] GAN Z D, DU X, ZHU X W, CHENG X X, LI G B, LIANG H. Role of organic fouling layer on the rejection of trace organic solutes by nanofiltration: mechanisms and implications[J]. Environmental Science and Pollution Research, 2019, 26 (33): 33827-33837.

[320] CHANG H Q, LIU B C, YANG P, WANG Q Y, LI K, LI G B, LIANG H. Salt backwashing of organic-fouled ultrafiltration membranes: Effects of feed water properties and hydrodynamic conditions [J]. Journal of Water Process Engineering, 2019, 30: 100429.

[321] ZHU X W, LIANG H, TANG X B, BAI L M, ZHANG X Y, GAN Z D, CHENG X X, LUO X S, XU D L, LI G B. Supramolecular-based Regenerable Coating Layer of Thin-Film Composite Nanofiltration Membrane for Simultaneously Enhanced Desalination and Antifouling Properties[J]. ACS Applied Materials & Interfaces, 2019, 11(23): 21137-21149.

[322] BAI L M, LIU Y T, DING A, REN N Q, LI G B, LIANG H. Surface coating of UF membranes to improve antifouling properties: A comparison study between cellulose nanocrystals (CNCs) and cellulose nanofibrils (CNFs) [J]. Chemosphere, 2019, 217: 76-84.

[323] DU X, XU J J, MO Z Y, LUO Y L, SU J H, NIE J XU, WANG Z H, LIU L F, LIANG H. The performance of gravity-driven membrane (GDM) filtration for roofing rainwater reuse: Implications of roofing rainwater energy and rainwater purification[J]. Science of the Total Environment, 2019, 697: 134187.

[324] DU X, ZHANG K M, YANG H Y, LI K, LIU X F, WANG Z H, ZHOU Q Q, LI G B, LIANG H. The relationship between size-segregated particles migration phenomenon and combined membrane fouling in ultrafiltration processes: The significance of shear stress[J]. Journal of the Taiwan Institute of Chemical Engineers, 2019, 96: 45-52.

[325] GUO Y Q, LIANG H, BAI L M, HUANG K J, XIE B H, XU D L, WANG J L, LI G B, TANG X B. Application of heat-activated peroxydisulfate pre-oxidation for degrading contaminants and mitigating ultrafiltration membrane fouling in the natural surface water treatment[J]. Water Research, 2020, 179: 115905.

[326] BAI L M, WU H Y, DING J W, DING A, ZHANG X Y, REN N Q, LI G B, LIANG H. Cellulose nanocrystal-blended polyethersulfone membranes for enhanced removal of natural organic matter and alleviation of membrane fouling[J]. Chemical Engineering Journal, 2020, 382: 122919.

[327] WANG J L, TANG X B, LIANG H, BAI L M, XIE B H, XING J J, WANG T Y, ZHAO J, LI

G B. Efficient recovery of divalent metals from nanofiltration concentrate based on a hybrid process coupling single-cation electrolysis (SCE) with ultrafiltration (UF) [J]. Journal of Membrane Science, 2020, 602: 117953.

[328] LIN D C, LIANG H, LI G B. Factors affecting the removal of bromate and bromide in water by nanofiltration[J]. Environmental Science and Pollution Research, 2020, 27(prepublish): 24639-24649.

[329] YU H R, QU F S, WU Z J, HE J G, RONG H W, AND LIANG H. Front-face fluorescence excitation-emission matrix (FF-EEM) for direct analysis of flocculated suspension without sample preparation in coagulation-ultrafiltration for wastewater reclamation[J]. Water Research, 2020, 187: 116452.

[330] TANG X B, XIE B H, CHEN R, WANG J L, HUANG K J, ZHU X W, LI G B, LIANG H Gravity-driven membrane filtration treating manganese-contaminated surface water: Flux stabilization and removal performance[J]. Chemical Engineering Journal, 2020, 397: 125248.

[331] BAI L M, DING J W, WANG H R, REN N Q, LI G B, LIANG H. High-performance nanofiltration membranes with a sandwiched layer and a surface layer for desalination and environmental pollutant removal[J]. Science of the Total Environment, 2020, 743: 140766.

[332] WANG J L, TANG X B, XU Y F, CHENG X X, LI G B, LIANG H. Hybrid UF/NF process treating secondary effluent of wastewater treatment plants for potable water reuse: Adsorption vs. coagulation for removal improvements and membrane fouling alleviation [J]. Environmental Research, 2020, 188: 109833.

[333] ZHU X W, XU D L, GAN Z D, LUO X S, TANG X B, CHENG X X, BAI L M, LI G B, LIANG H. Improving chlorine resistance and separation performance of thin-film composite nanofiltration membranes with in-situ grafted melamine[J]. Desalination, 2020, 489: 114539.

[334] LI G C, LIU B, BAI L M, SHI Z, TANG X B, WANG J, LIANG H, ZHANG Y T, BART V B. Improving the performance of loose nanofiltration membranes by poly-dopamine/zwitterionic polymer coating with hydroxyl radical activation[J]. Separation and Purification Technology, 2020, 238: 116412.

[335] ZHU X W, CHENG X X, XING J J, WANG T Y, XU D L, BAI L M, LUO X S, WANG W Q, LI G B, LIANG H. In-situ covalently bonded supramolecular-based protective layer for improving chlorine resistance of thin-film composite nanofiltration membranes [J]. Desalination, 2020, 474: 114197.

[336] XU D L, LIANG H, ZHU X W, YANG L, LUO X S, GUO Y Q, LIU Y T, BAI L M, LI G B, TANG X B. Metal-polyphenol dual crosslinked graphene oxide membrane for desalination of textile wastewater[J]. Desalination, 2020, 487(C): 114503.

[337] XU D L, ZHU X W, LUO X S, GUO Y Q, LIU Y T, YANG L, TANG X B, LI G B, LIANG H. MXene Nanosheet Templated Nanofiltration Membranes toward Ultrahigh Water Transport[J]. Environmental Science & Technology, 2020, 55(2): 1270-1278.

[338] YU H K, LI X, CHANG H Q, ZHOU Z W, ZHANG T T, YANG Y L, LI G B, JI H J, CAI C Y, LIANG H. Performance of hollow fiber ultrafiltration membrane in a full-scale drinking water treatment plant in China: A systematic evaluation during 7-year operation[J]. Journal of Membrane Science, 2020, 613: 118469.

[339] LIN D C, BAI L M, GAN Z D, ZHAO J, LI G B, AMINABHAVI T M., LIANG H. The role of ferric coagulant on gypsum scaling and ion interception efficiency in nanofiltration at different pH values: Performance and mechanism[J]. Water Research, 2020, 175: 115695.

[340] ZHU X W, TANG X B, LUO X S, CHENG X X, XU D L, GAN Z D, WANG W Q, BAI L M, LI G B, LIANG H. Toward enhancing the separation and antifouling performance of thin-film composite nanofiltration membranes: A novel carbonate-based preoccupation strategy[J]. Journal of Colloid And Interface Science, 2020, 571: 155-165.

[341] ZHU X W, YANG Z, GAN Z D, CHENG X X, TANG X B, LUO X S, XU D L, LI G B, LIANG H. Toward tailoring nanofiltration performance of thin-film composite membranes: Novel insights into the role of poly(vinyl alcohol) coating positions[J]. Journal of Membrane Science, 2020, 614: 118526.

[342] ZHU X W, CHENG X X, LUO X S, LIU Y T, XU D L, TANG X B, GAN Z D, YANG L, LI G B, LIANG H. Ultrathin Thin-Film Composite Polyamide Membranes Constructed on Hydrophilic Poly(vinyl alcohol) Decorated Support Toward Enhanced

Nanofiltration Performance[J]. Environmental science & technology, 2020, 54(10): 6365-6374.

[343] GUO Y Q, LIANG H, LI G B, XU D L, YAN Z S, CHEN R, ZHAO J, TANG X B. A solar photo-thermochemical hybrid system using peroxydisulfate for organic matters removal and improving ultrafiltration membrane performance in surface water treatment[J]. Water Research, 2021, 188: 116482.

[344] TANG X B, QIAO J L, WANG J L, HUANG K J, GUO Y Q, XU D L, LI G B, LIANG H. Bio-cake layer based ultrafiltration in treating iron-and manganese-containing groundwater: Fast ripening and shock loading[J]. Chemosphere, 2021, 268: 128842.

[345] TANG X B, ZHU X W, HUANG K J, WANG J L, GUO Y Q, XIE B H, LI G B, LIANG H. Can ultrafiltration singly treat the iron- and manganese-containing groundwater? [J]. Journal of hazardous materials, 2021, 409: 124983.

[346] LIN D C, BAI L M, XU D L, ZHANG H, GUO T C, LI G B, LIANG H. Effects of oxidation on humic-acid-enhanced gypsum scaling in different nanofiltration phases: Performance, mechanisms and prediction by differential log-transformed absorbance spectroscopy [J]. Water Research, 2021, 195: 116989.

[347] CHEN R, LIANG H, WANG J L, LIN D C, ZHANG H, CHENG X X, TANG X B. Effects of predator movement patterns on the biofouling layer during gravity-driven membrane filtration in treating surface water[J]. Science of the Total Environment, 2021, 771: 145372.

[348] XING D, LIU Y, MA R, XIAO M Y, YANG W P, HAN X Y, LUO Y L, WANG Z H, LIANG H. Gravity-driven ceramic membrane (GDCM) filtration treating manganese-contaminated surface water: Effects of ozone (O3)-aided pre-coating and membrane pore size [J]. Chemosphere, 2021, 279: 130603.

[349] TANG X B, PRONK W, TRABER J, LIANG H, LI G B, MORGENROTH E. Integrating granular activated carbon (GAC) to gravity-driven membrane (GDM) to improve its flux stabilization: Respective roles of adsorption and biodegradation by GAC[J]. Science of the Total Environment, 2021, 768: 144758.

[350] YU H K, CHANG H Q, LI X, ZHOU Z W, SONG W C, JI H J, LIANG H. Long-term fouling evolution of polyvinyl chloride ultrafiltration membranes in a hybrid short-length sedimentation/ultrafiltration process for drinking water production [J]. Journal of Membrane Science, 2021 (prepublish): 119320.

[351] TANG X B, GUO T C, CHANG H Q, YUE X, WANG J L, YU H K, XIE B H, ZHU X W, LI G B, LIANG H. Membrane fouling alleviation by chemically enhanced backwashing in treating algae-containing surface water: From bench-scale to full-scale application [J]. Engineering, 2021: Preproof.

[352] LIN D C, BAI L M, XU D L, WANG H R, ZHANG H, LI G B, LIANG H. Nanofiltration scaling influenced by coexisting pollutants considering the interaction between ferric coagulant and natural organic macromolecules[J]. Chemical Engineering Journal, 2021, 413: 127403.

[353] XING D, LIU Y, RAO P, YANG H Y, CHEN Y Q, LUO Y L, WANG Z H, LIANG H. Predepositing PAC-birnessite cake layer on gravity driven ceramic membrane (GDCM) reactor for manganese removal: The significance of stable flux and biofilm[J]. Separation and Purification Technology, 2021, 267: 118623.

[354] TANG X B, WANG J L, ZHANG H J, YU M, GUO Y Q, LI G B, LIANG H. Respective role of iron and manganese in direct ultrafiltration: from membrane fouling to flux improvements[J]. Separation and Purification Technology, 2021, 259: 118174.

[355] ZHU X W, TANG X B, LUO X S, YANG Z, CHENG X X, GAN Z D, XU D L, LI G B, LIANG H. Stainless steel mesh supported thin-film composite nanofiltration membranes for enhanced permeability and regeneration potential[J]. Journal of Membrane Science, 2021, 618: 118738.

[356] LIU Y T, BAI L M, ZHU X W, XU D L, LI G B, LIANG H, WIESNER M R. The role of carboxylated cellulose nanocrystals placement in the performance of thin-film composite (TFC) membrane[J]. Journal of Membrane Science, 2021, 617: 118581.

[357] DING A, REN Z X, ZHANG Y H, MA J, BAI L M, WANG B, CHENG X X. Evaluations of holey graphene oxide modified ultrafiltration membrane and the performance for water purification[J]. Chemosphere, 2021, 285.

[358] DING J W, LIANG H, ZHU X W, XU D L,

LUO X S, WANG Z H, BAI L M. Surface modification of nanofiltration membranes with zwitterions to enhance antifouling properties during brackish water treatment: A new concept of a "buffer layer" [J]. Journal of Membrane Science, 2021 (prepublish).

[359] LA ROSA, G; FRATINI, M; DELLA LIBERA, S; IACONELLI, M; MUSCILLO, M. Emerging and potentially emerging viruses in water environments [J]. Ann. Ist. Super. Sanita 2012, 48, 397-406.